材料科学与工程系列

薄膜技术与薄膜材料

田民波 李正操 编著

清华大学出版社
北京

内 容 简 介

薄膜及微细加工技术的应用范围极为广泛，从大规模集成电路、电子元器件、平板显示器、信息记录与存储、MEMS、传感器、白光LED固体照明、太阳能电池到材料的表面改性等，涉及高新技术产业的各个领域。本书内容包括真空技术基础、薄膜制备、微细加工、薄膜材料及应用等4大部分，涉及薄膜技术与薄膜材料的各个方面，知识全面，脉络清晰。全书共17章，文字通俗易懂，并配有大量图解，每章后面附有习题，有利于对基本概念和基础知识的理解、掌握与运用。本书可作为材料、机械、精密仪器、化工、能源、微电子、计算机、物理、化学、光学等学科本科生及研究生教材，对于从事相关行业的科技工作者与工程技术人员，也具有极为难得的参考价值。

图书在版编目（CIP）数据

薄膜技术与薄膜材料 / 田民波，李正操编著. --北京：清华大学出版社，2011.12（2025.7重印）
（材料科学与工程系列）
ISBN 978-7-302-27483-4

Ⅰ.①薄… Ⅱ.①田… ②李… Ⅲ.①薄膜技术 ②薄膜－工程材料 Ⅳ.①TB43 ②TB383

中国版本图书馆CIP数据核字(2011)第242225号

责任编辑：宋成斌
责任校对：刘玉霞
责任印制：宋 林

出版发行：清华大学出版社
网 址：https://www.tup.com.cn，https://www.wqxuetang.com
地 址：北京清华大学学研大厦A座 **邮 编**：100084
社 总 机：010-83470000 **邮 购**：010-62786544
投稿与读者服务：010-62776969，c-service@tup.tsinghua.edu.cn
质 量 反 馈：010-62772015，zhiliang@tup.tsinghua.edu.cn
印 装 者：三河市龙大印装有限公司
经 销：全国新华书店
开 本：185mm×260mm **印 张**：34.25 **字 数**：832千字
版 次：2011年12月第1版 **印 次**：2025年7月第12次印刷
定 价：98.00元

产品编号：009051-05

前言

在薄膜技术与薄膜材料领域，作者从事教学及科研工作已逾30年(包括在日本3年)。20世纪90年代初与刘德令先生共同编译了《薄膜科学与技术手册》(上、下册)，1996年编写了《薄膜技术基础》讲义，2006年出版了《薄膜技术与薄膜材料》(新材料及在高技术中的应用丛书)。

在长期的教学科研实践中，作者深深体会到，薄膜技术与薄膜材料之所以受到广泛关注，主要基于下面几个理由。

(1) 薄膜很薄(膜厚从微米到纳米量级，后者甚至薄到几个原子层)，可以看成是物质的二维形态。薄膜技术是实现器件轻薄短小化和系统集成化的有效手段。

(2) 器件的微型化，不仅可以保持器件的原有功能并使之强化，而且，随着器件的尺寸减小乃至接近电子或其他粒子量子化运动的尺度，薄膜材料或其器件将显示出许多全新的物理现象。薄膜(以及目前正大力开发的量子线、量子点等)技术是制备这类新型功能器件的有效手段。

(3) 薄膜气相沉积涉及从气相到固相的超急冷过程，易于形成非稳态物质及非化学计量的化合物膜层。因此，薄膜技术是探索物质秘密，制备及分析特异成分、组织及晶体结构的物质的有力手段。

(4) 由于镀料的气化方式很多(如电子束蒸发、溅射、气体源等)，通过控制气氛还可以进行反应沉积，因此，可以得到各种材料的膜层；可以较方便地采用光、等离子体等激发手段，在一般条件下，即可获得在高温、高压、高能量密度下才能获得的物质。

(5) 通过基板、镀料、反应气氛、沉积条件的选择，可以对界面结构、结晶状态、膜厚等进行控制，还可制取多层膜、复合膜及特殊界面结构的膜层等；由于膜层表面精细光洁，故便于通过光刻制取电路图形；由于在LSI工艺中薄膜沉积及光刻图形等已有成熟的经验，故易于在其他应用领域中推广。

(6) 易于在成膜过程中在线检测，监测动态过程并可按要求控制生长过程，便于实现自动化。

近20年来，薄膜技术与薄膜材料获得迅猛发展，其主要表现在下述几个方面。

首先，各类新型薄膜材料大量涌现。其中包括纳米薄膜、量子线、量子点等低维材料，高k值和低k值介质薄膜材料，大规模集成电路用Cu布线材料，巨磁电阻、庞磁电阻等磁致电阻薄膜材料，大禁带宽度的“硬电子学”半导体薄膜材料，发蓝光的光电半导体材料，高透明性低电阻率的透明导电材料，以金刚石薄膜为代表的各类超硬薄膜材料等。这些新型薄膜材料的出现，为探索材料在纳米尺度内的新现象、新规律，开发材料的新特性、新功能，提高超大规模集成电路的集成度，提高信息存储记录密度，扩大半导体材料的应用范围，提高电子元器件的可靠性，提高材料的耐磨抗蚀性等，提供了物质基础。

再者，薄膜制作和微细加工工艺不断创新。其中包括用于产业化的MBE和MOCVD技术，脉冲激光熔射，零气压溅射，高密度离子束加工，气体离化团束(GCIB)加工，反应离子束刻蚀，大规模集成电路用Cu布线的电镀，以CMP为代表的平坦化，原子、分子量级的人工组装等。这些为制备高质量外延膜，获得良好的成膜台阶覆盖度，制作特征线宽几十纳米的超大规模集成电路，实现MEMS和NEMS等，提供了可靠保证。

特别是，各种薄膜在高新技术中的应用更加普及。互联网中采集、处理信息及通信网络设备中，都需要数量巨大的元器件、电子回路、集成电路等，制造这些都要采用薄膜技术；在平板显示器产业中，为制作TFT-LCD的薄膜三极管及各种电极，为制作PDP中的汇流电极、选址电极及MgO保护膜，为制作有机EL中的电子注入层(EIL)、电子输运层(ETL)、空穴注入层(HIL)、发光层(EML)等，也需要采用薄膜技术；在机器人各种传感器，生物芯片，白光LED固体照明，非晶硅、CdTe、CIGS太阳能电池中都离不开薄膜技术。可以说，薄膜技术和薄膜材料已成为构筑高新技术产业的基本要素。

本书正是基于上述背景和理由编写的。全书共分4部分。第1部分(第1～5章)为薄膜沉积基础，包括真空技术基础、真空泵和真空规、真空装置的实际问题、气体放电和低温等离子体、薄膜生长和薄膜结构；第2部分(第6～9章)为薄膜制备工艺，包括真空蒸镀、离子镀和离子束沉积、溅射镀膜、化学气相沉积(CVD)；第3部分(第10～11章)为薄膜的微细加工，包括干法刻蚀、平坦化技术；第4部分(第12～17章)分别论述薄膜技术与薄膜材料在表面改性及超硬膜，能量及信号变换，半导体器件、记录与存储，平板显示器，太阳电池，白光LED固体照明等领域的应用。每章后都附有习题，供教学时选用。

本书内容广泛，取材新颖，叙述通俗易懂，紧密联系实际，特别是针对薄膜技术与薄膜材料的最新进展和前沿应用，结合大量实例进行论述。在内容组织上，尽量做到浅、宽、新，避免针对过窄的领域，进行过深、过细的探讨。在重点讨论有关薄膜技术与薄膜材料的基本原理、基本方法、基本工艺过程和基本应用的同时，既指出最新进展、发展方向，又指出问题所在、解决措施。通过本书的学习，有助于读者掌握薄膜制备及微细加工方法，认识与微观结构相关的各种特性，了解薄膜材料及微细加工技术的最新应用。

特推荐本书作为材料、机械、精密仪器、化工、能源、微电子、计算机、物理、化学、光学等相关学科本科高年级及研究生用教材，也可供科研和工程技术人员参考。

作者水平有限，不妥或谬误之处在所难免，恳请读者批评指正。

作　者

2011年10月

目　录

第1章　真空技术基础……1

1.1　真空的基本知识……1

1.1.1　真空定义……1

1.1.2　真空度量单位……2

1.1.3　真空区域划分……4

1.1.4　气体与蒸气……6

1.2　真空的表征……7

1.2.1　气体分子运动论……7

1.2.2　分子运动的平均自由程……9

1.2.3　气流与流导……12

1.3　气体分子与表面的相互作用……13

1.3.1　碰撞于表面的分子数……13

1.3.2　分子从表面的反射……14

1.3.3　蒸发速率……15

1.3.4　真空在薄膜制备中的作用……16

习题……17

第2章　真空泵与真空规……19

2.1　真空泵……19

2.1.1　油封机械泵……20

2.1.2　扩散泵……24

2.1.3　吸附泵……29

2.1.4　溅射离子泵……30

2.1.5　升华泵……32

2.1.6　低温冷凝泵……33

2.1.7　涡轮分子泵和复合涡轮泵……34

2.1.8　干式机械泵……36

2.2　真空测量仪器——总压强计……37

2.2.1　麦克劳真空规……39

2.2.2　热传导真空规……40

2.2.3　电离真空计——电离规……41

2.2.4　盖斯勒管……46

2.2.5　隔膜真空规……47

2.2.6 真空规的安装方法 …… 48
2.3 真空测量仪器——分压强计 …… 48
2.3.1 磁偏转型质谱计 …… 48
2.3.2 四极滤质器(四极质谱计) …… 49
习题 …… 50

第3章 真空装置的实际问题 …… 52
3.1 排气的基础知识 …… 52
3.2 材料的放气 …… 53
3.3 排气时间的估算 …… 56
3.4 实用的排气系统 …… 57
3.4.1 离子泵系统 …… 57
3.4.2 扩散泵系统 …… 57
3.4.3 低温冷凝泵-分子泵系统 …… 57
3.4.4 残留气体 …… 59
3.5 检漏 …… 60
3.5.1 检漏方法 …… 60
3.5.2 检漏的实际操作 …… 62
3.6 大气温度与湿度对装置的影响 …… 63
3.7 烘烤用的内部加热器 …… 64
3.8 化学活性气体的排气 …… 65
3.8.1 主要装置及存在的问题 …… 66
3.8.2 排气系统及其部件 …… 66
习题 …… 68

第4章 气体放电和低温等离子体 …… 69
4.1 带电粒子在电磁场中的运动 …… 69
4.1.1 带电粒子在电场中的运动 …… 69
4.1.2 带电粒子在磁场中的运动 …… 70
4.1.3 带电粒子在电磁场中的运动 …… 71
4.1.4 磁控管和电子回旋共振 …… 73
4.2 气体原子的电离和激发 …… 73
4.2.1 碰撞——能量传递过程 …… 74
4.2.2 电离——正离子的形成 …… 77
4.2.3 激发——亚稳原子的形成 …… 80
4.2.4 回复——退激发光 …… 82
4.2.5 解离——分解为单个原子或离子 …… 84
4.2.6 附着——负离子的产生 …… 85
4.2.7 复合——中性原子或原子团的形成 …… 85

4.2.8 离子化学——活性粒子间的化学反应 …… 87
4.3 气体放电发展过程…… 89
4.3.1 由非自持放电过渡到自持放电的条件 …… 90
4.3.2 电离系数 α 和二次电子发射系数 γ …… 91
4.3.3 帕邢定律及点燃电压的确定 …… 92
4.3.4 气体放电伏安特性曲线 …… 93
4.4 低温等离子体概述…… 95
4.4.1 等离子体的定义 …… 95
4.4.2 等离子体的温度 …… 96
4.4.3 带电粒子的迁移运动和扩散运动 …… 97
4.4.4 等离子体的导电性 …… 99
4.4.5 等离子体的集体特性…… 100
4.4.6 等离子体电位…… 101
4.4.7 离子鞘层…… 102
4.5 辉光放电 …… 103
4.6 弧光放电 …… 105
4.6.1 弧光放电类型…… 105
4.6.2 弧光放电的基本特性…… 106
4.7 高频放电 …… 107
4.7.1 高频功率的输入方法…… 107
4.7.2 离子捕集和电子捕集…… 108
4.7.3 自偏压…… 109
4.8 低压力、高密度等离子体放电…… 110
4.8.1 微波的传输及微波放电…… 111
4.8.2 微波 ECR 放电 …… 111
4.8.3 螺旋波等离子体放电…… 113
4.8.4 感应耦合等离子体放电…… 114
习题…… 115

第5章 薄膜生长与薄膜结构…… 117
5.1 薄膜生长概述 …… 117
5.2 吸附、表面扩散与凝结…… 118
5.2.1 吸附…… 118
5.2.2 表面扩散…… 123
5.2.3 凝结…… 124
5.3 薄膜的形核与生长 …… 126
5.3.1 形核与生长简介…… 126
5.3.2 毛吸理论(热力学界面能理论)…… 129
5.3.3 统计或原子聚集理论…… 134

5.4　连续薄膜的形成 …… 137
5.4.1　奥斯瓦尔多(Ostwald)吞并过程 …… 137
5.4.2　熔结过程 …… 138
5.4.3　原子团的迁移 …… 139
5.4.4　决定表面取向的 Wullf 理论 …… 139
5.5　薄膜的生长过程与薄膜结构 …… 140
5.5.1　薄膜生长的晶带模型 …… 140
5.5.2　纤维状生长模型 …… 142
5.5.3　薄膜的缺陷 …… 144
5.5.4　薄膜形成过程的计算机模拟 …… 145
5.6　非晶态薄膜 …… 148
5.7　薄膜的基本性质 …… 150
5.7.1　导电性 …… 150
5.7.2　电阻温度系数(TCR) …… 151
5.7.3　薄膜的密度 …… 151
5.7.4　经时变化 …… 152
5.7.5　电介质膜 …… 152
5.8　薄膜的粘附力和内应力 …… 153
5.8.1　薄膜的粘附力 …… 153
5.8.2　薄膜的内应力 …… 154
5.8.3　提高粘附力的途径 …… 155
5.9　电迁移 …… 156
习题 …… 158

第6章　真空蒸镀 …… 159
6.1　概述 …… 159
6.2　镀料的蒸发 …… 160
6.2.1　饱和蒸气压 …… 160
6.2.2　蒸发粒子的速度和能量 …… 164
6.2.3　蒸发速率和沉积速率 …… 165
6.3　蒸发源 …… 166
6.3.1　电阻加热蒸发源 …… 166
6.3.2　电子束蒸发源 …… 170
6.4　蒸发源的蒸气发射特性与基板配置 …… 173
6.4.1　点蒸发源 …… 173
6.4.2　小平面蒸发源 …… 174
6.4.3　实际蒸发源的发射特性及基板配置 …… 175
6.5　蒸镀装置及操作 …… 178
6.6　合金膜的蒸镀 …… 179

6.6.1 合金蒸发分馏现象…… 180
6.6.2 瞬时蒸发(闪烁蒸发)法…… 181
6.6.3 双源或多源蒸发法…… 181
6.7 化合物膜的蒸镀 …… 181
6.7.1 透明导电膜(ITO)——In_2O_3-SnO_2 系薄膜 …… 181
6.7.2 反应蒸镀法…… 182
6.7.3 三温度法…… 183
6.7.4 热壁法…… 183
6.8 脉冲激光熔射(PLA) …… 184
6.8.1 脉冲激光熔射的原理…… 184
6.8.2 脉冲激光熔射设备…… 185
6.8.3 脉冲激光熔射制作氧化物超导膜…… 186
6.9 分子束外延技术 …… 187
6.9.1 分子束外延的原理及特点…… 187
6.9.2 分子束外延设备…… 188
6.9.3 分子束外延技术的发展动向…… 190
6.9.4 分子束外延的应用…… 191
习题…… 192

第7章 离子镀和离子束沉积…… 193
7.1 离子镀原理及方式 …… 193
7.1.1 离子镀的原理…… 193
7.1.2 不同的离子镀方式…… 194
7.1.3 离子轰击在离子镀过程中的作用…… 198
7.1.4 离子镀过程中的离化率问题…… 202
7.1.5 离子镀的蒸发源…… 203
7.2 几种典型的离子镀方式 …… 204
7.2.1 活性反应蒸镀(ARE) …… 204
7.2.2 空心阴极放电离子镀…… 206
7.2.3 多弧离子镀…… 208
7.3 离子束沉积 …… 210
7.3.1 离子束沉积的原理…… 210
7.3.2 直接引出式和质量分离式…… 212
7.3.3 离化团束沉积…… 215
7.3.4 离子束辅助沉积…… 219
7.4 离子束混合 …… 222
7.4.1 离子束混合原理…… 222
7.4.2 静态混合…… 223
7.4.3 动态混合…… 223
习题…… 225

第 8 章　溅射镀膜 …… 227
8.1　离子溅射 …… 227
8.1.1　荷能粒子与表面的相互作用 …… 227
8.1.2　溅射产额及其影响因素 …… 229
8.1.3　溅射原子的能量分布和角分布 …… 238
8.2　溅射镀膜方式 …… 242
8.2.1　直流二极溅射 …… 246
8.2.2　三极和四极溅射 …… 247
8.2.3　射频溅射 …… 249
8.2.4　磁控溅射——低温高速溅射 …… 251
8.2.5　溅射气压接近零的零气压溅射 …… 259
8.2.6　自溅射——深且超微细孔中的埋入 …… 262
8.2.7　RF-DC 结合型偏压溅射 …… 267
8.2.8　ECR 溅射 …… 268
8.2.9　对向靶溅射 …… 269
8.2.10　离子束溅射沉积 …… 270
8.3　溅射镀膜的实例 …… 273
8.3.1　Ta 及其化合物膜的溅射沉积 …… 273
8.3.2　Al 及 Al 合金膜的溅射沉积 …… 277
8.3.3　氧化物的溅射沉积:超导膜和 ITO 透明导电膜 …… 278
习题 …… 282

第 9 章　化学气相沉积(CVD) …… 284
9.1　化学气相沉积(CVD)概述 …… 284
9.1.1　定义 …… 284
9.1.2　CVD 薄膜沉积过程 …… 285
9.1.3　主要的生成反应 …… 286
9.1.4　CVD 的类型及装置 …… 289
9.1.5　CVD 的应用 …… 290
9.2　热 CVD …… 292
9.2.1　热 CVD 的原理及特征 …… 292
9.2.2　热 CVD 装置和反应器 …… 294
9.2.3　常压 CVD(NPCVD) …… 296
9.2.4　减压 CVD(LPCVD) …… 296
9.3　等离子体 CVD(PCVD) …… 298
9.3.1　PCVD 的特征及应用 …… 298
9.3.2　PCVD 装置 …… 301
9.3.3　高密度等离子体(HDP)CVD …… 305
9.4　光 CVD(photo CVD) …… 306
9.4.1　激光化学气相沉积 …… 306
9.4.2　光化学气相沉积 …… 307

9.5 有机金属 CVD(MOCVD) …… 309
9.6 金属 CVD …… 312
9.6.1 W-CVD …… 312
9.6.2 Al-CVD …… 313
9.6.3 Cu-CVD …… 315
9.6.4 阻挡层——TiN-CVD …… 316
9.7 半球形晶粒多晶 Si-CVD(HSG-CVD) …… 317
9.8 铁电体的 CVD …… 318
9.9 低介电常数薄膜的 CVD …… 321
习题…… 321

第 10 章 干法刻蚀 …… 323
10.1 干法刻蚀与湿法刻蚀…… 323
10.1.1 刻蚀技术简介…… 323
10.1.2 湿法刻蚀…… 326
10.1.3 干法刻蚀…… 328
10.2 等离子体刻蚀——激发反应气体刻蚀…… 333
10.2.1 原理…… 333
10.2.2 装置…… 334
10.3 反应离子刻蚀(RIE) …… 335
10.3.1 原理及特征…… 335
10.3.2 各种反应离子刻蚀方法…… 337
10.3.3 装置…… 343
10.3.4 软件…… 343
10.3.5 Cu 的刻蚀 …… 347
10.4 反应离子束刻蚀(RIBE) …… 348
10.4.1 聚焦离子束(FIB)设备及刻蚀加工 …… 349
10.4.2 束径 1 mm 左右的离子束设备及 RIBE …… 351
10.4.3 大束径离子束设备及 RIBE …… 352
10.5 气体离化团束(GCIB)加工技术 …… 354
10.5.1 GCIB 加工原理 …… 354
10.5.2 GCIB 设备 …… 355
10.5.3 GCIB 加工的优点 …… 356
10.5.4 GCIB 在微细加工中的应用 …… 357
10.6 微机械加工…… 359
10.7 干法刻蚀用离子源的开发…… 361
习题…… 362

第 11 章 平坦化技术 …… 363
11.1 平坦化技术的必要性…… 363

11.2　平坦化技术概要……………………………………………………………… 364
11.3　不发生凹凸的薄膜生长……………………………………………………… 366
11.3.1　选择生长………………………………………………………………… 366
11.3.2　回流埋孔(溅射平坦化)………………………………………………… 366
11.3.3　通过埋入氧化物实现平坦化…………………………………………… 367
11.4　沉积同时进行加工防止凹凸发生的薄膜生长……………………………… 368
11.4.1　偏压溅射………………………………………………………………… 368
11.4.2　去除法(lift-off) ………………………………………………………… 368
11.5　薄膜生长后经再加工实现平坦化…………………………………………… 369
11.5.1　涂布平坦化……………………………………………………………… 369
11.5.2　激光平坦化……………………………………………………………… 369
11.5.3　回流平坦化……………………………………………………………… 369
11.5.4　蚀刻平坦化……………………………………………………………… 370
11.5.5　阳极氧化与离子注入…………………………………………………… 370
11.6　埋入技术实例………………………………………………………………… 370
11.7　化学机械研磨(CMP)技术 ………………………………………………… 372
11.8　气体离化团束(GCIB)加工平坦化 ………………………………………… 373
11.9　大马士革法(Damascene)布线及平坦化 ………………………………… 374
11.10　平坦化技术与光刻制版术 ………………………………………………… 376
11.11　IC 多层布线已进展到第四代 ……………………………………………… 378
习题……………………………………………………………………………………… 382

第 12 章　表面改性及超硬膜 ……………………………………………………… 383
12.1　表面改性……………………………………………………………………… 383
12.1.1　何谓表面改性…………………………………………………………… 383
12.1.2　表面改性的手段………………………………………………………… 384
12.1.3　表面改性的应用………………………………………………………… 387
12.2　超硬膜用于切削刀具………………………………………………………… 388
12.2.1　超硬膜的获得及应用…………………………………………………… 388
12.2.2　如何选择镀层-基体系统 ……………………………………………… 390
12.2.3　超硬镀层改善刀具切削性能的机理…………………………………… 393
习题……………………………………………………………………………………… 396

第 13 章　能量及信号变换用薄膜与器件 ………………………………………… 397
13.1　能量变换薄膜与器件………………………………………………………… 397
13.1.1　光电变换薄膜材料……………………………………………………… 397
13.1.2　光热变换薄膜材料……………………………………………………… 401
13.1.3　热电变换薄膜材料……………………………………………………… 403
13.1.4　热电子发射薄膜材料…………………………………………………… 405

13.1.5 固体电解质薄膜材料…… 405
13.1.6 超导薄膜器件…… 407
13.2 传感器…… 409
13.2.1 传感器的种类及材料…… 409
13.2.2 薄膜传感器举例…… 412
13.3 金刚石薄膜的应用…… 415
13.3.1 金刚石薄膜的开发现状…… 416
13.3.2 三极管及二极管…… 417
13.3.3 传感器…… 418
13.3.4 声表面波器件…… 419
13.3.5 场发射平板显示器…… 419
习题…… 422

第14章 半导体器件、记录和存储用薄膜技术与薄膜材料…… 424
14.1 半导体器件…… 424
14.1.1 半导体集成电路元件中所用薄膜的种类和形成方法…… 424
14.1.2 MOS器件及晶圆的大型化 …… 426
14.1.3 化合物半导体器件…… 430
14.2 记录与存储…… 431
14.2.1 光盘…… 432
14.2.2 磁盘…… 434
14.2.3 磁头…… 435
习题…… 438

第15章 平板显示器中的薄膜技术与薄膜材料 …… 442
15.1 平板显示器…… 442
15.2 液晶显示器…… 442
15.2.1 AM-LCD …… 442
15.2.2 采用a-Si：H TFT的AM-LCD …… 448
15.2.3 TFT-LCD性能的改进和提高 …… 449
15.2.4 采用poly-Si TFT的AM-LCD以及低温poly-Si TFT制作技术 …… 451
15.2.5 LCD显示屏的封装技术 …… 455
15.3 等离子体平板显示器…… 458
15.3.1 等离子体平板显示器的工作原理…… 458
15.3.2 PDP的主要部件及材料 …… 459
15.3.3 MgO薄膜 …… 461
15.3.4 放电胞及障壁结构…… 461
15.3.5 PDP显示器的产业化进展 …… 464
15.4 有机电致发光显示器(OLED) …… 465

15.4.1 有机 EL 显示的工作原理 …… 465
15.4.2 有机 EL 显示器的特征 …… 467
15.4.3 小分子系和高分子系有机 EL 显示器 …… 468
15.4.4 有机 EL 显示器的结构及制作工艺 …… 469
15.4.5 有机 EL 显示器的产业化进展 …… 471
习题 …… 472

第 16 章 太阳电池中的薄膜技术与薄膜材料 …… 475
16.1 太阳电池的原理和薄膜太阳电池的优势 …… 475
16.1.1 太阳电池原理 …… 475
16.1.2 太阳电池的种类 …… 477
16.1.3 薄膜太阳电池的优势 …… 477
16.2 太阳电池和光伏发电的最新进展 …… 478
16.2.1 开发现状 …… 478
16.2.2 太阳电池开发路线图和促进开发、引入的对策 …… 480
16.2.3 对今后材料及技术开发的展望 …… 482
16.3 硅系薄膜太阳电池 …… 484
16.3.1 薄膜 Si 的材料特性 …… 484
16.3.2 薄膜 Si 太阳电池的制作工艺 …… 485
16.3.3 薄膜 Si 太阳电池的高效率化技术 …… 487
16.3.4 今后的课题 …… 489
16.4 CdTe 太阳电池 …… 489
16.4.1 CdTe 太阳电池的特征 …… 489
16.4.2 CdTe 太阳电池的构造和制作方法 …… 490
16.4.3 今后的展望 …… 492
16.5 CIGS 太阳电池 …… 492
16.5.1 CIGS 太阳电池的结构及特长 …… 493
16.5.2 CIGS 光吸收层的制膜法 …… 494
16.5.3 高效率化的措施 …… 495
16.5.4 集成型组件工程 …… 496
16.5.5 挠性 CIGS 太阳电池 …… 497
16.5.6 今后的课题 …… 499
16.6 超高效率多串结Ⅲ-Ⅴ族化合物半导体太阳电池 …… 499
16.6.1 多串结太阳电池实现高转换效率的可能性 …… 500
16.6.2 如何实现多串结太阳电池的高效率化 …… 501
16.6.3 多串结太阳电池高效率化的进展历程 …… 502
16.6.4 作为宇宙用太阳电池的实用化 …… 502
16.6.5 以低价格化为目标的集光型太阳电池 …… 503
16.6.6 多串结太阳电池的未来发展 …… 504

16.7 有机薄膜型太阳电池…… 505
16.7.1 下一代太阳电池的希望…… 505
16.7.2 有机系太阳电池的特征…… 505
16.7.3 发电原理与元件结构…… 505
16.7.4 高分子有机薄膜太阳电池…… 506
16.7.5 小分子系有机薄膜太阳电池…… 508
16.7.6 有机薄膜太阳电池的未来发展…… 508
16.8 色素增感(染料敏化)太阳电池…… 509
16.8.1 何谓色素增感(染料敏化)太阳电池…… 509
16.8.2 电池构造及发电机制…… 510
16.8.3 电池制作方法…… 511
16.8.4 增感色素的结构…… 512
16.8.5 太阳电池特性…… 513
16.8.6 关于耐久性…… 514
16.8.7 新的研究开发要素…… 514
16.8.8 特长和可能的用途…… 515
16.8.9 面向实用化的课题和今后展望…… 515
习题…… 516

第17章 白光LED固体照明与薄膜技术…… 518
17.1 半导体固体发光器件的基础——发光过程…… 518
17.2 发光二极管和蓝光LED …… 519
17.2.1 Ⅲ-Ⅴ族化合物半导体LED …… 519
17.2.2 蓝光LED芯片的结构及制作方法 …… 522
17.3 白光LED固体照明器件 …… 523
17.3.1 白光LED发光的几种实现方式 …… 523
17.3.2 白光LED的结构和构成要素 …… 525
17.3.3 白光LED的发光效率 …… 526
17.4 激光二极管…… 526
习题…… 527

参考文献…… 529

作者书系…… 532

第1章　真空技术基础

薄膜的气相沉积一般需要三个基本条件：热的气相源、冷的基板和真空环境。

在寒冷的冬天，窗玻璃上往往结霜；人们乍一进入温暖的房间，眼镜片上会结露。不妨将上述“霜”和“露”看作气相沉积的“膜”，则火炉上沸腾水壶中冒出的蒸汽则是“热的气相源”，冰冷的窗玻璃和眼镜片则是“冷的基板”。那么，为什么真空环境也是薄膜气相沉积的必要条件呢？

一般说来，工业上利用真空有下述几条理由：①化学非活性；②热导低；③与气体分子之间的碰撞少；④压力低。通过本章的学习，可以了解真空环境对于薄膜气相沉积的必要性，并为真空获得、真空测量及真空应用等建立必要的理论基础。

1.1　真空的基本知识

1.1.1　真空定义

真空泛指低于一个大气压的气体状态。与普通的大气状态相比，分子密度较为稀薄，从而气体分子与气体分子，气体分子与器壁之间的碰撞几率要低些。

关于真空的定义，曾有过种种不同的说法。其中一种说法认为：真空就是“真的空了”，就是“什么也不存在的空间”，直到17世纪前后还是这种观点。实际上，即便是目前所能获得的最高真空度1×10^{-11} Pa(7.5×10^{-14} Torr)，在1 cm^3中也还残留着大约3000个气体分子，因此，这个定义无论如何也是不能使用的。“真的空了”的状态称为绝对真空，它除了供理论研究之外，并无多大实际意义。

另一种关于真空的定义认为：“就真空使用者的目的而论，只要该空间的气体可以忽略不计，就可以认为是真空了。”若按这种说法来定义真空会出现什么问题呢？试想，对于大炮的炮弹来说，在高于大气压的空间飞行是没有问题的，因此，甚至可以把高于大气压的空间看作是真空；再看我们每天都要看的彩电的显像管，为保证其中扫描电子的运动，只要有10^{-2} Pa(7.5×10^{-5} Torr)左右的真空就足够了；而对于表面研究而言，10^{-8} Pa(7.5×10^{-11} Torr)才称得上是真空。这样，究竟该从哪一压强开始来定义真空就变得无法确定了。比较以上这些定义可以看出，“真空是低于一个大气压的气体状态”这一定义尽管粗糙，但较为科学。

按照上述定义，为了获得真空，至少需要能降低压强的设备——真空泵，以及盛放特定空间的装置——真空容器。关于真空泵，第3章将要详细讨论，而真空容器的作用往往被人们所忽略。假如想要不用真空容器来制造真空将会出现什么情况呢？与此情况相近可举台风为例。尽管台风能量巨大，但其所能形成的气压，即使在台风中心也仅仅是0.9个大气压而已。由此可见，真空容器是何等的重要。

今天用普通方法所能获得的极限压强是1×10^{-8} Pa(7.5×10^{-11} Torr)，如用多种方法

组合可达到 10^{-11} Pa(7.5×10^{-14} Torr)。1×10^{-8} Pa,张口一说毫不费力,但实际上这是一个了不起的数字。试想,10^{-10} V(百亿分之 1 V)、10^{-10}℃(百亿分之 1℃)和 10^{-10} mm(0.0001 nm=0.001 Å)等值的实现和测量是多么困难的事情。而在真空技术中,业已实现并可测量到 10^{-11} Pa(7.5×10^{-14} Torr)。

那么,上面提到的 1×10^{-8} Pa(7.5×10^{-11} Torr)究竟是怎样一种状态呢?下面让我们先用表示真空程度的各种术语来粗略地描述一下。

分子密度 如用阿伏加德罗数(在 0℃和 1 个大气压下,22.4 L 的空间中有 6×10^{23} 个气体分子),在 1×10^{-8} Pa 压强下,1 cm^3 中有 355 万个气体分子。单从数字比较,这大约相当于北京市人口的 1/4。因此,无论如何也不能说是"真的空了"。

平均自由程(气体分子从一次碰撞到下一次碰撞所飞距离的统计平均值) 在 1×10^{-8} Pa 压强下,对于 25℃的空气,其平均自由程为 509 km。这个长度大致相当于北京到大连或北京到青岛间的距离,这就好比从北京到大连或北京到青岛的飞行过程中一次碰撞也不发生。设想大气中分子的平均自由程大约为百万分之 7 cm,那么从平均自由程的意义可以看出 1×10^{-8} Pa 压强下的空气稀薄到了何种程度,此时分子连续两次碰撞之间经历的平均时间约为 18 min。

入射频率(单位时间碰撞(入射)到单位面积上的分子数) 在 1×10^{-8} Pa 压强下,对于 25℃的空气,每 1 cm^2 的表面,平均每秒多到 380 亿次气体分子的碰撞。要是这些分子整齐地排列于固体表面,大约要用 3 h。

"1 cm^3 中的气体分子尽管超过 350 万个,而来回自由飞行的距离却大于 500 km",乍一看这种情况好像很矛盾。其实,这是由于这些气体分子非常小,直径只有一亿分之 4 cm(即 0.4 nm 或 4 Å),而且运动速度极快(大约为步枪子弹的出口速度)所致。

排除真空室中残留的气体可不像清除桌面上的灰尘那么容易,再加上真空室材料的放气及渗漏等,这些气体分子可谓是"挥之不去","除之不尽"。我们想要从空间除去的"敌人"是如此之小,又以近乎子弹那样的速度飞行,且飞行方向又是无规则的,因此即使是极小的孔隙也能迅速地穿过,可谓是"无孔不入",而"漏气"的原因就在于此。

1.1.2 真空度量单位

在真空技术中,真空度的高低可以用多个参量来度量,最常用的有"真空度"和"压强"。此外,也可用气体分子密度、气体分子的平均自由程、形成一个分子层所需的时间等来表示。

"mmHg(毫米汞柱)"是人类使用最早、最广泛的压强单位,通过直接度量的汞柱高度来表征真空度的高低。早年使用托里拆利真空计(图 1-1)时,以 mmHg 作为压强测量单位既方便又直观。1958 年为了纪念意大利物理学家托里拆利(Torricelli),用 Torr(托)代替了 mmHg。Torr 是真空技术的独特单位,1 Torr 就是指在标准状态下,1 mmHg 对单位面积上的压力,1 Torr 与1 mmHg 等价。1971 年国际计量会议正式确定"帕斯卡"作为气体压强的国际单位,其大小是 N/m^2(牛顿/$米^2$),被称为 1 Pa(读作帕,源于法国物理学家帕斯卡

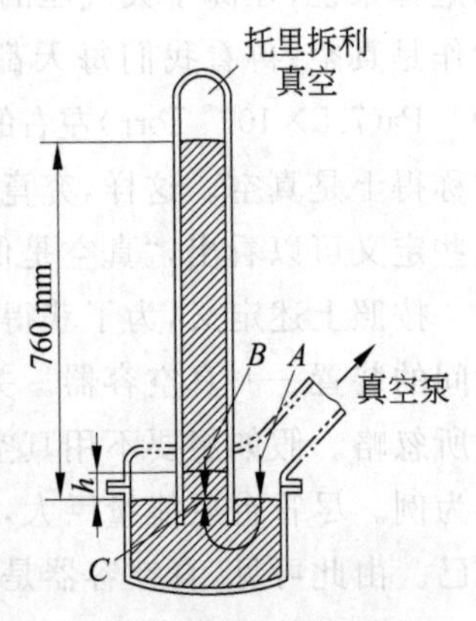

图 1-1 托里拆利真空

(Pascal)的名字,以纪念他创立了帕斯卡原理)。1 Pa=1 N/m² ≈ 7.5×10^{-3} Torr(1 Torr=133.32 Pa)。本书中主要采用Pa,为便于读者换算,圆括号内列出原来以Torr为单位的数值。

图1-1所示是使灌满水银的玻璃管倒立而形成的所谓托里拆利真空(托里拆利认为,玻璃管中的水银柱下降,原先在玻璃管顶端的水银现在没有了,又无空气渗入,因此这部分空间什么也不存在,即为零压强了。其实,这部分空间多少还存在着一些水银蒸气压,权当其压强为零)。此时,水银柱的高度约为760 mm(曾经用水银柱的高度表示压强,故称一个大气压为760毫米汞柱)。现在,设想用某种方法制作像图1-1中双点划线那样的真空容器,然后用真空泵对空间A抽气,则液面会连续不断地下降。假定水银柱的高度降到h mm,则称空间A的压强或真空度为133h Pa。h=0.75 mm时,压强是100 Pa(0.75 Torr);h=0.0075 mm时,压强当然是1 Pa(7.5×10^{-3} Torr)。0.0075 mm这样微细的尺寸,若用刻度尺测量显然无能为力。何况10^{-10} mm甚至10^{-13} mm等这些无法感觉到的尺寸,用通常的方法测量更是谈何容易!不要说是测量,就是连形成这种微细空间也是了不起的事情。因此,研究开发各种各样的真空泵、真空测量仪表、材料和方法等,一直是人们始终不懈的工作内容。

在实际工程技术或国内外文献中,几种非法定计量单位(Torr(托),mmHg(毫米汞柱),bar(巴),atm(标准大气压),psi(磅力每平方英寸)等仍有采用,另外,完全换算以前的试验数据并不容易。为了解压强各种单位之间的相互关系,需要从标准大气压的定义讲起。原把北纬45°海平面上,0℃时760 mmHg的压力定义为标准大气压。后考虑自然界的变化对该地区气压的影响以及不同地区的水银同位素丰度(水银有七种同位素)不同等因素,目前标准大气压定义为:在0℃,水银密度ρ=13.595 09 g/cm³,重力加速度g=980.665 cm/s²时,760 mm水银柱所产生的压强为1标准大气压,用atm表示,则

$$1\ \text{atm} = 760\ \text{mm}\times 13.595\,09\ \text{g/cm}^3 \times 980.665\ \text{cm/s}^2 = 1\,013\,249\ \text{dyn/cm}^2$$
$$= 101\,324.9\ \text{Pa} \approx 1.013\,25\times 10^5\ \text{Pa}$$

在此基础上,可以导出压强的非法定单位与Pa之间的关系:

(1) mmHg(毫米汞柱):1 mmHg = 1 mm × 13.595 09 g/cm³ × 980.665 cm/s² = 133.322 Pa。

(2) Torr(托):1 Torr=$\frac{1}{760}$atm=133.322 Pa。mmHg与Torr实质上是一回事,只是新定义的标准大气压省略了尾数(101 324.9 Pa),故1 mmHg=1.000 000 14 Torr。

(3) bar(巴):1 bar=10^6 μbar=10^6 dyn/cm²=10^5 Pa。

(4) at(工程大气压):1 at=1 kgf/cm²=$9.806\,65\times10^4$ Pa。

此外还有两种英制压强单位:inchHg(英寸汞柱)和psi(普西,即磅力每平方英寸(1 bf/in²))。

各种真空度单位间的换算关系如表1-1所列。

顺便指出,在工程实际中常用到下述换算关系:

$$1\ \text{atm}=760\ \text{Torr}=1013\ \text{mbar}=1013\times10^2\ \text{Pa}$$

若粗略计,则同一压强用托或毫巴或百帕为单位表示,差别不是很大。目前,天气预报中就用百帕作气压单位。

表 1-1 压强单位换算表

单位	Pa(帕)	Torr(托)	μbar(微巴)	atm(标准大气压)	at(工程大气压)	inchHg(英寸汞柱)	psi(磅力每平方英寸)
1 Pa	1	7.5006×10^{-3}	10	9.869×10^{-6}	1.0197×10^{-5}	2.9530×10^{-4}	1.4503×10^{-4}
1 Torr	1.3332×10^{2}	1	1.3332×10^{3}	1.3158×10^{-3}	1.3595×10^{-3}	3.9370×10^{-2}	1.9337×10^{-2}
1 μbar	10^{-1}	7.5006×10^{-4}	1	9.8692×10^{-7}	1.0197×10^{-6}	29.9530×10^{-4}	1.4503×10^{-5}
1 atm	1.0133×10^{5}	760.00	1.0133×10^{6}	1	1.0332	29.921	14.695
1 at	9.8067×10^{4}	735.56	9.8067×10^{5}	9.6784×10^{-1}	1	28.959	14.223
1 inchHg	3.3864×10^{3}	25.400	3.3864×10^{4}	3.8421×10^{-2}	3.4532×10^{-2}	1	0.49115
1 psi	6.8948×10^{3}	51.715	6.8748×10^{4}	6.8046×10^{-2}	7.0307×10^{-2}	2.0360	1

1.1.3 真空区域划分

迄今为止，采用最高超的真空技术所能达到的最低压力状态大致为 10^{-12} Pa，大气压大约为 10^{5} Pa，因此，17 个数量级的广阔的压力范围均在真空技术所涉及的范畴之内。随着真空度的提高，"真空"的性质逐渐发生变化，经历着气体分子数的量变到"真空"质变的若干过程，构成了"真空"的不同区域。为了便于讨论和实际应用，常把真空划分为低真空、中真空、高真空、超高真空、极高真空等五个区域。表 1-2、表 1-3 分别列出了相应的压力范围、特性参数、气流特点、应用领域(特别是在薄膜技术中的应用)等。

表 1-2 不同真空区域的物理特性

物理特性 \ 区域	低真空	中真空	高真空	超高真空	极高真空
压力范围/Pa	$10^{5}\sim10^{2}$	$10^{2}\sim10^{-1}$	$10^{-1}\sim10^{-5}$	$10^{-5}\sim10^{-9}$	$<10^{-9}$
气体分子密度/(个/cm³)	$10^{19}\sim10^{16}$	$10^{16}\sim10^{13}$	$10^{13}\sim10^{9}$	$10^{9}\sim10^{5}$	$<10^{5}$
平均自由程/cm	$10^{-5}\sim10^{-2}$	$10^{-2}\sim10$	$10\sim10^{5}$	$10^{5}\sim10^{9}$	$>10^{9}$
气流特点	1. 以气体分子间的碰撞为主 2. 粘滞流	过渡区域	(1) 以气体分子与器壁的碰撞为主 (2) 分子流 (3) 已不能按连续流体对待	分子间的碰撞极少	气体分子与器壁表面的碰撞频率较低
平均吸附时间	气体分子以空间飞行为主			气体分子以吸附停留为主	

上述真空区域的划分方法，不单是为了方便，而是与真空性质的变化相关联。每一个区域对应的真空的性质是不同的。

表 1-3　真空区域的划分及应用

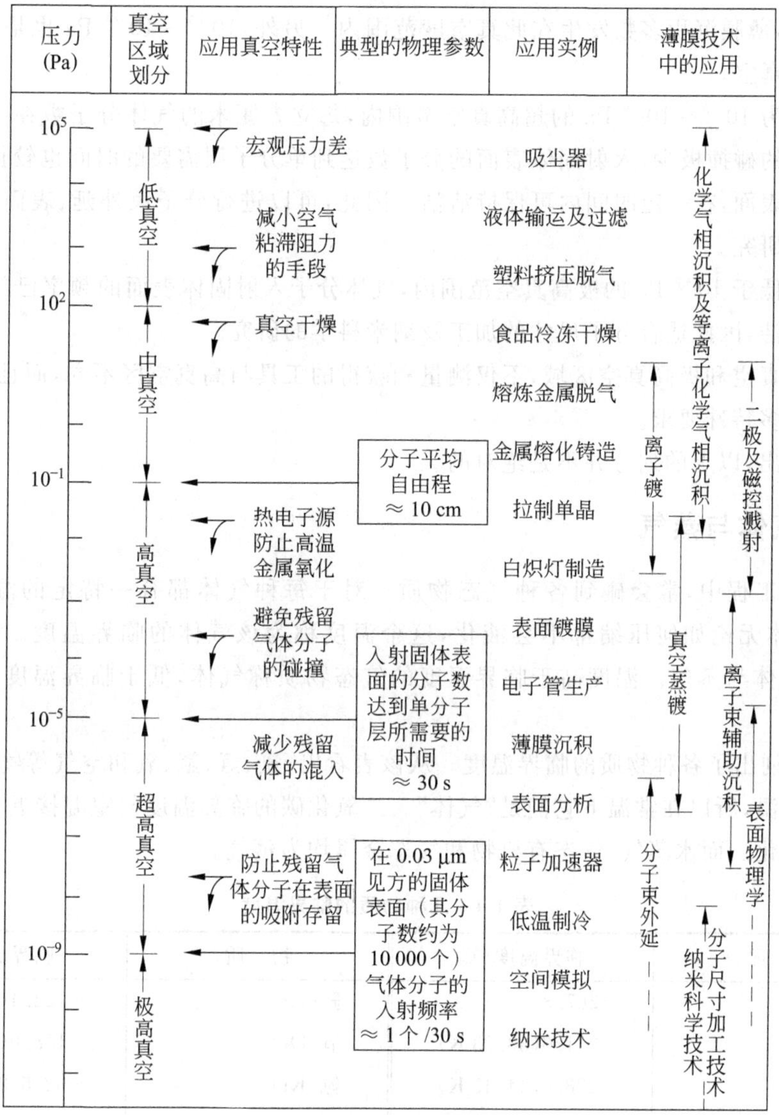

压力 (Pa)	真空区域划分	应用真空特性	典型的物理参数	应用实例	薄膜技术中的应用
10^5	低真空	宏观压力差		吸尘器	化学气相沉积及等离子化学气相沉积
		减小空气粘滞阻力的手段		液体输运及过滤	
				塑料挤压脱气	
10^2	中真空	真空干燥		食品冷冻干燥	
				熔炼金属脱气	离子镀；二极及磁控溅射
				金属熔化铸造	
10^{-1}			分子平均自由程 ≈ 10 cm	拉制单晶	
	高真空	热电子源防止高温金属氧化		白炽灯制造	真空蒸镀
		避免残留气体分子的碰撞	入射固体表面的分子数达到单分子层所需要的时间 ≈ 30 s	表面镀膜	离子束辅助沉积
10^{-5}		减少残留气体的混入		电子管生产	
				薄膜沉积	
	超高真空			表面分析	分子束外延；表面物理学
		防止残留气体分子在表面的吸附存留	在 0.03 μm 见方的固体表面（其分子数约为 10 000 个）气体分子的入射频率 ≈ 1 个 /30 s	粒子加速器	
				低温制冷	分子尺寸加工技术；纳米科学技术
10^{-9}	极高真空			空间模拟	
				纳米技术	

在 $10^5 \sim 10^2$ Pa 低真空状态下，气体空间的特性与大气相差不大，气体分子密度大，并仍以热运动为主，分子之间碰撞十分频繁，气体分子的平均自由程很短。通常，在此真空区域，使用真空技术的主要目的是为了获得压力差，而不要求改变空间的性质。

在真空度 $10^2 \sim 10^{-1}$ Pa 的中真空范围内，气体的流动状态逐渐由粘滞流过渡到分子流，对流现象完全消失。在电场作用下，会产生辉光放电和弧光放电，离子镀、溅射镀膜等跟气体放电和低温等离子体相关的镀膜技术都在此压力范围内开始。此外，10^{-1} Pa 也是一般机械泵能达到的极限真空度。

在 10^{-1} Pa 压力下，气体分子的平均自由程大约为 10 cm；若低于此压力，则气体已不能按连续流体对待。在 $10^{-1} \sim 10^{-5}$ Pa 的高真空范围内，分子在运动过程中相互间的碰撞很少，气体分子的平均自由程已大于一般真空容器的线度，以气体分子与器壁的碰撞为主。因此，在高真空状态蒸发的材料，其原子（或微粒）受残余气体分子碰撞被散射的作用很小，前者将按直线方向飞行。由于容器中的真空度很高,残余气体分子与被蒸镀材料的化学作用也十分微弱,薄膜沉积多数发生在此真空度范围内。另外,$10^{-5}\sim10^{-6}$ Pa 也是扩散泵所能达到的极限真空。

在压强为 $10^{-5}\sim10^{-9}$ Pa 的超高真空范围内,每立方厘米的气体分子数在 10^9 个以下。不仅分子间的碰撞极少,入射固体表面的分子数达到单分子层需要的时间也较长,在此真空度下解理的表面,在一定时间内可保持清洁。因此,可以进行分子束外延、表面分析及其他表面物理学研究。

在压强低于 10^{-9} Pa 的极高真空范围内,气体分子入射固体表面的频率已经很低,可以保持表面清洁,因此适合分子尺寸的加工及纳米科学的研究。

在超高真空和极高真空区域,不仅测量和获得的工具与高真空区不同,而且对真空室及其部件有许多特殊要求。

应该指出,以上的划分并不是绝对的。

1.1.4 气体与蒸气

在实际工程中,常会碰到各种气态物质。对于每种气体都有一特定的温度,高于此温度时,气体无论如何压缩都不会液化,这个温度称为该气体的临界温度。利用临界温度来区分气体与蒸气。温度高于临界温度的气态物质称气体,低于临界温度的气态物质称为蒸气。

表 1-4 列出了各种物质的临界温度。从该表看出,氮、氢、氩、氧和空气等物质的临界温度远低于室温,所以在常温下它们是“气体”。二氧化碳的临界温度与室温接近,在室温以下压缩较易液化。而水蒸气、气态有机物和气态金属均为蒸气。

表 1-4 几种物质的临界温度

物 质	临界温度/℃	物 质	临界温度/℃
氮(N_2)	−267.8	氩(Ar)	−122.4(150.71 K)
氢(H_2)	−241.0(33.23 K)	氧(O_2)	−118.0(154.77 K)
氖(Ne)	−228.0(44.43 K)	氪(Kr)	−62.5(209.38 K)
氦(He)	−147.0(126.25 K)	氙(Xe)	+14.7(289.74 K)
空气	−140.0	二氧化碳(CO_2)	+31.0
乙醚	+194.0	铁(Fe)	+3700.0
氨(NH_3)	+132.4	甲烷(CH_4)	−82.5
酒精(CH_3CH_2OH)	+243.0	氯(Cl_2)	+144.0
水(H_2O)	+374.2	一氧化碳(CO)	−140.2
汞(Hg)	+1450.0		

把各种固体或液体放入密闭的容器中,在任何温度下都会蒸发,蒸发出来的蒸气形成蒸气压。在一定温度下,当单位时间内蒸发出来的分子数同凝结在器壁和回到蒸发物质的分子数相等时的蒸气压,叫做该温度下的饱和蒸气压。饱和蒸气压与温度有关,随着温度上升而增加,随着温度下降而减小;但同体积无关。表 1-5 是几种物质的饱和蒸气压。

表1-5 几种物质的饱和蒸气压

物质名称	在20℃下的饱和蒸气压/Torr	物质名称	在20℃下的饱和蒸气压/Torr
水	17.5	密封油脂	$10^{-3}\sim10^{-7}$
机械泵油	$10^{-2}\sim10^{-5}$	普通扩散泵油	$10^{-5}\sim10^{-8}$
汞	1.8×10^{-3}	275超高真空扩散泵硅油	5×10^{-10}(25℃)

注：1 Torr=133.32 Pa。

在真空技术实践中，要使安装的真空系统符合要求，必须了解构成系统所用材料的饱和蒸气压是否高出系统所要求的真空度。一般材料的饱和蒸气压要低于所需真空度两个数量级。

1.2 真空的表征

1.2.1 气体分子运动论

气体分子运动论是真空物理的基本内容，研究真空容器中气体分子运动的规律。

1. 理想气体状态方程

真空中的气体一般视为理想气体，在平衡状态服从理想气体状态方程：

$$pV = \frac{M}{\mu}RT \tag{1-1}$$

式中，p 为气体压强(Pa)；V 为气体体积(m^3)；M 为气体质量(kg)；T 为热力学温度(K)；μ 为摩尔质量(kg/mol)；R 为气体常数(8.3144 J/(mol·K))。

2. 气体压强公式

理想气体分子对器壁进行大量的、无规则的碰撞，是气体压强的本质。压强同气体分子密度和运动速度二次方成正比。气体压强公式：

$$p = \frac{2}{3}n\left(\frac{1}{2}m\overline{v^2}\right) \tag{1-2}$$

式中，n 为气体分子密度($1/m^3$)；$\overline{v^2}$为气体分子速度二次方的平均值(m^2/s^2)；m 为气体分子质量。

设$\bar{\varepsilon} = \frac{1}{2}m\overline{v^2}$表示气体分子平均平动动能

$$\bar{\varepsilon} = \frac{3}{2}kT = \frac{1}{2}m\overline{v^2} \tag{1-3}$$

由式(1-2)和式(1-3)可以推出

$$p = nkT \tag{1-4}$$

$$n = \frac{p}{kT} \tag{1-5}$$

式中，k 为玻耳兹曼常量(1.38×10^{-23} J/K)，$k=R/N_A$，N_A 为阿伏加德罗常数($6.023\times10^{23}\ mol^{-1}$)。

式(1-5)为“阿伏加德罗定律”，表明在相同压强和温度下，各种气体单位体积含分子数相同。

3. 分压强与总压强

理想气体压强是可加的，遵守“道尔顿分压定律”，对于混合气体，总压强等于分压强之和。

$$p = p_1 + p_2 + \cdots + p_i + \cdots$$

4. 分子速率的麦克斯韦分布定律

真空容器中气体分子运动是乱运动，每一分子运动速度的大小及方向是无规则的，偶然的，但大部分分子运动服从麦克斯韦速率分布定律。设有 N 个气体分子的理想气体，在平衡状态速率处在 $v \sim (v+\mathrm{d}v)$ 之间的分子数

$$\mathrm{d}N = Nf(v)\mathrm{d}v$$

$$\mathrm{d}N = N\left(\frac{m}{2\pi kT}\right)^{3/2} \cdot \exp\left(-\frac{mv^2}{2kT}\right) \cdot 4\pi v^2 \mathrm{d}v \tag{1-6}$$

$f(v)\mathrm{d}v = \frac{\mathrm{d}N}{N}$ 为速率位于 $v \sim (v+\mathrm{d}v)$ 区间的相对分子数或分子处于 $v \sim (v+\mathrm{d}v)$ 间的几率。

$f(v)$ 叫速率分布函数，其规律如图 1-2 所示。为了更深入地理解速率分布函数 $f(v)$ 所表达的意义，图 1-3 以 H_2 和 N_2 分子为例，对其速率分布进行了定量描述。图中表示，总分子数为 10^7 个、速率间隔 $\mathrm{d}v$ 为 1 cm/s 时，在不同速率范围的分子数。例如，0℃ 的 N_2 分子，v 处于 1000～1000.01 m/s 范围内的分子数大约为 9 个。

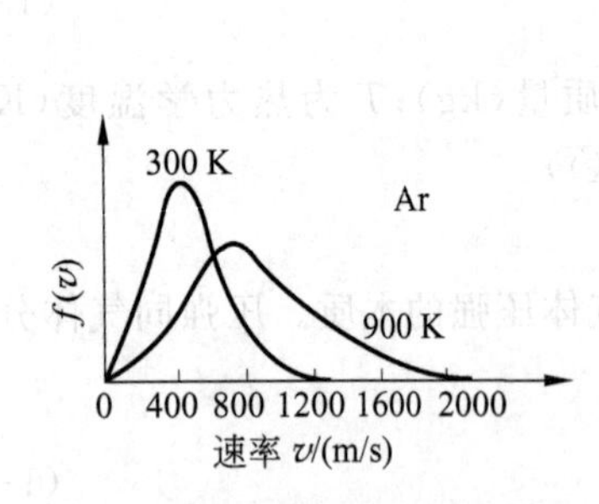

图 1-2 麦克斯韦速率分布曲线

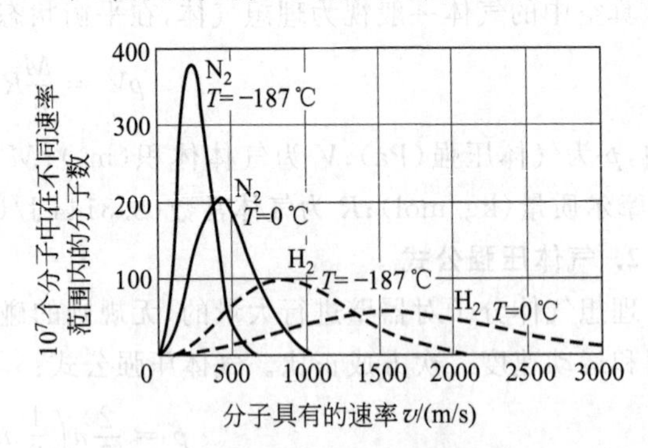

图 1-3 H_2 及 N_2 分子的速率分布①

由曲线可知，平衡温度越低，曲线越陡，分子按速率分布越集中；温度越高，曲线平缓，分子按速率分布越分散，因为

$$\int_0^\infty f(v)\mathrm{d}v = \int_0^\infty \frac{\mathrm{d}N}{N} = 1$$

所以，$f(v)$ 归一化了。

由式(1-6)可以求出下述三个非常有用的特征速率。

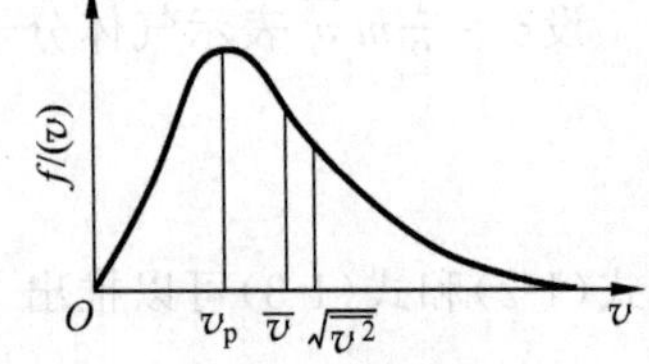

图 1-4 气体分子的特征速率

(1) 最可几速率 最可几速率 v_p 表示气体分子运动中具有这种 v_p 速率的分子数最多，如图 1-4 所示。它可以通过对速率分布函数 $f(v)$ 求极值来得到，即令导数：

---

① 纵轴表示，总分子数为 10^7，速率间隔 $\mathrm{d}v$ 为 1 cm/s 时，在不同速率范围内的分子数（例如 0℃ 的 N_2 分子，v 在 1000～1000.01 m/s 范围内的分子数大约有 9 个）。如果 10^7 个分子分布在 1 cm^3 的体积中，对应的压力约为 3.7×10^{-8} Pa(2.8×10^{-10} Torr)。

$$\frac{\mathrm{d}f(v)}{\mathrm{d}v}=0$$

求出

$$v_{\mathrm{p}}=\sqrt{\frac{2kT}{m}}=\sqrt{\frac{2RT}{\mu}} \tag{1-7}$$

(2) 平均速率 分子运动速率的算术平均值,用$\bar{v}$表示。

$$\left.\begin{aligned}\bar{v}&\equiv\int_0^{\infty}vf(v)\mathrm{d}v\\ \bar{v}&\equiv\sqrt{\frac{8kT}{\pi m}}=\sqrt{\frac{8RT}{\pi\mu}}\end{aligned}\right\} \tag{1-8}$$

(3) 均方根速率 分子运动速率二次方的平均值再取二次方根,用$\sqrt{\overline{v^2}}$表示。

$$\sqrt{\overline{v^2}}=\sqrt{\frac{3kT}{m}}=\sqrt{\frac{3RT}{\mu}} \tag{1-9}$$

由以上三式可知

$$\sqrt{\overline{v^2}}>\bar{v}>v_{\mathrm{p}}$$

还可以看出,分子运动速率不仅与温度有关,还与分子的质量有关。这一关系导致了"选择作用",即在相同温度下,各种气体运动的速度是不同的。表1-6列出了在15℃下一些气体分子的平均速率。

表1-6 常见气体分子运动的平均速率

气体	H_2	He	H_2O	N_2	O_2	Ar	CO	CO_2	Hg
$v/(10^2\ \mathrm{m/s})$	16.93	12.08	5.65	4.54	4.25	3.80	4.54	3.62	1.79

1.2.2 分子运动的平均自由程

为研究真空中分子间的碰撞和带电粒子跟气体分子间的碰撞问题,必须引入平均自由程的概念。

1. 分子的碰撞频率

由于无规则运动的分子间发生碰撞,分子从一处移到另一处时,其所走路程必然是迂回的折线。某一分子单位时间内与其他分子的碰撞次数是无规则的,大量分子碰撞次数的平均值叫平均碰撞次数,用$\bar{Z}$表示,它与气体压强成正比。

2. 分子运动的平均自由程

分子任意两次碰撞之间通过的路程λ,叫自由程,大量分子多次碰撞自由程的平均值$\bar{\lambda}$,叫分子运动的平均自由程。

设$\bar{v}$为平均速度,t时间内分子运动的平均路程为$\bar{v}t$,t时间内分子平均碰撞次数为$\bar{Z}t$次,则平均自由程

$$\bar{\lambda}=\frac{\bar{v}t}{\bar{Z}t}=\frac{\bar{v}}{\bar{Z}} \tag{1-10}$$

由式(1-10)可知$\bar{\lambda}\propto\frac{1}{\bar{Z}}$。即碰撞次数越多,平均自由程越短。

3. 碰撞截面

假设气体分子类似弹性球,直径为 d。只有当两分子的中心距离接近达 d 时才能发生碰撞。$d=2r$,定为分子的有效直径。可以设想,在以分子 A 的中心的运动轨迹为轴线,以分子有效直径 d 为半径做一个圆柱体,凡是中心在此圆柱体内的分子都会与 A 碰撞。该圆柱体的截面积:

$$\sigma = \pi d^2$$

σ 叫分子的碰撞截面。在时间 t 内,A 所走过的路程为 $\bar{v}t$。相应的圆柱体体积为 $\sigma \cdot \bar{v} \cdot t$。$n$ 为单位体积的分子数。那么,A 与其他分子的碰撞次数为 $n \cdot \sigma \cdot \bar{v} \cdot t$。因此,碰撞频率

$$\bar{Z} = \frac{n\sigma \bar{v} t}{t} = n\bar{v}\sigma \tag{1-11}$$

考虑到分子的相对运动,上式修正为

$$\bar{Z} = \sqrt{2}\, n\bar{v}\sigma$$

若上式代入式(1-10)中,则

$$\bar{\lambda} = \frac{\bar{v}}{\bar{Z}} = \frac{1}{\sqrt{2}n\sigma} \tag{1-12}$$

气体分子密度越大,压强 p 越大,则

$$\bar{\lambda} \propto \frac{1}{p}$$

对于 25℃的空气,有

$$\bar{\lambda} \approx \frac{5 \times 10^{-3}}{p(\mathrm{Torr})}\mathrm{cm} = \frac{0.667}{p(\mathrm{Pa})}\mathrm{cm} \tag{1-13}$$

由以上分析可知,真空度越高,$\bar{\lambda}$ 越大。

值得强调的是,上述 $\bar{\lambda}$ 针对的是气体分子之间的碰撞,而分子与器壁间的碰撞,则不能用此概念。一般容器尺寸多为 10~100 cm,当气压为 1.33×10^{-4} Pa 时,$\bar{\lambda}=5000$ cm,已超出分子直线飞行的距离,故这个 $\bar{\lambda}$ 在物理上并未能实现。实际实现的只能是与器壁碰撞形成的"自由程",即是容器的有效线度,数值是 $d=10\sim100$ cm,与 p、n 无关。可以理解为一个气体分子在器壁间来回碰撞若干次(约等于 $\bar{\lambda}/d$ 次,上例为 $\bar{\lambda}/d=5000/(10\sim100)$ 即 $\bar{\lambda}/d=500\sim50$ 次)后,才与另一气体分子发生碰撞一次,在这种情况下,分子与器壁的碰撞是主要的。

在等离子体中,电子、离子速度分布基本上遵循麦克斯韦分布定律。可以将平均自由程的概念推广到带电粒子上去。

与气体混合的离子的平均自由程

$$\bar{\lambda}_{\mathrm{i}} = \frac{1}{\pi\left(\dfrac{d+d_{\mathrm{i}}}{2}\right)^2 n}$$

式中,d 为气体分子直径;d_{i} 为离子直径。若离子为该气体电离后形成的,则

$$d_{\mathrm{i}} = d$$

故

$$\bar{\lambda}_i=\frac{1}{\pi d^2 n}=\frac{1}{\sigma n}=\sqrt{2}\lambda \tag{1-14}$$

同样，电子在气体中运动的平均自由程为

$$\bar{\lambda}_e=\frac{1}{\pi\left(\frac{d+d_e}{2}\right)^2 n}$$

式中，d_e 为电子直径。

因为 $d_e \ll d$，所以

$$\bar{\lambda}_e=\frac{2}{\pi\frac{d^2}{4}n}=4\sqrt{2}\lambda \tag{1-15}$$

可知，离子与电子的平均自由程比混合气体的自由程大。

4. 气体分子按自由程分布

在大量无规则运动的分子中，其自由程有的比$\bar{\lambda}$长，有的比$\bar{\lambda}$短。现在研究在全部分子中，自由程介于给定长度区间 $x \sim x+\mathrm{d}x$ 的分子数有多少。

若某时间有 N_0 个分子，则在与其他分子碰撞时，每碰撞一次，减少一个分子，通过 x 路程时还剩下 N 个分子，在下段的 $\mathrm{d}x$ 路程上又减少了 $-\mathrm{d}N$ 个分子（$-\mathrm{d}N$ 表示 N 的减少量）。下面确定 N 与 $\mathrm{d}N$。

设分子平均自由程为$\bar{\lambda}$，单位长度路程上，每个分子平均碰撞 $1/\bar{\lambda}$次。在 $\mathrm{d}x$ 路程上，每个分子平均碰撞$\frac{\mathrm{d}x}{\bar{\lambda}}$次。因此，由于上述次数的碰撞，分子的减少量为

$$-\mathrm{d}N=\frac{1}{\bar{\lambda}}N\mathrm{d}x \tag{1-16}$$

$$-\frac{\mathrm{d}N}{N}=\frac{\mathrm{d}x}{\bar{\lambda}}$$

取不定积分

$$\ln N=\frac{-x}{\bar{\lambda}}+C$$

C 为积分常数，假设 $x=0$，$N=N_0$，代入上式求出

$$\ln N_0=C$$

因此，$\ln\frac{N}{N_0}=\frac{-x}{\bar{\lambda}}$，则

$$N=N_0\cdot \mathrm{e}^{-x/\bar{\lambda}} \tag{1-17}$$

N 表示在 N_0 个分子中自由程大于 x 的分子数，代入式(1-16)，得

$$-\mathrm{d}N=\frac{1}{\bar{\lambda}}N_0\mathrm{e}^{-x/\bar{\lambda}}\mathrm{d}x \tag{1-18}$$

$\mathrm{d}N$ 表示自由程介于 $x \sim x+\mathrm{d}x$ 区间内的分子数。分子按自由程分布的概念很有用。例如，对高真空的电真空器件，电子的平均自由程$\bar{\lambda}_e \gg d$（容器尺寸），无法理解在这种条件下电子与气体分子能实现碰撞，但从分子按自由程分布看，总有少量电子自由程小于 d，可以实现

这种碰撞。

1.2.3 气流与流导

上述那样的稀薄气体，在真空容器这一“特定空间”中是怎样流动的，在真空技术中又是如何处理的呢？

在真空系统中一定有气体发生源和抽除气体的排气系统，因而在真空容器或管道中存在着气流。图 1-5 是在气流方向上一个气体分子如何移动的示意图。图 1-5(a)表明，气体主要是在分子与分子碰撞的过程中流动（容器的尺寸远大于平均自由程），故称此种气流为粘滞流（viscous flow）；而图 1-5(b)表明，气体主要是在分子和容器碰撞的过程中流动（容器的尺寸远小于平均自由程），故称之为分子流（molecular flow）。单位时间内气体流动的量叫流量。在真空技术中跟水的情况不同，流量要用（压强×体（容）积/时间）表示。这是因为气体的体（容）积随压强而大幅度变化（与压强成反比）的缘故。然而，压强与密度成正比，所以，结果同水的情况一样，流量与（质量/时间）成正比。流量单位通常用 Pa · L/s 或 Torr · L/s 表示。

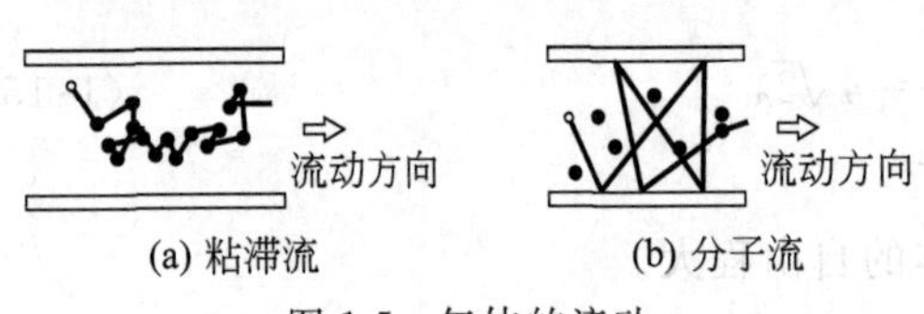

图 1-5　气体的流动

气体流动的难易程度可以用流导表示。流导 C、流量 Q 和压强 p 三者的关系，与电学中的欧姆定律很相似，即

$$Q = Cp \tag{1-19}$$

也就是 Q 相当于电流（强度）、C 相当于 $1/R$（电阻）、p 相当于电压。因为 $C=Q/p$，所以流导的单位跟抽速（容积/时间）相同，通常为(L/s)。

流导的大小随气流的状态（分子流或粘滞流）和管道的形状（小孔或长管）而不同。在粘滞流状态下，气体分子间的碰撞是主要的，气体压强的作用较为有效，气体容易流通，故流导大；与此相反，在分子流状态下，气体分子间的碰撞可以忽略，气体压强的作用较小，所以流导小。通常，我们所利用的真空空间压强极低，大部分属于分子流，所以下面只叙述分子流状态下的流导。

1.2.3.1 小孔的流导

单位时间飞入单位面积小孔的分子数可以用式 $J=\frac{n\bar{v}}{4}$ 给出。其中 n 为气体分子浓度 ($1/m^3$)；$\bar{v}$ 为式(1-8)所示的气体分子的平均速度。对上述公式 2.3 节要详细讨论。这些气体分子相互之间没有碰撞，所以全都穿过小孔而到达小孔另一侧的空间（为简单起见，假设小孔另一侧的空间为绝对真空）。若把分子数换算成以容积表示，则小孔的流导如表 1-7 所列。

1.2.3.2 长管的流导($l/a \geqslant 100$)

在考虑到气体分子运动的情况下，对于断面形状处处相同的长管，其流导可以按表 1-7 所列公式那样求出。由表 1-7 可知，长管的流导与半径的三次方成正比。

表 1-7 分子流状态下的流导 L/s

分类	小 孔	长 管	短 管
一般气体	$C_0=\frac{1}{4}\bar{v}A_0$ $=3.64A_0\sqrt{T/\mu}$	$C_l=\frac{4}{3}\frac{\bar{v}}{\int_0^l\frac{H}{A^2}\mathrm{d}l}$ $=30.5\frac{a^3}{l}\sqrt{T/\mu}$	$C_s\approx$(C_0 和 C_l 的串联) $=\frac{C_0}{1+\frac{3}{8}\cdot\frac{l}{a}}$
空气(25℃)	$11.7\times A_0$	$97.7\frac{a^3}{l}$	$\frac{36.8a^2}{1+\frac{3}{8}\cdot\frac{l}{a}}$

注：$\bar{v}$ 为气体分子的平均速度式，即式(1-8)；A_0 为小孔的面积，cm^2；T 为气体的热力学温度，K；μ 为气体的摩尔质量；A 为管的断面积，cm^2；H 为断面积 A 处的周长，cm；a 为管的半径，cm；l 为管的长度，cm。

1.2.3.3 短管的流导

管变短时，气体分子飞入管的端面的几率变得不可忽视，因而长管的流导公式也就不能使用。正确使用克劳辛系数，可以把普通管的端面的流导(用小孔的流导公式给出)和长管的流导串联，近似地作为短管的流导(参照表 1-7)。

黏滞流状态下的流导与本书的读者几乎没有关系，要是有兴趣的话，可以参阅真空技术方面的参考书。

1.2.3.4 组合流导的公式

如图 1-6 所示，对于具有各种流导的系统，其合成流导 C 和电学中的情况一样(把流导 C 当作 $1/R$)，可以用

$$1/C=1/C_1+1/C_2+1/C_3+\quad(\text{串联})$$

$$C=C_1+C_2+C_3+\quad(\text{并联})$$

求出。

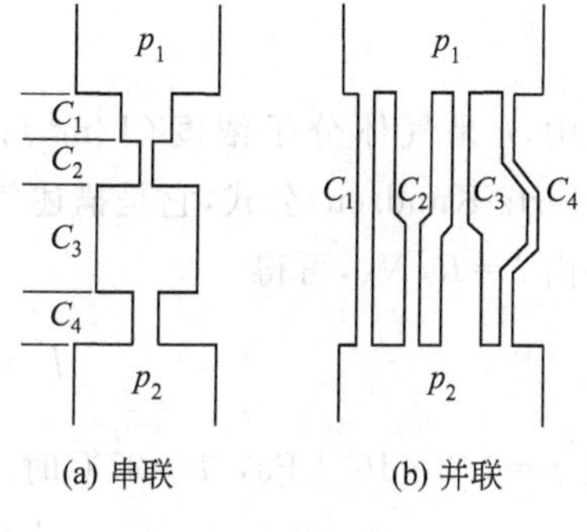

图 1-6 流导的组合

1.3 气体分子与表面的相互作用

气体分子与表面的相互作用，包括气体分子或蒸发出的原子跟器壁或基板表面的碰撞，也包括气体分子或蒸发原子从器壁或基板表面的反射或被吸附。

1.3.1 碰撞于表面的分子数

平衡状态下，器壁受到分子的频繁碰撞，其碰撞于单位面积上的分子数可做如下分析。

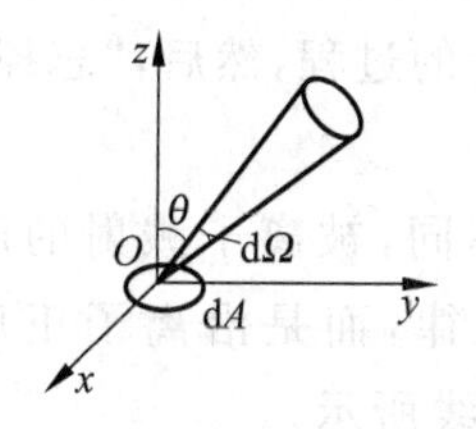

图 1-7 余弦定律示意图

计算单位时间内碰撞于器壁或基板上小面积 $\mathrm{d}A$ 上的分子数时，可参看图 1-7。由于分子运动的无规性，运动的各个方向机会均等，因此，任何时刻运动方向在立体角 $\mathrm{d}\Omega$ 中的几率为 $\mathrm{d}\Omega/4\pi$。设 $\mathrm{d}\Omega$ 与 $\mathrm{d}A$ 法线夹角为 θ，单位时间内，速率在 $v\sim v+\mathrm{d}v$ 间从立体角 $\mathrm{d}\Omega$ 方向飞来碰撞于 $\mathrm{d}A$ 上的分子数目，就是以 $\mathrm{d}A\cos\theta$ 为底，v 为高的圆筒中的分子，其数目为

$$\frac{d\Omega}{4\pi}f(v)dv \cdot nv\cos\theta \cdot dA$$

单位时间内从立体角 $d\Omega$ 方向飞来的各种速度的分子数，只需对上式就 dv 从 $0\sim\infty$ 积分：

$$\frac{d\Omega}{4\pi}n\cos\theta dA\int_0^{\infty} vf(v)d\,\bar{v} = \frac{d\Omega}{4\pi}n\bar{v}\cos\theta dA \tag{1-20}$$

上式表明，碰撞于 dA 上的分子数跟分子飞来方向与法线夹角余弦成正比。

任何角度，单位时间碰撞于 dA 的总分子数，只需对立体角 $d\Omega$ 积分，选球坐标系，则有

$$d\Omega = \sin\theta d\theta d\phi$$

总分子数

$$J_t = \frac{n\bar{v}}{4\pi}dA\int_0^{2\pi}d\phi\int_0^{\pi/2}\sin\theta\cos\theta d\theta = \frac{n\bar{v}}{4}dA$$

则单位时间内，碰撞于单位面积上的气体分子数

$$J = \frac{n\bar{v}}{4} \tag{1-21}$$

式中，n 是气体分子浓度($1/m^3$)；$\bar{v}$ 是分子运动的平均速率。式(1-21)叫赫兹-克努曾(Hertz-Knudsen)公式，它是描述气体分子热运动的重要公式。考虑到式(1-5)和式(1-8)，并由 $k=R/N_A$，可得

$$J = \frac{p}{\sqrt{2\pi mkT}} = \frac{pN_A}{\sqrt{2\pi\mu RT}} \tag{1-22}$$

当 $p=1.3\times10^{-4}$ Pa，$T=27$℃时

$$J \approx 3.7\times10^4 \text{ 个}/(\text{cm}^2\cdot\text{s})$$

1.3.2 分子从表面的反射

克努曾定律指出：碰撞于固体表面的分子，其飞离表面的方向与飞来的方向无关，而是呈余弦分布的方式漫反射。当其离开表面时位于立体角 $d\Omega$ 与表面法线成 θ 角中的几率为

$$dp = \frac{d\Omega}{\pi}\cos\theta \tag{1-23}$$

式中系数 $1/\pi$ 是归一化因子，即位于 2π 立体角中的几率为1。反射分子分布如图1-7所示。

克努曾余弦漫反射定律意味着，无论是以分子束的形式还是以单个分子的形式，无论飞来方向如何，碰撞于表面的分子都被表面吸附，停留一段时间，进行某种交换动作或能量的过程，然后，“忘掉”原来的方向重新“蒸发”。

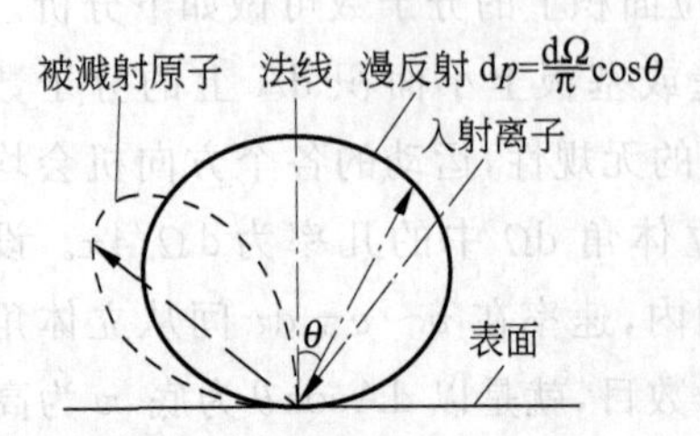

图1-8 反射分子数按 θ 角余弦分布

与气体分子在表面上反射不同，被离子溅射的原子，在表面不服从克努曾余弦定律，而是沿离子正反射方向分布最多，如图1-8中虚线所示。

作为小结，对于25℃的空气，利用式(1-5)、

式(1-13)和式(1-22),可分别计算出分子密度、平均自由程、分子碰撞器壁的速率等与真空度的关系,如图1-9所示。表1-8和表1-9分别列出几种气体的性质及与薄膜沉积相关的参数。

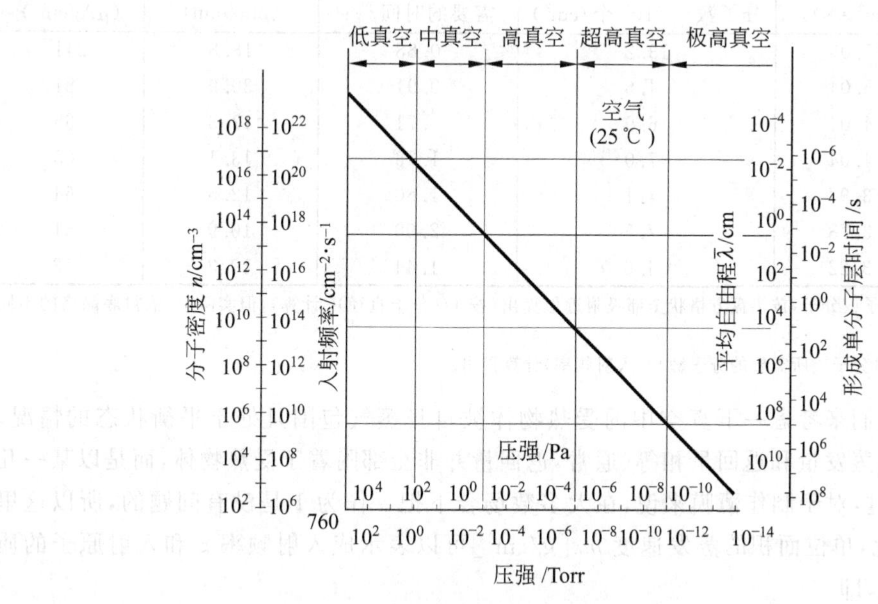

图1-9 几个真空概念之间关系(25℃,空气)

表1-8 气体的性质

气体	化学符号	摩尔质量 $\mu/10^{-3}$ kg	分子质量 $m_s/10^{-26}$ kg	平均速率$\bar{v}$/(10^2 m/s)(0℃)	分子直径δ/10^{-10}m(0℃)	平均自由程$\bar{\lambda}$/10^{-5}m(25℃,100 Pa(0.75 Torr))
氢	H_2	2.016	0.3347	16.93	2.75	12.41
氦	He	4.003	0.6646	12.01	2.18	19.62
水蒸气	H_2O	18.02	2.992	5.665	4.68	4.49
氖	Ne	20.18	3.351	5.355	2.60	13.93
一氧化碳	CO	28.01	4.651	4.543	(3.80)	(6.67)
氮	N_2	28.02	4.652	4.542	(3.78)	(6.68)
空气		(28.98)	(4.811)	4.468	3.74	6.78
氧	O_2	32.00	5.313	4.252	3.64	7.20
氩	Ar	39.94	6.631	3.805	3.67	7.08
二氧化碳	CO_2	44.01	7.308	3.624	4.65	4.45
氪	Kr	83.7	13.9	2.629	4.15	5.41
氙	Xe	131.3	21.8	2.099	4.91	3.97
水银	Hg	200.6	33.31	1.698	(5.11)	3.55

1.3.3 蒸发速率

在真空中,由受热物体所产生的蒸发量,从制作薄膜的角度来看是一个重要的参数。蒸发速率 m 可以由入射频率求出。

表 1-9 气体在 1.3×10^{-4} Pa(1×10^{-6} Torr)压强下的各种常数
(与薄膜沉积相关联的常数)

气体	入射频率/(10^{14}/($cm^2\cdot s$))	形成单分子层所需要的分子数①/(10^{14}个/cm^2)	形成单分子层所需要的时间②/s	厚度换算值/(nm/min)	电流换算值/($\mu A/cm^2$)
氢	15.06	13.2	0.88	18.8	241
水蒸气	5.04	4.6	0.91	30.9	81
一氧化碳	4.04	6.9	1.71	13.3	65
氮	4.04	7.0	1.73	13.1	65
空气	3.97	7.1	1.80	12.5	64
氧	3.78	7.5	2.00	10.9	61
二氧化碳	3.22	4.6	1.44	19.3	52

① 将入射的原子或分子,按棋盘方格状全部吸附近似算出(按 1/(分子直径)^2 计算),但实际上,依衬底晶格的不同而异;

② 根据(形成单分子层所需要的分子数)/(入射频率)计算得出。

现在,让我们来考虑一下真空中的受热物体被自身蒸气包围且处于平衡状态的情况。在平衡状态下,蒸发量和返回量相等(通常,返回量并非全部附着于受热物体,而是以某一几率 α 附着。不过,对于制作薄膜来说,在大多数场合下把 α 作为 1 是没有问题的,所以这里设 $\alpha=1$)。因此,单位面积的蒸发速度 m_0[g/cm^2]可以表示成入射频率 z 和入射原子的质量(μ/N_A)之积,即

$$m_0 = (1/4)n\bar{v}(\mu/N_A) \tag{1-24}$$

$$= 4.38\times10^{-4}p\sqrt{\mu/T}\,(\mathrm{g}/(\mathrm{cm}^2\cdot \mathrm{s})) \tag{1-25}$$

式中,$N_A=6.023\times10^{23}\ \mathrm{mol}^{-1}$为阿伏加德罗常数;$p$ 为蒸气压[Pa]。

对于蒸发来说,几乎没有返回量。也就是等效于从受热物体周围除去了包围物体的蒸气。在制作薄膜的过程中,无论是蒸发的原子数还是蒸气压都是很小的,所以往往在即使除去蒸气,蒸发的原子数也不会改变的假设(Langmuir 假设)下求蒸发速度。估计实际的蒸发速度时,只要根据已知的蒸气压(参见表 6-2)和式(1-25)进行计算,这对大多数应用来说是足够的了。

1.3.4 真空在薄膜制备中的作用

总起来说,真空在薄膜制备中的作用主要有两个方面:减少蒸发分子跟残余气体分子的碰撞;抑制它们之间的反应。蒸发分子在行进的路径中,它们中的一部分会被残余气体分子碰撞而散乱。设 N_0 个蒸发分子行进距离 d 后未受残余气体分子碰撞的数目

$$N_d = N_0 e^{-d/\bar{\lambda}}$$

被碰撞的分子百分数

$$f = \frac{N_1}{N_0} = 1 - \frac{N_d}{N_0} = 1 - e^{-d/\bar{\lambda}} \tag{1-26}$$

图 1-10 所示为用式(1-26)计算的蒸发分子在行进途中碰撞百分数跟实际行程对平均自由程之比的曲线。当平均自由程等于蒸发源到基片的距离时,有 63%的蒸发分子受到碰撞;如果平均自由程增加 10 倍,则碰撞的分子数减小到 9%。可见,只有在平均自由程较蒸发源到基板的距离大得多的情况下,才能有效地减小碰撞现象。

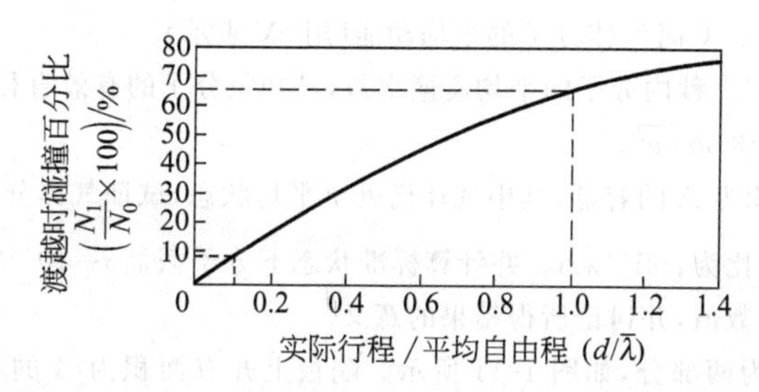

图 1-10　蒸发分子的实际行程对平均自由程之比与碰撞百分数的关系曲线

假如平均自由程足够大，且满足条件$\bar{\lambda}\gg d$，则有 $f\approx d/\bar{\lambda}$。将式(1-13)代入得

$$f\approx 1.5dp$$

为保证膜层质量，设 $f\leqslant 10^{-1}$。当蒸发源到基板的距离 $d=25$ cm 时，$p\leqslant 3\times 10^{-3}$ Pa。对于更大真空室，真空度的要求则更高。

欲抑制残余气体与蒸发材料之间的反应，需要考虑残余气体分子到达基板的速率，由式(1-22)得

$$J=\frac{pN_{\mathrm{A}}}{(2\pi\mu_{\mathrm{G}}RT)^{1/2}} \tag{1-27}$$

式中，μ_{G} 是残余气体的摩尔质量。另一方面，蒸发分子到达基板的速率

$$F=\rho dN_{\mathrm{A}}/(\mu\cdot t) \tag{1-28}$$

式中，ρ、d 和 μ 分别为膜层的密度、厚度和膜层材料的摩尔质量，t 为蒸发时间。假设 $J/F\leqslant 10^{-1}$，则有

$$p\leqslant 10^{-1}\rho d(2\pi\mu_{\mathrm{G}}RT)^{1/2}/(\mu\cdot t) \tag{1-29}$$

对常用材料和适中的蒸发速率，按此式计算的 $p\approx 10^{-4}$ Pa～10^{-5} Pa。可见，为了有效地抑制反应，要求更高的真空度。

习　　题

1.1　标准大气压是如何定义的？以 Pa 为单位求出标准大气压的数值。

1.2　已知 1 个大气压、温度为 0℃，1 m^3 气体中的分子数为 2.69×10^{25} 个，由此求出玻耳兹曼常数 k($\mathrm{Pa\cdot m^3/K}$ 为单位)。

1.3　求 0℃时空气分子的均方根速率及一个大气压下的平均自由程。计算中取空气的摩尔质量为 29 g，空气分子的平均直径为 3.74×10^{-10} m。

1.4　求 25℃时氧分子的 v_{p}，$\bar{v}$，$\sqrt{\overline{v^2}}$。

1.5　求证：(1) N 个分子理想气体速度绝对值在 $v\to v+\mathrm{d}v$ 间的分子数为

$$n(v)\mathrm{d}v=4\pi N\left(\frac{m}{2\pi kT}\right)^{3/2}\exp\left(-\frac{mv^2}{2kT}\right)v^2\mathrm{d}v$$

(2) 算术平均速度为 $\bar{v}=\left(\frac{8kT}{\pi m}\right)^{1/2}$

(3) 最可几速度为 $v_{\mathrm{p}}=\left(\frac{2kT}{m}\right)^{1/2}$

(4) 均方根速度为 $\sqrt{\overline{v^2}}=\left(\frac{3kT}{\pi m}\right)^{1/2}$

1.6 估计 20℃、1000℃、2000℃时气体分子的平均动能(用 eV 表示)。

1.7 求氢在标准状况下,在一秒内分子的平均碰撞次数,已知氢分子的有效直径为2.75×10^{-8} cm。

1.8 证明气体压强 $p=(1/3)nm\overline{v^2}$。

1.9 一个体积为V,表面积为A的容器,其中气体已处于平均状态,试证气体分子间的碰撞频率和分子与器壁间的碰撞频率之比为:$2V/\bar{\lambda}A$。并计算标准状态下分子截面$\sigma=10^{-16}$ cm^2 的气体在直径 10 cm 的球形容器中的上述数值,并讨论所得结果的意义。

1.10 一个容器用隔板分为两部分,如图 1-11 所示。隔板上开有面积为A的小孔,两部分的压强及分子数密度分别为 p_1,n_1 和 p_2,n_2,且维持不变,试证明每秒通过小孔的气体质量为

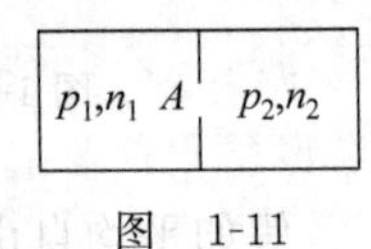

图 1-11

$$M=\sqrt{\frac{\mu}{2\pi RT}}A(p_1-p_2)$$

μ为分子量(设两部分气体为同种且温度相同)。

1.11 有一个天平,其一盘受到一束连续的弹子流的射击,每个弹子的质量是 0.5 g,速度是 100 cm/s,方向与盘面的法线成 30°角,射击的频率是每秒 40 次。假定弹子与盘面的碰撞是完全弹性碰撞,为保持天平的平衡,问应在另一盘上放置多大质量的砝码?

1.12 为使容积为 3 L 的闸流管工作时管内水银蒸气能维持饱和蒸气压状态,最少应滴入多少克水银?(设闸流管最低工作温度区域为 60℃。)

1.13 计算自由程$>\bar{\lambda}$,$>2\bar{\lambda}$,$>5\bar{\lambda}$,$>10\bar{\lambda}$的分子百分数,$\bar{\lambda}$为平均自由程。

1.14 由克努森余弦漫反射定律证明,从所有角度飞来落到单位面积上分子数为:$N=(1/4)n\bar{v}$。

1.15 有一显像管真空度为10^{-4} Pa,其电子枪与荧光屏间距离为 50 cm,试求电子在管中由于与气体分子碰撞而损失的百分数。

1.16 求在 25℃,1.3×10^{-4} Pa 的氮压强下,氮分子对单位面积壁面的碰撞频率。

1.17 求在 25℃,2.6×10^{-4} Pa 的低压氧气氛中,单位面积清洁表面上形成氧的单分子层所需要的分子数(设入射的氧分子全部被吸附,按正方二维点阵,由 1/(分子直径)^2 近似计算)及形成单分子层所需要的时间。

1.18 在 0℃,保持1.3×10^{-4} Pa 的低压氧气氛中,设入射器壁的分子全部"沉积"在表面上,请估算其等效沉积速率(用 nm/min 为单位)。

1.19 真空蒸镀、磁控溅射、离子镀的典型工作气压(或真空度)分别为1.3×10^{-4} Pa、6.5×10^{-1} Pa、1.3 Pa,设从蒸发源(或靶)到基片的距离为 15 cm,试求上述三种工艺条件下,沉积粒子受气体分子碰撞散射的百分数。

1.20 为制备较高纯度的薄膜,需要控制环境气氛与沉积原子之间的反应。若真空蒸镀的沉积速率为 0.2 μm/min,则要求蒸镀室的真空度最差为多少 Pa?

第2章 真空泵与真空规

2.1 真 空 泵

典型的真空系统应包括：待抽空的容器(真空室)、获得真空的设备(真空泵)、测量真空的器具(真空规)，以及必要的管道、阀门和其他附属设备。能使压力①从一个大气压力开始变小，进行排气的泵常称为"前级泵"，另一些却只能从较低压力抽到更低压力，这些真空泵常称为"次级泵"。

对于任何一个真空系统而言，都不可得到绝对真空($p=0$)，而是具有一定的压力 p_m，称为极限压力(或极限真空)。这是该系统所能达到的最低压力，是真空系统能否满足镀膜需要的重要指标之一。第二个主要指标是抽气速率，指在规定压力下单位时间所抽出气体的体积，它决定抽真空所需要的时间。

从理论上讲，一个真空系统所能达到的真空度可由方程

$$p = \sum_i p_{\mu i} + \sum_i \frac{Q_i}{S_i} - \sum_i \frac{V}{S_i}\frac{\mathrm{d}p_i}{\mathrm{d}t} \tag{2-1}$$

确定。式中 $p_{\mu i}$ 是真空泵对 i 气体成分所能获得的极限压强(Pa)；S_i 是泵对 i 气体的抽气速率(L/s)；p_i 是被抽空间中气体成分的分压(Pa)；Q_i 是真空室内的各种气源(Pa·(L/s))；V 是真空室容积(L)；t 是时间(s)。其中，$p_{\mu i}$ 和 S_i 由真空泵的性能、各种泵型的合理选配以及真空室、管道的最佳布局决定，而 Q_i 则与真空系统的结构材料、加工工艺及操作程序有关。

真空泵是获得真空的关键设备。表 2-1 列出常用真空泵的排气原理、工作压强范围和通常所能获得的最低压强(标记"∘"处的压强称为极限压强或极限真空)等项。虚线部分表示真空泵同别的装置组合起来使用时所能扩展的区域。遗憾的是，从这个表中找不出一种真空泵，可以在从大气压到 10^{-8} Pa(10^{-10} Torr)的宽广压强范围内工作，因而常常把 2～3 种真空泵组合起来构成排气系统。典型的例子是油封机械泵(两级)+油扩散泵+液氮冷阱(用于防止油的反扩散)的系统。因该系统使用油，故又称为湿式系统。用它可以获得10^{-6}～10^{-8} Pa(10^{-8}～10^{-10} Torr)的压强。不用油的干式系统是吸附泵+溅射离子泵+钛升华泵系统。用它可以获得 10^{-6}～10^{-9} Pa(10^{-8}～10^{-11} Torr)的压强。

在组成排气系统时，必须选择抽速大小合适的真空泵，而通常只示出抽速的最大值(大约数)。其实，当压强变化时，抽速会有若干变化。以最大抽速作为 100 时，抽速随压强而变化的情况如图 2-1 所示。

---

① 在真空技术中，"压力"亦指物理学中的"压强"。

表 2-1　主要真空泵的工作范围(标记"∘"表示极限压强)

泵的种类		原理	工作压强范围/Pa 10^4 10^2 10^0 10^{-2} 10^{-4} 10^{-6} 10^{-8} 10^{-10} 10^{-12}
机械泵	油封机械泵(两级) 机械式干式泵 机械增压泵 涡轮分子泵	用机械力压缩和排除气体	
蒸气喷射泵	油扩散泵 油喷射泵 蒸气喷射泵	用喷射蒸气的动量把气体带走	
干式泵	溅射离子泵 钛升华泵	利用升华或溅射形成吸气膜，吸附并排除气体	
	低温冷凝(吸附)泵 吸附泵	把气体(物理)吸附并排除到深冷的壁面上	
			10^2 1 10^{-2} 10^{-4} 10^{-6} 10^{-8} 10^{-10} 10^{-12} 10^{-14} 工作压强范围/Torr

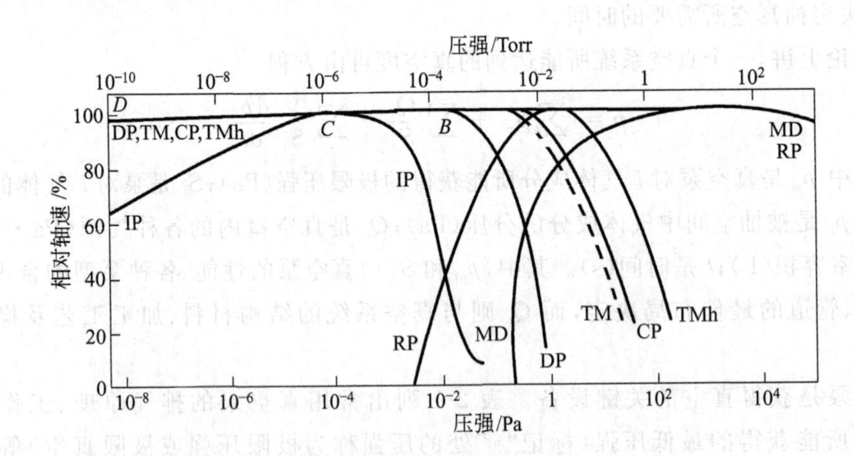

图 2-1　各种泵的抽速比较

MD—机械式干式泵；TMh—涡轮分子泵(混合式)；TM—涡轮分子泵；
RP—两级式油封机械泵；DP—油扩散泵；IP—溅射离子泵；CP—低温冷凝吸附泵

实用中，较为重要的性能一般还有：由泵内所使用的物质对被抽对象的污染，体积大小，可靠性，价格，振动，噪声，泵本身向外部辐射的磁场、电场和热量等，功率，冷却水、风量和液氮等的消耗量，等等。这些参数，在选择真空泵时必须予以注意。

此处仅从上述各种真空泵中，选择一些在薄膜领域内常用的泵进行叙述。

2.1.1　油封机械泵

1. 油封机械泵的结构

油封机械泵的工作方式类似于用杯子不断地从储水槽中一次又一次地舀水。与水不同的是，真空泵的工作对象是空气，所以要把它纳入密封的容器之中，使待排空间外的空气不能进入。油封机械泵是一种可以从大气压开始工作的典型的真空泵。

如图 2-2 所示，这种泵有旋片型(Galde 盖德型)、定片型(Cenco 型)和活阀型(Kinney 型)。这些泵由转子的旋转完成对气体的吸入、压缩和排出(通过顶出阀)的排气周期。旋片型泵主要由容器、转子、装在转子中的两块滑片(也有两块以上的形式)和弹簧构成。由于弹簧力的作用，把滑片压在容器的内壁上，借助于在容器内所形成的油膜(整个泵泡在油中，每一周期有少量油进入容器内部)保持润滑和密封，随着转子的旋转，完成上述的排气周期。定片型泵主要由容器、偏心转子、滑板和弹簧构成。滑板借助于弹簧力的作用，可以随着转子的旋转而上下运动。依靠转子的旋转可以和旋片型一样完成排气周期。活阀型泵主要由容器、偏心转子、装在转子外围的滑动圆筒和吸入阀构成，吸入阀和球组合在一起，可以做上下和摇头运动。借助于转子的旋转作用完成排气周期，见图 2-2(c)。转子通常用电动机带

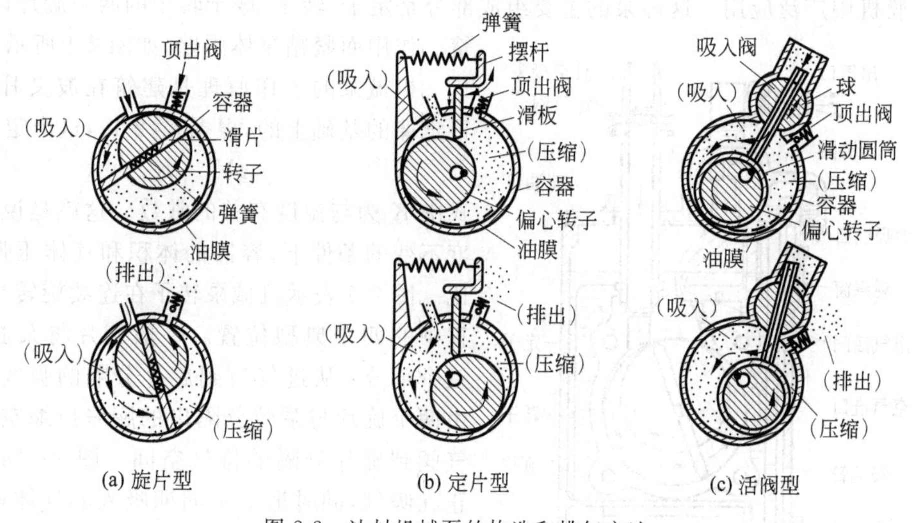

图 2-2　油封机械泵的构造和排气方法

动，以每分钟 500～2000 转的速度旋转。真空泵通常用皮带和电动机联结，但是，皮带会产生粉尘和降低可靠性(如皮带断裂)，为了避免这种缺点，最近常用图 2-3 所示的方法，把油封机械泵和电动机直接联结起来使用。

旋片型和定片型适用于小型泵(约 1000 L/min)，活阀型适用于大型泵。旋片型的转子不偏心，特别适用于需要安静和高速的场合，其缺点是：为了更换破损的弹簧，要将真空泵全部拆开。定片型的优点是弹簧的更换简单，但振动厉害，噪声大。因此，在弹簧材质差的年代，主要使用定片型。随着材料工业的进步，近来有使用旋片型的趋势。这不但有利于小型化和高速化，同时还可提高机械加工的精度，结果使得 10^{-3} Pa (7.5×10^{-6} Torr) 的真空泵也已投放市场(Alcatal 公司的产品，见表 2-1 油封机械泵栏及图 2-3)。我们常用的油封机械泵，至少要求它能达到 1 Pa(7.5×10^{-3} Torr)的真空度，通常采用两级方式，亦即采用把两级泵串联起来纳入一个外壳中的结构，图 2-3 为其一例。

图 2-3　直连式油封机械泵的外观

设计时抽速可以用(转子旋转一周所能排气的容

积)×(单位时间内的转数)给出。但是，滑动部分的密封不完善、顶出阀不完善和油的放气等因素，致使实际的抽速随压强的下降而很快地减小。实际工作时，抽速减小的情况如图 2-1 所示。不过，由于滑动部件和阀的制造情况很不相同，图 2-1 所示的值可以有 1 个数量级以上的差别。如前所述，加工精度高的泵，能够获得 $10^{-2}\sim10^{-3}$ Pa($10^{-4}\sim10^{-5}$ Torr)的真空度。如要停止油封机械泵的工作，在操作上有一点要特别注意，那就是要使真空泵的被抽容器放气，使其内的压强为大气压(不然的话，泵中的油会受挤压而流入被抽容器)。但是，如果加工精度提高了，则不仅像前已述及的那样可以获得较高的极限压强，而且在停泵时，也无需使被抽容器放气为大气压。

2. 油封机械泵的排气原理

常用的机械泵有旋片式、定片式和滑阀式等。旋片式机械泵噪声小，运行速度高，故在真空镀膜机中广泛应用。这种泵的主要组成部分是定子、转子、嵌于转子的两个旋片以及弹簧。作用而紧贴泵体内壁，如图 2-4 所示。

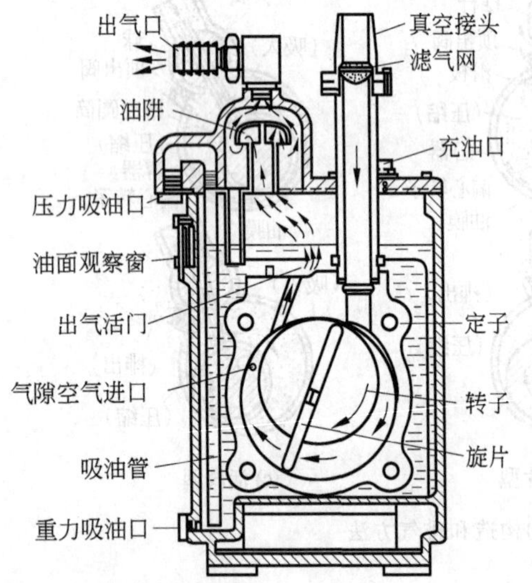

图 2-4　单级旋片式机械泵的结构

机械泵的工作原理是建筑在波义耳-马略特定律的基础上的，根据式(2-1)，这个定律有

$$pV = K \tag{2-2}$$

式中 K 为与温度有关的常数。这就是说，在温度不变的条件下，容器的体积和气体压强成反比。图 2-5 表示机械泵转子在连续旋转半周过程中的四个典型位置。一般旋片将泵腔分为三个部分：从进气口到旋片分隔的吸气空间；由两个旋片与泵腔分隔出的膨胀压缩空间；排气阀到旋片分隔的排气空间。图 2-5(a)表示正在吸气，同时把上一周期吸入的气体逐步压缩；图 2-5(b)表示吸气截止，此时，泵的吸气量达到最大并将开始压缩；图 2-5(c)表示吸气空间的另一次吸气，而排气空间继续压缩；图 2-5(d)表示排气空间内的气体，已被压缩到当压强超过一个大气压时，气体便推开排气阀由排气管排出。如此不断循环，转子按箭头方向旋转。随着转子的旋转，不断进行吸气、压缩和排气的循环过程，于是连到机械泵的真空容器便获得了真空。

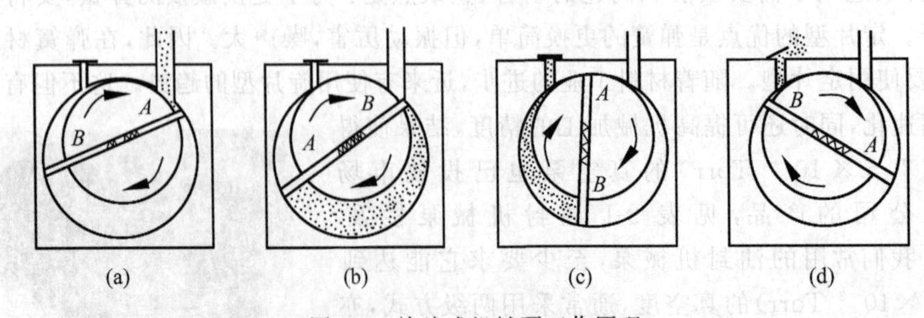

图 2-5　旋片式机械泵工作原理

假设被抽容器的体积为 V，初始压强为 p_0，机械泵的空腔体积为 ΔV(见图 2-5)。在理想情况下，旋片转过半周后，根据式(2-2)可得压强 p_1 为

$$p_1(V+\Delta V)=p_0\cdot V \quad 或 \quad p_1=\frac{p_0 V}{V+\Delta V}$$

n 个循环后

$$p_n=p_0\left(\frac{V}{V+\Delta V}\right)^n \tag{2-3}$$

由此可知：$\frac{\Delta V}{V}$越大，获得 p_n 所需的时间越短，亦即要求泵室大而被抽容器体积小；n 越大，p_n 越小，当 $n\to\infty$，则 $p_n\to 0$，但实际上这是不可能的。当 n 足够大时，p_n 只能达到极限值 p_m，称为极限真空。机械泵的极限真空受到下列因素限制而不能无限提高。

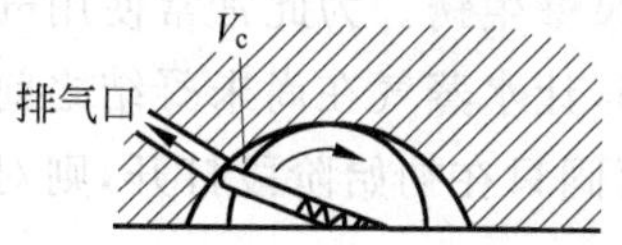

图 2-6　机械泵的有害空间 V_c

(1) 泵结构上存在着有害空间 V_c（见图 2-6），该空间的气体，受压后漏到吸气空间。

(2) 吸气空间和排气空间之间存在气压差，排气空间高压气体从间隙窜回到吸气空间。

(3) 在吸气和排气空间中的泵油气，也在上述两空间之间循环流动。

设转子每秒钟转速为 ω，则泵的理论抽速（又称为几何抽速）

$$S=2\omega\Delta V \quad (\mathrm{L/s}) \tag{2-4}$$

假如泵的转速为 1000 r/min，空腔体积 $\Delta V=\frac{1}{4}$L，则抽速是 500 L/min（约 8 L/s）。将式(2-3)和式(2-4)结合，就可直接求出真空室从压强 p_0 到 p_n 所需的时间。

$$t=\frac{2.3V}{S}\lg\left(\frac{p_0}{p_n}\right) \tag{2-5}$$

考虑到图 2-6 所示的有害空间 V_c 等限制真空度提高的因素，抽速可写成

$$S_H=S\left(1-\frac{p_m}{p}\right)=2\omega\cdot\Delta V\left(1-\frac{p_m}{p}\right) \tag{2-6}$$

式中，p_m 为极限压强。实际抽速（又称有效抽速）总是比式(2-6)所示的小，引入系数 γ 后，则

$$S_H=2\gamma\omega\cdot\Delta V\left(1-\frac{p_m}{p}\right) \tag{2-7}$$

可见，机械泵的抽速随压强的降低而减小。当 $p\to p_m$ 时，$S_H\to 0$。此外，γ 随 ω 的增大而变小，因此不能靠无限地增加 ω 来提高抽速。

为了减小有害空间的影响，通常采用双级泵。如图 2-7 所示。双级泵由两个转子串联而成，以一个转子的出气口作为另一个转子的进气口，于是使极限真空从单级泵的 1 Pa 提高到 10^{-2} Pa 数量级。目前，国内外生产的机械泵一般都是双级泵。

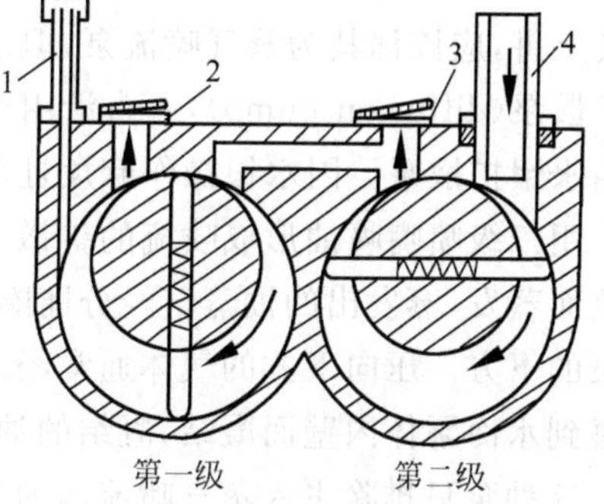

图 2-7　两级泵示意图

1—气镇阀；2—前排气阀；3—后排气阀；4—进气管

泵的转子和定子全部浸泡在油箱内。作为密封、润滑、散热介质，箱内油的作用很重要。对机械泵油的基本要求是饱和蒸气压低，要具有一定的润滑性和粘度，以及较高的稳定性。国产 1 号

真空泵油适用于多种类型机械泵，在20℃时饱和蒸气压小于4×10^{-3} Pa，50℃时粘度为5×10^{-2} Pa·s。油温不要超过75℃，否则，由于温度过高，蒸气压过大，使真空度变差。

机械泵油的作用是很重要的，它有很好的密封和润滑本领。不仅如此，它还有提高压缩率的作用。机械泵油的基本要求是低的饱和蒸气压，一定的粘度和较高的稳定性。

普通机械泵对于抽走水蒸气等可凝性气体有很大困难，因为水蒸气在20℃时的饱和蒸气压是2.3×10^3 Pa(17.5 Torr)，机械泵工作温度60℃时约为2.0×10^4 Pa(150 Torr)。当水蒸气在腔内压缩，压强逐渐增大到饱和蒸气压时，水蒸气便开始凝结成水，它与机械泵油混合形成一种悬浊液，不仅破坏油的密封和润滑本领，而且使泵壁生锈。为此常常使用气镇泵，即在气体尚未压缩之前，渗入一定量的空气，协助打开活门，让水蒸气在尚未凝结之前即被排出。气镇泵是以牺牲极限压强为代价的。但是，如果气镇阀只在初始阶段打开，则对极限真空的影响是无关紧要的。

表2-2列出国产2X型旋片机械泵的基本参数。

表2-2　2X旋片机械泵性能参数

型　号	抽速/(L/s)	极限真空/Pa		配用电动机功率/kW	进气口直径/mm
		关气镇阀	开气镇阀		
2X-0.5	0.5	6.7×10^{-2}	6.7×10^{-1}	0.18	10
2X-1	1	6.7×10^{-2}	6.7×10^{-1}	0.25	15
2X-2	2	6.7×10^{-2}	6.7×10^{-1}	0.4	20
2X-4	4	6.7×10^{-2}	6.7×10^{-1}	0.6	25
2X-8	8	6.7×10^{-2}	6.7×10^{-1}	1.1	32
2X-15	15	6.7×10^{-2}	6.7×10^{-1}	2.2	50
2X-30	30	6.7×10^{-2}	6.7×10^{0}	4.5	65
2X-70	70	6.7×10^{-2}	6.7×10^{0}	7.5	80
2X-150	150	6.7×10^{-2}	6.7×10^{0}	14.0	125

2.1.2 扩散泵

2.1.2.1 扩散泵的结构和原理

油扩散泵是借助于喷嘴中高速喷出的油蒸气喷流的动量而输运气体的真空泵。从这种意义上讲，应该称其为蒸气喷流泵，但发明人盖德却强调气体扩散混入蒸气流的过程而命名为扩散泵(diffusion pump)，一直沿用至今。用油形成蒸气的叫油扩散泵，用水银形成蒸气的叫水银扩散泵。因水银操作麻烦且对人体有害，现在已不大使用。

用三级喷嘴喷油形成喷流的扩散泵，随年代的进展如图2-8所示。油锅中的油经电炉加热而蒸发，蒸发出的油蒸气经分馏圈分别由三级喷嘴喷出，把扩散到喷流内的待抽气体压向泵的下方。压向下方的气体通常经油封机械泵从排气口排入大气中。从喷嘴喷出的油蒸气碰到水冷泵体内壁而凝结，凝结的油沿壁面返回油锅。

这种泵只排除飞入蒸气喷流内的气体分子，因此，抽速大致随进气口的面积(进气口的流导)成比例增加。图2-9给出这种关系的一例。泵的性能可根据该直线上点的位置来判断。

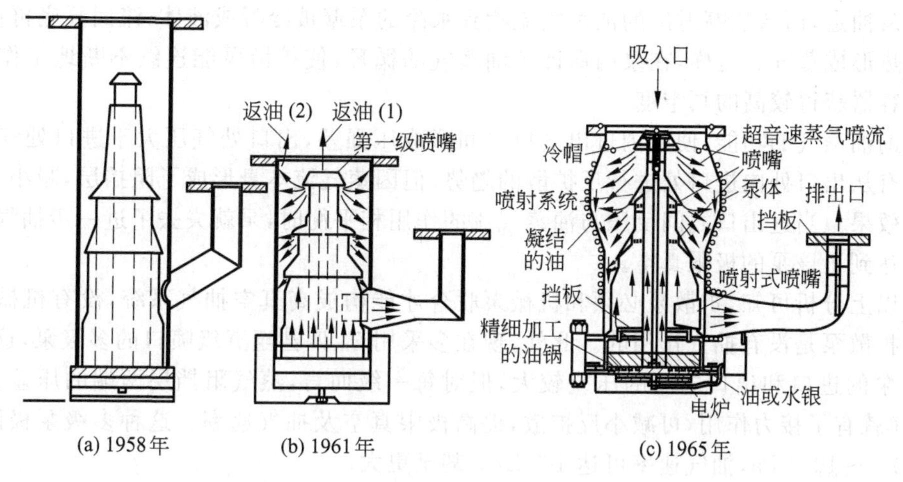

图 2-8　扩散泵

图 2-10 表示三级喷嘴油扩散泵的简化结构及工作原理。铝制的各级伞形喷嘴的蒸气导管是扩散泵的核心部分。图中伞形喷嘴和蒸气导管的左边表示高速定向的油蒸气流，右边表示气体分子扩散压缩的过程。

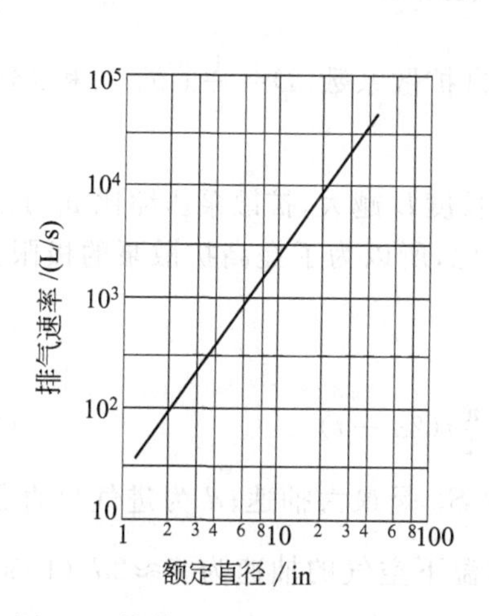

图 2-9　扩散泵的额定直径与其排气速率的大致关系

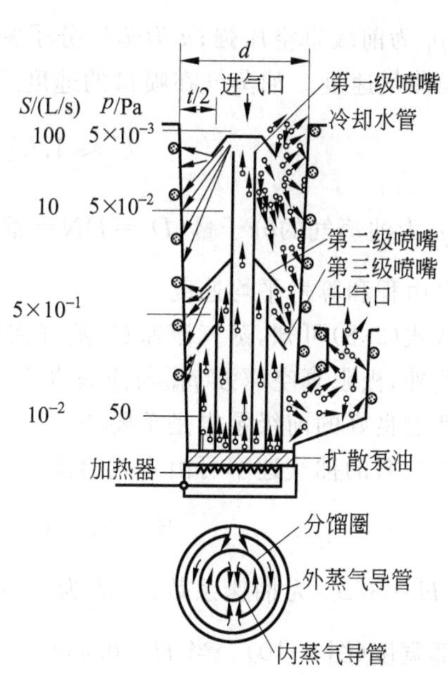

图 2-10　扩散泵的结构及工作原理

扩散泵油被加热后产生大量的油蒸气，油蒸气沿着蒸气导管传输到上部，经伞形喷嘴向外喷射出。由于喷嘴外的压强较低，于是蒸气会向下喷射出较长距离，形成一高速定向的蒸气流。其射流的速度可达 200 m/s 甚至 2 倍音速以上，且其分压强低于扩散泵进气口上方被抽气体的分压强，两者形成压强差。这样真空室内的气体分子必然会向着压强较低的扩散泵喷口处扩散，跟具有较高动量和能量的超音速蒸气分子相碰撞而发生动量和能量交换。气体分子在高速油分子碰撞推动下，被赶向下方，在泵下方形成密集气体分子流，在出口处被前置泵抽走，而从喷嘴射出的油蒸气流喷到水冷的泵壁被冷凝成液体，流回泵底再重新被电炉加热形成蒸气。这样，在泵内保证了油蒸气的循环，使扩散泵能连续不断地工作，从而使被抽容器获得较高的真空度。

借助油蒸气的功能，使泵内进出气口之间形成压强差，出口处气压大于进口处气压，气体分子有从出口处向进口处进行反扩散的趋势；但因蒸气流本身形成了阻挡层，减小了气体的扩散效果。当进出口之间反压与油蒸气流的作用相平衡时，泵就失去了进一步抽气作用，此时就达到了该泵的极限真空。

由以上分析可知，扩散泵必须和机械泵联合才能构成高真空抽气系统，没有机械泵，单独使用扩散泵是没有抽气作用的。此外，现在多采用三、四甚至五级喷口的多级泵，这样，尽管整个泵的进口和出口之间的压差较大，但对每一级而言，蒸气阻挡层两端的压差又不太大，这样就有了接力作用，可减小反扩散，提高极限真空及抽气速率。这种多级泵极限真空可达 $10^{-5}\sim10^{-6}$ Pa，抽气速率可达 10^5 L/s，甚至更大。

2.1.2.2 扩散泵的极限真空压强和抽气速率

按扩散泵理论，可以推导出扩散泵的极限真空压强

$$p_{\mathrm{m}} = p_{\mathrm{f}} \exp\left(-\frac{nUL}{D_0}\right) \tag{2-8}$$

式中，p_{f} 为前级真空压强；n 为蒸气分子密度；L 是泵的出气口到进气口的蒸气流扩散长度；U 为油蒸气速度。油蒸气在喷口的速度

$$U \approx 1.65 \times 10^4 \sqrt{\frac{T}{\mu}}\ (\mathrm{cm/s}) \tag{2-9}$$

式中，μ 为油蒸气的分子量；$D_0=DN=$常数，D 称为自扩散系数，$D=\frac{1}{3}\bar{\lambda}\,\bar{v}$。$\bar{\lambda}$ 和 $\bar{v}$ 分别是平均自由程和算术平均速度。

从式(2-8)可知，蒸气流速 U、蒸气密度 n 和扩散长度 L 越大，扩散泵压缩比 $p_{\mathrm{f}}/p_{\mathrm{m}}$ 就越大。此外，极限真空压强 p_{m} 与前级真空压强 p_{f} 成正比，所以为了提高扩散泵的极限真空，配置性能良好的前级泵也是重要的。

扩散泵的抽气速率可由下式给出：

$$S = 3.64(T/\mu)^{1/2} \cdot H \cdot \frac{\pi}{4} t(2d-t) \tag{2-10}$$

式中，$H=S/S_{\mathrm{m}}$ 为抽速系数，一般为 0.3～0.5，其中 S_{m} 是最大抽速；d 为进气口直径；$t/2$ 为喉部宽度(图 2-10)。当 $H=0.4$，$t=\frac{d}{3}$ 时，泵对常温下空气的抽速为 $S\approx 2d^2$ (L/s)。这就是抽速与泵口直径的近似关系。式中抽速与压强无关，这在 $p>1$ Pa 时情况确实如此。当 $p_B<p<1$ Pa 时，$S=S_{\mathrm{m}}(p_B/p)z$，式中，p_B 为刚达到 S_{m} 时的压强(图 2-1 的 B 点)，z 为抽速上升的斜率。当抽速达到 S_{m} 以后(即图 2-1 中 BCD 部分)，抽速为

$$S = S_{\mathrm{m}}(1 - p_{\mathrm{m}}/p) \tag{2-11}$$

最大理论抽速 S_{m} 可以由式(2-5)和式(2-22)求得。对室温下的空气分子，若压力为 p (Pa)，则每秒钟通过面积为 A 的分子数可由式(2-22)求得

$$N_t \approx 2.8 \times 10^{22} p \cdot A(个/\mathrm{s})$$

而真空室中的分子密度由式(2-5)得

$$n = 2.4 \times 10^{20} p(个/\mathrm{m}^3)$$

设泵口直径为 15 cm，则离开真空室的体积速率是

$$\frac{N_t}{n} \approx 2 \times 10^6\ \mathrm{cm^3/s} = 2000\ \mathrm{L/s}$$

根据经验，扩散泵的口径一般是钟罩直径的 1/3，扩散泵的抽气速率大约是钟罩容积的 5 倍。扩散泵的抽速确定后，可以方便地选择与之匹配的机械泵。例如，设油扩散泵的抽速 2000 L/s，这时进气口的压强是 0.1 Pa，于是扩散泵进气口的抽气量是

$$2000\ \mathrm{L/s} \times 0.1\ \mathrm{Pa} = 200\ \mathrm{Pa \cdot L/s}$$

如果扩散泵出口处的压强为 10 Pa，那么机械泵的抽速必须是 20 L/s，才能使其抽气量 20 L/s×10 Pa=200 Pa・L/s 与扩散泵的抽气量相等。

2.1.2.3　扩散泵油

从扩散泵的工作过程可以看出，泵油起着重要作用。一般对泵油提出如下要求：

① 理论上讲，扩散泵的极限真空取决于泵油的蒸气压。在室温下，一般要求扩散泵油的饱和蒸气压应低于 10^{-4} Pa；

② 为了提高泵的最大反压强，使泵能在较高的出口压强下工作，在蒸发温度下，泵油应具有尽可能大的蒸气压。对石油类扩散泵油一般为 $(1\sim2)\times10^{-2}$ Pa，硅油略高些。该压强可用调整加热功率的方法调整；

③ 泵油应具有较好的化学稳定性（无腐蚀，无毒）、热稳定性（在高温下不分解）和抗氧化性（泵油在高温下突然接触大气时，不会过分氧化而改变泵油工作性能）。

表 2-3 列出几种国产常用真空扩散泵油的技术性能。

表 2-3　国产常用真空扩散泵油技术性能

质量标准	机械泵油	扩散泵油	扩散泵油	矿散泵硅油	扩散泵硅油	增压泵油
代号		KB-1	KB-2	274(DC704)	275(DC703)	
外观		淡黄	淡黄	无色透明油状液体		水白色
50℃时粘度/(10^{-3} Pa・s)	≪47～57	≤65	≤65	≤38(25℃)	≤65(25℃)	≤1.25～1.53
灰分/%	≤0.005	≤0.007	≤0.007			≤0.005
闪点/℃	≥206	≥230	≥240			≥170～180
凝固点/℃	≤−15	≤−11	≤−11			≤−10
水溶性酸碱	无	无	无			无
机械杂质	0.007	无	无	无	无	无
20℃蒸气压/Torr①	$\leq4\times10^{-5}$	$\leq4\times10^{-8}$	$\leq4\times10^{-8}$	$\leq2\times10^{-8}$		$\leq10^{-8}$
20℃极限真空度/Torr①		2.5×10^{-6}	$2.5\times10^{-6}\sim4\times10^{-8}$	5.5×10^{-5}		
气味		无	无			无
密度/($\mathrm{g/mm^3}$)	0.889			1.05～1.08	1.095±0.02	
水分	无					无

扩散泵油中既有挥发性大的成分(饱和蒸气压高),又有挥发性小的成分(饱和蒸气压低),挥发性大的成分将严重影响扩散泵的极限真空。如果能让挥发性大的和小的成分分别在低真空和高真空下工作,则可以使极限真空提高,为此常采用分馏式扩散泵。如图 2-10 下方所示,分馏式扩散泵是在各蒸气导管下部设一小孔,泵油在底部从边缘经过曲折迂回的路径流向中心,即先流经外蒸气导管,然后流经中蒸气导管,最后才到内蒸气导管。这样,相当于挥发性大的成分首先在外蒸发管中蒸发,并在较低真空度的第三喷嘴喷出,而挥发性最小的成分在内蒸气导管中蒸发,最后从较高真空度的第一喷嘴喷出,从而达到分馏的目的。

2.1.2.4 挡板与冷阱

油蒸气向被抽容器逆扩散会严重沾污膜层。一般无挡油装置的扩散泵,返油率可达 $10^{-2}\sim10^{-3}$ mg/(s·cm²)。在这种状态下要制作优良的薄膜是很困难的。近年已查明:进入被抽空间的油污染源是处于高温并且被油浸湿的顶喷嘴。在顶喷嘴上面装一个低于室温的水冷挡油帽,可以把返油量减少到原来的 1/10～1/1000。但该水冷挡油帽的存在会降低抽速。为了弥补这一缺点,研制了在顶喷嘴附近加大口径的油扩散泵,如图 2-11 所示。试验用的水冷挡油帽的大致结构如图 2-12 所示。其形状与返油量的关系列于表 2-4。

图 2-11 第一级喷嘴附近口径加大的油扩散泵

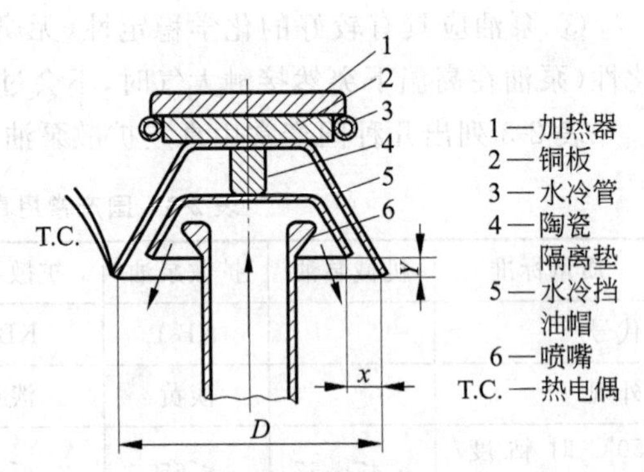

图 2-12 试验用水冷挡油帽的结构

表 2-4 水冷挡油帽的形状与返油量的关系(参见图 2-12)

水冷挡油帽(锥形杯)的状态	衬垫材料	返油量/(mL/h)	水冷挡油帽的温度/℃(用热电偶测量)
15 cm 泵,没有锥形杯	—	0.25	—
水冷,$x=10$ mm	玻璃	0.0025	<38
不强制冷却,外表面阳极氧化	陶瓷	0.023	73
不强制冷却,阳极氧化剥离	陶瓷	0.1	116
不强制冷却,阳极氧化剥离	黄铜	0.1	204
不锈钢帽,能看见油的凝结	陶瓷	0.087	120
不锈钢帽,看不见油的凝结	黄铜	0.1	140
铝帽,两面阳极氧化,能看见油的凝结	陶瓷	0.043	101
铝帽,两面阳极氧化,看不见油的凝结	黄铜	0.2	158

为了防止扩散泵系统油的返流，通常在泵和被抽气体之间加入挡板和冷阱，使从泵逆流而来的油蒸气至少与水冷挡板碰撞一次。这样，可以做到污染仅取决于油在常温（确切地说是挡板温度）下的蒸气压。挡板结构如图2-13(a)所示。挡板的加入，增大了流阻，所以对挡板结构的要求是尽量不使抽速降低，又容易去油。在挡板和被排气体之间设置用液氮（-196℃）和氟利昂（-30℃左右）等冷却的冷阱，可以进一步减少油的返流。其想法跟挡板一样，是使直线前进的油蒸气至少与冷阱碰撞一次。其常用结构如图2-13(b)所示。

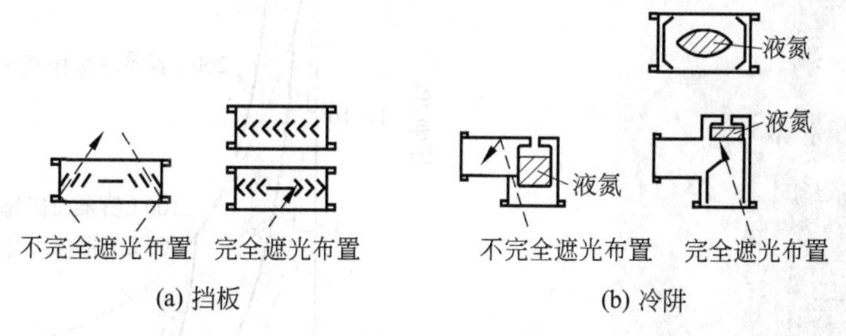

图2-13 挡板与冷阱

一般说来，残留在真空系统中的气体通常以水汽最多。冷阱不仅阻止油的返流，而且能使水汽在其表面结冰，有效地将水汽排除。1 cm^2 的冷阱表面，大约具有10 L/s的抽速。对于通常的真空泵，冷阱结构具有约 10^3 cm^2 的表面积，由此可知，对水汽的抽速可达 10^4 L/s，是相当大的。

以上，以最常使用的旋片机械泵和油扩散泵为例，介绍了典型的湿(wet)式泵。下面介绍几种不采用油的干(dry)式泵。

2.1.3 吸附泵

活性炭及硅胶之类的多孔性物质，如表2-5所列，每克具有约600 m^2 的表面积。换言之，在每克之中，有60 m×10 m这样巨大的表面积。把它冷却到接近液氮的温度时，可以吸附大量气体，因而能作为真空泵使用。这种泵在完全不用油这点上特别有意义，把它和3.1.4节所述的溅射离子泵组合起来，可以构成完全干式系统。

表2-5 每克多孔性物质的表面积

多孔性物质		表面积/(m^2/g)
活性炭		500～1500
分子筛	4A	505
	5A	585
	13X	520
硅胶		200～600

由实验结果可知，分子筛5A吸附的气体量最大，获得的压强最低。图2-14示出一个盛了约1 kg的5A分子筛的吸附泵。图2-15是这种泵的排气特性的一个例子。这种泵几乎不排除Ne或He之类的惰性气体。大气中的Ne分压为1.9 Pa(1.4×10^{-2} Torr)，用吸附泵排气，通常只能获得比此值低一点的真空度（见图2-15虚线）。为改善这种情况，曾想过许多方法。气体从被抽容器向泵的流速大时，Ne也被此气流推着流动而向泵的方向前进。当泵的吸附能力趋向饱和因而气体流速变低时，Ne向被抽容器反扩散，因此，如果在出现这一情况之前就用阀门将初级泵隔离，则Ne也可被排除。图2-15

的实线就是用这种方法排气的例子，在短时间内可以获得约 0.1 Pa(7.5×10^{-4} Torr)的压强，在这样的压强下，启动离子泵是很方便的。

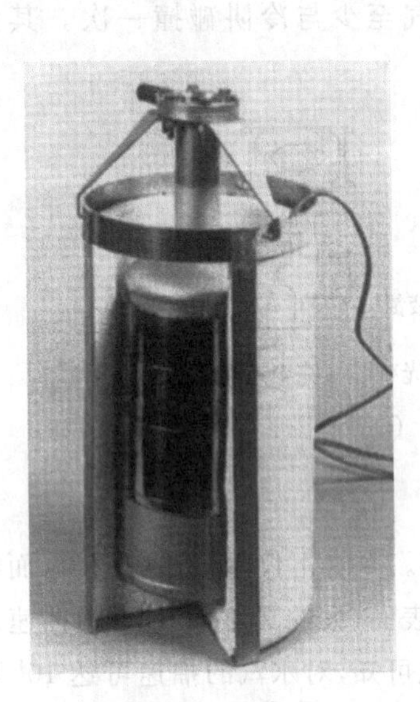
图 2-14 吸附泵

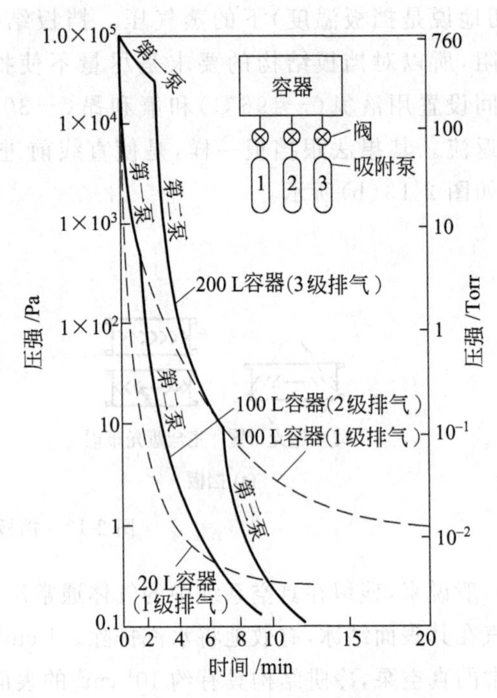

图 2-15 吸附泵的排气特性

2.1.4 溅射离子泵

溅射离子泵(以下简称离子泵)有如下优点：①是一种完全不用油的清洁泵；②一旦封离，跟大气空间的通道就全部截断，即使由于停电等原因而中断能量的供给也无关紧要，如果再通电又会再启动；③所需的只是电力。其排气原理同前面提及的各种泵大不相同。如图 2-16 所示，它通常分三个阶段进行工作：(a)用磁控放电生成离子；(b)用化学活性金属(通常是钛)制作的阴极在离子轰击下发生溅射；(c)被溅射的金属形成的薄膜对气体进行吸附，空间中的气体和被溅射的阴极材料形成化合物等从空间中除去(离子泵与油封机械泵、油扩散泵是完全不同的，后两种泵是把气体压缩之后排向大气空间)。因此，离子泵对排除反应性气体(如 O_2、N_2 等)十分有效，而只能排除惰性气体(He、Ne 和 Ar 等)中的极小部分。特别是对于氩，在排气过程中，压强急剧变化，显得很不稳定(图 2-17)。为了克服这一缺点，曾想过种种办法，例如：像图 2-16(c)的上面那个图一样，把阴极做成格子状时，氩(用◦表示)被埋入溅射到真空容器上的原子(用 • 表示)层内而被排除。因为这种泵能排除稀有气体，所以称之为惰性气体离子泵。表 2-6 列出了这些泵对各种气体的抽速(以氮气的抽速作为 100 的相对值)。图 2-18 示出了抽速、排气量和压强的关系。除此之外，溅射离子泵还有多种形式。图 2-19 是9 台抽速为 1000 L/s 的溅射离子泵的照片。

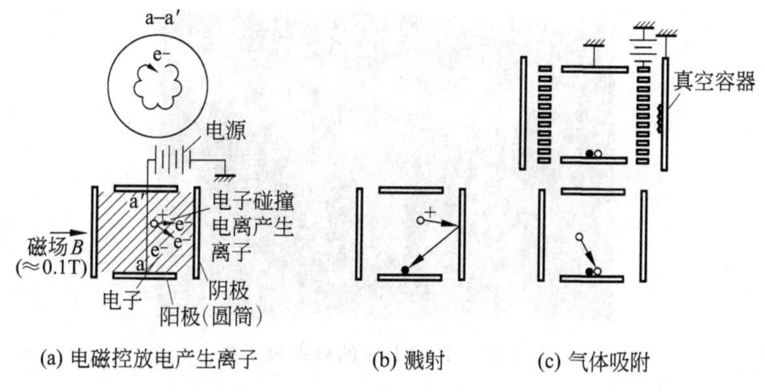

图 2-16　溅射离子泵的工作原理

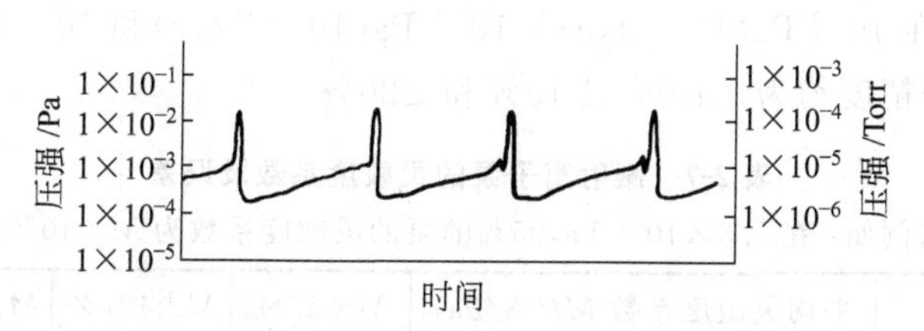

图 2-17　排除氩时的不稳定性

表 2-6　离子泵对各种气体的抽速的相对值

气体的种类	二极溅射离子泵	惰性气体离子泵
氢(10^{-3} Pa 以下)	270	270
一氧化碳 水蒸气 氮 二氧化碳	100	100
轻质碳氢化合物	90～160	90～160
氧	57	57
氦	10	30
氩	1	21
对惰性气体的对策	无	有

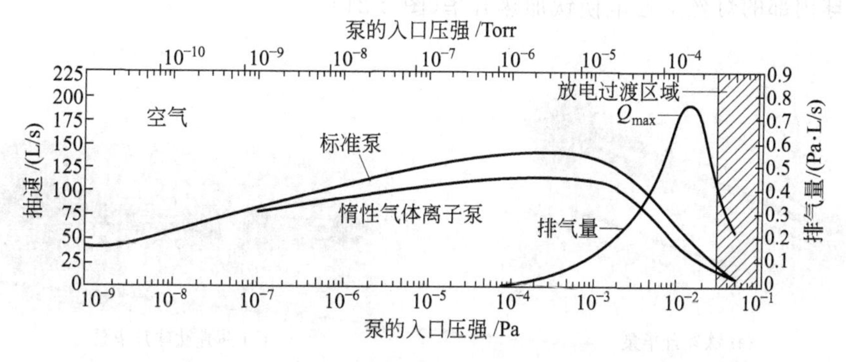

图 2-18　溅射离子泵的抽速、排气量与压强的关系

图 2-19　1000 L/s 的溅射离子泵

这种泵的放电电流大致与压强成正比，因而可同时兼作压强计使用。表 2-7 列出了灵敏度系数及误差。在 10^{-3} Pa(10^{-5} Torr)、10^{-4} Pa(10^{-6} Torr)和 10^{-5} Pa(10^{-7} Torr)压强范围内，压强量测的精度约为±10%、±15%和±20%。

表 2-7　溅射离子泵的灵敏度系数及误差

(例如：在 1.3×10^{-3} Pa，95%的泵的灵敏度系数为 $M\pm10\%$)

p/Pa(Torr)	平均灵敏度系数 M/(A/Pa)	$M\pm5$/%	$M\pm10$/%	$M\pm15$/%	上限，下限/%
$1.3\times10^{-3}(1\times10^{-5})$	127.5	50	95	100	+10，−14
$1.3\times10^{-4}(1\times10^{-6})$	98.9	40	65	80	+16，−21
$1.3\times10^{-5}(1\times10^{-7})$	76.0	30	55	65	+26，−30

这种泵的故障分布的一例示于图 2-20。每隔 2～3 年需要将泵清洗一次。电源(控制单元)要根据需要进行修理。

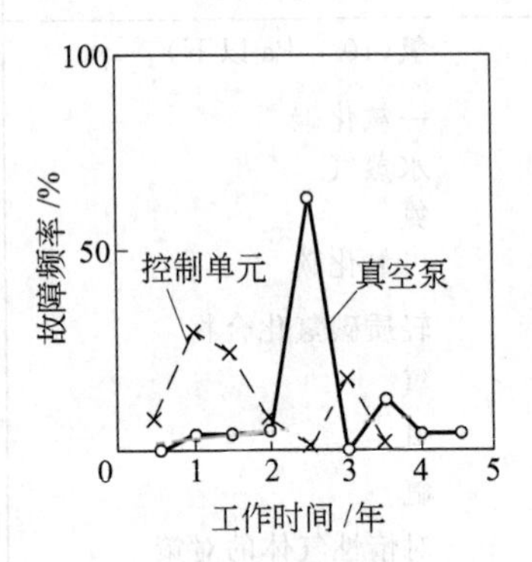

图 2-20　溅射离子泵的故障分布

2.1.5　升华泵

溅射离子泵是一种便于使用的干式泵，但价格高。为了弥补这一点而开发的价廉而又清洁无油的泵就是升华泵。升华泵有多种形式，但无论哪一种形式都是采用通电加热的办法使钛升华，故得此名。钛丝升华泵(以下简称 TSP)是把钛丝编起来，在其上通电加热使钛升华；而薄壳钛球升华泵则是在钛球内部的灯丝上通电使钛加热升华(图 2-21)。

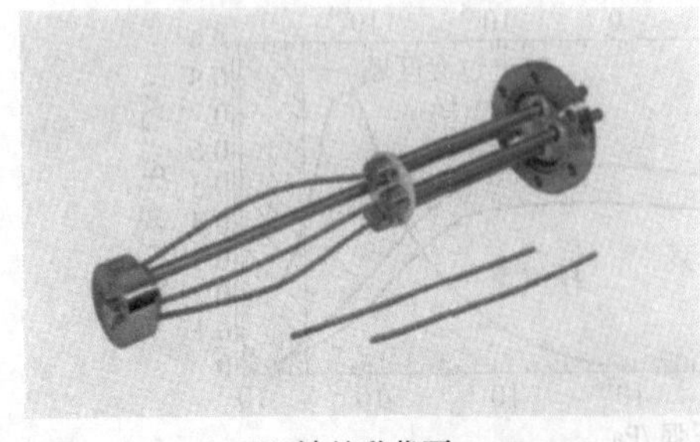

(a) 钛丝升华泵

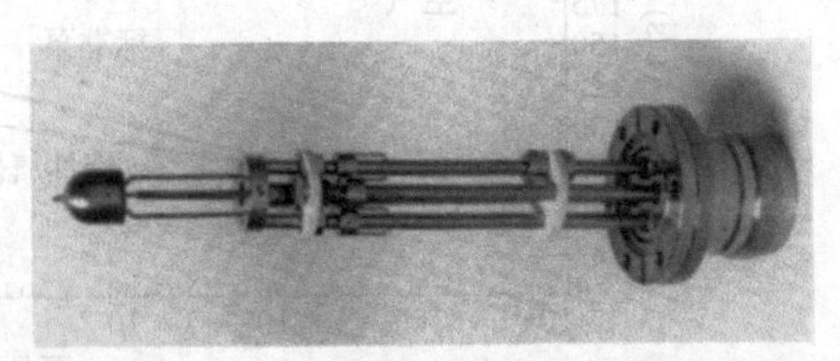

(b) 薄壳钛球升华泵

图 2-21　钛丝升华泵与薄壳钛球升华泵

TSP 的单位钛吸附面积具有表 2-8 所列的抽速，所以只要供给充分的钛在大面积上升华，就能获得巨大的抽速。例如在 1 m^2 的面积上可以获得 24 000 L/s 以上的抽速。如用液氮冷却，则粘附几率接近于 1，可以获得超过 10^5 L/s 的抽速。升华泵通常不能排除惰性气体和甲烷(表 2-8)，所以往往把它与离子泵组合使用。

表 2-8　钛升华泵的抽速

气体	入射频率 /(1/(s·cm²))	粘附几率 (10℃)	单位面积抽速 /(L/(s·cm²))	气体	入射频率 /(1/(s·cm²))	粘附几率 (10℃)	单位面积抽速 /(L/(s·cm²))
H_2	44.2	0.07	3.1	O_2	11.1	0.63	7.3
D_2	31.2	—	—	CO_2	9.5	>0.5	>4.8
N_2	11.9	>0.2	>2.4	He,Ar		<0.0005	≈ 0
CO	11.9	0.86	10.3	CH_4		<0.0005	≈ 0

如果钛升华泵的排气面积能经常保持清洁，就可以获得表 2-8 所列的抽速。在压强高的一侧(通常指 10^{-3} Pa(10^{-5} Torr)以上)抽速会降低。另外，在压强低的一侧无需连续升华钛，可以用表 2-9 所列的占空比①工作。线状钛丝通常可连续使用 10 h，而薄壳钛球通常可连续使用 100 h，使用完了还可以更换钛丝和球。

表 2-9　TSP 的占空比

压强/Pa	占　空　比
10^{-3}～10^{-4}(10^{-5}～10^{-6} Torr)	50%
10^{-4}～10^{-5}(10^{-6}～10^{-7} Torr)	25%
10^{-5}～10^{-6}(10^{-7}～10^{-8} Torr)	15%
10^{-6}～10^{-7}(10^{-8}～10^{-9} Torr)	每隔 30 min 加热 1 min
10^{-7}～10^{-8}(10^{-9}～10^{-10} Torr)	每隔 5 h 加热 1 min

2.1.6　低温冷凝泵

冷阱(图 2-13(b))能把水结为冰进行高速排气。如把它的温度进一步降低，则水以外的别的气体也能凝结在它的低温面上而被排除。例如在 4 K 的表面，氢和氦以外的气体几乎全被排除。这种用超低温的表面把气体凝结而排气的泵叫低温冷凝泵。20 世纪 60 年代出现的超低温冷冻机是大型的(价格很高)，仅适用于大型真空装置。近年来，随着小型冷冻机的进展，以及采用活性炭和分子筛等作吸附面，小型低温冷凝泵也能制造了。这种泵在本质上是清洁的，结构也是简单的，估计今后会得到广泛应用。这种泵有三类：①装入式，设计成图 2-13(b)那样的贮罐状，在其中装满液氦形成超低温；②循环式，设计成盘管形，使液氦在其中循环；③带有独立冷冻机的低温冷凝泵。近来，第③类泵发展较快，用得较多。

经常被用来作为气体吸附表面的物质有：

① 金属表面。

② 高沸点气体分子冷凝覆盖了的低温表面。例如，覆盖了 Ar 和 CO_2 等分子的低温表面对于 H_2、He 分子的吸附就属于这种情况。

① 钛升华泵正常工作时，通电时间与不通电时间之比。

③ 具有很大比表面的吸附材料，如活性炭、沸石等。

低温吸附泵工作所需要的预真空应达到 10^{-1} Pa 以下，以减少泵的热负荷并避免在泵体内积聚过厚的气体冷凝产物。低温吸附泵的极限真空度 p_m 与所抽除的气体种类有关。在达到平衡的情况下，由于泵内冷凝表面上接受气体分子的速率与真空室内表面气体分子蒸发的速率相等，因此，由式(2-22)得到

$$p_m = p_s(T)\sqrt{\frac{300}{T}} \tag{2-12}$$

式中，已假设真空室内表面的温度为 300 K，泵内冷凝表面的温度为 T，而 p_s 为被抽除气体的蒸气压。例如，氮气在 20 K 时的蒸气压约为 10^{-9} Pa，因而对应低温泵的极限真空度大约为5×10^{-9} Pa 左右，而采用 10 K 的冷凝表面，其极限真空度可达 10^{-11} Pa。

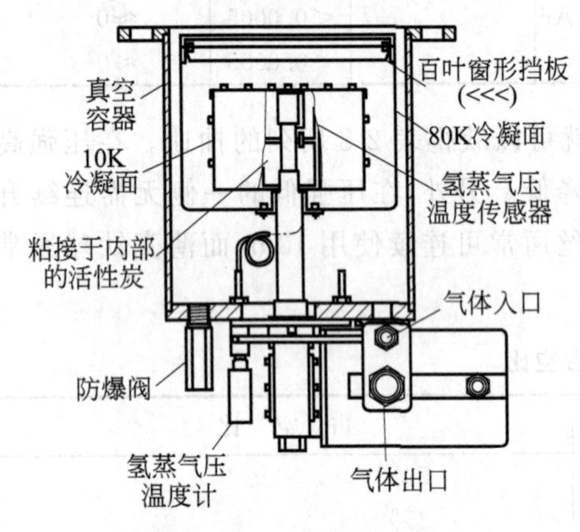

图 2-22　低温冷凝泵的例子

低温冷凝泵的一个例子示于图 2-22。活性炭被强力粘合剂粘结在 10 K 的冷凝面上。在这里，80 K 的冷凝面上不能排除的 He 等惰性气体和 H_2、N_2、O_2、CO、CH_4 被排除。其他的气体主要在 80 K 的冷凝面被排除。同时，80 K 冷凝面还包围着 10 K 的冷凝面，以隔断对 10 K 冷凝面的热辐射。这些超低温面是靠从专用小型冷冻机送来的高压 He 的绝热膨胀来致冷的。

入射到冷凝面的气体，几乎全部被排除，所以每单位面积的抽速有希望达到与表 2-8 中入射频率相当的抽速。因此对小型冷凝泵来说，一般可以获得每秒几千升的抽速。

低温冷凝泵的最大特征是，除了能获得 10^{-11} Pa(10^{-13} Torr)清洁的超高真空外，同时能大流量排气，其排气能力超过同口径的扩散泵。从这一点来说，低温冷凝泵比之仅能满足超高真空要求的溅射离子泵有明显优势，在需要大流量排气的场合是极为有效的。这种泵还具有安装操作方便，设计自由度大等优点。

2.1.7　涡轮分子泵和复合涡轮泵

20 世纪 70 年代末开始，人们对真空装置提出更高要求，即除了能获得更高真空度之外，还需要在排气之后导入各种各样的气体，并使其在真空装置中发生化学反应。所采用的泵应能高抽速地排除这类富于反应性的气体，需要的排气能力甚至比低温冷凝泵还高。为了满足这种日益增长的需求，涡轮分子泵和复合涡轮泵逐渐推广普及。

2.1.7.1　涡轮分子泵

涡轮分子泵可以认为是极为精密的电风扇。当然，其作用不单单是送风，而是靠高速旋转的叶片对气体分子施加作用力，并使气体分子向特定的方向运动而实现高真空。

涡轮分子泵的转子叶片具有特定的形状，在它以 20 000～30 000 r/min 的高速旋转的同时，叶片将动量传给气体分子。如图 2-23(a)所示，叶片组按 V 所示方向高速运动，将位于左侧的气体分子向右侧空间传送。实际上，叶片上述的高速运动是靠高速旋转来实现的。叶片周

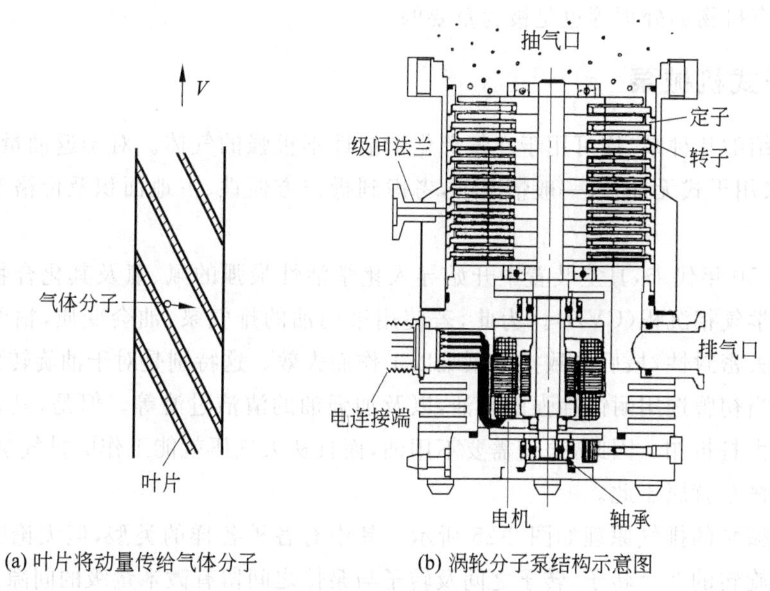

(a) 叶片将动量传给气体分子　　(b) 涡轮分子泵结构示意图

图 2-23　涡轮分子泵的原理及结构

边的线速度一般为 200～300 m/s,相当于空气分子平均速率$\bar{v}$的 1/2,与波音飞机的航速不相上下。为了获得高真空,涡轮分子泵中装有多级,例如 30 级叶片,其中转动叶片与固定叶片交互布置,见图 2-23(b)。上一级叶片输送过来的气体分子又会受到下一级叶片的作用继续被压缩到更下一级。因此,涡轮分子泵的一个特点是对一般气体分子的抽除极为有效。例如对于氮气,其压缩比(即泵的出口压力与入口压力之比)可以达到 10^9。但是涡轮分子泵抽取相对原子质量较小的气体的能力较差,例如对于氢气,其压缩比仅有10^3 左右。

由于涡轮分子泵对于气体的压缩比很高,因而工作时油蒸气的回流问题完全可以忽略不计。涡轮分子泵的极限真空度可达到 10^{-8} Pa 的数量级,抽速可达 1000 L/s,而达到最大抽速的压力区间是在 $1\sim10^{-8}$ Pa 之间,因而在使用时需要以旋片机械泵作为其前级泵。由于涡轮分子泵的价格较高,因而多使用在需要无油污染的高真空系统之中。

2.1.7.2　复合涡轮泵

复合涡轮泵是在普通涡轮分子泵基础上,为进一步提高排气量而开发的,其结构如图 2-24 所示。在涡轮分子泵的高压侧,设置高速旋转的螺纹,依靠螺纹部位的旋转运动,进一步将气体向排出口一方压缩,增加出口与入口的压差。这样,即使吸入口压力提高,分子泵也能工作,从而将泵的工作压力范围向较高压力一侧扩展,以满足大排气量的需求。与图 2-23 所示相同口径的泵相比,在 10 Pa(7.5×10^{-2} Torr)的压强下,抽速可以提高数倍。复合涡轮泵是近几年新出现的一种干式泵,适合于大排气量应用。特别是对于在真空室中需要发生化学反应,采用湿式泵时油会变质等场合,其优势更为明显。此外,复合涡轮泵

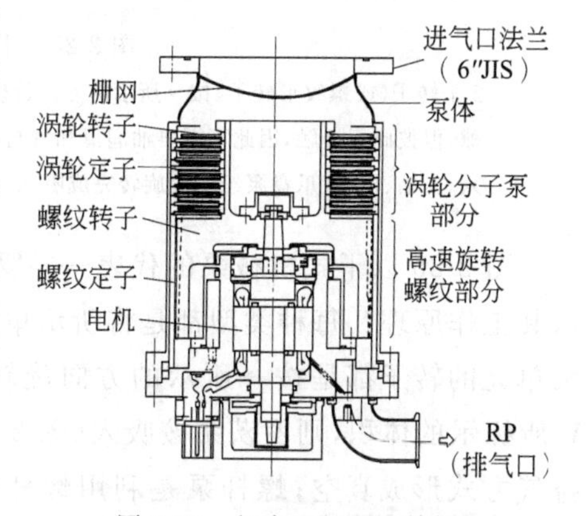

图 2-24　复合涡轮泵的结构

对于食品等有机物的处理等也是极为重要的。

2.1.8　干式机械泵

上面介绍的几种泵，均可用于空气等化学活性不很强的气体。对于返油量要求极严格的系统，可采用干式无油泵；一般情况下，考虑到操作方便性、占地面积及价格等，多采用湿式泵。

20 世纪 50 年代末，真空装置中开始导入化学活性最强的氟、氯及其化合物等，用于干法刻蚀及化学气相沉积(CVD)。为此，若使用采用油的排气泵，油会变质，粘度提高(变成果冻状)，失去密封性，最后导致排气泵难以工作而失效。这特别是对于油旋转泵来说，是致命的问题。当初曾选用耐蚀性强的泵油，以及加强油的清洁过滤等。但是，只要采用油，泵的可靠性就大打折扣。因此，迫切需要不用油，而且从大气压就能工作的排气泵。本节要介绍的干式机械泵就属于此。

干式机械泵的排气原理如图 2-25 所示。其中有各种各样的类型，但无论哪种类型，都是采用高速旋转的 2 个转子，转子之间及转子与泵体之间留有微米量级的间隙，在转子旋转过程中彼此并不接触，通过转子的高速旋转将气体排出。这种机械泵不像湿式泵那样采用油，属于干式泵，但由于其转速高、间隙小，需要精密加工。

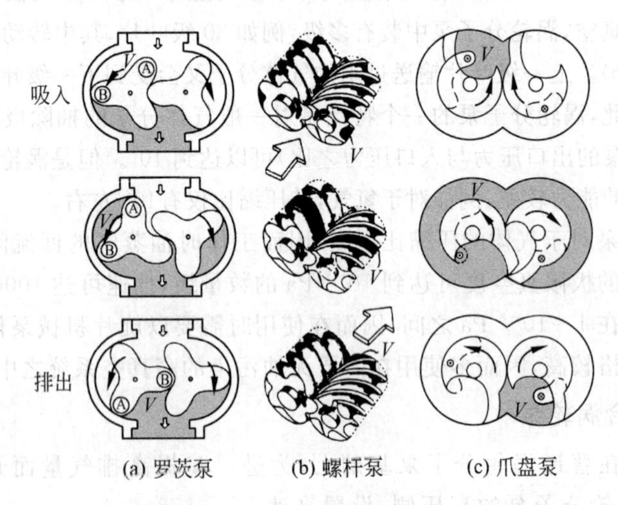

图 2-25　干式机械泵的排气原理

2 个转子(或螺纹形转子)按→所示的方向旋转，转子与转子间、转子与泵体间保持微米量级的极小间隙，但彼此不接触，因此不需要油润滑和密封，属于干式泵。气体按⇨所示或⊙→⊗所示的方向被吸入、压缩、排出(爪盘泵经两次旋转完成吸入、压缩、排出过程)。由上述单元相组合构成多级泵。

图 2-25 以干式机械泵的代表——罗茨泵、螺杆泵、爪盘(claw)泵的一个单元为例，表示其工作原理。每种类型都是将所示单元按多级，或使其组合构成多级式真空泵。各种泵单元的转子都是按→所示的方向旋转，气体按⇨所示的方向被排出。若着眼于图中 V 所标示的体积，则罗茨泵按吸入(图 2-25(a)中上图)、传送(中)、排出三个过程，以干式排气方式形成真空；螺杆泵是利用螺杆旋转，连续地将体积为 V 的气体吸入(上)、传送(中)、排出(下)；爪盘泵是通过具有特殊形状的爪盘转子旋转，由⊙所标记的长孔吸入

(上)气体、压缩(中,转子继续旋转使气体压缩)、再由⊗所标记的长孔排出气体。图2-26是这类干式机械泵的典型外形照片。

图2-26　干式机械泵的典型外形照片

干式机械泵在排气过程中,总会有一小部分气体从排出侧经过间隙流回到吸入侧。但在低压强情况下,微小的间隙对回流气体产生很大阻力,所以气体的漏损是小的。但在实际工作中,回流总是存在的。这就使得泵的抽速与工作压强大小有关,因此,若不减小前级压强,则不能获得低的极限压力。所以,罗茨泵等用油封机械泵作为前级泵,二者的抽速比为(5～10)比1,小数字用在高压强,大数字用在低压强。

由以上分析可知,干式机械泵是应用涡轮分子泵的动量转移原理和油封机械泵的变容积原理制成的。干式机械泵的特点如下。转子与泵体、转子与转子之间的间隙很小,缝隙不需要油润滑和密封,故很少有油蒸气污染;由于这一结构,转子与泵体、转子与转子之间没有摩擦,故允许转子有较大的转速(可达3000 r/min);此外,干式机械泵还具有启动快、振动小、在很宽的压强范围内($1.33\times10^2\sim1.33$ Pa)具有很大的抽速等特点。罗茨泵的极限压强可达10^{-4} Pa(双级泵)。

干式机械泵的主要意义还在于,在一定的压强范围内(1～10 Pa)有相当大的抽气速率。而在这个范围内,油封机械泵的抽速很小,而扩散泵还只刚刚开始工作(图2-1)。所以它可弥补上述两种泵抽气速率脱节的问题。因此有人称干式机械泵为“桥梁泵”。

2.2　真空测量仪器——总压强计

目前,真空技术所涉及的压强范围极广,覆盖了$10^5\sim10^{-11}$ Pa($760\sim10^{-13}$ Torr)16个数量级。如用分贝表示,可达300 dB以上。若用水银柱高度测定最低压强,如1.1.2节所述,则为10^{-13} mm这样微小的尺寸。因此找不出一种压强计能够覆盖整个压强范围。人们往往是针对具体的被测压强范围,设法用这样那样的手段来测量。换句话说,真空规是基于不同气体的物理参数而制造的,各有千秋。那么,怎样的真空规好呢?适合于具体的工作条件的真空规,就是最好的。

能够从它本身测得的物理量直接换算出气压大小的真空规,叫做绝对真空规,如麦克劳真空规,否则就叫做相对真空规。当然,测定绝对压强的场合也是有的,但多数仪器还是先测量随压强而变化的参量,例如气体的热传导、粘滞性、密度或电离能等,再换算成压强。这种倾向,压强越低越明显。在薄膜技术所涉及的压强范围内,能直接测出压强的仪器几乎是没有的。表2-10汇总了人们所用的各种各样的真空规。下面只就其中对薄膜制作较为重要的进行介绍。

表 2-10　各种真空规汇总表

名　称	原　理	结构示意	工作压强范围（Pa：10^{-10}，10^{-8}，10^{-6}，10^{-4}，10^{-2}，1，10^{2}，10^{4}；Torr：10^{-12}，10^{-10}，10^{-8}，10^{-6}，10^{-4}，10^{-2}，1，10^{2}）
U形管压强计(水银)	根据液柱高差测定压强	真空；压强；油或水银	
U形管压强计(油)			
麦克劳真空规	由压缩操作的液柱高差测定压强	检测压强；h；压缩用空间；水银槽	
布尔登规	利用电气或机械方法检测电压力差所造成的弹性变形来测定压强		
隔膜真空规(机械式)			
隔膜真空规(电气式)		真空；隔膜(变形)	
皮喇尼真空规	利用气体分子热传导与压强有关的原理		
热偶真空规		参考正文中的图	
热敏电阻真空规			
舒茨电离真空规	利用热电子对残余气体分子的碰撞电离作用	参考正文中的图	
B-A 型真空规			
Extract真空规			
α射线电离规	与电离真空规相似，测定α射线对残余气体电离所产生的离子流	环状；(+)；(−)；B(磁场)；与溅射离子泵大致相同	
潘宁放电真空规	利用磁场中放电所产生的放电电流		
磁控管真空规			
克努曾真空规	利用热量所产生的分子的动量差	室温；镜；这里的动量大；悬丝；旋转；高温	
粘滞性真空规	利用气体的粘滞性		

2.2.1 麦克劳真空规

目前,同时能测量低真空和高真空的绝对真空规只有麦克劳真空规。它是基于波义耳定律的原理,用开管和闭管之间的压力差来测定压力的。

麦克劳真空规的基本结构如图 2-27 所示。A 是一根开管,接在真空系统上,B 为玻璃泡,C、D 为两根相同直径的毛细管。A、B 的交叉口在 N,下端接在橡皮管上,与汞贮存器 R 相连。T 是一个气阱,使橡皮管内可能存在的气泡不至于进入 A、B 中而破坏真空。

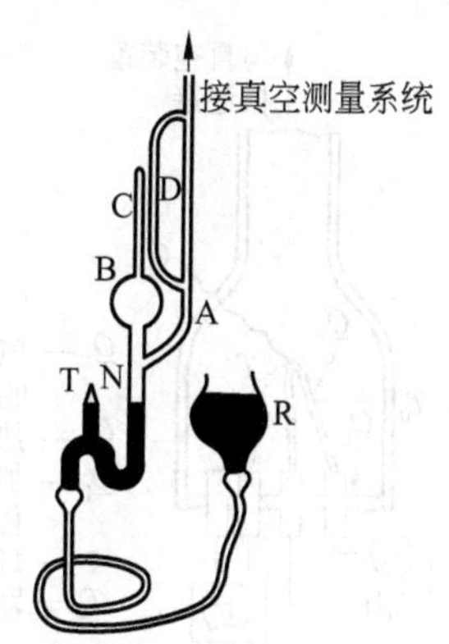

图 2-27　麦克劳真空规

我们来看麦克劳真空规是如何工作的。把 R 向上提升,水银面就顺着 N 上升。如果覆没交叉口 N,则 A、D 和 B、C 内的空气明显被水银分割成两个区域。R 继续向上提升,B、C 内的空气将被压缩,压力将按波义耳定律改变,但 A、D 内的空气可自由通向真空系统。若真空系统的体积比 A 及 D 大得多,那么 A、D 之空气压力基本上是不变的,水银面的上升使两个区域的气体压力有差别。当 R 升到某个高度时,C、D 将产生水银面高度差。

设在 D 管内的汞柱升到 C 管的顶端时,C 管内水银面尚在顶端以下 h 毫米的地方,如图 2-28 所示。

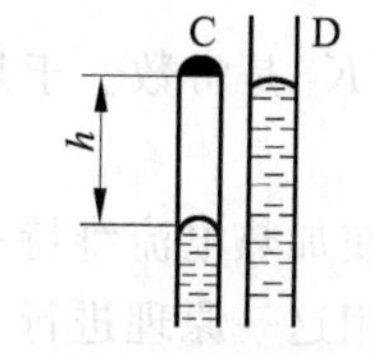

图 2-28　水银高度差测量值 h

设 V 为左边区域体积(实际可以只算 B 的体积),a 是毛细管的截面积,则左边区域内的压力变化可按照波义耳定律写出

$$pV = p' \cdot ah \tag{2-13}$$

p、p' 为压缩前和压缩后的左边区域的气压。p' 就是 h(毫米汞高,用 Torr 表示)所以

$$pV = h \cdot ah \tag{2-14}$$

或

$$p = \frac{ah^2}{V} = \left(\frac{a}{V}\right)h^2 \tag{2-15}$$

p 是压缩前的气压也就是真空系统内的气压。于是,根据 h 值可以计算出 p,a、V 是定值,在制造时给定。

从式子中,是否可以得出使 a、h 很小,V 很大,从而可测得很低的气压的结论呢?由于 V 不能超过 500 cm^3,故若 V 过大,则因汞之比重很大而使玻璃泡很容易破裂;毛细管截面直径不能小于 0.5 mm,否则汞易粘结在玻璃壁上,引起测量误差,且汞柱下降时也会造成玻璃管的断裂;h 也不能小于 0.5 mm。这样,可以估算出能测出的最低气压 p。

$$p = \frac{ah^2}{V} = \frac{\frac{\pi}{4}D^2h^2}{V} = \frac{\frac{1}{4}\pi(0.5)^2(0.5)^2}{500}$$

$$= 1\times10^{-7}\ \text{Torr} = 1.33\times10^{-5}\ \text{Pa} \tag{2-16}$$

实际上,麦克劳真空规可靠测量范围为 $5.32\times10^{-1}\sim1.33\times10^{-4}$ Pa($4\times10^{-3}\sim1\times10^{-6}$ Torr)。

在麦克劳真空规中,两根毛细管要求具有同样的直径,这样可以减小毛细作用引起的误差。麦克劳真空规中使用的水银应该是清洁的、刚经过蒸馏的,而且一旦发现脏了就要更换。

从麦克劳真空规工作原理可知,不能拿它测定蒸气压力,因为大部分蒸气不遵守波义耳定律。麦克劳规的缺点是测量反应慢,但对相对规作校正时还应用它。因为它用水银作为工作液，故与高真空的连接处要加上冷阱，防止水银蒸气（在室温下，水银蒸气压达 10^{-3} Torr 左右）进入高真空部分。

2.2.2　热传导真空规

热传导真空规是利用气体的热传导随压强而变化的现象来测定压强的相对真空规。如图 2-29 所示。一根置于真空容器内的加热丝，设其总发热量为 Q，则 Q 会消耗于热辐射（Q_R）、加热丝支持架的热传导（Q_L）及由于气体分子与热丝碰撞而带走的热量（Q_g），即

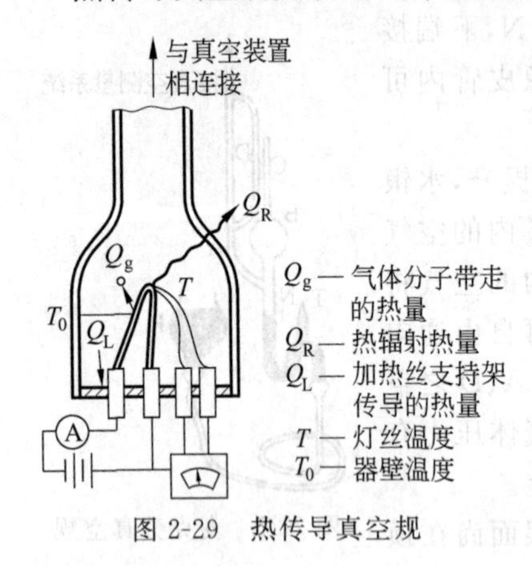

图 2-29　热传导真空规

$$Q = Q_R + Q_L + Q_g \tag{2-17}$$

其中，Q_R 和 Q_L 在灯丝温度 T 一定时为恒量，而 Q_g 与真空容器中的气压 p 相关

$$Q_g = K_1 + f(p) \tag{2-18}$$

式中，K_1 是常数；$f(p)$ 是气压 p 的函数。在低气压下，气体的导热系数与 p 成正比，即

$$f(p) = K_2 p \tag{2-19}$$

式中，K_2 是常数。于是

$$Q_g = K_1 + K_2 p \tag{2-20}$$

使加热电流维持一定，就可测定气体热导率，即测量气体对灯丝的冷却本领。

用这一原理进行工作的真空规统称为热传导真空规。测定冷却本领可以用两种方法：直接测量加热丝的温度或测量电阻随温度的变化。前者称为热偶真空规，后者叫做皮喇尼真空规。

2.2.2.1　皮喇尼式热导真空规

皮喇尼式热导真空规（或称电阻真空规）的原理如图 2-30 所示。这种规管利用电阻值随气压的变化来测定气压。它实际上是一个惠斯登电桥，补偿管 K 事先抽至不超过 1.33×10^{-2} Pa（1×10^{-4} Torr）的压力。由于补偿管与测量管有近似相同的周围环境，补偿管的存在可减小因热辐射气温变化、加热丝支持架传热等造成的测量误差，因此可使定标曲线减少摆动。

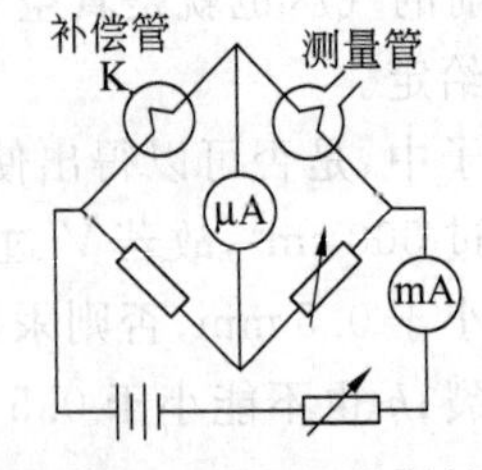

补偿管K的作用可减小因热辐射、气温变化、加热丝支持架传热等造成的测量误差

图 2-30　定电压型皮喇尼式热导真空规

电流表 mA 用来监视通过真空规管的电流，电流表 μA 用来观察电桥的平衡状态的变化。

热量是如何传走，气体分子是如何碰撞而把能量带走的呢？理论计算不太容易，也难以做到与实际完全相符。一般采用的方法是，以绝对真空计为依据进行比较来标定真空度刻度。具体程序如下：

① 大气压下电桥平衡，调节电位器，使电表 μA 的指针为零；

② 给电阻计管一定的加热电流 I_H，调节 I_H 的大小接近于这种结构真空计的平均值；

③ 将真空计管抽到不高于 0.75×10^{-2} Pa（1×10^{-4} Torr）的真空度，与之对应，电表 μA 的指针达到满偏；

④ 以绝对真空计为标准，将电桥中电表 μA 所示的电流值与真空度一一对应，列成表或者划刻在电流表 μA 的表盘上。由此便做成了皮喇尼真空计。

2.2.2.2 热偶式真空规

热偶式真空规是一种广泛应用的真空规，它用热电偶测量金属丝的温度，而热丝在恒定电流下，其表面温度的高低跟热丝所处的真空状态相关。真空度高，跟热丝碰撞的气体分子少，则热丝表面温度高，热电偶输出的热电势也高；真空度低，跟热丝碰撞的气体分子多，带走的热量多，则热丝表面温度低，热电偶输出的电动势也小。热偶式真空规的结构如图 2-31 所示。

热丝一般由钨丝制成，热偶由铜-康铜、铬-康铜、铬镍-铝镍等制成。热偶式和电阻式一样，要用绝对真空规进行标定。

编号为 DL-3 的热偶规管是一个像电子管一样的玻璃泡，并且内部已抽到压强不高于 1.33×10^{-2} Pa(1×10^{-4} Torr)。使用时，首先要打开玻璃泡，把管子接到真空规的测量线路上，找出其工作电流(即加热电流)。在电流作用下，表头指示出 1.33×10^{-1} Pa(1×10^{-3} Torr)左右的真空度(因为此时泡内真空度也在这个范围)。决定了工作电流后，就可以把规管接到真空系统需要测量的部位去。一般，热电偶计是在 $10\sim10^{-1}$ Pa 范围内工作。图 2-32 是热偶计测量电路的原理图。

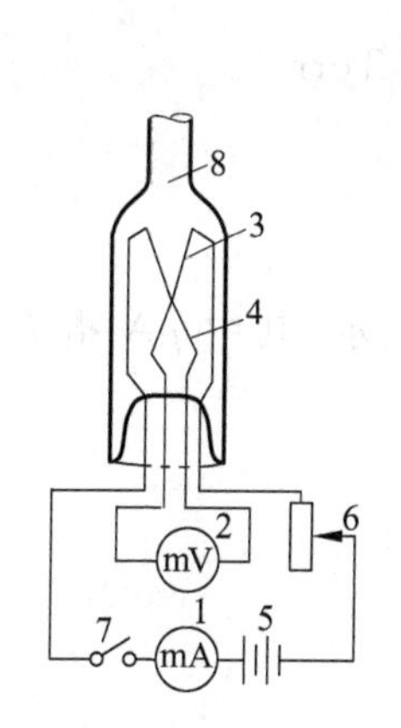

图 2-31 热偶式真空规构造图

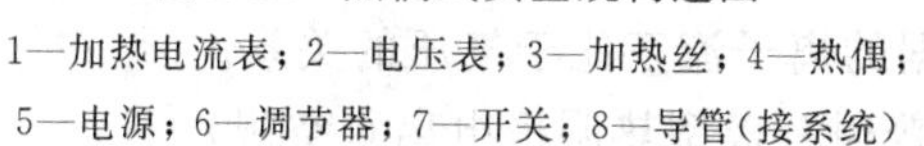

1—加热电流表；2—电压表；3—加热丝；4—热偶；
5—电源；6—调节器；7—开关；8—导管(接系统)

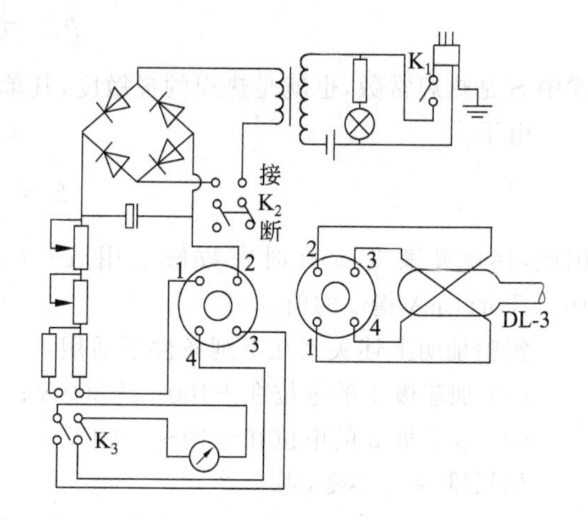

图 2-32 热偶计测量电路原理图

在测量时，加热电流应保持不变，故电路中采用磁饱和变压器稳压，以消除电源电压变化而引起的加热电流的变化对压强测量所造成的影响。热丝加热电流可调范围为 90～130 mA。

2.2.3 电离真空计——电离规

电离真空规是当前广泛使用的真空规之一。其中尤以能够测量超高真空的 B-A 型电离真空规(取发明人 Bayard 和 Alpert 姓名的首字母命名)和能够测量 1 Pa(10^{-2} Torr)级真空度的舒茨型电离真空规最为常用。此外，还有能测量极高真空度的屏蔽型电离真空规和冷阴极真空规等。下面先从普通热阴极电离真空规讲起。

2.2.3.1 热阴极电离真空规的原理及操作要点

热阴极电离真空规(计)又名热规,普通三极型热规的结构如图 2-33 所示。灯丝 3(F)在通电加热以后发出热电子,热电子向处于正电位的加速极 1 飞去,一部分被其吸收,另一部分穿出加速极栅间空隙继续向离子收集极 2 飞去。由于 2 是负电位,电子在靠近 2 时受到电场的推斥而返回,在加速极栅间作来回振荡,直到被 1 吸收为止。电子在飞行路程中不断跟管内气体分子碰撞,使气体电离,形成如下过程:

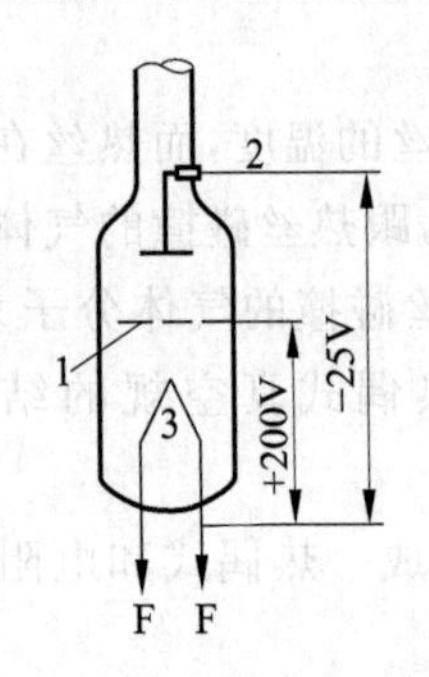

图 2-33 热阴极电离真空计
1—加速极(栅极);2—收集极;3—灯丝

$$A + e \longrightarrow A^{+} + 2e \tag{2-21}$$

正离子 A^+ 被收集极 2 收集,这样在回路中产生了离子流。

实验指出,在压力低于 10^{-1} Pa 时,被加速的电子在飞向加速极(栅极)的途中,同气体分子碰撞所产生的离子数(收集极得到的离子流 i_+)与气体分子密度(即气压 p)和由灯丝发射出的电子流 i_e 的乘积成正比

$$i_+ \propto i_e p$$

上式也可写成

$$p = \frac{1}{S}\frac{i_+}{i_e} \tag{2-22}$$

式中 S 是热规常数,也就是热规的灵敏度,其单位是 Pa^{-1} 或 $Torr^{-1}$。

由于

$$S = \frac{i_+}{p i_e}$$

因此,热规灵敏度 S 有时在数值上用 $\mu A/(\mu \cdot mA)$ 来表示,其中 μA 指 i_+ 的值,μ 指 10^{-3} Torr,mA 指 i_e 的值。

实验证明上述关系在下列条件下适用:

(1) 加速极 1 的电位在 +100~+300 V;

(2) 收集极 2 的电位在 −10~−50 V。

如果维持 i_e 不变,则

$$p = K_1 i_+ \tag{2-23}$$

K_1 是常数。这便是普通热阴极电离真空计所依据的离子流正比于气压的关系。

目前,工厂和实验室常用的为 DL-2 型规管(普通三极型热阴极电离真空规)。

在测量时,维持 i_e 不变(通常取 5 mA),正离子流正比于气体压力,即

$$i_+ = i_e S p = C p \tag{2-24}$$

其中 $C = 1/K_1 = 10^{-5}$ μA/Torr,$S = 20$ $Torr^{-1}$。

用热规进行压力测量时常和热偶真空规相配合进行,形成复合真空计,这样就可测出从 10 Pa(10^{-1} Torr)到 10^{-5} Pa(10^{-7} Torr)的压力,可以满足一般电真空器件的要求,也满足制作氖氦激光器排气的真空要求。

普通三极型电离真空规具体操作时必须遵守如下规则:

(1) 热阴极电离真空计测量上限不得大于 10^{-1} Pa(10^{-3} Torr)。

若压力大于 10^{-1} Pa(10^{-3} Torr),则由于电子平均自由程小,气体不能电离,故不能反

映气压。在高压中，热阴极容易中毒；严重时，阴极会烧毁。但规管的测量下限也不应低于 10^{-5} Pa(10^{-7} Torr)，否则，会产生光电子，造成指示不准确。

(2) 电离规管进行测量之前，首先要除气(5～10 min)。这一点对长期不用的规管尤为重要，否则测量不准。发现系统漏气应立即关闭规管。

(3) 测量前首先要进行预热，使仪器内部建立起稳定的工作状态。20 min 后，进行校正(包括加热电流，零点及满度的符合情况)，再除气测量。规管不要长期点燃，以免烧坏。

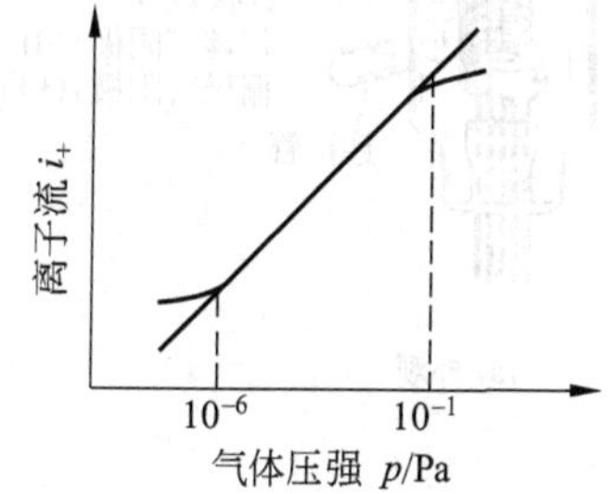

图 2-34　离子流与压力的关系

普通三极型热规的定标曲线如图 2-34 所示。从图中看出，p 在 10^{-1}～10^{-6} Pa(10^{-3}～10^{-8} Torr)之间时是直线，而在此区间以外发生弯曲。这种弯曲是什么原因造成的？造成偏移的原因是在压力大于 10^{-1} Pa(10^{-3} Torr)时，i_+ 不再随 p 增加，由于加热钨丝的化学清除作用而造成吸收气体。

在气体压强小于 10^{-6} Pa(10^{-8} Torr)时，i_+ 为什么不随 p 而下降呢？有人认为是因为电子轰击加速极产生软 X 射线，该射线使收集极产生光电子，这相当于收集极上多了一种"虚假的"离子流，$i_x \propto i_e$。由此可知，i_+ 与气压无关。

$$i_x = K_2 i_e \tag{2-25}$$

$$i_+ = Spi_e + i_x = Spi_e + K_2 i_e = (Sp + K_2) i_e \tag{2-26}$$

$$\frac{i_+}{i_e} = Sp + K_2 = p\left(S + \frac{K_2}{p}\right) \tag{2-27}$$

从式中可知，若 $S \gg \frac{K_2}{p}$，则 $\frac{i_+}{i_e}$ 与 p 成正比。当 p 较大时，可以满足这种关系；当 p 较小时，$S \gg \frac{K_2}{p}$ 的条件不能满足，造成当压力小于 10^{-6} Pa(10^{-8} Torr)时曲线发生偏移。

实际应用要求扩展热电离真空计的量程。在低真空一端，要求其测量的压强高于 10^{-1} Pa；在高真空一端，要求其测量的压强低于 10^{-6} Pa。针对前者，人们开发出了舒茨型和大迫型电离真空规；针对后者，人们开发出了 B-A 型电离真空规、屏蔽型电离真空规和冷阴极电离真空规等，下面分别做简单介绍。

2.2.3.2　扩展高真空端量程的热规——B-A 型电离真空规

为了在普通三极型热电离真空规的基础上扩大高真空端的量程，使之在 10^{-6} Pa 以下的气压下仍能保持 i_+ 与 p 的线性关系，根据式(2-27)，必须提高灵敏度系数 S、减小 K_2，以使 $S \gg \frac{K_2}{p}$。为此，Bayard 和 Alpert 开发出以其名字字头命名的B-A 规。图 2-35 和图 2-36 是普通三极型热电离真空规与 B-A 规的比较。后者与前者相比，发射电子的灯丝和离子收集极相互交换了位置，而且把离子收集极改成针状。这样，B-A 规针状离子收集极的面积大大减小，其仅为普通三极型热电离真空规离子收集极面积的约千分之一，因此，由软 X 射线产生的"虚假的"离子流也降低到大约千分之一。从而扩展了其高真空端的量程。图 2-37 表示两种情况下，由软

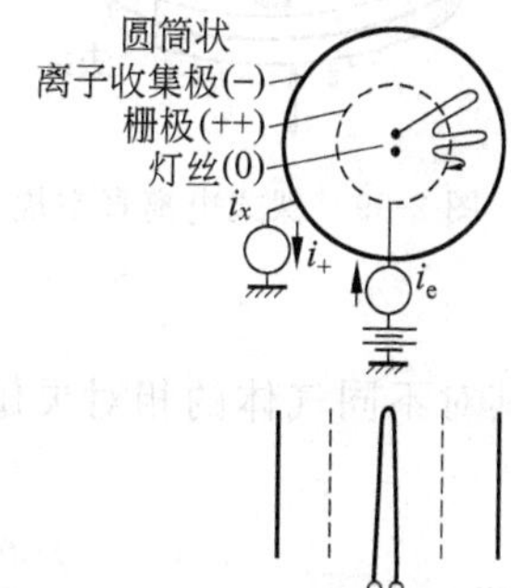

图 2-35　普通(旧式)三极型热电离真空规

X 射线产生的光电流的对比，以及由光电流决定的测量极限真空度(10^{-9} Pa)。

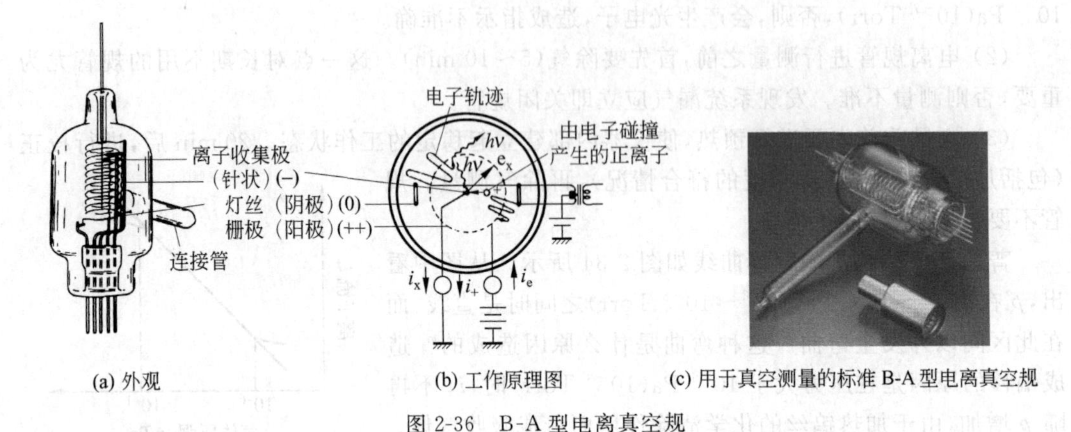

(a) 外观　(b) 工作原理图　(c) 用于真空测量的标准 B-A 型电离真空规

图 2-36　B-A 型电离真空规

对于目前我们已经涉及的极高真空(extreme high vacuum,XHV,10^{-8} Pa 以下)领域，即使采用以上措施，仍然不能完全避免软 X 射线造成的“虚假”离子流对测量精度的影响。为了完全排除软 X 射线的影响，人们进一步采取各种办法，如将离子收集极远离加速极，即由离子收集极将离子牵引较长的距离，与此同时，在二者之间加强屏蔽，使电子轰击加速极(栅极)产生的软 X 射线不能直接投射到离子收集极上，从而不会产生光电子，由此可以较为彻底地避免软 X 射线造成的影响。称这种方式为牵引屏蔽型电离规，其中有各种各样的方式，图 2-38 表示其中一例。采取上述措施，可将高真空端的量程扩大到 10^{-12} Pa(10^{-14} Torr)。

此外，电离真空规中还有一种叫裸式电离真空规，它是为了减少连接管的小流导所引起的测量误差而研制的产品，如图 2-39。裸电离规本身要装入真空容器内。对高精度的压强测量来说，这是不可缺少的。

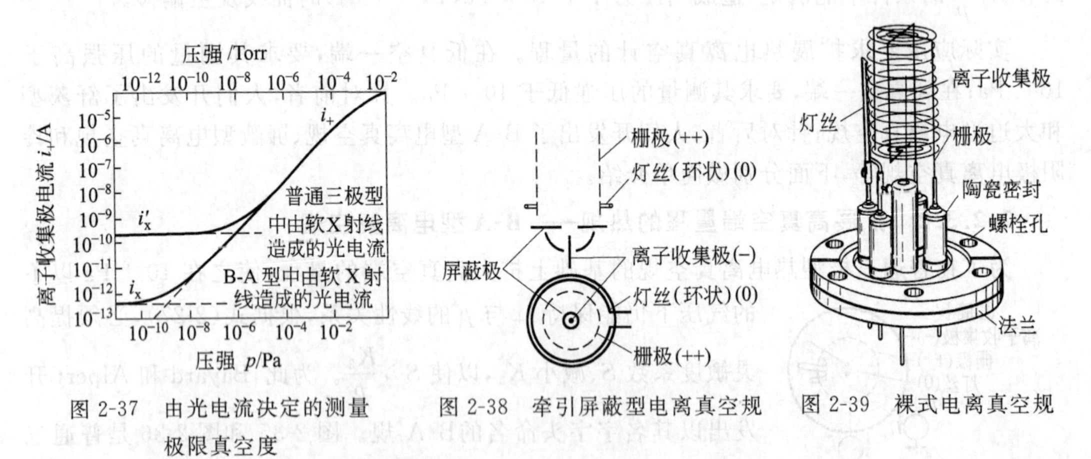

图 2-37　由光电流决定的测量极限真空度　图 2-38　牵引屏蔽型电离真空规　图 2-39　裸式电离真空规

电离真空规相对于不同气体的灵敏度有所差异，表 2-11 给出其对不同气体的相对灵敏度系数。

2.2.3.3　扩展低真空端量程的热规——舒茨型电离真空规

如图 2-34、图 2-37 的曲线所示，普通三极型电离真空规和 B-A 规在气压高于约 10^{-1} Pa(10^{-3} Torr)时，离子收集极的电流 i_+ 与气压的关系偏离直线性。为了解决这一问

表 2-11 电离真空规对不同气体的相对灵敏度(以 N_2 为 1)

形式	B-A 型		VS-1 标准球
测定者	Moesta,Renn	織田,荒田	石井,中山
V_g/V	180	150	125
V_c/V	−40	−45	−25
i_e/mA	1	1	2
N_2	1.0	1.0	1.0
O_2		0.85	0.77
H_2	0.395	0.44	0.425
CO	1.154	1.04	
CO_2	1.832		
空气	1.0		0.953
He	0.180	0.20	0.136
Ar	1.403	1.21	1.31

题,舒茨等(Shulz 和 Phelps)研制了一种电离规,其结构如图 2-40(a)所示。由于缩短了电极间的间隔,因此直到接近于 10^2 Pa(1 Torr)的高压强范围,i_+/i_e 与压强 p 之间仍保持线性关系(图 2-40(b))。这种真空规在 10^{-2}～10 Pa(10^{-4}～10^{-1} Torr)范围内使用是很方便的,因而最常用于溅射镀膜时的压力测量。这种真空规在日本叫舒茨型电离真空规,在欧美叫 Shulz and Phelps 型电离真空规。

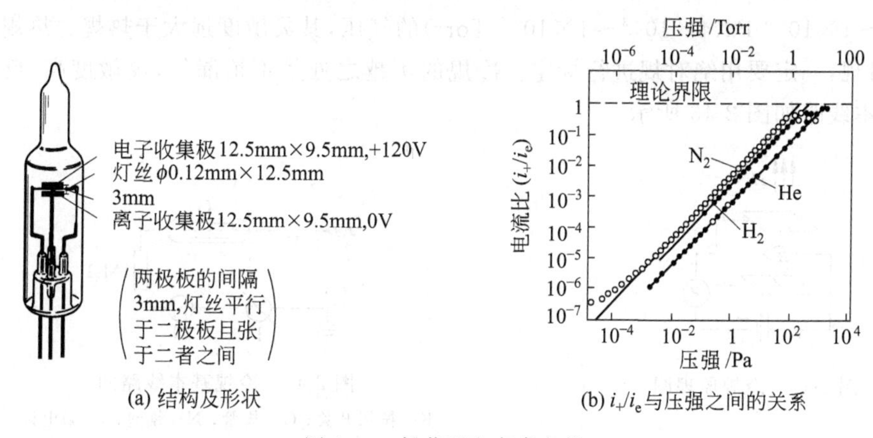

图 2-40 舒茨型电离真空规

此外,还有一种追近型电离真空规,其结构如图 2-41 所示。由于在热阴极附近设置辅助电极,即使采用原来的 B-A 型结构,也可以将高气压端的量程扩展到 10 Pa(10^{-1} Torr)量级。这种追近型电离真空规,特别适用于普通薄膜沉积的气压范围。一台追近型电离真空规可以代替两台(B-A 型+Shulz 型)原来的真空规,使用十分方便。

2.2.3.4 冷阴极电离真空规

上面介绍了热阴极电离真空规,其优点是反应迅速,使用便利,规管结构和制造都不复杂,因此人们乐于采用。其缺点是由于热灯丝的存在会引起被测空间发生变化(温度、压力、成分发生变化)。为了克服这个缺点,人们又研制了多种高真空量具。

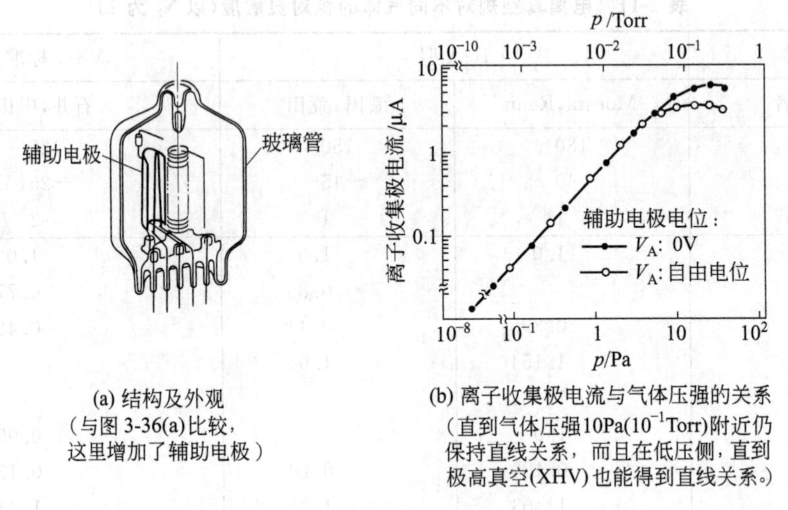

(a) 结构及外观
（与图 3-36(a)比较，
这里增加了辅助电极）

(b) 离子收集极电流与气体压强的关系
（直到气体压强10Pa(10^{-1}Torr)附近仍
保持直线关系，而且在低压侧，直到
极高真空(XHV)也能得到直线关系。）

图 2-41　迫近型电离真空规

冷阴极电离真空规（图 2-42）仍旧利用气体分子电离来测定气压。但改成冷阴极，并在垂直于平面方向加上磁场 H。由于某种原因（如场致发射、光电发射或宇宙线影响）产生一个电子，这个电子在电场和磁场联合作用下迂回曲折地向阳极运动。但阳极是一个丝圈，形成了电子在两阴极间和阳极附近的振荡运动，其路径很长，与气体分子碰撞的可能性大大增加。于是，产生的离子被阴极吸收，形成可测出的离子电流。冷阴极真空规可以测量 $5\times10^{-1}\sim1\times10^{-3}$ Pa（$4\times10^{-3}\sim1\times10^{-5}$ Torr）的气压，其灵敏度远大于热规。热规和冷规都是相对规，一定要用绝对规进行标定。冷规的优越之处是不怕漏气，灵敏度高，反应也很快，其基本线路如图 2-43 所示。

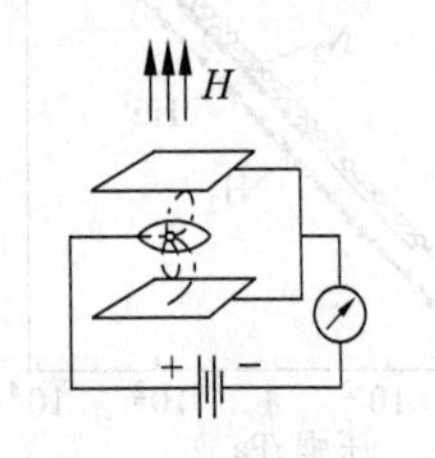

图 2-42　冷规原理图

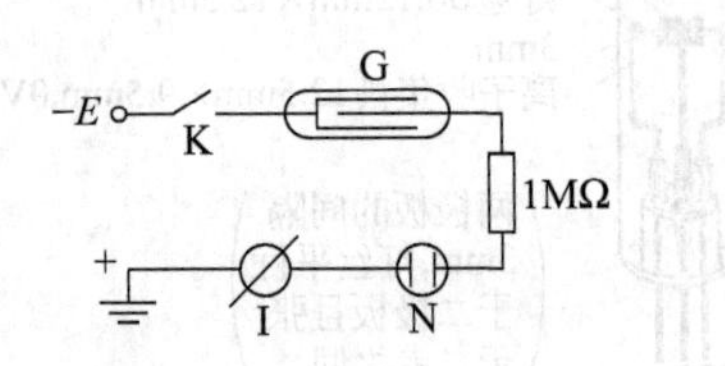

图 2-43　冷规基本线路图

K—按钮开关；G—规管；N—氖泡；I—微电计

2.2.4　盖斯勒管

不同气压下的气体放电，会显示出不同的形貌和颜色。盖斯勒管是通过气体放电外貌来确定气体压力的真空规。盖斯勒管的结构如图 2-44 所示。将两个圆板电极对向置于玻璃圆管中，由霓虹灯用变压器加上大约 6 kV 电压时，随着玻璃管中气压变低，其放电形貌及颜色依次出现如图 2-44 所示的变化。

由图中可以看出，放电一旦消失，气压便进入 10^{-1} Pa（10^{-3} Torr）数量级。这个压强相当于从油封机械泵转换到油扩散泵，或者从吸附泵转换到溅射离子泵时的压强。尽管盖斯勒管算不上是高精度的真空规，但其使用方便、价格低廉，具有广泛应用。

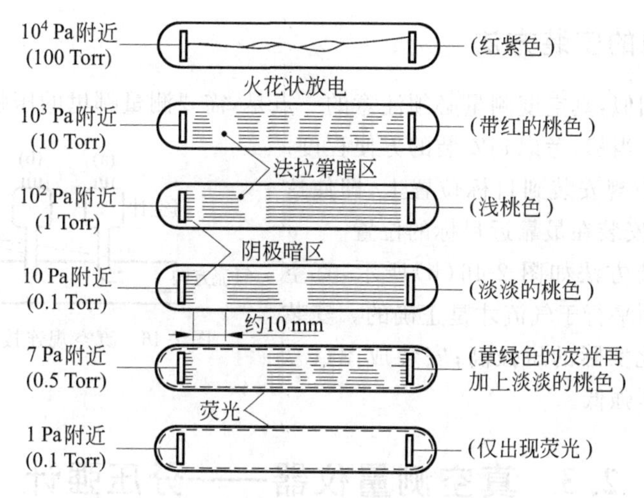

图 2-44 盖斯勒管中放电形貌及颜色随气压的变化

(右边括号中表示空气排气过程中的颜色变化)

2.2.5 隔膜真空规

以上介绍的真空规精度好、可靠性高，应用广泛。但是，对于干法刻蚀及 CVD 等应用，由于涉及到 F、Cl 及其化合物等，不仅处于高温的灯丝等难以承受，其他部件在如此苛刻的环境中也难免受到腐蚀。因此需要开发在常温下对任何气体都能测量的真空规。隔膜真空规就是其中一种。

隔膜真空规采用 0.05 mm(50 μm)左右的金属隔膜或陶瓷隔膜作感压元件，该元件在压强作用下会产生微小变形。将隔膜弹性体的微小变形(位置的变化)转变为电容量(静电电容量)的变化，并以电气方式进行显示，由此便构成隔膜真空计。图 2-45(a)表示隔膜真空规的原理。考虑到隔膜的耐腐蚀性和弹性的要求，它一般由 Ni 系合金 Inconel 及三氧化二铝制成。固定电极可以采用一个，也可以采用两个。其测量范围从大气压到 0.1 Pa(10^{-3} Torr)，特别适用于发生化学反应的真空测量。图 2-45(b)给出隔膜真空计的实例。

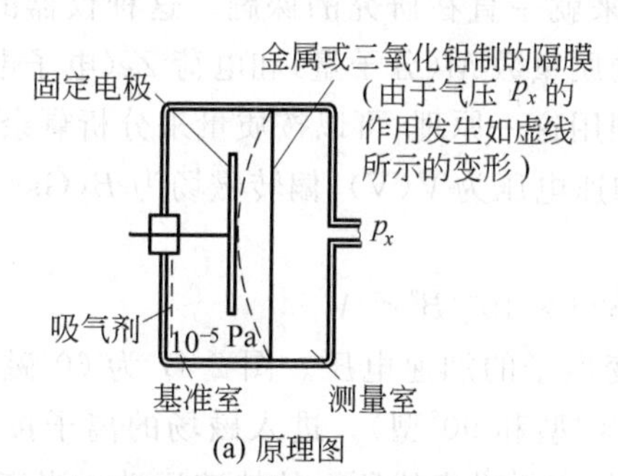

(a) 原理图

(由于气压 P_x 的作用下，隔膜变形，其与固定电极间的电容量发生变化，并以电气方式对 P_x 进行显示)

(b) 外观实例

图 2-45 隔膜真空规

2.2.6 真空规的安装方法

与温度测量相似,真空度测量必须注意的一点是,需要测量哪里的压强就应把真空规安装到哪个位置上。当然,考虑到安装的方便程度,有时不可能把真空规安装到目标位置上,即使这样,也应将其尽量安装在最靠近目标的位置。

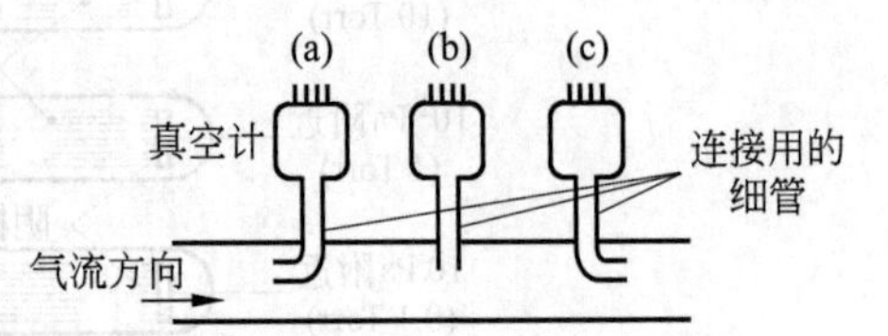

图 2-46 真空规连接管的开口面向

真空规的安装方法如图 2-46(b)所示,真空规连接管的开口面平行于气流才是正确的。安装成图(a),测量值比实际的压强高;安装成图(c),测量值比实际的压强低。

2.3 真空测量仪器——分压强计

使用前节所述的测量仪器可以知道压强下降到何种程度,而不可能搞清楚真空容器中剩下些什么气体。然而,在薄膜制作领域中弄清楚这个问题却又是非常重要的。特别是在制作化学性质活泼的 Al,Ti,Ta,Zr 和 Nb 等金属薄膜时,残余气体不同,制作出来的薄膜也完全两样。例如:在氧和水汽较多的情况下制作 Ti 膜时,得到的是氧化钛的透明膜而非金属钛膜;蒸镀铝时,有时得到透明的膜,有时得到模糊不清的膜。在制造这一类薄膜时,探明其原因的有效手段是本节所述的分压强计。用它分析剩余气体的成分,往往有助于阐明问题发生的原因。

分压强计的种类很多,大致可分为使用磁场的磁偏转型分压计和不用磁场的分压强计。一般来说,磁偏转型分压强计大而重,漏磁也是个问题,但定量分析的可靠性高;不用磁场的分压强计通常做得轻而小,分析速度也快,且无漏磁问题,但定量分析精度往往差一些。本节只叙述其中在薄膜领域内常用的两种分压强计。

2.3.1 磁偏转型质谱计

磁偏转方式用于质谱计是一种很早以来就一直在研究的课题。这种仪器的可靠性高。当离子射入磁场时,由于各种离子所具有的质量数 M(分子量)和电荷 Ze(电子电荷的 Z 倍)有差异,所以它们沿着不同的轨迹运动。利用这一原理,可以按质量来分析剩余气体。设离子运动的圆形轨迹半径为 r(cm)、离子的加速电压为 V(V)、偏转磁场为 B(Gs[①]),则它们间的关系为

$$M/Z = 4.826 \times 10^{-5} B^2 r^2 / V \tag{2-28}$$

一般质谱计使用永磁铁,使用时只改变离子的加速电压。图 2-47 为 60°磁偏转型的原理图(磁场的角度为 60°、90°时,分别称为 60°型和 90°型)。进入磁场的离子按上述方式偏转,只有特定的离子流入离子收集极,其他的离子沿虚线所示的轨迹运动。当离子的加速电压增加时,原来流入离子收集极的离子将不再流入,取而代之的是比较轻的离子流入。像这样不断地增加离子的加速电压时,对每一个(M/Z)都可以得到一个离散的谱峰,可以像后

① 在国际单位制中磁感应强度的单位为 T(特[斯拉]),1T=10^4Gs。

面的图 3-14(a)那样来分析。

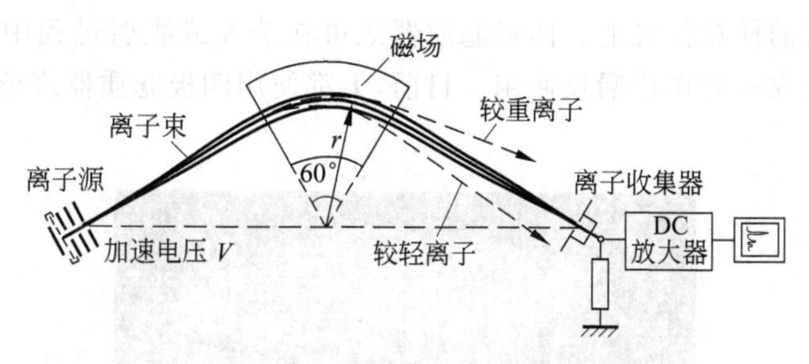

图 2-47　60°磁偏转型质谱计原理图

因分析结果是用(M/Z)给出的，所以 CO 和 N_2 同时流入对应于质量数 28 的位置。这种情况可以进一步根据图像系数(pattern 系数)进行定量分析。测量仪器不同，图像系数也不一样，要了解详细内容，最好参考各测量仪器的使用说明书。

2.3.2　四极滤质器(四极质谱计)

四极滤质器是一种小型的、快速分析的质谱计。它不用磁场而用高频电场和四根杆状电极，结构很特别，是扩大质谱计应用领域的一条途径。如图 2-48 所示，当把由直流电压与交流电压叠加而成的电压 $U+V\cos(2\pi ft)$ 加在四根杆状电极上，并在其中心部位送入离子时，对于特定的 U 和 V 值来说，只有特定质荷比(M/Z)的离子才能形成稳定的振荡而到达离子收集器，其他离子则全部流到杆状电极或真空容器中去了。这样可以得到图 2-49 那样的分析结果。这种分析结果和图 3-14(a)不同，各谱峰点的间隔一定是这种质谱计的特征。

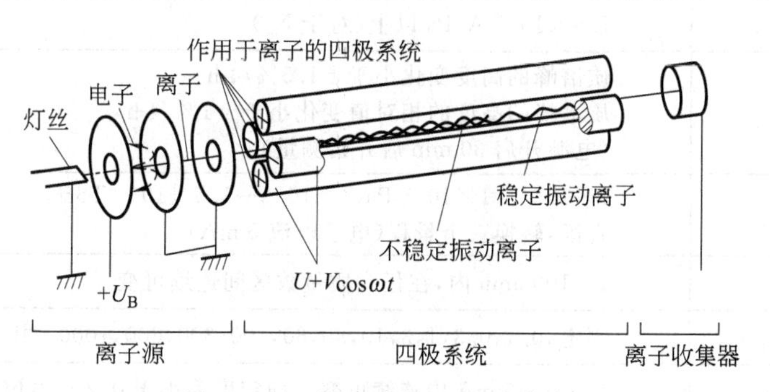

图 2-48　四极滤质器(四极质谱计)

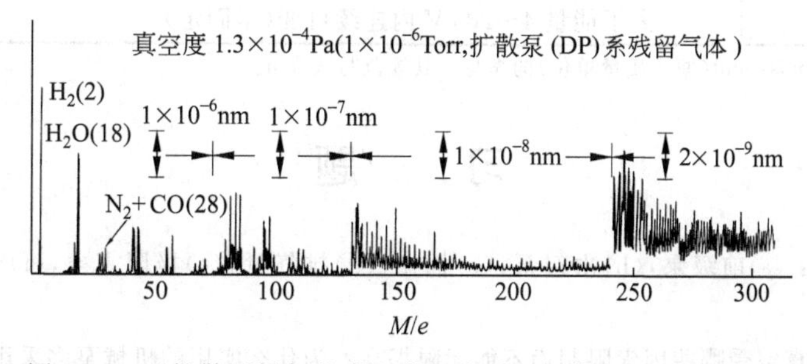

图 2-49　油扩散泵排气的真空装置内残留气体分析结果的一例

四极滤质器的实例示于图2-50。它是一个小型的手提式装置，使用非常方便，因此，可以安装在真空装置的任意位置上。四极滤质器既可在蒸发或溅射过程中作气体分析用，又可和真空装置组装在一起作检漏仪使用。目前，大都使用四极滤质器来分析残余气体，它的特性列于表2-12。

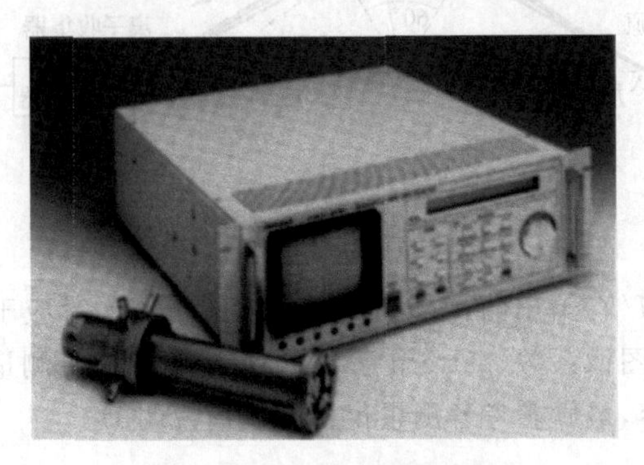

图2-50 四极滤质器的实例

表2-12 四极滤质器的特性

性 能	参数指标
质量数	1～100 amu① 个量程
分辨能力	100(10％谷定义)
工作压强	1×10^{-2} Pa(1×10^{-4} Torr)以下
最小可检分压强	1×10^{-9} Pa(1×10^{-11} Torr)时的信噪比2：1(对于N_2)
灵敏度	7.5×10^{-6} A/Pa以上(对于N_2)
稳定度	质谱峰的高度变化小于±1.5％/4 h 质谱峰的高度的相对值变化小于±1％/4 h (电源开启30 min后开始测量)
总压强测量	$1\times10^{-2}\sim1\times10^{-9}$ Pa($1\times10^{-4}\sim1.5\times10^{-7}$ Torr) 直读，转换三个量程(电子电流5 mA)
扫描范围	1～100 amu内，在任意质量数区间连续可变
扫描速度	固定，0.1，0.3，1，3，10，30，60，100，300，600，1000 s共11个量程
发射电流	10 μA～5 mA内连续可变。稳定度为小于0.2％/8 h(在5 mA处)
离子源电压	电子能量20～100 eV内连续可变(半固定) 离子能量4～20 eV内连续可变(半固定)

① amu为atomic mass unit(原子质量单位)的缩写。其规范写法为u。

习 题

2.1 解释下列名词：(a)前级泵，(b)次级泵，(c)抽速，(d)排气量，(e)极限真空，(f)干式系统，(g)液氮冷阱。

2.2 机械泵的极限真空受哪些因素限制而不能无限提高？为什么实用的机械泵多采用双级泵？

2.3 同一真空系统，在雨季要达到极限真空所需的时间更长，请说明理由。如何有效解决这一问题？

2.4　对机械泵油和扩散泵油分别都有哪些要求，为什么？

2.5　画示意图说明旋片式机械泵，罗茨泵，扩散泵的工作原理。

2.6　何为“气镇”，说明设置气镇的意义。

2.7　有一容积为 $1\ m^3$ 的容器，用抽速为 50 L/s 的机械泵抽真空，欲达到 1.2×10^{-1} Pa 的真空度，估计所需的抽气时间。

2.8　设扩散泵的泵口直径为 20 cm，进口压强为 0.1 Pa，请估计扩散泵的抽速和排气量。

2.9　由机械泵与扩散泵组成真空排气系统，设油扩散泵的抽速是 4000 L/s，进口压强为 0.1 Pa，出口的压强为 10 Pa，选择多大抽速的机械泵才能与扩散泵相匹配？

2.10　请说明吸附泵、溅射离子泵、升华泵、低漫冷凝泵、涡轮分子泵和复合涡轮泵，干式机械泵的工作原理、主要性能参数、应用范围和局限性。

2.11　上题中列出的各种泵一般都需要前极泵与之配合，请分别说明理由。

2.12　测得麦克劳真空规玻璃泡直径 8 cm，毛细管截面直径 0.8 mm，压缩后封闭段气柱高 2 mm，求待测真空室的真空度。

2.13　请叙述皮喇尼真空规和热偶真空规的工作原理。

2.14　何谓热阴极电离真空规的热规常数？指出热规常数的适用范围。

2.15　请叙述三极型电离真空规的操作程序。

2.16　为了扩大热阴极电离真空规的量程，在低真空一侧采用舒茨型规，在高真空一侧采用 B-A 型规，说明二者扩大量程的原理。

2.17　请说明冷阴极真空规的工作原理及比之热阴极电离真空规的优点。

2.18　请说明磁偏转型质谱计和四质滤质器测量分析残余气体分压的原理。

2.19　有 20℃的空气，请完成下表：

真　空　度	2.3×10^{-3} Torr	4.9×10^{-4} Pa	3.4×10^{-8} mbar
分子平均自由程			
达到该真空选择合适的真空抽气系统			
选择合适的测量系统			

第3章 真空装置的实际问题

真空装置的组成部分中，最重要的是前面已经讨论的真空容器、真空泵和真空规。此外，还有阀门、电气接头、机械运动的传动机构和法兰盘等零部件，以及为了完成各种工作而设置在真空装置内部的机构。当然，所有这一切组装在一起才能构成真空装置，以便在其中制作薄膜。本章从真空装置的基础知识开始叙述，后面还涉及装置的检漏以及温度和湿度对真空镀膜系统的影响等。

3.1 排气的基础知识

设想在没有真空容器的情况下抽除空气，并使周围的空气来不及补充，那么压强将下降到什么程度呢？如果消耗的能量如同秋天的台风那样巨大，也许勉强可以达到 0.9 大气压。可见，为了获得真空，真空容器无论如何是不可缺少的。当然，真空泵也是必需的。下面要论述：以抽速 S[L/s]对容积为 V[L]的真空容器抽气(图 3-1)时，压强 p(Pa 或 Torr)将如何变化①？怎样才能迅速获得良好的真空？

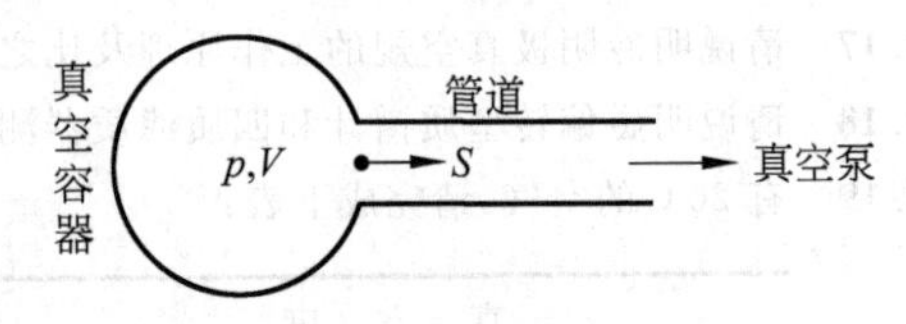

图 3-1 真空容器的排气

p—压强；V—真空容器的容积；S—抽速

假设在时间间隔 Δt 内，真空容器内的压强从 p 下降到 $p-\Delta p$，那么，从容器中排除的气体流量为 $V\Delta p$，这等于由真空泵抽掉的气体流量 $Sp\Delta t$，即

$$-V\Delta p = Sp\Delta t \tag{3-1}$$②

若 $t=0$ 时，容器内的压强为 p_0，则方程(3-1)的解③为

$$p = p_0 \exp(-St/V) \tag{3-2}$$

图 3-2 中的虚线是当 $p_0=10^5$ Pa(760 Torr)、$S=1$ L/s 和 $V=1$ L 时方程(3-2)的曲线。由此曲线可知，只要经过 30 s 便可获得 10^{-9} Pa(10^{-11} Torr)的压强。稍许操作过真空装置的人都知道，就实际的真空装置而言，这种情况几乎是不存在的。因为这一排气曲线是在如下的假设条件下得到的：真空容器完美无缺，不存在放气问题；真空泵是理想的泵；极限压

① 假设以每秒 1 L 的抽速对容积为 1 L 的容器抽气，那么，能不能用 1 s 的时间抽去容器中的全部空气而获得绝对真空呢？回答是否定的。如果容器中装的是豆子，也许可以全部除去。然而，抽气的情况与此不同，抽去一些气体之后，容器中的压强就降低了，所以抽出去的气体量是越来越少的。例如，我们考虑 0.1 s 的时间间隔，0.1 s 后，容器中的压强由 1 atm 变成 0.9 atm，0.2 s 后变成 0.9^2 atm=0.81 atm，而不是 0.8 atm。详细的计算结果(见本节后面)表明，压强以 1/e 的速度递减，也就是每过 1 s，压强大约下降到原来的 1/3。

② 由于 p 与密度成正比例，所以公式的左边表示(容积)×(密度)=(质量)，即与质量成正比例，其单位是 L·Pa。右边的单位为(L/s)·Pa·s=L·Pa，也是 L·Pa。

③ 当 $\Delta t\to 0$ 时，式(3-1)可写成微分方程 $dp/p=-(S/V)dt$ 求解得 $\ln p=-(S/V)t$，并可记作 $p=p_0\exp(-St/V)$。

强没有界限。然而,实际情况并非如此,真空容器并非完美无缺,如图 3-3 所示,不管怎样迅速地排除容器内的气体,它都无法完全排尽,总有气体不断地从容器的内表面冒出来。比如,真空容器内表面吸附气体的放出;由于漏气和渗透流入的气体,容器壁内吸留气体的放出。这些进入的气体,对真空容器内部的压强起着支配作用。假设在稳态时,这些进入的气体流量为 Q,那么,该容器的内部压强将如何变化呢?

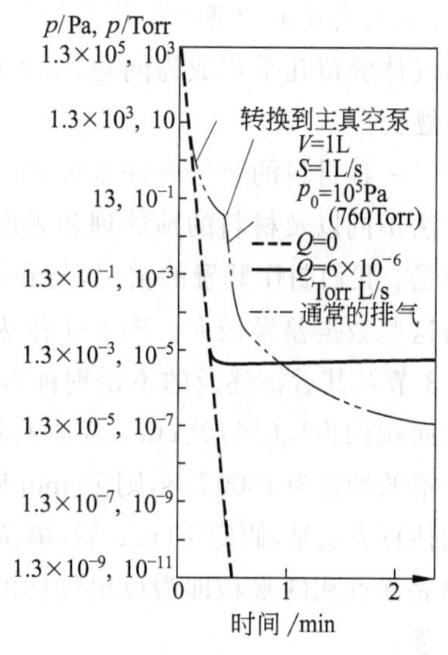

图 3-2　排气曲线

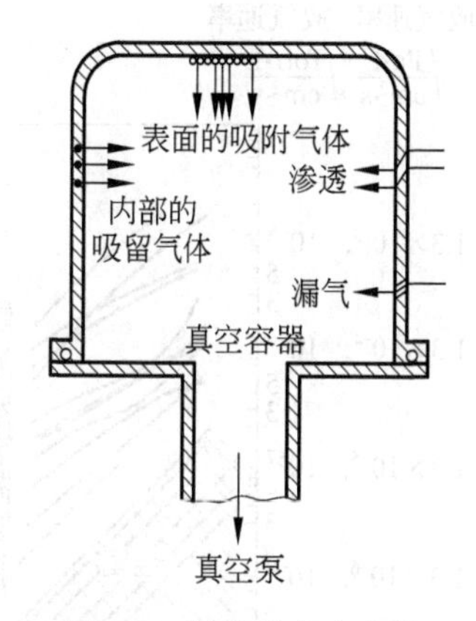

图 3-3　通常的真空容器

这时,Δt 时间内进入真空容器的气体为 $Q\Delta t$,参照式(3-1),同样有

$$-V\Delta p + Q\Delta t = Sp\Delta t \tag{3-3}$$

其解与(3-2)式类似,可表示为①

$$p = (p_0 - Q/S)\exp(-St/V) + Q/S \tag{3-4}$$

exp 的一项与(3-2)式一样,在短时间内就变得很小,所以在稳态下,(3-4)式为

$$p = Q/S \tag{3-5}$$

即稳态下的压强可以用 Q/S 给出。由此可见,要获得良好的真空,问题最后归结到如何减小气体流量 Q 的值。

现在再回到图 3-2 的例子上来。假设真空容器用不锈钢制作,它的漏气、渗透和吸留气体的放出都小到可以忽略不计,仅需考虑容器内表面吸附气体的放出。不锈钢内表面 1 cm^2 放出吸附气体的流量约为 1×10^{-7} Pa·L/s(7.5×10^{-10} Torr·L/s),1L 容器的内表面面积约为 600 cm^2,故容器内表面放出吸附气体的总流量约为 6×10^{-5} Pa·L/s(4.5×10^{-7} Torr·L/s),因而容器内的压强 $p=Q/S=6\times10^{-5}$ Pa(4.5×10^{-7} Torr)。这就是该系统的极限压强(图 3-2 实线)。然而,实际问题比较复杂。一是在 10^{-1} Pa(10^{-3} Torr)处存在着由前级泵到主真空泵的转换;二是真空泵的抽速会随压强的降低而减小(图 2-1)而减小;三是 Q 本身也会随时间而变化。因此,图 3-2 的点划线仅表示抽气曲线的大致趋势。有关这方面的问题,在 3.3 节还要详细论述。

3.2　材料的放气

应该说,减少制作薄膜时的压强 p(因而是减少气体放出流量 Q,参考式(3-5))是做好薄膜的第一步。特别是一般所用的不烘烤的真空装置,气体放出流量 Q 中大部分是水气造

① 当 $\Delta t\to0$ 时,式(3-3)可写微分方程 $dp/(p-Q/S)=-(S/V)dt$。由此可获得与式(3-2)相类似的解 $\ln(p-Q/S)=-(S/V)t$,进一步可改写为式(3-4)。其中假设 Q 及 S 是与 p 和 t 均无关的不变量。

成的，它会发生使薄膜氧化之类的现象，影响极坏。最近，材料与工艺发展很快，漏气，渗透与气体吸留几乎不成为问题，最大的问题是吸附于表面的气体的放出。下面就来论述这一问题。

一种材料的放气有许多报道的数据，各数据之间又往往相差10倍之多，这是由于测量方法不同以及材料的预处理和表面状态（污染程度、粗糙度）等的差异所造成的。必须注意的是：我们制作装置的情况，与获得上述测量数据的表面不是完全相同的，所以我们的数据与这些数据差异极大。图3-4作为一个例子示出了有机物及金属材料放气的数据。例如，4.3节及其后将述及的不锈钢钟罩（见后面的图3-6），其尺寸$\phi\times l$为600 mm×700 mm，内表面积约为1.6×10^4 cm^2，若计入其中设置的各种机构，表面积总共有3×10^4 cm^2。假若对钟罩的抽速为1500 L/s，则10 min后可以得到大约2×10^{-6} Pa（$\approx3\times10^{-8}$ Torr）的压强。具体的估算方法是，假定10 min后，单位面积内表面的放气速率为1×10^{-7} Pa·L/(cm^2·s)其与内表面面积的乘积即为放出气体的总流量Q，再利用式(3-5)，即可求出10 min以后的大约压强。

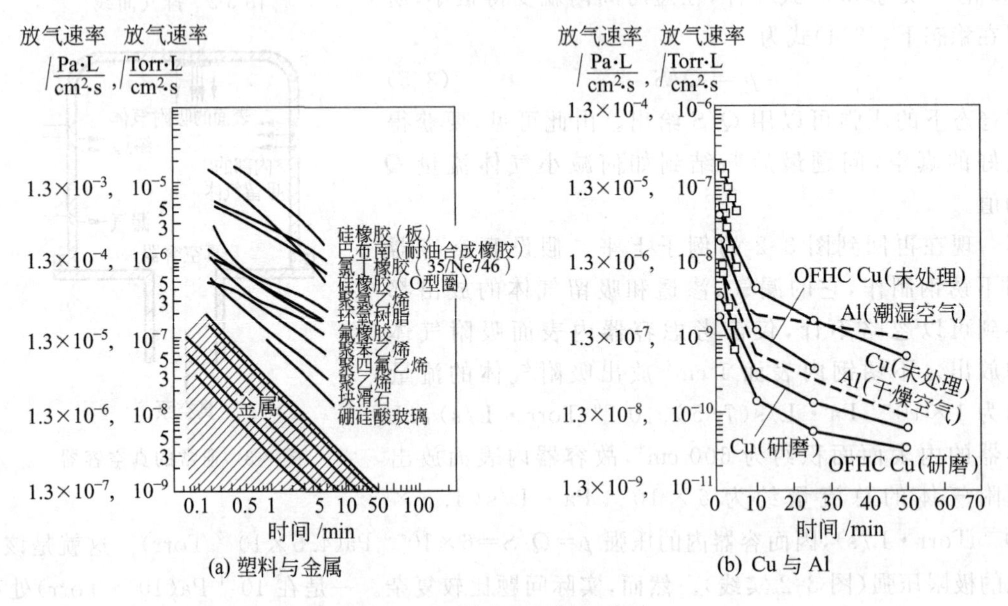

图3-4　不烘烤时的材料放气

一般情况下，多使用橡胶制作的O型密封圈，有时对其前处理又不太充分，因此Q值往往会大些，实际获得的压强也要高些。

那么，要进一步减少Q值该怎么办呢？主要手段有三个：①选好材料；②对材料进行预处理；③烘烤（边抽气边加热）。其中：

(1) 可以根据图3-4来选择材料。

(2) 材料预处理的一个例子示于表3-1，这是关于电子管零件预处理的研究结果。由此表可知，用烧氢处理或酸洗来清洁试样表面，效果很好。操作时，绝对不可用手接触样品。如需要用手接触，则必须戴手套。

表 3-1　样品的处理方法与放气量

样品 Ni(0.3 g,0.035 cm^3,1.84 cm^2)	850℃加热时,5 min 内的放气量(任意单位)				
	总量	H_2	H_2O	$CO+N_2$	CO_2
烧氢处理之前进行了脱脂处理	3000	1050	340	2300	570
1150℃烧氢处理后干燥	270	50	15	45	50
烧氢处理之后,用手直接接触过	6000	1800	348	非常多	1400
烧氢处理之后,用手接触,进行脱脂处理	590	220	15	110	70
烧氢处理后,带橡皮手套进行操作	800	300	250	800	110
烧氢处理之后,带新棉纱手套进行操作	1150	550	60	800	200
在空气中加热过	1100	62	110	—	380
用酸洗过	290	120	—	—	55

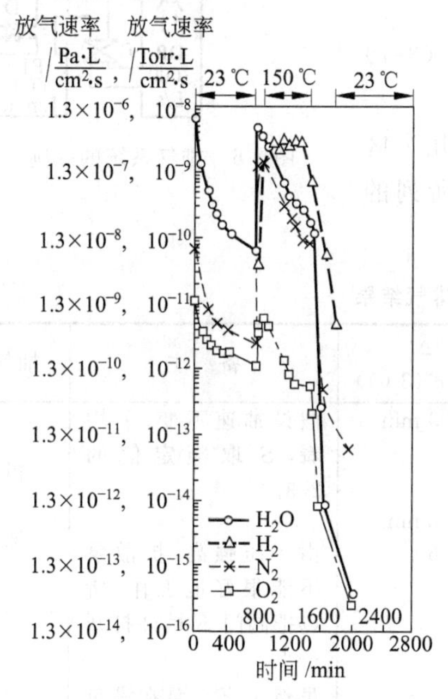

图 3-5　烘烤时不锈钢的放气

(3) 关于烘烤。边抽真空边加热时,真空容器内的气体在表面的滞留时间变短(参考 5.1 节),因而吸附于表面的气体不断地向空间放出,短时间之后,表面就成为洁净的了。以后重新回到室温时,表面放出的气体极少,因而可以减少 Q 值。图 3-5 示出了烘烤时不锈钢的放气情况。对不锈钢的预处理是:先用等量的 HNO_3、HF 和 H_2O 配成混合酸,再用它洗涤不锈钢样品,在抽气过程中用 150℃进行烘烤。由图 3-5 可知,所有气体的放出速率都大幅度地降低了,特别是水,降低到十万分之一的程度。表 3-2 表明:上述酸洗处理与只作脱脂处理相比,酸洗的效果要好 2~3 倍。关于烘烤的方式,通常是把加热器安装在真空容器的外部进行加热。然而,从简便和节能的观点来看,笔者推荐采用将加热器安装在真空容器内部的加热方式。

表 3-2　酸洗(Q_1)和只脱脂(Q_2)的总放气量　　Torr · L/s①

气体	Q_1(酸洗的样品)	Q_2(只脱脂的样品)	Q_2/Q_1
H_2	2.88×10^{15}	2.84×10^{15}	1
H_2O	2.4×10^{15}	3.64×10^{15}	1.5
CO	1.07×10^{15}	2.80×10^{15}	2.6
C_3H_8	1.05×10^{15}	9.91×10^{14}	0.94
N_2	7.25×10^{14}	1.94×10^{15}	2.7
CH_4	1.95×10^{14}	5.02×10^{14}	2.6
CO_2	4.4×10^{13}	1.00×10^{14}	2.3
O_2	6.8×10^{12}	1.17×10^{13}	1.7

① 1 Torr=133.32 Pa。

3.3 排气时间的估算

常用于蒸镀装置的真空容器是直径 600 mm、高 700 mm 的钟罩(容积 200 L),现以它的抽气为例来估算排气时间。常用的排气系统如图 3-6 所示,先关闭阀门 A、C 和 D,打开阀门 B 使扩散泵处于工作状态,然后关闭 B 打开 C,对处于大气压的钟罩抽气。

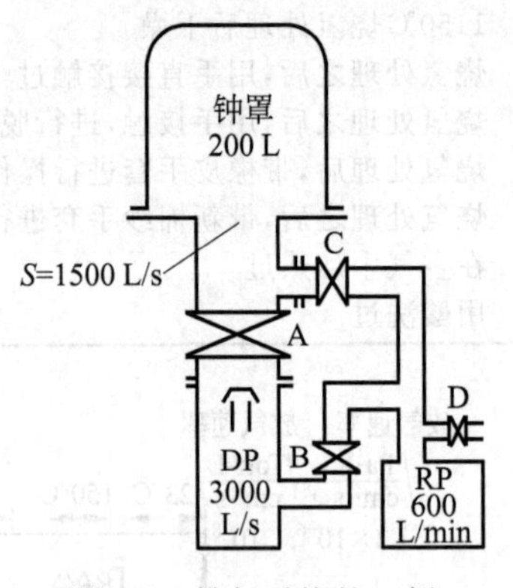

图 3-6 排气系统的一例

以抽速 S 对容积为 V 的容器抽气时,压强从 p_1 下降至 p_2 所需要的时间 Δt,可以用式(3-2)的改写形式

$$\Delta t = 2.303(V/S)\lg(p_1/p_2) \tag{3-6}$$

给出。在接近于极限压强 p_0 时,用

$$\Delta t = 2.303(V/S)\lg[(p_1 - p_0)/(p_2 - p_0)] \tag{3-7}$$

估算。

对图 3-6 那样的排气系统,如将压强分成下面几个区域,并假定各区域的抽速为 S,则可算出如表 3-3 所列的结果。

表 3-3 不同压强区域的排气结果

排气步骤	压强/Pa	抽速 S	V/S	$\lg(p_1/p_2)$①	Δt (按式(3-6))	备注	抽气
1	$10^5 \to 10^2$	600 L/min	0.33 min	3	2.3 min	假设抽速不变,平均看,S 取额定值的 2/3。	粗抽
2	$100 \to 1$	400 L/min	0.5 min	2	2.3 min	由于压强高,扩散泵不能很好地工作,所以把阀门 A 稍许打开一点。	
3	$1 \to 0.1$	100 L/s	2 s	1	4.6 s		
4	$0.1 \to 10^{-3}$	1500 L/s	0.133 s	2	0.6 s	虽然主真空泵在满负荷运转,但是,由于有主阀门等原因,入口处的 S 变小	主抽
合计					4 min 41 s		

① 压强栏中,左边的值与右边的值之比。

10^{-3} Pa(10^{-5} Torr)以下的压强最终取决于真空室的放气情况,所以排气时间应根据 3.2 节的数据,从放气量和时间的变化来估算。

抽气所需要的时间,虽说粗抽是 4.6 min,主抽(主真空泵抽气)是 5 s,然而应该认为,对各个排气系统来说是有差异的。对于实际的装置,增大 $p=Q/S$ 中的 S 来降低压强 p,意味着要用抽速大的真空泵。实际上,仅仅这样还是不够的,因为在离钟罩很近的地方安装了液氮冷阱,钟罩内的剩余气体成分主要是水蒸气,所以通常总是用增大对水蒸气的抽速来降低极限压强。

3.4　实用的排气系统

本节以特别适用于制作薄膜的典型排气系统为例进行叙述。用于薄膜装置的实用真空系统，代表性的有离子泵系统（IP 系统），低温冷凝泵系统（CP 系统），涡轮分子泵系统（MP 系统），扩散泵系统（DP 系统）等。IP 系统能获得无油（oil free）清洁（clean）的真空，但每个周期较长；DP 系统的每个周期短，但清洁程度差些；CP 系统既能获得清洁真空，而且周期又短。IP 系统主要用于高质量膜层的生产和研究；DP 系统主要用于生产；MP 系统和 CP 系统既可用于研究又可用于生产。

3.4.1　离子泵系统

离子泵排气系统的两种类型——标准型和高速型示于图 3-7。高速型与标准型的最大差别在于钛升华泵（TSP）和钟罩之间有没有主阀门，以及 TSP 的钛蒸发面（水冷罩，图（a），液氮冷却罩图（b））用液氮冷却还是不用液氮冷却。它们的排气特性示于图 3-8。标准型的隔离阀拆卸简单，还可用在需要烘烤的真空装置上。如加以烘烤，标准型可以获得 10^{-8} Pa（10^{-10} Torr）的真空度，其排气曲线也示于图 3-8。

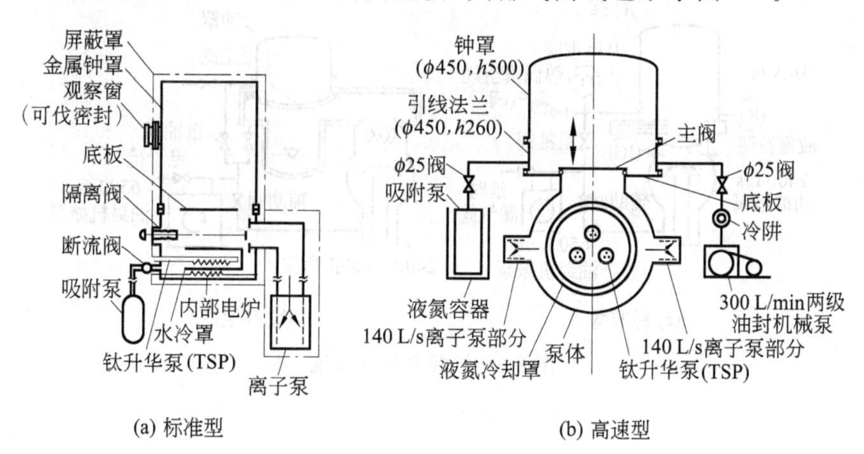

图 3-7　离子泵排气系统

3.4.2　扩散泵系统

标准型与高速型扩散泵的例子示于图 3-9，其抽气特性示于图 3-10，外形示于图 3-11。本例的高速型实现其高速度的方法如下。当打开钟罩时，让暴露于大气的内表面积仅局限于必要的基片托架部分。如仅就镀铝来说，像图 3-10 中排气曲线的虚线部分所示。每十余分钟就可以蒸发一次。因减小钟罩而短缩粗抽时间是达到这种高速度的重要因素。

3.4.3　低温冷凝泵-分子泵系统

低温冷凝泵-分子泵系统从本质上讲属于清洁泵，而且对 Ar 等惰性气体也能排除（相对于离子泵来说，这是明显的优势），其排气流量也比 DP 系统大。基于这些长处，如果在图 3-7、图 3-9 中所示的四种装置中，用低温冷凝泵-分子泵系统代替离子泵或扩散泵系统，

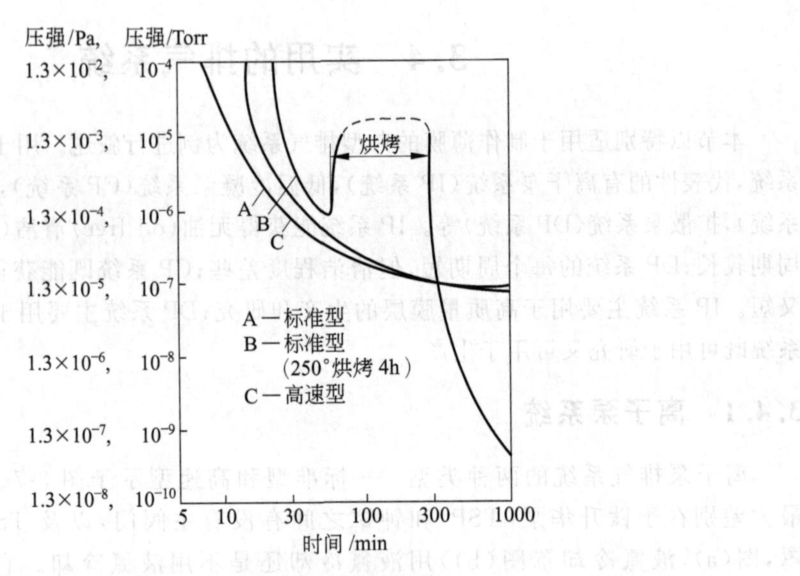

图 3-8 离子泵系统的排气曲线

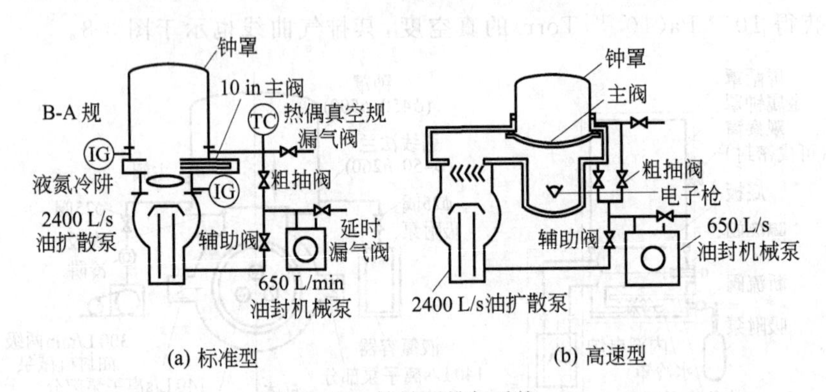

图 3-9 扩散泵排气系统

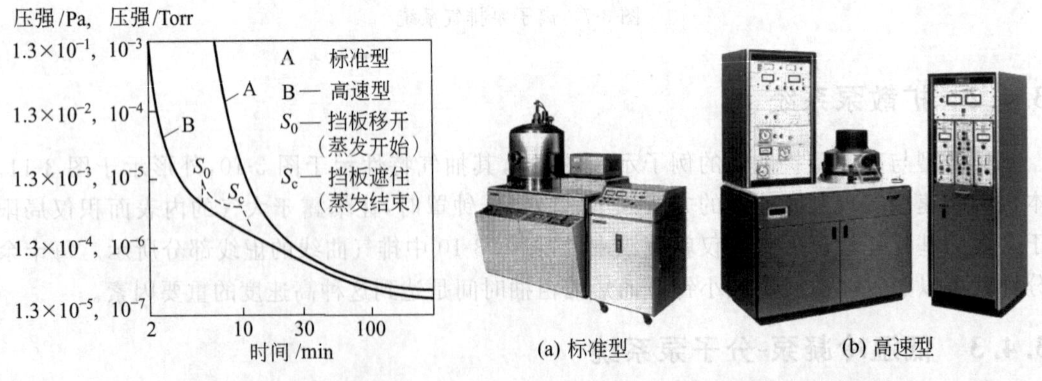

图 3-10 扩散泵系统的排气曲线

图 3-11 扩散泵系统的蒸镀装置

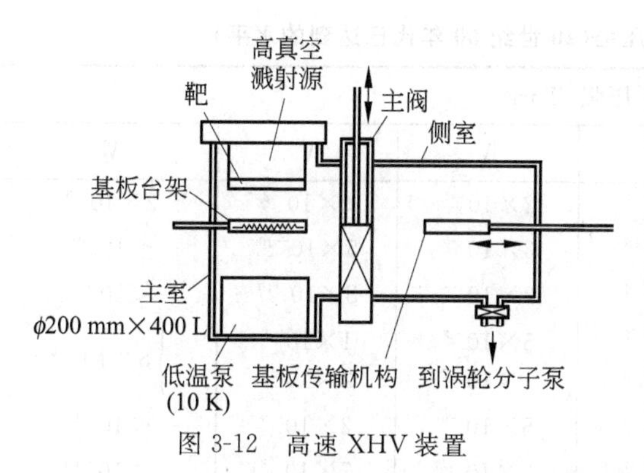

图 3-12　高速 XHV 装置

装置的真空特性会明显提高。最近许多报道指出,采用低温冷凝泵-分子泵系统已制成真空度达 10^{-11} Pa(10^{-13} Torr)的装置。图 3-12、图 3-13 表示高速 XHV 装置的实例。由图 3-13可以看出,通过主阀,将 Si 晶圆由侧室移入主室之后,仅 3 min 就可达到 XHV, 90 min 达到1×10^{-9} Pa(7.5×10^{-12} Torr),如曲线 B 所示。这种装置的极限真空为 8×10^{-11} Pa (6×10^{-13} Torr)。目前这种低温冷凝泵-分子泵系统已应用到溅射镀膜装置(图 8-86)、真空蒸镀装置(图 6-29)、MBE 装置(图 6-38)等中,今后会进一步推广普及。

由于低温冷凝泵并不是将气体排除到装置之外,这一点与离子泵相似,因此其排气系统的组合方法可参照离子泵系统。

3.4.4　残留气体

离子泵系统和扩散泵系统的残留气体的最近分析结果的一例如图 3-14 所示。几乎看不出两者有什么差别。这是采用下述技术措施的结果:使用了第 2.1、2.4 节中图 2-11 所示的改良过的扩散泵;对油予以特别注意,使用了液氮冷阱。但是,在 20 世纪 60 年代初期所测定的离子泵系统和扩散泵系统的残留气体,如表 3-4 所列,可以看到油的分解生成物(C_3H_8、C_4H_{10} 和 C_5H_{12})有显著的差别。即使在今天,如果长时间不把装置拆开来清洗,或者由于操作失误发生了油的反流(或者预处理不好,沾染油的东西带入了装置内),那么,就有比表 3-4 还多的油或其分解生成物作为残留气体留在真空室内。例如,常见的例子是,主阀门的钟罩一侧保持得很清洁,而其另一侧粘满了油。这时,不仅存在油的分解生成物的反流,而且还有油本身的反流。这种危险对扩散泵来说特别大,所以要认真操作和维护。

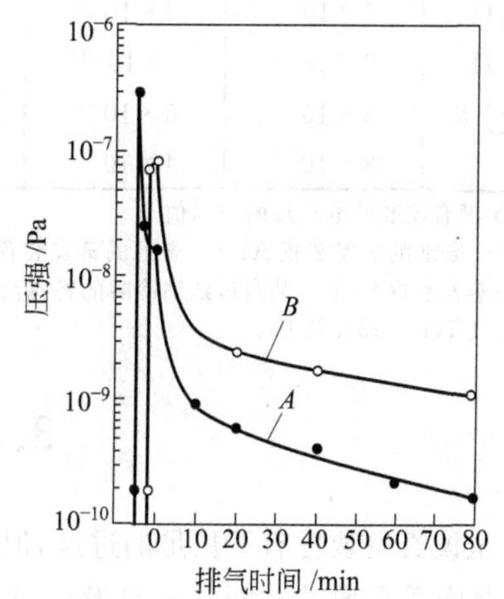

图 3-13　利用高速 XHV 装置的排气曲线

A—主阀开启 5 min 而后关闭,从主阀关闭($t=0$)起的排气曲线;

B—将 $\phi150$ 的晶圆放入 $\phi150$ mm、厚 6 mm 的铝制硅片盒中,并传输到装置内,关闭($t=0$)起的排气曲线

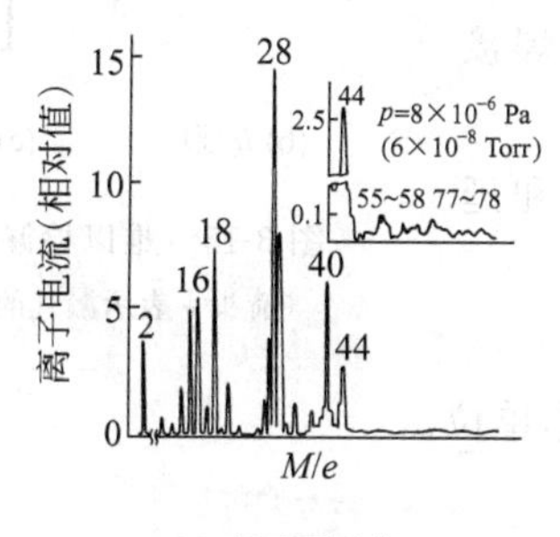

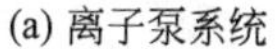

(a) 离子泵系统

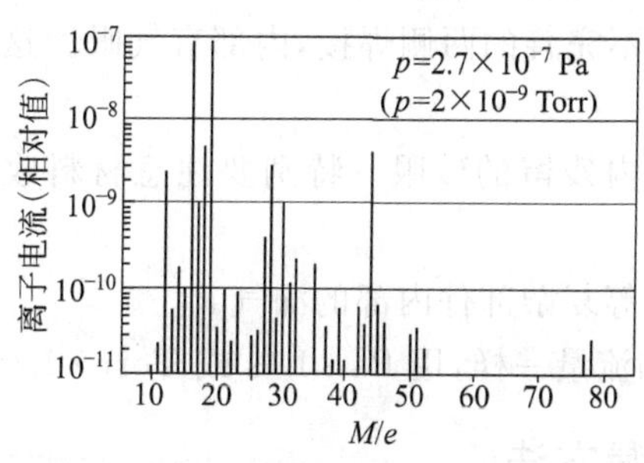

(b) 油扩散泵系统(油 DC-705)

图 3-14　残留气体的分析结果

表 3-4　各种排气系统的残留气体压强(20 世纪 60 年代已达到的水平)

气体	压强/Torr②					
	Ⅰ	Ⅱ	Ⅲ	Ⅳ	Ⅴ	Ⅵ
H_2	4×10^{-7}	4×10^{-7}	2×10^{-7}	2×10^{-7}	4×10^{-8}	2×10^{-9}
O_2	5×10^{-7}	4×10^{-8}	4×10^{-8}	3×10^{-9}	5×10^{-10}	$<10^{-10}$
A	3×10^{-8}	2×10^{-8}	5×10^{-9}	2×10^{-8}	8×10^{-10}	$<10^{-10}$
N_2	1×10^{-6}	2×10^{-7}	2×10^{-7}	5×10^{-8}	1×10^{-8}	$\}8\times10^{-10}$
CO	9×10^{-7}	5×10^{-8}	5×10^{-8}	1×10^{-7}	2×10^{-8}	
CO_2	6×10^{-8}	1×10^{-8}	3×10^{-9}	5×10^{-9}	2×10^{-9}	$<10^{-10}$
H_2O	5×10^{-6}	6×10^{-6}	5×10^{-7}	3×10^{-7}	7×10^{-8}	$<10^{-10}$
CH_4	1×10^{-8}	8×10^{-10}	$<10^{-10}$	6×10^{-9}	7×10^{-9}	$<5\times10^{-11}$
C_3H_8	2×10^{-8}	4×10^{-9}	2×10^{-9}	6×10^{-9}	2×10^{-9}	$<5\times10^{-11}$
C_4H_{10}	6×10^{-9}	2×10^{-9}	1×10^{-9}	1×10^{-9}	1×10^{-9}	$<5\times10^{-11}$
C_5H_{12}	2×10^{-9}	4×10^{-10}	4×10^{-10}	6×10^{-10}	5×10^{-10}	$<5\times10^{-11}$
$\sum p_j$	8×10^{-6}	6×10^{-6}	1×10^{-6}	7×10^{-7}	2×10^{-7}	3×10^{-9}
p①	8×10^{-6}	4×10^{-6}	2×10^{-6}	8×10^{-7}	6×10^{-8}	6×10^{-9}

① 没有校准的电离规的指示值。

Ⅰ—普通的蒸发装置 A；Ⅱ—普通的蒸发装置 B；Ⅲ—装有迈斯纳冷阱(Meissner trap)的普通蒸发装置 B；Ⅳ—特殊高真空蒸发装置 C；Ⅴ—装有迈斯纳冷阱的特殊高真空蒸发装置 C；Ⅵ—带溅射离子泵的超高真空装置。

② 1 Torr＝133.32 Pa。

3.5　检　漏

虽说真空装置有了长足的进展，但人们还是经常为漏气而烦恼。因此，适当地维护以预防漏气是至关重要的。漏气一旦发生，迅速而准确地检查和修理就成了紧迫的任务。容易发生漏气的地方如下：

(1) 可动部分：传动轴及其密封部分；

(2) 玻璃或陶瓷一类的易损部分；

(3) 波纹管；

(4) 使用法兰和垫圈的密封部分；

(5) 焊接部分的裂痕处。

难以检漏的地方(见图 3-15)如下：

(1) 由于不完善的两侧焊接，内部有气眼。这种焊接是不许可的；

(2) 材料内残留的砂眼。特别要注意材料收缩和延伸方向；

(3) 如阀等复杂部件内部的漏气。

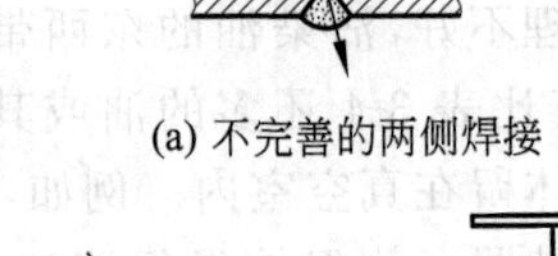

(a) 不完善的两侧焊接

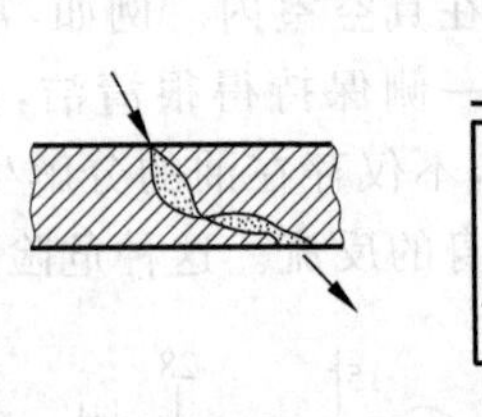

(b) 砂眼　　(c) 深处的漏气

图 3-15　难以检漏的地方

(箭头↓表示漏气的地方)

漏气量和流量一样，用 Pa·L/s 或 Torr·L/s 作单位。

3.5.1　检漏方法

检漏方法可以大致分为加压法和真空法。加压法是把高压气体送入装置内部的检漏方法，如表 3-5 所列。简单地说，加压法是一种类似于给自行车胎充气来查明漏孔的方法。不过，在真空镀膜系统，加压法几乎不用了。

表 3-5　加压法

压入物质	压强/大气压	检测法	最小可检漏量/(Pa·L/s)	注意事项
水	4～10	表面润湿	—	最好预先把水着色
空气	2～3	气体通过漏孔发出嘘声，火焰飘动	—	最好使用听诊器
		浸在水中冒气泡(气泡试验)	$\sim10^{-2}$	
		涂肥皂液产生气泡	$\sim10^{-3}$	用笔或注射器涂抹时要不起泡
		浸在合成洗涤液中产生气泡	$\sim10^{-4}$	
氨气	8.2	与 CO_2 和 HCl 的发烟反应	$\sim10^{-3}$	空气照样流入，也可把 NH_4 压入
氨气	2	贴上发蓝感光纸 12h	$\sim10^{-5}$	
有机卤素气体		铂丝的阳离子发射	$\sim10^{-3}$	
放射性气体		闪烁计数器	$\sim10^{-10}$	
氦		质谱仪	$\sim10^{-5}$	

真空法是把装置抽成真空的检漏方法。如图 3-16 所示那样，把示漏气体(检漏时，查明漏孔用的气体)喷吹或涂布在被试验物体上，依靠流入真空装置内的示漏气体来查明漏孔。主要方法如表 3-6 所列。现将常用的方法简要地说明如下。

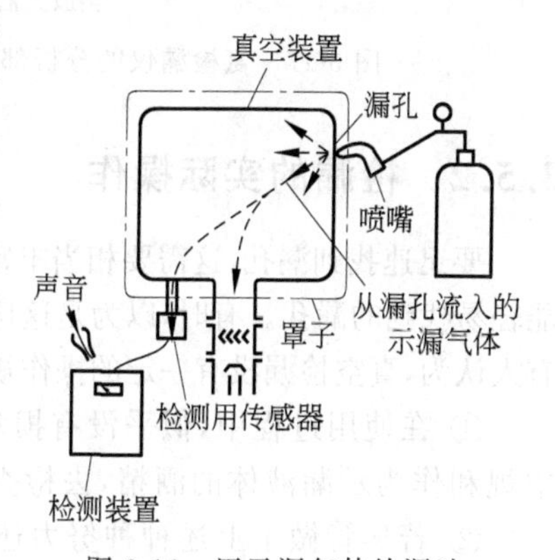

图 3-16　用示漏气体检漏法

用真空计的方法：一面观察所用的真空计或离子泵的电流，一面用适当的喷嘴把酒精、丙烷或丁烷等向真空装置的待检查处喷吹。当真空计的指示急剧变化时，那个地方就是漏气的地方。如不用真空计而用盖斯勒管，则当示漏气体喷吹到漏孔时，放电的颜色会发生急剧变化。

表 3-6　真空法

检测法	示漏气体	工作压强/Pa	最小可检漏量/(Pa·L/s)	注意事项
盖斯勒管	酒精，丙烷	1000～1	～0.1	一般说来，液体用笔、注射器或装有喷嘴的软塑料容器(见下图)喷吹。
单独式皮喇尼真空计	丁烷，丙烷，酒精	2000～0.1	$\sim10^{-3}$	气体由喷嘴喷吹
单独式电离真空计	丁烷，丙烷，酒精	$0.1\sim10^{-5}$	$\sim10^{-5}$	喷嘴
单独式 B-A 型电离真空计	丁烷，丙烷，酒精	$10^{-2}\sim10^{-8}$	$\sim10^{-8}$	
磁偏转型质谱仪	He，Ar，CO_2	$10^{-2}\sim10^{-8}$	$\sim10^{-8}$	
四极滤质器	He，Ar，CO_2	$0.1\sim10^{-8}$	$\sim10^{-8}$	加压
溅射离子泵	He，Ar，O_2	$10^{-2}\sim10^{-6}$	$\sim10^{-7}$	

用质谱计的方法：这是一种一面向真空装置喷吹示漏气体，一面用磁偏转型或四极滤质器等质谱仪测定真空室内示漏气体的变化的方法。本方法通常使用大气中含量最少的氦(He)，当然，也可用手头有的其他气体如 CO_2 和 Ar。其中，专门用 He 来检漏的磁偏转型质谱仪，称之为氦检漏仪。氦检漏仪的分析部件示于图 3-17。这是目前被认为最合适的装置，灵敏度可达到 10^{-9} Pa·L/s(10^{-11} Torr·L/s)，是真空系统中用得最多的检漏仪。现在图 3-18 所示的便携式检漏仪已有市售。

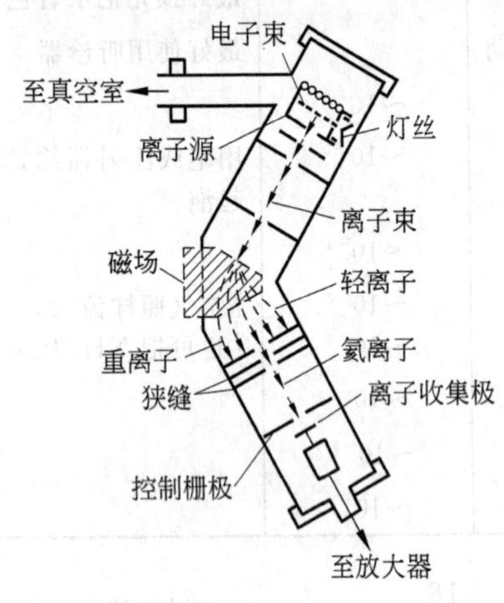

图 3-17 氦检漏仪的分析部件

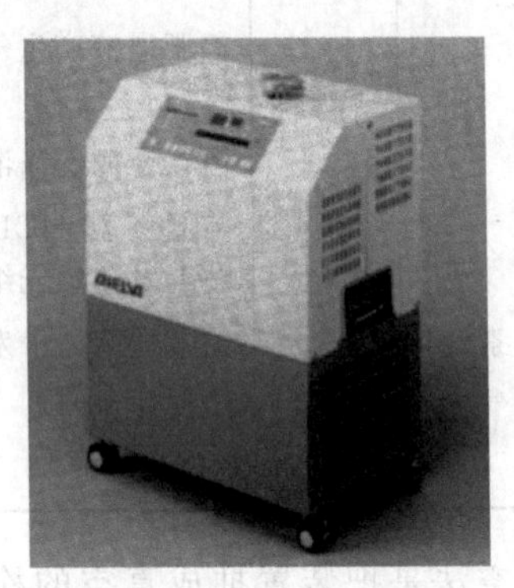

图 3-18 便携式检漏仪

3.5.2 检漏的实际操作

要迅速找到漏孔，这需要相当丰富的经验。有的人被称为"检漏之神"，有的人突然发现了不能轻易找到的漏孔。有时，以为是这样，似乎漏孔找到了，检漏几天之后，结果却不是漏孔。也许有人认为，真空检漏没有一定的操作规程，但作者认为，还是大体上按下述办法进行比较好。

① 在使用过程中，似乎没有损坏什么，但是，当发现压强急剧上升时，首先用点着的真空规和作为示漏液体的酒精，去检查认为容易损坏的地方。

② 若尽管做了上述种种努力还是找不到漏孔，则要用罩子法(积分法)或压强上升法来判断是否漏气。

所谓罩子法，就是像图 3-16 那样，用点划线表示的乙烯塑料袋(罩子)把整个装置罩起来，再把氦气充入袋中，也就是将整个真空容器浸在氦中进行检漏的方法。在氦检漏仪和质谱计易于安装时，这是简单而实用的方法。

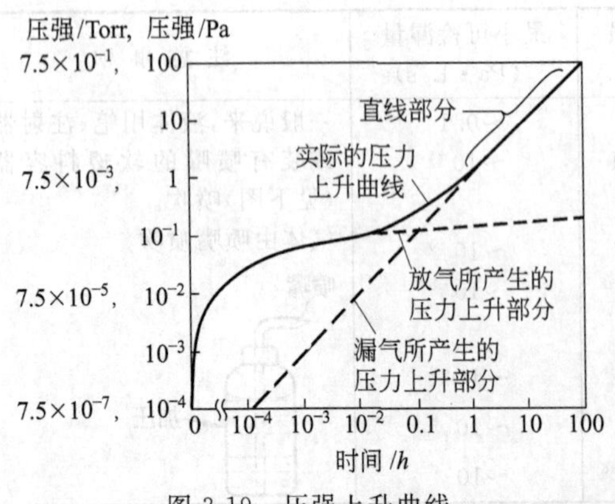

图 3-19 压强上升曲线

所谓压强上升法，就是如图 3-9 的系统那样，在充分抽气之后，关闭 10 in 的主阀、粗抽阀和漏气阀，用 B-A 电离真空规测定钟罩内压强上升的变化情况来判断有无漏气的一种方法。这种压强上升的变化通常如图 3-19的实线所示。它是由漏气所产生的压强上升部分和材料放气所产生的压强上升部分之和，最终表现为与时间成正比的直线上升。当曲线呈现上述这种状态时，表明装置漏气。因为，没有漏气仅有材料放气，曲线应呈现饱和状态；没有材料放气只有漏气时，一开始就是一条与时间成正比的直线。

一旦操作熟练了，则不仅可以分析残余气体，而且还可大致判断是否有漏（注意 O_2 和 Ar 峰，如有 O_2 峰，首先可以认为是漏气；即使看不到 O_2 峰，只要 Ar 峰比正常的大许多，也可以认为装置有漏）。用罩子法检查可以节省时间，因此，为了判断是否漏气，最好采用罩子法。

如果装置有漏，而漏孔并非装置内压强的限制因素，那么，不探漏，经烘烤后也可以进一步改善真空度。

③ 检漏。

要找到漏气的地方，不外乎对可能漏气的地方一个一个地进行检查。其注意事项列举如下：

(1) 用比大气轻的气体氦作示漏气体时，应从装置的上方开始（从下方开始检查时，由于氦气上升从上方漏孔处漏入，会误认为喷吹处有漏）对本节开头叙述过的容易漏气的地方进行检漏；如果用比较重的气体[丁烷、丙烷和酒精（液体）等]，则从装置的下方开始探漏。

(2) 如果找到了一个漏孔，就用乙烯塑料带（一种不能透过示漏气体的物质）贴上，暂时将漏孔堵住，以免误认为是下一次检查时的漏孔，然后再继续检查。

(3) 要是全部检查完了，就再一次用罩子法复查一下，看看是不是还有漏孔（因为漏气的地方已用乙烯塑料带堵住，所以在已经找到的漏孔之外，如果没有再发现漏孔的话，就可以确认为不漏气了）。假如判断为不漏气，就可着手进行修理。

3.6 大气温度与湿度对装置的影响

在 6～9 月份的高温高湿季节，真空装置的压强经常变得比较高，致使工作不能顺利进行。近来，由于空调的发展，这种情况有了好转，但烦恼之事仍然没有完全消除。

图 3-20 是用抽速 40 L/s 的泵对表面积为 4200 cm^2 的不锈钢容器（10 L）抽气 100 min 和 1000 min 后的压强，与进入容器中的空气的湿度的关系。由此图可知：在通常的水的分压强变化范围 133～4000 Pa（1～30 Torr）内，其对压强的影响极小。可以认为，其原因如下。只要水的分压强达到 100 Pa（1 Torr），就足以在上述大小的表面上形成好多层的吸附水分子层。可以想象得出，放气就是从这个水的多层分子层上发生的。因此，即使通入比 100 Pa 更多的水分，也不会进一步影响放气速度。

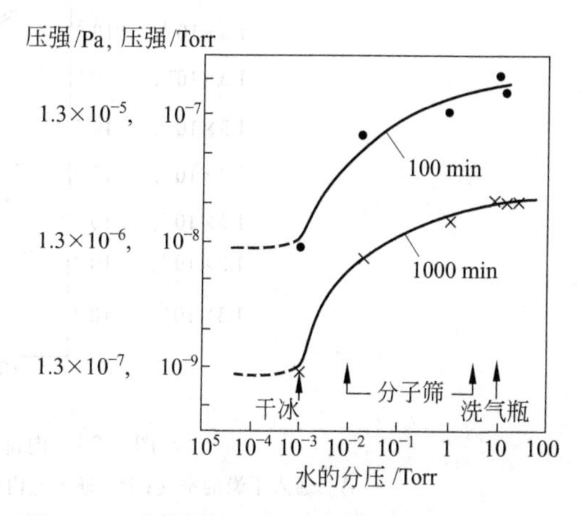

图 3-20　通入气体中水的分压强与抽气 100 min 和 1000 min 后的压强关系

在上述实验中虽然没有进行气体分析，但是，根据其他同类系统中的残余气体和后面将要述及的离解活化能，可以认为其主要成分是水。

图 3-21 是记录到的压强变化和温度变化（最低气温为 3℃）的关系。设室温 T_1 和 T_2 所对应的稳态压强为 p_1 和 p_2，根据图 3-21 的数据和公式 $p_1/p_2=\exp[-(L/R)(1/T_1-1/T_2)]$求

离解活化能时，可得 $L=10.6$ kcal/mol(1 kcal＝4.1868 kJ)。这和水在 0℃ 的汽化热 10.7 kcal/mol 非常一致。现取 $L=11$ kcal/mol，并把北京的年平均气温 14℃所对应的压强作为压强标准(＝1)，则 t℃所对应的压强 p_t/p_{14} 和 t 的关系如图 3-22 所示。此图表明：当温度从 5℃变化到 40℃时，极限压强变化一个数量级；温度变化大时，对极限压强的影响也是大的。即便空调技术像今天这样发达，只要温度从 14℃变化到 25℃，压强也会大约变化 2 倍。

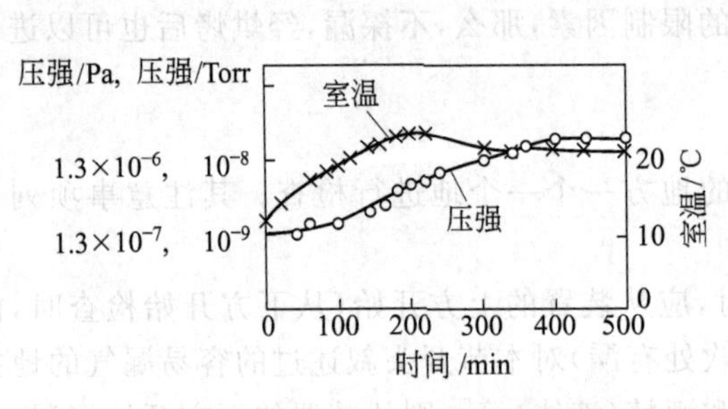

图 3-21 由室温变化引起的压强变化

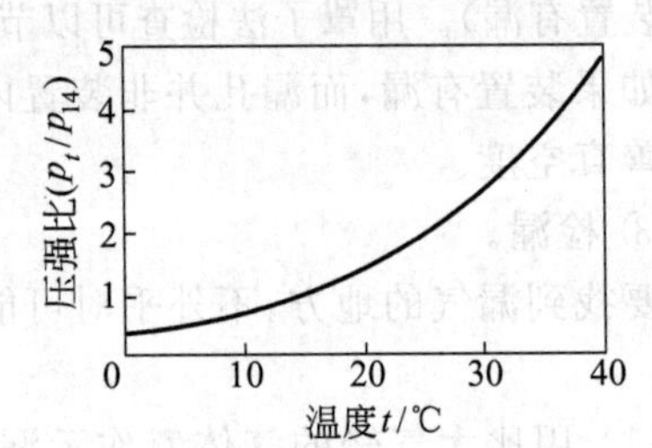

图 3-22 将离解活化能取为 11 kcal/mol 时，压力比 p_t/p_{14} 与温度的关系

p_t—t℃对应的压强；p_{14}—14℃对应的压强

3.7 烘烤用的内部加热器

前已述及(4.2 节)，为了获得压力更低的极限真空，烘烤是极为有效的手段。如图 3-7(a)所示，在钟罩内的底部装一简单的电炉，当装置内部还是大气压时就加热烘烤，那么，在短时间内就可达到约 100℃的温度。此时，热量充满钟罩内部，所以热效率比较高。图 3-23 是在 3.6 节用过的同样装置内加装电炉后的实验结果。曲线 A 是将干燥空气通入真空容器后的排气曲线；曲线 B 是把室内空气通入真空容器内，在大气压下用内部电炉进行烘烤后的排气曲线。100 min 后，A 和 B 两条曲线大体趋向一致。

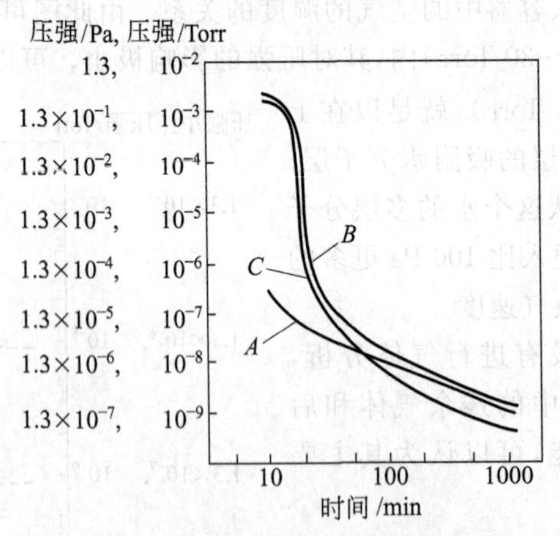

图 3-23 内部加热器的效果

A—通入干燥的空气；B—通入室内空气后，用 2.2 kW 的内部电炉加热；

C—通入室内空气后，用 4.4kW 的内部电炉加热

(在真空泵启动前冷却 10 min)

3.8　化学活性气体的排气

自 20 世纪 70 年代初期以来，薄膜技术与薄膜材料得到飞速发展，这对真空装置提出了更高的要求。真空装置不仅要获得高质量的真空，而且在获得真空之后，还要导入各种各样的气体，并在装置中使这些气体发生反应。图 3-24 表示由气相化学反应制作薄膜的真空装置及所用反应气体流量的情况。在这些装置中，一般都要使用毒性极大的反应气体(表 3-7)，需要采取措施，确保人身安全。活性气体对装置中，使用的各种材料(包括真空容器、密封圈、阀门、真空规、泵油等)会产生腐蚀，而且，反应生成物的粉末会带来诸多新的问题。例如，粉末进入严格控制的狭缝中会影响机械的运转，并破坏真空密封；粉末堵塞过滤器的孔隙会使其丧失过滤功能等。这些问题，采用通常的办法难以解决。而在半导体产业所使用的装置中，经常会遇到上述问题，因此需要仔细研究并认真对待。

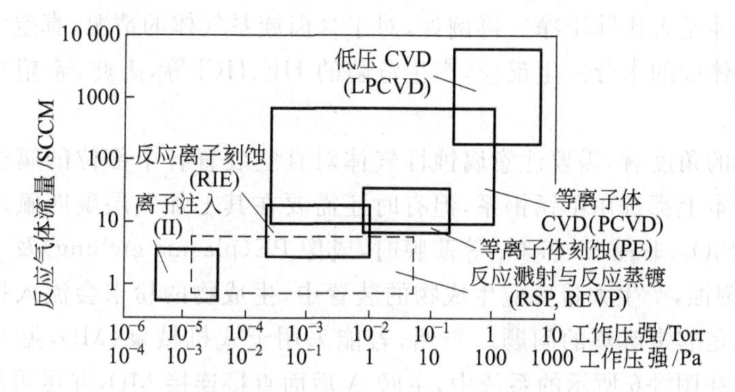

图 3-24　由气相化学反应制作薄膜的主要装置、工作压力及所使用气体的流量范围

(SCCM 表示每分标准立方厘米)

表 3-7　半导体产业相关装置中常使用气体的种类及其危险性

危险性	常使用的气体	相关装置[①②]					
		LPCVD	PCVD	PE	RIE	II	RSP，REVP
可燃性	GeH_3，AsH_3^*，PH_3^*，SiH_4，$B_2H_6^*$，SiH_2Cl_2，$SiHCl_3$	○	○	×	×	○	×
易爆性	H_2，CH_4，C_2H_2，C_3H_8，NH_3，H_2S，CO	○	○	△	△	△	△
毒性	AsH_3^*，$B_2H_6^*$，PH_3^*，SiH_4，C_2H_2，C_3H_8，SF_6，CCl_2F_2，BF_3，CF_4，NH_3，CO，H_2S，Cl_2，HCl，CCl_4，BCl_3，PCl_3，$SiCl_4$	○	○	○	○	○	×
腐蚀性	NH_3，HCl，Cl_2H_2S，BF_3，PCl_3，PCl_5，$SnCl_4$，SiF_4	○	○	○	○	○	×
恶臭	C_2H_2，N_2O，H_2S，Cl_2，NH_3，HCl，BF_3	○	○	○	○	○	×

① LPCVD(low pressure，chemical vapor deposition)—减压 CVD，减压化学气相沉积；PCVD(plasma chemical vapor deposition)—等离子体 CVD，等离子体化学气相沉积；PE(plasma etching)—等离子体刻蚀；RIE(reactive ion etching)—反应离子刻蚀；II(ion implantation)—离子注入；RSP(reactive sputtering)—反应溅射；REVP(reactive evaporation)—反应蒸镀。

② ○—经常使用；△—较常使用；×—几乎不使用；*—剧毒气体。

3.8.1 主要装置及存在的问题

图 3-24 表示涉及上述问题的主要装置、这些装置的工作压强范围及所使用气体的流量范围。其中，反应溅射及真空蒸镀几乎不存在什么问题，但无论是化学气相沉积（chemical vapor deposition，CVD）还是干法刻蚀，都需要在装置中发生化学反应。为此，除采用有毒性的反应性气体、产生腐蚀性气体之外，生成物粉末还会造成一系列问题。而对于离子注入来说，也往往使用毒性很强的气体。

表 3-7 列出了半导体产业相关装置中常使用气体的种类及其危险性。表中，标有□符号的气体有剧毒。即使未标 * 符号的气体，例如 Cl 系气体，也有相当大的危险性。可燃易爆气体容易发生火灾，恶臭气体存在安全和卫生等方面的问题。需要采用良好的通风排气系统，并对排放气体进行处理，以防止对人体健康的损害。但具体操作应严格仔细。特别是，对于每次处理都需要打开真空门的批量式装置来说，在打开真空门之前，必须严格确认内部的危险性气体是否排除干净。再例如，对于含卤族系气体的情况，真空室壁上的反应生成物会跟引入气体中的水分发生反应，产生危险的 HF、HCl 等，因此，希望对真空门附近进行局部排气处理。

从装置制作的角度看，需要注意腐蚀性气体对真空装置各个部位的腐蚀作用。制作真空装置的材料基本上都选用不锈钢系，但有时还需要在其上加一层聚四氟乙烯保护层。当采用 SiH_4 制作 SiO_2、非晶 Si、Si_3N_4 等薄膜时，或像 PE（plasma etching）及 RIE（reactiveion etching）等干法刻蚀，产生大量反应生成物的装置中，生成物的粉末会流入排气系统中。这对于真空泵来说是非常麻烦的问题。当然，若能采用干式机械泵（MD，见 2.1.8 节），则问题不太大。例如在图 3-6 所示的系统中，主阀 A 后面直接连接 MD，并尽可能取消阀 B 和 C 后面的预抽系统。但是，对于需要高真空而仅采用 MD 又不能满足要求的情况，往往会出现严重问题。在湿式真空泵中，油处于高温状态，而且存在许多狭窄的间隙以及旋转、滑动、高速相对运动机构。油受到腐蚀而变粘、变稠，从而堵塞间隙，增大摩擦和发热，甚至使相对运动的机构咬合。为避免此类现象发生，需要采取相应措施。近年来，已出现多种解决上述问题的成熟方法，在购置设备时应与设备厂家仔细商谈，并提出具体而明确的要求。

3.8.2 排气系统及其部件

图 3-25 表示上述涉及化学反应的真空系统的主要构成，其中包括气体供应系统、反应系统、排气系统和排气处理系统。气体供应系统和排气处理系统一般由气体供应者提供，本节主要针对排气系统进行简要介绍。需要指出的是，该领域的进展日新月异，在设备选型时应货比三家。

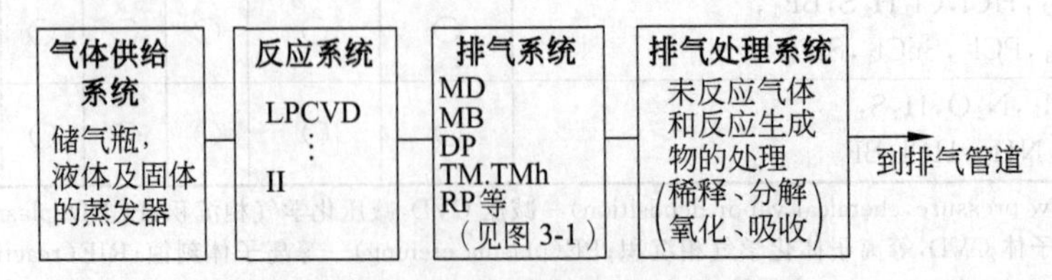

图 3-25 以化学反应为主的系统的构成

图 3-26 表示排气系统的一例。该排气系统与图 3-9(a)所示通常的真空蒸镀装置的排气系统相比，带 * 的几个环节具有很大差异，现分述如下。

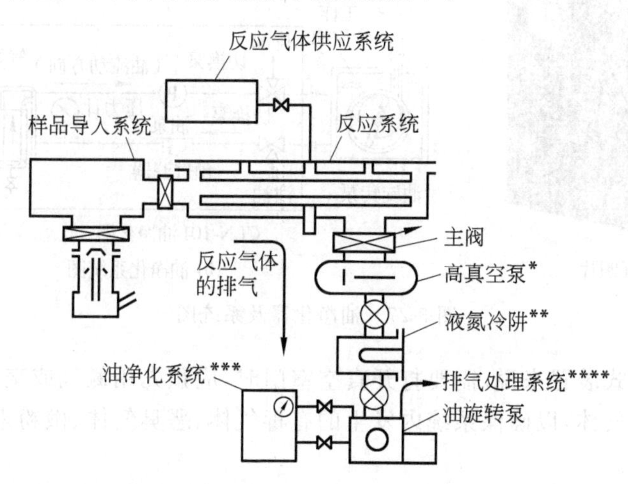

图 3-26　化学活性气体排气系统的一例

* 多采用 MD、DP、分子泵、混合涡轮泵等

** 去除反应尾气中的凝聚性气体及一部分微粉末等

*** 去除油旋转泵内的残留微粉末等

**** 排气系统因装置而异，往往都带有不同的处理系统

(1) 高真空泵

在以化学反应为主体的场合，为加速反应的进行，往往需要供应过量的反应气体。因此，作为高真空泵，希望采用排气量大的系统。根据图 2-1，要求其能在 1～0.1 Pa(10^{-2}～10^{-3} Torr)的压强范围内，具有高抽速。从这一点出发，可考虑采用 MD(机械式干式泵)、TM(涡轮分子泵)、TMh(复合涡轮泵)、DP(油扩散泵)等。而且，从减少残留气体角度，希望能采用达到更高真空度的系统(如图 3-26 中的例子所示，对于样品导入系统来说，一般采用扩散泵以获得高真空，采取 MD 以获得大流量)。目前的发展趋势是，对于需要获得高真空，且能进行大流量处理的系统，多采用复合涡轮泵。这些泵中采用的泵油需要有良好的稳定性。或者用卤族化合物系，如氟聚醚、氯氟烃等代替传统的碳氢化合物系油，但其中也存在环境保护问题。

(2) 液氮冷阱

表 3-7 中列出的气体都是易凝结的，反应生成物中含有腐蚀性很强的气体，而且反应生成物在低温时多数发生固化。这些气体直接进入油旋转泵中，很快会使油变质，需要通过冷阱将这些气体排除。冷阱需要经常清洁处理。

(3) 泵油透析

反应生成物中含有各种微粉末。可以在反应尾气的传输路径中设置过滤器将粉末去除，但无论如何处理，最终仍会有一些粉末进入油旋转泵的泵油之中。需要采用图 3-27 所示的泵油透析系统不断将进入泵油中的粉末清除干净。反应尾气中富含化学活性气体，油旋转泵泵体内部也需要由耐腐蚀性的材料(例如聚四氟乙烯等)保护。即采用所谓化学泵排气。此外，由化学泵排出的气体要通过特殊管道输送，进入排气处理装置集中处理。

(a) 外观照片

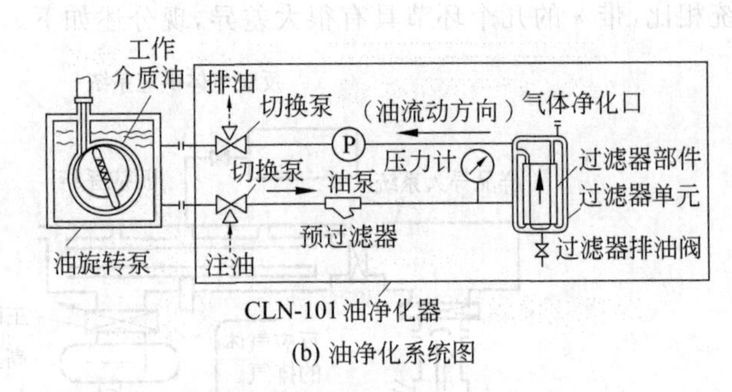

(b) 油净化系统图

图 3-27 油净化器及系统图

特别是对批量式装置来说，需要打开真空室门时，应预先用氮气或交换净化气体等置换反应系统内的残留气体，以确保系统内发生的有毒气体、恶臭气体、微粉末、可燃性气体等不会对人体造成危害。

习　题

3.1 一球形真空电子器件，体积为 2 L，内部抽至 10^{-6} Pa，经放置若干时间后，其表面吸附气体脱附 5%，问此时器件内真空度为多少？(设表面为单分子层吸附，每平方厘米 10^{15} 个。)

3.2 设圆筒状不锈钢真空的尺寸 $\phi\times l=600$ mm×700 mm，排气系统抽速为 1500 L/s，10 min 后单位面积内表面的放气速率为 1×10^{-7} Pa·L/(cm^2·s)。求 10 min 后可得到的真空度。

3.3 采用抽速为 1500 L/s 的扩散泵和抽速为 600 L/min 的机械泵组成真空机组对容积为 0.25 m^3 的真空管排气，请制定排气程序，使真空度达到 1.3×10^{-4} Pa 所用的时间最短，并估算所用时间。

3.4 为防止残存气体分子在表面吸附残留，需要采用超高真空。请问采用哪些措施才能获得并维持这种超高真空状态？

3.5 原来能达到高真空的系统忽然发生 1.5 mL/s 的空气泄漏(注意，在漏气的情况下，扩散泵长时间工作泵油会发生氧化)，假设排气系统的抽速为 1500 L/s，请问该系统的极限真空度最高能达到多少？

3.6 水的饱和蒸气压很高(如在 20℃时达 2333 Pa)，水气对于真空室和排气系统会产生哪些不利影响？如何排除这些不利影响？

3.7 与大气排气系统相比，化学活性排气系统需要采取哪些措施？

第 4 章　气体放电和低温等离子体

当代薄膜技术和薄膜材料，包括成膜、加工、检测、应用等，许多都涉及气体放电和低温等离子体。低气压气体放电等离子体使气体和沉积原子激活，并部分电离，产生荷能电子、离子和高能量的中性原子，增加沉积能量及反应活性。对于薄膜沉积来讲，可以改善涂层的组织结构和促进化学反应过程，有利于化合物涂层的形成；溅射镀膜是通过加速气体放电中产生的离子，轰击靶表面，使溅射出的原子沉积在基板表面上。对于蚀刻加工来讲，等离子体刻蚀、反应离子刻蚀等都是利用气体放电和等离子体，增加气体原子的反应活性和能量，实现高效、高精度、各向异性的干式刻蚀。第 2 章讨论的电离真空计、盖斯勒管等是气体放电和等离子体用于真空检测的实例，而第 15 章将要介绍的 PDP(plasma display panel)则是气体放电和等离子体用于平板显示器的实例。

除用于薄膜技术和薄膜材料之外，近几年气体放电和等离子体在高新技术中的应用范围越来越广。因此，了解气体放电的形成过程、气体放电特性、等离子体的基本概念和有关知识是很必要的。

4.1　带电粒子在电磁场中的运动

4.1.1　带电粒子在电场中的运动

1. 在平行电场中运动

若带电粒子质量为 m，电荷为 q，在均匀电场 $\boldsymbol{E}$ 中受电场力

$$\boldsymbol{f}_e = q\boldsymbol{E} = m\boldsymbol{a} \tag{4-1}$$

$\boldsymbol{f}_e$ 方向与场强 $\boldsymbol{E}$ 平行。若 $q>0$，$\boldsymbol{f}_e$ 与 $\boldsymbol{E}$ 同向。$q<0$，$\boldsymbol{f}_e$ 与 $\boldsymbol{E}$ 反向。本节重点讨论电子在电磁场中的运动。

电子经过电位差 U 所得的能量变为其动能：

$$\frac{1}{2}mv^2 = eU \tag{4-2}$$

电子的速度与电位差的关系

$$v = \sqrt{2\frac{e}{m}U} \tag{4-3}$$

将电子的荷质比代入，则

$$v = 5.93 \times 10^7\sqrt{U}\text{cm/s}。$$

电子在电场 y 方向的加速度 $a = \frac{\mathrm{d}^2 y}{\mathrm{d}t^2}$：

$$a = -\frac{e}{m}E = \frac{\mathrm{d}^2 y}{\mathrm{d}t^2} \tag{4-4}$$

2. 电子在径向电场中运动

径向电场是两度均匀电场、也是应用极坐标运动方程的实例。设两个同轴圆柱电极，内外电极半径分别为 r_1、r_2，电位分别为 U_1、U_2，两极之间的电场是径向的(图 4-1 所示)，则其强度为

$$E_r = \frac{U_1 - U_2}{\ln \frac{r_2}{r_1}} \frac{1}{r} \tag{4-5}$$

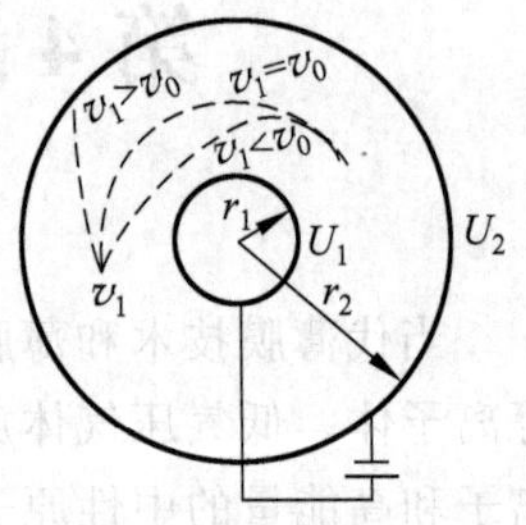

图 4-1 电子在径向电场中运动轨迹

设有一电子以横向速度 v_0，在半径 $r=r_0$ 之处，进入此电场。电场使电子所受的径向力为 $-eE_r$。若在 $r=r_0$ 处，此力与惯性离心力 $\frac{mv_0^2}{r_0}$ 大小相等方向相反，则径向加速度为零，于是电子沿圆周运动。这时电场强度应为

$$(E_r)_{r=r_0} = \frac{mv_0^2}{er_0} \tag{4-6}$$

$v_1 = v_0$ 的电子在径向电场中的轨迹为以 $r=r_0$ 的圆。若 $v_1 < v_0$ 或 $v_1 > r_0$，则其运动轨迹如图 4-1 所示。

4.1.2 带电粒子在磁场中的运动

1. 在均匀磁场中的运动

带电量为 q，速度为 $\boldsymbol{v}$ 的带电粒子，垂直射入磁感应强度为 $\boldsymbol{B}$ 的均匀磁场，其所受的磁场力为

$$\left.\begin{aligned} \boldsymbol{f}_{\mathrm{m}} &= q(\boldsymbol{v} \times \boldsymbol{B}) \\ |\boldsymbol{f}_{\mathrm{m}}| &= qvB\sin\theta \end{aligned}\right\} \tag{4-7}$$

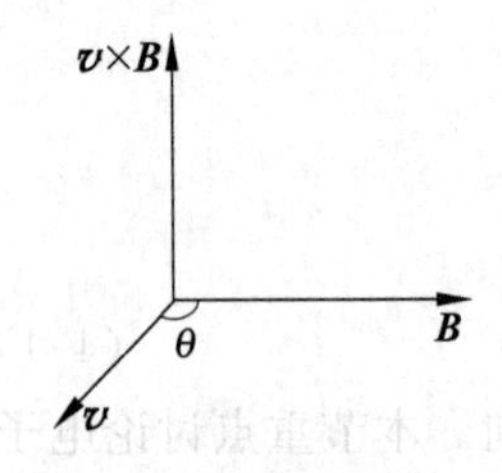

图 4-2 带电粒子受力与 $\boldsymbol{v}$、$\boldsymbol{B}$ 关系

$\boldsymbol{v} \times \boldsymbol{B}$ 的方向按右手法则如图 4-2 所示。若 $q>0$，$\boldsymbol{f}_{\mathrm{m}}$ 与 $\boldsymbol{v} \times \boldsymbol{B}$ 同向；若 $q<0$，$\boldsymbol{f}_{\mathrm{m}}$ 与 $\boldsymbol{v} \times \boldsymbol{B}$ 反向。本节仍以讨论电子在磁场中运动为重点。

磁场对电荷所作用的力与电场不同。只有运动的电荷才受到磁场的作用力。此力始终与运动方向垂直。因此，磁场对电荷不做功，磁场对运动的电荷只改变它的方向而不改变动能。

在均匀磁场中，若 $\boldsymbol{v} /\!/ \boldsymbol{B}$，则 $\theta=0°$，$|\boldsymbol{f}_{\mathrm{m}}|=0$，电荷不受力。若 $\boldsymbol{v} \perp \boldsymbol{B}$，则 $\theta=90°$，$|\boldsymbol{f}_{\mathrm{m}}|=qvB$。

若电子以速度 v 垂直进入均匀磁场 B 中，则电子受到的力 $F=-evB$，叫洛伦兹力。其方向与 $\boldsymbol{v}$ 及 $\boldsymbol{B}$ 垂直，大小始终保持一定，运动的轨迹为一圆周，即作回转运动，洛伦兹力在数值上等于作用在电子上的离心力，故得

$$\frac{mv^2}{r_{\mathrm{m}}} = evB \tag{4-8}$$

轨迹半径

$$r_{\mathrm{m}} = \frac{mv}{eB} \tag{4-9}$$

电子运动的角速度 ω 即回转频率及周期 T 分别为

$$\omega = \frac{v}{r} = \frac{eB}{m} \tag{4-10}$$

$$T = \frac{2\pi}{\omega} = \frac{2\pi m}{eB} \tag{4-11}$$

由上二式可知，在均匀磁场中电子运动的角速度及周期均为常数，只与 B 有关，与 v 无关。正离子的回转方向与电子相反，且回转半径大，角速度小，周期长。

若电子运动速度 $\boldsymbol{v}$ 与 $\boldsymbol{B}$ 不垂直，夹角为 θ，则电子轨迹为等节距的螺旋线。

电子的旋转半径

$$r_{\mathrm{m}} = \frac{mv}{eB}\sin\theta \tag{4-12}$$

螺距

$$h = \frac{2\pi m}{eB}v\cos\theta$$

可以利用均匀磁场使电子聚焦，垂直磁场的聚焦作用如图4-3所示。由 a 点射出的发散电子束，在距 a 点距离为 $2r_m$ 的 b 点聚焦；平行磁场的聚焦作用如图4-4所示。由 O 点射出的电子束，电子沿不同的螺旋线前进，螺距相同，电子束轨迹均交于一点。

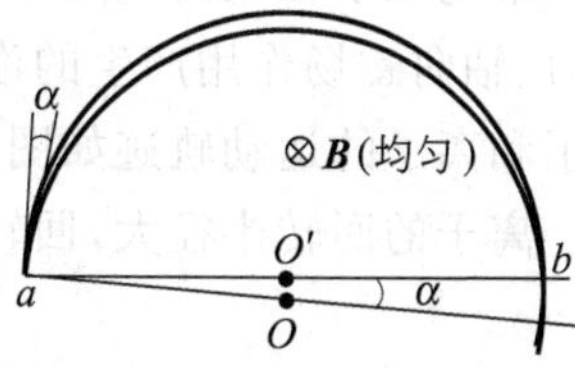

图4-3 垂直磁场的聚焦作用

2. 电子在非均匀磁场中运动

电子在非均匀磁场中向磁感应强度 B 增加的方向运动。由于 $r \propto \frac{1}{B}$，所以形成的螺旋线半径将随 B 的增加而减小，如图4-5所示的磁聚焦作用。

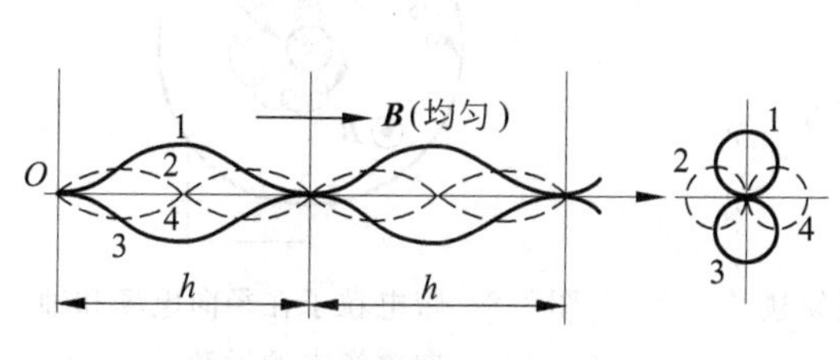

图4-4 平行磁场的聚焦作用

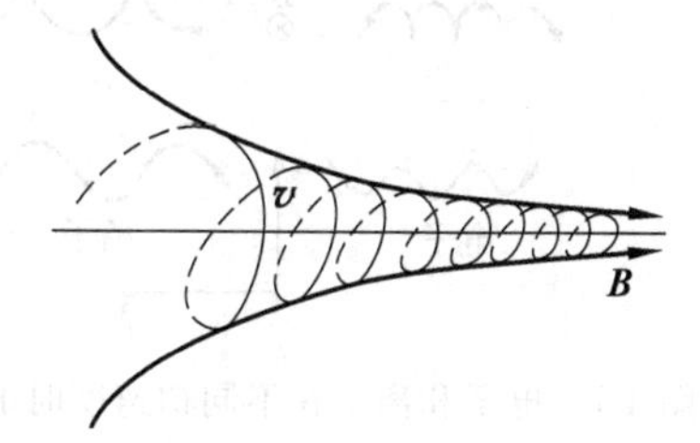

图4-5 非均匀磁场中的聚焦作用

4.1.3 带电粒子在电磁场中的运动

1. 在正交均匀电磁场中的运动

带电粒子在电场及磁场都存在的场中运动，则受电场力和洛伦兹力的作用

$$\boldsymbol{f} = \boldsymbol{f}_{\mathrm{e}} + \boldsymbol{f}_{\mathrm{m}} = q(\boldsymbol{E} + (\boldsymbol{v} \times \boldsymbol{B})) \tag{4-13}$$

对于电子

$$\boldsymbol{f} = -e[\boldsymbol{E} + (\boldsymbol{v} \times \boldsymbol{B})]$$

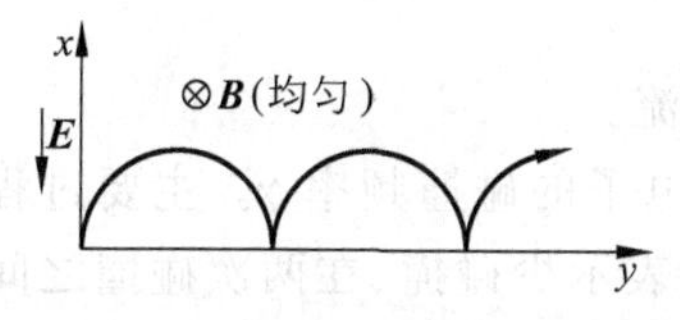

图4-6 电子作旋轮线运动的轨迹

当电子初速度 $v_0 = 0$ 时，电子在正交均匀电磁场中运动是回旋运动加上一个垂直于电场方向和磁场方向的漂移速度，运动的轨迹为圆周运动与直线运动的合成，即是旋轮线，如图4-6所示。旋轮半径 r：

$$r=\frac{mE}{eB^2} \tag{4-14}$$

旋轮线的旋轮角速度即旋转频率 ω：

$$\omega=\frac{eB}{m}$$

旋轮在 y 方向前进的漂移速度 u：

$$u=\frac{E}{B} \tag{4-15}$$

电子和离子在相反方向上被加速，引起电荷分离，如图 4-7 中所标示的方向。

由上式可知，漂移速度 u 仅与 E 和 B 有关，与 q 无关。不管是正粒子还是负粒子，漂移方向是一致的。u 与粒子质量 m 无关，即离子和电子的漂移速度相同。但正离子的旋轮半径比电子大得多，而角速度小得多。

2. 带电粒子在径向电场和轴向磁场中的运动

带电粒子在径向电场中运动，还要受轴向磁场的影响。径向力包括径向电场产生的电场力、轴向磁场作用产生的洛伦兹力，还有离心力。横向力只有轴向磁场产生的洛伦兹力。电子和离子的运动轨迹如图 4-8 所示。电子的回转半径小，回转频率大，最后漂移到阳极上去。离子的回转半径大，回转频率小，最后漂移到阴极上，实现等离子体分离。

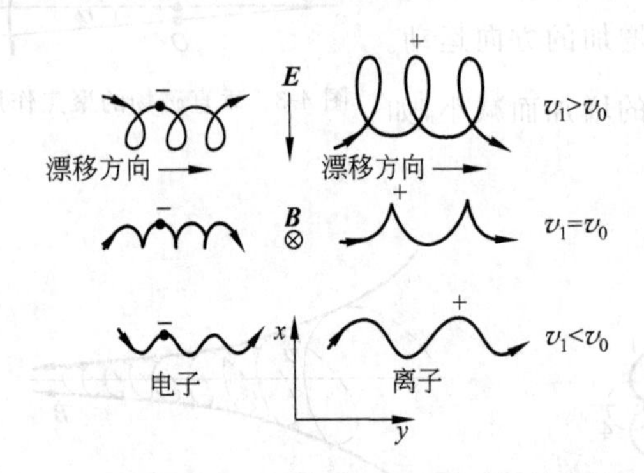

图 4-7 电子和离子在不同初速度时的旋轮线轨迹

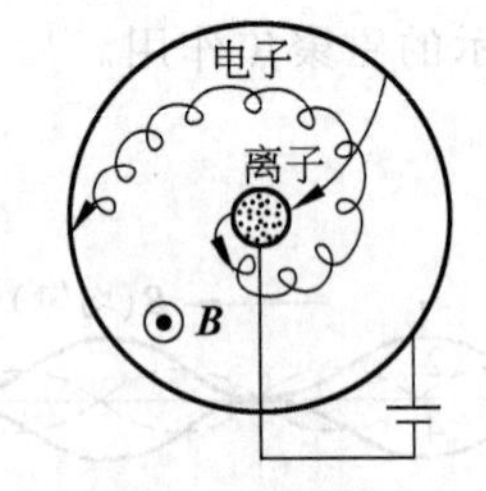

图 4-8 带电粒子在径向电场和轴向磁场中的运动

在真空电弧中，带电粒子的轨迹是复杂的。在电场作用下做直线漂移运动，在磁场作用下做回转运动，在不断碰撞中做扩散运动。带电粒子运动轨迹的曲率取决于粒子在两次碰撞间平均完成旋转的圈数，称为霍耳系数 ρ：

$$\rho=\frac{\omega}{\gamma} \tag{4-16}$$

式中，ω 为回转频率；γ 为碰撞频率；ρ 为二频率之比，表示相应的带电粒子在两次碰撞之间回转的圈数，这是一个重要的等离子体参数。

在垂直于电场、磁场方向上产生的电流分量，称霍耳电流。

电子的霍耳系数 $\rho_e \ll 1$。因为电子的回转频率远小于电子的碰撞频率 γ。主要过程受碰撞支配，磁场影响可忽略不计；若离子的霍耳系数 $\rho_i \gg 1$，表示少碰撞、在两次碰撞之间完成多次旋转。$\rho_i \ll 1$ 时，主要受碰撞支配，磁场影响小。

4.1.4　磁控管和电子回旋共振

带电粒子在电磁场中的运动有诸多应用。下面，以磁控管和电子回旋共振为例加以说明。

1. 磁控管

磁控管如图 4-9 所示。由圆筒形阳极和中心轴阴极构成电极结构，在两电极间施加电场。在轴向，即与电场垂直的方向外加磁场。电子在上述相互垂直的电磁场作用下，会在阴极表面周围做回旋漂移运动，一般称这种运动为电子的磁控管运动。发生这种运动的电子，在一定的条件下因回旋辐射，会发射频率为 GHz 的强电磁波(微波)。称这种微波发振管为磁控管(magnetron)。

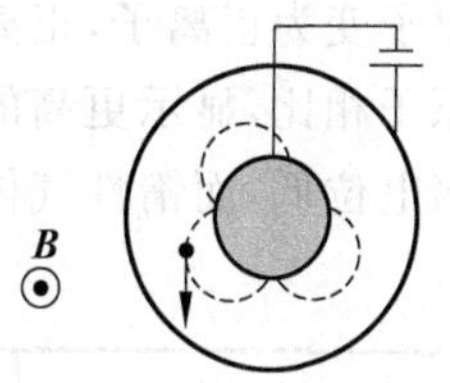

图 4-9　磁控管中电子的运动

磁控溅射就是采用磁控管原理而达到溅射镀膜的目的。被镀材料制成的靶作为阴极，由电磁场布置使靶表面形成相互垂直的电磁场。于是，电子在该电磁场的作用下，会在靶表面附近发生磁控管运动，使靶表面附近产生局部气体放电，产生的离子在电场作用下轰击靶表面，而被离子溅射出的靶材原子沉积在与靶对对向布置的基板表面。

2. 电子回旋共振(ECR)

当磁场强度一定时，带电粒子回旋运动的频率与其速度无关，而是一定的。据此，若施加与此频率相同的变化电场，则带电粒子被接力加速，如图 4-10 所示。称此为电子回旋共振(electron cyclotron resonance，ECR)。由式(4-10)，电子的回旋共振频率 f_{ce}[Hz]与外加磁感应强度 B[T]的关系为

$$f_{ce} = 2.8 \times 10^{10} B \quad (4\text{-}17)$$

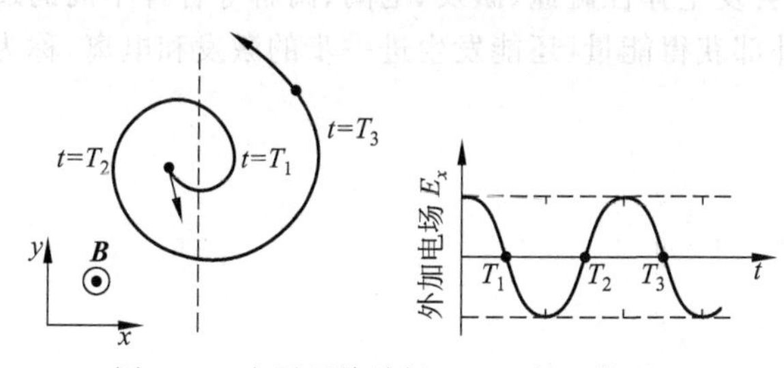

图 4-10　电子回旋共振(ECR)的工作原理

例如，为产生 2.45 GHz 的微波，形成 ECR 所对应的磁场为 87.5 mT。也就是说，若电子在满足这一条件的区域运动，电子会持续获得更大的能量。但由于电子与其他粒子碰撞及电子回旋运动的能量辐射等，电子获得的动能并不是无限的。在实际应用条件下，电子与其他粒子的碰撞是其能量继续增加的主要制约因素，当然由此也增加了其他粒子的活性。利用 ECR 得到的高能量电子，可获得更充分的气体放电(参见 4.8.2 节)。

4.2　气体原子的电离和激发

原子在通常状况下取最低能量状态。但当原子受到外部光照及电子或离子等碰撞时，其核外电子会吸收这些外来能量，跃迁到更高的能级。这种现象称为激发，相应的状态称为激发态。对应不同能级间的电子跃迁，原子的激发状态各不相同。一般说来，激发原子处于不稳定状态，在极短的时间内放出特征谱线光而返回原始状态。

如果原子由外部吸收的能量进一步增加，足以使其核外电子脱离原子核束缚而飞离原

子核，就发生所谓电离。与电离需要的能量(用 eV 表示)相对应的电位称为电离电位。以原子结构最为简单的氢原子为例，其电离能为 $E_{\infty}-E_0=13.54$ eV，电离电位为 13.54 V。

对于一般原子来说，其核外电子数与原子序数 Z 相等，最外层电子电离能最低，从而首先被电离。由基态原子将其最外层电子移向无穷远($E_{\infty}=0$)所需能量相对应的电压，称为第 1 电离电位。若原子获得更多的能量，其内侧的电子也能发生电离。这样，从外向内依次定义第 2，第 3，……电离电位，但通常所说的电离电位多指第 1 电离电位。失去核外电子的原子变为正离子，正离子的价数与失去电子数目相对应。离子处于较高的能量状态，与中性原子相比，显示更高的化学活性。表 4-1 给出几种气体的电离电位。一般说来，碱金属的电离电位低，而惰性气体的电离电位高。

表 4-1　几种气体的电离电位

气　体	电离电位	气　体	电离电位
He	24.58	H_2	15.44
Ne	21.55	H	13.54
Ar	15.75	O_2	12.2
Kr	13.96	O	13.57
Xe	12.12	N_2	15.58
Hg	10.42	N	14.51

实际上，电子跟气体原子、分子碰撞，会发生弹性碰撞、激发、电离、离解等各种不同的过程。同时，处于激发态的原子，进一步从外部获得能量，还能发生进一步的激发和电离，称为累积激发、累积电离。

4.2.1　碰撞——能量传递过程

4.2.1.1　弹性碰撞和非弹性碰撞

1. 弹性碰撞

若电子或离子的动能较小，当其与原子或分子碰撞时，达不到使后者激发或电离的程度，碰撞双方仅发生动能交换，这种碰撞称为弹性碰撞。弹性碰撞相对来说较为简单，在弹性碰撞中动能保持守恒。但由于电子跟原子间的质量差异很大，电子跟原子碰撞时，前者向后者传递的动能几乎可忽略。因此，电子碰撞后，其速度的大小几乎不变，仅改变方向，见图 4-11。而被碰撞原子在与电子入射垂直方向上，运动状态不发生任何变化。

如同固体中传导电子在电场中运动时的漂移速度受晶格碰撞的限制一样，一般说来，弹性碰撞起到限制电子沿电场方向漂移速度的作用。

弹性碰撞的几率一般用碰撞截面来表征。图 4-12 表示电子在氩气中被弹性散射的几率与电子能量的关系。从图中可以看出，氩原子对 15 eV 电子的弹性碰撞截面约为 2.5×10^{-15} cm^2。举例来说，当氩气压力为 10^{-2} Torr(1.33 Pa，对应的原子密度为 3.54×10^{14} 原子/cm^3)时，电子发生弹性碰撞的几率为 0.89/cm。

2. 非弹性碰撞

当电子或离子的动能达到数电子伏以上，碰撞造成原子或分子的内部状态发生变化，例如造成原子激发、电离、分子解离、原子复合及电子附着等。像这样，造成原子或分子内部状态发生变化的碰撞称为非弹性碰撞。

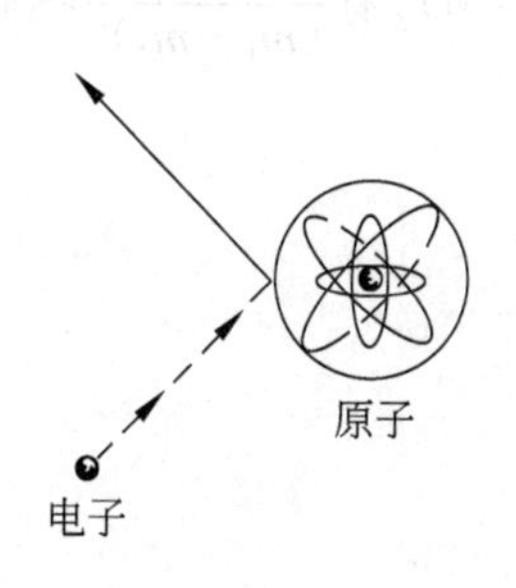

图 4-11　电子—原子弹性碰撞示意图

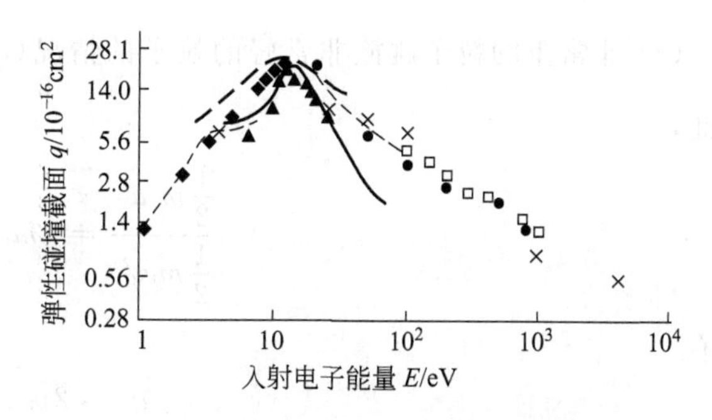

图 4-12　电子-氩原子弹性碰撞截面
（源于 DuBois 和 Rudd(1975)等人）

非弹性碰撞对于气体放电的产生和等离子体状态的维持至关重要。下面的讨论主要涉及非弹性碰撞及相关过程。

4.2.1.2　二体弹性碰撞的能量转移

考虑二粒子（质量分别为 m_i 和 m_t）间的弹性碰撞。如图 4-13 所示，假设碰撞前 m_t 静止，m_i 以速度 v_i，沿角度 θ（在碰撞瞬间，m_i 相对于 m_i 与 m_t 的中心连线，沿入射角 $\theta=0$ 入射）与 m_t 碰撞。碰撞后二者的速度如图中右边所示。

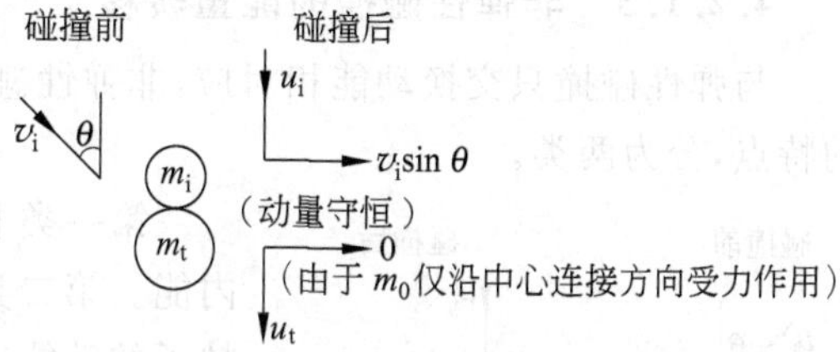

图 4-13　弹性碰撞前后的速度成分

根据中心连线方向的动量守恒

$$m_i v_i \cos\theta = m_i u_i + m_t u_t \tag{4-18}$$

根据能量守恒

$$\frac{1}{2}m_i v_i^2 = \frac{1}{2}m_i(u_i^2 + v_i^2\sin^2\theta) + \frac{1}{2}m_t u_t^2 \tag{4-19}$$

由式(4-18)求出 u_i，代入式(4-19)得

$$m_i v_i^2 \cos^2\theta = \frac{m_i}{m_t^2}(m_i v_i \cos\theta - m_t u_t)^2 + m_t u_t^2$$

可以求出由质量为 m_i 的入射粒子向质量为 m_t 的目标粒子的能量转移比率

$$\frac{E_t}{E_i} = \frac{\frac{1}{2}m_t u_t^2}{\frac{1}{2}m_i v_i^2} = \frac{m_t}{m_i v_i^2}\left(\frac{2m_i v_i}{m_t + m_i}\cos\theta\right)^2 = \frac{4m_i m_t}{(m_i + m_t)^2}\cos^2\theta \tag{4-20}$$

由上式可以看出，当 $m_i = m_t$ 时，能量转移比率最大，为 $\cos^2\theta$。

式(4-20)中，$\frac{4m_i m_t}{(m_i+m_t)^2}$称为二体弹性碰撞能量传递系数。依据 m_i，m_t 的相对大小，有三种情况值得讨论。

(1) $m_i = m_t$ 时，$\frac{4m_i m_t}{(m_i+m_t)^2}=1$，说明同种气体原子间碰撞的能量转移十分有效。这就是为什么在定常状态下，有近 90％的分子，其速度分布在分子平均速度的$\frac{1}{2}$到 2 倍的范围内。

(2) 非常重的粒子碰撞非常轻的粒子的情况($m_i \gg m_t, \theta=0$)，有$\frac{4m_i m_t}{(m_i+m_t)^2} \approx 4m_t/m_i$。因此，

$$\frac{\frac{1}{2}m_t u_t^2}{\frac{1}{2}m_i v_i^2} = 4m_t/m_i$$

即有

$$u_t = 2v_i \tag{4-21}$$

上式说明，轻粒子被碰撞后的速度为入射重粒子速度的两倍。

(3) $m_i \ll m_t$，例如高速电子碰撞CO分子时，能量传递系数为$4m_i/m_t$。由于二者的质量比为1∶28×1840，因此二体碰撞的能量传递系数约为10^{-4}。这说明在发生弹性碰撞时，电子向气体分子转移的能量极小。但需要指出的是，电子在由阴极向阳极运动的过程中，发生频繁的碰撞。电子在1电子伏能量加速下，在气压为133 Pa的气体中，每秒与气体分子、原子碰撞10^9次。因此，电子在每秒内传递给气体分子、原子的能量是不可忽视的。

4.2.1.3 非弹性碰撞的能量转移

与弹性碰撞只交换动能相对应，非弹性碰撞后粒子内能发生变化。根据粒子内能变化的特点，分为两类。

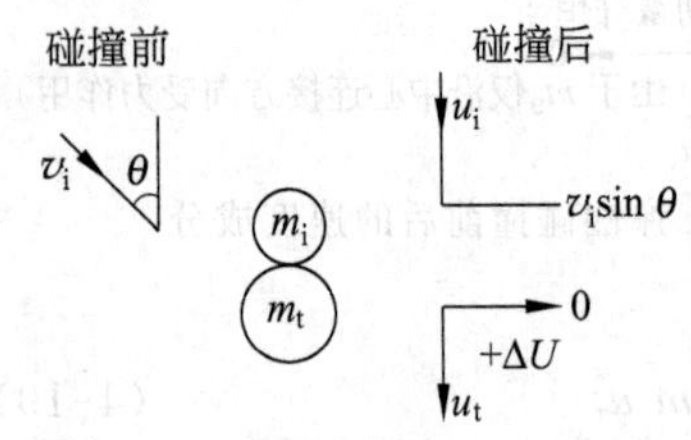

图4-14 非弹性碰撞的力学分析

第一类非弹性碰撞：入射粒子的动能变为目标粒子的内能。第二类非弹性碰撞：入射粒子将内能给出，使目标粒子的动能或内能增加。

下面讨论第一类非弹性碰撞。如图4-14所示，碰撞之后目标粒子获得内能ΔU。

根据中心连线方向的动量守恒

$$m_i v_i \cos\theta = m_i u_i + m_t u_t \tag{4-22}$$

根据能量守恒

$$\frac{1}{2}m_i v_i^2 = \frac{1}{2}m_i(u_i^2 + v_i^2\sin^2\theta) + \frac{1}{2}m_t u_t^2 + \Delta U \tag{4-23}$$

消去u_i，

$$m_i v_i^2 = \frac{m_i}{m_t^2}(m_i v_i \cos\theta - m_t u_t)^2 + m_t u_t^2 + 2\Delta U$$

化简上式，

$$2m_t u_t v_i \cos\theta = \frac{m_t}{m_i}(m_t + m_i)u_t^2 + 2\Delta U \tag{4-24}$$

ΔU与u_+间存在函数关系。为求ΔU的极大值，令

$$2\frac{\mathrm{d}}{\mathrm{d}u_t}(\Delta U) = 2m_t v_i \cos\theta - \frac{m_t}{m_i}(m_t + m_i)2u_t = 0$$

$$v_i \cos\theta = \frac{(m_t + m_i)}{m_i}u_t \tag{4-25}$$

将式(4-25)代入式(4-24)，得

$$2\Delta U=\left(\frac{m_{\mathrm{t}}m_{\mathrm{i}}}{m_{\mathrm{t}}+m_{\mathrm{i}}}\right)v_{\mathrm{i}}^{2}\cos^{2}\theta$$

因此,可转移为目标粒子的内能与入射粒子动能之比的最大值为

$$\frac{\Delta U}{\frac{1}{2}m_{\mathrm{i}}v_{\mathrm{i}}^{2}}=\frac{m_{\mathrm{t}}}{m_{\mathrm{t}}+m_{\mathrm{i}}}\cos^{2}\theta \tag{4-26}$$

式(4-26)中,$\frac{m_{\mathrm{t}}}{m_{\mathrm{t}}+m_{\mathrm{i}}}$称为二体非弹性碰撞内能传递系数。依据 m_{i},m_{t} 的相对大小,有下述两种情况值得一提。

(1) 当离子与气体原子产生第一类非弹性碰撞时,$m_{\mathrm{i}}\approx m_{\mathrm{t}}$,$\frac{m_{\mathrm{t}}}{m_{\mathrm{t}}+m_{\mathrm{i}}}\approx\frac{1}{2}$,即离子最多也是将其能量的一半传递给中性原子,转换为内能。

(2) 当电子与气体原子产生第一类非弹性碰撞时,$m_{\mathrm{i}}\ll m_{\mathrm{t}}$,$\frac{m_{\mathrm{t}}}{m_{\mathrm{t}}+m_{\mathrm{i}}}\approx 1$,即电子几乎把所有的动能都传递给中性原子,转换为内能。

表 4-2 列出带电粒子与中性粒子发生弹性碰撞和非弹性碰撞时,能量传递的一般规律。

表 4-2　碰撞过程中带电粒子能量传递分数

入射粒子 / 碰撞类型	电　子	离　子
弹性碰撞	$10^{-4}\sim10^{-6}$	1
非弹性碰撞	1	$\frac{1}{2}$

综上所述,在利用气体放电的气相沉积和干法刻蚀中,离子每发生一次弹性碰撞,最多可以损失其全部能量,而发生一次非弹性碰撞,最多可以损失其能量的一半;电子在弹性碰撞中几乎不损失能量,而在非弹性碰撞时几乎把全部能量传递给中性粒子。

4.2.2　电离——正离子的形成

4.2.2.1　电子碰撞电离过程

为维持辉光放电,最为重要的碰撞是图 4-15 所示的电子碰撞电离(electron impact ionization)。该过程如下面的反应式所示,一次电子与常态原子 A 发生非弹性碰撞,使后者放出电子,形成正离子和两个电子

$$e+A\longrightarrow A^{+}+2e$$

电离碰撞产生的 2 个电子,在电场中被加速,直到发生下一次碰撞电离。依靠这种反复发生的过程维持辉光放电。

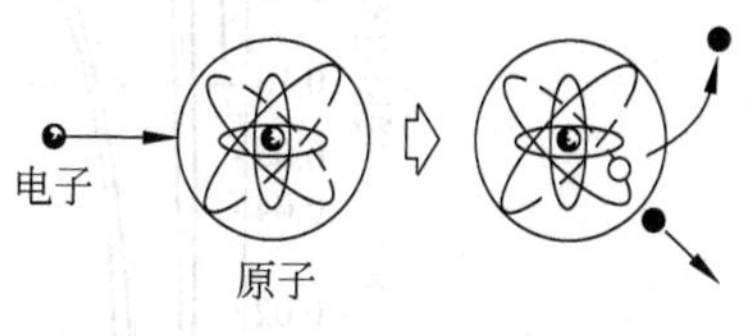

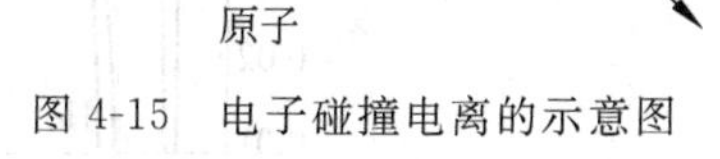

图 4-15　电子碰撞电离的示意图

为了实现上述电离过程,常态原子 A 需要吸收的能量应大于原子最外层电子的束缚能,又称其为阈值能量。与该阈值能量(用 eV 表示)相对应的电位称为电离电位。书后附录 B 给出一些元素的电离电位 U_{i}。

惰性气体氙的电离电位为 12.08 V,对应的阈值能量为 12.08 eV。如图 4-16(a)所示,

若入射电子的能量低于 12.08 eV，氙原子的电离截面等于零，而当入射电子的能量超过 12.08 eV 时，氙原子的电离截面迅速增加。

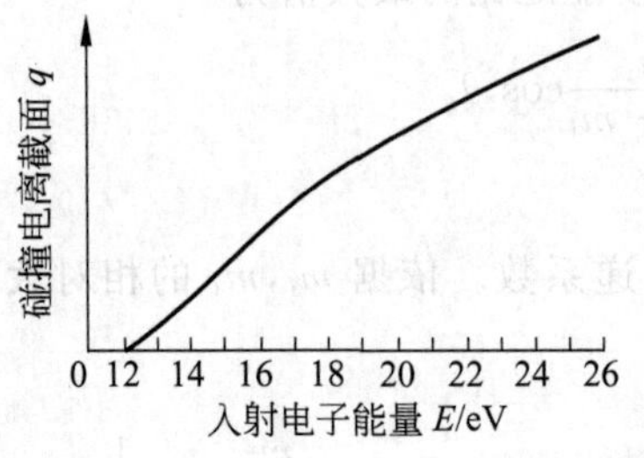

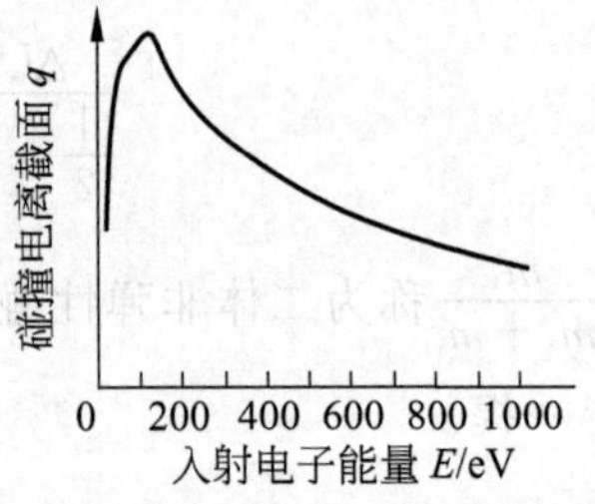

(a) 碰撞电离阈值及低能量电子的碰撞电离截面　(b) 碰撞电离截面与入射电子能量的关系

图 4-16　氙的碰撞电离阈值及碰撞电离截面随入射电子能量变化的关系

（源于 Rapp 及 Englander-Golden，1965）

图 4-16(b)表示氙原子的电离截面与碰撞电子能量的关系。电离截面在阈值以上急剧增加，在 100 eV 附近达到最大值，而后逐渐减小，这种特性对惰性气体是共同的。

4.2.2.2　碰撞电离有效截面

尽管电子的能量大于电离电位，也不是每一次碰撞都发生电离。电子与原子发生碰撞的截面与原子的几何截面相关，而碰撞电离的有效截面还与电子的能量相关。图 4-17 表示惰性气体的碰撞电离有效截面与入射电子能量的关系。图中纵坐标截面积的单位不是 cm^2，而是 πa_0^2，a_0 为氢原子的第一玻尔轨道半径（0.53×10^{-8} cm），πa_0^2 表示氢原子的几何截面积，为 8.82×10^{-17} cm^2。

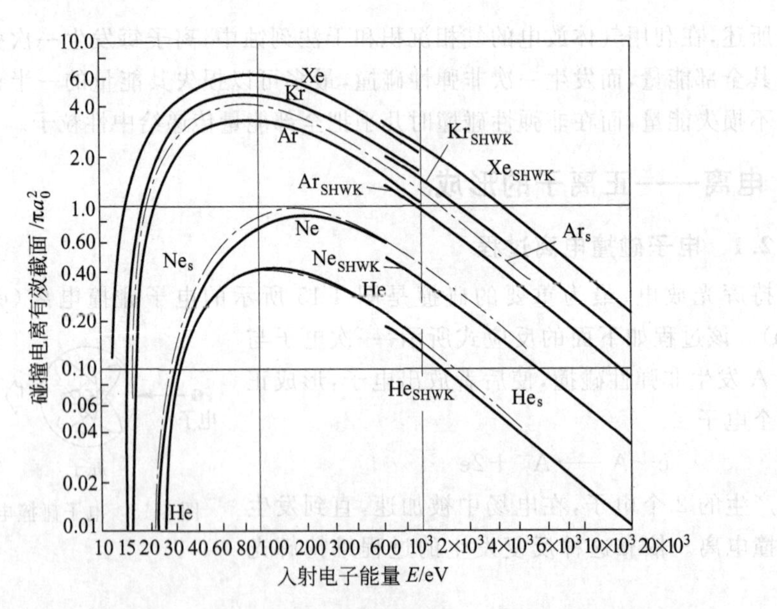

图 4-17　惰性气体的碰撞电离有效截面与入射电子能量的关系

（源于 Rapp 与 Englander-Golden(1965)，Smith(1930)(图中下标 s)，Schram 等(1965)。另外，Fletcher，Cowling(1973)也针对 Ar、He、Ne 发表了同样的数据）

电子在运行 1 cm 路程中与气体原子相互碰撞的平均次数 $\bar{Z}_e$ 跟电子在气体中的平均自由程 $\bar{\lambda}$ 成反比

$$\bar{Z}_e = \frac{1}{\bar{\lambda}_e} \tag{4-27}$$

电子在气压为 133.32 Pa(1 Torr)，0℃气体中每经 1 cm 路程所产生的离子数定义为微分电离系数 S_{ei}

$$S_{ei} = \bar{Z}_e f_i \tag{4-28}$$

f_i 表示产生电离的碰撞占总碰撞次数的比例，称为碰撞电离几率。

图 4-18 表示几种气体的微分电离系数 S_{ei} 与电子能量的关系曲线。

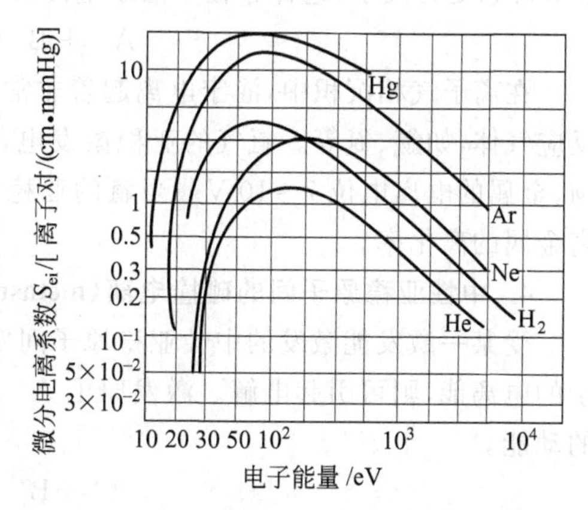

图 4-18　微分电离系数与电子能量关系曲线

由图 4-17、图 4-18 可以看出，各气体的曲线多是有极大值曲线，而且峰值出现在 50～200 eV 范围；当电子能量再增加时，微分电离系数(或说碰撞电离几率)反而降低。这是由于，当入射电子同气体原子接近时，首先使原子感应成为偶极子，然后进一步交换能量，使最外层电子脱离原子核约束而产生电离，这些过程需要一定的交换时间。而当电子能量很高，速度太快时，电子与原子的作用时间很短，来不及能量交换，故微分电离系数降低。

图 4-18 中曲线上升部分近似直线，直线斜率为常数 α，称做电离系数。α 表示能量为 ε 的电子在气压为 133.32 Pa(1 Torr)，0℃时，每 1 cm 路程所产生的离子数 n_i，即

$$\alpha = \frac{1}{\bar{\lambda}_e} \cdot \frac{n_i}{n} \tag{4-29}$$

在离子气相沉积中，为了提高沉积层原子的离化率，不一定追求高的加速电压，按图 4-17、图 4-18 中曲线极大值出现的位置可知，当电子获得几十到一百电子伏能量时，电离几率最大。

4.2.2.3　其他电离方式

1. 光电离

光的能量用光量子 $h\nu$ 表示，当光子与原子碰撞时，若原子吸收的能量大于 eU_i，则可产生光致电离。设产生光致电离的极限波长为 λ_0，则 $\lambda_0 \leqslant \frac{1234}{U_i}$ nm。一般可见光不能直接引起气体的光电离，波长较短的紫外光、X 射线、γ 射线和激光可引起光电离。光电离的过程表示为

$$h\nu + A \longrightarrow A^+ + e$$

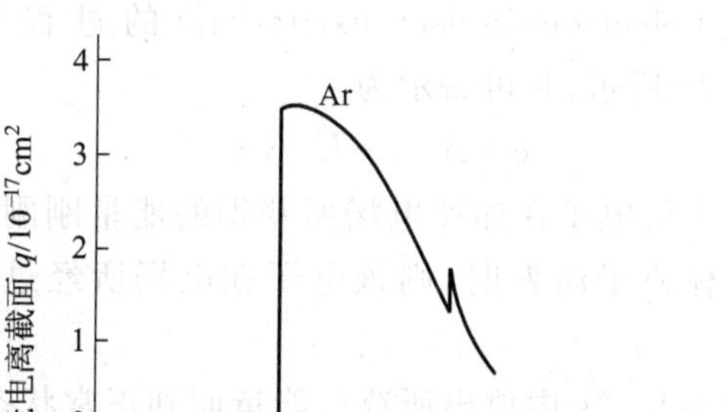

图 4-19　Ar 原子的光电离截面

(源于 Weissler(1956))

图 4-19 表示 Ar 原子的光电离截面随入射光波长(能量)的变化关系。可以看出，Ar 光致电离的极限波长为 78 nm，相应的电离阈值能量为 15.8 eV。超过阈值能量，光致电离

截面急剧增加,最大可达 3.7×10^{-17} cm^2,而后随入射能量增加而减小。

2. 电荷交换

利用离子与中性粒子之间的碰撞,使离子带有的电荷转移到中性粒子。其中包括

$$A^+ + B \longrightarrow A + B^+ \quad \text{电荷交换}$$

$$A + B \longrightarrow A^- + B^+ \quad \text{电子交换}$$

3. 潘宁电离

受激亚稳原子 A^* 与 B 原子为不同类型原子,A 的激发电位大于 B 的电离电位,作用后 B 由常态变为离子,这种过程叫潘宁电离(Penning ionization),表示为

$$A^* + B \longrightarrow B^+ + e + A$$

在离子气相沉积中,潘宁电离起着非常重要的作用。离子沉积中通常通入保护气体或反应气体,如氩、氮等。氩气的亚稳激发电位为 11.55 V,多数沉积层元素是金属或其化合物,金属的电离电位 7~10 V。当氩的亚稳原子和金属原子相互作用时,产生潘宁电离,提高金属的离化率。

4. 中性亚稳原子间的碰撞电离(metastable ionization)

受某一激发能激发的中性亚稳原子间发生碰撞,若二者能量之和大于其中某一中性粒子的电离能,则可引起电解。激发原子 A^*、B^* 的激发能之和同 B 的电离能之差,变为电子的动能。

$$A^* + B^* \longrightarrow B^+ + e + A$$

5. 热电离

由式(1-3)可求得室温气体分子的动能只有 0.1 eV 左右,远不能引起激发和电离,只有当气体的温度达 3000 K 以上时,才可观察到高速原子碰撞而引起的热激发和热电离。通常,在一个大气压以上的弧光放电的温度可达 5000~6000 K,而在一般的低气压气体放电中,中性气体原子很难达到如此的高温,很难发生热电离。

4.2.3 激发——亚稳原子的形成

4.2.3.1 电子碰撞激发

电子与常态原子发生非弹性碰撞,常态原子 A 中的电子吸收了入射电子的能量后,由低能级跃迁到高能级,破坏了原子的稳定状态,成为激发态,该原子叫受激原子 A^*。电子碰撞激发(electron impact excitation)的过程如图 4-20 所示,并可表示为

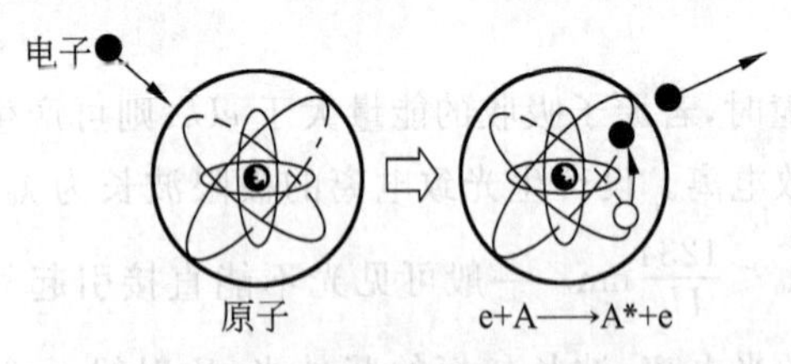

图 4-20 电子碰撞激发的示意图

$$e + A \longrightarrow A^* + e$$

入射电子在加速电场所获得的能量刚刚能使气体原子激发时,则该电子在电场所经过的电位差 U_r 称为激发电位,单位为 V。

受激原子是不稳定的,一般受激原子在 $10^{-7}\sim10^{-8}$ s 内放出所获得能量回到正常状态,放出的能量以光量子的形式辐射出去,并可以看到气体发光,叫激发发光。原子的这种激发状态叫谐振激发。其激发电位叫谐振激发电位 U_r。

受激原子如果不能以辐射光量子形式自发地回到正常的稳态,而是停留时间较长,达

10^{-4}秒到数秒。这种激发状态称为亚稳态，其激发原子称为亚稳原子，相应的激发电位称为亚稳电位 U_m。例如：Ar 的亚稳激发电位为 11.55 V，谐振激发电位为 11.61 V，低于一次电离电位 15.755 V。这是由于，与电离是将束缚电子完全移向无穷远相对应，激发是将束缚电子迁移到更高能级。

在激发碰撞中，一次电子损失掉与激发电位相对应的动能之后，改变运动方向，脱离激发原子（图 4-20）。

4.2.3.2　电子碰撞激发截面

图 4-21 表示氩的 2p 能级电子激发截面与入射电子能量的关系。可以看出，随着电子能量增加，激发截面从 12.9 eV 的阈值（激发截面为零）开始，到 21 eV 的最大值（激发截面 4×10^{-17} cm²）呈线性增加，而后逐渐下降。

图 4-22 表示氢原子的碰撞激发截面，图 4-23 表示氢分子的碰撞激发截面。由于后者可能发生振动激发及旋转激发，因此其阈值比前者要小。

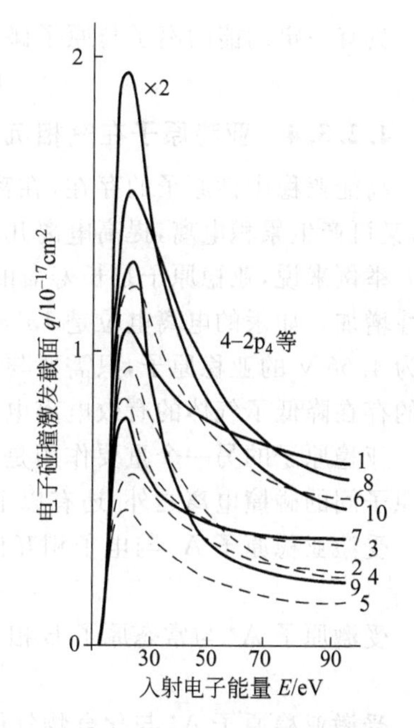

图 4-21　氩（2p 能级）的电子激发截面
（源于 Zapesochnyi 和 Feltsan(1966)）

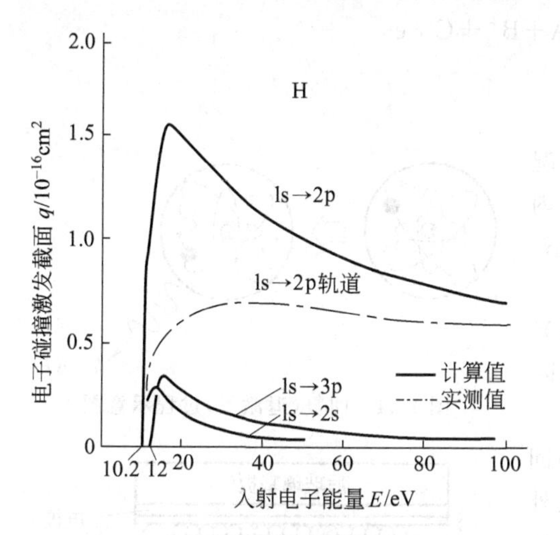

图 4-22　电子-氢原子的碰撞激发截面
（源于 von Engel(1965)）

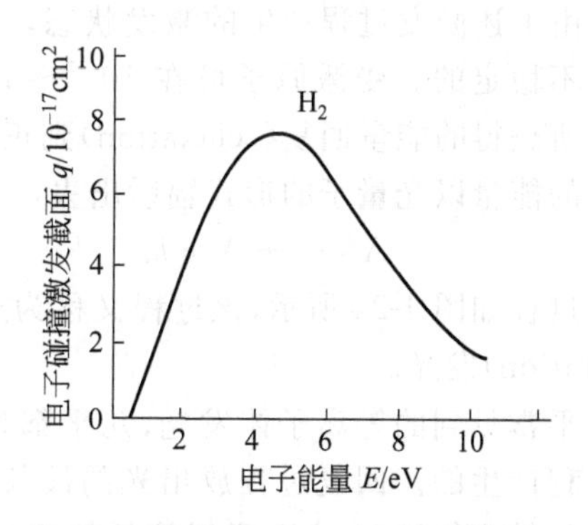

图 4-23　电子-氢分子的碰撞激发截面
（源于 Frost 和 Phelps(1962)）

4.2.3.3　其他激发方式

除了上述电子碰撞激发方式外，还有光致激发、离子碰撞激发、亚稳原子造成的激发和热激发等。

频率为 ν 的光，可以看作是具有能量为 $h\nu$（h 为普朗克常数）的粒子，即光量子。当 $h\nu$ 超过原子的激发阈值时，便会引起原子激发

$$h\nu + A \longrightarrow A^* \quad \text{光致激发}$$

原子的光致激发截面与光致电离截面具有相同的数量级。

具有一定动能的离子与原子碰撞时，也可以引起原子激发

$$B^{+} + A \longrightarrow A^{*} + B^{+}$$ 离子碰撞激发

4.2.3.4 亚稳原子在气相沉积中的作用

高能亚稳中性原子的存在，在离子气相沉积中是很重要的，它既可提高沉积原子的能量，又可产生累积电离，提高电离几率。

举例来说，亚稳原子是长寿命的受激原子，它的作用首先是使逐次跃迁和累积电离的可能性增加。如汞的电离电位是10.434 V，维持汞弧的放电电压仅需9～10 V。对于具有能量为4.66 V的亚稳原子，只需要与能量为5.74 V的电子相互作用就可以电离了，即亚稳原子的存在降低了气体的有效电离电位，有利于电离几率的提高。

亚稳原子的另一个重要作用是进行第二类非弹性碰撞，除前面提到的潘宁电离、中性亚稳原子间的碰撞电离之外，还有以下几种类型。

受激亚稳原子 A^{*} 与电子相互作用使电子速度增大，是激发的逆过程。此过程表示为

$$A^{*} + e \longrightarrow A + e(\varepsilon\uparrow)$$

受激原子 A^{*} 与常态原子B相互作用，使之成为受激原子。此过程表示为

$$A^{*} + B \longrightarrow A + B^{*}$$

受激亚稳原子 A^{*} 与化合物气体分子BC相互作用时，使分子解离为基元粒子（活性原子）或被电离。此过程表示为

$$A^{*} + BC \longrightarrow A + B + C$$

$$A^{*} + BC \longrightarrow A + B^{+} + C + e$$

4.2.4 回复——退激发光

由上述激发过程产生的激发状态，一般情况下是不稳定的。受激原子可在 10^{-7}～10^{-8} s内放出所获得的能量回复(relaxation)到正常状态，放出的能量以光量子的形式辐射出去：

$$A^{*} \longrightarrow A + h\nu$$ 放出光

回复过程如图4-24所示，该过程又称为退激(de-excitation)发光。

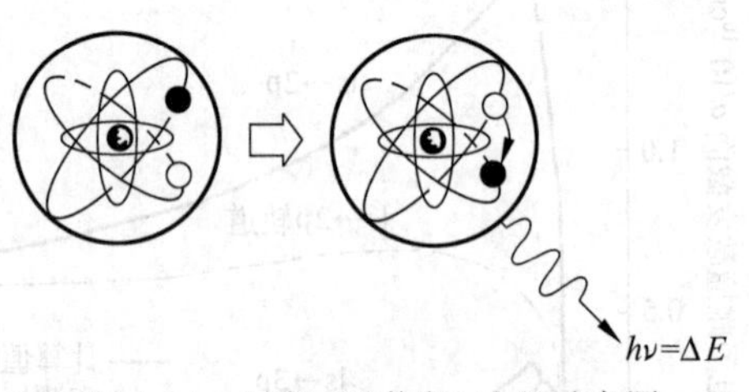

图4-24 回复(退激发)过程示意图

平常见到的等离子体发光，几乎都是这种回复过程产生的。回复过程放出光的波长，与核外电子从较高能级(E_m)返回到较低能级(E_n)的能量差相对应($h\nu = E_m - E_n$)。这对于原子、分子来说，是固有的。因此，对等离子体的发光光谱进行分析，可以确定等离子体中激发原子的种类。

下面，以充有Ne-Xe混合气体的表面放电型AC型等离子体平板显示器(plasma display panel,PDP)为例，简要介绍退激发光在平板显示器领域的应用。

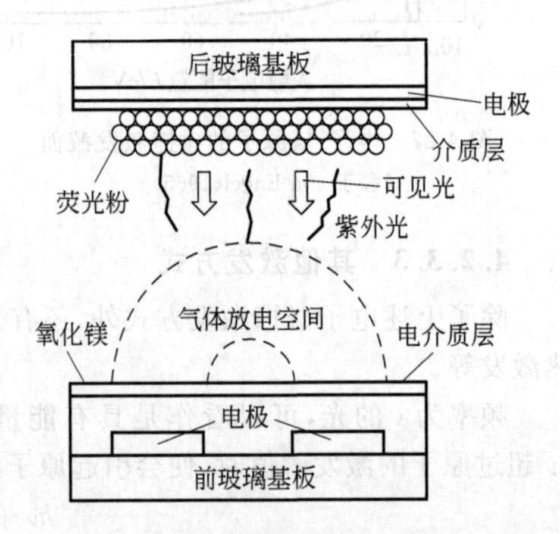

图4-25 AC型PDP的发光机理

彩色PDP虽然有多种不同的结构，但其放电发光的机理是相同的。如图4-25所示，彩色

PDP的发光显示主要由以下两个基本过程组成：

① 气体放电过程。即惰性气体在外加电信号的作用下产生放电，使原子受激而跃迁，发射出真空紫外线(＜200 nm)的过程。

② 荧光粉发光过程。即气体放电所产生的紫外线，激发光致荧光粉发射可见光的过程。

Ne-Xe混合气体在一定外部电压作用下产生气体放电时，气体内部最主要反应是Ne原子的直接电离反应：

$$e + Ne = Ne^{+} + 2e$$

其中，Ne^{+}为氖离子。由于受到外部条件或引火单元激发，气体内部已存在少量的放电粒子。其中电子被极间电场加速并达到一定动能时碰撞Ne原子，使其电离而导致气体内部的自由电子增殖，同时又重复上式反应，致使形成电离雪崩效应。这种电离雪崩过程中会大量产生以下的两体碰撞反应

$$e + Ne = Ne^{+} + 2e \quad \text{(电子碰撞电离)}$$

$$e + Ne = Ne^{m} + e \quad \text{(亚稳激发)}$$

$$e + Xe = Xe^{+} + 2e \quad \text{(电子碰撞电离)}$$

其中Ne^{m}为Ne的亚稳激发态。由于Ne^{m}的亚稳能级(16.62 eV)大于Xe的电离能(12.127 eV)，因此，亚稳原子Ne^{m}与Xe原子碰撞的过程为

$$Ne^{m} + Xe = Ne + Xe^{+} + e$$

人们称此为潘宁电离反应，这种反应产生的几率极高，从而可提高气体的电离截面，加速Ne^{m}的消失和Xe原子的电离雪崩。此外，这种反应的工作电压比直接电离反应的要低，因此也可降低显示器件的工作电压。

与此同时，被加速后的电子也会与Xe^{+}发生碰撞。碰撞复合后，激发态Xe^{**}原子的外围电子，由较高能级跃迁到较低能级，产生碰撞跃迁

$$e + Xe^{+} \longrightarrow Xe^{**}(2p_5 \text{ 或 } 2p_6) + h\nu$$

由于Xe原子$2p_5$、$2p_6$能级的激发态Xe^{**}很不稳定，极易由较高能级跃迁到较低的能级，产生逐级跃迁

$$Xe^{**} \quad (2p_6 \text{ 或 } 2p_5) \longrightarrow Xe^{*}(1s_4 \text{ 或 } 1s_5) + h\nu \quad (823\text{ nm 或 }828\text{ nm})$$

$Xe^{*}(1s_5)$与周围的分子相互碰撞，发生能量转移，但并不产生辐射，即发生碰撞转移

$$Xe^{*}(1s_5) \longrightarrow Xe^{*}(1s_4)$$

式中，$1s_4$是Xe原子的谐振激发能级。Xe原子$1s_4$能级的激发态跃迁至Xe的基态时，就发生共振跃迁，产生使PDP放电发光的147 nm紫外光

$$Xe^{*}(1s_4) \longrightarrow Xe + h\nu(147\text{ nm})$$

Ne、Xe原子的能级与发光光谱如图4-26所示，潘宁电离反应与Xe^{**}逐级跃迁的示意见图4-27。

由于147 nm的真空紫外光能量大，发光强度高，所以大多数PDP都利用它来激发红、绿、蓝荧光粉发光，实现彩色显示。一般称这种发光为光致发生。当真空紫外光照射到荧光粉表面时，一部分被反射，一部分被吸收，另一部分则透射出荧光粉层。当荧光粉的基质吸收了真空紫外光能量后，基质电子从原子的价带跃迁到导带，价带中因为电子跃迁而出现一个空穴。空穴因热运动而扩散到价带顶，然后被掺入到荧光粉中的激活剂所构成的发光中

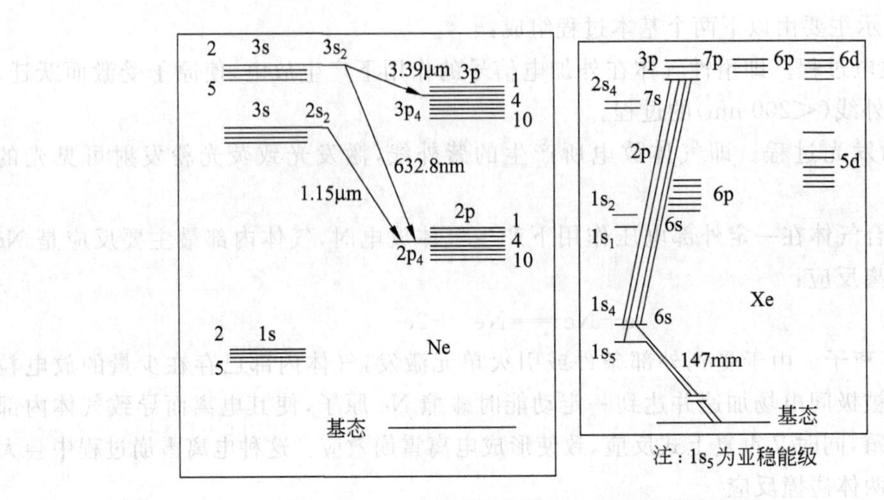

图 4-26　Ne、Xe 原子的能级与发光光谱示意图

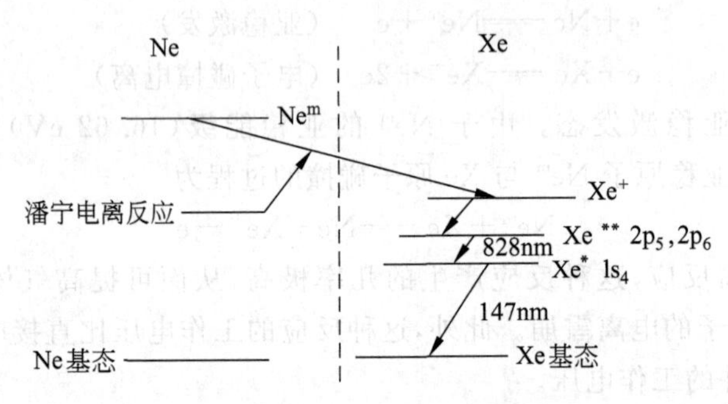

图 4-27　潘宁电离反应与 Xe^{**} 逐级跃迁示意图

心俘获。例如，红粉 Y_2O_3：Eu 中的 Eu 是激活剂，它是红粉的发光中心。没有掺杂的荧光粉基质 Y_2O_3 是不具有发光本领的。另一方面，获得光子能量而跃迁到导带的电子，在导带中运动，并很快消耗能量后下降到导带底，然后与发光中心的空穴复合，放出一定波长的光。同一种基质的荧光粉，由于掺杂元素不同，构成的发光中心的能级也不同，因此产生了不同颜色的可见光。

4.2.5　解离——分解为单个原子或离子

解离(dissociation)是由几个原子组成的分子分解为单个原子的过程。通过非弹性碰撞，分子若能获得大于其结合能的能量，则可实现解离。在一般工程用等离子体中，这种解离过程以及前述的激发过程和后述的复合过程，都可以形成激发态的亚稳原子。利用这些亚稳原子，可进行等离子体刻蚀和等离子体化学气相沉积等。实现解离的方法主要有

$$h\nu + AB \longrightarrow A + B \quad \text{光解离}$$

$$e + AB \longrightarrow A + B + e \quad \text{碰撞解离}$$

$$C^+ + AB \longrightarrow A + B + C^+ \quad \text{碰撞解离}$$

而且，分子离子也能实现下式表述的解离过程

$$h\nu + AB^+ \longrightarrow A^+ + B$$ 光解离

除了上述的碰撞解离之外,还能发生伴随电离过程的解离离化过程

$$e + AB \longrightarrow A + B^+ + 2e$$

与其他非弹性过程相似,从原理上讲,解离也只能在超过解离阈值能量(以克服分子的结合力)的条件下发生。一般说来,解离生成物较之解离前的分子,化学活性大大提高。例如,在光刻胶的等离子体灰化及干法刻蚀等工艺中,就广泛采用了下述的解离过程

$$e + O_2 \longrightarrow e + O + O$$ 碰撞解离

$$e + CF_4 \longrightarrow e + CF_3 + F$$ 碰撞解离

$$e + CF_4 \longrightarrow 2e + CF_3^+ + F$$ 解离离化

4.2.6　附着——负离子的产生

电子被原子、分子等捕获形成负离子的过程叫附着(electron attachment)。反之,电子被负离子放出的过程叫离脱。

在气体放电中形成负离子的过程主要有

$$e + B \longrightarrow B^- + h\nu$$ 光辐射附着

$$e + B^* \longrightarrow B^- + h\nu$$

$$e + B \longrightarrow B^{-**} \longrightarrow B^- + h\nu$$ 电子激发附着

$$e + A + B \longrightarrow B^- + A$$ 三体附着

$$e + A + B \longrightarrow A^+ + B^- + e$$ 生成离子对

$$e + AB \longrightarrow AB^-$$ 碰撞附着,形成分子性负离子

$$e + AB \longrightarrow A + B^-$$ 解离附着

上述附着过程的发生几率,与中性粒子(原子、分子)对电子的亲和力相关。电子亲和力越大的元素,越容易通过附着形成负离子。因此,电子亲和力小的惰性气体和金属原子形成的负离子都是非常不稳定的,而电子亲和力大的卤族原子(Cl、Br 等)、分子及卤族化合物(CCl_4、SF_6)等,容易形成稳定的负离子。

4.2.7　复合——中性原子或原子团的形成

4.2.7.1　复合过程分析

如同回复是激发的逆过程一样,复合(recombination)是电离(ionization)的逆过程。如图 4-28 所示,电子与正离子复合可形成中性原子。但仔细分析却存在下述矛盾。

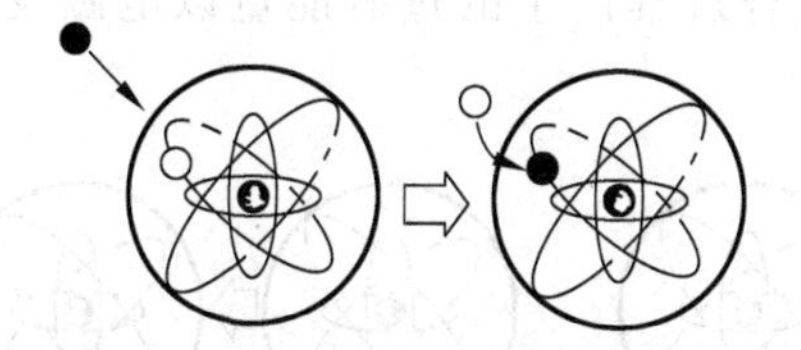

图 4-28　电子与正离子复合形成中性原子的假设

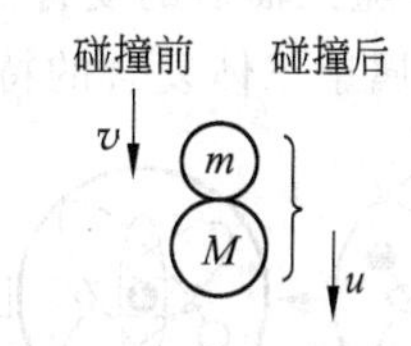

图 4-29　复合过程的力学分析

如图 4-29 所示,设电子质量为 m,复合前的速度为 v(与质量为 M 的离子相对应),复合后的速度为 u。在复合过程中,原子势能的减少仅有电离能 U_i。采用前面已用到的数学处

理方法

动量守恒:

$$mv = (m+M)u$$

能量守恒:

$$\frac{1}{2}mv^2 = \frac{1}{2}(m+M)u^2 - U_i$$

消去 v,有

$$\frac{1}{2}m\left(\frac{m+M}{m}\right)^2 u^2 = \frac{1}{2}(m+M)u^2 - U_i$$

解得

$$u^2 = -\frac{2U_i m}{(m+M)M} \tag{4-30}$$

但是,U_i、m 及 M 都为正,所以解出的 u 为虚数。这意味着,一般情况下二体复合不可能发生。实际上,按海森伯格(Heisenberg)考虑,这种复合是罕见的。但是,复合无论如何是要发生的。否则,在辉光放电等部分电离的气氛中,离子和电子密度会不断增加,这与实际情况相矛盾。看来,发生复合并不限于上述电子与正离子的二体复合机制。

可能发生复合的机制有:

① 三体碰撞　如图 4-30 所示,在碰撞过程中有第三物体参与。包括三者在内,在碰撞中同时满足能量守恒和动量守恒,并由此实现复合。在实用等离子体技术中,上述第三物体可以是粒子不断碰撞的器壁,也可以是气体原子等等。气体原子参与上述三体碰撞过程的几率,随压力的增加而增大。

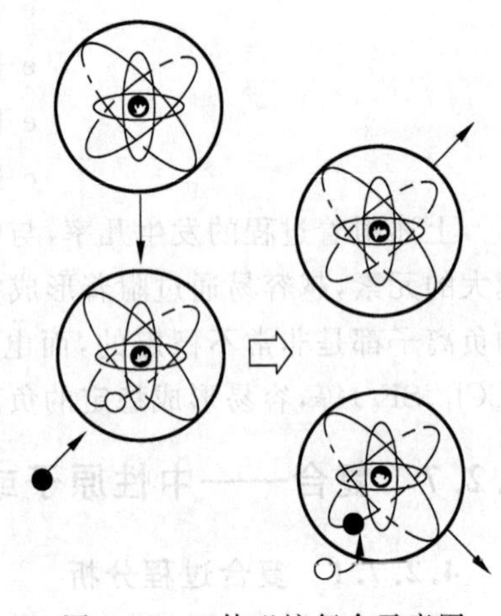

图 4-30　三体碰撞复合示意图

② 二阶段过程　为了形成负离子,电子需要附着在中性原子上。该过程虽然较难发生,但 U_i 若为负,还是可以实现的。在此阶段的基础上,负离子与正离子发生碰撞,实现电子转移,形成两个中性原子。由上述两个阶段完成电子与正离子的复合,见图 4-31。为在第一阶段形成负离子,需要电子与中性原子的碰撞数跟后者的电负性(跟电子的亲和性大小)有关,一般是在从卤族分子的约 10^3 次到惰性气体的无限多次范围内变化。

③ 伴随光辐射的复合　如图 4-32 所示,复合过程产生的过剩能量以电磁波的形式轴射出。这属于三体复合的特殊形式。

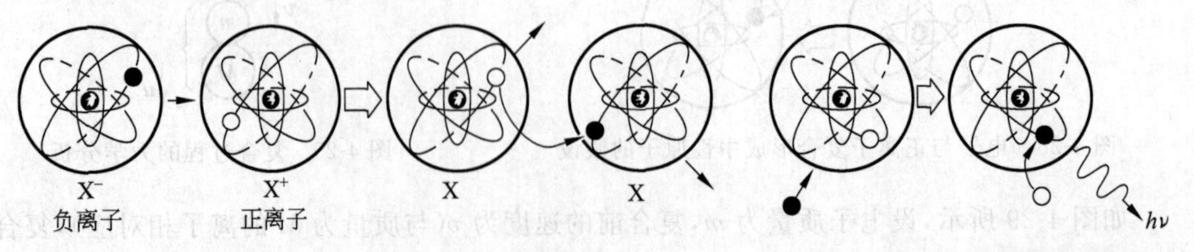

图 4-31　正负离子复合示意图　　图 4-32　伴随光辐射的复合

4.2.7.2　常见的复合过程

常见的复合过程有下述几种：

(1) 基态中性粒子的形成

$e+e+A^+ \longrightarrow A+e$　　三体复合

$A^+ +e+B \longrightarrow A+B$　　二阶段复合

$A^+ +B^- \longrightarrow AB+h\nu$　　正负离子复合

$A^+ +B^- +C \longrightarrow AB+C$　　正负离子复合

(2) 中性亚稳原子的形成

$e+A^+ \longrightarrow A^* +h\nu$　　伴随光辐射的复合

$e+A^+ \longrightarrow A^{**} \longrightarrow A^* +h\nu$　　电子激发复合

$e+AB^+ \longrightarrow A^* +B^*$　　解离复合

$A^+ +B^- \longrightarrow A^* +B^*$　　复合激发

$e+B^- \longrightarrow B^* +2e$　　复合激发

(3) 新分子(分子离子)的形成

通过离子与分子间的碰撞,发生解离过程与复合过程的组合,实现下述的反应

$AB+C^+ \longrightarrow A+BC^+$　　离子、原子交换

$AB^+ +C \longrightarrow A+BC^+$

与中性分子之间的反应相比,上述离子与分子之间的反应速率常数要大几个数量级。这是因为,靠近离子的分子被极化,产生感应偶极子,从而二者间的碰撞截面比之中性分子之间的碰撞截面要大得多所致。

4.2.7.3　带电粒子在电极或器壁上的消失

带电粒子除了进行上述的空间复合之外,还可能在器壁上复合或进入电极而消失。

① 电子进入阳极　电子在电场作用下向阳极迁移而进入阳极。电子的动能转变为热能,使阳极升温,或激发出二次电子。

② 正离子进入阴极　正离子从阴极拉出电子与其复合为中性气体原子。被阴极位降加速的正离子轰击阴极,其能量转变为热能使阴极升温,还可激发出二次电子,即产生 γ 过程,这一过程是维持气体放电的关键。

③ 负离子到达阳极后放出一个电子变为中性粒子。

④ 带电粒子在器壁上复合　带电粒子在器壁上碰到一起很容易复合,多余的能量使器壁升温。

4.2.8　离子化学——活性粒子间的化学反应

等离子体技术近些年来向着等离子体化学方向发展速度很快,已成为一门新兴科学。

在离子气相沉积中,等离子体化学的作用越来越重要,它促进化合物涂层的形成。可以将化学气相沉积中在高温下进行的反应,降低到低温下进行。

在低气压低温等离子体中,促进化学反应过程的重要因素是较高能量电子的作用。这些高速电子与多原子气体产生非弹性碰撞,引起分子的激活、自由基化和离解离子化。多原子分子气,如 H_2、N_2、CH_4、NH_3、$TiCl_4$、$SiCl_4$ 等,其结构比原子复杂得多,除了要考虑原子

的核外电子状态外，还有由于核间的相互作用而产生的分子的振动和旋转等。表 4-3 为分子的谐振激发电位和电离电位，由于分子有多种电离过程，故将产生更为复杂的激发和电离过程。例如：

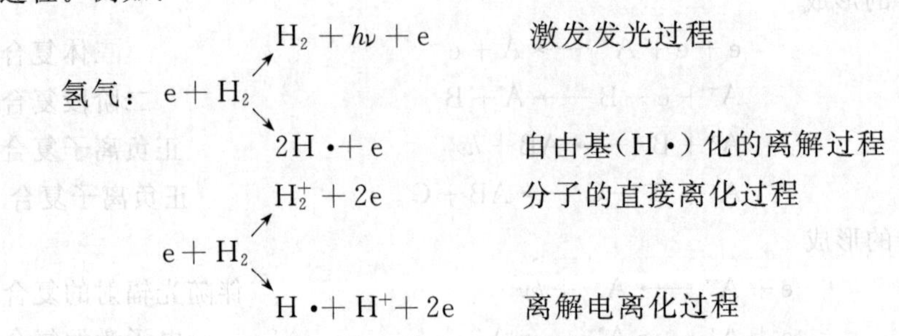

表 4-3 分子的谐振激发电位和电离电位

气　体	谐振激发电位 U_r/V	电离电位 U_i/V	可能的电离过程
H_2	7.0	15.37	$H_2 \longrightarrow H_2^+$
		18	$\longrightarrow H^+ + H$
		26	$\longrightarrow H^+ + H +$ 动能
		46	$\longrightarrow H^+ + H^+ +$ 动能
O_2	7.9	12.50	$O_2 \longrightarrow O_2^+$
		20	$\longrightarrow O^+ + O$
CO_2	3.0	14	$CO_2 \longrightarrow CO_2^+$
		19.60	$\longrightarrow CO + O^+$
		20.40	$\longrightarrow CO^+ + O$
		28.30	$\longrightarrow C^+ + O + O$
I_2	2.3	9.70	$I_2 \longrightarrow I_2^+$
		9.70	$\longrightarrow I^+ + I$
H_2O	7.6	12.59	$H_2O \longrightarrow H_2O^+$
		17.30	$\longrightarrow HO^+ + H$
		19.20	$\longrightarrow HO + H^+$
N_2	6.3	15.80	$N_2 \longrightarrow N_2^+$
		24.50	$\longrightarrow N^+ + N$

在等离子体中存在着大量的带电粒子，如电子、离子、分子离子(e、H^+、H_2^+)等和高能中性激发和亚稳原子(H^*、H、H^m)等活性粒子。它们之间可以重新复合消失，产生累积电离或与其他活性粒子进行化学反应。

氮气：

$$e + N_2 \longrightarrow N_2^* + e$$
$$N_2^* + N_2^* \longrightarrow N_2^m + N_2$$
$$N_2^* \longrightarrow N_2 + h\nu$$
$$e + N_2 \longrightarrow N_2^+ + 2e$$
$$e + N_2^m \longrightarrow N_2^+ + 2e$$

氨气：

$$e + NH_3 \longrightarrow NH + H_2 + e$$
$$e + H_2 \longrightarrow 2H + e$$
$$H + NH_3 \longrightarrow NH_2 + H_2$$

$$e + NH_2 \longrightarrow NH + H$$

$$NH + NH \longrightarrow N_2 + H_2$$

CF_4：

$$e + CF_4 \longrightarrow \cdot CF_3 + \cdot F + e \quad (a)$$

$$e + CF_4 \longrightarrow CF_4^- \longrightarrow \cdot CF_3 + \cdot F + e \quad (b)$$

若发生(a)式反应，需100 kcal/mol的活化能，而发生(b)式反应，活化能趋近零，所以容易进行。这种过渡的激发状态，对于等离子体化学反应起着重要作用。

与电子亲合力大的气体，如氧气等，当和电子碰撞时还会将电子捕获形成负离子。如

$$e + O_2 \longrightarrow O_2^-$$

$$e + O_2 \longrightarrow O + O^-$$

还可生成O_3，如

$$O_2 + O_2 + O_2 \longrightarrow O_3 + O_3$$

$$O_2^- + O_2^+ \longrightarrow O + O_3$$

等离子体中的反应，除了气相中的反应之外，还与固体表面发生反应，根据反应的部位分为以下几个类型：

$$A(s) + B(g) \longrightarrow C(g) \quad (c)$$

$$A(g) + B(g) \longrightarrow C(s) + D(g) \quad (d)$$

$$A(s) + B(g) \longrightarrow C(s) \quad (e)$$

$$A(g) + B(g) + M(s) \longrightarrow AB(g) + M(g) \quad (f)$$

式中，s表示固相；g表示气相。

式(c)为等离子体状态的气体同固相间反应生成新气相物质的反应，如反应等离子刻蚀。如果这样生成的气体在别的地方发生逆反应的话，A(s)又重新输出，成为输运A(s)物质的等离子体化学输运过程。

式(d)表示两种以上气体在等离子体中反应生成固体与新气相物质。化学气相沉积与等离子体化学气相沉积都属于此类反应。

式(e)表示等离子体状态的气体与固体物质在固体表面生成新的固态化合物。如金属表面的离子氮化、离子渗碳、离子渗金属等。

式(f)表示放置在等离子体中的固体表面起催化剂作用，促进气体分子的离解和复合。

4.3　气体放电发展过程

将真空容器抽真空，达到10～1 Pa的某一压力时，接通相距为d的两个电极间的电源，使电压逐渐上升。当电压低时，基于宇宙射线及存在于自然界的极微量放射性物质射线引起的电离，电路中仅流过与初始电子数相当的暗电流。随着电压增加，当加速电子能量大到一定值之后，与中性气体原子(分子)碰撞使之电离，于是电子数按等比级数迅速增加，形成电子的繁衍过程，也称为雪崩式放电过程。但此时的放电属于非自持放电过程，其特点是，若将原始电离源除去，放电立即停止。若将原始电离源去掉放电仍能维持，则称为自持放电过程。下面首先讨论如何才能从自持放电过渡到非自持放电。

4.3.1 由非自持放电过渡到自持放电的条件

为了维持放电进行(图 4-33),下述两个过程必不可少。

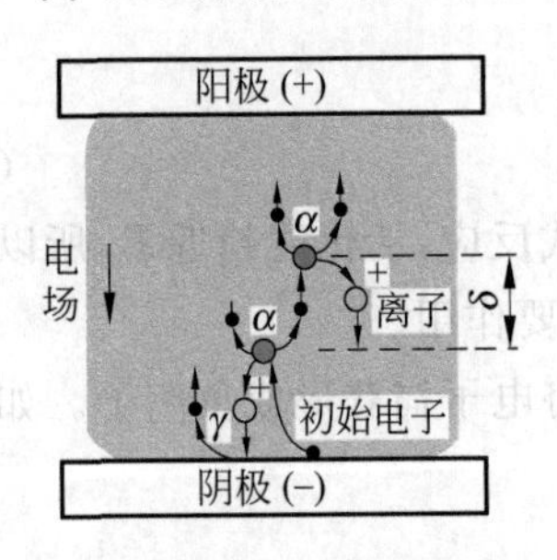

图 4-33 放电开始及持续放电
(α代表电子碰撞气体原子,使其电离而产生离子和电子的过程;γ代表离子轰击阴极产生二次电子的过程)

(1) α 过程 开始由阴极表面发射出一个电子(初始电子),该电子在电极间电压的作用下,向阳极加速运动。当电子能量超过一定值之后,使气体原子发生碰撞电离,后者被电离为一个离子和一个电子。这样,一个电子就变为两个电子,重复这一过程,即实现电子的所谓繁衍。定义 α 为电子对气体的体积电离系数,即每一个电子从阴极到阳极繁衍过程中,单位距离所增加的电子数。

(2) γ 过程 离子在阴极位降的作用下,轰击阴极表面,产生 γ 电子(二次电子)。定义 γ 为正离子的表面电离(二次电子发射)系数,即每一个正离子轰击阴极表面而发射的 γ 电子(二次电子)的平均数。γ 的大小与阴极材料、离子的种类、电场强度等相关。

以 γ 电子为火种,可引发后续的 α 过程,产生的离子还可轰击阴极表面继续产生 γ 电子。达到一定条件,即使没有外界因素产生的电子,也能维持放电的进行,即放电进入自持状态。

(3) 非自持放电转为自持放电的条件 假设在单位时间内从单位阴极表面逸出的二次电子数为 n_0,相对应的阴极电流密度为 j_0,如图 4-34 所示。又假设距阴极为 x 的平面上每单位面积的电子数为 n_x。α 为电离系数,因此,每个电子在路程 dx 上所产生的平均电离次数为 αdx,而由飞入 dx 薄层的 n_x 个电子产生的平均电离次数应为 $n_x\alpha dx$,即在 dx 路程内由 n_x 个电子所产生的电子数用下式表示:

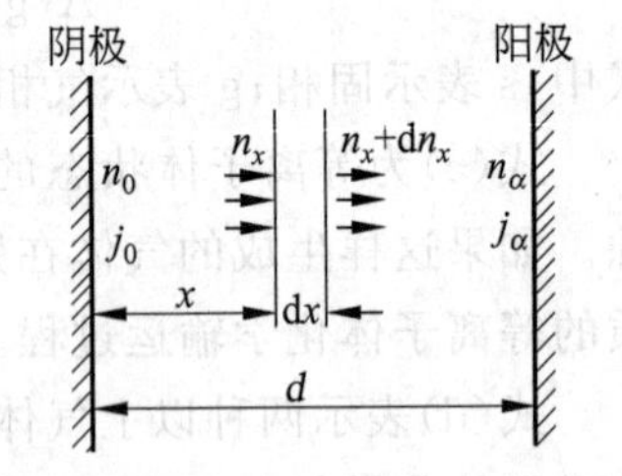

图 4-34 电子繁衍过程示意图

$$dn_x = n_x\alpha dx \tag{4-31}$$

设 $x=0$ 时,$n_x=n_0$,对上式积分,

$$n_x = n_0 e^{\alpha x} \tag{4-32}$$

如果阴极和阳极间的距离为 d,在均匀电场中,到达阳极的电子数为

$$n_\alpha = n_0 e^{\alpha d} \tag{4-33}$$

相对应的电流密度为

$$j_\alpha = j_0 e^{\alpha d} \tag{4-34}$$

那么可算出从阴极逸出的 n_0 个电子所引起的电离次数,即所产生的新电子数(或等量的正离子数)应为

$$n_0 e^{\alpha d} - n_0 = n_0(e^{\alpha d} - 1) \tag{4-35}$$

$n_0(e^{\alpha d}-1)$个正离子轰击阴极时,γ 过程将使阴极逸出 $\gamma n_0(e^{\alpha d}-1)$个新电子。因此,从阴极逸出的电子数将不止是由外界电源所产生的电子数 n_0,而且加上由 γ 过程产生的二次电子数,即

$$n_1 = n_0 + \gamma n_0(e^{\alpha d} - 1) \tag{4-36}$$

如果放电达到稳定状态,则从阴极逸出的电子数不会再增加,仍为 n_1。上式可写作

$$n_1 = \frac{n_0}{1-\gamma(e^{\alpha d}-1)} \tag{4-37}$$

到达阳极的电子数 $n_\alpha = n_1 e^{\alpha d}$,则有

$$n_\alpha = n_0 \frac{e^{\alpha d}}{1-\gamma(e^{\alpha d}-1)} \tag{4-38}$$

阳极电流密度等于电子电荷乘以稳定放电情况下单位时间到达阳极单位面积的电子数,

$$j_\alpha = j_0 \frac{e^{\alpha d}}{1-\gamma(e^{\alpha d}-1)} \tag{4-39}$$

空间各点的电流密度是由电子密度 j_e 和离子密度 j_i 相加而得到的,即

$$j = j_\alpha = j_e + j_i \tag{4-40}$$

式(4-39)中,如果 $j_0=0$,j_α 也不为零。其物理意义是:在放电满足自持放电条件时,尽管除去了原始电离源,电极间仍有电流通过;若分母等于零时,j_α 为无穷大。其物理意义如下:$\gamma(e^{\alpha d}-1)=1$ 表示,在阴极发射出一个电子,而这一个电子到达阳极时,共产生$(e^{\alpha d}-1)$次电离碰撞,因而产生同样数目的正离子,这些正离子打到阴极后将产生 $\gamma(e^{\alpha d}-1)$个二次电子,这些二次电子的数目为 1。亦即一个电子自阴极逸出后产生的各种直接和间接过程将使阴极再发射出一个电子,使得放电过程不需要外致电离因素而成为自持放电了。即放电所需的带电粒子可以自给自足,不需外界因素的作用。因此,

$$\gamma(e^{\alpha d}-1) = 1 \tag{4-41}$$

为非自持放电转为自持放电的条件。式(4-41)为自持放电的初始条件,即气体发生击穿的充分条件。此时对应的电压为击穿电压又称起辉电压 U_z。

4.3.2　电离系数 α 和二次电子发射系数 γ

α 的大小与电子在每个自由程中所获得的能量有关。它同 E 与 p 有密切关系。假设忽略电子的热运动,每次碰撞后的初速度为零;只要电子能量等于或大于气体的电离能 $U_i e$,气体就被电离,电离几率为 1,否则电离几率为零。在这些假设条件下,电子在 1 cm 路程中,与气体碰撞的平均次数 $\bar{Z}$ 同平均自由程$\bar{\lambda}$成反比。若使电子得到相当于电离能的功能,则在电场强度为 E 的电场中,电子的自由程应等于 λ_i,即

$$\lambda_i = \frac{U_i}{E} \tag{4-42}$$

由电子自由程的分布可知,自由程大于 λ_i 的几率为 $e^{-\frac{\lambda_i}{\bar{\lambda}_e}}$,因而电子在 1 cm 路程内发生的电离次数 α 应为平均碰撞次数 $\bar{Z}$ 乘以电离几率:

$$\alpha = \bar{Z} e^{-\frac{\lambda_i}{\bar{\lambda}_e}} = \frac{1}{\bar{\lambda}_e} e^{-\frac{\lambda_i}{\bar{\lambda}_e}}$$

$$\alpha = \bar{Z} e^{\frac{-\bar{Z}U_i}{E}} \tag{4-43}$$

设 $\bar{Z}_0$ 表示电子在单位路程内单位气压下的平均碰撞次数,而且平均碰撞次数与气压 p 成正比,则

$$\bar{Z} = \bar{Z}_0 p \tag{4-44}$$

$$\alpha = Z_0 p \mathrm{e}^{-\frac{\bar{Z}_0 P U_\mathrm{i}}{E}}$$

$$\alpha / p = Z_0 \mathrm{e}^{-\frac{\bar{Z}_0 U_\mathrm{i}}{E/p}} \tag{4-45}$$

通常用以下经验公式表示：

$$\alpha / p = A \mathrm{e}^{-\frac{B}{E/p}} \tag{4-46}$$

式中 A、B 为实验常数。

4.3.3 帕邢定律及点燃电压的确定

1889 年帕邢(Paschen)在测量击穿电压对击穿距离和气体压力的依赖关系时发现：在图 4-35 所示的两个平行平板电极上加以直流电压后，在极间形成均匀电场。令极间距离为 d，压力为 p，如果气体成分和电极材料一定，气体恒温，那么，在冷电极条件下，击穿电压 U_z 是 pd 的函数，而不单独是 p、d 这两个变量的函数。当改变 pd 时，U_z 有一极小值 $U_{z\min}$。这便是气体放电的帕邢定律。

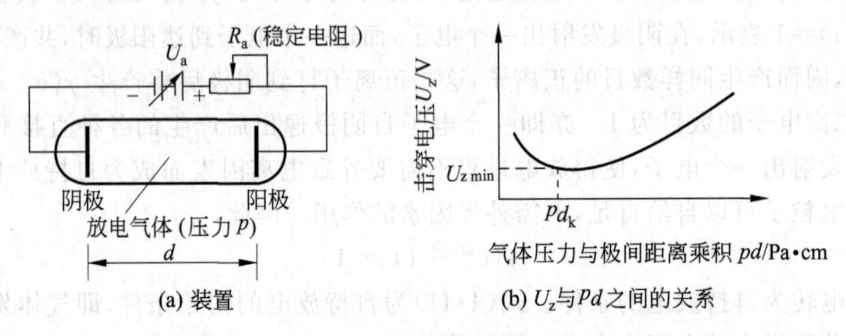

(a) 装置　　(b) U_z与Pd之间的关系

图 4-35　帕邢定律图解

根据 4.3.1 节的讨论和式(4-41)，气体放电由非自持放电转变为自持放电的条件是：$\gamma(\mathrm{e}^{\alpha d}-1)=1$。使气体放电的极间电压称为自持放电点燃电压，也称为击穿电压，用 U_z 表示。气体点燃时 $\gamma(e^{\alpha d}-1)=1$，则 $\alpha d=\ln\left(1+\frac{1}{\gamma}\right)$。参照式(4-45)、(4-46)，电离系数 α 可用下式表示：

$$\alpha = \frac{1}{d}\ln\left(1+\frac{1}{\gamma}\right) = Ap\,\mathrm{e}^{-\frac{AU_\mathrm{i}}{E/p}} \tag{4-47}$$

一定的气体，电离电位 U_i 为定值，故设 $AU_\mathrm{i}=A_z$。电场强度 $E=U_z/d$，代入上式后，

$$\mathrm{e}^{\frac{A_z(pd)}{U_z}} = \frac{Apd}{\ln\left(1+\frac{1}{\gamma}\right)} \tag{4-48}$$

$$U_z = \frac{A_z pd}{\ln(pd) + \ln A - \ln\left(\ln\left(1+\frac{1}{\lambda}\right)\right)} \tag{4-49}$$

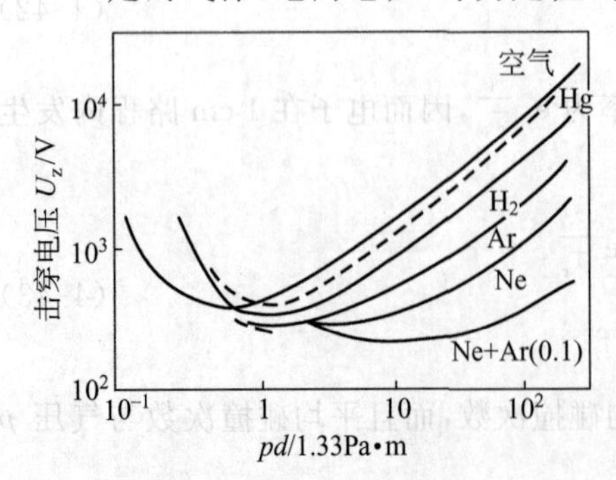

图 4-36　某些气体的帕邢曲线 $U_z=f(pd)$

式(4-49)表明，U_z 是 pd 乘积的函数，不单独是 p 或 d 的函数。不同气体的 $U_z=f(pd)$曲线如图 4-36 所示。此曲线称为帕邢曲线。由图可知同

一气体的帕邢曲线是有最低点的曲线。在曲线左半部，随 pd 减小，U_z 上升很快。右半部随 pd 增加，U_z 上升缓慢。pd 单位为 1.33 Pa · m。

气体最低点燃电压 U_{zmin} 和与之对应的 pd_k 值不仅与气体有关，也与阴极材料有关。表 4-4 列出了不同气体、不同阴极材料的 U_{zmin} 和 pd_k 值。

表 4-4　某些气体的 U_{zmin} 和 (pd_k) 值

气体	阴极	U_{zmin}/V	pd_k/1.33 Pa · m	气体	阴极	U_{zmin}/V	pd_k/1.33 Pa · m
He	Fe	150	2.5	空气	Fe	330	0.57
Ne	Fe	244	3.0	Hg	W	425	1.8
Ar	Fe	265	1.5	Hg	Fe	520	2.0
H_2	Fe	275	0.75	Hg	Hg	330	
O_2	Fe	450	0.7	N_2	Fe	335	0.04

在真空容器中，若无空间电荷时，两极间电位分布如图 4-37 中的 OA_0 所示成直线分布。放电后，在空间产生的正离子和电子的密度差不多。由于电子质量小、运动速度大，向阳极迁移率大。正离子则相反，质量大，向阴极运动速度小，所以堆积在阳极附近，这种正的空间电荷效应使两极间电场畸变，相当于使阳极 A 向阴极 K 移动，形成等效阳极。两极间电压主要分布在阴极和等效阳极之间，也近似为直线分布，称为阴极位降。如图 4-37中的 OA_1，OA_2 所示。等效阳极到阴极的距离用 d_1、d_2 表示，也称为阴极位降区宽度。

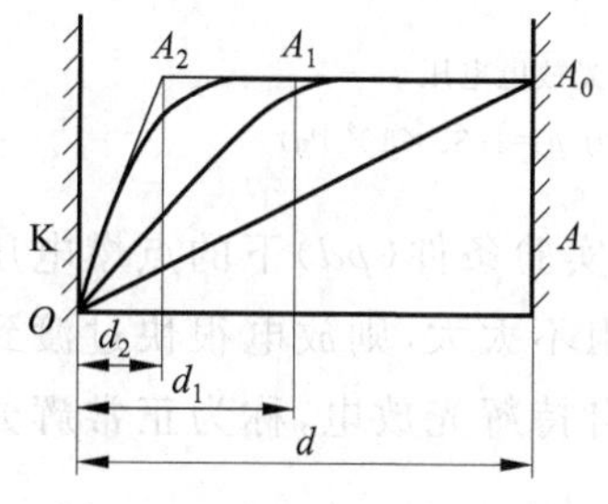

图 4-37　放电空间电位分布

等效阳极实际改变了电场强度 E，在气体点燃之前，电场强度 $E=\frac{U_z}{d}$，在 U_z 作用下使电子得到了足够能量将气体点燃，进入自持放电阶段。在放电发展过程中，由于正空间电荷的作用，形成的等效阳极逐渐靠近阴极 K，即阳极相当由 A 处移至 A_1 处，再移至 A_2 处。由于阴阳极之间距离的缩短使场强增加，$E_2=\frac{U_z}{d_2}$。当气体压强 p 不改变时，电子平均自由程 $\bar{\lambda}_e$ 不变，所以电子能量 $eE_2\bar{\lambda}_e > eE\bar{\lambda}_e$。但电子原来具有的能量 $eE\bar{\lambda}_e$ 足以使气体电离，无需更多的能量，降低极间电压 U_z 仍可维持放电过程。因此，一旦将气体点燃后，两极电压 U_z 将自动沿帕邢曲线降至 U_{zmin}。此时等效阳极与阴极间距离用 d_k 表示。放电便进入了稳定的正常辉光放电压。U_z 是维持正常辉光放电所需电压。因此，当气体点燃后，极间电压将出现陡降现象。

4.3.4　气体放电伏安特性曲线

测定气体放电两极间电流和电压关系的装置如图 4-38 所示。真空容器中设面积为 10 cm^2 的平板铜电极，极间距离 50 cm，管中充氩气，气压 $p=$ 133 Pa。回路中串有可调电压的直流电源和可调电阻。接通电源、调节电源电压 U_a 和电阻 R_a，测出极间伏安特性曲线，如图 4-39 所示。图中AB 段表示电压由 0 逐渐增加时出现非常微弱的电流(10^{-12} A)。这一电流是由自然辐照引起的电子发射或残余带电粒子引起的空间电离产生的。虽然在极间运动

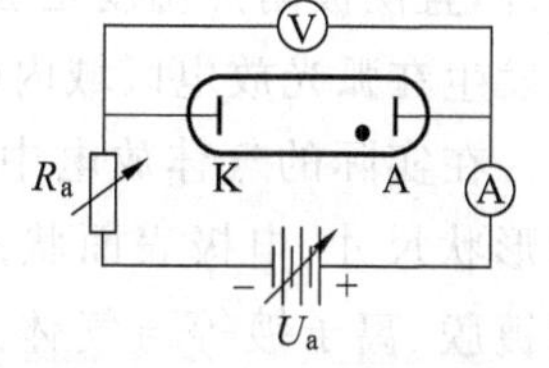

图 4-38　伏安特性测试电路

的带电粒子随着极间电压的提高能量也提高，从而可提高激发、电离几率，使放电电流也提高，但很微弱，也看不到发光现象，称此为非自持暗放电，属雪崩式的汤生放电过程。

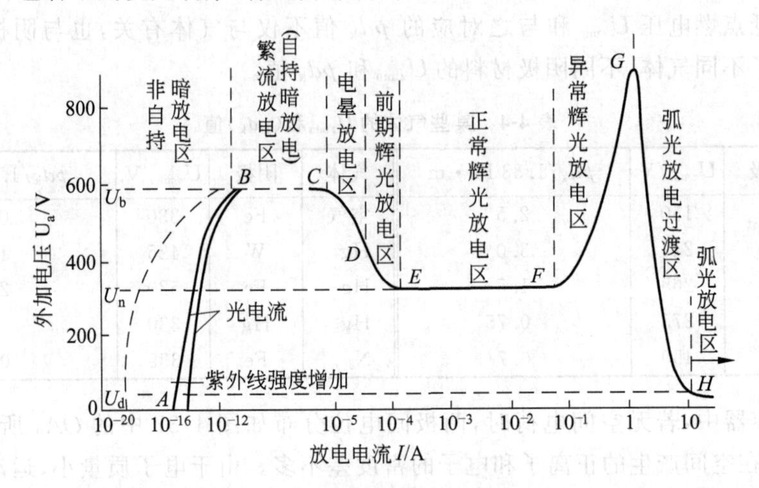

图 4-39　气体放电伏安特性曲线

U_b—放电点燃电压；U_n—正常辉光放电电压；U_d—弧光放电电压

(圆形平板铜电极，面积 10 cm^2，极间距离 50 cm，管中充 N_e，压力 $p=1.33\times10^2$ Pa)

从 B 点开始进入自持放电阶段。B 点电压 U_b 为在以上实验条件(pd)下的点燃电压 U_z。BC 段只有微弱发光，称为自持暗放电。如果回路中电阻不太大，则放电很快过渡到 E，电压陡降至 U_n，电流突增，阴极上发出较强的辉光，进入自持辉光放电，称为正常辉光放电。

从 E 点开始转入正常辉光放电时，阴极表面只有一部分发光，称此为阴极斑点。继续加大电源 U_a，则起辉面积增加，极间电流随之增加而电压保持不变，这是正常辉光放电的特点。

当阴极斑覆盖了整个阴极表面后，即到 F 点后，再提高 U_a，出现随着极间电流增加，极间电压也升高的现象，即进入异常辉光放电阶段。FG 段表明了异常辉光放电的特点。离子镀和溅射镀膜利用的大都是异常辉光放电阶段。

进一步增加异常辉光放电的电流，打到阴极上的正离子数目和能量增加，使阴极温度上升。若阴极的电流密度足够大，达到 G 点，使阴极温度升高到足以产生强烈的热电子发射时，空间电阻骤减，这时放电发生了质的变化，从辉光放电过渡到弧光放电。

由 H 开始进入弧光放电区，其特点是极间电压很低，放电电流却很大，且发出强烈的弧光。G 点是弧光点燃电压，GH 是异常辉光放电向弧光放电转变的过渡区。在此过渡区，极间电压突然由数百伏降至几十伏，电流密度由每平方厘米毫安级升到百安培级。只要电源允许，且阴极耐热温度足够高，这种现象是很容易出现的。空心阴极放电离子镀(HCD)正是发生在弧光放电区域内(参见 7.2.2 节)。

在实际的气体放电中，伏-安特性决定于许多因素。如气体的种类和压力、电极材料和形状尺寸、电极表面状态、放电回路中的电源、电压、功率和限流电阻的大小等。在溅射镀膜、离子镀等与气体放电相关装置的设计、调试以及运行过程中，也都要考虑这些因素。

4.4　低温等离子体概述

4.4.1　等离子体的定义

Langmuir 在研究氖等气体的真空放电时，使用了等离子体的概念。在气体放电的正光柱部分(参考后面的图 4-51)，离子和电子具有几乎相同的密度分布，整体呈电中性。此领域中的气体表现出普通气体所不具有的特性，这些特性对于薄膜技术和薄膜材料具有十分重要的意义。

广义上，等离子体可定义为：带正电的粒子与带负电的粒子具有几乎相同的密度，整体呈电中性状态的粒子集合体。按电离程度，等离子体可分为部分电离及弱电离等离子体和完全电离等离子体两大类。前者气体中大部分为中性粒子，只有部分或极少量中性粒子被电离；后者气体中几乎所有中性粒子都被电离，而呈离子态、电子态，带电粒子密度 10^{10}～10^{15}个/cm^3。在薄膜技术中，所利用的几乎都是部分电离及弱电离等离子体，在这种等离子体中，只要电离度达到 1%，其电导率就与完全电离等离子体相同。下面所讨论的主要是针对这种等离子体。

在等离子体中，除了离子、电子之外，还有处于激发状态的原子、分子以及由分子解离而形成的活性基(radical)。此外，被激发原子和分子等在返回基态的过程(回复)中，会产生原子所固有的发光。同时，在等离子体中或反应器壁面上，也不断发生着离子与电子间的复合。等离子体处于上述电离与复合的平衡状态。

图 4-40 以氢为例，表示等离子体中原子、分子的激发状态。图 4-40(a)表示原子基态轨道电子被激发到较高的能级；图 4-40(b)表示构成分子或分子状离子被激发到振动或转动状态，以致发生解离；图 4-40(c)表示，上述激发状态通过回复(或称退激发)，在返回基态的过程中，会放出与能级相对应的特定能量。

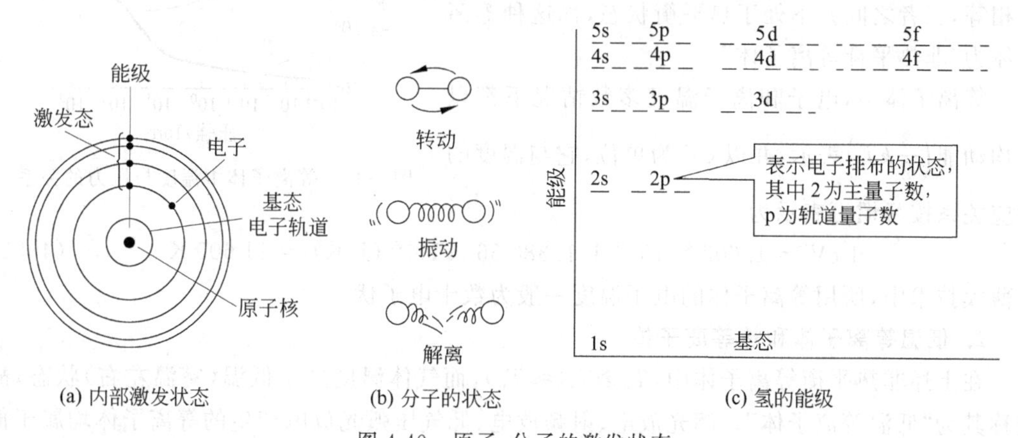

图 4-40　原子、分子的激发状态

与常态的物质相比，等离子体处于高温、高能量、高活性状态。

薄膜技术中所用的等离子体，一般都是通过气体放电形成的。在不锈钢及玻璃制反应器(真空容器、钟罩)中，使非活性气体及反应性气体保持在低压状态，通过反应器中设置的电极，施加直流电场或进行射频输入、微波输入等进行激发，发生气体放电，使加速的电子与气体分子碰撞，并使其激发和电离。依等离子体的激发形成方式不同，分别称其为直流等离子体、射频等离子体、微波等离子体等。

4.4.2 等离子体的温度

1. 等离子体温度的定义

等离子体中的气体分子(原子)、离子、电子等处于不停的相互碰撞及运动之中。在外加电场的作用下，等离子体中的离子和电子可获得比气体分子热运动更高的能量，而这些带电粒子通过与其他粒子不断碰撞而交换能量，最终达到某一定常状态。其分布较之 Maxwell-Boltzmann 分布向高能侧偏移，但一般情况下可按 Maxwell-Boltzmann 分布来处理。根据 1.2.1 节的分析，在上述定常状态下，电粒子的平均动能可分别定义电子温度 T_e、离子温度 T_i 和气体温度 T_n 为

$$\frac{1}{2}m_e\overline{v_e^2}=\frac{3}{2}kT_e \tag{4-50}$$

$$\frac{1}{2}M_i\overline{v_i^2}=\frac{3}{2}kT_i \tag{4-51}$$

$$\frac{1}{2}M_n\overline{v_n^2}=\frac{3}{2}kT_n \tag{4-52}$$

式中，m_e、M_i、M_n 分别是电子、离子、气体分子(原子)的质量；$\overline{v_e^2}$、$\overline{v_i^2}$、$\overline{v_n^2}$分别是各自的均方速率；k 为玻耳兹曼(Boltzmann)常量。

离子与其他粒子(原子、分子)之间因弹性碰撞而交换的动能大，而电子与其他重粒子(原子、分子、离子)之间因弹性碰撞交换的动能小(见表 4-2)。这样，在单位时间内碰撞次数少的场合(低气压)，在定常状态下，电子的平均动能高，其他重粒子的平均动能低，二者并不一致，如图 4-41 所示。即电子温度与离子温度、气体温度并不相等，三者之间并不处于热平衡状态，称这种等离子体为“非热平衡等离子体”。

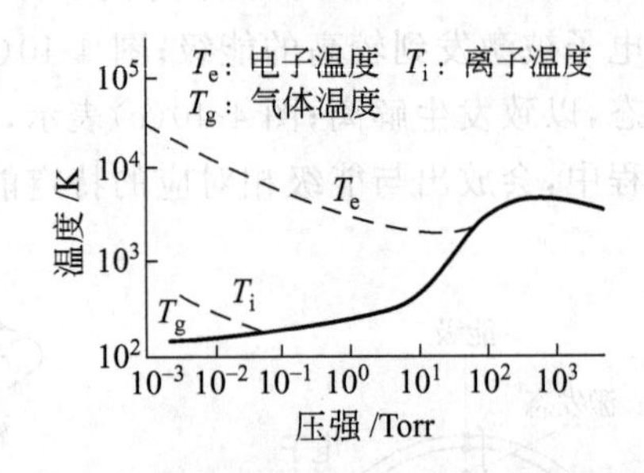

图 4-41 等离子体中温度与压力的关系

等离子体中，电子和离子温度多数情况下都以平均动能$\left(\frac{3}{2}kT\right)$表示，并以 eV 为单位，它与温度的对应关系按习惯可表示为

$$1\ \text{eV}=1.602\times10^{-19}\ \text{J}/1.380\,66\times10^{-23}\ (\text{J/K})=11\,600\ \text{K} \tag{4-53}$$

在薄膜技术中，所用等离子体的电子温度一般为数十电子伏。

2. 低温等离子体和热等离子体

在上述非热平衡等离子体中，$T_e\gg T_i(\approx T_n)$，而气体温度处于低温(室温左右)状态，故也称其为“低温等离子体”。辉光放电、射频放电、低气压弧光放电产生的等离子体均属于低温等离子体。在这种等离子体中，电子的能量相对较高，且电子质量小，因此平均速度较大。这些电子与气体分子进行非弹性碰撞，从而使气体电离，产生新电子继续维持放电过程。在大多数离子气相沉积过程中，一般都是部分气体和金属原子被电子碰撞电离为离子。

随着气体压力升高，在弧光放电过程中，单位时间内碰撞次数增加，电子与其他重粒子之间也会发生充分的动能交换，电子温度与气体温度、离子温度逐渐趋于相等，则等离子体

由非平衡状态过渡到热平衡状态。

当气体放电处于平衡状态时，可把带电粒子看成气体中的杂质，跟中性粒子相同，亦做着无规律的热运动。遵循气体分子运动方程。各种粒子都具有相同的平均动能：

$$\frac{1}{2}m\,\overline{v_e^2}=\frac{1}{2}M_+\,\overline{v_+^2}=\frac{1}{2}M_-\,\overline{v_-^2}=\frac{1}{2}M_n\,\overline{v_n^2}=\frac{3}{2}kT \tag{4-54}$$

式中，m、M_+、M_-、M_n 分别表示电子、正离子、负离子和气体原子的质量；$\overline{v_e}$、$\overline{v_+}$、$\overline{v_-}$、$\overline{v_n}$分别表示这些粒子的平均速度；k 表示玻耳兹曼常量；T 是平衡温度：$T_e=T_+=T_-=T_n=T$。

由式(4-50)，$\overline{v_e^2}=\sqrt{\dfrac{3kT}{m}}$，电子质量 m 很小，故电子的热运动速度是很大的。

由式(4-54)可知，电子的速度是分子速度或离子速度的$\sqrt{\dfrac{M}{m}}$倍，即电子的运动速度远大于离子速度和中性粒子速度。

热平衡状态的等离子体也叫做热等离子体。在热等离子体中，重粒子温度 T_i 与电子温度 T_e 相等，即 $T_i\approx T_e$，且均在 10^4 K 范围。在此高温下，所有的气体物质都会分解为原子或离解为带电粒子，存在大量的离子、自由基和活性分子。

表4-5给出典型的放电等离子体的电子温度 T_e、离子温度 T_i、气体温度 T_g 的大致数据。其中辉光放电为非热平衡的低温等离子体，但其中电子的平均能量约为2 eV，相应的电子温度为23 200 K。离子因从电场获得的能量有限，相应的离子温度比气体温度293 K略高，大约为500 K。而对于弧光放电和高压水银放电来说，由于处于热平衡状态，因此不存在上述温度差。

表4-5　典型的放电等离子体的电子温度、离子温度、气体温度　K

放电形式	电子温度 T_e	离子温度 T_i	气体温度 T_g
辉光放电	23 200	500	293
弧光放电	6500	6500	6500
高压水银放电	7500	7500	7500

物质所具有的能量状态不同时，它的聚集状态不同。热等离子体又称为物质的第四态。图4-42表示物质处于固体、液体、气体和等离子体四种状态时所具有的能量范围。从低能状态转化为高能状态时需要外界供给能量。从固体转变为液体，或从液体转变为气体时，平均需要能量为 10^{-2} eV/粒子，从气体转变为等离子体需要能量为1～30 eV/粒子。

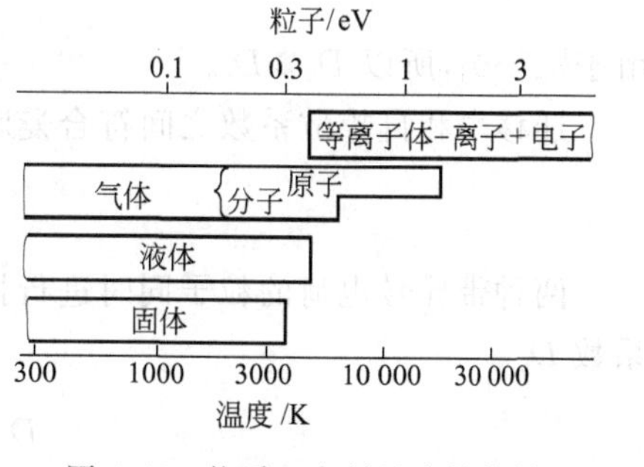

图4-42　物质四态所具有的能量

4.4.3　带电粒子的迁移运动和扩散运动

4.4.3.1　迁移运动

在电场作用下，带电粒子的运动可以看作在热运动的基础上叠加了方向性的运动，叫迁移运动。迁移速度 u 比热运动速度$\bar{v}$小得多。带电粒子经多次碰撞后，跑到与自己异性的电极上，使气体通导电流。

单位电场强度下的迁移速度定义为迁移率，用 K 表示。电子的迁移率 K_e、离子的迁移率 K_i 分别用式(4-55)、式(4-56)表示：

$$\text{电子的迁移率 } K_e \approx \frac{e\bar{\lambda}_e}{m\,\bar{v}_e} \tag{4-55}$$

$$\text{离子的迁移率 } K_i \approx \frac{2}{\pi}\frac{e\lambda_i}{M\bar{v}_i} \tag{4-56}$$

由上面两式可知，电子的迁移速度远大于离子的迁移速度。

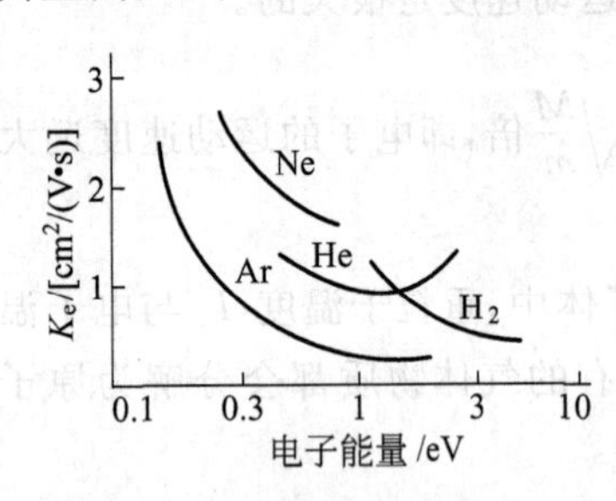

图 4-43　电子迁移率与 E/p 关系曲线

当电场强度较小时，K_e、K_i 与电场强度无关；当电场强度较大时，迁移率与带电粒子在每个自由程中获得能量的1/2 次方成反比，其关系式如式(4-57)、(4-58)所示：

$$K_e = K_{oe}\left(\frac{E}{p}\right)^{-1/2} \tag{4-57}$$

$$K_i = K_{oi}\left(\frac{E}{p}\right)^{-1/2} \tag{4-58}$$

式中，K_{oe}、K_{oi} 为与 e、i、m、M 及电子能量损失分数有关的系数。

图 4-43 为单位压强下 K_e 与 E/p 关系曲线。

4.4.3.2　扩散运动

由于带电粒子在气体中分布不均匀，造成沿浓度递减方向运动的带电粒子数，多于往相反方向运动的带电粒子数。这种带定向性的运动称为带电粒子的扩散运动。可以看成是气体的热扩散。电子的扩散系数 D_e、离子扩散系数 D_i 分别用式(4-59)、式(4-60)表示：

$$D_e = \frac{1}{2}\,\bar{v}_e\,\bar{\lambda}_e = \frac{kT_e}{\mathrm{e}}K_e \tag{4-59}$$

$$D_i = \frac{1}{2}\,\bar{v}_i\,\bar{\lambda}_i = \frac{kT_i}{\mathrm{e}}K_i \tag{4-60}$$

由于$\bar{v}_e \gg \bar{v}_i$，所以 $D_e \gg D_i$。

迁移率和自扩散系数之间符合爱因斯坦关系式：

$$\frac{K}{D} = \frac{\mathrm{e}}{kT} \tag{4-61}$$

两种带异号电荷的粒子同时进行扩散，则称双极性扩散。其扩散系数称为双极性扩散系数 D_α。

$$D_\alpha = \frac{D_e K_i + D_i K_e}{K_i + K_e} \tag{4-62}$$

一般情况下，$K_e \gg K_i$，所以

$$D_\alpha \approx D_e\,\frac{K_i}{K_e} + D_i \tag{4-63}$$

将式(4-59)、(4-60)代入式(4-62)，可得

$$D_\alpha = \frac{K_i k}{e}(T_i + T_e) \tag{4-64}$$

在低气压时，$T_e \gg T_i$，所以

$$D_a = \frac{k}{e} K_i T_e \tag{4-65}$$

在高气压时，$T_e \approx T_i$，所以

$$D_a = 2D_i \tag{4-66}$$

双极性扩散系数 D_a 随气压升高而降低。若电极间的电场非常强，气压又低（即 E/p 很大），则带电粒子的定向运动大大超过无规则的热运动；若电极间的电场非常弱，气压高（E/p 小），则热运动超过定向运动。

4.4.4 等离子体的导电性

对等离子体施加电场，伴随带电粒子离子、电子的移动，在等离子体中会流过电流，这便是等离子体的导电性。由于电子比离子轻得多，通常在电场作用下流过的电流主要是电子的贡献。在弱电离等离子体中，由于电子与中性原子及分子间的碰撞会妨碍电子的移动，因此电导率的数值会稳定在一定范围之内。在强电离等离子体中，电子与离子间的碰撞对电导率的提高有妨碍作用。

等离子体的电导率 σ 由下式给出：

$$\sigma \approx \frac{e^2 n_e}{m_e \nu} \tag{4-67}$$

式中，e 为电子的电荷；n_e 为电子密度；m_e 为电子的质量；ν 为碰撞频率。

对于完全电离等离子体，电导率可表示为

$$\sigma \approx T_e^{\frac{3}{2}} \tag{4-68}$$

式中，T_e 为电子温度。

完全电离等离子体中之所以电导率与电子密度或离子密度无关，是因为随着输运电荷的电子增加，作为碰撞对象的离子也按比例增加，而且，碰撞时的相对速度几乎完全由轻质量电子的热速度来决定。因此，电导率实质上仅是电子温度的函数。

为提高电导率，可以在等离子体中添加电离电压低的碱金属等。表 4-6 表示惰性气体和碱金属的电离电压。可以看出，与原子稳定的惰性气体相比，碱金属的电离电压要低得多。

表 4-6　惰性气体及碱金属的电离电压　V

分　类	元　素	电离电压
惰性气体	He	24.6
	Ne	21.6
	Ar	15.8
	Kr	14.0
	Xe	12.1
碱金属	Na	5.1
	K	4.3
	Cs	3.9

4.4.5 等离子体的集体特性

4.4.5.1 等离子体振动

处于热平衡状态的气体的密度分布，从宏观看是一样的，但从微观看并不一样，会发生图 4-44所示的密度分布的起伏。即使在等离子体中，有些区域的电子密度偏大，电荷密度的空间分布会或多或少地出现不一致，致使电中性的条件局部受到破坏，而电子会立即响应，向着使空间电荷中和的方向移动。但电子很小且具有一定质量，由于惯性作用会造成过平衡状态，进而再次向中和方向返回。这一过程反复的结果引起振动。此称为等离子体振动。

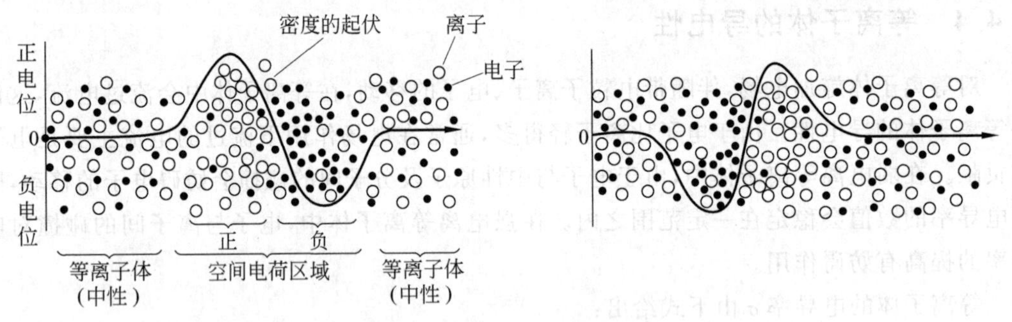

图 4-44 等离子体振动的发生

等离子体振动的频率 f_p(Hz)可表示为

$$f_p = \sqrt{(n_e e^2/m_e \varepsilon_0)} = 8.98\sqrt{n_e} \tag{4-69}$$

式中，n_e 为电子密度(m^{-3})。

例如，在电子密度 $n_e = 10^{16}\,m^{-3}$ 的等离子体中，等离子体的振动频率 $f_p = 898$ MHz，处于微波领域。

4.4.5.2 等离子体频率与德拜屏蔽

等离子体频率是指在等离子体内部对发生电场产生屏蔽作用的时间响应尺度。例如，若电磁波入射电离层等离子体中，如果电磁波的频率比等离子体的频率高得多，电子来不及响应，则电波能穿过电离层而传输。如图 4-45 所示，使用这种频率的电磁波，可以进行地球与人造卫星之间的通信。相反，若使用频率低于等离子体频率的电磁波，地球上发出的电磁波被电离层反射，则可进行全地球表面的远距离通信。

而德拜屏蔽是指，在等离子体内部对电场产生的空间屏蔽效应。请注意，图 4-46 中所示的一个带电粒子(正离子)，在带电粒子产生的库仑电场范围内，分布有密度更高的电子。这些电子因受离子电场的作用力，从而对电场产生屏蔽作用。这种对局部电场产生空间屏蔽的特征距离称为德拜长度 λ_D，并由下式给出：

$$\lambda_D = \sqrt{\frac{\varepsilon_0 k T_e}{n_e e^2}} = 7.43 \times 10^3 \sqrt{\frac{T_e}{n_e}} \tag{4-70}$$

式中，λ_D 的单位是 m；ε_0 为真空中的介电常数($8.8542\times10^{-12}\,F\cdot m^{-1}$)；$e$ 为电子电荷(1.60×10^{-19} C)；k 为玻耳兹曼常量(1.38×10^{-23} J/K)；T_e 为电子温度(eV)；n_e 为电子密度(m^{-3})。以日光灯辉光放电等离子体为例，其德拜长度在 0.01 mm 左右，而宇宙空间等离子体的德拜长度大致在 2～30 m 范围内。

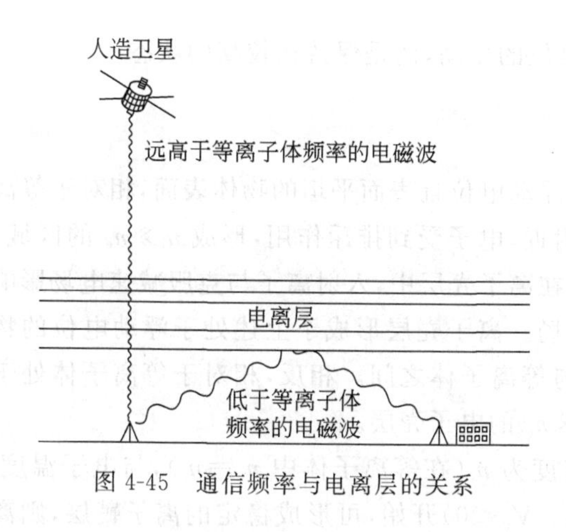

图 4-45　通信频率与电离层的关系

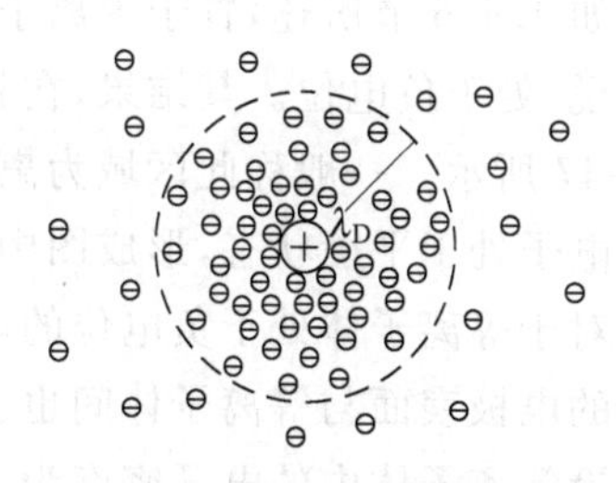

图 4-46　德拜长度(λ_D)的图解

4.4.5.3　波动现象

等离子体中存在处于随机运动状态的电子、离子等带电粒子，由于其间的电气相互作用，可以传播各种各样的波。例如，属于纵波的有离子声波、电子等离子体波，属于横波的有电磁波等。这些统称为等离子体波动。在等离子体波动的传播过程中，都有电场和磁场相伴，从而也会对等离子体中电子、离子等电荷运动产生影响。显然，等离子体波动与带电粒子之间会产生相互作用。

4.4.6　等离子体电位

等离子体是不仅由中性粒子，而且由带电粒子构成的集合体。但由于等离子体整体的电荷为中性的，因此，在等离子体中移动电荷所需要的功，宏观看为零。换句话说，等离子体的电位(plasma potential)V_p 是一定的。为了求出 V_p，必须确定等离子体与作为电位基准的物体(如壁面、电极表面等)之间的关系。

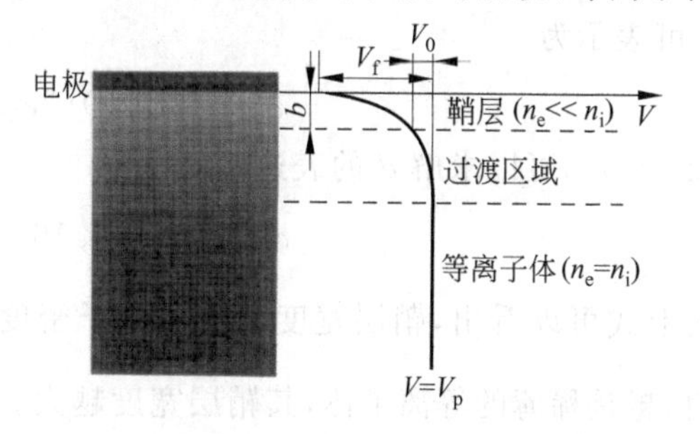

图 4-47　等离子体电位及等离子体鞘层的形成

图 4-47 表示在等离子体中置入处于浮动电位为 V_f，表面平坦的物体时，等离子体中电位分布状态。根据式(1-21)，单位时间内，入射到该物体单位面积上的离子数和电子数，可分别由 $\frac{1}{4}n_i v_i$ 和 $\frac{1}{4}n_e v_e$ 表示。其中，n_i、v_i 分别表示离子的密度和离子的平均速度；n_e、v_e 分别表示电子的密度和平均速度。由于电子的质量比离子的质量小得多，而且电子温度远高于离子温度，从而 $v_e \gg v_i$。而且，等离子体中近似有 $n_i = n_e$，因此 $n_e v_e/4 \gg n_i v_i/4$。可以看出，物体表面会因过剩的电子而很快带负电。在物体表面附近，入射离子与受电场减速的入射电子处于平衡状态，并形成图 4-47 所示的稳定电场。在这种情况下，物体表面相对于等离子体来说，处于负电位($V_f < V_p$)。换句话说，等离子体相对于处于浮动电位的物体来说，一般处于正电位。

在平行平板射频放电过程中，等离子体一般被接地电位的容器(如金属钟罩、圆筒状反应器等)所包围。在这种情况下，向着器壁有过剩电子的流入，而由于器壁接地而不带电。对于 13.56 MHz 的射频放电，通过测量等离子体的电位确认，在等离子体中存在若干离子过剩(ion trap),等离子电位不是追随电极电位的变动,而是保持在较高的状态。

4.4.7 离子鞘层

如4.4.6节所述,置于等离子体中处于浮动电位且表面平坦的物体表面,相对于等离子体来说,处于负电位。其结果,在物体表面附近,电子受到排斥作用,形成 $n_i \gg n_e$ 的区域,如图4-47所示。一般称此区域为离子壳层。在离子壳层中,入射离子与克服减速电场影响的入射电子处于平衡状态,形成图中所示的电场。离子壳层形成于上述处于浮动电位的物体或相对于等离子体处于负电位的电极表面与等离子体之间。相反,相对于等离子体处于正电位的电极表面与等离子体间也会形成 $n_i \ll n_e$ 的电子壳层。

设等离子体中的电子密度为 n_e,离子密度为 n_i(在等离子体中 $n_e = n_i$),与电子温度 T_e 的一半相当的电位 V_0 处(相对于等离子体,$-V_0 < 0$)开始,可形成稳定的离子鞘层,则离子鞘层的形成条件(Bohm条件)可由下式表示:

$$V_0 = k_B T_e / 2e \tag{4-71}$$

若鞘层端部的电子密度和离子密度分别为 n_{e0},n_{i0},则可表示为

$$n_{e0} = n_e \exp(-eV_0 / k_B T_e) = n_{i0} \tag{4-72}$$

据此,再利用鞘层端部的饱和电流 $i_{i0} = n_{i0} e v_{i0}$,其中 $v_{i0} = (k_B T_e / M_i)^{\frac{1}{2}}$,则可求出鞘层端部饱和电流密度

$$i_{i0} = \exp(-eV_0 / k_B T_e) \cdot n_i e v_{i0} = \exp\left(-\frac{1}{2}\right) \cdot n_i e (k_B T_e / M_i)^{\frac{1}{2}} \tag{4-73}$$

从另一方面讲,当电极处于负电位 $-V_s$($V_s > V_0$)时,通过离子鞘层(其电位差为 $V_s - V_0$)流向电极的空间限制电流(Langmuir电流)为 i_i,设离子的质量为 M_i,鞘层宽度为 d,则 i_i 可表示为

$$i_i = (4\varepsilon_0 / 9)(2e / M_i)^{\frac{1}{2}} (V_s - V_0)^{\frac{3}{2}} / d^2 \tag{4-74}$$

取 $i_i = i_{i0}$,可以求解 d 的表达式

$$d^2 = 1.05 \times 10^{-2} [\varepsilon_0 V^{\frac{3}{2}} / n_{e0} e (k_B T_e)^{\frac{1}{2}}] \tag{4-75}$$

由上式可以看出,鞘层宽度大致与电子密度的 $\frac{1}{2}$ 次方、与电子温度的 $\frac{1}{4}$ 次方成反比。这说明,越是稀薄的等离子体,其鞘层宽度越大。表4-7列出 $T_e = 3$ eV时,不同电子密度(n_e)及电极电位(V_s)下,以cm为单位的鞘层宽度。例如,$n_e = 10^9\ \text{cm}^{-3}$,$T_e = 3$ eV,$V_s = 100$ V时,鞘层宽度 d 大约为0.6 cm。

表4-7 不同电子密度(n_e)及电极电位(V_s)下的鞘层宽度 cm

n_e/V_s	10 V	50 V	100 V	250 V	500 V	1000 V
1E 08	0.324	1.083	1.822	3.622	6.091	10.24
1E 09	0.102	0.343	0.576	1.145	1.926	3.239
1E 10	0.032	0.108	0.182	0.362	0.609	1.024
1E 11	0.010	0.034	0.058	0.115	0.193	0.324
1E 12	0.003	0.011	0.018	0.036	0.061	0.102
1E 13	0.0006	0.002	0.002	0.004	0.005	0.008

离子通过鞘层区域的电场而被加速。对于离子在鞘层中不与其他气体分子发生碰撞的情况(确切地讲,是离子与其他气体分子发生两次碰撞之间所移动的平均距离,即平均自由程$\bar{\lambda}=1/n_n\sigma$比鞘层宽度$d$大的情况),离子近似垂直入射电极表面。而平均自由程比鞘层宽度小时,离子由于受气体分子的碰撞作用往往会偏离垂直方向入射,这对于干法刻蚀来讲,会影响刻蚀图形的形状,对于薄膜沉积来讲,会影响膜层质量。另外,气体压力升高,由于鞘层中发生的电荷交换及电离碰撞过程,实际的鞘层宽度往往偏离式(4-75)的计算值。图 4-48 表示气体压力对鞘层宽度的影响。其中,Ar 放电中鞘层宽度随压力的变化如实线所示,而 Ar 离子发生电荷交换碰撞的平均自由程如虚线所示。若在图中虚线右侧的条件下进行刻蚀,由于入射离子在鞘层中的碰撞,照射样品离子的运动方向增加了随机性,从而刻蚀的各向异性变差,不利于刻蚀精度和刻蚀图形质量的提高。

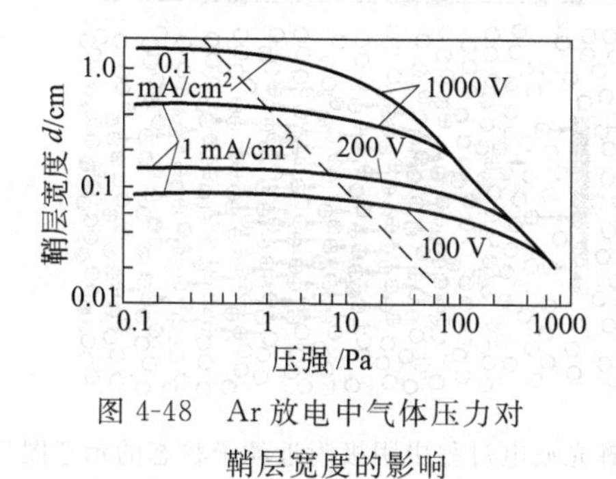

图 4-48　Ar 放电中气体压力对鞘层宽度的影响

4.5　辉光放电

气体放电进入辉光放电阶段即进入稳定的自持放电过程。但仔细观察时,在从阴极附近到阳极之间,发光的颜色及亮度的分布是不均匀的。极间电位、场强、电荷分布也不均匀。图 4-49 表示典型辉光放电的形态、各部分的名称,以及两极间各种特性的分布。上述特性及分布随气体种类及压力等的不同而异。

如图 4-50 所示,阴极发出的γ电子或在放电空间中产生的α电子,在电场作用下跑向阳极,并不断增加速度。刚离开冷阴极的电子能量很低,不足以引起气体原子激发和电离,所以阴极近表面为一暗区——阿斯顿暗区。随着电子在电场中加速,当电子能量足以使气体原子激发时,就产生辉光,这就是阴极光层。电子能量进一步增加时,就能引起气体原子电离,从而产生大量的离子与低速电子。这一过程并不发生可见光,这一区域称为阴极暗区,阴极位降主要发生在这一区域中。由于电子质量轻,容易被加速,可迅速离开阴极暗区。在此区域形成正离子堆积(图 4-51),正空间电荷的存在使电场严重畸变,形成等效阳极。它和阴极之间形成阴极位降区。在该区域电场强度很大,正离子加速轰击阴极,产生二次电子发射。以上三区总称阴极区。

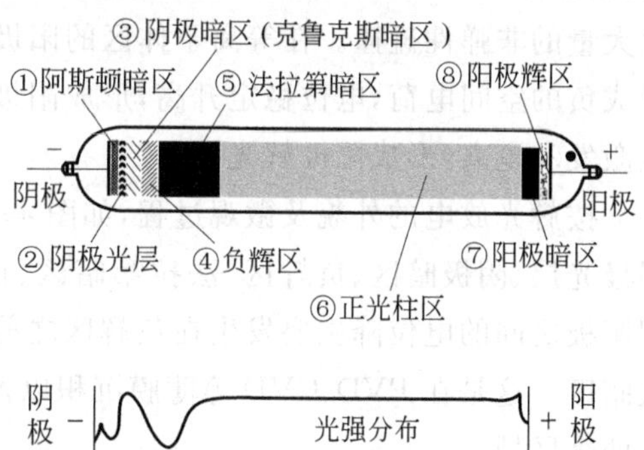

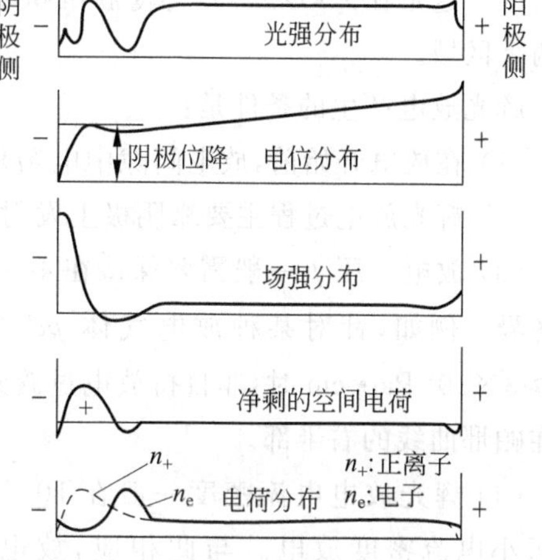

图 4-49　辉光放电等离子体的形态和名称

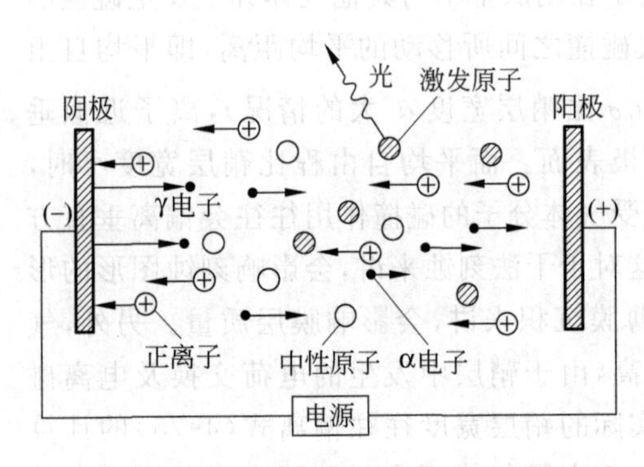

图 4-50 辉光放电等离子体中的各种粒子

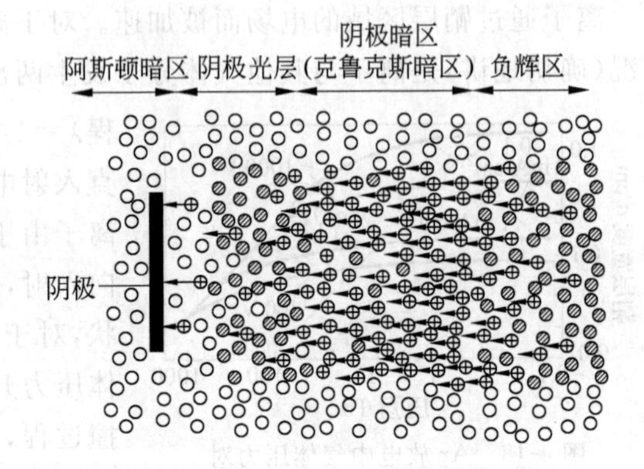

图 4-51 辉光放电过程中阴极附近粒子状态的示意图

○—中性原子 ⊘—激发原子 ⊕—离子

在阴极暗区电离产生的电子多数是慢速电子,能量小于电离能。进入负辉区后,它们可产生激发碰撞或电子跟离子复合,故在此区产生大量的激发发光和复合发光,形成很强的辉光。因此,负辉区的光最强。放电气体成分不同,辉光颜色也不相同。

在法拉第暗区,大部分电子已在负辉区损失了能量,此区电场强度很弱,电子能量很小,不足以引起明显的激发,形成暗区。

到达正光柱区,电子密度和正离子密度几乎相等,叫等离子体区。带电粒子密度一般为 $10^{10}\sim10^{12}\ cm^{-3}$。等离子体区在气体放电中的作用就是传导电流,等离子体是一强导体。在正柱区场强比阴极区小几个数量级,因此,在此区,带电粒子主要是无规则的随机运动,产生大量的非弹性碰撞。在等离子体区的阳极端,电子被阳极吸收,离子被阳极排斥,阳极前形成负的空间电荷,电位稳定升高,形成阳极电位。电子在阳极区被加速,足以在阳极前产生激发和电离,形成阳极辉光。

按辉光放电的外貌及微观过程,如图 4-49 所示,从阴极到阳极大致可分为阿斯顿暗区、阴极光层、阴极暗区、负辉区、法拉第暗区、正光柱区、阳极暗区和阳极辉区等不同的区域。阴阳极之间的电位降主要发生在负辉区之前。维持辉光放电所必需的电离大部分发生在阴极暗区。这是在 PVD、CVD 等薄膜沉积以及干法刻蚀等所用的气体放电中,我们最感兴趣的两个区域。

辉光放电产生的条件是:

(1) 在放电开始前,放电间隙中电场是均匀的或至少是没有很大的不均匀性;

(2) 辉光放电过程主要靠阴极上发射电子的 γ 过程来维持;

(3) 放电气压 p 一般需要保持在 $4\sim10^4$ Pa 范围内。且因 pd 不同,击穿电压及放电状态各异。例如,针对某种放电气体 $pd<3\times10^4$ Pa · cm 时,可出现正常辉光放电;当 $pd>3\times10^4$ Pa · cm 时,非自持放电过渡到火花放电或弧光放电;而 $pd>(pd)_{min}$ 时,放电发生在帕邢曲线的右半部。

(4) 辉光放电电流密度一般在 $10^{-1}\sim10^2$ mA/cm^2,而电压为 300~5000 V,属于高电压小电流密度放电。与此相应,放电回路中的电源和电阻应允许通过数百毫安的电流。

4.6　弧光放电

若在异常辉光放电的基础上，进一步增加放电电流，达到某一电流值，放电电压急剧下降，即由辉光放电过渡到弧光放电。与辉光放电相比，弧光放电特性有许多不同之处，表4-8列出了二者的不同点。

表4-8　弧光放电和辉光放电特性对比

放电特性	辉光放电	弧光放电
电压/V	数百	数十
电流密度	数个(mA/cm^2)	数百(A/cm^2)
发光强度	弱	强
阴极发射电子的过程	γ二次电子发射	热电子或场致发射
阴极发射电子的部位	整个阴极表面	局部弧斑
能量损耗部位	主要在阴极	阳极、阴极、正柱区

与辉光放电主要基于γ作用产生的二次电子发射(冷阴极发射)相对应，在弧光放电中，主要是基于阴极的热电子发射。向阴极输入低电压、大电流的大功率加热，会使阴极表面达到热电子发射的高温。当然，维持弧光放电的不仅仅是热电子，阴极附近的正离子集聚所形成的强电场也对电子发射(场致发射)产生作用。热阴极弧光放电已在空心阴极离子镀(hollow cathod discharge，HCD)中得到应用。

此外，还有场致电子发射的冷阴极弧光放电。

4.6.1　弧光放电类型

1. 根据放电气压分类

(1) 低气压弧光放电　低气压电弧是存在于比10^3 Pa气压低的气体和蒸气中的电弧，又叫真空电弧。弧柱中的电子温度高达10^4～10^5 K，重粒子温度略高于环境温度，形成非平衡等离子体。

(2) 高气压弧光放电　高气压电弧是存在于高于10^3 Pa气压的气体或蒸气中的电弧，大气压力下的电弧为高气压弧。弧柱中的电子、正离子、中性气体原子或分子间达到热平衡，以具有气体温度高达4000～20 000 K的收缩弧柱为其特征。

2. 根据弧光放电形成方式分类

根据维持弧光放电的形式分为自持弧光放电和非自持弧光放电。图4-52给出了三种不同机制产生弧光放电的伏安特性曲线。其中的粗实线表明弧光放电是由辉光放电过渡形成的。在异常辉光放电区，当电流密度大到极间容易导通，放电电压突然降低时，便形成弧光放电。此时，阴极被加热产生热电子发射，而且能自己维持，因此称其为热自持弧光放电。由辉光到电弧的过渡是逐渐过渡的平滑曲线。

曲线中虚线所包围的阴影部分，表示辉光放电向弧光放电的过渡是突发的，这一般是由冷阴极发生的场致发射电子维持的冷自持弧光放电。

曲线中点划线表示由外部提供大量热电子维持的热电子电弧，这是典型的非自持弧光放电。

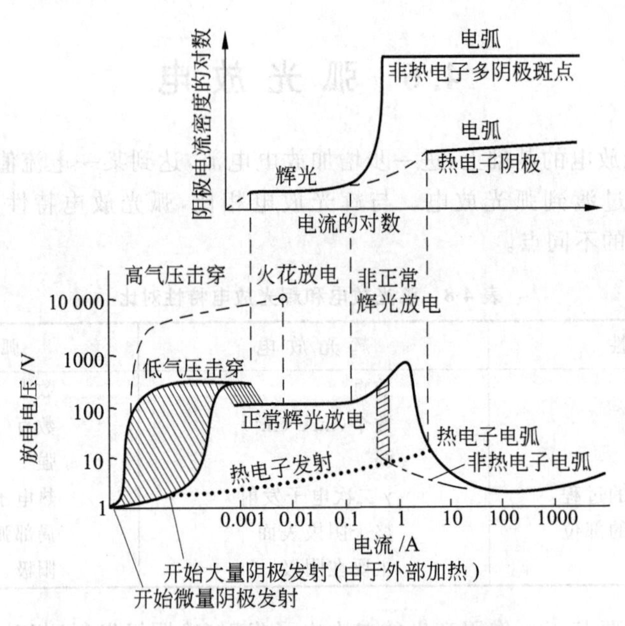

图 4-52　不同放电机制的伏安特性曲线

由图中曲线可知,自持弧光放电都是由辉光放电过渡形成的。因此,都需要首先用较高的电压将辉光点燃,然后过渡到弧光放电。要求电源具有陡降特性。非自持的热电子弧光放电不需很高的点燃电压。

4.6.2　弧光放电的基本特性

无论是哪种形式的弧光放电,其极间电压均很低,只有 10～50 V。电极上的电流密度可达 1000 A/cm²。阴极附近的高密度电流,大部分由阴极表面发射的电子携带,而不是由电离形成的正离子携带。

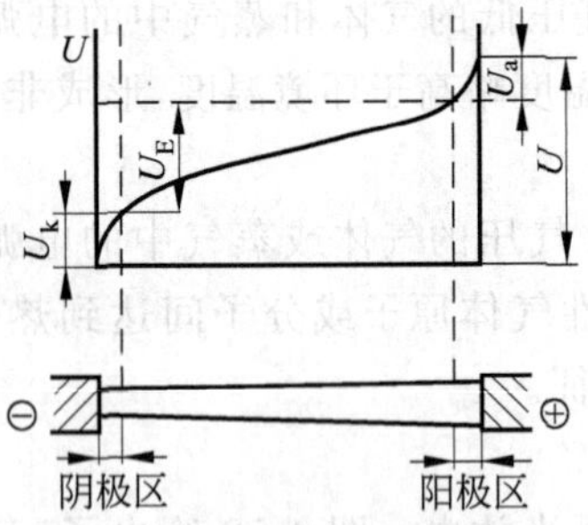

图 4-53　弧光放电极间电位分布
U_k—阴极位降; U_a—阳极位降;
U_E—等离子体区位降

电弧有明显的三个区域:阴极区、阳极区和等离子体正柱区,如图 4-53 所示。阴极区很窄,为 10^{-4} cm 数量级,仅为粒子自由程的几倍。阴极附近有大量正离子堆积,形成双鞘层。阴极电位降等于电弧在其中燃烧的气体或蒸气的最低电离电位。因此,电场强度很大,达 $10^6 \sim 10^8$ V/cm。等离子体正柱区电场强度很低,大致为 10～50 V/cm。弧的正柱电位降 $U_E = Ed_E$,式中 E 为场强,d_E 为正柱长度。虽然 E 不大,但弧柱 d_E 相当大,故弧柱上的总电位降与阴极位降、阳极位降为同一个数量级。电弧等离子体正柱区中正、负带电粒子密度相等,显电中性。电荷密度达 $10^{12} \sim 10^{14}$ cm^{-3}。带电粒子的迁移速率(也叫漂移速率)比热运动速度小得多。在阳极区附近吸引负粒子,形成阳极位降区。阳极位降区宽度与阴极区宽度均为 10^{-4} cm 数量级。因此,在两极间相当宽的区域都是高密度的电弧等离子体区。宏观上,等离子体区几乎保持电中性,而且成为强导流体。

等离子体的电中性是宏观的,平均意义的,而每个带电粒子附近都存在电场,该电场被周围粒子场完全“屏蔽”时，在一定的空间区域外呈电中性，这种“屏蔽”称德拜屏蔽，屏蔽粒子场所占的空间尺度称德拜长度 λ_D。在 $r \leqslant \lambda_D$ 的微观尺度内，电中性概念是无效的。任一带电粒子会吸引异号带电粒子，排斥同号粒子。但粒子热运动扰乱这种吸引或排斥作用。当静电作用和热运动作用达到平衡时，形成屏蔽云。屏蔽云层的平均厚度叫德拜长度。

如果把一等离子体团放在固壁构成的容器中，或把固体浸入等离子体中，则在等离子体与固壁接触处，形成一个不发光的暗区，为带负电位的薄层区，其厚度相当于德拜长度，称等离子体鞘层。在等离子体与固壁边界区域，正、负电荷密度相差较大，形成空间电荷鞘层。

弧光放电电流密度大，电子与气体分子或蒸气原子碰撞频率增大。在弧光放电中，电子的能量多为 20～70 eV，故当这些电子产生非弹性碰撞时，气体分子和蒸气原子的电离几率和激发几率高。辉光放电时，电子的平均自由程长，电流密度小，碰撞几率小。因此，使气体分子电离和激发的几率小。

真空电弧的电流密度很大，成为强导流体，电弧本身的电流在其周围感生径向磁场，从而产生洛伦兹力，在这种电磁力作用下，电弧向轴线压缩，产生磁压缩效应。

4.7　高频放电

采用前面介绍的直流辉光放电装置，在刻蚀及溅射等处理操作中，若在阴极上放置玻璃基板及介电质靶等绝缘体，放电一旦开始，绝缘体表面会立即带上正电荷，从而离子不能继续向阴极入射。没有离子对阴极的轰击，不能产生维持直流辉光放电所必需的 2 次电子（γ 过程），放电自然会停止。通过交替改变放电电极的极性，可避免这种现象出现，一般是采用频率高于 100 kHz 的高频电源。实际上，最常用的是作为工业用频率 13.56 MHz 的射频电源（radio frequency，RF）。

4.7.1　高频功率的输入方法

高频功率的输入，有以电容为负载的电容耦合型和以线圈为负载的电感耦合型。电容耦合型（平行平板）的基本构成如图 4-54(a)所示，平板电容器的两极置于放电用的真空容器中，一极为高频功率输入电极，用来向真空室输入功率、激发放电，它相应于辉光放电中施加负偏压的阴极；另一极为对向电极，通常接地，相对于阴极称为阳极。这种电容耦合方式的特点是，平板电极置于等离子体放电容器中，既可进行直流放电，又可进行交流放电。但反过来讲，由于电极暴露在等离子体中受到蚀刻，可能造成电极物质对气氛的污染。可采取不同措施解决这一问题，如采用外部电极方式（见图 4-55(a)），导入气体横穿等离子体的方式，或以喷淋状气体从阴极直接导入等离子体的方式，等等。

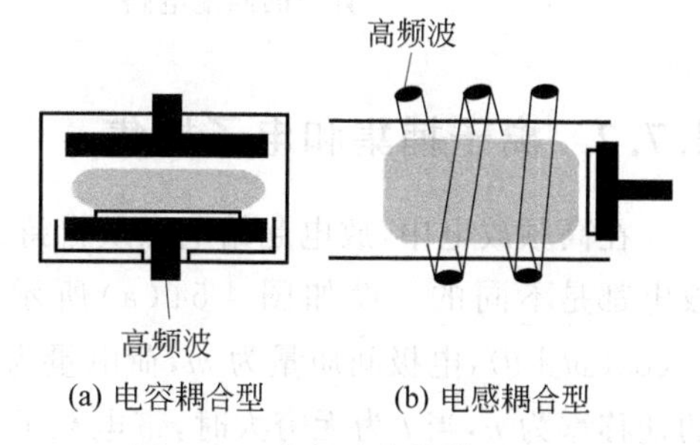

图 4-54　高频功率的输入方法

电感耦合型的基本结构如图 4-54(b)所示，通过线圈状的天线或电极施加高频功率，高频波的磁场成分随时间变化，产生感应电流，加热等离子体并维持放电。形象地说，若将高频电极比做一次线圈，则等离子体对应于二次线圈，流经二次线圈的电流（等离子体中的感

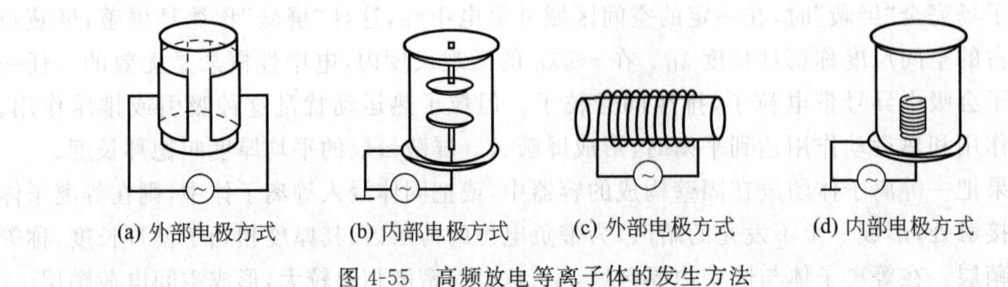

图 4-55　高频放电等离子体的发生方法

应电流)产生焦耳热,这相当于由高频线圈输送到等离子体中的能量。由于这种结构在等离子体容器中无电极,因此对放电气氛的污染少。此外,这种结构也可以作为高密度等离子体的产生方法,近年来受到广泛关注。

除了上述电容耦合型和电感耦合型的基本结构外,还有许多派生形式,例如不是采用平板和线圈,而是采用环的形式,或采用围绕圆筒形放电管的弯曲对向电极方式,有的则将放电线圈悬空于放电空间中(图 4-55(d))。

为了从电源通过传输线有效地将高频功率输入到放电电极中的等离子体(负载)中,使传输功率达到最大,需要负载与电源、传输线之间实现阻抗匹配。为此,需要在负载与电源之间设置匹配回路。对于采用 RF 电源的情况,一般采用图 4-56 所示的 L 型或 π 型匹配回路。在这种匹配型 LC 回路中,电容采用耐高压的固体电容器或真空可变电容器,电感采用铜管绕制的线圈等。在用于溅射镀膜或干法刻蚀时,匹配回路与电极之间需要串联阻塞电容器,以提升电极表面的自偏压。

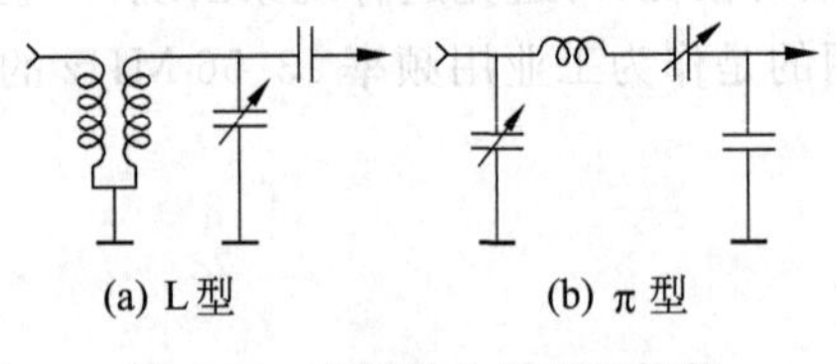

图 4-56　高频放电等离子体装置中的匹配电路

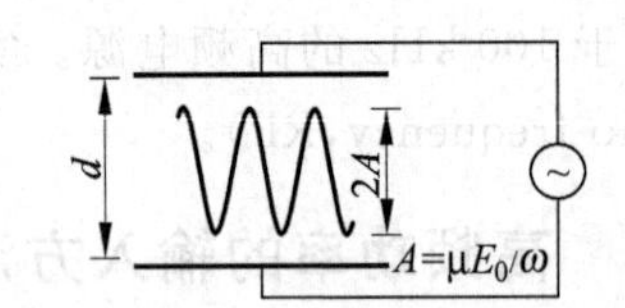

图 4-57　高频电极间被捕集电子的振荡运动

4.7.2　离子捕集和电子捕集

在高频放电中,放电起始电压及自持放电的机制虽依外加电场频率不同而异,但与直流放电都是不同的。设如图 4-54(a)所示,间距为 d 的平行平板电极间,输入高频电场 $E_0\cos(\omega t+\theta)$,电极间质量为 m,荷电量为 q 的带电粒子则在电场作用下运动。设带电粒子的迁移率为 μ,当 t 为无穷大时,带电粒子在电场作用下的运动振幅 A 可表示为

$$A = E_0/\{\omega\sqrt{(1/\mu)^2+(m/q)\omega^2}\} \tag{4-76}$$

对于$(m/q)\omega^2\ll 1$(可以忽略带电粒子惯性)的情况,有 $A=\mu E_0/\omega$。容易想象,若振幅 A 与平板电极间距 d 之间满足 $2A<d$ 的关系,则带电粒子不能到达对向电极,只能在电极间振荡(图 4-57)。

若用带电粒子的碰撞频率 $\nu_m=\lambda/v_{th}$(其中 λ 为带电粒子的平均自由程,v_{th} 为带电粒子的热运动速度),则质量为 m,荷电量为 q 的带电粒子的迁移率 μ 可表示为

$$\mu = q/2\nu_m m \tag{4-77}$$

据此，可导出满足 $2A=d$ 要求的临界频率 f_c

$$f_c = qE_0\lambda/(2\pi m v_{th} d) \tag{4-78}$$

设想一平行平板电极的放电装置（$d\approx1$ cm，$E_0\approx1$ kV/cm），其间为 0℃、133 Pa 氢气氛下的氢离子（$\mu=1.1\times10^4$ cm^2/(V・s)），将相关数据代入式（4-78），求出的 f_c 大约为 3.5 MHz。也就是说，只要是在超过 3.5 MHz 的高频之下，即使是迁移率最高的氢离子，也不能到达电极，而只能在电极间振荡。在这种频率（离子捕集的频率范围）下，由于离子被捕集，故其向阴极碰撞的次数大大减少，与此相应，γ 作用减少，从而放电开始电压上升（图 4-58）。射频放电用的 13.56 MHz 高频电场即在离子捕集的频率范围内。如果进一步提高频率，使其达到千兆赫量级，则还能将电子捕集在电极间，产生微波。在这种高频下，即使没有 γ 过程的协助作用，依靠电极间运动带电粒子的碰撞电离也能引发并维持放电。也就是说，只要超过临界频率 f_c，即使放电电极不与等离子体相接触，也能进行无极放电。

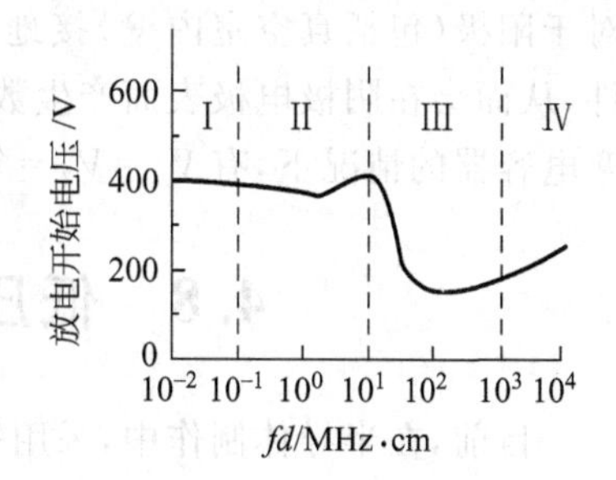

图 4-58　放电开始电压与频率的关系

4.7.3　自偏压

对于电极置于等离子体中的情况，由于电子迁移率与离子迁移率的差异，其放电的 I-V 特性如图 4-59 所示。这是由于，在高频放电开始时（图 4-59(a)），在高频电极（阴极）处于正电位的半周期，向其流入的是多量的电子电流，而处于负电位的半周期，向其流入的是少量的离子电流。经过多次往返之后，电极上达到净电流为零的定常状态（图 4-59(b)）；当高频电极通过串联阻塞电容而处于直流浮动电位时，这相对于等离子体来说就会产生负的自偏压。顺便指出，不仅仅是高频电极，凡是与等离子体接触的绝缘体表面，同样也会形成浮动电位。因此，相对于等离子体来说，也会形成负的自偏压。

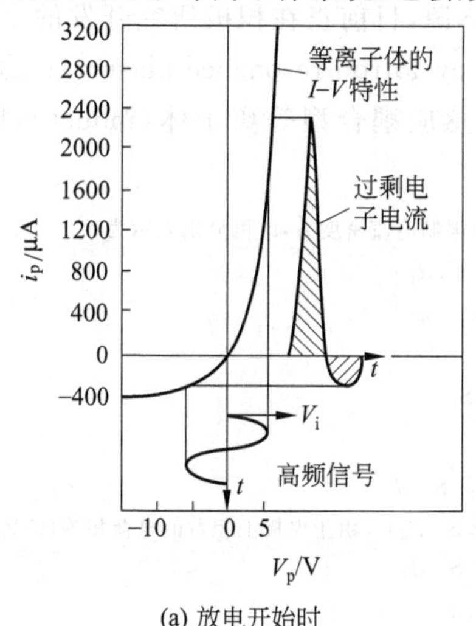

(a) 放电开始时

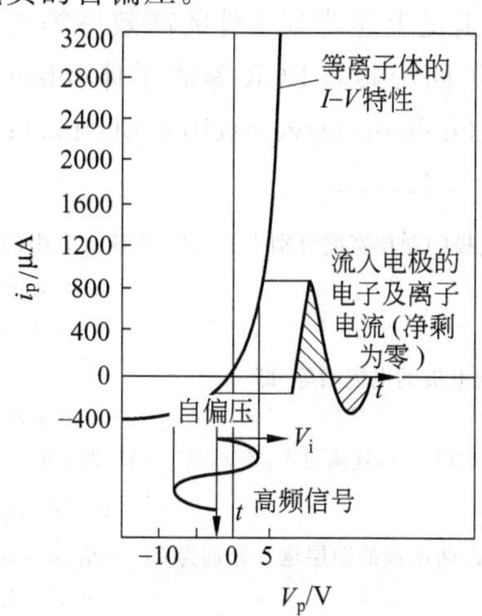

(b) 电极上净剩电流达到零的状态

图 4-59　高频放电中流入电极的电流及自偏压的发生

现假设：①正离子电流在电极上相等；②正离子在不发生非弹性碰撞的情况下，通过暗区（平均自由程大于鞘层宽度）；③暗区的静电容量与电极的面积成正比，而与暗区的厚度（鞘层宽度）成反比。在上述假设下，若高频电极的面积为 S_1，接地电极的面积为 S_2，则每个电极与等离子体的电位差 V_1、V_2 有如下关系①

$$V_1/V_2 = (S_2/S_1)^2 \tag{4-79}$$

对于阳极（包括真空室内壁）接地的情况，一般满足接地电极面积/阴极电极面积≫1 的条件，从而会在阴极电极表面产生数百伏至一千伏左右的相当高的自偏压。当然，在不串接阻塞电容器的情况下，有 $V_1 = V_2$ = 等离子体电位。

4.8 低压力、高密度等离子体放电

目前，在半导体制作中，采用等离子体的干式工艺已成为必不可缺的关键技术。无论是利用辉光放电，还是利用高频放电等离子体，如前几节所述，多通过内部电极式电容耦合型装置。而且，在过去相当长的时间内，这种装置作为半导体制作工艺的核心设备，起着不可替代的作用。

近年来，伴随信息科学的发展，微电子技术的进步，半导体器件进一步向高集成度、超微细化和大面积化方向进展。为适应这方面的要求，迫切需要开发新的等离子体源。对新等离子体源的要求主要有三条，即高密度、大口径、低压力。例如，密度 $n = 10^{17} \sim 10^{18}\ \mathrm{m^{-3}}$，口径 0.2m 以上且密度分布偏差在 3%以下，压力在 0.05～1 Pa 等。

从近几年的发展趋势看，上述要求有增无减。例如，目前生产线规模硅圆片的直径已从 8 in 过渡到 12 in(300 mm)，芯片特征尺寸已从 0.25 μm 过渡到 0.13 μm，实验室水平已达到 0.07 μm 以下。在对超微细加工技术提出严格要求的同时，太阳能电池及液晶显示器等正向大尺寸化方向发展，对角线长度超过 2 m 的大面积处理技术正逐渐达到工业生产的水平。为了大批量、高质量地生产大面积且具有超微细结构的薄膜器件，高密度等离子体工艺已成为不可或缺的关键技术。

作为能满足上述苛刻条件的高效率等离子体源，目前正在积极研究开发的主要有下述三种：①电子回旋共振 ECR 等离子体（electron-cyclotron-resonance plasma）；②螺旋波激发等离子体（helicon-wave excited plasma）；③感应耦合型等离子体（inductively coupled

---

① 设两电极的鞘层宽度分别为 d_1，d_2，则流入其中的空间限制电流密度 i_1，i_2 可分别表示为

$$\left.\begin{aligned} i_1 &\propto (V_1 - V_0)^{3/2}/d_1^2 \\ i_2 &\propto (V_2 - V_0)^{3/2}/d_2^2 \end{aligned}\right\} \tag{F-1}$$

由于流入两电极的电流相等，即

$$i_1 S_1 = i_2 S_2 \tag{F-2}$$

将式(F-1)代入式(F-2)，且满足 $V_1 \gg V_0$，$V_2 \gg V_0$ 时，有

$$V_1^{3/2} S_1/d_1^2 = V_2^{3/2} S_2/d_2^2 \tag{F-3}$$

另一方面，设两电极的鞘层电容分别为 $C_1(\propto S_1/d_1)$，$C_2(\propto S_2/d_2)$。由于电极上积蓄的电荷相等($C_1V_1 = C_2V_2$)，即

$$V_1 S_1/d_1 = V_2 S_2/d_2 \tag{F-4}$$

将式(F−4)代入式(F-3)，得

$$V_1/V_2 = (S_2/S_1)^2 \tag{F-5}$$

也就是说，因各电极上所带电荷所产生的自偏压，与电极面积之比的平方成反比。

plasma)。向等离子体中输入功率都是利用外部加的高频波或微波,通过介电体跟等离子体进行电磁耦合来完成的。下面,针对各种方式的装置构成及特征,分别做简要介绍。

4.8.1 微波的传输及微波放电

微波(2.45 GHz)放电利用的是被电磁场捕集电子的 α 作用,也就是说,不必将放电电极置于放电室内也能维持放电。

4.8.1.1 微波的传输及导入方法

微波(2.45 GHz,波长约 12 cm)从微波振荡管到放电室的传输,可采用同轴线路或波导管。微波的传输模式随传输回路不同而异。当采用同轴线路时,电场是从中心导体向着外导体,而磁场是围绕中心导体所画的同心圆,这样,便可沿轴向传输极性按正弦变化的微波。其基本模式为TEM模式(transverse electro- magnetic mode,横向电磁模式)。当采用矩形波导管时,两个平面波分别被各自管壁反射的同时向前传送,二者的合成波沿轴向传输。其基本模式为 TE_{10} 模式(transverse electric mode,横向电场模式)。当采用圆形波导管时,基本传输模式为 TM_{01} 模式(transverse magnetic mode,横向磁场模式)及 TE_{11} 模式。

另外,还需要在从微波源到放电室传输线路的适当位置,作出阻抗不连续的部分,利用其产生的反射波(与传输波振幅相同但位相相反)抵消来自放电室(负载)的反射波。经常使用的是3旋柱匹配器(位置固定型电容调节式匹配器),通过以 $\lambda/4$ 或 $\lambda/8$ 的间隔设置3个电容性调节器,通过改变电容调节旋柱的插入长度,达到阻抗匹配。

4.8.1.2 微波放电

在微波放电装置中,电磁控管(振荡管)产生的微波功率一般要通过波导管(矩形波导管:TE_{10} 模式)传输。同时,在从振荡管到放电室的区间,为防止反射波造成振荡管破坏,需要插入匹配器、隔离器以及带有对行进波和反射波进行功率监控用方向性耦合器的微波功率计。与其他放电方式相比,微波放电的主要特征有:

(1) 可以在 10^{-2}～10^{-3} Pa的低气压下形成稳定的等离子体;

(2) 由于是无极放电,不会出现因电极材料而引起的重金属的污染;

(3) 样品处理室与放电室分开,可以分别独立地设定参数,便于控制。

4.8.2 微波ECR放电

微波ECR放电,是对微波施加满足ECR条件(参见4.1.4节)的电场和磁场,通过在ECR中获得较大能量的电子跟气体分子及原子碰撞而发生的高密度、高激发态的等离子体放电。例如,将等离子体置于磁场中(图4-60),等离子体中的电子和离子则会发生以磁力线为中心的回旋(cyclotron)运动。

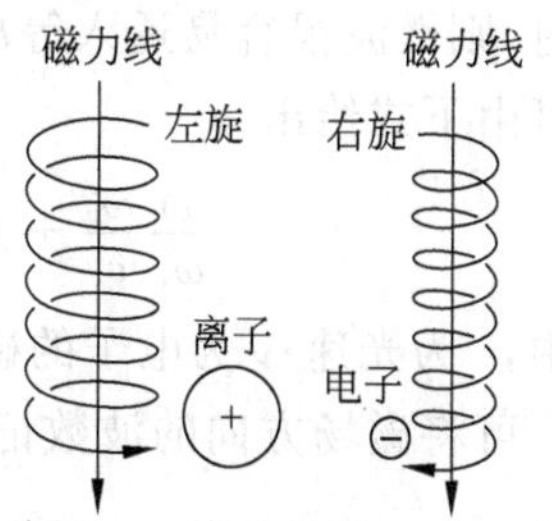

图4-60　微波放电等离子体中电子和离子的回旋运动

若外加使这种电子回旋运动加速的交流电场,就会产生电子回旋共振(electron-cyclotron-resonance,ECR)现象,电子从中被有效加速而获得较高的能量。利用电子和离子被磁力线约束的性质,可以将等离子体封闭于特定的空间,通过改变磁力线的分布,可使等离子体达到所需要的形状。而且，若向等离子体同时施加相互垂直的电场和磁场，则电子和离子在回旋的同时还会向相同方向移动。

图 4-61 表示微波 ECR 放电装置的一例。在放电室的外部设置电磁铁，使放电室内适当区域满足 ECR 条件(87.5 mT)，轴向的磁场强度分布为发散磁场。使放电室的压力保持在 $10^{-2}\sim10^{-3}$ Pa，将 2.45 GHz 的微波导入放电室，由于放电室内适当区域满足 ECR 条件(87.5 mT)，因此产生 ECR 放电。

在 ECR 等离子体中，电子在围绕发散磁场作回旋运动的同时，向着磁场减弱的方向(样品方向)移动，即作右螺旋运动。另一方面，离子以慢于电子的速度向样品方向移动，当向绝缘样品台流入的电子和离子的数量达到相等时，在等离子体流中形成使离子加速，而使电子减速的双极性电场(由离子的正电荷和电子的负电荷造成的等离子体中的电场)达到稳定状态。其电位的空间分布可参照后面的图 13-15，由于在样品台附近形成的鞘层，离子能量与等离子体电位相当，分布在 10～50 eV 范围内。

在 ECR 等离子体放电中，由于电子螺旋运动，致使其运动路程加长，增加了电子跟原子或分子碰撞电离的机会。因此，微波 ECR 放电除具有上述微波放电的三条特征外，还具有离化程度高的特点。例如，与传统高频放电离化率为 $10^{-4}\sim10^{-5}$ 相比，微波 ECR 放电的离化率为 10^{-2} 左右，可提高 2～3 个数量级。

在图 4-62 所示的 ECR 等离子体装置中，若在无磁场的状态下，用频率为 ω 的微波照射密度为 n_e 的等离子体，则在电子等离子体频率 $\omega_p>\omega$ 那样的高密度等离子体情况下，微波将被反射。

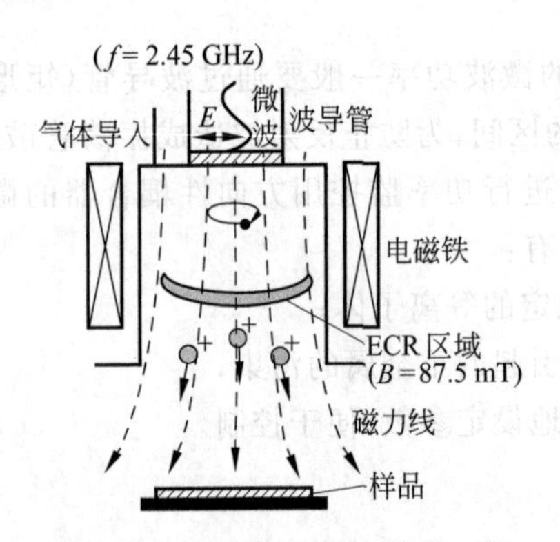

图 4-61　微波 ECR 放电装置一例

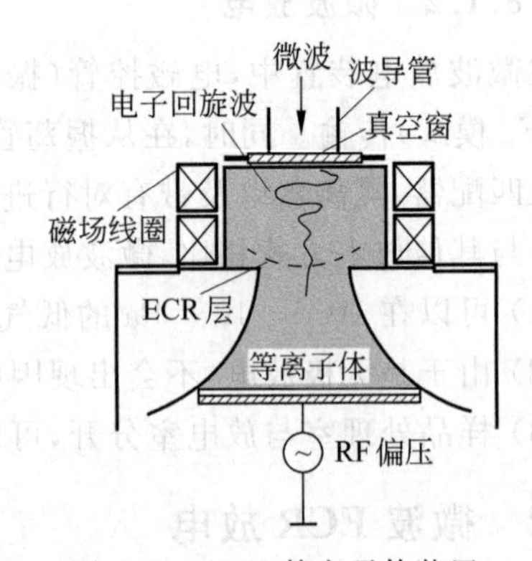

图 4-62　ECR 等离子体装置

但是，在外加磁场 B 的情况下，如果在满足电子回旋频率 $\omega_c>\omega$ 的强磁场一侧使微波入射，则微波很容易透入等离子体中，并激发起右旋的短波长圆偏振波。此时的色散近似关系可由下式给出

$$\frac{\omega}{\omega_c}\frac{\omega_p^2}{c^2}+\left(\frac{\omega}{\omega_c}+j\frac{\nu}{\omega_c}\right)(k_{/\!/}^2+k_\perp^2)-k_{/\!/}(k_{/\!/}^2+k_\perp^2)^{\frac{1}{2}}=0 \tag{4-80}$$

式中，c 为光速；ν 为电子的碰撞频率；$k_{/\!/}$ 为磁场方向的波数；$k_\perp$ 为垂直于磁场方向的波数。

可将磁场方向的波数记作 $k_{/\!/}=k_r+jk_i$，其虚部 k_i 表示波的衰减率。这种右旋的圆偏振波，ω/ω_c 近似等于 1 时称作电子回旋波。而在 $\frac{\omega}{\omega_c}\leqslant\frac{1}{2}$ 的低频率范围，称作螺旋波(helicon wave)。

4.8.3　螺旋波等离子体放电

等离子体由带正电荷的离子和带负电荷的电子构成，其中离子的正电荷密度与电子的负电荷密度大致相等，宏观上看为电中性的。同时，等离子体中的电子和离子都处于随机运动之中。对于高频辉光放电来说，通过输入的高频功率给电子以能量，维持等离子体放电。在这种情况下，利用高频率向等离子体中的电子提供能量是维持等离子体放电的关键。但从另一方面讲，相对于外加的电磁波，由于等离子体中带电粒子（电子）的运动追随，可以抵消入射的电场，其结果，电磁波不能浸透到等离子体之中。上述电子的追随振动，即为等离子体中因电子振动引起的等离子体振动。

等离子体的固有振动频率 ω_p(kHz)可表示如下：

$$\omega_p = \sqrt{(n_e e^2/m_e \varepsilon_0)} = 8.98\sqrt{n_e} \tag{4-81}$$

式中，n_e 为电子密度(cm^{-3})；e 为电子电荷(1.6022×10^{-19} C)；m_e 为电子质量(9.1094×10^{-31} kg)；ε_0 为真空中的介电常数(8.8542×10^{-12}F·m^{-1})。利用上式求出的 ω_p，可以求出等离子体对频率为 ω 的电磁波折射率 n 的表达式

$$n^2 = 1 - \omega_p^2/\omega^2 \tag{4-82}$$

根据式(4-82)，在 $\omega_p > \omega$ 时，$n<0$，即这种频率的电磁波不能在等离子体中传输。也就是说，等离子体振动频率与截止频率 f_c 相当($f_c = \omega_p/2\pi$)。例如，对于电子密度为 10^{12} cm^{-3} 的等离子体，f_c 为 1.59 GHz。因此，如果发生这种密度的等离子体，13.56 MHz 的射频波则不能在等离子体中传输。由此可知，作为产生、维持高密度等离子体的一种手段，可以向其施加能浸透到等离子体中的高频率电磁波。

向等离子体施加磁场，会产生与电子回旋运动$\left(\omega_c = \dfrac{eB}{m_e}\right)$相伴的振动，等离子体中传输的电磁波的色散关系发生变化。如图 4-63 所示，在 $\omega \ll \omega_c$ 的低频下，在施加磁场的等离子体中传输的电磁波，是沿平行于磁场方向右旋传输的圆偏振螺旋波(helicon wave)，又称渗入波(whistler wave)。等离子体对于这种右旋传输电磁波的折射率可以表示为

$$n^2 = 1 - \omega_p^2/(\omega^2 - \omega\omega_c) \approx \omega_p^2/\omega\omega_c \quad (\text{在 } \omega \ll \omega_c \ll \omega_p \text{ 条件下}) \tag{4-83}$$

由式(4-81)、(4-83)及 $\omega_c = eB/m_e$ 得 $n^2 = n_e e/\varepsilon_0 B\omega$，再由波的速度$=c/n=\omega/(2\pi/\lambda)$，$c$ 为真空中的光速，得螺旋波的波长

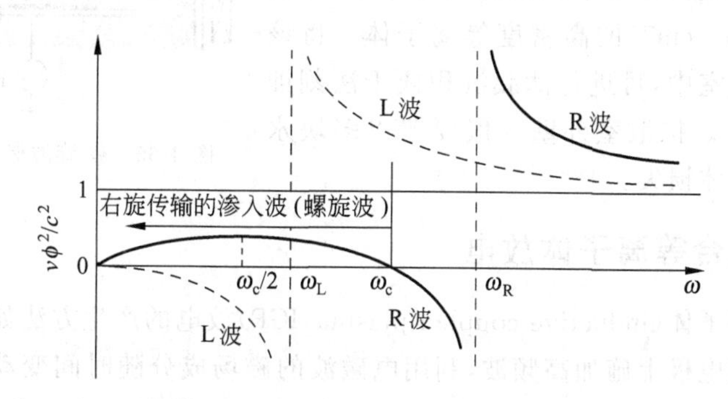

图 4-63　在外加磁场的等离子体中传输电磁波的色散关系

$$\lambda=(2\pi\varepsilon_0 c^2/e)^{\frac{1}{2}}(B/n_e f)^{\frac{1}{2}}\approx 5.6\times 10^{12}(B/n_e f)^{\frac{1}{2}} \tag{4-84}$$

例如，$n_e=10^{12}\ \mathrm{cm}^{-3}$，$B=0.01\mathrm{T}$ 时，螺旋波的波长大约为 15 cm。

在这种传输螺旋波的等离子体中，螺旋波与等离子体（实际上是与波的相速度相近的电子）之间按下述方式进行能量交换。螺旋波使速度比波的相速度快的电子减速，从中获得能量，而使速度比波的相速度慢的电子加速，将能量授予电子。对于比波的相速度慢的电子较多的情况，这种能量交换的结果使螺旋波失去能量而衰减（Landau 衰减）。通过这种在螺旋波发生条件下使其放电以及电磁波在 Landau 衰减等机制下向等离子体中的电子传递能量，就可以产生高密度（$n_e\geqslant 10^{11}\ \mathrm{cm}^{-3}$）等离子体。螺旋波等离子体源如图 4-64(a)所示。

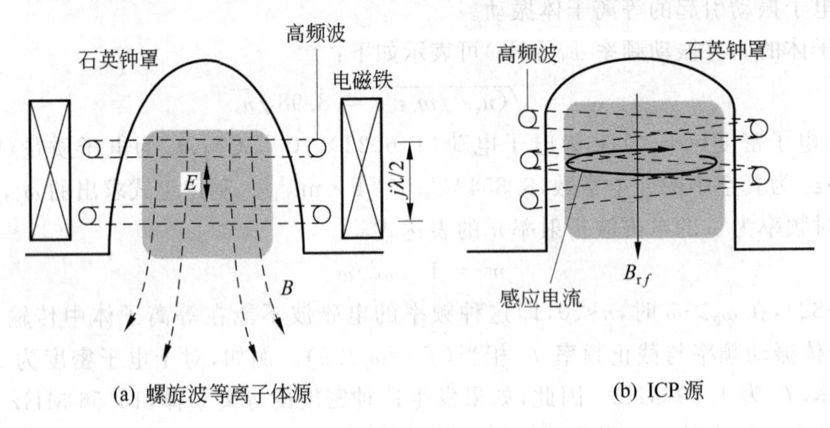

图 4-64 高密度等离子体源的发生实例

螺旋波这一名称最早出现于 1960 年，当时 Aigrain 将“低温金属内传输的波”称为 helicon wave。尽管在用于等离子体的产生之前，螺旋波已问世多年，但进入 20 世纪 80 年代，因螺旋波成功用于干法刻蚀及氩离子激光器等而备受关注。此外，在此之前，包括日本在内的一些国家已开始将螺旋波用于核聚变反应的加热及等离子体的形成等。图 4-65 表示螺旋波激发等离子体装置的结构示意。在细石英管的外壁围绕发射天线，天线中流过高频电流，并外加轴向弱磁场，在数千瓦的高频功率下，可获得密度为 $10^{12}\sim10^{13}\ \mathrm{cm}^{-3}$ 的高密度等离子体。将该等离子体导入扩散室中，可进行薄膜沉积或干法刻蚀等半导体加工工艺。扩散室外壁一般要覆以多块永磁体以抑制等离子体损失。

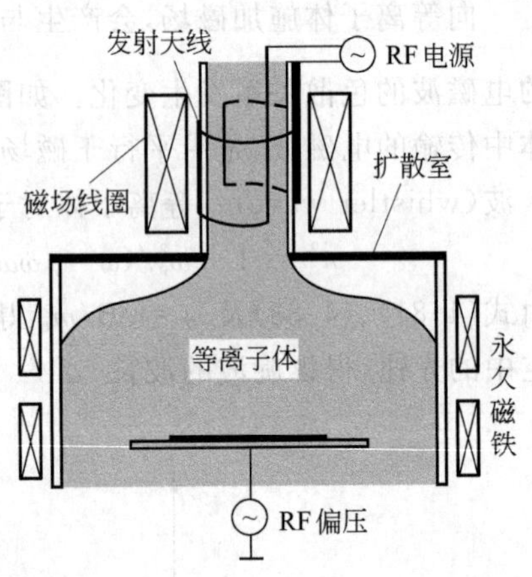

图 4-65 螺旋波激发等离子体装置

4.8.4 感应耦合等离子体放电

感应耦合等离子体（inductive coupled plasma，ICP）放电的产生方法如图 4-64(b)所示。在线圈状的天线或电极上施加高频波，利用电磁波的磁场成分随时间变动而产生的感应电流，加热等离子体，维持高密度等离子体放电。在 ICP 中，高频电极相当于一次线圈，等离子体相当于二次线圈，利用流经二次线圈的电流（等离子体中的感应电流）所产生的焦耳热，向等离子体供应能量。

图 4-66 表示三种不同类型天线结构的感应耦合等离子体发生装置。①螺旋管天线。②平面螺旋天线，所产生的等离子又称为 TCP(transfer coupled plasma，传递耦合等离子体)。③插入等离子体内部的环形天线。与 ECR 等离子体和螺旋波等离子体发生装置相比，ICP 等离子发生装置不必外加磁场，装置结构简单，而且装置的长径比(等离子体的长度与直径之比)也大。测量结果表明，ICP 装置所发生等离子体的电子密度一般在 10^{10} cm^{-3} 以上，ICP 可产生与螺旋波等离子体密度不相上下的高密度等离子体。

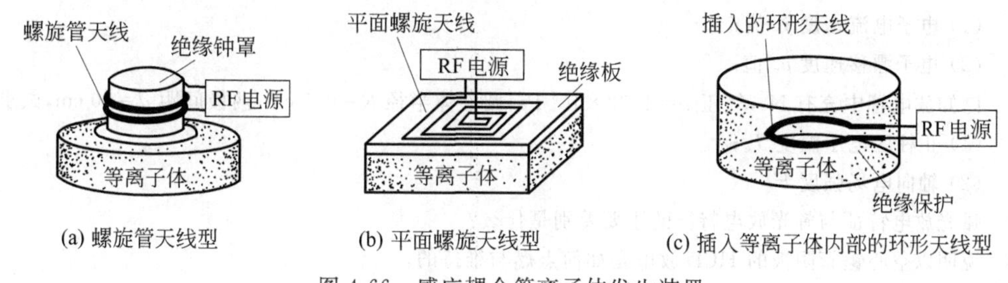

图 4-66　感应耦合等离子体发生装置

习　题

4.1　电子垂直射入磁感应强度 $B=800$ Gs 的磁场，求电子的回转频率和回转周期。若电子以 600 m/s 的速度与上述磁场呈 30°角倾斜入射，求电子的旋转半径和旋转螺距。

4.2　在电子回旋共振(ECR)中，为产生 2.45 GHz 的微波，需要外加多大磁感应强度的磁场？外加变化电场的周波数是多少？

4.3　试求在电场强度 $E=100$ V/m，磁感应强度为 $B=2\times10^{-2}$ T 的电磁场中，电子及 Ti^{++} 的回转角频率、拉莫半径及漂移速度(设温度为 300 K)。

4.4　使常态汞原子产生电离的光子临界波长是多少？

4.5　计算电子和氩离子在与氩原子发生弹性碰撞和非弹性碰撞过程中，带电粒子的能量传递分数。

4.6　何谓原子电离阈值？惰性气体的电离截面对于多大能量范围的入射电子达到最大？为什么对于能量更高的入射电子，电离截面反而降低？

4.7　说明等离子平板显示器(PDP)中 Ne-Xe 混合气体放电产生波长为 147 nm 紫外线的过程。

4.8　电子碰撞氩原子使之电离，求此电子的最小速度应是多少？

4.9　能量为 12.5 eV 的电子去激发基态氢原子，问受激发的氢原子向低能级跃迁时，会出现哪些波长的光谱线？

4.10　如果氢离子的浓度 $n_i=10^{17}/m^3$，空间电场 $E=0.5$ V/cm，漂移率 $k_i=0.7$ m^2(V·s)，求氢离子的电流密度。

4.11　证明气体放电的击穿电压 U_z 与 pd 有关，而且 U_z 有一极小值 U_{zmin}。

4.12　画出低气压气体放电的伏安特性曲线，指出每个放电区域的特点。

4.13　在薄膜的等离子体气相沉积中，等离子体中电子的能量一般在几电子伏到数十电子伏。设电子的平均能量为 10 eV，求电子温度和电子的平均运动速度。

4.14　在热平衡等离子体中，已知等离子体温度 $T=6.5\times10^3$ K，气压 $p=2.6\times10^4$ Pa，电离度 $x=0.2$，试求等离子体的德拜长度。

4.15　在上题条件下，求等离子体的电导率 σ。

4.16 已知辉光放电正柱区内电子密度 $n_e=1.5\times10^{10}\ \text{cm}^{-3}$，试求等离子体频率 ω_e 的值。

4.17 若已知大气电离层中的电子密度 $n_e=2\times10^{5}\ \text{cm}^{-3}$，试求等离子体频率 ω_e。

4.18 为了实现人造卫星与地球之间的通信，必须采用高频传输。利用上题的数据，请问该频率的最低值应为多少？

4.19 在直流气体放电中，指出从阴极到电离区之间有哪几个区域？从形成原因、外貌、参量分布及对气体放电的作用等方面加以说明。

4.20 在 Ne 的辉光放电正光柱区内，已知气压 $p=7.99\times10^4$ Pa，圆柱体半径 $R=0.3$ cm，带电粒子浓度 $n_e=0.39\times10^{14}\ \text{cm}^{-8}$，放电电流 $I=0.48$ A(忽略电子电流)，试求：

(1) 电子电流密度 j_e 值；

(2) 电子漂移速度 u_e 值。

4.21 已知放电管中充有 Ne，气压 $p=1.33\times10^3$ Pa，圆柱体半径 $R=0.5$ cm，两极间距 $d=80$ cm，试求：

(1) 正柱区电子温度 T_e；

(2) 轴向电场强度 E。

4.22 弧光放电特征与辉光放电特征的主要差别是什么？

4.23 说明以空心钽管阴极的 HCD 放电是如何点燃与维持的。

4.24 在交变电场强度幅值 $E_0=30$ V/cm，角频率 $\omega=13.56$ MHz 的射频激励下，氩等离子体放电中，试求电子和离子的迁移率和振荡振幅(设氩的温度为 25℃，气压为226 Pa)。

4.25 设一平行平板电极的间距 $d=2$ cm，极间场强幅值 $E_0=1$ kV/cm，极间为 0℃、133 Pa 的氢气。在等离子体放电中，若保证振荡中的离子不被电极捕集，要求放电频率最低为多高？对于电子来说又为多高？

4.26 射频放电中电极上的自偏压是如何产生的？自偏压的大小与电极面积有什么关系？

4.27 何谓电子回旋共振(electron-cyclotron-resonance，ECR)，如何配置电磁场才能通过 2.45 GHz 的微波实现 ECR 放电？

4.28 为什么可在等离子体中传播电磁波的截止频率随电子密度的增加而提高？在可传播螺旋波(helicon wave)的等离子体中，螺旋波是按何种方式与等离子体交换能量的？

第 5 章　薄膜生长与薄膜结构

5.1　薄膜生长概述

薄膜的生长过程直接影响到薄膜的结构以及它最终的性能。图 5-1 表示薄膜沉积中原子的运动状态及薄膜的生长过程。射向基板及薄膜表面的原子、分子与表面相碰撞，其中一部分被反射，另一部分在表面上停留。停留于表面的原子、分子，在自身所带能量及基板温度所对应的能量作用下，发生表面扩散(surface diffusion)及表面迁移(surface migration)，一部分再蒸发，脱离表面，一部分落入势能谷底，被表面吸附，即发生凝结过程。凝结伴随着晶核形成与生长过程，岛形成、合并与生长过程，最后形成连续的膜层。

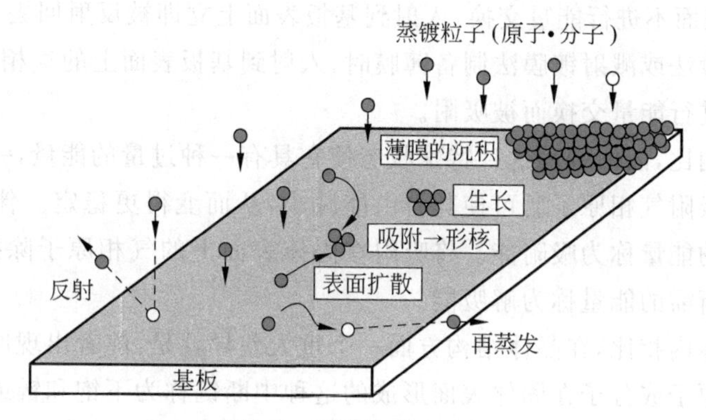

图 5-1　薄膜的形成过程

所谓“薄膜”，很难用一句话来严格定义。有时，为了与厚膜相区别，厚度小于 1 μm 的膜称为薄膜，但若着眼于生长过程或形态，具有像后面的图 5-8 中右下角照片所示断面形状的膜，大概符合一般意义上的薄膜的概念。而像左上角照片所示那种形状的膜，恐怕就难于再称之为薄膜了。在形成薄膜初期的岛状构造阶段(参见 5.3 节)，或者在 10^3 Pa(10 Torr)左右的较高气压下蒸发镀膜的场合(称为烟雾蒸镀)，会出现这样形状的薄膜。

通常我们眼睛看到、手接触到的物体，都是在温度变化缓慢、几乎处于热平衡状态下制造的(即使是淬火处理，基体金属仍然是这样制造的)。因此，其内部缺陷少，而形状也多是块体状的。但是，在真空中制造薄膜时，真空蒸镀需要进行数百摄氏度以上的加热蒸发。在溅射镀膜时，从靶表面飞出的原子或分子所带的能量，与蒸发原子的相比，还要更高些。这些气化的原子或分子，一旦到达基板表面，在极短的时间内就会凝结为固体。也就是说，薄膜沉积伴随着从气相到固相的急冷过程，从结构上看，薄膜中必然会保留大量的缺陷。

此外，薄膜的形态也不是块体状的，其厚度与表面尺寸相比相差甚远，可近似为二维结构。薄膜的表面效应势必十分明显。

从以上几点看，薄膜与我们常见的物体具有很大差异。

薄膜结构和性能的差异与薄膜形成过程中的许多因素密切相关。虽然薄膜的制备方法多种多样，薄膜形成的机制各不相同，但是在许多方面，还是具有其共性特点。

本章从薄膜的生长过程讲起，重点讨论薄膜结构与性能的关系。

5.2 吸附、表面扩散与凝结

5.2.1 吸附

5.2.1.1 吸附现象

从蒸发源或溅射源入射到基板表面的气相原子都带有一定的能量(图 5-1)，它们到达基板表面之后可能发生三种现象：

(1) 与基板表面原子进行能量交换被吸附；

(2) 吸附后气相原子仍有较大的解吸能，在基板表面作短暂停留(或扩散)后，再解吸蒸发(再蒸发或二次蒸发)；

(3) 与基板表面不进行能量交换，入射到基板表面上立即被反射回去。

当用真空蒸镀法或溅射镀膜法制备薄膜时，入射到基板表面上的气相原子，绝大多数都与基板表面原子进行能量交换而被吸附。

与固体内部相比，固体表面这种特殊状态使它具有一种过量的能量，一般称其为表面自由能。固体表面吸附气相原子后可使其自由能减小，从而变得更稳定。伴随吸附现象的发生而释放的一定的能量称为吸附能。将吸附在固体表面上的气相原子除掉称为解吸；除掉被吸附气相原子所需的能量称为解吸能。

固体表面与体内相比，在晶体结构方面一个重大差异就是，前者出现原子或分子间结合化学键的中断。原子或分子在固体表面形成的这种中断键称为不饱和键或悬挂键。这种键具有吸引外来原子或分子的能力。入射到基板表面的气相原子被这种悬挂键吸引住的现象称为吸附。如果吸附仅仅是由原子电偶极矩之间的范德华力起作用，则称其为物理吸附；若吸附是由化学键结合力起作用，则称其为化学吸附。

一个气相原子入射到基板表面上，能否被吸附，是物理吸附还是化学吸附，除与入射原子的种类，所带的能量相关外，还与基板材料、表面的结构和状态密切相关。

5.2.1.2 化学吸附和物理吸附

气体同固体之间的键合可分为化学键(或称化学吸附)与物理键(物理吸附)。形成化学键的典型过程是燃烧，燃烧伴有剧烈的发热。要想使燃烧产物还原，必须以某种形式给出与燃烧所放出的相当的能量才行。

物理键的一个常见的例子是，在寒冷的天气，水在窗玻璃上形成雾状物。这时也伴随有人所感觉不到的微微的发热，这种发热被户外的寒气吸收了。这种场合下，要想还原，由于需要的能量少，只要稍微加一点温就行了。吸附的情况下也是同样的，物理吸附的情况和化学吸附的情况在发热量上有明显的差别，用此参量就可以区分二者。

如果从在化学反应方程式中常常使用的结合状态或者键的角度来谈物理吸附和化学吸附的话，则化学吸附时物体表面上的原子键处于不饱和状态，因而它是靠键(例如，共享电子或者交换电子的金属键、共价键、离子键等)的方式将原子或分子吸附于表面;物理吸附则是表面原子键处于饱和状态,因而表面是非活性的,只是由于范德华力(弥散力)、电偶极子和电四极子等的静电的相互作用等而将原子或分子吸附在表面上。

如果用位能曲线来表示的话,一般如图 5-2 所示。分子由于上述的与表面结合的引力而靠近表面,但是在距表面很近的地方又由于斥力的作用而停留在一个位能最小的位置上。斥力是在分子与表面的距离 r 小的时候起作用,且随着 r 的减小而急剧地增大。相反,引力随着 r 的变化其变化较小,且在较大范围内(实际上也只是在数埃(Å)左右)连续起作用。例如,在物理吸附的场合,这两种力(图 5-2 中两个点的点划线)合成的位能曲线如虚线那样,吸附的分子落在位能最低点,并在其附近作热振动。H_p 称为脱附表面的活化能(从表面脱附所必要的能量)或者吸附热。因为 H_p 的数据很难查找,因此一般可以用具有大致相同数值的液化热 H_l 来代替(表 5-1、表 5-2)。例如,在金属上吸附气体的场合,第一层与金属的吸附热一般要比 H_l 大得多。但是,如果在金属上附着了相当多层时,在吸附着的气体上再进行吸附,就相当于同样气体的液化凝结,因而吸附热接近 H_l 的值。

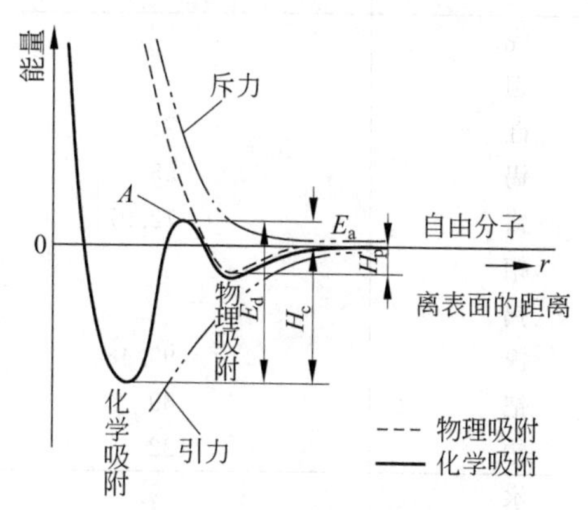

图 5-2 吸附的位能曲线

表 5-1 物理吸附的吸附热 H_p kcal/mol③

吸附剂① \ 吸附质②	氦	氢	氖	氮	氩	氪	氙	甲烷	氧
多孔玻璃	0.68	1.97	1.54	4.26	3.78				4.09
萨冉(Saran)活性炭	0.63	1.87	1.28	3.70	3.66			4.64	
炭黑	0.60		1.36		4.34				
氧化铝					2.80	3.46			
石墨化炭黑					2.46	3.30	4.23		
钨					约 1.9	约 4.5	8~9		
钼							约 8		
钽							约 5.3		
液化热 H_l/(kcal/mol)	0.020	0.215	0.431	1.34	1.558	2.158	3.021		

① 系指吸附气体的固体;②系指被固体吸附的气体;③1 kcal/mol=4.18 kJ/mol。

表 5-2 液化热 H_l 和生成热

物质	液化热 H_l/(kcal/mol)①	氧化物的生成热/(kcal/mol)①	生成物举例
铜	72.8	39.84	Cu_2O
银	60.72	7.31	Ag_2O
金	74.21		
铝	67.9	384.84	γ-Al_2O_3
铟	53.8	222.5	In_2O_3
钛	101	218	TiO_2
锆	100	258.2	ZrO_2

续表

物　质	液化热 H_l/(kcal/mol)①	氧化物的生成热/(kcal/mol)①	生成物举例
铌		463.2	Nb_2O_3
钽		499.9	Ta_2O_5
硅	71	205.4	SiO_2 气
锡	55	138.8	SnO_2
铬	72.97	269.7	Cr_2O_3
钼		180.33	MoO_3
钨		337.9	W_2O_3
镍	90.48	58.4	NiO
钯	89	20.4	PdO
铂	122		
水	9.77	68.32	H_2O,液
In_2O_3	85		
α-SiO_2	2.04		

① 1 kcal/mol=4.18 kJ/mol。

在化学吸附的场合,由于发生上述那样激烈的反应,分子会发生化学变化(例如,双原子的分子分解成两个原子)而改变形态。靠近表面的分子首先被物理吸附(图 5-2)。如果由于某种原因使它获得了足够的能量而越过 A 点,就会发生化学吸附,结果放出大量的能量来。$E_d=H_c+E_a$ 称为化学吸附的脱附活化能(见表 5-3),H_c 称为化学吸附的吸附热(见表 5-4),E_a 称为化学吸附活化能。吸附热的数值接近于化合物的生成热,在表中未列出数值时,可以用生成热作为其估计值(见表 5-2)。

表 5-3　$\tau_0$① 和脱附活化能 E_d

物　质②	τ_0/s	E_d/(kcal/mol)⑤	物　质②	τ_0/s	E_d/(kcal/mol)⑤
Ar-玻璃	9.1×10^{-12}	2.43	Cr-W	3×10^{-14}	95
DOP-玻璃	1.1×10^{-16}	22.4	Be-W	1×10^{-15}	95
C_2H_6-Pt	5.0×10^{-9}	2.85	Ni-W	6×10^{-15}	100
C_2H_4-Pt	7.1×10^{-10}	3.4	Ni-W(氧化)	2×10^{-18}	83
H_2-Ni	2.2×10^{-12}	11.5	Fe-W	3×10^{-18}	120
O-W	2.0×10^{-16}	162	Ti-W③	3×10^{-12}	130
Cu-W	3×10^{-14}	54	Ti-W④	1×10^{-12}	91

① τ_0 为吸附时间常数,$\tau_0=\frac{1}{\nu}$,ν 为表面原子的振动频率;

② Ar-玻璃～O-W 的数据为富永归纳的数据;Cu-W～Ti-W 的数据为根据 H. Shelton 的数据的推算值;

③ 覆盖度 $\theta=0$;

④ 覆盖度 $\theta=1$;

⑤ 1 kcal/mol=4.18 kJ/mol。

这些吸附力,从广义上说,都是构成原子的基本粒子之间的电场力。物理的吸附力为范德华力(弥散力)和电偶极子、电四极子等的静电相互作用力。依赖它们的吸附称为物理吸附。化学的吸附力是由离子键、原子键、金属键这样一些电子交换或电子共享而产生的力。以此为主要原因的吸附称为化学吸附。

表 5-4　化学吸附的吸附热和化合物的生成热

组合	吸附热 H_c /(kcal/mol)①	固相	生成热 /(kcal/mol)①	组合	吸附热 H_c /(kcal/mol)①	固相	生成热 /(kcal/mol)①
W-O_2	194	WO_2	134	Rh-O_2	76	RhO	48
W-N_2	85	W_2N	34.3	Rh-H_2	26	—	—
W-H_2	46	—	—	Ni-O_2	115	NiO	115
Mo-O_2	172	MoO_2	140	Ni-N_2	10	Ni_3N	−0.4
Mo-H_2	~40	—	—	Ge-O_2	132	GeO_2	129
Pt-O_2	67	Pt_3O_4	20.4	Si-O_2	230	SiO_2	210

① 1 kcal/mol=4.18 kJ/mol。

5.2.1.3　吸附的几率和吸附时间

碰撞表面的分子是照原样反射回空间，还是失去其动能(传递给表面原子)被吸附于图5-2所示的那种位能最低点呢？吸附分子在它与固体之间或者自身内部进行能量的重新分配，最终将稳定在某一能级上。吸附分子在滞留于表面的时间内，如果得到了脱附活化能，则还会脱留表面，返回到空间去。

吸附的几率也分别按物理吸附和化学吸附来考虑。碰撞表面的气体分子被物理吸附的几率称为物理吸附系数，被化学吸附的几率称为化学吸附系数。物理吸附的分子中的一部分，越过位能曲线的峰就会被化学吸附；但是，如果像图5-2那样，$E_a>0$(也存在负的情况)，化学吸附需要激活，且化学吸附的速率受到限制。

作为物理吸附系数的一个例子，可以举出如表5-5所列的数值。对保持较高温度的表面的物理吸附系数，测定过的还不多，但是可以认为，对气体而言，大体在0.1和1之间，而对蒸发金属而言则为接近1的值。化学吸附系数，对于那种可以在超高真空中用高温加热方法得到清洁表面的金属，有很多测试数据。但是，一般说来，化学吸附具有对表面结构情况敏感的性质，因此，测试结果呈现出如表5-6所列那样分散的情况。清洁的金属表面上的化学吸附系数在0.1~1的范围之内。温度越高，化学吸附系数越小。

表 5-5　300K 的气体的物理吸附系数

气体	表面温度/K	物理吸附系数	气体	表面温度/K	物理吸附系数
Ar	10	0.68	O_2	20	0.86
Ar	20	0.66	CO_2	10	0.75
N_2	10	0.65	CO_2	20.77	0.63
N_2	20	0.60	H_2O	77	0.92
CO	10	0.90	SO_2	77	0.74
CO	20	0.85	NH_3	77	0.45

表 5-6　钨表面对氮的初始化学吸附系数

测定者	样品的形状	初始化学吸附系数	测定者	样品的形状	初始化学吸附系数
Backer 和 Hartman(1953)	丝状	0.55	Nasini 和 Ricca(1963)	板状	0.1
Ehrlich(1956)	丝状	0.11	小栗(1963)	丝状	0.2
Eisinger(1958)	条带状	0.3	Ustinov 和 Ionov(1965)	丝状	0.22
Schlier(1958)	条带状	0.42	Ricca 和 Saini(1965)	蒸镀膜	0.05
Kisliuk(1959	条带状	0.3	Hill 等人(1966)	条带状	0.05~0.1
Ehrlich(1961)	丝状	0.33	Hayward, King 和 Tompkins(1967)	蒸镀膜	0.75
Jones 和 Pethica(1960)	条带状	0.035			

对于吸附分子一次能在表面停留多长时间，可以采用平均吸附时间 τ_a（从吸附于表面开始，到脱附表面为止的平均时间）来衡量和表示。

如果用 E_d 表示脱附活化能，则平均吸附时间 τ_a 可以表示为

$$\tau_a = \tau_0 \exp(E_d/RT) \tag{5-1}$$

这里，$\tau_0=\dfrac{1}{\nu}$，ν 为表面原子的振动频率；R 为气体常数；T 为热力学温度。

如果从实用的角度来看，可以假定 τ_0 在 $10^{-13}\sim10^{-12}$ s 的范围内（参见表 5-3）。特别是和我们关系密切的物质，E_d 较大的情况多，因而 τ_a 对于 E_d 比对 τ_0 更为敏感。当 τ_0 为 1×10^{-13} s时，把 E_d 作为参变量，可以把 τ_a 和 T 的关系表示成如图 5-3 那样。例如，表 5-2 中所示的制造薄膜所用的物质，与脱附表面的活化能（物理吸附的吸附热）H_p 相接近的 H_1 的值较大，τ_a 接近于∞。因此，从吸附的角度来看，可以称之为表面物质。而在表 5-3 中示出的 Ar-玻璃等情况下，τ_a 极小，可以称之为气体。

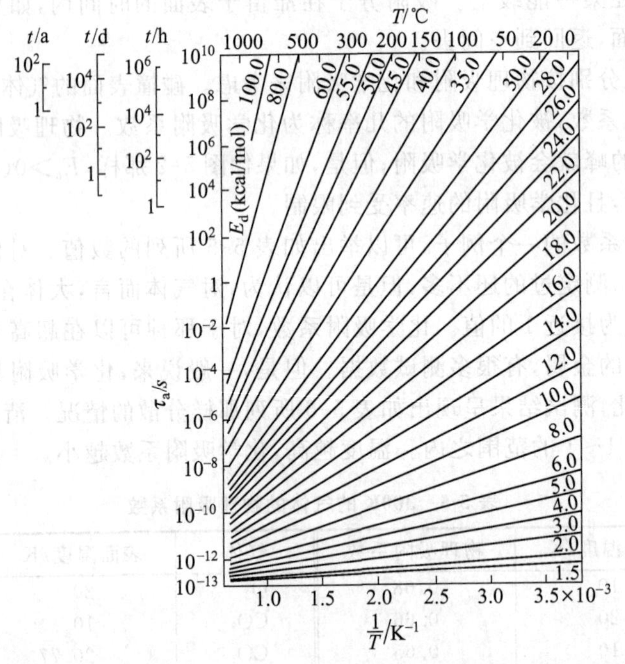

图 5-3　平均吸附时间 τ_a 与脱附活化能 E_d 及温度 T 之间的关系

作为实际问题，使用何种材料、进行何种处理，做成真空容器后，会发生何种吸附，效果如何，对这些是不可能简单地说清楚的。特别是由于表面状态往往不能保持一定，越发使问题困难化了。在真空技术中，这些因素对容器表面放气起决定性作用。关于气体放出的速度有许多测定结果，但是偏差很大。同时，利用这些测定结果做出的真空装置也出现了许多与预期相反的结果。这是由于测定时的表面状况几乎不可能与实用时的表面完全相同造成的（参见第 3 章图 3-4、图 3-5 等）。

在薄膜制造中，有如后述的反应溅射镀膜那样利用薄膜与气体进行反应而获得新材料这种积极利用反应的情况；也有在想要得到纯膜时残余气体和薄膜发生反应而引起麻烦的情况。在这些情况下，在何种薄膜上何种气体会被化学吸附是个重要的问题。表 5-7 中示出了这种组合关系的一些例子。在制造薄膜时还有一个问题，即膜与基片间的附着强度问

题。可以认为，在尽可能充分地产生化学键的条件下，制造薄膜可以得到高的附着强度。但是，在什么样的条件下附着薄膜会产生何种键，从而得到多大的附着强度，这样的研究结果还不多见。现在的实际情况是一个一个地确定处理方法和制造薄膜的工艺条件，以便获得最高的附着强度。

表 5-7　气体在金属表面上的化学吸附

气体	快速吸附	缓慢吸附	0℃以下不吸附的金属
H_2	Ti,Zr,Nb,Ta,Cr,Mo,W,Fe,Co,Ni,Rh,Pd,Pt,Ba	Mn,Ga,Ge	K,Cu,Ag,Au,Zn,Cd,Al,In,Pb,Sn
O_2	除金以外的全部金属	—	Au
N_2	La,Ti,Zr,Nb,Ta,Mo,W	Fe,Ga,Ba	与 H_2 相同，再加上 Ni,Rh,Pd,Pt
CO	与 H_2 相同，再加上 La,Mn,Cu,Ag,Au	Al	K,Zn,Cd,In,Pb,Sn
CO_2	除 Rh,Pd,Pt 外与 H_2 相同	Al	Rh,Pd,Pt,Cu,Zn,Cd
CH_4	Ti,Ta,Cr,Mo,W,Rh	Fe,Co,Ni,? Pd	—
C_2H_6	与 CH_4 相同，再加上 Ni,Pd	Fe,Co	—
C_2H_4	与 H_2 相同，再加上 Cu,Au	Al	与 CO 相同
C_2H_2	与 H_2 相同，再加上 Cu,Au,K	Al	除 K 外，与 CO 相同
NH_3	W,Ni,Fe	—	—
H_2S	W,Ni	—	—

5.2.2 表面扩散

入射到基板表面上的气相原子被表面吸附后，它便失去了在表面法线方向的动能，只具有平行于表面方向的动能。依靠这种动能，被吸附原子在表面上沿不同方向做表面扩散运动。在表面扩散过程中，单个被吸附原子间相互碰撞形成原子对之后才能产生凝结。因此，在研究薄膜形成过程时所说的凝结就是指吸附原子结合成原子对及其以后的过程。所以吸附原子的表面扩散运动是形成凝结的必要条件。

图 5-4 是吸附原子表面扩散时有关能量的示意图。从图中看到，表面扩散激活能 E_D 比脱附活化能 E_d 小得多，大约是脱附活化能 E_d 的1/6～1/2。表 5-8 给出一些典型体系中脱附活化能 E_d 和表面扩散激活能 E_D 的实验值。

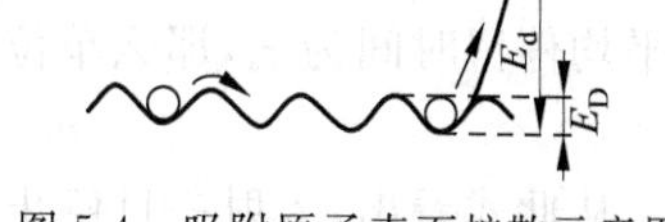

图 5-4　吸附原子表面扩散示意图
E_d—脱附活化能；E_D—表面扩散激活能

表 5-8　一些典型体系中脱附活化能 E_d 和表面扩散激活能 E_D 的实验值

凝聚物	基　片	E_d/eV	E_D/eV
Ag	NaCl		0.2
Ag	NaCl		0.15(蒸镀)0.10(溅射镀膜)
Al	NaCl	0.6	
	云母	0.9	
Ba	W	3.8	0.65
	Ag(新膜)	1.6	

续表

凝聚物	基片	E_d/eV	E_D/eV
Cd	Ag,玻璃	0.24	
Cu	玻璃	0.14	
Cs	W	2.8	0.61
Hg	Ag	0.11	
Pt	NaCl		0.18
W	W	3.8	0.65

吸附原子在一个吸附位置上的停留时间称为平均表面扩散时间，并用 τ_D 表示。它同表面扩散激活能 E_D 之间的关系是

$$\tau_D = \tau'_0 \exp(E_D/kT) \tag{5-2}$$

式中，τ'_0 是表面原子沿表面水平方向振动的周期，大约为 $10^{-13} \sim 10^{-12}$ s；k 是玻耳兹曼常量；T 是热力学温度。一般认为 $\tau'_0 = \tau_0$。

吸附原子在表面停留时间经过扩散运动所移动的距离(从起始点到终点的间隔)称为平均表面扩散距离，并用 $\bar{x}$ 表示，它的数学表达式为

$$\bar{x} = (D_s \cdot \tau_a)^{\frac{1}{2}} \tag{5-3}$$

式中 D_s 是表面扩散系数。

若用 a_0 表示相邻吸附位置的间隔，则表面扩散系数定义为 $D_s = a_0^2/\tau_D$。这样，平均表面扩散距离 $\bar{x}$ 可表示为

$$\bar{x} = a_0 \exp[(E_d - E_D)/2kT] \tag{5-4}$$

从式(5-4)可看出，E_d 和 E_D 值的大小对凝结过程有较大影响。表面扩散激活能 E_D 越大，扩散越困难，平均扩散距离 $\bar{x}$ 也越短；脱附活化能 E_d 越大，吸附原子在表面上停留时间 τ_a 越长，则平均扩散距离 $\bar{x}$ 也越长。这对形成凝结过程非常有利。

5.2.3 凝结

前面已指出，我们研究的凝结过程是指吸附原子在基体表面上形成原子对及其以后的过程。

假设单位时间入射到基体单位表面面积的原子数为 J(个/(cm^2·s))，吸附原子在表面的平均停留时间为 τ_a，那么单位基体表面上的吸附原子数 n_1 为

$$n_1 = J \cdot \tau_a = J \cdot \tau_0 \cdot \exp(E_d/kT) \tag{5-5}$$

从此式看出，入射一旦停止($J=0$)，n_1 立刻就等于零。在这种情况下，即使连续地进行沉积，气相原子也不可能在基体表面发生凝结，凝聚成凝结相。

吸附原子表面扩散时间为 τ_D，它在基体表面上的扩散迁移频率 f_D 为

$$f_D = \frac{1}{\tau_D} = \frac{1}{\tau_0}\exp(-E_D/kT) \tag{5-6}$$

假设 $\tau'_0 = \tau_0$，则吸附原子在基体表面停留时间内所迁移的次数为

$$N = f_D \cdot \tau_a = \exp[(E_d - E_D)/kT] \tag{5-7}$$

很清楚，一个吸附原子在这样的迁移中与其他吸附原子相碰撞就可形成原子对。这个吸附原子的捕获面积 S_D 为

$$S_D = N/n_s \tag{5-8}$$

式中 n_s 是单位基体表面上的吸附位置数。

由此可得出所有吸附原子的总捕获面积为

$$S_{\Sigma}=n_1S_D=n_1\frac{N}{n_0}=f_D\cdot\tau_a\frac{n_1}{n_s}=\frac{n_1}{n_s}\exp[(E_d-E_D)/kT]\tag{5-9}$$

若 $S_{\Sigma}<1$，即小于单位面积，在每个吸附原子的捕获面积内只有一个原子，故不能形成原子对，也就不发生凝结。

若 $1<S_{\Sigma}<2$，则发生部分凝结。在这种情况下，平均地说，吸附原子在其捕获范围内有一个或两个吸附原子。在这些面积内会形成原子对或三原子团。其中一部分吸附原子在渡过停留时间后又可能重新蒸发掉。

若 $S_{\Sigma}>2$，平均地说，在每个吸附原子捕获面积内，至少有两个吸附原子。因此所有的吸附原子都可结合为原子对或更大的原子团，从而达到完全凝结，由吸附相转变为凝结相。

在研究凝结过程中通常使用的物理参数有凝结系数、粘附系数和热适应系数。

当蒸发的气相原子入射到基体表面上，除了被弹性反射和吸附后再蒸发的原子之外，完全被基体表面所凝结的气相原子数与入射到基体表面上总气相原子数之比称为凝结系数，并用 α_c 表示。

当基体表面上已经存在着凝结原子时，再凝结的气相原子数与入射到基体表面上总气相原子数之比称为粘附系数，并用 α_s 表示，

$$\alpha_s=\frac{1}{J}\frac{\mathrm{d}n}{\mathrm{d}t}\tag{5-10}$$

式中，J 是单位时间入射到基片单位表面面积气相原子总数；n 是在 t 时刻基体表面上存在的原子数。在 n 趋近于零时，$\alpha_c=\alpha_s$。

表征入射气相原子(或分子)与基体表面碰撞时相互交换能量程度的物理量称为热适应系数，并用 α 表示，

$$\alpha=\frac{T_i-T_r}{T_i-T_s}\tag{5-11}$$

式中，T_i、T_r 和 T_s 分别表示入射气相原子、再蒸发原子和基体三者的温度。

吸附原子在表面停留期间，若和基片能量交换充分到达热平衡($T_r=T_s$)，$\alpha=1$ 表示完全适应。如果 $T_s<T_r<T_i$ 时，$\alpha<1$ 表示不完全适应。若 $T_i=T_r$ 则入射气相原子与基体完全没有热交换，气相原子全反射回来，$\alpha=0$ 表示完全不适应。

从实验研究中得到有关凝结系数 α_c、粘附系数 α_s，与基体温度、蒸发时间及膜厚的关系，分别如表 5-9 和图 5-5 所示。

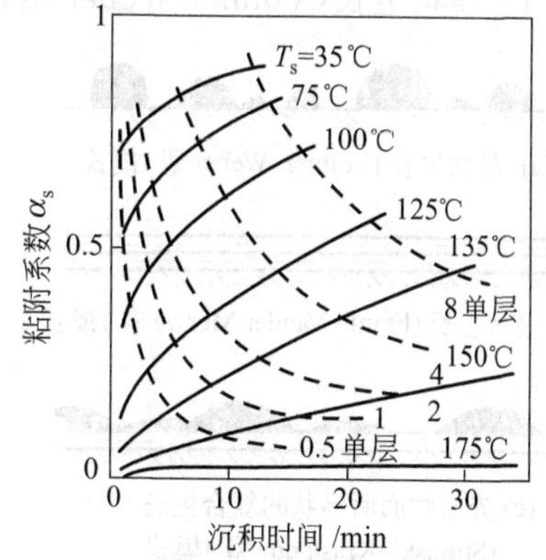

图 5-5　不同基体温度下粘附系数 α_s 与沉积时间的关系(虚线为等平均膜厚线)

表 5-9　气相原子的凝结系数与基体温度和膜厚的关系

凝结物	基　体	基体温度/℃	膜厚/Å	凝结系数 α_c
Cd	Cu	25	0.8	0.037
			4.9	0.26
			6.0	0.24
			42.2	0.26

续表

凝结物	基　体	基体温度/°C	膜厚/Å	凝结系数 α_c
Au	玻璃、Cu、Al	25	刚好能观察出膜的厚度	0.90～0.99
	Cu	350		0.84
	玻璃	360		0.50
	Al	320		0.72
	Al	345		0.37
Ag	Ag(0)①	20	刚好能观察出膜的厚度	1.0
	Au(0.18)①	20		0.99
	Pu(3.96)①	20		0.86
	Ni(13.7)①	20		0.64
	玻璃	20		0.31

① 点阵失配度，相对于 Ag 点阵失配的百分比。

5.3　薄膜的形核与生长

5.3.1　形核与生长简介

5.3.1.1　薄膜形成的三种模式

薄膜的形成与成长有下述三种模式(图 5-6)：

(1) 岛状生长(Volmer-Weber 型)模式　如图 5-6(a)所示，成膜初期按三维形核方式，生长为一个个孤立的岛，再由岛合并成薄膜，例如 SiO_2 基板上的 Au 薄膜。这一生长模式表明，被沉积物质的原子或分子更倾向于彼此相互键合起来，而避免与衬底原子键合，即被沉积物质与衬底之间的浸润性较差。

(a) 岛状生长 (Volmer-Weber型)模式

(b) 层状生长 (Frank-Vander Merwe型)模式

(c) 先层状而后岛状的复合生长 (Stranski-Krastanov型)模式

图 5-6　薄膜形成与生长的三种模式

(2) 层状生长(Frank-van der Merwe 型)模式　如图 5-6(b)所示，从成膜初期开始，一直按二维层状生长，例如 Si 基板上的 Si 薄膜。当被沉积物质与衬底之间浸润性很好时，被沉积物质的原子更倾向于与衬底原子键合。因此，薄膜从形核阶段开始即采取二维扩展模式。显然，只要在随后的过程中，沉积物原子间的键合倾向仍大于形成外表面的倾向，则薄膜生长将一直保持这种层状生长模式。

(3) 先层状而后岛状的复合生长(Stranski-Krastanov 型)模式　如图 5-6(c)所示，又称为层状—岛状中间生长模式。在成膜初期，按二维层状生长，形成数层之后，生长模式转化为岛状模式。例如 Si 基板上的 Ag 薄膜。导致这种模式转变的物理机制比较复杂，可以被列举出来的至少有以下三种情况：

① 在 Si 的(111)晶面上外延生长 GaAs 时，由于第一层拥有五个价电子的 As 原子

不仅将使Si晶体表面的全部原子键得到饱和，而且As原子自身也不再倾向于与其他原子发生键合。这有效地降低了晶体的表面能，使得其后的沉积过程转变为三维的岛状生长。

② 虽然开始时的生长是外延式的层状生长，但是由于存在晶格常数的不匹配，因而随着沉积原子层的增加，应变能逐渐增加。为了松弛这部分能量，当薄膜生长到一定厚度之后，生长模式转化为岛状模式。

③ 层状外延生长表面是表面能比较高的晶面。因此，为了降低表面能，薄膜力图将暴露的晶面改变为低能面，因而薄膜在生长到一定厚度之后，生长模式会由层状模式向岛状模式转变。

显然，在上述各种机制中，开始的时候层状生长的自由能较低，但其后，岛状生长在能量方面反而变得更加有利。

5.3.1.2　形核与生长的物理过程

核形成与生长的物理过程可用图5-7说明。从图中可看出核的形成与生长有四个步骤：

(1) 从蒸发源蒸发出的气相原子入射到基体表面上，其中有一部分因能量较大而弹性反射回去，另一部分则吸附在基体表面上。在吸附的气相原子中有一小部分因能量稍大而再蒸发出去。

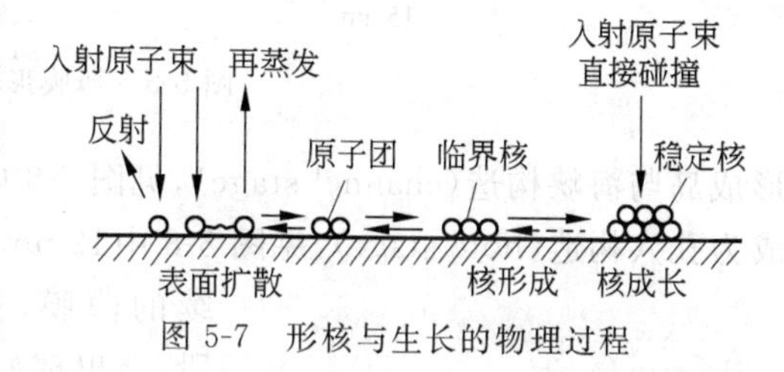

图5-7　形核与生长的物理过程

(2) 吸附气相原子在基体表面上扩散迁移，互相碰撞结合成原子对或小原子团，并凝结在基体表面上。

(3) 这种原子团和其他吸附原子碰撞结合，或者释放一个单原子。这个过程反复进行，一旦原子团中的原子数超过某一个临界值，原子团进一步与其他吸附原子碰撞结合，只向着长大方向发展形成稳定的原子团。含有临界值原子数的原子团称为临界核，稳定的原子团称为稳定核。

(4) 稳定核再捕获其他吸附原子，或者与入射气相原子相结合使它进一步长大成为小岛。

核形成过程若在均匀相中进行则称为均匀形核；若在非均匀相或不同相中进行则称为非均匀形核。在固体或杂质的界面上发生核形成时都是非均匀形核。在用真空蒸镀法制备薄膜过程中核的形成，与水滴在固体表面的凝结过程相类似都属于非均匀形核。

5.3.1.3　形核与生长的观察

图5-8表示薄膜形核与生长过程的电子显微镜观察结果。基板表面上往往存在原子大小量级的凹坑、棱角、台阶等，它们作为捕获中心，容易捕获原子团而形成晶核。该晶核同陆续到达的原子以及相邻晶核的一部分或者全部合并而生长，达到某一临界值开始变得稳定。一般认为，临界核包含10个左右的原子，但这样大小的晶核很难用电子显微镜观察到。随着基片上形成许多晶核，以及它们互相接触、合并(coalescence)，形成岛状构造(island stage)，如图5-8所示，其尺寸大致从5～8 nm开始，即可以用电子显微镜观察到；继续生长，

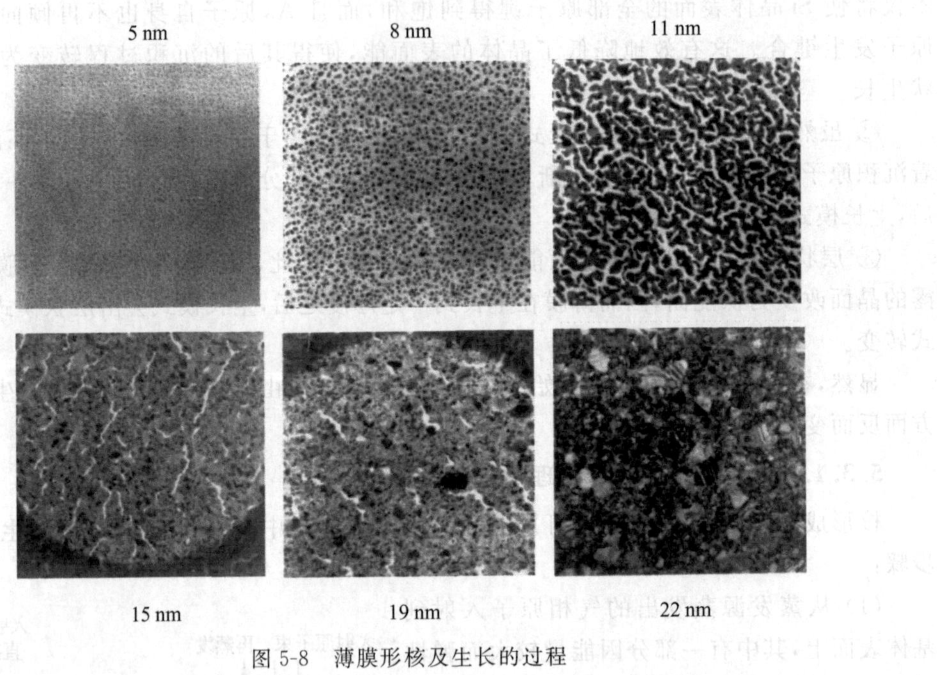

图 5-8　薄膜形核及生长的过程

形成岛与海峡构造(channel stage),见图 5-8 中 11～15 nm 阶段的照片;海峡再进一步收缩,成为孔穴构造(hole stage),见图 5-8 中 19 nm 的照片;经过这些状态,最终生长成均匀而连续的薄膜,见图 5-8 中 22 nm 的照片。在岛状构造的阶段,会出现如图 5-9 所示的美丽的花纹,通常称之为装饰纹(decoration)。装饰纹的形貌因基板表面捕获中心的分布不同而异。

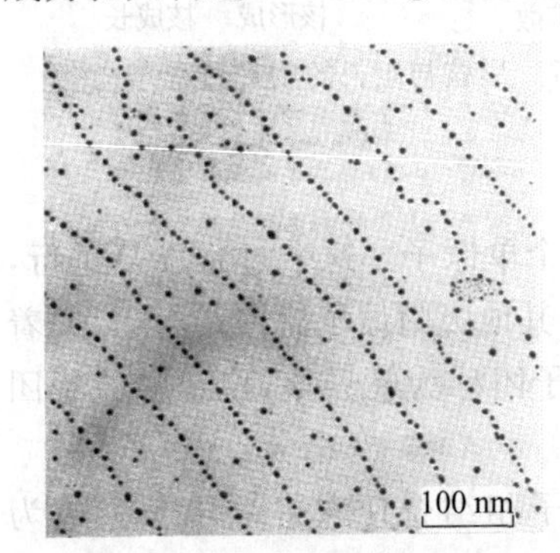

图 5-9　薄膜形核及生长中出现的装饰条纹

可以想象,在成膜晶体原子之间的凝聚力大于它们与基板原子之间的结合力的情况下,会出现上述的形核及生长模式(以水为例,相当于水不浸润基板的情况)。在碱金属卤化物基板上沉积金属膜就属于这种模式。

在真空蒸镀和溅射镀膜两种情况下,膜的生长是颇为不同的。在岛状构造阶段,溅射镀膜情况下,岛的尺寸小且数目多(密度大),从一开始其晶体学取向就是确定的;与此相对应,在真空蒸镀的情况下,岛在尺寸大(密度小),在岛合并时,其晶体学取向会发生变化(在 NaCl 单晶基板上沉积金膜时)。

5.3.1.4　单层生长

薄膜成长并非全都取上述的形核与生长模式。实际上还存在由蒸镀的单原子层或单分子层,一层一层地重叠覆盖形成的薄膜(图 5-6(b))。出现这种单层生长所需要的条件有:组成薄膜的物质同构成基板的材料具有相似的化学性质;组成薄膜的原子之间的凝聚力小于它们同基板原子之间的结合力;组成薄膜的物质同构成基板的材料具有相近的点阵常数;基板表面清洁,平整光滑;沉积温度高等。若以水类比,基板为亲水性的。例如,在金基板上沉积银膜,在钯基板上沉积金膜等就属于这种情况。

5.3.2　毛吸理论(热力学界面能理论)

这种理论的基本思想是将一般气体在固体表面上凝结成微液滴的形核与生长理论(类似于毛细管湿润)应用到薄膜形成过程分析。这种理论采用蒸气压、界面能和湿润角等宏观物理量,从热力学角度定量分析形核条件、形核率以及核生长速度等,属于唯象理论。

5.3.2.1　新相的自发形核理论

在薄膜沉积过程的最初阶段,都需要有新相的核心形成。新相的形核过程可以被分为两种类型,即自发形核与非自发形核过程。自发形核指的是整个形核过程完全是在相变自由能的推动下进行的;非自发形核指的是除了有相变自由能作推动力之外,还有其他的因素起到了帮助新相核心生成的作用。薄膜的非自发形核理论我们将在5.3.2.2节加以讨论。

作为自发形核的例子,我们考虑一下从过饱和气相中凝结出一个球形的固相核心的过程。设新相核心的半径为r,因而形成一个新相核心时体自由能将变化$(4/3)\pi r^3\Delta G_V$,其中ΔG_V是单位体积的固相在凝结过程中的相变自由能之差。由物理化学可知

$$\Delta G_V = -\frac{kT}{\Omega}\ln\frac{p_V}{p_S} \tag{5-12}$$

其中,p_S和p_V分别是固相的平衡蒸气压和气相实际的过饱和蒸气压;Ω是原子体积。式(5-12)还可以写成

$$\Delta G_V = -\frac{kT}{\Omega}\ln(1+S) \tag{5-13}$$

这里,$S=(p_V-p_S)/p_S$是气相的过饱和度。当过饱和度为零时,$\Delta G_V=0$,这时将没有新相的核心可以形成,或者已经形成的新相核心不能获得长大。当气相存在过饱和现象时,$\Delta G_V<0$,它就是新相形核的驱动力。在新的核心形成的同时,还将伴随有新的固-气相界面的生成,它导致相应界面能的增加,其数值为$4\pi r^2\gamma$,其中γ为单位面积的界面能。综合上面两项能量之后,我们得到系统的自由能变化为

$$\Delta G = \frac{4}{3}\pi r^3\Delta G_V + 4\pi r^2\gamma \tag{5-14}$$

将式(5-14)对r微分,求出使得自由能ΔG为零的条件为

$$r^* = -\frac{2\gamma}{\Delta G_V} \tag{5-15}$$

它是能够平衡存在的最小的固相核心半径,又称为临界核心半径。当$r<r^*$时,在热涨落过程中形成的这个新相核心将处于不稳定状态,它将可能再次消失。相反,当$r>r^*$时,新相的核心将处于可以继续稳定生长的状态,并且生长过程将使得自由能下降。将式(5-15)代入式(5-14)后,可以求出形成临界核心时系统的自由能变化

$$\Delta G^* = \frac{16\pi\gamma^3}{3\Delta G_V^2} \tag{5-16}$$

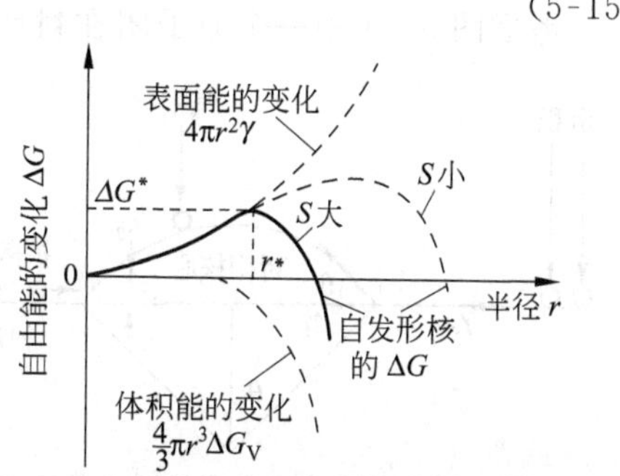

图5-10　新相形核过程的自由能变化ΔG随晶核半径r的变化趋势
($S=(P_V-P_S)/P_S$是气相的过饱和度)

图5-10中画出了形核自由能变化随新相核

心半径的变化曲线。我们看到，形成临界核心的临界自由能变化 ΔG^* 实际上就相当于形核过程的能垒。热激活过程提供的能量起伏将使得某些原子集团具备了 ΔG^* 大小的自由能涨落，从而导致了新相核心的形成。

在新相核心的形成过程中，会同时有许多个核心在形成。新相核心的形成速率 $\mathrm{d}N_n/\mathrm{d}t$ 正比于三个因素

$$\frac{\mathrm{d}N_n}{\mathrm{d}t}=N_n^* A^* J \tag{5-17}$$

其中，N_n^* 为临界半径为 r^* 的稳定核心的密度；$A^*=4\pi r^{*2}$ 是每个临界核心的表面积；J 是单位时间内流向单位核心表面积的原子数目。由统计热力学的理论我们知道

$$N_n^*=n_s \mathrm{e}^{-\frac{\Delta G^*}{kT}} \tag{5-18}$$

其中 n_s 是所有可能的形核点的密度；J 应等于气相原子流向新相核心的净通量，将式(1-22)重新写成如下的形式

$$J=\frac{\alpha_c(p_V-p_S)N_A}{\sqrt{2\pi\mu RT}} \tag{5-19}$$

其中，μ 为气相分子的摩尔质量；α_c 是描述原子附着于固相核心表面能力大小的一个常数，即5.2.3节讨论的凝结系数；p_V 和 p_S 仍是射入的气相原子实际压力和沉积物质的平衡蒸气压。这样，我们得到

$$\frac{\mathrm{d}N_n}{\mathrm{d}t}=\frac{4\alpha_c\pi r^{*2}n_s(p_V-p_S)N_A}{\sqrt{2\pi\mu RT}}\mathrm{e}^{-\frac{\Delta G^*}{kT}} \tag{5-20}$$

其中，影响最大的是式中的指数项，它是气相过饱和度 S 的函数(图5-10)。当气相过饱和度大于零时，气相中开始均匀地自发形核。

在某些情况下，例如在材料的外延生长过程中，我们希望新相的核心在特定的衬底上可控地形成。这时，我们就需要严格控制气相的过饱和度，使其不要过大；在另外一些情况下，例如在制备超细粉末或多晶、微晶薄膜时，我们又希望在气相中同时能凝结出大量的足够小的新相核心来。这时，我们就需要提高气相的过饱和度，以促进气相的自发形核。

自发形核过程一般只发生在一些精心控制的环境中，而在大多数固体相变过程，特别是薄膜沉积过程中，涉及的形核一般都是非自发形核的过程。

5.3.2.2 非自发形核过程的热力学

考虑图5-11中一个原子团在衬底上形成初期的自由能变化。这时，原子团的尺寸很小，从热力学的角度讲还处于不稳定的状态。它可能吸收外来原子而长大，但也可能失去已拥有的原子而消失。

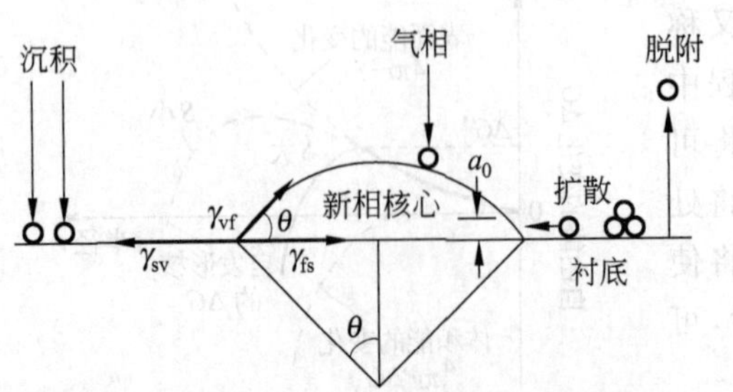

图5-11 薄膜非自发形核核心的示意图

在形成这样一个原子团时的自由能变化为

$$\Delta G_{非}=a_3 r_{非}^3\,\Delta G_V+a_1 r_{非}^2\,\gamma_{vf}+a_2 r_{非}^2\,\gamma_{fs}-a_2 r_{非}^2\,\gamma_{sv} \tag{5-21}$$

其中，ΔG_V 是单位体积的相变自由能，它是薄膜形核的驱动力；γ_{vs}、γ_{fs}、γ_{sv} 分别是气相(v)、衬底(s)与薄膜(f)三者之间的界面能；而 a_1、

a_2、a_3 则是与核心具体形状有关的几个常数。对于图 5-11 画出的冠状核心来说，$a_1=2\pi(1-\cos\theta)$，$a_2=\pi\sin^2\theta$，$a_3=\pi(2-3\cos\theta+\cos^3\theta)/3$。

核心形状的稳定性要求各界面能之间满足条件(图 5-11)

$$\gamma_{sv}=\gamma_{fs}+\gamma_{vf}\cos\theta \tag{5-22}$$

即 θ 只取决于各界面能之间的数量关系。由式(5-22)，也可以说明薄膜的三种生长模式。当 $\theta>0$，即

$$\gamma_{sv}<\gamma_{fs}+\gamma_{vf} \tag{5-23}$$

时，生长为岛状生长模式。当 $\theta=0$，也即

$$\gamma_{sv}=\gamma_{fs}+\gamma_{vf} \tag{5-24}$$

开始成立时，生长模式转化为层状生长模式或中间模式。

由式(6-21)对原子团半径 $r_{非}$ 微分为零的条件，可求出形核自由能 $\Delta G_{非}$ 取得极值的条件为

$$r_{非}^{*}=-\frac{2(a_1\gamma_{vf}+a_2\gamma_{fs}-a_2\gamma_{sv})}{3a_3\Delta G_V} \tag{5-25}$$

应用式(5-22)之后，可证明上式仍等于式(6-15)，即

$$r_{非}^{*}=-\frac{2\gamma_{vf}}{\Delta G_V} \tag{5-26}$$

因此，虽然非自发形核过程的核心形状与自发形核时有所不同，但二者所对应的临界核心半径相同。

将式(5-26)代入式(5-21)后，得到相应过程的临界自由能变化为

$$\Delta G_{非}^{*}=\frac{4(a_1\gamma_{vf}+a_2\gamma_{fs}-a_2\gamma_{sv})^3}{27a_3^2\Delta G_V^2} \tag{5-27}$$

非自发形核过程 $\Delta G_{非}$ 随 r 的变化趋势也如图 5-10 所示。在热涨落的作用下，半径 $r<r^*$ 的核心会由于 $\Delta G_{非}$ 降低的趋势而倾向于消失，而那些 $r>r^*$ 的核心则可伴随着自由能的不断下降而长大。

非自发形核过程的临界自由能变化还可以写成两部分之积的形式

$$\Delta G_{非}^{*}=\frac{16\pi\gamma_{vf}^3}{3\Delta G_V^2}\,\frac{2-3\cos\theta+\cos^3\theta}{4} \tag{5-28}$$

其中第一部分正是自发形核过程的临界自由能变化式(6-16)，而后一部分则为非自发形核相对自发形核过程能垒的降低因子。

由式(5-26)和式(5-28)可以看出，非均匀形核时的临界晶核尺寸 $r_{非}^{*}$ 跟均匀形核临界晶核尺寸 r^* 相同，而非均匀形核的临界自由能变化则与接触角 θ 密切相关。当固相晶核与基板完全浸润时，$\theta=0$，$\Delta G_{非}^{*}=0$。当部分浸润，如 $\theta=10°$，$\Delta G_{非}^{*}=10^{-4}\Delta G^*$；$\theta=30°$，$\Delta G_{非}^{*}=0.02\Delta G^*$；$\theta=90°$，$\Delta G_{非}^{*}=0.5\Delta G^*$。当完全不浸润时，$\theta=180°$，此时，$\Delta G_{非}^{*}=\Delta G^*$。其关系如图 5-12 所示。因此，非均匀形核的临界自由能变化低于均匀形核的临界自由能变化，如图 5-13 所示。这说明接触角 θ 越小，即衬底与薄膜的浸润性越好，则非自发形核的能垒降低得越多，非自发形核的倾向越大，越容易实现层状生长。

5.3.2.3 薄膜的形核率

首先分析一下在气相沉积过程中形核最初阶段的物理过程。由图 5-11 我们知道，新相形成所需要的原子可能来自：

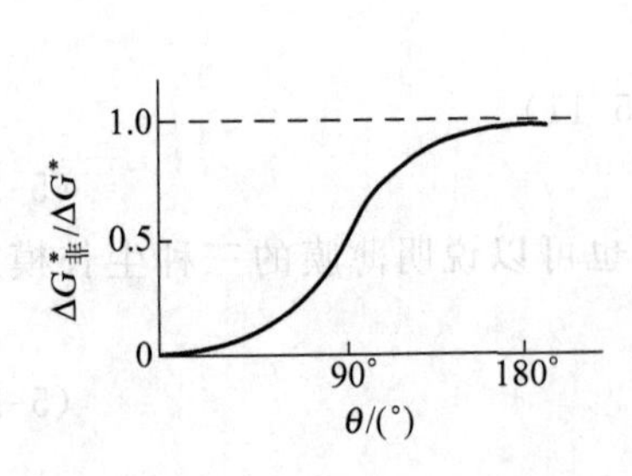

图 5-12 $\Delta G^*_{非}/\Delta G^*$ 与 θ 角关系

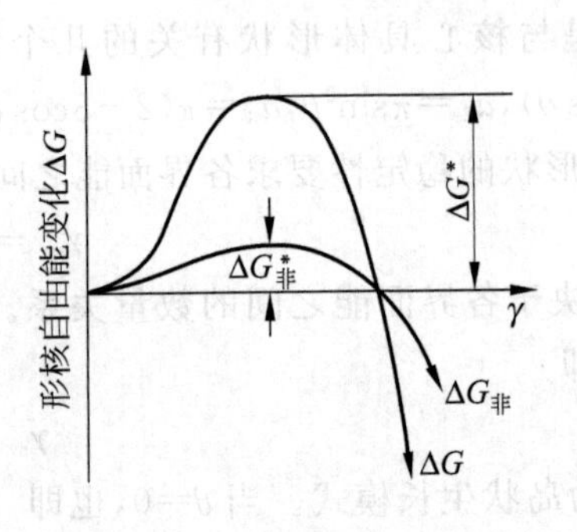

图 5-13 非均匀形核与均匀形核自由能变化对比

(1) 气相原子的直接沉积；

(2) 衬底吸附的气相原子沿表面的扩散。

在形核的最初阶段，已有的核心数极少，因而后一可能性应该占据了原子来源的主要部分。

沉积来的气相原子将被衬底所吸附，其中一部分将会返回气相中，另一部分将经由表面扩散到达已有的核心处，使得该核心得以长大。表面吸附原子在衬底表面停留的平均时间 τ_a 取决于脱附活化能 E_d(参见式(5-1))：

$$\tau_a = \frac{1}{\nu} e^{\frac{E_d}{kT}} \tag{5-29}$$

其中 ν 为表面原子的振动频率。

在单位时间内，单位表面上由临界尺寸的原子团长大的核心数目就是形核率。同式(5-17)时的情况相同，新相核心的形成速率 dN_n/dt 正比于三个因子，即

$$\frac{dN_n}{dt} = N_n^* A_{非}^* \omega$$

其中 N_n^* 为单位面积上临界原子团的密度，$A_{非}^*$ 为每个临界原子团接受扩散来的吸附原子的表面积，ω 为向上述表面积扩散迁移来的吸附原子的通量。

单位面积上临界原子团的出现几率仍由式(5-18)确定为

$$N_n^* = n_s e^{-\frac{\Delta G_{非}^*}{kT}}$$

其中，n_s 是可能的形核点的密度；$\Delta G_{非}^*$ 是临界形核自由能。

每个临界原子团接受迁移原子的外表面积如图 5-11 所示，它等于围绕冠状核心一周的表面积

$$A_{非}^* = 2\pi r_{非}^* a_0 \sin\theta \tag{5-30}$$

其中，a_0 相当于原子直径。

最后，迁移来的吸附原子通量 ω 应等于吸附原子密度 n_a 和原子扩散的发生几率 $\nu e^{-E_D/kT}$ 两者的乘积；根据式(1-22)，在衬底上吸附原子密度为

$$n_a = J \cdot \tau_a = \frac{\tau_a p N_A}{\sqrt{2\pi\mu RT}} \tag{5-31}$$

即沉积气相撞击衬底表面的原子通量与其停留时间的乘积。这样

$$\omega = \frac{\tau_a \nu p N_A}{\sqrt{2\pi\mu RT}} e^{-\frac{E_D}{kT}} \tag{5-32}$$

因此,得到

$$\frac{\mathrm{d}N_n}{\mathrm{d}t}=\frac{2\pi r_{非}^{*}\ a_0 n_s p N_A \sin\theta}{\sqrt{2\pi\mu RT}}\mathrm{e}^{\frac{E_d-E_D-\Delta G^*}{kT}} \tag{5-33}$$

因此,薄膜最初的形核率与临界形核自由能 $\Delta G_{非}^{*}$ 密切相关,$\Delta G_{非}^{*}$ 的降低将显著提高形核率。而高的脱附活化能 E_d,低的扩散激活能 E_D 都有利于气相原子在衬底表面的停留和运动,因而会提高形核率。

5.3.2.4　衬底温度和沉积速率对形核过程的影响

沉积速率 R 与衬底温度 T 是影响薄膜沉积过程和薄膜组织的最重要的两个因素。下面我们仅对自发形核情况下,由上述两个因素对临界核心半径 r^* 和临界形核自由能 ΔG^* 的影响说明它们对整个形核过程及其薄膜组织的影响。

首先看一下薄膜沉积速率对薄膜组织的影响。依照式(5-12),可以将固相从气相凝结出来时的相变自由能写为下面的形式

$$\Delta G_V=-\frac{kT}{\Omega}\ln\frac{R}{R_e} \tag{5-34}$$

其中 R_e 是凝结核心在温度 T 时的平衡蒸发速率,而 R 为实际沉积速率。当沉积速率与蒸发速率相等时,气相与固相处于平衡状态,这时 $\Delta G_V=0$;当 $R_e>R$,即薄膜沉积时,$\Delta G_V<0$。由此,并利用式(5-15)和式(6-34),可以得出

$$\left(\frac{\partial r^*}{\partial R}\right)_T=\left(\frac{\partial r^*}{\partial \Delta G_V}\right)\left(\frac{\partial \Delta G_V}{\partial R}\right)=\frac{r^*}{\Delta G_V}\frac{kT}{\Omega R}<0 \tag{5-35}$$

相仿,由式(6-16)和式(5-34)也可求出

$$\left(\frac{\partial \Delta G^*}{\partial R}\right)_T=\left(\frac{\partial \Delta G^*}{\partial \Delta G_V}\right)\left(\frac{\partial \Delta G_V}{\partial R}\right)=\frac{2\Delta G^*}{\Delta G_V}\frac{kT}{\Omega R}<0 \tag{5-36}$$

因此,随着薄膜沉积速率 R 的提高,薄膜临界核心半径和临界形核自由能均随之降低。因而,高的沉积速率将会导致高的形核速率和细密的薄膜组织。

再考虑一下温度对薄膜组织的影响。由式(5-15)对于温度的导数,即

$$\left(\frac{\partial r^*}{\partial T}\right)_R=r^*\left(\frac{1}{\gamma}\frac{\partial \gamma}{\partial T}-\frac{1}{\Delta G_V}\frac{\partial \Delta G_V}{\partial T}\right) \tag{5-37}$$

可以知道,临界核心半径随温度的变化率取决于相变自由能 ΔG_V 和新相表面能 γ 两者随温度的变化情况。由于薄膜核心的成长一定要有一定的过冷度,即温度一定要低于 T_e,其中 T_e 为薄膜核心与其气相保持平衡时的温度,因此,若令 $\Delta T=T_e-T$ 为薄膜沉积时的过冷度,则在平衡温度 T_e 附近,相变自由能可以表达为

$$\Delta G_V(T)=\Delta H(T)-T\Delta S(T)\approx \Delta H(T_e)\frac{\Delta T}{T_e} \tag{5-38}$$

其中,我们已将薄膜沉积的热焓变化及熵的变化用其在平衡温度处的数值所代替,即 $\Delta H(T)\approx\Delta H(T_e)$,$\Delta S(T)\approx\Delta S(T_e)=\Delta H(T_e)/T_e$,因此结合式(6-37)、式(5-38)后,得到在 T_e 以下的温度区间

$$\left(\frac{\partial r^*}{\partial T}\right)_R>0 \tag{5-39}$$

由同样的理由,也可以由式(5-16)、(5-38)得到

$$\left(\frac{\partial \Delta G^*}{\partial T}\right)_R=\Delta G_V\left(\frac{3}{\gamma}\frac{\partial \gamma}{\partial T}-\frac{2}{\Delta G_V}\frac{\partial \Delta G_V}{\partial T}\right)>0 \tag{5-40}$$

即随着温度上升，或者说随着相变过冷度的减小，新相临界核心半径增加，因而新相核心的形成将更加困难。

式(5-35)、式(5-36)、式(5-39)和式(5-40)四个不等式所给出的结果跟实验观察到的沉积速度和温度对薄膜沉积中形核过程影响的实验规律相吻合。温度越高，需要形成的临界核心的尺寸就越大，形核的临界自由能势垒也越高。这与高温时沉积的薄膜首先形成粗大的岛状组织相吻合，低温时，临界形核自由能下降，形成的核心数目增加，这将有利于形成晶粒细小而连续的薄膜组织。同样，沉积速率增加将导致临界核心尺寸减小，临界形核自由能降低，在某种程度上这相当于降低了沉积温度，将使得薄膜组织的晶粒发生细化。

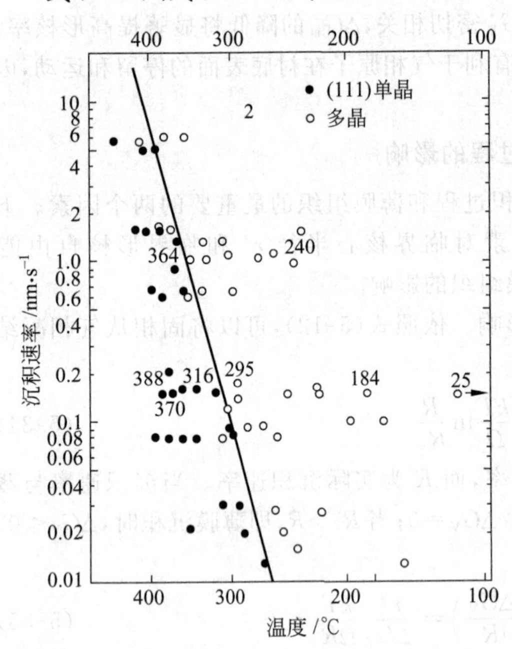

图 5-14　在 NaCl(111)衬底上沉积 Cu 时薄膜组织与衬底温度及沉积速率之间的关系

因此，要想得到粗大甚至是单晶结构的薄膜，一个必要的条件往往是需要适当地提高沉积的温度，并降低沉积的速率。低温沉积和高速沉积往往导致多晶态的沉积组织。

图 5-14 绘出了在 NaCl 衬底上沉积 Cu 时得到的组织与温度及沉积速率之间的关系。采用相同的方法也可以作出其他薄膜-衬底组合情况下的组织-沉积参数的关系图。此外，若被沉积物质属于非金属材料，高速低温沉积往往会导致形成非晶态的薄膜结构。

5.3.3　统计或原子聚集理论

在毛吸理论，即热力学界面能理论中，对形核分析有两个基本假设。一是认为当核尺寸变化时其形状不变化；二是认为核的表面自由能和体积自由能与块体材料有同样数值。对于块体材料，例如熔融金属的凝固，其形核尺寸较大，一般由 100 个以上的原子组成，这种理论完全可以适用。而对于薄膜沉积来说则不然，其临界形核尺寸较小，一般为原子尺寸量级，即只含有几个原子，因此，毛吸理论研究薄膜形成过程的形核，其适用性受到怀疑。

统计或原子聚集理论着眼于一个个的原子，认为原子之间的作用只有键能，并由聚集体原子间的键能以及聚集体原子与基体表面原子间的键能代替毛吸理论中的热力学自由能。

在原子聚集理论中，临界核和最小稳定核的形状与键能的关系如图 5-15 所示。从图中的键能数值看出，它是以原子对键能为最小单位呈不连续变化。

5.3.3.1　关于临界核

如图 5-15 所示，当临界核尺寸较小时，键能 E_i 将呈现不连续性变化，几何形状不能保持恒定不变。因此无法求出临界核大小的数学解析式，但可以分析它含有一定原子数目时所有可能的形状。然后用试差法确定哪种原子团是临界核。下面以面心立方结构金属进行

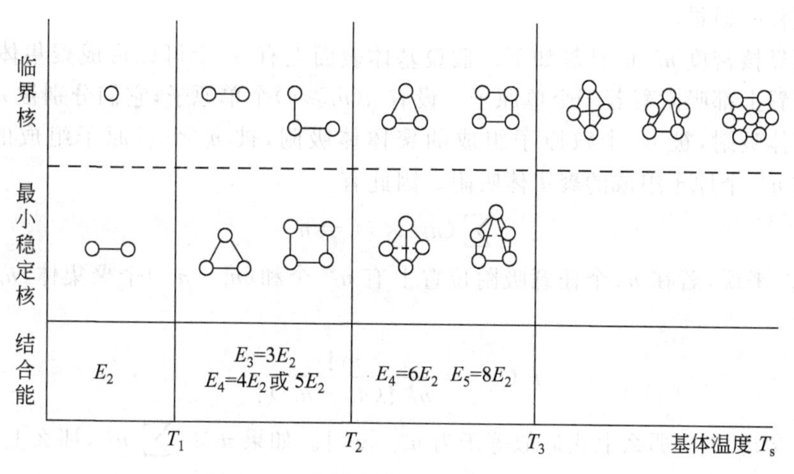

图 5-15　临界核与最小稳定核的形状

分析。我们假定沉积速率恒定不变，分析临界核大小随基体温度的变化。

① 在较低的基体温度下，临界核是吸附在基体表面上的单个原子。在这种情况下，每一个吸附原子一旦与其他吸附原子相结合都可形成稳定的原子对形状稳定核。由于在临界核原子周围的任何地方都可与另一个原子相碰撞结合，所以稳定核原子对将不具有单一的定向性。

② 在温度大于 T_1 之后，临界核是原子对。因为这时每个原子若只受到单键的约束是不稳定的，必须具有双键才能形成稳定核。在这种情况下，最小稳定核是三原子的原子团。这时稳定核将以(111)面平行于基片。

另一种可能的稳定核是四原子的方形结构，但出现这种结构的几率较小。

③ 当温度升高到大于 T_2 以后，临界核是三原子团或四原子团。因为这时双键已不能使原子稳定在核中。要形成稳定核，它的每个原子至少要有三个键。这样，其稳定核是四原子团或五原子团。

④ 当温度再进一步升高达到 T_3 以后，临界核显然是四原子团或五原子团，有的可能是七原子团。

上述情况均反映在图 5-15 中。图中的温度 T_1、T_2 和 T_3 称为转变温度或临界温度。在热力学界面能成核理论中，描述核形成条件采用临界核半径的概念。由此可看到两种理论在描述临界核方面的差异。

详细的理论计算可求得 T_1 和 T_2 如下：

$$\left.\begin{aligned} T_1 &= \frac{-(E_d + E_2)}{k \cdot \ln(\tau_0 J/n_s)} \\ T_2 &= \frac{-\left(E_d + \dfrac{1}{2}E_3\right)}{k \cdot \ln(\tau_0 J/n_s)} \end{aligned}\right\} \tag{5-41}$$

式中各参数的物理意义在前面已给出，这里不再重述。

5.3.3.2　关于形核速率

前面已经指出，成核速率等于临界核密度乘以每个核的捕获范围、再乘以吸附原子向临界核扩散迁移的通量。

对于临界核密度 n_i^* 的计算如下。假设基体表面上有 n_s 个可以形成聚集体的位置，在任何一个位置上都吸附着若干个单原子。设有 $n(n_s \geqslant n)$ 个单原子，它们分别被 n_1 个单原子形成的聚集体吸附，被 n_2 个双原子组成的聚体体吸附，被 n_3 个三原子组成的聚集体吸附，……，被 n_i^* 个原子组成的聚集体吸附。因此有

$$\sum (n_i^* \times i) = n \tag{5-42}$$

对于 n_i^* 来说，若在 n_s 个任意吸附位置上有 n_i^* 个和 $(n_s - n_i^*)$ 个聚集体，n_i^* 的衰减量如下：

$$_{n_s}C_{n_i^*} = \frac{n_s!}{n_i^*!(n_s - n_i^*)!} \tag{5-43}$$

如果 $n_s \gg n_i^* \gg 1$，那么上式近似等于为 $n_s^{n_i^*}/n_i^*!$。如果 $n_s \gg \sum n_i^*$，那么上式对所有的 i 都成立。

若单原子吸附时键能为 E_1，i 个原子组成聚集体时键能为 E_i^*，则处于这种聚集体的状态数为

$$\frac{n_s^{n_i^*}}{n_i^*!} \cdot \exp\left(\frac{n_i^* E_i^*}{kT}\right) \tag{5-44}$$

全部聚集体的状态数为

$$W = \prod_i \left(\frac{n_s^{n_i^*}}{n_i^*!}\right) \exp\left(\frac{n_i^* \cdot E_i^*}{kT}\right) \tag{5-45}$$

假设 W 达到最大值的 n_s 就是实际状态，薄膜总系统中的原子数为 n，则得到如下结果

$$\sum i \cdot n_i^* = n \tag{5-46}$$

所以，计算临界核密度 n_i^* 就是求在公式(6-46)条件下 W 或 $\ln W$ 的最大值。为此，假设 C 为某一未知常数，并令

$$\ln W + n \cdot \ln C = L \tag{5-47}$$

这样就变成求 L 的最大值。如果将 W 和 n 值代入式(6-47)中，再求微分就得到

$$\frac{\partial L}{\partial n_i^*} = \ln n_s + \frac{E_i^*}{kT} - \ln n_i^* + i \ln C$$

令 $\partial L / \partial n_i^* = 0$，可得到

$$n_i^* = \left[n_s \cdot \exp\left(\frac{E_i^*}{kT}\right)\right] \cdot C^i \tag{5-48}$$

假设 $i=1$，可得到

$$C = \frac{n_1}{n_s} \exp\left(\frac{-E_1^*}{kT}\right) \tag{5-49}$$

将式(5-49)代入式(5-48)中可得到

$$n_i^* = n_s \left(\frac{n_1}{n_s}\right)^i \cdot \exp\left(\frac{E_i^* - iE_1}{kT}\right) \tag{5-50}$$

因为 E_1 是单原子吸附状态下的势能，故若将它作为能量基准（零点），那么临界核密度 n_i^* 可表示为

$$n_i^* = n_s \left(\frac{n_1}{n_s}\right)^i \exp\left(\frac{E_i^*}{kT}\right) \tag{5-51}$$

它与热力学界面能理论得到临界核密度公式(5-18)相对应。

吸附原子向临界核扩散迁移的通量仍可用公式(6-32),临界核捕获范围为A^*,则形核速率

$$\begin{aligned}\frac{\mathrm{d}n_i}{\mathrm{d}t}&=n_i^*\cdot\omega\cdot A^*\\&=n_s\left(\frac{n_1}{n_s}\right)^i\exp\left(\frac{E_i^*}{kT}\right)\cdot J\cdot a_0\exp\left(\frac{E_d-E_D}{kT}\right)\cdot A^*\\&=A^*\cdot J\cdot n_s\cdot a_0\left(\frac{J\cdot\tau_a}{n_s}\right)^i\exp\left(\frac{E_i^*+E_d-E_D}{kT}\right)\\&=A^*\cdot J\cdot n_s\cdot a_0\left(\frac{\tau_0\cdot J}{n_s}\right)^i\exp\left[\frac{E_i^*+(i+1)E_d-E_D}{kT}\right]\end{aligned}\tag{5-52}$$

它与热力学界面能理论成核速率式(5-33)相对应。式(5-52)中的J可以参照式(1-22)。从式(5-52)可以看出,随着临界原子团尺寸增加,形核速率以J^{i+1}指数关系增加。

由于基本原理的相似性,故在由毛吸理论和原子聚集理论所推导的结果之间发现相似性不足为怪。但一般说来,前者给出的临界晶核尺寸较大,而形核速率低;后者给出的临界晶核尺寸较小,而形核速率高。造成这种区别的原因在于,作为唯象的毛吸理论基于参量的连续变化:原子团尺寸连续变化,化学自由能、表面能、界面能连续变化等;而统计或原子聚集理论基于参量的不连续变化:原子团尺寸不连续变化,吸附原子及原子间的键能不连续变化等。显然,前者适用于凝聚能较小或过饱和度小,从而临界晶核较大的沉积情况;后者适用于原子键能较高或过饱和度大,从而临界晶核较小的沉积情况。

5.4 连续薄膜的形成

形核初期形成的孤立核心将随着时间的推移逐渐长大,这一过程除了包括吸收单个的气相原子之外,还包括核心之间的相互吞并联合的过程。下面我们讨论三种核心相互吞并可能的机制。

5.4.1 奥斯瓦尔多(Ostwald)吞并过程

设想在形核过程中已经形成了各种不同大小的核心。随着时间的延长,较大的核心将依靠消耗吸收较小的核心获得长大。这一过程的驱动力来自岛状结构的薄膜力图降低自身表面自由能的趋势。图5-16所示为岛状结构的长大机制。

图5-16(a)是吞并过程的示意图。设在衬底表面存在着两个不同大小的岛,它们之间并不直接接触。为简单起见,可以认为它们近似为球状,球的半径分别为r_1和r_2,两个球的表面自由能分别为$G_s=4\pi r_i^2\gamma(i=1,2)$。两个岛分别含有的原子数为$n_i=4\pi r_i^3/3\Omega$,这里,$\Omega$代表一个原子的体积。由上面的条件可以求出岛中每增加一个原子引起的表面自由能增加为

$$\mu_i=\frac{\mathrm{d}G_s}{\mathrm{d}n_i}=\frac{2\gamma\Omega}{r_i}\tag{5-53}$$

由化学位定义,可写出每个原子的自由能

$$\mu_i=\mu_0+kT\ln a_i\tag{5-54}$$

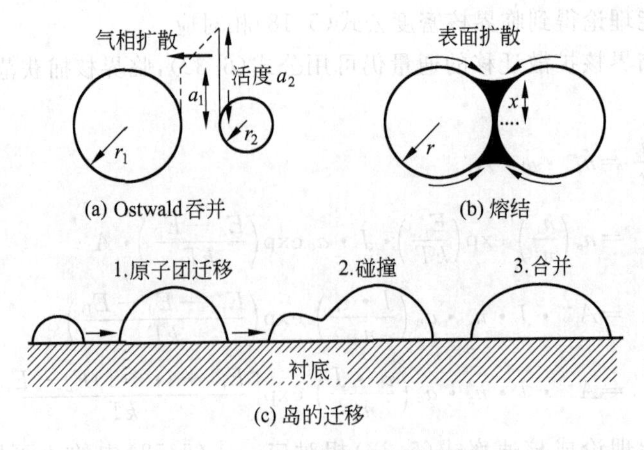

图 5-16　岛状结构的长大机制

得到表征不同半径晶核中原子活度的吉布斯-汤姆森(Gibbs-Thomson)关系

$$a_i = a_\infty e^{\frac{2\Omega\gamma}{r_i kT}} \tag{5-55}$$

这里，a_∞ 相当于无穷大的原子团中原子的活度值。这一公式表明，较小的核心中的原子将具有较高的活度，因而其平衡蒸气压也将较高。因此，当两个尺寸大小不同的核心相邻的时候，尺寸较小的核心中的原子有自发蒸发的倾向，而较大的核心则会因其平衡蒸气压较低而吸收蒸发来的原子。结果是较大的核心吸收原子而长大，而较小的核心则失去原子而消失。Ostwald 吞并的自发进行导致薄膜中一般总维持有尺寸大小相似的一种岛状结构。

5.4.2　熔结过程

如图 5-16(b)所示，熔结是两个相互接触的核心相互吞并的过程。图 5-17 中表现了两个相邻的 Au 核心相互吞并时的具体过程，请注意每张照片中心部位的两个晶核的变化过程。在极短的时间内，两个相邻的核心之间形成了直接接触，并很快完成了相互的吞并过程。在这一熔结机制里，表面自由能的降低趋势仍是整个过程的驱动力。原子的扩散可能

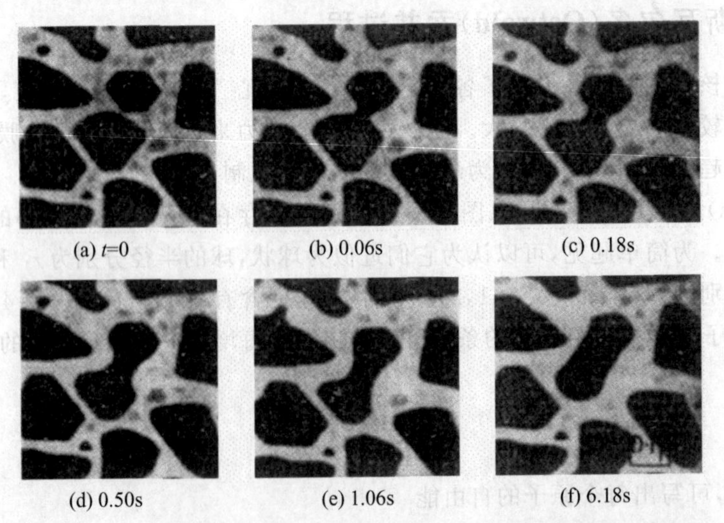

图 5-17　400℃下不同时间时 MoS_2 衬底上 Au 核心的相互吞并过程

通过两种途径进行，即体扩散和表面扩散。但很显然，表面扩散机制对熔结过程的贡献应该更大。

5.4.3 原子团的迁移

在薄膜生长初期，岛的相互合并还涉及了第三种机制，即岛的迁移过程。在衬底上的原子团还具有相当的活动能力，其行为有些像小液珠在桌面上的运动。场离子显微镜已经观察到了含有两三个原子的原子团的迁移现象。而电子显微镜观察也发现，只要衬底温度不是很低，拥有 50～100 个原子的原子团也可以发生自由的平移、转动和跳跃运动。

原子团的迁移是由热激活过程所驱使的，其激活能 E_c 应与原子团的半径 r 有关。原子团越小，激活能越低，原子团的迁移也越容易。原子团的迁移将导致原子团间的相互碰撞和合并，如图 5-16(c)1→2→3 所示的那样。

显然，要明确区分上述各种原子团合并机制在薄膜形成过程中的相对重要性是很困难的。但就是在上述机制的作用下，原子团之间相互发生合并过程，并逐渐形成了连续的薄膜结构。

5.4.4 决定表面取向的 Wullf 理论

5.4.4.1 表面能与薄膜表面取向

晶体中取向不同的晶面，原子面密度不同，解理时每个原子形成的断键不同，因而贡献于增加表面的能量也不相同。实验和理论计算都已证明，晶体的不同晶面具有不同的表面能。正如能量最低的晶面常显露于单晶体的表面之外一样，沉积薄膜时，能量最低的晶面也往往平行于薄面而显露于外表面。

为了表明表面能与表面取向的关系，以面心立方晶体为例，将不同晶面表面能相对比值列于表 5-10 中。其中以(111)表面能为 1，可以看出(111)晶面的表面能最低。

表 5-10 面心立方晶体主要晶面表面能相对比值

晶面	断键密度/cm^{-2}	表面能相对比值	晶面	断键密度/cm^{-2}	表面能相对比值
(111)	$6/\sqrt{3}a^2$	1	(110)	$6/\sqrt{2}a^2$	1.223
(100)	$4/a^2$	1.154	(210)	$14/\sqrt{10}a^2$	1.275

表 5-10 中依次从上到下的晶面，断键密度越来越高，表面能相对比值越来越大。需要说明的是，晶体中不同晶向原子排列的线密度以及不同晶面原子排列的面密度是不同的。晶面间距大的晶面，原子排列的面密度大；晶面间距小的晶面，原子排列的面密度小。面心立方晶体中原子排列的一级近邻沿$\frac{1}{2}\langle 110\rangle$，二级近邻沿$\langle 100\rangle$，三级近邻沿$\frac{1}{2}\langle 112\rangle$，等等。表 5-10 中的断键密度指的是最近邻原子即$\frac{1}{2}\langle 110\rangle$的断键密度。其他结构的晶体中也有类似的情况。

5.4.4.2 由 Wullf 理论推测薄膜生长模式及表面取向

表面能因晶体表面的取向不同而不同，说明表面能具有方向性。采用 Wullf 理论，可根据表面能的方向性推测薄膜生长模式及表面取向。Wullf 方法的优点在于其作图方法的简明直观性。

设在基体 B 上生成膜物质 A 的三维晶核，晶核中含有 n 个 A 的原子，由图 5-18，其形核的自由能变化可表示为

$$\Delta G_{3D}(n)=-n\Delta\mu+\sum\gamma_j S_j+(\gamma^*-\gamma_B)S_{AB} \tag{5-56}$$

式中，γ_A 为 A 的表面能；γ_B 为 B 的表面能；γ^* 为 A 和 B 之间的界面能，有 $\gamma^*=\gamma_A+\gamma_B-\beta$，$\beta$ 为界面结合能，代表 A 和 B 间的亲和力；S_j 为晶核 j 面的表面积；γ_j 为晶核 j 面的表面能；S_{AB} 为 A、B 的接触面积。

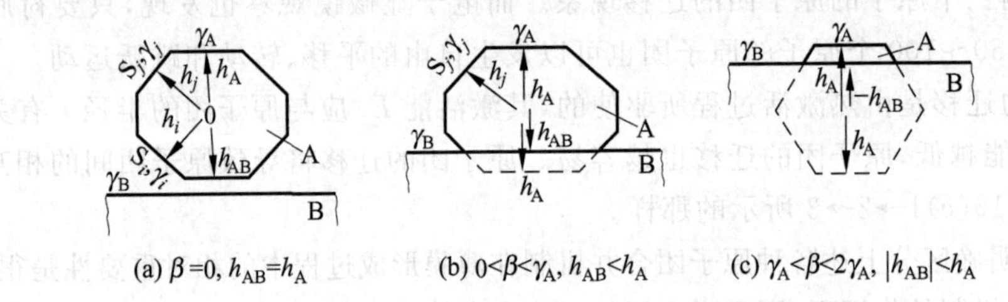

图 5-18　依 A、B 间界面结合能（亲和力）β 由小变大，薄膜形核长大逐渐由三维（岛状）向二维（层状）过渡

式(5-56)中，$-n\Delta\mu$ 一项是气相到固相释放的化学自由能，为成膜的动力；$\sum\gamma_j S_j$ 是除 A、B 界面之外对 A 的所有表面能求和；最后一项是扣除原 B 表面表面能之外的界面能。

由形核条件，可以导出由下式表示的 Wulff 定理：

$$\frac{\gamma_i}{h_i}=\frac{\gamma_A}{h_A}=\frac{\gamma^*-\gamma_B}{h_{AB}}=\frac{\gamma_A-\beta}{h_{AB}} \tag{5-57}$$

由式(5-57)，针对 β 即界面结合能或说 A 和 B 间的亲和力大小不同，可以有代表性地分析下列四种情况：

(1) $\beta=0$ 时，$h_{AB}=h_A$，相当于图 5-18(a)；

(2) $0<\beta<\gamma_A$，即 A、B 间的亲和力渐大时，$h_{AB}<h_A$，相当于图 5-18(b)；

(3) $\gamma_A<\beta<2\gamma_A$ 时，$h_{AB}<0$，$|h_{AB}|<h_A$，相当于图 5-18(c)；

(4) $\beta\to2\gamma_A$ 时，$h_{AB}\to-h_A$。

由以上的分析可以看出，薄膜与基体之间的亲和力小时，薄膜按三维岛状形核生长，而随着亲和力增加，薄膜逐渐由三维方式向二维方式过渡。这与前面5.3.2.2 节用界面能得出的结果是完全一致的。

根据式(5-57)，γ_i/h_i 为常数。说明垂直于哪个方向的晶面表面能大，则该方向生长得快，效果是降低总表面能。换句话说，能显著降低总表面能的那些高表面能晶面将优先生长，并逐渐被掩盖，从而露出表面能最低的晶面与膜面平行。

5.5　薄膜的生长过程与薄膜结构

5.5.1　薄膜生长的晶带模型

在对薄膜沉积过程最初的形核及核心合并过程进行了介绍之后，下面我们讨论薄膜生长过程及其生成的薄膜结构。由于薄膜的生长模式可以分为外延式生长和非外延式生长两种，这一节我们先介绍非外延式生长，而将外延式生长放到第 6 章讨论。

在薄膜的沉积过程中，入射的气相原子首先被衬底或薄膜表面所吸附。若这些原子具有足够的能量，它们将在衬底或薄膜表面进行扩散运动，除了可能脱附的部分原子之外，大多数的被吸附原子将到达生长中的薄膜表面的某些低能位置。在薄膜沉积的过程中，如果衬底的温度条件许可，则原子还可能经历一定的体扩散过程。因此，原子的沉积过程包含了三个过程，即气相原子的沉积或吸附，表面扩散以及体扩散过程。由于这些过程均受到过程的激活能的控制，因此薄膜结构的形成将与沉积时的衬底相对温度 T_s/T_m 以及沉积原子自身的能量密切相关。这里，T_s 为衬底温度，而 T_m 为沉积物质的熔点。下面我们以溅射方法制备的薄膜结构为例(图 5-19)，讨论沉积条件对薄膜组织的影响。

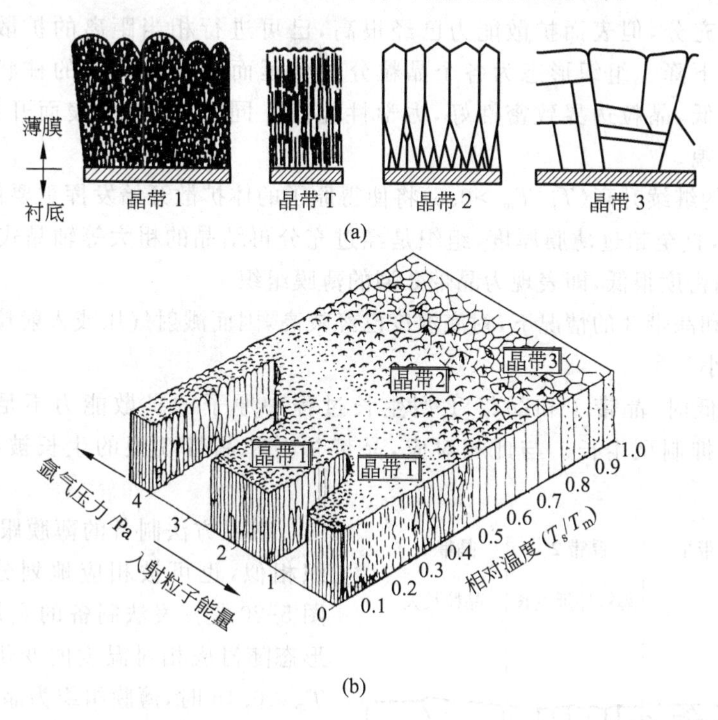

图 5-19　薄膜组织的四种典型断面结构(a)，以及衬底相对温度 T_s/T_m 和溅射气压对薄膜组织的影响(b)

如图 5-19(a)所示的那样，溅射方法制备的薄膜组织可依沉积条件不同而出现四种形态。对薄膜组织的形成具有重要影响的因素除了衬底温度之外，溅射气压也会直接影响入射在衬底表面的粒子能量，即气压越高，入射到衬底上的粒子受到的碰撞越频繁，粒子能量也越低，因而溅射气压对薄膜结构也有着很大的影响。衬底相对温度 T_s/T_m 和溅射时 Ar 气压力对于薄膜组织的综合影响如图 5-19(b)所示。

在温度很低、气压较高的条件下，入射粒子的能量较低，原子的表面扩散能力有限，形成的薄膜组织为晶带 1 型的组织。在这样低的沉积温度下，薄膜的临界核心尺寸很小，在沉积进行的过程中会不断产生新的核心。同时，原子的表面扩散及体扩散能力很低，沉积在衬底上的原子即已失去了扩散能力。由于这两个原因，加上沉积阴影效应的影响，沉积组织呈现细纤维状形态，晶粒内缺陷密度很高，而晶粒边界处的组织明显疏松，细纤维状组织由孔洞所包围，力学性能很差。在薄膜较厚时，细纤维状组织进一步发展为锥状形态，表面形貌发展为拱形，而锥状组织之间夹杂有较大的空洞。

晶带T型组织是介于晶带1和晶带2之间的过渡型组织。沉积过程中临界核心尺寸仍然很小，但原子已经开始具有一定的表面扩散能力。因此，虽然在沉积的阴影效应影响下组织仍保持了细纤维状的特征，但晶粒边界明显地较为致密，机械强度提高，孔洞和锥状形态消失。晶带T与晶带1的分界明显依赖于气压，即溅射压力越低，入射粒子能量越高，则两者的分界越向低温区域移动。这表明，入射粒子能量的提高有抑制晶带1型组织出现，而促进晶带T型组织出现的作用。

$T_s/T_m=0.3\sim0.5$ 时形成的晶带2是表面扩散过程控制的生长组织。这时，原子的体扩散尚不充分，但表面扩散能力已经很高，已可进行相当距离的扩散，因而沉积阴影效应的影响下降。组织形态为各个晶粒分别外延而形成的均匀的柱状晶组织，晶粒内部缺陷密度低，晶粒边界致密性好，力学性能高。同时，各晶粒表面开始呈现晶体学平面的特有形貌。

衬底温度的继续升高（$T_s/T_m>0.5$）将使得原子的体扩散开始发挥重要作用，因此晶粒开始迅速长大，直至超过薄膜厚度，组织是经过充分再结晶的粗大等轴晶式的晶粒外延组织，晶粒内缺陷密度很低，即表现为晶带3型的薄膜组织。

在晶带2和晶带3的情况下，衬底温度已经较高，因而溅射气压或入射粒子能量对薄膜组织的影响较小。

在温度较低时，晶带1和晶带T型生长过程中原子的扩散能力不足，因而这两类生长又被称为抑制型生长。与此相对应，晶带2型和晶带3型的生长被称为热激活型生长。

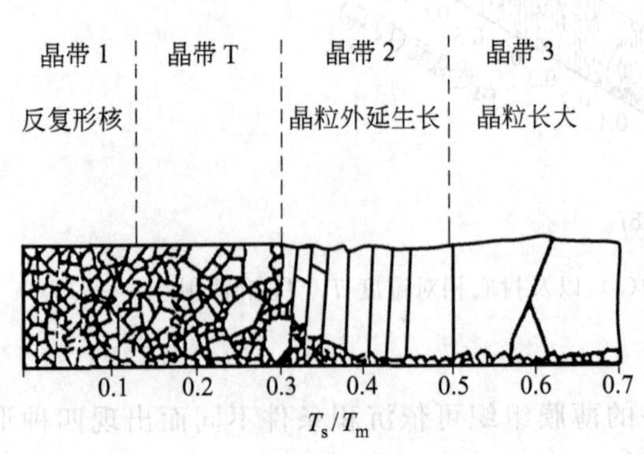

图5-20　蒸发法制备的金属薄膜的组织形态随衬底相对温度的变化

蒸发方法制备的薄膜跟溅射薄膜的组织相似，也可被相应地划分为四个晶带。图5-20是蒸发法制备的金属薄膜的组织形态随衬底相对温度的变化情况。在 $T_s/T_m<0.15$ 时，薄膜组织为晶带1型的细等轴晶，沉积过程伴随着不断的形核过程，晶粒尺寸只有5～20 nm，组织中孔洞较多，组织较为疏松。$0.15<T_s/T_m<0.3$ 时出现的是晶带T型的组织，其特点是在细晶粒的包围下出现了部分直径约为50 nm的尺寸稍大的晶粒，这表明部分晶界已具备了一定的运动能力。在 $T_s/T_m=0.3\sim0.5$ 时，晶带2型的柱状晶形貌开始出现。在 $T_s/T_m>0.5$ 以后，组织变为晶带3型的粗大的等轴晶组织。

5.5.2　纤维状生长模型

由上面的分析我们看到，在衬底温度合适的情况下，薄膜组织呈现典型的纤维状生长组织。这实际上是原子扩散能力有限，大量晶粒竞争外延生长的结果，它是由疏松的晶粒边界包围下的相互平行生长的较为致密的纤维状组织组成的。在薄膜的横断面上，这种纤维状组织的特点很明显，这是因为纤维状组织的晶粒边界处密度较低，结合强度较弱，常常是最容易发生断裂的地方，如图5-21所示的那样。

纤维状组织的一个特性是纤维生长方向与粒子的入射方向间呈正切夹角关系

$$\tan\alpha = 2\tan\beta \quad (5\text{-}58)$$

其中α、β为入射粒子和纤维生长方向与衬底法向间的夹角。由图5-21可以看出，纤维状生长方向与衬底法向的夹角要小于入射粒子方向与衬底法向的夹角。这一实验规律的普遍适用性表明，纤维状生长跟薄膜沉积时入射原子运动的方向性及它所导致的沉积阴影效应有关。

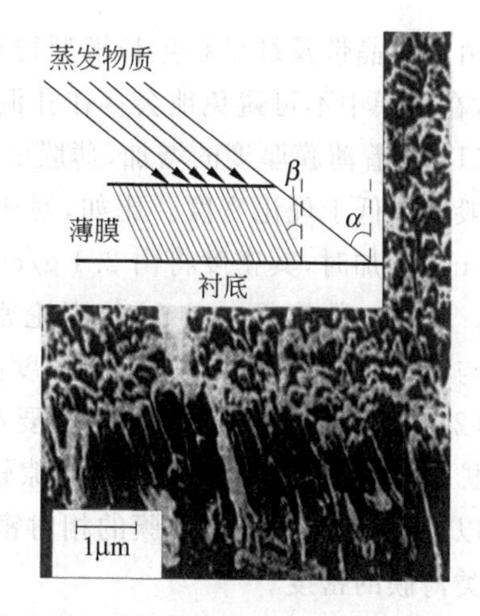

图5-21　蒸发沉积Al薄膜的纤维生长方向与入射粒子方向间的关系

应用计算机可以模拟出在薄膜沉积过程中，纤维状生长过程及其与沉积阴影效应的关系。假设衬底处于一定的温度下，而按顺序蒸发出的原子硬球以一定的入射角度α无规律地入射到衬底上，则可得到如图5-22所示的计算机模拟结果。在模拟时，允许沉积后的原子调整自己的位置到最近邻的空缺位置，从而使得近邻配位数达到最大。模拟结果显示，随着入射角α增加，薄膜的沉积密度下降，而且纤维生长方向与衬底法线间的夹角β小于α，且与式(6-58)的结果相吻合。随着温度的提高，薄膜的密度上升。这即是说，当原子入射的方向被阴影遮蔽，或者入射原子在沉积之后扩散能力不足时，薄膜中孔洞的数量将增加，薄膜的密度将减小。原子扩散能力越低，阴影效应也越明显。

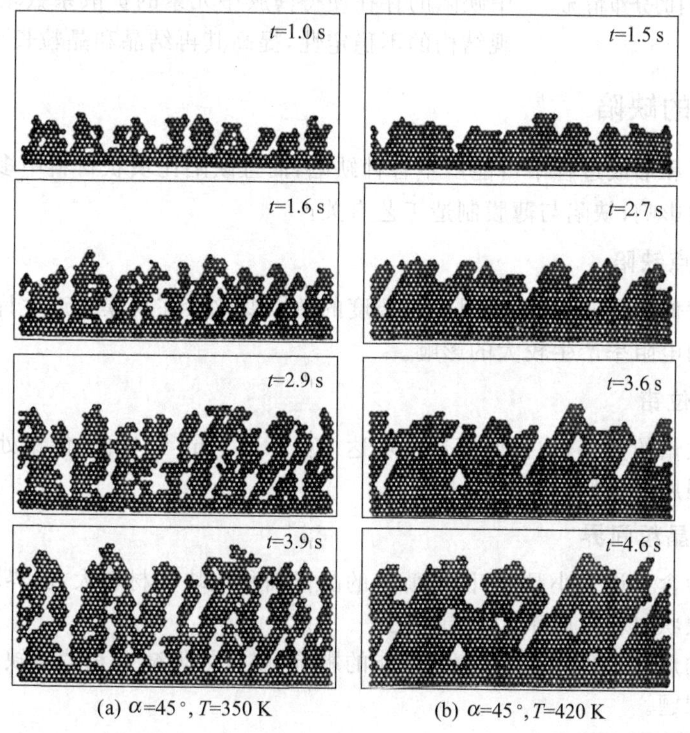

图5-22　计算机模拟得出的Ni薄膜在不同温度下的纤维状生长过程

由以上晶带及纤维状生长模型得知，沉积后的薄膜密度一般总要低于理论密度。这是因为，在薄膜中不可避免地会存在孔洞。实验表明，薄膜的密度变化遵循以下规律：

(1) 随着薄膜厚度的增加，薄膜的密度逐渐增加并且趋于一个极限值。并且，这一极限值一般仍要低于理论密度。比如，对于在525℃以上温度沉积的Al薄膜来说，当薄膜厚度从25 nm增加时，其密度将由2.1 g/cm^{3}增加至大约2.58 g/cm^3，其后维持在这一数值不再变化。但后一数值仍小于Al的理论密度2.70 g/cm^3。显然，厚度较小时薄膜密度较低的原因与薄膜沉积初期的点阵无序程度高，氧化物含量大，空位、孔洞以及气体含量较高有关。

(2) 金属薄膜的相对密度一般要高于陶瓷等化合物材料。显然，这与后者在沉积时原子的扩散能力较低，沉积产物中孔隙较多有关。比如，金属薄膜的相对密度一般可以达到95%以上，而氟化物材料薄膜的相对密度一般只有70%左右。提高衬底温度可以显著提高后一类薄膜的密度。

(3) 薄膜材料中含有大量的空位和孔洞。据估计，在沉积态的金属薄膜中，空位的浓度可以高达10^{-2}的数量级。相互独立存在或相互连通的孔洞聚集在晶粒边界附近。除此之外，沉积物中还存在大量的显微孔洞。图5-23是在欠聚焦状态下拍摄到的Au膜中显微孔洞在晶粒内的分布情况。这种微孔洞尺寸只有1 nm左右，但其密度可以高达10^{17}个/cm^3。

图5-23 Au膜中显微孔洞在晶粒内的分布情况

薄膜中纤维状的结构和显微缺陷的存在对薄膜的性能有着重要的影响。例如，呈纤维状生长的薄膜的物理性能，包括力学、电学、磁学、热学性能等均将呈现各向异性。薄膜中缺陷的存在使得薄膜中元素的扩散系数增大，造成薄膜微观结构的不稳定性，提高其再结晶和晶粒长大倾向等。

5.5.3 薄膜的缺陷

在薄膜生长和形成过程中可能产生各种缺陷，而且缺陷比块状材料中多；这些缺陷对薄膜性能有重要的影响；缺陷与薄膜制造工艺有关。

5.5.3.1 点缺陷

在基体温度低时或蒸发、凝聚过程中温度的急剧变化会在薄膜中产生许多点缺陷，这些点缺陷对薄膜的电阻率产生较大的影响。

5.5.3.2 位错

薄膜中有大量的位错，位错密度通常可达$10^{10}\sim10^{11}\,\mathrm{cm}^{-2}$。由于位错处于钉扎状态，因此薄膜的抗拉强度比大块材料略高一些。

5.5.3.3 晶粒间界

因为薄膜中含有许多小晶粒，因而薄膜的晶界面积比块状材料大，晶界增多。这是薄膜材料电阻率比块状材料电阻率大的原因之一。

各种缺陷的形成机理，缺陷对薄膜性能的影响，以及如何减少和消除缺陷等都是今后有待深入研究的课题。

5.5.4　薄膜形成过程的计算机模拟

对于薄膜形成过程的实验研究除了采用电子显微分析技术和表面分析技术之外，随着电子计算机科学的发展，从 20 世纪 70 年代开始，国际上许多研究工作者用计算机模拟方法研究薄膜的形成过程。我国在 20 世纪 80 年代也开始利用计算机模拟技术研究薄膜的形成过程。

利用计算机模拟薄膜形成过程时可采用两种方法：蒙特卡罗方法和分子动力学方法。

蒙特卡罗(Monte Carlo)方法又称随机模拟法或统计试验法。用这种方法处理问题时，首先要建立随机模型，然后要制造一系列随机数用以模拟这个过程，最后再作统计性处理。在模拟薄膜形成过程时，将气相原子入射到基体上、吸附、解吸；吸附原子的凝结、表面扩散、成核、形成聚集体和形成小岛等都看成独立过程，并作随机现象处理。

分子动力学(molecular dynamics)方法是一种古老的方法。在这种方法中对系统的典型样本的演化都是以时间和距离的微观尺度进行的。

在两种方法中，处理原子和原子间相互作用时采用球对称的 Lennard-Jones 势能 $V(r)$

$$V(r)=4\varepsilon\left[\left(\frac{\sigma}{r}\right)^{12}-\left(\frac{\sigma}{r}\right)^{6}\right] \tag{5-59}$$

式中，r 是距离，即原子和原子之间的距离；ε 是 Lennard-Jones 势能高度；σ 与 r 有相同量纲。势能 $V(r)$ 在 $r=2.5\sigma$ 处截断，原子间相互作用时间间隔 $\Delta t=0.03\sigma/(m/\varepsilon)^{1/2}$，$m$ 是薄膜原子的质量。

在处理离子和原子，特别是惰性气体离子和原子相互作用时，采用排斥的Moliere势能 $\Phi(r)$

$$\Phi(r)=\frac{Z_1\cdot Z_2\cdot e^2}{r}\left(0.35\mathrm{e}^{\frac{-0.3r}{a}}+0.55\mathrm{e}^{\frac{-1.2r}{a}}+0.1\mathrm{e}^{\frac{-6.0r}{a}}\right) \tag{5-60}$$

式中，a 是 Firsov 屏蔽长度，$a=0.4683(Z_1^{1/2}+Z_2^{1/2})^{-2/3}$；$Z_1$ 和 Z_2 分别是离子和薄膜原子的原子序数；r 是原子间距离。

下面简要介绍用两种方法进行薄膜形成过程计算机模拟的研究结果。

5.5.4.1　蒙特卡罗法计算机模拟

若入射气相原子和基体原子是 Lennard-Jones 势能相互作用，则沉积气相原子在基体表面吸附过程中，在表面势场作用下具有一定横向迁移运动能量，并将沿势能最低方向从一个亚稳定位置跃迁到另一个亚稳定位置。迁移运动时的能量不断转化为晶格的热运动能，使沉积原子的迁移能量逐点降低。如果在它周围的适当距离内存在着其他沉积原子或原子聚积体，它们之间相互作用使沉积原子损失更多的迁移运动能量。这种过程一直持续到它的能量低于某一临界值，停止迁移运动而被吸附在基体表面上为止。假设垂直入射的气相原子转换为水平迁移运动时，其动能在一定范围内是随机分布的。以此为基础编制计算程序，可模拟出沉积原子在基体表面上吸附分布状态，如图 5-24 所示。

若将薄膜分成若干小区域，每个小区域可以是处于某一取向的晶格格点或重复单元，并用整数 P 表示。假设该系统共有 32 个可能的晶粒取向。每一个取向对应着不同的自由能，其数值对应该取向所有晶粒中所含单元数目。在不同取向的单元之间，因自由能的差异，原子具有发生短程迁移改变单元取向的倾向。发生这种现象的几率由基体温度 T_s 和自由能 ΔG 决定，即

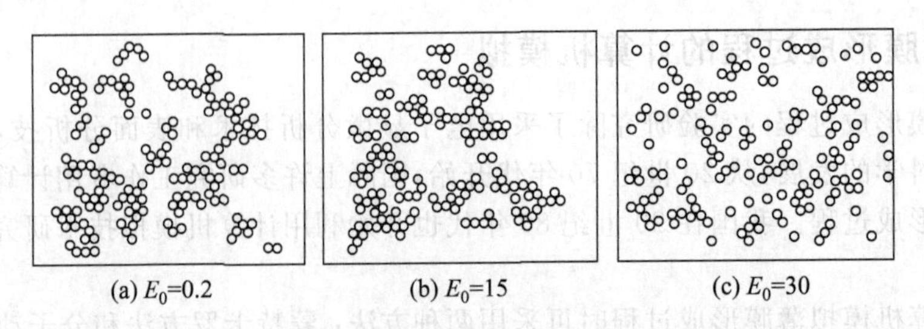

图 5-24 计算机模拟沉积原子在基体表面上的吸附分布

（E_0 为势垒高度，沉积速率 $J=1$，原子数为 50）

$$W=\begin{cases}\exp(-\Delta G/k\cdot T_s), & \Delta G>0\\ 1, & \Delta G\leqslant 0\end{cases}\tag{5-61}$$

每个单元的初始 P 值是随机给定，它反映原子在到达基体表面初期阶段处于无规则排列状态。按实时模拟要求，确定各温度下的运算次数则可表示出基体温度 T_s 变化的影响。图 5-25 给出了计算时间同为 4cs(computation step：计算步)时，平均晶粒尺寸 $\bar{d}$ 随基体温度 T_s 的变化趋势。从图中看到，晶粒生长速度随温度 T_s 上升而单调增大。通常，平均晶粒尺寸 $\bar{d}$ 与时间 t 的关系是

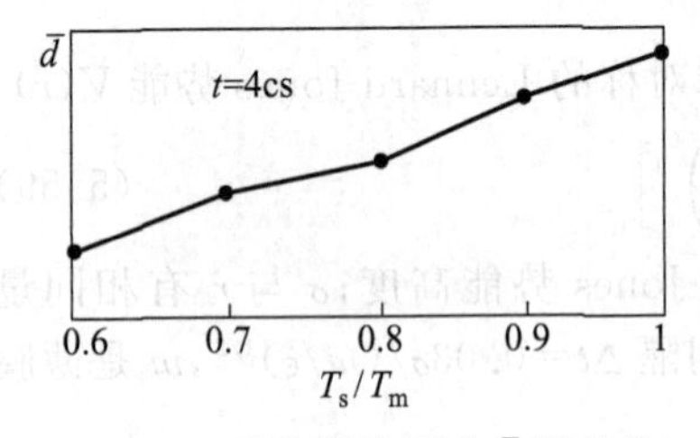

图 5-25 平均晶粒尺寸 $\bar{d}$ 随基体温度 T_s 的变化

$$\bar{d}=t^n\tag{5-62}$$

n 是相对于某一确定温度时的常数。当 $T_s=0.99T_m$ 时（T_m 为材料的熔点），$n=0.785$。在 $t=1\sim4$cs 时，各晶粒分布状态的计算机模拟结果如图 5-26 所示。从图中看到，在 $T_s=0.99T_m$ 时，随着时间的增大，有些晶粒趋于消失，有些晶粒则逐步增大。

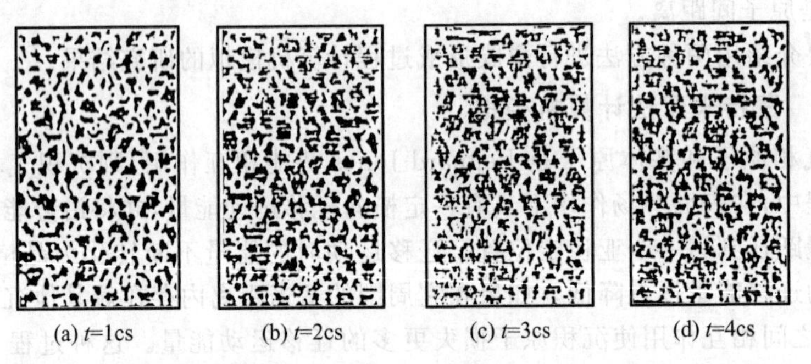

图 5-26 薄膜中晶粒分布的计算机模拟（$T_s=0.99T_m$）

5.5.4.2 分子动力学计算机模拟

假定沉积的气相球状原子或分子是随机到达基体表面的，然后它们或者粘附在它们到达基体表面的位置上（迁移率为零），或者移动到由三个原子支持的最小能量位置上（对应于非常有限的迁移率）。对于研究二维生长情况，沉积原子不是三点支持的球状原子，而是二点支持的圆。对于零迁移率的假设，可模拟出松散聚集的链状结构薄膜，这种链状的分枝和合并则是随机的。对于有限迁移率假设，可模拟出直径为几个分子尺度的从基体向外生长

的树枝状结构。这种结构与实际的柱状结构有许多类似之处。在上面研究成果的基础上进一步发展出另一种二维分子动力学模拟方法，其原理如图 5-27 所示。在这种模型中假设基体表面是无任何缺陷的完美表面，在这个表面上先紧密聚集原子层(平行于 x 轴)每层含有 40 个原子。与基体表面垂直的 z 轴为薄膜生长方向。入射的原子或离子都是从基体表面上方垂直入射到基体上。基体温度 $T_s=0$℃，可消除热效应对结构变化的影响。在编排计算机程序时，对于原子与原子相互作用均采用球对称的 Lennard-Jones 势能，对于惰性气体离子与原子相互作用则采用排斥的 Moliere 热能。图 5-28 是利用这种方法模拟薄膜生长的结构图。从图中看到，当气相原子动能 E(ε 是 Lennard-Jones 势能)有不同值时，薄膜的结构也不同。当动能 E 较小时薄膜有较大的孔洞，动能 E 较大时薄膜中孔洞和晶粒间界都减少，薄膜表面比较平整光滑。图 5-29 是基体表面上最初 10 个原子层平均相对密度与吸附原子入射动能 E 的关系曲线。动能小于 0.5ε 的范围为真空蒸镀，大于 0.5ε 的范围为溅射镀膜。其差异是因吸附原子迁移率与入射动能有关。动能小时吸附原子只能移动一个晶格距离，动能较大时大多数吸附原子都能移动两个晶格距离。当动能较小时，在它们第一次相互作用(碰撞)之后就向着由两个以前沉积原子形成的邻近支撑位置弛豫。在动能较大时(如 1.5ε)，吸附原子更容易迁移或碰撞而移动较大的距离。

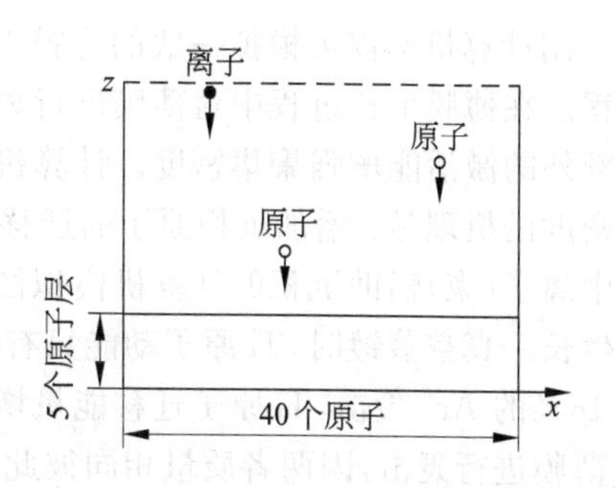

图 5-27　二维分子动力学计算机模拟原理

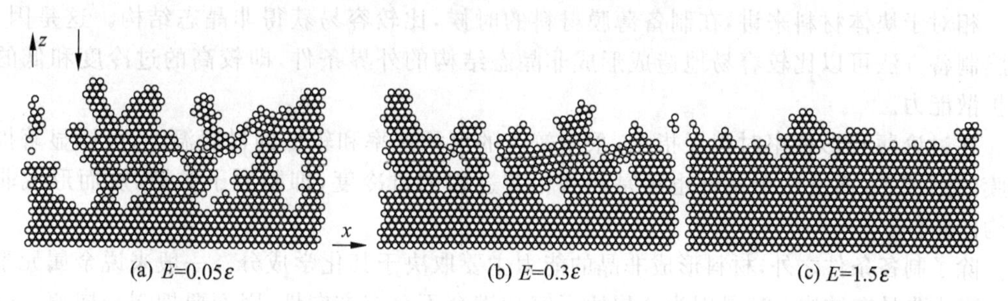

图 5-28　二维分子动力学模拟薄膜生长

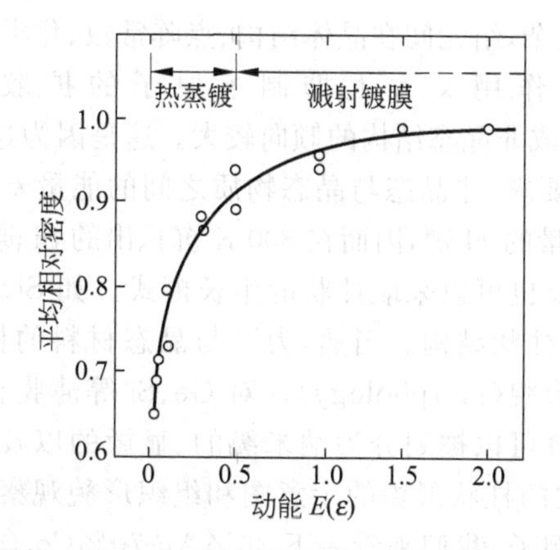

图 5-29　基体上最初 10 层原子平均相对密度与入射动能的关系

用计算机不仅可模拟一般的薄膜生长过程，还可模拟薄膜掺杂或离子(束)辅助增强沉积过程。在薄膜生长过程中对薄膜进行离子轰击或对气相原子进行轰击使之电离成离子，可提供额外的激活能增强聚集密度。计算机模拟离子(束)辅助薄膜形成过程可了解到提高薄膜聚集密度的机理是：增加沉积原子的迁移率和轰击展平的机械过程。图 5-30 是 Ti 薄膜形成过程中离子(束)辅助沉积的计算机模拟图。从图中清楚看到，离子轰击可有效地抑制柱状结构的生长。真空蒸镀时，Ti 原子动能只有0.1 eV，形成的柱状结构非常明显。若用动能为 50 eV 的 16%的 Ar^+ 轰击，Ti 原子迁移能量增大，薄膜中孔洞和晶粒间界显著减少。用 Ti^{4+} 离子对 Ti 薄膜进行轰击，因两者质量相同彼此吸引，Ti^{4+} 被注入到 Ti 薄膜中使结构更加致密。

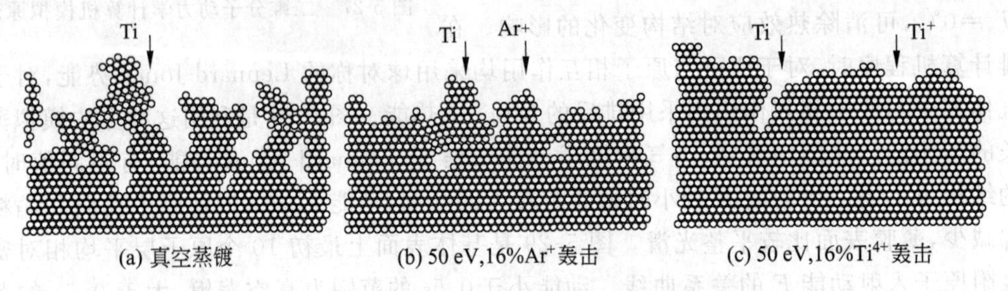

图 5-30　离子(束)辅助薄膜生长的计算机模拟

5.6 非晶态薄膜

相对于块体材料来讲，在制备薄膜材料的时候，比较容易获得非晶态结构。这是因为，薄膜制备方法可以比较容易地造成形成非晶态结构的外界条件，即较高的过冷度和低的原子扩散能力。

在讨论薄膜形核率时曾经指出，采用较高的沉积速率和较低的衬底温度，可以显著提高薄膜的形核率，而这两个条件也正是提高相变过程的过冷度，抑制原子扩散，从而形成非晶结构的条件。

除了制备条件之外，材料形成非晶的能力主要取决于其化学成分。一般来说金属元素不容易形成非晶态结构。这是因为金属原子间的键合不存在方向性，因而要抑制金属原子间形成有序排列，需要的过冷度也更大。合金或化合物形成非晶态结构的倾向明显高于纯组元，因为化合物的结构一般较为复杂，组元间在晶体结构、点阵常数、化学性质等方面存在一定差别，而不同组元之间的相互作用又大大抑制了原子的扩散能力。在纯组元之中，Si、Ge、C、S 等非金属元素形成非晶态结构的倾向较大。这是因为这类元素形成共价键的倾向大，只要近邻原子配位满足要求，非晶态与晶态物质之间的能量差别较小。例如，在有氢存在的条件下，Si 原子将形成大量的 H 键，因而在 800 K 沉积出的 Si 薄膜仍可能具有非晶结构。

非晶态材料的薄膜生长也可以采取柱状的生长模式。如 Si、SiO_2 等材料在较低的沉积温度下，都可以形成非晶的柱状结构。当然，为了与晶态材料的柱状晶结构相区别，非晶态的柱状结构应被称为柱状形貌(morphology)。对 Ge、Si 等薄膜材料进行深入研究时发现，这类材料的柱状形貌的发育可以被划分为纳米级的、显微的以及宏观的柱状组织。图 5-31 是非晶态 Ge 薄膜中各层次的柱状形貌的示意图和组织形貌观察。

作为非晶薄膜的一个例子，我们来看一下 30%Au-70%Co 合金薄膜的结构及其在不同温度处理时的变化。在平衡状态下，这一成分的固态合金组织应为 Au、Co 两组元固溶体的

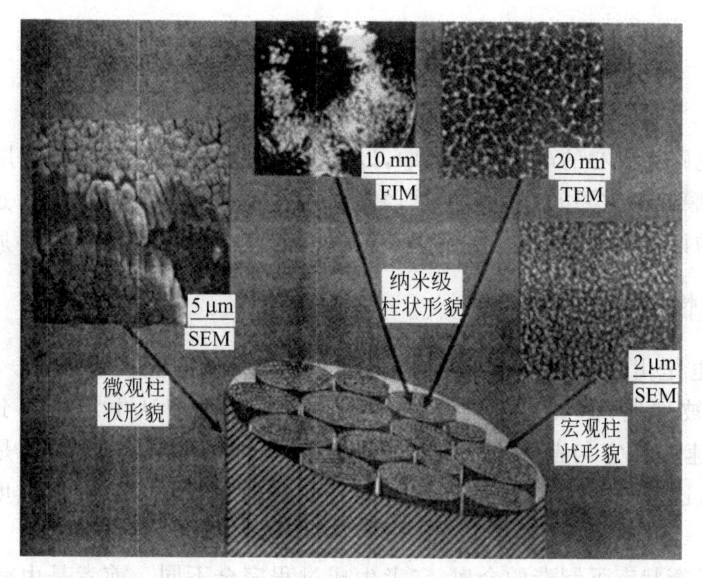

图 5-31　溅射制备的非晶 Ge 薄膜中各层次的柱状显微形貌和其示意图

混合物。为抑制晶体核心的形成，将衬底温度降低至 80 K 后进行蒸发沉积。在沉积后将薄膜加热至不同的温度并观察其组织变化。

图 5-32(a)是沉积态合金组织的形貌及其选区电子衍射图。这时，合金的形貌没有任何特征，相应的衍射图为一晕环。这些均表明薄膜的结构为非晶态的，其结构有序的范围不会超过几个原子间距。但仅从上述事实尚不能确定这一薄膜的结构是完全意义上的非晶态还是所谓的微晶结构(microcrystalline)。

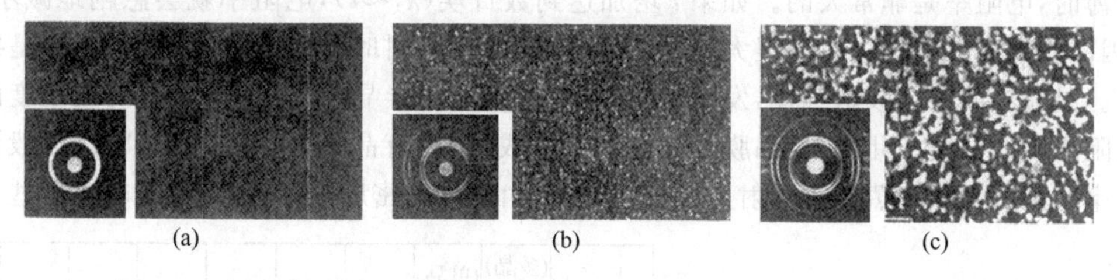

图 5-32　沉积态(观察温度 300 K)(a) 和经 470 K(b) 以及 650 K(c) 处理后 Au-Co 合金的组织形貌及电子衍射图

对薄膜进行不同温度的退火处理对组织的影响如图 5-32(b)、(c)所示。经 470 K 处理后，薄膜组织转化为面心立方(fcc)结构的微晶状态，对衍射环的分析表明，这是一种相图上没有的亚稳态结构。在 650K 处理后，薄膜结构又转变为稳定的 Co、Au 两相结构。

与上述结构变化相对应的是薄膜的电阻率 ρ 随温度的变化情况，即图 5-33 所示的结果。从图中的电阻-温度曲线可以看出，在温度提高的过程中，在温度分别为 420 K 和 550 K 时各出现了结构转变。

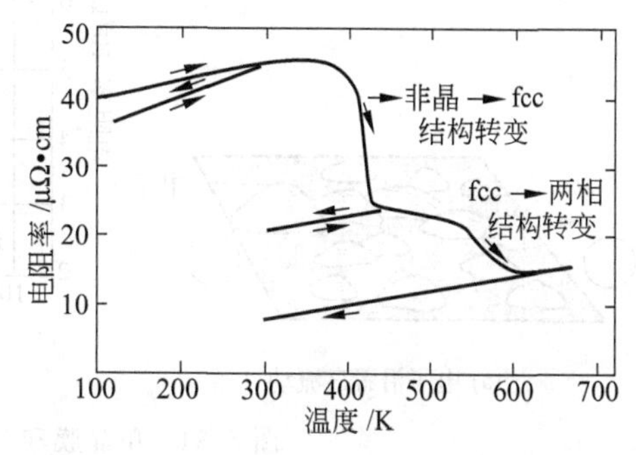

图 5-33　Co-38%Au(摩尔分数)合金薄膜的电阻率随温度的变化曲线

5.7　薄膜的基本性质

在以固体电路为中心的电子学领域中，以及在分子束外延膜等很有应用前途的光电子学领域中，单晶膜起着重要的作用。但是，常用的薄膜还是以多晶膜为多。这两种薄膜分别经过多年严格的评价试验，都已经实用化了。这里，叙述有关薄膜的基本性质。

5.7.1　导电性

金属的导电是由于金属内部的自由电子逆电场方向的流动造成的。电子在与电场相反的方向上被加速，但又由于与晶格碰撞而失去这之前从电场中得到的能量，这样就限制了它的速度。它与晶格碰撞会使温度升高，而晶格的热振动越是剧烈，碰撞的机会也就越多，这就是金属的电阻值随着温度的升高而增大（具有正温度系数）的主要原因。

薄膜和热平衡状态下制造的金属，二者生成过程完全不同。前者是由前述的岛状构造开始，且在急热急冷的状态下生成的，因此薄膜内缺陷很多。这样，其导电性就表现出与整块的（固体）金属时的导电性不同的特殊性质。在研究薄膜的导电性时，同气体情况下相类似要考虑到电子的平均自由行程 $\bar{\lambda}_f$（一般为数百埃）与膜厚 t 的关系。

(1) $t<\bar{\lambda}_f$

在薄膜为岛状构造的情况下，电子是沿着岛流动的，见图 5-34(a)。最终电子必须以某种方法通过微晶体之间的空间，因此，如图 5-34(b)中的电阻率随膜厚变化曲线所示，在膜层较薄时，电阻率是非常大的。如果 t 增加达到数百埃（$\bar{\lambda}_f \approx t$），电阻率就会急剧地减小；但是，因晶粒界面的接触电阻起很大的作用，所以和整块材料时相比，此时的电阻率还是要大得多。晶粒界面上会吸附气体，发生氧化，当这些地方为半导体时，甚至会出现随温度的升高电阻减小的情况。此外，单晶膜是在高温下生成的，没有晶粒界面的问题，所以一般说来电阻率小些。如果拿蒸镀和溅射比较，溅射的膜由于核的密度较高，电阻率也较小一些。

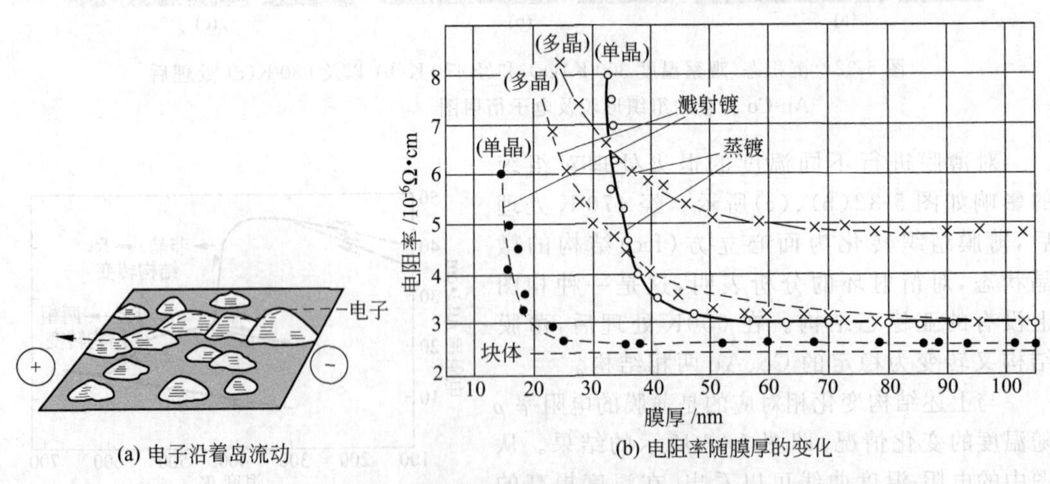

(a) 电子沿着岛流动　　(b) 电阻率随膜厚的变化

图 5-34　单晶膜和多晶膜的膜厚与电阻率的关系

(2) $t \gg \bar{\lambda}_f$

随着膜厚增加,薄膜的电阻率会接近整块材料时的值,但一般仍要比整块的值大一些。这是由于微晶粒之间的接触电阻和晶体中存在的晶格缺陷的密度大于整块材料的这两个因素加起来造成的。

5.7.2　电阻温度系数(TCR)

一般说来,金属薄膜的电阻温度系数TCR在膜很薄时为负,在膜较厚时为正值。通常,较厚膜的TCR接近整块材料的值,但并不相等。例如,在图5-35中示出了在10^{-3}Pa(10^{-5}Torr)下在玻璃基片上蒸镀的Ti膜,面积电阻的范围为5.5～375 Ω/□(换算成厚度为35～480 nm)时,当温度由液氮的温度一直上升到200℃为止的电阻变化情况。像这样,一般在数百埃量级的厚度时TCR由负变正。TCR不仅随着厚度,而且随着蒸镀时的温度而变化(见图5-36)。在制造电阻膜时,一般希望使电阻温度系数为零。为此,一般要研究蒸发条件和溅射条件的各种变化。有时也在N_2等活性气体中制造薄膜。现在,大家知道的、作为最稳定的电阻器之一而著称的Ta电阻膜,要了解它通常也要利用后面图8-76所示的数值;如果在500℃左右的高温下镀膜,即使较厚的膜也可以使得TCR为零。

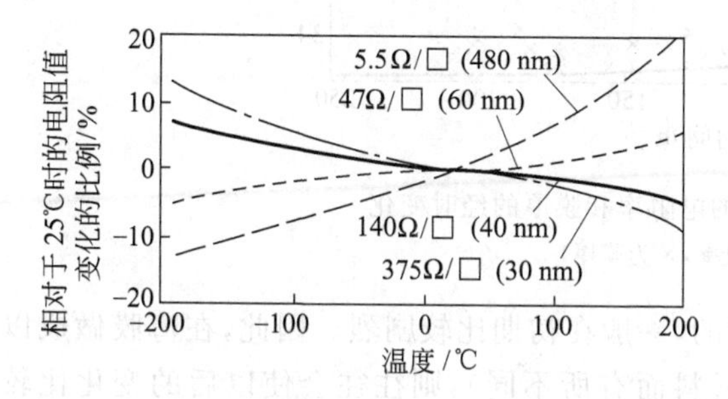

图5-35　Ti蒸镀膜的膜厚和电阻随温度变化的关系

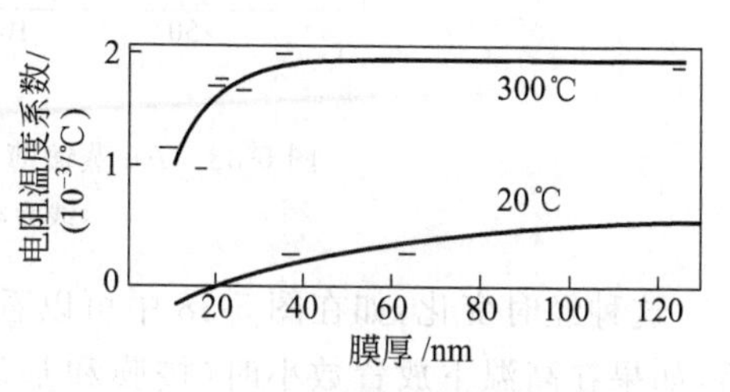

图5-36　Cr蒸镀膜膜厚和电阻温度系数的关系(基片温度为20℃和300℃的情况)

薄膜的结构是随着温度不可逆地变化的。与此相应,电阻和电阻温度系数也会变化。膜越薄,这种变化就越显著激烈。可以理解为,这是由于接近岛状或者海峡(channel)结构的薄膜其粒子在基片上的再蒸发、重排、氧化等而引起化学变化的缘故。在膜较厚时也会由于晶格缺陷的变化而发生不可逆的变化。对于薄膜来说,TCR和电阻率对于温度的可逆变化只是在某一限定范围之内的,这一点是与整块材料完全不同的,对此要予以注意。

5.7.3　薄膜的密度

一般说来,薄膜的密度要比整块材料的密度低。因此,同样重量的膜也比整块材料的膜要厚些。也可以说,这是由于某种程度的粗糙性造成的。图5-37中示出一个例子。在以测定重量来计

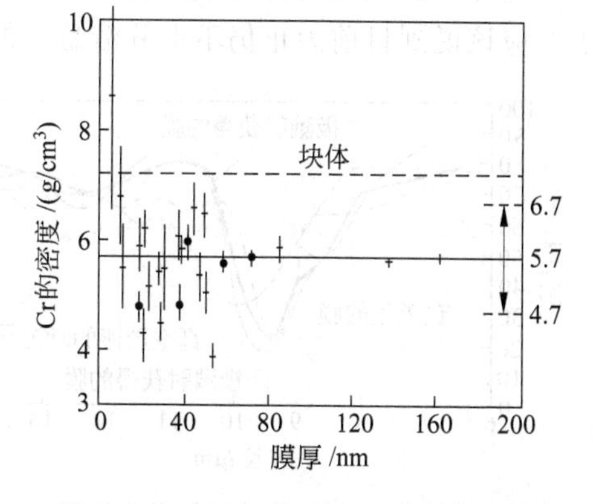

图5-37　在10^{-3}Pa(10^{-5}Torr)下蒸镀的铬膜的膜厚与密度的关系(这个例子中密度在5.7±1之间,为整块材料的79%,整块材料密度为7.2)

算膜厚的情况下，有必要预先测定出密度来（为此也还必须测定一次膜厚）。

5.7.4　经时变化

薄膜在制成后也会十分缓慢地变化，这跟普通金属那样经过充分地退火除去了各种各样的缺陷是不同的。薄膜在制造时由于急速地冷却而包含有各种各样的缺陷、变形等，这是它变化的起因。在使用薄膜时，一般要求经时变化越小越好。为此，就要研究各种各样的制造条件。例如，对于 TaN 电阻膜，要如后述那样，经过长时间的加速寿命试验来决定制造条件（参见图 8-79）。

膜越薄，经时变化越大。例如，在图 5-38 中，示出了室温下在玻璃基片上蒸镀的金膜（36 nm）的电阻率和膜厚的经时变化。可以看出，即使在室温下放置，不但会有电阻的变化，有时膜厚也会变化。

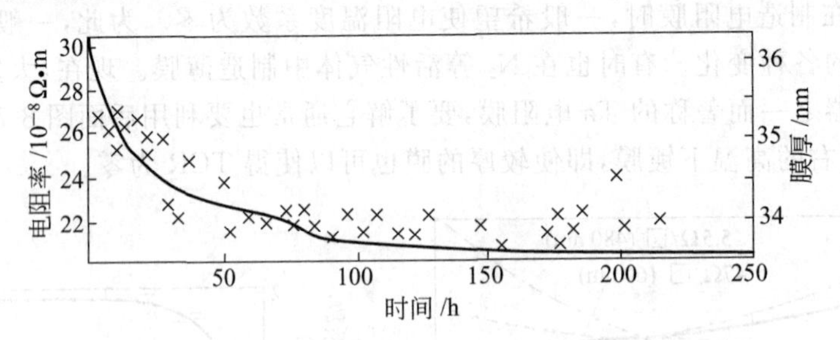

图 5-38　Au 蒸镀薄膜的电阻率和膜厚的经时变化

（线为电阻率，×为膜厚）

这种经时变化，如在图 5-38 中可以看到的，一般在初期比较剧烈。因此，在薄膜做成以后，如果在高温下放置数小时（按膜和基片材料而有所不同），则往往会使以后的变化比较小。我们把这种处理称为老化。

5.7.5　电介质膜

电介质多数是化合物，它在被蒸发和溅射的情况下，是不变化地飞出去，还是分解、气化了？应该说到目前为止仍不十分清楚。但是可以认为，至少其中有一部分被分解了。这些薄膜是作为绝缘体使用的，但其中包含的缺陷比金属膜要多得多，且组成成分的差异也很大，因此，在多数场合下，绝缘性和介电特性都比整块材料要差。为了除去这些缺陷，在薄膜制成之后，往往要进行热处理。例如，图 5-39 是用热氧化、真空蒸镀、溅镀方法做成的 SiO_2 膜的红外吸收特性。吸收特性如此参差不齐的原因还不太清楚。但是，如果进行了热处理，就可以得到和热氧化膜几乎完全相同的吸收特性。从这一事实可以认定，它们的组成成分大体上是相同的，只是构造上有差异而已。

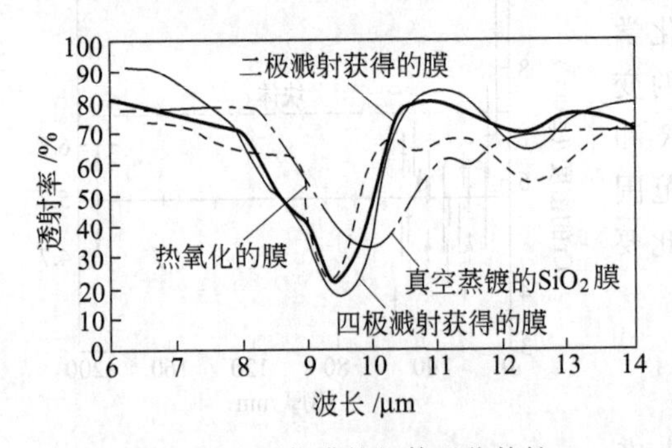

图 5-39　石英膜的红外吸收特性

再者，从制法上来说，溅射方法容易得到电介质膜。将电介质直接进行溅射时，可以得到 100～200 nm/s 的沉积速率。也可以利用其他的反应性溅射来制造电介质膜。

5.8　薄膜的粘附力和内应力

薄膜大都是附着在各种基体上,因而薄膜和基体之间的附着性能将直接影响到薄膜的各种性能,附着性不好的薄膜无法使用。另外,薄膜在制造过程中,其结构受工艺条件的影响很大,薄膜内部产生一定的应力。基体材料与薄膜材料之间的热膨胀系数的不同,也会使薄膜产生应力,过大的内应力将使薄膜卷曲或开裂导致失效,所以在各种应用领域中,薄膜的附着力与内应力都是首先要研究的课题。

薄膜的力学性能主要有弹性、粘附性、内应力等。本节重点讲述粘附力和内应力。

5.8.1　薄膜的粘附力

薄膜的附着性能在很大程度上决定了薄膜应用的可能性和可靠性,这是在薄膜制造过程中普遍关心的问题。

5.8.1.1　附着现象

从宏观上看,附着就是薄膜和基体表面相互作用将薄膜粘附在基体上的一种现象。薄膜的附着可分为四种类型:①简单附着;②扩散附着;③通过中间层附着;④宏观效应附着,如图 5-40 所示。

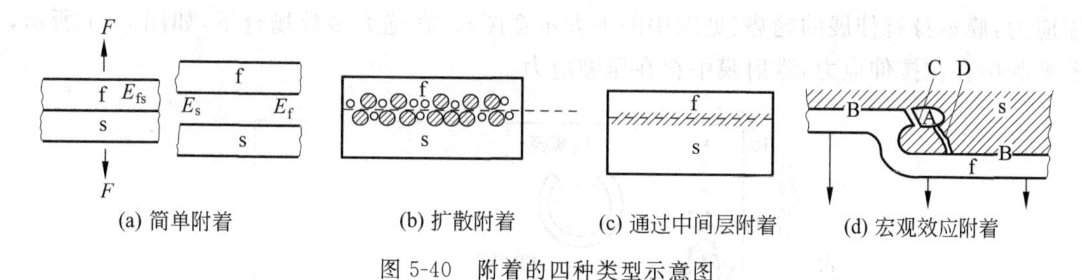

图 5-40　附着的四种类型示意图

(1) 简单附着时,薄膜和基体之间存在一个很清楚的分界面。这种附着是由两个接触面相互吸引形成的。当两个不相似或不相容的表面相互接触时就易形成这种附着。

(2) 扩散附着是由于在薄膜和基体之间互相扩散或溶解形成一个渐变的界面,即它可以使一个不连续的界面被一个由物质逐渐和连续变化到另一种物质的过渡层所代替。阴极溅射法制备的薄膜附着性能比真空蒸发法好,一个重要的原因是,从阴极靶上溅射出的粒子都有较大的动能,它们沉积到基体上时可发生较深的纵向扩散从而形成扩散附着。

(3) 通过中间层的附着是在薄膜和基体之间形成一种化合物中间层(一层或多层),薄膜再通过这个中间层与基体间形成牢固的附着。这种中间层可能是一 种化合物的薄层,也可能是含有多种化合物的薄膜。其化合物可能是由薄膜与基体两种材料形成的化合物,也可能是与真空室内环境气氛形成的化合物,或者两种情况都有。由于薄膜和基体之间有这样一个中间层,所以两者之间形成的附着就没有单纯的界面。

(4) 通过宏观效应的附着包括机械锁合和双电层吸引等。机械锁合是一种宏观的机械作用。当基体表面比较粗糙(见图 5-40(d)中 B),有各种微孔(A)或微裂缝(C、D)时,在薄膜形成过程中，入射到基体表面上的气相原子便进入到粗糙表面的各种缺陷、微孔或裂缝中形成这种宏观机械锁合。如果基体表面上各种微缺陷分布均匀适当，通过机械锁合作用可提高薄膜的附着性能。

由上可以看出，附着或结合的全部现象实质上都是建立在原子间电子的交互作用基础上的。

5.8.1.2　附着表征

粘附力或者结合能的测定可分为两大类。一类是机械法，另一类是形核法。机械法大致有：①划痕试验法；②拉力试验法；③剥离试验法；④磨损法；⑤离心力试验法；⑥弯曲法；⑦碾压法；⑧锤击法；⑨压痕法；⑩气泡法等。

5.8.2　薄膜的内应力

用通常方法加工的各种零件是在良好的热平衡状态下制造的。即使如此，仍然会存在一定程度的残余应力。与此相对，多数薄膜不是在热平衡状态下制造的，而是从岛状构造开始合成一体生长而成的。各个岛或是固体，或是液体，都不是在热平衡状态下充分地合成一体的，合成一体后也不可能是充分退火态的。

在真空中制成的薄膜，可以肯定会残留一定的内应力。它的大小因制作工艺条件的不同而不同。图 5-41 示出一个实例，纵轴表示平均应力，横轴表示膜厚，基片是玻璃，薄膜是银膜。应力为正表示拉伸应力，膜本身有收缩趋势（见图中的上方示意图）；应力为负表示压缩应力，膜本身有伸展的趋势（见图中的下方示意图）。在绝大多数场合下，如图 5-41 所示，蒸镀膜中存在拉伸应力，溅射膜中存在压缩应力。

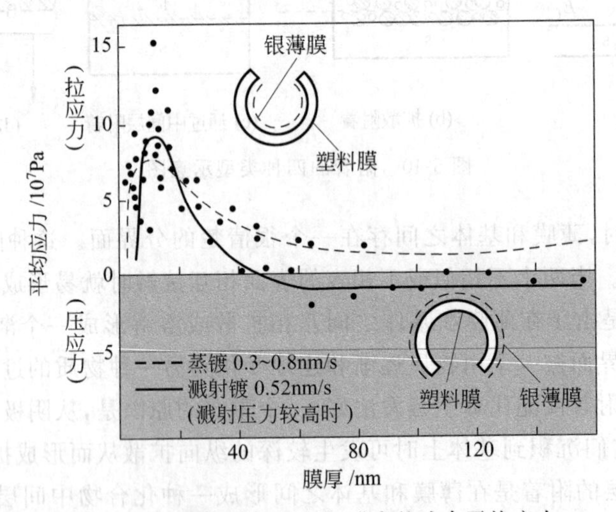

图 5-41　蒸镀银膜和溅射银膜中的残余平均应力

5.8.2.1　内应力形成的原因

对于内应力产生的原因许多人进行了大量研究，提出了各种理论模型。因此内应力现象比较复杂，很难用一种机理进行说明。目前对内应力的成因有如下一些理论：

(1) 热应力（热收缩效应）　沉积过程中，薄膜由高温冷却到周围环境温度过程中原子逐渐变成不能移动的状态，这种热收缩就是产生内应力的原因。由于薄膜和基体的热膨胀系数不同，加之沉积过程的温差，故薄膜产生一附加应力，使薄膜和基体的结合发生变形，这个应力称为热应力。因此，在选择基体时应尽量选择热膨胀系数与薄膜热膨胀系数相近的材料。

基片温度对薄膜的内应力影响也很大，因为基片的温度直接影响吸附原子基片表面的迁移能力，从而影响薄膜的结构、晶粒的大小、缺陷的数量和分布，而这些都与内应力大小有关。

(2) 相变效应　薄膜的形成过程实际上也是一个相变过程，即由气相变为液相再变为固相。这种相变肯定带来体积上的变化，产生内应力。

(3) 空位的消除　在薄膜中经常含有许多晶格缺陷，其中空位和孔隙等缺陷经过热退火处理，原子在表面扩散时消灭这些缺陷可使体积发生收缩，从而形成拉应力性质的内应力。

(4) 界面失配　当薄膜材料的晶格结构与基体材料的晶格结构不同时，薄膜最初几层的结构将受基体的影响，形成接近或类似基体的晶体结构，然后逐渐过渡到薄膜材料本身的晶格结构，这种在过渡层中的结构畸变，将使薄膜产生内应力。这种由于界面上晶格的失配而产生的内应力称界面应力。为了减少界面应力，基片表面的晶格结构应尽量与薄膜匹配。

(5) 杂质效应　在沉积薄膜时，环境气氛对内应力的影响较大，真空室内的残余气体进入薄膜中将产生压应力。另外，由于晶粒间界的扩散作用，即使在低温下也可产生杂质扩散从而形成压应力。

(6) 原子、离子埋入效应　对于溅射薄膜，膜内常有压应力存在。一方面由于溅射原子有 10 eV 左右的能量，在形成薄膜时可能形成空位或填隙原子等缺陷使薄膜体积增大；另一方面，反溅射过程中的加速离子或加速的中性原子常以 $1\sim10^2$ eV(甚至更高)的能量冲击薄膜，它们除了作为杂质被薄膜捕获外，薄膜表面原子向内部移动埋入导致薄膜体积增大，从而在薄膜中形成压应力。这种内应力是由原子、离子埋入引起的，因而称原子、离子的埋入效应。

(7) 表面张力(表面能)　在薄膜沉积过程中，由于小岛的合并或晶粒的合并引起表面张力的变化，从而引起膜内应力的变化。

5.8.2.2　内应力的测量

内应力的测量方法有：①悬臂梁法；②弯盘法；③X 射线衍射法；④激光拉曼法。

5.8.2.3　内应力与薄膜的物理性能

(1) 内应力引起磁各向异性，内应力是通过磁致伸缩现象向薄膜提供能量的，而且还对薄膜的磁性能产生影响。

(2) 内应力引起超导点的变化，如引起 Pb 膜超导点的下降。

5.8.3　提高粘附力的途径

为了提高粘附力，可以采用如下的一些方法：

(1) 对基体进行清洁处理　基体的表面状态对粘附力的影响很大，如果表面有一层污染层，将使薄膜不能与基体直接接触，范德华力大大减弱，扩散附着也不可能，从而附着性能极差。解决的方法是对基体进行严格清洗，还可用离子轰击法进行处理。

(2) 提高基体温度　在沉积薄膜时提高基体温度，有利于薄膜与基体间原子的相互扩散，而且会加速化学反应，从而有利于形成扩散附着和化学键附着，使粘附力增大。但基体温度过高，会使薄膜晶粒粗大，增加膜中的热应力，从而影响薄膜的其他性能。因此，在提高基体温度时应作全面考虑。

(3) 制造中间过渡层　当基体和薄膜的热膨胀系数相差较大时将产生很大的热应力而使薄膜脱落，除选择热膨胀系数相近的基体和薄膜外，还可以在薄膜和基体之间形成一层或多层热膨胀系数介于基体和薄膜之间的中间过渡层，以缓和热应力。

(4) 活化表面　设法增加基片的活性，可以提高表面能，从而增加粘附力。用洗涤剂清洗，相当于活化的效果。利用腐蚀剂(如 HF)进行刻蚀、离子轰击，或利用某些机械进行研磨等清洁和粗化效果也有活化作用。

(5) 热处理　沉积薄膜后进行适当的热处理，如经过热退火处理消除缺陷产生的应力或增加相互扩散来提高粘附力。

(6) 晶格匹配　前面讲到，由于基体与薄膜的晶格失配，将产生热应力，因而尽量选择基体和薄膜材料的晶格结构相近的材料作为基体，可以提高粘附力。

(7) 用氧化方法　氧化物具有特殊的作用，用氧化的方法在基体与薄膜间形成中间氧化物层可以提高粘附力。例如，对基体用含有 O_2 和 H_2O 的辉光放电的离子进行轰击，基片表面就会出现易于氧化的部分，从而使沉积的薄膜粘附力增强。

(8) 用梯度材料　连续改变两种材料的组成和结构，使其内部界面消失来缓和热应力，增强粘附力。因为只有附着牢固的薄膜才有实际使用价值，但目前还存在许多问题，因此，提高薄膜与基体的粘附力仍然是材料工作者今后的主要研究课题之一。

5.9 电迁移

因电流流动使原子移动的现象称为电迁移(electromigration，EM)，又称为电输运(electrotransport)或电场扩散等。物质中原子的移动，有以浓度为表观驱动力的扩散现象，EM 是以电子流(或电位梯度)为驱动力的原子移动。这类移动，也可以由薄膜中的残余应力引起，称此为应力迁移(stressmigration)。

上述原子迁移现象并不是薄膜所特有的。但是，在 IC 领域，由于布线越来越微细，即使微小的电流，其电流密度却是相当大的，因此 EM 不可忽视。实际上，布线断线引起 IC 失效已成为越来越严重的问题。例如，在宽 0.3 μm，厚0.3 μm 的布线中即使流过 1 mA 的微小电流，电流密度也会达到 $1\times10^6\ \mathrm{A/cm^2}$ ($1\times10^{10}\ \mathrm{A/m^2}$)。如果在如此高的电流密度下工作，通常情况下，经过数十至数千小时即会发生断线失效。一般加速寿命试验在此条件下进行。而实际应用中，通过的电流往往是加速试验电流的 1/100～1/10(依使用的布线材料不同而异)，以实现长寿命。

图 5-42 表示 EM 引起布线断线的一例。从图 5-42(d)可以看出，布线中央出现断线，而断口的左下方出现凸起(胡须)，这些都是 Al 迁移造成的。

提高耐 EM 的特性，对于 IC 来说极为重要，对此人们进行了广泛的研究。耐 EM 的特

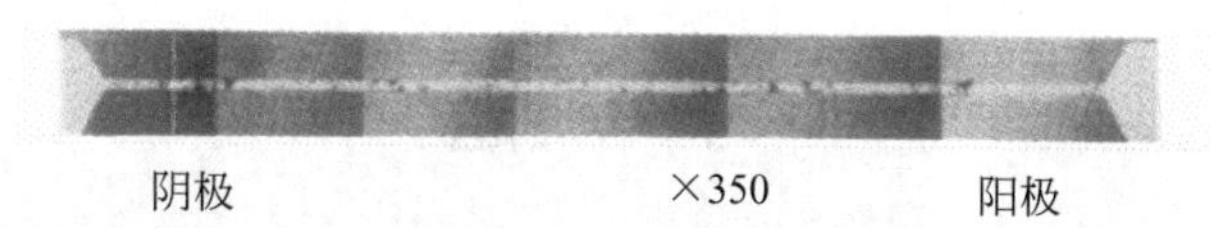

(a) 1 μm(厚)×10 μm(宽)×1 mm(长)的布线(A1-Si)的断线

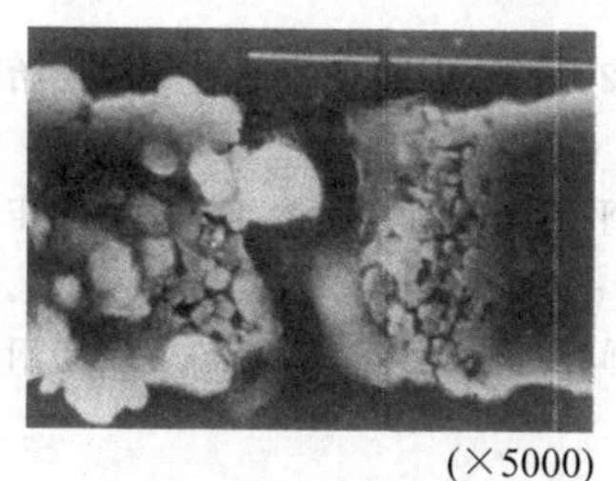

(×5000)

(b) 断线部位的放大照片之一

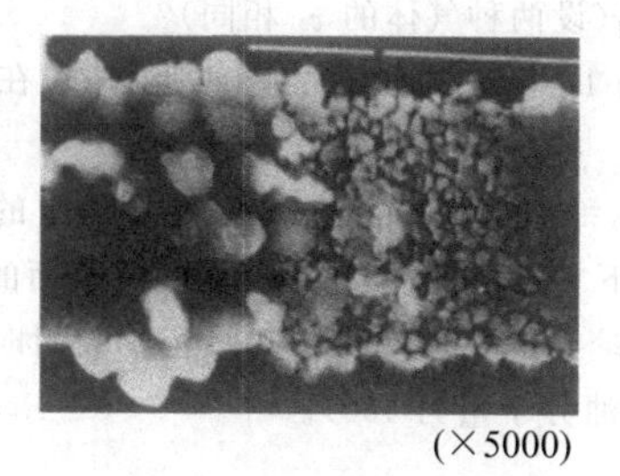

(×5000)

(c) 断线部位的放大照片之二

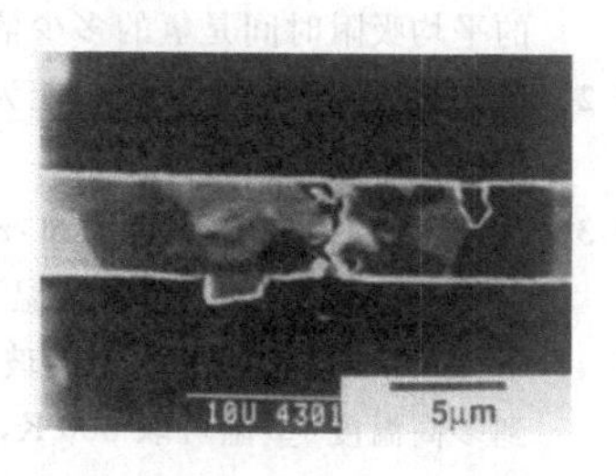

(d) 在其他的实例中,断线部位产生移动,长出"胡须"

图 5-42　Al 布线因电迁移造成断线的实例

性,因材料不同差别很大,即使相同材料,因结晶质量、晶体取向、晶粒大小不同,亦有很大差异。而且,布线的多层化、平坦化程度等结构因素也对 EM 有重要影响。

图 5-43 比较了 Al 和 Al-0.5%Cu 两种布线材料的耐 EM 特性。可以看出,在 Al 中添加 0.5%的 Cu,可以使耐 EM 特性提高数十倍。

图 5-44 表示,在采用 TiN(0.1 μm)/Cu 或 Al-Si-Cu(0.4 μm)/TiN(0.1 μm)的三明治结构、布线宽度(W=1.2 μm 或 0.9 μm)相同的情况下,与采用 Al-Si-Cu(与 Al-Cu 同等程度)的布线相比,采用 Cu 的布线同一试验时间的累积故障率减小到约 1/100(或同一累积故障率的试验时间增大到约 100 倍)。这些试验表明,Cu 作为布线材料具有优良的耐电迁移特性。经过多年研究开发,目前 Cu 布线正在大规模集成电路制作中迅速推广。

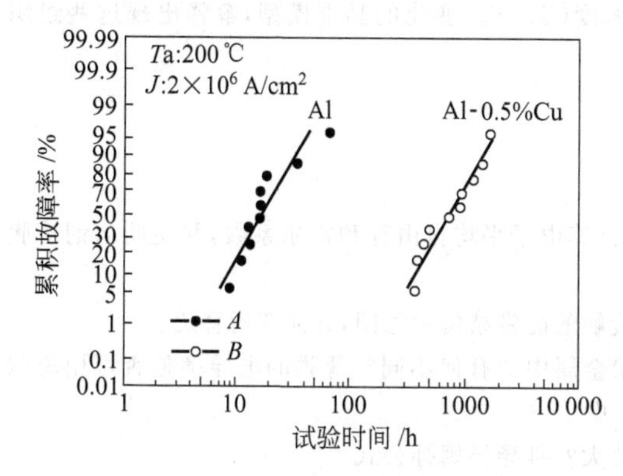

图 5-43　由于 EM 造成的布线累积故障率与试验时间的关系①

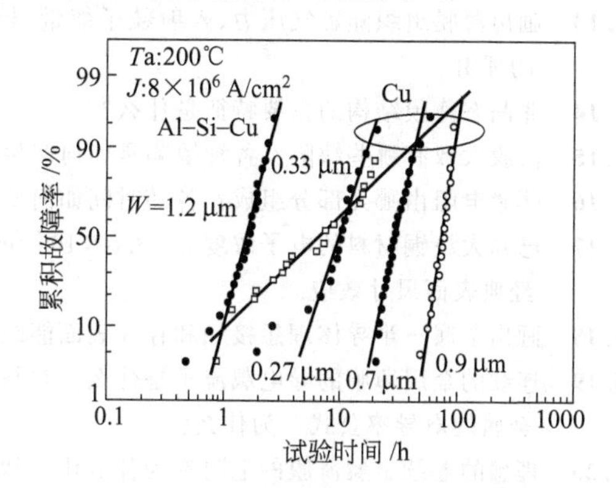

图 5-44　由于 EM 造成的布线累积故障率对比②

① 对于 Al-0.5%Cu 布线,在电流密度 2×10^6 A/cm^2 下试验,经 1000 h,有 70%的布线发生断线,而 Al 布线的情况,发生断线所用的时间更短。

② Al-Si-Cu 膜(Al-Cu 膜与图 5-43 相近)与 Cu 膜在不同布线宽度情况下的对比。电流密度为图 5-43 所示情况的 4 倍,布线寿命加速变短试验。

习　题

5.1 已知氢和一氧化碳在钼表面上的脱附能分别是 9.196 kJ/mol 和 12.54 kJ/mol，问在室温时一氧化碳的平均吸附时间是氢的多少倍(设两种气体的 τ_0 相同)？

5.2 已知氩在钨表面上的脱附能为 12.5 kJ/mol，若忽略再吸附，求在 27℃下，表面吸附量降低到初始吸附的 1/10 所需要的时间。

5.3 设 CO 以 α 态吸附在钨表面，$\tau_0=2.4\times10^{-14}$ s，试求其在室温下的平均吸附时间。假如 CO 的气相压力为 4.5×10^{-6} Torr，求室温下它的平衡吸附量(CO 在 W 表面的 α 态的脱附能为 104.5 kJ/mol)。

5.4 求 DC-704 硅油于室温下的玻璃上的平均吸附时间。若要吸附时间降到几秒量级，问必须烘烤回热到多高温度(室温可取 300 K，油分子量为 450)。

5.5 解释下列名词术语：

物理吸附，化学吸附，吸附时间，吸附热，反应生成热，化学吸附活化能，脱附活化能，凝结系数，粘附系数，热适应系数，表面扩散激活能，平均吸附时间，平均表面扩散时间，平均表面距离。

5.6 画图并说明薄腊形成与生成的三种模式及形核与生长的物理过程。

5.7 何谓电子的平均表面扩散距离 $\bar{x}$，写出 $\bar{x}$ 与表面扩散激活能 E_D 及脱附活化能 E_d 的定量关系式。

5.8 计算并比较面心立方晶体中(111)、(100)、(110)面的比表面能。设每对原子键能为 ε，点阵常数为 a。

5.9 试证明：在同样过冷度下均匀形核时，球形晶核较立方晶核更易形成。

5.10 证明：任意形状晶核的临界晶核形核功 ΔG^* 与临界晶核体积 V^* 的关系为 $\Delta G^*=-\frac{V^*}{2}\Delta G_V$，其中 ΔG_V 为形核后单位体积自由能与形核前之差。

5.11 试证明颗粒粗化(Ostwald ripening)过程中，基体中析出颗粒表面浓度 C 与颗粒半径 r 的关系为 $C=C_\infty\left(1+\frac{2\gamma\Omega}{kTr}\right)$，其中 Ω 为表面能，n 为原子体积。

5.12 假定从钠晶体中拔走一钠原子放到晶体表面上所需的能量为 1 eV。试计算 300 K 时肖特基空位的浓度。

5.13 画出薄膜组织随氩气压力、入射粒子能量、相对温度(T_s/T_m)变化的晶带模型，解释出现这些组织的理由。

5.14 非晶态薄膜结构的主要特征是什么？

5.15 薄膜大致有哪些缺陷？各种缺陷是如何产生的？

5.16 薄膜电阻由哪几部分组成？各随时间如何变化？

5.17 已知大块铜材料的电子浓度 $n=8.5\times10^{22}/cm^3$，计算电子平均自由程和霍尔系数，并说明何谓薄膜经典表面尺寸效应。

5.18 画出金属—半导体理想接触和存在表面能级时接触的能带结构示意图，并简要解释之。

5.19 连续的金属薄膜的导电载流子是什么？它与块状金属中的有何不同？薄膜的电导率是否可用块状金属的电导率公式？为什么？

5.20 理想的连续金属薄膜的电阻率为什么比块状金属大？推导汤姆孙公式。

5.21 写出采用玻耳兹曼方程而得到的金属薄膜的桑德海默尔公式，电子在薄膜表面散射是怎样的？它对薄膜电阻率的影响如何？写出薄膜较厚(即 $d/\lambda\gg1$)且有镜面反射时的电导率的近似公式。

5.22 什么是薄膜的内应力？从应力的性质上分，有哪几种？应力的起因及对薄膜的影响如何？

5.23 何谓电迁移？如何减小集成电路中导体布线的电迁移现象？

5.24 试比较 Al 和 Cu 作为集成电路布线材料的优缺点。

5.25 何谓表面电阻？在已知膜厚 d 的前提下，它与体电阻率 ρ 有什么关系？请加以推导。

第6章 真空蒸镀

6.1 概　　述

真空蒸镀即真空蒸发镀膜，这是制作薄膜最一般的方法。这种方法是把装有基片的真空室抽成真空，使气体压强达到 10^{-2} Pa 以下，然后加热镀料，使其原子或分子从表面气化逸出，形成蒸气流，入射到基片表面，凝结形成固态薄膜。

真空蒸镀设备主要由真空镀膜室和真空抽气系统两大部分组成。真空镀膜室内装有蒸发源、被蒸镀材料、基片支架及基片等，如图 6-1 所示。

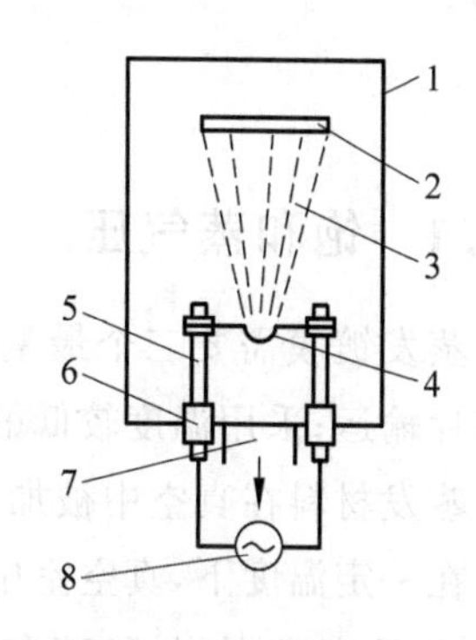

图 6-1　真空蒸镀原理图

1—镀膜室；2—基片(工件)；3—镀料蒸气；4—电阻蒸发源；5—电极；6—电极密封绝缘件；7—排气系统；8—交流电源

简单说来，要实现真空蒸镀，必须有"热"的蒸发源、"冷"的基片、周围的真空环境，三者缺一不可。特别是对真空环境的要求更严格，其原因有：①防止在高温下因空气分子和蒸发源发生反应，生成化合物而使蒸发源劣化；②防止因蒸发物质的分子在镀膜室内与空气分子碰撞而阻碍蒸发分子直接到达基片表面，以及在途中生成化合物或由于蒸发分子间的相互碰撞而在到达基片之前就凝聚等；③在基片上形成薄膜的过程中，防止空气分子作为杂质混入膜内或者在薄膜中形成化合物。

常温下空气分子的平均自由程可表示为

$$\bar{\lambda} \approx \frac{0.667}{p[\mathrm{Pa}]}[\mathrm{cm}]$$

若从蒸发源到基片间的距离为 h，那么，为使从蒸发源出来的蒸发原子大部分不与残余气体分子发生碰撞而直接到达基片表面，一般可取 $\bar{\lambda} \geqslant 10h$，代入式(1-13)可估算蒸发镀膜的工作压力，即

$$p \leqslant \frac{6.67 \times 10^{-2}}{h[\mathrm{cm}]}[\mathrm{Pa}] \tag{6-1}$$

若 $h=10 \sim 50$ cm，则 $p \leqslant 1\times10^{-3} \sim 6\times10^{-3}$ Pa，此即为所需要的真空度。

必须指出，总压力 p 确定后，对镀膜室内的残余气体成分中的水蒸气和氧的分压也有一定的要求，否则薄膜质量难以保证。

在高真空条件下，蒸发原子几乎不与气体分子发生碰撞，不损失能量。因此，到达基片表面后有一定的能量进行扩散、迁移，可以形成致密的、高纯度膜。随着真空度的下降，蒸发原子与气体分子碰撞几率提高，产生散射效应，增加镀膜的绕射性，但降低了沉积速率。此外，镀层中将会裹携气体分子，影响镀层的纯度和致密度。因此，真空蒸镀多在 $10^{-3} \sim 10^{-5}$ Pa

的高真空条件下进行。由于蒸发原子直接到达基片表面，故镀膜的绕射性差，只有面向蒸发源的部位才能得到镀层。

近年来，真空蒸镀除提高系统真空度、改抽气为无油系统、加强工艺过程监控等之外，主要的改进是在蒸发源上。比如，为了抑制或避免镀料与加热器发生化学反应，改用耐用陶瓷坩埚，如 BN 坩埚；为了蒸发低蒸气压物质，采用电子束加热源或激光加热源；为了制造成分复杂或多层复合薄膜，发展了多源共蒸发或顺序蒸发法；为了制备化合物薄膜或抑制薄膜成分对原材料的偏离，出现了反应蒸镀法等。

应该说，20 世纪六七十年代出现的许多新的制取薄膜的方法，如溅射镀膜、离子镀、分子束外延等，也是在真空蒸镀基础之上发展起来的。目前，各种类型的真空镀膜方法在普及推广的同时，仍在不断地改善和提高。

6.2 镀料的蒸发

6.2.1 饱和蒸气压

蒸发镀膜需要三个最基本的条件：加热，使镀料蒸发；处于真空环境，以便于气相镀料向基片输运；采用温度较低的基片，以便于气体镀料凝结成膜。

蒸发材料在真空中被加热时，其原子或分子就会从表面逸出，这种现象叫热蒸发。

在一定温度下，真空室中蒸发材料的蒸气在与固体或液体平衡过程中所表现出的压力称为该温度下的饱和蒸气压①。饱和蒸气压 p_v 可从克劳修斯-克拉珀龙（Clausius-Clapeyron）方程推导出

$$\frac{\mathrm{d}p_v}{\mathrm{d}T}=\frac{\Delta H_v}{T(V_g-V_l)} \tag{6-2}$$

式中，ΔH_v 为摩尔气化热；V_g 和 V_l 分别为气相和液相摩尔体积；T 为热力学温度。

因为 $V_g \gg V_l$，以及在低气压时，蒸气符合理想气体定律，可令 $V_g-V_l\approx V_g=RT/p_v$，$R$ 是气体常数，故式(6-2)可写成

$$\frac{\mathrm{d}p_v}{\mathrm{d}T}=\frac{\Delta H_v}{RT^2/p_v}$$

或

$$\frac{\mathrm{d}p_v}{p_v}=\frac{\Delta H_v\mathrm{d}T}{RT^2} \tag{6-3}$$

亦可写成

$$\frac{\mathrm{d}(\ln p_v)}{\mathrm{d}(1/T)}=\frac{-\Delta H_v}{R}$$

上式说明，如果 p_v 的自然对数按 $1/T$ 表示，则气化热可用其斜率与 $-R$ 的乘积表示。

气化热 ΔH_v 是温度的慢变函数，故可近似地把 ΔH_v 看作常数，所以式(6-3)积分得

① 实际上，在真空蒸发镀膜时，因为真空室中其他部位的温度都比蒸发源低得多，蒸发原子或分子被凝结，因而在这些部位不存在这种平衡过程。

$$\ln p_v = c - \frac{\Delta H_v}{RT} \tag{6-4}$$

式中，c 是积分常数。式(6-4)常写成

$$\lg p_v = A - \frac{B}{T} \tag{6-5}$$

式中，$A=\frac{c}{2.3}$，$B=\frac{\Delta H_v}{2.3R}$，$A$、$B$ 值可直接由实验确定。且有

$$\Delta H_v = 19.12B(\text{J/mol})$$

式(6-5)给出了蒸发材料蒸气压与温度之间的近似关系。表6-1列出了该方程中针对不同金属，常数 A、B 的数值。利用这些数值和式(6-5)可以求出不同温度下的蒸气压 p_v，相当方便实用。对于大多数材料而言，在蒸气压小于100 Pa的比较窄的温度范围内，式(6-5)才是一个精确的表示式。

表6-1　各种金属蒸气压公式中 *A*、*B* 值

金属种类	状态	A	$B\times10^{-3}$	金属种类	状态	A	$B\times10^{-3}$
Li	液体	10.5	7.480	Zr	固体	12.38	25.87
Na	液体	10.71	5.480		液体	13.04	27.43
K	液体	10.36	4.503	Sn	液体	9.97	13.11
Rb	液体	10.42	4.132	Pb	液体	10.69	9.60
Cs	液体	9.86	3.774	Cb	固体	14.37	40.40
Cu	固体	12.81	18.06	Ta	固体	13.00	40.21
	液体	11.72	16.58	Sb	—	11.42	9.913
Ag	固体	12.28	14.85	Bi	液体	11.14	9.824
	液体	11.66	14.09	Cr	固体	12.88	17.56
Ni	液体	11.65	18.52	Mo	固体	11.80	30.31
Be	固体	12.99	18.22	W	固体	12.24	40.26
	液体	11.95	16.59	Mn	固体	12.25	14.10
Mg	固体	11.82	7.741	Fe	固体	12.63	20.00
Ca	固体	11.30	8.324		液体	13.41	21.96
Ba	—	10.88	8.908	Co	—	12.43	21.96
Zn	固体	11.94	6.744	Ni	固体	13.28	21.84
Cd	固体	11.78	5.798		液体	12.55	20.60
Ru	固体	14.13	21.37	Rh	—	13.55	33.80
Al	液体	11.99	15.63	Pd	—	11.46	19.23
Si	固体	13.20	19.79	Os	—	13.59	37.00
Ti	固体	11.25	18.64	Ir	—	13.06	34.11
	液体	11.98	20.11	Pt	—	12.63	27.50

图6-2和表6-2分别给出了常用金属的饱和蒸气压与温度之间的关系，从图6-2的 $\lg p_v$-$1/T$ 近似直线图看出，饱和蒸气压随温度升高而迅速增加。此外，根据这些曲线可知：①达到正常镀膜蒸发速率所需的温度，即饱和蒸气压为1 Pa时的温度；②蒸发速率随温度变化的敏感性；③蒸发形式，若蒸发温度高于熔点，则蒸发状态是熔融的，否则是升华的。

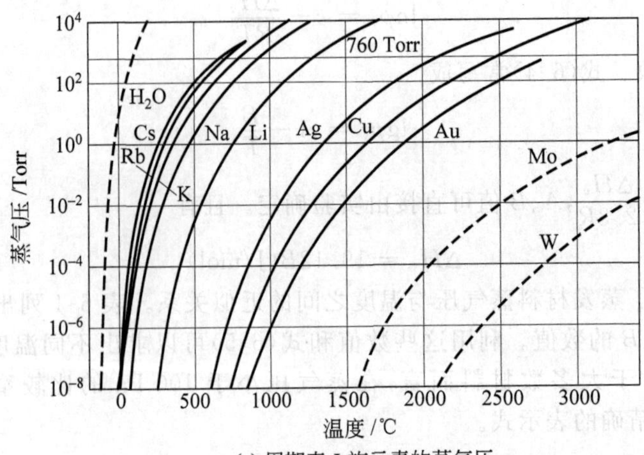

(a) 周期表 I 族元素的蒸气压

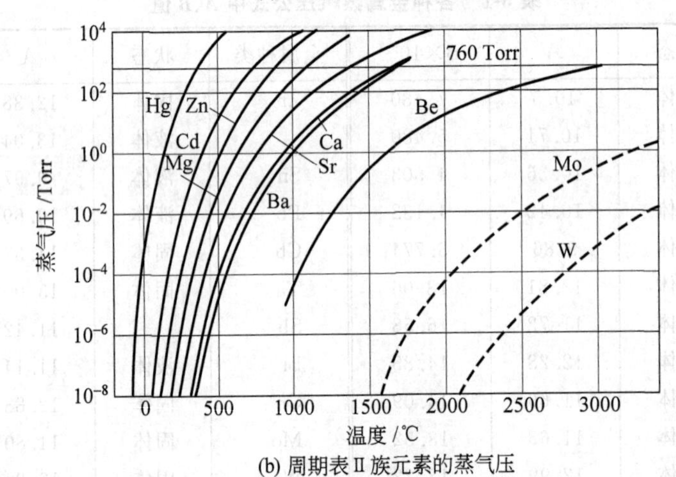

(b) 周期表 II 族元素的蒸气压

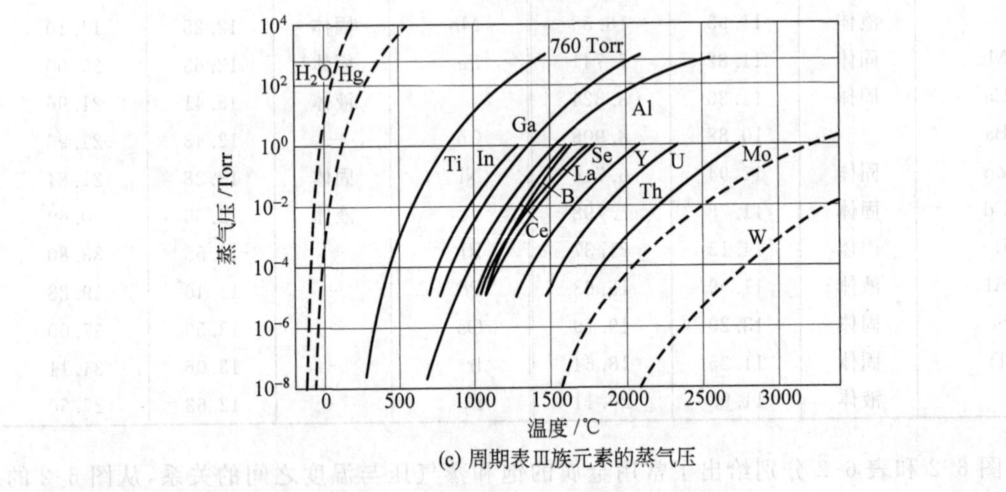

(c) 周期表 III 族元素的蒸气压

图 6-2 各种元素的蒸气压与温度关系

表 6-2 一些常用材料的蒸气压与温度关系

金属	分子量	不同蒸气压 p_v 下的温度 T/K						熔点/K	蒸发速率[①]
		10^{-8} Pa	10^{-6} Pa	10^{-4} Pa	10^{-2} Pa	10^{0} Pa	10^{2} Pa		
Au	197	964	1080	1220	1405	1670	2040	1336	6.1
Ag	107.9	759	847	958	1105	1300	1605	1234	9.4
In	114.8	677	761	870	1015	1220	1520	429	9.4
Al	27	860	958	1085	1245	1490	1830	932	18
Ga	69.7	796	892	1015	1180	1405	1745	303	11
Si	28.1	1145	1265	1420	1610	1905	2330	1685	15
Zn	65.4	354	396	450	520	617	760	693	17
Cd	112.4	310	347	392	450	538	665	594	14
Te	127.6	385	428	482	553	647	791	723	12
Se	79	301	336	380	437	516	636	490	17
As	74.9	340	377	423	477	550	645	1090	17
C	12	1765	1930	2140	2410	2730	3170	4130	19
Ta	181	2020	2230	2510	2860	3330	3980	3270	4.5
W	183.8	2150	2390	2680	3030	3500	4180	3650	4.4

① 蒸发速率 J 的单位为 $10^{17}\ \mathrm{cm^{-2}\cdot s^{-1}}$分子($p\approx 1$ Pa,粘附系数 $\alpha_s\approx 1$)。

显然,在真空条件下物质的蒸发要比常压下容易得多,所需蒸发温度也大大降低,蒸发过程也将大大缩短,蒸发速率显著提高。

饱和蒸气压 p_v 与温度 T 的关系可以帮助我们合理地选择蒸发材料及确定蒸发条件,因而对于薄膜制作技术有重要的实际意义。

两种或两种以上的物质的均匀混合物在蒸发时遵守以下定律:

(1) 分压定律

混合物的总蒸气压 p_T 等于各组元蒸气压之和,即

$$p_T = p_1 + p_2 + \cdots + p_i \tag{6-6}$$

对于 Te-Se-In 三元合金,如图 6-3(a)所示,混合物的熔点

$$T_0 = \frac{T_A/OA + T_B/OB + T_C/OC}{1/OA + 1/OB + 1/OC} \tag{6-7}$$

式中,T_A、T_B 和 T_C 分别为 Te-Se,Se-In 和 In-Te 二元合金的熔点;其对应的组成分别为 A、B 和 C;OA,OB 和 OC 为相图中的垂直距离。类似地,饱和蒸气压所对应的温度也可按此得到。

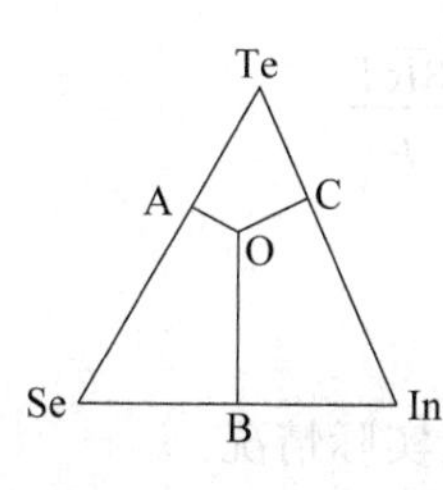

(a) Te-Se-In 三元合金的熔点

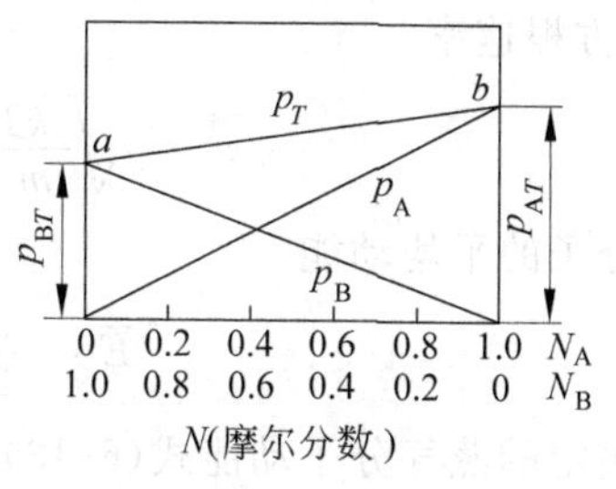

(b) N-p 关系图

图 6-3 混合物蒸气压与分压的关系

(2) 拉乌尔(Raoult)定律

某成分 i 单独存在时，设其在某温度下的饱和蒸气压为 p_{iT}，若该成分在混合物中占摩尔分数为 N_i，在混合物状态下成分 i 的饱和蒸气压为 p_i，则近似有

$$p_i = N_i p_{iT} \tag{6-8}$$

以二元合金为例，设组元 A、B 各占摩尔分数 N_A 和 N_B。若已知两纯组元在温度 T(K)时的蒸气压分别为 p_{AT}和 p_{BT}，则根据拉乌尔定律得到分压

$$p_A = p_{AT} \cdot N_A$$

$$p_B = p_{BT} \cdot N_B$$

而总压为

$$p_T = p_A + p_B = p_{AT}N_A + p_{BT}N_B \tag{6-9}$$

由于 $N_A + N_B = 1$，所以

$$p_T = p_{AT}(1 - N_B) + p_{BT}N_B = p_{AT} - (p_{AT} - p_{BT}) \cdot N_B \tag{6-10}$$

图 6-3(b)表示 N-p 的关系图。N_A-p_A 的关系为斜率等于 p_{AT}的直线，N_B-p_B为斜率等于 p_{BT}的直线。当 $N_A = 0, N_B = 1$ 时，$p_A = 0, p_B = p_{BT}$，这时 $p_T = p_{BT}$。反之，当 $N_B = 0$，$N_A = 1$ 时，$p_B = 0, p_A = P_{AT}$ 和 $p_T = p_{AT}$。所以连接 a, b 两点可得直线 p_T。

实际混合物或多或少地偏离上述理想情况，故拉乌尔定律变为

$$p_i = f_i N_i \cdot p_{iT} \tag{6-11}$$

式中，f_i 称为活度系数，可视作对偏离拉乌尔定律的浓度校正系数。当 $f_i = 1$，则 p_T 是直线；实际混合物 p_T 将偏离该直线，$f_i > 1$ 表示对拉乌尔定律呈正偏差，组元之间互斥，$f_i < 1$ 表示对拉乌尔定律呈负偏差，组元之间互相吸引。

6.2.2 蒸发粒子的速度和能量

蒸发材料蒸气粒子的速率分布可根据式(1-6)所定义的麦克斯韦速率分布函数给出

$$f(v) = 4\pi\left(\frac{m}{2\pi kT}\right)^{3/2} \cdot \exp\left(-\frac{mv^2}{2kT}\right) \cdot v^2 \tag{6-12}$$

由上式可求出最可几速率

$$v_p = \sqrt{\frac{2kT}{m}} = \sqrt{\frac{2RT}{\mu}}$$

故由最可几速率决定的蒸气分子动能

$$E_p = \frac{1}{2}mv_p^2 = kT \tag{6-13}$$

按照图 1-2 所示的麦克斯韦速率分布曲线，温度越高，曲线越平缓，分子按速率分布越分散，因此采用均方根速率

$$\sqrt{\overline{v^2}} = \sqrt{\frac{3kT}{m}} = \sqrt{\frac{3RT}{\mu}}$$

并由此得到蒸气分子的平均动能

$$\overline{E} = \frac{3}{2}kT \tag{6-14}$$

比由最可几速率决定的蒸气分子动能式(6-13)更接近实际情况。

对绝大部分可以热蒸发的薄膜材料，蒸发温度在 1000～2500℃范围内，蒸发粒子的平均速度约为 $10^3\ \mathrm{m \cdot s^{-1}}$，对应的平均动能约为 0.1～0.2 eV，即 1.6×10^{-20}～3.2×10^{-20} J。

实际上，此数值只占气化热的很小一部分，可见大部分气化热是用来克服固体或液体中原子间的吸引力。

6.2.3 蒸发速率和沉积速率

在真空蒸发过程中，熔融的液相与蒸发的气相处于动态平衡状态：分子不断从液相表面上蒸发，而数量相当的蒸发分子不断与液相表面相碰撞，因凝结而返回到液相中。

根据式(1-21)所表示的克努曾定律可知，来自任何角度单位时间碰撞于单位面积的总分子数

$$J = \frac{1}{4}n\bar{v}$$

代入相关数据：

$$J = \frac{p}{\sqrt{2\pi mkT}} = \frac{p \cdot N_A}{\sqrt{2\pi\mu RT}}$$

以上两式中，n 为分子密度；$\bar{v}$ 为气体分子的算术平均速率；p 为气体压力；m 为分子质量；k 为玻耳兹曼常量；N_A 为阿伏加德罗常数。

如果碰撞蒸发面的分子中仅有占 α_c 的部分发生凝结，$(1-\alpha_c)$的部分被蒸发面反射返回气相中，那么在平衡蒸气压 p_v 下的凝结分子流量

$$J_c = \alpha_c p_v (2\pi mkT)^{-1/2} \tag{6-15}$$

式中，α_c 为凝结系数，一般 $\alpha_c \leqslant 1$。在平衡状态下蒸发流量 J_v 等于 J_c。一般说来，式(6-15)可用来确定分子向真空蒸发的速率。如果蒸发不是在真空中进行，而在压力为 p 的蒸发分子的气氛中进行，则净蒸发流量 J_v 为

$$J_v = \alpha_v (p_v - p)(2\pi mkT)^{-1/2} \tag{6-16}$$

式中，α_v 为蒸发系数，可以认为 $\alpha_v = \alpha_c$。

当 $\alpha_c = 1, p = 0$ 时，得到最大净蒸发流量，即最大蒸发速率

$$\left.\begin{aligned} J_m &= \frac{p_v}{\sqrt{2\pi mkT}} = \frac{p_v \cdot N_A}{\sqrt{2\pi\mu RT}} \\ &\approx 2.64 \times 10^{24} (\mu T)^{-1/2} p_{vPa} (\text{分子}/(\text{cm}^2 \cdot \text{s})) \\ &\approx 2.64 \times 10^{19} (\mu T)^{-1/2} p_{v\mu bar} (\text{分子}/(\text{cm}^2 \cdot \text{s})) \\ &\approx 3.51 \times 10^{22} (\mu T)^{-1/2} p_{vTorr} (\text{分子}/(\text{cm}^2 \cdot \text{s})) \end{aligned}\right\} \tag{6-17}$$

如果用 G 表示单位时间从单位面积上蒸发的质量，即质量蒸发速率，则有

$$\left.\begin{aligned} G &= mJ_m = p_v\sqrt{\frac{m}{2\pi kT}} = p_v\sqrt{\frac{\mu}{2\pi RT}} \\ &\approx 4.37 \times 10^{-3} \left(\frac{\mu}{T}\right)^{1/2} p_{vPa}, (\text{kg}/(\text{m}^2 \cdot \text{s})) \\ &\approx 4.37 \times 10^{-5} \left(\frac{\mu}{T}\right)^{1/2} p_{v\mu bar}, (\text{g}/(\text{cm}^2 \cdot \text{s})) \\ &\approx 5.83 \times 10^{-2} \left(\frac{\mu}{T}\right)^{1/2} p_{vTorr}, (\text{g}/(\text{cm}^2 \cdot \text{s})) \end{aligned}\right\} \tag{6-18}$$

式(6-17)、式(6-18)是描述蒸发速率的重要公式，这两个公式确定了蒸发速率、蒸气压

和温度之间的关系。

表面看来，似乎蒸发速率随温度的升高而降低，但根据式(6-5)与图 6-2 给出的材料蒸气压与温度的关系可知，随温度的增加，蒸发速率迅速增加。如果将饱和蒸气压与温度的关系式(6-5)代入到式(6-18)，并对其进行微分，即可得出蒸发速率随温度变化的关系式：

$$\frac{\mathrm{d}G}{G}=\left(2.3\frac{B}{T}-\frac{1}{2}\right)\frac{\mathrm{d}T}{T} \tag{6-19}$$

对于金属，$2.3B/T$ 通常在 20～30 之间，即有

$$\frac{\mathrm{d}G}{G}=(20\sim30)\frac{\mathrm{d}T}{T} \tag{6-20}$$

可见，在蒸发温度(高于熔点)以上进行蒸发时，蒸发源温度的微小变化即可引起蒸发速率发生很大变化。以蒸发铝为例，由 $B=H_v/2.3R$ 可估算出 B 值为 3.586×10^4 K，蒸气压为 100 Pa 时的蒸发温度值为 1830 K。假设蒸发源的温度相对变化 $\mathrm{d}T/T$ 为 1%，由式(6-19)蒸发速率变化

$$\frac{\mathrm{d}G}{G}=\left(\frac{3.586\times10^4}{1830}-\frac{1}{2}\right)\times10^{-2}=0.1909$$

说明，蒸发源 1%的温度变化会引起蒸发速率有 19%的改变。

6.3 蒸 发 源

一般说来，蒸发低熔点材料采用电阻蒸发法；蒸发高熔点材料，特别是在纯度要求很高的情况下，则选用能量密度高的电子束法；当蒸发速率大时，可以考虑采用高频法。此外，近年来还开发出脉冲激光法、空心阴极电子束法等。

6.3.1 电阻加热蒸发源

电阻蒸发源通常适用于熔点低于 1500℃的镀料。灯丝和蒸发舟等加热体所需电功率一般为(150～500)A×10 V，为低电压大电流供电方式。通过电流的焦耳热使镀料熔化、蒸发或升华。采用 W、Ta、Mo、Nb 等难熔金属，有时也用 Fe、Ni、镍铬合金(用于 Bi、Cd、Mg、Pb、Sb、Se、Sn、Ti 等的蒸发)和 Pt(Cu)等，做成适当的形状，其上装上镀料，让电流通过，对镀料进行直接加热蒸发；或者把待蒸发材料放入 Al_2O_3、BeO 等坩埚中进行间接加热蒸发。电阻蒸发源的形状随要求不同而各异，如图 6-4、图 6-5 所示。

电阻蒸发源结构简单，使用方便，造价低廉，使用相当普遍。采用电阻加热法时应考虑蒸发源的材料和结构。

通常对电阻蒸发源材料的要求有：

(1) 熔点要高。因为蒸发材料的蒸发温度(即饱和蒸气压为 1 Pa 时的温度)多数为 1000～2000℃，所以蒸发源材料的熔点必须高于此温度。

(2) 饱和蒸气压低。这主要是为防止和减少在高温下蒸发源材料会随蒸发材料蒸发而成为杂质进入蒸镀膜层中。只有蒸发源材料的饱和蒸气压足够低，才能保证在蒸发时具有最小的自蒸发量，而不至于产生影响真空度和污染膜层质量的蒸气。表 6-3 列出了电阻加热法中常用蒸发源材料金属的熔点和达到规定的平衡蒸气压时的温度。为了使蒸发源材料所蒸发的数量非常少，在选择蒸发源材料时，要保证镀料的蒸发温度应低于表 6-3 中蒸发源

材料在平衡蒸气压为 10^{-8} Torr (1.33×10^{-10} Pa)时的温度。

图　　例	典型应用举例	备　　注
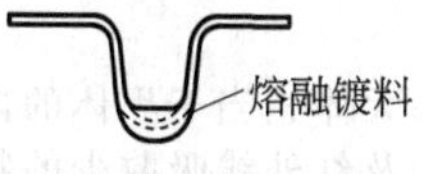 熔融镀料 (a) 发卡形(U形)加热丝	最简单的例子是在精密铸件表面进行的 Pt、Pd 合金的蒸镀等	由于熔融蒸发物为小滴,故称为点源。认为蒸发是当金属流动时从热丝底部向上发射出来的
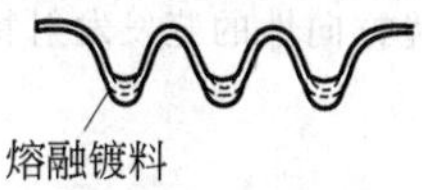 熔融镀料 (b) 正弦波形加热丝	用于镜面的 Al 蒸发等	只能用于浸润加热丝的金属的蒸发。如果设计不好,蒸发材料熔融、积存,部分会形成合金
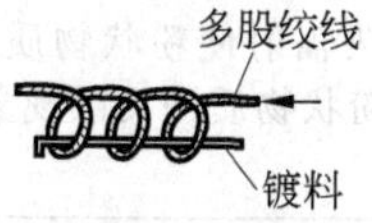 多股绞线 镀料 (c) 螺旋状多胶绞线加热丝	可近似线状源蒸发 Al 等,是最常采用的蒸发源形式	可以从多股绞线的大表面上进行蒸发。由于蒸发物呈小滴状,故每圈的间隔要足够大,不使螺旋间有搭桥现象出现。蒸发物在熔融时要均匀分布,也可作为加热丝的一部分(例如 Pt)
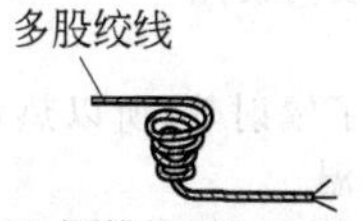 多股绞线 (d) 圆锥筐形加热丝	蒸发丸状或压结粉块的金属是有效的,适于易升华的金属(如 Cr)及难于浸润高熔点蒸发丝的金属(如 Ag、Cu)	在浸润加热丝表面的金属(如 Ti)蒸发时,为了尽量避免线间搭桥现象,蒸发物的用量应尽量少
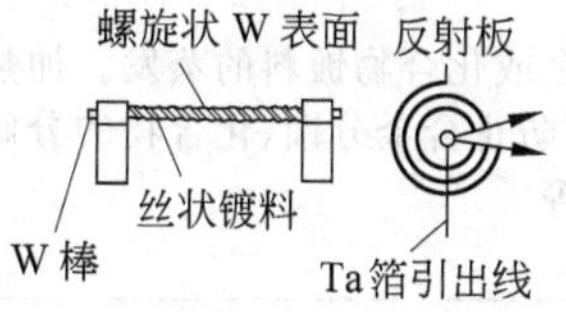 螺旋状 W 表面　反射板 丝状镀料 W 棒　Ta 箔引出线 (e) 直线型 W 加热棒	作为浸润热丝表面的金属或与热丝材料形成合金的金属(例如 Al、Pt、Ni、Cr 等)的蒸发源是有效的	Ta 箔不与 W 棒熔合,且接触电阻小

图 6-4　线状加热蒸发源用的加热器

图　　例	形　状	备　　注
 (a) 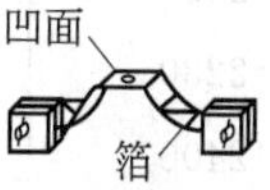 凹面 箔 (b) 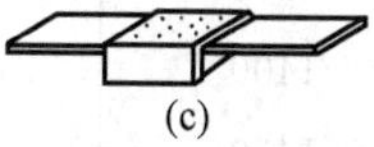 (c)	表面蒸发源	广泛用于各种金属和电介质的蒸发。最近经常使用表面喷涂氧化铝等的长寿命型加热丝 图(b)在高温下不变形 图(c)可使粉状物质不致飞散
 (d)	舟状	宜于大量蒸发电介质及金属的用途,但不宜于熔化镀料马上浸润在加热舟上的金属的蒸发,如 Sn 等。原因是熔化的金属形成了电流旁路,加热功率难以控制

图 6-5　箔状加热蒸发源用的加热器

图　例	形　状	备　注
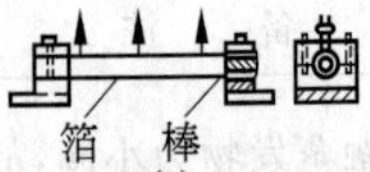 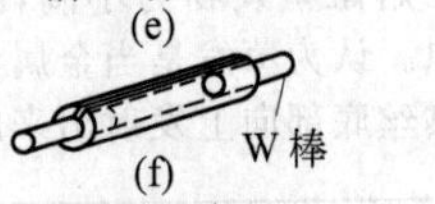 箔　棒 (e) W棒 (f) 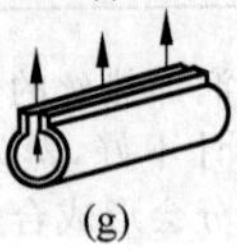 (g)	圆筒状	加热体的内部大体相当于黑体的内部。宜于热导率低及红外线吸收少的物质。如 SiO_2 等。 图(g)具有择优方向性的蒸发发射特性
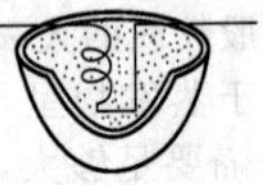 (h)	加热丝和坩埚的组合	利用加热丝的热辐射使粉状物质蒸发，所以几乎没有粉状物质的飞散现象
 (i) (j)	Tolansky 形 Jacques 形	图(i)在水平蒸发时使用 图(j)由于屏蔽了辐射热，所以热效率很高，容易得到高温
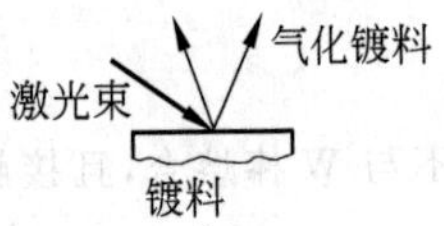 气化镀料 激光束 镀料 (k)	板状蒸发源激光束加热	多用于合金或化合物镀料的蒸发。加热面积小，可防止合金分馏、化合物的分解和相分离等

图 6-5　(续)

表 6-3　电阻蒸发源材料的熔点和对应的平衡蒸气压的温度

蒸发源材料	熔点/K	密度/(g/cm^3)	平衡温度/K		
			10^{-8} Torr	10^{-5} Torr	10^{-2} Torr
W	3683	19.3	2390	2840	3500
Ta	3269	16.6	2230	2680	3330
Mo	2890	10.22	1865	2230	2800
Nb	2741	8.4	2035	2400	2930
Pt	2045	21.45	1565	1885	2180
Fe	1808	7.86	1165	1400	1750
Ni	1726	8.90	1200	1430	1800

(3) 化学性能稳定，在高温下不应与蒸发材料发生化学反应。但是，在电阻加热法中比较容易出现的问题是，在高温下某些蒸发源材料与镀料之间会发生反应和扩散而形成化合物和合金。特别是形成低熔点共晶合金，其影响非常大。例如，在高温时钽和金会形成合金；铝、铁、镍、钴等也会与钨、钼、钽等蒸发源材料形成合金。而一旦形成低熔点共晶合金，

蒸发源就很容易烧断。又如，B_2O_3 与 W、Mo、Ta 均有反应；W 还会与水气或氧发生反应，形成挥发性的氧化物如 WO、WO_2 或 WO_3；Mo 也能与水气或氧反应形成挥发性 MoO_3 等。因此，应选择不会与镀料发生反应或形成合金的材料制作蒸发源。各种镀料蒸发时所用蒸发源见表 6-4 所列。

表 6-4　适合于各种元素的蒸发源

元素	温度/℃		蒸发源材料		备　注
	熔点	10^{-2} Torr	丝状、片状	坩埚	
Ag	961	1030	Ta，Mo，W	Mo，C	按适合程度排列，下同。与 W 不浸润
Al	659	1220	W	BN，TiC/C，TiB_2-BN	可与所有 RM 形成合金，难以蒸发。高温下能与 Ti，Zr，Ta 等反应
Au	1063	1400	W，Mo	Mo，C	浸润 W、Mo；与 Ta 形成合金，Ta 不宜作蒸发源
Ba	710	610	W，Mo，Ta，Ni，Fe	C	不能形成合金，浸润 RM，在高温下与大多数氧化物发生反应
Bi	271	670	W，Mo，Ta，Ni	Al_2O_3，C 等	蒸气有毒
Ca	850	600	W	Al_2O_3	在 He 气氛中预熔解去气
Co	1495	1520	W	Al_2O_3，BeO	与 W、Ta、Wo、Pt 等形成合金
Cr	1900	1400	W	C	
Cu	1084	1260	Mo，Ta，Nb，W	Mo，C，Al_2O_3	不能直接浸润 Mo、W、Ta
Fe	1536	1480	W	BeO，Al_2O_3，ZrO_2	与所有 RM 形成合金，宜采用 EBV
Ge	940	1400	W，Mo，Ta	C，Al_2O_3	对 W 溶解度小，浸润 RM，不浸润 C
In	156	950	W，Mo	Mo，C	
La	920	1730	—	—	宜采用 EBV
Mg	650	440	W，Ta，Mo，Ni，Fe	Fe，C，Al_2O_3	
Mn	1244	940	W，Mo，Ta	Al_2O_3，C	浸润 RM
Ni	1450	1530	W	Al_2O_3，BeO	与 W、Mo、Ta 等形成合金，宜采用 EBV
Pb	327	715	Fe，Ni，Mo	Fe，Al_2O_3	不浸润 RM
Pd	1550	1460	W(镀 Al_2O_3)	Al_2O_3	与 RM 形成合金
Pt	1773	2090	W	ThO_2，ZrO_2	与 Ta、Mo、Nb 形成合金，与 W 形成部分合金，宜采用 EBV 或溅射
Sn	232	1250	Ni-Cr 合金，Mo，Ta	Al_2O_3，C	浸润 Mo，且浸蚀
Ti	1727	1740	W，Ta	C，ThO_2	与 W 反应，不与 Ta 反应，熔化中有时 Ta 会断裂
Tl	304	610	Ni，Fe，Nb Ta，W	Al_2O_3	浸润左边金属，但不形成合金。稍浸润 W、Ta，不浸润 Mo

续表

元素	温度/℃		蒸发源材料		备　注
	熔点	10^{-2} Torr	丝状、片状	坩埚	
V	1890	1850	W,Mo	Mo	浸润 Mo,但不形成合金。在 W 中的溶解度很小,与 Ta 形成合金
Y	1477	1632	W		
Zn	420	345	W,Ta,Mo	Al_2O_3,Fe,C,Mo	浸润 RM,但不形成合金
Zr	1852	2400	W		浸润 W,溶解度很小

注：RM——高熔点金属；EBV——电子束蒸发。

作为改进的办法,是采用氮化硼(BN 50%＋TiB_2)、石墨等非金属导电坩埚,或在间接加热法中采用氧化锆(ZrO_2)、氧化钍(ThO_2)、氧化铍(BeO)、氧化镁(MgO)、氧化铝(Al_2O_3)坩埚,或者采用蒸发材料自热蒸发源等。

(4) 具有良好的耐热性,功率密度变化较小。

(5) 原料丰富,经济耐用。

根据这些要求,在制膜工艺中,常用的蒸发源材料有 W、Mo、Ta 等难熔金属,或耐高温的金属氧化物、陶瓷以及石墨坩埚。表 6-3 列出了 W、Mo、Ta 的主要物理参数。

6.3.2　电子束蒸发源

电子束蒸发克服了一般电阻加热蒸发的许多缺点,特别适合制作高熔点薄膜材料和高纯薄膜材料。

6.3.2.1　电子束加热原理与特点

热电子由灯丝发射后,被加速阳极加速,获得动能轰击到处于阳极的蒸发材料上,使蒸发材料加热气化,而实现蒸发镀膜。若不考虑发射电子的初速度,被电场加速后的电子动能为$\frac{1}{2}mv^2$,它应与初始位置时电子的电势能相等,即

$$\frac{1}{2}mv^2 = eU \tag{6-21}$$

式中,m 是电子质量(9.1×10^{-31} kg);e 是电子电量(1.6×10^{-19} C);U 是加速电压(V)。由此得出电子轰击镀料的速度

$$v = 5.93\times10^5\sqrt{U}\,(\text{m/s}) \tag{6-22}$$

假如 U=10 kV,则电子速度可达 6×10^4 km/s。这样高速运动的电子流在一定的电磁场作用下,汇聚成束并轰击到蒸发材料表面,动能变为热能。电子束的功率

$$W = neU = IU \tag{6-23}$$

式中,n 为电子流量(s^{-1});I 为电子束的束流强度(A)。若 t 为束流作用的时间(s),则其产生的热量 Q(J)为

$$Q = 0.24Wt \tag{6-24}$$

在加速电压很高时,由上式所产生的热能可足以使镀料气化蒸发,从而成为真空蒸发技术中的一种良好热源。

电子束蒸发源的优点如下：

(1) 电子束轰击热源的束流密度高，能获得远比电阻加热源更大的能量密度。可在一个不太小的面积上达到 $10^4 \sim 10^9$ W/cm^2 的功率密度，因此可以使高熔点(可高达 3000℃以上)材料蒸发，并且能有较高的蒸发速率。例如可蒸发 W、Mo、Ge、SiO_2、Al_2O_3 等。

(2) 镀料置于水冷铜坩埚内，可避免容器材料的蒸发，以及容器材料与镀料之间的反应，这对提高镀膜的纯度极为重要。

(3) 热量可直接加到蒸发材料的表面，因而热效率高，热传导和热辐射的损失少。

电子束加热源的缺点是电子枪发出的一次电子和蒸发材料表面发出的二次电子会使蒸发原子和残余气体分子电离，这有时会影响膜层质量。但可通过设计和选用不同结构的电子枪加以解决。多数化合物在受到电子轰击时会部分发生分解，以及残余气体分子和镀料分子会部分地被电子所电离，将对薄膜的结构和性质产生影响。更主要的是，电子束蒸镀装置结构较复杂，因而设备价格较昂贵。另外，当加速电压过高时所产生的软 X 射线对人体有一定伤害，应予以注意。

6.3.2.2 电子束蒸发源的结构型式

依靠电子束轰击的真空蒸镀技术，根据电子束的轨迹不同，可分为环型枪、直枪(皮尔斯枪)、e 型枪和空心阴极电子枪等几种。环型枪是靠环形阴极束发射电子束，经聚焦和偏转后打在坩埚中使坩埚内材料蒸发。其结构较简单，但是功率和效率都不高，多用于实验性研究工作，在生产中应用较少。

直枪是一种轴对称的直线加速电子枪，电子从阴极灯丝发射，聚焦成细束，经阳极加速后轰击在坩埚中使镀料熔化和蒸发。直枪的功率为几百瓦到几千瓦。由于聚焦线圈和偏转线圈的应用使直枪的使用较为方便。它不仅可得到较高的能量密度(≥100 kW/cm^2)，而且易于调节控制。它的主要缺点是体积大、成本高。另外蒸镀材料会污染枪体结构和存在灯丝逸出的 Na^+ 污染等问题。最近，采取在电子束的出口处设置偏转磁场，并在灯丝部位制成一套独立抽气系统的直枪改进型，如图 6-6 所示。这不但避免了灯丝对膜层的污染，而且还有利于提高电子枪的寿命。

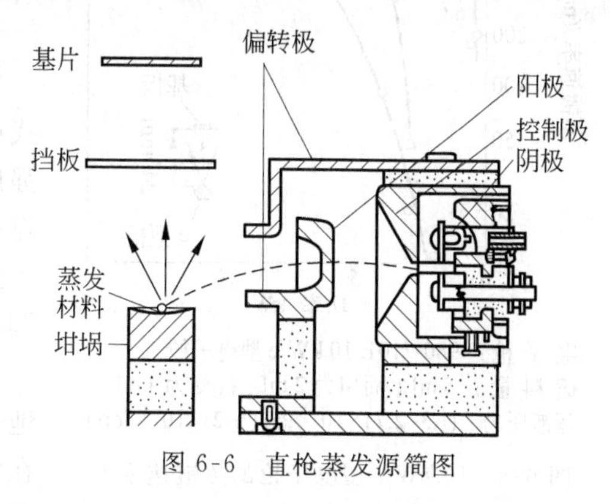

图 6-6 直枪蒸发源简图

e 型电子枪即 270°偏转的电子枪，它克服了直枪的缺点，是目前用得较多的电子束蒸发源。其结构简图如图 6-7 所示。热电子由灯丝发射后，被阳极加速。在与电子束垂直的方向设置均匀磁场。电子在正交电磁场作用下受洛伦兹力的作用偏转 270°，e 型枪因此得名。e 型枪的优点是正离子的偏转方向与电子偏转方向相反，因此可以避免直枪中正离子对镀层的污染。

电子枪一般在高真空条件下才能正常发射电子束。若真空度太低，电子束在运动过程中会与气体分子发生碰撞，使后者电离，将电子枪阴阳极之间的空隙击穿，使电子枪不能正常发射电子束。

常用 e 型枪的电压为 10 kV，束流 300 mA～1 A。通过调整阴阳极尺寸、相对位置和磁

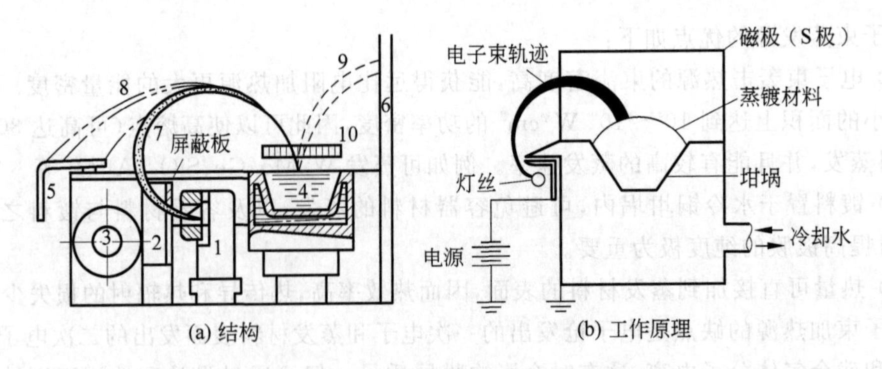

图 6-7 e 型电子枪的结构和工作原理

1—发射体；2—阳极；3—电磁线圈；4—水冷坩埚；5—收集极；6—吸收极；

7—电子轨迹；8—正离子轨迹；9—散射电子轨迹；10—等离子体

场的设置可以调整电子束束斑的直径和位置。电子束偏转半径由洛伦兹力即为向心力的关系确定，即

$$evB = \frac{mv^2}{r_m}$$

$$r_m = \frac{mv}{eB} \tag{6-25}$$

利用式(6-21)得到的 $v=\sqrt{\dfrac{2eU}{m}}$，代入上式并代入 e、m 的数值，得

$$r_m = 3.37 \times 10^{-6}\,\frac{\sqrt{U}}{B}(\mathrm{m}) \tag{6-26}$$

式中，U 为加速电压(V)；B 为偏转磁场的磁感应强度(T)。因此调整 U 和 B 可以调整电子束斑点的位置，使电子束准确地聚焦在坩埚中心。在正式蒸镀之前，一般要对镀料进行预熔除气，通过调整 U 和 B 使电子束扫遍镀料表面。

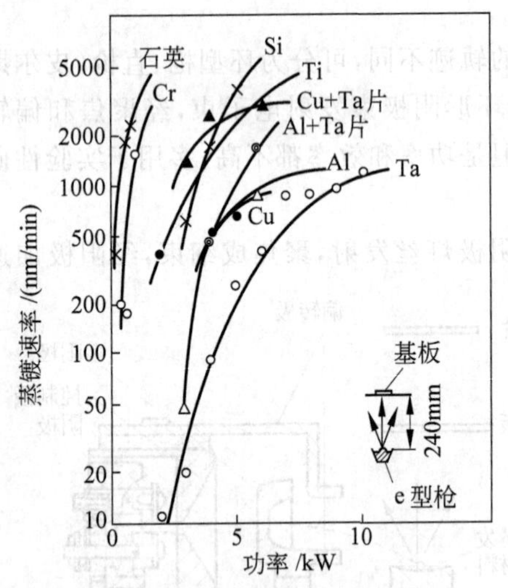

电 子 枪：980-7101, 10 kW e型电子枪
镀 料 量：5 mL; 而Si为2 mL, 石英为4 mL
蒸镀压力：(1.3~2.7)×10⁻³Pa((1~2)×10⁻⁵ Torr)

图 6-8 10 kW e 型电子枪的蒸镀速率①

由于 e 型枪能有效地抑制二次电子，可方便地通过改变磁场调节电子束的轰击位置。再加上在结构上采用内藏式阴极，既防止了极间放电，又避免了灯丝污染。目前 e 型枪已逐渐取代了直枪和环型枪。目前，在制备光学膜用的高纯度氧化膜、等离子体平板显示器(PDP)用的 MgO 膜、水晶振子用的电极膜等方面，几乎都采用 e 型电子枪真空蒸镀法。图 6-8 给出 10 kW e 型电子枪对不同材料的蒸发速率。在蒸发 Cu、Al 等导热性良好的镀料时，为了保证纯度不至于下降，想在小功率下高速蒸发时，可以在镀料与坩埚之间放入钽皿，这种配置的蒸发速率见图 6-8 中的曲线。

---

① 因镀料与坩埚间的接触状态不同，蒸镀速率多少有些差异。为了获得 Ta、Cr、碳等的优质蒸镀膜，需要对基板进行恰当的加热。蒸发 Al 时，若功率超过 8 kW，则会产生飞溅。图中 Ta 片是指，为了减少传热损失，在坩埚之上放置 Ta 皿，再把镀料置于 Ta 皿中。

6.4　蒸发源的蒸气发射特性与基板配置

基片上任何一点的膜层厚度都决定于蒸发源的发射特性、基板和蒸发源的几何形状、相对位置以及材料的蒸发量。当系统的真空度较高时，这种现象更为明显。

为了对膜厚进行理论计算，找出其分布规律，首先对蒸发过程作如下几点假设：

① 蒸发原子或分子与残余气体分子间不发生碰撞；

② 在蒸发源附近的蒸发原子或分子之间也不发生碰撞；

③ 蒸发沉积到基板上的原子不发生再蒸发现象，即第一次碰撞就凝结于基板表面上。

上述假设的实质就是设每一个蒸发原子或分子，在入射到基板表面上的过程中均不发生任何碰撞，而且到达基板后又全部凝结。显然，这必然与实际的蒸发过程有所出入。但是，这些假设对于在 10^{-3} Pa 或更低的压力下所进行的蒸发过程来说，与实际情况是非常接近的。可以参考式(1-29)所进行的分析。因此，可以说目前通常的蒸发装置一般都能满足上述条件。

6.4.1　点蒸发源

通常将能够从各个方向蒸发等量材料的微小球状蒸发源称为点蒸发源(简称点源，见图 6-9(a))。设点蒸发源以每秒 m 克的蒸发速率向各个方向蒸发，则在单位时间内，在任何方向上，通过图中所示立体角 $d\Omega$ 的蒸发量为 dm，则有

$$dm = \frac{m}{4\pi} d\Omega \tag{6-27}$$

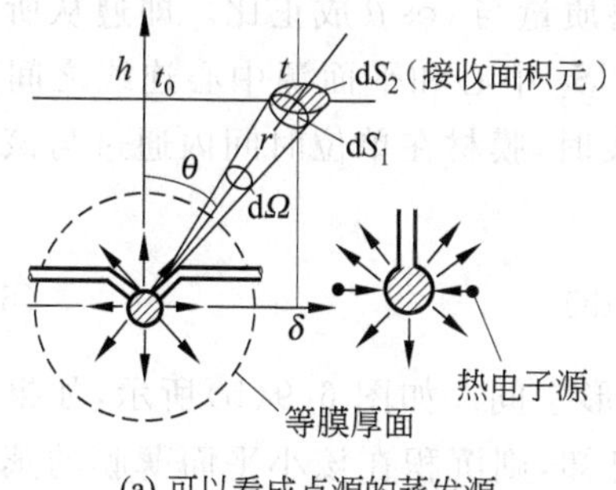

(a) 可以看成点源的蒸发源

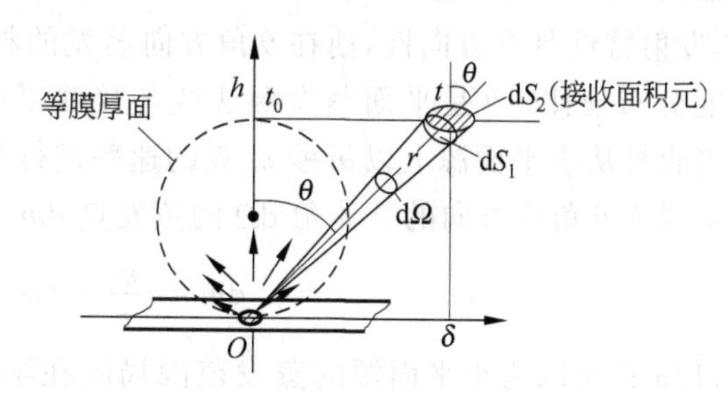

(b) 微小平面蒸发源

图 6-9　点源和微小平面源

因此，在蒸发材料到达与蒸发方向成 θ 角的小面积 dS_2 的几何尺寸已知时，则沉积在此面积上的膜材质量与厚度即可求得。由图 6-9(a)可知

$$dS_1 = dS_2 \cdot \cos\theta$$
$$dS_1 = r^2 \cdot d\Omega$$

则有

$$d\Omega = \frac{dS_1}{r^2} = \frac{dS_2 \cdot \cos\theta}{r^2} = \frac{dS_2 \cdot \cos\theta}{h^2 + \delta^2} \tag{6-28}$$

式中，r 是点源与基板上被观察膜厚点的距离；h 和 δ 分别是二者的垂直距离和水平距离。

所以，蒸发材料到达 dS_2 上的蒸发速率 dm 可写成

$$dm = \frac{m}{4\pi} \cdot \frac{\cos\theta}{r^2} \cdot dS_2 \tag{6-29}$$

假设蒸发膜的密度为 ρ，单位时间内沉积在 dS_2 上的膜厚为 t，则沉积到 dS_2 上的薄膜体积为 $t dS_2$，因而有

$$dm = \rho \cdot t \cdot dS_2 \tag{6-30}$$

将此值代入式(6-29)，则可得基板上任意一点的膜厚

$$t = \frac{m}{4\pi\rho} \cdot \frac{\cos\theta}{r^2} \tag{6-31}$$

经整理后得

$$t = \frac{mh}{4\pi\rho r^3} = \frac{mh}{4\pi\rho(h^2+\delta^2)^{3/2}} \tag{6-32}$$

当 dS_2 在点源的正上方，即 $\theta=0$ 时，$\cos\theta=1$，用 t_0 表示点源正上方基板处的膜厚，即有

$$t_0 = \frac{m}{4\pi\rho h^2} \tag{6-33}$$

显然，t_0 是在基板平面内所能得到的最大膜厚。则在基板架平面内膜厚分布状况可用下式表示：

$$\frac{t}{t_0} = \frac{1}{[1+(\delta/h)^2]^{3/2}} \tag{6-34}$$

6.4.2　小平面蒸发源

如图 6-9(b)所示，用小平面蒸发源代替点源。小平面源的蒸发范围局限在半球形空间，其发射特性具有方向性，使在 θ 角方向蒸发的材料质量与 $\cos\theta$ 成正比。即遵从所谓余弦角度分布规律。θ 是平面蒸发源法线与接收平面 dS_2 中心和平面源中心连线之间的夹角。当膜材从小平面源上以每秒 m 克的速率进行蒸发时，膜材在单位时间内通过与该小平面的法线成 θ 角度方向的立体角 $d\Omega$ 的蒸发量 dm 为

$$dm = \frac{m}{\pi} \cdot \cos\theta \cdot d\Omega \tag{6-35}$$

式中，$1/\pi$ 正是因为小平面源的蒸发范围局限在半球形空间。如图 6-9(b)所示，如果蒸发材料到达与蒸发方向成 θ 角的小平面 dS_2 几何面积已知，则沉积在该小平面薄膜的蒸发速率可表示为

$$dm = \frac{m}{\pi} \cdot \frac{\cos^2\theta}{r^2} \cdot dS_2 \tag{6-36}$$

同理，根据式(6-30)，将 $dm=\rho \cdot t \cdot dS_2$ 代入式(6-36)，则可得到小平面源蒸发时，沉积在基板上任意一点的膜厚 t 为

$$t = \frac{m}{\pi\rho} \cdot \frac{\cos^2\theta}{r^2} = \frac{mh^2}{\pi\rho(h^2+\delta^2)^2} \tag{6-37}$$

当 dS_2 在小平面源正上方时($\theta=0$)，用 t_0 表示该点的膜厚为

$$t_0 = \frac{m}{\pi\rho h^2} \tag{6-38}$$

同理，t_0 是基板平面内所得到的最大蒸发膜厚。基板平面内其他各处的膜厚分布，即 t 与

t_0 之比为

$$\frac{t}{t_0}=\frac{1}{[1+(\delta/h)^2]^2} \tag{6-39}$$

图 6-10 比较了点源与小平面源两者的相对厚度分布曲线。可以看出，点源蒸发的厚度分布略均匀些。但从比较式(6-33)和式(6-38)可以看出，在给定蒸发料、蒸发源和基板距离的情况下，平面蒸发源的最大厚度可为点蒸发源的 4 倍左右。

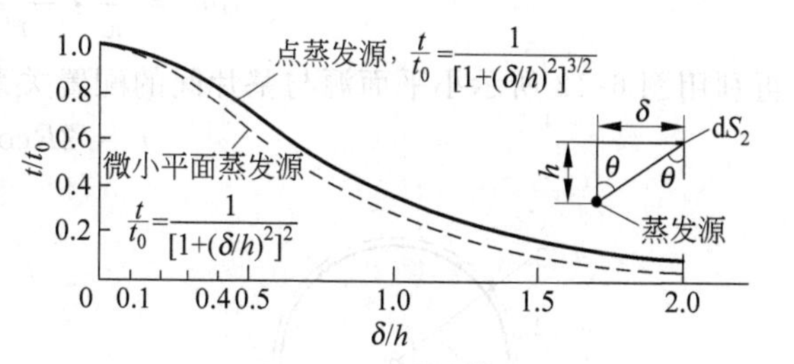

图 6-10　点源及微小平面源蒸镀膜厚分布的比较
（注意：t_0 是刚好在蒸发源上方的厚度；
接收表面是一个平面）

在实际应用中，一般要求膜厚偏差 $\left(\frac{t-t_0}{t_0}\times100\%\right)$ 控制在 $\pm5\%$ 之内。为了在更大范围内(即 δ 大)制作厚度均匀的膜层，根据式(6-34)、式(6-39)及图 6-10，需要加大 h。但由式(6-33)、式(6-34)可知，h 增大时，薄膜的沉积速率变小，效率变低。实际工作中需要针对各种蒸发源的发射特性，在基板配置方面采取必要措施。

6.4.3　实际蒸发源的发射特性及基板配置

6.4.3.1　实际蒸发源的发射特性

除了上述的点蒸发源和小平面蒸发源之外，还有细长平面源、环形源、大平面源和圆柱面源等。应该指出，这些几何化的描述只不过是各种不同实际蒸发源的近似而已，目的是便于对相应的膜厚分布进行理论计算。

例如，发针形蒸发源或电子束蒸发源中的熔融材料为球形，与点蒸发源近似；舟式蒸发源中，若蒸发料熔融时与舟不浸润，则从舟中蒸发时也呈球形，可以按点蒸发源近似，浸润时可按小平面源近似；蒸发料润湿的螺旋丝状蒸发源是理想的柱状蒸发源；锥形篮式蒸发源在各圈间隔很小时，其发射特性与平面蒸发源近似。坩埚蒸发源的发射情况取决于开口的几何形状，可以看成表面蒸发源或高度定向的蒸发源；普通二极溅射靶源可以看成大平面源，而大的平面磁控溅射靶可以看成环形源等。

6.4.3.2　点源与基板相对位置的配置

如图 6-11 所示，为了获得均匀的膜厚，点源必须配置在基板所围成的球体中心。式(6-31)中的 $\cos\theta=1$ 时，t 值为常数，即

$$t=\frac{m}{4\pi\rho}\cdot\frac{1}{r^2} \tag{6-40}$$

在这种情况下，膜厚仅与蒸发材料的性质、半径 r 的大小，以及蒸发源所蒸发出来的质量 m 有关。这种球面布置在理论上保证了膜厚的均匀性。

6.4.3.3　小平面源与基板相对位置的配置

直观看来，在以点源为中心的球面上，均可获得均匀膜厚，球面上可放置许多基板。但实际上，作为点源，只能放置少量镀料，以其作蒸发源，难以制作厚膜以及在大量基板上成膜。实用镀膜技术多采用蒸发舟或坩埚，其发射特性可由小平面源来近似。如图 6-9(b)所示，其等膜厚面为蒸发源所在的球面。换句话说，当小平面蒸发源为球形基片架的一部分

时，该小平面源蒸发时，在内球体表面上的膜厚分布是均匀的。这是因为，根据式(6-30)、式(6-36)，有

$$dm = \rho \cdot t \cdot dS_2 \tag{6-30}$$

$$dm = \frac{m}{\pi} \cdot \frac{\cos^2\theta}{r^2} \cdot dS_2 \tag{6-36}$$

再利用图 6-12 所示小平面源与基片间的配置关系：

$$r = 2R\cos\theta \tag{6-41}$$

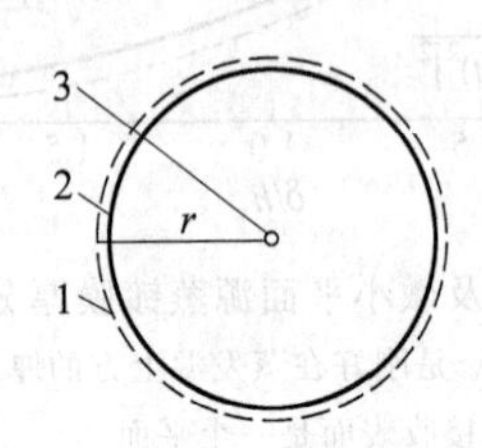

图 6-11　点蒸发源的等膜厚面

1—基片；2—球面基片支架；3—点蒸发源

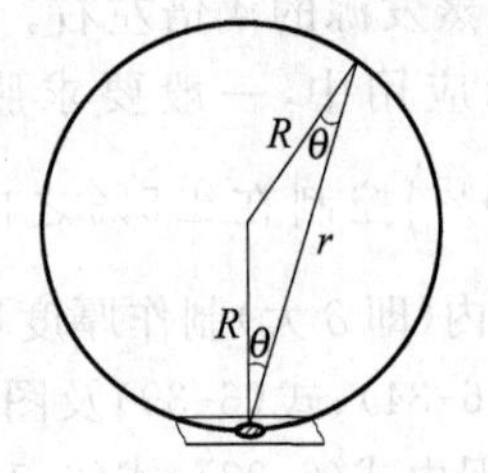

图 6-12　微小平面源的等膜厚面

可以看出，在这种配置下，膜厚 t 的分布与 θ 角无关。所以，对应于一定半径 R 的球形基片架来说，其内表面的沉积膜厚只取决于蒸发材料的性质、R 的大小，以及蒸发源所蒸发出来的质量多少。为了实现等膜厚沉积，只要将基片置于半径为 R 的等膜厚球面上即可。为此，常采用下述两种方法。

第一种方法采用旋转球面托架，如图 6-13 所示。在半球面上放置多块基片，其最大圆心角，即基片有效放置角为 ϕ，球面托架绕中心轴旋转。如果希望较高的蒸镀速率或希望蒸发材料尽可能垂直入射基片，则要求蒸发源离基片近一些。旋转球面基片托架方式中，膜厚分布与基片有效放置角 ϕ 之间的关系如图 6-13 所示。

第二种方法采用行星式托架方式，如图 6-14 所示。放置基片的行星式托架一边围绕着中心轴公转，一边围绕 P 轴自转。用这种方法获得的膜厚分布与图 6-14 的情况在原理上是一样的，但由于托架的公转和自转，膜厚分布更佳。这种基片相对位置配置的优点是，蒸发材料到基片的入射角随基片自转而变化，对 IC 制作中的台阶涂敷极为有利。

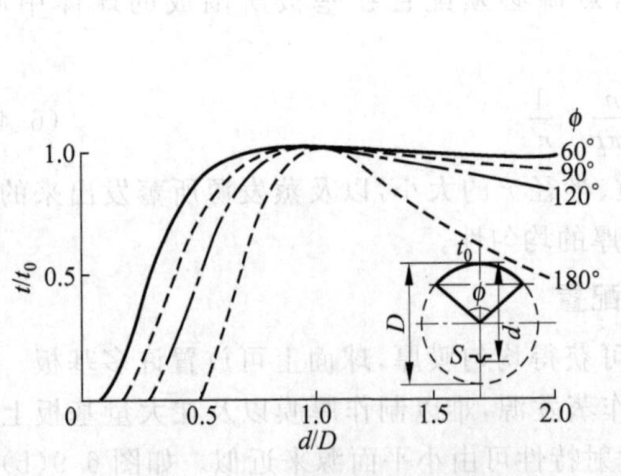

图 6-13　旋转球面托架与膜厚分布

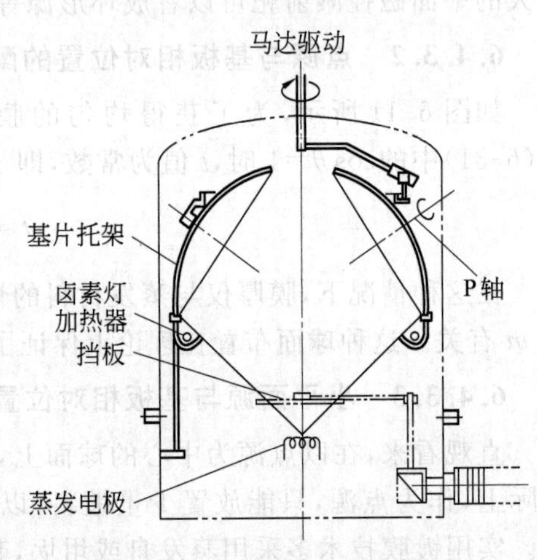

图 6-14　行星式基片托架

6.4.3.4 环形源与基板相对位置的配置

对于图 6-15 所示的将多个蒸发源环形设置的环形源，从直观上看也许认为，蒸镀膜的膜厚分布亦呈环形。但详细的计算结果如图 6-16 所示。在 $A=R(=1)$ 的范围内，可获得良好的膜厚分布。实际上，为获得这种分布也无须特意设置很多蒸发源，只要在蒸发源所不及的地方使基片旋转即可，如图 6-17 所示。图中最外圈的基片之所以倾斜布置，是为了改善基片超出环形源之外那一部分的膜厚分布。

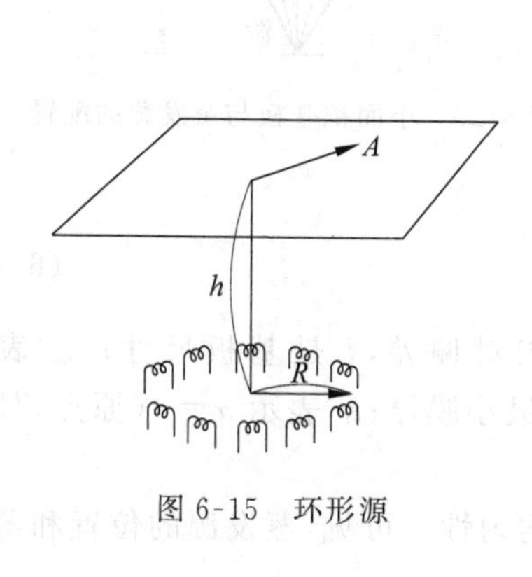

图 6-15 环形源

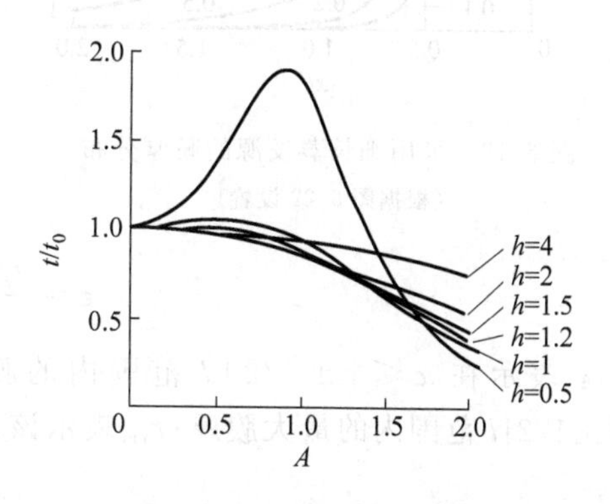

图 6-16 环状连续点源（环形源）的发射特性（$R=1$ 的情况）

6.4.3.5 细长源与基板相对位置的配置

在有些情况下，基片像电影胶片一样，细而长。这时需要采用如图 6-18 所示的细长平面蒸发源（大多数情况是一点一点并列布置的点源），基片在其下方沿 y 方向移动。采用这种细长蒸发源的膜厚分布如图 6-19 所示。

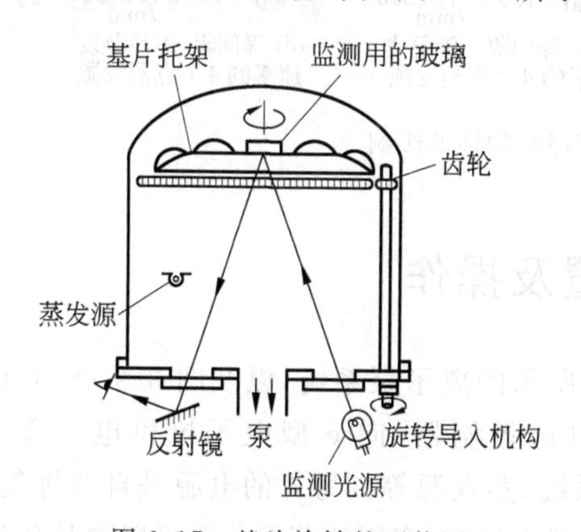

图 6-17 基片旋转的环状源

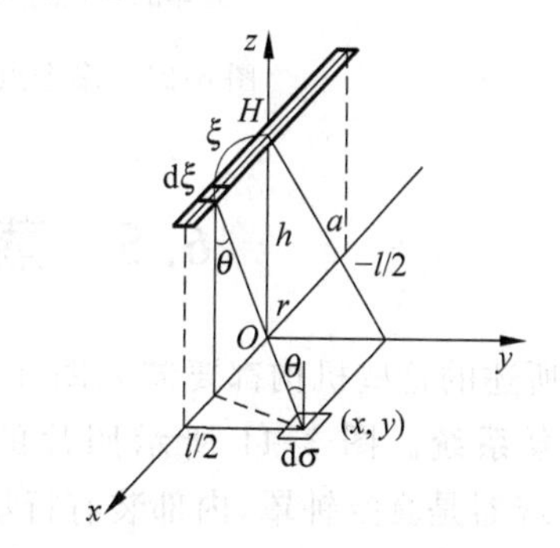

图 6-18 与基片平行放置的细长平面蒸发源

6.4.3.6 小面积基板和大面积基板对蒸发源的配置要求

如果被蒸镀的面积比较小，这时可将蒸发源直接配置于基板的中心线上，基板距蒸发源高度 h 可取为 $h=(1\sim1.5)D$。如图 6-20 所示，D 为基板直径。

为了在较大尺寸的平板形基板上也能获得均匀的膜厚，采用多个分离的点源代替单一点源或小平面源，这是一种最简便的方法。这时蒸发膜厚的分布表达式为

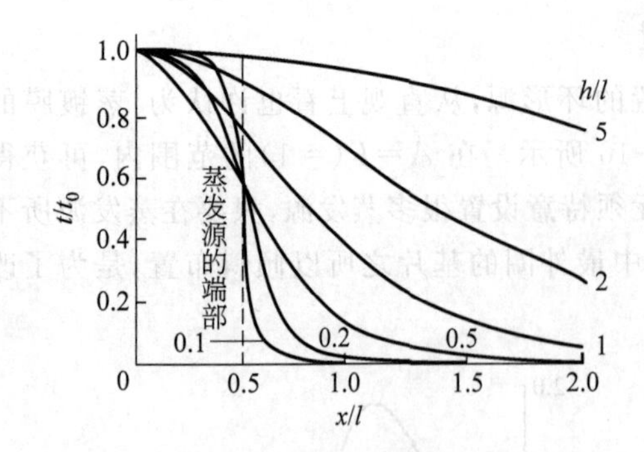

图 6-19 采用细长蒸发源的膜厚分布
(根据图 6-22 设置)

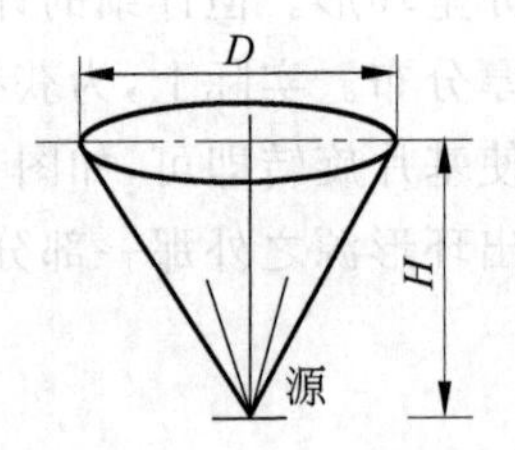

图 6-20 小面积基板与蒸发源的配置

$$\varepsilon = \frac{t_{\max} - t_{\min}}{t_0} \tag{6-42}$$

式中,ε 表示在 $x \leqslant |\pm 1/2|\, l$ 范围内的膜厚最大相对偏差,l 是基板尺寸;$t_{\max}$ 表示 $x \leqslant |\pm 1/2|\, l$ 范围内的最大膜厚;$t_{\min}$ 表示该范围内 m 最小膜厚;t_0 表示 $x=0$(原点)处的膜厚。

图 6-21 表示在使用 4 个蒸发源时,x 方向膜厚的均匀性。可见,蒸发源的位置和蒸发速率对膜厚均匀性有较明显的影响。

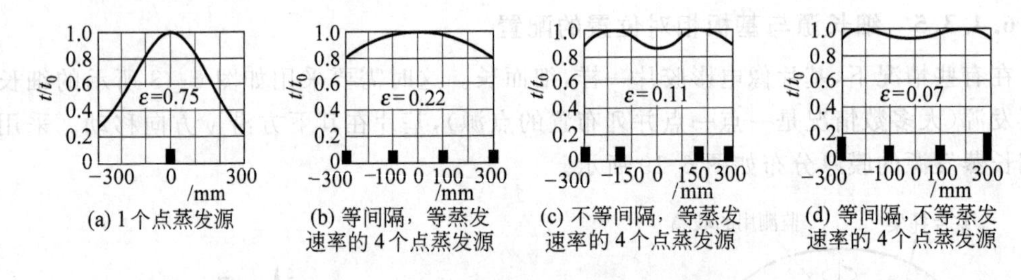

图 6-21 多个点源配置对膜厚均匀性的影响

6.5 蒸镀装置及操作

以上所述的这些机构都要装入图 3-7(a)、(b)所示的离子泵系统,以及图 3-9、图 3-11 所示扩散泵系统。图 3-11 所示照片的右侧为电源控制器,向 e 型电子枪供电。穹顶(dome)形容器是真空钟罩,内部装有行星式托架系统、蒸发源等。另外的电源是自动排气、膜厚监控器、真空规等的电源。这些例子都是比较高级的,而实用的蒸镀装置可以说是各种各样,种类繁多。例如图 6-22 所示的装置,钟罩直径仅为 20 cm,整个装置都可以放置在桌面上。从如此小型的到巨大的各种蒸镀装置都有。近年来,将整个系统设计在同一箱体中的箱型蒸镀装置(见图 6-23)的应用越来越普遍。

这些蒸镀装置一般按如下步骤操作:

(1) 放置基片(或者更换蒸镀好膜层的基片)。

(2) 排气(随真空泵系统不同而异。在自动排气的情况下,只按电钮即可)。

图 6-22　桌上型蒸镀装置

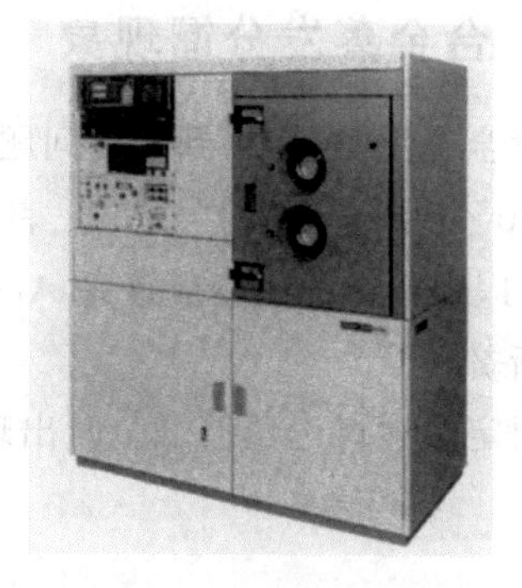

图 6-23　箱型蒸镀装置

(3) 加热基片(要想快,可从排气开始后立即进行加热,但为慎重起见,最好在获得高真空后开始)。

(4) 蒸发源除气(供给蒸发源蒸发所需的 30%～100%的电功率。而在图 3-11(b) 所示的情况下,不必每次都对蒸发源除气)。

(5) 蒸镀(旋转基片,供给蒸发源所需电能,打开挡板)。

(6) 达到所要求的膜厚之后,关闭挡板,停止供给蒸发源和基片的电能。

(7) 经过必要的冷却时间之后,取出基片,放入下一批基片。

在大规模集成电路制作中,导体布线和层间连接都离不开铝膜。如果在高真空度下蒸镀铝,可以得到漂亮的蒸镀膜,而在低真空下蒸镀则膜层发暗。但有人认为,如果加快蒸发速度,即使在低真空下也不发暗。看来,比较合理的解释是,加快蒸发速度提高了向基板入射的蒸发原子的数量,从而相对降低了向基板入射的残留气体的效果(表 1-9)。总之,重要的是要使压力 p 与蒸发速率 r_e 的比值(p/r_e)尽量小。图 6-24 是以 p/r_e 为参量,表示膜层矫顽力 H_c 与膜厚的关系。可以看出,在 p/r_e 为 5.3×10^{-3} Pa/(nm/s) (4×10^{-5} Torr/(nm/s))以下时,H_c 是一定的,几乎与膜厚无关。

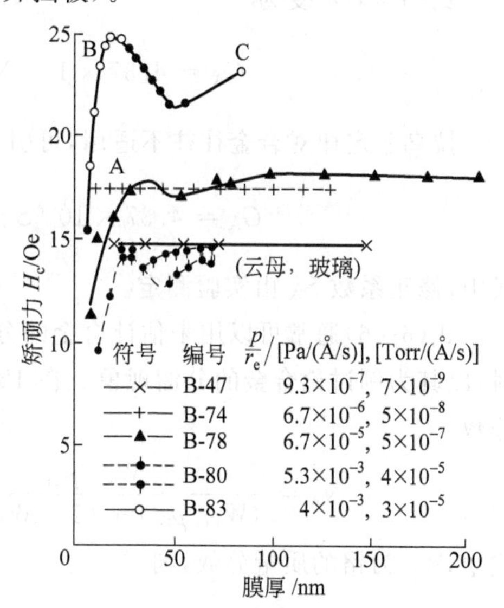

图 6-24　改变 p/r_e 的比值时,H_c 与膜厚的关系

6.6　合金膜的蒸镀

对于两种以上元素组成的合金或化合物,在蒸发时如何控制成分,以获得与蒸发材料化学计量比不变的膜层,是真空蒸镀中十分重要的问题。

6.6.1 合金蒸发分馏现象

蒸镀合金膜时，会遇到分馏问题。例如，若想镀制 A 和 B 两种组元构成的二元合金膜，其中含 20%B 原子，用符号 A_4B_1 表示。而在蒸发源加热温度下，A 与 B 的饱和蒸气压之比是 100∶1，则镀料的成分应该是 A_1B_{25}。如果镀料是一次加料，则因 A 原子消耗较快，而使镀层逐渐贫 A。

下面定量地讨论蒸镀合金时出现的分馏问题。根据式(6-18)，合金中各组元的蒸发速率为

$$G_A = 4.37\times10^{-3}p'_A\sqrt{\frac{\mu_A}{T}}\quad(\mathrm{kg/(cm^2\cdot s)})\tag{6-43}$$

式中，p'_A是 A 组元造成的合金蒸气压的部分(Pa)；μ_A 是 A 组元的摩尔质量(kg)；这里p'_A是未知数，可以由式(6-8)表示的拉乌尔定律来估计：

$$p'_A = N_A p_A\tag{6-44}$$

式中，N_A 是 A 组元的摩尔分数；p_A 是纯的 A 物质的蒸气压。

式(6-43)可变为

$$G_A = 4.37\times10^{-3}N_A p_A\sqrt{\frac{\mu_A}{T}}\quad(\mathrm{kg/(cm^2\cdot s)})\tag{6-45}$$

拉乌尔定律对合金往往不适用，可引入系统 S_A 来修正式(6-45)

$$G_A = 4.37\times10^{-3}S_A N_A p_A\sqrt{\frac{\mu_A}{T}}\quad(\mathrm{kg/(cm^2\cdot s)})\tag{6-46}$$

式中，修正系数 S_A 由实验测定。

式(6-46)通常可以用来估计合金的分馏量，Ni 80%-Cr 20%合金是常用的电阻薄膜材料，以其为例讨论合金的分馏现象。在 1527℃时蒸发，$p_{Cr}\approx10$ Pa，$p_{Ni}\approx1$ Pa。而铬的摩尔分数

$$N_A = \frac{W_{Cr}/\mu_{Cr}}{(W_{Cr}/\mu_{Cr})+(1-W_{Cr})/\mu_{Ni}} = \frac{W_{Cr}}{W_{Cr}+(1-W_{Cr})(\mu_{Cr}/\mu_{Ni})}$$

式中，W_{Cr}为铬的质量分数，则

$$N_{Cr} = \frac{0.2}{0.2+(1-0.2)(52/58.7)} = 0.22$$

同时，$N_{Ni}=1-N_{Cr}=0.78$，因此，蒸发速率之比

$$\frac{G_{Cr}}{G_{Ni}} = \frac{N_{Cr}}{N_{Ni}}\cdot\frac{p_{Cr}}{p_{Ni}}\cdot\sqrt{\frac{\mu_{Cr}}{\mu_{Cr}}} = \frac{0.22}{0.78}\times\frac{10}{1}\times\sqrt{\frac{52}{58.7}}\approx2.8$$

这说明，该合金在 1527℃开始蒸发时，铬的初始蒸发速率为镍的 2.8 倍。随着铬的迅速蒸发，G_{Cr}/G_{Ni}会逐渐减小，最终会小于 1。结果，蒸镀的膜层在不同的厚度具有不同的化学组分。顺便指出，这种分馏现象使得靠近基板处的膜是富铬的，这也是 Ni-Cr 合金薄膜具有良好附着性的原因。

采用真空蒸镀法制作预定组成的合金薄膜，经常采用瞬时蒸发法、多蒸发源蒸发法及合金升华法等。

6.6.2 瞬时蒸发(闪烁蒸发)法

瞬时蒸发法又称“闪烁”蒸发法。它是将细小的合金颗粒,逐次送到非常炽热的蒸发器或坩埚中,使一个一个的颗粒实现瞬间完全蒸发。如果颗粒尺寸很小,几乎能对任何成分进行同时蒸发,故瞬时蒸发法常用于合金中元素的蒸发速率相差很大的场合。闪烁蒸发法的优点是能获得成分均匀的薄膜,可以进行掺杂蒸发等。其缺点是蒸发速率难于控制,且蒸发速率不能太快。

图 6-25 示出了瞬时蒸发法的原理图。采用这种方法的关键是要求以均匀的速度将蒸镀材料供给蒸发源,以及选择合适的粉末粒度、蒸发温度和落下粉末料的比率。钨丝锥形筐是用作蒸发源的最好结构。如果使用蒸发舟和坩埚,瞬间未蒸发的粉末颗粒就会残存下来,变为普通蒸发,这是不太理想的,必须仔细调节和控制。

这种蒸发法已用于各种合金膜(如 Ni-Cr 合合膜)、Ⅲ-Ⅴ族及Ⅱ-Ⅵ族半导体化合物薄膜的制作。对磁性金属化合物,还成功地制成了 MnSb、MnSb-CrSb、CrTe 及 Mn_5Ge_3 等薄膜。

6.6.3 双源或多源蒸发法

这种蒸发法是将要形成合金的每一组元,分别装入各自的蒸发源中,然后独立地控制各蒸发源的蒸发速率,使到达基板的各种原子与所需合金薄膜的组成相对应。为使薄膜厚度分布均匀,基板需要转动。如合金组元增加,则蒸发源数也要相应增加,需采用多源蒸发法。

图 6-26 表示双源蒸发原理。采用双源或多源蒸发法还有利于提高膜厚分布的均匀性。

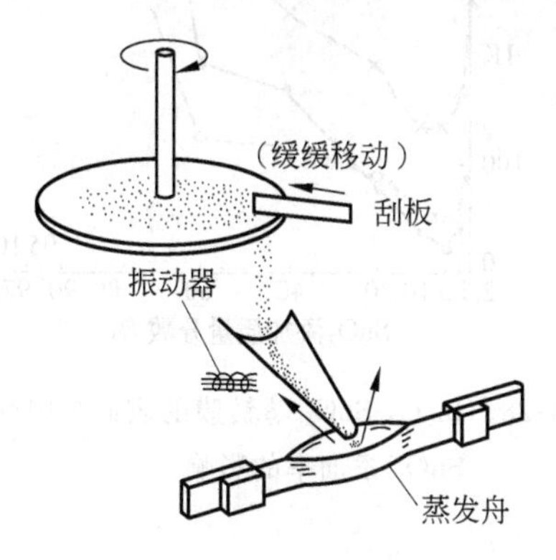

图 6-25　瞬时蒸发法原理

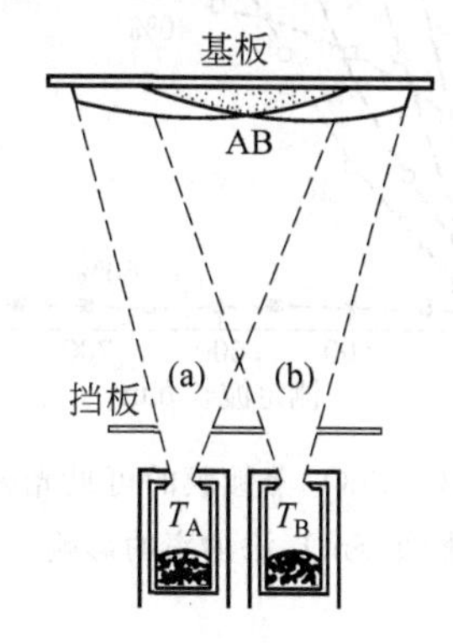

图 6-26　双源蒸发原理示意

T_A—物质 A 的蒸发温度;T_B—物质 B 的蒸发温度;(a)—物质 A 的蒸气流;(b)—物质 B 的蒸气流;AB—合金薄膜

6.7 化合物膜的蒸镀

6.7.1 透明导电膜(ITO)——In_2O_3-SnO_2 系薄膜

既透明又具有导电性的薄膜(ITO 膜)对于平板显示器、太阳能电池等必不可缺,需求量与日俱增，因此，人们对其进行了广泛研究。ITO膜的制作方法除真空蒸镀等真空法之外，还有很多种。但是，从透明度和低温（这样，玻璃基板不变形）成膜等方面看，还是用真空法最好。

最早曾用真空蒸镀法制作出 SnO_2 膜，但存在蒸镀后需要进行热处理及电阻率较高等缺点。人们期待着 In_2O_3 能够解决这个问题。

图6-27表示 In_2O_3-SnO_2 蒸镀膜的可见光透射特性受 SnO_2 添加率的影响。可以看出，在 SnO_2 占2.5%～5%（其余为 In_2O_3）或 SnO_2 占100%的情况下可得到透明度很好的薄膜。其蒸镀条件是，基片温度300℃，沉积速率20 nm/min，膜厚140 nm，蒸发源为e型电子枪。

图6-28表示膜层表面方阻与 SnO_2 添加率之间的关系随热处理而变化的关系。由图可知，SnO_2 的添加重量比为5%时，膜层的表面电阻最低。

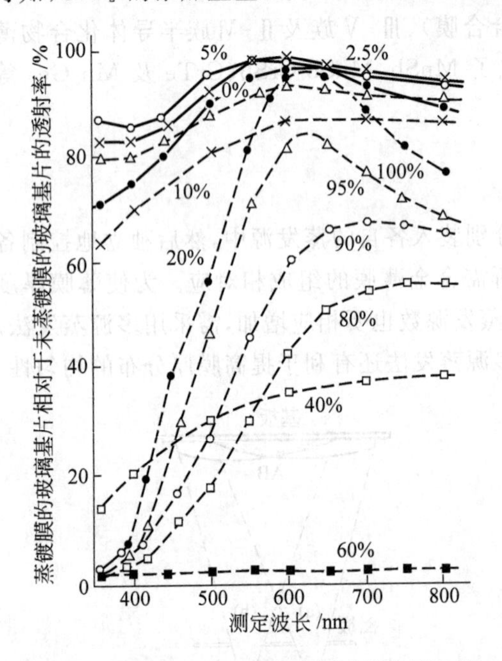

图6-27　In_2O_3-SnO_2 蒸镀膜的可见光区透射特性受 SnO_2 添加率的影响

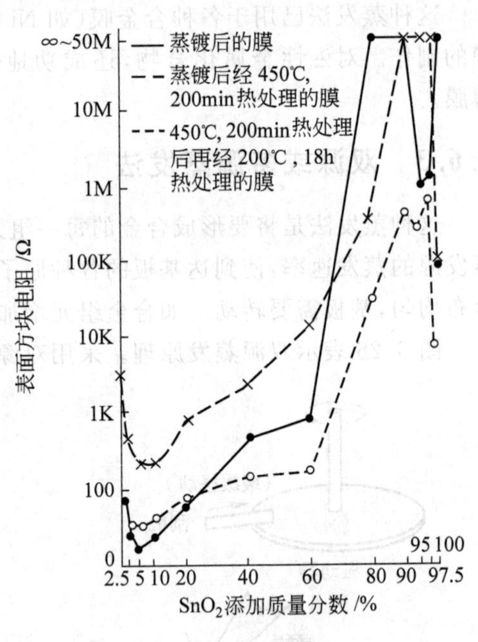

图6-28　In_2O_3-SnO_2 蒸镀膜的表面电阻受 SnO_2 添加率的影响

6.7.2　反应蒸镀法

在蒸镀难熔化合物时，只有 MgF_2、B_2O_3、SnO等为数不多的几种不发生分解。Al_2O_3 将分解为Al、AlO、$(AlO)_2$、Al_2O、O和 O_2。这些分解产物到达基片后可以彼此化合，但所得产物可能缺氧而得到 Al_2O_{3-x}。但这问题不难解决，通入少量氧气即可补氧。

镀制化合物的另一途径是采用反应蒸镀。所谓反应蒸镀就是将活性气体导入真空室，在一定的反应气氛中蒸发金属或低价化合物，使之在沉积过程中发生化学反应而生成所需的高价化合物薄膜。反应蒸镀不仅用于热分解严重的材料，而且用于因饱和蒸气压较低而难以采用热蒸发的材料。因此，它经常被用来制作高熔点的化合物薄膜，特别是适合制作过渡金属与易解吸的 O_2、N_2 等反应气体所组成的化合物薄膜。例如，在空气或 O_2 气氛中蒸发 SiO 制得 SiO_2 薄膜;在 N_2 气氛中蒸发 Zr 得到 ZrN 薄膜;在 Ar-N_2 气氛中得到 AlN 薄膜;在 CH_4 中得到 SiC 薄膜等。反应方程举例如下:

$$\text{Al(激活蒸气)} + O_2\text{(活性气体)} \longrightarrow Al_2O_3 \quad \text{(固相沉积物)}$$

$$\text{Sn(激活蒸气)} + O_2\text{(活性气体)} \longrightarrow SnO_2 \quad \text{(固相沉积物)}$$

6.7.3 三温度法

从原理上讲,三温度法就是双蒸发源蒸发法。当把Ⅲ-Ⅴ族化合物半导体材料置于坩埚内加热蒸发时,温度在沸点以上,半导体材料就会发生热分解,分馏出组成元素。因此,蒸镀在基片上的膜层会偏离化合物的化学计量比,其原因在于Ⅴ族元素的蒸气压比Ⅲ族元素大得多。为此,开发了图 6-29 所示的三温度法。这种方法是分别控制低蒸气压元素(Ⅲ)的蒸发源温度 $T_{Ⅲ}$、高蒸气压元素(Ⅴ)的蒸发源温度 T_V、基片温度 T_s。成分Ⅲ的蒸发速率应适应Ⅲ-Ⅴ族化合物的生长速率,Ⅴ的浓度是Ⅲ的 4～10 倍,沉积面的温度应保证过剩的Ⅴ族成分发生再蒸发,使薄膜的组成符合化学计量。曾用该方法蒸镀过 InAs、InSb、InP 等薄膜。

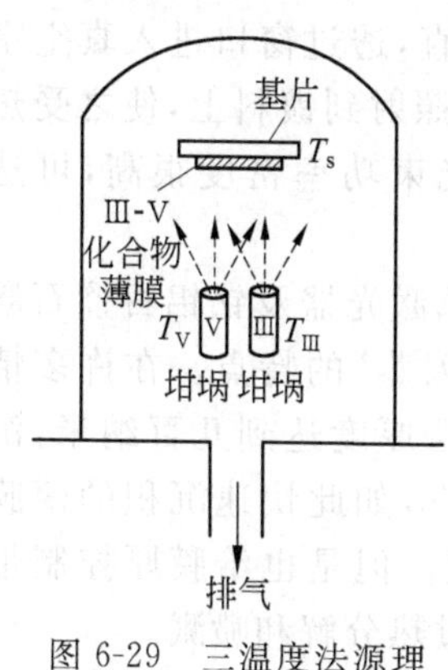

图 6-29 三温度法源理

但是,一般在三温度法中,即使采用与蒸发物质相同的单晶基板也很难得到外延单晶薄膜。为此,在三温度法的基础上,开发了分子束外延技术(在 9.9 节中将详细论述)。

6.7.4 热壁法

为了获得外延生长膜,人们研究了热壁外延生长法。热壁法是利用加热的石英管等(热壁)把蒸发分子或原子从蒸发源导向基板,进而生成薄膜。通常,热壁较基板处于更高的温度。整个系统置于高真空中,但由于蒸发管内有蒸发物质,因此压力较高。封闭的热管结构除可防止蒸气向外部散失之外,还可控制组分的蒸气压。与普通的真空蒸镀法相比,热壁法最显著的特点是在热平衡状态下成膜。这种方法在Ⅱ-Ⅵ族、Ⅳ-Ⅵ族化合物半导体薄膜的制备应用中,收到了良好的效果。

图 6-30 是为制取 PbSnTe 薄膜所采用的热壁法例子。

采用热壁法可以形成超晶格结构,例如 PbTePb$_{1-x}$Sn$_x$Te 等。与分子束外延相比,这种方法简便、价格便宜,但可控性和重复性较差。

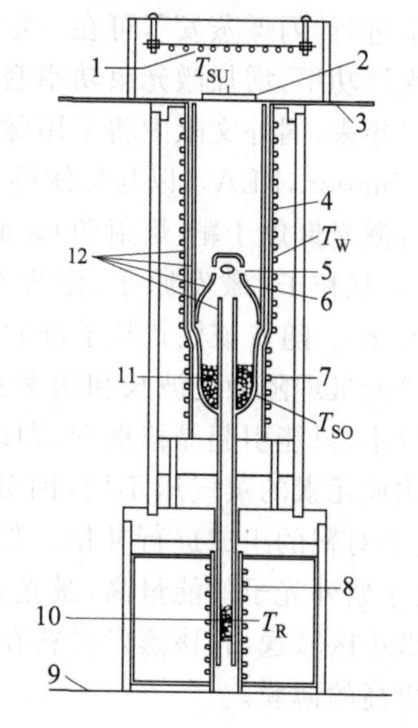

图 6-30 热壁外延生长装置

1—基片加热器;2—基片;3—滑动板;4—壁加热器;5—开口;6—缓冲器;7—源加热器;8—Te 贮槽加热器;9—座板;10—Te 贮槽;11—$(Pb_{1-x}Sn_x)_{1+\delta}Te_{1-\delta}$ 蒸发源;12—石英管

6.8 脉冲激光熔射(PLA)

6.8.1 脉冲激光熔射的原理

采用高功率密度脉冲激光对材料进行蒸发,用以形成薄膜的方法,一般称为激光蒸镀(laser evaporation)。图 6-31 给出激光蒸镀装置简图。置于真空室外的 CO_2 激光器发出高能量的激光束,经 He-Ne 激光束准直,透过窗口进入真空室中,经棱镜或凹面镜聚焦,照射到镀料上,使之受热气化蒸发。聚焦后的激光束功率密度很高,可达 10^6 W/cm^2。

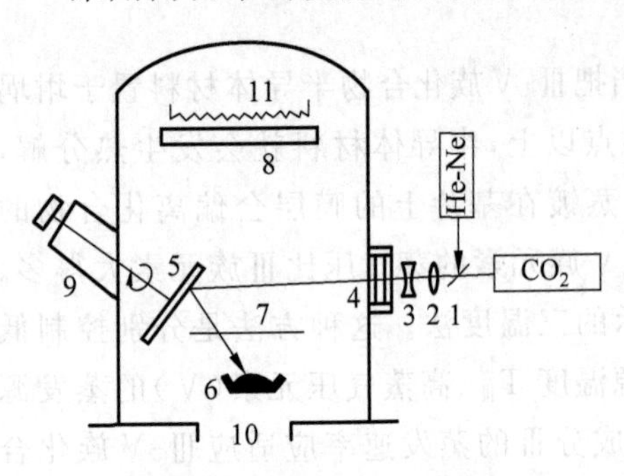

图 6-31 激光蒸镀装置简图

1—分束镜;2—聚焦透镜;3—散焦透镜;4—Ge 或 ZnSe 密封窗;5—带护板反射镜;6—坩埚;7—挡板;8—基板;9—波纹管;10—接真空系统;11—加热器

红宝石激光器、钕玻璃激光器及钇铝石榴石激光器产生的巨脉冲具有"闪蒸"的特点。在许多情况下,一个脉冲就可使膜层厚度达到几百纳米,沉积速率可达 $10^4 \sim 10^5$ nm/s,如此快速沉积的薄膜往往具有极高的附着强度。但是也给膜厚控制带来困难,并可能引起镀料过热分解和喷溅。

激光加热可达到极高的温度,可蒸发任何高熔点材料;由于采用了非接触式加热,激光器置于真空室外,既完全避免了来自蒸发源的污染,又简化了真空室,非常适宜在超高真空下制备高纯薄膜;利用激光束加热能够对某些化合物或合金进行"闪烁蒸发",可在一定程度上防止合金成分的分馏和化合物的分解,但是仅靠提高激光器功率,增加激光束功率密度的方法,在这方面仍受到限制。

近年来,国外文献中将采用脉冲紫外激光源的薄膜沉积方法称为脉冲激光熔射(pulse laser ablation,PLA),以与传统的激光蒸镀相区别。下面讨论的主要是针对 PLA。

将激光聚焦于靶(熔射源)表面,表面聚焦处的材料达到高温、熔融状态,该表面蒸发、气化,气体状粒子(激发原子、激发分子、离子等)以柱状(plume)射出,称这种现象为熔射(ablation)。随着该柱状粒子群的扩散,在置于靶对面的基板表面附着、沉积,形成薄膜。激光蒸镀的机理随激光波长和功率密度的不同而异。采用红外区及可见光区的激光,由于光子能量小,只能引起晶格振动,即以加热为主。这样,构成靶的元素由于热蒸发过程而逸出,若靶构成元素的蒸气压不同,因分馏现象(见 6.6.1 节),会造成膜层成分偏离靶成分。为此,需要对靶的组成进行补偿。但如果采用紫外区的准分子激光,在高功率密度下进行照射,由于紫外光子的能量高,激光并非单纯热作用,其光化学作用激发出的气体粒子,仅在靶表面微小区域逸出,该蒸发材料在靶对面的基板上沉积,可获得膜层成分偏离小、组织致密、质量更高的薄膜。

准分子激光熔射(laser ablation)的机理目前还未完全搞清楚,但是一般认为,由于其光子能量大,在极短的脉冲(约 10 ns)作用下,仅最表面处吸收了高功率密度的光能。通常激光的聚焦光斑在 5 mm^2 左右,需要 1J/(脉冲 · cm^2)以上的照射功率。若功率密度在此以下,则以热过程为主,得到的膜层会出现组成偏离。

激光熔射法所采用的激光光源主要是准分子激光。准分子激光器是在紫外区发振的高效率的典型气体激光器,其发出的光子能量大,如后面所述,光子能量与分子结合能相近,目前正广泛用于光刻、激光打孔及光 CVD 等光化学反应处理等工艺中。所谓准分子(excimer),是由激发态原子及分子与基态原子或分子构成的双量体,将惰性气体与卤族的混合气体通过电子束照射及放电激发,即可达到准分子状态。这种激发态是具有数纳秒寿命的准稳定状态,再从激发态返回基态时会放出激光。因气体的不同组合,可发出不同波长的紫外光。实际使用的气体主要是惰性气体与卤族构成的混合气体。例如,Lambda Physik 公司的 LPX 系列 XeCl 准分子激光器就采用 Xe 气和由 He 稀释的 HCl(5%)及 H_2(1%)混合气体作媒质气体,以 Ne 气为缓冲气体。准分子状态的寿命短,光束的平行度不高,但受激发射的放大效率要大一个数量级以上。按单位时间换算,准分子激光器较之其他激光器输出能量高得多。但是,自运行初期开始,伴随着激光媒质气体的劣化,受激发射的输出会逐渐降低。因此,提高准分子激光器的输出功率及工作寿命,是其应用推广的关键。表 6-5 汇总了包括准分子激光器在内的各种激光光源,发光过程及应用等。

表 6-5 各种激光光源、发光过程、效应及应用

光 源	波 长		激发方式	效 应	应 用
准分子激光器		紫外	电子跃迁	光化学	光刻制版 再结晶处理(Si) 光蚀刻 光沉积 光化学掺杂 光聚合
ArF	193 nm				
KrF	248 nm				
XeCl	308 nm				
XeF	351 nm				
N_2 激光器	337 nm				
紫外光源					
i 线	365 nm				
g 线	436 nm				
He-Cd 激光器	442 nm	可见光		热化学	活性化蚀刻 微细合金化 热加工(切割,打孔等) 热离解沉积 再结晶处理 表面处理 加热
Ar 激光器	488 nm 515 nm				
Nd-YAG 激光器	532 nm				
	1.064 μm	红外	晶格振动		
CO_2 激光器	9~11 μm				

6.8.2 脉冲激光熔射设备

图 6-32 表示激光熔射成膜装置的示意图,其由作为光源的激光器和光学系统,作为靶的块体材料,以及与靶对置的基板构成。靶和基板置于真空室之中,为适应成膜要求,可调整真空室内气氛,控制基板温度。为研究成膜机理,一般设备都附设质量分析器和发光光谱分析仪。为使射入基板的蒸发粒子进一步活性化,有的设备中还在基板附近导

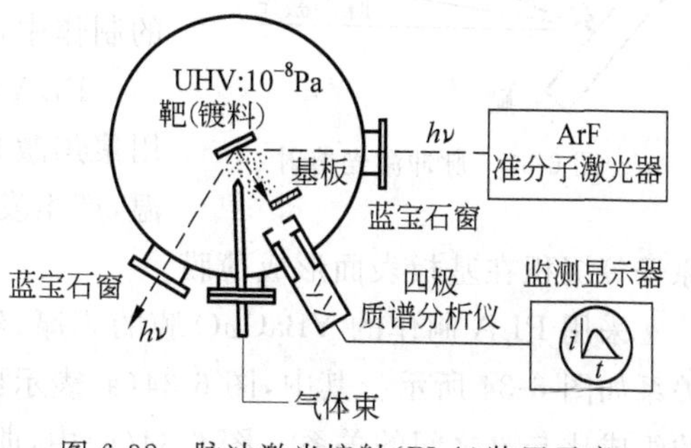

图 6-32 脉冲激光熔射(PLA)装置示意

入激光。由于激光连续照射靶的某一部分会造成靶的损伤，多数情况或由激光扫描，或使靶旋转。还有的设备是由同一激光束依次照射多块靶，通过对照射时间的控制，实现对膜层成分、构成等的控制。激光的入射角以多大为最佳，目前还没有定论，但通常设定为 30°～60°。如前所述，激光熔射以准分子激光光源为主。

激光光源用于激光蒸镀时，为了抑制靶材热传导造成的热损失，要求光束对靶的最表面局部位置进行高效率加热。为此，脉冲宽度窄、功率密度高的激光更为有效。一般情况下，基板置于距靶 3～10 cm 的对面位置。蒸发粒子主要是沿垂直于靶表面方向射出，而与激光入射角无关。但在基板面内，随着距靶蒸发点正对位置的距离变大，膜层厚度会减小，膜层成分也会出现偏离。

采用激光熔射法，以不吸收激光为限，可以自由地选择真空室中的气氛，不必担心杂质的混入。从超高真空蒸镀到低真空蒸镀可以在同一装置中进行。若采用功率密度足够高的激光束对靶进行照射，仅在照射部位表面附近的材料瞬时蒸发。由于蒸气压不同的多元素材料同时蒸发，从本质上讲，可在成分偏离小的情况下成膜，因此激光熔射法对于制备多元素化合物薄膜是十分有效的。而且，由高功率密度、高光子能量激光蒸发的粒子中，含有各种活性成分，对膜层质量的改善十分有利。基于这些观点，近年来，人们越来越多地采用这种方法制备各种金属、合金、介电体、铁电体、半导体、高温超导体等薄膜。从 1986 年氧化物高温超导体发现开始，人们就尝试用各种方法制取薄膜。激光熔射法可在较高的氧气压力下，沉积组成偏离小的高品质超导薄膜，与其他方法比较，有明显的优势。关于激光熔射法的成膜机理，目前还不十分清楚，但从发展趋势看，像高温超导体和铁电体等多元新材料及陶瓷薄膜的制备，激光熔射法将成为十分有效的方法。

6.8.3 脉冲激光熔射制作氧化物超导膜

为了制作 SQUID 等超导器件，离不开超导体薄膜。对于 YBaCuO 等氧化物薄膜来说，薄膜成分与源成分发生偏离(简称为相分离)是一个很难解决的问题。目前，氧化物超导体薄膜多采用溅射法制作，但薄膜成分(参照后面的图 8-88)除靶中心所对应的小范围之外，一般都会发生相分离。最近几年，人们采用脉冲激光熔射(pulsed laser ablation，PLA)法，制作出几乎不发生相分离的氧化物超导体薄膜，从而引起人们的极大关注。由于 PLA 可以制作组成不发生变化且结晶性良好的薄膜，故这种方法不仅适用于高温超导体薄膜，而且在铁电体薄膜、光磁记录薄膜等多元化合物薄膜的制作中，正越来越多地被采用。

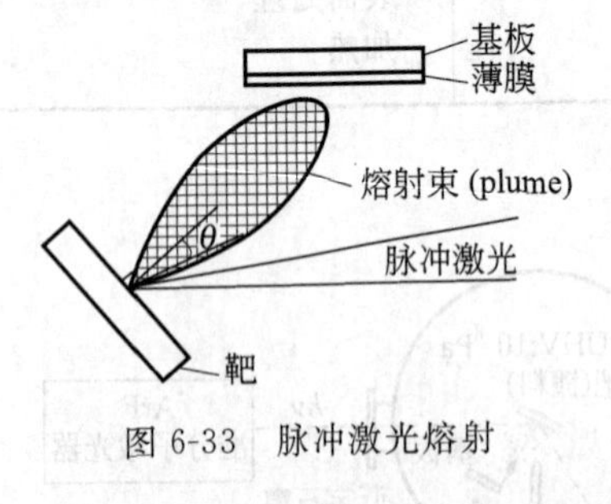

图 6-33　脉冲激光熔射

PLA 法如图 6-33 所示，将欲变成薄膜的材料制成靶，用聚焦激光脉冲照射靶，靶表面的局部位置受热升到高温，产生发出强光的激光熔射束(plume)，熔射束中的蒸发原子等沉积在基板表面形成薄膜。

采用 PLA 制作的 YBaCuO 膜的膜厚、组成比相对于与靶表面法线所成角度 θ 之间的关系如图 6-34 所示。其中，图 6-34(a)表示膜厚分布与 θ 之间的关系，图 6-34(b)表示膜层的组成比与 θ 之间的关系。图 6-34(a)中，曲线 A 存在一个尖锐指向性($\cos^{11}\theta$)的区域。从图 6-34(b)可以看出，在该区域中，膜层的组成变化小；在图 6-34(a)中，随着 θ 变大，膜厚分

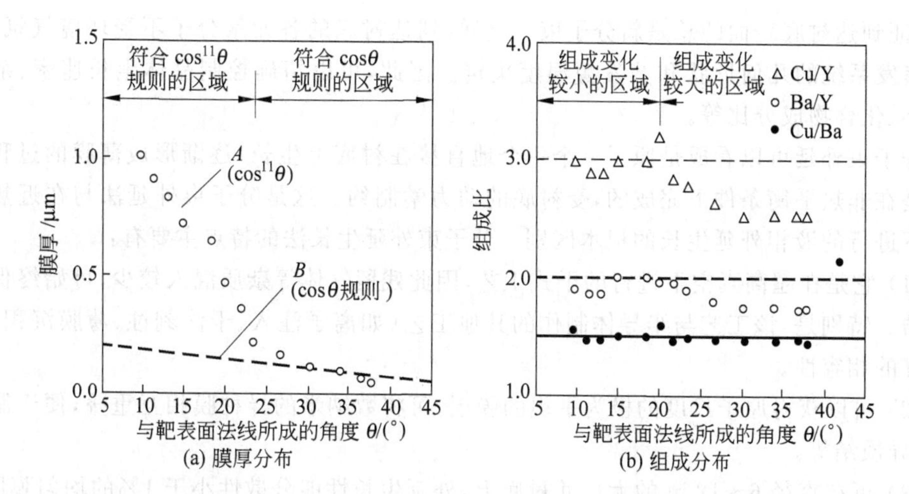

图 6-34 在激光通量(能量密度)1.5J/(脉冲・cm^2)下沉积的 YBCD 薄膜的膜厚分布和组成分布

(图(a)中的虚线表示膜厚分布符合 $\cos\theta$ 规则;θ 是与靶表面法线所成的角度;图(b)中实线、虚线、细虚线分别表示靶所对应的组成比)

布逐渐过渡到通常的余弦规则($\cos\theta$),从图 6-34(b)可以看出,在该区域膜层的组成变化大。一般认为,组成变化大的区域符合以普通真空蒸镀为主的机制,而组成变化小的区域看来需要某种新的机制来解释。

根据上述试验结果及靶表面温度上升的计算机模拟,有人对 PLA 膜层不发生相分离的原因做如下解释:

① 靶吸收激光能量,局部急剧温升;

② 因局部急剧温升,靶材快速液化、气化,从而从表面及周围吸取气化热,造成这些局部的急剧冷却(被激光照射表面的下方,比最表面的温度要高);

③ 比最表面温度高的局部,发生爆发式蒸发,从而也将最表面温度较低的层(也可能处于液态)喷射出;

④ 从而如图 6-34(a)所示,在尖锐指向性区域,对应每一个激光脉冲,发生一次瞬时蒸发(闪烁蒸发)。结果,所沉积膜层的成分与靶材相同。

关于 PLA 机制,目前还提出多种,均在探求之中。

6.9 分子束外延技术

6.9.1 分子束外延的原理及特点

外延是一种制备单晶薄膜的新技术,它是在适当的衬底与合适条件下,沿衬底材料晶轴方向逐层生长新单晶薄膜的方法。新生单晶层叫做外延层。典型的外延方法有液相外延法、气相外延法和分子束外延法。

外延薄膜和衬底属于同一物质的称“同质外延”,两者不相同的称为“异质外延”。

分子束外延(molecular beam epitaxy,MBE)是新发展起来的外延制膜方法,也是一种特殊的真空镀膜工艺。MBE 是在 10^{-8} Pa 的超高真空条件下,将薄膜诸组分元素的分子束流,在严格监控之下,直接喷射到衬底表面。其中未被基片捕获的分子,及时被真空系统抽走，保证到达衬底表面的总是新分子束。这样，到达衬底的各元素分子不受环境气氛影响，仅由蒸发系统的几何形状和蒸发源温度决定。因此，可以精确控制晶体生长速率、杂质浓度、多元化合物成分比等。

分子束外延可以看成是原子一个一个地直接在衬底上生长，逐渐形成薄膜的过程。该过程是在非热平衡条件下完成的，受衬底的动力学制约。这是分子束外延法与在近热平衡状态下进行的液相外延生长的根本区别。分子束外延生长法的特点主要有：

(1) 它是在超高真空下进行的干式工艺，因此残留气体等杂质混入较少，可始终保持表面清洁。特别是，该工艺与半导体制作的其他工艺（如离子注入、干法刻蚀、薄膜沉积等）具有良好的相容性。

(2) 可以获得原子尺度的极为平坦的膜层，可将数纳米的异种膜相互重叠，便于制作超晶格、异质结等。

(3) 可在直径 6～12 in 的大尺寸衬底上，外延生长性能分散性小于 1%的均匀膜层。

(4) 由于超高真空，加之很慢的生长速度（例如 1 个原子层/秒），从而便于获得品质优良、结构复杂的膜层。此外，能进行原位观察，可得到晶体生长中的薄膜结晶性和表面状态数据，并可立即反馈，以控制晶体生长。

(5) 成膜的衬底温度低，因此可降低界面上因热膨胀引起的晶格失配效应和衬底杂质对外延层的自掺杂扩散影响。

(6) 可严格控制组元成分和杂质浓度，因此可制备出具有急剧变化的杂质浓度和组成的器件。

(7) 由于是非热平衡条件下的生长，故有可能进行超过固溶度极限的高浓度杂质掺杂。

基于上述优点，MBE 可望用于超高速计算机用器件（达 1 ps/门）、超高频器件（达 100 GHz）及高性能光学器件的制作。作为先进薄膜及领先器件的制作方法，MBE 和 MOCVD 一起，正成为人们研究开发的重点。

6.9.2 分子束外延设备

从 MBE 技术的发展过程看，当初主要是为开发以 GaAs 为中心的Ⅲ-Ⅴ族化合物半导体，而后是针对Ⅱ-Ⅵ族和Ⅳ-Ⅵ族化合物半导体，最近正转向针对 Si 半导体器件的应用开发。从 MBE 装置的角度看，如图 6-35 所示，逐步从单纯研究用装置向批量生产用装置进展。

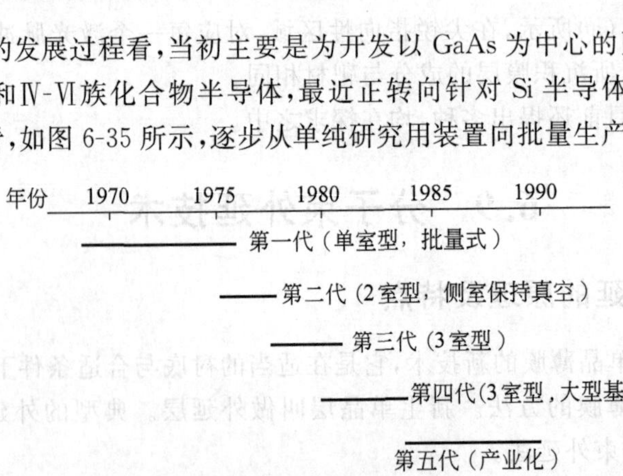

年份 1970 1975 1980 1985 1990

第一代（单室型，批量式）

第二代（2室型，侧室保持真空）

第三代（3室型）

第四代（3室型，大型基板）

第五代（产业化）

图 6-35 MBE 装置的进步

第一代 MBE 装置如图 6-36 所示。在同一个超高真空室中安装了分子束源、可加热的基片支架、四极质谱仪、反射高能电子衍射装置（RHEED）、俄歇电子谱仪、二次离子质量分析仪等，可以用计算机自动控制晶体生长。为获得高质量外延膜，需要超高真空，而俄歇分析等也需要超高真空。为此，除排气采用离子泵系统之外，整个装置均可烘烤除气，从而可保证 10^{-8} Pa(10^{-10} Torr)的真空度。

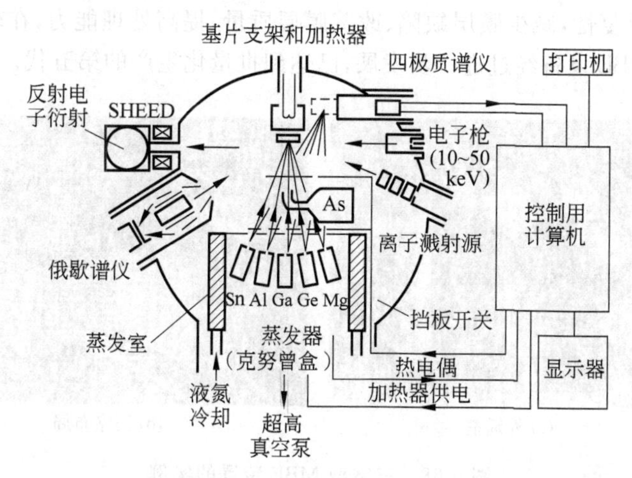

图 6-36 计算机控制的分子束外延装置(单室型，第一代)原理图

该设备适于薄膜生长机理、表面结构、杂质掺入等基础性研究，现在仍用于这方面的研究。

MBE 用于Ⅲ-Ⅴ族化合物半导体薄膜生长方面，一般都是 GaAs 或以 GaAs 为主体的外延生长。其中，As 的粘附系数与 Ga 的存在密切相关，有 Ga 存在时，As 的粘附系数为 1，无 Ga 存在时，As 的粘附系数为 0。也就是说，只要保证比 Ga 多的 As 分子束射在 GaAs 单晶体上，不变成 GaAs 的 As 即可全部再蒸发，从而能够获得符合化学计量比的 GaAs 外延层。MBE 设备正是巧妙地利用了这一点。上述的 Ga 和 As 分别由严格控温的分子束源(如图 6-37 所示)发出，并射向基板。利用设置于装置中的各种分析手段对外延膜的生长过程及结晶形态等进行在线分析。由此获得表面原子尺寸平坦的优质 MBE GaAs 单晶膜。

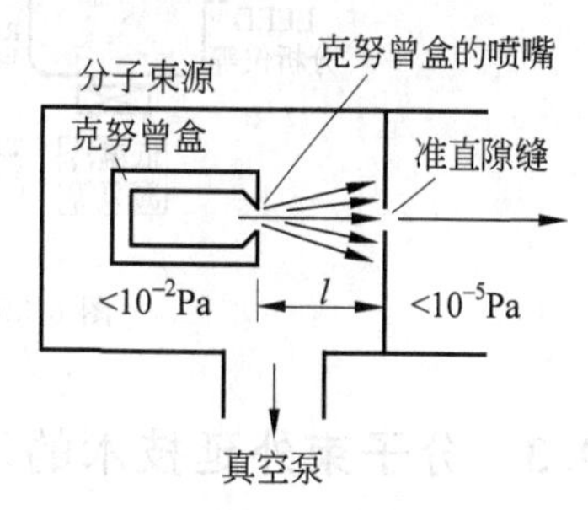

图 6-37 MBE 装置中所用的分子束源

MBE 也是在真空室中使从蒸发室飞来的分子在基板上附着，在这一点上与传统的真空蒸镀并无多大区别。但 MBE 有两点极为关键：其一，在高真空中采用的是分子束；其二，分子束源置于液氮冷却槽中。这样，从分子束源直线射出的分子束不会对晶体生长室造成污染。而且，从基板返回的 As 等也容易被冷阱及离子泵等排除，从而保证到达基板的总是新鲜的入射分子。清洁的超高真空系统提供了进一步的保证。上述措施的共同作用可以避免杂质混入，从而获得优良的外延单晶膜。

第二代以后的 MBE 装置，在外延膜生长机理及装置构成方面与第一代基本相同，仅在分子束源和挡板机构等方面作了根本性的改变。第二代 MBE 设备是在一室型第一代 MBE 设备基础上，增加一基板交换室，变为两室型。一室型 MBE 设备在每次交换基板时，外延室都要与大气连通，不仅抽真空浪费时间，而且真空度和清洁度都难以保证。二室型设备仅基板交换室在交换基板时与大气连通，而外延室始终处于真空状态。第三代 MBE 设备(图 6-38 给出照片)是为了提高分析功能并增大外延室的尺寸，另设一分析室，变为三室型，其结构如图 6-39 所示。第四代 MBE 装置是在第三代基础上，为适应器件制作及基板尺寸大型化的要求，提高外延膜的均匀性、重复性，减少膜层缺陷、改善膜层质量，提高处理能力，在软件和硬件两方面加以改进。目前，MBE 设备经过进一步发展，已达到批量化生产的第五代。

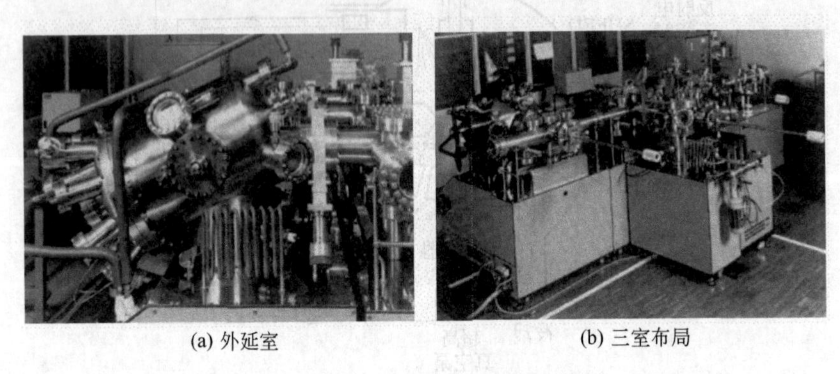

(a) 外延室　　(b) 三室布局

图 6-38　三室型 MBE 装置的实例

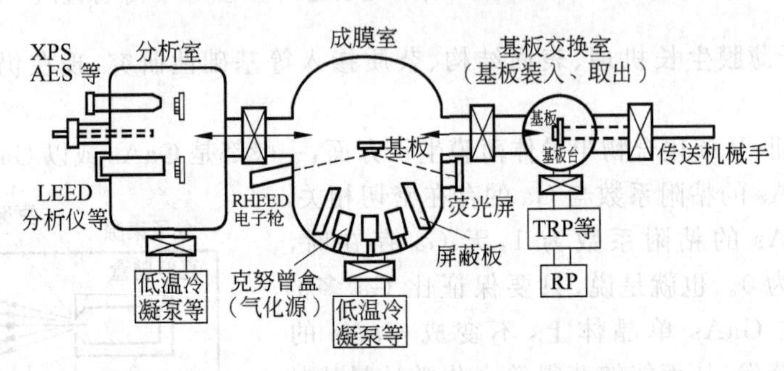

图 6-39　三室型分子束外延(MBE)装置

6.9.3 分子束外延技术的发展动向

MBE 中所用的分子束源，多采用带有蒸气喷射口的克努曾盒(图 6-37 和图 6-40(a))。以喷嘴开口直径 d 和厚度 t 为参数，蒸气从喷嘴射出，其蒸气密度按空间角度近似呈 $\cos^n\theta$ 分布，d/t 越小，n 越大，即蒸气密度的空间分布集中于喷嘴的正前方。图 6-40(b) 所示为广口型分子束源。分子束源的设计必须保证工作中除射出源材料的分子束之外，杂质气体的放出量要极少。为此，不仅是坩埚，而且所有陶瓷件都采用在超高真空中进行脱气处理的 PBN(pyrolytic boron nitride，热解氮化硼)。而且，高温部分使用的金属，包括加热器和反射器，全部采用真空精制的 Ta。关于消耗的热能与分子束强度的关系，

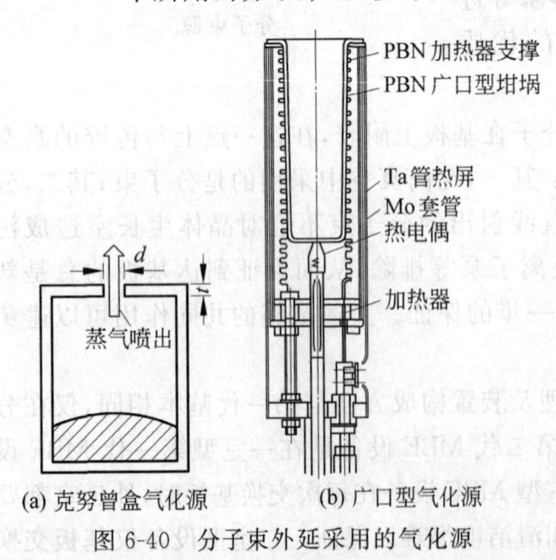

(a) 克努曾盒气化源　　(b) 广口型气化源

图 6-40　分子束外延采用的气化源

尽管因源物质、分子束源、真空度等不同而异，但根据常用物质蒸气压与温度间的关系，可以预先进行估算。此外，针对常用物质蒸气压与温度之间的关系，可以预先进行估算，而且，针对具体可能发生哪种形式的分子束(表6-6)，也与薄膜生长过程密切相关。例如，要进行Si的MBE，为实现完善的MBE生长，分子束源的温度必须超过1300℃(表6-6)。为此，可以采用电子束加热蒸发源，但从分子束强度可控性出发，有人也开发出高温(到2000℃)分子束源，目前已有市售。

表6-6 MBE中发生的分子束以及蒸气压与温度的关系

分子束	材料	蒸气的主要成分	蒸气压/Pa		
			$\times10^{-3}$	$\times10^{-4}$	$\times10^{-5}$
Zn	Zn	Zn	293	250	212
Cd	Cd	Cd	219	172	147
Hg	HgTe	Hg,(Te_2)	211		
Al	Al	Al	1024	927	841
Ga	Ga	Ga	928	833	751
In	In	In	805	716	641
Si	Si	Si	1202	1097	1009
Ge	Ge	Ge	1270	1149	1046
P	P_4	P_4	155	130	107
P	P_2	P_2	360	319	251
As	As	As_4	234	201	172
As	GaAs	As_2(Ga)	—	—	—
Sb	Sb	Sb_4	476	427	383
S	S	S_2,(S)	79	53	37
Se	Se	Se_6,Se_2	198	159	144
Te	Te	Te_2	329	289	254

最近，在MBE生长中，部分采用气体源而代替传统固体源的研究开发十分活跃。这种MBE的装置是，分子束源采用气体盒(内放有机金属)或裂解盒(内放氢化物)，真空系统采用油扩散泵或涡轮分子泵。气相源MBE的特征是，容易生长含高蒸气压元素的膜层，依所用气体种类不同，可以与光激发过程相组合，进行选择性和低温生长。有人称采用气相源的分子束外延为化学分子束外延(CBE)。CBE具有分子束外延(MBE)和金属有机物化学气相沉积(MOCVD)的许多优点。

使等离子体源及离子束与MBE实现一体化也是MBE装置的发展趋势之一。这里所说的在MBE装置中引入等离子体源及离子束，并不是像SIMS等那样仅用于分析，而且还要用于薄膜生长、杂质掺杂、表面处理及刻蚀等。为此，要将低能离子束(数电子伏至数百电子伏)引入到MBE装置中。高能量离子束(数百电子伏至数万电子伏)，用于离子注入和表面改性的目的，在Si的MBE装置和采用Si基板的MBE中也要用到。MBE作为超高真空中制作器件的连续工序之一，并使其与聚焦离子束相结合，可对基板及生长中的薄膜进行连续性加工，这方面的研究开发也在进行之中。此外，在MBE装置中引入ECR源，可对基板进行有效清洗。最近，为了生长氧化物高温超导膜，有人还开发出反应性MBE装置及气相源MBE装置，以提高原料气体的反应性，制取符合化学计量的薄膜。

6.9.4 分子束外延的应用

分子束外延不仅可用来制备现有的大部分器件，而且也可以制备许多新器件，包括用其他方法难以实现的，如借助于原子尺度膜厚控制而制备的Ⅲ-Ⅴ族 GaAs-AlGaAs 超晶格结构高电子迁移率晶体管(HEMT)和多量子阱(MQW)型激光二极管等。这些新型器件已达实用化阶段。制备的材料除Ⅲ-Ⅴ族之外，还包括 ZnSe、ZnTe 等Ⅱ-Ⅵ族，PbTe 等Ⅳ-Ⅵ族，以及 Si、Ge 等Ⅳ族材料。最近对硅化物和绝缘物也用分子束外延生长法制备。涉及的器件包括 FET、IMPATT、混频器、变容二极管、DH 激光器、耿氏二极管等。我们在公共汽车上看到的车站预告板，在体育场中看到的超大显示屏，其发光元件就是由分子束外延制造的。

习　题

6.1 一般真空蒸镀需要的真空度(Pa)大概为多大数量级？请定量解释你的结论。

6.2 何谓饱和蒸气压？试由克劳修斯-克拉珀龙方程导出饱和蒸气压与温度的关系。

6.3 假设 Zn 和 Ti 的蒸发温度分别是 500℃和 1700℃，请分别求出二者蒸发粒子的 $\bar{v}$、v_p、$\sqrt{\overline{v^2}}$ 和平均动能(用 eV 表示)。

6.4 解释合金蒸发时，表征各个组元分压的拉乌尔定律。

6.5 估计 1430 K 时 Ag 的最大蒸发速率和质量蒸发速率。

6.6 对电阻蒸发源材料的要求有哪些？常用的电阻蒸发源材料有哪几种？

6.7 在电子束加热蒸镀装置中，设电子束的加速电压为 15 kV，电子束流强度为 100 mA，试求电子速度、电子能量及电子束功率。

6.8 在 e 型电子枪蒸镀装置中，设电子束的加速电压为 15 kV，偏转磁场的磁感应强度为 400 Gs，请计算电子束的偏转半径。若提高加速电压、增强偏转磁场，则电子束偏转半径将分别怎样变化？

6.9 在真空蒸镀铝膜时，若基片离蒸发源的垂直距离为 25 cm，为了获得光滑、无氧化的膜层，问：

(1) 蒸发时镀镀室内的起始压强为多少？

(2) 在 1300 K 温度下，铝的蒸发速率为多少？

(3) 若获得平均膜厚的 200 nm 时，蒸发时间要多长？

6.10 针对点源和小平面蒸发源两种情况，分别推导出膜厚与基片所在位置关系的表述式。

6.11 现有一球形玻璃泡，欲在其内表面蒸上铝膜。蒸发源是一平面状铝片，试证明如将蒸发源放在玻璃泡底部，就能得到均匀分布(蒸发源可视作小平面)。

6.12 为什么合金和化合物蒸发时，不易得到原成分比？为得到原成分比可采用什么办法？

6.13 设镀料为 Ni80%-Cr20%的电阻薄膜用合金，若在 1650℃蒸发，试求开始蒸发时所获薄膜的组成。

6.14 为了获得透射率高、表面电阻低的 ITO 膜，在 In_2O_3-SnO_2 蒸镀膜中 SnO_2 的含量应在什么范围？

6.15 利用反应蒸镀膜制取化合物薄膜的条件下，蒸发原子与活性气体的反应主要发生在什么地方？解释你的结论。

6.16 说明激光熔射(PLA)合金或化合物时，膜层能较好保持镀料成分的理由。

6.17 何谓准分子激光？常用的准分子激光有哪几种，其对应的波长各是多少？

6.18 采用脉冲激光熔射(PLA)，可获得不发生相分离的 YBaCuO 超导膜，试说明理由。

6.19 何谓分子束外延？请简述分子外延的特点。

6.20 何谓同质外延和异质外延？请分别举例说明。

6.21 何谓失配度？请画出不同失配度界面的原子排列情况。

6.22 为获得高质量的异质外延膜，应采取哪些措施？

6.23 举例说明异质外延膜的应用。

6.24 请说明分子束外延设备和分子束外延应用的最新进展。

第7章　离子镀和离子束沉积

7.1　离子镀原理及方式

7.1.1　离子镀的原理

离子镀技术最早是由 D. M. Mattox 于 1963 年提出并付诸实践的。其原理如图 7-1 所示。镀前将真空室抽至 6.65×10^{-3} Pa 以上的真空，而后通入惰性气体(如氩)，使压力保持在 $1.33\sim1.33\times10^{-1}$ Pa。接通高压电源，在蒸发源与基片之间建立起一个低压气体放电的低温等离子区。基片(工件)电极上所接的是高达 5 kV 的直流负电压，它是辉光放电的阴极。按照气体放电的规律，在负辉光区附近产生的惰性气体离子，进入阴极暗区被电场加速并轰击工件表面，对工件进行溅射清洗。当离子溅射清洗一定时间后，即可开始离子镀膜的过程。首先使镀料气化蒸发。气化后的镀料原子进入等离子区，与离化的或被激发的惰性气体原子以及电子发生碰撞，引起蒸发粒子离化，但只有一部分蒸发原子离化，大部分原子达不到离化的能量而处于激发状态，从而发出特定颜色的光。被电离的镀料离子与气体离子一起受到电场加速，以较高的能量轰击工件和镀层表面。这种轰击作用一直伴随着离子镀的全过程。

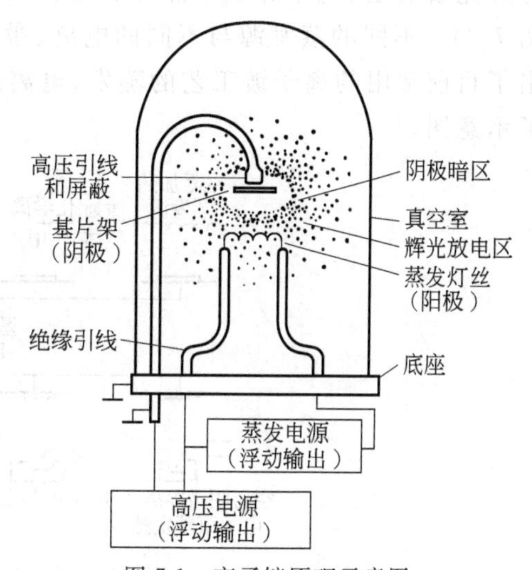

图 7-1　离子镀原理示意图

离子镀的原理是，在真空条件下，利用气体放电使气体或被蒸发物质离化，在气体离子或被蒸发物质离子轰击作用的同时，把蒸发物或其反应物蒸镀在基片上。

按照 Mattox 的说法，离子镀是指基体表面和沉积膜经受高能粒子轰击的原子级薄膜沉积过程。与没有离子轰击的过程比较，这些轰击作用引起了基体表面、镀层和基体的交界面、镀层本身性质的变化。这些变化包括：膜和基体的附着力、膜的成分、膜的组织和结构、膜的形貌、膜的密度、膜应力以及沉积层对表面的覆盖度等。离子镀的定义仅仅涉及的是影响膜和基体的成膜过程，至于沉积材料采用什么方式气化蒸发，轰击离子如何产生等，定义中没有加任何限制。按照这一定义，离子镀可以包括真空离子镀、反应离子镀、化学离子镀、交流离子镀、溅射离子镀、离子束镀等。

离子镀把辉光放电、等离子体技术与真空蒸发镀膜技术结合在一起，不仅可明显地提高镀层的各种性能，而且可大大地扩充镀膜技术的应用范围。离子镀兼有真空蒸镀和真空溅射镀膜的优点外，还具有膜层的附着力强、绕射性好、可镀材料广泛等优点。

例如，利用离子镀技术可以在金属、颜料、陶瓷、玻璃、纸张等非金属材料上，涂敷具有不同性能的单一镀层、化合物镀层、合金镀层及各种复合镀层；采用不同的镀料，不同的放电气体及不同的工艺参数，就能获得表面强化的耐磨镀层、表面致密的耐蚀层、润滑镀层、各种颜色的装饰镀层，以及电子学、光学、能源科学所需的特殊功能镀层；而且沉积速度高(可达 75 μm/min)，镀前清洗工序简单，对环境无污染，因此从 20 世纪 60 年起在国内外曾得到迅速发展。

7.1.2　不同的离子镀方式

离子镀的种类是多种多样的。镀料的气化方式有电阻加热、电子束加热、等离子电子束加热、多弧加热、高频感应加热等(见图 7-2)。气化分子或原子的离化和激发方式有辉光放电型、电子束型、热电子型、等离子电子束型以及各种类型的离子源等(见图 7-3)。不同的蒸发源与不同的电离、激发方式又可以有多种不同的组合。表 7-1 列出了目前常用的离子镀工艺的蒸发、电离或激发方式、气体压力及主要优缺点，并画出了示意图。

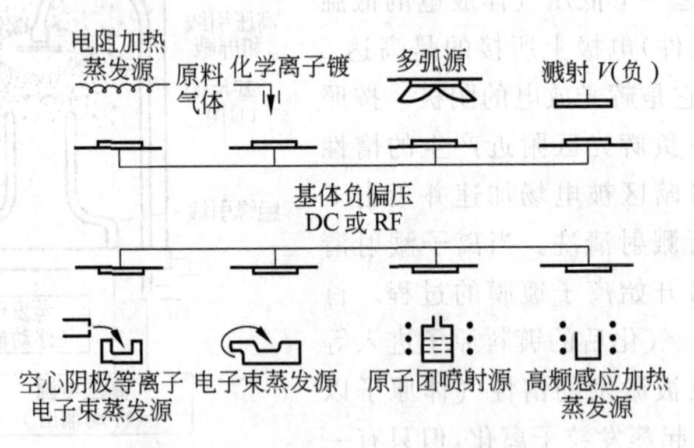

图 7-2　离子镀中采用的各种蒸发源

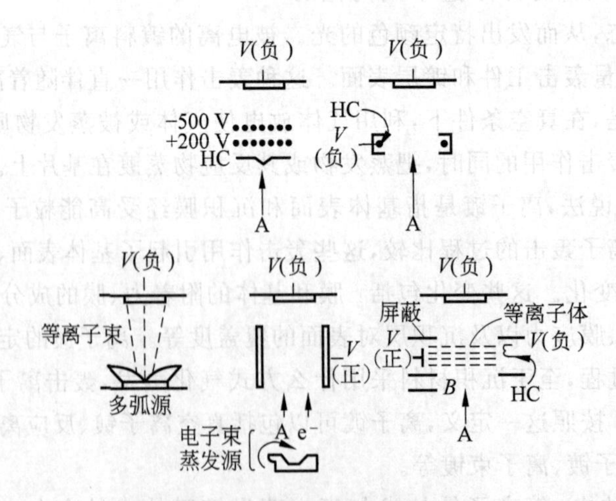

图 7-3　离子镀过程中的离化方式

A—从蒸发源蒸发出的原子或原子团；B—磁场；HC—热阴极

表 7-1 各种离子镀方式的比较

离子镀种类	蒸发源	充入气体	工作压力/Pa(Torr)	离化方式	离子加速方式	能否进行反应性离子镀	基片温升	能否制取光泽膜、透明膜	其他特点	应用	示意图
直流放电二极型(DCIP)	电阻加热或电子束加热	Ar，也可充入少量反应气体	6.65×10^{-1}～1.33（5×10^{-3}～10^{-2}）	被镀基体为阴极，利用高电压直流辉光放电	在数百伏至数千伏的电压下加速，离化和离子加速一起进行	可	大	可	绕射性好，附着性好，基片温度易上升，膜结构及形貌差，若用电子束加热，必须用差压板	耐蚀，润滑，机械制品	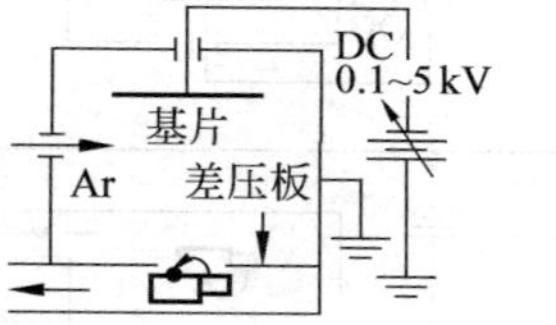 DC 0.1~5 kV 基片 Ar 差压板
多阴极型	电阻加热或电子束加热	真空，惰性气体或反应气体	1.33×10^{-4}～1.33×10^{-1}（10^{-6}～10^{-3}）	依靠热电子、阴极放出的电子以及辉光放电	零至数千伏的加速电压。离化和离子加速可独立的操作	良	小。有时需要对基片加热	可	采用低能电子，离化效率高，膜层质量可控制	精密机械制品，电子器件，装饰品	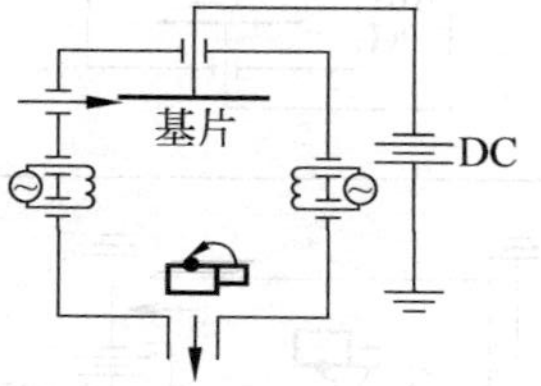 基片 DC
活性反应蒸镀(ARE)	电子束加热	反应气体如O_2、N_2、C_2H_2、CH_4等	1.33×10^{-2}～1.33×10^{-1}（10^{-4}～10^{-3}）	依靠正偏置探极和电子束间的低压等离子体辉光放电。二次电子	无加速电压。也有在基片上加有零至数千伏加速电压的ARE	良	小。还要对基片加热	可	蒸镀效率高，能获得Al_2O_3、TiN、TiC等薄膜	机械制品，电子器件，装饰品	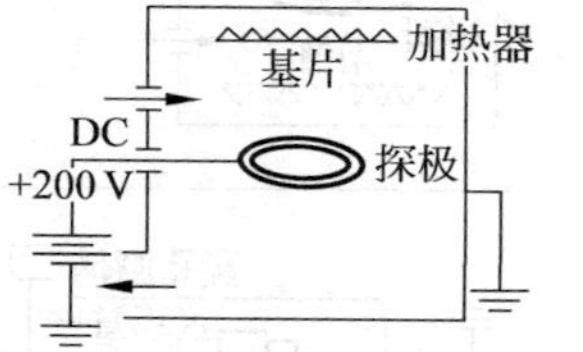 加热器 基片 DC +200 V 探极
空心阴极放电离子镀(HCD)	等离子电子束	Ar，其他惰性气体或反应气体	1.33×10^{-2}～1.33（10^{-4}～10^{-2}）	利用低压大电流的电子束碰撞	零至数百伏的加速电压。离化和离子加速独立操作	良	小。还要对基片加热	可	离化效率高，电子束斑较大，金属膜、介质膜、化合物膜都能镀	装饰镀层，耐磨镀层，机械制品	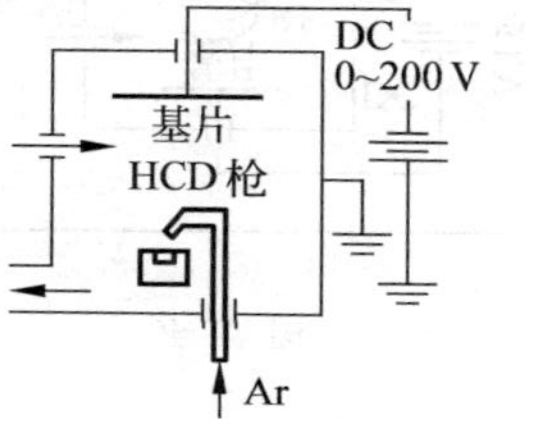 DC 0~200 V 基片 HCD枪 Ar

续表

离子镀种类	蒸发源	充入气体	工作压力/Pa(Torr)	离化方式	离子加速方式	能否进行反应性离子镀	基片温升	能否制取光泽膜、透明膜	其他特点	应用	示意图
射频放电离子镀(RFIP)	电阻加热或电子束加热	真空,Ar,其他惰性气体,反应气体如O_2、N_2、C_2H_2、CH_4等	1.33×10^{-3}～1.33×10^{-1} (10^{-5}～10^{-3})	射频等离子体放电(13.56 MHz)	零至数千伏的加速电压。离化和离子加速独立操作	良	小	良	不纯气体少,成膜好,化合物成膜更好。匹配较困难	光学、半导体器件,装饰品,汽车零件	基片 DC 0~5 kV 匹配箱 RF 线圈 真空泵 射频电源
增强的ARE型	电子束加热	Ar,其他惰性气体,反应气体如O_2、N_2、CH_4、C_2H_2等	1.33×10^{-2}～1.33×10^{-1} (10^{-4}～10^{-3})	探极除了吸引电子束的一次电子、二次电子外,增强极发出的低能电子促进离化	无加速电压。也有在基片上加有零至数千伏加速电压的增强的ARE	良	小。还要对基片加热	良	易离化,基片所需功率和放电功率能独立调节,膜层质量、厚度都容易控制	机械制品,电子器件,装饰品	基片 探极 DC +200 V
低压等离子体离子镀(LPPD)	电子束加热	惰性气体,反应气体	1.33×10^{-2}～1.33×10^{-1} (10^{-4}～10^{-3})	等离子体	DC或AC,50 V	良	小。还要对基片加热	可	结构简单,能获得TiC、TiN、Al_2O_3等化合物镀层	机械制品,电子器件,装饰品	基片 DC 50V
电场蒸发	电子束加热	—	1.33×10^{-4}～1.33×10^{-2} (10^{-6}～10^{-4})	利用电子束形成的金属等离子体	数百至数千伏的加速电压,离化和加速连动操作	不可	小。还要对基片加热	良	带电场的真空蒸镀,镀层质量好	电子器件,音响器件	基片 DC 1~5 kV 电子枪

续表

离子镀种类	蒸发源	充入气体	工作压力/Pa(Torr)	离化方式	离子加速方式	能否进行反应性离子镀	基片温升	能否制取光泽膜、透明膜	其他特点	应用	示意图
感应加热离子镀	高频感应加热	惰性气体,反应气体	1.33×10^{-4} ~ 1.33×10^{-1} (10^{-6} ~ 10^{-3})	感应漏磁	DC 1～5 kV	可	小	可	能获得化合物镀层	机械制品,装饰品,电子器件	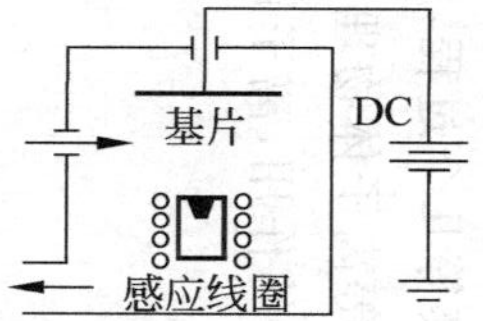 基片 DC 感应线圈
多弧离子镀	电弧放电加热阴极辉点	惰性气体,反应气体	$10\sim10^{-1}$	热电子碰撞电离,场致发射电子电离,热离解等	可用 0～120V 的阳极加速	良	依蒸发功率而定	可	不用熔池,离化率高,蒸镀速率快;高功率下膜层质量差	刀具,机械制品,装饰品	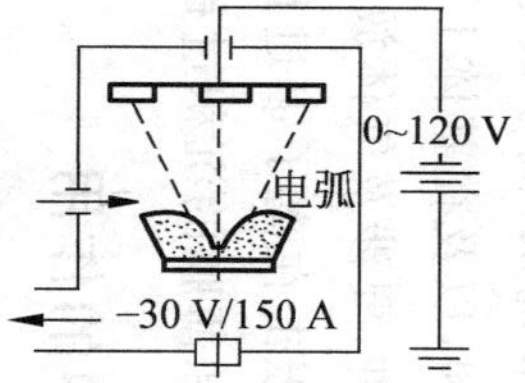 0~120 V 电弧 −30 V/150 A
电弧放电型高真空离子镀	电子束加热	高真空或反应气体	真空 10^{-4} 或 O_2、N_2 等 10^{-4}	蒸发源产生的热电子引起弧光放电,使蒸发粒子电离	0～700 V 的加速电压	良	依蒸发功率而定	良	蒸发粒子离化效率高,易进行反应镀,膜层质量好	刀具,机械制品,SiC、Si_3N_4	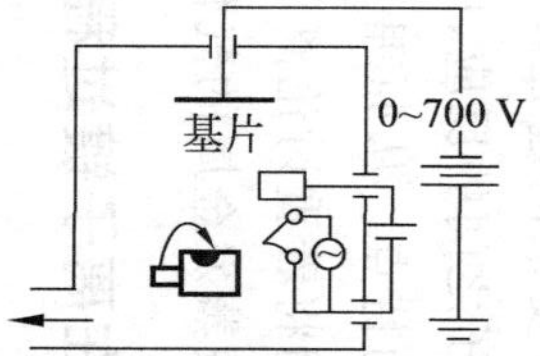 基片 0~700 V
离化团束镀	电阻加热,从坩埚中喷出的是团束状的蒸发颗粒	真空(反应气体)	1.33×10^{-4} ~ 1.33×10^{-2} (10^{-6} ~ 10^{-4})	电子发射,从灯丝发出的电子的碰撞作用	零至数千伏的加速电压,离化和加速独立操作	可	小	可	既能镀纯金属膜,又能直接镀化合物膜,如 ZnO 等	电子器件,音响器件	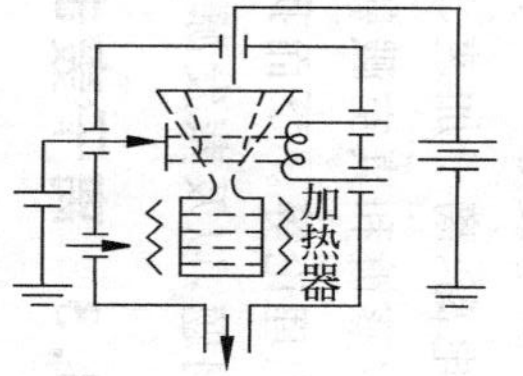 加热器

离子镀是一个十分复杂的过程。一般说来，离子镀过程始终包括镀料金属的蒸发、气化、电离、离子加速、离子之间的反应、中和，以及在基体上成膜等几个过程，因此离子镀兼有真空蒸镀和真空溅射的特点。从原理上讲，要涉及气体放电、等离子体物理、离子溅射、薄膜沉积理论等。下面我们将着重讨论离子轰击在离子镀过程中的作用，离子镀过程中的离化率问题，以及蒸发源、被蒸发金属的气化和薄膜的沉积过程等。

7.1.3 离子轰击在离子镀过程中的作用

对于真空蒸镀、溅射镀膜、离子镀等三种不同的镀膜技术，入射到基片上的每个沉积粒子所带的能量是不同的。热蒸发原子大约为 0.2 eV，溅射原子大约为 1～50 eV；而离子镀中的轰击离子大概有几百到几千电子伏，同时还有大量的高速中性粒子。下面分析这些能量较高的粒子在镀膜之前以及成膜过程中，连续不断的轰击作用所产生的效果。

1. 在膜层沉积之前离子轰击的效果

(1) 溅射　如第 8 章所述，溅射是一个动量传递过程。入射粒子在近表面附近产生碰撞级联。碰撞级联中的离位原子与表面相互作用引起表面原子射出，即产生溅射。

一般说来，随着入射粒子质量和能量的增加，溅射产额提高，而当大部分能量在表面区耗散得较深时，则产生的碰撞级联的主要部分不再和表面相互作用，致使溅射产额不再增加。溅射产额随着粒子入射方向与样品表面法线之间夹角的增加而增加，而当此角度大于 60°～70°时，由于入射粒子从表面被反射作用的增强，溅射产额重又变小。

溅射产额也是轰击剂量的函数，溅射产额随轰击剂量的增加而增加，一直达到某一接近平衡的值，也就是说，溅射产额达到饱和。溅射产额随剂量的增加而增加的原因是由于近表面区域引入了缺陷和外来原子之后，减少了原来原子之间的结合。溅射产额的变化也与轰击的环境有关，例如，如果真空室中残留气体的压力高，被溅射出的原子会较多地被反向散射回表面。

如果处于靶表面的低溅射产额粒子是易移动的，则低溅射产额的粒子可能聚结成一些小岛结构，并在表面形成锥。在某些系统中，利用溅射-俄歇谱和二次离子质谱进行断面成分分析时，上述现象可能会使人产生错觉及测量误差。

当高能的和化学活性高的轰击粒子与表面成分发生化学结合，产生易挥发的和更容易被溅射的产物时，就引起了化学溅射。这一效果使表观溅射产额增加。

通过溅射，可对材料表面产生清除作用，称此为溅射清洗。使用反应气体可对表面进行反应等离子刻蚀或反应等离子清洗。

(2) 产生缺陷　轰击粒子传递给晶格原子的能量 E_i 决定于粒子的相对质量并由下式给出：

$$E_i = \frac{4M_iM_t}{(M_i + M_t)^2}E \tag{7-1}$$

式中，E 为质量为 M_i 的入射粒子的能量；M_t 为靶原子质量。

如果传递的能量超过离位阈(大约是 25 eV)，则晶格原子可以被离位到间隙位置并形成点缺陷。如果传递的能量小于 25 eV，则此能量变为热振动。

热激发和离位的联合作用将产生迁移式间隙原子和空位等。这些缺陷聚集并形成位错网络。尽管有缺陷的聚集，但在离子轰击的表层区域，残留点缺陷的浓度还是非常高的。

(3) 结晶学破坏　如果离子轰击产生的缺陷是十分稳定的,则表面晶体结构将被破坏而变成非晶态结构。同时,气体的掺入也有破坏表面晶态结构的效果。通过表面结晶学的低能电子衍射(LEED)研究,能充分地了解这些现象。这些研究通常要求被轰击的表面进行充分的退火,以便恢复表面结晶结构。

(4) 改变表面形貌　无论对晶体还是对非晶体来说,表面的离子轰击都会造成表面形貌变化,造成表面粗糙化并引起溅射产额的变化。通常,表面形貌与下列因素有强烈的关系:轰击离子的剂量、粒子能量、入射粒子的种类、入射角以及表面状况,如结晶结构和杂质浓度等。

(5) 气体掺入　低能离子轰击会造成气体掺入,并沉积在表面下层的薄膜之中。这也是捕集离子型真空泵抽出惰性气体的基础。在表面测温学(^{85}Kr)和扩散研究(He)中,有时要利用低能离子轰击将惰性气体掺入到表面和薄膜之中。还有报道指出,氦在金晶格中的摩尔分数 N_{He} 可达 40%,尽管氦在金中的溶解度几乎是零。不溶性气体掺入到表面或沉积膜晶格之中的能力取决于迁移率、捕集位置、温度以及沉积粒子的能量。一般来说,非晶态材料捕集气体的能力比晶态材料强。例如,用 Ar 离子进行偏压溅射沉积时,掺入气体的浓度可达百分之几,并在后续的退火中可能造成起泡现象。随着粒子能量增加,气体的掺入量增加,直到轰击加热引起被捕集的气体释放为止。

(6) 温度升高　轰击粒子的大部分能量变成表面热。表面积与质量的比值、系统的热性能和系统的能量输入决定了被轰击材料的整体温度。当被离子轰击的表面下的原子具有 25 eV 或大于 25 eV 的能量(离位阈)时,便发生离位。

(7) 表面成分变化　如果不考虑扩散,则在经过开始的不稳定过渡之后,溅射将使靶材原子按确定的化学计量比从表面移出。由于表面各组分具有不同的溅射产额,从而溅射会造成表面成分与整体材料成分的不同。由于存在择优返回和反弹效应(有时称为反冲注入效应),离子轰击可能造成表面成分的变化。

表面区域的扩散会对成分产生明显的影响。高缺陷浓度和高温会增强扩散。由于表面具有点缺陷尾闾的作用,缺陷的流动将使溶质偏析,并使小离子在表面富集。

(8) 近表面材料的物理混合　近表面材料的物理混合造成了所谓的伪扩散层,因为这种混合过程既不需要溶解度,又不需要扩散即可发生。反冲注入造成氧或碳被埋入到表面区。如果溅射原子被背散射返回样品表面,将会发生互混现象。如果被溅射的原子电离并被加速返回样品表面,它们就埋入表面区域。

2. 离子轰击对基体和镀层交界面的影响

(1) 物理混合　由于高能粒子注入,被溅射原子的背散射以及表面原子的反冲注入,将引起样品近表面区的非扩散型的混合。高能粒子可以有各种来源。镀料原子在通过辉光放电的等离子区时,可以被电离和加速,也可以在离子源中离化,后经激励并加速到表面。这种互混效果将形成上述的伪扩散型界面。

(2) 增强扩散　由于表面是点缺陷的尾闾,小离子有偏析表面的作用,则近表面区的高缺陷浓度和高温将提高扩散率。

(3) 改善成核模式　原子凝结在基体表面上的特性由它与表面的相互作用决定。如果凝结原子与表面之间没有强的结合,原子将在表面扩散,直到它在高能位置成核或被其他扩散原子碰撞为止。这种成核模式称为非反应性成核。一般说来,这种成核模式会造成核与核之间有较大的间隙。核在一起生长的过程中,这种间隙造成的界面气泡会引起非浸润型生长。直到这些核已经达到一定的厚度,它们才开始生长到一起。此种形式的成核和生长即是电子显微镜观察到的小岛—沟道—连续生成模型。

如果凝结原子与表面强烈反应,表面的活动性将受到限制,而且成核密度将增加。在极限的情况下,沉积原子将在基体表面形成一个连续的多层膜。如果存在化学反应和扩散凝结,原子将与表面反应,形成沿表面纵向和横向分布的化合物或合金膜。这种生长模式有减少界面气孔并“调和”界面区域的特性,也就是说,可使界面区域的特性逐渐变化。但是,过量界面反应可能会使界面减弱。造成这种减弱的原因或是由于形成气孔,或是由于不同的扩散速率,或是由于厚界面化合物中产生的高残余应力。当表面上存在有极薄的沾污层时,可以使扩散—反应型成核模式转变,成为非反应型成核模式,一般说来,所得到的界面区域是不太理想的。

受离子轰击的表面由于形貌变化和其他破坏作用,与没有被轰击的表面比较,可以提供更多的成核位置。因此,即使对于非反应性成核模式来说,也能形成较高的成核密度。表面的离子轰击有助于清除阻碍扩散—反应型成核模式的沾污和阻挡层。被注入的原子也可以成为成核的中心。

(4) 优先去除松散结合的原子　表面原子能否被溅射出,取决于它与表面的结合状态。不难想象,对表面进行离子轰击更有可能溅射掉结合得较为松散的原子。这种效果在形成扩散—反应型的界面时更为明显。通过溅射镀膜的办法,在硅上沉积铂,而后再溅射掉过量的铂,可以获得纯净的铂—硅膜层,其工艺过程就是明显的例证。通过偏压溅射可以获得高质量的 SiO_2 薄膜,这也是由于把结合松散的原子溅射掉所致。

(5) 改善表面覆盖度　在离子镀过程中,蒸发粒子的绕射性主要是由于气体的散射作用所致。一般的离子镀工作气压大约为 10^{-1} Pa,这比普通的真空蒸镀的工作压力 10^{-4} Pa 要高三个数量级,相应地蒸发原子的平均自由程也小三个数量级。也就是说,离子镀中的镀料原子在沉积之前,经气体的散射作用,会向各个方向飞散,从而蒸发原子也可能沉积到与蒸发源不成直线关系的区域。在高的气体压力下,没有气体放电也已看到这一效果。但是在普通的真空蒸镀中,高气压将造成蒸气相成核,并且会以细粉末的形式沉积;而在离子镀的气体放电中,气相成核的粒子将呈现负电性,从而受到处于负电位的基片的排斥作用。

正由于上述作用,工件的正面、背面、侧面、浅孔等处都能镀上均匀的镀层。甚至人们已经利用离子轰击技术在样品的垂直侧壁上沉积镀层,而将与离子束正交表面上的沉积材料清除掉。

3. 离子轰击在薄膜生长中的作用

在沉积过程中,对膜层的离子轰击可能影响膜层形貌、晶体结构、成分、物理性能及许多其他特性。

(1) 对形貌的影响　沉积膜的形貌取决于沉积原子是如何参加到现存的结构中去的。对于光滑的表面来说,某一部位上的择优生长可能来源于沉积原子不同的表面活动性。择优生长会引起晶粒的择优取向,并且随着厚度增加造成表面粗糙化。随着表面粗糙化,由于几何阴影的作用,较高的部位更容易优先生长,由此便得到柱状形貌的沉积物。预先存在的表面凹凸不平或优先形成的核心,也将引起阴影和柱状形貌。高的基体温度由于增加了表面活动性及镀层与基体间的扩散,并有可能发生再结晶,从而也会影响表面形貌。Movchan

和 Demchishan 的结构区域模式可以说明基体温度对沉积膜层表面形貌的影响。此模式由三个区域组成，区域的划分取决于表面温度 T 与被沉积材料熔点 T_m 的比值，如图 7-4 所示。

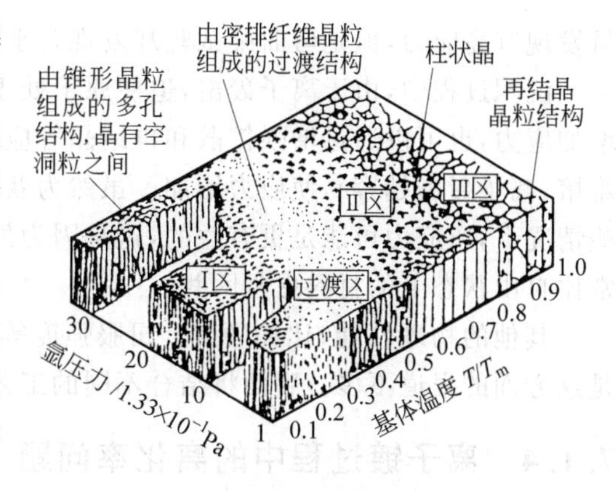

图 7-4　真空中沉积薄膜的结构模型
(由 Movchan，Demchishan 和 Thornton 提出)

Ⅰ区的形成条件如下。由于温度较低，沉积原子的扩散不足以克服阴影的影响，从而得到柱状结构，柱与柱之间有低密度的交界区。各个柱都是多晶的，并且通常是高缺陷密度的小晶粒结构。

Ⅱ区的范围由温度的比值 T/T_m 确定，在此区域中，沉积原子的扩散占统治地位，组成柱状结构的晶粒较大，但缺陷较少，柱与柱之间有密度较高的边界。Ⅱ区材料的表面形貌通常比Ⅰ区带有更多的尖角。

Ⅲ区中，整体扩散和再结晶占统治地位，形成等轴结构，具有高密度晶界和大晶粒。

粗糙的表面和高的气体压力，蒸发原子流的斜入射和反应性沾污气体的存在，均有降低区域边界温度比值 T/T_m 的倾向。而沉积时的离子轰击会升高区域边界的 T/T_m，尽管这一影响会受到气体掺入和较小的起始晶粒的抵消作用。

(2) 对结晶学结构的影响　结晶结构一般受沉积原子表面迁移率的控制。低迁移率会得到非晶结构或细晶粒材料。高迁移率会得到大晶粒材料并使结构更加完善。整体扩散将决定高温下沉积材料的结晶结构(如Ⅲ区)。不同的表面迁移率会造成低温时的择优结晶取向，而再结晶动力学可解释高温时的择优结晶取向。

离子轰击或是由于增强了扩散，或是由于改变了膜生长的成核状况，从而对沉积材料的晶体结构产生了影响。

(3) 对沉积膜组分的影响　正如前面所述，离子轰击通过优先溅射掉松散结合的原子，或把原子注入到生长的表面区以形成亚稳相，可以改变沉积材料的组分。在极端的情况下，离子轰击可以把相当高的原子百分比的不溶性气体掺入到正在沉积的膜中。

(4) 对膜层物理性能的影响　残余应力大概是离子轰击最显著的影响之一。一般说来，蒸发沉积膜具有拉应力，而溅射沉积膜具有压应力。应力的大小常常达到块体材料的屈服点，而在某些情况下，由于杂质原子的掺入，应力还可以超过纯的块体材料的屈服点。十分明显，当原子之间所处的位置比它们的平衡条件下所处的位置更接近时就出现压应力；而由于大量的间隙原子存在，当原子之间的间隔比其平衡位置更大时就出现拉应力。由于应力一般是采用 X 射线衍射，并通过分析点阵常数来测定的，因此在解释分析结果时必须谨慎，因为这种方法不能揭示晶界的情况。然而弯曲梁试验得出的是积分应力，所以这种测量方法可能更反映实际情况。

高的气体压力、沉积原子的斜入射以及高温都会减小溅射沉积膜中的压应力。在某些情况下，通过扩散或再结晶等释放应力的过程也可以使应力减小。再结晶温度和再结晶速率取决于内部应变能和缺陷浓度。在某些情况下，结构本身不足以支持这种应力，比如前面叙述的Ⅰ区材料中，柱与柱之间低密度结构的弱边界层将不能传播应力。此时，X 射线分析虽发现有高应力，但是弯曲梁试验却发现几乎没有积分应力。

沉积过程中，由于离子轰击，迫使原子处于非平衡位置且制止了Ⅰ区的形成，从而可以增加应力，也可以通过增强扩散和再结晶等应力释放过程而使应力减小。一般说来，材料越难熔，离子轰击越容易使应力增加。虽然为获得好的附着力通常希望低的残余应力，但在某些情况下，压应力可能是更有益的，这是因为处于压缩状态下的材料裂纹不易扩展，因而通常比自由状态下的材料更坚固些。

其他的物理性能（比如硬度、屈服强度等）一般都受到沉积过程中离子轰击的影响，但是这方面的报道不多。后面将结合不同的工艺过程分别加以介绍。

7.1.4 离子镀过程中的离化率问题

由上面的叙述可以看到，离子镀膜区别于一般真空镀膜的许多特性都与离子、高速中性粒子参与了沉积过程有关。顾名思义，离子镀是在等离子体内，蒸发或溅射的原子部分或大部分被离化的情况下进行沉积的。因此，离化率即被电离的原子占全部蒸发原子的百分比[①]是离子镀过程中的一个重要指标。特别是在活性反应离子镀的情况下，该指标尤为重要，因为它是活化程度的主要指标之一。蒸发原子和反应气体的离化程度对镀层的各种性质（如附着力、硬度、耐热耐蚀性、结晶结构等）都产生直接的影响。下面就不同离子镀方法中的离化率问题进行半定量的分析。

在离子镀过程中，被沉积的中性粒子所带的能量

$$W_v = n_v w_v \tag{7-2}$$

式中，n_v 为单位时间、单位面积所沉积的粒子数；w_v 为蒸发粒子所带的动能：

$$w_v \approx \frac{3}{2}kT_v = 1.5kT_v \tag{7-3}$$

式中，k 为玻耳兹曼常量；T_v 为被蒸发物质的温度（K）。

而离子所带的能量为

$$W_i = n_i w_i \tag{7-4}$$

式中，n_i 为单位时间、单位面积所镀的离子数目；w_i 为离子的平均能量。

$$w_i = eU_i \tag{7-5}$$

式中，U_i 为沉积离子的平均加速电压。

可以利用由式(7-6)给出的能量比来定义镀膜表面的能量活性系数：

$$\varepsilon = (W_i + W_v)/W_v = (n_i w_i + n_v w_v)/n_v w_v \tag{7-6}$$

当 $n_v w_v \ll n_i w_i$ 时得到

$$\varepsilon \approx n_i w_i / n_v w_v = \frac{eU_i}{1.5kT_v}\left(\frac{n_i}{n_v}\right) = C\,\frac{U_i}{T_v}\cdot\frac{n_i}{n_v} \tag{7-7}$$

式中 C 为常数。

在真空镀膜中，假定蒸发物的温度是 2000 K 的数量级，则蒸发粒子平均能量的典型值是 0.2 eV；溅射产生的中性粒子的平均能量大约是电子伏数量级；在离子镀中，入射离子的典型能量值是 50～5000 eV。由式(7-7)可以看出，由于离子镀过程中有基片加

① 按国际标准，应是摩尔分数，但此处暂保留原定义。

速电压 U_i 的存在，即使非常低的离化率，也可以影响到镀层的能量活性系数。表 7-2 给出了 PVD 中，各种不同的方法在各自的 n_i/n_v 和 U_i 数值下，可以达到的能量活性系数。由此表可以看出，在离子镀中，可以通过改变 U_i 和 n_i/n_v，将能量活性系数 ε 提高三个数量级以上。例如，使用 $U_i=500$ V，$n_i/n_v\approx 3\times10^{-3}$ 的离子镀就可以得到与溅射相同的能量活性系数。

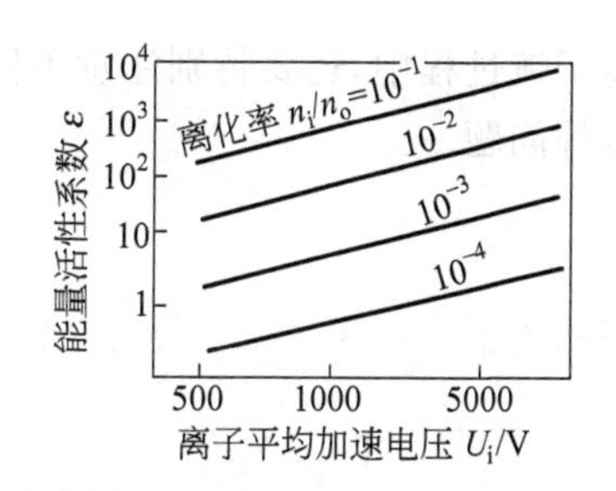

图 7-5　在 $T_v=1800$ K 的蒸发温度下，能量活性系数 ε 在各种不同的离化率 $\frac{n_i}{n_v}$ 下与离子平均加速电压 U_i 的关系

图 7-5 是在典型的蒸发温度 $T_v=1800$ K 下，能量活性系数 ε 与各种不同的 n_i/n_v 比值和 U_i 值的关系。从图 7-5 可以看出，能量活性系数 ε 与加速电压 U_i 的关系在很大程度上受到离化率 n_i/n_v 的限制。因此为了得到高的能量活性系数 ε，应该通过提高离子镀装置的离化率来实现。

表 7-2　真空镀、溅射、离子镀过程中膜层表面能量活性系数

（表中 n_i/n_v 是离化率，即离子数与蒸发原子数之比）

镀膜工艺	能量活性系数 ε	参　数	
真空镀膜	1	$w_v=0.2$ eV	
溅射	5～10	$w_s=1$～数个 eV	
离子镀	1.2	$n_i/n_v=10^{-3}$	$U_i=50$ V
	3.5	10^{-2}	50 V
		10^{-4}	5000 V
	25	10^{-1}	50 V
		10^{-3}	5000 V
	250	10^{-1}	500 V
		10^{-2}	5000 V
	2500	10^{-1}	5000 V

到目前为止，所使用的离子镀装置中，Mattox 直流二极型中，气体分子的离化率为 0.1%～2%；高频离子镀中，蒸发粒子的离化率大约在 10%左右；空心阴极放电离子镀中金属原子的离化率大约是 22%～40%；多弧离子镀及电弧放电型高真空离子镀的离化率可达 60%～80%。

7.1.5　离子镀的蒸发源

离子镀是在普通真空蒸镀和气体放电技术的基础之上发展起来的，因此离子镀的蒸发源、镀料气化和膜层沉积的许多问题都与普通真空蒸镀相类似。关于这部分内容可以参阅前面第 6 章。

从原理上讲，普通真空蒸镀的蒸发源都可以用于离子镀，其中包括电阻加热、电子束加热、高频感应加热、真空电弧加热等。

在实际选用蒸发源的过程中，需要综合考虑被蒸发材料的性能，其中包括：熔点、导热性、蒸气压；同气氛的反应性；蒸发速率和沉积速率等。对膜层性能的要求，包括膜厚及均匀性、可控性、膜层和基体的附着力，同时还要考虑到系统的真空度、维修和价格等。当然，在离子镀过程中，还要特别注意不同蒸发源工作的压力范围(图 7-6)、离化率以及活性反应蒸镀等问题。

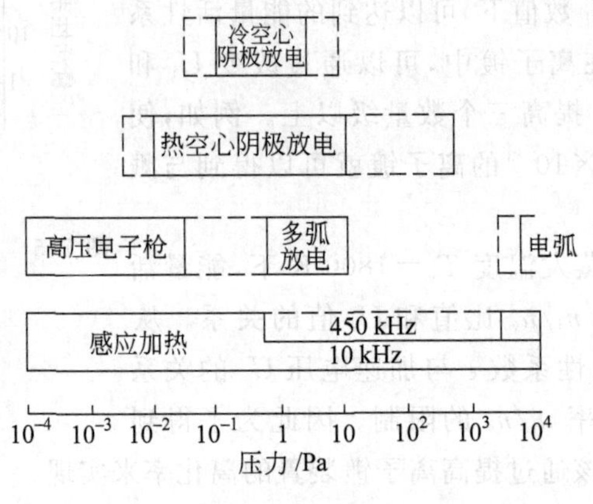

图 7-6 各种蒸发源工作的压力范围

7.2 几种典型的离子镀方式

7.2.1 活性反应蒸镀(ARE)

在离子镀的过程中，若在真空室中导入与金属蒸气起反应的气体，比如 O_2、N_2、C_2H_2、CH_4 等代替 Ar 或掺在 Ar 之中，并用各种不同的放电方式，使金属蒸气和反应气体的分子、原子激活、离化，促进其间的化学反应，在工件表面就可以获得化合物镀层。这种方法称为活性反应蒸镀法(activated reactive evaporation，ARE)。

1. ARE 法及工艺过程

ARE 法是由加利福尼亚大学 Banshah 教授于 1972 年首先发明的，有人称之为班萨法，这种方法具有广泛的实用价值。图 7-7 是典型的 ARE 法的示意图；图 7-8 是与此类似的 BARE 装置。二者的差别在于：前者基片不加偏压；后者如直流二极型那样，基片上要加偏压。真空室分镀膜室和电子枪工作室，其间以差压板相隔。一般分别采用独立的抽气系统，保证在工作时，两室有一定的压差。离子镀室的工作压力为 10^{-1}～10^{-2} Pa，以便使放电、离子化、化学反应、沉积等得以顺利进行；电子枪室的真空度为 10^{-2} Pa 以上，以便电子枪在较高的真空度下正常工作，各得其所。差压板还能防止蒸发物飞溅落入电子枪工作室中。蒸发源采用 e 型电子枪。在蒸发源坩埚与工件之间装有探极，它一般用 $\phi2$～$\phi5$ mm的钼丝加工成环状或网状。探极上加 25～40 V 的正偏压，也可加 150～250 V。工件上方装电阻加热烘烤源，并以热电偶

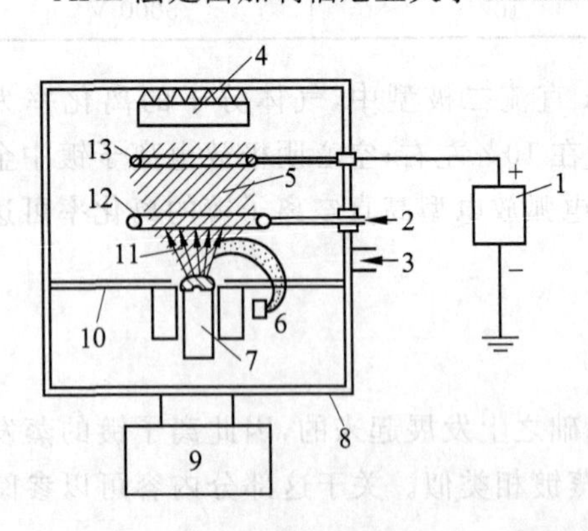

图 7-7 活性反应蒸镀(ARE)法的示意图

1—电源；2—反应气体；3—真空机组；4—基板；5—等离子体；6—电子枪；7—电子束蒸发源；8—真空室；9—真空机组；10—差压板；11—镀料蒸发原子束流；12—反应气体导入环；13—探测电极

测温。

图7-9是e型电子枪的结构示意图。电子枪由钨丝产生热电子，在高压电场中加速。此电子束受到偏转线圈磁场的偏转作用，落入水冷铜坩埚中的镀料上。这种蒸发源能蒸镀各种金属材料，特别是其他蒸发源难以熔化的高熔点金属和化合物。由于采用水冷铜坩埚，避免了镀料与坩埚材料间的反应及坩埚材料的挥发，从而能保证膜的纯度。在离子镀时，源的使用功率为5～10 kW，电子束能量密度可达(0.1～1)MW/cm^2，热效率可达85%，坩埚使用寿命长，但结构比较复杂，要求电气性能稳定可靠，需配备过载保护和自动复位电源系统，工作时要求较高的真空度。

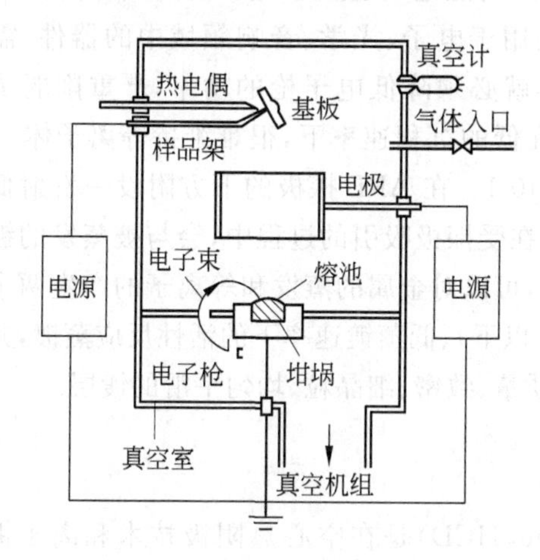

图7-8　基板带偏压的活性反应蒸镀(BARE)装置

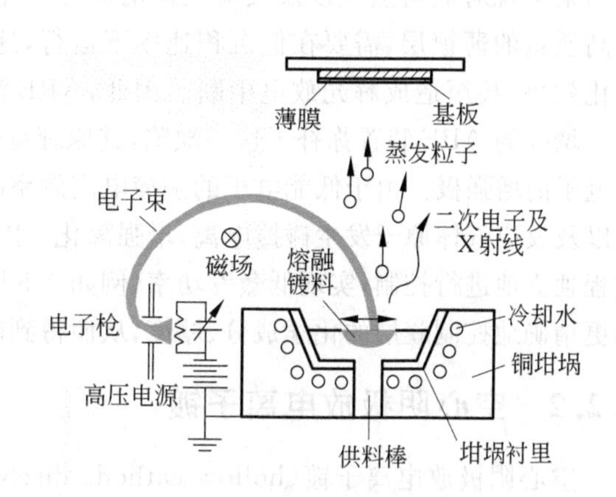

图7-9　偏转270°的电子束蒸发源结构

电子束中，高能电子所携带的能量可达几千甚至上万电子伏，它不仅熔化镀料，而且能在镀料表面激发出二次电子。这些二次电子受到探极电场的吸引并被加速。坩埚上方的镀料蒸气以及反应气体受到电子束中高能电子、被加速的二次电子和被探极拦截的一部分一次电子的轰击而电离，其中二次电子的能量较低，对激发电离起关键作用。等离子体在坩埚到基片的空间中，特别是在探极的周围产生。被激发、电离的镀料原子和反应气体，化学活性很高，它们在从探极周围到基片的空间里化合或中和，并沉积在工件表面。

选择不同的反应气体，可以得到不同的化合物镀层。要获得碳化物镀层，则导入碳氢化合物气体如CH_4、C_2H_2；氮化物镀层除需导入氮气外，还应导入微量氢气或氨气，以防镀料氮化而影响蒸发速率；氧化物镀层只导入氧气。例如，获得TiC的反应可以认为是

$$\text{Ti(蒸气)} + \frac{1}{2}C_2H_2\text{(气体)} \xrightarrow{\text{电离}} \text{TiC(沉积物)} + \frac{1}{2}H_2\text{(气体)} \tag{7-8}$$

生面TiN的反应可以认为是

$$2\text{Ti(蒸气)} + N_2\text{(气体)} \xrightarrow{\text{电离}} 2\text{TiN(沉积物)} \tag{7-9}$$

若想获得复合化合物镀层，就要使用混合气体。若要获得较好的绕射性，则可在不改变反应气体配比的情况下，适当充进一定量的氩气，通过提高工作压力来实现。

2. ARE活性反应蒸镀的特点

(1) 电离增加了反应物的活性，温度较低就能获得附着性能良好的碳化物、氮化物镀层。若采用CVD法，则工件要加热到1000℃左右，沉积层与基体之间易生成脆相(对于碳

化物沉积层),或引起沉积层晶粒长大(对于氮化物沉积层)。而 ARE 法则只需加热到500℃左右,这对高速钢刀具进行超硬镀层处理是十分方便的。

(2) 调节或改变镀料蒸发速率及反应气体压力可以十分方便地制取具有不同配比、不同结构、不同性质的化合物镀层。

(3) 由于采用大功率、高功率密度的电子束蒸发源,几乎可以蒸镀所有金属和化合物。

(4) 沉积速率高(一般可达几个 μm/min,最高可达 75 μm/min),而且可以通过改变电子枪的功率、基片—蒸发源的距离、反应气体压力等,实现对镀层生长速度的有效控制。

ARE 法也有缺点。前面已经指出,电子枪发出的高能电子,除了加热气体镀料外,同时还用来实现对镀料蒸气以及反应气体的离化。某些用于电子、光学、音响领域中的器件,需要高质量的薄镀层,需要在低沉积速率下运行,这样就必须降低电子枪的功率,严重削弱了离化效果,甚至造成辉光放电中断。因此,ARE 法在低的沉积速率下,很难维持等离子体。

增强的 ARE 装置弥补了这一缺陷,其原理见表 10-1。在 ARE 探极的下方附设一发射低能电子的增强极。由于低能电子的碰撞电离效率高,在受探极吸引的过程中,会与被蒸发的镀料以及反应气体原子发生碰撞电离,增强离化。因此,可以对金属的蒸发和等离子的产生两个过程独立地进行控制,实现低蒸发功率(例如 0.5 kW 以下)、低蒸镀速率下的活性反应蒸镀,并能更精确地控制膜层的化学成分、厚度,从而得到高质量、致密、细晶粒、均匀平滑的镀层。

7.2.2　空心阴极放电离子镀

空心阴极放电离子镀(hollow cathode discharge,HCD)是在空心热阴极技术和离子镀技术的基础上发展起来的。

HCD 法是利用空心热阴极放电产生等离子体。空心钽管作为阴极,辅助阳极距阴极较近,辅助阳极和阴极作为引燃弧光放电的两极。HCD 枪的引燃方式有两种,一种是在钽管处造成高频电场,引起由钽管通入的氩气电离,用离子轰击加热钽管,使钽管受热至电子发射温度,从而产生等离子电子束。另一种是在钽管阴极与辅助阳极之间,用整流电源加上 300 V 左右的直流电压,并同时由钽管向真空室内通入氩气。在 13.3~1.33 Pa 氩气气氛下,阴极钽管与辅助阳极间发生反常辉光放电。中性低压氩气在钽管内不断地电离,氩离子又不断地轰击钽管表面,使钽管温度逐步升高。当钽管温度上升到 2300~2400 K 时,就从钽管表面发射出大量的热电子。辉光放电转变为弧光放电,电压降至 30~60 V,电流上升至一定值。此时在阴极、阳极之间,接通主电源就能引出高密度的等离子电子束。

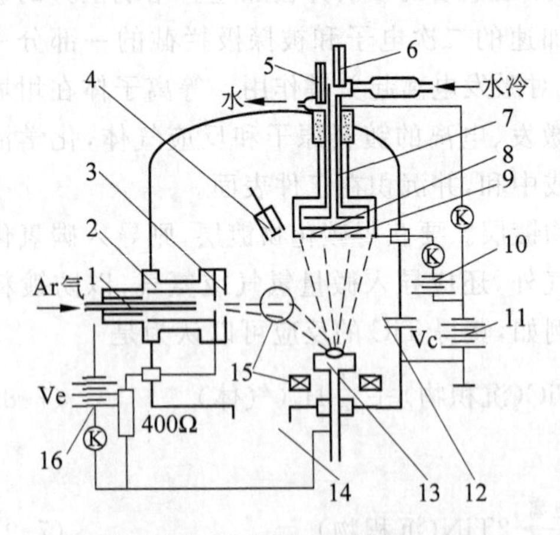

图 7-10　HCD 离子镀装置示意图

1—阴极空心钽管;2—空心阴极;3—辅助阳极;4—测厚装置;5—热电偶;6—流量计;7—收集极;8—基片;9—抑制栅极;10—抑制电压(25 V);11—基片偏压;12—反应气体入口;13—水冷铜坩埚;14—真空机组;15—偏转聚焦线圈;16—主电源

图 7-10 示出了 HCD 离子镀装置的示意图。它由水平放置的 HCD 枪、水冷铜坩埚、沉积基片及转动机构和真空系统组成。由 HCD 枪引出的电子束待其初步聚焦后,在偏转磁场

作用下偏转90°，在坩埚聚焦磁场作用下，束直径收缩而聚焦在坩埚上。

鹤冈和小宫最早的试验装置采用与坩埚成45°角的直枪，后来改成如图7-10所示的90°偏转枪。90°偏转可以减少钽管被金属蒸气的污染，并使沉积面积加大。也有由下方偏转180°的偏转枪，同样具有很多优点。空心阴极枪所用的钽管一般直径为ϕ3～ϕ15 mm，壁厚0.5～2 mm，长度60～80 mm，钽管的另一端要水冷，以防止放电端过热熔化。等离子电子束的聚焦和偏转磁感应强度为10^{-3}～2×10^{-2} T。HCD枪的使用功率一般为5～10 kW，电子束功率密度可达0.1 MW/cm^2，仅次于高压电子枪能量密度(0.1～1 MW/cm^2)，能熔镀熔点为2000℃左右的高熔点金属。以钛为例，蒸发速率大约为0.3～0.5 g/min，工作气压为10～10^{-2} Pa。但这种蒸发源的热效率较低，热辐射严重。表7-3列出了空心阴极枪与高压电子枪性能的对比。

表7-3 空心阴极电子枪与高压电子枪基本性能比较

电子束源	电子束电流密度/(mA/cm^2)	电子束功率密度/(MW/cm^2)	工作电压	工作电流	电子束束斑ϕ/mm
高压电子枪	10^2～10^3	10^{-1}～100	10～200 kV	10^2～10^4 mA	<10
空心阴极枪	10^2～10^3	10^{-1}	30～60 V	10～10^4 A	>10
电子束源	工作真空度/Pa	熔镀金属范围	热效率/%	操作难易	成本比
高压电子枪	10^{-2}以上	各种不同熔点的材料	85	难	2～3
空心阴极枪	10～10^{-2}	熔点在2000℃以下的材料	60	较易	1

空心阴极放电离子镀具有下述特征：

(1) 离化程度高，带电粒子密度大，而且具有大量的高速中性粒子。表7-4列出了HCD沉积时入射到基片上的离子的比例。

表7-4 HCD沉积时入射到基片上的离子的比例

蒸发金属	银			银		铜		铬	
蒸发速率/(μm/min)	0.43			0.11		0.13		0.13	
基片电压/V	−100	−200	−400	−100	−200	−100	−200	−100	−200
氩(离子/原子)/%	0.83	0.63	0.75	0.83	0.63	0.83	0.63	0.83	0.63
金属(离子/原子)/%	24.8	24.8	19.3	28.0	34.0	10.5	17.9	9.4	15.2
Ar轰击/%	5.3	5.6	10.0	8.1	10.0	13.4	13.7	8.5	3.3
氩高速中性粒子/%	0.7	4.1	6.0	0.9	7.4	1.6	10.1	6.5	18.3
金属离子轰击/%	25.9	37.1	43.4	11.4	23.7	11.4	26.2	6.5	18.3
金属高速粒子轰击/%	33.1	28.3	22.0	25.1	12.7	9.8	5.7	10.9	12.6

在HCD离子镀设备中，等离子体电子束不仅是热源，用来气化金属，而且当金属蒸气通过等离子体电子束区域时，受到高密度电子流中电子的碰撞而离化。因此，离子镀设备中的空心枪，既是镀料的气化源也是蒸发粒子的离化源。HCD空心枪发出的是数十电子伏，数百安培的电子束。由气体放电理论可知，能量为50～150 eV的低能电子对原子碰撞电离

的效率比能量为 keV 的高能电子要高 1～2 个数量级，其电子束流又比其他离子镀方法高 100 倍，因此 HCD 法中的离化率有希望比其他方法高 10^3～10^4 倍，实际测量的金属离子产生率是 22%～40%；其离子流密度可达（10^{15}～10^{16}）个/(cm^2·s)，比其他的离化方式高出 1～2 个数量级；同时在蒸镀过程中，含有大量的高速中性粒子，其数量比其他离子镀方法高 2～3 个数量级（表 7-4），它们是由没有离化的气体原子和金属蒸气原子在通过等离子束时，与上述的金属离子发生式（7-10）所表示的对称共振型电荷交换碰撞而产生的。

$$\underset{\text{(高速离子)}}{M^+} + \underset{\text{(热运动原子)}}{M} = \underset{\text{(高速中性粒子)}}{M^0} + \underset{\text{(低速离子)}}{M^+} \tag{7-10}$$

产生的低速离子被电场加速，能量变高再重复上述过程，结果每个粒子一般都带几到几十电子伏的能量。

其结果，即使在低的基片负偏压下，由于大量离子和高速中性粒子的轰击作用，也能达到很好的溅射清洗效果。这些能量较高的离子和中性粒子共同作用于工件表面，使工件表面获得高密度能量，改变工件表面成膜的物理条件，可以促进镀料与工件的分子原子间的结合或增强相互间的扩散。所以，应用 HCD 设备所获得的镀层附着力较好，膜质均匀致密。也可以在这种方法中引入氮气和乙炔等，利用活性反应法制取化合物镀层，如 TiN、TiC、CrN、CrC 等。

(2) 采用低电压、大电流设备　HCD 离子镀可以采用一般的电焊整流电源或自耗炉、喷涂、喷焊整流电源。设备及操作都比较简单、安全，易于推广。设备成本、操作成本都较低。

(3) HCD 离子镀工作压力范围比较宽　沉积过程在 10～10^{-2} Pa 均可进行，不像 ARE 法采用高压电子枪那样，要用差压板或双真空室。通常 HCD 法的工作压力为 1～10^{-1} Pa，在此压力下，由于蒸发原子受气体分子的散射效应影响，加之 HCD 法中金属的离化率高，大量的金属离子受基片负电位的吸引作用，因此具有较好的绕射性。

HCD 沉积涂层是由银、铜、铬等开始的，到目前已经能够沉积银、铜、铬、石英以及 CrN、CrC、TiN、TiC 等各种膜层。关于 HCD 镀层用于切削刀具、模具、耐热、耐磨、抗蚀及润滑等的实例和效果请见第 12 章。

7.2.3 多弧离子镀

1. 多弧离子镀的原理

多弧离子镀是采用电弧放电的方法，在固体的阴极靶材上直接蒸发金属，蒸发物是从阴极弧光辉点放出的阴极物质的离子。这种装置不需要熔池，其原理如图 7-11 所示。

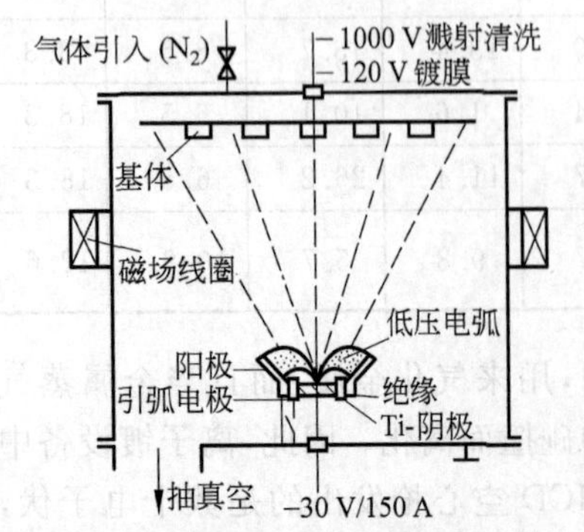

图 7-11 多弧放电离子镀示意图

被蒸发的钛靶接阴极，真空室为阳极，当通有几十安培的触发电极与阴极靶突然脱离时，就会引起电弧，在阴极表面产生强烈发光的阴极辉点，辉点直径在 100 μm 以下，辉点内的电流密度可达 10^5～10^7 A/cm^2，于是在这一区域内的材料就瞬时蒸发并电离。阴极辉点在阴极表面上，以每秒几十米的速度做无规则运动，使整个靶面均匀地被消耗。外加磁场用来控制辉点的运动。为了维持真空电弧，一般要求电压为−10～−40 V。

多弧离子镀的原理是基于冷阴极真空弧光放电理论提出的。该理论认为，放电过程的电量迁移是借助于场电子发射和正离子电流这两种机制同时存在且相互制约而实现的。在放电过程中，阴极材料大量蒸发，这些蒸气分子所产生的正离子，在阴极表面附近很短的距离内产生极强的电场，在这样强的电场作用下，电子以产生“场电子发射”而逸出到真空中，其发射的电流密度 J_e(A/cm^2)可表示如下：

$$J_e = BE^2\exp(-C/B) \tag{7-11}$$

式中，E 为阴极电场强度；B、C 为与阴极材料有关的系数。

而正离子流可占总的电弧电流的 10%左右。但对于真空弧光放电来说，在理论计算上尚存在一定难度，还不能够确切地建立和求解阴极弧光辉点内的质量、能量和电量的平衡关系。

阴极弧光辉点产生的原因及其在离子镀中的作用(图 7-12)如下：

(1) 被吸到阴极表面的金属离子形成空间电荷层，由此产生强电场，使阴极表面上功函数小的点(晶界或裂痕)开始发射电子。

(2) 个别发射电子密度高的点，电流密度高。焦耳热使温度上升又产生热电子，进一步增加发射电子。这个正反馈作用使电流局部集中。

(3) 由于电流局部集中产生的焦耳热使阴极材料表面局部爆发性地等离子化，发射电子和离子，并留下放电痕。同时也放出熔融的阴极材料粒子。

(4) 发射的离子中的一部分被吸回阴极表面，形成空间电荷层，产生强电场，又使新的功函数小的点开始发射电子。

上述过程反复进行，弧光辉点在阴极表现上激烈地、无规则地运动。弧光辉点经过后，在阴极表面上留下分散的放电痕。研究结果表明，阴极辉点的数量一般与电流大小成正比增加，如图 7-13 所示。因此可以认为，每一个辉点的电流是常数，并随阴极材料的不同而异，如表 7-5 所列。

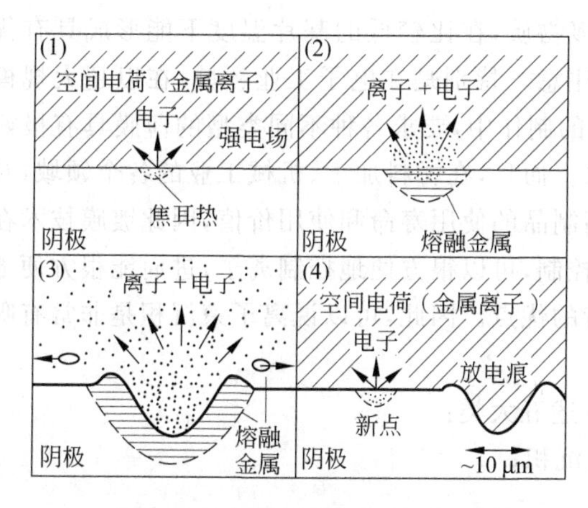

图 7-12　真空弧光放电的阴极弧光辉点形成过程

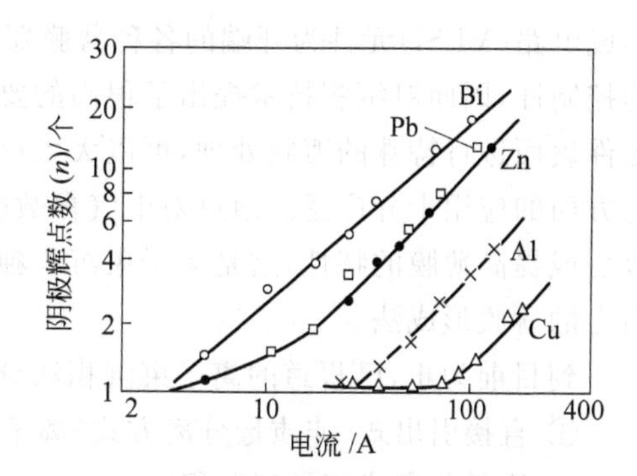

图 7-13　阴极辉点数与金属材料电弧电流的关系

从阴极弧光辉点放出的物质，大部分是离子和熔融粒子，中性原子仅占 1%～2%。阴极材料若是 Pb、Cd、Zn 等低熔点金属，其离子是一价的；金属的熔点越高，多价的离子比例

表 7-5 不同阴极材料阴极辉点的平均电流密度

阴极材料	阴极辉点电流/A	阴极材料	阴极辉点电流/A
铋(Bi)	3～5	铜(Cu)	75
镉(Cd)	8	银(Ag)	60～100
锌(Zn)	20	铁(Fe)	60～100
铝(Al)	30	钼(Mo)	150
铬(Cr)	50	碳(C)	200
钛(Ti)	70	钨(W)	300

就越大。Ta、W 等高熔点金属的离子有 5～6 价的。

2. 多弧离子镀的特点

(1) 最显著的特点是从阴极直接产生等离子体。不用熔池,阴极靶可根据工件形状在任意方向布置,使夹具大为简化。

(2) 入射粒子能量高,大约为几十电子伏,膜的致密度高,强度和耐久性好。膜层和基体界面产生原子扩散,因此膜层的附着强度好。

(3) 离化率高,一般可达 60%～80%。

(4) 从应用角度讲,多弧离子镀的突出优点是蒸镀速率快。TiN 膜可达 100～10000 Å/s。目前主要的缺点是在高的功率下,要产生飞点,从而影响镀层质量。

多弧放电离子镀的工作气压一般为 $10 \sim 10^{-1}$ Pa,工作电流为几安培至几百安培,工作电压为几十伏。

7.3 离子束沉积

7.3.1 离子束沉积的原理

离子束沉积法是利用离化的粒子作为蒸镀物质,在比较低的基片温度下能形成具有优良特性的薄膜。近年来它已引起人们的广泛注意。特别是在电子工业领域,在以超大规模集成电路(VLSI)元件为开端的各种薄膜器件的制作中,要求各种不同类型的薄膜具有极好的控制性,因而对沉积技术提出了很高的要求。而且,在材料加工、机械工业的各个领域,对工件表面进行特殊的镀膜处理,可以大大提高制品的使用寿命和使用价值,因此镀膜技术在这方面的应用十分广泛。通过对电气参数的控制,可以很方便地控制离子,进而能很方便地改变或提高薄膜的特性,这是离子束沉积独特的优点。因此,可以说离子束沉积是非常有吸引力的薄膜形成法。

到目前为止,已报道的离子束沉积法分下述五大类:

① 直接引出式(非质量分离方式)离子束沉积;

② 质量分离式离子束沉积;

③ 部分离化沉积(即 7.1 节、7.2 节讨论的离子镀);

④ 离化团束沉积;

⑤ 离子束辅助沉积。

在所有这些离子束沉积法中,可以变化和调节的参数包括:入射离子的种类、入射离子的能量、离子电流的大小、入射角、离子束的束径、沉积粒子中离子所占的百分比，以及基片温度、沉积室的真空度等。

一般说来，当金属离子照射固体表面时，依入射离子能量 E 的大小不同，会引起三种现象：沉积现象（$E \leqslant 500$ eV）；溅射现象（$E \geqslant 50$ eV）；离子注入现象（$E \geqslant 500$ eV）。在此讨论的沉积现象是指照射的金属离子附着在固体表面上，离子的动能越小，附着的几率越大，从而可以获得较高的沉积速率。随着入射离子能量的增加，由于离子的轰击作用，基片原子会被碰出并进入真空中，即发生所谓溅射现象。已经附着在表面上的部分金属原子，也还会受到后续入射的同种离子的溅射作用，重新返回到真空中。此外，如果入射离子的能量进一步增加，离子还会进入表面原子层中，即发生所谓离子注入现象。

因此，如果采用前面提到的第②种方式，即质量分离方式离子束沉积，只用经选择的金属离子进行离子束沉积，则要求入射离子的能量必须在某一临界值 E_c 以下，否则由于溅射作用，膜层不会生长。这一临界能量 E_c 可以定义为照射离子的自溅射产额为1时的能量。

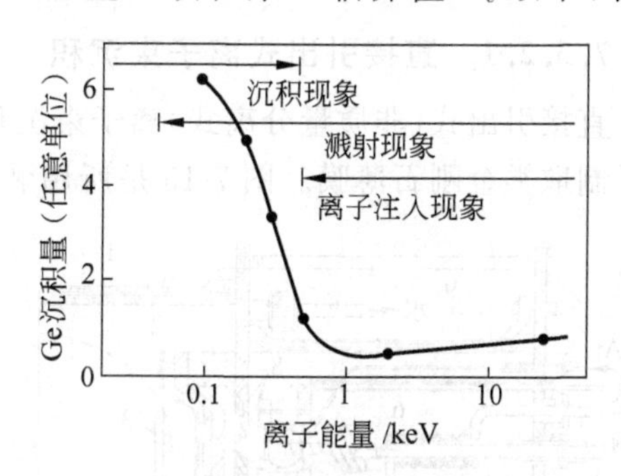

图 7-14　在 Si(111)基片表面进行 Ge^+ 离子束沉积时，Ge的沉积量与入射离子能量的关系

（照射离子束的剂量一定：5×10^{17} 离子/cm^2）

图7-14所示是在Si基片上，用各种不同能量的 Ge^+ 离子入射，经一定剂量（5×10^{17} 离子/cm^2）照射之后，用XMA法对表面沉积的Ge量进行测定，测出的沉积量和照射能量的相对关系曲线。离子的能量在300 eV以下时，沉积现象占优越，因此Ge的沉积量大。随着入射离子能量的增加，溅射现象逐渐占支配地位，从而Ge的沉积量呈减少趋势。如果按沉积Ge膜厚度的测量结果为依据，当离子的能量超过500 eV时，Ge膜没有发生沉积，则这一能量值正好和Ge自溅射产额等于1的能量相对应。当能量超过900 eV时，Ge的附着量又出现增加的趋势，这是离子注入现象占优势所致。表7-6列出了相应于几种金属离子由实验求出的临界能量的范围。

表 7-6　在离子束沉积中，成膜所要求的最大临界离子能量

离子种类	临界离子能量/keV	离子种类	临界离子能量/keV
Fe^+	1.5～2.0	Zn^+	0.3～0.4
Co^+	1.0～1.5	Sn^+	0.45～0.5
Ni^+	0.8～1.0	Ge^+	0.4～0.6
Cu^+	0.3～0.4	Si^+	0.7～1.0

注意，上述例子是针对被沉积物质的粒子以完全被离化的状态入射的。然而，在大多数离子束沉积的情况下，入射粒子中还包括没有离化的中性粒子，在这种情况下，有可能使用能量更高一些的离子入射。

在离子束沉积和离子镀中，除了离子及其相应物质的固有性质之外，离子的动能、动量、电荷等，在沉积过程中自始至终都会对表面产生影响。因此，跟真空蒸镀法以及CVD法等传统的薄膜沉积法相比，离子束沉积和离子镀具有许多不同的特征。

例如，如果考虑薄膜沉积时基片表面的清洁程度，则由于表面物理吸附气体分子的吸附能量为 0.1～0.5 eV，化学吸附的吸附能量为 1～8 eV，因此恰当地选择离子的照射能量，入射离子就能把这些吸附的分子轰击掉，达到表面清洁的目的。

如果用具有很大动量的离子照射固体表面，则不仅会引起基片原子的溅射，而且能使基片近表面的原子发生离位、产生缺陷等。这些原子的离位和缺陷，对于晶体膜的生长来说，可以作为晶体生长所必需的形核位置等。同时，伴随着离子的轰击，会促进表面原子的扩散，同传统的薄膜沉积法相比，在相同的基片温度下，离子束沉积和离子镀产生晶体生长的条件就更容易实现。特别是在团束离子束沉积法中，沉积粒子易于在基片表面移动，可以认为，这是表面迁移的效果所致。

7.3.2 直接引出式和质量分离式

7.3.2.1 直接引出式离子束沉积

直接引出式(非质量分离式)离子束沉积于 1971 年由 Aisenberg 和 Chabot 首先用于碳离子制取类金刚石薄膜。图 7-15 是所用装置的结构示意图。离子源用来发生碳离子。阴极和阳极的主要部分都是由碳构成的。把氩气引入放电室中，加上外部磁场，在低气压条件下使其发生等离子体放电，依靠离子对电极的溅射作用产生碳离子。碳离子和等离子体中的氩离子同时被引到沉积室中，由于基片上施加负偏压，这些离子加速照射在基片上。

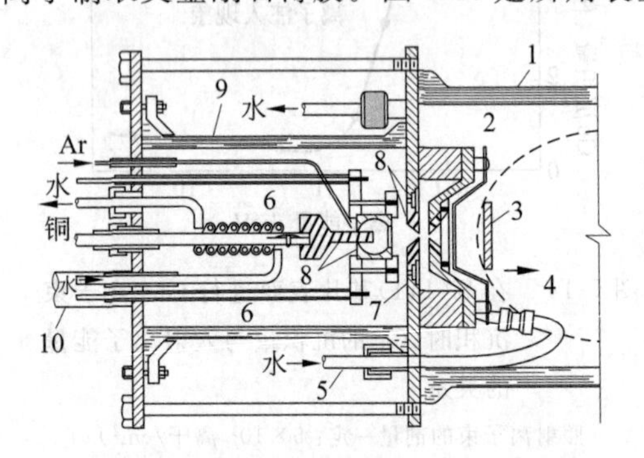

图 7-15 非质量分离式离子束沉积装置
1—6 in Pyrex 玻璃；2—沉积室；3—硅片；4—外部磁场；5—涤纶管；6—涤纶套筒；7—通水路；8—碳；9—4 in 玻璃管；10—真空接管

根据 Aisenberg 的实验结果，以及 Spencer 用同样的实验装置所作出的实验结果，用能量为 50～100 eV 的碳离子，在 Si、NaCl、KCl、Ni 等基片上在室温下照射，制取了透明的硬度高而且化学性能稳定的薄膜。这种薄膜的电阻率非常大，为 10^{12} Ω · cm，折射率大约为 2，不溶于无机酸和有机酸，用电子衍射和 X 射线衍射确认为单晶膜。

用这种离子束沉积法制取的碳膜具有跟金刚石膜相类似的性质。现在把金刚石状的碳膜或由离子束沉积法制取的碳膜称为 i－碳膜。

7.3.2.2 质量分离式离子束沉积

这种方式是从离子源引出离子束之后，进行质量分离，只选择出单一种离子对基片进行照射。与上述的非质量分离方式相比，混入的杂质少，适合于制取高纯度的薄膜。而且，在离子束沉积中，为进行薄膜形成过程的基础性研究，多采用这种方式。

图 7-15 是这种装置结构示意图例之一。

这种装置由离子源、质量分离器以及超高真空沉积室等三个主要部分组成。通常，基片和沉积室处于接地的电位。因此，照射基片的沉积离子的动能由离子源上所加的正电位 V_a(0～3000 eV)来决定。另一方面，为从离子源引出更多的离子电流，质量分离器和束输运所必要的真空管路的一部分施加负高压 V_{ext}(－10～－30 kV)。

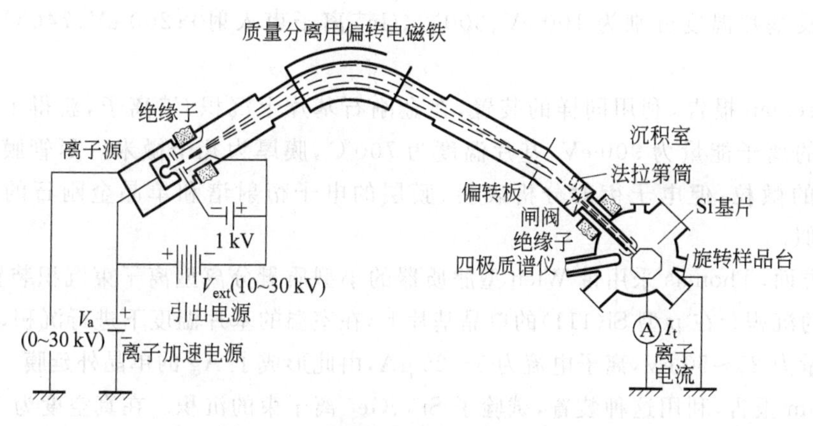

图 7-16　质量分离式离子束沉积装置

在这种方式中，为了形成不含杂质的优质膜，应最大限度地减少沉积室中残留气体在沉积过程中在基片表面上的附着，使其在成膜过程中进入膜层的量最小，这些是十分重要的。

现设沉积过程中的真空度为 p(Torr)，则碰撞基片表面的残留气体的束流通量 $\Gamma_n(cm^{-2} \cdot s^{-1})$可由下式给出：

$$\Gamma_n = 5.3 \times 10^{22} p \tag{7-12}$$

另一方面，如果照射离子束的电流密度为 $J_i(\mu A/cm^2)$，则离子束流通量 $\Gamma_i(cm^{-2} \cdot s^{-1})$可由下式给出：

$$\Gamma_i = 6.25 \times 10^{12} J_i \tag{7-13}$$

因此，若设离子及残留气体分子对于基片的附着系数分别为 S_i 和 S_n，则满足 $S_i\Gamma_i \gg S_n\Gamma_n$ 的关系是保证膜层中不含有杂质并形成优质膜的必要条件。

在图 7-15 所示的装置中，利用大电流型的 Freeman 离子源，由所施加的 $-10 \sim -30$ kV 的引出电压，引出数毫安的离子束，再利用偏转磁铁（偏转角 60°，偏转半径 48 cm），只分离出单一种类的离子束。例如，在沉积 Si 的情况，把 $SiCl_4$ 气体引入离子源，由此产生各种各样的离子（Si^+、Cl^+、$SiCl^+$、$SiCl^{+2}$等），依靠质量分离器，在其中选择出 Si^+ 离子。这种离子束经过沉积室中布置的减速磁透镜的减速作用，变成低能离子束，再照射在基片上。在图 7-15 中，使用$SiCl_4$ 或 $GeCl_4$ 等气体，在离子能量在 100～3000 eV 的范围内，已能分别得到最大为 300 μA 的 Si^+ 离子电流和 100 μA 的 Ge^+ 离子电流。此时的离子束直径为 $\phi 8 \sim \phi 10$ mm。

为了尽量提高沉积室的真空度，就离子束沉积装置的真空排气系统而言，需要采用多个真空泵进行差压排气。在图 7-15 中，离子源部分利用两台油扩散泵，质量分离之后采用涡轮分子泵，沉积室中采用离子泵排气。这样可以保证在 1×10^{-8} Torr 的真空度下进行离子照射。

这样可以保证，沉积中的离子束流通量为 $\Gamma_i \approx 10^{15}$ 离子/(cm² · s)，残留气体的束流通量为 $\Gamma_n \approx 10^{12} \sim 10^{13}$ 个/(cm² · s)。现假设 $S_n \approx S_i$，则有 $S_i\Gamma_i \gg S_n\Gamma_n$ 的关系式成立，由此可以认为，在离子束沉积过程中，残留气体造成的影响是很小的。

利用图 7-15 所示的装置，三宅在 Si(100)单晶基片上，用 Ge^+ 离子束和 Si^+ 离子束照射，得到的两种材料的沉积膜是跟基片材料具有相同结晶取向的外延膜。此时的离子能量以及基片温度分别为 100 eV、300℃(Ge^+ 离子束入射);200 eV、740℃(Si^+ 离子束入射)。

据 Freeman 报告,利用同样的装置,在金刚石基片上沉积 C^+ 离子,获得了透明的碳膜。此时的离子能量为 900 eV,基片温度为 700℃,膜厚为几个微米。尽管膜中含有若干个石墨的微粒,但电子衍射分析表明,膜层的电子衍射谱和单晶金刚石的电子衍射谱十分相似。

另一方面,Thomas 采用带 Wien 型滤质器的小型质量分离型离子束沉积装置,进行了 Ag^+ 离子的沉积。在 p 型 Si(111)的单晶基片上,在室温的基片温度下进行沉积,其中 Ag^+ 离子的能量为 25～50 eV,离子电流为 5～25 μA,由此形成了 Ag 的单晶外延膜。

据 Zalm 报告,利用这种装置,试验了 Si^+、Ge^+ 离子束的沉积。在真空度为 10^{-9} Torr,离子能量为 500 eV,离子电流为 5～10 μA 时,即使基片温度低到 170℃,在 Si(100)基片上也生长出了 Si 的单晶外延膜。

除此之外,Amano 还试验了其他金属离子,例如 Pb^+、Mn^+ 等离子的沉积。按照这些离子在碳和岩盐基片上沉积的结果,所形成的薄膜和基片之间具有良好的附着性。在岩盐基片上进行 Pb^+ 离子的沉积时,发现膜层呈〈100〉方向择优取向生长,这些现象具有十分重要的意义。

如上所述,依靠离子束沉积,即使在较低的基片温度下,也能形成各种各样物质的单晶薄膜,这已被许多试验所证实,这一点和 CVD 法等形成鲜明的对照。后者主要是依靠热能来形成薄膜的,如果基片的温度不是足够高,则不能形成单晶膜。离子束沉积法造成上述低温外延生长的原因,可以定性地认为是入射离子所具有的动量和动能传给基片表面的原子,在促进表面清洁化的同时,也会促进表面原子的运动,从而能使沉积原子较容易地运动到适合于外延生长的位置上。到目前为止,已经报道的低温外延生长试验的实例列于表 7-7。

表 7-7 利用单一种离子进行离子束沉积试验进行低温外延生长的实例

离子种类/基片	外延温度/℃	离子能量/eV	离子种类/基片	外延温度/℃	离子能量/eV
Ge^+/Ge(111)	300	100	Ag^+/Si(111)	室温	25～50
Ge^+/Si(111)	300	100	Ge^+Si(111)	230～350	25～300
Ge^+/Si(100)	300	100	Si^+/Ge(100)	130	50
Si^+/Si(100)	740	100～200	Si^+/Si(100)	130	50
Ag^+/Pd	室温	25～50	Si^+/Si(111)	130	50

7.3.2.3 正、负离子束沉积

仅采用正离子或负离子照射基板,往往造成基板和薄膜表面充电,从而影响薄膜的正常沉积。若利用正离子束和负离子束同时照射基板,则可抑制单种电荷离子入射时因充电所造成的影响。人们正在对此研究开发,以沉积所需要的薄膜。

图 7-17 就是称为 PANDA(positive and negative ion beam deposition apparatus)的正、负离子束沉积装置。正离子由微波离子源发生,负离子由 Cs 溅射离子源发生,二者分别经加速和质量分离,同时向基板入射。采用该装置使 N^+ 离子和 C^- 离子同时照射,已获得属于金刚石系材料的 CN 膜。

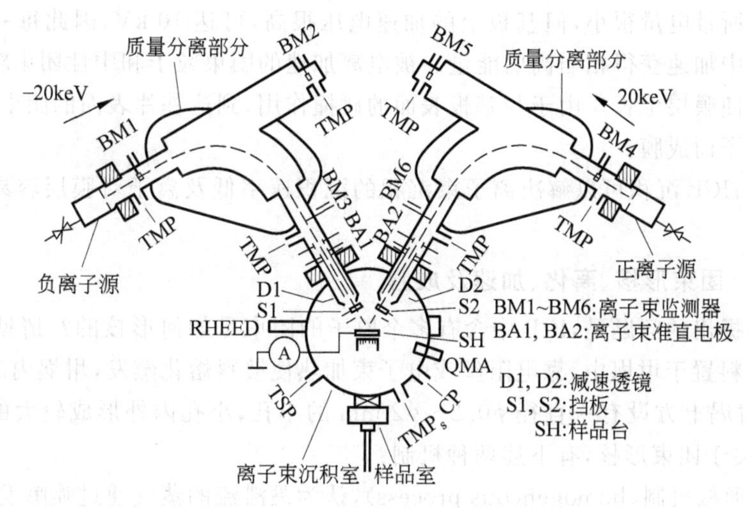

图 7-17　正、负离子束沉积装置示意

7.3.3　离化团束沉积

7.3.3.1　离化团束沉积原理

在已成功用于表面保护的离子镀中，射入基板表面的每一个离子的动能，大致由加速电压决定，通常为数百至数千电子伏。这样高能量的粒子照射基板及生长中的薄膜，会明显提高薄膜的附着强度，而且能改善膜层的致密性和结晶性。但从另一方面讲，离子的轰击作用也对基板及薄膜造成损伤。因此，离子镀一般说来不适合半导体等功能薄膜的制作。此外，尽管可采用适用于真空蒸镀，且不会对基板及薄膜造成损伤的数十电子伏以下能量的离子，但由于空间电荷效应的限制，要想大流量输运这种低能量的离子是不可能的，从而沉积速率大大受到限制。

离化团束沉积(ionized cluster beam，ICB)技术正是为解决上述问题而开发的。离化团束沉积是等离子辉光放电法与离子束法相结合的沉积技术，其原理见图 7-18。被蒸镀物质放在带有喷嘴的密封坩埚中加热。坩埚中镀料蒸气压高，约在 1～100 Pa 范围，而真空室处于高真空(10^{-4}～10^{-2} Pa)，所以镀料蒸气就从喷嘴以较高的速度喷向高真空空间。利用绝热膨胀的过饱和现象形成原子团束状或分子团束状的粒子。一般每个粒子有 10^2～10^3 个原子或分子，这样的团束最稳定。当这些团束状的粒子通过离化区时，热灯丝发出的热电子与这些粒子碰撞，并使其电离。每一个团束中只要至少有一个原子或分子电离，则整个团束就带电，形成所谓团束离子。

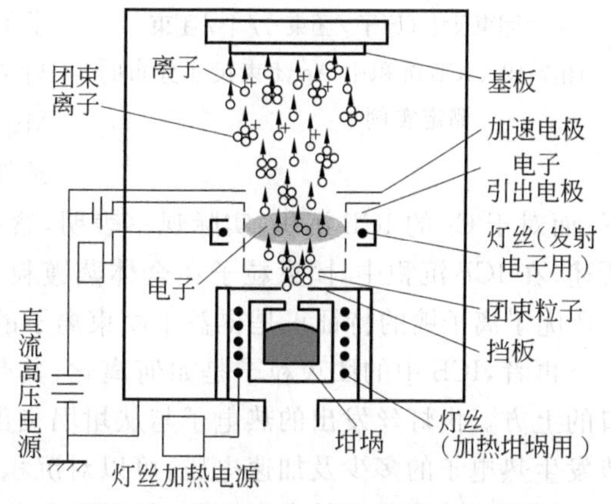

图 7-18　离化团束(ICB)沉积工作原理

由于每一个团束所带的电量很小，因此在不受空间电荷效应制约的前提下，可向基板大流量地输运沉积原子，得以高速率成膜；尽管每一个团束所带电量很小，但基板上的加速电压很高，可达 10 kV，因此每一个团束离子都可以在电场中加速获得相当高的能量。被电离加速的团束粒子和中性团束粒子都可以沉积在基片表面使膜层生长。由于与基板表面的碰撞作用，到达基片表面的团束粒子会破裂，成为单个的原子而成膜。

可以看出，ICB沉积可以解决离子束沉积的沉积速率低及离子对膜层容易造成损伤等问题。

7.3.3.2 团束形核、离化、加速及成膜

首先需要提出的问题是，ICB中含有多个原子的团束是如何形核的？请见图 7-18 中所示的坩埚。镀料置于坩埚中，靠电阻丝或电子束加热使镀料熔化蒸发，坩埚内的气压保持在 1～100 Pa。坩埚上方设有一直径 $\phi0.2\sim\phi2$ mm 的小孔，小孔内外形成较大的压力差。在上述布置下，关于团束形核，有下述两种机制：

(1) 均匀形核机制(homogeneous process)，认为黏滞流的蒸气通过喷嘴发生绝热膨胀，形成过冷状态，蒸气原子靠范德华力发生凝结而成核。

(2) 非均匀形核机制(heterogeneous process)，认为靠坩埚内壁的温度差，蒸气原子在坩埚内壁上形核、生长，形成团束。

以 Mg 为例。如果按照均匀形核机制，则由于坩埚内的压力可达 1000 Pa 以上，根据计算，到达基板的粒子中大约有 25%为团束粒子。在这种情况下，为保持装置内 10^{-4} Pa 量级的高真空，需要采用超高抽速的差动排气系统。

与其相对，根据通常条件下 ICB 的实验结果，非均匀形核机制看来更符合实际。

其次要问，ICB 中的团束尺寸，即每一个团束中含有的原子数是多少呢？当然，团束尺寸因蒸镀材料、坩埚结构、加热条件不同而异。图 7-19 给出银的 ICB 沉积中团束尺寸的分布，该结果是由减速电场法测定的。从图中可以看出，尽管在沉积粒子中存在单原子粒子(这与离子镀相同)，但在含有 1500～2000 个原子的尺寸上也出现峰值。在 ICB 沉积中，单原子粒子和团束离子的存在，也会对表面产生溅射等作用，从而产生与离子镀中相同的成膜效果(见 7.1.3 节)。对于 Mg 的 ICB 沉积，有研究报告指出，在通常的沉积条件下，团束粒子仅占全体沉积粒子的 0.1%以下；而对于 Cs 的 ICB 沉积，实际观察表明，含有数千个原子的团束占相当大的比例。如上所述，在 ICB 沉积中，团束粒子在全体蒸镀粒子中的比例依镀料及工艺条件不同而异。但 ICB 优于离子镀的特征正是得益于团束离子的存在。

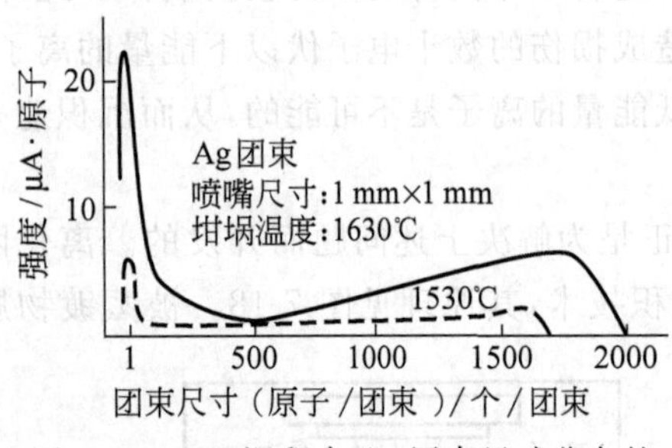

图 7-19 ICB 沉积中 Ag 团束尺寸分布的测定实例

再者，ICB 中的团束粒子是如何离化，其带电情况又是如何呢？请见图 7-17 中坩埚开口的上方。由灯丝发出的热电子与从坩埚飞出的团束粒子发生碰撞，并使其电离。通过调节发生热电子的多少及加速电压，可以对沉积粒子的离化率进行控制。需要说明的是，团束中的原子靠范德华力结合在一起，如果一个团束离子带 2 价的电荷，由于离子自身电荷的斥力而使团束分离。因此，离化团束的电荷通常是 1 价的。按上述方式离化的团束，虽经数千电子伏至十几千电子伏加速，但每个原子入射基板的平均能量却是很低的。

由于团束离子的荷质比小，即使进行高速率沉积，也不会造成空间粒子的排斥作用或膜层表面的电荷积累效应。通过各自独立地调节蒸发速率、电离效果、加速电压等，可以在1～100 eV的范围内，对每个沉积原子的平均能量进行调节，从而有可能对薄膜成长的基本过程进行控制，其中包括自溅射效应、粘附系数和附着力、沉积原子的表面扩散和迁移、成核和生长的关系、吸附气体的解吸等。与仅有原子、分子状粒子入射的离子镀相比，可望在更低的温度、更高的生长速率下，获得结晶性更好的薄膜。

例如，在Si(100)面上沉积Al的情况，由于晶格失配度很大(达25%)，显然异质外延是极为困难的。但采用ICB沉积，经过一个原子层的过渡层，就可以形成单晶Al薄膜。此外，这种Al薄膜的热稳定性好，经400℃的热处理可进一步消除亚晶界等，获得完整的单晶膜。在通常LSI布线中采用的Al薄膜中，存在电迁移(因电场造成的Al原子的移动)及应力，以及Si向Al中的扩散等问题。而采用ICB沉积，可以获得热及化学稳定的单晶Al布线，有望解决上述的问题。

7.3.3.3　ICB沉积的应用

采用ICB沉积制取薄膜的优点有：

(1) 膜层致密，与基板的附着力强，薄膜的结晶性好，而且在低温也能控制。

(2) 与离子镀比较，平均每个入射原子的能量小，对基板及薄膜的损伤小，从而可用于半导体膜及磁性膜等功能膜的沉积。

(3) 与离子束沉积比较，尽管平均每个入射原子的能量小，但由于不受空间电荷效应的制约，可以大流量输运沉积原子，因此沉积速率高。

(4) 可独立地调节蒸发速率、团束尺寸、电离效果、加速电压、基板温度等，便于对成膜过程及薄膜性能进行控制。

ICB沉积的主要缺点是，与真空蒸镀和离子镀比较，装置比较复杂。

目前，人们正利用ICB沉积对各种用途的薄膜进行广泛的研究，涉及的材料从金属、半导体，到绝缘体、超导体、有机材料等。

例如，图7-20表示在玻璃基片上进行Cu^+的ICB沉积时，附着力与加速电压的关系。由图可以看出，随着加速电压增加(由零增加到10 kV)，Cu沉积膜的附着力大约增加20倍。

沉积膜的密度也随加速电压的增加而增加，直到接近块体金属的密度。如图7-21所示。形成的薄膜表面极为平坦，光学反射率也很大，因此，对金属进行ICB沉积可望能制取极薄的导电膜。对半导体材料也进行了大量的研究。例如，据报道，在Si基片上进行Si^+离子的ICB沉积时，随着离子加速电压的增加，薄膜会加快结晶化的过程。当加速电压为8 kV时，Si膜呈外延生长(基片温度为760℃时)。

在Si的外延生长中，针对基片温度、加速电压、沉积速率等三个参数，对引起外延生长的条件进行了分析，从中得出的结论是，随着加速电压的增加，外延生长必需的 、沉积原子在基片表面的扩散能增加，从而可促进外延生长。

根据各种物质晶体生长的研究结果，一般说来，按基片和应该生长的物质的组合，各自固有加速电压的最佳值分布在0～10 kV的范围内，超过这个范围反而会破坏膜层的结晶性。这一加速电压的最佳值，不仅决定于发生晶体生长的物质的种类及基片的组合，而且还

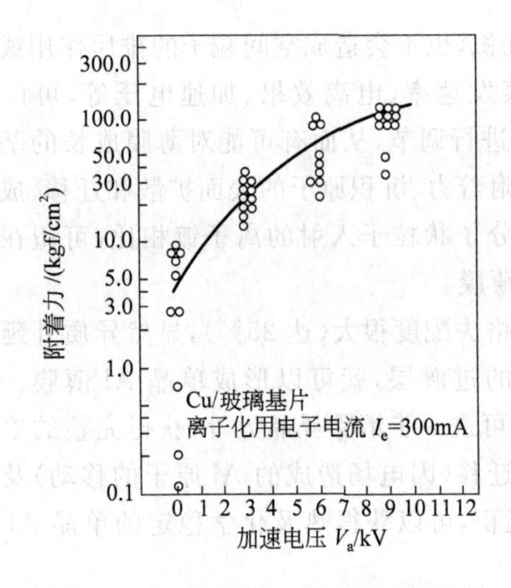

图 7-20 在玻璃基片上沉积 Cu 时，附着力与加速电压的关系

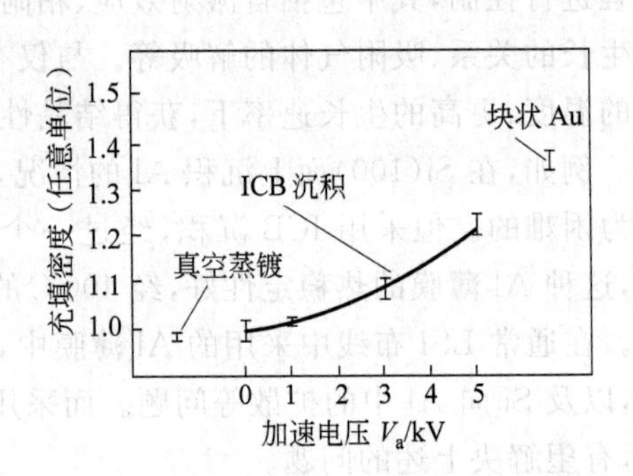

图 7-21 在 Cu 基片上沉积 Au 时，充填密度和加速电压的关系

（Au/Cu 基片，离子化用电子电流 I_e=100 mA）

与被离化的团束的相对含量、基片温度、真空度等密切相关。一般的趋势是，离化团束的百分比越大、真空度越高，为获得单晶膜所需要的最佳加速电压及基片温度越低。对此，表 7-8 给出了几种物质对外延生长的最佳条件。

表 7-8 在离化团束(ICB)沉积中外延生长所需要的最佳加速电压

外延生长膜/基片	团束离子的加速电压/kV	基片温度/℃	坩埚方式
Si/(111)Si，(100)Si	8	760	单坩埚方式
Si/(1$\bar{1}$02)蓝宝石	4	760	单坩埚方式
InSb/(0001)蓝宝石	6	450	单坩埚方式
GaAs/Cr 掺杂的 GaAs	6	550	多坩埚方式
GaP/GaP	4	550	多坩埚方式
GaP/Si	4	＞450	多坩埚方式
CdTe/CdTe、GaAs	1	300	单坩埚方式
ZnS/NaCl	1	200	单坩埚方式
c 轴取向 MnBi/玻璃	0	300①	多坩埚方式(反应性 ICB)
Li 掺杂 ZnO/(1$\bar{1}$02)蓝宝石	0.5～1	230	单坩埚方式
c 轴取向 ZnO/玻璃	0～0.5	150	单坩埚方式
c 轴取向 BeO/玻璃	0	400	单坩埚方式
c 轴取向 BeO/(0001)蓝宝石	0	400	单坩埚方式

① 涂覆 SiO_2 保护膜之后的退火温度。

为要沉积 ZnO 等氧化物膜层，把氧气引入到坩埚喷嘴的附近，利用 Zn 和 O 之间的化学反应就可以制取 ZnO 膜层。这种方法称为反应性离化团束沉积。BeO 等膜层也可以用同样的方法来制取。

对于具有六方点阵、c 轴择优取向很强的物质（如 ZnO、BeO、MnBi 合金等），即使在玻璃等非晶态物质的基片上，只要合适地选择团束离子的相对含量和基片温度，即使不加加速电压，只依靠和喷射速度相当的动能就能得到 c 轴取向的膜层。

有报道指出，通过在半导体基片上进行金属的团束离子束沉积，也能够获得欧姆接触镀层。如10-22所示是在n型Si基片上，用Ag^+离子形成欧姆接触的过程。由图中可以看出，利用提高加速电压的办法，不用退火工艺就能相当容易地得到欧姆接触。

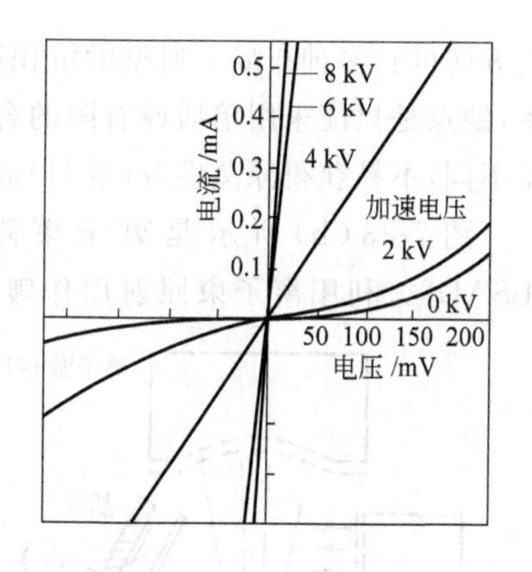

图7-22 n型Si上沉积Ag样品的*V-I*特性

由上述几例不难想象，在电子元器件的研究、制造领域中，ICB沉积技术的应用将日趋广泛。

7.3.4 离子束辅助沉积

离子束辅助沉积（ion beam assisted deposition, IBAD）是指在气相沉积镀膜的同时，采用低能（数电子伏至数千电子伏）离子束进行轰击，以形成单质或化合物薄膜的技术。除具有离子镀的优点外，IBAD可在更严格的控制条件下连续生长任意厚度的膜层，能更显著地改善膜层的结晶性、取向性，增加膜层的附着强度，提高膜层的致密性，并能在室温或近室温下合成具有理想化学计量比的化合物膜层（包括常温常压无法获得的新型膜层）。这种技术又称为离子束增强沉积技术（IBED）、离子束辅助镀膜（IAC）、动态离子混合（DIM，见7.4.3节）。

7.3.4.1 IBAD的主要方式

广义上讲，各种物理气相沉积（PVD）和化学气相沉积（CVD）方法中均可增设一套辅助轰击的离子枪（一般为宽束离子源，如Kaufman源）构成IBAD系统。但从真空度（一般要求本底真空度优于10^{-3} Pa）、功耗及操作难易程度等方面考虑，除了7.3.1节、7.3.2节讨论的离子束沉积之外，较为常见的IBAD工艺有图7-23所示的两种。

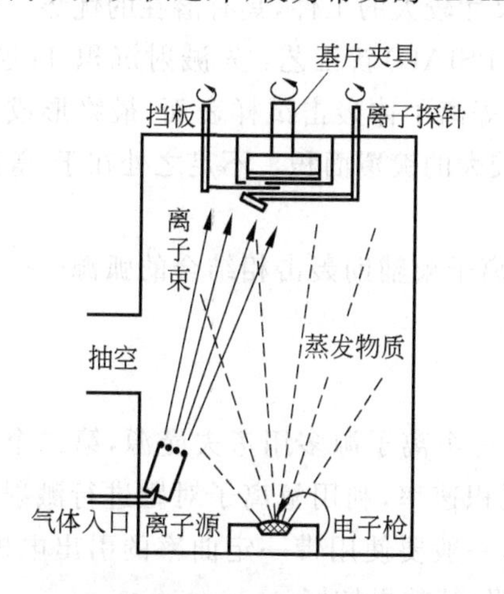

(a) 电子束蒸镀离子束辅助沉积 (IBAD)

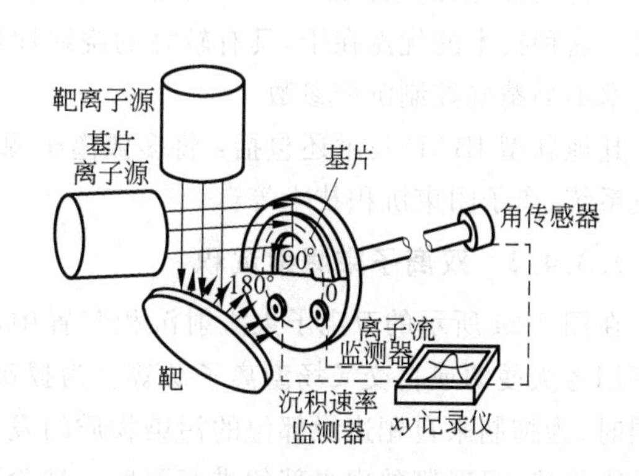

(b) 离子束溅射辅助沉积 (IBSAD)

图7-23 常见的离子束辅助沉积方式

图7-23(a)所示是最常见的IBAD方式。采用电子束蒸发源，在薄膜沉积过程中，利用离子枪发出的离子束对膜层进行照射，以实现离子束辅助沉积。离子束入射方向与镀料蒸

发方向可有多种布局。典型的沉积速率为 0.5～1.5 nm/s。其优点是可获得较高的镀膜速率,缺点是只能采用单质或有限的合金或化合物作蒸发源,且由于合金或化合物各组分蒸气压不同,不易获得原蒸发源(镀料)成分的膜层。

图 7-23(b)所示是离子束溅射辅助沉积(ion beam sputter assisted deposition, IBSAD)。利用离子束照射用作镀料的靶,以被溅射产物作为源,在将其沉积在基板上的同时,用另一离子源照射,实现离子束溅射辅助沉积。由于采用两个离子源,故又称为双离子束溅射沉积(图 7-24)。这种方法的优点是,被溅射粒子自身具有一定的能量,故其与基体有更好的附着力;任意组分的靶材均可溅射成膜,还可进行反应溅射成膜;便于调节膜层成分;沉积膜层种类很多等。不足之处是沉积速率较低,靶材价格较贵,且存在择优溅射等问题。

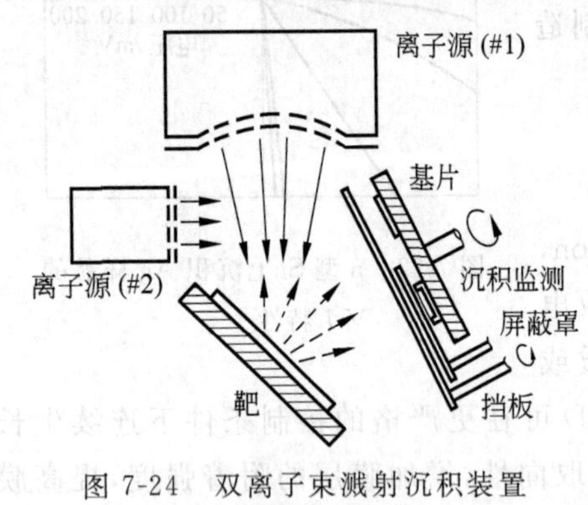

图 7-24 双离子束溅射沉积装置结构示意图

由于离子源的限制以及离子束的直射性问题,IBAD 技术尚存在加工试样尺寸有限、沉积速率低,以及绕射性不足等问题。目前许多研究者提出或正在使用新 IBAD 系统以改善这些不足。

磁控溅射与离子束辅助轰击系统相结合是提高溅射型 IBAD 系统沉积速率的一种新工艺。研究者将 ECR 微波放电系统作为离子源,提供等离子体以及辅助沉积用离子束,采用平面磁控溅射进行沉积。ECR 微波放电系统可实现大范围均匀放电,提供大量高活性等离子体,而磁控溅射的离化率及沉积速率均很高,二者结合大幅度地改善了传统 IBAD 技术沉积速率低、绕射性不足的缺点,对于镀覆形状复杂、尺寸较大的工件,具有潜在的优势。

Conrad 提出一种等离子体源离子束辅助沉积(PSIAD)新工艺: 先溅射沉积 Ti 层后,再在工件与器壁之间施加 55 keV 的脉冲电压产生等离子体轰击试样表面,最终形成 TiN 膜层。这种技术的优点在于,具有较好的绕射性与较大的镀覆面积。不足之处在于,等离子体技术不易精确控制沉积参数。

其他新型 IBAD 技术还包括: 将多弧离子源与离子束辅助轰击相结合的弧源——多离子束系统、离子团束沉积技术等。

7.3.4.2 双离子束溅射沉积

在图 7-24 所示的双离子束溅射沉积装置中,第一个离子源多用考夫曼源,第二个离子源可用考夫曼源或自交叉场型离子源等。为提高沉积速率,利用氩离子对靶进行溅射。与此同时,为抑制来自靶边缘部位的污染物质的发生,一般要使用带一定曲率的引出电极,使离子束聚集,只对靶的中央部位进行溅射。试验证明,其效果较好。

如果采用的是绝缘物质的靶,则在一般情况下,要对由离子源产生的离子束进行热电子中和。而且,为获得均匀的薄膜,在沉积过程中基片通常要旋转。

上述这种离子束沉积法,依靠对靶的溅射进行薄膜的沉积,只要恰当地选择靶材,几乎能制取所有物质的薄膜,这是它的一大优点。特别是对于蒸气压低的金属和化合物以及高熔点物质的沉积等,这种方法相对说来更为有效。

但是,对于离子束溅射沉积法,有以下三点必须加以注意。第一,由靶反射的 Ar^+ 离子会变为中性粒子,沉积膜中可能发生 Ar^+ 离子的注入,也可能发生气体的混入等;第二,如果沉积过程中真空度较低,沉积膜中容易含有氧;第三,如果用多成分的靶制取合金或化合物薄膜,则由于靶的选择溅射效果,沉积膜中各元素的成分比和靶相比会发生相当大的变化。

例如,关于第一点,Bouchier 在制取 NbTi 超导薄膜时,一次离子用的不是 Ar^+,而是 Xe^+ 离子,结果能使形成膜中含有的惰性气体原子从 0.9%减少到0.03%。同时,在不含有氧的清洁真空气氛中进行离子束溅射沉积时,即使和氧容易发生反应的金属膜(如 Al、Cr、Mo、Ti、W、Zr、Ta、NbTi 等)中,氧的浓度也可以控制在 1%以下。特别应指出的是,这些杂质原子的有无对薄膜的性质有很大的影响。例如,据报道,对于 Nb 超导膜来说,临界温度为 8.3 K,和块体 Nb 金属的9.2 K相比要低 0.9 K,估计这是由于杂质原子的存在所致。

关于上述第三条,即选择溅射问题,根据 Harper 沉积 GdCo 合金膜的试验结果,尽管 Co 的溅射产额相对于 Gd 的溅射产额为 0.37,但依沉积条件而异,沉积膜中 Co-Gd 的成分比为 2~6,显示出相当大的变化。分析造成这种现象的原因,应该考虑到靶的状态、靶的选择溅射效果,以及由靶反射的高速中性氩原子在发生沉积的基片表面所引起的选择溅射效果等三个因素。

7.3.4.3　IBAD 的工艺特点和膜层特性

IBAD 优越性体现在工艺方法的灵活多样,即由于离子轰击与薄膜沉积是两个相互独立控制的过程,且均可在较大范围内调节,故可以实现理想化学计量比的膜层,以及常温常压下无法获得的化合物薄膜。

1. 典型工艺类型

(1) 非反应 IBAD 工艺。注入离子为惰性气体离子,如 Ne^+、Ar^+ 等,其作用是影响薄膜的形成,成分调制与组织结构等。如采用溅射石墨靶同时辅以 Ar^+ 离子束轰击可制成类金刚石,甚至金刚石薄膜。又如 IBAD 工艺中由于 Ar^+ 离子的轰击使沉积的 Cu 膜比纯蒸发 Cu 膜晶粒细小且致密度高。

(2) 反应 IBAD 工艺。此类型中,离子束除具有以上作用外,还能提供形成化合物膜层的离子。目前反应型 IBAD 工艺中以氮化物、氧化物及碳化物膜研究较多。如应用最广的 TiN 薄膜;高硬度、高抗蚀性的 TaN、CrN 膜;硬度仅次于金刚石,热稳定性、化学性极高的立方 BN 薄膜;以及 TiC、TaC、WC、MoC 薄膜等。硬度比金刚石还要高的 N_3C_4 膜也在研究之中(但通常仅获得非晶态膜层,故硬度并不高)。利用氧离子辅助沉积 Zr、Y、Ti、Al 等,可以获得优质氧化物薄膜,这已成为光学膜研究的重要方面。

(3) 多元(层)膜制备工艺。采用多工位靶或两个(或多个)独立的蒸发源(或溅射源)同时或交替蒸发(溅射)形成膜层,同时辅以离子束轰击,即可形成膜层性能优良的多元膜或多层膜。如 Ti/TiN,Al/AlN 双层膜,TiN/MoS_2 双层膜,Ti(CN)、(Ti,Cr)N 双元膜等。可以预见,这一方面的研究将是未来 IBAD 技术发展的重要领域。

2. 膜层特性及影响因素

IBAD 膜层与基体间的附着力强,膜层致密、均匀,晶粒尺寸小,表面光洁平滑。如同离子轰击在离子镀过程中的作用(见 7.1.3 节),IBAD 膜层的许多优点特性与辅助离子的下述作用密不可分。

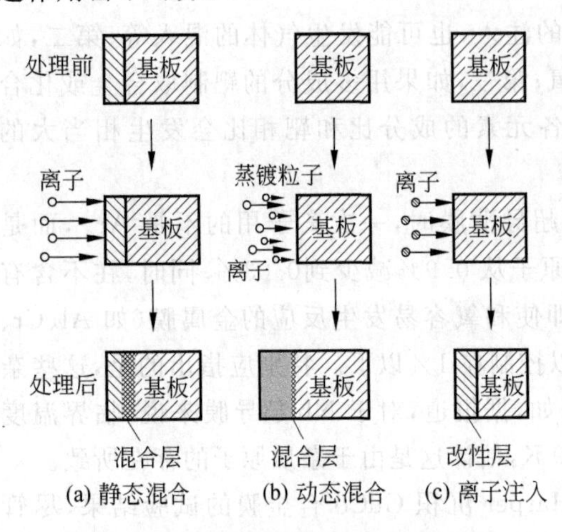

图 7-25 常用的离子束表面改性技术
(包括离子束混合和离子注入)

(1) 镀膜前对基体或靶材均进行溅射清洗或轰击清洗,去除了表面氧化层及污染物,造成了原子级洁净的表面,提高了形核位置,活化了金属表面。

(2) 离子轰击效应造成了膜与基体间存在较宽的原子共混层(或过渡层),其成分呈连续变化,使膜基界面模糊(参见图 7-25(b))。

(3) 沉积过程中,离子束轰击引起膜层与过渡区内晶粒细化,孔洞等缺陷大幅度减少,致密度及均匀性提高。电子激发引发原有的键断裂,重新形成更牢固的化学键。

特别是,能量较高的入射离子将能量传递给基体或膜层原子,引起反冲注入、级联混合增强扩散等(见 7.4.3 节),使薄膜原子重新排列,形核位置增多,孔洞坍塌,致密度及均匀性得以提高,薄膜晶粒尺寸减小,且呈现强烈织构倾向。一些结合较弱的化学键断裂,并重新结合成更牢固的键。

影响 IBAD 薄膜各生长阶段的主要因素有:荷能离子的种类、能量、束流、冲击角度、离子/原子到达比、沉积原子入射角度等。在成核与凝聚前,粒子(离子、原子等)碰撞表面后,要在表面迁移,形核密度决定了界面接触面积和界面空洞的形成。一般来说,形核密度高,薄膜内空洞减少,附着力增强。而成核密度又取决于沉积或轰击粒子的动能、表面迁移率与基体表面的化学反应、扩散等。它可以通过荷能离子的轰击注入,表面粒子的反冲注入以及由此造成的晶格缺陷的形成、表面化学性质的改变来实现。

IBAD 技术发展了 40 多年,成功地合成了一些新型材料,制备了一些高性能薄膜(后面的表 7-9 是部分汇总),在电子器件的绝缘膜、保护膜、半导体膜、超导膜、磁性膜、光学膜、激光镜镀膜、工具模具及轴承的耐磨、抗蚀、润滑膜等方面都获得了应用。

7.4 离子束混合

7.4.1 离子束混合原理

以提高材料的耐磨性及抗蚀性为目的,一般采用的手段有离子注入表面改性技术,以及第 6～8 章讨论的 PVD 技术和第 9 章讨论的 CVD 技术。但这些方法都有一定的局限性。采用离子注入,改性层的厚度在 1 μm 以下,用于耐磨抗蚀,厚度显然薄一些。而且要达到理想的改性程度,需要的注入量很大,与用于半导体器件制作的离子注入相比,注入剂量需要达到 2～3 个数量级才行。与此相应,不仅成本昂贵,而且对注入设备的要求很高。尽管近年来采用气体离子获得了 100 mA 程度的离子电流,但在表面改性中也需要采用的金属离子,还不能达到如此高的离子电流。此外,超高浓度离子注入中产生的溅射效应,引起合金成分变化，这对元素添加量的控制提出更严格的要求。总之遇到的问题很多。

另一方面，采用PVD和CVD薄膜沉积技术进行表面改性，尽管容易形成优于基板材料的耐磨抗蚀薄膜，但为了形成致密膜层，需要对基板加热。而且，这种利用外来的物质(气相)所沉积薄膜的附着力，一般说来，既低于薄膜的强度，又低于基体本身的强度。

能否利用基体材料本身，通过表面改性，赋予其所要求的性能？实际上，热氧化就是广义的表面改性方法之一。在Si表面通过热氧化所形成SiO_2膜的附着力，要远远高于Si表面上通过沉积形成的SiO_2膜的附着力。

离子束混合(ion beam mixing)是离子注入与薄膜沉积相结合的表面改性技术，其特征是：

① 在基板与薄膜(表面改性层)之间，形成混合层，从而不存在一般薄膜沉积中可观察到的基板与薄膜间的界面，可大大提高薄膜与基板间的附着力，且膜厚不受限制。

② 属于非热平衡过程，表层所形成薄膜的组成可在广泛范围内控制。

③ 由于是低温过程，基板不受热影响，不仅对金属及陶瓷，而且对玻璃、塑料等多种基板都能适用。

图7-25表示常用的离子束表面改性技术(包括离子束混合和离子注入)。

先看看图7-25(c)所示的离子注入法。通过对表面的高速离子注入，使表面薄层产生所需要的性质。以Ti合金为母材的人造骨为例，通过注入C和N的离子，可以大大提高母材的硬度和耐磨性。通过向Fe系合金中注入Ti和C的离子，可以提高其耐磨性。轴承、齿轮、模具、刃具等都可通过离子注入达到很好的表面改性效果。

图7-25(a)为离子束静态混合(static mixing)，图7-25(b)为离子束动态混合(dynamic mixing)。下面分别加以介绍。

7.4.2　静态混合

在图7-25(a)所示的离子束静态混合中，若细分，一般包括静态反冲技术和离子束混合技术两种。前者先沉积膜层，然后用其他载能离子(如Ar^+、N^+等)将沉积膜层与基体反冲共混，使基板与薄膜混合形成合金层。在特定的工艺条件下，可仅使薄膜与基板的界面混合(界面混合)，由此实现薄膜与基板的强固结合；后者预先交替沉积膜层，然后用载能离子将多层膜加以混合，得到均匀的新膜层。通过离子束混合可获得所希望的特性。例如，Si上沉积Mo，利用离子束混合可获得良好的欧姆接触。这种方法在表面之下1 μm的表层(离子能注入的大致深度)为限。

静态混合所能形成的表面层的厚度，决定于离子注入装置的加速能量，对于一般的离子注入装置(加速能量10～200 keV)来说，表面层厚度在1 μm以下。近年来，随着高电压(MeV)、大电流(mA)注入装置的开发，离子束混合技术会向更广阔的领域扩展。但是，采用高电压、大电流的表面改性，特别要注意基板温度的控制。

7.4.3　动态混合

图7-25(b)所示为动态离子束混合，是离子注入与电子束蒸镀及溅射镀膜同时进行的成膜方法，与7.3.4节所讨论的离子束辅助沉积(IBAD)相似，又称为动态反冲混合(dynamic recoil mixing，DRM)、离子和气相沉积(ion and vapor deposition，IVD)等。这种

方法在薄膜形成初期，可期望达到与界面混合（见 7.4.2 节）相同的效果。动态混合法对膜厚无限制，是适用于更厚膜层（10～100 μm）的离子束混合技术。特别是，动态混合法可使不同的注入离子与蒸镀材料相结合，有可能形成包括陶瓷薄膜在内的各种薄膜。动态混合不仅可用于表面改性，而且还可用于低温下的新材料合成，以及梯度功能材料、积层结构膜层的形成等。

关于离子束混合的机制，目前仍在探讨之中，比较流行的有下述几个：

① 反冲注入（recoil implantation）机制。由于注入离子与薄膜的构成原子直接碰撞，后者被碰撞飞离原位，并由薄膜进入基板之中。

② 级联混合（cascade mixing）机制。受注入离子的碰撞，产生的离位（knock-on）原子进一步产生级联碰撞。

③ 增强扩散机制。离子注入产生大量非平衡的晶格缺陷（Frenkel 缺陷：空位和间隙原子），因此原子扩散远甚于热平衡状态下的扩散。

基于上述几种离子束混合的机制，可分析基板上动态混合形成薄膜的过程。如图 7-24(b) 所示，在膜层形成初期，基板原子与薄膜形成混合区域（混合层）。容易想象，该混合层对于提高薄膜与基板间的附着力起着重要作用。

用于静态混合，即薄膜形成之后再进行离子注入，多采用为半导体制作而开发的注入装置。而在金属材料等蒸镀的同时，进行离子注入的动态混合，不仅可用于表面改性，而且作为新材料的开发手段而引人注目。下面介绍用于动态混合的装置实例。

在动态混合中，注入离子已成为薄膜的构成要素，因此注入剂量应达到 $10^{17}\sim10^{18}$ 离子/cm^2。相对于半导体制造中高浓度注入（制作 MOS 三极管的源、漏，注入剂量为 $10^{15}\sim10^{16}$ 离子/cm^2），还要高 2～3 个数量级。同时，注入剂量率必须与蒸镀速率相匹配。为此，需要在大面积上能产生大束流的离子源，一般多采用非质量分离型宽束离子源。动态离子束混合装置由桶型（bucket）离子源、电子束蒸镀机构、基板支持架及真空排气系统等组成。采用多孔的离子引出电极将离子束引出，不经质量分离照射在基板表面。基板支持架为水冷旋转式，以保证温度控制和膜厚均匀化。

动态离子束混合装置有多种不同的组合方式。例如，设置两个电子束蒸镀机构，离子束能以大约 45°角照射基板表面，并装有两种不同的离子源（高能离子源5～50 keV；低能离子源 0.2～1 keV）的装置；相对于基板表面，蒸镀粒子及离子的入射角均能变化的装置；电子束蒸镀机构与质量分离型离子注入机构（PIG 型离子源）相结合的装置等。以后一种装置为例，在 PIG 型离子源中导入气体，使生成的离子加速到 30～40 keV，经质量分离后，照射置于蒸镀室内的基板表面，位于蒸镀室中的电子束蒸发源置于基板支持架正下方 20 cm 处，蒸镀与注入同时进行。离子注入量由电流积分器检测，蒸镀速率由膜厚监测器监测。此外，设有直到 200 keV 的质量分离型离子注入机构，可同时与离子镀在高真空下进行的装置也在试制之中。

电子束蒸镀与离子注入同时进行（动态离子束混合）所获膜层的性质，主要由下列工艺参数决定：

① 沉积速率及注入剂量率（dose rate：ion/($cm^2\cdot s$)，或离子电流：A/cm^2）的大小；

② 注入离子相对于基板表面的入射角；

③ 蒸镀粒子相对于基板表面的飞行角度；

④ 基板温度；

⑤ 加速电压。

当采用非质量分离型离子束时，要特别注意离子束中的不纯物。表7-9列出了离子束混合的制膜条件及膜层特性。

表7-9　离子束混合的制膜条件及膜层特性

序号	薄膜材料	离子束种类	对膜层性能的改善	离子能量/eV	离子/原子照射比
1	Ge	Ar^+	减小应力，提高附着力	65～3000	$2\times10^{-4}\sim10^{-1}$
2	Nb	Ar^+	减小应力	100～400	3×10^{-2}
3	Cr	Ar^+，Xe^+	减小应力	3400～11 500	$8\times10^{-3}\sim4\times10^{-2}$
4	Cr	Ar^+	减小应力	200～800	$\sim7\times10^{-3}\sim2\times10^{-2}$
5	SiO_2	Ar^+	提高台阶覆盖度	500	0.3
6	SiO_2	Ar^+	提高台阶覆盖度	1～80	～4.0
7	AlN	N_2^+	择优取向膜	300～500	0.96～1.5
8	Au	Ar^+	表面粗糙度低于5 nm的平坦膜	400	0.1
9	CdCoMo	Ar^+	磁性各向异性	1～150	～0.1
10	Cu	Cu^+	改善外延特性	50～400	10^{-2}
11	BN	(B-N-H)*	反射率	200～1000	～1.0
12	ZrO_2，SiO_2，TiO_2	Ar^+，O_2^+	折射率	600	$2.5\times10^{-1}\sim10^{-1}$
13	SiO，TiO_2	O_2^+	折射率	300	0.12
14	SiO_2，TiO_2	O_2^+	透射率	30～500	0.05～0.25
15	Cu	N^+，Ar^+	提高附着力	5万	10^{-2}
16	Ni(在Fe上)	Ar^+	提高附着力	1万～2万	～0.25

蒸镀金属Ti及注入N^+离子同时操作，进行动态混合以制取TiN膜层时，相对于Ti的蒸镀速率，在离子电流密度过大的范围内，不能成膜；相反，蒸镀速率过大，而离子电流密度较小的范围内，形成的是近似Ti膜。因此，为形成TiN膜，存在最佳组合条件。对于其他薄膜(AlN、BN)来说，也有相同趋势。动态混合用于表面改性的实例很多，例如电动剃刀表面涂覆用(耐磨抗蚀、着色)的TiN膜等。

习　　题

7.1　离子镀中采用的蒸发(气化)源主要有哪几种？

7.2　离子镀中采用的离化方式主要有哪几种？

7.3　为了提高气化原子被电子碰撞电离的离化率，一般要采取哪些措施？请说明理由。

7.4　请说明离子轰击的影响：

(1) 对基体表面；

(2) 对基体与镀层的效界面；

(3) 对薄膜生长过程。

7.5　何谓镀膜表面的能量活性系数？怎样才能有效地提高离子镀膜表面的能量活性系？

7.6　离子镀与真空蒸镀相比有哪些优点和缺点？

7.7　活性反应蒸镀(ARE)中是如何实现放电电离的？在制取TiN或TiC膜层时，为了反应充分并形成符合化学计量膜层。一般采取哪些措施？

7.8 说明空心阴极放电离子镀(HCD)的工作原理，并指出其主要特征。

7.9 与直流二极型离子镀相比，HCD离子镀的离化率要高 $10^3 \sim 10^4$ 倍，请说明理由。

7.10 在HCD离子镀中基板偏压一般在什么范围？为什么过高的偏压的反而有害？

7.11 说明多弧离子镀中阴极弧光辉点产生的过程并指出其在离子镀中的作用。

7.12 请指出多弧离子镀的特点。

7.13 说明离化团束(ICB)沉积中团束形核、离化、加速及成膜的过程。

7.14 简述离化团束(ICB)沉积的优点。

7.15 设计(请画简图)一种离子束辅助沉积装置，并给出其主要工艺参数。

7.16 说明离子注入，静态混合、动态混合用于表面改性的工作原理。

第8章 溅射镀膜

溅射镀膜指的是，在真空室中，利用荷能粒子轰击靶表面，使被轰击出的粒子在基片上沉积的技术，实际上是利用溅射现象达到制取各种薄膜的目的。

与传统的真空蒸镀相比，溅射镀膜具有许多优点。例如，膜层和基体的附着力强；可以方便地制取高熔点物质的薄膜；在大面积连续基板上可以制取均匀的膜层；容易控制膜的成分，可以制取各种不同成分和配比的合金膜；可以进行反应溅射、制取多种化合物膜，可方便地镀制多层膜；便于工业化生产，易于实现连续化、自动化操作等。由于溅射方法可以“在任何材料的基板上沉积任何材料的薄膜”，因此，它在新材料发现、新功能应用、新器件制作等方面起着举足轻重的作用。

伴随着半导体元件集成度的提高，在多层布线和层间互连技术中，对台阶覆盖度和大深径比微细孔的孔底涂敷率提出越来越高的要求。为此，近几年人们正在研究新的溅射镀膜方法——在平面磁控溅射的基础上，尽量降低溅射气压，直至溅射时导入气体的压力降为零的零气压溅射。

本章从离子溅射的分析入手，介绍各种溅射镀膜方式，重点讨论磁控溅射。在此基础上，针对几个典型实例，介绍溅射镀膜的应用。

8.1 离子溅射

8.1.1 荷能粒子与表面的相互作用

用带有几十电子伏以上动能的粒子或粒子束照射固体表面，靠近固体表面的原子会获得入射粒子所带能量的一部分进而向真空中放出，这种现象称为溅射。由于离子易于在电磁场中加速或偏转，所以荷能粒子一般为离子，这种溅射称为离子测射。溅射现象广泛用于样品表面的刻蚀及表面镀膜等。相应于每一个入射离子所放出的样品原子数定义为溅射产额，溅射产额的大小一般为 $10^{-1}\sim10$ 原子/离子。这些放出原子的动能大部分在 20 eV 以下，而且大都为电中性的，少部分（$10^{-2}\%\sim10\%$）以离子（二次离子）的形式放出，这种二次离子可作为二次离子质谱分析（SIMS）的信号来利用，从中可以获得有关表面成分的有用数据。

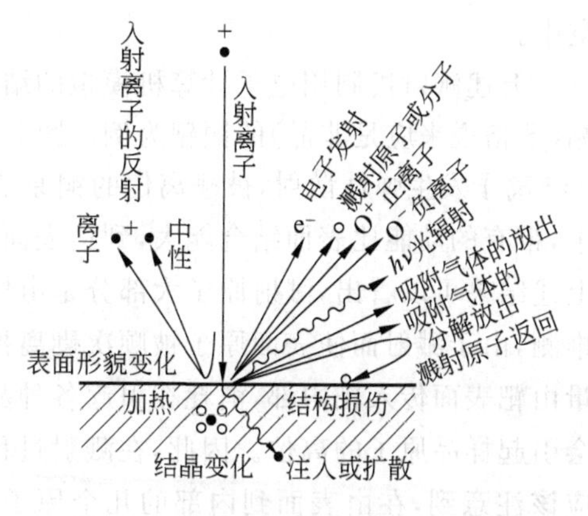

图 8-1 离子和固体表面的相互作用

图 8-1 示出了离子与固体表面相互作用的关系及各种溅射产物。由此，很自然地启发人们应从三个方面来考查溅射现象：

① 从入射离子考虑　显然,溅射产额应该与入射离子的能量、入射角、靶原子质量和入射离子质量之比 M_2/M_1、入射离子的种类有关;

② 从靶考虑　溅射产额应该与靶原子的原子序数,即原子量和在周期表中所处的位置靶表面原子的结合状态、结晶取向以及靶材是纯金属、合金和化合物等有关;

③ 从溅射产物考虑　包括有哪些溅射产物,状态如何,这些产物是如何产生的,其中有哪些可供利用的产物和信息,还应考虑原子和二次离子的溅射产额、能量分布和角分布等。

入射离子束中离子的能量通常在几万电子伏以下,已经知道在此能量范围(几十电子伏到几万电子伏)内,溅射产额随入射离子能量的增加近似成比例增加,用这样的入射离子照射样品表面,其中一部分在样品表面发生背散射,再次返回到真空中,大部分进入样品内部。这些入射离子由于经受弹性散射和非弹性散射,最终在样品内部达到静止状态,这些离子就是所谓的注入离子。

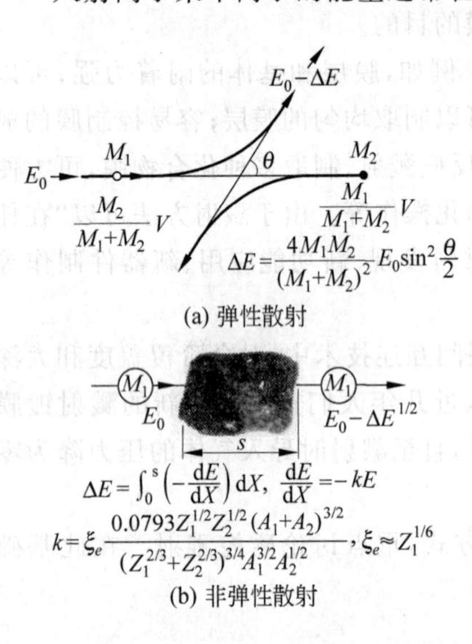

图 8-2　入射离子在样品内部的散射机制原理图

图 8-2 示出了这种碰撞机制的原理。如图所示,入射离子和构成试样的原子发生经典的二体碰撞(弹性散射),或同样品中的电子相互作用(非弹性散射),随着行进方向的变化和能量的损失,入射离子逐渐注入到样品内部。这两种散射过程的微分散射截面以及能量损失的定量关系由图 8-2 中的理论公式给出。关于弹性散射中的势函数以及非弹性散射中常数的选取方法已有详细的讨论,在此从略。

溅射产生的过程分析如下。入射离子在进入样品的过程中与样品原子发生弹性碰撞,入射离子的一部分动能会传给样品原子,当后者的动能超过由其周围存在的其他样品原子所形成的势垒(对于金属,其势垒是 5～10 eV)时,这种原子会从晶格点阵被碰出,产生离位原子,并进一步和附近的样品原子依次反复碰撞,产生所谓的碰撞级联。当这种碰撞级联到达样品表面时,如果靠近样品表面的原子的动能远远超过表面结合能(对于金属是 1～6 eV),这些样品原子就会从样品表面放出并进入真空中。

上述溅射机制用电子计算机模拟的结果示于图 8-3,图中是以 5 keV 的 Ar^+ 离子照射多晶(严格说来应是非晶)的铜靶为例。图 8-3(a)是 Ar^+ 离子在样品中的轨迹;图 8-3(b)是和 Ar^+ 离子发生弹性散射,被碰离位的铜原子的碰撞级联的轨迹;图 8-3(c)是在上述碰撞级联中,带有的动能比表面结合能大,到达表面并向真空中飞出的铜原子(溅射原子)的轨迹。由上述结果可以看出,溅射原子大部分是由样品表面的第一层或第二层被碰撞出的,并可大概推测,由于溅射而使表面原子被顺次剥离掉。此外,如图 8-3(b)所示,入射离子的大部分能量由靶表面传入靶内部,消耗在引起各种晶格缺陷和损伤上。在这一射程范围内,入射离子会引起样品原子的离位。因此,在溅射过程中,虽然样品表面确实是被顺次剥离的,但是也应该注意到,在由表面到内部的几个原子层以上的范围内,也常常产生显著的所谓原子混合,即靶原子的位置发生变换等。

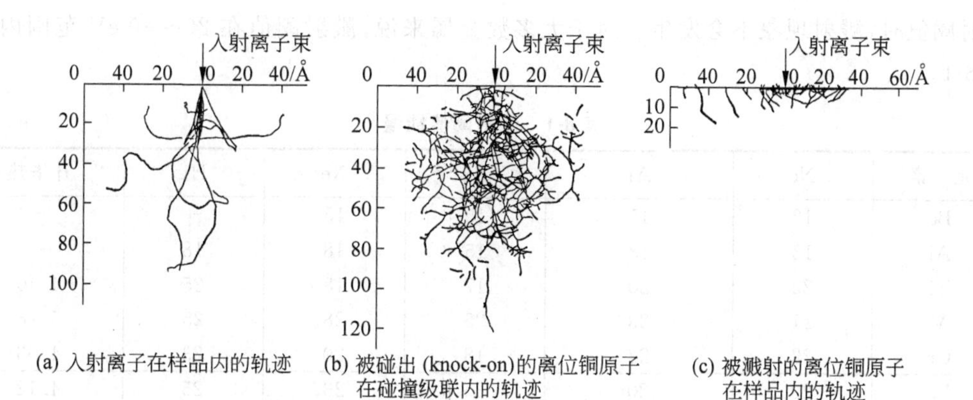

图 8-3　入射离子和样品原子行为的蒙特卡罗(Monte Cario)计算机模拟结果

[Ar^+ 离子(E_0=5 keV)→Cu 靶]

如此看来,溅射现象涉及极复杂的散射过程,与此同时还伴随种种能量传递机制。对于单原子样品来说,在数十到数百电子伏的能量范围内,即对所谓线性溅射来说,进行相当精确的理论描述还是有可能的。最近,有人导出了关于溅射产额的经验公式,其实用性已得到确认,由此可以获得关于溅射产额的更确切的数据。

就溅射镀膜和离子镀膜而论,入射到阴极靶表面的离子和高能原子可能产生如下的作用:

① 溅射出阴极靶原子;

② 产生二次电子;

③ 溅射掉表面沾污,即溅射清洗;

④ 离子被电子中和并以高能中性原子或以金属原子的形式从阴极表面反射;

⑤ 进入阴极表面并改变表面性能。

溅射出的表面原子可能会出现下面的情况:

① 被散射回阴极;

② 被电子碰撞电离,或被亚稳原子碰撞电离(潘宁型):

$$S^\circ + G^* \longrightarrow S^+ + G^\circ + e^- \tag{8-1}$$

所产生的离子加速返回到阴极,或产生溅射作用或在阴极区损失掉;

③ 以荷能中性粒子的形式沉积到基片或其他某些部位上,即溅射镀膜的过程。

8.1.2　溅射产额及其影响因素

溅射产额是离子溅射最重要的参数,在溅射用于表面分析、制取薄膜和表面微细加工等方面,这一参数都有十分重要的意义。

8.1.2.1　溅射产额和入射能量的关系

图 8-4 示出了溅射产额与入射离子能量的关系。从图中至少可以看出两点:

① 存在一溅射阈值。当离子的能量低于

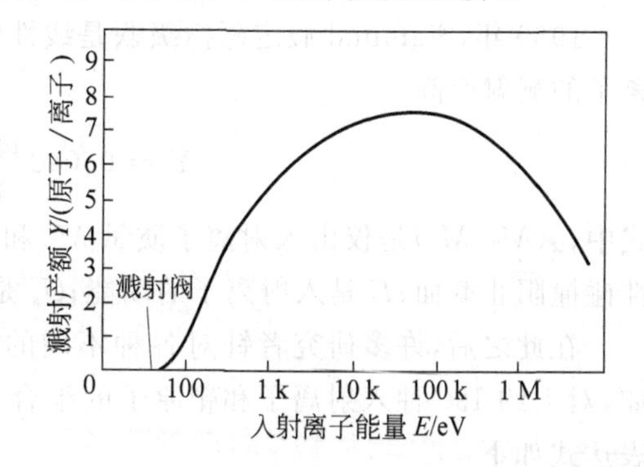

图 8-4　原子溅射产额和入射离子能量的关系

溅射阈值时，溅射现象不会发生。对于大多数金属来说，溅射阈值在 20～40 eV 范围内，见表 8-1。

表 8-1 溅射阈值能量① eV

元 素	Ne	Ar	Kr	Xe	Hg	升华热
Be	12	15	15	15	—	—
Al	13	13	15	18	18	—
Ti	22	20	17	18	25	4.40
V	21	23	25	28	25	5.28
Cr	22	22	18	20	23	4.03
Fe	22	20	25	23	25	4.12
Co	20	25(6)	22	22	—	4.40
Ni	23	21	25	20	—	4.41
Cu	17	17	16	15	20	3.53
Ge	23	25	22	18	25	4.07
Zr	23	22(7)	18	25	30	6.14
Nb	27	25	26	32	—	7.71
Mo	24	24	28	27	32	6.15
Rh	25	24	25	25		5.98
Pd	20	20	20	15	20	4.08
Ag	12	15(4)	15	17	—	3.35
Ta	25	26(13)	30	30	30	8.02
W	35	33(13)	30	30	30	8.80
Re	35	35	25	30	35	—
Pt	27	25	22	22	25	5.60
Au	20	20	20	18	—	3.90
Th	20	24	25	25		7.07
U	20	23	25	22	27	9.57
Ir		(8)				5.22

① 一般是 Stuart，Wehner 的测定值；()内是 Morgulis，Tischenko 的测定值。

② 在离子能量超过溅射阈值之后，随着离子能量的增加，在 150 eV 以前，溅射产额和离子能量的平方成正比；在 150 eV～1 keV 范围内，溅射产额和离子能量成正比；在 1～10 keV 范围内，溅射产额变化不显著；能量再增加，溅射产额却显示出下降的趋势。

1969 年，Sigmund 假定碰撞级联是线性的，通过解线性玻耳兹曼方程，获得了垂直入射离子的溅射产额：

$$Y = 0.042\frac{\alpha(M_2/M_1)S_n(E)}{U_s} \tag{8-2}$$

式中，$\alpha(M_2/M_1)$是仅由入射离子质量 M_1 和样品原子质量 M_2 之比决定的常数；$S_n(E)$是弹性碰撞阻止截面；E 是入射离子的动能；U_s 是表面结合能，通常可取升华能。

在此之后，许多研究者针对各种不同的溅射条件，给出了各种形式的半经验公式。例如，对大约 190 种入射离子和靶原子的组合，由溅射产额的实验结果导出的溅射产额 Y 的表达式如下：

$$Y = 0.042\frac{\alpha(M_2/M_1)}{U_s}S_n(E)\left[1-\left(\frac{E_{th}}{E}\right)^{1/2}\right] \tag{8-3}$$

式中，E_{th}是原子从晶格点阵被碰离位，产生碰撞级联所必需的能量阈值，它是U_s和质量比M_2/M_1的函数。

式(8-3)中，$S_n(E)$($eV \cdot cm^2/10^{15}$原子)、α、E_{th}可分别由以下公式给出：

$$S_n(E) = \frac{4\pi a Z_1 Z_2 e^2 M_1}{M_1 + M_2}S_n \tag{8-4}$$

$$S_n = \frac{3.411\sqrt{\varepsilon}\lg(\varepsilon + 2.718)}{1 + 6.335\sqrt{\varepsilon} + \varepsilon(-1.708 + 6.88\sqrt{\varepsilon})} \tag{8-5}$$

$$\varepsilon = \frac{aE}{Z_1 Z_2 e^2}\frac{M_2}{M_1 + M_2},\quad a = \frac{0.8853a_0}{\sqrt{Z_1^{2/3} + Z_2^{2/3}}}$$

其中，a_0是氢原子第一玻尔轨道半径，其数值大约为 0.529 Å；e是电子电量；Z_1、Z_2是分别为入射离子和样品原子的原子序数。

α和E_{th}可由以下关系式给出：

$$\alpha = \begin{cases} 0.1019 + 0.0842\left(\dfrac{M_2}{M_1}\right)^{0.9805}; & \dfrac{M_2}{M_1} < 2.163 \\ -0.4137 + 0.6092\left(\dfrac{M_2}{M_1}\right)^{0.1708}; & \dfrac{M_2}{M_1} > 2.163 \end{cases}$$

$$\frac{E_{th}}{U_s} = \begin{cases} 4.143 + 11.46\left(\dfrac{M_2}{M_1}\right)^{-0.5004}; & \dfrac{M_2}{M_1} < 3.115 \\ 5.809 + 2.791\left(\dfrac{M_2}{M_1}\right)^{0.4816}; & \dfrac{M_2}{M_1} > 3.115 \end{cases}$$

上述这些关系和数据都是基于前面提到的实验结果，用经验的方法求出的。

因此，对于单原子样品的溅射，利用上述半经验公式，求出溅射产额的大小是完全可能的。

图 8-5 是利用半经验公式计算所得结果和实验结果的对比。可以明显看出，在相当宽

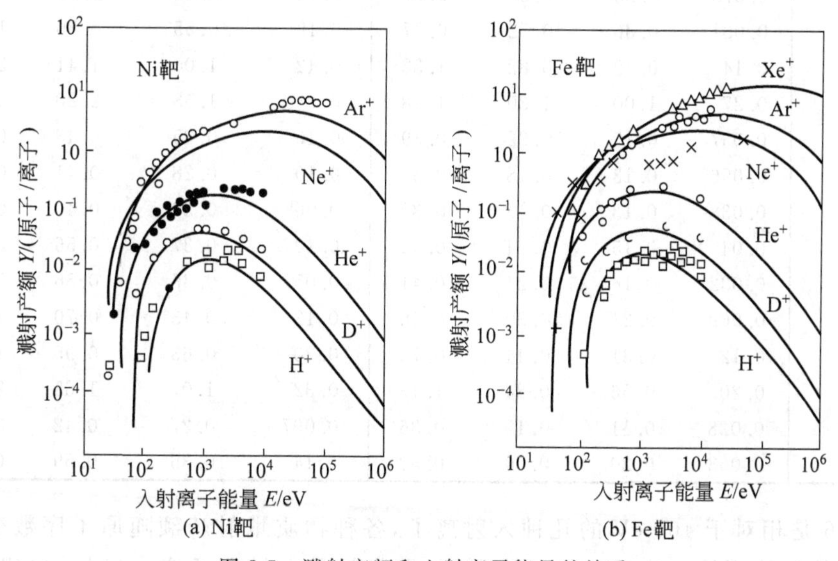

图 8-5　溅射产额和入射离子能量的关系

的能量范围内，计算和实验结果极相符合。

溅射产额的测定，通常可用微天平法或测量被剥离部分的容积等方法。不过按测量方法、测量条件的不同，所得产额值的大小有很大差异，彼此相差几倍也不足为奇。因此，在使用各种不同实验值时，要特别加以注意。从这种意义上讲，式(8-3)也具有理论价值，由于它是基于相当广泛的实验结果来推断经验常数的，其实用性是显而易见的。

8.1.2.2　各种物质的溅射产额

溅射产额依入射离子的种类和靶材的不同而异。表 8-2 是相对于不同能量的 Ne^+、Ar^+ 离子，不同物质的溅射产额。

表 8-2　各种元素的溅射产额

入射离子 / 靶	Ne^+				Ar^+			
	100(eV)	200(eV)	300(eV)	600(eV)	100(eV)	200(eV)	300(eV)	600(eV)
Be	0.012	0.10	0.26	0.56	0.074	0.18	0.29	0.80
Al	0.031	0.24	0.43	0.83	0.11	0.35	0.65	1.24
Si	0.034	0.13	0.25	0.54	0.07	0.18	0.31	0.53
Ti	0.08	0.22	0.30	0.45	0.081	0.22	0.33	0.58
V	0.06	0.17	0.36	0.55	0.11	0.31	0.41	0.70
Cr	0.18	0.49	0.73	1.05	0.30	0.67	0.87	1.30
Fe	0.18	0.38	0.62	0.97	0.20	0.53	0.76	1.26
Co	0.084	0.41	0.64	0.99	0.15	0.57	0.81	1.36
Ni	0.22	0.46	0.65	1.34	0.28	0.66	0.95	1.52
Cu	0.26	0.84	1.20	2.00	0.48	1.10	1.59	2.30
Ge	0.12	0.32	0.48	0.82	0.22	0.50	0.74	1.22
Zr	0.054	0.17	0.27	0.42	0.12	0.28	0.41	0.75
Nb	0.051	0.16	0.23	0.42	0.068	0.25	0.40	0.65
Mo	0.10	0.24	0.34	0.54	0.13	0.40	0.58	0.93
Ru	0.078	0.26	0.38	0.67	0.14	0.41	0.68	1.30
Rh	0.081	0.36	0.52	0.77	0.19	0.55	0.86	1.46
Pd	0.14	0.59	0.82	1.32	0.42	1.00	1.41	2.39
Ag	0.27	1.00	1.30	1.98	0.63	1.58	2.20	3.40
Hf	0.057	0.15	0.22	0.39	0.16	0.35	0.48	0.83
Ta	0.056	0.13	0.18	0.30	0.10	0.28	0.41	0.62
W	0.038	0.13	0.18	0.32	0.068	0.29	0.40	0.62
Re	0.04	0.15	0.24	0.42	0.10	0.37	0.56	0.91
Os	0.032	0.16	0.24	0.41	0.057	0.36	0.56	0.95
Ir	0.069	0.21	0.30	0.46	0.12	0.43	0.70	1.17
Pt	0.12	0.31	0.44	0.70	0.20	0.63	0.95	1.56
Au	0.20	0.56	0.84	1.18	0.32	1.07	1.65	2.43(500)
Th	0.028	0.11	0.17	0.36	0.097	0.27	0.42	0.66
U	0.063	0.20	0.30	0.52	0.14	0.35	0.59	0.97

图 8-6 是相对于 400 eV 的几种入射离子，各种物质溅射产额随原子序数变化的关系。图中数据的测量方法是近似地认为，靶电流就是入射离子流。但是，严格地讲，还

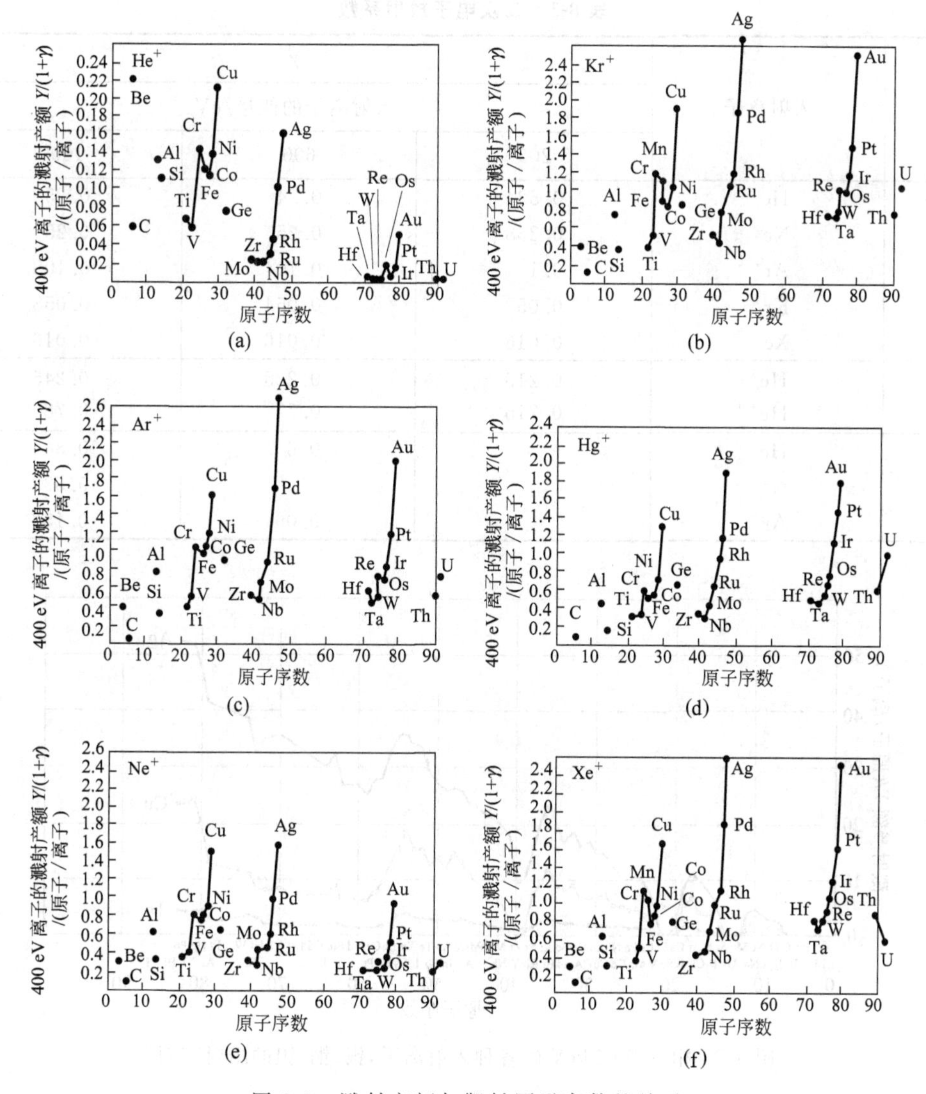

图 8-6 溅射产额与靶材原子序数的关系

要考虑从靶上放出的 γ 电子。如果实际溅射产额为 Y，则上述的测量值应该是 $Y/(1+\gamma)$，γ 的大小由表 8-3 给出。通常，入射离子能量在 1000 eV 以下时，对于 Ne^+，γ 的数值为 0.25；对于 Ar^+ 为 0.1。因此，即使把溅射产额的测量值定为 Y 由此引起的误差也在 10%～20%以下。

从图 8-6 中可以看出一个十分有意义的现象，溅射产额随靶材原子序数的变化表现出某种周期性，随靶材原子 d 壳层电子填满程度的增加，溅射产额变大，即 Cu、Ag、Au 等溅射产额最高，Ti、Zr、Nb、Mo、Hf、Ta、W 等溅射产额最小。这种周期性在前面谈到的溅射阈值中也可以看到。对此，Sigmund 进行了详细的理论考察。

图 8-7 表示出了相对于 45 keV 的各种入射离子，银、铜、钽的溅射产额。从图中可以看出，相应于 Ne、Ar、Kr、Xe 等惰性气体，溅射产额出现峰值。在通常的溅射装置中，从经济上考虑，多用氩离子溅射。

表 8-3 二次电子放射系数

靶	入射离子	γ		
		入射离子的能量/eV		
		200	600	1000
W	He^+	0.524	0.24	0.258
	Ne^+	0.258	0.25	0.25
	Ar^+	0.1	0.104	0.108
	Kr^+	0.05	0.054	0.058
	Xe^+	0.016	0.016	0.016
Mo	He^+	0.215	0.225	0.245
	He^{++}	0.715	0.77	0.78
Ni	He^+		0.6	0.84
	Ne^+			0.53
	Ar^+		0.09	0.156

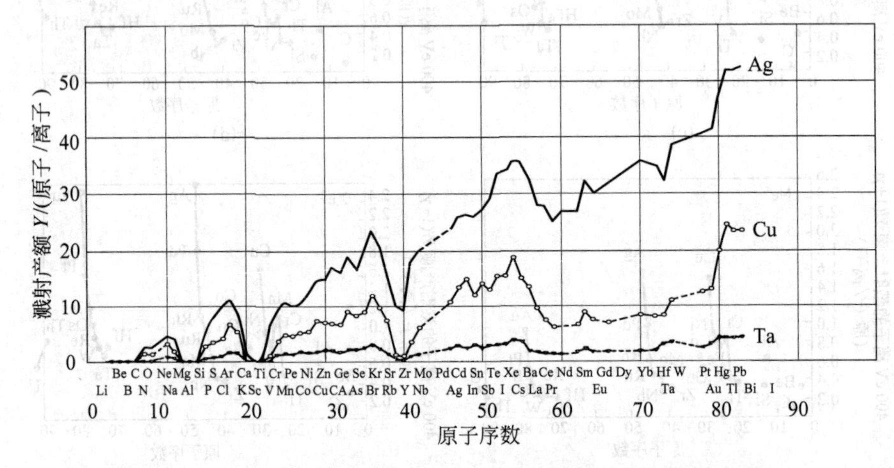

图 8-7 相应于 45 keV 的各种入射离子，银、铜、钽的溅射产额

8.1.2.3 溅射产额和入射角的关系

对于相同的靶材和入射离子的组合，随着离子入射角的不同，溅射产额各异。一般说来，斜入射比垂直入射的溅射产额大些。图 8-8 给出了溅射产额与入射角关系的实验结果，同时给出了几种分析的理论曲线。按照实验结果，入射角从零增加到大约 60°左右，溅射产额单调增加，$\theta=70°\sim80°$时达到最高，入射角再增加，溅射产额急剧减少，在 $\theta=90°$时，溅射产额为零。图 8-9 更简单地表示出了这种倾向。

对于溅射产额在入射角 θ 大时急剧减少这一事实，提出了如下两种解释。其一是认为，入射角大时，引起溅射的碰撞级联集中在离表面极近的表层范围内，而且，在此范围内，由于入射粒子的背散射而不能使碰撞级联充分扩大，其结果，低能碰撞反冲原子的生成效率急剧降低，进而造成溅射产额急速下降。其二是按几乎接近平行于样品表面入射的情况考虑，入射离子中的大部分以跟平面沟道相同的机制从表面反射，直接参与溅射的离子比例变小，从而引起溅射产额急速下降。

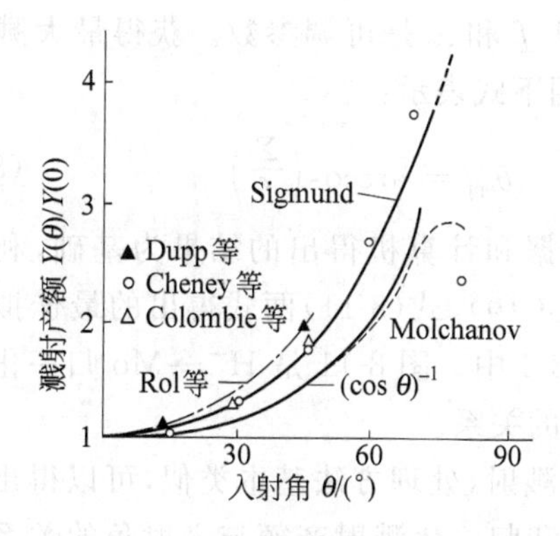

图 8-8 溅射产额和入射角的关系

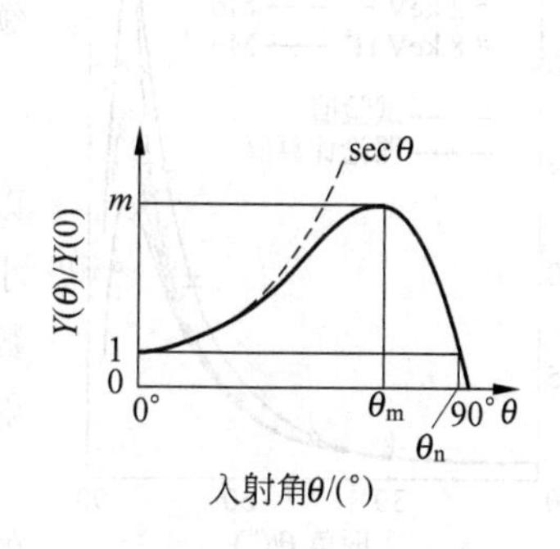

图 8-9 溅射产额与入射角关系具有代表性的曲线表示

当离子的入射角不太大时，可以不考虑入射角对溅射产额的影响。Sigmund 利用 Edgeworth 展开求出辐照损伤的分布，计算了入射角的影响，得到

$$\frac{Y(\theta)}{Y(0)} = (\cos\theta)^{-f} \tag{8-6}$$

式中，$1<f<2$。

许多人试图求出关于入射角影响的半经验公式，然而不一定能成功。这是因为在确定入射角影响的实验中，表面状态影响极大，进行定量的分析有很大困难，而且实验数据也远远不够。

使溅射产额达到最大值的入射角 θ_{opt} 有如下相当精确的半经验公式：

$$\theta_{\mathrm{opt}} = 90° - 48.0\eta^2 \tag{8-7}$$

式中，η 是一个与表面沟道临界角有关的量，由下式给出

$$\eta = \left[\frac{N^{2/3} Z_1 Z_2}{(Z_1^{2/3} + Z_2^{2/3})^{1/2} E}\right]^{1/2} \tag{8-8}$$

图 8-10 是由式(8-7)、式(8-8)得到的数值与实验数据的比较。

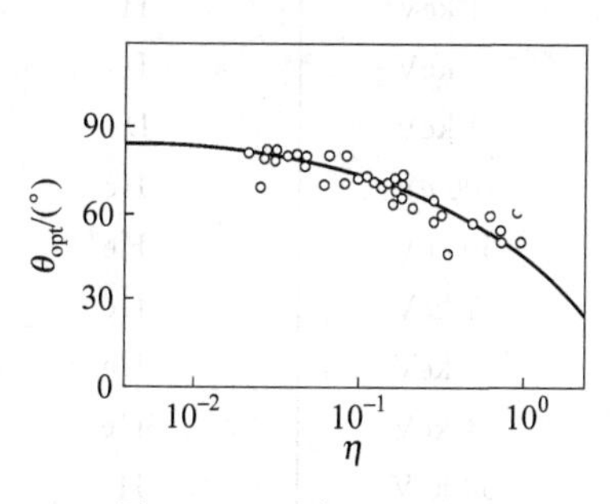

图 8-10 θ_{opt} 与 η 的关系

轻离子溅射主要是由进入表面之下的背散射离子产生的碰撞级联造成的，而重离子溅射是由进入固体内部的离子直接产生的碰撞级联产生的。这种差别对低能溅射尤为重要。

对于轻离子溅射，有

$$\frac{Y(\theta)}{Y(0)} = (\cos\theta)^{-f_r} \tag{8-9}$$

可以看出，随入射角增大，表面沟道效应越来越显著。为了溅射掉位于最外层的靶原子，入射粒子必须穿过固体表面的第一层，穿过的几率可近似估计为：$\exp(-N\sigma R_0/\cos\theta)$。其中，$\sigma$ 是离子和靶原子之间的刚球碰撞截面。因此，归一化的溅射产额还应该与此几率成正比。Yamamura 用下式表示归一化的溅射产额与入射角的依赖关系：

$$\frac{Y(\theta)}{Y(0)} = x^f \exp[-\Sigma(x-1)] \tag{8-10}$$

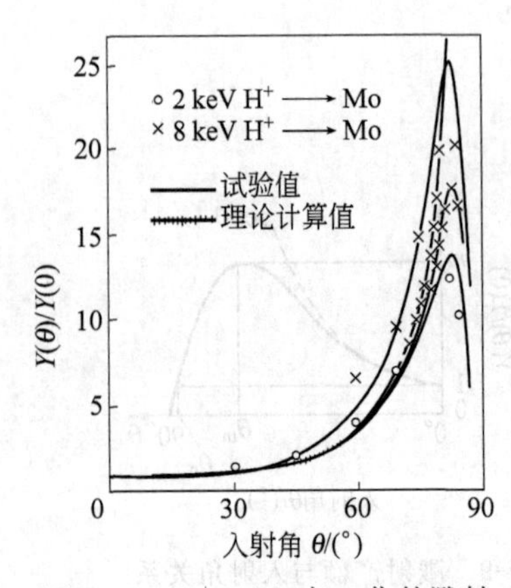

图 8-11 $H^+ \rightarrow Mo$ 归一化的溅射产额与入射角的关系

式中，$x=1/\cos\theta$；f 和 Σ 是可调参数。获得最大溅射产额的入射角 θ_{opt} 用下式表示：

$$\theta_{opt} = \arccos\left(\frac{\Sigma}{f}\right) \tag{8-11}$$

以现有的实验数据和计算机得出的结果为基础，利用最小二乘法，由式(8-10)、式(8-11)两式得出的最佳拟合参数 f、θ_{opt} 列于表 8-4 中。图 8-11 是 $H^+ \rightarrow Mo$ 归一化的溅射产额与入射角的关系。

对于重离子溅射，处理方法基本类似，可以得出相应的最佳拟合参数和归一化溅射产额与入射角的关系。应该注意的是，从相应数据和图表的对比可以看出，轻离子入射时的 θ_{opt} 比重离子入射时大。

表 8-4 轻离子溅射时的最佳拟合参数 f、θ_{opt}

能 量	离 子	靶	最佳拟合参数	
			f	$\theta_{opt}/(°)$
450 eV	H	Ni	1.62	74.4
1 keV	H	Ni	2.34	78.3
4 keV	H	Ni	2.27	82.3
450 eV	H	Ni	2.19	78.7
1 keV	H	Ni	2.32	82.9
4 keV	H	Ni	2.62	84.2
1 keV	D	Ni	1.88	80.4
100 eV	He	Ni	3.20	56.3
500 eV	He	Ni	3.30	66.1
1 keV	He	Ni	2.50	72.1
4 keV	He	Ni	2.09	79.0
4 keV	He	Ni	1.52	80.5
50 keV	H	Cu	1.88	82.1
1.05 keV	He	Cu	1.55	66.5
2 keV	H	Mo	2.40	81.8
8 keV	H	Mo	2.80	82.0
2 keV	D	Mo	1.98	82.0
4 keV	He	Mo	2.23	77.3
1 keV	H	Au	1.14	78.0
4 keV	H	Au	1.53	79.5
1 keV	D	Au	1.22	79.2

8.1.2.4 晶体结构对溅射的影响(单晶体的溅射)

单晶体的溅射产额 $\hat{Y}$ 以及溅射粒子的能量分布和角分布都随离子入射方向的不同而发生与上述多晶体不同的变化。一般说来，当入射方向平行于低的晶体学指数的方向(或面)

时，溅射产额$\hat{Y}$比相应的多晶材料的 Y 要小；当入射方向沿着高的晶体学指数方向时，$\hat{Y}$比相应的多晶材料的 Y 要大。这种$\hat{Y}$随入射方向变化的依赖关系还与入射能量的大小有关。图 8-12、图 8-13 是上述关系的实例。

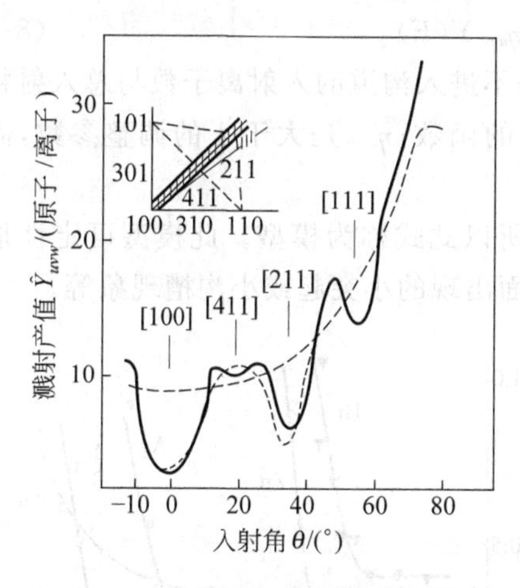

图 8-12　Ar^+ 对 Cu(100)溅射时，溅射产额和入射角的关系

---— 20 keV Ar^+→Cu(100)，转向[011]偏 7°

—— 27 keV Ar^+→Cu(100)，转向[011]

------ 27 keV Ar^+→多晶 Cu

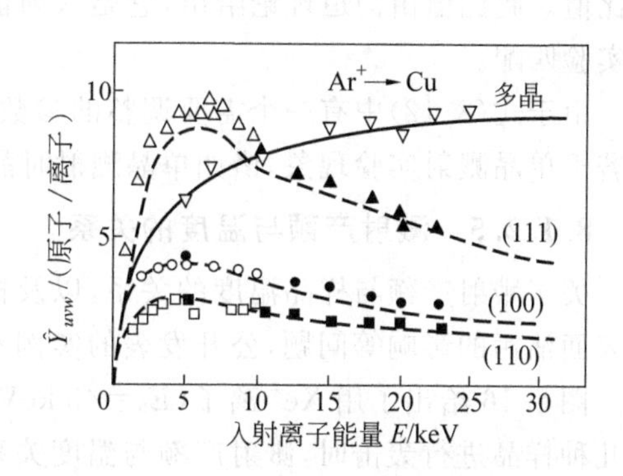

图 8-13　Ar^+ 对 Cu 单晶的低指数晶面垂直入射时，按沟道模型算出的结果(虚线)和实验结果的比较

此外，对不同取向的单晶体进行溅射时，溅射原子的分布会出现不同的点图(spot patterns)，也称为 Wehne's spot，见图 8-14。Robinson 和 Southern 等人用 Ar^+、Kr^+、Hg^+ 等离子垂直入射 Cu 的{100}面，测出溅射原子的角分布如图 8-15 所示。可以看出，在原子的密排方向，如〈011〉，〈001〉方向等，溅射出的原子较多。

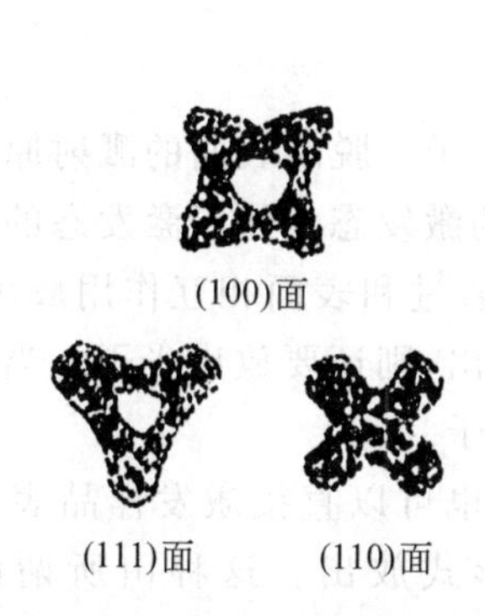

图 8-14　由单晶表面测射出的原子形成的点图

(图中是用 100 eV 的离子照射 Ni)

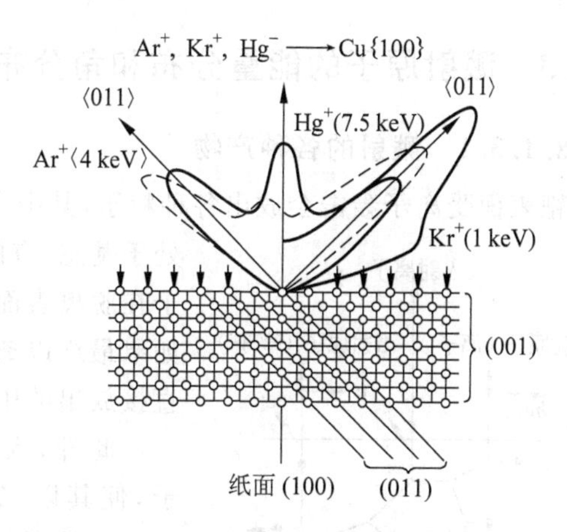

图 8-15　由铜单晶{100}面放出溅射原子的相对强度分布

对上述单晶体溅射现象的解释有许多模型，例如，晶格最表层原子的相关碰撞模型、聚

焦模型、晶格透明模型、沟道效应模型等。下面仅对较有影响的 Onderdelinden 模型加以简述。其基本思想是，考虑入射离子在单晶体靶中的沟道效应。沿晶体[*uvw*]方向入射时的溅射产额记为$\hat{Y}_{uvw}$，假定仅是那些不进入沟道的入射离子对溅射有贡献，则有

$$\hat{Y}_{uvw}(E) = \chi_{uvw}(E)\eta_{uvw}Y(E) \tag{8-12}$$

式中，$Y(E)$是对应系统的多晶靶的溅射产额；χ_{uvw}是不进入沟道的入射离子数与总入射粒子的比值。此比值由沟道理论给出，它是入射能量 E 的函数；η_{uvw}是大于 1 的调整参数，需要与实验匹配。

由于式(8-12)中有一个需要调整的参数 η_{uvw}，所以此式称为模型。此模型可定性地解释若干单晶溅射实验现象，诸如单晶溅射时晶体表面出现的小突起或小沟槽现象等。

8.1.2.5　溅射产额与温度的关系

关于溅射产额与样品温度的关系，以及样品表面沾污的影响等问题，公开发表的实例不多。图 8-16 给出了用 Xe^+ 离子($E_0 = 45$ keV)对几种样品进行轰击时，溅射产额与温度关系的实验结果。

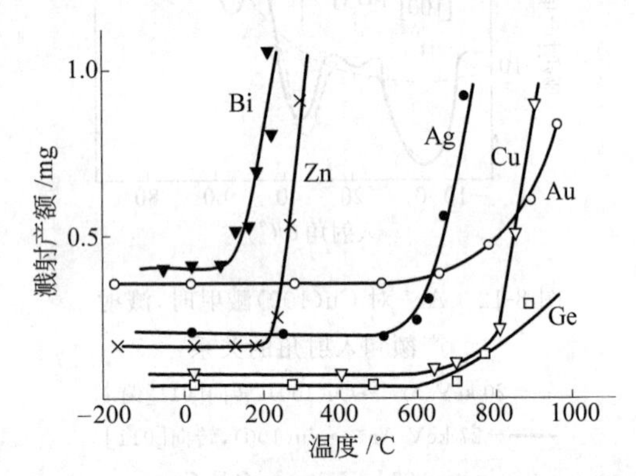

图 8-16　用 Xe^+ 离子($E_0 = 45$ keV)对几种样品进行轰击，溅射产额与温度的关系

一般说来，在可以认为溅射产额同升华能密切相关的某一温度范围内，溅射产额几乎不随温度的变化而变化。当温度超过这一范围时，溅射产额有急剧增加的倾向。关于溅射产额与温度关系的理论研究结果，公开的报道几乎没有，与通常所说的热峰相联系的解释未必是正确的。当然，按蒸发过程和溅射的复合效应加以考虑也许更符合实际。

8.1.3　溅射原子的能量分布和角分布

8.1.3.1　溅射的各种产物

靶表面受离子轰击会放出各种粒子，其中主要是溅射原子。脱离表面的溅射原子有的处于基态，有的处于不同的激发态。处于激发态的溅射原子在脱离表面的过程中，通过和表面相互作用放出电子。如果最终以离子的形式放出，则还要放出光子。当然也有直接放出的中性原子和离子。

入射离子
溅射原子（离子）　溅射原子（离子）
$h\nu$
e^-
等离子体
注入的离子

图 8-17　离子轰击产生各种粒子和光的过程

此外，入射离子本身也可以直接激发样品表面的电子，使其以二次电子的形式放出。这种由所谓的动能过程产生的二次电子和上述由激发态的溅射原子和表面相互作用产生的二次电子在本质上是不同的。伴随着离子轰击放出各种粒子的模式如图 8-17 所示。

根据入射离子种类及靶材原子序数的不同，溅射产额从 1～10^{-1}原子/离子到 10 个原子/离子不等，而其中离子

的含量为 1%～10%。对于同一种靶材，其溅射产额决定于入射离子的质量、动能和入射角等，而二次离子的产额显著地取决于入射离子的种类。特别应指出的是，不同原子二次离子的产额分散在相差 5 个数量级的宽广范围内，这是造成二次离子质谱分析的难度很大的最主要原因。由于表面结合能和原子序数之间有一定的依赖关系，而溅射产额同表面结合能成反比，所以溅射产额与原子序数之间的依赖关系容易理解。至于二次离子产额为什么同原子序数有着十分显著的关系，目前还没有搞清楚。一般认为，决定二次离子产额的因素除了上述表面结合能之外，还有电离势、功函数(对于负的二次离子是电子亲和力)等。

在溅射原子中有一部分激发态原子，如果某些激发态原子正好处于所谓光学激发能级，它们在脱离表面的过程中就会发出特定波长的光而恢复到基态。激发态原子发出光的波长必定和原子固有的激发能级相对应。所以通过对发出的光进行分光分析就可确定激发态原子的种类，这就是表面分析方法中的中性粒子或离子碰撞辐射表面成分分析，即 SCANIIR。同产生二次离子的情况一样，发光的情况也同样十分显著地取决于试样材料的种类。因此，用 SCANIIR 进行定量分析也会遇到跟 SIMS 同样的问题。

前已述及，由于离子照射，放出二次电子的过程有两种不同的机制。一种是“势能发射”，另一种是“动能发射”。前者指的是，入射离子或处于激发态的溅射原子，通过与固体表面相互作用返回到基态时放出能量，致使二次电子放出；后者正如电子照射产生二次电子的过程一样，入射粒子的动能传给固体中的电子而产生二次电子。

当入射粒子的能量小于 700 eV 左右时，二次电子的产额是一定的。在产额几乎不变的能量范围内，产生的二次电子是受“势能发射”支配的，而产额随入射能量成比例而增加的范围是受“动能发射”支配的。应该指出的是，“势能发射”是离子束照射中特有的现象，它作为离子中和光谱仪(ion neutralization spectroscopy)的基础而受到人们的重视。

8.1.3.2　溅射粒子的状态

通常溅射镀膜中入射离子的能量大约在几百电子伏，从靶上溅射出的粒子绝大部分是构成靶的单原子。Woodyard 和 Cooper 用 100 eV 的氩离子对多晶铜靶进行溅射，并用磁场偏转型质量分析器对溅射粒子的状态进行了分析。结果表明，溅射粒子中 95%是铜的单原子，其余是铜分子，即 Cu_2。随着入射离子能量变高，构成溅射粒子的原子数增加。Herzog 等人用 12 keV 的氩离子对 Al 靶进行溅射时，在溅射粒子中发现有由 7 个原子组成的铝原子团 Al_7。而且，若用氙代替氩，在溅射粒子中还含有 Al_{18} 这样的大原子团。

对化合物靶进行溅射时，也与单元素靶的情况相同，当入射离子能量在 100 eV 以下时，溅射粒子是构成化合物的原子；只有当入射离子的能量在 10 keV 以上时，溅射粒子中才较多地出现化合物分子。

8.1.3.3　溅射原子的能量分布和角分布

与热蒸发原子具有的动能(在 300 K 大约为 0.04 eV，在 1500 K 大约为 0.2 eV)相比，经离子轰击产生的溅射原子，其动能要大得多，一般为 10 eV，大约是热蒸发原子动能的 100 倍。图 8-18 是Cu 溅射原子的能量分布，图中不同曲线对应着不同入射离子的能量。可以看出，溅射原子的平均能量为 10 eV 左右，而且随着入射离子能量提高，溅射原子中能量较高的比例增加。图 8-19 是用1.2 keV Kr^+ 离子轰击不同靶时，各种物质的溅射原子的平均动能 $\bar{E}$。

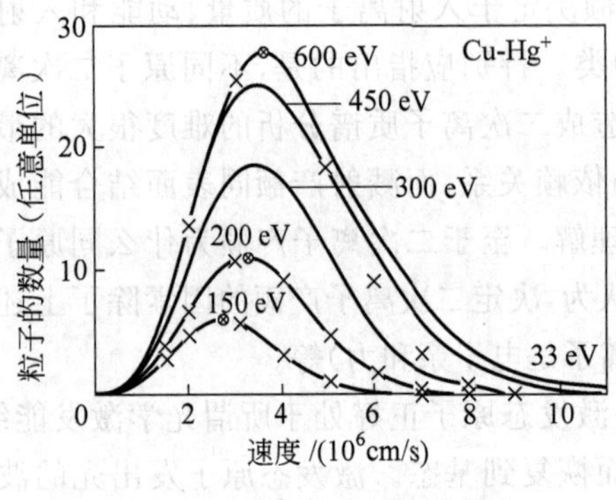

图 8-18　溅射原子的能量分布

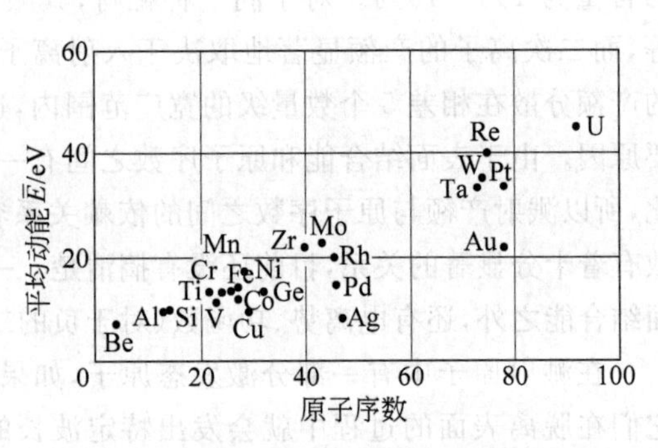

图 8-19　1.2 keV Kr^+ 离子轰击不同靶时，各种物质溅射原子的平均动能 $\bar{E}$

图 8-20 是用 900 eV 的 Ar^+ 离子分别垂直入射 Al、Cu、Ni 靶时，溅射原子的能量分布。

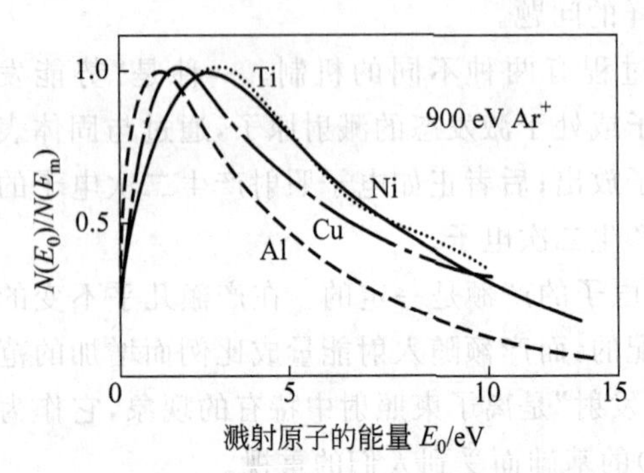

图 8-20　900 eV 的 Ar^+ 离子垂直入射时溅射原子的能量分布和物质种类的关系

按照碰撞级联理论，溅射原子的能量分布为

$$N(E_0,\phi)=AE_0\frac{\cos\phi}{(E_0+U_s)^3}\quad(8\text{-}13)$$

式中，E_0 是溅射原子的能量；ϕ 是和样品表面法线所成的角度；U_s 是表面结合能；A 是常数。

由式(8-13)可以看出，当 $E_0=U_s/2$ 时，能量分布取最大值，也就是说，能量分布取最大值的位置等于表面结合能的1/2。图 8-21 尽管不一定完全符合上述结论，但也显示出这种趋势，例如，表面结合能按 Al、Cu、Ni、Ti 的顺序增加，相应的溅射原子的能量峰位也按相同顺序变化。当然，有些观察到的现象在式(8-13)中并没有得到反映。例如，峰的位置本身会随入射离子种类和入射能量的不同而变化；能量分布还同样品的温度有关等。近年来用计算机模拟法考虑了这些因素并已取得了可喜的成果。

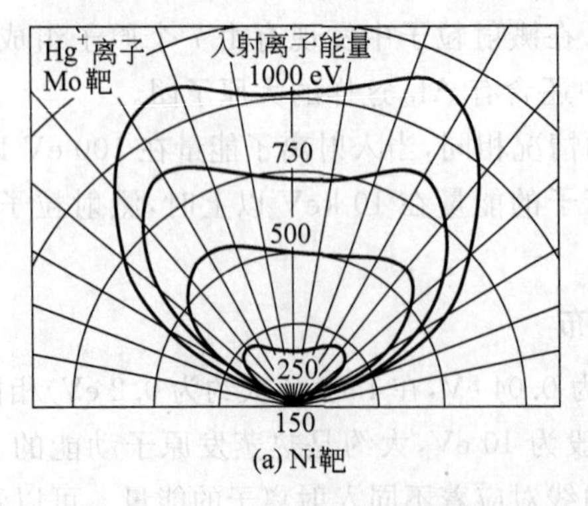

(a) Ni靶

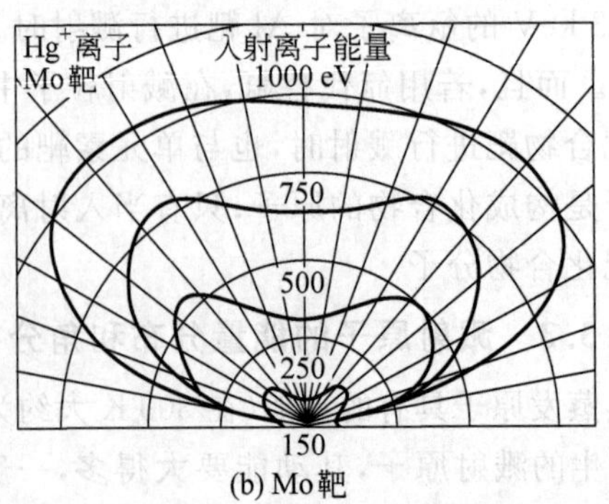

(b) Mo靶

图 8-21　溅射原子的角分布
（垂直入射 100～1000 eV 的 Hg^+ 离子，图中的数字为入射离子的能量）

溅射原子的角分布除取决于靶和入射离子的种类之外，还决定于入射角、入射能量和靶的温度。前面已经指出，对于单晶靶，溅射原子的空间分布还同单晶体的晶体学取向有关。

离子溅射用于镀膜时，入射能量较低。图 8-21 是 Wehner 等人在 1960 年得到的溅射原子角分布的实测结果。在垂直入射的情况下，当入射离子的能量变低时，溅射原子的角分布也由余弦关系变为低于余弦的关系，图 8-21 所示的关系已经由后人多次实验证实，并经理论验证。此外，通过计算还得出了氢离子在不同入射角下的角分布，如图 8-22 所示。

由图 8-22、图 8-23 的对比可以看出，对于轻离子溅射，随着入射角的增加，溅射产额显著增加；角分布的最大位置偏离样品法线方向。重离子溅射的角分布呈法线对称分布。显然，这些都跟前面讲到的轻、重离子溅射的不同机制有关。当重离子的能量再增加时，角分布的形状变化不大。不同温度下的溅射实验（见图 8-24）表明，当靶温度小于熔点的 0.7 倍时，不会引起溅射产额的显著变化。

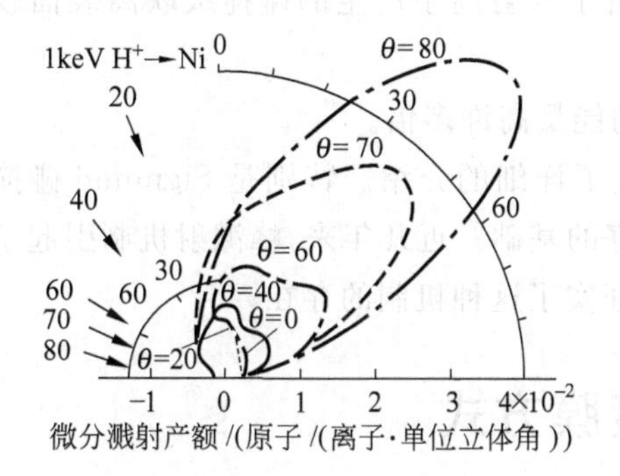

图 8-22　1 keV H^+ 离子斜入射 Ni 时溅射原子的角分布

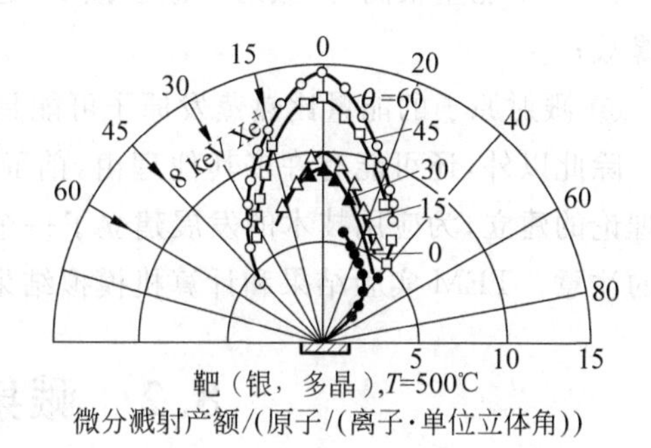

图 8-23　在不同的入射角下，用 8 keV 的 Xe^+ 离子溅射银靶时溅射原子的角分布

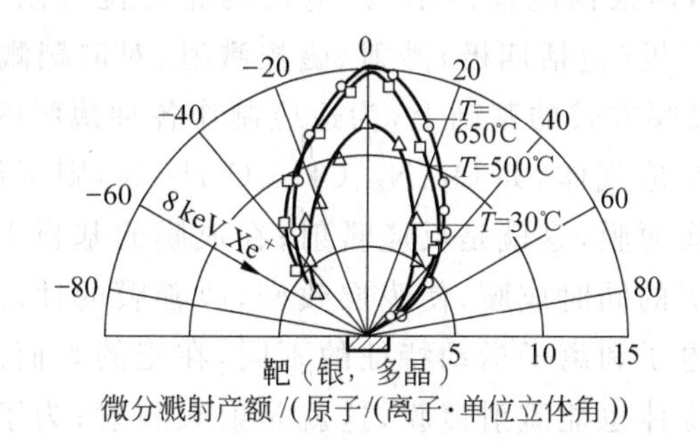

图 8-24　在不同的靶温度下，用 8 keV 的 Xe^+ 离子溅射银靶时溅射原子的角分布

8.1.3.4　溅射机制认识过程的简单回顾

溅射机制的研究最早是由 W. Crooks（1891 年）和 Stark（1908 年）开始的。人们曾提出过种种理论模型，归纳起来主要有两种：

一种是经典的热蒸发机制。该机制认为，溅射是由于入射粒子的能量使靶表面局部受热造成高温，致使靶原子蒸发的结果，并认为这一过程是能量转移过程，即“标量”过程。提出这一机制的有 Hippel（1926 年）、Sommermeyer（1935 年）和 Townes（1944 年）等。

另一种是动量转移机制。该机制认为，溅射是通过入射粒子同靶表面碰撞产生动量传递而引起的。入射粒子的动量转移到靶表面的原子，使原子放出，并认为这一过程是动量转移过程，即"矢量"过程。提出这一机制的有 Stark(1908 年)和 Compton(1934 年)等。

经典的热蒸发机制曾一度占统治地位。但由于后人，特别是 Fetz(1942 年)和 Wehner(1954 年)等人的大量研究工作，人们已逐渐放弃了这种机制，确信动量转移机制的正确性。主要理由是：

① 溅射原子的角分布并不像热蒸发原子那样符合余弦规律；从单晶靶溅射出的原子趋向于集中在晶体原子密排方向；

② 溅射产额不仅取决于轰击离子能量，同时也取决于其质量与靶原子质量之比；

③ 溅射产额不仅取决于轰击离子的入射角，而且当入射角不同时，溅射原子的角分布也不相同；

④ 离子能量很高时，溅射产额会减少，这是由于入射离子产生的碰撞级联离表面较远的缘故；

⑤ 溅射原子的能量比热蒸发原子可能具有的能量高许多倍。

除此以外，还可能有许多其他理由，前面已做了详细的介绍。特别是 Sigmund 碰撞级联理论的建立，为应用技术的发展建立了一个较好的基础。近几年来，峰溅射机制引起了人们的注意。TEM 实验结果和计算机模拟结果都证实了这种机制的存在。

8.2　溅射镀膜方式

溅射镀膜有多种方式。表 8-5 列出各种溅射镀膜方式的特点及原理图。其中，1～5 是按电极结构的分类，即根据电极的结构、电极的相对位置以及溅射镀膜的过程，可以分为直流二极溅射、三极(包括四极)溅射、磁控溅射、对向靶溅射、ECR 溅射等。6～12 是在这些基本溅射镀膜方式的基础上，为适应制作各种薄膜的要求所做的进一步改进。如果在 Ar 中混入反应气体，如 O_2、N_2、CH_4、C_2H_2 等，则可制得靶材料的氧化物、氮化物、碳化物等化合物薄膜，这就是反应溅射；在成膜的基板上若施加直到 500 V 的负电压，使离子轰击膜层的同时成膜，使膜层致密，改善膜的性能，这就是偏压溅射；在射频电压作用下，利用电子和离子运动特征的不同，在靶的表面感应出负的直流脉冲，而产生溅射现象，对绝缘体也能溅射镀膜，这就是射频溅射；为了在更高的真空范围内提高溅射沉积速率，不是利用导入的氩气，而是通过部分被溅射原子(如 Cu)自身变成离子，对靶产生溅射实现镀膜，这就是自溅射；在高真空下，利用离子源发出的离子束对靶溅射，实现薄膜沉积，这就是离子束溅射。

磁控溅射由于可以在低温、低损伤的条件下实现高速沉积，故目前已成为工业化生产的主要方式；磁控溅射与射频溅射、反应溅射相组合可以制取各种各样的薄膜；自溅射良好的台阶覆盖率和对大深径比微细孔的孔底涂敷率，为其在大规模集成电路导体多层布线和层间互连等方面的应用，创造了良好条件；离子束溅射中，离子的产生、溅射、成膜分别控制，特别是成膜在高真空中进行，从而可制取更高质量的膜层。

表 8-5 溅射镀膜的种类

序号	溅射方式	溅射电源	Ar 气压①/Pa(或 Torr)	特征	原理图
1	二极溅射	DC 1～7 kV 0.15～1.5 mA/cm² RF 0.3～10 kW 1～10 W/cm²	1.33(10^{-2})	构造简单，在大面积的基板上可以制取均匀的薄膜，放电电流随气压和电压的变化而变化	阴极和阳极（基片）也有采用同轴圆柱结构的
2	三极或四极溅射	DC 0～2 kV RF 0～1 kW	6.65×10^{-2}～1.33×10^{-1}（5×10^{-4}～1×10^{-3}）	可实现低气压、低电压溅射，放电电流和轰击靶的离子能量可独立调节控制。可自动控制靶的电流。也可进行射频溅射	
3	磁控溅射（高速低温溅射）	0.2～1 kV （高速低温） 3～30 W/cm²	10～10^{-6} （约 10^{-1}～10^{-8}）	在与靶表面平行的方向上施加磁场，利用电场和磁场相互垂直的磁控管原理减少电子对基板的轰击（降低基板温度），使高速溅射成为可能。对 Cu 来说，溅射沉积速率为 1.8 μm/min 时，温升为 2℃/μm。Cu 的自溅射可在 10^{-6} Pa(10^{-8} Torr)的低压下进行	
4	对向靶溅射	可采用磁控靶 DC 或RF 0.2～1 kV 3～30 W/cm²	1.33×10^{-1}～1.33×10^{-3}（10^{-3}～10^{-5}）	两个靶对向布置，在垂直于靶的表面方向加上磁场，基板位于磁场之外。可以对磁性材料进行高速低温溅射	

续表

序号	溅射方式	溅射电源	Ar 气压①/Pa(或 Torr)	特　征	原　理　图
5	ECR 溅射	0～数千伏	$1.33\times10^{-3}(10^{-5})$	采用 ECR 等离子体，可在高真空中进行各种溅射沉积。靶可以做得很小	
6	射频溅射	FR 0.3～10 kV 0～2 kW	$1.33(10^{-2})$	开始是为了制取绝缘体如石英、玻璃、Al_2O_3 的薄膜而研制的。也可溅射镀制金属膜。靶表面加磁场可以进行磁控射频溅射	
7	偏压溅射	在基片上施加 0～500 V 范围内的相对于阳极的正的或负的电位	$1.33(10^{-2})$	在镀膜过程中同时清除基板上轻质量的带电粒子，从而使基板中不含有不纯气体(例如，H_2O、N_2 等残留气体等)	
8	非对称交流溅射	AC 1～5 kV 0.1～2 mA/cm²	$1.33(10^{-2})$	在振幅大的半周期内对靶进行溅射，在振幅小的半周期内对基板进行离子轰击，清除吸附的气体，从而获得高纯度的镀膜	

续表

序号	溅射方式	溅射电源	Ar 气压[①]/Pa(或 Torr)	特　　征	原　理　图
9	吸气溅射	DC 1～5 kV 0.15～1.5 mA/cm^2 RF 0.3～10 kW 1～10 W/cm^2	1.33(10^{-2})	利用吸气靶溅射粒子的吸气作用，除去不纯物的气体。能获得纯度高的薄膜	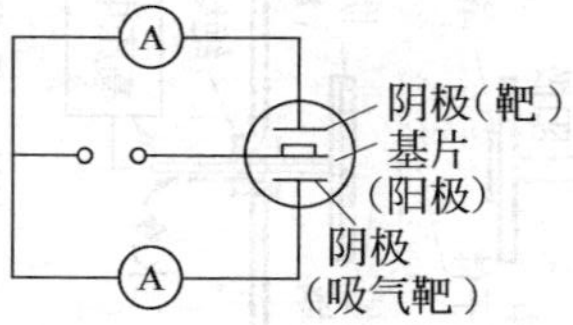 A A 阴极(靶) 基片(阳极) 阴极(吸气靶)
10	自溅射	靶表面的磁通密度 50 mT，7～10A (φ100 mm 靶)	≈0（起动时 1.33 × 10^{-1}(10^{-3}))	溅射时不用氩气，沉积速率高（达数 μm/min)，被溅射原子飞行轨迹呈束状（便于大深径比微细孔的埋入)，目前仅限于 Cu、Ag 的自溅射	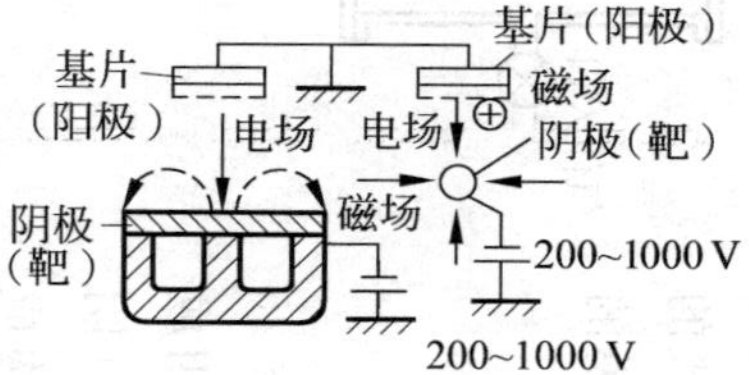 基片(阳极) 电场 阴极(靶) 磁场 基片(阳极) 磁场 电场 阴极(靶) 200~1000 V 200~1000 V
11	反应溅射	DC 0.2～7 kV RF 0.3～10 kW	在 Ar 中混入适量的活性气体，例如 N_2、O_2 等分别制取 TiN、Al_2O_3	制作阴极物质的化合物薄膜，例如，如果阴极(靶)是钛，可以制作 TiN、TiC	从原理上讲，上述各种方案都可以进行反应溅射，当然 9、10 两种方案一般不用于反应溅射
12	离子束溅射	引出电压 0.5～2.5 kV，离子束流 10～50 mA	离子源系统 10^{-2}～10^{2}，溅射室 3×10^{-3}	在高真空下，利用离子束溅射镀膜，是非等离子体状态下的成膜过程。靶接地电位也可。还可以进行反应离子束溅射	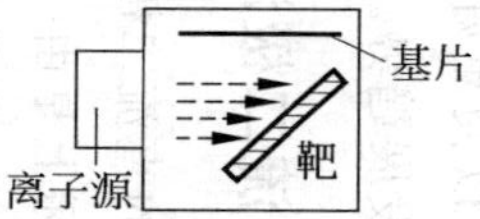 基片 靶 离子源

① 括号中的数据单位为 Torr。

下面，分别就几种典型的溅射镀膜方式加以简单介绍。请读者注意各种方式的区别和联系，以便更好地了解溅射镀膜的演变过程和发展趋势。

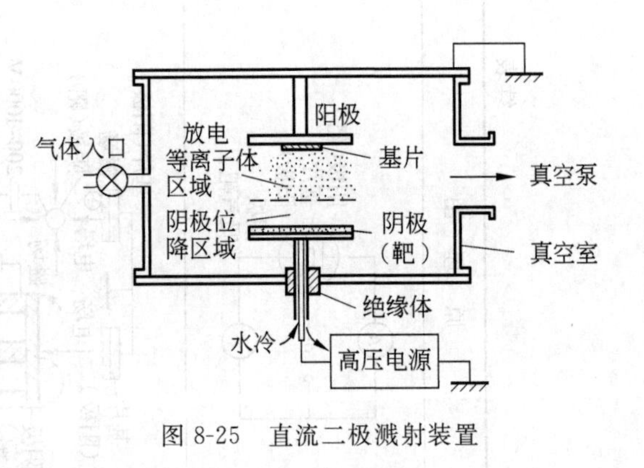

图 8-25　直流二极溅射装置

8.2.1　直流二极溅射

最简单的直流二极溅射装置如图 8-25 所示。它实际上是由一对阴极和阳极组成的冷阴极辉光放电管结构。被溅射靶（阴极）和成膜的基片及其固定架（阳极）构成溅射装置的两个极。阴极上接 1～3 kV 的直流负高压，阳极通常接地，所以称为直流二极溅射。如果电极都是平板状的，就称为平板型二极溅射；如果电极是同轴圆筒状的，就称为同轴型二极溅射。

图 8-26 以平行金属板直流二极溅射为例，表示溅射镀膜的原理和基本过程如下：

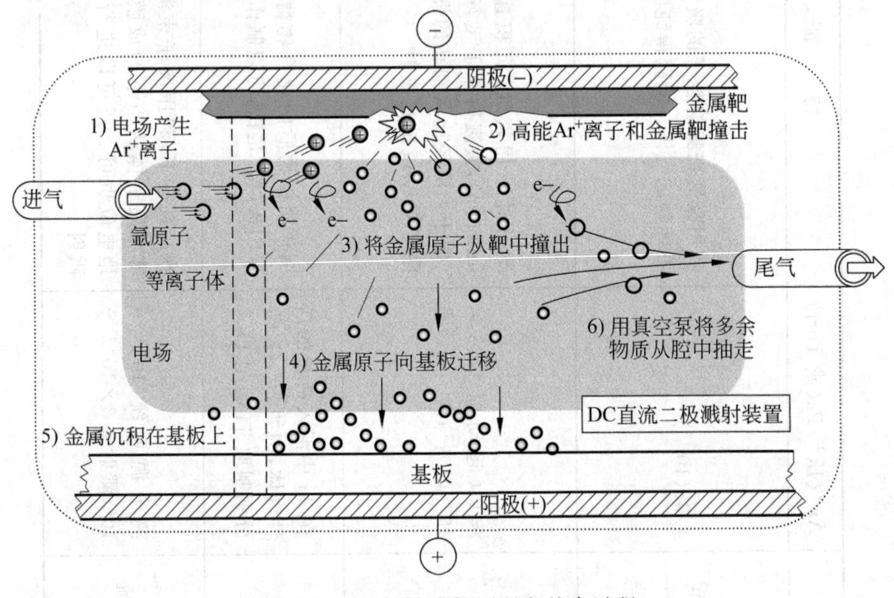

图 8-26　溅射镀膜的原理和基本过程

① 在真空室等离子体中产生正氩离子，并向具有负电位的靶加速。

② 在加速过程中离子获得动量，并轰击靶材料。

③ 离子通过物理过程从靶上撞击出（溅射）原子，靶具有所要求的材料组分。

④ 被撞击出（溅射）的原子迁移到基板表面。

⑤ 被溅射的原子在基板表面凝聚并形成薄膜，与靶材料比较，薄膜具有与它基本相同的材料组分（关于薄膜的生长过程请见第 5 章）。

⑥ 额外材料由真空泵抽走。

在直流二极溅射装置中，由于溅射气压高（10^{-1}～10 Pa），从靶表面溅射出的产物在飞向基片的过程中，受到气氛中气体分子的碰撞并在气氛中扩散。在这种情况下，到达基片的

溅射物质总量 Q 可近似地用下式求出：

$$Q \approx k_1 Q_0 / pd \tag{8-14}$$

式中，k_1 为常数；Q_0 为由靶上溅射蒸发的总量；p 为溅射气压；d 为靶与基片间的距离。式(8-14)中的 Q_0 也可由下式给出：

$$Q_0 \approx (I_t/e) Y t (\mu / N_A) \tag{8-15}$$

式中，I_t 为靶离子电流；e 为电子电荷量；Y 为溅射产额；t 为溅射时间；μ 为溅射物质的相对原子质量；N_A 为阿伏加德罗数。

做粗略近似，用溅射时的放电电流 I_s 代替上述的 I_t，同时设溅射产额 Y 与放电电压 U_s 成正比，则由公式(8-15)得出靶上溅射物质的总量为：

$$Q_0 \approx k_2 U_s I_s t \tag{8-16}$$

其中 k_2 是由靶物质所决定的常数。因此式(8-14)可写成：

$$Q \approx k_1 k_2 U_s I_s t / pd \tag{8-17}$$

由上式可以看出，溅射沉积量与溅射装置所消耗的电能($U_s I_s t$)成正比，与气压和靶到基片距离的乘积成反比。

直流二极溅射结构简单、设备便宜，但存在下述几个难以克服的缺点：

(1) 工作压力比较高(通常高于 1 Pa)，在此压力范围内，扩散泵几乎不起作用，主阀处于关闭状态，排气速度小，本底真空和氩气中残留气氛(O_2、H_2O、N_2、CO 等)对溅射镀膜影响极大。结果造成沉积速率低、膜层质量差。

(2) 靶电压高(几千伏)，离子溅射造成的发热严重，靶面的热量耗散不出去成了提高靶功率的阻碍，从而也阻碍了沉积速率的提高。

(3) 大量二次电子直接轰击基片，在使基片温升过高的同时，还会使基片造成某些性能不可逆变化的辐射损伤。

人们曾采用偏压溅射和非对称交流溅射等来克服上述缺点，但效果均不显著。目前，普通直流二极溅射装置的实用意义已不很大。

8.2.2　三极和四极溅射

三极溅射在克服二极溅射的缺点方面向前迈出了一步。它是在二极溅射装置的基础上附加第三极，由此极放出热电子强化放电，它既能使溅射速率有所提高，又能使溅射工况的控制更为方便。在三极溅射装置中，第三极为发射热电子的炽热灯丝(热阴极)，它的电位比靶电位更负。热阴极能充分供应维持放电用的热电子，电子朝向靶运动。它穿越放电空间时，可增加工作气体原子的电离数量，从而有助于增加入射离子密度。这样，三极溅射在 $10^{-1} \sim 10^{-2}$ Pa 的低气压下也能进行溅射操作。与二极溅射不同的是，可以在主阀全开的状态下工作，因此可以制取高纯度的膜，如超导薄膜等。辅助热电子流的能量要调整得合适，一般为 100～200 eV，这样可以增加气体的电离，但又不会使靶过分加热。附加的热发射电子流是靶电流的一个调整参量，就是说，在原来二极溅射运行的气压、电压、电流三要素中，电流可以独立于电压作一定程度的调整，这对于参数调节和稳定工况是有利的。

四极溅射又称为等离子弧柱溅射，它是在二、三极溅射的基础上更有效的一种热电子强化的放电形式，其原理如图 8-27(a)所示。在与原来二极溅射靶和基片相垂直的位置上，分别放置一个发射热电子的灯丝(热阴极)和吸引热电子的辅助阳极，其间形成低电压(约 50 V)、大电流(5～10 A)的等离子体弧柱。弧柱中,大量电子碰撞气体电离,产生大量离子。由于溅射靶处于负电位,因此它会受到弧柱中离子的轰击而引起溅射。靶上可接直流电源,也可用电容耦合到射频电源上。有时为了更有效地引出热电子,并使放电稳定,在热灯丝附近加一个正 200～300 V 的稳定化栅网,可使弧柱的"点火"容易在工作压力下实现。否则,需要先在较高压力下"点火",再逐步降低压力,增大电流,慢慢过渡到低压力的工作点,而且,一旦灭弧之后,还需重新点火。稳定化栅网上要限流和选用钼、钨等耐热材料。

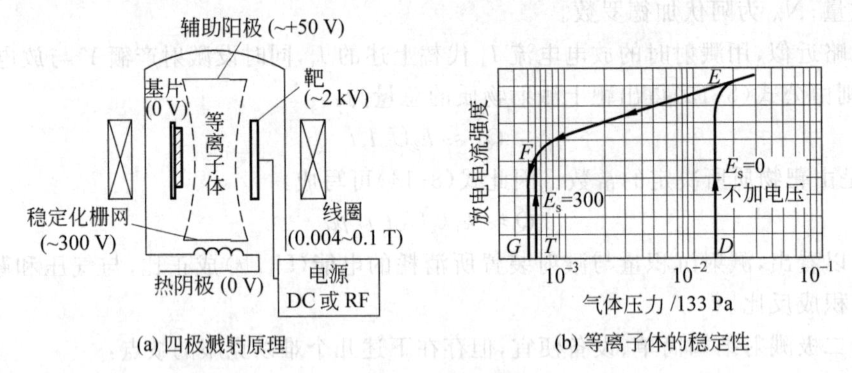

(a) 四极溅射原理　　(b) 等离子体的稳定性

图 8-27　四极溅射

图 8-27(b)是四极溅射装置放电电流强度同气体压力的关系。从图中可以看出,若从 E 点降低气体压力,放电电流会逐渐减少,到 F—G 点放电停止。若使放电重新开始,要提高气体的压力。值得注意的是,当稳定化栅网加上 $E_s=300$ V 的电压时,气体压力只升高到 T 点,放电即可重新开始,即稳定化栅网的存在使稳定放电的范围从 D 点扩大到 T 点,使放电气压降低一个数量级以上。

在四极溅射装置中,靶电流主要决定于辅助阳极电流而不是靶电压。与三极溅射一样,靶电流和溅射电压可独立调节,这是三、四极溅射的一大优点。三、四极溅射装置在一百到数百伏的靶电压下也能运行。由于靶电压低,对基体(基片)的辐照损伤小,所以可用来制作集成电路和半导体器件用薄膜。在这方面已取得良好效果。

Battele 公司在三极溅射装置中,使电子发射极发出 20～30 A 的电流,比一般情况大 10 倍,由此增加等离子体密度,使靶电流密度达到 30 mA/cm^2,为通常二极溅射的 10～30 倍。采取这种装置实现了对各种金属的高速溅射,制取了数十微米的厚膜,见表 8-6。但是这种方式的三、四极溅射方法,还是不能抑制由靶产生的高速电子对基片的轰击。特别是在高速溅射的情况下,基片的温升极其严重;灯丝寿命短,不能连续运行;而且还有因灯丝具有不纯物而使膜层沾污等问题。

表 8-6　高速三极溅射沉积速率

靶　材　料	用　　途	沉积速率/(nm/min)
304 不锈钢	保护膜	至 320
铁(C 0～5%)	(混有过饱和碳的铁)	至 180
RCo_5(R:Sm、Y、Er)	永磁合金	至 640(30 W/cm^2)
$Nb_{12}Al_3Ge$	超导薄膜	至 1000(37.5 W/cm^2)
Be(Be 合金)	轻合金保护膜	至 210

续表

靶 材 料	用　途	沉积速率/(nm/min)
Cr	装饰、保护膜	至 400
CoCrAlY 合金	耐热保护膜	至 640(20 W/cm²)
Cu(含 SiC 1%)	激光反射板用膜	至 1800
Ni	保护膜	至 1200
Cu 合金(Zr、Ta、TaC)	(混入 Zr 等增加强度)	至 1500

8.2.3　射频溅射

20 世纪 30 年代年们发现，射频放电管的玻璃管壁上粘附的沾污层，在放电过程中会变得干净。从研究中得知，这是由于溅射造成的。但是，真正把射频溅射用于制取薄膜是在 20 世纪 60 年代，由 Anderson 和 Davidse 开始的。这种溅射装置利用了射频辉光放电，可以制取从导体到绝缘体任意材料的薄膜，因此从 20 世纪 70 年代开始得到广泛普及。

图 8-28 是典型的射频溅射装置的结构示意图。简单地说，把直流二极溅射装置的直流电源换成射频电源就构成了射频溅射装置。

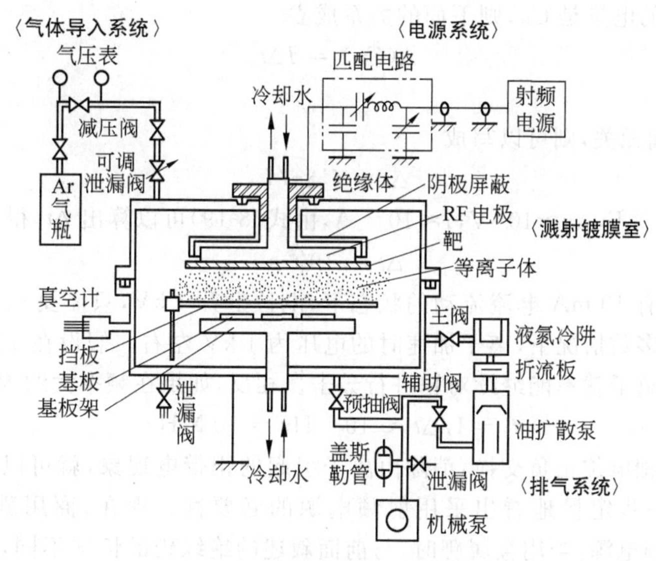

图 8-28　射频溅射装置基本构成

前面已经指出，直流二极溅射是利用金属、半导体靶制取薄膜的有效方法。但是，当靶是绝缘体时，由于撞击到靶上的离子会使靶带电，靶的电位上升，结果离子不能继续对靶进行轰击。

采用射频电源也能对绝缘体进行溅射镀膜的道理，可利用图 8-29 加以说明。先假定靶上所加为矩形波电压 u_m，在正半周由于绝缘体的极化作用，其表面很快地吸引了位于绝缘体表面附近的等离子体中的电子，致使表面与等离子体的电位相同，正半周靶表面电位变化如 u_s。也可以认为，上述过程是对电压 u_m 的电容进行充电。在电源的负半周，绝缘体靶表面实际的电位变化如 u_s。u_s 的最低点近似等于靶上所加负电压的两倍，此时离子射向绝缘体靶的表面发生溅射现象。由于离子比电子质量大，迁移率小，不像电子那样很快地向靶表面集中，所以靶表面的电位上升缓慢，或者说，由电子充电的电容器放电缓慢。下一个正半周又重复上述的充电过程。其结果就好像在绝缘体上加上了一个大小为 u_b 的直流偏压一样，从而对绝缘体也可以进行溅射。若在绝缘体靶上所加的是正弦波，则偏压 u_s 也是正弦波，也可以认为，由于所用电源是射频的，射频电流可以通过绝缘体两面间的电容而流动，故能对绝缘体进行溅射。

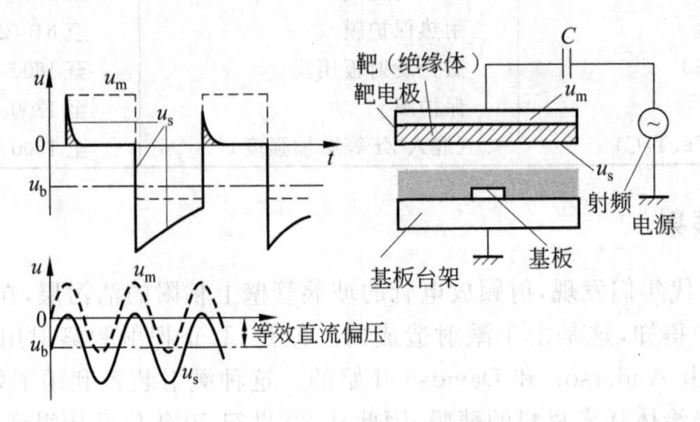

图 8-29　射频溅射

现在估算一下靶电位的上升速度，设靶的静电电容为 C、电位为 u、向靶入射的电流为 I。由于靶上积蓄的电量是 Cu，则下面的关系成立

$$\Delta(Cu) = I\Delta t \tag{8-18}$$

式中 t 为时间。

由于 C 与时间无关，则可以写成

$$\Delta t = C\Delta u / I \tag{8-19}$$

因此，若设 $C \approx 10^{-12}$ F，$\Delta u \approx 10^3$ V，$I \approx 10^{-2}$ A，由式(8-19)可以算出 Δt，得

$$\Delta t \approx 10^{-7}\ \text{s}$$

由此可以看出，在有 10 mA 电流流动的状态下，电位上升 1 kV，只需要 0.1 μs 的时间。在溅射镀膜法中，大多数情况下，离子加速时的电压为 1 kV 左右。假设在 1 kV 下加速，经过 0.1 μs 的时间后，离子就不能继续对靶进行轰击。相反，如果在频率大约为

$$f = 1/\Delta t \approx 10^{-7}\ \text{Hz} = 10\ \text{MHz}$$

的每个周期中，使靶电位正负交换，消除由离子引起的靶带电现象，就可以防止靶电位的上升。由此可以进一步定量地看出采用射频电源的必要性。现在，商用溅射装置中，多用 13.56 MHz 的射频电源。当用金属靶时，与前面叙述的绝缘靶的情况不同，靶上没有自偏压作用的影响，只有靶处在负电位的半周期内溅射才能发生。所以，在普通射频溅射装置中，要在靶上串联一个电容，以隔断直流分量，这样金属靶也能受到自偏压作用的影响。

射频溅射装置的设计中，最重要的是靶和匹配回路。靶要水冷，同时要加高频高压，所以引水管要保证一定的长度，绝缘性要好，冷却水的电阻要足够大。溅射装置的放电阻抗大多为 10 kΩ。电源的内阻大约为 50 Ω，二者要良好匹配。由于装置内的电极和挡板的布置等是变化的，所以要利用调整回路进行匹配，以使射频功率有效地输入到装置内。

同直流放电相比，射频维持放电的气体压力要低 1～2 个数量级。但是，由于放电开始前压力太低，电子数量不足，放电难以开始。因此要设法供应电子，或者在溅射室内安装彼此相对靠近的电极，其间加上高压进行放电，或者装置灯丝，进行加热使其放出热电子。

在射频溅射装置中制取薄膜时，当基板也是绝缘体时情况又如何呢？实际上，基片往往

是以各种各样的形式固定在接地的金属支架上，由于会产生漏电，基片上不会产生太高的偏压。但是，除了靶之外的部分会由于自偏压而带负电。结果在放电中，基片会受到离子的轰击作用，基片上的薄膜也会受到一定程度的溅射而脱离基片。这种现象称为反溅射。反溅射随溅射条件的不同而异，镀膜过程中要考虑到这一现象。

射频溅射(包括反应射频溅射)可采用任何材料的靶，在任何基板上沉积任何薄膜。若采用磁控源(参见 8.2.4 节)，则还可实现高速溅射沉积。这无论从新材料研究开发，还是从批量生产经济性考虑都有非常重要的意义。近年来，射频溅射在研制大规模集电路绝缘膜、压电声光功能膜、化合物半导体膜及高温超导膜等方面都有重要应用。

8.2.4　磁控溅射——低温高速溅射

早在 20 世纪 20 年代，磁场和电场相互垂直布置的圆柱形磁控管，就在真空测量和微波振荡管中得到应用，后来在溅射离子泵中也在成功地得到应用。利用磁控溅射制取薄膜，最早要追溯到 1935 年，由 Penning 的实验开始的。图 8-30 是 Penning 所用装置的示意图。中央电极为阴极，阳极与阴极同轴，利用磁场线圈加上 3×10^{-2} T 左右的磁场，磁场方向与电场方向相垂直。利用这种同轴磁控管装置进行溅射镀膜，成膜速度加快，而且溅射气压和未加磁场的情况相比，可以降到 1/5～1/6。但当时没有得到应用。1969 年以后，柱状磁控溅射技术得到迅速发展。1971 年 P. J. Clarke 首先发表了 S-枪式的磁控溅射源专利。1974 年 J. S. Chapin 第一次发表了关于平面磁控溅射镀膜的论文。由于磁控溅射的许多优点，因此在短短十几年得到迅速发展，各种类型的磁控溅射装置相继问世。

磁控溅射与普通二极、三极溅射相比，具有高速、低温、低损伤等优点。高速是指沉积速率快；低温和低损伤是指基片的温升低，对膜层的损伤小。一般称这种方法为低温高速溅射。磁控溅射还具有一般溅射的优点，如沉积的膜层均匀、致密、针孔少，纯度高，附着力强，应用的靶材广，可进行反应溅射，可制取成分稳定的合金膜等。除此之外，工作压力范围广，操作电压低也是磁控溅射的显著特点。

8.2.4.1　磁控靶表面电子沿跑道的旋轮线运动

尽管不同磁控溅射源在结构上各有差异，但都具备两个条件：①磁场与电场垂直；②磁场方向与阴极(靶)表面平行，并组成环形磁场。下面以图 8-31 所示的平面溅射源为例，讨论磁控靶表面电子的运动情况。

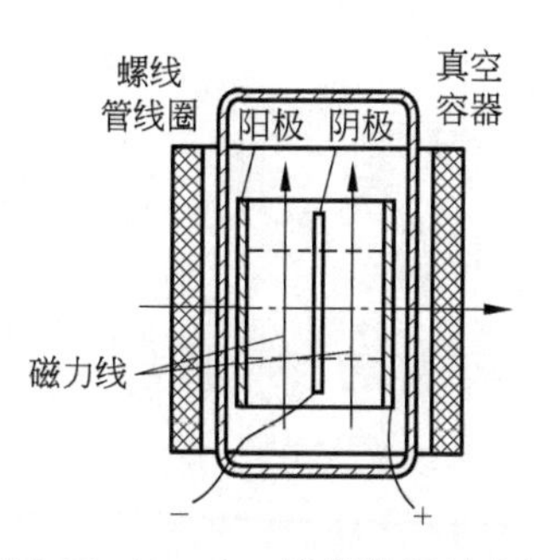

图 8-30　Penning 溅射装置示意图

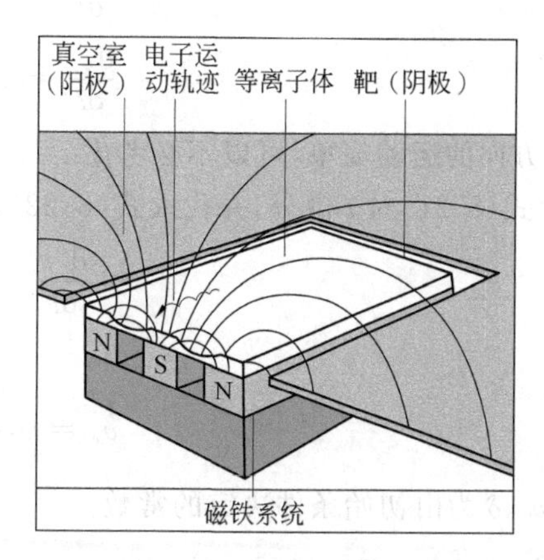

图 8-31　平面磁控溅射源布置

在前面介绍气体放电时已经指出，外加磁场对气体放电有很大的影响。我们知道，靶材受离子轰击要放出二次电子，电场和磁场的这种布置，正是为了对二次电子实现有效的控制，进而产生了磁控溅射的一系列特点。

为了进一步地了解磁控溅射中二次电子的行为，下面以极简化的模型，建立并解出二次电子的运动方程。

如图 8-32(a)所示，设在电场强度为 $\boldsymbol{E}$、磁感应强度为 $\boldsymbol{B}$ 的电磁场中，有一质量为 m、电荷为 q、速度为 $\boldsymbol{v}$ 的运动粒子，其运动方程式为

$$m\frac{\mathrm{d}\boldsymbol{v}}{\mathrm{d}t}=q[\boldsymbol{E}+(\boldsymbol{v}\times\boldsymbol{B})] \tag{8-20}$$

式中，t 为时间。

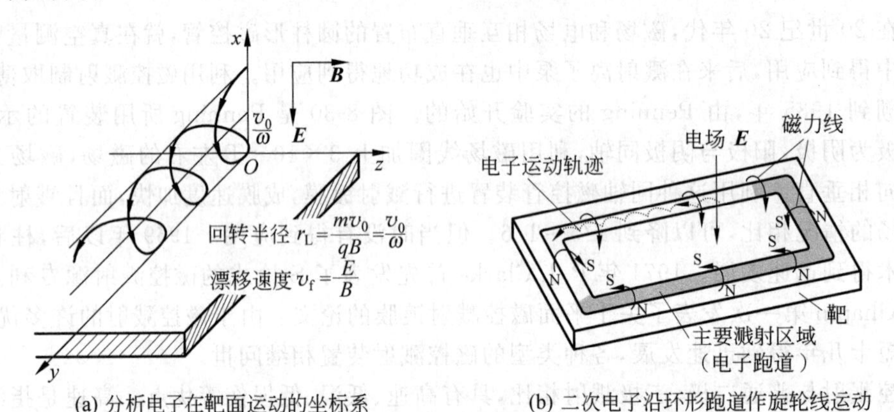

(a) 分析电子在靶面运动的坐标系　　(b) 二次电子沿环形跑道作旋轮线运动

图 8-32　磁控溅射中二次电子在电场和磁场共同作用下的运动轨迹

选取如图 8-32(a)所示的直角坐标系，使 $\boldsymbol{E}$ 与 x 轴反平行，$\boldsymbol{B}$ 沿 z 轴

$$|\boldsymbol{E}|=E,\quad |\boldsymbol{B}|=B$$

由式(8-20)得

$$\frac{\mathrm{d}v_x}{\mathrm{d}t}=\frac{q}{m}(E+Bv_y) \tag{8-21}$$

$$\frac{\mathrm{d}v_y}{\mathrm{d}t}=-\frac{q}{m}Bv_x \tag{8-22}$$

$$\frac{\mathrm{d}v_z}{\mathrm{d}t}=0 \tag{8-23}$$

z 方向的运动简单，可以不必考虑。

由式(8-21)对 t 微分，并代入式(8-22)，得

$$\frac{\mathrm{d}^2v_x}{\mathrm{d}t^2}=-\frac{q^2B^2}{m^2}v_x \tag{8-24}$$

所以

$$v_x=v_0\sin\left(\frac{qB}{m}t+\delta\right) \tag{8-25}$$

式中，v_0、δ 为由初始条件决定的常数。

令

$$\omega\equiv qB/m$$

ω 为粒子回转的角频率。若用电子的电量 e 代替式中的 q，得 $\omega_e \equiv eB/m$，ω_e 称为电子的回转频率。由式(8-22)计算 v_y，得

$$v_y = v_0 \cos\left(\frac{qB}{m}t + \delta\right) + \frac{E}{B} \tag{8-26}$$

由式(8-21)，式(8-22)计算 x、y，得

$$x = x_0 - \frac{mv_0}{qB}\cos\left(\frac{qB}{m}t + \delta\right) \tag{8-27}$$

$$y = y_0 + \frac{E}{B}t + \frac{mv_0}{qB}\sin\left(\frac{qB}{m}t + \delta\right) \tag{8-28}$$

式中 x_0，y_0 为待定常数。

由式(8-27)和式(8-28)可以看出，粒子的运动，是圆周运动与直线运动的和。假设 yz 面为阴极，由阴极放出的电子运动，可以令 $q=-e$ 来求出。电子的圆周运动半径为

$$r_L \equiv mv_0/eB \tag{8-29}$$

一般称 r_L 为拉莫半径。

电子的漂移(直线运动)速度为

$$v_f = \frac{E}{B} \tag{8-30}$$

式(8-29)中 v_0 的大小虽不能确定，但我们可以假定它与电子在固体内部的热运动速度大致相等，即

$$\frac{1}{2}mv_0^2 = \frac{1}{2}kT$$

所以

$$v_0 = \sqrt{\frac{kT}{m}} \tag{8-31}$$

在上述的几个关系式中，若代入数据

$$e = 1.6 \times 10^{-19}\ \text{C}, \quad T = 300\ \text{K},$$
$$m = 9.1 \times 10^{-31}\ \text{kg}, \quad k = 1.4 \times 10^{-23}\ \text{J/K},$$
$$B = 1.0 \times 10^{-2}\ \text{T}$$

可以得出

$$\omega_e \approx 18 \times 10^9/\text{s}, \quad v_0 \approx 6.7 \times 10^4\ \text{m/s},$$
$$r_L \approx 3.8 \times 10^{-5}\ \text{m}$$

从上边的分析可以看出，在电磁场的联合作用下，二次电子的回转频率很高，回转半径很小。图8-31和图8-32的环形磁场区域一般称为跑道，磁力线由跑道的外环指向内环，横贯跑道。靶面发出的二次电子，在相互垂直的电场力和磁场力的联合作用下，沿着跑道跨越磁力线作旋轮线形的跳动，并以这种形式沿着跑道转圈，增加与气体原子碰撞的机会。如此，磁控溅射可从根本上克服上述二极、三极溅射的缺点，其理由为：

(1) 能量较低的二次电子以旋轮线的形式在靠近靶的封闭等离子体中循环运动，路程足够长，每个电子使原子电离的机会增加，而且只有在电子的能量耗尽以后才能脱离靶表面，且落在阳极(基片)上。这是基片温升低、损伤小的主要原因。

(2) 高密度等离子体被电磁场束缚在靶面附近，不与基片接触。这样，电离产生的正离子能十分有效地轰击靶面；基片也免受等离子体的轰击。

(3) 由于提高了电离效率，工作压力可降低到 $10^{-1}\sim10^{-2}$ Pa 数量级甚至更低，从而可减少工作气体对被溅射出的原子的散射作用，提高沉积速率，并增加膜层的附着力。

(4) 进行磁控溅射时，电子与气体原子的碰撞几率高，因此气体离化率大大增加。相应地，放电气体(或等离子体)的阻抗大幅度降低。结果，直流磁控溅射与直流二极溅射相比，即使工作压力由 10～1 Pa 降低到 $10^{-1}\sim10^{-2}$ Pa，溅射电压由几千伏降低到几百伏，溅射效率和沉积速率也会成数量级地增加。

8.2.4.2　低温溅射

普通二极溅射有两大缺点：一是基板温升严重(甚至达数百度)；二是沉积速率低(一般低于 0.1 μm/min)。从溅射镀膜的发展史看，为解决前者，出现了低温溅射；为解决后者，出现了高速低温溅射。但无论是低温溅射，还是高速低温溅射都是采用磁场与电场相互垂直的布置。目前，单纯的低温溅射已不多见，但为了加深对磁控溅射的理解，还是从单纯的低温溅射谈起。

普通二极溅射单位镀膜速率时入射基片的功率密度可由表 8-7 第一栏来估算。从表中可以看出，靶的热辐射和二次电子的轰击占基片入射功率的 95%。为降低入射功率，可采取下述两条措施：一是对被溅射的靶材料进行直接水冷；二是利用磁场在减小电子能量的同时，再辅以电子捕集器以排除电子对基板的轰击。在这种思路指导下，人们开发出低温溅射装置。图 8-33 是同轴磁控低温溅射的原理图。辐条栅格形电子捕集器按圆周状布置在靶和基板之间靠基板一侧，由靶发出的二次电子进入捕集器即被其捕集，但并不影响由靶发出的被溅射原子向基板方向的入射。图 8-34 给出在有无电子捕集器的情况下，随溅射时间增加基板温升的对比。对于溅射 Cr 来说，在 7 nm/min 的沉积速率下，经过 10 min 溅射，基板温升不到 10℃(最下面一条曲线)。如果采用的射频溅射电源，则温升会变大。从原理上讲，阳极(包括基片架)在处于射频波的负半周时会有离子射入，一般认为，这是基片温升的主要原因。

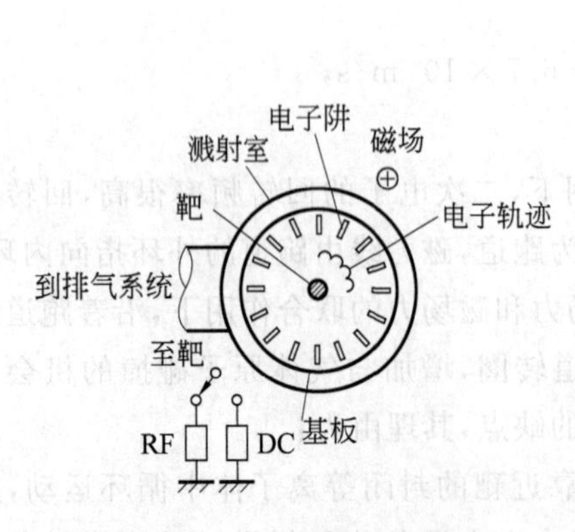

图 8-33　低温溅射原理图

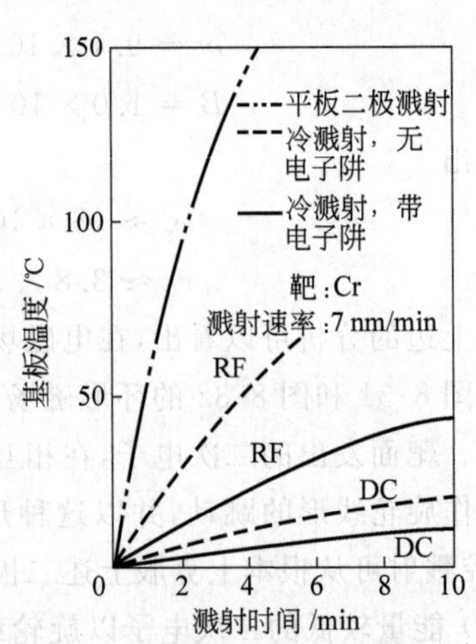

图 8-34　低温溅射时基板的温升

(0.5 mm厚 Cu 基板)

表 8-7　基片上的入射功率

入射功率来源	单位沉积速率时入射功率密度 /((mW·cm^{-2})/(nm·min^{-1}))		磁控溅射时基片单位面积上的入射功率/(mW·cm^{-2})
	射频平板二极溅射	同轴电极直流磁控溅射(图 8-38)	
靶面的热辐射	11.4(62%)	—	—
二次电子轰击	6.1(33.2%)	2×10^{-4}(～0%)	0.0015
溅射原子的动能	0.014(0.1%)	0.23(95.4%)	1.6
其　他	0.88(4.8%)	0.011(4.6%)	0.0083
合　计	18.394(100%)	0.24(100%) 0.48(实测值)	1.7 3.4(实测值)

在上述采用辐条栅格形电子捕集器的同轴磁控低温溅射装置中，①通过磁场的作用，使向基片加速运动的电子作螺旋运动，电子携带的能量由大变小；②如图 8-35 所示，由于电场并非完全呈辐射状，而是具有相当多的轴向成分，所以电子在轴向电场中被加速，而且其大部分流入(对于图 8-33 来说)垂直于纸面的上、下真空容器中(就图 8-35 而言，就是 A 和 B 部分)，基片上几乎没有电子流入。虽说如此，由于使用了电子捕集器电极，温度也会升高。

从表 8-7 的第二栏、第三栏可以看出，采用上述装置射入基片的功率比以前的装置大为降低。此外，沉积在基片上的被溅射粒子所带的能量，构成了入射基片能量的绝大部分(95.4%)。也就是说，入射基片的能量已经减少到了不能再减的程度。基片温升随沉积速率的提高而加大，图 8-36 给出其关系的一例。

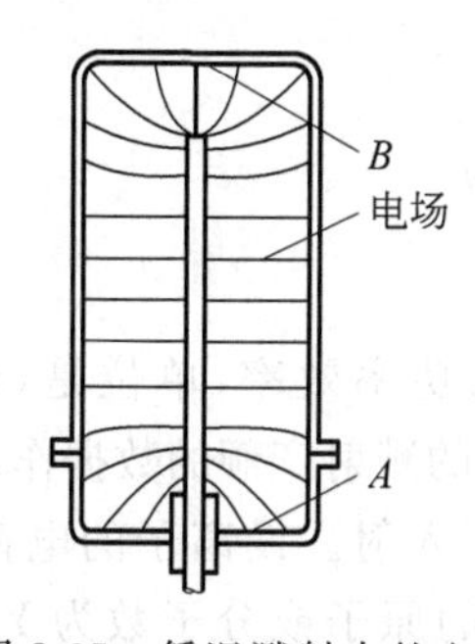

图 8-35　低温溅射中的电场

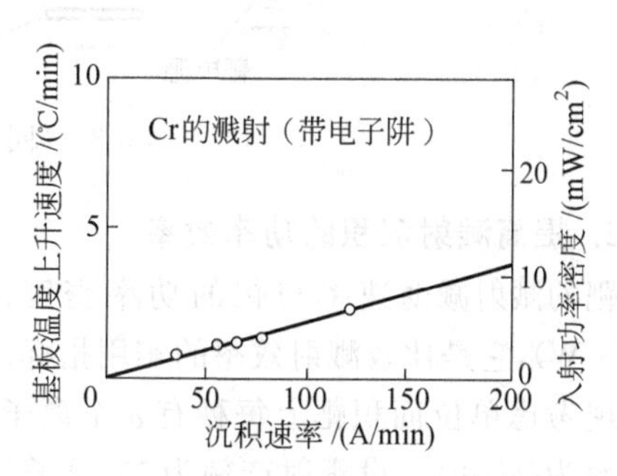

图 8-36　基板的温度上升速度和沉积速率

由于上述低温溅射装置的基片温升很低，连塑料制品上也能溅射沉积附着强度良好的薄膜，而且可以做到不发生任何变形。另外，在要求埃量级加工精度的某些超精密部件(温升要限制在尺寸偏差允许的范围内)上，也成功沉积了符合要求的薄膜。

8.2.4.3　高速低温溅射

低温溅射还有一个关键问题没有解决，这便是如何提高溅射沉积速率。高速率、大批量生产微米量级厚度的膜层，是溅射镀膜推广普及必须要解决的问题。对此，主要是通过改善以下几点加以解决：①尽量加大投入到靶上的功率；②提高溅射沉积的功率效率(在投入相同功率的条件下，使溅射沉积速率提高)；③减少溅射原子或分子向靶的逆扩散(二极溅射中，约 1/2 在溅射后又返回靶)。采取这些措施后，铜的溅射沉积速率可达 2 μm/min 以上。因此，溅射镀膜得以快速推广和普及。下面，分别针对这几条措施加以简单介绍。

1. 尽量加大投入到靶上的功率

在靶表面附近造成一个高密度的等离子区，使其流过大的离子流，从而实现大功率化。为此，利用磁场和电场正交的所谓磁控管放电，并使运动电子沿着靶表面附近的连续轨道运动。这一点是通过具有连续轨道的平板磁控靶（图 8-37 所示的圆盘形或方形靶）或具有电子返回电极的同轴磁控管（见图 8-38。与图 8-35 不同的是，前者中的电子在端板附近返回，被封闭在靶附近）来实现的。正因为如此，靶的功率密度可以增大到 25 W/cm^2，与一般射频二极溅射时的 4.4 W/cm^2 相比，约增加 5 倍。

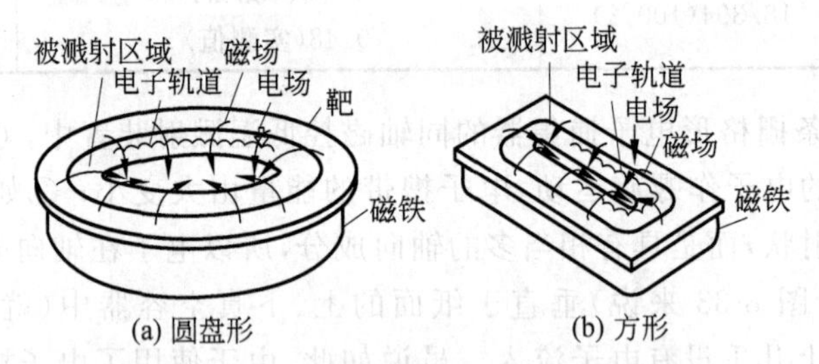

图 8-37　电子在平板磁控靶表面沿跑道作旋轮线运动

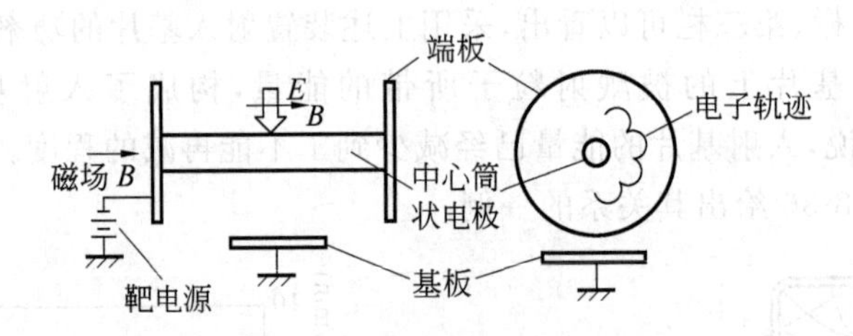

图 8-38　同轴磁控管的电极结构

2. 提高溅射沉积的功率效率

靶的溅射减薄速率与靶的功率密度之比，称为溅射的功率效率，单位是（$nm \cdot cm^2$）/（$min \cdot W$），它是比较溅射效率的实用指标。下面根据已发表的溅射产额的数据作定量分析。

现考虑单位面积靶上每秒有 α 个离子在加速电压 U_i 下入射。设离子的电荷为 e，则入射功率为($U_i\alpha e$)。设溅射产额为 Y[原子/离子]，则被溅射的原子或分子数为 $Y \cdot \alpha$ 个。设 N_A 为阿伏加德罗常数；μ 为摩尔质量；ρ 为密度；则在面积为 1 cm^2，厚度为 1nm 的体积中的原子或分子数为$[N_A/(\mu/\rho)]\times 10^{-7}$个。因此，如果以 nm 为单位表示单位入射功率下靶溅射减薄的厚度 t，则 t 可由下式给出：

$$t = \{Y\alpha/[N_A/(\mu/\rho)]\times 10^{-8}\}/U_i\alpha e \quad (\text{Å}/(s \cdot W))$$

$$= 6.25 \times 10^3 (Y\mu/U_i\rho) \quad (nm/(min \cdot W)) \tag{8-32}$$

如果根据上式对历来已知的溅射产额和离子能量等数据进行整理，就可以获得溅射减薄速率的功率效率，其单位是 nm/(min・W)，这是衡量溅射效率的实用指标。图 8-39 表示溅射减薄的功率效率（靶入射单位功率的溅射减薄速率）与入射离子能量的关系。从图中可以看出，对于大多数金属来说，入射离子能量为200～500 eV 时，溅射的功率效率最高，因此它是溅射镀膜的最佳工艺参数。溅射功率效率的含义是：入射功率贡献给溅射的份额。其他的份额则贡献给了靶材发热、γ 光子和 X 射线发射、二次电子发射等，这些能量消耗对于溅射来说，可以看成是"无功的"，所以在同样功率输入时，功率效率越高，溅射效率越高。对于溅射装置来说，虽然不能保持离子能量一定，但如果将离子能量的大概平均值与靶电压的1/2相对应，则靶电压取0.2～1.0 kV是合适的。而磁控溅射的靶电压一般为200～800 V，典型值为600 V，正好处在功率效率最高的范围内。相比之下，二极溅射的靶电压为1～3 kV，处在功率效率下降的区域，也就是说，过高的入射离子能量只会使靶过分加热而对溅射的贡献反而下降。

还可以利用溅射过程中放电电流和溅射电压的关系，即放电空间的阻抗特性，来对比不同溅射方法的溅射效率和沉积效率。如第4章所述，溅射放电属于反常辉光放电。反常辉光放电对应于不同的溅射模式，只能在相应的一个电压电流区间稳定，否则不是放电熄灭就是过渡到破坏性的弧光放电。当然，不同电压、电流辉光放电区间也受气体压力的影响。图8-40给出了各种溅射方式所对应的放电电压（靶电压）、平均电流密度的工作区间。

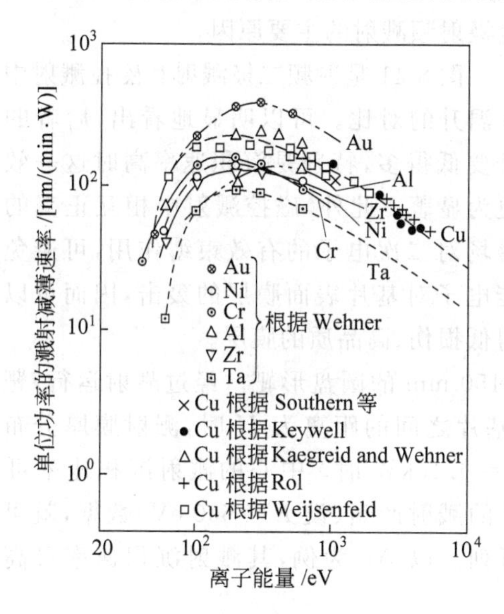

图8-39 溅射减薄的功率效率与入射离子能量的关系

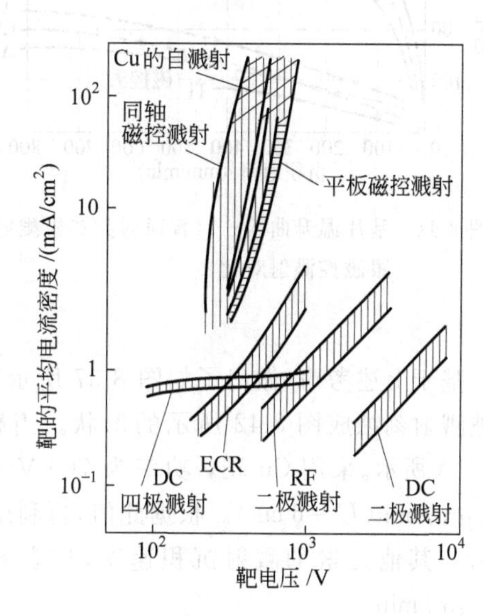

图8-40 各种溅射法中靶的平均电流密度
（关于ECR，请见第4.8.2及10.4.3.2节）

一般说来，溅射过程中放电电流 I 与溅射电压 u 的关系（即反常辉光放电的伏安特性）可用下式来表示：

$$I = Au^n \tag{8-33}$$

式中，A 是常数；n 值依溅射方法不同，在相当大的范围内变化。n 值的大小主要与二次电子的状态及运动方式有关。在通常的射频（RF）二极溅射中，n 大约为 $\frac{1}{2}\sim\frac{3}{2}$；在直流磁控溅射中，$n$ 为 5～7；在射频磁控溅射中，n 取二者之间的数值。可见磁控溅射法的 n 值较大。n 值的不同反应了不同溅射方法工作参数的不同，实质上反应了放电空间的阻抗特性。二极溅射 n 很小，即放电空间的阻抗大，相对说来是高电压、小电流的工作模式；磁控溅射 n 较大，即放电空间的阻抗小，相对说来是低电压、大电流的工作模式。从图8-40可以看出，在磁控溅射的工作电压范围内，其电流超过二极溅射10～100倍，这使磁控溅射除了抵消由于电压低、溅射产额较低造成的影响之外，还会使溅射速率大大超过二极溅射。

从以上两点分析可以看出，提高等离子区的离子密度和降低放电阻抗，对于实现高速溅射至关重要。磁控溅射正是在这两点上实现了突破。

3. 减少溅射原子或分子向靶的逆扩散

这可通过降低溅射压力和使靶小型化来实现。实验表明，在 0.67 Pa(5×10^{-2} Torr)的溅射压力下，用直径 75 mm 的靶，采用普通平板二极溅射靶的中心部位有 70%，平均约 50%的溅射原子通过逆扩散返回靶。磁控溅射一般在 0.1 Pa(10^{-3} Torr)量级进行，自溅射(参见 8.2.6 节)中导入的溅射气体压力甚至可以降低到零。另外，如果使图 8-38 中心部分的筒状电极变细，则从空间看靶的立体角非常小，因此就可以减少溅射原子通过逆扩散返回。这也许就是同轴形电极磁控溅射(参照图 8-38)在溅射功率效率方面优于平板形电极射频溅射的主要原因。

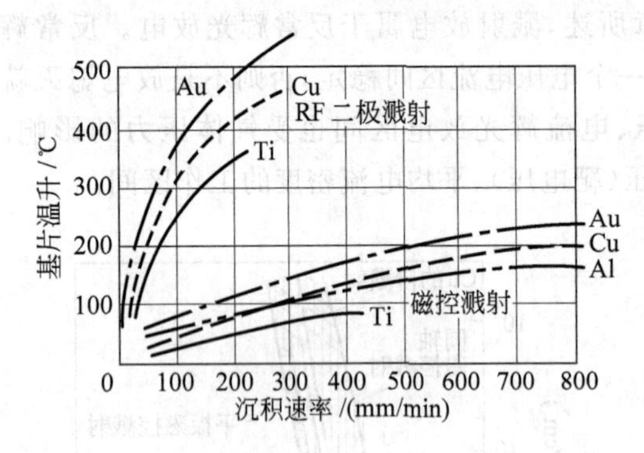

图 8-41　基片温升曲线——普通射频二极溅射跟磁控溅射对比

图 8-41 是射频二极溅射和磁控溅射中基片温升的对比。可以明显地看出，后者的温升要低得多，特别是沉积速率高时这一效果更为显著。此外，磁控溅射中相互正交的电磁场对二次电子的有效束缚作用，可避免高能电子对基片表面膜层的轰击，因而可以获得低损伤、高品质的膜层。

基于上述考虑，做出了如图 8-37 所示直径 150 mm 的圆盘形靶。经过溅射运行，靶表面被溅射刻蚀成图 8-42 所示的形状。当靶与基片之间的距离为 H 时，溅射膜厚分布如图 8-43 所示。采用 Cu 靶，功率为 700 V×6 A＝4.2 kW 时，中心的溅射沉积速率可达 1.8 μm/min(H=6 cm)。根据此值，再利用相关的溅射产额(设 E_i＝600 eV)数据，就可以推断出其他元素的溅射沉积速率，如表 8-8 所列。以 Ag 为例，其溅射沉积速率可高达 2.7 μm/min。

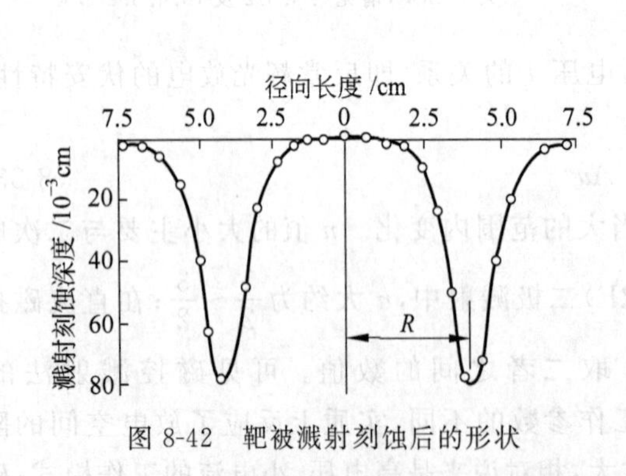

图 8-42　靶被溅射刻蚀后的形状

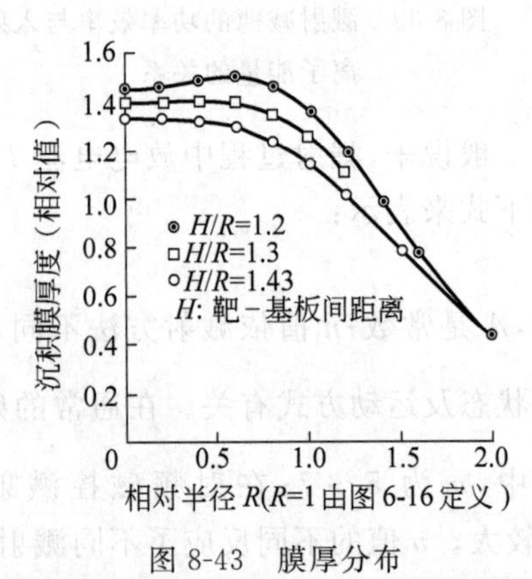

图 8-43　膜厚分布

磁控靶表面被溅射的程度是不均匀的。沿电子作旋轮线运动的跑道上，靶表面被离子优先溅射，形成溅射沟槽(图 5-42)。因此，靶的利用率很低。为了提高磁控靶的利用率，人们采取了各种各样的措施。目前靶的利用率可以达到 50%以上。

表 8-8　溅射产额和溅射沉积速率

靶材料	溅射产额(E_i=600 eV)/(原子/离子)	换算的溅射沉积速率/(nm/min)	靶材料	溅射产额(E_i=600 eV)/(原子/离子)	换算的溅射沉积速率/(nm/min)
Ag	3.40	2660	Re	0.91	710
Al	1.24	970	Rh	1.46	1140
Au	2.43(500 eV)	1900	Si	0.53	410
Co	1.36	1060	Ta	0.62	490
Cr	1.30	1020	Th	0.66	520
Cu	2.30	1800*	Ti	0.58	450
Fe	1.26	990	U	0.97	760
Ge	1.22	950	W	0.62	490
Mo	0.93	730	Zr	0.75	590
Nb	0.65	510	Be	0.80	626
Ni	1.52	1190	V	0.75	590
Os	0.95	740	Ru	1.30	1020
Pd	2.39	1870	Hf	0.83	650
Pt	1.56	1220	Ir	1.17	920

* 实测值。

8.2.5　溅射气压接近零的零气压溅射

降低溅射气压可明显改善膜层质量，提高膜层特性，例如减少膜中的杂质气体(Ar、O_2、N_2、C 等)，提高孔底涂敷率 β(孔底膜层厚度与孔外膜层厚度之比)，改善耐电迁移特性等。对于许多应用领域，人们对这种溅射气压接近零的零气压溅射寄予厚望。近几年，许多研究在这方面进行了大量的研究开发。

8.2.5.1　准直溅射

这种技术的目标不是降低溅射压力，而是在普通溅射压力的基础上，增设准直电极，对沿不同方向运动的溅射原子加以选择，以改善大深径比(例如 2 以上)微细孔的膜层埋入。从这种意义上讲，作为布线技术，人们对准直溅射(collimator sputtering)寄以希望。准直溅射的电极结构如图 8-44 所示。这种布置可使与基板倾斜方向飞来的溅射原子附着在准直电极上，仅使与基板垂直方向飞来的溅射原子到达基板。由此，大深径比的微细孔底部也能良好地附着膜层。在图 8-45 所示的实例中，虽然随着接触孔的孔径变小，孔底涂敷率 β 逐渐变小，但与通常的平板磁控溅射相比，准直溅射还是能获得更优良的孔底涂敷效果。目前，这种方法已达到实用化。但值得注意的是，当采用较大的准直电极或准直电极使用时间较长时，会形成有可能造成污染的颗粒源。因此，人们一直在开发不采用准直电极，而又能提高孔底涂敷率的技术。

8.2.5.2　低气压溅射——长距离溅射

清田等人将基板-靶之间的距离 D_{st} 增大到 300 mm(大约是原来的 4 倍)，并改善了磁场分布及强度，使溅射气压降低到 3.5×10^{-2} Pa(2.6×10^{-4} Torr)，成功实现了低气压溅射，并由此大幅度改善了孔底涂敷率(图 8-46、图 8-47)。

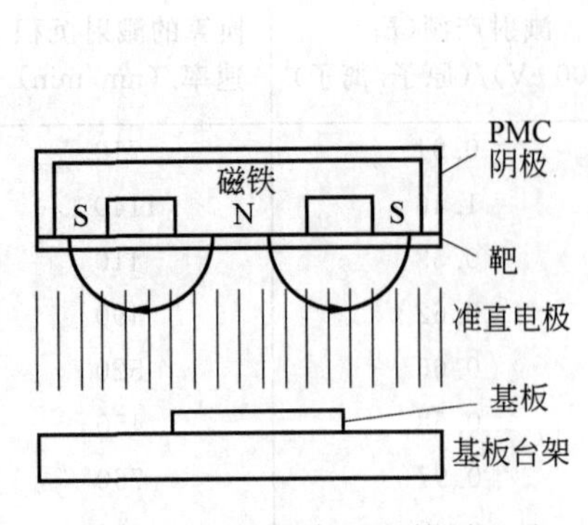

图 8-44　准直溅射沉积的原理图

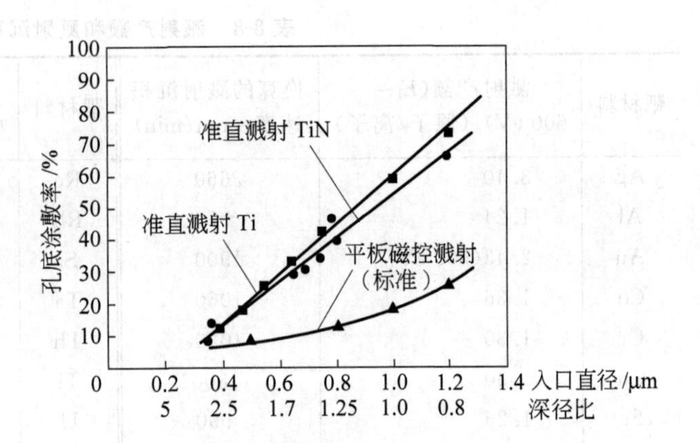

图 8-45　准直溅射与平板磁控溅射中孔底涂敷率同深径比关系的对比

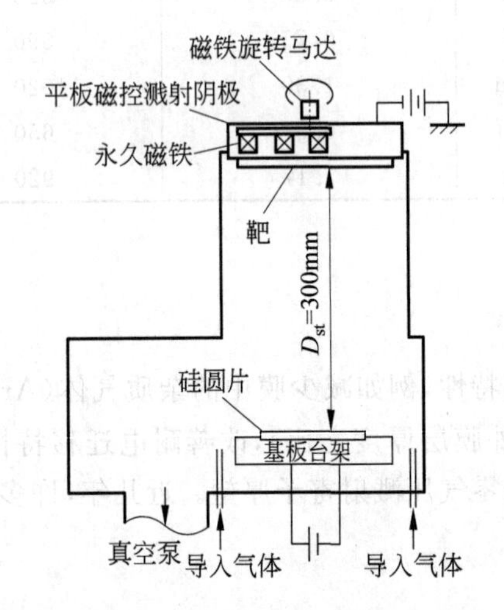

图 8-46　通过增大基板-靶间的距离及改善磁场，可实现气压更低的溅射

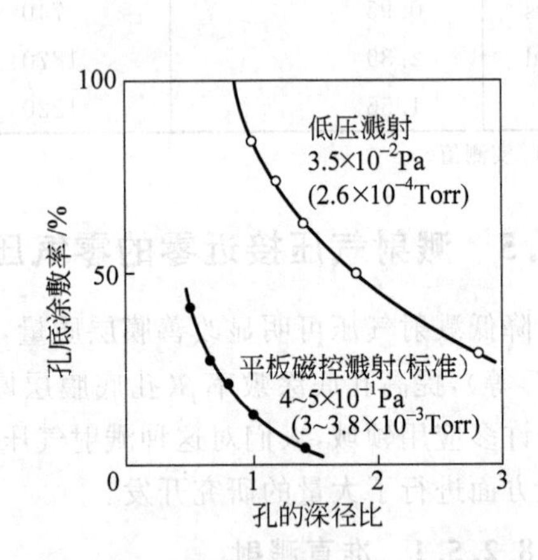

图 8-47　通过降低溅射气压可大幅度改善孔底涂敷率

采用这种低气压溅射，对于深径比为 1 的微细孔，孔底涂敷率达 100%；深径比为 2 的达 50%。溅射气压为 3.5×10^{-2} Pa(2.6×10^{-4} Torr)，仅为原来的约 1/10。

8.2.5.3　高真空溅射

很久以来人们都提出这样的问题：为什么在溅射离子泵等中采用的潘宁放电在 10^{-10} Pa 的超高真空下也能进行，而平板磁控溅射只有压力达到 10^{-1} Pa 才能放电？针对这一问题，人们开始了高真空溅射技术（HV-SPT）的研究和开发。最初，人们从改善电极结构、强化电场或磁场入手进行尝试，但没有成功。最终，通过同时强化电场和磁场，实现了 HV-SPT。在此基础上，还测试了溅射沉积速率等参数。

1. 电极构造和实验装置

最初，为了改变放电一旦停止等离子体便烟消云散的情况，人们研究探讨了各种各样的电极结构(图 8-48)。图 8-48(a)、图 8-48(b)是在原来平板磁控电极的基础上，增设防止等离子体扩散的阻挡壁 W；图 8-48(c)是在靶面上设置沟槽的同时，增大磁通密度；在

图 8-48(a)所示的情况下，将阻挡壁 W 的材料改为磁性体，用以增大磁场强度等。图 8-48(d)是进一步将磁体由铁氧体改为稀土永磁体，以增大磁通密度，但这些措施均未实现低气压下的放电。最终，通过将磁通密度提高到数百毫特(mT)，将电压提高到数千伏，才实现了等离子体放电的低气压化。实验中使用的直径约 170 mm 的电极结构如图 8-49 所示。由于增设了辅助磁体，故获得了最大为 360 mT 的磁通密度，采用的溅射电源最高电压可达 6.8 kV。

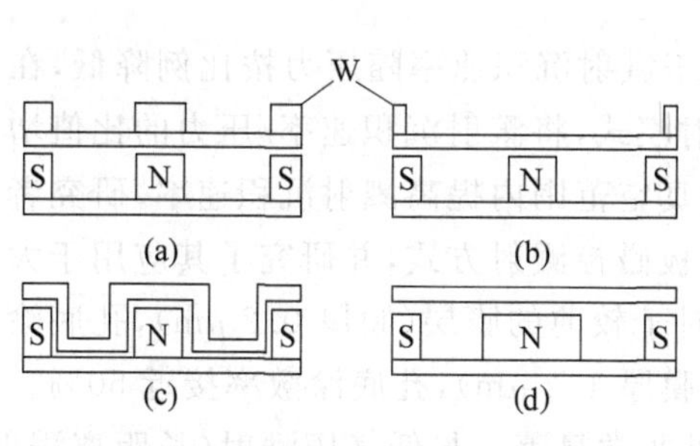

图 8-48　对电极结构的改造

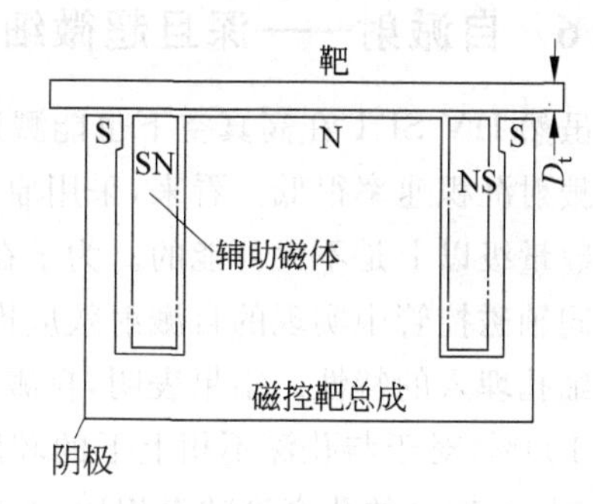

图 8-49　高真空磁控电极的结构

2. 放电特性

图 8-50 表示了放电电流 I 与压力 p 的关系。可以看出，$\lg I$ 与 $\lg p$ 之间呈良好的直线关系。而且，气压降到 10^{-6} Pa(10^{-9} Torr)放电仍能自持。当然，在较低电压、较低气压下，I 与 p 之间的关系变得较为复杂。

3. 溅射沉积速率

溅射沉积速率的测定结果如图 8-51 所示。图中实线表示实测值，虚线表示根据这些测量值与图8-50中的电流得出的推测值。曲线B由最佳溅射沉积条件给出。采用高真空溅

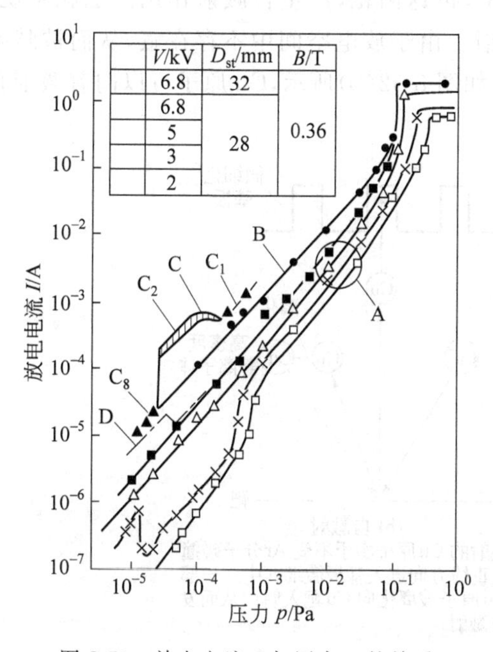

图 8-50　放电电流 I 与压力 p 的关系

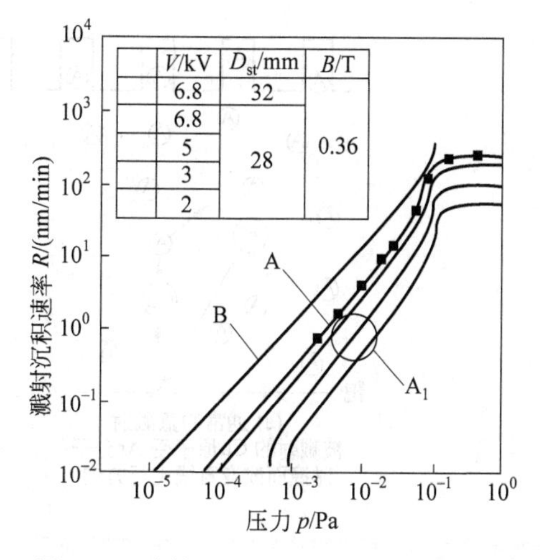

图 8-51　溅射沉积速率 R 与压力 p 的关系

射装置，在普通磁控溅射压力 10^{-1} Pa(10^{-3} Torr)附近，前者也能达到接近后者的溅射沉积速率（亚微米/分），而在更低的压力下，溅射沉积速率随压力按比例降低，在 10^{-4} Pa(10^{-6} Torr)压力范围内，可以获得 0.1 nm/min 的溅射沉积速率。目前，人们正在扩展高真空溅射的应用范围，如将其推广到 MBE 等单晶膜生长领域及原子微组装(atomic manipulation)领域等。

8.2.6　自溅射——深且超微细孔中的埋入

虽然 HV-SPT 在高真空下也能溅射，但由于溅射沉积速率随压力按比例降低，在高真空下溅射沉积速率很低。看来，采用原有的溅射模式，将溅射沉积速率/压力的比值增加到一个数量级以上是不大可能的。为了在更高的真空范围内提高溅射沉积速率，研究者成功地将同轴磁控管中实现的自溅射效应推广到平板磁控溅射方式，并研究了其应用于大深径比微细孔埋入的特性。结果表明，自溅射方式对于较薄的膜层(膜厚 0.2 μm)，孔底涂敷率可达 100%；对于与孔深不相上下的较厚膜层(膜厚 1.2 μm)，孔底涂敷率接近 50%。这与原来 5%～10%的孔底涂敷率相比，改善的效果非常显著。与低气压溅射(长距离溅射)相比，也有明显提高。造成这种效果的原因可能是，在自溅射中，溅射原子的密度高，因原子之间碰撞，其飞行方向更容易集中成束状所致。

8.2.6.1　自溅射的电极结构及工作原理

自溅射与传统磁控溅射 PMC 的电极结构差别不大，只是前者对靶表面的磁通密度有更严格的要求，需要通过实验来确定。例如，对于直径 4 in(100 mm)的自溅射靶，表面磁通密度为 45～50 mT，要求其均匀且集中地分布于紧贴靶表面上方的一个狭窄范围内。

如图 8-52(a)所示，在通常的溅射中，是利用导入的氩气产生并维持放电。而在自溅射中，是通过被溅射的 Cu 原子自身(self)变成离子，再返回靶，产生自溅射作用。也就是说，利用溅射的铜原子自身，代替氩，维持放电和溅射。由于放电空间中不存在氩，从而被溅射 Cu 原子的飞行方向不受氩原子的碰撞而弯曲。如图 8-52(b)所示，Cu 原子可以向着微细孔的方向，直线进入深孔之中。

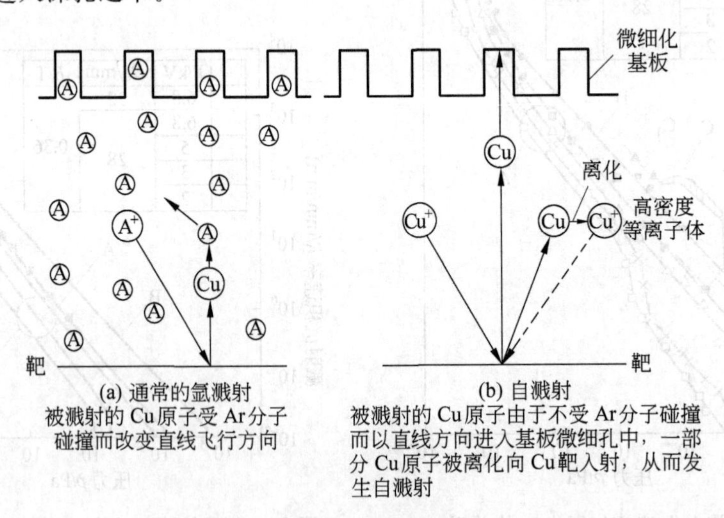

图 8-52　自溅射的原理及其放电特性

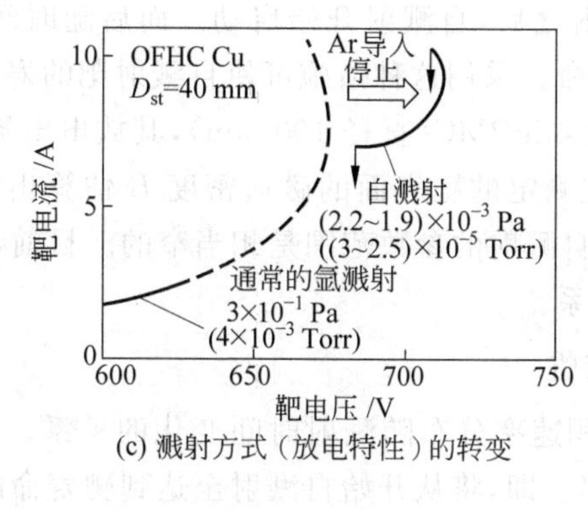

(c) 溅射方式（放电特性）的转变

图 8-52　（续）

8.2.6.2　放电特性

图 8-52(c)分别表示通常溅射 3×10^{-1} Pa(4×10^{-3} Torr)工作压力和自溅射大约 2×10^{-3} Pa(2.7×10^{-5} Torr)工作压力下的电流-电压特性曲线。可以看出，自溅射需要略高些的电压和更大的电流。图 8-53(a)表示在电流保持一定(8 A)的条件下，压力-靶电压的关系。图中，V_1 曲线表示靶表面平坦时的特性，V_2 曲线表示使用大约 2 h 后的特性。在此测定之后，放电即停止。随着溅射进行，靶电压随时间变化的特性如图 8-53(b)所示。

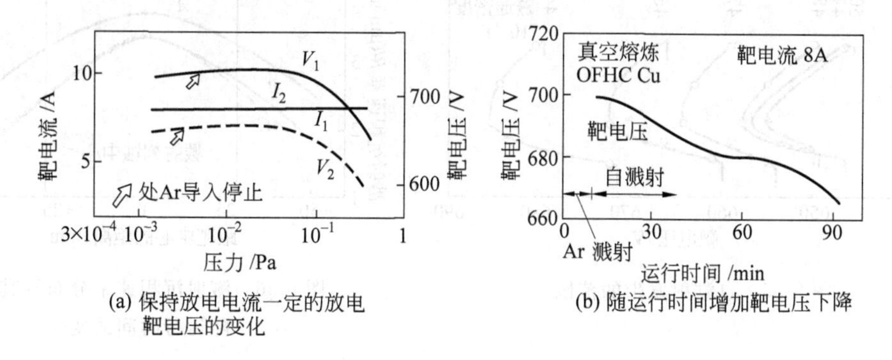

(a) 保持放电电流一定的放电靶电压的变化　　(b) 随运行时间增加靶电压下降

图 8-53　放电电压的变化

上述实验结果表明，随着自溅射的进行，因靶表面产生较深的溅射沟，放电停止，达到靶的寿命。对于 Cu 自溅射的情况，该寿命一般仅为 1～2 h。为延长靶的寿命，可采取图 8-54 所示的措施，预先在靶表面被刻蚀的部位设置凸环。虽然在凸环 *A* 的情况下不能发生自溅

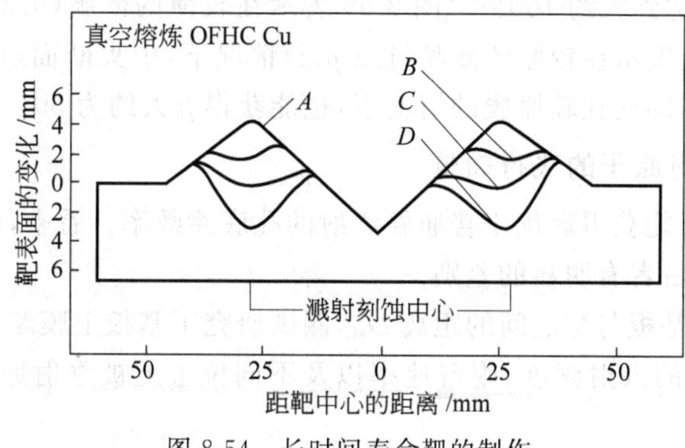

图 8-54　长时间寿命靶的制作

射，但经过大约 1 h 的氩溅射之后，自溅射开始启动。而后随时间变化，靶表面凸环按曲线 C、D 变化，最后达到靶的寿命。采用这种措施可使自溅射靶的寿命延长到 4 h。

图 8-55 表示，采用标准 4 inPMC(直径 100 mm)，其放电电流同靶表面的磁通密度(根据靶表面形成的凹环与预先测定的靶表面的磁通密度 B 估算出的值)、放电电压之间的关系。由该图可以看出，发生自溅射的参数范围是相当窄的。目前，人们正在研究该参数范围同 PMC 结构及其大小的关系。

8.2.6.3 溅射沉积特性

图 8-56 表示自溅射沉积速率分布随溅射时间变化的关系。图中三条曲线分别表示三个时段的平均溅射沉积速率。即，将从开始自溅射至达到靶寿命的时间分成三个区间，取各区间中部时段沉积速率的平均值。其中，A 曲线为 9.7%～26%时段，B 曲线为 42%～58%时段，C 曲线为 74%～100%时段。从图中可以看出，随着自溅射的进行，曲线有逐渐变尖的趋势。这意味着，在溅射进行的同时，被溅射原子的飞行方向逐渐向溅射刻蚀中心的上方集中。而由于溅射原子集中于放电空间的一部分(溅射刻蚀中心的上方)，造成整个放电空间离子的减少，从而成为放电停止的原因之一(当然还有许多其他原因)。

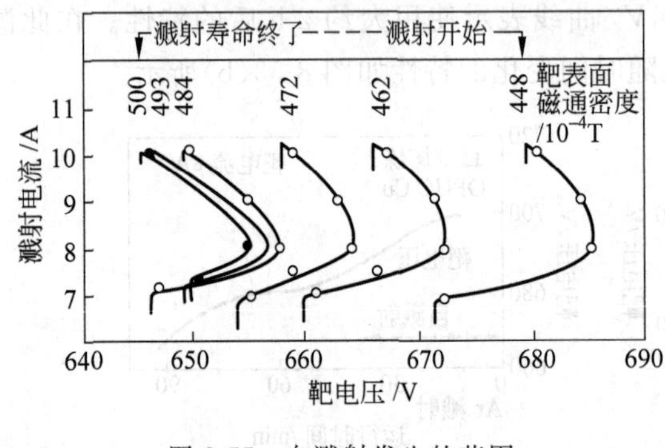

图 8-55 自溅射发生的范围

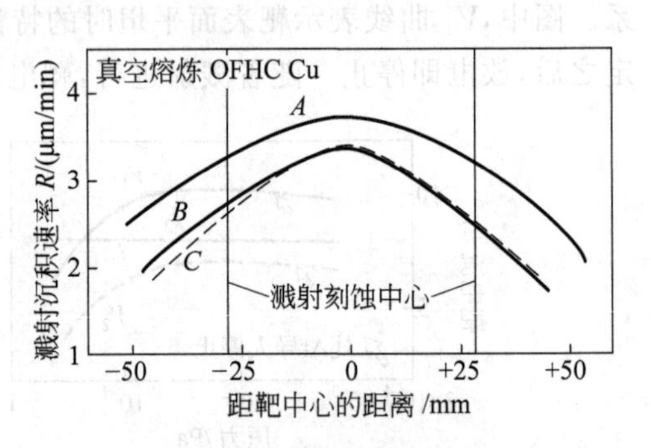

图 8-56 溅射沉积速率分布及其随运行时间的变化

8.2.6.4 深孔的埋入特性

图 8-57 针对深径比大约为 2 的孔，较薄的薄膜(0.2 μm)、中间厚度的膜(0.6 μm)、与孔深相同厚度的膜(1.2 μm)三种情况下，孔底涂敷率 β 与压力的关系。

图 8-58 表示在较薄的薄膜情况下，β 与 D_{st} 间的关系。从图中可以看出，在靶中心上方的孔底涂敷率 β 可以达到大约 100%。图 8-59 表示在较薄的薄膜(0.2 μm)情况下，中央断面的 SEM 像；图 8-60 表示在较厚的薄膜(1.2 μm)情况下，中央断面(由 FIB 切断)的 SEM 像。从图中可以看出，即使在较厚膜的情况下，也能获得 β 大约为 50%的较好孔底涂敷率。

8.2.6.5 被溅射原子的飞行轨迹

如上所述，自溅射能获得远优于普通氩溅射的孔底涂敷率。看来，前者被溅射原子的运动状态(飞行轨迹)与后者有明显的差别。

研究者通过改变基板与靶之间的距离 D_{st}，测试研究了基板上膜厚分布的情况。膜厚分布意味着被溅射原子的入射频度、附着速率以及不同位置上被溅射原子的密度等。从一定

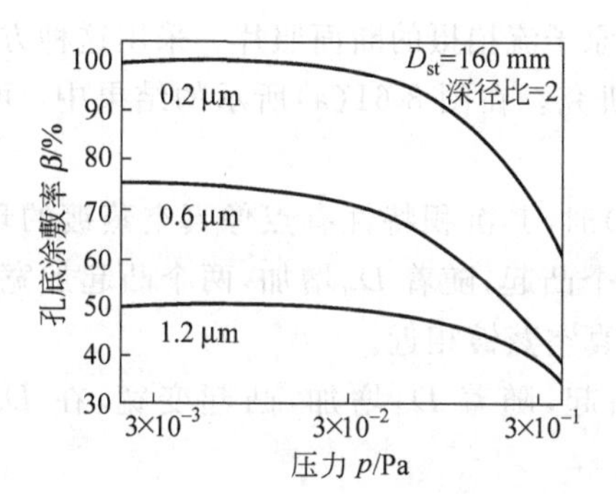

图 8-57　孔底涂敷率随膜厚增加而降低，但随压力的下降而提高。图中三条曲线分别能达到 100%(0.2 μm)，75%(0.6 μm)，50%(1.2 μm)

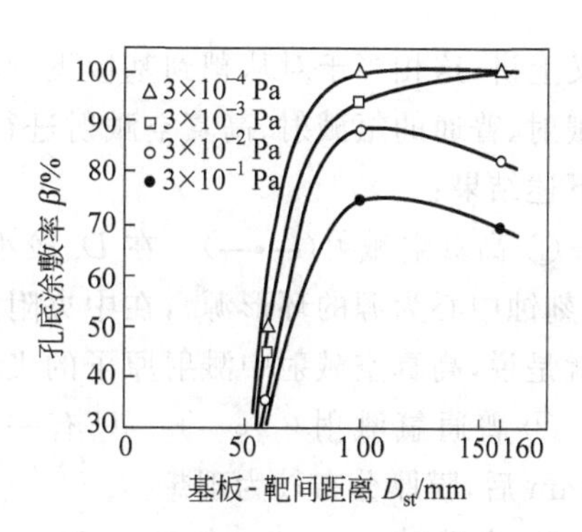

图 8-58　孔底涂敷率与基板-靶间距离的关系

(D_{st}大致从超过溅射刻蚀中心直径(5.4 mm)开始，β上升)

图 8-59　较薄的薄膜(0.2 μm)对微细孔埋入(D_{st}=160 mm)的情况

(左图深径比为 2，右图深径比为 1.5)

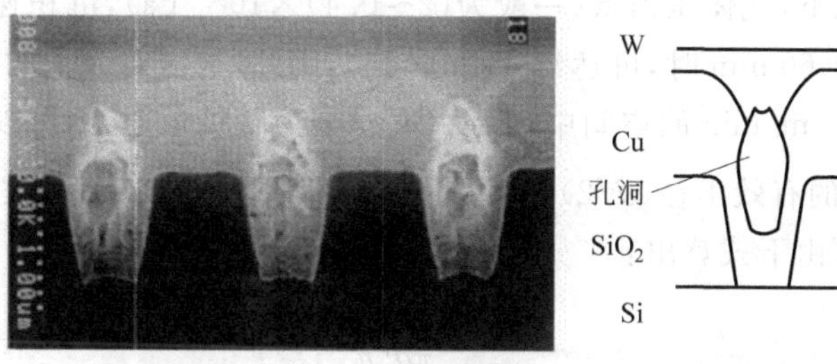

图 8-60　较厚的薄膜(1.2 μm)对微细孔埋入(D_{st}=160 mm)的情况

(深径比为 2)

意义上讲，这相当于对从靶到基板飞行的被溅射原子流拍摄的断面照片。采用这种方法，对自溅射、普通的氩溅射、高真空溅射进行了对比研究。在图 8-61(a)所示的结果中，可以发现下述结果：

① 高真空溅射(—•—) 在 D_{st} 较小(28 mm)时，其沉积特性有点像真空蒸镀的环形源(以刻蚀中心为源的环形源)，在中央附近出现两个凸起，随着 D_{st} 增加，两个凸起加宽合并。也就是说，高真空溅射中溅射原子的飞行状态与真空蒸镀相近。

② 普通氩溅射(---○---) 只有一个中央凸起，随着 D_{st} 增加，凸起变宽，在 D_{st} 超过 60 mm 后，膜厚分布较为理想。

③ 自溅射(--×--) 在 D_{st}=60 mm 和 D_{st}=100 mm 之间膜厚分布几乎不发生变化。

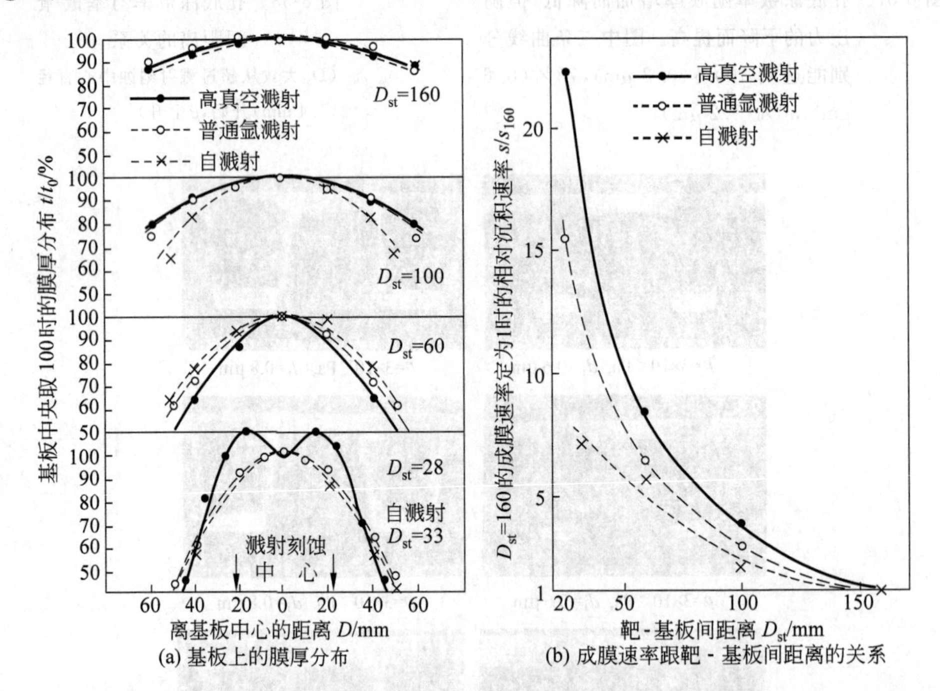

图 8-61 普通的氩溅射、高真空溅射及自溅射的成膜特性

图 8-61(b)是将 D_{st}=160 mm 时的溅射沉积速率定为 1，在 D_{st} 变小时，各种情况下基板中央相对沉积速率的对比。可以看出，自溅射与其他两种情况相比，沉积速率变化较小，例如在 D_{st}=28 mm 附近时，前者的沉积速率仅为高真空溅射的1/3，为普通氩溅射的 1/2。

在自溅射的情况下，气体压力低(一般为(2～0.4)×10^{-3} Pa)，沉积速率是相当大的(如图 8-56 所示，在 D_{st}=60 mm 时，可达约 4 μm/min)，因此，被溅射原子的空间密度也必须考虑。在沉积速率为 4 μm/min 的空间中，假设 Cu 原子为随机运动，则可以估算 Cu 原子的平均自由程 $\bar{\lambda}$。设原子的有效半径($d/2$)=0.128 nm，平均动能为 10 eV，被溅射原子的密度为 n，则其平均自由程可由下式算出：

$$\bar{\lambda} = \frac{1}{\pi d^2 n} \tag{8-34}$$

代入相关数据可得 $\bar{\lambda}$=164 mm。

在放电空间中，除了要考虑沉积原子外，为了维持放电，还要保证有足够多的Cu原子以离子的形式返回靶对其溅射。可以认为，返回原子的密度与成膜用的Cu原子密度不相上下。因此，Cu原子实际的平均自由程比按式(8-34)估算出的要小得多。也就是说，Cu原子之间会发生相当程度的碰撞。从宏观看，来自靶表面的被溅射原子，整体上向基板方向飞行，但为维持放电，其中也有许多原子沿相反方向，向着靶运动。结果，由于被溅射原子之间的碰撞，靶中心部位的被溅射原子进一步向基板方向集中。由于在自溅射中，被溅射原子是这种含有部分随机运动原子的，向着基板方向的束状运动，因此，在刻蚀中心之间所对应的基板区域，膜厚分布是比较均匀的。

由于自溅射中被溅射原子的运动特点，其薄膜沉积具有下述特征：

① 具有优良的孔底涂敷率，如图8-59、图8-60所示。

② 特别是压力低时，埋入孔底的膜层平坦(随着压力变高，埋入孔底的膜层逐渐向半球形变化)。

③ 相对于D_{st}的变化，相对沉积速率的变化小(图8-61(a))。

④ 如图8-61(b)所示，在D_{st}=60 mm、33 mm、28 mm三种情况下，自溅射跟高真空溅射和普通氩溅射相比，成膜状态变化较小；而在D_{st}=100 mm时，自溅射较之另外两种方式，膜厚分布均匀性要差些。

⑤ 关于孔底涂敷率，在D_{st}=60 mm时，刻蚀中心上方(约50%)比基板中心上方(约40%)好；相反，在D_{st}=160 mm时，基板中心(约100%)比刻蚀中心(约80%)好。

综上所述，图8-62给出自溅射中被溅射原子的飞行状态。正是由于自溅射优于直射式的模式，因此能获得更好的孔底涂敷率。

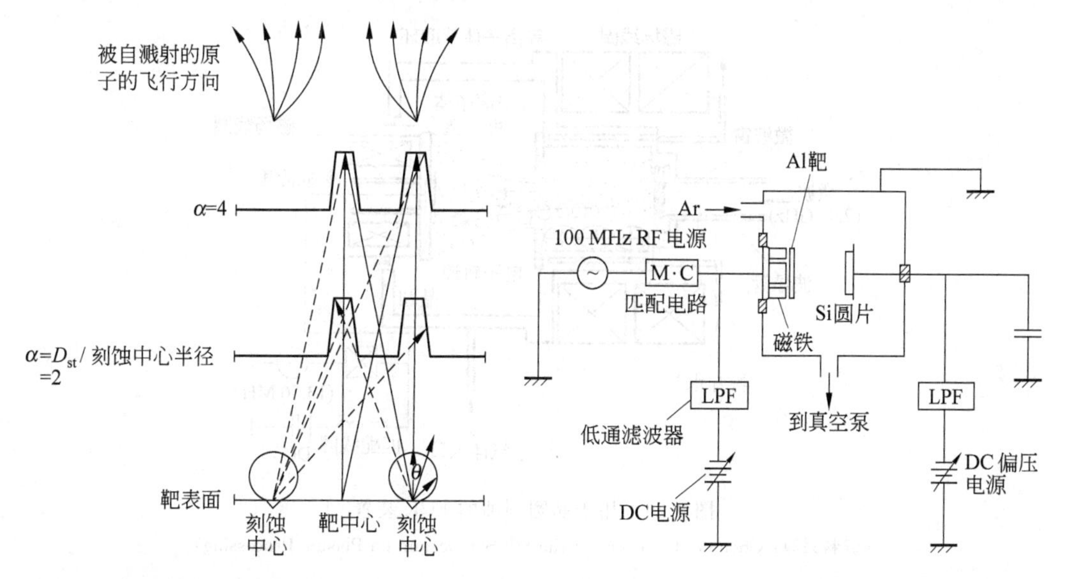

图8-62 自溅射中被溅射原子的飞行方向以及由其埋入接触孔的示意图

图8-63 RF-DC结合型偏压溅射装置模式图

8.2.7 RF-DC结合型偏压溅射

RF-DC结合型偏压溅射如图8-63所示，在磁控溅射电极的基础上，由100 MHz的高频电源和直流(DC)电源共同运行，与此同时，对基板(硅圆片)加上13.56 MHz的RF偏压。采用这种方式，可以获得更优良的Al薄膜。在这种装置中，由于同时利用100 MHz电源和直流电源两个系统，从而能对溅射进行有效控制。其中，100 MHz电源输入一定功率，主要用于产生等离子体，而直流电源供应靶电流，主要用于控制溅射速率，因此靶电流和等离子体密度可分别控制。这种装置可以净化放电环境，便于控制溅射参数。用于研究目的，可以很方便地设定各种各样的条件，并为开发各种新型溅射装置(如ECR溅射等)提供实验手段。

采用这种装置为了研究目的，使本底真空达 3×10^{-8} Pa(2×10^{-10} Torr)，导入Ar中水分含量也降低到 10^{-9}，并使基板偏压达适当值(约－20 V)，溅射获得的Al膜表面平滑(不出现一般溅射膜中常见的凸起或小丘)，耐电迁移，可靠性好，而且微细孔的埋入特性也很好。

这种装置的溅射压力一般在 10^{-1} Pa(10^{-3} Torr)量级。

8.2.8　ECR溅射

前面第4章(图4-10、图4-61、图4-62)已讨论过ECR(电子回旋共振，electron cyclotron resonance)等离子体放电，利用该放电制成的ECR装置既可用于溅射镀膜，又可用于溅射刻蚀。图8-64表示ECR刻蚀装置原理。需要刻蚀的晶圆置于ECR源对面的晶圆架上，其上施加射频电压，从而晶圆受ECR等离子体中正离子的溅射刻蚀作用。类似的装置也可以用于溅射镀膜，只是用圆筒状靶取代图中所示的等离子体萃取窗，而需要沉积薄膜的基片置于图8-64的晶圆位置上。圆筒状靶上施加负偏压或射频电压，则靶受ECR等离子体中正离子的溅射作用，被溅射出的原子沉积在基片上。

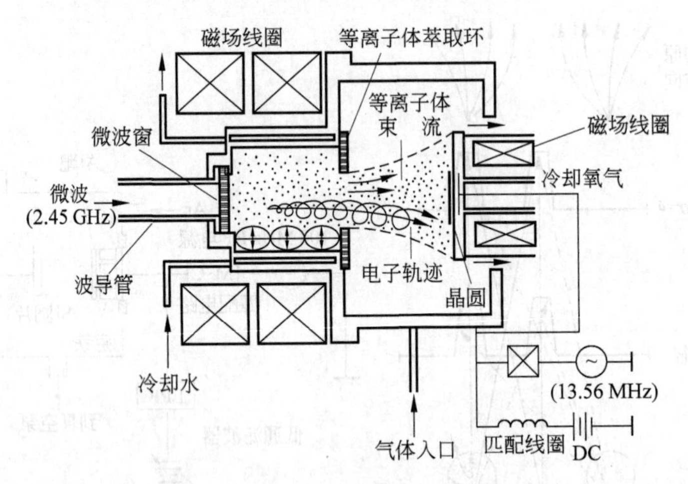

图8-64　用于晶圆刻蚀的ECR装置

(资料来源：Chen et al.，Proc. of the 8th Symposium on Plasma Processing)

ECR溅射具有下述优点：

(1) ECR等离子体密度高，即使在 10^{-3} Pa(10^{-5} Torr)的低气压下也能维持放电。

(2) ECR等离子体由ECR源输出，ECR源、靶、基板三者的参数可独立控制与调节，放电、溅射和成膜都很稳定。

(3) 等离子体由微波引入，且被磁场约束。由于不采用热阴极，不受周围环境的沾污，因此等离子体纯度高，适用于高质量膜层沉积。

(4) 通过调节约束磁场，可以按要求控制等离子体的分布。

ECR溅射既可用于镀膜，又可用于高精度刻蚀加工，近年来在大规模集成电路制作及微电子与机械系统(microelectronics mechanical system, MEMS)加工方法正逐步扩大应用。

8.2.9 对向靶溅射

对于Fe、Co、Ni、Fe_2O_3、坡莫合金等磁性材料，要实现低温高速溅射镀膜有特殊的要求。采用前述几种磁控溅射方式都受到很大的限制。这是由于靶材的磁阻很低，磁场几乎完全从其中通过，不可能形成平行于靶表面的使二次电子作圆摆线运动的较强磁场。若采用三极溅射或射频溅射等，靶温升严重，而且沉积速率低。

利用对向靶溅射法，即使采用铁磁性靶也能实现低温高速溅射镀膜。这是一种设计新颖的溅射镀膜技术。图8-65表示对向靶溅射镀膜的工作原理。两只靶相对布置。所加磁场与靶表面垂直，且磁场与电场平行。阳极放置在与靶面垂直部位，电场与磁场一起，起到约束等离子体的作用。二次电子飞出靶面后，被垂直靶表面的阴极位降区的电场加速。电子在向阳极运动过程中，在磁场作用下，作洛伦兹运动。但是，由于两靶上加有较高的负偏压，部分电子几乎沿直线运动，到对面靶的阴极位降区被减速，然后又被向相反方向加速运动。在靶四周非均匀磁场的作用下，上述二次电子被有效地封闭在B_0之间，形成高密度的柱状等离子体。电子被两个电极(靶)来回反射，大大加长电子运动的路程，增加与氩原子的碰撞电离几率，进而明显提高两靶间气体的电离化程度，增加溅射所必需的氩离子的密度，从而可提高沉积速率。

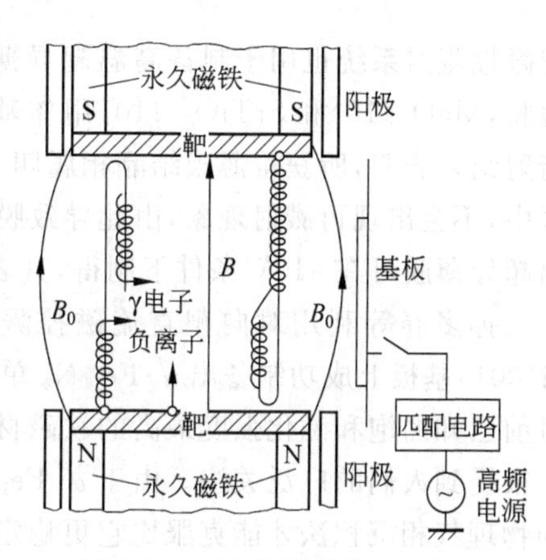

图8-65　对向靶溅射的工作原理

二次电子除被磁场约束外，还受很强的静电反射作用。等离子体被紧紧地约束在两个靶面之间，而基片位于等离子体之外。这样就可避免高能电子对基片的轰击，基片温升很小。而且，在更低的气压下也能溅射镀膜。

Hoshi等人利用对靶磁控溅射制取磁性Fe、Ni及其磁性合金膜，采用的系统如图8-66所示。在真空室外部，在垂直于靶平面方向，可以施加0.12 T的磁场；具有相同尺寸的两个盘状靶平行安置于溅射室内(图8-66(a))。溅射靶为Ni和Fe(纯度为99.9%)盘，其直径均为60 mm，厚度3 mm。对于坡莫合金沉积，采用由Ni、Fe盘和Mo片构成的复合靶(图8-66(b))，薄膜组分可以通过改变Fe盘的直径和Mo片的数量来控制。靶间距离保持在50 mm，基片(玻璃：20 mm×3 mm×1 mm)在离双靶公共轴40～70 mm处竖直放置。溅射气压为0.07～11 Pa，放电电流为1.5 A时可以维持稳定的辉光放电。Hoshi及其合作者研究了沉积膜的晶体结构、组分、表面形貌。实验表明：应用这一装置，在低于180℃的温度下，在基片上沉积磁性膜，其沉积速率比使用传统的直流二极溅射系统高出50倍。

Naoe及其合作者使用对靶磁控溅射系统制备了Co-Cr薄膜，这一薄膜可以作高密度垂直磁记录媒介。他们还报道了具有不同Fe、Ti厚度的Fe/Ti多层膜以及TbFeCo薄膜。对

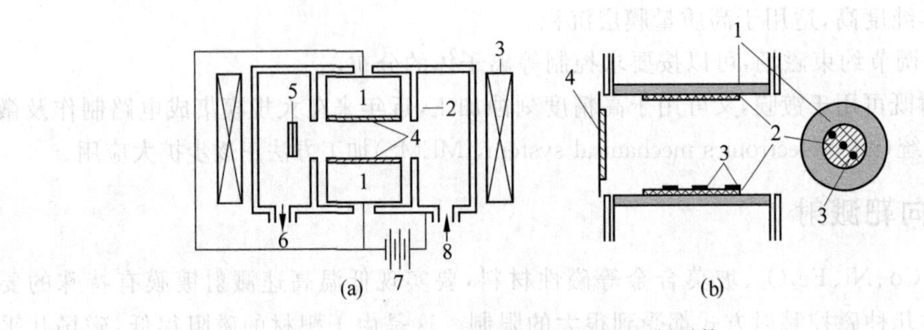

图 8-66 制取磁性膜的对向靶系统

(a) 溅射系统 1—铁柱；2—接地；3—励磁线圈；4—靶；5—基片；6—接真空；7—直流高压源；8—入气口

(b) 复合靶 1—Ni靶；2—Fe靶；3—Mo；4—基片

靶磁控溅射系统也用于制备高温超导薄膜，Hirata 和 Naoe 在低基片温度下制备了 YBCO 薄膜，MgO⟨110⟩和 $SrTiO_3$⟨110⟩用作基片，基片温度从室温至 500℃范围内变化。X 射线衍射结果表明，所获得薄膜结晶相属四方晶系，膜的成分与靶相同，由于基片不在等离子体区中，不会出现再溅射现象，由此导致膜与靶的组分没有差别。临界转变温度为 85 K 的高温超导薄膜可在 410℃条件下制得，其表面非常光滑。

孙多春等利用对向靶直流磁控溅射系统，通过严格控制溅射参数，在 NaCl(001)和 Si(001)基板上成功制备出 α''-$Fe_{16}N_2$ 单晶薄膜。$Fe_{16}N_2$ 的饱和磁化强度可达 2.83 T，这是目前已知的饱和磁化强度最高的软磁材料，它作为高密度磁记录介质和磁头的理想材料，近年来受到人们的广泛关注。由于 α''-$Fe_{16}N_2$ 是一种热力学准稳定相，故一般说来，用非平衡的物理气相沉积法才能克服比它更稳定的 α 和 γ' 相。外延生长 α''-$Fe_{16}N_2$ 要求严格的工艺条件，其中除了需要达到理想化学计量之外，基片的选择和基片温度的控制尤为重要。

8.2.10 离子束溅射沉积

前面叙述的所有溅射镀膜方法都无例外地是把基片放在等离子体中。在成膜过程中，膜层要不断地受到周围气体原子和带电粒子的轰击；而奔向基片的溅射粒子，在沉积之前，要与等离子体中的气体原子、带电粒子相互碰撞多次，依靠漂移、扩散才能到达基片。同时，沉积粒子的能量还依基片电位和等离子体电位的不同而变化。因此，在等离子状态下所制作的薄膜性质往往有较大的差别。溅射条件、溅射气压、靶电压、放电电流等不能独立控制，这样就难于对成膜条件进行严格控制。

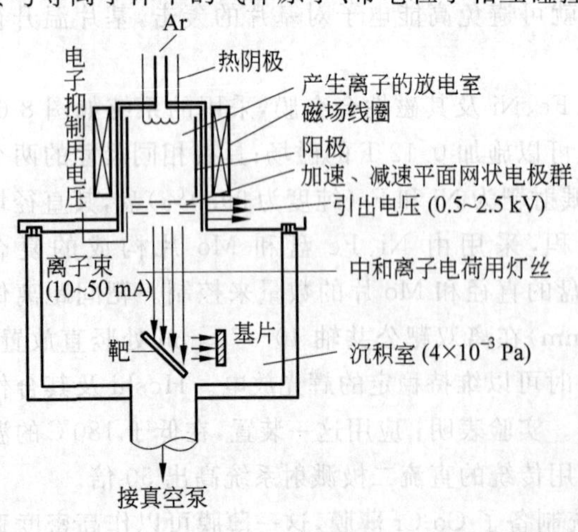

图 8-67 离子束溅射镀膜(IBS)装置原理

为了克服上述缺点，人们采用了离子束溅射法，简称 IBS。这是用离子源发出离子，经引出、加速、取焦，使其成为束状，用此离子束轰击置于高真空室中的靶，将溅射出的原子进行镀膜。IBS 的原理如图 8-67 所示。与等离子体溅射镀膜法比较，虽然 IBS 装置结构复杂，成膜速率慢，但有下述的优点：

① 在 10^{-3} Pa 的高真空下，在非等离子状态下成膜，沉积薄膜很少掺有气体杂质，所以纯度较高；由于溅射粒子的平均自由程大，溅射粒子的能量高、直线性好，因此不仅能获得与基片具有良好附着力的膜层。此外，通过变化射向基片的入射角，或者采用不同的掩模，还能改变膜层的二维或三维的结构。

② 可以独立控制离子束能量和电流；可以使离子束精确聚焦和扫描；在保持离子束特性不变的情况下，可以变换靶材和基片材料；离子束窄能量分布使我们能够将溅射产额作为离子能量的函数来研究。

③ 沉积发生在无场区域，靶上放出的电子或负离子不会对基片产生轰击作用，与等离子体溅射法相比，基片温升小，膜成分相对于靶成分的偏离小。

④ 可以对镀膜条件进行严格的控制，从而能控制膜的成分、结构和性能等。

⑤ 靶处于正电位也可以进行溅射镀膜。

⑥ 许多材料都可以用离子束溅射，其中包括各种粉末、介电材料、金属材料和化合物等。

离子源是 IBS 装置（包括镀膜和刻蚀）中最重要的部分，离子源通常由产生离子的放电室、引出并加速（或减速）离子的网状电极群以及中和离子电荷的灯丝所构成。按用途不同，已开发了各种不同类型的离子源，但就 IBS 装置中采用的离子源而论，主要是电子轰击型和双等离子体型两大类。从形式上看，无论哪一种都是从阴极放出大量电子，利用这些电子促进电离。通常，为了增加电子的飞行距离，往往要加上场强为几万 A/m 的磁场。电子轰击型离子源中，以 Kaufman 源效果最好。图 8-68(a)示出了它的工作原理。这种离子源的特点是装备有多极磁场和多孔式离子引出系统，容易引出大直径大电流的离子束。目前已有人做出束径为 ϕ30 cm 的 Kaufman 源。现在，商用 IBS 装置几乎都是安装这种类型的离子源。其放电气压为 1.33×10^{-2} Pa(10^{-4} Torr)。放电电压较低，大约为 50 V 左右，离子能量分布在 1～10 eV 较窄的范围内。离化效率较高，为 50%～70%，可以引出 500～2000 eV，1～2 mA/cm^2 的 Ar^+ 离子束。图 8-68(b)是双等离子体型离子源的结构示意图。这种离子源的关键技术在于，利用图中所示的中间电极和磁场，使阴极（热灯丝）与阳极之间发生的等离子体收聚，并使其通过直径 ϕ1 mm 左右的细孔，射入到高真空一侧。在放电气压为 1.33×10^{-1}～1.33×10^{2} Pa(10^{-3}～1 Torr)、放电电压为 60～80 V 条件下，放电电流为 1～2 A；在 1～20 keV 下可以引出数毫安的 Ar^+ 离子束。为了引出更大的离子束，人们开发了带有等离子体扩张室的改进型离子源。从离子源引出的离子束由于空间电荷效应容易发

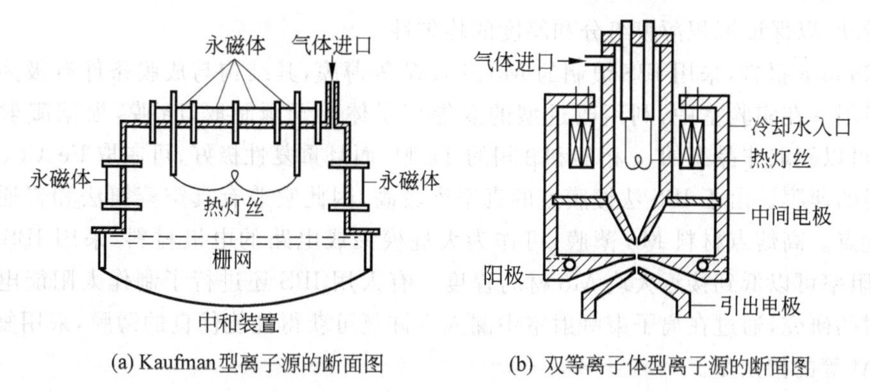

(a) Kaufman型离子源的断面图　　(b) 双等离子体型离子源的断面图

图 8-68　IBS 装置中采用的离子源

散，给离子束的传输带来困难。为了解决一问题，往往在离子引出电极的后方供应电子，使空间电荷互相中和。这种提供电子的装置称为中和极，通常多采用热灯丝。一般认为，用这种方式提供的电子在靶上与离子再结合。采用了这种中和装置以后，就可以对绝缘靶进行溅射。在对绝缘靶进行溅射时，也有采用在靶表面直接供应电子的方法，用以防止电荷的积累。当用离子束轰击靶时，为使离子束不射到靶以外的部位，一般要对离子束进行收聚。这可采用透镜系统。由 Kaufman 开发的两种多孔式引出电极系统，也能有效地引出聚焦性很好的离子束。其结构如图 8-69 所示。一种是引出电极带一定曲率(图 8-69(a))，一种是引出电极和阳极在轴向上不对正(图 8-69(b))。同时，为对基片进行溅射清洗，或在成膜过程中，同时用其他离子轰击膜层。有人已经采用了装有两个离子源的双束型 IBS 装置，用于溅射镀膜。

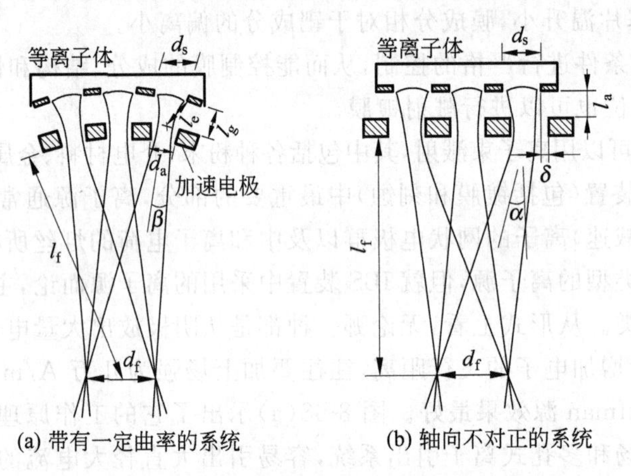

图 8-69　引出聚焦离子束的电极系统

d_a—引出电极孔径；d_f—离子束直径；d_s—阳极孔径；l_e—离子束源曲率半径；l_f—离子束源焦距；l_g—阳极(引出电极间距)；α—斜束发散半角；β—离子束发散半角；δ—孔偏距

下面举一个利用 Kaufman 源的 IBS 装置实例，可以参考前面的图 8-67。Kaufman 离子源产生束径为ϕ7.5 cm的氩离子束，离子源系统的真空度为(5.2～6.5)×10^{-1} Pa；溅射室的真空度为 3×10^{-3} Pa。靶的水平倾斜角可变，一般情况下，都是 40°。基片装在 6.3 mm 厚的圆形铝架上，并处于竖直位置。在镀膜过程中，基片要自始至终避开离子束的轰击。靶表面离子束流密度通常是0.5 mA/cm^2。离子所带的能量大约为 500 eV，在每次沉积前，先用离子束轰击至少 50 min，预清洁靶表面。在离子束溅射过程中，要求靶和基片都能在不同的方向上转动，以保证沉积薄膜组分和厚度的均匀性。

据 Chopra 报告，采用 IBS 镀制的 Mo、Ta、W 等薄膜，其结构与成膜条件有极为密切的关系。星阳一在实验室中，利用改进型的双等离子体离子源制取 Ta 膜，根据溅射条件不同，分别可以制取非晶态的、α 相的和 β 相的 Ta 膜，而且重复性极好；可制取 Fe、Co、Ni 等铁磁性材料的薄膜。由于 IBS 法镀膜室的真空度较高，因此它兼有真空蒸镀法和普通溅射镀膜法的优点。高熔点材料 Mo 薄膜，可作为大规模集成电路的电极材料，采用 IBS 法制作时，其电阻率可以低到接近大块 Mo 材的程度。有人用 IBS 还进行了制作太阳能电池用非晶硅薄膜的研究，通过在离子束溅射室中漏入少许氧可获得性能优良的薄膜，采用复合靶还能控制 Al 等的掺杂量。

Weismantet 利用 IBS 法中溅射粒子到达基片具有较高的能量这一特点，在镀膜的同时还用离子束轰击膜层(即所谓双束镀),结果在相当低的基片温度下,成功地制取了晶态的 Si_3N_4 和 Nb_3Ge 膜;而且利用碳离子束在基片上的沉积,制取了类金刚石膜,这是一项非常有意义的成果。

如果在这种装置中引入反应气体,进行化学反应,可以制取氧化物、氮化物等,这就是反应离子束溅射法,图 8-70 中示出反应离子束溅射法的几种方式。其中图 8-70(a)是最简单的方法,引入的反应气体是中性的;图 8-70(b)是使反应性气体离化,同时参加溅射,不仅在基片上而且在靶上也能进行反应;图 8-70(c)是使反应气体离化,加速之后直接在基片上发生反应。

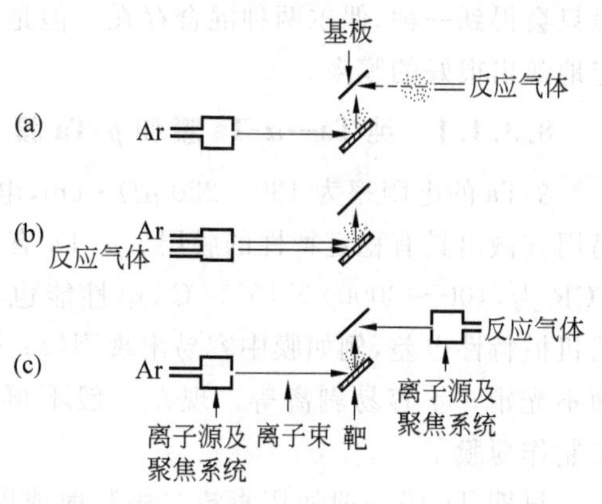

图 8-70　反应离子束溅射法的几种方式

IBS 法除了成膜条件可严格控制外,溅射粒子的动能大且具有极好的方向性,因此可以制取各种各样的高质量膜、结构不同的膜和单晶膜等。由于沉积速率极低,一般说来不适于工业化生产,但对于溅射基础过程和溅射薄膜物性的研究可望提供有价值的资料。IBS 用于制备金属、半导体和介质膜的部分实例有:Au、Ag、Cu、Al、Co、Ni、Pt、Ti、Mo、W、Er、Cr、Ni_3Al、$Co_{100-x}Cr_x$($x=17\sim23$)、稀土-Fe-Co、Cu/Ni 多层膜、Fe/Ni 多层膜;Si、GaAs、InSb、ZnO、ZnS、ZrO_2、TiO_2、SiH、YCCO;Al_2O_3、AlN、SiO_2、Si_3N_4、Cr_3C_2、Ta_5Si_3、ZnO、Al、非晶类金刚石碳膜;$(Co_{90}Cr_{10})_{100}-xM_x$(M 代表 V、Nb、Mo、Ta,$x$ 的范围为 0～20)。

8.3　溅射镀膜的实例

下面选三个已广泛实际应用的溅射镀膜实例,做简单介绍。

8.3.1　Ta 及其化合物膜的溅射沉积

Ta 薄膜是溅射沉积技术中最早被实现工业化生产的,由于大量使用,因而关于 Ta 膜的报告也多,这些成了溅射其他材料的重要参考。这些研究报告有的涉及偏压溅射、反应溅射、磁控溅射等各种各样的溅射方法,有的对薄膜的晶体结构进行了仔细的观察,有的研究了溅射工艺、薄膜结构与性能之间的关系。钽的氮化物以及由它而形成的氧化物做电阻材料,其性能非常稳定,随时间的变化很小。如果在额定负载下使用(估计电阻器的温度为 50～60℃),则 10 年之后其阻值变化大约在+0.05%以内①。此外,它还有可取大功率密度、容易与电容相组合制成无源元件等很多优点,因此在许多方面被广泛应用。

如果从镀膜的角度来说,Ta 归于成膜极难的一类。Ta 的化学性质极为活泼,很容易与残余气体发生反应,所以必须在高真空下镀膜。另外,纯 Ta 膜中可能存在两种因素异构体,一种为 α-Ta,另一种为 β-Ta。前者与块体状金属具有相同的晶体结构,为体心立方

① 根据有关研究所得到的强制寿命试验结果,按 $\Delta R/R$-时间的关系进行外推,得到的结果大约为+0.02%。研究 TaN 电阻的专家们还考虑到其他的因素,打了一个富裕量,估计其值在+0.05%以内。

bcc(body centered cubic)结构；后者属正方晶系(tetragonal symmetry)。根据溅射条件，一般只会得到一种，偶尔两种混合存在。但是，一旦溅射条件确定之后，就可以按要求比较稳定地镀出很好的膜来。

8.3.1.1 纯 Ta—α-Ta 膜和 β-Ta 膜

β-Ta 的电阻率为 180～220 μΩ·cm，电阻温度系数 TCR 为 0～+100×10^{-6}/℃，很容易用其做出具有稳定特性的膜层。α-Ta 有下面一些缺点：①电阻率为 10～150 μΩ·cm，TCR 为(100～3000)×10^{-6}/℃，电性能也不稳定；②机械特性也差，例如膜中容易出现裂纹；③大多表面不光滑；④容易剥离等。现在一般不再用 α-Ta 来制作薄膜了。

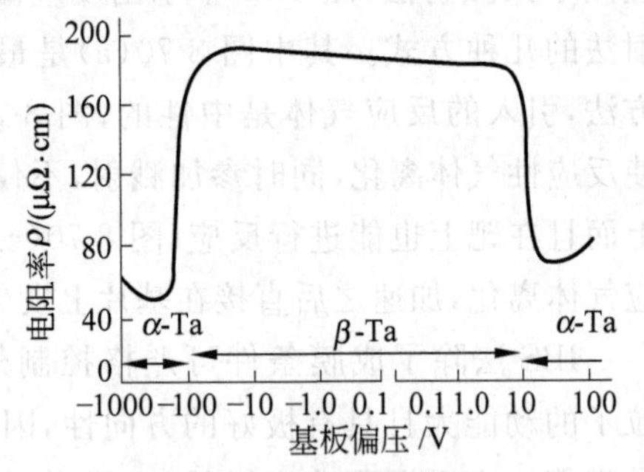

图 8-71 Ta 的偏压溅射

早期 Ta 膜一般使用直流二极溅射或射频二极溅射镀膜，近年来多采用磁控溅射。

在制作 β-Ta 膜时要避免如下情况：

① 装置未老化(放气或漏气较多)时；

② 基板处于阴极暗区或离其很近时；

③ 电极间距离虽大，但膜层受到离子或电子的激烈轰击时。如图 8-71 所示，如果给基板加 −100 V 以下，+10 V 以上的电压进行偏压溅射，则可以制作α-Ta 膜。

为了制作 β-Ta 膜需要考虑设法避免上述条件。在制作 β-Ta 时，一般要使电极间距保持在 50～70 mm(约为暗区的 2 倍以上)，且在装置充分老化的情况下进行。采用批量式溅射容易受残余气体的影响(见图 8-72)。为了排除这种影响，采用图 8-71 所示范围(−100～+10 V)的偏压溅射就可以制作 β-Ta 了(电阻率也可得到稳定的 200 μΩ·cm)。

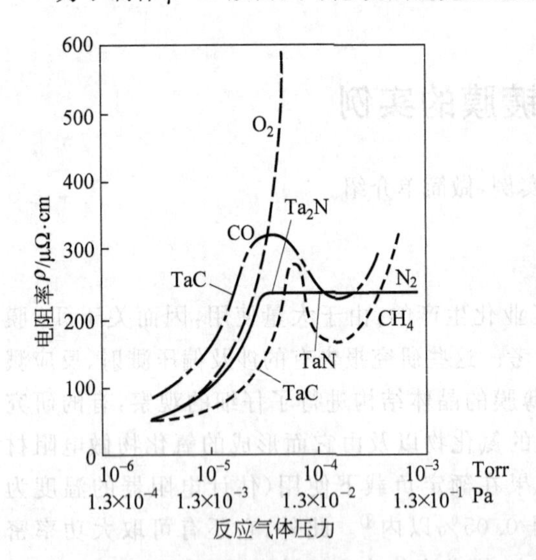

图 8-72 Ta 膜的电阻率随反应气体压力不同而变化

β-Ta 的电阻率随靶电压和靶电流、基板偏置电压及残余气体的变化很大。可以认为，这是由于随溅射条件的不同，晶粒的大小、取向、密度，残余气体的影响等都会发生变化所致。如图 8-73 所示，采用通常的二极溅射，当靶电压改变时，膜层电阻率发生明显变化(画“∘”的曲线)；而若进行偏压溅射，膜层电阻率就几乎不受靶电压的影响(画“•”的曲线)。图 8-74 所示是让装置进行老化阶段，所得膜层表面电阻的变化情况。可以看出，表面电阻在长时间内达不到稳定值(平衡值)。而若在变化途中进行偏压溅射(画“▴”的点)，在偏压作用下，离子对膜层的轰击作用有利于获得表面电阻比较稳定的 β-Ta 膜。从图 8-75 中还可以看出，偏压溅射还获得了表面电阻比平衡值低的 β-Ta 膜，而偏置电压过高，只能得到α-Ta。另外，若以上述的 6 倍功率预溅射30 min，也可以制作出接近平衡电阻值的β-Ta 膜（画“×”的点）。

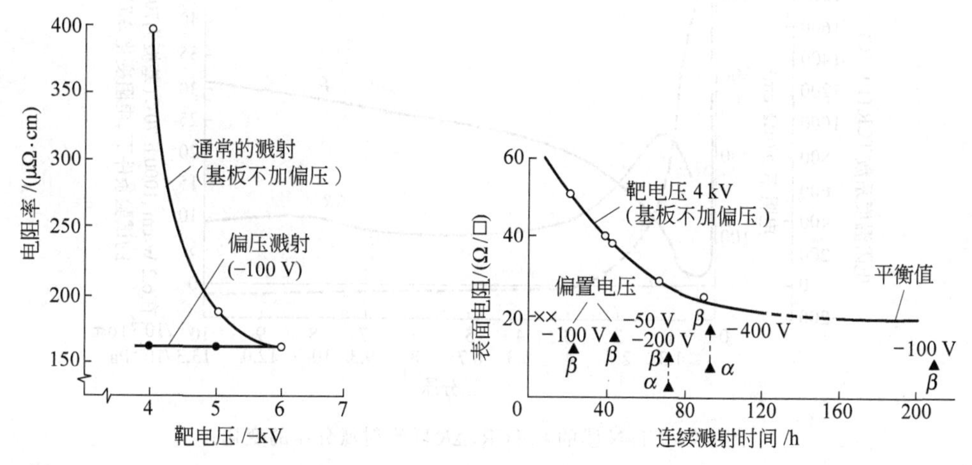

图 8-73　Ta 的二极或偏压溅射　　　图 8-74　表面电阻随溅射时间的变化

也有以 β-Ta 膜做电阻材料的，但主要还是用来做电容器。图 8-75 所示是采用与图 8-73 相同的偏压溅射来制作 α-Ta 膜和 β-Ta 膜，随后用柠檬酸进行阳极氧化，将形成的氧化膜作绝缘膜，然后在绝缘膜上蒸金来制作电容器时的合格率，其中“•”表示初期合格率，“×”表示经过 2700 h 加速寿命试验后的产品合格率。从图 8-75 中可以看出，用 α-Ta 和 β-Ta 膜制作电容器的合格率差别很大。看来这主要是因为前者在机械特性上的缺点以及残余内应力等因素造成的。

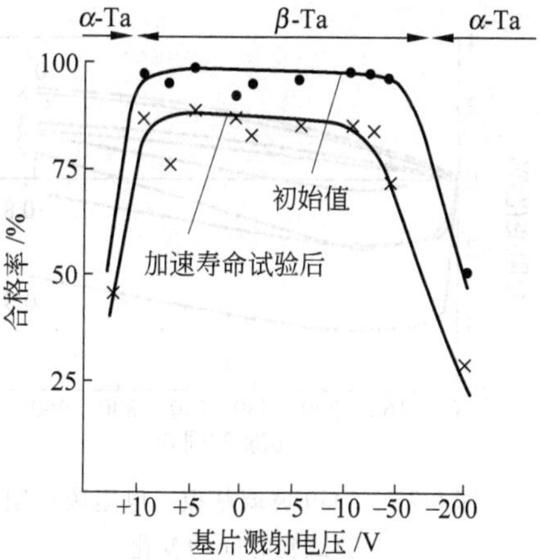

图 8-75　采用 β-Ta 制作电容时的合格率

8.3.1.2　TaN 膜

如前所述，TaN 的电阻在 10 年内只变化约 0.05%，将膜氧化后也可以制作电容器。TaN 膜的用途是很广的。

制作 TaN 膜的条件，因装置不同而异，但每个装置都应按下述步骤进行操作：①首先对装置进行老化，以便稳定地制取 β-Ta 膜；②改变混入氩气中的氮气含量，制成电阻并对此电阻作加速寿命试验；③从中选取一个最合适条件等。其中，步骤②的加速试验一般是在加 5～10 倍于正常负载的条件下，进行 1000 h 以上的试验。图 8-76 表示电阻率 ρ，电阻温度系数 TCR，以及在环境温度为 70℃、投入功率密度为 6.2 W/cm^2、进行 1000 h 加速寿命试验后的电阻变化 ΔR 随氩气中氮分压变化的曲线。

图 8-77 给出室温下加速寿命试验时，电阻随时间变化的函数关系。图中的数字表示以氮气分压 1.3×10^{-2} Pa(1×10^{-4} Torr)为 1 时的相对分压。从图 8-77 中可以看出，4×10^{-2} Pa(3×10^{-4} Torr)的氮分压时，电阻的变化很小。注意，该氮分压的值随装置不同及靶电流、靶电压的不同而异；一般由被溅射原子的数目和进入真空室的氮原子数目——即流量来决定。如此，TaN 膜的溅射条件就确定了。如果用 X 射线衍射等来鉴定，则当氮气

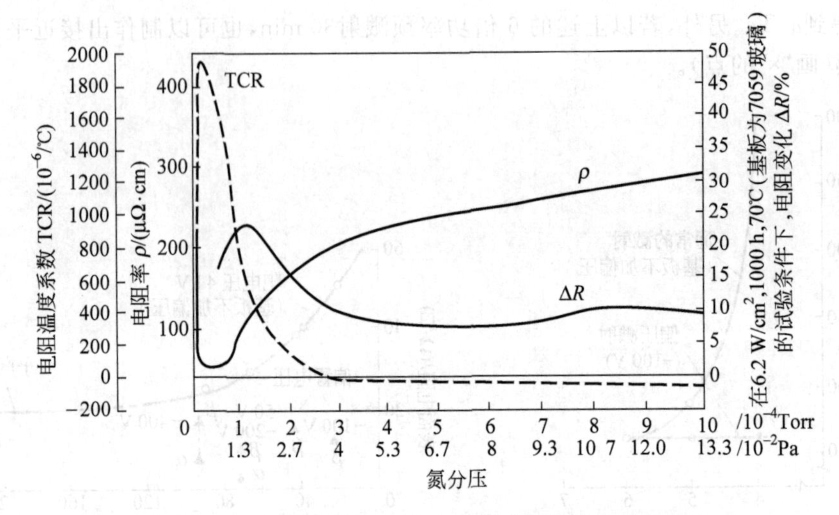

图 8-76 TaN 膜的 ρ、TCR、ΔR 随溅射氮分压的变化

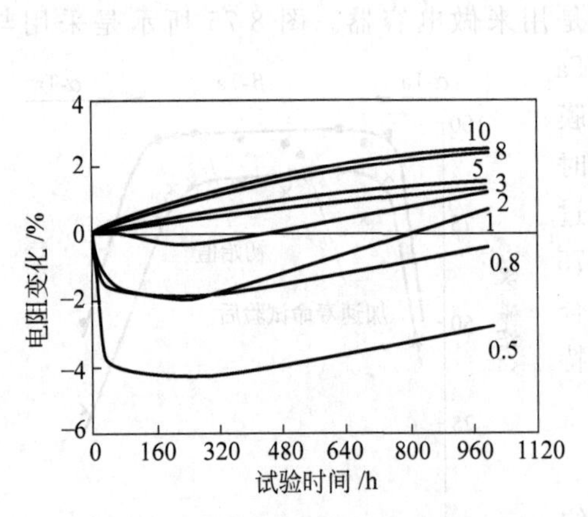

图 8-77 7059 玻璃基板上电阻膜电阻随试验时间的变化

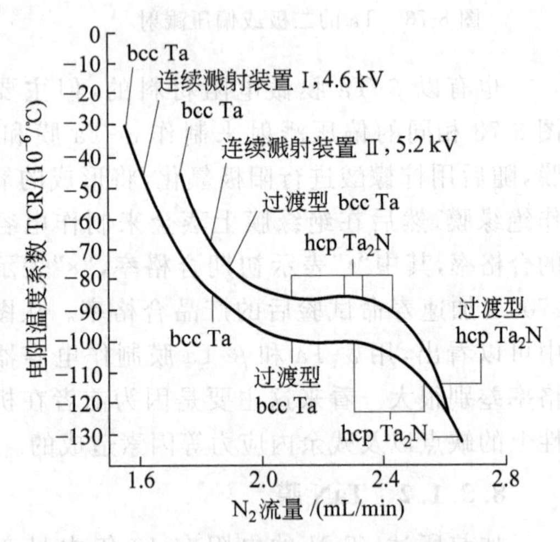

图 8-78 TaN 膜的电阻温度系数与 N_2 流量的关系

含量少时，发现是 bcc Ta，且不很稳定。如果进一步增加 N_2，就会出现 Ta_2N。已经知道，这是一种稳定的膜。用 TCR 与 N_2 流量间的关系来表示上述膜的性能，则如图 8-78 所示。这样，在 TCR 与 N_2 流量关系的曲线上出现了一个平坦段(plateau)，该平坦段对应着生成了 TaN 膜(具有稳定的 hcp 结构)，这应该是我们的追求目标。图 8-79 所示为如此作出的 TaN 膜电阻的加速寿命试验结果。

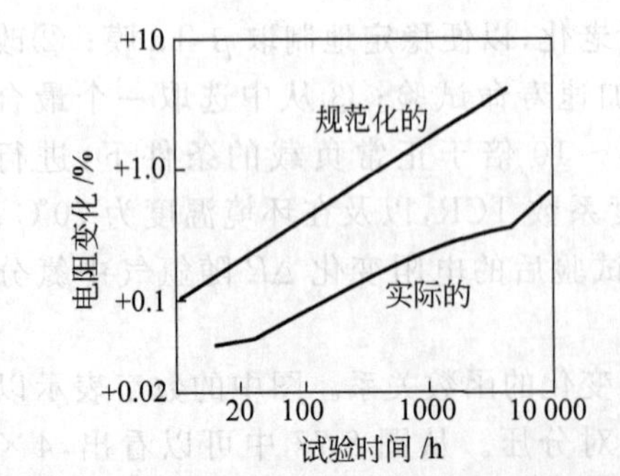

图 8-79 利用连续溅射装置制作的 TaN 膜的加速寿命试验结果(在通常的 8 倍负荷下，175～185℃)

如图 8-78 所示，TaN 溅射膜的性质随 N_2 流量的变化，较长时间才能达到平衡值。因此，在每次都与大气相接触的批量式生产中，产品性能的波动性很大。在进行大量生产时，希望采用使靶的周

围永远保持真空的连续式溅射装置。

8.3.2 Al及Al合金膜的溅射沉积

随着集成电路集成度的飞速提高，对布线和层间连接用Al及Al合金膜的要求越来越高，突出表现在下述两个方面：①良好的台阶涂敷性和更高的孔底涂敷率；②耐电迁移特性好、寿命长。目前正用Al及Al合金的溅射膜代替传统的真空蒸镀膜。但是，实际使用溅射膜时，有以下几个缺点：①膜层的蚀刻特性不好；②膜层的键合比较困难等。其原因是化学性质活泼的Al与溅射气氛中的N_2、O_2、H_2O等杂质气体起反应所致，这个缺点已由当初的实验所证明。

细川等人做了一个由极限压力为4×10^{-6} Pa(3×10^{-8} Torr)以下的超高真空系统(使用冷凝泵)和磁控电极所组成的溅射装置，得到了下面的结果。

(1) 溅射沉积Al膜和1.5%Si-Al合金膜的镜面反射情况(从开始到现在一直以为：反射性能好的膜，无论是引线键合性能还是蚀刻性能都好)：用上述装置溅射沉积的膜层，当溅射时的基片温度在120℃以下时，镜面反射率为85%；在120℃以上时，反射率随温度的升高而降低；300℃时下降到40%左右，见图8-80。一旦O_2、N_2、H_2O等杂质混入Ar中，反射率就显著降低。例如混入0.1%的O_2时，反射率大约降低一半，见图8-81。因此，作为溅射装置，希望其极限真空度尽可能高。

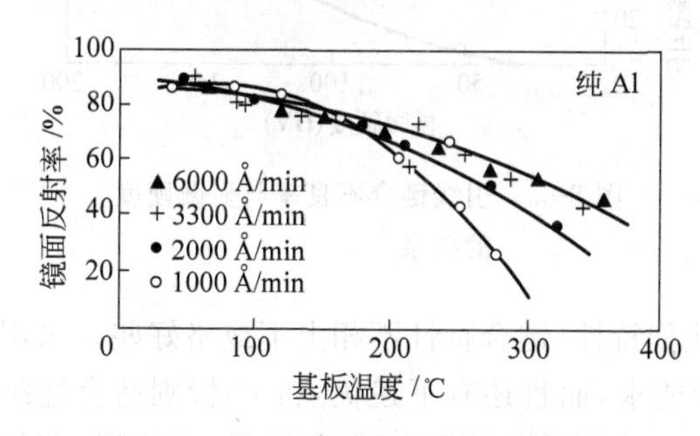

图8-80 纯Al溅射膜的镜面反射率与基板温度和沉积速率的关系

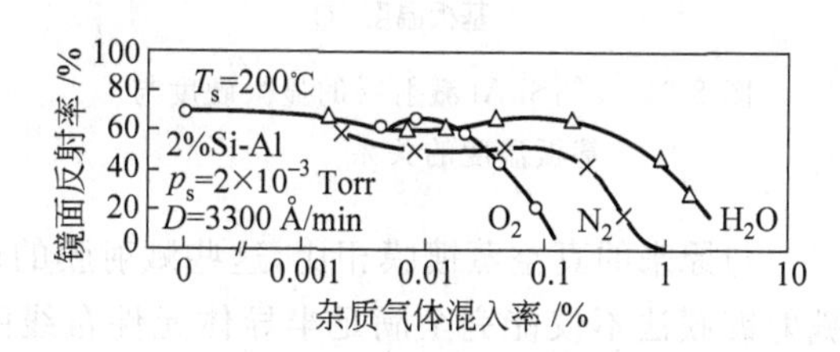

图8-81 氧、氮及水蒸气等杂质气体的混入率与镜面反射率的关系

(2) 如果只改变溅射时的Ar压力，反射率的变化不显著(图8-82)。

(3) 纯Al膜的固有电阻率和表面硬度与基板温度无关，是一定的。但是，2%Si-Al合金膜则不然，基板温度在150℃左右以上时，其固有电阻率和表面硬度与基板温度无关，是一定的；而在150℃左右以下时，将随温度的降低而增加(图8-83)。

(4) 以150℃为分界线，X射线衍射花样发生很大变化。通过SEM观察发现，溅射时的基板温度越高，膜面的凹凸也越严重。基板温度为100℃时，晶粒大小为0.3～1 μm；而300℃时为0.5～2 μm。

(5) 纯Al膜的硬度基本不受基板温度、溅射速率的影响。而对于2%Si-Al合金膜来说，基板温度低于150℃时，硬度有增加的倾向(图8-84)。图8-85给出引线键合不良率与膜层显微硬度关系的一例。从这两张图可以看出，为保证良好的引线键合性能，溅射镀膜需要在150℃以上的基板温度下进行。

(6) 从以上讨论可知，溅射镀膜时采用超高真空系统，使基板温度保持在150℃以上，可以获得优质的膜层。

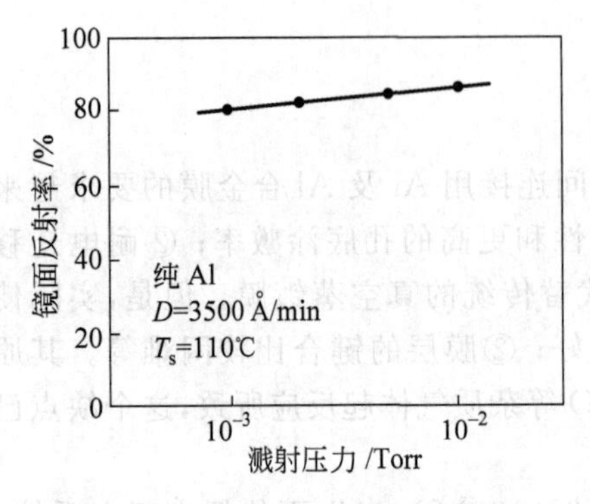

图 8-82 纯 Al 溅射膜的镜面反射率与溅射压力相关性的实例

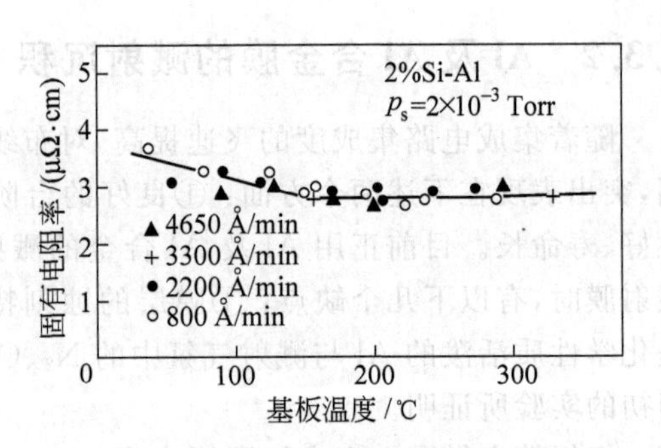

图 8-83 2%Si-Al 溅射膜的固有电阻率与基板温度的关系

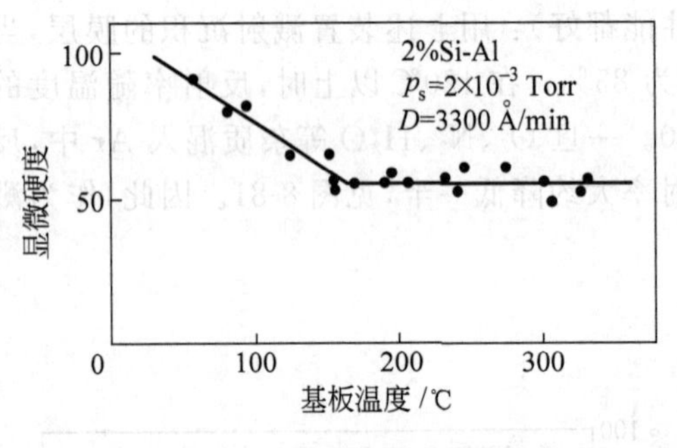

图 8-84 2%Si-Al 溅射膜的显微硬度与基板温度的关系

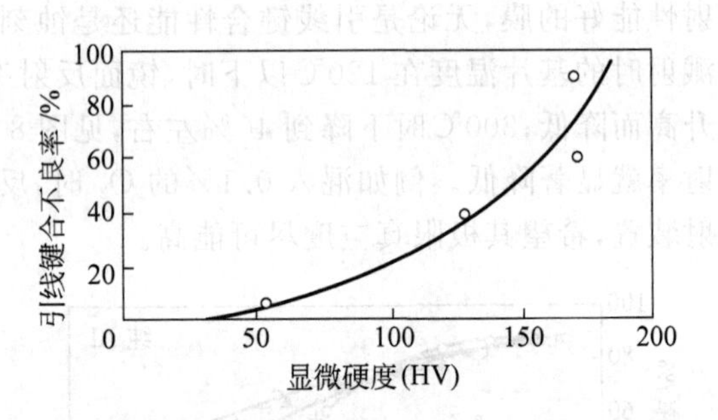

图 8-85 引线键合不良率与显微硬度的关系

与原来的真空蒸镀膜相比，这些溅射膜的蚀刻特性、键合特性不相上下或略好些。采用溅射镀膜法不仅能完全满足半导体元件布线的要求，而且还有下述优点：①特别适合连续化生产；②具有优良的台阶涂敷性；③制作的 Si 合金膜不发生相分离、不脱落，可长期使用；④耐电迁移特性好，克服由电迁移引起的布线寿命短的问题等。由于溅射镀膜法在提高集成电路集成度和可靠性方面效果显著，目前已在批量生产中全面普及。图 8-86 示出 IC 金属化用连续溅射装置的实例。

8.3.3 氧化物的溅射沉积：超导膜和 ITO 透明导电膜

氧容易形成负离子。对氧化物进行溅射，靶表面或等离子体中就会产生 O^- 离子。正像正离子 Ar^+ 对靶进行溅射一样，这种负离子 O^- 受放电电压加速，会对刚形成的薄膜进行轰击和溅射(图 8-87)，从而造成结晶破坏。此外，上述氧的溅射与氩引起的溅射不同，前者会对材料产生更明显的选择溅射效应，使薄膜组成发生变化。

图 8-88 给出氧化物超导薄膜 YBaCuO 溅射时组成变化的一例。可以看出，在刻蚀中心以上部位的组成偏差大，特别是 Ba 的减少更为显著。为探求其原因，用图 8-89 所示的质量分析器，在靠近靶一侧，对射入分析通道的带电粒子进行了分析。其结果如图 8-90 所示。从图中发现，除了电子之外，还有大量的 $M/e=16$ 的 O^- 离子。在直流情况下，具有与放电电压 V_T 相当能量的离子占绝大部分，这说明靶表面确实产生了 O^- 离子。基于这种考虑，

图 8-86 IC 金属化用连续溅射装置的实例

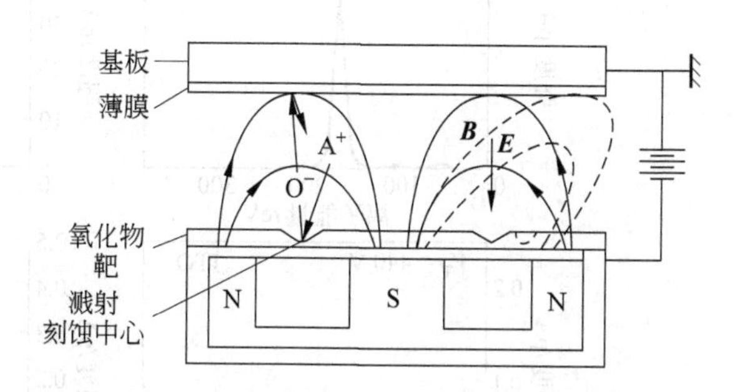

图 8-87 氧化物溅射中 Ar^+ 离子及 O^- 离子的举动

（Ar^+ 溅射靶，而 O^- 对形成的薄膜进行轰击和溅射，从而造成结晶破坏。图中 ***E*** 为电场；***B*** 为磁场；最容易受到溅射的位置即为溅射刻蚀中心）

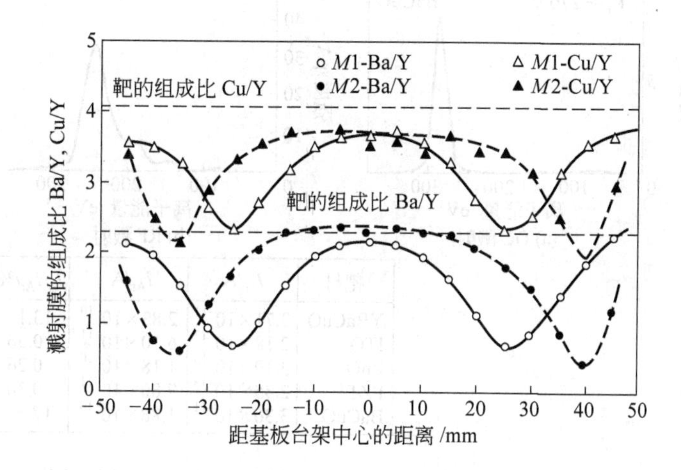

图 8-88 YBaCuO 磁控溅射时的组成变化

（实线 $M1$ 和虚线 $M2$ 分别与图 8-87 所示磁场形状的实线和虚线相对应）

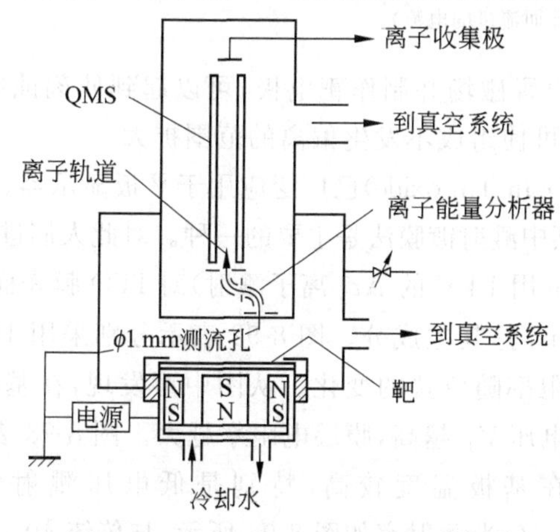

图 8-89 利用质量分析器对射入基板位置的带电粒子进行分析

（ϕ1 mm 的测流孔置于靶刻蚀中心的正上方，通过能量分析器对射入该测流孔的带电粒子进行质量分析）

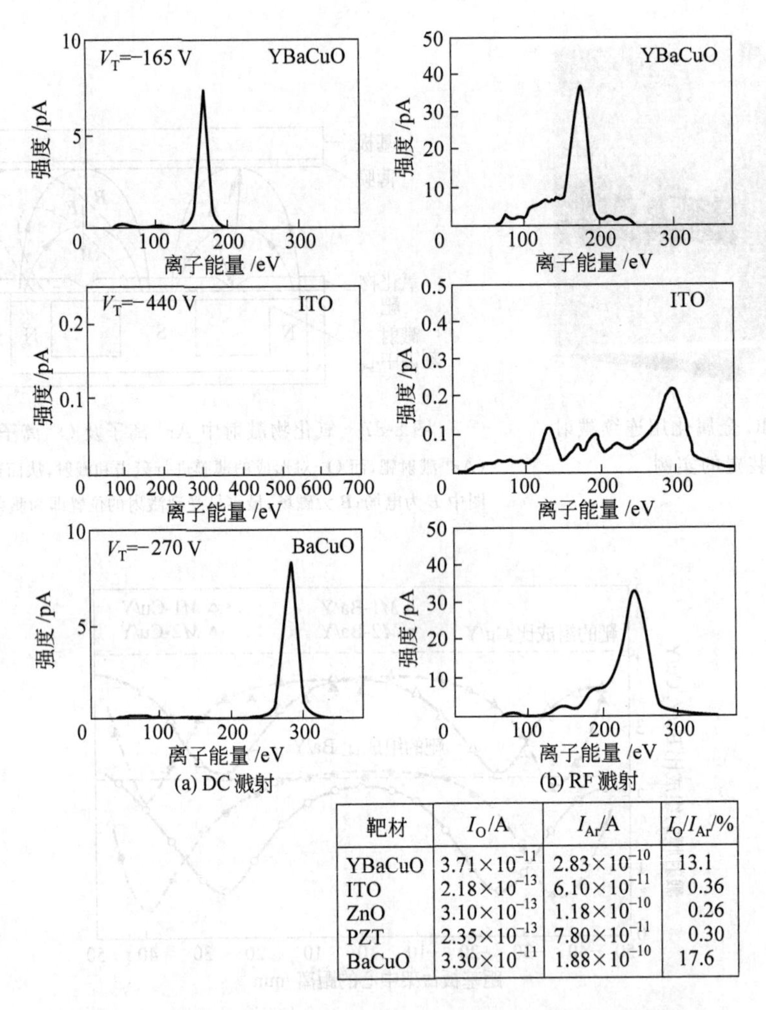

靶材	I_O/A	I_{Ar}/A	I_O/I_{Ar}/%
YBaCuO	3.71×10^{-11}	2.83×10^{-10}	13.1
ITO	2.18×10^{-13}	6.10×10^{-11}	0.36
ZnO	3.10×10^{-13}	1.18×10^{-10}	0.26
PZT	2.35×10^{-13}	7.80×10^{-11}	0.30
BaCuO	3.30×10^{-11}	1.88×10^{-10}	17.6

图 8-90　对各种靶材进行溅射时，射入基板的 O^- 离子的能量分布

（表中的 I_O 为 O^- 的离子电流，I_{Ar} 为 Ar^+ 的离子电流。每种情况均为通过图 8-89 所示 ϕ1 mm 测流孔而流过的电流）

按照图 8-87 中虚线所示设置磁场并制作靶电极，可以起到使刻蚀中心向外扩展的作用，即如图 8-88 中的虚线所示，可使组成不发生偏离的范围扩大。

目前，透明导电膜 ITO(In-Tin oxide)已广泛应用于平板显示器、太阳能电池等许多领域。ITO 膜的制作方法很多，其中溅射镀膜法是主要的一种。对此人们进行了广泛的研究。

图 8-91 是利用 SIMS(用 1 kV 的 Ar^+ 离子溅射)对 ITO 膜表面进行分析的结果。可以看出负离子 O^-，正离子 In^+ 是其主成分。图 8-92 表示分别采用 110 V、250 V、370 V 溅射时，ITO 溅射沉积膜的电阻率随位置的变化。从图中可发现，在基板温度 200℃条件下，在溅射蚀刻中心正上方，靶电压 V_T 越高，膜层电阻率越大。图 8-93 表示膜层电阻率随溅射电压的变化。可以看出，在基板温度较高，特别是低电压溅射时，电阻率可达到 9×10^{-5} Ω·cm，是相当低的。分光透射率如图 8-94 所示，与传统 400 V 溅射的情况相比，也得到改善。如果进一步在溅射时添加 H_2O，则无论对蚀刻特性(图 8-95(a))还是对电阻率(图 8-95(b))都可进一步提高稳定性。有人在低电压下进行溅射，通过添加 H_2O 及 H_2，

获得了电阻率低，分光透射特性好，而且在大面积范围内透射率分布均匀，蚀刻速率分布优良的 ITO 膜。

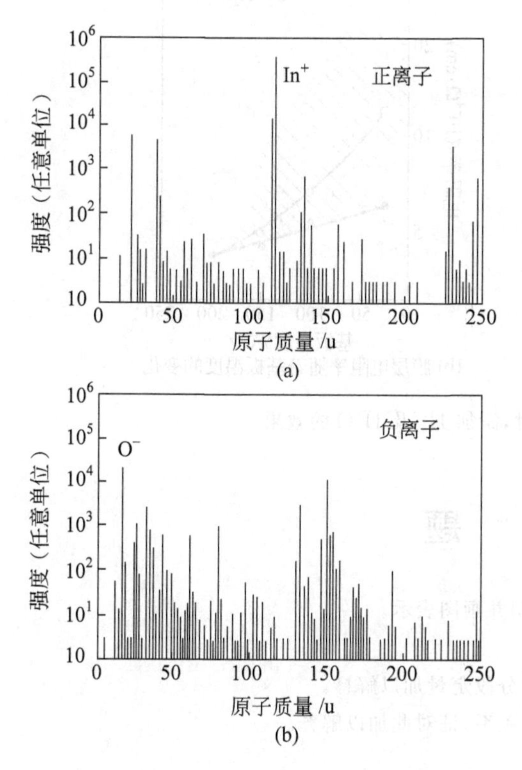

图 8-91　利用 SIMS 对 ITO 膜正离子和负离子的分析结果

（Ar^+，1 kV 的离子照射）

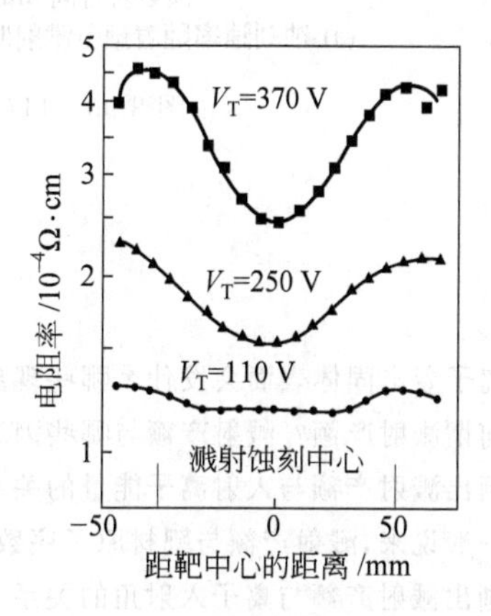

图 8-92　ITO 溅射沉积膜的电阻率随位置的变化

（在基板温度 200℃的条件下，在溅射蚀刻中心正上方，靶电压 V_T 越高，膜层电阻率越大）

综上所述，在氧化物的溅射中，必须格外注意负离子 O^- 的举动。作为负离子，除 O^- 之外，在 Au 和 Sm 的合金中还会出现 Au^-。此外，为了保证薄膜厚度均匀性、组成比均匀性及性能均匀性（如图 8-88 和图 8-92 所示）等，还需要采取相应的措施。

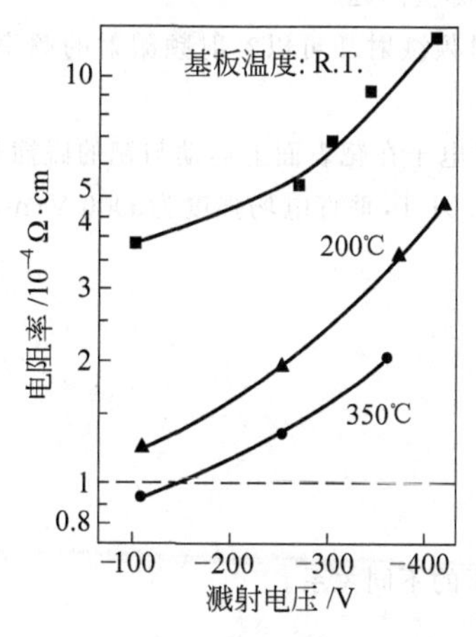

图 8-93　膜层电阻率随溅射电压的变化

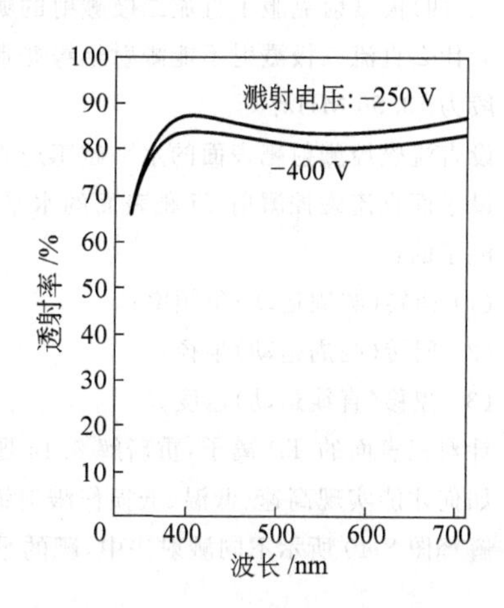

图 8-94　ITO 膜的分光透射率

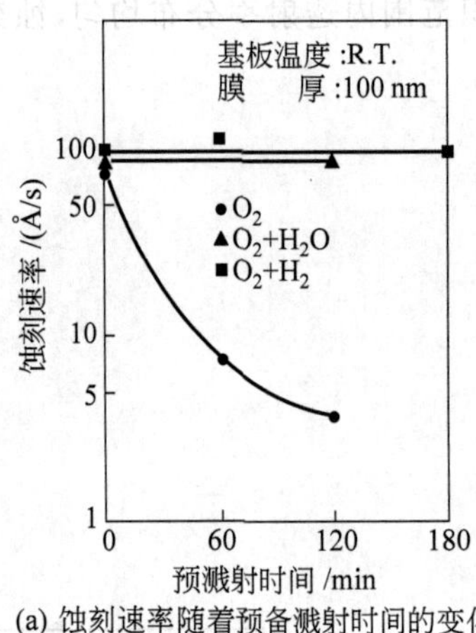

(a) 蚀刻速率随着预备溅射时间的变化

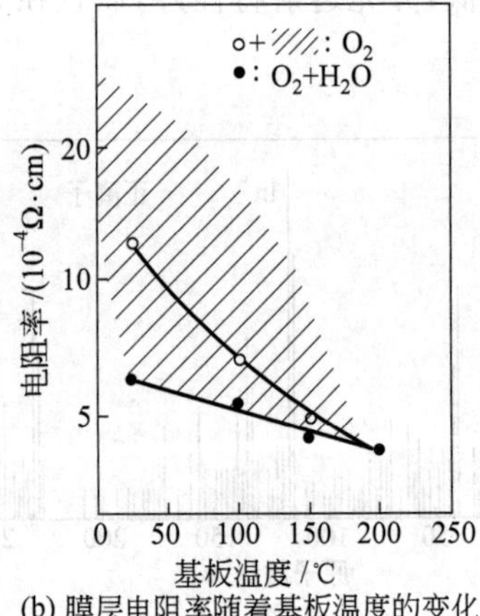

(b) 膜层电阻率随着基板温度的变化

图 8-95 ITO 膜溅射时，添加 H_2 及 H_2O 的效果

习 题

8.1 离子轰击固体表面会发什么哪些现象？请说明并画图表示。

8.2 何谓溅射产额？溅射产额与哪些因素相关？

8.3 画出溅射产额与入射离子能量的关系曲线，并分段定量加以解释。

8.4 一般说来，溅射产额与靶材原子序数有周期性关系，请对此加以解释。

8.5 画出溅射产额与离子入射角的关系。

8.6 画出被溅射原子的能量分布曲线，随着入射离子能量提高，该曲线如何变化？

8.7 画出被溅射原子的空间角分布曲线，随着入射离子能量提高，该曲线如何变化？

8.8 根据真空镀膜的典型工艺参数，针对真空蒸镀、离子镀、溅射镀膜三种方法，请定量比较沉积粒子所带的能量。

8.9 一般认为，离子溅射符合动量(矢量)转移机制，而电子束轰击为能量(标量)转移机制。请阐明你的观点，并说明理由。

8.10 简述直流二极溅射的工作原理，指出其工艺参数及主要缺点。

8.11 三(四)极溅射克服了直流二极溅射的哪些缺点，还存在哪些问题？

8.12 为什么直流二极溅射不能溅射绝缘靶制备介质膜，而射频溅射却可以？射频溅射的频率为什么一般为 13.56 MHz？

8.13 设直流磁控溅射靶表面的水平磁感应强度为 0.08 T，求电子在靶表面上运动与靶的碰撞频率。

8.14 设平面直流磁控溅射 Ti 靶表面的水平磁感应强度为 0.01 T，垂直电场强度为5000 V/m，求室温下电子的：

(1) 回转(圆周运动)角频率；

(2) 回转(圆周运动)半径；

(3) 漂移(直线运动)速度。

8.15 针对靶表面的 Ti^+ 离子，重新解 8.14 题。

8.16 如何才能实现高速、低温、低损伤溅射镀膜？

8.17 解释图 8-40 所示不同溅射法中，靶的平均电流与靶电压的不同关系。

8.18　请画出下述三种溅射镀法的电极布置，并说明溅镀工作原理：

(1) 准直溅射；

(2) 长距离溅射；

(3) 高真空溅射。

8.19　何谓自溅射？如何实现？自溅射薄膜沉积有什么优点？

8.20　请说明并画出对向靶溅射的电极布置，为什么对向靶溅射采用磁性材料靶也能进行薄膜沉积？

8.21　与等离子体溅射镀膜法相比，离子束溅射镀膜(IBS)有哪些优点和缺点？

8.22　为用溅射法制取符合成分及性能要求的合金膜，通常采用哪几种形式的靶？

8.23　Ta(包括其氮化物)薄膜在电子工业中广泛用于电阻及电容制作，若用溅射镀膜法，应采取哪些措施才能获得性能稳定的 β-Ta 及 TaN 薄膜？

8.24　对集成电路布线用 Al 及 Al 合金膜有哪些要求？若采用溅射镀膜法制备，应采取哪些措施才能达到这些要求？

8.25　用溅射镀膜法制作 ITO 膜和 YBaCuO 超导膜，如何保证膜层成分符合要求？

第 9 章 化学气相沉积(CVD)

9.1 化学气相沉积(CVD)概述

9.1.1 定义

第 6～8 章所讨论的成膜方法，主要利用的是物质的物理变化，如从固态到气态再到薄膜等，故称其为物理气相沉积(physical vapor deposition，PVD)。本章所讨论的成膜方法主要利用的是在高温空间(也包括在基板上)以及活性化空间中发生的化学反应，故称其为化学气相沉积(chemical vapor deposition，CVD)。

CVD 是指反应原料为气态，生成物中至少有一种为固态，利用基体膜表面的化学触媒反应而沉积薄膜的方法。这里所讨论的 CVD，固相产物是以薄膜的形式，而不是以粉末或晶须(whisker)等其他形式出现的。

一般情况下，为引起化学反应，犹如干柴点火，需要对反应系统输入反应活化能 ε，如图 9-1 所示。依提供反应活化能的方式不同，化学气相沉积分为各种不同类型。升高温度，以热提供活化能的为热 CVD(即一般所说的 CVD)，采用等离子体的为等离子体 CVD(PCVD)，采用光的为光 CVD(photo-CVD)。

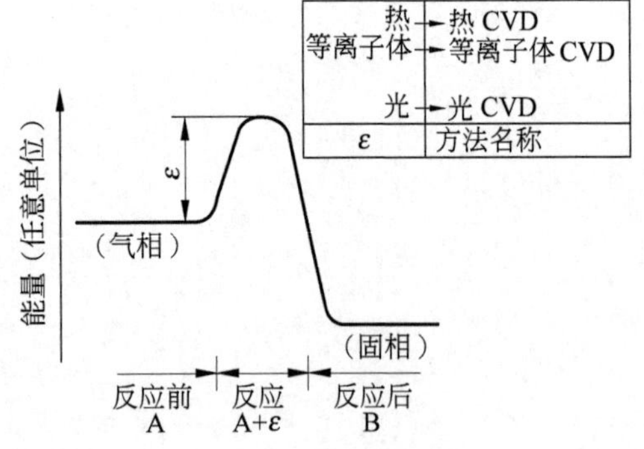

图 9-1 CVD 反应中的能量关系

(为引起化学反应，需要活化能 ε。例如，木材和氧(A)获得热能 ε，经燃烧(A+ε)，变为水和 CO_2(B)。在 CVD 中，气相的气体材料(A)获得活化能，发生反应(A+ε)，并以薄膜(B)的形式在附近固体表面上析出)

最初的 CVD 在常压(NP)下进行，而后出现的减压 CVD(LPCVD)可进一步提高膜厚均匀性、电阻率一致性及生产效率等。目前 LPCVD 已成为工业应用的主要形式。为了进一步降低反应温度，人们开发出等离子体 CVD(PCVD)，为了减小膜层的损伤，人们开发出光 CVD、GTCVD，为了实现平坦化并开发新材料，人们正在研究 Cu 及 W 的金属 CVD 等。此外，通过热氧化、氮化可以获得更薄、更高品质的栅极用膜层，这方面的研究也在进行之中。上述各领域的应用前景十分看好，研究开发及应用推广等正在加紧进行。[①]

---

① 该领域近年来获得重大进展，而且处于快速发展之中。各种各样的新办法不断提出，有的已经应用推广，有的正在开发研究之中。在半导体制造领域，由于这种方法能获得良好的台阶覆盖和孔底涂敷性，并能埋入微细的深孔之中，因此正成为各类薄膜沉积的主流。

9.1.2　CVD 薄膜沉积过程

基本的化学气相沉积反应包括如图 9-2 所示的 8 个主要步骤，由此可以解释反应机制，了解 CVD 薄膜沉积过程：

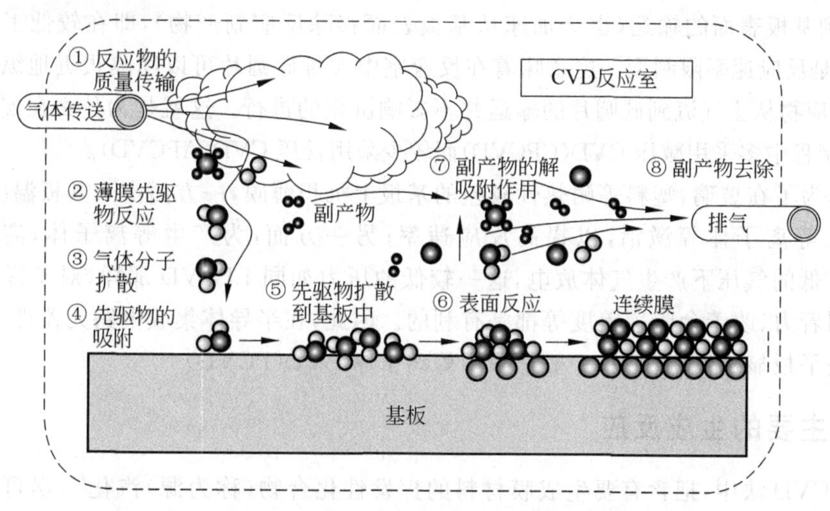

图 9-2　CVD 传输和反应的主要步骤

① 气体传输至沉积区域：反应气体从反应室入口区域流动到基板表面的沉积区域。

② 膜先驱物的形成：气相反应导致膜先驱物(将组成膜最初的原子和分子)和副产物的形成。

③ 膜先驱物附着在基板表面：大量的膜先驱物输运到基板表面。

④ 膜先驱物黏附：膜先驱物黏附在基板表面。

⑤ 膜先驱物扩散：膜先驱物向膜生长区域的表面扩散。

⑥ 表面反应：表面化学反应导致膜沉积和副产物的生成。

⑦ 副产物从表面移除：吸附(移除)表面反应的副产物。

⑧ 副产物从反应室移除：反应的副产物从沉积区域随气流流动到反应室出口并排出。

在实际的生产线上，CVD 反应的时间长短很重要。温度升高会促进表面反应速率的增加。基于 CVD 反应的有序性，最慢的反应阶段会成为整个工序过程的瓶颈。换句话说，反应速率最慢的阶段将决定整个沉积过程的速率。

CVD 反应的速率不可能超越反应气体从主气流传输到基板表面的速率，即使升高温度也是如此。称此为质量传输限制沉积工艺。

在更低的反应温度和压力下，由于只有更少的能量来驱动表面反应，表面反应速率会降低。最终，反应物到达基板表面的速率将超过表面化学反应的速率。在这种情况下，沉积速率是受反应速率控制的。

CVD 气流动力学对沉积速率及膜层质量有重要影响。所谓气体流动，指的是反应气体如何输送到基板表面的反应区域(或从反应区域排除尾气)。从分子水平讲，这要求有足够量的分子在合适的时间到达合适的反应区域。

对于 CVD 气体流动来讲，需要考虑的主要因素是，反应气体是如何从主气体流输送到基板表面的，以及输送量与化学反应速率的相对大小。假定从气相到基板表面的主要输运机制是扩散，且接近基板表面的气体流动为零(由于黏滞和摩擦力作用)，这样便产生一个气体流动边界层。气压越低，该边界层越薄。

如果CVD发生在低压下，反应气体通过边界层到达表面的扩散作用会显著增加。这会增加反应物到基板表面的输运(也会加速从基板表面移除反应副产物)，即在较低工作气压下CVD工艺是反应速率限制型。这意味着在反应室中大量硅圆片可以间隔很近地纵向堆叠起来，因为反应物从主气流到硅圆片的输运并不影响沉积的进行。这就是为什么在实际的化学气相沉积制程中多采用减压CVD(CPCVD)而较少采用常压CVD(APCVD)。

另外，为了在玻璃、塑料等耐热性较差的基板上沉积薄膜，一方面由于基板温度低，需要采用光照、等离子体等激活，以提高反应速率；另一方面，为产生等离子体，需要在1～4000 Pa较低的气压下产生气体放电，这一较低的压力如同LPCVD那样，对于提高膜层质量、增加附着力、改善台阶覆盖度等都是有利的。因此，在半导体集成电路元器件、太阳能电池，特别是平板显示器制作中，一般都采用等离子体CVD(PCVD)。

9.1.3 主要的生成反应

在热CVD法中，把含有要生成膜材料的挥发性化合物(称为源)汽化[①]，尽可能均匀地送到加热至高温的基片上，在基片上进行分解、还原、氧化、置换等化学反应，并在基片上生成薄膜。作为挥发性化合物使用的有卤化物、有机化合物、碳氢化合物、碳酰(carbonyl)等。挥发性的气体被汽化后，一般与H_2、Ar、N_2等气体(称为载带气体)混合，送入反应室内部，再发生化学反应来生成薄膜。表9-1给出CVD中所采用的气体原料及其特性；表9-2给出CVD中所涉及的化学反应类型；表9-3给出涂敷超硬镀层的典型CVD反应。

表9-1 CVD中所采用的气体原料及其特性

材　料	分子量	熔点/℃	蒸 气 压	用途及生成反应
$Si(OC_2H_5)_4$	208.5	−82.5	166.8℃/760Torr	绝缘膜(SiO_2，PSG，BPSG)
$POCl_3$	153.35	1.25	*$A=-1832, B=7.73$	绝缘膜(PSG，BPSG)
$PO(OCH_3)_3$	140.0	−46.1	*$A=-2416, B=8.045$	绝缘膜(PSG，BPSG)
$B(OC_2H_5)_3$	146.1	−84.8	118.6℃/760Torr	绝缘膜(BSG，BPSG)
$Ge(OC_2H_5)_4$	253.0	−72±1	185℃/760Torr	与水混合，迅速加水分解
$Ta(OC_2H_5)_5$	406.4	21	146℃/0.15Torr	淡黄～无色的液体
$As(OC_2H_5)_3$	209.41		162℃/745Torr	化合物半导体(GaAs，GaAlAs)
$Sb(OC_2H_5)_3$	257.1		93℃/10Torr	InSb
$Al(OiC_3H_7)_3$	204.0	142～3	151～3℃/15Torr	GaAlAs
$Ti(OiC_3H_7)_4$	283.9	20	116℃/10Torr	与水分反应，加水分解
$Ta(OC_2H_5)_5$	406.4	21	146℃/0.15Torr	Ta_2O_5
$Nb(OC_2H_5)_5$	318.4	6	156℃/0.05Torr	与水分反应，加水分解
$Zr(OiC_3H_7)_4$	327.2	105～120	160℃/0.1Torr	与水分反应，加水分解
$VO(OC_2H_5)_3$	202.2		91℃/11Torr	与水分反应，加水分解
$Sb(OC_2H_5)_3$	257.1		93℃/10Torr	与水分反应，加水分解

① 不能汽化就难以输送到反应室中，因此选择容易汽化的原料化合物很关键。

续表

材　料	分子量	熔点/℃	蒸 气 压	用途及生成反应
$AlCl_3$	133.34	190	* $A=6362, B=9.66, C=3.78$	升华性，与水分反应，加水分解
$TiCl_4$	189.71	−30	* $A=2853, B=24.98, C=-5.80$	阻挡金属层(TiN)
$TaCl_5$	358.21	221	242℃/760Torr	介电体膜(Ta_2O_5)
$NbCl_5$	270.17	194	240.5℃/760Torr	与水分反应，加水分解
$ZrCl_4$	233.03		* $A=-6602, B=19.36, C=-1.6$	与水分反应，加水分解
$VOCl_3$	173.3	−77±2	126.7℃/760Torr	与水分反应，加水分解
$SbCl_3$	228.11	73.4	* $A=-3771, B=29.5, C=-7.04$	
$Ti(N(CH_3)_2)$	223.9		50℃/0.05Torr	与水分反应，加水分解

* $\lg p = A/T + B + C\lg T$。

表 9-2 中，固相扩散法和置换反应法严格说来属于表面处理范畴，其中固相扩散法是使含有碳、氮、硼、氧等元素的气体与炽热的基体表面相接触，使表面直接碳化、氮化、硼化、氧化，从而达到对金属表面保护和强化的目的。由于非金属原子在固相中扩散困难，膜的生产速率低，所以要求较高的反应温度。置换反应法会招致基片表面成分和厚度的不均匀，实际用得不多。

氢还原法是制取高纯度金属膜的好方法，工艺温度较低，操作简单，因此有很大的实用价值，特别是近年来在单晶硅外延膜的生成和难熔金属薄膜的沉积方面。适用于制造半导体膜和超硬镀层的有热分解法和反应沉积法(包括表 9-2 中的氧化反应法和化合反应法)，但是前者受到原材料气体的限制，同时价格较高，所以多使用后者。

表 9-2　CVD 技术所涉及的化学反应类型

反应类型	典型的化学反应	说　　明
热分解反应	$SiH_{4(气)} \xrightarrow{700\sim1100℃} Si_{(固)} + 2H_{2(气)}$	生成多晶 Si 和单晶 Si 膜
	$CH_3SiCl_{3(气)} \xrightarrow{1400℃} SiC_{(固)} + 3HCl_{(气)}$	生成 SiC 膜
	$Ni(CO)_{4(气)} \xrightarrow{180℃} Ni_{(固)} + 4CO_{(气)}$	Ni 的提纯
氢还原反应	$SiCl_{4(气)} + 2H_{2(气)} \xrightarrow{约\ 1200℃} Si_{(固)} + 4HCl_{(气)}$	单晶硅外延膜的生成
	$WF_{6(气)} + 3H_{2(气)} \xrightarrow{300\sim700℃} W_{(固)} + 6HF_{(气)}$	难熔金属薄膜的沉积
氧化反应	$SiH_{4(气)} + O_{2(气)} \xrightarrow{450℃} SiO_{2(固)} + 2H_{2(气)}$	用于半导体绝缘膜的沉积
	$SiCl_{4(气)} + 2H_{2(气)} + O_{2(气)} \xrightarrow{1500℃} SiO_{2(固)} + 4HCl_{(气)}$	用于光导纤维原料的沉积，沉积温度高，沉积速率快

续表

反应类型	典型的化学反应	说　明
化合反应	$SiCl_{4(气)}+CH_{4(气)}\xrightarrow{1400℃}SiC_{(固)}+4HCl_{(气)}$	SiC 的化学气相沉积
	$3SiCl_2H_{2(气)}+4NH_{3(气)}\xrightarrow{750℃}Si_3N_{4(固)}+6H_{2(气)}+6HCl_{(气)}$	Si_3N_4 的化学气相沉积
	$2TaCl_{5(气)}+N_{2(气)}+5H_{2(气)}\xrightarrow{900℃}2TaN_{(固)}+10HCl_{(气)}$	TaN 的化学气相沉积
	$TiCl_{4(气)}+CH_{4(气)}\xrightarrow[950\sim1050℃]{H_2}TiC_{(固)}+4HCl_{(气)}$	TiC 的化学气相沉积
置换反应	$4Fe_{(固)}+2TiCl_{4(气)}+N_{2(气)}\longrightarrow2TiN_{(固)}+4FeCl_{2(气)}$	钢铁表面形成 TiN 超硬膜
固相扩散	$Ti_{(固)}+2BCl_{3(气)}+2H_{2(气)}\xrightarrow{1000℃}TiB_{2(固)}+6HCl_{(气)}$	Ti 表面形成 TiB_2 膜
歧化反应	$2GeI_{2(气)}\xrightarrow{300\sim600℃}Ge_{(固)}+GeI_{4(气)}$	利用不同温度下，不同价化合物稳定性的差异，实现元素的沉积
可逆反应	$As_{4(气)}+As_{2(气)}+6GaCl_{(气)}+3H_{2(气)}\xrightarrow{750\sim850℃}6GaAs_{(固)}+6HCl_{(气)}$	利用某些元素的同一化合物的相对稳定性随温度变化实现物质的转移和沉积

表 9-3　涂敷超硬镀层典型的 CVD 反应

镀层材料	反　应　实　例
TiC	$TiCl_{4(气)}+CH_{4(气)}\xrightarrow[950\sim1050℃]{H_2}TiC_{(固)}+4HCl_{(气)}$
TiN	$TiCl_{4(气)}+\frac{1}{2}N_{2(气)}+2H_2\longrightarrow TiN_{(固)}+4HCl_{(气)}$
Ti(CN)	$2TiCl_{4(气)}+2CH_{4(气)}+N_{2(气)}\longrightarrow2Ti(CN)_{(固)}+8HCl_{(气)}$ 中温 CVD：$2TiCl_{4(气)}+R\text{-}CN\xrightarrow[900\sim1050℃]{H_2}2Ti(CN)_{(固)}+RCl_{(气)}$
硬 Cr	$CrCl_{2(气)}+H_{2(气)}\xrightarrow[750\sim1000℃]{Ar}Cr_{(固)}+2HCl_{(气)}$
Al_2O_3	$2AlCl_{3(气)}+3CO_{(气)}+3H_{2(气)}\longrightarrow Al_2O_{3(固)}+3CO_{(气)}+6HCl_{(气)}$ $2AlCl_{3(气)}+2H_2O_{(气)}\xrightarrow[1000℃]{H_2}Al_2O_{3(固)}+6HCl_{(气)}$

表 9-2 中歧化反应的原理是，某些元素具有多种气态化合物，其稳定性各不相同，外界条件的变化往往可促使一种化合物转变为稳定性较高的另一种化合物。有些金属卤化物即具有这类特性，其中金属元素往往可以以两种不同的化合价构成不同的化合物。提高温度有利于提高低价化合物的稳定性。例如，在歧化反应

$$2GeI_{2(气)}\xrightarrow{300\sim600℃}Ge_{(固)}+GeI_{4(气)}$$

中，GeI_2 和 GeI_4 中的 Ge 分别是以＋2 价和＋4 价存在的，提高温度有利于 GeI_2 的生成。上述特性使我们可以通过调整反应室的温度，实现 Ge 的转移和沉积。具体作法是，在高温(600℃)时使 GeI_4 气体通过 Ge 而形成 GeI_2，在低温(300℃)时使后者在衬底上歧化反应生成 Ge。显然，为了实现上述反应过程，需要有目的地将反应室划分为高温区和低温区，同时

需要调整许多参数以实现元素的可控沉积。

可以形成上述变价卤化物的元素包括 Al、B、Ga、In、Si、Ti、Zr、Be 和 Cr 等。

表 9-2 中可逆反应是利用某些元素的同一化合物的相对稳定性随温度变化的特点,用以实现物质的转移和沉积。例如反应

$$As_{4(气)} + As_{2(气)} + 6GaCl_{(气)} + 3H_{2(气)} \xrightarrow{750 \sim 850℃} 6GaAs_{(固)} + 6HCl_{(气)}$$

在高温(850℃)下倾向于向左进行,而在低温(750℃)下会转向右进行。利用这一特征,可用 $AsCl_3$ 气体将 Ga 蒸气载入,并使其在适宜的温度与 As_4 蒸气发生反应,从而沉积出 GaAs。可逆反应与歧化反应所采用的装置类似。

图 9-3 是利用类似反应制备(Ga,In)(As,P)系列半导体薄膜的装置示意图。图中,In、Ga 两种元素是在与 HCl 气体反应后,以气态的形式载入的。

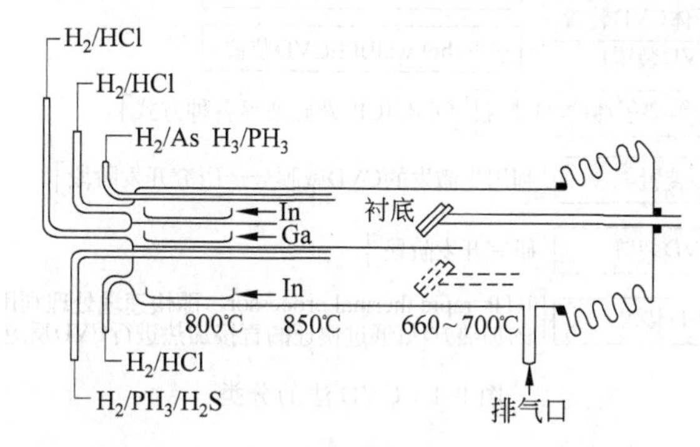

图 9-3 制备(Ga,In)(As,P)系列材料的 CVD 装置的示意图

9.1.4 CVD 的类型及装置

在化学气相沉积过程中,导入反应器(chamber)的原料气体,利用热、光及等离子体激活,发生解离、化合等反应,形成游离原子团。游离原子团在基板膜层表面反复发生吸附—解吸过程,其中一部分被吸附,在表面发生扩散、迁移、合并的同时,沉积成为薄膜。反应的副产品多为气体,经扩散解吸脱离表面被排出反应器外。

现就主要的 CVD 法(参照图 9-4),简要说明如下:

常压 CVD 是在 400～800℃的温度、一个大气压下进行的薄膜沉积。常压 CVD 的优点是沉积速率高,由于为常压,因此不需要复杂的真空系统等;其缺点是膜厚的均匀性及台阶覆盖度(stpe coverage)都不好,膜层表面易出现颗粒及凹凸不平等。

减压 CVD 的沉积温度与常压 CVD 不相上下,但沉积时压力为 10～4000 Pa。膜层质量及台阶覆盖度比较理想,而且能对大批量产品进行沉积。

等离子体 CVD 是利用射频气体放电,使原料气体等离子化。可在 250～400℃比较低的温度,1～4000 Pa 更大的压力范围内实现薄膜沉积。沉积速率高,膜层致密、少针孔和孔洞,附着力强,工艺温度低、应用范围广。但由于 LS1 直接暴露于等离子体气氛中,要注意避免受到电气损伤。

偏压高密度等离体 CVD 中,由于基板上带有页偏压,因此是利用等离子体 CVD 进行薄膜沉积,利用溅射进行刻蚀,二者同时进行的方法。尽管在 0.4 Pa 相当低的压力下,但由于等离子体的密度高,其沉积速率与通常的等离子体 CVD 不相上下。在反应气体导入的

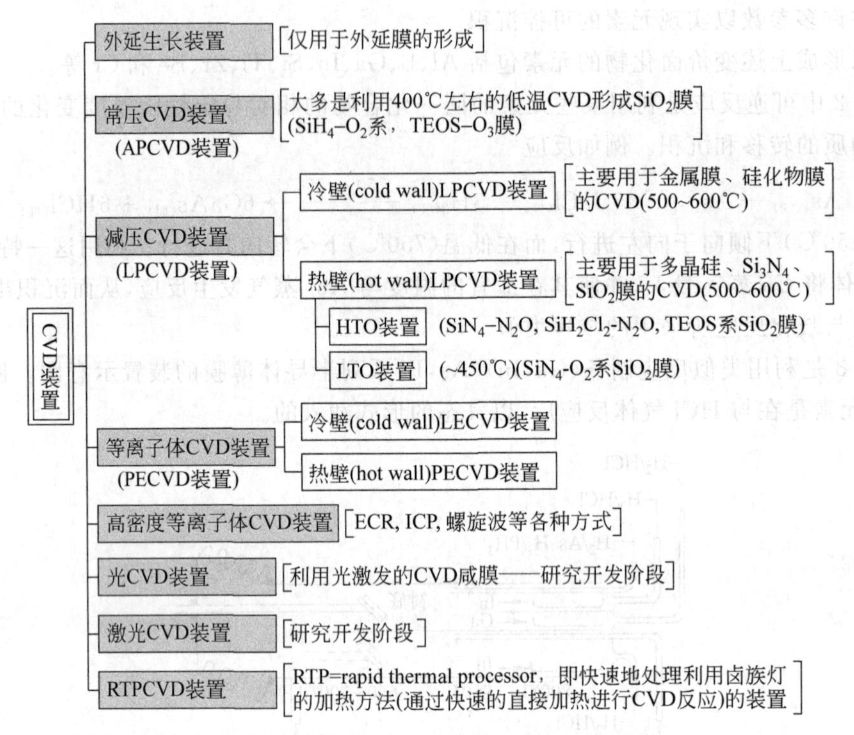

图 9-4　CVD 法的分类

方向各向异性高，可在刻蚀的同时使其沉积。这样，对于在基体中图形很窄的间隙中沉积的膜层，在埋入性很高的同时，膜层质地也很致密，因此很适用于多层布线的层间绝缘膜等。

图 9-5 表示实际生产线用 CVD 装置的各种方式。其中，连续型处理方式中又有图 9-6 所示的多室直线(in-line)排列型和图 9-7 所示的多室群集(side by side)型之分，目前二者都广泛用于 IC、太阳能电池、平板显示器等的制作中。

9.1.5　CVD 的应用

与真空蒸镀等由直线入射的原子进行沉积的方法相比，由于 CVD 利用的是气相反应，原则上讲，暴露于反应空间的表面均可以成膜，因此 CVD 的生产效率高。特别是其台阶涂敷性好，无论是凹凸严重的表面、台阶的侧面、深孔的底面还是小间隙中的表面，只要是暴露于气相反应的空间，都可以成膜，而且能保证膜层性能的一致性。

CVD 技术应用面很广，以半导体工业为例，从集成电路到电子器件无一不用到 CVD 技术。图 9-8 是 CVD 的分类及其在半导体技术中应用的各种实例。

适合常压 CVD 制作的薄膜有超大规模集成电路制作中用的层间绝缘膜和保护膜等，如 PSG(phospho silicate glass：磷硅酸玻璃)，BPSG(boron phospho silicate glass：硼磷硅酸玻璃)，SiO_2(原料气体为 SiH_4，N_2O，TEOS［tetra ethyl orthosilicate $Si(OC_2H_5)_4$］-O_3)等。适合减压 CVD 制作的薄膜有：W(WF_6，SiH_4：200～300℃)，WSi_2(WF_6，SiH_4：300～450℃)，MoSi($MoCl_5$，H_2：520～800℃)，poly-Si(SiH_4：约 600℃，Si_2H_6：约 450℃)，Si_3N_4(SiH_4，$SiCl_4$，SiH_2Cl_2，NH_3)以及高温下形成的 SiO_2 系薄膜等。特别是对于 poly-Si 的形成来说，若采用常压 CVD，需要 900℃左右的高温，而采用减压 CVD，在 600℃左右即可

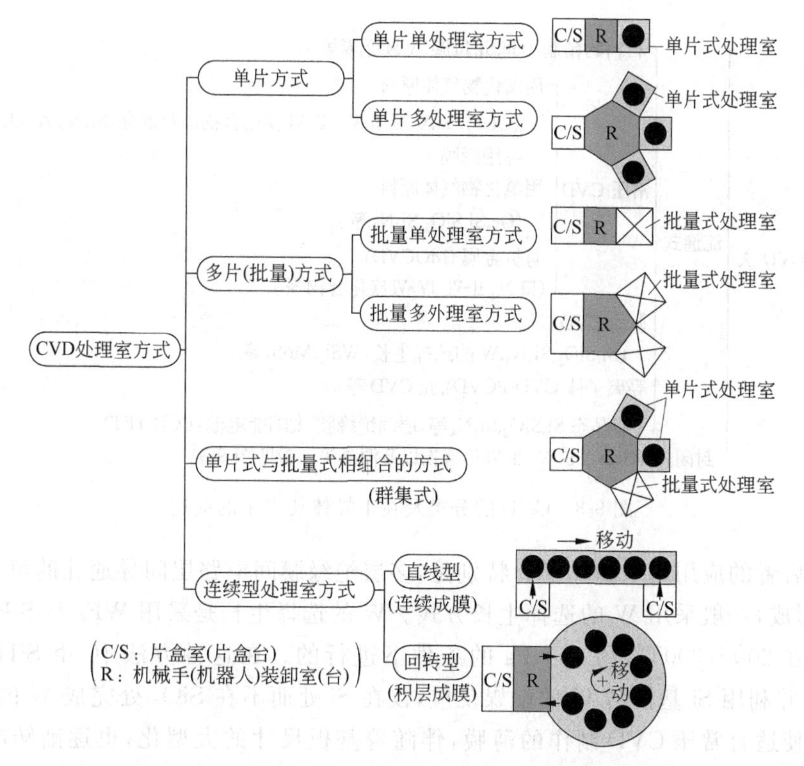

图 9-5 CVD 装置的各种方式

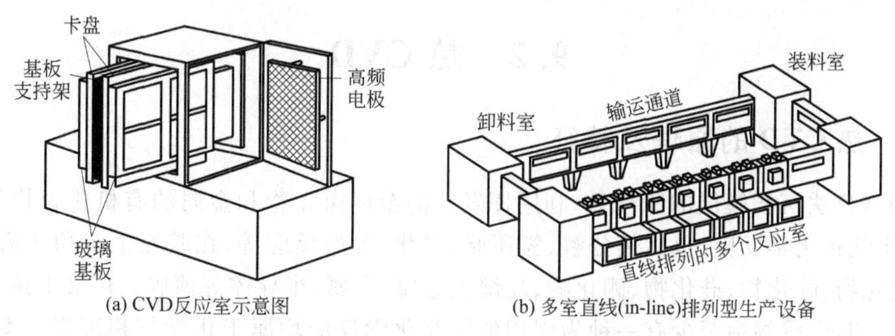

图 9-6 多室直线(in-line)排列型 CVD 生产设备及反应室示意图

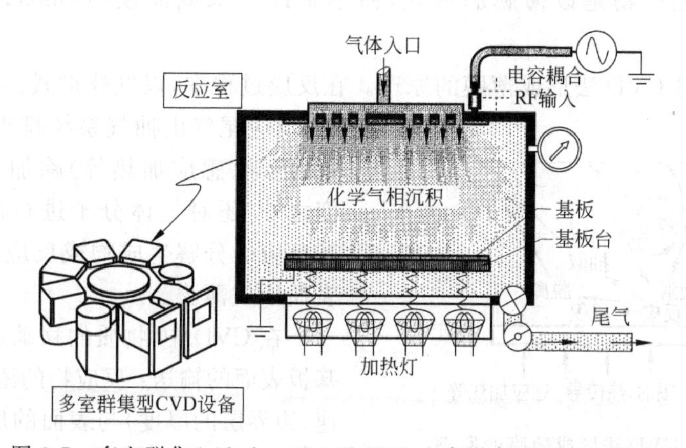

图 9-7 多室群集(side by side)型 CVD 生产设备及反应室示意图

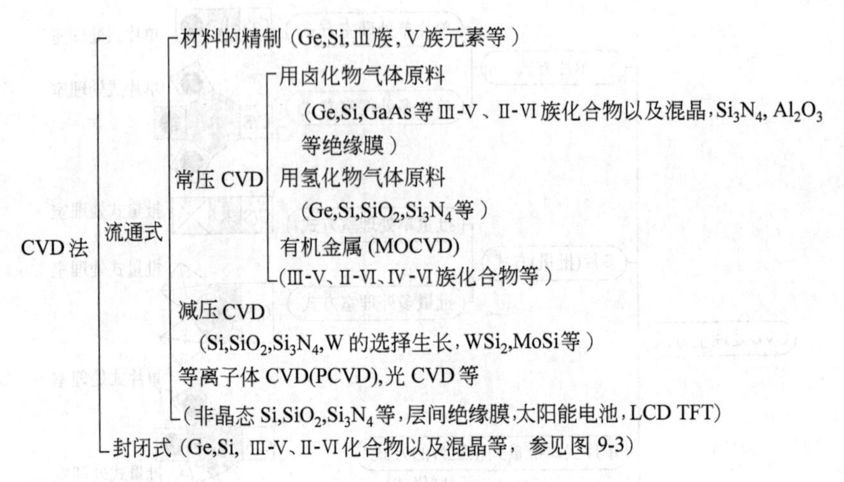

图 9-8　CVD的分类及在半导体技术中的应用

形成，因此后者的应用越来越广泛。特别是，多层绝缘膜间电路层间导通孔的填充金属布线（填孔）的形成，一般采用W的选择生长方式。W的选择生长是采用WF_6与SiH_4及H_2的混合气体，在200～300℃，约0.1 Pa的条件下进行的。在这种方法中，由SiH_4和H_2使WF_6还原，并利用Si基板与W的触媒反应，仅在Si处而不在SiO_2处完成W的选择生长。近年来，即使适合常压CVD制作的薄膜，伴随着基板尺寸的大型化，也逐渐转向由膜层均匀性好、质量更高的减压CVD来制作。

9.2　热CVD

9.2.1　热CVD的原理及特征

热CVD法沉积膜层的原理是，利用挥发性的金属卤化物和金属的有机化合物等，在高温下发生气相化学反应，包括热分解、氢还原、氧化、置换反应等，在基板上沉积所需要的氮化物、氧化物、碳化物、硅化物、硼化物、高熔点金属、金属、半导体等薄膜。广义上讲，凡是反应物为气相，生成物中至少有一种为固相的气相化学反应均属于化学气相沉积。本书中所讨论的CVD，固相产物是以薄膜的形式，而不是以粉末或晶须(whisker)等其他形式出现的。

图9-9表示热CVD法形成薄膜的原理。在反应过程中，以气体形式提供构成薄膜的原料，反应尾气由抽气系统排出。通过热能（辐射、传导、感应加热等）除加热基板到适当温度之外，还对气体分子进行激发、分解，促进其反应。分解生成物或反应产物沉积在基板表面形成薄膜。

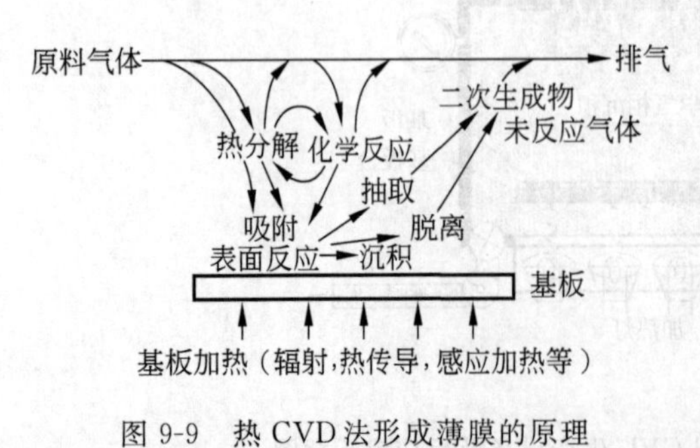

图 9-9　热CVD法形成薄膜的原理

在CVD中，物质的移动速度（气体分子向基板表面的输送：反应物的浓度、扩散系数、流速、边界层的厚度）与表面的反应速率（气体分子在基板表面的反应：气态反应物的吸附、反应，气态反应产物的脱离，反应物质的浓度，基板的温度等)决定着膜层在基板上的沉积速率。

在CVD过程中，只有发生在气相—固相交界面的反应才能在基体上形成致密的固态薄膜。如果反应发生在气相中，则生成的固态产物只能以粉末形态出现。由于在CVD过程中，气态反应物之间的化学反应以及产物在基体上的析出过程是同时进行的，所以CVD的机理非常复杂。CVD中的化学反应受到气相与固相表面的接触催化作用，产物的析出过程也是由气相到固相的结晶生长过程。一般来说，在CVD反应中基体和气相间要保持一定的温度和浓度差，由二者决定的过饱和度产生晶体生产的驱动力。

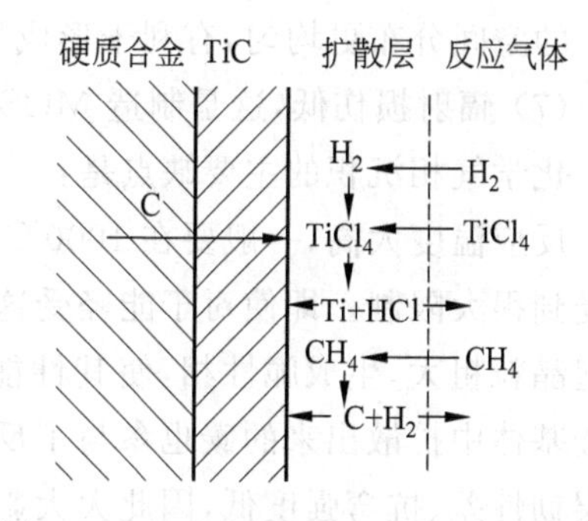

图9-10　硬质合金表面沉积TiC的过程

图9-10是由$TiCl_4$、CH_4、H_2等混合气体通过CVD反应沉积法在硬质合金表面析出TiC过程的示意图。反应方程为

$$TiCl_{4(气)}+CH_{4(气)}\xrightarrow[950\sim1050℃]{H_2}TiC_{(固)}+4HCl_{(气)}$$

实际上，除反应气体参与反应之外，从硬质合金基体中扩散出来的碳也参与了反应。硬质合金基体和反应气体交界面上存在一个薄的扩散层，反应气体氢、四氯化钛、甲烷等在基体表面的扩散层中发生反应，形成Ti-C键并加入到已形成的晶格中。反应副产品HCl等气体从膜表面反扩散到气相，作为废气被排出反应器。TiC成核以后，晶粒生长，如果基体表面成核率高，就得到柱状结构的多晶薄膜。因此，CVD成膜有下述几个不可分割的过程：

① 反应气体被基体表面吸附。

② 反应气体向基体表面扩散。

③ 在基体表面发生反应。

④ 气体副产品通过基体表面由内向外扩散而脱离表面。

化学气相沉积有如下优点：

(1) 既可以制造金属膜、非金属膜，又可以按要求制造多成分的合金膜。通过对多种气体原料的流量进行调节，可以在相当大的范围内控制产物的组分，因此可以制取梯度膜、多层单晶膜，并按成分、膜厚、界面匹配要求实现多层膜的微组装。同时能制取用其他方法难以得到的优质晶体，如GaN、BP等。

(2) 成膜速度快，一般每分钟几微米甚至达到每分钟几百微米。同一炉中可放置大批量的工件，并能同时取得均一的镀层，这是其他薄膜生长法，如液相外延(LPE)和分子束外延(MBE)等方法所不能比拟的。

(3) 工作是在常压或低真空条件下进行的，因此镀膜的绕射性好，形状复杂的工件，工件上有深孔、细孔都能均匀镀膜，在这方面CVD要比PVD优越很多。

(4) 由于反应气体、反应产物和基体的相互扩散，可以得到附着强度好的镀膜，这对于制备耐磨、抗蚀等表面强化膜是至关重要的。

(5) 有些薄膜生长的温度比膜材的熔点低得多，因此能得到高纯度、结晶完全的膜层，这是某些半导体用镀层所必需的。膜层纯度高，结晶完全是由于低温生长，反应气体和反应器器壁以及其中所含不纯物几乎不发生反应，对膜层的玷污少等原因所致。

(6) CVD可以获得平滑的沉积表面。这是由于CVD同LPE相比，前者是在高饱和度下进行的，成核率高，成核密度大，在整个平面上分布均匀，从而产生宏观平滑的表面。同时，在CVD中，与沉积相关的分子(原子)的平均自由程比LPE和熔盐法要大得多，其结果，分子的空间分布更均匀，有利于形成平滑的沉积面。

(7) 辐射损伤低，这是制造MOS(金属氧化物半导体)等器件不可缺少的条件。

化学气相沉积的主要缺点是：

反应温度太高，一般要在1000℃左右，许多基体材料经受不住CVD的高温，因此其用途受到很大限制。即使对于能经受这种高温的硬质合金，如沉积TiN镀层时也由于高温而引起晶粒粗大，生成脆性相，使其性能变坏。又如，在硬质合金刀具上蒸镀TiC时，从硬质合金基体中扩散出来的碳也参与了反应(见图9-10)。当扩散出的碳较多时就形成脱碳层，该层韧性差、抗弯强度低，因此大大影响刀具的寿命。对此，应在处理温度、处理时间，以及添加元素等方面严格控制。

9.2.2　热CVD装置和反应器

热CVD装置的主要构成如图9-11所示。图中左半部分为供气线路，是CVD的气源部分。对于气源(表9-1)为气体的情况，源气体经净化装置(也有不采用净化装置的情况)净化后，由流量控制装置MFC控制到所定的流量，导入反应室中。对于气源采用液体的情况(如$SiCl_4$等)，要利用发泡机使载带气体(例如，当采用液态$SiCl_4$气源时，用H_2作载带气体)在液体气源中发泡，则液体气源蒸气含于气泡中，再将这种由H_2作载带气体的源气体通过MFC控制，导入反应器中。遇到反应器中进入空气等情况，需要用净化气体置换，而后导入源气体。反应器是CVD装置的核心，有多种结构，下一节还要对其进一步介绍。

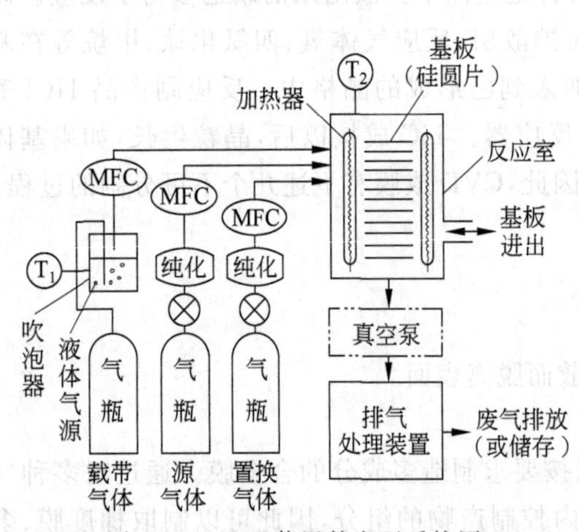

图9-11　CVD装置的主要系统图

CVD装置中一般设有真空泵系统。在反应之后的尾气中，混有各种各样的有毒气体，需要将其处理为无害气体并回收贵重气体，而后再排放到大气中(请参照3.8节)。

基板的装卸、传输方式多种多样，从人工操作到计算机控制的样品盒换样品盒(C to C)等。

反应器是CVD装置的核心。表9-4给出CVD反应器的各种类型，对反应器的要求主要包括：

① 保证气体在所有基板表面均匀流动并均等地发生反应，以沉积膜厚、膜质均匀的薄膜。

② 即时、迅速地排出反应尾气。

③ 对基板均匀加热，保证基板温度一定。

表 9-4 CVD反应器的各种类型

形式	(a)	(b)	(c)	(d)	(e)	(f)	(g)
分类	批量式					连续式	单片式
	水平型	纵 型	横 型	鼓形架型	辐射形		
加热方式	IR RF 电阻加热	RF 电阻加热	电阻加热	RF IR(灯)	灯	电阻加热 IR(灯)	电阻加热 IR
应用实例	外延膜生长(RF) 低温氧化膜 多晶 Si(RF,IR) Si_3N_4 等(RF,IR)	低温氧化膜 外延膜生长(FR)(b-1, b-2) 多晶 Si(RF) Si_3N_4 膜	掺杂氧化物 Si_3N_4 多晶 Si	外延膜生长 (RF,IR)	外延膜生长	低温氧化膜	低温氧化膜 Si_3N_4 金属(W) 外延膜生长
装置示意图	硅圆片	硅圆片 (b-1) (b-2) 硅圆片 (b-3)	(c-1) 舟 硅圆片 (c-2)	(d-1) 硅圆片 (d-2)	硅圆片	硅圆片 链式传送带	硅圆片
工作压力	NP LP	NP LP	LP	LP	LP	NP	LP

④ 可获得高纯度薄膜。

⑤ 除基板表面发生反应之外，空间中的气相反应要少（这种反应是产生粉末的原因）。

⑥ 单位时间的处理量可按需求调整。

⑦ 能在尽可能低的温度下发生反应。

9.2.3 常压 CVD(NPCVD)

常压 CVD(normal pressure CVD,NPCVD)是不采用真空装置的最简单的 CVD 方式，在许多领域都有广泛应用。

针对 NPCVD 的使用要求，目前已研制出各式各样的反应器，其主要类型见表 9-4。其中，对装置的分类方式如下：(a)～(c)按反应器的放置方式和尺寸关系（如水平放置还是垂直放置，纵向长还是横向长等）；(d)和(e)按基片的放置方式（如多块硅圆片在筒形架侧面放置还是硅圆片辐射状放置等）；(f)和(g)按基片的装卸运输方式（如硅圆片由传送带输运连续地制作薄膜还是以单片为单位进行处理等）。在设计和制造反应器时，必须考虑基片加热的均匀性、反应气体流动的均匀性，以及适应高效率生产的基片装卸输运方式等。对于使用者来说，应针对具体的使用要求，选择合适的反应器。

在上述各类装置中，用于 Si 上外延 Si（单纯外延），多采用(b-1)、(b-2)及(d)，这些类型的装置适合大批量生产；用于制作多晶硅、氧化膜、氮化膜，还有前面提到的氧化及掺杂等，多选用(b-3)；而为了抑制粉末发生，多采用(c)；但当采用 TEOS(tetra ethyl orthosilicate：四乙基原硅烷 $Si(OC_2H_3)_4$)来制作氧化膜时，多采用(f)；这几类装置都适合大批量生产。另外，随着硅圆片尺寸逐渐变大，例如，从 ϕ20 cm(8 in)到 ϕ30 cm(12 in)，对膜厚均匀性提出了更高的要求，因此采用单片处理型(g)的越来越多。

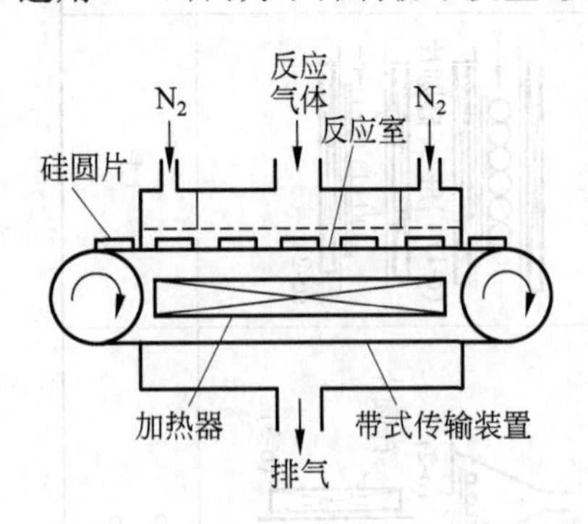

图 9-12 连续式常压 CVD 装置示意图

近年来，在超微细加工领域，对平坦化提出了更高要求，采用 TEOS-O_3 系（四乙基原硅烷-O_3 系）可大批量地制作平坦化优良的氧化膜，图 9-12 所示为其连续化生产装置。硅圆片由传送带连续地送入反应室并在其上沉积薄膜。在反应室的入口处和出口处，分别有高速 N_2 气流自上而下流动（气帘），以阻止空气进入，而且在出口处对基片进行冷却。这种连续化生产装置（表 9-4 中的(f)与其相当）主要用来制作半导体 IC 最终保护膜 SiO_2、Si_3N_4（钝化膜）和掺杂 P 的 SiO_2 膜等。

9.2.4 减压 CVD(LPCVD)

减压 CVD(low pressure CVD,LPCVD)是在常压 CVD 的基础上，为提高膜层质量，改善膜厚与电阻率等特性参数分布的均匀性，提高生产效率等而发展起来的。LPCVD 有各种方式，而且由 LPCVD 还派生出许多新的类型，用途十分广泛。近年来，LPCVD 在整个薄膜领域发挥着越来越重要的作用。LPCVD 的主要特征有：

(1) 反应室内减压至 10～10^3 Pa(0.1～10 Torr),反应气体及载带气体的平均自由程和扩散系数变大,基片表面的膜厚分布及电阻率等特性参数的分布更加均匀。反应气体的消耗量也小。

(2) 反应器采用扩散炉型(表 9-4 中(b-3)或(c)),温度控制容易,装置本身也比较简单,在减压下更容易实现基片的均匀加热,特别是可以大批量地装载基片,从而可靠性及生产效率大幅度提高。NPCVD 一般是由高频电磁波或红外线对基片直接加热,其反应器处于冷壁(cold wall)状态,而 LPCVD 主要是靠电阻加热,其反应器处于热壁(hot wall)状态。因此有人认为,从 NP 向 LP 的变化也是从 cold wall 型向 hot wall 型的转变。

(3) 由于 Si 基片垂直装载,即使硅圆片直径变大,也不影响其处理能力。此外,由于采取横型结构,故异物、杂质等在生成膜表面的附着少。

(4) 随着基片尺寸的进一步增大,为抑制颗粒的发生,可采用纵型反应器。

减压 CVD 装置由反应室、供气系统、控制系统、排气系统构成。装置示意图如图 9-13 所示,其外形如图 9-14 所示。反应器内气体的流动状态如图 9-15 所示。表 9-5 列出薄膜沉积条件的实例。利用这种装置制作的薄膜质量优良,性能均匀稳定。以每批量处理 50 块 6 in 硅圆片的工艺为例,其膜厚分布及电阻率分布的分散性均可保证每片中在±3%,片与片之间在±4%～±5%的范围内。正是基于上述优点,LPCVD 在许多领域都获得应用,近年来推广普及很快。在薄膜制作领域,LPCVD 已成为最普遍采用的方式。

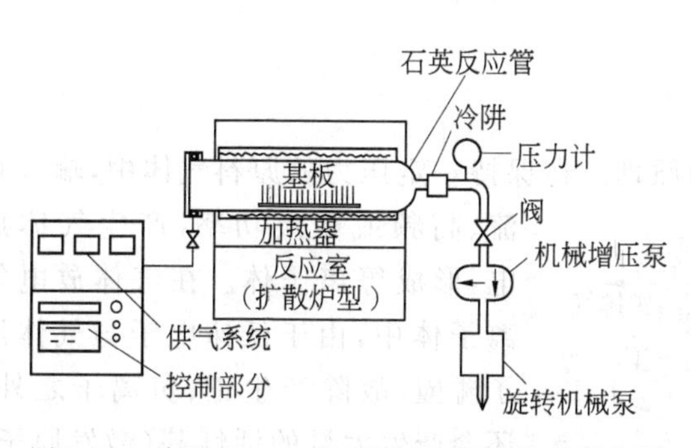

图 9-13 热壁(hot wall)型减压 CVD 装置示意图

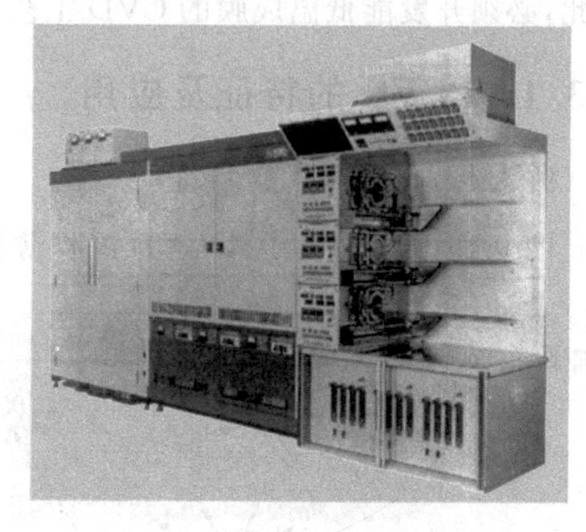

图 9-14 LPCVD 装置外形

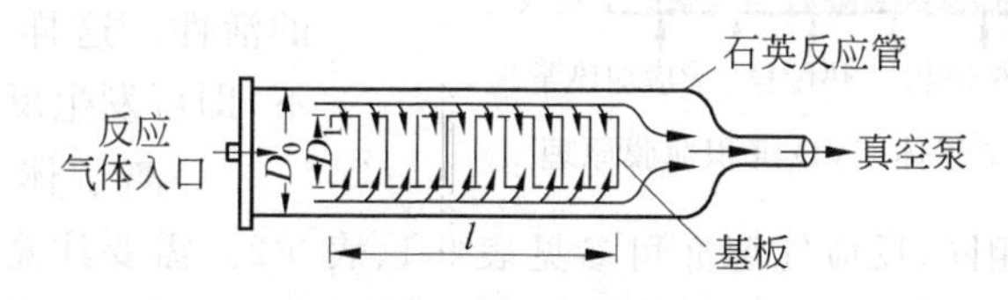

图 9-15 减压 CVD 反应室内的气体流动状态

表 9-5 减压 CVD 薄膜沉积条件的实例

薄　膜		Si_3N_4	掺杂的多晶 Si	多晶 Si	低温 SiO_2	低温 PSG
沉积温度/℃		750	630	600	380	380
使用气体及流量	SiH_2Cl_2/(cc/min)	70	—	—	—	—
	NH_3/(cc/min)	700	—	—	—	—
	SiH_4(20%He)/(cc/min)	—	1500	250	500	384
	PH_3(4%He)/(cc/min)	—	450	—	—	270
	O_2/(cc/min)	—	—	—	120	80
	He/(L/min)	—	0.8	N_2 1.5	3.8	3.5
沉积速率/(Å/min)		40	73	80	≈100	≈130
沉积压力/Torr		0.8	1.4	0.8	1.3	1.3

注：1cc=1mL。

9.3 等离子体 CVD(PCVD)

无论是常压 CVD 还是减压 CVD,都是利用发生在基片表面的反应来制作薄膜。为此,必须使基片温度达到数百摄氏度以上。在集成电路和电子元器件的制作中,越来越多地遇到这种情况：好不容易由微细加工技术制成的元件,最终往往难以承受几百摄氏度的高温。对此,必须开发能低温成膜的 CVD 工艺。

9.3.1 PCVD 的特征及应用

9.3.1.1 PCVD 的特征

图 9-16 表示等离子体 CVD 沉积薄膜的原理。在保持一定压力的原料气体中,输入直流、高频或微波功率,产生气体放电,形成等离子体。在气体放电等离子体中,由于低速电子与气体原子碰撞,故除产生正、负离子之外,还会产生大量的活性基(激发原子、分子等),从而可大大增强反应气体的活性。这样,在相对较低的温度下,即可发生反应,沉积薄膜。

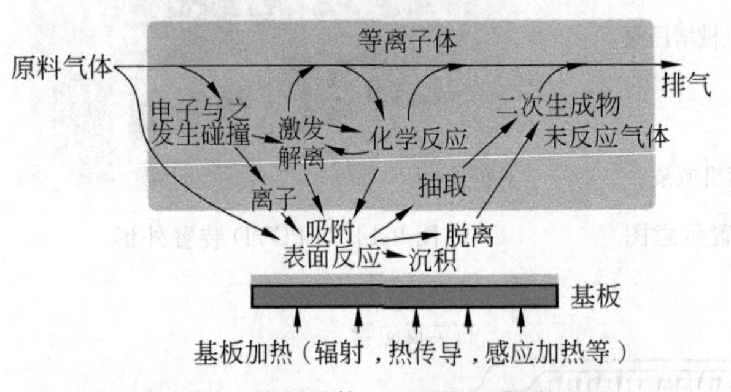

图 9-16 等离子体 CVD 沉积薄膜原理

等离子体 CVD 的反应过程与热 CVD 的情况基本相同,反应气源亦可参见表 9-1、表 9-2。需要注意的是,由于热激活和等离子体激活存在差异,应对表中列出的气源进一步筛选,选择更容易被等离子体激发,而且反应尾气中不含有对真空系统等有严重损害的气源。

与高温下利用原料气体热分解等反应的热 CVD 技术相比,PCVD 技术具有下述特征。

(1) 可以在更低的温度下成膜。例如,为沉积 Si_3N_4 薄膜,若采用 NPCVD 或 LPCVD,

一般需要1000℃的高温，而若采用PCVD，则在300℃左右就可以完成。对于其他氧化物等薄膜来说也有类似的情况(表9-6)。

表9-6　PCVD薄膜沉积条件的实例

反应条件 \ 薄膜	P-SiN	P-SiO	P-PSG(4mol%)
反应方式	等离子体CVD	等离子体CVD	等离子体CVD
反应系统	SiH_4-NH_3	SiH_4-N_2O	SiH_4-PH_3-N_2O
温度/℃	200～300	300～400	300～400
压力/Pa	0.2	1.0	1.0
膜厚分布偏差/%	±7	±7	±7
沉积速率/(nm·min^{-1})	30	50～300	50～300
刻蚀速率/(nm·min^{-1})	20～50(BHF)	150～350(BHF)	600～900(BHF)
折射率	2.05	1.50	1.46
密度/(g·cm^{-3})	2.60	2.20	2.21
反应气体	SiH_4+NH_3	SiH_4+N_2O SiH_4+NO SiH_4+CO SiH_4+CO_2	SiH_4+PH_3

(2) 即使对于采用热过程难以成膜的反应速率极慢的物质，也可以采用PCVD技术在一定的沉积速率下成膜。此外，对于热分解温度不同的物质，也可以按不同的组成比合成。

9.3.1.2　PCVD的应用概况

基于上述特征(1)，采用PCVD技术，可减少热损伤，减低膜层与衬底材料间的相互扩散及反应等。原则上讲，能由热CVD反应得到的材料都可以通过PCVD在较低的温度下获得，即表9-2、表9-3中列出的反应都可以通过PCVD在较低的温度下实现。

PCVD的低温工艺意味着，电子元器件在制作过程中、制成之后或因返修需要，也可以进行镀膜。而且，像石灰苏打玻璃等低熔点玻璃、聚酰亚胺膜等非耐热性基板也可以采用。特别是，采用平行平板高频辉光放电的PCVD技术，近年来在电子信息产业中得到广泛应用。首先，对于超大规模集成电路(VLSI、ULSI)制作来说，Al电极布线形成之后，作为最终保护膜的硅氮化膜(SiN)的形成，以及为了平坦化，作为层间绝缘膜的硅氧化膜的形成等，都成功地采用了PCVD技术。而且，作为薄膜器件，以玻璃为基板的有源矩阵(active matrix)方式的LCD显示器用薄膜三极管(TFT)的制作等，也成功地采用了PCVD技术。

特别是最近，随着集成电路向更大规模、更高集成度发展，以及化合物半导体器件的广泛采用，需要PCVD在更低温度、更小离子能量的工艺条件下进行。为适应这种要求，人们开发出在更低温度下能形成更高品质薄膜的，采用ECR等离子体及采用螺旋波等离子体的新型PCVD技术。采用这些新的PCVD技术，人们对a-Si∶H、SiN、SiO_x膜等进行了广泛研究，而且在用于大规模集成电路层间绝缘膜等方面，已达到实用化。

非晶态材料自20世纪50年代开始用于半导体领域。1957年人们发现，采用PCVD法制作的氢化非晶硅(以下简称a-Si∶H)也可以进行pn结控制(通过悬挂键)。以此为契机，许多研究者加入a-Si∶H的研究开发中。恰逢此时，开发清洁能源的要求日益迫切；近年来，有源液晶平板显示器的市场需求急剧扩大。这些都为PCVD的进一步发展提供了广阔天地。与微电子技术相比，太阳能电池和液晶平板显示器用TFT需要更大面积、性能一致的薄膜，而且制作成本要低。PCVD工艺温度低，适合连续化生产的优点得以充分发挥。据此，这种薄膜已在太阳能电池及液晶显示器用TFT等方面获得突破性进展。目前，采用这种技术的产品正迅速在市场普及。

9.3.1.3　a-Si∶H的生长模式

下面，以a-Si∶H为例对PCVD薄膜沉积的机制加以介绍。在PCVD成膜条件下，等离子体中电子的平均能量为数电子伏，全体电子的动能分布与热平衡状态的Maxwell分布相比，略向高能一侧偏移(受等离子体中电场的影响)，但在高能端，与Maxwell分布相比，电子数要少些(受非弹性碰撞的影响)。在具有这种能量分布的电子中，能量超过SiH_4分子的离解能和电离能的电子，与原料气体(SiH_4)分子碰撞，会以一定几率引起离解和离化。这样，分解产生的活性基及离子，在a-Si∶H薄膜的形成与生长过程中，会发生下述一系列的表面反应过程：

① SiH_2置换表面的H—Si键的过程。

② SiH_3将表面的H拉出，生成SiH_4脱离表面，而表面的空键与另外的SiH_3相结合的过程。

③ 表面H的热脱离，形成的表面空键与SiH_3相结合的过程。

上述这些过程中，由于SiH_2活性基的数量少，且寿命短，除了特殊的成膜条件之外，一般以SiH_3决定的成膜过程占主导地位(图9-17)。除此之外，还应考虑由Si、SiH决定的成膜过程，但其与SiH_2决定的过程一样，相比之下很少发生。实际上，根据激光吸收光谱法对SiH_4等离子体中活性基密度的测定结果，SiH_3的密度在$10^{11}\ cm^{-3}$以上，而SiH_2、SiH等活性基的密度要比SiH_3的密度低两个数量级以上，相比之下是相当小的。顺便指出，在PCVD法制作a-Si∶H的通常成膜条件(基板温度150～300℃)下，几乎不会发生氢的脱离。因此，作为a-Si∶H的成膜机理，上述②所述靠SiH_3将表面的H拉出，生成SiH_4脱离表面，而表面的空键与另外的SiH_3相结合，就形成a-Si∶H的主要过程。换句话说，在a-Si∶H的成膜过程中，从生长中的表面将H拉出是极为重要的。为了积极地利用这一效应，交互采用以SiH_4为原料的高频PCVD和利用微波放电中产生的原子态氢(活性基)，将

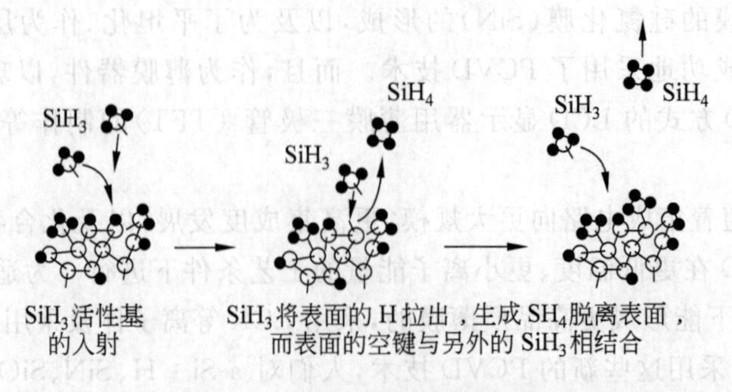

图9-17　a-Si∶H膜的生长模式

表面H拉出这两种工艺，获得了致密、优质的a-Si∶H，有人称这种方法为化学退火(chemical anealing)。已经确认，由这种方法制作的a-Si∶H的光劣化效应小。在这种技术中，设法去除离子，仅由活性基对表面进行照射是至关重要的。

9.3.2 PCVD装置

为使放电等离子体发生，可以输入不同的功率种类(如高频、ECR、螺旋波等)，而且功率的输入方式也各不相同，因此有各种不同的等离子体发生方式。下面针对有代表性的PCVD方式，对其特征及装置进行简要介绍。

9.3.2.1 PCVD装置的基本类型

简单地说，在图9-13所示的反应室中，由放电电极代替加热器，使基板表面产生等离子体，由此便构成最基本的PCVD装置。反应室的基本类型如图9-18所示。高频放电采用13.56 MHz的工业射频功率，高频功率的输入方法有电容耦合型(以等离子体放电区的电容为耦合负载，见图9-18(a)、(b))和电感耦合型(图9-18(c))两种方法。此外，电极设在真空容器之内的为内部电极型，真空容器内无电极的为无极放电型。其中，内部电极采用平行平板的，可以在比较低的温度(150～300℃)获得高品质薄膜，特别是容易实现大面积化，目前在液晶显示器用薄膜三极管、非晶硅太阳能电池等各种薄膜器件的制作中，已获得广泛应用。

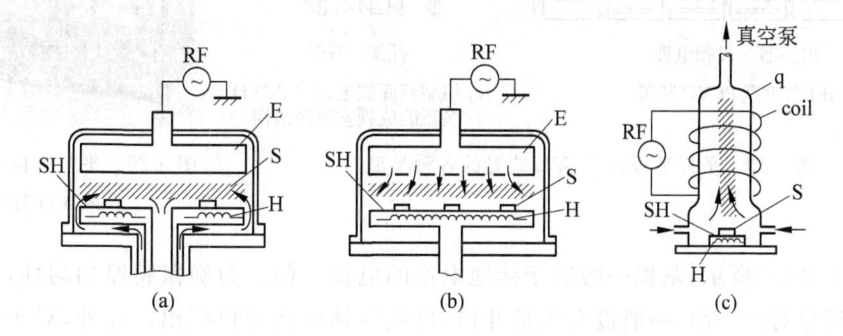

图9-18　PCVD装置反应室的基本类型

E—放电电极；coil—RF线圈；S—基板；H—加热器；q—石英管；SH—基片台架；箭头—气体流向；////—等离子体

排气系统多选择极限真空度高、排气量大且耐尾气腐蚀的系统，如干式机械泵、扩散泵、涡轮分子泵等。

图9-18所示为目前最常用的电极结构及与之配合的气体流动方式。每种方式都需要采取措施使源气体在基板表面均匀流动，以保证沉积膜层厚度偏差控制在10%范围内。图9-18(c)是在反应器石英管外绕一RF线圈，也可以采用特殊的天线和高频电路，在反应器内部产生无极放电。图9-18(a)和(b)中，基片支持架可以做得很大，适合于大批量生产。图9-18(c)所示设备也可以保证高密度等离子体在更大的面积上分布，这种工业用设备已达到实用化。这种装置的优点是结构简单，制作方便，但RF线圈的阻抗匹配不太容易调节。

上述几类装置在制作半导体元件的最终保护膜(钝化膜)等方面已投入工业应用。此外，太阳能电池用 a-Si∶H 膜和有源矩阵型液晶显示器用 TFT 的研究开发和工业化生产也是从这种 PCVD 装置开始的。

9.3.2.2　平行平板式 PCVD 装置

图 9-19 是平行平板式 PCVD 装置的各种类型；图 9-20 是其批量式装置的实例。

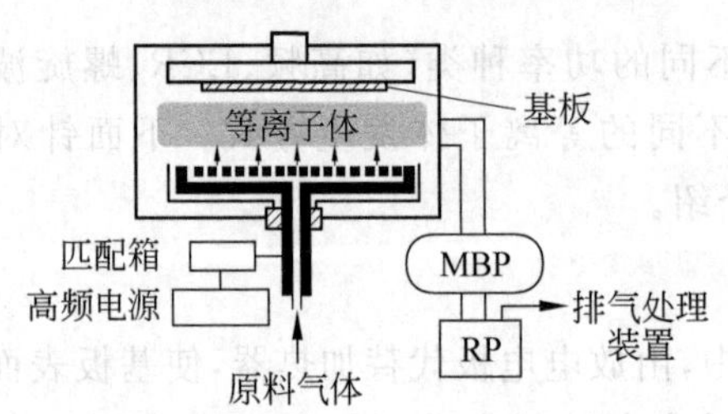

(a) 研究室规模 PCVD 装置的基本构成

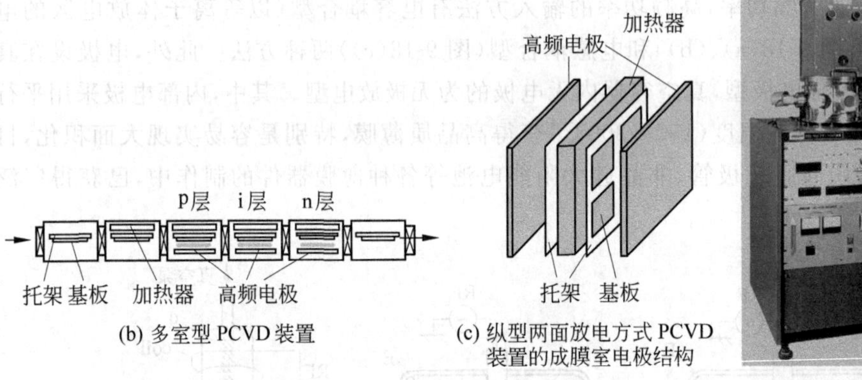

(b) 多室型 PCVD 装置

(c) 纵型两面放电方式 PCVD 装置的成膜室电极结构

图 9-19　平行平板式 PCVD 装置的各种类型

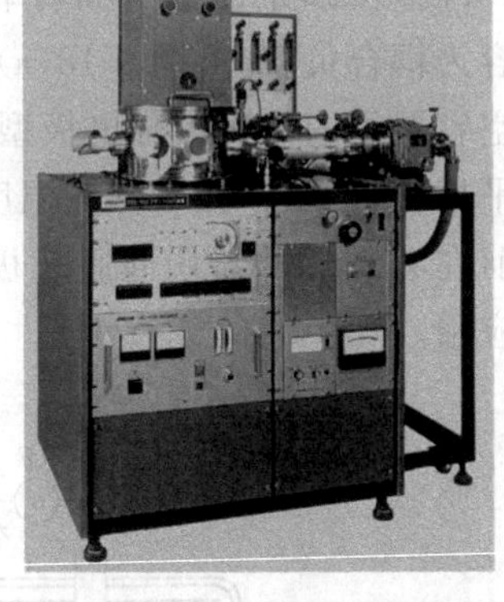

图 9-20　平行平板型批量式 PCVD 装置的实例

如图 9-19(a)所示，基板一般置于接地电位的电极一侧。为确保膜厚均匀性，在高频电极上与基板相对的一面，一般设有大量开口，反应气体由此开口喷出。此外，对于电容耦合型装置来说，为保证高频电极与基板所对的范围之外不产生放电，高频电极周围要用接地电位的屏蔽罩保护，屏蔽罩与高频电极之间保持数毫米以下的间隙。在该接地屏蔽间隙中，由于压力与间隙的乘积 pd 不满足开始放电的条件(参见 5.3.3 节)，故间隙中不会产生放电。据此，放电仅在高频电极与基板所对的范围内发生。这样，可高效率地使原料气体激发、离解，并在基板上形成所需要的薄膜。

图 9-19(a)是研究室规模所用的最简单 PCVD 装置的基本构成，也有只采用旋转泵(RP)或干式泵的情况。此外，对原料气体流量很大或反应容器容量很大的情况，为了提高排气能力，也有采用机械增压泵(MBP)＋干式泵或涡轮分子泵(TMP)＋干式泵等组合排气系统的情况。

图 9-19(b)是制作具有 pin 结构，计算器用的 a-Si∶H 太阳能电池的多室型 PCVD 装置，为减轻各层间的相互污染，将 p、i、n 各层分设在不同的沉积室中制作。

图 9-19(c)是液晶显示器用 a-Si∶H TFT 用 a-Si∶H 膜、SiN 膜及 a-Si∶H 太阳能电池制作用的，纵型大面积 PCVD 装置的结构示意图。在沉积室中，基板托架两面上均可以成

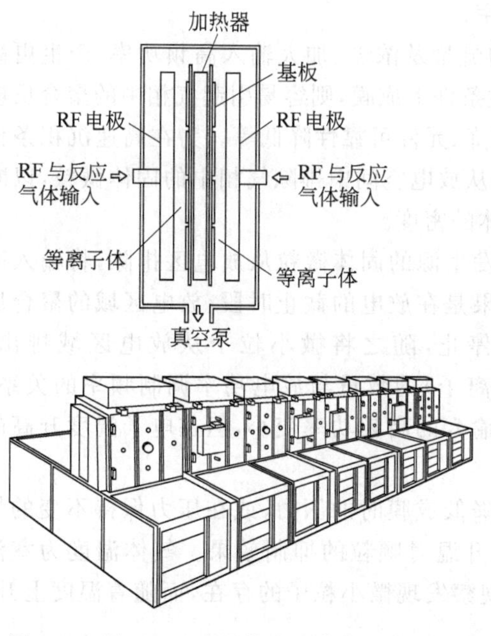

图 9-21　用于 a-Si 太阳能电池薄膜生产的连续式(平行平板型)PCVD装置的实例

膜。这种装置便于进行连续性或半连续性生产。图 9-21 是用于 a-Si：H 太阳能电池薄膜生产的连续式(平行平板型)PCVD 装置的实例。

9.3.2.3　单片处理式 PCVD 装置

由于在太阳能电池制作方面已有成功的经验,制作液晶显示器用的 PCVD 装置开始采用的也如图 9-19(c)所示,在基板托架上装载多块基板,依次成膜,进行连续式在线处理。特别是在制作过程中,以每种薄膜为一个单元,通过截止阀,仅对所需要数量的基板进行连续性生产,而且,这种装置在基板托架的两面均可成膜。目前,这种采用立式基板托架的纵型大面积 PCVD 装置已获得广泛应用。

但是,除基板上沉积的膜层之外,沉积在其他部位的膜层必须及时去除并清洁化,为此需要定期停机、降温,进行清洁化处理。其中,基板托架是清洁化处理的重点。因此,会造成生产效率降低;而且,基板与托架间的摩擦会产生颗粒,每次加热都要对热容量很大的基板托架升温,造成功耗增加等。

与上述在线型批量处理式 PCVD 装置不同,图 9-22 表示的单片处理式装置不采用基板传送托架,而是通过机械手将单片基板直接传送到 PCVD 室进行薄膜沉积或表面处理。这种方式具有诸多优点,近年来获得广泛应用。

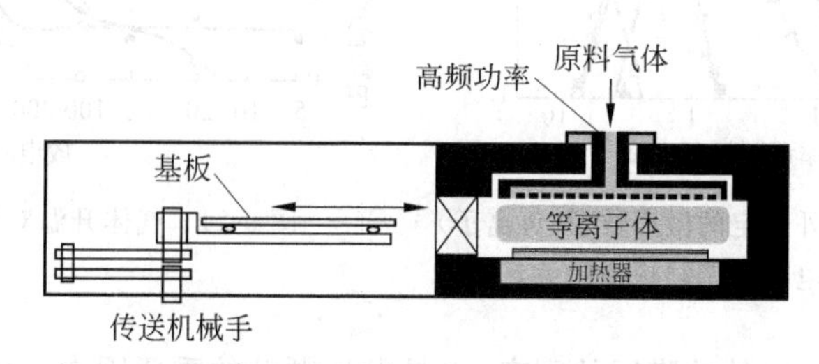

图 9-22　单片处理式 PCVD 装置

单片处理式 PCVD 装置不采用传送基板的托架,由此可避免起因于托架的各种问题。与在线型批量处理方式相比较,处理专用面积小,每次仅对单块基板进行处理等。单片处理式 PCVD 装置不必停机、降温,在运行状态采用 NF_3 就可以进行清洁化处理,因此运行效率高。由于采用 NF_3 进行清洁化处理,要求可能与 NF_3 接触的构成部分采用不受 NF_3 腐蚀的 Al 等材料。顺便指出,由于传送、成膜不采用固定基板用的托架,而是将基板放置在被加热的基板台上,因此大多数情况采用基板面朝上(高频电极在上方,基板在下方的方式,如图 9-22 所示)的方式。这种布置,成膜室中产生的颗粒容易沉降在基板表面,因此要极力抑制颗粒的发生。另外,由于薄膜沉积是在一块基板完成之后进行下一块,为了提高沉积效率，与在线型成膜方式相比，需要更高的沉积速率。

提高沉积速率的方法主要有：增加 SiH_4 的流量及浓度、加大输入高频功率、产生更高密度的等离子体等。但从另一方面讲，若在上述条件下成膜，则容易引起气相中的聚合反应（SiH_4 的聚合），从而引起颗粒的产生、成品率下降、元件可靠性降低等。为在高速沉积条件下抑制气相中颗粒的发生，应采取下列措施：①从放电空间中排除气相中的固体微粒，以断绝颗粒发生的条件；②降低作为颗粒原料的气体的密度。

首先，为了将正在气相中生长的，作为颗粒发生源的固体微粒从放电区排除，将输入高频功率进行脉冲调制十分有效。脉冲调制的效果是在放电的截止时段，放电区域的聚合反应停止，而且因带电引起的微小粒子的生长停止，随之将微小粒子从放电区域排出。图 9-23 表示在放电区域外测定的微小粒子（负离子）的数量与放电功率调制频率的关系。顺便指出，调制脉冲间隔越大，尽管单位时间内输入的高频功率变小，但在电子温度升高的同时，沉积速率并不降低。

再者，作为降低原料气体密度的方法，包括降低成膜时的压力，或在压力保持不变的情况下，提高气体的温度。图 9-24 表示通过气体升温对颗粒的抑制效果。气体温度为室温时，放电开始（5 ms 后）即能通过激光散射强度观察发现微小粒子的存在，而随着温度上升，开始观察到微小粒子发生的放电时间逐渐变长。

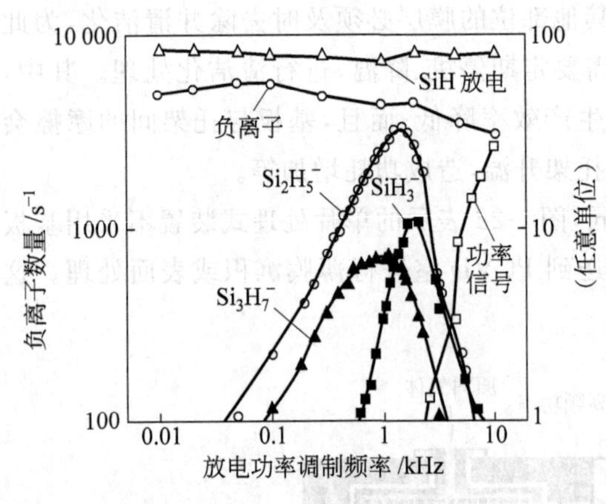

图 9-23　在放电区域外测定的微小粒子（负离子）的数量与放电功率调制频率的关系

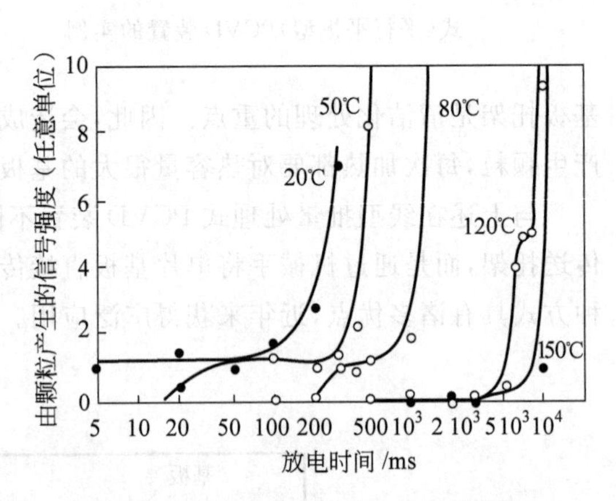

图 9-24　气体升温对颗粒的抑制效果

此外，附着在基板以外的膜层的剥离，也是发生颗粒的重要因素。可采取各种措施防止这种膜的剥离。例如，采用双层沉积室，即在真空室内再设一沉积室，使后者内壁保持较高温度，构成所谓热壁（hot wall），可减少不必要的膜的沉积。再有，可在电极结构上采取措施，将等离子体封闭于有限的空间，可有效防止在不需要的部位成膜等。

目前，通过脉冲调制放电，降低原料气体密度以及对成膜室进行加热等，已能有效地抑制颗粒的发生。

从提高膜层质量及保证 TFT 特性要求等方面看，通常在沉积速率（100～200 Å/min）下获得的 a-Si∶H 膜比高沉积速率（至 1000 Å/min）下获得的 a-Si∶H 膜更优良。因此，对于 TFT 特性有重要影响的 a-Si∶H（特别是栅绝缘膜附近）的成膜，一般是在通常的沉积速率下进行。

9.3.3 高密度等离子体(HDP)CVD

近年来,在制作 64 M～1 G DRAM 及逻辑系超大规模集成电路所采用的 CMP(化学机械抛光,chemical mechanical polishing)工艺中,与之对应的层间绝缘膜的形成,以及针对高深径比过孔连接的薄膜形成中,都利用了电子密度为 10^{11} cm^{-3} 的等离子体 CVD 技术。这种技术可以致密且高速率成膜,可对高精度图形及过孔等进行填充成膜,通过施加偏压可形成平坦化膜等,目前正在生产线中普及。特别是,这种技术所采用的等离子体包括 ECR 等离子体、感应耦合等离子体(inductive coupled plasma,ICP)、螺旋波等离子体等,这些等离子体与平行平板电容耦合型等离子体相比,等离子体密度(电子密度)高,因此总称其为"高密度等离子体"(high density plasma,HDP)。HDP 不仅可用于 CVD,而且在溅射镀膜和刻蚀等方面也有广泛应用。

9.3.3.1 ECR 等离子体 CVD

ECR PCVD 采用的是微波 ECR 放电(参见 4.8.2 节)。微波 ECR 放电是在输入 2.45 GHz 的微波功率并外加 ECR 磁场(87.5 mT)条件下产生的。在 ECR PCVD 中,在 10^{-2} Pa 左右的低气压下也能获得高密度等离子体,与高频等离子体 CVD 相比,可以在更低温度下获得优质薄膜,因此目前对其研究开发十分活跃。ECR PCVD 的实例,有室温下成膜的 a-Si∶H 及 SiN 等。一般认为,ECR PCVD 能在低温成膜的机理如下所述。除了气相中形成高激发、高离解、高离化率的等离子体,促进薄膜的形成之外,ECR 等离子体中的离子,由于在压力比较低的气体中,碰撞较少,可以获得与等离子体电位相应的能量,这些离子照射基板使基板表面获得较高温升而促进化学反应的发生。因此,即使不对基板加热,也能在很高的沉积速率下获得优质薄膜。

9.3.3.2 高频感应耦合等离子体(ICP)CVD

与电容耦合型高频波主要是靠其电场成分对等离子体中的电子运动产生影响相对,高频感应耦合等离子体(inductive coupled plasma,ICP)中,高频波的磁场成分也对电子运动产生影响,随时间变化的磁场产生感应电场,并由其使电子加速。ICP 中高频功率的输入可采用布置于放电室周围的螺旋管天线,布置于绝缘平板上的平面螺旋天线,或插入等离子体内部的环形天线等(参见 4.8.4 节图 4.66)。

ICP 可在 1 Pa 以下的低气压下发生高密度(10^{11}～10^{12} cm^{-3})等离子体。利用这种高密度等离子体 ICP CVD 的特征有:

① 不必外加磁场,结构简单。

② 因发生高密度等离子体,促进激发、离解及离化过程,因此成膜可在低温下进行。

③ 高频功率的输入及基板台偏压(高频、直流)的施加独立进行,依膜层种类不同,通过对离子照射的控制,可形成优质膜层。

9.3.3.3 螺旋波 PCVD

在施加 0.1T 左右磁场的状态下,使高频放电发生,此时在等离子体中传输的螺旋波的能量可被等离子体吸收,利用这种现象产生高密度(10^{11}～10^{12} cm^{-3})等离子体的方法称为螺旋波等离子体法。螺旋波等离子体的发生,是通过绕于圆筒状绝缘管壁上的螺线管状天线输入高频功率，同时在绝缘管的中心轴向施加磁场。利用螺旋波等离子体进行 PCVD 成膜的实例，有以添加 F 的 TEOS 为原料气体低温形成的 SiO_2 膜等。该方法与通常的 PCVD 比较可获得致密膜层。另外，螺旋波 PCVD 作为超大规模集成电路中层间绝缘膜的形成方法，适用于 CMP(化学机械平坦化，见 11.7 节)加工的表面薄膜形成。溅射与成膜并用，可用于多层布线的图形间填充，从而获得较为平坦的膜层。另外，随着回路及布线密度的提高，因布线间电容造成的 LC 延迟成为不可忽视的问题。工作频率越高，这一问题越严重。为解决这一问题，可用介电常数更低的绝缘膜（SiOF、CF_x 膜等）代替以往的 SiN 及 SiO_2 等。目前人们正采用螺旋波 PCVD 法进行这方面的研究开发。

9.3.3.4 27.12 MHz 至数百兆赫高频等离子体 CVD(UHF，VHF PCVD)

采用工业用射频(13.56 MHz)放电，电子可以充分追随电场的变化。而当频率更高时，电子来不及追随电场的变化，而被捕集在放电电极之间或放电室内。换句话说，更高频率的放电可以抑制因电子到达放电室内壁而消失的情况，从而能保证更多的电子参与放电，而获得高密度等离子体。正是基于这种考虑，人们正在开发 27.12 MHz 至数百兆赫的高频等离子体 CVD 技术。

9.4 光 CVD(photo CVD)

等离子体 CVD 在一定程度上实现了薄膜化学气相沉积的低温化，而且，在 a-Si等新型半导体材料领域获得应用与推广。但是，对于薄膜制作，特别是半导体元件用薄膜制作，仍有一些问题难以解决，例如：

(1) PCVD 工艺往往会在元件中引入或造成各种缺陷或损伤（如等离子体中带电粒子轰击膜层造成的损伤等）。

(2) 好不容易完成前道工序（如杂质的精确掺杂等）的元件，往往难以承受 PCVD 后道工序的温度（尽管比热 CVD 的温度低得多）。因此，需要进一步降低薄膜沉积温度，特别是在 LSI 的多层布线工艺中，这种要求更为迫切。

为了解决上述问题，各种各样的新方法不断出现，而光 CVD[①] 不失为最佳方案之一。对于热分解来说，加热的作用使通常分子的平移运动及内部自由度同样地被激发（对分解无贡献的自由度也被激发）。与此相对，光 CVD 仅直接激发分解所必需的内部自由度，赋予其激活能，促进分解与反应。也就是说，光 CVD 可期待在低温、几乎不引起薄膜损伤的情况下制取薄膜。而且，通过光的聚焦扫描，还可用光束直接描画或蚀刻精细线条和图形等。

9.4.1 激光化学气相沉积

激光化学气相沉积利用激光束实现薄膜的化学气相沉积。从本质上讲，由激光触发的化学反应有两种机制：一种为光致化学反应，另一种为热致化学反应。前者利用激光足够

① 光 CVD 也存在于我们的日常生活中，如令人讨厌的光化学烟雾等。某些气氛受紫外线作用会产生对人体有害的气体，并可能致癌。这种光致化学反应在略高于 25℃ 的低温即可发生。

高能量的光子使分子分解并成膜;后者利用激光束热源实现热致分解,并使基片温度升高加速沉积反应。激光源的两个重要特性——方向性和单色性,在薄膜沉积过程中显示出独特的优越性。方向性可以使光束射向尺寸范围很小的一个精确区域产生局域沉积;单色性可通过选择激光波长,仅使特定的光致反应沉积或热致反应沉积发生。但是,在许多情况下,光致反应和热致反应过程同时发生。尽管在许多激光化学气相沉积反应中可识别出光致反应,但热效应经常存在。

尽管激光化学气相沉积的反应系统与传统化学气相沉积系统相似,但薄膜的生长特点在许多方面是不同的。例如,由于激光化学气相沉积中的加热非常局域化,因此其反应温度可以达到很高;在激光化学气相沉积中,可以对反应气体预加热,而且反应物的浓度可以很高,来自基片以外的污染很小;对于成核,表面缺陷不仅起到通常意义下的成核中心作用,而且也起到强吸附作用,因此当激光加热时会产生较高的表面温度;由于激光化学气相沉积中激光的点几何尺寸性质增加了反应物扩散到反应区的能力,因此它的沉积速率往往比传统化学气相沉积高出几个数量级。需要指出的是,激光化学气相沉积中局部高温在很短时间内只局限在一个小区域,因此它的沉积速率由反应物的扩散以及对流所限制。

通常,决定沉积速率的参数有反应物起始浓度、惰性气体浓度、表面温度、气体温度、反应区的几何尺度等。应用激光化学气相沉积,人们已经获得了Al、Ni、Au、Si、SiC、多晶Si和Al/Au膜等。

9.4.2 光化学气相沉积

光化学气相沉积是一种非常吸引人的气相沉积技术,它可以获得高质量、无损伤薄膜,这一技术制备的薄膜具有许多实际应用。这一沉积技术的其他优点是:沉积在低温下进行、沉积速率快、可生长亚稳相和形成突变结(abruptjunction)。与等离子体化学气相沉积相比,光化学气相沉积没有高能粒子轰击生长膜的表面,而且引起反应物分子分解的光子没有足够的能量产生电离。这一技术可以制备高质量薄膜,其薄膜与基片结合良好。

在光化学气相沉积中,能量较高的光子有选择性地激发表面吸附分子或气体分子,使结合键断裂而解离,形成化学活性更高的自由基。自由基在基片表面发生反应沉积,形成化合物膜。这一过程强烈地依赖于入射线的波长,光化学沉积可由激光或紫外灯来实现。除了直接的光致分解过程外,也可由汞敏化(mercury sensitized)光化学气相沉积获得高质量薄膜。

硅烷通过汞敏化生成Si的反应为

$$Hg^{*} + SiH_4 \longrightarrow Hg + 2H_2 + Si$$

式中,Hg^{*}代表由于紫外辐射而使汞原子处于激发态。上述反应是通过几步间接硅烷基反应实现的。

图 9-25 表示利用大气压下的汞敏化光化学气相沉积，制备无掺杂 a-Si：H 膜的实验装置示意图。Ar 作为携带气体将 SiH_4 气体导入真空室。使用的低压汞灯共振线分别为 253.7 nm和 184.9 nm。将低蒸气压的氟化油涂在石英窗内表面，以阻止薄膜沉积在窗口上。汞蒸气引入反应室中，基片温度 $T_s = 200 \sim 350$℃。通过优化汞源温度（20～200℃）和气体流量（SiH_4，1～30 sccm；Ar，100～700 sccm）①，可获得 4.5 nm/min 的沉积速率。顺便指出，在光化学气相沉积中，气相反应物分子的解离和沉积物的形核皆由光子源控制，因此基片温度可以作为一个独立的工艺参数来选择。

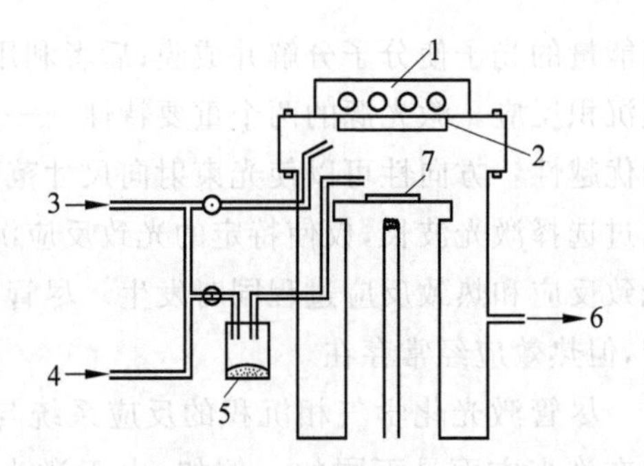

图 9-25　大气压下汞敏化光化学气相沉积制备无掺杂 a-Si：H 膜实验装置示意图

1—汞灯；2—石英玻璃；3—Ar 气入口；4—SiH_4 入口；5—汞；6—废气；7—基片

应用光化学气相沉积，人们已经获得各种各样的膜材料，如 Si、Ge、a-Si：H 等半导体膜、各种金属膜、超硬膜、介电体和绝缘体膜、化合物半导体膜等。

图 9-26　束状光照型光 CVD 的工作原理

从原理上讲，光 CVD 装置可以是束状光照型（图 9-26），也可以是广面积光照型，图 9-27 是广面积型装置的系统图和外观照片。采用的光源有低压汞灯（184.9 nm，253.7 nm），氘（D_2）灯（160 nm），Kr 共振灯（123.6 nm），ArF 激光（193 nm）或KrF 激光（248 nm），甚至 CO_2 激光（944.195 cm^{-1}）等。后者的频率稍稍偏离 SiH_4 的共振带（944.213 cm^{-1}），从而 CO_2 激光的能量被 SiH_4 分子有效吸收，引起气体温度升高，加速反应进行。

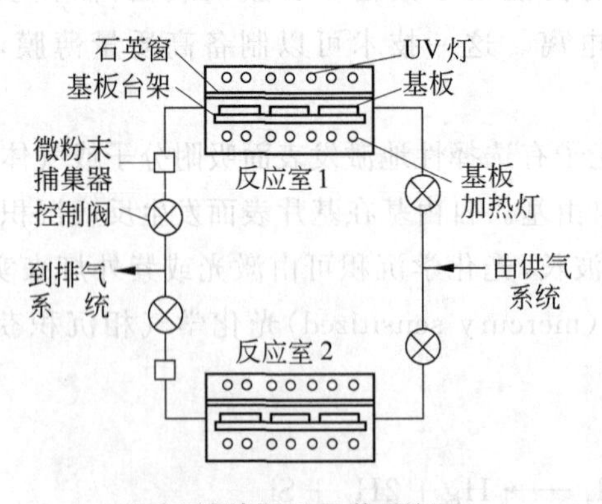

(a) 广面积光照 CVD 的系统图

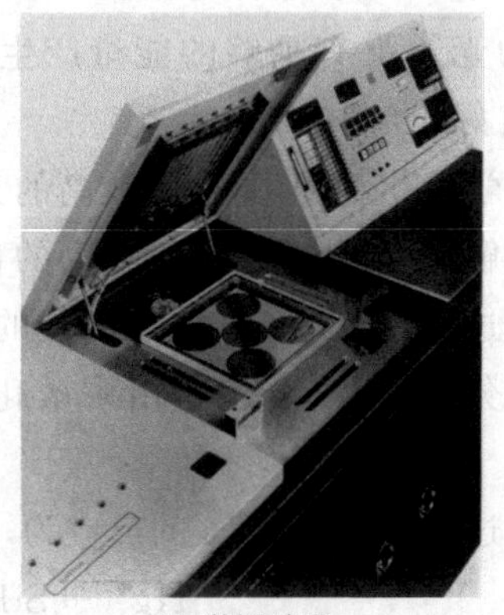

(b) 装置外观

图 9-27　广面积光照型光 CVD 装置的示意图及装置外观

① sccm 的英文全称为 the standard cc per minute，意即每分钟标准立方厘米。

在图 9-27 所示的广面积光照型光 CVD 装置中，光源一般采用汞灯，基板温度 200℃左右，对于 SiO_2 来说，可得到 120 Å/min 的生长速度。

9.5　有机金属 CVD(MOCVD)

一般，将采用有机金属化合物，由热 CVD 法制作薄膜的技术，特称为有机金属 CVD (metalorganic CVD：MOCVD)。MOCVD 与 MBE 同样，具有下述优点：

① 可生长极薄的薄膜；

② 可实现多层结构及超晶格结构；

③ 可进行多元混晶的成分控制；

④ 以化合物半导体批量化生产为目标。

MOCVD 和 MBE 几乎同步，目前在世界范围内有大量的机构和人员对其进行研究开发，其中部分已达到实用化。

一般说来，将金属的甲基化合物、乙基化合物、有些三聚异丁烯(triisobutylene)化合物导入高温加热的基板上，使其发生如下反应：

$$Ga(CH_3)_3 + AsH_3 \longrightarrow GaAs + 3CH_4$$

$$Al(CH_3)_3 + AsH_3 \longrightarrow AlAs + 3CH_4$$

这样就可以形成化合物半导体晶体。

有机金属化学沉积系统可分为水平式或垂直式生长装置。图 9-28 给出 $Ga_{1-x}Al_xAs$ 生长所用的垂直式生长装置。使用的原料为三甲基镓(TMG)、三甲基铝(TMA)、二乙烷基锌(DEZ)、AsH_3 和 n 型掺杂源 H_2Se。高纯度 H_2 作为携载气体将原料气体稀释并充入到反应室中。在外延生长过程中，TMA、TMG、DEZ 发泡器分别用恒温槽冷却，携载气体 H_2 通过净化器去除其中包含的水分、氧等杂质。反应室用石英制造，基片由石墨托架支撑并能够加热(通过反应室外部的射频线圈加热)。导入反应室内的气体在加至高温的 GaAs 基片上发生热分解反应，最终沉积成 n 型或 p 型掺杂的 $Ga_{1-x}Al_xA_3$ 膜。

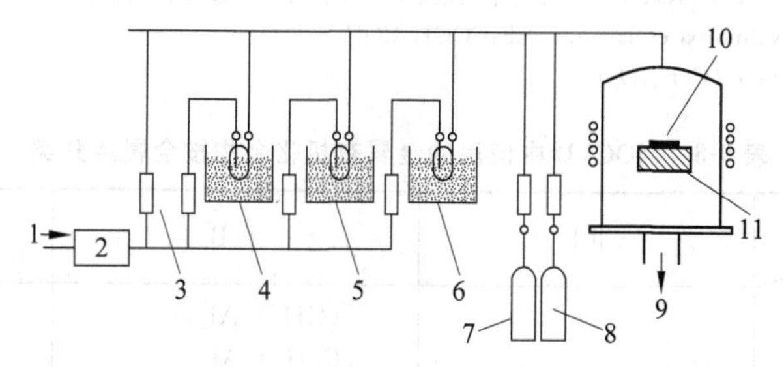

图 9-28　用于外延生长 $Ga_{1-x}Al_xAs$ 的垂直式有机 MOCVD 装置示意图

1—H_2；2—净化器；3—质量流量控制仪；4—TMG；5—TMA；
6—DEZ；7—AsH_3；8—H_2Se；9—排气口；10—基片；11—石墨架

利用上述反应，将表 9-7、表 9-8 中列出的各种金属有机化合物，导入图 9-29 所示的装置中，就可以生长出表 9-9 中列出的各种化合物半导体单晶膜。

MOCVD 技术具有下述优点：

① 仅对基片单片加热，装置结构简单，批量生产设计容易、制造方便。

② 单晶生长速度可由气源流量控制，操作方便。

表 9-7 MOCVD 中使用的有机金属化合物及其特性

材　料	分子量	熔点/℃	蒸气压	用途及生成反应
$Ga(CH_3)_3$***	84.76	−15.7	55.7℃/760Torr	
$Ga(C_2H_5)_3$***	156.9	−82.3	43～4℃/16Torr	
$Ga(C_2H_5)_2Cl$	163.3		60～62℃/2Torr	操作容易
$In(CH_3)_3$	159.8	88.4	135.8℃/760Torr	InSb
$In(C_2H_5)_3$***	202	−32	144℃/76Torr	InSb，紫外线下分解
$Al(CH_3)_3$***	71.98	15.4	*$A=-2148, B=8.279$	
$Al(C_2H_5)_3$***	114.2	−46	*$A=-2826, B=8.778$	
$Al(i\text{-}C_4H_9)_3$***	198.3	1～4.3	86℃/10Torr	大气中静态下自燃
$Zn(C_2H_5)_2$***	123.5	−33.8	116.8℃/760Torr	
$Sb(C_2H_5)_3$**	151	−29	159.5℃/760Torr	
$Mg(C_5H_5)_2$**	154.5	176		300℃下分解
$Cr(C_6H_6)_2$**	208.5		*$A=-4265.7, B=10.32$	350℃下分解
$Mo(C_6H_6)_2$**	252.2		*$A=-4946.2, B=11.68$	150℃下分解
$Sr(DPM)_2$	454.16	200	200℃/0.1Torr	STO
$Ba(DPM)_2$	503.87	170	194℃/0.1Torr	
$Pb(DPM)_2$	573.74	130	128℃/0.1Torr	PLT，PZT
$La(DPM)_2$	505.45	260	190℃/0.1Torr	PLT，PLZT
$Zr(OC_4H_9)_4$	383.68	3	31℃/0.1Torr	PZT，PLZT
$Ti(OC_3H_7)_4$	284.22	20	35℃/0.1Torr	STO，PZT
$Ti(OC_4H_9)_4$	340.33	4	34℃/0.1Torr	STO，PZT
$Bi(OC_4H_9)$	282.1	150	82℃/0.1Torr	
$Cu(hfac)_2$	479.67	95	54℃/0.1Torr	Cu

* $\lg p=A/T+B+C\lg T$(Torr/K)；**：大气中自燃；***：大气中爆炸性自燃。

hatc：1,1,1,5,5,5-hexafluoroacetylacetone $CF_3COCH_2COCF_3$；

DPM：dipivaloylmethanete-($C_1H_{19}O_2$)。

表 9-8 MOCVD 中使用的金属有机化合物按金属族分类

族 / 周　期	ⅡB	ⅢB	ⅣB
3	—	$[(CH_3)_3Al]_2$ $(C_2H_5)_3Al$	—
4	$(CH_3)_2Zn$ $(C_2H_5)_2Zn$	$(CH_3)_3Ga$ $(C_2H_5)_3Ga$ $(C_2H_5)_3GaCl$*	—
5	$(CH_3)_2Cd$ $(C_2H_5)_2Cd$	$(CH_3)_3In$* $(C_2H_5)_3In$	$(CH_3)_4Sn$ $(C_2H_5)_4Sn$
6	$(CH_3)_2Hg$	—	$(C_2H_5)_4Pb$

*室温下为固体。

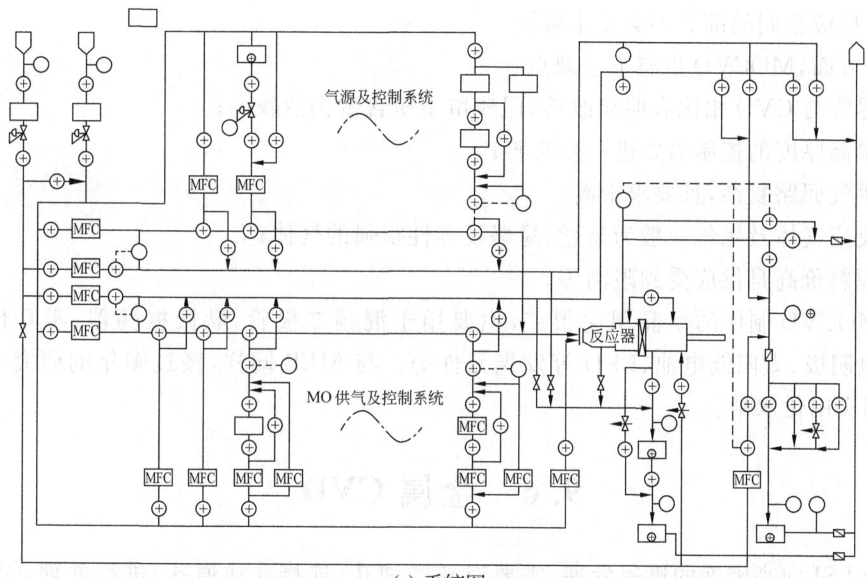

(a) 系统图

(b) 反应部分

(c) 装置外观

图 9-29　MOCVD 装置

表 9-9　MOCVD 生长的各种化合物半导体单晶膜

基　板	生长的单晶膜	基　板	生长的单晶膜
Al_2O_3	ZnS, ZnTe, ZnSe, CdS, CdTe, CdSe, PbS, PbTe, PbSe, SnS, SnTe, SnSe, $PbSn_{1-x}Te$, GaAs, GaP, GaSb, AlAs, $GaAs_{1-x}P$, $GaAs_{1-x}Sb$, $Ga_{1-x}Al_xAs$, $In_{1-x}Ga_xAs$, InGaP, GaN, AlN, InN, InP, InSb, $InAs_{1-x}Sb_x$, InGaAsP, InAsP	$MgAl_2O_4$	ZnS, ZnSe, CdTe, PbTe, GaAs, GaP, $GaAs_{1-x}P$
		BeO	ZnS, ZnSe, CdTe, GaAs
		BaF_2	TbTe, PbS, PbSe
		α-SiC	AlN, GaN
		ThO_2	GaAs

③ 生长单晶的特性可由阀门的 ON-OFF 及流量进行控制。

④ 可在 Al_2O_3 等绝缘基板上进行外延生长。

⑤ 可进行选择性外延生长。

⑥ 反应气源不采用卤化物，反应尾气中不含有 HCl 等腐蚀性很强的物质，因此，基板

和裸露于反应空间的部分不会发生腐蚀。

另一方面，MOCVD 也有下述缺点：

① 尽管与 CVD 相比有明显改善，但残留杂质含量仍然较高；

② 单晶厚度的控制需要进一步改善；

③ 供气回路复杂，且要求很高；

④ 反应气体及尾气一般为易燃、易爆及毒性很强的气体；

⑤ 原料价高且供应受到限制等。

由 MOCVD 制作的单晶用途很广，主要用于混频二极管、耿氏振荡器、霍耳传感器、FET 光电阴极、太阳能电池、LED 等发光元件等。与 MEB 同样，经过多年的研究开发，目前已达到实用化水平。

9.6 金属 CVD

随着 LSI 向高密度的迅速发展，需要对超微细孔（连接孔或通孔）进行处理，无论采用埋入还是孔底涂敷方式，都需要优秀的薄膜技术，近年来这方面的研究十分活跃。所谓金属 CVD 是利用 CVD 方法获得金属膜层的技术。若采用普通的 CVD，反应气源或尾气中的 Cl、F、C、H 等会对膜层质量产生影响。若采用溅射镀膜的方式，则由于其工作气压低，绕射性差，故深孔埋入和孔底涂敷均不能达到良好效果。因此，金属 CVD 实际上是采用上一节讨论的 MOCVD 方法，以达到沉积金属层等目的。

目前，金属 CVD 研究开发的重点，一是布线用的 W、Al、Cu 等，二是阻挡层（barrier）用的 TiN、W 等。为此，相应的气源在表 9-10 中列出。

表 9-10 金属 CVD 薄膜及所使用的气源

用 途	薄膜材料	使用的气源	反应温度/℃
布 线	W	WF_6	200～300（选择生长） 300～500（掩盖生长）
	Al	$(CH_3)_2AlH$ $(CH_3)_3Al$ $(i\text{-}C_4H_9)_3Al$ $(CH_3)_3NaCH_3$ $(CH_3)_2AlCl$	250～270
	Cu	Cu(hfac)tmvs $Cu(hfac)_2$	100～300
阻挡层	TiN	$TiCl_4NH_3$，N_2H_2 $TiCl_4+NH_3+MMH$ $Ti(N(CH_3)_2)_4$ $Ti(N(C_2H_5)_2)_4$，NH_3	约 800 约 500 约 400

9.6.1 W-CVD

利用 W-CVD 可以在微细孔中进行金属 W 的埋入，目前已达到实用化。读者可参见图 11-5、图 11-6。

对 W-CVD 来说，有掩盖（blanket）法和选择（selective）法两种。掩盖法 W 像是铺地毯，即在 Si、SiO_2 等所有材料上生长，整个表面都覆盖一层 W；选择法 W 是 W 在 Si 及金属等表面生长得快，而在 SiO_2 等绝缘膜上生长慢得多，即非等同生长。这样，通过选择工艺条件，可以实现仅在 Si 及金属表面成膜，而在 SiO_2 表面不成膜。这是一种十分方便的成膜方法(图 11-5)。

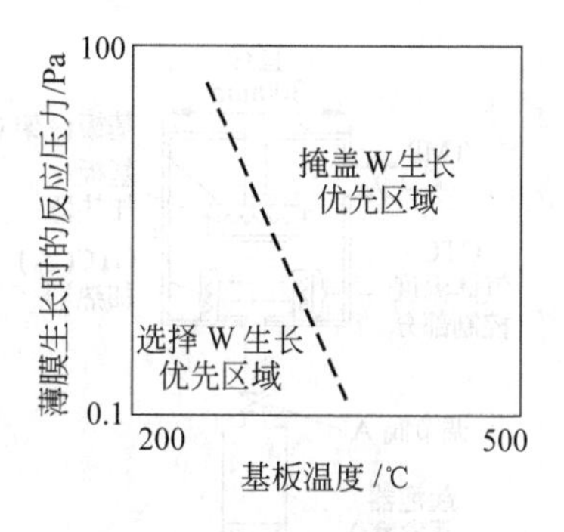

图 9-30　掩盖 W 和选择 W 生长的工艺参数范围

(气源为 WF_6，WF_6+H_2 或 SiH_4)

图 9-30 表示掩盖 W 和选择 W 生长的工艺参数范围。二者都采用 WF_6 气源，只是基片温度和反应气压不同。选择 W 生长的基片温度为 200～300℃，反应气压0.1 Pa(10^{-3} Torr)量级，其发生的反应为 Si 置换 WF_6 中的 W，从而在 Si 表面生长 W 层，即(反应式中 s、g 分别表示固相和气相)

$$WF_6(g)+(3/2)Si(s)\longrightarrow W(s)+(3/2)SiF_4(g)$$

(200 ～ 300℃，约 0.1 Pa 量级)

掩盖 W 生长的基片温度为 300～500℃，反应气压为 100 Pa(1 Torr 量级)，其发生的反应为 H_2 或 SiH_4 还原 WF_6 中的 W，从而在整个表面都覆盖一层 W，即

$$\left.\begin{array}{l} WF_6(g)+3H_2(g)\longrightarrow W(s)+6HF(g) \\ 2WF_6(g)+3SiH_4(g)\longrightarrow 2W(s)+3SiF_4(g)+6H_2(g) \end{array}\right\} \begin{array}{l}(300 \sim 500℃, \\ 100\text{ Pa 量级})\end{array}$$

对于选择 W 生长来说，WF_6 通过扩散进入 W 与 Si 的界面，在此界面上 WF_6 被 Si 还原，生成 W 和 SiF_4，W 继续生长，而 SiF_4 通过 W 向外扩散。在 W 膜生长初期，生长速率很快，随着膜厚增加，气体在其中的扩散越来越困难，生长减慢，最后自动停止。而对于掩盖 W 生长来说，生长发生在气固相界，由表面向外生长，因此，生长膜厚基本上与时间成正比。

9.6.2　Al-CVD

9.6.2.1　热活化 CVD(GTC-CVD)生长 Al 膜

热活化 CVD(GTC-CVD)也是以热的方式获得活化能 ε(图 9-1)，只是获得 ε 的方法有别于热 CVD。图 9-31 是采用热活化 CVD(GTC-CVD)，由有机金属化合物三聚异丁铝(tri-isobutyl alumina：TIBA)气源，生长单晶 Al 薄膜的实例。以 Ar 作载带气体，在液相 TIBA 中发泡，使其蒸发，送入反应室，由 GTC(gas temperature controller，气体温度控制器)使气源温度升高(至 T_g)，实现热活化，而后在被加热的基板(至 T_s)上，生长 Al 单晶薄膜。这实际上是两步加热的 MOCVD，因此也有人称其为 2 阶型 MOCVD。

TIBA 在 GTC 中实现活性化的模型可按图 9-32 解释。TIBA 热活化形成 A 和 B 两种中间生成物，其中 A 为气体由真空泵排除，B 在加热到温度 T_s 的基板上分解，并生成 Al 薄膜。GTC 的温度一般调节在 250～270℃，在此温度范围内可获得良好的 Al 薄膜。

单晶Si基板的(001)面上可实现单晶Al(001)的外延生长。研究报告指出，也可实现

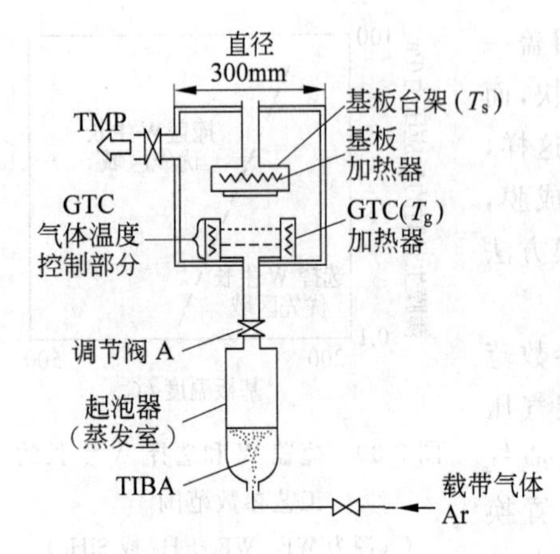

图 9-31 热活化 CVD,GTC-CVD 装置

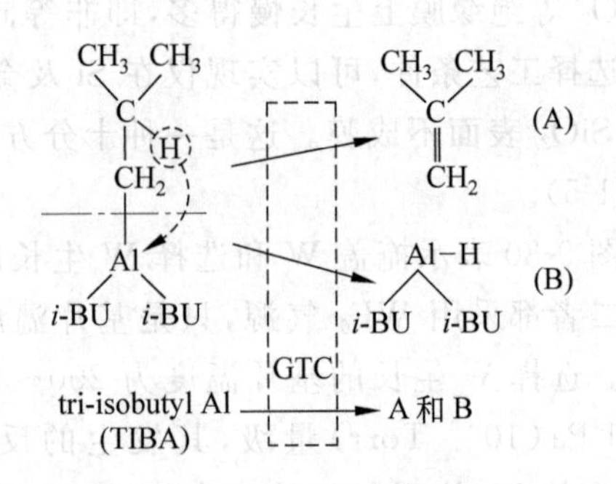

图 9-32 TIBA 在 GTC 中实现活性化的模型

Al(001)/Si(111),Al(111)/Si(111),Al(110)/Si(115)等关系的外延生长。图 9-33 表示由 SIMS 对两种 Al 单晶膜纯度分析的对比。与溅射 Al 膜相比,GTC-CVD 膜中 O 和 C 的含量略高,但 Si 的含量要低得多(溅射膜中形成 AlSi 合金,因此不好比较)。这说明 GTC-CVD 膜中 Al 与 Si 的界面比较稳定。蚀刻掉 Al 之后观察发现,溅射情况的 Si 表面粗糙度大,而 GTC-CVD 情况的 Si 表面粗糙度极小。Al 膜层的反射率也反映出相同的趋势,如图 9-34 所示。正因为 GTC-CVD 获得的是单晶 Al 膜,其反射率极高,与真空蒸镀得到的反射率最好的膜层相比,其反射率仍高出 5%左右。而且,对其布线电迁移效果也进行了研究,几乎未发现因电迁移而导致断线的现象。

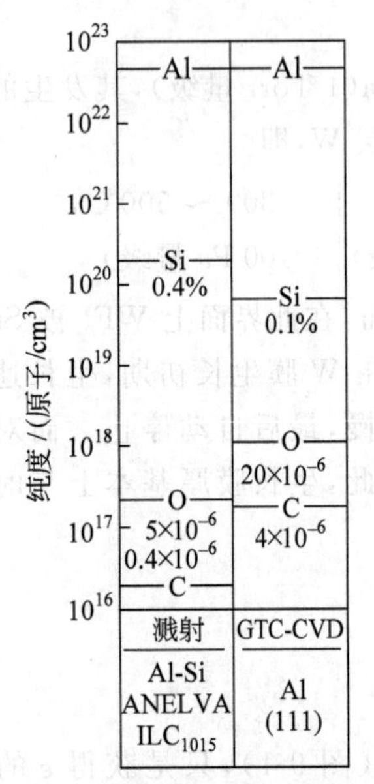

图 9-33 由 SIMS 对两种 Al 单晶膜纯度分析的对比

Si 单晶和 Al 单晶均为面心立方点阵(其中 Si 为金刚石结构),二者的点阵常数差别很大($a_{Si}=5.43$ Å,$a_{Al}=4.05$ Å),但在 Si 单晶上却能外延生长 Al 单晶令人不可思议。不过,二者点阵常数之比大约为 4∶3($5.43\times3=16.29\approx4.05\times4=16.2$),可以设想这种可能性,即每 3 个 Si 原子,有 4 个 Al 原子与之相对,进行外延。正是 2 阶型 MOCVD 为这种外延提供了合适的条件。通过透射电镜对二者的界面进行观察(图 9-35)发现,正好存在 4 对 3 的对应关系。

上述技术有各种应用,特别是在微电子技术中。例如,与 W-CVD 的情况一样,通过控制工艺条件,也可以进行掩盖 Al 和选择 Al 膜的生长。

9.6.2.2 减压 CVD(LPCVD)生长 Al 膜

利用 LPCVD 法,采用二甲基氢化铝(dimethylaluminum hydride DMAH,$(CH_3)_2AlH$),也进行了 Al-CVD 的研究开发,目前已接近实用化。采用这种方法,以氢为载带气体,在反应室内压力 160 Pa(1.2 Torr),DMAH 分压 0.4 Pa(3×10^{-3} Torr),基片温度 270℃条件下,可以在阻挡金属 TiN 上,以 50 nm/min 左右的速率生长,成功实现了 Al 单晶膜的选择生长。

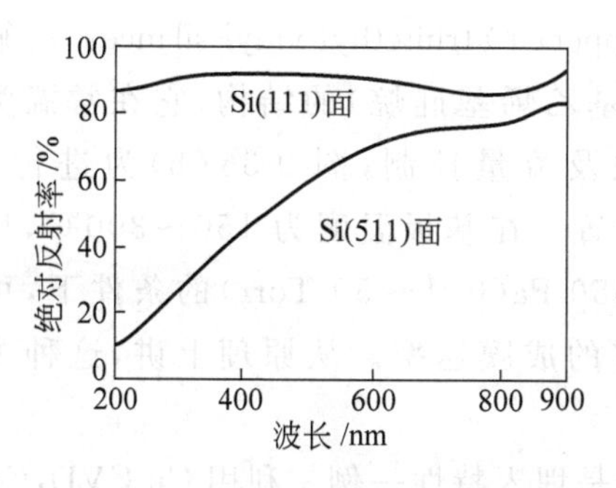

图 9-34　Al 单晶薄膜的绝对反射率

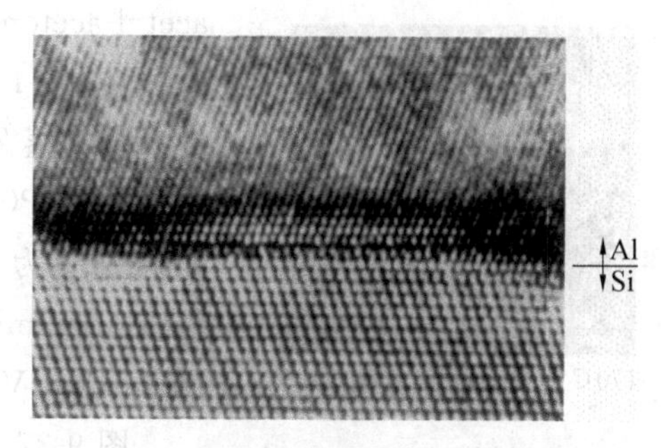

图 9-35　GTC-CVD 法生成的 Al/Si 单晶膜界面的透射电镜照片

为在 SiO_2 等非导电性材料上进行 Al 膜生长，可以在 DMAH 和 H_2 的流动状态下，施加等离子体(13.56 MHz，0.04～0.4 W/cm²，10 s 以上)，这样就可以实现只有在热 CVD 条件下才能获得的 Al 膜生长。能产生 Al 膜生长的原因是，在施加等离子体时，在绝缘物表面生长出薄的 Al 膜，以此为核心，即使此后不施加等离子体而仅靠热 CVD 亦能实现 Al 膜的生长。

利用 GTC-CVD、LPCVD 生长 Al 膜的技术在布线的可靠性，以及产业化方面还存在一些问题，包括如何获得高纯度气源，以及高黏度的 DMAH 及 TIBA 等如何稳定地向反应室供应等。为了解决这些问题，目前正在继续研究开发中。

9.6.3　Cu-CVD

继 Al 之后，Cu 是制作超大规模集成电路最具竞争力的布线材料，目前已进入产业化应用阶段。以良好的埋入特性为目标，利用 CVD 进行 Cu 布线的技术研究已取得突破。

Cu 作为布线材料，存在如下问题：

① 一般情况下，附着强度小。

② 容易发生扩散。

③ 容易发生氧化，而且氧化膜的机械性能差。

④ 存在腐蚀问题(参见 13.3.5 节)等。其中，问题①～③可通过选择合适的兼作导体金属的阻挡层加以解决，腐蚀问题通过研究也在逐渐解决中。看来，Cu 能否成功地作为布线材料而推广应用，良好的埋入特性是关键之一。

图 9-36 是 Cu-CVD 的实例，图 9-36(a)所示为含 Cu 气源 hfac(1)tmvs(hexa-fluoro-

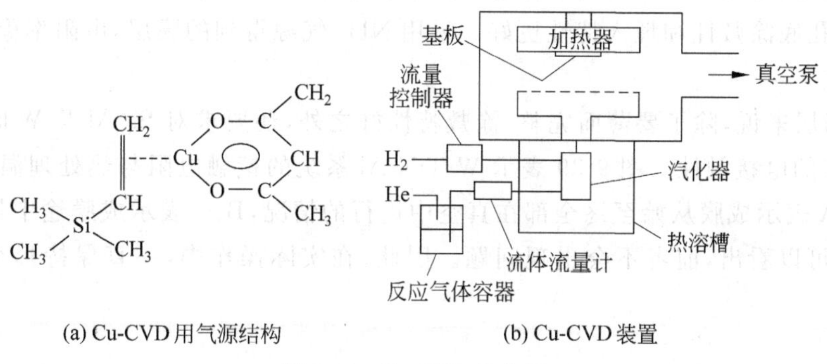

(a) Cu-CVD 用气源结构　　(b) Cu-CVD 装置

图 9-36　Cu-CVD 的实例

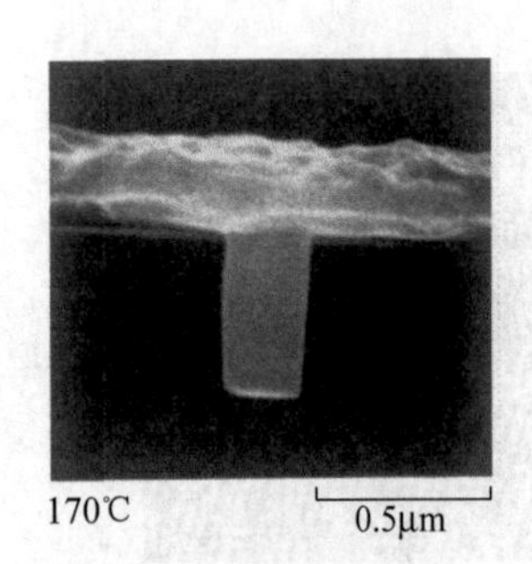

图 9-37 利用 Cu-CVD，Cu 似乎熔化并流动，显示出相当好的埋入特性

acetyl-acetonate copper(1) trimethyl-vinyl-silance：六氟乙基丙酮铜(1)三甲基乙烯基硅烷)的结构，它在常温为液体，便于蒸发气化及流量控制；图 9-36(b)为进行 Cu-CVD 的 LPCVD 装置。在基板温度为 150～300℃，反应时总气压为 13～650 Pa(0.1～50 Torr)的条件下，可获得 50 nm/min 左右的成膜速率。从原理上讲，这种方法属于 MOCVD。

图 9-37 中照片是埋入特性一例。利用 Cu-CVD，Cu 似乎熔化并流动，显示出相当好的埋入特性。

以 300 nm 膜厚的样品为例，当基板温度为 150～200℃时，对于 700 nm 的光的反射率达 90%以上，得到的电阻率为2 μΩ·cm；随着基板温度上升，反射率下降(到 20%左右)，电阻率上升(到 10 μΩ·cm)。而经 300℃以上温度退火，电阻率可降至 1.9 μΩ·cm(块体材料为 1.69 μΩ·cm)。

9.6.4 阻挡层——TiN-CVD

常用的 Al、Cu、W 等布线，可以由前面介绍的 CVD 或溅射等方法制作，这些金属的电阻率低，但易与 Si 发生反应。为了解决这一问题，需要在金属和 Si 之间加一层防止反应的阻挡层。常用的阻挡层材料有 TiN、Ti、W、Ta 等。在选择阻挡层材料时，应考虑其与布线材料之间的关系。

现在最常使用的阻挡层材料为 TiN。TiN 的电阻率高(溅射膜的电阻率为 100～209 μΩ·cm，而铜膜约为 2 μΩ·cm，前者是后者的 50 倍以上)，因此，采用尽量薄而完整的 TiN 膜层，即可实现 Si 与金属布线层的完全隔离。

TiN 的形成方法(从热 CVD 到等离子体 CVD)和采用的气源(从无机系到有机系)，都进行了广泛的研究。对于无机系气源来说，一般是从 $TiCl_4$ 出发，通过热 CVD，使其与 NH_3 及 N_2 发生反应而形成 TiN。最近有人通过实验发现，若在其中添加甲阱(methyl hydrazine $(CH_3)HNNH_2$，MMH)，可降低反应温度，涂敷性也得到明显改善。不仅能获得更薄的膜层，而且也能细孔埋入。图 9-38 中的 SEM 照片所指就是其中一例。对于有机系气源来说，采用 $Ti(N(CH_3)_2)_4$ 或 $Ti(N(C_2H_5)_2)_4$，甚至 NH_3，利用热 CVD 即可形成 TiN 膜。相对于无机 CVD TiN 中含有 Cl_2 而言，有机 CVD TiN 中含 C 较多，从而电阻率更高些，但孔底涂敷性和埋入特性更好。采用 NH_3 气源得到的膜层，电阻率稳定性好，而涂敷性较差。

对阻挡层来说，除了要薄而完整、涂敷特性好之外，还要求对 Si、Al 及 W 间有完全阻挡性和良好的电接触性。图 9-39 表示 W-TiN-Al 系统的接触电阻与热处理温度的关系，图中曲线 A 表示成膜从始至终全部在真空中进行的情况，B、C 表示成膜途中暴露于大气中的情况，可以看出，前者不会出现问题。因此，在实际操作中，一直保持真空状态至关重要。

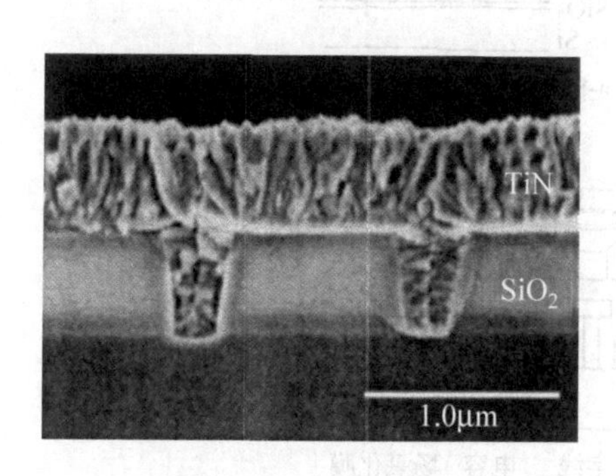

图 9-38　通过 MMH 还原，在 0.3 μm 的直径孔中埋入 TiN 阻挡层的 SEM 照片

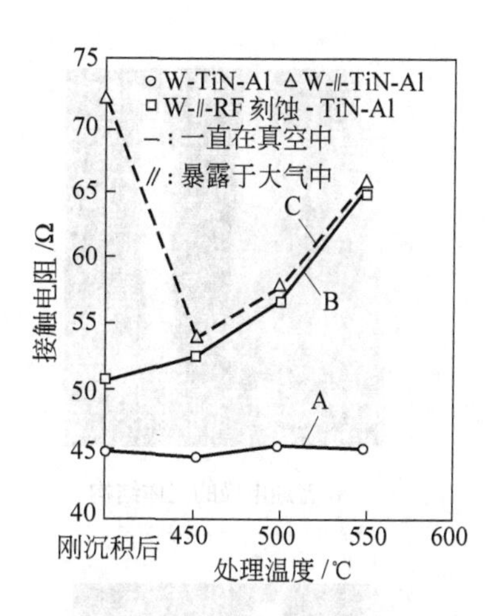

图 9-39　W-TiN-Al 系统接触电阻与热处理温度的关系

9.7　半球形晶粒多晶 Si-CVD(HSG-CVD)

随着 LSI 集成度的进一步提高，存储器电容所占面积必然越来越小，而同时必须保持其必要的电容量。为此，需要在电容器布置的位置和电容器形状等方面采取措施。从另一方面讲，为了增大电容器的表面积，增加表面粗糙度也十分重要。图 9-40(b)正是为满足这种要求而制作的半球形晶粒(hemisphericalgrained，HSG)-Si 电极。为了对比，图 9-40(a)给出普通电极的形状。采用 HSG-Si 电极，可使电极的表面积增大 2 倍左右，从而电容器的面积可减少 1/2。

图 9-40(b)所示结构是巧妙利用 a-Si 再结晶得到的，其形成步骤如下。①在加工成所定形状的 Si 基板上，由热氧化形成 SiO_2。②由 CVD 沉积 100 nm 左右的 a-Si 层。③清洁 a-Si 层表面，在高温保温，并用 Si_2H_6 等喷射，Si_2H_6 分解，由此产生的 Si 在 a-Si 表面形核(图 9-40(c)上)。④在此高温下保持一定的时间。基于非晶态的热不稳定性，a-Si 表面上 Si 晶核周围的原子向晶核迁移，晶粒生长(图 9-40(c)下)，结果实现了图 9-40(b)所示的半球形晶粒多晶硅的生长。该技术的关键是 Si 原子能在 a-Si 表面自由迁移，因此表面清洁极为重要。为此，需要采用能超高真空排气的 UHV-CVD 装置。

图 9-40 表示在具体器件中采用这一技术的实例。首先由微细加工制成如图 9-40(a)所示的立体结构，而后按上述工序在其表面制作 HSG 膜。图 9-40(d)表示下一代 1G-DRAM 中采用这种技术的部分断面及斜视图。1G-DRAM 可以存储 4000 页报纸的信息，之所以能达到这么高的存储容量，关键之一就是采用了这种结构的电容器。

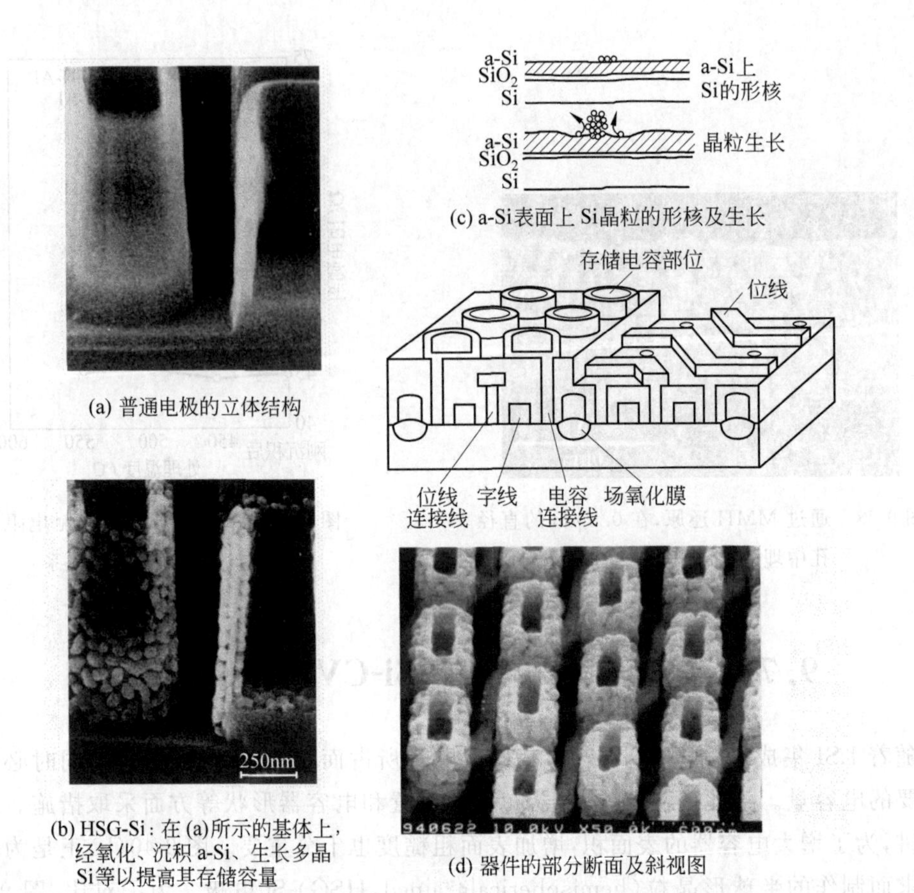

(a) 普通电极的立体结构

(b) HSG-Si：在(a)所示的基体上，经氧化、沉积 a-Si、生长多晶 Si等以提高其存储容量

(c) a-Si表面上 Si晶粒的形核及生长

(d) 器件的部分断面及斜视图

图 9-40　HSG 膜的制作方法、晶粒生长以及 HSG 膜在器件中的应用

9.8　铁电体的 CVD

为了在 ULSI 中形成极微小的电容器，需要采用介电常数尽量高的介质膜。随着 ULSI 向更高集成度、更高密度方向进展，对高介电常数薄膜的要求越来越迫切。正是在这种背景下，近年来对铁电体薄膜的研究十分活跃。制作铁电体薄膜的方法有多种，包括溅射镀膜、激光熔射(PLA)和溶胶-凝胶等，而采用 CVD 可以获得良好的台阶涂敷，特别适合于微细加工，同时能保证较高的介电常数。

表 9-11 列出由 CVD 制作铁电薄膜的工艺参数等，为使薄膜保持铁电体特性，薄膜的结晶特性极为重要。图 9-41(a)表示在 MgO(100)基板上生长 PZT 薄膜时，界面附近的透射电镜(TEM)照片，图 9-41(b)为电子衍射花样(视野直径 300 nm)。由 TEM 照片可以看出，PZT 薄膜实现了在 MgO 单晶基板上的外延生长。由电子衍射花样可以看出，PZT 与 MgO 的衍射花样具有良好的一致性。按衍射花样标定，二者的点阵常数均约为 0.403 nm，与 X 射线衍射测出的结果(0.403 nm)具有相当好的一致性。此外，在 PZT 中添加 La 可使膜层平滑、致密，对光的透射率提高。由此获得的膜层的相对介电常数可达 500～1500。

表 9-11 由 CVD 制作铁电薄膜的工艺参数

反 应 源	气化温度/℃	反应基板温度/℃	反应压力/Pa	薄 膜	基 板	相对介电常数	载带气体及方式
$Ba(DPM)_2$(bis dipivaloylmethanats) $Sr(DPM)_2$(bis (DPM) strontium) $TiO(DPM)_2$(titanyl bis (DPM)),O_2 有机溶剂:THF(tetrahydrofuran: C_4H_8O)	250 (0.15Pa)	420	0.011	$(BaSr)TiO_3$ [BST]	$Pt/SiO_2/Si$	150～200	N_2 冷壁 MOCVD
$Pb(C_5H_7O_2)_2$(lead acetylacetonate) $Mg(C_5H_7O_2)_2 \cdot nH_2O$(mag. acetylacetonate) $Nb(OC_2H_5)_5$(niobium pentaethoxide) $Ti(i\text{-}OC_3H_7)_4$(titanium isopropoxide)	Pb · Nb 120～130 Mg 220～230 Ti 60	680～780	5	PMN-PT (lead magnesium nio-bate titanate)	Pt/MgO $Pt/Ti/SiO_2/Si$	700～1700	Ar 冷壁 MOCVD
$Pb(C_2H_5)$ $La(C_{11}H_{19}O_2)_3$ $Zr(C_{11}H_{19}O_2)_4$ $Ti(i\text{-}OC_3H_7)_4$	Pb15 La 175 Zr 165 Ti 30	500～700	5	PLZT (lanthamunmadi-fied lead zicron-ate titanate)	$Pt/SiO_2/Si$	500～1500	MOCVD
$(C_2H_5)_3PbOCH_2C(CH_3)_2$ $Zr(O\text{-}t\text{-}C_4H_9)_4$ $Ti(O\text{-}i\text{-}C_3H_7)_4$	Pb 60 Zr 60 Ti 60	650	0.038	PZT	$Pt/SiO_2/Si$		Ar

表 9-12　正在开发中的低介电常数(LK)材料

分　类	名　　称	结构式及模式图	介电常数	形成方法
LK 硅氧烷系（SiO 系）	添加 F 的 SiO_2 FSG① SiOF	$\left[-\mathrm{Si}(\mathrm{F})(\mathrm{O})-\mathrm{O}-\mathrm{Si}(\mathrm{O})(\mathrm{O})-\mathrm{O}-\right]_n$	>3.5	CVD
	○无机 SOG HSQ②	$\left[-\mathrm{Si}(\mathrm{H})(\mathrm{O})-\mathrm{O}-\mathrm{Si}(\mathrm{O})(\mathrm{O})-\mathrm{O}-\right]_n$	2.7～3.5	甩胶涂敷
	○有机 SOG③ MSQ④、MHSQ	$\left[-\mathrm{Si}(\mathrm{CH_3})(\mathrm{O})-\mathrm{O}-\mathrm{Si}(\mathrm{O})(\mathrm{O})-\mathrm{O}-\right]_n$	2.8～2.9	甩胶涂敷
	纳米多孔硅 Xerogel	多孔结构 与有机 SOG 的成分相同	1.5～3	甩胶涂敷＋特殊干燥＋疏水化处理
LK 有机树脂系（C 系）	○非氟系芳香族树脂 Flare™，Silk™⑤ PIQ™，BCB⑥	$\left[-\mathrm{O}-\mathrm{C_6H_4}-\mathrm{Ar}-\mathrm{C_6H_4}-\mathrm{O}-\mathrm{Ar'}-\mathrm{O}-\right]_n$ ⑦	2.7～3.0	甩胶涂敷
	非晶态碳系氟树脂系		2.4～2.7	CVD
	PTFE 系氟树脂系⑧	$\left[-\mathrm{CF_2}-\mathrm{C_6H_4}-\mathrm{CF_2}-\right]_n$ 等	2.0～2.4	CVD 甩胶涂敷

注：○表示有希望的低介电常数材料；LK 是低介电常数的简称；①FSG(fluorinated silica glass)指氟化石英玻璃；②HSQ(hydrogen siloequioxane)指氢硅氧均烷；③spin-on glass 指玻璃上甩胶涂敷；④hydrogen silsesquioxane 指氢硅三氧化二烷；⑤silicon low kpolymer 指硅 LK 聚合物；⑥BCB(benzocyclobutene)指联二苯环丁二烯；⑦Ar、Ar′表示烯丙基；⑧如聚对二甲苯 AF4(脂族四氟化聚对二甲苯)。

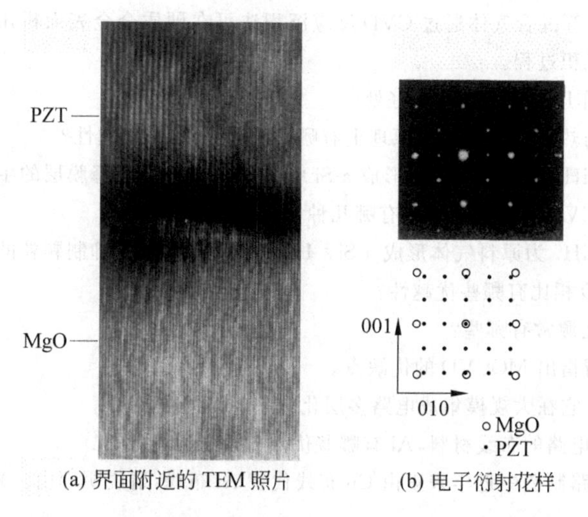

(a) 界面附近的 TEM 照片　　(b) 电子衍射花样

图 9-41　在 MgO 基板上外延生长 PZT 薄膜的电镜照片

9.9 低介电常数薄膜的 CVD

9.7 节介绍的是介电常数大的薄膜,其主要用于制作电容器。但是,作为布线间绝缘用的 SiO_2 系薄膜,希望其介电常数越低越好。这是因为当布线间的寄生电容量大时,ULSI 中的时间常数变大,从而增加延迟时间,而且,噪声和串扰(cross talk)都会增加。在信号频率和传输速度迅速提高的今天,在 ULSI 中采用低介电常数的层间绝缘材料也是人们研究开发的重点之一。表 9-12 列出正在开发中的低介电常数材料。

人们发现,在 SiO_2 中加入 F 元素,可明显降低介电常数。对此,正进行重点研究开发,采取的方法有:①采用 TEOS[①]-C_2F_6 系的等离子体 CVD;②采用 SiF_4-O_2 的 ECR-CVD;③采用 SiF_4-O_2 及螺旋波等离子体的 PCVD 等。研究工作正在进行之中,目标是相对介电常数达到 2.7～3.5,甚至更低。

习　　题

9.1　请分别画出 Si 和 SiO_2 的一个晶胞。试分析单晶硅与无定形 SiO_2 界面附近的电荷状态。

9.2　请列举硅圆片制造中氧化膜的 5 种用途。

9.3　硅圆片氧化形成 SiO_2 的过程中,其生长速率在第一阶段为线性的,第二阶段为抛物线性的,请对此做出解释。

9.4　在 950℃下对纯铁进行渗碳,并希望在 0.1 mm 的深度得到 $w_1(C)=0.9\%$ 的碳含量。假设表面碳含量保持在 $w_2(C)=1.20\%$,扩散系数 $D_{\gamma\text{-Fe}}=10^{-10}\ m^2/s$。计算为达到此要求至少要渗碳多少时间?

9.5　如纯铁在 800℃渗碳气氛下长期扩散,试由 Fe-Fe_3C 相图分析等温扩散后和冷却至室温的组织。

9.6　在大规模集成电路制造中,有哪几种热氧化方法,请比较其优缺点。

9.7　举例说明 CVD 的 5 种基本反应。

---

① tetra ethyl orthosilicate: $Si(OC_2H_3)_4$,四乙基原硅烷。

9.8 由 $TiCl_4$、CH_4、H_2 等混合气体通过 CVD 反应沉积法可在硬质合金表面析出 TiC 膜层，请写出反应式并解释膜层的沉积过程。

9.9 CVD 反应中低工作压力会带来什么好处？

9.10 等离子体 CVD 与热 CVD 相比，在原理上有哪些差别，有哪些优越性？

9.11 利用 PCVD，以 SiH_4 为原料气体可形成 a-Si：H 膜，请画图并解释膜层的生长过程。

9.12 射频功率输入 PCVD 反应器的方法有哪几种，请画图表示。

9.13 利用 PCVD，以 SiH_4 为原料气体形成 a-Si：H 膜的过程中，如何抑制颗粒的发生？

9.14 光 CVD 与 PCVD 相比有哪些优越性？

9.15 光 CVD 采用的光源常有哪些？

9.16 何谓 MOCVD，请指出 MOCVD 的优缺点。

9.17 何谓 W 填充塞？它在大规模集成电路多层化中起什么作用。

9.18 作为大规模集成电路的布线材料，Al 有哪些优点与缺点？

9.19 在大规模集成电路制造中近年来正由 Cu 布线代替 Al 布线，请说明理由。采用 Cu 布线工艺需要解决哪些问题？

9.20 何谓阻挡层金属？阻挡层材料的基本特征是什么？哪些材料常被用做阻挡层金属？

9.21 说明难熔金属硅化物在大规模集成电路制造中的作用。

9.22 半球形晶粒(hemispherical grained)多晶 Si 在大规模集成电路中有什么作用？如何制作这种材料？

9.23 铁电体介质膜在大规模集成电路中有什么作用？目前正在开发的有哪些材料体系？

9.24 低介电常数介质薄膜在大规模集成电路中有什么作用？正在开发的有哪些材料？

第10章　干法刻蚀

10.1　干法刻蚀与湿法刻蚀

10.1.1　刻蚀技术简介

10.1.1.1　ULSI与刻蚀技术

在高度发展的信息社会，作为微电子技术核心的集成电路IC的集成度，一直按摩尔定律以每3年4倍的速度增加。与集成度迅速增加相对应，图形线宽逐年缩小，以批量生产的技术水平为例：1995年为300 nm；2000年为180 nm；2003年为130 nm；2005年为90～70 nm；2010年已进入32 nm。为了制作如此精细的图形，必须采用更先进的刻蚀技术。

制成单晶之后，在其表面沉积薄膜，要将薄膜按要求的形状进行刻蚀，并不是一件很容易的事。图10-1表示要求刻蚀的图形及刻蚀失败的实例。上栏表示由光刻胶制作的超微细图形，中栏表示要求刻蚀加工的形状，下栏表示刻蚀失败的例子。对于A_1来说，要求刻蚀加工成侧壁上下平直的孔或槽，得到的却是如B_1所示，侧蚀严重、侧壁不平直，底部不平整的坑或沟；对于A_2来说，要求刻蚀加工成锥形孔，得到的却是如B_2所示的燕尾形孔；对于A_3来说，要求刻蚀加工成锥形孔，而不能刻蚀底层，但实际刻蚀的结果如B_3所示，底层受到刻蚀或损伤，严重时底层会刻蚀成通孔；对于A_4来说，要求刻蚀加工成深而略带锥度，底部呈球面的细孔或深槽，得到的却是如B_4所示的腰鼓形孔，或B_5所示的锥度较大且底部呈倒球面的孔或沟；对于A_5～A_7来说，要求刻蚀加工成深度相同、孔径不同的细孔，得到

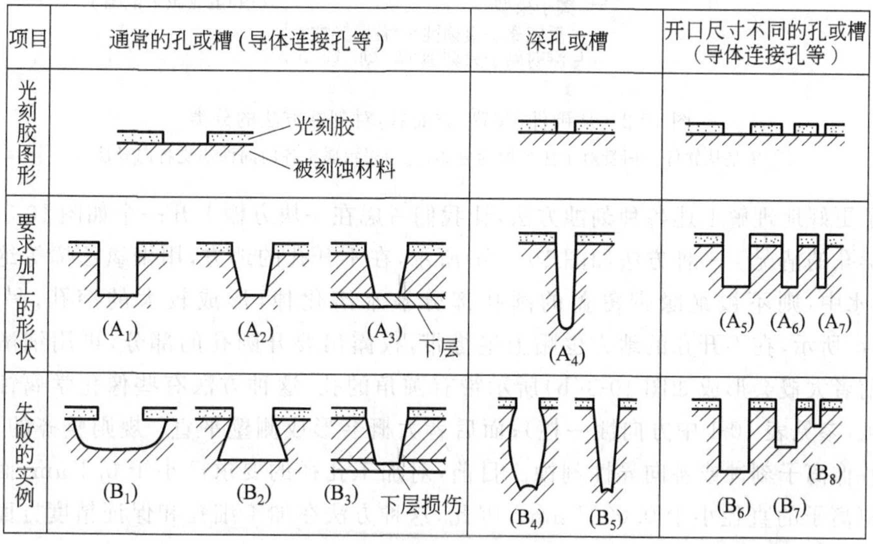

项目	通常的孔或槽（导体连接孔等）	深孔或槽	开口尺寸不同的孔或槽（导体连接孔等）
光刻胶图形	光刻胶 被刻蚀材料		
要求加工的形状	(A_1)　(A_2)　(A_3)　下层	(A_4)	(A_5)　(A_6)　(A_7)
失败的实例	(B_1)　(B_2)　(B_3)　下层损伤	(B_4)　(B_5)	(B_6)　(B_7)　(B_8)

图10-1　要求刻蚀的图形及刻蚀失败的实例

的却是如图 $B_6 \sim B_8$ 所示，深度不同，孔径亦发生变化的孔。

为了制作一个半导体器件，需要多次重复光刻制版和微细加工过程。随着微电子技术的发展，新材料、新结构、新器件不断出现，特别是高集成度、高频、高速元件对微细加工技术提出越来越高的要求。目前，以刻蚀技术为代表的微细加工技术已成为左右整个微电子产业发展的关键因素。

10.1.1.2　刻蚀技术分类

刻蚀技术起源于使用溶液的化学刻蚀，又称为湿法刻蚀。伴随着电路图形的微细化，湿法刻蚀遇到的困难越来越多，逐渐显得无能为力，在此背景下，人们开发出新的刻蚀方法。这些方法完全不采用溶液，而是采用干式方法，故称其为干法刻蚀。进入干法刻蚀时代以来，各种各样的新技术应运而生。而且，即使在今天，人们仍在对其进行积极的研究开发，这些方法也在迅速发展变化之中。

图 10-2 是从硬件（装置）方面看，对刻蚀方法的分类。刻蚀技术是一个系统工程，特别是干法刻蚀，没有软件（所采用的技术），硬件（装置）仅仅是一个空壳而已。因此，在干法刻蚀中，软件占有极为重要的位置。表 10-1 是从软件方面看，对干法刻蚀的分类。图 10-2 中的[]内表示表 10-1 中所示的软件。其中包括基于溅射（含等离子体溅射和离子束溅射）的物理刻蚀，以及由等离子体中生成的活性基（极具化学活性）所产生的化学刻蚀（含反应离子刻蚀和反应离子束刻蚀）。

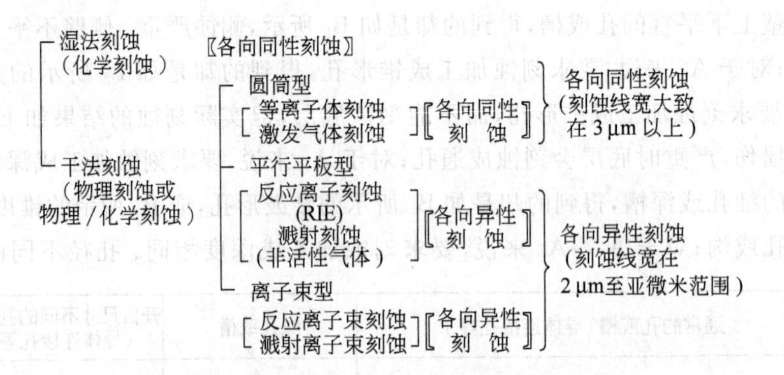

图 10-2　从硬件（装置）方面看，对刻蚀方法的分类

（[]中是从软件方面看对干法刻蚀的分类；〖〗中表示属于各向同性还是各向异性）

为了更好地理解上述各种刻蚀方法，让我们考虑在一块方糖上开一个如图 10-3(a)所示的圆柱形孔的情况。一种方法如图 10-3(b)所示，在不开孔的地方，用聚氯乙烯等绝缘带包严，浸入水中，则不被绝缘带覆盖的圆孔部分被水溶化掉，形成较大的溶孔；另一种如图 10-3(c)所示，在不开孔的地方也贴上绝缘带，仅露出要开圆孔的部分，再用细凿子慢慢地凿。前者大概会形成如图 10-3(b)所示带有圆角的孔，这种方法有些像化学腐蚀或各向同性刻蚀（参见表 10-1 中方向性一栏）；而后者大概会形成侧壁平直、规则整齐的孔，这种方法有些像离子刻蚀或各向异性刻蚀。目前，对加工孔径的要求已小于 0.1 μm，而相当于凿子的氩离子的直径小于 0.0004 μm。因此，这种方法在加工细孔和保证精度方面的优势是化学腐蚀远不能比拟的。

表 10-1 从软件方面看，对干法刻蚀的分类

干法刻蚀分类			反应基	反应气体实例	被刻蚀材料	反应机制	方向性	选择性	装 置
干法刻蚀	等离子体刻蚀	激发气体刻蚀	活性基	CF_4，CF_4+O_2	Si，Si_3N_4，多晶 Si	化学反应	各向同性	大	刻蚀隧道型微波激发
		等离子体刻蚀	活性基	CF_4，CF_4+O_2	Si，Si_3N_4，多晶 Si	化学反应	各向同性	大	圆筒型
	溅射刻蚀	反应离子刻蚀	活性离子	CF_4+H_2，C_3F_8，CCl_4，BCl_3	SiO_2，PSG，Al，AlSi	物理/化学反应	各向异性	中	平行平板型
		溅射刻蚀	非活性离子	Ar	SiO_2	物理反应	各向异性	小	平行平板型
	离子束刻蚀	反应离子束刻蚀	活性离子	C_3F_8，CCl_4	SiO_2，AlSiCu	物理/化学反应	各向异性	中	离子枪 ECR
		溅射离子束刻蚀	非活性离子	Ar	SiO_2	物理反应	各向异性	小	离子枪 ECR

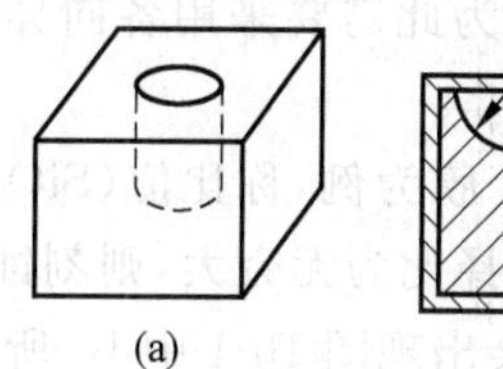

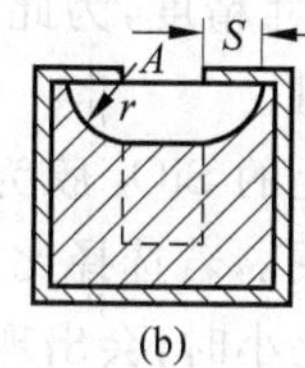

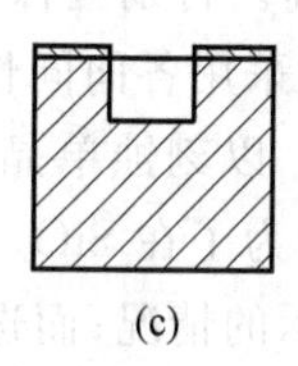

图 10-3 各向同性刻蚀与各向异性刻蚀的对比

如图 10-3(b)所示，在以 A 为圆心，r 为半径所示圆的各方向刻蚀速率相等的刻蚀方法为各向同性刻蚀，而如图 10-3(c)所示，仅在特定方向发生刻蚀的方法称为各向异性刻蚀。图 10-3(b)中尺寸 S 称为凹切量(under-cut)或侧蚀宽度(side-etching)。从刻蚀尺寸控制角度看，各向异性刻蚀显然是优越的。

利用氩等形成的离子或等离子体进行物理溅射产生的刻蚀为溅射刻蚀；利用 CF_4 等气体形成等离子体，由其产生的极富化学活性的活性基进行化学反应所发生的刻蚀为反应离子刻蚀。原则上讲，任何材料都可进行溅射刻蚀和反应离子刻蚀，应针对具体材料和刻蚀图形的要求，选择刻蚀的最佳硬件和软件。

即使是离子溅射刻蚀和反应离子刻蚀等各向异性刻蚀，一般也采用光刻法，该方法的主要步骤如图 10-4 所示。图 10-4(a)表示，使沉积有薄膜并打算对其进行微细加工的基板高速旋转，与此同时，滴上光刻胶。使样品表面形成层厚度为微米量级的光刻胶膜（甩胶）；图 10-4(b)表示在样品上叠放光刻掩模(mask，相当于照相的负片)，再进行曝光(通常用紫外线或近紫外线)；图 10-4(c)表示溶解去除感过光的光刻胶(也有的是溶解去除未感过光的光刻胶)；图 10-4(d)用只溶解膜材料的溶液把不被光刻胶覆盖的膜层去除掉；最后，如图 10-4(e)所示，再去除光刻胶。以上便是主要的工序。在步骤(d)中，除了化学腐蚀(包括电解腐蚀)之外，还可采用干法刻蚀。而在步骤(e)中，还可采用氧气氛下的等离子体刻蚀装置进行灰化处理等。

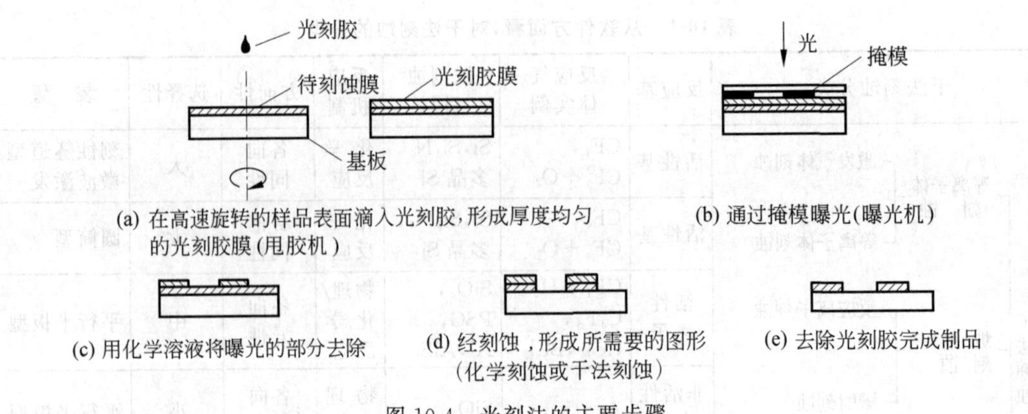

(a) 在高速旋转的样品表面滴入光刻胶，形成厚度均匀的光刻胶膜(甩胶机)

(b) 通过掩模曝光(曝光机)

(c) 用化学溶液将曝光的部分去除

(d) 经刻蚀，形成所需要的图形(化学刻蚀或干法刻蚀)

(e) 去除光刻胶完成制品

图 10-4　光刻法的主要步骤

10.1.1.3　对刻蚀技术的要求

在 ULSI 制作中，需要多次重复在单晶硅基板上形成金属、半导体、绝缘体等的薄膜和选择性刻蚀去除的工艺过程。对刻蚀技术的要求，重要的有下述 5 个方面。

(1) 刻蚀速率适中。速率太快难以控制，速率太慢生产效率太低。

(2) 加工精度要高。特别应保证尺寸精度，为此需要采用各向异性刻蚀。但在制作特殊形状图形时，也有时采用各向同性刻蚀。

(3) 选择比要高。以刻蚀单晶 Si 上的 SiO_2 膜为例，称比值(SiO_2 的刻蚀速率)/(Si 的刻蚀速率)为选择比。为了在 SiO_2 上制孔，若选择比为无穷大，则刻蚀到 Si 即可停止，不会出现图 10-1 中 B_3 所示的情况；而选择比小时，会出现图 10-1 中 B_3 所示的情况。

(4) 不造成基板和薄膜的损伤，不引起半导体性能的劣化。

(5) 成品率高，生产效率高，不发生异物、颗粒，特别是重金属的沾污。

下面，按图 10-2 的分类，分别对各种刻蚀方法做简要介绍。

10.1.2　湿法刻蚀

湿法刻蚀发生的是各向同性刻蚀，这既是其最大优点，又是其最大缺点。当然，为完成图 10-3(c)所示的刻蚀不宜采用湿法刻蚀，但对于图 10-3(b)所示的情况却非常适用。此外，湿法刻蚀还具有选择比极大(多数情况下为无穷大)，不造成元件等损伤和装置便宜等许多优点。总的说来，虽然湿法刻蚀不适合微细加工，但对于去除表面上的沾污和异物、表面平坦化、厚物减薄及某些形状的成型加工等方面具有很大的优势。实际上，在目前的 PCB(印制电路板)行业，普遍采用的仍是湿法刻蚀。

基于上述特征，湿法刻蚀在下述领域具有广泛应用。

1. 硅圆片购入后及扩散前的清洗

基板(硅圆片)购入后，或者说扩散前的硅圆片表面上，往往存在一些微小颗粒或灰尘，这些颗粒或灰尘对后续工序极为有害，必须彻底去除干净。一般采用溶解的方式，使颗粒或灰尘从四周逐渐缩小，直至其与硅圆片的接触点，颗粒或灰尘消失。而对于图 10-3(b)的 *S* 范围内存在颗粒或灰尘且难以溶解掉的情况，可以通过“剜除”颗粒或灰尘下方的部分基板，即采用各向同性刻蚀的办法，将其去除。若采用图 10-3(c)所示的各向异性刻蚀，则很难达到这种目的。这种全自动湿法清洗装置已经面市。图 10-5 表示实际装置及工艺过程的实例。

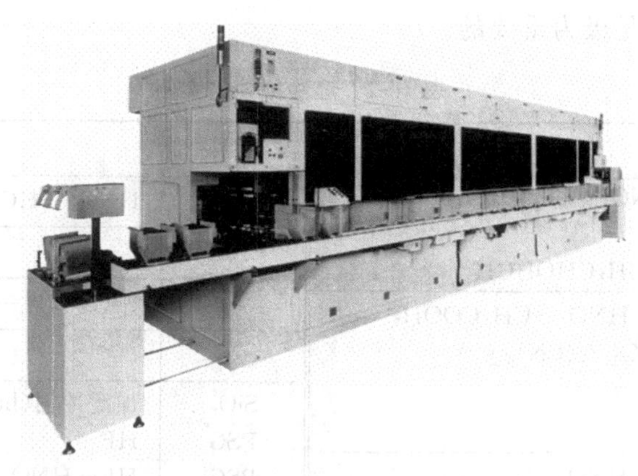

(a) 装置的实例

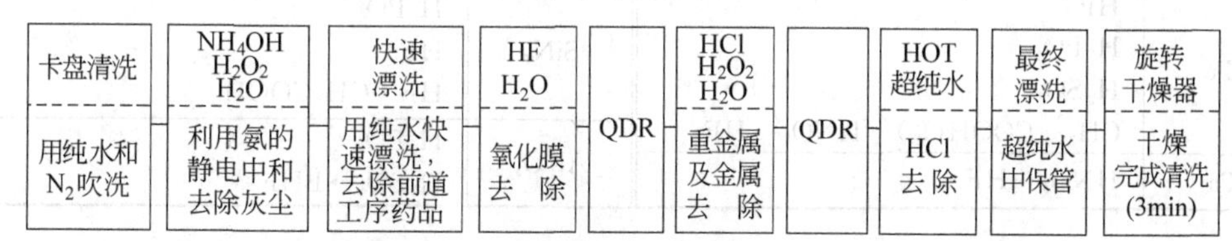

(b) 工艺过程的实例

（这些工序从装置的左边开始，按顺序全自动进行，最终完成无颗粒沾污的超净清洗）

图 10-5　全自动湿法清洗装置及清洗工艺流程

2. 高选择比的刻蚀

例如，当用氢氟酸对 SiO_2 进行刻蚀时，可以达到 0.1 μm/min 以上的刻蚀速率，而对于 Si 来说，则完全不发生刻蚀。因此，由(SiO_2 的刻蚀速率)/(Si 的刻蚀速率)定义的选择比为无穷大。而且，湿法刻蚀也不会发生干法刻蚀引发的损伤。对于 Si 上 SiO_2 系统来说，仅采用光刻胶再加上湿法刻蚀，即可在 SiO_2 绝缘膜上开窗口。而且，当 SiO_2 很薄时，图 10-3(b)中的 S 就很小。正是基于这些特征，对很薄的栅氧化膜等的刻蚀，目前仍采用这种方法。

3. 对通孔等的形状调整

在多层结构集成电路中，需要大量的层间导通孔用于上层布线与下层电极及布线间的连接。这种层间导通孔直径小而且深，一般是采用溅射镀膜的办法在通孔中填入布线材料。为了充分有效地填满布线孔，希望入口直径尽量大些，细孔深度尽量小些。一般是先由湿法刻蚀，利用图 10-3(b)所示的 S，使入口直径变大，再利用反应离子刻蚀(图 10-3(c))，形成虚线所示的细孔。

4. 微机械的制作

从目前的发展状况看，微机械与半导体 IC 比较，加工线条精度要低些，外形尺寸也大些，加工去除的材料量也多些。侧向刻蚀(图 10-3(b)中的 S)一般不会影响微机械部件的加工精度，而且还可以作为加工手段加以利用。为了提高刻蚀速度，一般采用湿法刻蚀完成微机械部件的制作。

上面列出几种适合采用湿法刻蚀的加工领域。表 10-2 给出被刻蚀材料及相应刻蚀药液的实例。为了充分发挥湿法刻蚀的优势，上述刻蚀加工一般采用全自动装置。这不仅可以提高效率及加工品质的一致性，特别是可最大限度地保证环境清洁，排除颗粒及灰尘沾污等,这对于微细加工是极为重要的。

表 10-2 湿法刻蚀的实例

被刻蚀材料	刻蚀药液	被刻蚀材料	刻蚀药液
Si	$HF-HNO_3-CH_3COOH$ KOH $N_2H_4+CH_3CHOHCH_3$	W,Pt	HNO_3-HCl
		Au	I_2-KI
Al	$H_3PO_4-HNO_3-CH_3COOH$ $KOH-K_3[Fe(CN)_6]$ HCl H_3PO_4	Ag	$Fe(NO_3)_3$—乙二醇(ethylene glycol)
		Cu	$FeCl_3$
		SiO_2 PSG	加缓冲剂(buffered)的 $HF+NH_4F$ HF
Mo	$H_3PO_4-HNO_3$	BSG	$HF-HNO_3$
Ti	HF H_3PO_4 H_2SO_4 $CH_3-COOH(I_2)-HNO_3-HF$	SiN_4	H_3PO_4 HF $HF-CH_3COOH$
Ta	HNO_3-HF	Al_2O_3	H_3PO_4 H_2SO_4→BHF

10.1.3 干法刻蚀

10.1.3.1 干法刻蚀技术的分类

干法刻蚀一般是通过气体放电,使刻蚀气体分解、电离,由产生的活性基及离子对基板进行刻蚀。活性基的运动是随机的,而离子可由电磁场对其运动方向和能量进行控制。按刻蚀机制,干法刻蚀可分为下述三种类型:

① 物理机制:利用离子碰撞被刻蚀表面的溅射效应。

② 化学机制:通过反应气体与被刻蚀材料的化学反应,产生挥发性化合物而达到刻蚀目的。

③ 物理化学机制:通过等离子体中的离子或活性基与被刻蚀材料间的相互作用达到刻蚀目的。

表 10-3 是按干法刻蚀的机制不同对其进行的分类。图 10-6 是干法刻蚀装置的种类及刻蚀特性。

表 10-3 干法刻蚀的分类

刻蚀机制	原理	方式
物理的	利用离子照射产生的溅射作用→ 各向异性刻蚀	溅射刻蚀→平行平板电极:RF、DC 离子束刻蚀(离子磨)
化学的	利用与活性基间的化学反应,生成挥发性物质→ 各向同性刻蚀	圆筒型等离子体刻蚀→刻蚀隧道型 等离子体分离型微波等离子体刻蚀(CDE)
物理化学的	利用活性基及离子照射,促进化学反应及反应生成物的脱离→ 各向异性刻蚀	反应离子刻蚀(RIE)→RF、磁控型等 微波等离子体刻蚀→ECR、有磁场型等 高密度等离子体刻蚀→螺旋波、ICP 等 反应离子束刻蚀(RIBE)

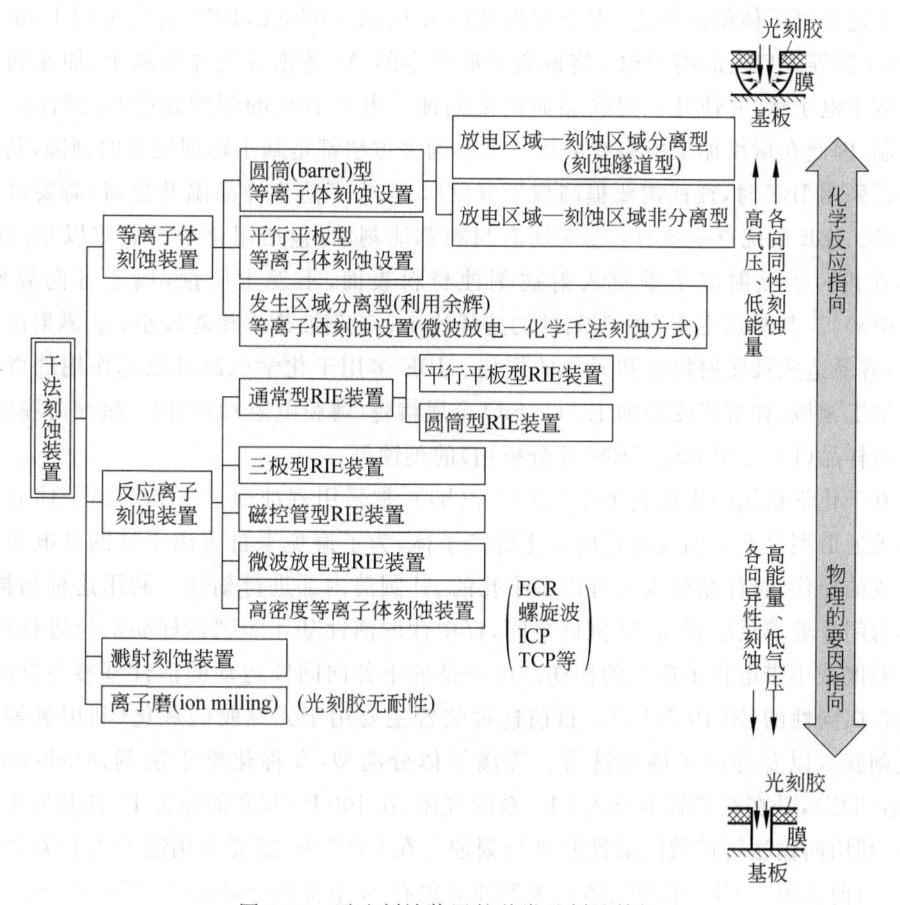

图 10-6　干法刻蚀装置的种类及刻蚀特性

在基于物理机制的干法刻蚀中(图 10-7(a)),又有等离子体刻蚀和离子束刻蚀两种：前者直接利用等离子体中的离子进行溅射;后者由离子束溅射进行刻蚀。溅射刻蚀是在平行平板式高频等离子体装置中导入 Ar 等惰性气体,使其产生高频辉光放电,利用阴极位降区的电场使离子加速,由加速离子对置于高频电极上的样品进行刻蚀。

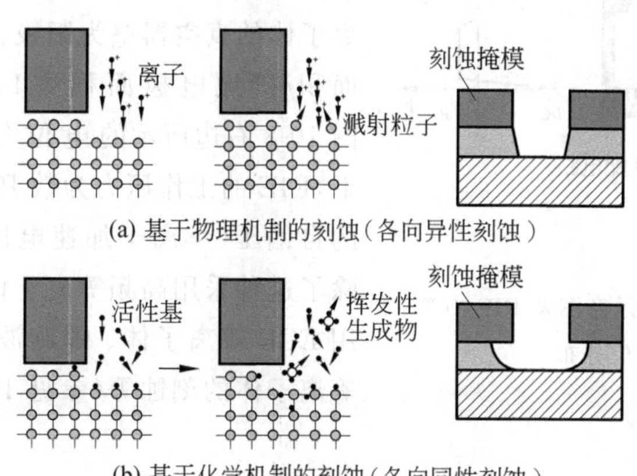

图 10-7　物理刻蚀和化学刻蚀的模式图及刻蚀后的形状

与上述等离子体刻蚀相比，离子束刻蚀(ion beam etching，IBE)需要采用 Kaufman 型或 Bucket 型等大口径的离子源，将该离子源产生的 Ar 等惰性气体的离子，加速到数百电子伏至数千电子伏，并使其照射样品而产生刻蚀。由于 IBE 的刻蚀速率①、刻蚀位置等可精确控制，因此在微细加工中多有采用。上述两种方法都是基于物理机制的刻蚀，其刻蚀速率较慢。采用 IBE 时，往往需要提高离子电流密度；为了防止样品温升过高，需要对样品台进行水冷。IBE 的优点主要有：①对所有材料都能刻蚀，包括用化学机制难以刻蚀的贵金属材料在内；②照射离子垂直入射被刻蚀材料表面，不发生侧蚀，属于各向异性刻蚀(图 10-6(a))。其缺点主要有：①刻蚀的选择比小；②刻蚀速率相对较小；③溅射离子的能量较高，容易造成被照射材料和元件的损伤。IBE 多用于化学机制难以起作用的贵金属等的刻蚀加工领域，如薄膜磁头加工、Cr-SiO 金属陶瓷(薄膜电阻)的调阻、超导薄膜的加工，以及分析样品(FIB、SIMS、TEM 等分析用)的刻蚀等。

在基于化学机制的干法刻蚀中(图 10-7(b))，常采用刻蚀通道型和等离子体分离型两种。刻蚀通道型是在玻璃反应管内发生等离子体，为了避免来自等离子体的带电粒子直接碰撞造成的损伤，将样品放入开有许多小孔的 Al 圆筒内部进行刻蚀。利用这种结构，将等离子体封闭于玻璃反应管与 Al 圆筒之间，仅中性的活性基才能到达样品部位进行反应，从而可大幅度减小带电粒子造成的损伤。由于是处于各向同性运动的活性基参与反应，所以刻蚀为各向同性的(图 10-7(b))。目前这种装置主要用于光刻胶的灰化(利用氧等离子体去除光刻胶)，以及等离子体清洗等。等离子体分离型，又称化学干法刻蚀(chemical dry etching，CDE)，是在石英管中导入 CF_4 系的气体，在 100 Pa 左右的压力下，使其发生微波等离子体，利用向输送管扩散的活性基进行刻蚀。在 CDE 中，需要采用能产生长寿命活性基的气体(目前仅限于 CF_4 系的气体)，被刻蚀对象有 Si 系材料(c-Si，poly-Si，a-Si，SiN 等)，在金属中有 Mo，W，Ta 等。

基于物理化学机制的干法刻蚀的代表是反应离子刻蚀(reactive ion etching，RIE)。RIE 是在高频放电型溅射刻蚀中，用卤化物气体(CF_4，Cl_2，CHF_3 等)等反应性气体代替惰性气体。在图 10-8 所示的 RIE 装置中，相对于高频电极(放置被刻蚀样品的阴极)来说，包容等离子体的真空器壁为阳极。在 RIE 中，阴极电极面积/接地电极面积≪1，因此电极间会形成图 10-8 右边所示的电位分布曲线。一般情况下，RIE 的工作压力为数 Pa 量级，阴极电极表面的自偏压(≈离子加速电压)为数百伏至 1 kV。除了这种采用高频等离子体的 RIE 之外，还有采用 ECR 等离子体、螺旋波等离子体、电感耦合等离子体的刻蚀等(参见 10.3.2 节)。这些刻蚀

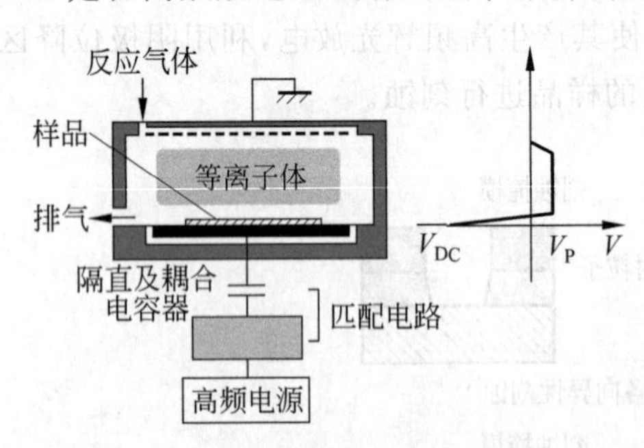

图 10-8 RIE 装置的示意图及 RIE 中等离子体的电位分布

① IBE 的刻蚀速率 v(cm/s)可以为 $v=jS/e\rho$。其中，j 为离子电流密度(A/cm^2)；S 为溅射产额(原子/离子)；e 为电子电荷(1.602×10^{-19}C)；ρ 为被溅射样品的密度(原子/cm^3)。

兼有物理机制和化学机制的优点，如良好的选择比，高刻蚀速率，各向异性刻蚀等，从而在精细图形制作、刻蚀精度、生产效率等方面都具有较大优势。

10.1.3.2　干法刻蚀气体及化学反应

表 10-4 针对不同的被刻蚀材料，汇总了干法刻蚀所采用的刻蚀气体、反应生成物，湿法刻蚀所采用的药液等。干法刻蚀一般要经过下述过程完成刻蚀：①反应气体通入；②参与反应的活性基、离子等形成；③活性基、离子等的输运；④与被刻蚀材料的反应；⑤挥发性反应生成物的生成、脱离；⑥排气。因此，对于基于化学机制和物理机制的干法刻蚀来说，要求反应生成物的蒸气压要高于刻蚀气氛压力。

表 10-4　针对不同被刻蚀材料所采用的刻蚀气体及药液等

	被刻蚀材料	干法刻蚀		湿法刻蚀
		刻蚀气体	反应生成物	药液
Si 系	Si	SF_6,CF_4,C_3F_6,NF_3 $CClF_3$,CCl_3F_3,CCl_3F Cl_3,$SiCl_4$,BCl_3,CCl_4	SiF_4 $SiCl_xF_{4-x}$ $SiCl_4$	$HF+HNO_3$ KOH
	poly-Si	SF_6,CF_4,HBr $CClF_3$,CCl_2F_2,C_3ClF_5 Cl_3,$SiCl_4$,CCl_4	SiF_4 $SiCl_xF_{4-x}$ $SiCl_4$	$HF+HNO_3(+CH_3COOH)$
	a-Si	CF_4,SF_6,NF_3 CCl_4	SiF_4 $SiCl_4$	
	SiO_2	CF_4,CHF_3,C_2F_6,C_3F_8, C_4F_{10},HF	SiF_4	$HF+H_3O$,$HF+NH_4F$
	Si_3N_4	CF_4,CHF_3,CH_3F_3,SF_6, SiF_4	SiF_4	$HF(+NH_4F)$,热 H_3PO_4
	SiC	CF_4,SF_6	SiF_4	
化合物半导体	GaAs	Cl_3,CCl_4,HCl,BCl_3, $SiCl_4$ $CHClF_3$	$GaCl_3$ AsF_5	
	AlGaAs	CCl_3F_3,$SiCl_4$-SF_6	(AlF_3)	
	InGaAs	CH_4-H_3,C_3H_6-H_3		
	InP	Cl_3,Br_3,CH_4,C_3H_6		
	ZnS	Cl_3	$ZnCl_x$	
	ZnSe	BCl_3,Cl_3	$ZnCl_x$	
金属·硅化物	AlSi	Cl_3,CCl_4	$AlCl_3$,$SiCl_4$	$H_3PO_4+HNO_3(+CH_3COOH)$
	W	CF_4	WF_6	$HF+HNO_3+CH_3COOH$
	WSi_3	SE_6-CCl_3F_3		$HF+HNO_3$
	Ti	CCl_4,CF_4	$TiCl_4$	稀 HF
	TiN	BCl_3-Cl_3		$HF+HNO_3$
	$TiSi_3$	CF_4		$HF+HNO_3+CH_3COOH$
	Mo	CF_4,NF_3	MoF_6	$HF+HNO_3+CH_3COOH$
	$MoSi_3$	CCl_4,CCl_3F_3		$HF+HNO_3+CH_3COOH$
	Ta	CF_4	TaF_6	$HF+HNO_3$

续表

	被刻蚀材料	干法刻蚀		湿法刻蚀
		刻蚀气体	反应生成物	药液
金属·硅化物	Al	Cl_3, CCl_4, BCl_3, $SiCl_4$	$AlCl_3$	$H_3PO_4+HNO_3(+CH_3COOH)$
		HCl, $CHCl_3$		
		HBr, Br_3	$AlBr_3$	
	Cr	CCl_4, Cl_3		$(NH_4)_3(NO_3)_6+HNO_3$
	Pt	CF_4, $C_3Cl_3F_4$, $C_3Cl_3F_3$		
		Ar(离子磨)		
	Au	CCl_3F_3, $C_3Cl_3F_4$		
		Ar(离子磨)		
陶瓷等	ITO	CH_3OH-Ar		$HI+H_3PO_4$, $HCl+FeCl_3$
	Al_3O_3	BCl_3, CCl_4	$AlCl_3$	$H_3PO_4+HNO_3(+CH_3COOH)$
	Ta_3O_5	CF_4	TaF_6	
	PZT			$FeCl_3$

以基于化学机制的典型——对 Si 进行干法刻蚀的情况为例,其反应过程可表示如下。

在等离子体中:

$$CF_4+e \longrightarrow CF_3+F^*+e$$

$$CF_3+e \longrightarrow CF_2+F^*+e$$

在基板表面:

$$Si(基板)+AF^* \longrightarrow SiF_4(气体\uparrow)$$

刻蚀气体分子通过在等离子体中被电子碰撞而分解,生成 F 的活性基 F^*;F^* 在被刻蚀材料表面与 Si 发生反应,生成挥发性的 SiF_4;SiF_4 脱离 Si 表面,逐渐完成对 Si 的刻蚀。

在实际的干法刻蚀中,除了上述过程之外,还必须考虑其他过程,比如:①在等离子体中发生反应的生成物会在基板表面沉积,以及与基板表面发生聚合(基板表面的聚合沉积);②刻蚀产物在基板上的再沉积等。在用于 ULSI 制作的 RIE 中,在对离子及活性基的相对量进行控制的同时,正是利用了上述两种机制,实现对刻蚀速率的控制及各向异性刻蚀。

10.1.3.3 干法刻蚀的终点检查

对微细加工来说,检查制品是否按图形要求被刻蚀(终点检查)是极为重要的。干法刻蚀中的终点检查方法主要有下述几种:

① 检查被刻蚀材料的膜厚及折射率的变化(通过椭圆仪、激光干涉仪等的光学测量)。

② 检查分解及反应生成物的种类、量的变化(通过质量分析,气体色谱,等离子体的发光测量、吸光测量等)。

③ 检查等离子体状态的变化(探针法,放电阻抗测量等)。

其中,等离子体的发光测量比较简单且灵敏度高,目前多用于 RIE 的终点检查。刻蚀等离子体的发光光谱是各种发光的总和,其中包括刻蚀气体及其分解生成物和反应生成物等的活性基和离子的发光。表 10-5 汇总了干法刻蚀的被刻蚀材料、反应生成物及发光成分等。

表 10-5　被刻蚀材料、反应生成物及发光成分

被刻蚀材料	刻蚀气体	反应基	最终反应生成物	发光成分
Al	BCl_3, Cl_2, CCl_4, $SiCl_4$	Cl, Cl_2	$AlCl_3$	Al(396.1 nm)
SiO_2	CF_4, CHF_3, C_2F_6	CF_x, F	SiF_4, CO, CO	CO^* (483.5 nm)
Si, poly-Si	SF_6, CF_4, Cl_2, $SiCl_4$, HBr	F, Cl, Cl_2, F	SiF_4, $SiCl_4$	SiF^* (777 nm)
W	CF_4, SF_6	F	WF_6	F^* (704 nm)
光刻胶	O_2, O_3	O	CO, CO_2, H_2O	CO^* (483.5 nm)

10.2　等离子体刻蚀——激发反应气体刻蚀

10.2.1　原理

在等离子体中，基本的气体被电离，产生离子、电子、激发原子、游离原子(亦称游离基)等，因而具有很强的化学活性。如果采用氟利昂，由 CF_4 产生等离子体，就会产生如图 10-9 所示的各种各样的分解生成物。其中 F^*(氟的游离基，即被激发的氟)有极强的化学活性，易于和处于等离子体中的材料，例如 Si, SiO_2, Si_3N_4 等发生如下的反应，对其进行刻蚀。此外，几乎所有生成物都是蒸气压很高的气体，可以抽气排除，因此刻蚀可以顺利进行。由于这种方法以等离子体为主体，故一般称其为等离子体刻蚀。所发生的刻蚀反应是

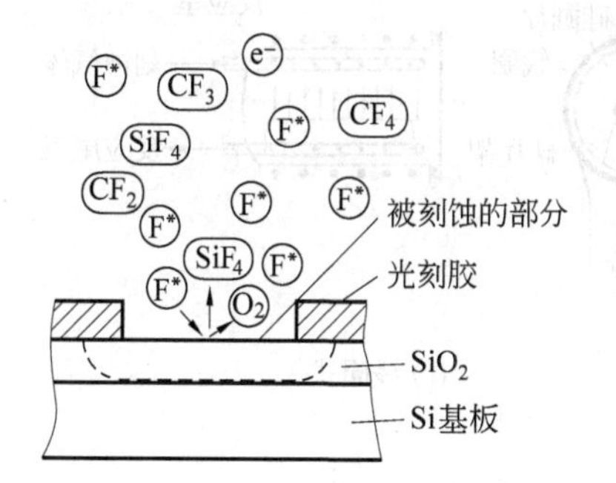

图 10-9　氟利昂等离子体产生的刻蚀

$$Si+4F^* \longrightarrow SiF_4\uparrow$$

$$SiO_2+4F^* \longrightarrow SiF_4\uparrow+O_2\uparrow$$

$$Si_3N_4+12F^* \longrightarrow 3SiF_4\uparrow+2N_2\uparrow$$

活性基不受电场的影响，处于随机的热运动之中，因此刻蚀为各向同性的。各向同性刻蚀的最小加工尺寸为 3 μm 左右；若想加工更为精细的图形，需要采用各向异性刻蚀。等离子体刻蚀生产效率高，多用于最小加工尺寸 3 μm 以上的图形刻蚀。与湿法刻蚀同样，可用于那些适于各向同性刻蚀的加工领域。

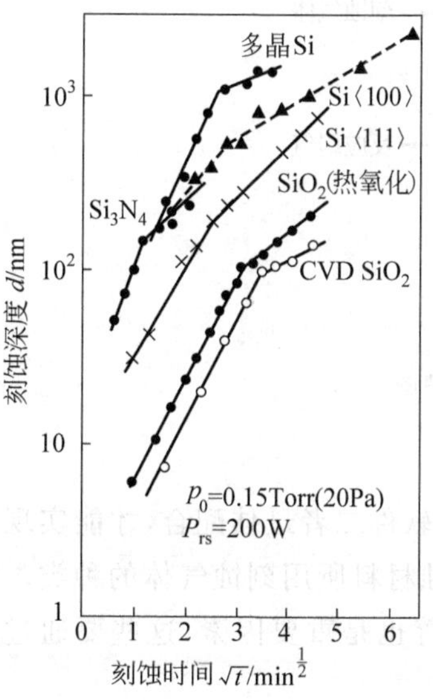

图 10-10　刻蚀速率的一例

由上述反应决定的 Si 系材料的刻蚀速率示于图 10-10。关于这种刻蚀的机理至今仍不完全清楚。但是，由于干式刻蚀法具有无公害、容易实现自动化、有希望降低成本等优点，在半导体元器件生产中已经使用。此外，如果用氧的等离子体，则可以将光刻胶等有机物灰化，因此在去除

光刻胶时也经常使用(称为灰化处理)。由于这种方法为各向同性刻蚀,所以形状复杂的光刻胶图形也能完全去除干净。

10.2.2　装置

为了产生等离子,有图 10-11 所示的若干种方法。图 10-11(a)和(b)所示方法由于放电空间中没有电极,故被称为无电极式。图 10-11(a)所示方法为两片平板状电极中间夹着用石英或玻璃制的容器,在容器内部产生等离子体。图 10-11(b)所示方法是在一个线圈内部放置石英或玻璃制的容器,在容器内部由无电极放电而产生等离子体。上述两种方法都可以做到在被加工的硅圆片周围产生均匀的等离子体,使刻蚀速率分布达到稳定均一。图 10-11(c)所示方法由于在容器内部放置有电极而被称为有电极式。在内室和外室之间产生的等离子体经由小孔引入反应室内,活性基等按箭头所示流动。这种方式不仅处理均一,而且硅圆片不直接暴露在放电空间,因此,可以在低温且损伤很小的条件下进行刻蚀加工。这种不直接暴露于等离子体中,而仅在激发原子或活性基气氛中进行刻蚀的方法也称为激发反应气体刻蚀。

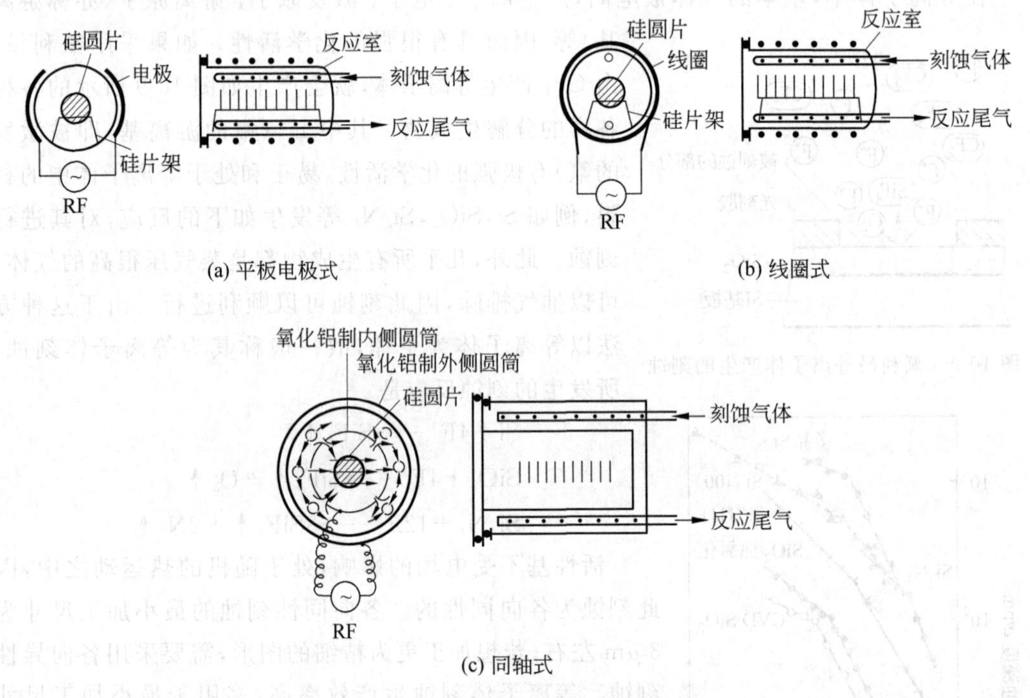

图 10-11　等离子体刻蚀装置的原理图

图 10-12 所示是这类装置的一个实例。

无论上述哪种刻蚀装置,都离不开合适的软件。硬件、软件二者最佳配合,才能实现高质量刻蚀。表 10-6 给出在圆筒形刻蚀装置中,针对不同刻蚀材料所用刻蚀气体的种类。除此之外,在实际的刻蚀操作中,刻蚀气压、功率、基板温度等也是重要因素,这些要通过实验来确定。

表 10-6　圆筒型刻蚀装置中所用刻蚀气体的种类

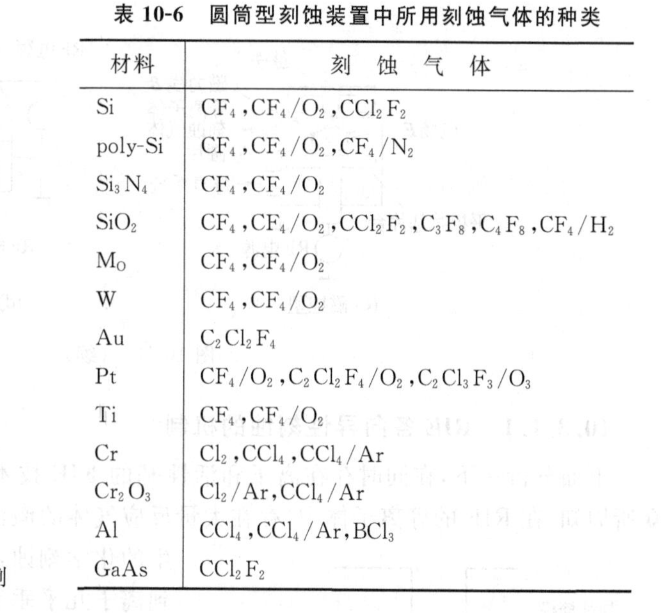

材料	刻　蚀　气　体
Si	CF_4,CF_4/O_2,CCl_2F_2
poly-Si	CF_4,CF_4/O_2,CF_4/N_2
Si_3N_4	CF_4,CF_4/O_2
SiO_2	CF_4,CF_4/O_2,CCl_2F_2,C_3F_8,C_4F_8,CF_4/H_2
M_O	CF_4,CF_4/O_2
W	CF_4,CF_4/O_2
Au	$C_2Cl_2F_4$
Pt	CF_4/O_2,$C_2Cl_2F_4/O_2$,$C_2Cl_3F_3/O_3$
Ti	CF_4,CF_4/O_2
Cr	Cl_2,CCl_4,CCl_4/Ar
Cr_2O_3	Cl_2/Ar,CCl_4/Ar
Al	CCl_4,CCl_4/Ar,BCl_3
GaAs	CCl_2F_2

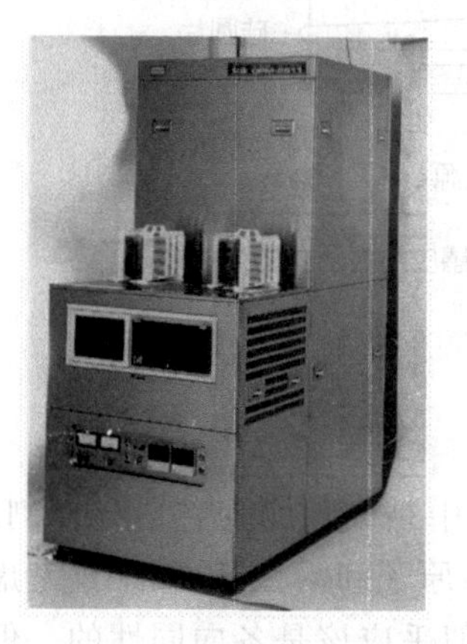

图 10-12　等离子体刻蚀装置的实例

10.3 反应离子刻蚀(RIE)

10.3.1 原理及特征

如果在图 10-9 所示的 Si 基板上施加负电压,离子将垂直于基板入射,由此可实现各向异性刻蚀。

反应离子刻蚀(reactive ion etching,RIE)有不同的方式,图 10-13 表示其中几种。但无论哪种方式都要产生等离子体,将硅圆片载于平板状基片台上,在其上施加高频或直流电压。等离子体中产生的离子,在电场的作用下向基板入射,产生各向异性刻蚀,与此同时,活性基也产生各向同性刻蚀。

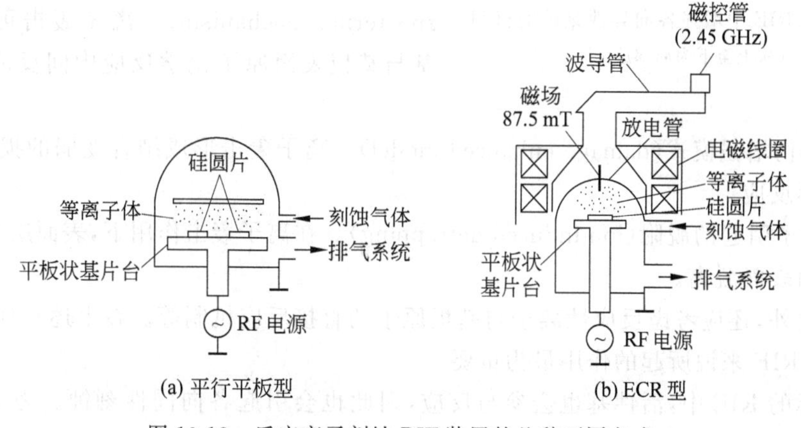

图 10-13　反应离子刻蚀 RIE 装置的几种不同方式

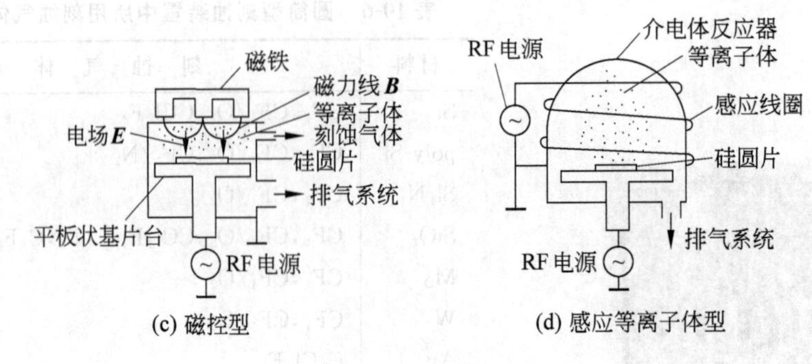

图 10-13　(续)

10.3.1.1　RIE各向异性刻蚀的机制

下面分析一下，在同时存在离子和活性基的RIE技术中是如何实现各向异性刻蚀的。众所周知，在RIE的等离子体中，存在大量反应气体的激活原子和活性基，如果仅考虑其产生的化学刻蚀，似乎应该是各向同性的。但考虑到离子几乎垂直于基板表面入射，可以认为，在平行于基板表面方向，只有活性基参与刻蚀，而在垂直于基板表面方向，有离子和活性基双方参与刻蚀。也就是说，在垂直于基板表面方向上(如图10-14所示)，除了物理效应(由离子轰击产生的溅射效应)之外，由于以下的物理化学效应(活性基造成的化学反应＋离子轰击)而产生各向异性刻蚀。

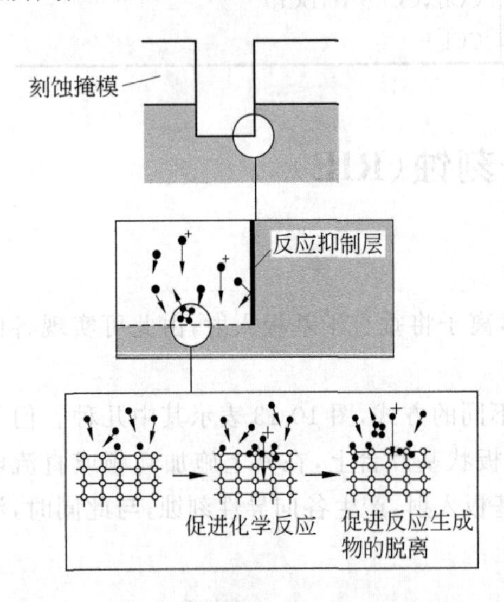

图 10-14　RIE中增强各向异性刻蚀的机制(从上至下为局部放大)

(1) 化学溅射(chemical sputtering)。入射离子的能量可促进活性基与基板表面原子间的化学反应。

(2) 化学增强溅射机制(chemically enhanced sputtering mechanism)。离子轰击可促进活性基与基板表面原子化学反应中间反应生成物的脱离。

(3) 损伤增强模式(damage enhanced model)。离子轰击形成结合变弱的损伤层，并由此促进化学反应。

(4) 离子引起的脱附(ion induced detrapping)。在离子轰击作用下，表面层下捕集的反应生成物由表面脱离。

除此之外，还应考虑反应性离子与基板原子的直接反应机制等。在上述几种机制中，机制(2)对于RIE来说所起的作用最为重要。

在实际的RIE中，活性基也会参与反应，因此也会引起各向同性刻蚀。为了能逼真地按掩模图形进行各向异性加工，一般要采取如下措施：①在侧壁附着薄膜(反应抑制层)对其进行保护，仅在垂直方向发生刻蚀。②选定等离子体放电条件，使活性基浓度与离子浓度相比达到可忽略程度。③降低基板温度，以抑制活性基反应等。

关于上述措施①，一般情况下，刻蚀与沉积（刻蚀气体与反应生成物气体的聚合）同时进行，通过正确选择刻蚀气体及基板表面生成的气体和等离子体放电条件等，可抑制沉积而使刻蚀正常进行。在这种情况下，如图10-13所示，侧壁不受离子轰击，反应抑制层可抑制活性基与侧壁的反应。另一方面，在受离子轰击的表面，应避免反应抑制层的出现，以保证刻蚀仅在垂直方向进行。同时要注意，掩模材料被溅射沉积在要刻蚀的表面上，也会起到反应抑制层的作用。关于上述措施②，通过添加其他气体，可以控制等离子体中活性基的成分和数量。关于上述措施③，通过降低基板温度，可以减小产生各向同性刻蚀的活性基的反应速度，而对于产生各向异性刻蚀的离子与基板表面之间的反应速度，几乎没有影响。这种低温刻蚀技术，可望在对各向异性刻蚀有更高要求的应用领域发挥更大作用。在实际的RIE中，为了实现各向异性更为理想的刻蚀效果，应使由离子和活性基决定的刻蚀效果和沉积效果达到最佳化。为此，需要严格控制的因素主要有：①气体的种类和流量；②气体的压力；③输入功率；④基板温度等。

10.3.1.2　RIE可能对样品造成的沾污及对策

RIE可能对样品造成沾污的问题，还有从RIE技术问世起人们就一直担心的离子损伤问题，曾引起过广泛关注。造成RIE污染的原因可能有：(1)刻蚀气体；(2)刻蚀室内电极及器壁构成材料；(3)样品的输运机构；(4)装料—卸料循环等。其中，对样品可能造成污染影响最大的是上述(1)和(2)。

关于上述(1)，起因于刻蚀气体的污染，主要包括：①等离子体聚合生成物；②反应生成物；③输气管路；④气体中的颗粒及杂质等。其中①和②造成的实际污染量最大。关于①等离子体聚合，多出现于采用CF系气体的情况。例如，在刻蚀SiO_2时，往往选择对光刻胶及Si的刻蚀选择比大的气体(CF系)及添加H_2的混合气体。这些气体通过等离子体聚合反应，容易生成特氟纶(Teflon)系聚合物$(CF_2)_n$，它特别容易在受离子轰击少的阳极及反应器器壁上沉积。这种沉积物一旦剥离，就会以颗粒及碎片等的形式造成污染。实际上，通过在CHF_3等中添加少量O_2，可在不影响刻蚀的前提下，有效地抑制聚合物的生成。关于上述②，以刻蚀Al为例，分析一下反应生成物的污染情况。Al的刻蚀气体一般选用CCl_4、BCl_4及$SiCl_4$等卤族化合物，这些气体刻蚀Al的反应产物$AlCl_3$的蒸气压低，容易附着的水冷电极等部位。该$AlCl_3$的化学活性强，与H_2O、O_2、SiO_2及光刻胶等发生反应形成三氧化二铝(Al_2O_3)，这是颗粒污染的主要来源之一。

关于上述(2)，高能离子溅射产生的阴极材料（如不锈钢中的Fe、Co、Ni等重金属）的影响特别大。为此，阴极选用高纯度Al，刻蚀室内需要由高纯度SiO_2等涂敷等。此外，阳极及反应器内壁也可能被溅射而成为污染源，需要用高纯度的石英、Al、Al_3O_3等涂敷，加以保护。

10.3.2　各种反应离子刻蚀方法

随着半导体元件集成度越来越高，对刻蚀工程的要求越来越严格，特别是，必须采取措施同时满足下面这些要求：①尽可能做到垂直刻蚀；②对被刻蚀区域不造成损伤及污染；③不对元器件性能造成有害影响；④选择性好；⑤生产效率高。换句话说，在实现元器件微细加工的同时，希望采用更低的气压（各向异性加工）、更低能量的粒子（低损伤）、并实现高速刻蚀（高生产效率）。采用普通二极型的RIE，入射离子的能量高（数百eV～1 keV），在实现垂直刻蚀的同时，还存在入射离子造成的损伤、因电极材料及光刻胶被溅射造成的污染，以及对于光刻胶的刻蚀选择比不太高等不可忽视的问题。图 10-15 针对不同的干法刻蚀方法，给出气体压力条件和入射离子能量的关系。采用磁控产生等离子体的方式，离子的加速能量为 100 eV；而采用微波及 ECR 产生等离子的方式，则离子的加速能量仅为 20 eV 左右。此外，随着近年来螺旋波等离子体及感应耦合等离子体(ICP)等高密度等离子源的开发成功，采用高密度等离子体进行高速刻蚀的开发也取得进展，人们正期待将这种干法刻蚀技术应用于 ULSI 等的制作加工中。

刻蚀方法	反应离子刻蚀(RIE)	电子回旋共振等离子体(ECR)	感应耦合等离子体(ICP)		螺旋波等离子体
装置	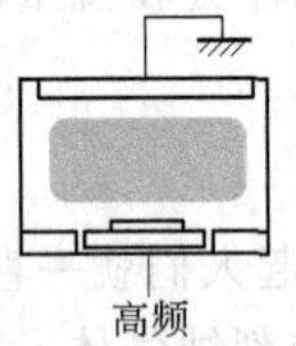 高频	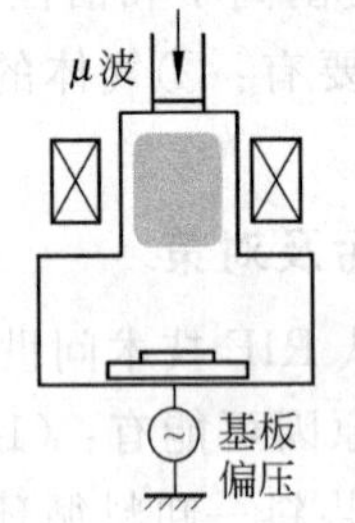 μ波 基板偏压	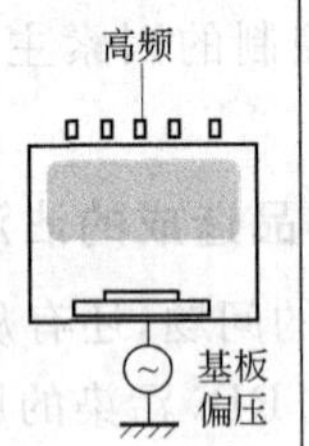 高频 基板偏压	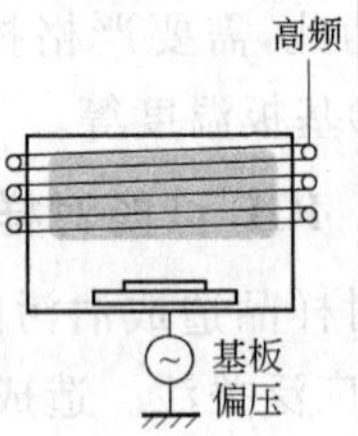 高频 基板偏压	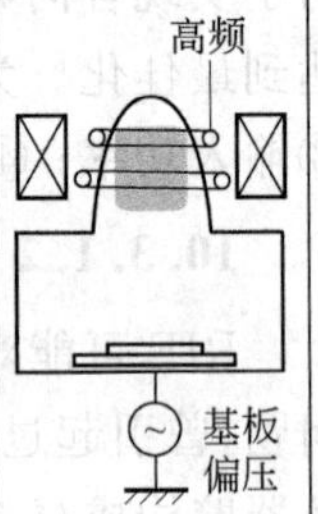 高频 基板偏压
压力/Pa	～10	<0.4	～0.7	～0.4	～0.4
电子密度/cm^{-3}	～10^9	10^{11}～10^{12}	10^{11}～10^{12}	～10^{11}	～10^{12}
磁场强度/mT	无	87.5	无	无	～10
基板偏压或频率	自偏压	(1～10)V ×100 kHz	(1～10) MHz	(1～10) MHz	(1～10) MHz
离子的能量与等离子体的密度能否独立控制	不能	能	能	能	能

图 10-15　采用 RIE 及高密度等离子体的干法刻蚀方法

这些采用高密度等离子体进行物理化学刻蚀的干法刻蚀技术具有下列共同特征：

① 离化程度(被电离的原子数占整个原子数的比例)高。与传统的射频等离子体的离化程度 10^{-4}～10^{-5} 相比，高密度等离子体的离化程度大致为 10^{-2}，提高 2～3 个数量级，离子和电子的密度都高。

② 由于与等离子体的发生相独立，故便于对基板偏压和等离子体的流动等进行控制。

③ 由于采用无极放电方式，因此，起因于电极材料的重金属的污染少。

④ 在 10^{-2}～10^{-3} Pa 的低气压下可生成稳定的等离子体。

⑤ 离子能量比普通 RIE 的离子能量低得多，损伤也小。

下面分别就几种反应离子刻蚀方法作简要介绍，其中第 1 和第 2 条论及的是普通 RIE，第 3～6 条论及的是高密度 RIE。

1. 平行平板型 RIE

平行平板型 RIE 采用图 10-13(a)所示的装置，即第 8 章所讨论的平板二极型溅射装置(图 8-25，图 8-28)。若在溅射装置的靶上放置被加工试件，则试件被刻蚀加工。这便是溅射刻蚀。在这种情况下，由于 Ar 等惰性气体离子垂直入射被加工试样，因此刻蚀是完全各向异性的。人们发现，若由氟龙(flon：C、F、Cl、H 的化合物)代替 Ar，可在保持各向异性的同时，使刻蚀速率提高数十倍。这便是 RIE 技术的雏形。在这种刻蚀方式中，由于等离子体中产生的离子和活性基同时作用于试样上，因此刻蚀兼有物理的和化学的两种机制。这便是反应离子刻蚀(reactive ion etching，RIE)这一名称的由来。RIE 的特点主要有：①在保证高刻蚀选择比的前提下，可实现较好的各向异性刻蚀；②刻蚀速率大，生产效率高；③便于刻蚀 Al、SiO_2 等集成电路常用材料。其缺点有：①工作气压高，对各向异性刻蚀有不利影响；②入射离子能量高，对半导体元件会造成损伤；③因电极材料及光刻胶被溅射会造成污染；④对于光刻胶的刻蚀选择比不太高。显然，直接将平行平板型 RIE 用于集成电路工艺来制作微细图形有其先天不足。

2. 磁控型 RIE

磁控型 RIE 采用图 10-13(c)所示的装置。在该装置的放电空间中，电场($\boldsymbol{E}$)与磁场($\boldsymbol{B}$)相互正交布置，等离子体中的电子被束缚于相互垂直的电磁场中。这种电子与气体原子碰撞，可高效率地使其电离，从而产生高密度的等离子体。

这种磁控型 RIE 与平板二极型 RIE 相比，工作气压从 10～1 Pa 降到 1～0.1 Pa，但离化率、等离子体密度却明显提高，磁控型 RIE 的优点是：①与普通平板二极型 RIE 相比，刻蚀速率可提高 10 倍以上；②离子的平均自由程比等离子体鞘层厚度大得多，因此离子在等离子体鞘层中被加速时很少发生与原子间的碰撞，可保证离子垂直入射基板表面；③入射离子能量大约为 200 eV，比平板二极型中离子能量大约 800 eV 要低得多。此外，在磁控型 RIE 中，由于高密度等离子体集中于磁极下方，使磁极扫描或调节电磁铁电流等均可使磁场大小、分布发生变化，进而控制刻蚀的均匀性。

3. ECR 等离子体刻蚀

ECR 等离子体刻蚀装置如图 10-13(b)所示。若在气体压力 10^{-2}～10^{-3} Pa，2.45 GHz 的微波作用下，并在放电空间的某一区域维持 ECR 磁场条件(87.5 mT)，则可产生 ECR 放电。在图 10-15 所示的刻蚀装置中，电磁铁布置于放电室的外部，将轴向磁场强度分布设计为发散磁场，电子在该磁场作用下将绕着发散磁场的磁力线作螺旋运动，并向着磁场减弱的方向(磁场的发散方向，即向着基片的方向)移动。另一方面，离子也向着基片的方向移动，但比电子的移动要慢得多，而在等离子体流中，离子被加速，电子被减速，形成两极性电场，即由离子的正电荷和电子的负电荷决定的等离子体中的电场，最终达到定常状态。电位空间分布的实例如图 10-16 所示。由于在基片台附近形成等离子体鞘层，离子能量与等离子体的电位相当，大约为 10 eV 左右。这与普通平板二极型 RIE 的离子能量(约 800 eV)和磁控型 RIE 的离子能量(约 200 eV)相比，要低得多。但应该指出的是，这种等离子体流以发散状射向基板台，当基板较大时，离子向基板的入射角并不一定是垂直的。为此，需要在基板台附近施加辅助磁场，或在基板台上施加高频偏压，以保证离子的垂直入射。此外，通过在基板台上施加高频偏压，可分别独立控制放电状态和入射离子的能量，这对于实际的 RIE 来说是很方便的。

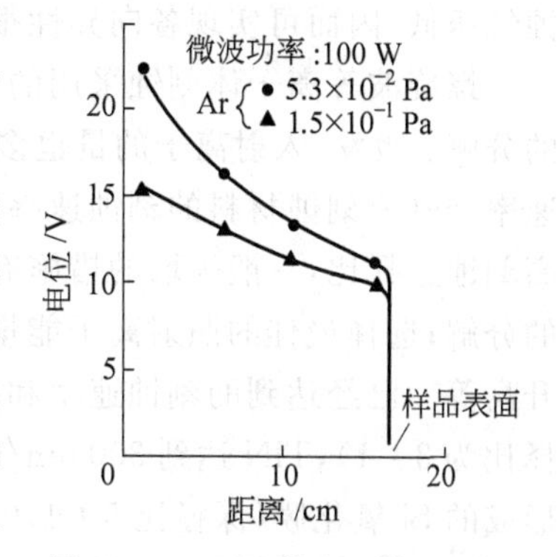

图 10-16　ECR 等离子体的电位

采用 ECR 等离子体刻蚀，离子鞘层的宽度大致在数十微米，当被刻蚀的图形宽度和间距与之不相上下时，刻蚀图形对入射离子产生干扰作用，致使离子不能垂直入射。一般称这种现象为微负载效应。这种效应造成的后果往往是：图形宽度不同，刻蚀速率各异；图形间距不同，刻蚀形状有别。为避免这种情况出现，需要在电磁铁的布置等方面采取措施，如将满足 ECR 条件的区域，在基板附近扩大为平面状，与此同时，保证基板附近的磁场不为发散状，而为平行的磁场分布，在大电流下，以均匀且平行的等离子体流照射基板，以抑制微负载效应，达到均匀、微细化刻蚀的目的。

4. 微波等离子体刻蚀

在微波等离子体刻蚀装置中通入反应气体，并保持一定压力，在磁场作用下，将 2.54 GHz 的微波导入石英制的刻蚀室中，产生微波放电。微波等离子体刻蚀与 ECR 等离子体刻蚀的主要不同在于，前者的被刻蚀基片置于等离子体之中。因此，离子的能量与等离子体电位相当，大约为 20 eV。对于实际应用来说，该能量下的刻蚀速率太低，为此需要在基片台上施加高频偏压，使其保持一定的偏置电位。在微波等离子体刻蚀中，可以在很宽的气压范围内发生等离子体。但是，为了能逼真地按掩模图形垂直刻蚀，气体压力应尽量低些，使离子的平均自由程比试样表面鞘层宽度更大些，以保证离子垂直试样表面入射。为实现各向异性刻蚀，与 RIE 技术的情况同样，采取的方法主要有：①在侧面形成反应抑制层；②由于活性基会造成各向同性刻蚀，因此要尽量降低其含量。

5. 螺旋波等离子体刻蚀

螺旋波等离子体刻蚀装置(图 10-15)与 ECR 等离子体刻蚀装置同样，其等离子体生成室与刻蚀室相分离。外加高频电场及磁场，可使其放电，但并不需要满足 ECR 共振磁场(87.5 mT)的特定条件，外加磁场的磁感应强度较小，例如数十毫特以下即可。刻蚀采用的放电气压为 1～0.1 Pa。目前已投入市场的螺旋波等离子体刻蚀装置有 PMT(Plasma & Materials Technology)公司生产的 MORT™系统等。

在等离子体发生部分，通过套在石英钟罩上的两个线圈状天线，向钟罩内输入高频电场。与此同时，由电磁铁沿钟罩轴向施加磁场，在螺旋波的传输状态下，使放电空间产生高密度等离子体。被引出等离子体(离子饱和电流)的均匀性，可通过电磁铁的强度来调节。螺旋波等离子体与 ECR 同样，有其独立的等离子体发生源，通过调节加在试样上的偏压，可控制照射离子的能量。也就是说，刻蚀离子的能量与等离子体源可独立控制。此外，由于刻蚀气压低，因而可实现各向异性很强的刻蚀。

螺旋波等离子体刻蚀采用的是低气压下的高密度等离子体，这种气氛会促进反应气体的分解、激发，入射离子的量也多。因此，前边讨论过的，由(SiO_2 的刻蚀速率)/(Si 的刻蚀速率)和(要刻蚀材料的刻蚀速率)/(光刻胶的刻蚀速率)定义的刻蚀选择比会变小。为了提高刻蚀选择比，一般采取的措施有：通过选择刻蚀气体(C_4F_8)、添加气体等抑制刻蚀气体的分解；选择最佳的照射离子能量；高频功率输入采用脉冲方式，以抑制等离子体离解度的升高等。已经达到的刻蚀速率和刻蚀选择比的实例有，Al 达到 800 nm/min(对光刻胶的选择比为 3∶1)，TiN 达到 300 nm/min；poly-Si 达到 300 nm/min；以 TEOS 为原料，由 P-CVD 形成的 Si 氧化膜(深径比 5∶1，0.4 μm 直径的互连孔)等。它们均实现了高速且低损伤的刻蚀。另外，还研究了 W 薄膜及 PZT 薄膜的刻蚀等。生产设备主要是为适应高新技术发展而开发的。例如，为适应硅圆片的大直径化，开发出用于 300 mm(12 in)硅圆片刻蚀加工的设备，为了适应液晶显示器(LCD)、等离子体平板显示器(PDP)的需求，开发出可处理大面积玻璃基板的刻蚀加工设备等。

6. ICP 刻蚀

感应耦合型等离子体(inductive coupled plasma，ICP)刻蚀装置如图 10-13(d)及图 10-15 所示。通过套在石英钟罩(放电室)上的螺旋线圈或螺旋状电极输入高频电场，在放电室中产生高密度等离子体($n_e=10^{11}\sim10^{12}\ \text{cm}^{-3}$)，基板置于与放电室分离的刻蚀室，离子和活性基被输送至刻蚀室对基板进行刻蚀。在 ICP 刻蚀装置中，一般要在基板上施加高频偏压。这样，放电室的放电状态和刻蚀室中照射基板的离子能量可独立地调节，便于控制刻蚀速率和刻蚀形状等，可保证刻蚀的质量要求。另外，当在基板上加偏压时，来自高密度等离子体的电子辐照影响是不可忽略的。有研究指出，当偏压高频功率较大时，高速电子的辐照损伤是很显著的。此外，照射离子的能量分布，与放电用的高频功率有关，随着功率变大，离子能量分布的宽度变大。通过在等离子体源的输出部(downstrem)选择性地导入某些气体，也可以对刻蚀进行控制。以采用 C_4H_8 为刻蚀气体的 ICP 刻蚀为例，通过在等离子体源的输出部导入 H_2，可以提高 SiO_2 与 Si 的刻蚀选择比。目前已开发出适用于 8 in 圆硅片的 ICP 刻蚀装置。此外，还开发出采用多个涡型线圈输入高频功率的 MSC(multi spiral coil)方式的 ICP 刻蚀装置(图 10-17)。MSC 输入方式与单一线圈输入方式相比阻抗较小，可降低匹配线圈的功率损耗，提高放电功率的利用效率，适用于大直径空间的放电。对于目前市场需求很旺的 300 mm 圆硅片及 LCD 大型基板的刻蚀加工等，MSC 方式的刻蚀设备有望成为强有力的竞争者。

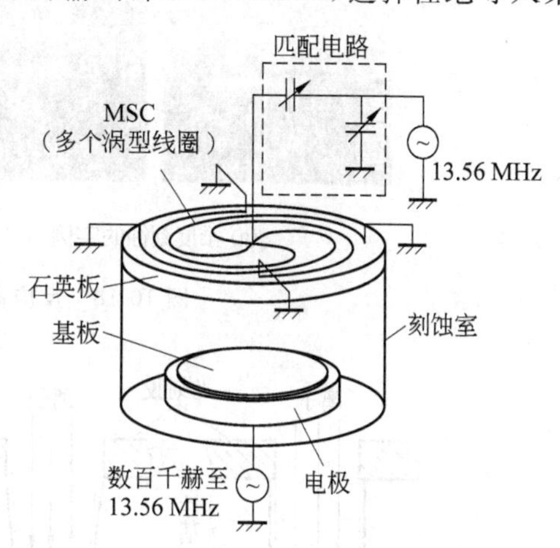

图 10-17　MSC 方式的 ICP 刻蚀装置

下面对上述几种反应离子刻蚀方法作一简单对比。平行平板型是投入应用最早的 RIE 装置，已取得实用佳绩，其等离子体密度分布的均匀性也最好，但由于产生等离子体的电压高，容易造成基片损伤，其与超微细加工的发展要求不相适应，近年已渐渐退出微细加工的舞台。对于 ECR 型 RIE 来说，由于产生等离子体的电源与刻蚀用 RF 电源相互独立，因此，刻蚀操作和参数控制等都很方便。等离子体的密度很高(表 10-7)，刻蚀用 RF 电源的电压较低，与平板二极型相比，不必特别担心对基片的损伤等。但是，由于使用线圈及微波输入等，结构比较复杂。磁控型 RIE 在结构上比 ECR 型简单，等离子体密度也与 ECR 型不相上下，但从本质上讲，磁控型 RIE 也属于平板二极型，故也存在与之共同的问题。目前，ECR 型已达到实用化，磁控型正在研究中，已经开发出的还有 ICP 刻蚀装置、螺旋波刻蚀装置、TCP 刻蚀装置、SWP 刻蚀装置等(详见 10.7 节)。

等离子体中存在的激发活性基远多于离子，二者有数量级之差。因此，RIE 似乎应该与等离子体刻蚀同样，也是各向同性的。但实际上，如图 10-18 所示，得到的结果却是性能优异的各向异性刻蚀，其原因可以按图 10-19 考虑如下。

表 10-7　微波等离子体刻蚀与平行平板 RIE 的特性相比

刻蚀方式 / 参数	微波等离子体刻蚀	平行平板 RIE
放电方式	ECR	RF
工作压力/Pa	1	5
饱和离子电流密度/(mA/cm^2)	5	0.1
平均自由程 λ/mm	6.5	1.3
离子鞘层宽度 d_s/mm	0.5	5.0

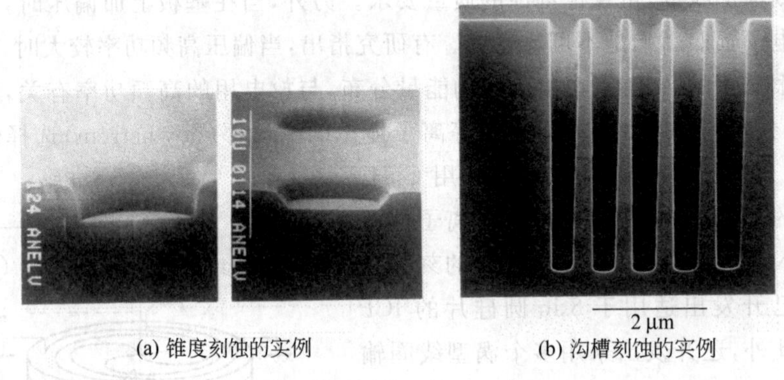

(a) 锥度刻蚀的实例　(b) 沟槽刻蚀的实例

图 10-18　反应离子刻蚀(RIE)样品实例

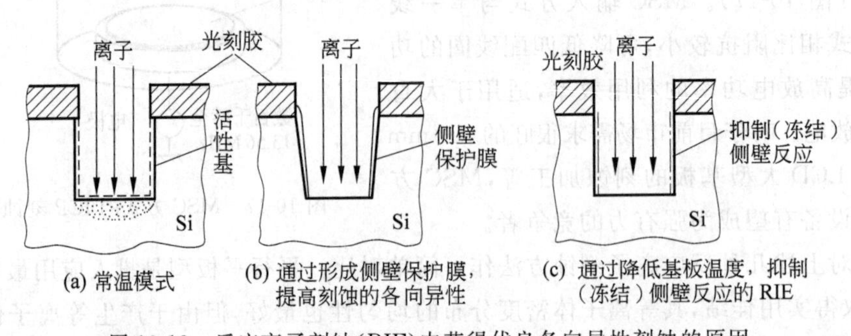

(a) 常温模式　(b) 通过形成侧壁保护膜，提高刻蚀的各向异性　(c) 通过降低基板温度，抑制(冻结)侧壁反应的 RIE

图 10-19　反应离子刻蚀(RIE)中获得优良各向异性刻蚀的原因

在图 10-19(a)所示的模式中，被刻蚀的整个表面都暴露于活性基的气氛中，全表面上都会形成如 AlCl 的准稳态化学吸附层，入射的活性基不断地透过该吸附层跟表面发生刻蚀反应，反应产物不断地透过该吸附层脱离刻蚀表面，并由此发生各向同性刻蚀。另一方面，孔的底部受离子轰击，其结晶性受到破坏(形成活性点)，促进活性基与之反应，致使底部的反应速率大大高于其他面的反应速率，结果实现各向异性刻蚀。随着刻蚀功率增加，反应的各向异性增加。例如，在 Cl_2 气氛存在的条件下，用 Au 离子对试样进行照射，发现仅在 Au 离子照射的位置发生刻蚀。这足见离子照射在 RIE 各向异性刻蚀中所收到的效果。图 10-19(b)所示是在反应空间中同时通入含有 CH 的气体时，由于等离子体极富活性，从而在其中发生有机聚合反应，其产物会在孔的侧壁析出，形成侧壁保护膜，结果仅孔的底部发生刻蚀，提高刻蚀的各向异性。同时还能实现图中所示的锥形刻蚀。这如同挖隧道，将已经挖成的部分四周加固，再逐渐向前推进。图 10-19(c)所示是将基板温度下降至－40～－180℃，抑制(冻结)活性基与侧壁的化学反应,只有受离子照射的底部才能发生反应,逐渐向前推进,实现各向异性刻蚀。

10.3.3　装置

近年来,RIE 装置在 IC 生产线及电子元器件的批量生产中大量引入,推广普及很快。所采用的几乎均为计算机控制的,以盒换盒系统操作的连续式装置(称为 C to C 装置)。图 10-20(a)为实验装置照片,图 10-20(b)、(c)为生产用装置及硅圆片传输系统示意图。

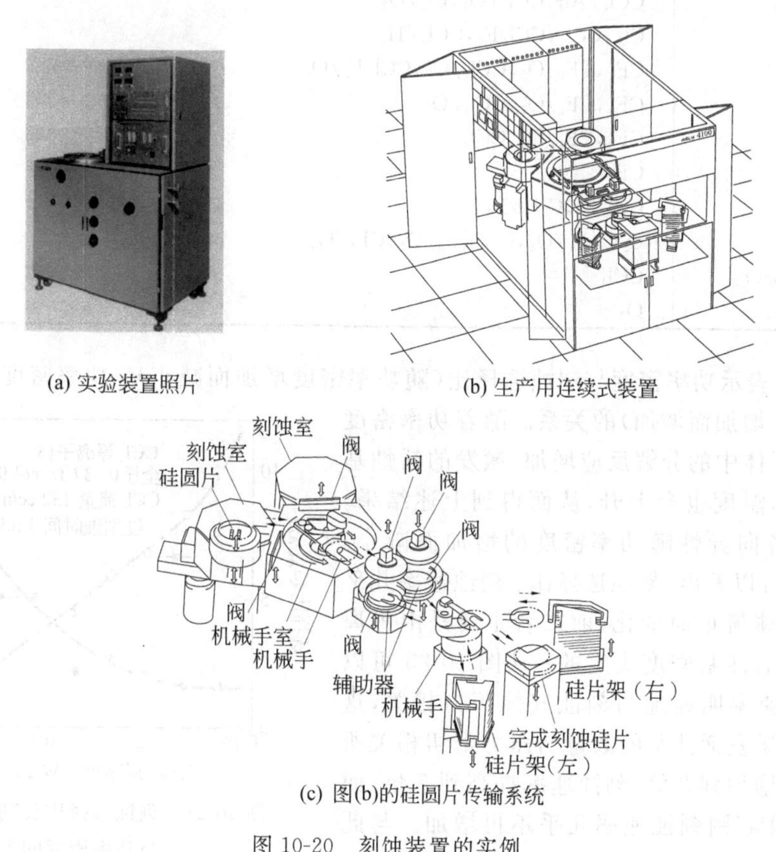

(a) 实验装置照片　(b) 生产用连续式装置

(c) 图(b)的硅圆片传输系统

图 10-20　刻蚀装置的实例

若用 Ar 等惰性气体代替反应性气体,即构成溅射刻蚀装置,现在这种装置实用意义不大,几乎已无人使用。

10.3.4　软件

在 RIE 中,除了装置等硬件之外,下面将要讨论的软件也是极为重要的。表 10-8 给出刻蚀材料及相应刻蚀气体的实例。随着新元件、新工艺的不断出现,对于每种新的刻蚀材料都必须有新的刻蚀气体与之对应。可以说,这种要求永无止境。

1. 输入功率、气体流量、刻蚀气体压力和刻蚀温度等

除了刻蚀材料与刻蚀气体的最佳组合之外,输入功率、气体流量、刻蚀气体压力和刻蚀温度等也是重要的工艺参数。以 RIE 应用最多的 Al 由 CCl_4 气体刻蚀的工艺为

表 10-8　RIE 刻蚀材料及相应刻蚀气体实例

材　料	刻　蚀　气　体
poly-Si	CF_4/O_2，CCl_4，CCl_4/He，CCl_2F_2，Cl_2，$Cl_2/CBrF_3$，$CBrF_3/N_2$，SF_6，NF_3，CCl_3F
Si	CCl_2F_2，CF_4，CF_4O_2
Si_3N_4	CF_4，CF_4/O_2，CF_4/H_2
SiO_2	CF_4/H_2，CHF_3，CHF_3/O_2，CHF_3/CO_2，C_2F_8，C_4F_{10}
Al	CCl_4，CCl_4/He，CCl_4/BCl_3，Cl_2/BCl_3，$SiCl_4$
Al_2O_3	BCl_3，CCl_4，$CCl_4/Ar(He)$
Cr，CrO_2	CCl_4/Air，CCl_4/O_2，Cl_2/O_2
GaAs	Cl_2，CCl_4，CCl_2F_2，CCl_4/H_2
Mo，MoSi	CF_4，CF_4/O_2，CCl_4/O_2，CCl_2F_2/O_2
W	CF_4，CF_4/O_2，CCl_4/O_2
Ti	CF_4，CF_4/O_2，CCl_4
Ta	CF_4
Au	CCl_2F_2，$C_2Cl_2F_4$
Pt	$C_2Cl_2F_4/O_2$，$C_2Cl_3F_3/O_2$，CF_4/O_2
In_2O_3，SnO_2	CCl_4
polymide	O_2

例，图 10-21 表示功率密度与刻蚀选择比（随功率密度增加而减小）、功率密度与刻蚀速率（随功率密度增加而增加）的关系。随着功率密度增加，等离子体中的分解反应增加，激发的活性基增加。同时，温度也会上升，从而得到上述结果。此外，刻蚀各向异性随功率密度的增加而减小。从图 10-22 可以看出，刻蚀选择比、刻蚀速率几乎不随刻蚀气体流量而变化，前二者主要是由等离子体中激发活性基密度决定的。从图 10-23 可以看出，刻蚀速率明显地与刻蚀气体压力相关，这主要是由于激发活性基的数量与压力密切相关所致。若压力增加到 2 倍，刻蚀速率提高到 5 倍，而压力超过 5 Pa，则刻蚀速率几乎不再增加。与此相对，刻蚀各向异性随压力增加而逐渐增加。

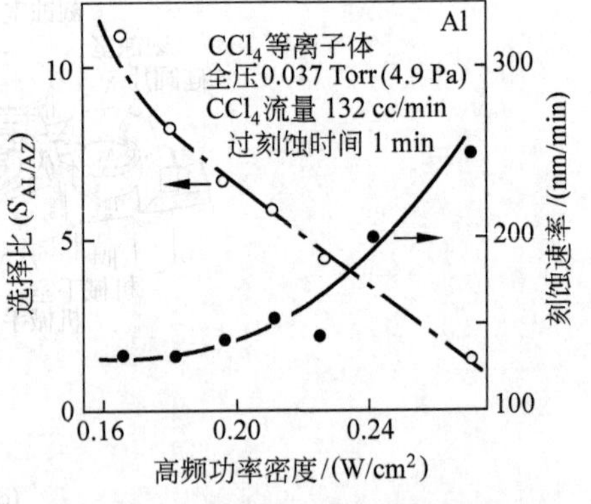

图 10-21　刻蚀选择比及刻蚀速率与功率密度的关系

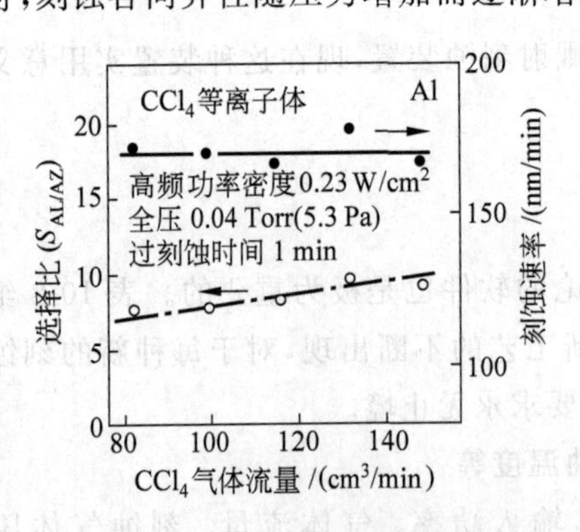

图 10-22　刻蚀选择比及刻蚀速率与气体流量的关系

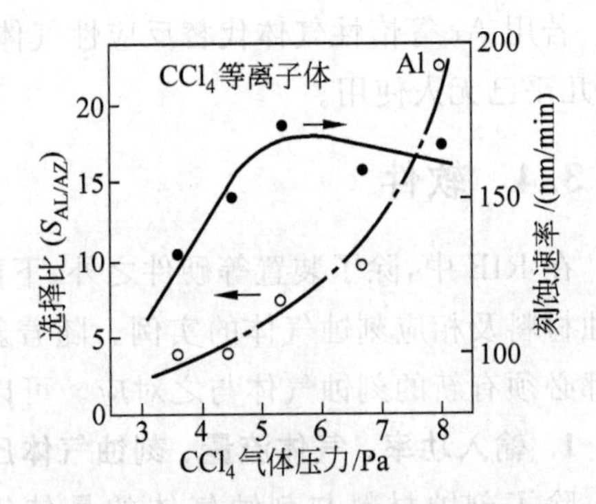

图 10-23　刻蚀选择比及刻蚀速率与刻蚀气体压力的关系

2. 离子辅助刻蚀

离子入射促进刻蚀(称为离子辅助刻蚀：ion assist etching)，反应的程度因材料不同而异。图 10-24 表示化学溅射产额跟入射离子能量和种类的关系。这里的化学溅射产额定义为平均每一个入射离子(如 Cl^- 离子)从基片(如 Si)表面溅射出的(Si)原子的数量，单位为原子/离子(atoms/ion)。化学溅射产额越大，表示其刻蚀速率越大。图 10-24(a)表明，对于 Si 来说，随着 Cl^-、F^-、Br^- 离子能量的提高，刻蚀速率均急速增加。这说明，高能离子入射时，刻蚀速率大，而在离子能量较低(10 eV 以下)时，几乎仅活性基参与反应，故刻蚀速率小。这一结果与图 10-19 所示的模式相一致。另一方面，采用 Cl^- 离子，对 C、Si、Al、B 基片分别进行同样的试验，发现 Al 和 B 的刻蚀速率几乎与 Cl^- 离子的入射能量无关，而 C 和 Si 的刻蚀速率却与 Cl^- 离子的入射能量密切相关。要特别注意 Al 和 C 的差别，后面谈到的克服后腐蚀(after corrosion)的措施，正是利用了这种差别。后腐蚀是指刻蚀完成后，由于卤族系残留物继续造成的腐蚀，它进而会引起 Al 布线变细或断线。

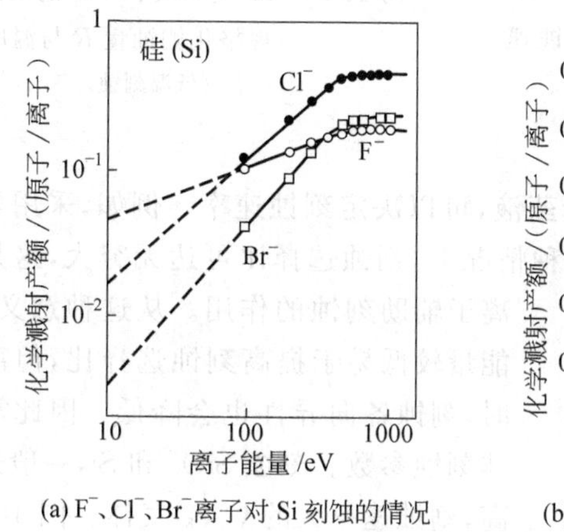

(a) F^-、Cl^-、Br^- 离子对 Si 刻蚀的情况

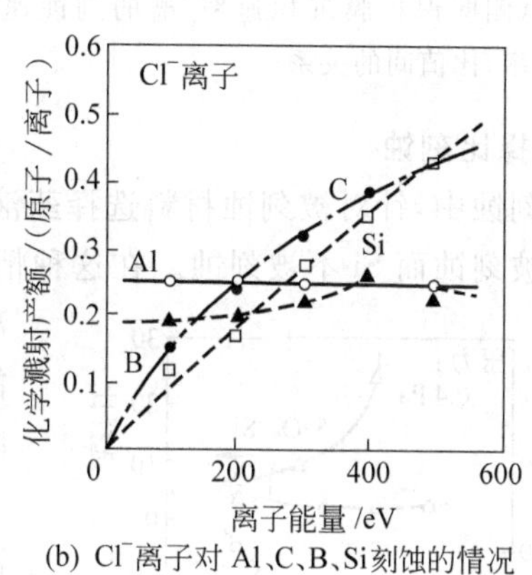

(b) Cl^- 离子对 Al、C、B、Si 刻蚀的情况

图 10-24 化学溅射产额与入射离子能量及种类的关系

3. 锥度刻蚀

图 10-25 表示，通过调节侧壁保护膜的沉积速率 R_d 和刻蚀速率 R_e，可以控制侧壁锥度(倾角 θ)。利用侧壁保护膜 SP，使沉积速率 R_d 大于刻蚀速率 R_e，就可使侧壁锥度变大(倾角 θ 变小)。该试验是在平行平板型装置中进行的，刻蚀气体压力为 0.7～1.3 Pa，刻蚀气体为 $CBrF_3$。$CBrF_3$ 中的 C 可以形成有机聚合物，沉积在侧壁上，并由此实现锥度(称 $\theta<90°$ 为正锥度，$\theta>90°$ 为逆锥度)刻蚀。

4. 低温刻蚀

图 10-26 表示，将基板温度从室温降低到大约 −120℃ 过程中，刻蚀速率和侧蚀量随温度的变化关系。实验是采用 SF_6 刻蚀 Si 系统的情况。从图 10-26 中的曲线可以看出，侧蚀从 −40℃ 左右开始减少，在 −90℃ 达到零。对于 Si 来说，即使在低温，刻蚀速率也不下降；而对于光刻胶和 SiO_2 来说，刻蚀速率急速下降。显然，随着温度下降，Si 相对于光刻胶和 SiO_2 来说，刻蚀选择比提高。低温刻蚀的低温降低了活性基的活性，冻结了活性基与侧壁的反应，从而可以在低侧蚀的条件下进行刻蚀。由于不必要形成侧壁保护用的有机聚合物层(这种有机聚合物保护膜有可能一块一块地脱落，造成颗粒污染)，因此可提高刻蚀的清洁度。关于低温刻蚀的机制还不是特别清楚，目前正在研究之中。

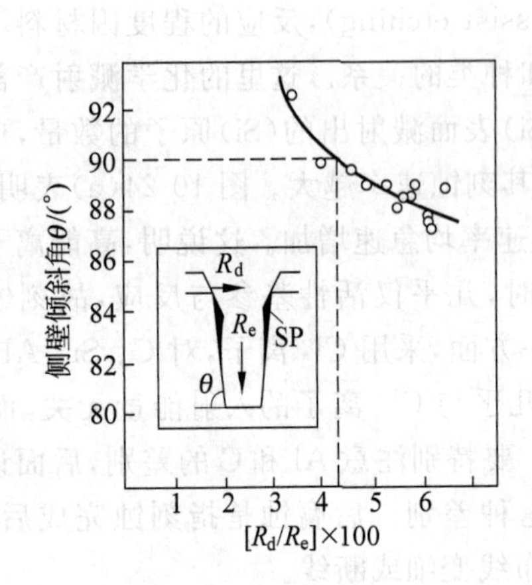

图 10-25　Si 槽刻蚀中，侧壁倾斜角 θ 与 R_d/R_e（侧壁保护膜沉积速率/槽的刻蚀速率）比值间的关系

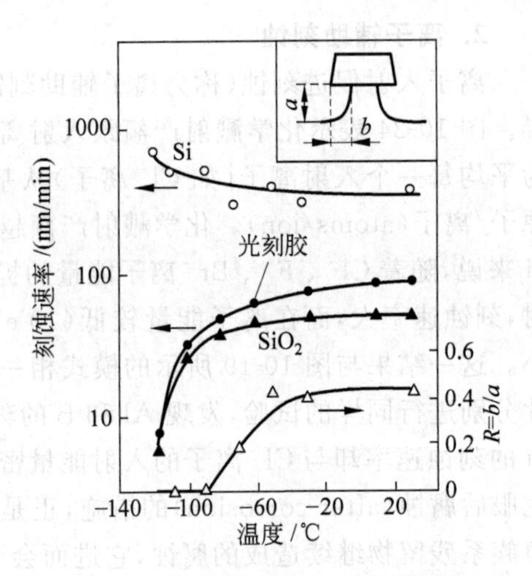

图 10-26　Si、光刻胶、SiO_2 的刻蚀速率及规格化侧蚀量 R 与温度的关系（低温刻蚀）

5. 高选择比刻蚀

在湿法刻蚀中，针对被刻蚀材料选择药液，可以决定刻蚀速率。例如，采用氢氟酸刻蚀液，则 SiO_2 被刻蚀而 Si 不被刻蚀。在这种情况下，刻蚀选择比可达无穷大，这是由于没有离子辅助刻蚀的作用。从这种意义上说，离子能量较低易于提高刻蚀选择比，但离子能量低时，刻蚀各向异性也会降低。因此需要选择最佳刻蚀参数。刻蚀 SiO_2 和 Si，一般采用选择比高，刻蚀速率大的 C_4F_8 气体。图 10-27 表示刻蚀结果的一例。Si 和 SiO_2 二者的刻蚀速率都随离子加速电压 V_{max} 的增加而增加（离子辅助刻蚀），但选择比却基本上是不变的（虚线）。若在其中添加 30% 的 CH_3F，形成 HF，减少 F 的活性基，而且 CH 及 CF 系的有机聚合物会在 Si 表面沉积，因此可使 Si 的刻蚀速率下降、选择比增加（实线）。该实验是在 ECR 型装置中进行的。如此，在对 Si 的氧化膜进行刻蚀时，有必要对等离子体的形成和刻蚀离子的能量分别进行调整。

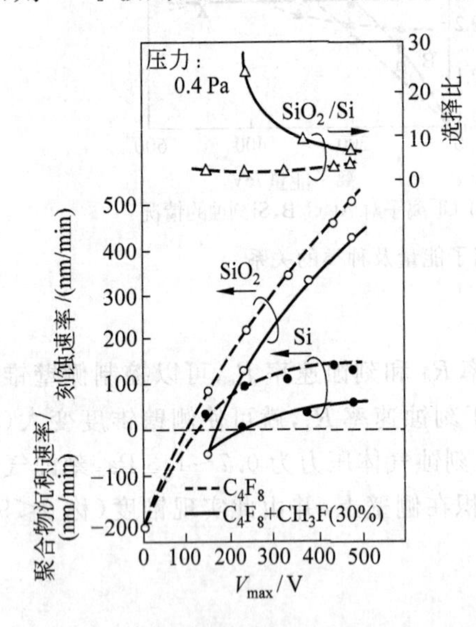

图 10-27　在微波等离子体刻蚀中，SiO_2、Si 的刻蚀速率及 SiO_2/Si 的刻蚀选择比与最大加速电压 V_{max} 的关系

有 C 参与会促进 SiO_2 的刻蚀，从而会造成 Si/SiO_2 系统刻蚀选择比的下降。为了提高选择比，应采用无 C 的 HBr，严格控制输入气体中的 C，彻底清除发泡室及刻蚀室等系统中的 C 等，由此可使选择比达到 300。在这种情况下，由于光刻胶中含有 C，因此掩模材料最好选用 SiO_2 和 Si_3N_4。

图 10-1 中 B_3 所示的失败必须避免。为此，需要提高刻蚀选择比。但提高选择比往往

引发刻蚀速率下降等各种各样的问题。需要采取多成分系气体等各种措施，以便针对各种材料系统都能提高选择比。

6. 微负载效应

对图10-1中B_6～B_8所示的失败也有对策。图10-28是在厚度1.6 μm的PSG（含P的SiO_2）上刻孔时，孔径对刻蚀速率的影响效果。孔径变小时，刻蚀速率按采用圆筒型，平行平板型设备的顺序下降，而采用ECR型设备时，刻蚀速率几乎不下降。这可能是由于ECR可以在低气压下运行，在细而深的孔中也有足够的离子供应（离子在运动过程中，与其他气体分子的碰撞少）所造成的。

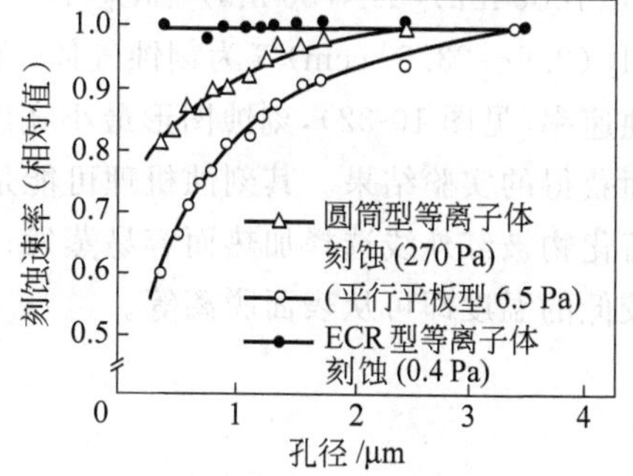

图10-28　在各种刻蚀方式中，刻蚀微细孔时的刻蚀速率与孔径的关系

10.3.5　Cu的刻蚀

铜与铝相比，具有两大优势：①耐电迁移特性好（大约是Al的100倍）；②电阻率低（$\rho_{Cu}=1.62\ \mu\Omega\cdot cm$，$\rho_{Al}=2.62\ \mu\Omega\cdot cm$，$\rho_{Cu}/\rho_{Al}=0.62$）。因此，作为布线，铜可明显改善信号延迟等。铜作为下一代的布线材料，人们寄予厚望，而且在生产线上正逐步替代铝。但铜与铝相比，也存在两大明显劣势：①刻蚀困难，难以微细加工；②抗氧化和耐腐蚀能力差，其氧化物与Al的氧化物相比，机械性能和化学性能都弱得多。其中劣势①就涉及刻蚀问题。

与Al的卤化物相比，Cu的卤化物蒸气压低，为要达到同等程度的刻蚀速率，需要采用更高的刻蚀温度。

若用通常的RIE刻蚀，则一般采用$SiCl_4/Cl_2/N_2$(20：80：20(sccm)[①])系刻蚀气体，在280℃，2 Pa下，可达到100 nm/min的刻蚀速率，刻蚀图形宽度最小可达0.35 μm左右。

若用磁控刻蚀（图10-29），则采用$SiCl_4/Cl_2/N_2$(20：10：120(sccm))系刻蚀气体，在300℃，2.6～10 Pa下，可达到150 nm/min的高刻蚀速率（图10-30），刻蚀图形宽度最小可达0.3 μm左右。而且，制成TiN(0.1 μm)/Cu(0.4 μm)/TiN(0.1 μm)结构的布线，与Al-Si-Cu系布线比较，其耐电迁移特性要高大约两个数量级（参照图5-44）。

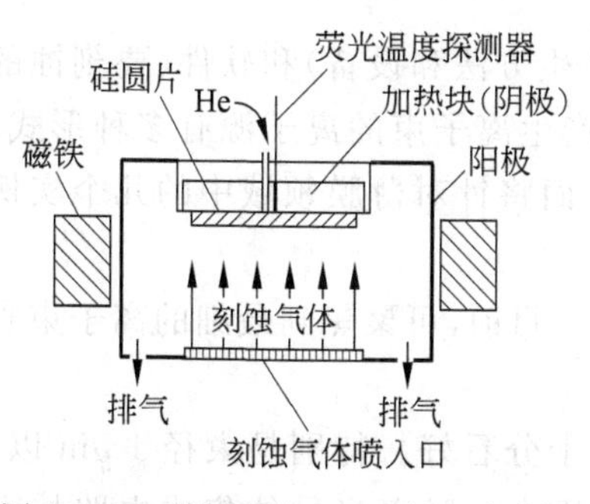

图10-29　利用磁控RIE对Cu的刻蚀

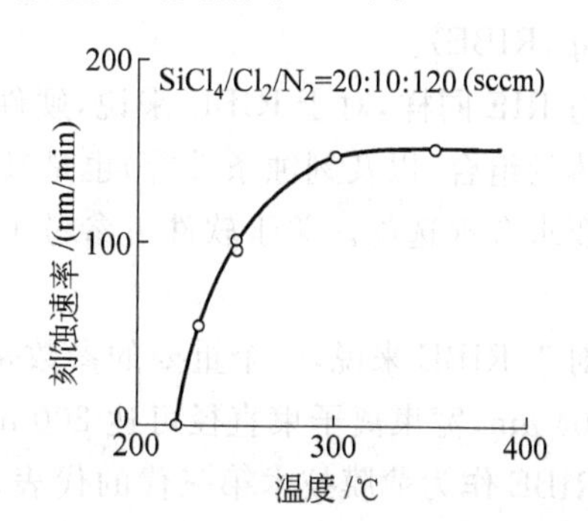

图10-30　刻蚀速率与硅圆片温度的关系

① sccm的全称为the standard cc per minute，中文名称为标准立方厘米每分。

以上所述均是高温下的刻蚀。采用图 10-30 所示的装置，在基板（TiN（50 nm）/Cu(1000 nm)/TiN(50 nm)/SiO_2(100 nm)/Si）系统上，以 300 nm 的 SiO_2 为掩模，采用 Cl_2 (2.6～23.5 sccm)气为刻蚀气体，在 60℃，1.2～2.8 Pa 下，可达到 500 nm/min 的高刻蚀速率(见图 10-32)，刻蚀图形最小宽度可达 0.5 μm。这是在刻蚀中用红外线照射基板表面获得的实验结果。其刻蚀机理可能是：①Cu 的卤化物与 Cu 相比，对光的反射率低，因此卤化物被红外线选择加热而容易蒸发；②卤化物被 IR 激发，分子间的给合力变弱，从而在较低的温度即可从表面脱离等。

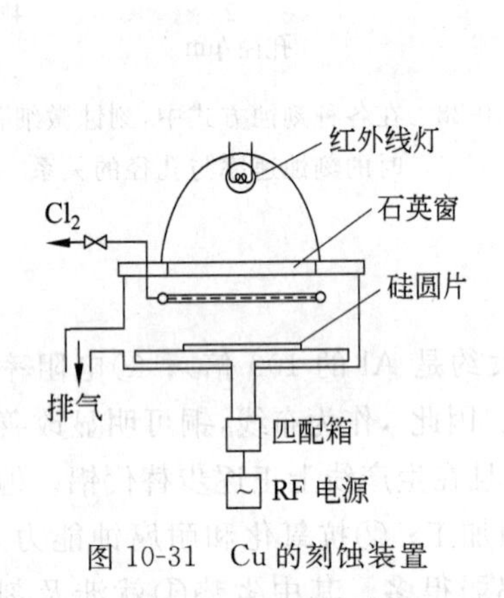

图 10-31 Cu 的刻蚀装置

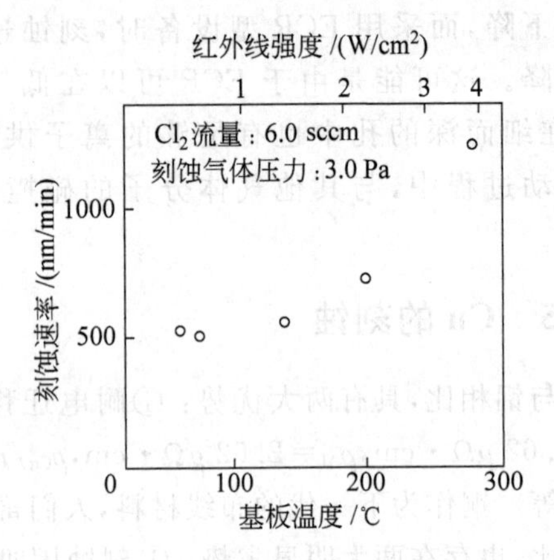

图 10-32 Cu 的刻蚀速率随基板温度的变化关系

上面是近期关于 Cu 刻蚀的典型实例，经过人们的不懈努力，相关研究成果正越来越多地应用到实际生产线中。目前，在 ULSI 制作中，铝布线正逐步被铜布线所替代。

10.4 反应离子束刻蚀(RIBE)

将离子以束状(集中于飞行方向的离子流)形式进行刻蚀加工的技术即为离子束刻蚀。离子由非活性气体产生，仅通过溅射进行物理刻蚀的方式为溅射离子束刻蚀；离子束本身是化学活性的，或即使离子束为非活性，基于 10.3.1.1 节所讨论的机制，当被离子束照射的位置存在活性气体时，化学刻蚀同时发生的方式为反应离子束刻蚀（reactive ion beam etching，RIBE)。

与 RIE 同样，对于 RIBE 来说，硬件(离子束的产生方法和设备)和软件(要刻蚀的材料与气体的组合，以及刻蚀条件等)也是其技术核心。产生离子束的离子源有多种形式，要按使用要求合理选配。关于软件可参考 10.3.4 节。下面将针对薄膜领域中的几个实例加以讨论。

对于 RIBE 来说，一个重要的参数是离子束直径。目前，可聚焦到最细的离子束直径约为 0.04 μm，宽束离子束直径可达 200 mm 以上。

RIBE 作为薄膜技术第三代的代表，其发展前景十分看好。特别是束径 1 μm 以下，高电流密度离子束及其 RIBE 技术是当前研究开发的重点。随着半导体集成电路技术的发展，在电路图形微细化的同时，必须解决影响成品率的颗粒污染等问题。极微细离子束在电路图形加工及修正 LSI 用掩模等方面大有用武之地，除刻蚀之外，它在沉积、离子注入、图形直接描画等方面用途广泛。此外,直径为数十厘米的宽束离子束刻蚀,由于其优异的各向异性,在大直径硅圆片处理,大屏幕 LCD、PDP 显示器玻璃基板刻蚀加工等方面,人们也寄予厚望。

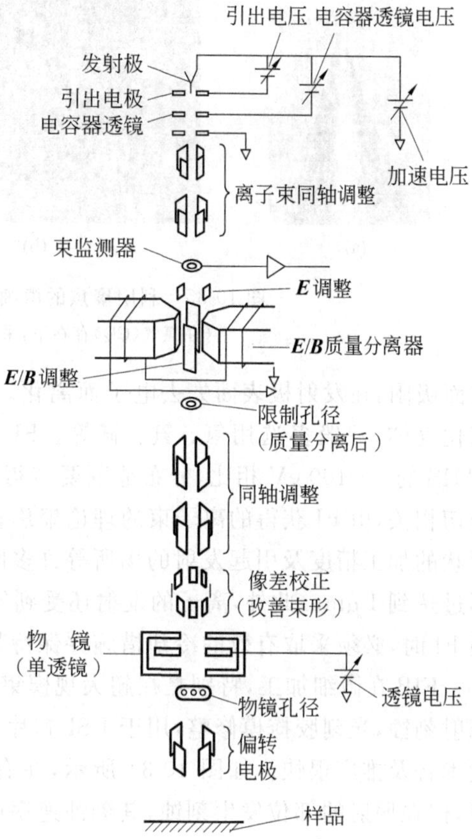

10.4.1 聚焦离子束(FIB)设备及刻蚀加工

聚焦离子束(focused ion beam,FIB),系指经过聚焦形成的,束径 0.1 μm 或其以下的极微细离子束。由于可发生高辉度、束径 0.1 μm 以下离子束的液态金属离子源(liguid metal ion source,LMIS)的开发成功,FIB 技术获得快速发展。FIB 装置的构成与 VLSI 用掩模制作及微细加工中所使用的电子束(electron beam,EB) 曝光装置相类似。FIB 装置与 EB 曝光装置的主要不同点是,前者具有 FIB 离子源、静电透镜系统以及 $\boldsymbol{E}\times\boldsymbol{B}$ 质量分析器等质量分析系统。由于离子质量远大于电子质量,更适合由电场聚焦,因此透镜系采用静电透镜系统。由于 FIB 装置中离子加速及静电透镜系统都采用高电压,必须采取特殊的防护措施。图 10-33 表示 FIB 装置的构成示意图。

图 10-33　聚焦离子束(FIB)设备及离子光学系统

FIB 所用的离子源有上述的液态金属离子源(LMIS)和电场电离型气体离子源(FI)两大类。

图 10-34 是 LMIS 的结构示意图。由尖端半径为数微米的细针(needle)或毛细管(capillary)作发射极,在真空中,它被熔化的(液态)金属浸润,在端部形成液态金属微尖。在引出电极上,施加相对于发射极为负的电压,并使液态金属微尖部位形成(1～10) V/Å 的强电场,在此强电场的作用下,微尖发射离子束。离子材料由于液态金属的不断供应,故可长时间使用。选择不同的熔融金属,可以取出各种离子束。但离化物质一般选用具有较低熔点、合适的蒸气压,而且化学性能稳定的材料。综合这些要求,常选用 Ga(熔点 293℃)。图 10-35 给出采用聚焦离子束进行反应离子束刻蚀的实例。其中图 10-35(a)为尖端半径为数微米细针的放大照片;图 10-35(b)所示为熔化浸润金属用的加热器;图 10-35(c)所示为通入 Cl_2 气,即使用金离子束也能进行反应离子束刻蚀的装置。

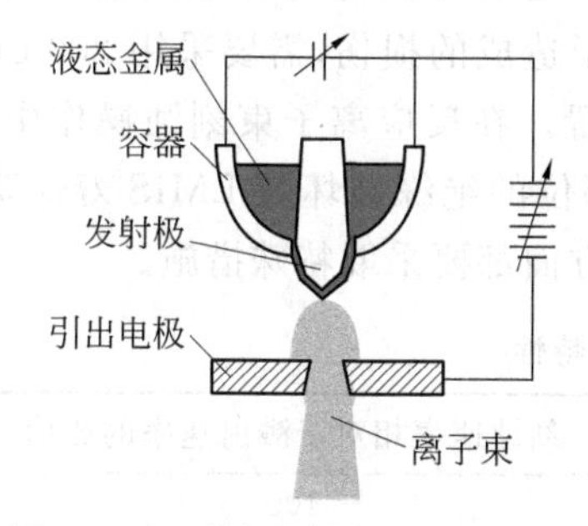

图 10-34　液态金属离子源(LMIS)

电场电离型气体离子源(FI),是在 0.1 Pa 左右的气体氛围中,由于在曲率半径为 100～1000 Å 的针状发射极尖端施加有数伏每埃的强电场,发生极化的气体原子和分子被发射极

(a)

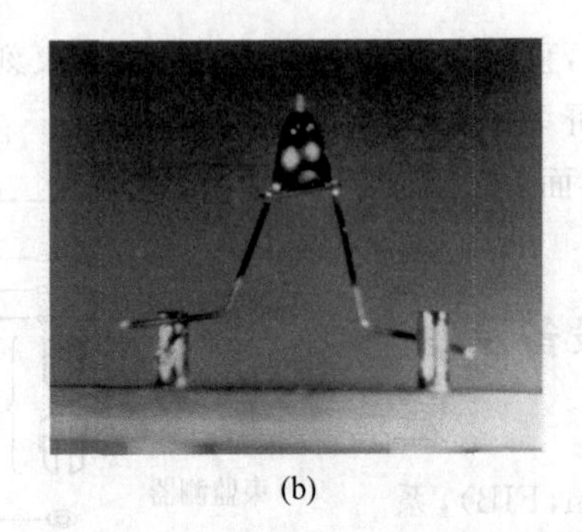

(b)

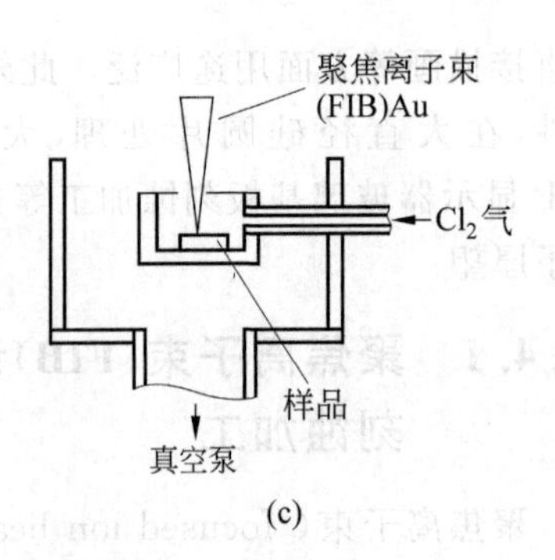

(c)

图 10-35 利用聚焦的微细离子束进行反应离子刻蚀的实例

(在氯气(Cl_2)存在下,采用 Au 的离子束也能进行刻蚀)

表面吸附,在发射极表面失去电子而离化。要选择那些与发射极材料不发生反应、结合的离化气体,一般多选用氢、氦、氩等。FI 发生的离子能量分布在 2～3 eV 的范围内,与 LMIS 的 5～100 eV 相比,分布范围要窄得多。离子束的聚焦直径与离子能量的分布范围密切相关,由 FI 获得的离子束的理论聚焦直径的计算值为 10 Å。实际上,聚焦直径受到针形状的加工精度及引起发射的场所等许多因素的影响,由 FIB 所能获得的最小离子束径只不过达到 1 μm。此外,离子的发射还受到发射极的表面状态、温度等的强烈影响,因此,采用 FI 时,必须采取有效的冷却措施并保持其表面清洁。

FIB 在微细加工,特别是在超大规模集成电路制作中,具有许多应用。其中除了无掩模溅射刻蚀,光刻胶掩模修整,用于 LSI 芯片观察、分析的断面切分等之外,反应离子束刻蚀技术普及推广很快。如图 10-34 所示,在有氯气存在的条件下,将样品用聚焦离子束照射时,仅在照射的部位发生刻蚀,其刻蚀速率可达 $2\ \mu m \cdot s^{-1}/(mA \cdot cm^2)$左右。表 10-9 给出 FIB 辅助刻蚀的条件及刻蚀特性。在吹附 Cl_2 气的同时,由 Ga FIB 照射 Si,可在无再附着的情况下获得深宽比大的沟(深为 6 μm;宽为数十纳米)。刻蚀速率决定于束强度和反应气体压力。在以 Cl_2 气为刻蚀气体时,在数帕[斯卡]气压下,刻蚀速率达到极大值。其原因可能是,在低气体压力下,Si 表面 Cl_2 气的吸附决定着反应速率,而在高气体压力下,Si 表面被 Cl 原子厚厚地覆盖,FIB 的能量不是促进表面化学反应,而是消耗在与 Cl 原子的碰撞上。另外,在制作 GaAs 等光半导体器件时,为了极力降低因离子造成的损伤,需要采用 200 eV 以下能量的 FIB 照射,目前已开发出这种 FIB 辅助刻蚀装置。在反应离子束刻蚀操作中,需要在试样附近引入高浓度的反应气体,为了避免高电压部位的绝缘破坏及 LMIS 寿命降低,需要采用差压排气等。总之,在设备和真空系统等许多方面都要采取特殊措施。

表 10-9 FIB 辅助刻蚀的条件及刻蚀特性

材 料	离子种类	气氛气体及压力①	刻蚀速率相对于溅射速率的比值
SiO_2	50 keV Ar, Xe	XeF_2(20 mTorr)	100
	30 keV Ga	Cl_2	1.7
	500 eV Ar	Cl_2	2
Si_3N_4	50 keV Ar, Xe	XeF_2(20 mTorr)	40
Si	35 keV Ga	Cl_2(20 mTorr)	5
	30 keV Ga	Cl_2	14
	500 eV Ar	Cl_2	12

续表

材　料	离子种类	气氛气体及压力①	刻蚀速率相对于溅射速率的比值
GaAs	35 keV Ga	Cl_2(20 mTorr)	10
	30 keV Ga	Cl_2	11
	500 eV Ar	Cl_2	12
InP	35 keV Ga	Cl_2(20 mTorr)	30
	30 keV Ga	Cl_2	4.2
Al	35 keV Ga	Cl_2(20 mTorr)	10
	30 keV Ga	Cl_2	27
	500 eV Ar	Cl_2	80
PMMA	50 keV He,Ar,Xe	XeF_2	2
	4.2	30 keV Ga	Cl_2

① 1 Torr=133.32 Pa。

10.4.2　束径 1 mm 左右的离子束设备及 RIBE

这一类设备中有各种不同型号，下面仅讨论用于薄膜技术领域的几个实例。

用空心阳极(hollow anode)进行刻蚀的实例示于图 10-36，利用该装置进行刻蚀的速率示于表 10-10。所谓空心阳极，是指空腔内压强为$(1.3\sim13)\times10^3$ Pa(10～100 Torr)，保持正电位，其壁上开有小孔，可以使离子成束状射出的装置。如果保持负电位，也可以射出电子束来。在图例中，用直径为 5 cm、长度为 15 cm 的空腔体作为阳极，当射束提取孔为一个小孔时，其直径可以缩小到 1 mm 左右。而在直径为 7.5 mm 的范围内，开有 13 个直径为 0.33 mm 的射束提取小孔的情况下，可以得到在直径为 1 cm 的范围内按高斯函数分布的射束。还可以针对各种不同的目的产生出各种不同的射束来。被加工的试样可以旋转，因而可以从各种不同角度进行刻蚀。对大部分材料来说，可以在直径约 1 cm 的范围内，以 μm/h 量级的速率进行刻蚀。

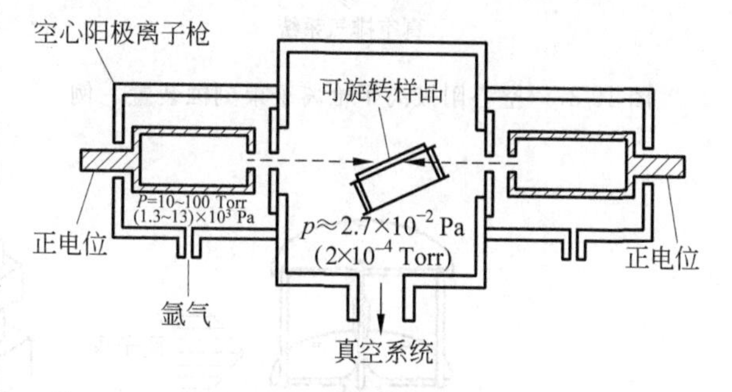

图 10-36　利用空心阳极离子枪进行离子刻蚀的装置
(5～10 kV，200 μm，离子束径 1 mm)

表 10-10　采用空心阳极枪的刻蚀速率(在直径 1 cm 的范围内取平均)　μm/h

条件　入射角：相对于表面法线呈 60°～75°，$p=4\times10^{-2}$ Pa(3×10^{-4} Torr)；$V=6$ kV；$I=100$ μA 或约 1 mA/cm²							
石英	2	玻璃	1	银	3	Zn(200 μA)	200
正铁氧体	1	金	2	KTFR	1	GaAs(10 μA)	10
石榴石	1	铜	2	坡莫合金	1	GaP(500 μA)	125
陶瓷	1.5	铬	1	金刚石	1		

图 10-37 表示采用空心阳极离子枪，试样对离子束的角度可以改变，而且还可以自转的系统。图 10-38(a)表示使用这种系统刻蚀成的磁泡存储器 I-bar 图样的实例。图 10-38(a)的图样与光刻胶的图样几乎完全相同，而图 10-38(b)电解刻蚀的情况就变粗了许多，并

且切口粗劣，锯齿状刻纹很明显。图 10-39 为用离子束刻蚀代替机械切削制成的 InSb 微波检出器的例子，其整体外形尺寸为 1 mm×1 mm×10 mm，被刻蚀加工的微细处尺寸仅为 0.05 mm。

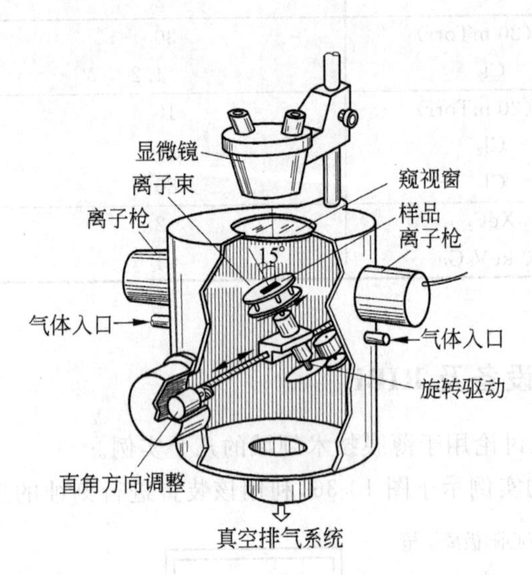

图 10-37 空心阳极离子枪离子束刻蚀装置一例

(a) 采用空心阳极离子枪离子束刻蚀的样品

(b) 电解刻蚀的样品

图 10-38 刻蚀成形磁泡存储器 I-bar 的图形精度对比

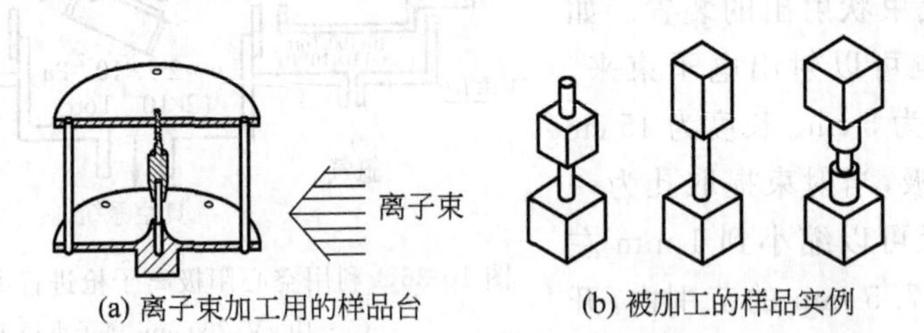

(a) 离子束加工用的样品台　　(b) 被加工的样品实例

图 10-39 离子束加工获得的 InSb 微波检出器的实例

10.4.3 大束径离子束设备及 RIBE

采用束径 10～20 cm，宽且均匀的离子束，可以对大尺寸硅圆片进行一次性刻蚀；对大屏幕 LCD、PDP 显示器用玻璃基板进行一次性处理；对大直径透镜进行一次性加工。采用这种装置既方便，效率又高，而且质量均匀性有保证。采用离子束，能实现完全各向异性刻蚀(如 10.3.2 节所述)，可以对更精细的图形进行刻蚀加工。目前，常用的大束径离子束设备有两种，一种为 Kaufman 型，一种为 ECR 型。

10.4.3.1 Kaufman 型

由热阴极和磁控管放电相组合，再加上引出电极系统，便构成 Kaufman 型离子源。图 10-40 为由Kaufman 离子枪进行刻蚀的装置示意图。在离子引出电极上开设 300 个直径为 0.3 mm 的小孔，则可以引出束径为 5 cm 的离子束，其束通量分布误差可保持在±3%范围内。离子电流为 30 mA，刻蚀速率如表 10-11 所列。对大部分材料来说，刻蚀速率在 μm/h

量级。这类装置以其发明者的名字命名为 Kaufman 型。目前已有束径达 20 cm 左右的离子束刻蚀设备。

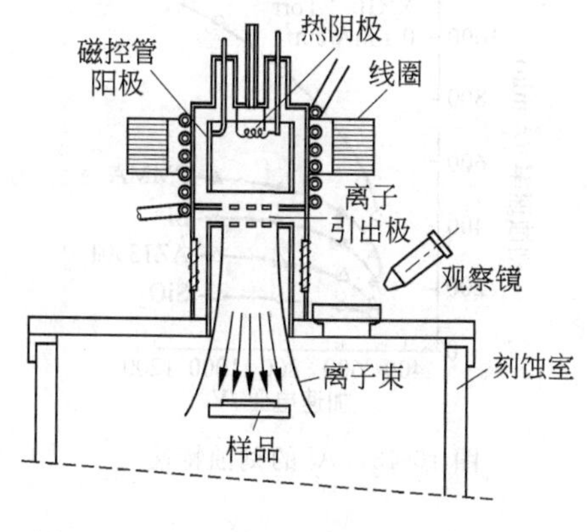

图 10-40 Kaufman 源 Veeco-Thompson CFS 离子束刻蚀装置

(0.5～1 kV,30 mA,束径 5 cm)

表 10-11 Veeco-Thompson CFS 的刻蚀速率

单位：μm/h

条件	入射角：垂直样品表面 $p=4\times10^{-2}$ Pa(3×10^{-4} Torr) $V=1$ kV $I=0.85$ smA/cm^2 束径＝5 cm		
Si	2.0	AZ	3.6
GaAs	15.0	丙烯基	5.0
二氧化硅(热氧化)	2.5	银	18.0
二氧化硅(陶瓷)	2.3	金	12.0
二氧化硅(PMS)	2.5	铝	2.6
三氧化二铝(陶瓷)	0.8	铁	1.9
KTFR	2.3	铌	1.8

10.4.3.2 ECR 型

对于 Kaufman 型等利用热阴极的离子源来说，当采用活性气体时，高温热阴极与活性气体反应会造成热阴极损坏，而且离子发射还因气体种类不同而异，故难以保证长期稳定地工作。为了解决这些问题，开发出图 10-41 所示的采用冷阴极放电的 ECR 型离子源。

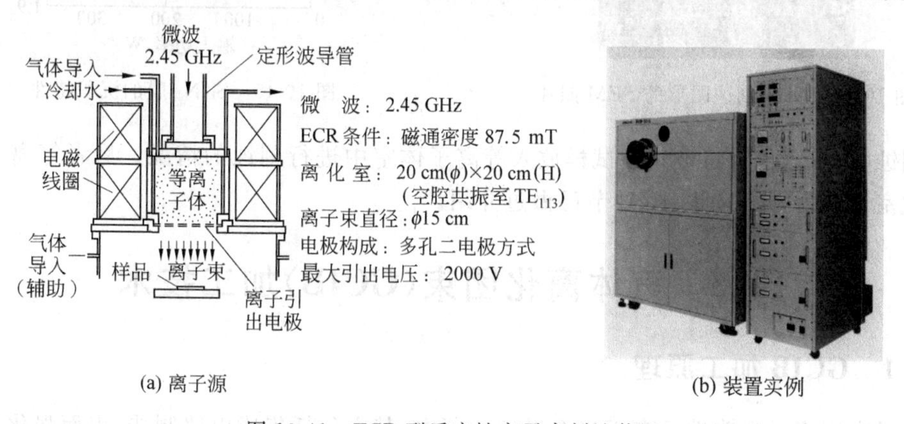

(a) 离子源　　(b) 装置实例

图 10-41 ECR 型反应性离子束刻蚀装置

图 10-42 表示 ECR 型离子源中离子电流密度按半径方向的分布，在 2.7×10^{-2} Pa(2×10^{-4} Torr)这样低的气压下(热阴极难以放电)，在相当宽的面积范围内，可获得 1 mA/cm^2 的电流密度。图 10-43 表示采用 $SiCl_4$ 对 Al 等进行刻蚀时的刻蚀速率随加速电压的变化。图 10-44 是刻蚀 Al 膜得到的线宽 0.4 μm，深度 0.6 μm 刻蚀图形的 SEM 照片，它显示出相当好的各向异性。此外，还有沿与膜层法线成一定角度进行刻蚀的例子。

图 10-45 是在等离子体室中导入 N_2，产生 N_2 的等离子体，使其吹向试样表面，同时在试样室中导入 SiH_4，由此在试样表面沉积 Si_3N_4 薄膜的实例。

在 ECR 型离子束刻蚀装置中，有如图 10-41 所示，靠引出电极将离子束引出，在刻蚀室

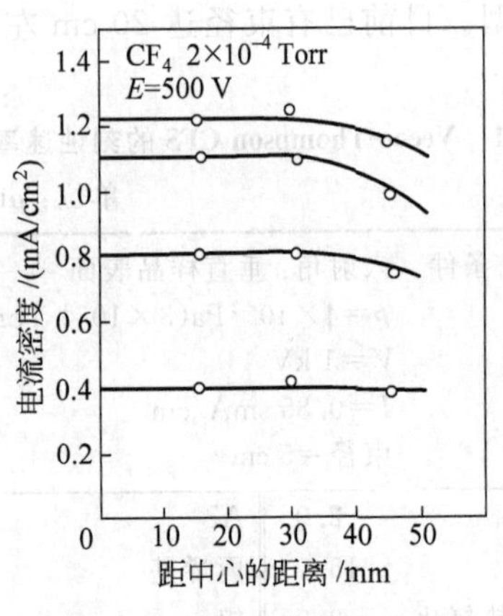

图 10-42 电流密度沿径向分布

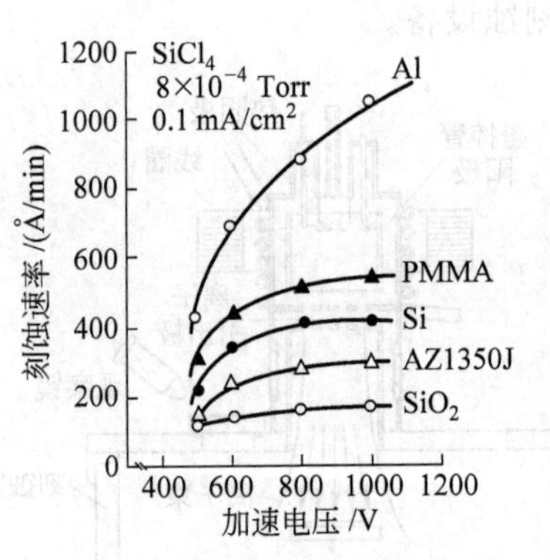

图 10-43 Al 的刻蚀特性

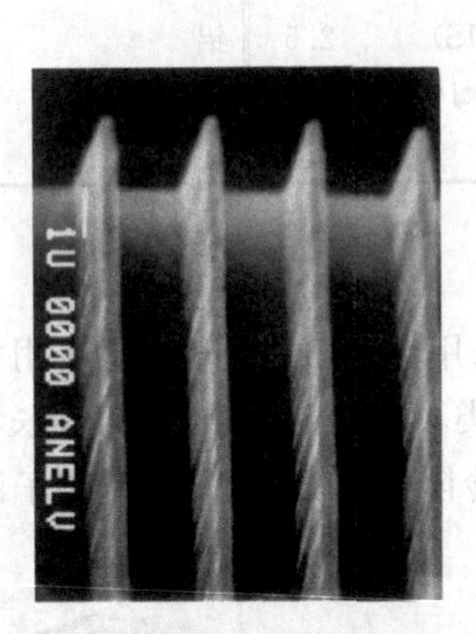

图 10-44 Al 膜刻蚀图形的 SEM 照片

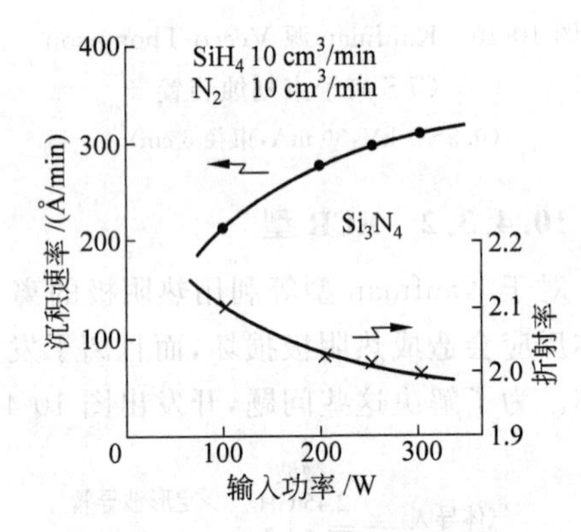

图 10-45 Si_3N_4 膜的沉积特性

进行刻蚀的方式，也有将被刻蚀试样放入等离子体室中进行刻蚀的情况。后者等离子体室与刻蚀室合二为一。对此，10.3 节已做过介绍。

10.5 气体离化团束(GCIB)加工技术

10.5.1 GCIB 加工原理

离子束用于材料改性已有近半个世纪的历史，其中包括集成电路制造，表面强化及改善材料的耐磨性、抗蚀性等。在这些应用中，离子束的能量范围为keV～MeV，而且因离子质量不同而异，穿透靶材料的深度从数十纳米到数微米范围内。然而，材料表面改性的最新发展要求注入深度在数纳米范围。为了满足这些要求，离子束的能量应处于数电子伏到几百电子伏范围。由于空间电荷的排斥效应，这样的低能离子束很难达到高密度。因此，仅靠单体离子显得无能为力。

气体离化团束(gas cluster ion beam，GCIB)技术为解决上述问题提供了现实的可能性。一个被离化的束团的动能由组成原子所共享，从而在一个有 10 keV 的 1000 个原子/束团的离化团束中，每个组成原子仅带有 10 eV 的动能。在碰撞过程中，团束原子的整体运动起重要作用，离化团束仅对靶材表面的前几个单层产生轰击效应。气体离化团束为用于表面加工提供了许多新的、独特的机遇，包括化学活性反应、浅层注入、高效率溅射、表面平坦化处理以及表面清洁化等。日本京都大学工学部离子工学实验室开发了 10 kV，30 kV 和 200 kV 加速器，利用这些设备采用不同的气源可以产生选定质量的气体离化团束。利用实验和理论模拟的方法，针对各种不同离子能量以及各种不同材料组合，研究了气体离化团束的辐照效应。研究结果表明，离化团束的辐照效应，例如溅射、原子穿透、损伤聚集以及动力学退火等，与单体离子束具有明显区别。气体离化团束技术典型的表面相互作用和应用领域示于图 10-46。

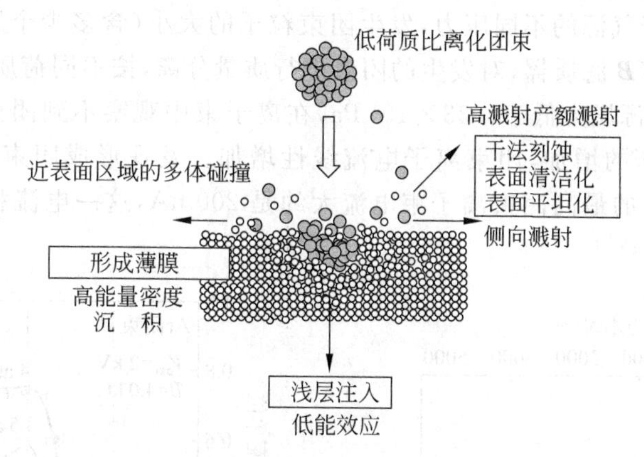

图 10-46　气体离化团束技术典型的表面相互作用和应用领域

下面要讨论团束离子与表面相互作用的某些新的方面，这些明显有别于单原子离子与表面或分子离子与表面相互作用。基于这些结果，还要讨论离化团束用于表面改性的新的应用领域，这些在技术上是至关重要的，例如浅层注入（在 Si 中小于 0.1 μm），非常高的溅射产额（比单原子离子高两个数量级），侧向溅射现象，原子量级平坦化的表面加工（平均表面粗糙度小于 1 nm），在室温下形成薄的表面层（非常薄的氧化层）等。

10.5.2　GCIB 设备

京都大学工学部离子工学实验室建造了 3 台不同的离化团束系统，这些设备可以分别使团束离子在 10 kV，30 kV 和 200 kV 下得到加速。图 10-47 表示 30 kV 气体离化团束设备的工作原理。不同的气体，如 Ar、CO_2，甚至卤族气体等反应气体，由保持在 1～5 个大气压的气源，在室温下，通过一个端口直径大约 0.3 mm 的 Laval 喷嘴由绝热膨胀向压力低于 10^{-3} Pa 的真空中喷出，由于绝热膨胀的急冷，部分气体分子凝聚成团，再经过分离器的准直

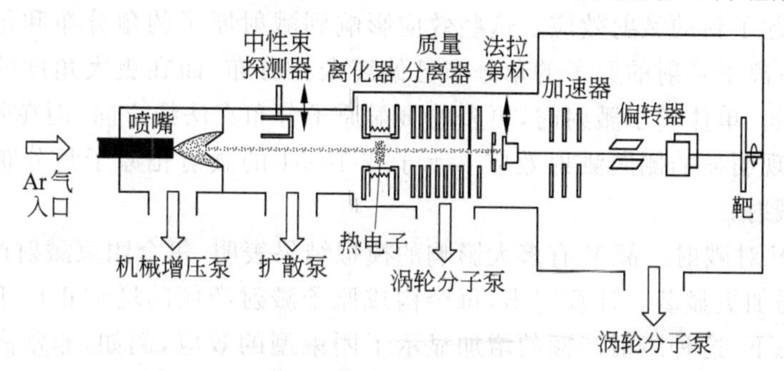

图 10-47　30 kV 气体离化团束设备的原理图

作用通入到高真空中，形成相应气体的原子(分子)团束。利用电子轰击实现团束的离化。采用静电阻止势(减速制动)方法，利用不同质量的团束具有不同动能，实现气体离化团束的质量分析。采用电子衍射在线分析团束尺寸。经过质量选择，尺寸可达5000个原子的团束离子被30 kV范围内的电压静电加速。

典型的阻止谱和团束尺寸分布示于图10-48。团束离子的尺寸范围直到数千个原子，而团束的平均尺寸大约是3000个原子。利用低抽取电压和调节静电透镜可以完全排除单体离子。测量了经质量分离的Ar团束离子电流，发现该电流的大小与气源压力密切相关。图10-49表示相对于气源的不同压力，发生团束粒子的大小(含多少个原子)与其束流的关系。该束流是由 $\boldsymbol{E}\times\boldsymbol{B}$ 滤质器，对发生的团束进行质量分离，按不同荷质比测出的。从图中的曲线可以看出，气源压力低于 1.33×10^5 Pa，在离子束中观察不到团束离子，仅发现有单体离子。随着源气压的增加，团束离子电流线性增加。发现形成团束的阈值压力大约为 1.33×10^5 Pa。获得的最高团束离子束电流大约是200 nA，这一电流相应于Ar原子通量为 $1.9\times10^{15}(\mathrm{cm}^2\cdot\mathrm{s})^{-1}$。

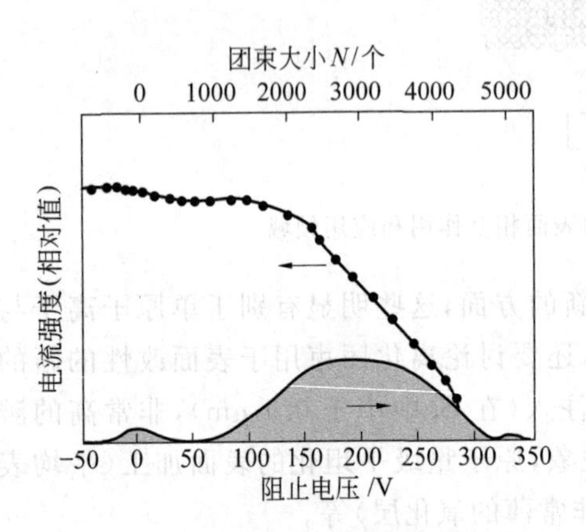

图10-48　典型的阻止谱和团束大小分布

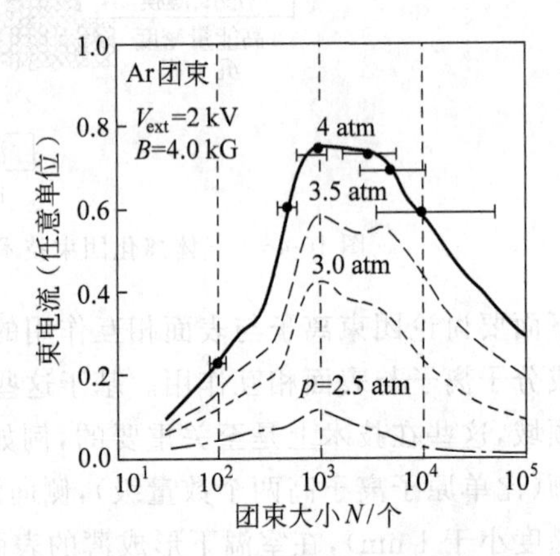

图10-49　相对于气源的不同压力，发生团束粒子的大小(含多少个原子)与其束流的关系

10.5.3　GCIB加工的优点

图10-50给出了一个 Ar_{688} 束团碰撞Si(100)基板过程中的三个瞬态的计算机模拟的结果，其中 Ar_{688} 束团中的每个原子的能量为10 eV，取基板Si(100)表面的大约32 768个原子进行模拟。根据动力学(MD)模拟推测，团束离子整体与表面碰撞时引起的非常高的局部的能量沉积，引起了新的溅射效应。这些效应影响到溅射原子的角分布和每个组成原子的溅射产额。团束离子溅射的原子的角分布已偏离余弦分布，而在更大角度的范围溅射原子的分布明显增强。单体离子溅射时，更多的溅射原子分布在法线方向，而在团束离子溅射的情况下，可以发现明显的侧向溅射效应。示于图10-51的溅射靶原子角分布的模拟结果表明发生了侧向溅射。

团束尺寸 N 对溅射产额 Y 有多大影响的模拟结果表明，每个团束溅射产额的增加比组成原子数目的增加更显著。计算得出，每个构成原子溅射产额的增加正比于 $N^{2.4}$。在理想的质点荷能状态下，这种溅射产额的增加显示了团束型的效应，例如，非常高的局部的能量沉积密度等。

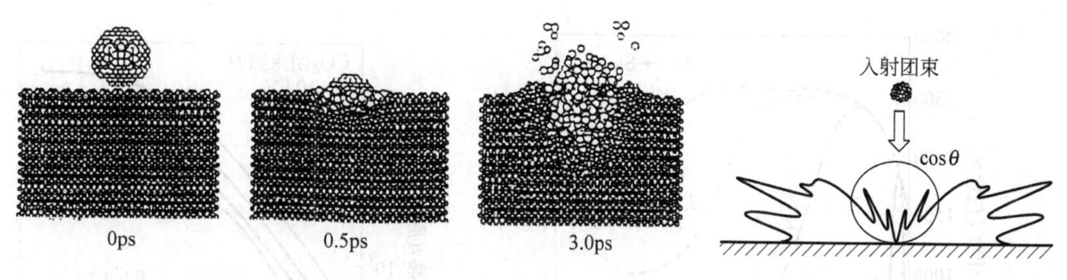

图 10-50　一个 Ar_{688} 束团碰撞 Si(100)基板过程中的三个瞬态的计算机模拟的结果

图 10-51　被 Ar 离子团束溅射出的靶原子的角分布

在 GCIB 装置中，发生的团束由电子轰击而离化，经加速和质量分离，照射在试样表面。与单离子照射的情况相比，GCIB 照射具有下述优点：

(1) 平均到每个原子的入射能量很低(10 eV 以下)，因此注入元素的分布及由于离子轰击造成的损伤层都很浅(在 Si 中小于 0.1 μm)。

(2) 与单离子轰击的溅射机理不同。溅射原子的角分布不是余弦关系，而显示侧向溅射效应，特别适合表面的原子量级平坦化加工。

(3) 相应每个入射离子的切削原子数(刻蚀率)比单离子溅射要高得多，从这种意义上讲可以提高加工效率。

基于第(1)条优点，GCIB 可广泛用于 AES、XPS、SIMS 等沿深度方向分析方法中的离子源，以及要求浅层注入、低损伤的半导体元件的制作加工。基于第(2)条优点，GCIB 可用于表面微细加工。

10.5.4　GCIB 在微细加工中的应用

10.5.4.1　浅层注入

据估计，团束离子注入固体材料时会产生浅层穿透。然而，这一现象至今未见报道。图 10-52 给出了 Si(100)表面被 150 keV Ar 团束离子和 150 k，100 k，50 keV Ar 单体离子轰击后的背散射沟道谱。Ar 团化离子束的尺寸分布在 1000～5000 个原子范围内。峰值尺寸大约为 3000 个原子/团束。团束离子和单体离子的剂量分别是 2.5×10^{13} 和 $1\times10^{15}/cm^2$。Ar 团化离子束电流为 5 nA。由团束离子引起的团束离子注入造成的损伤层的厚度小于 25 nm，这一厚度比相同总能量的单原子离子注入情况要浅得多。在这一注入能量下，团束中每个组成原子的平均能量估计约为 50 eV。

10.5.4.2　高产额溅射

用 CO_2 和 Ar 团束离子辐照金属和 SiO_2 表面的方法研究了溅射效应。示于图 10-52 的结果是在团束能量为 10 keV 的情况下得到的，也就是说，每个组成原子的能量与团束尺寸成反比。每个团束离子的测射产额比单原子离子要高出 100 倍以上。

观察到 20 keV 能量的 Ar 团束的溅射产额与靶原子种类有很强的依赖关系。然而，溅射产额比单原子离子要高得多，大概高 1 到 2 个数量级。为了进行对比，利用同一设备也产生了 Ar 单原子离子，并对相同的靶进行了溅射。单原子离子的溅射产额与预计值和测量值具有相当好的一致性。这一结果可以解释为，溅射产额与靶材种类的依赖性决定于靶材原子的结合能。

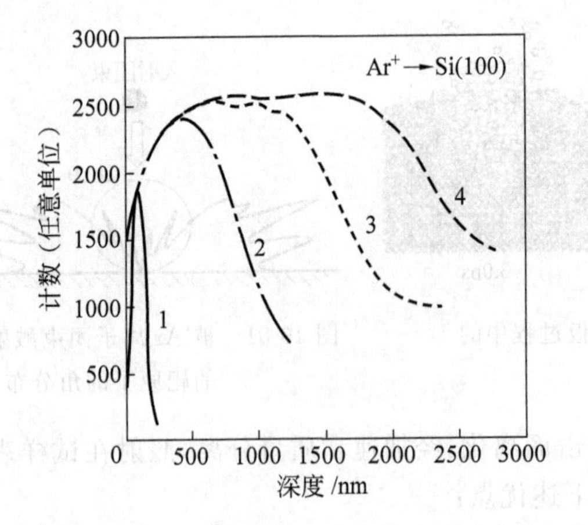

图 10-52 Si(100)表面被 Ar 团束离子和不同能量的 Ar 单体离子轰击后的沟道谱

（曲线 1 为 Ar 团束 150 keV；曲线 2 为 Ar 单体离子束 50 keV；曲线 3 为 Ar 单体离子束 100 keV；曲线 4 为 Ar 单体离子束 150 keV）

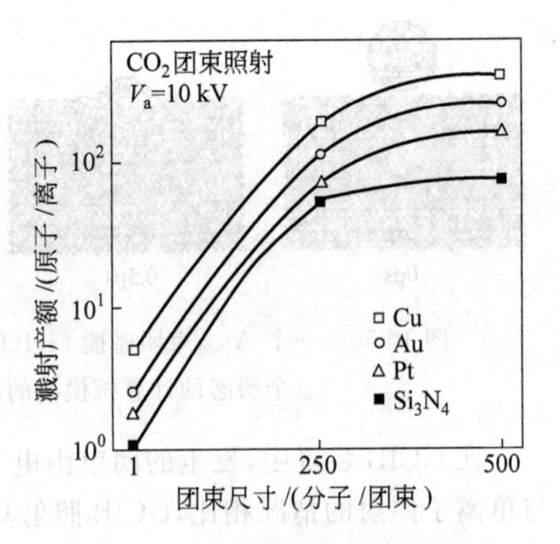

图 10-53 在 10 kV 相同的加速电压下，针对几种靶材，CO_2 团束尺寸对每个团束溅射产额的影响

10.5.4.3 表面平坦化

利用原子力显微镜测量了团束离子轰击之后表面粗糙度的变化。图 10-54 表示在 Si 基体上生长的多晶 Si 表面辐照前后平均表面粗糙度(R_a)的对比，其中图 10-54(a)是原始表面；图 10-54(b)是 CO_2 单体离子束轰击后的表面，图 10-54(c)是 CO_2 离化团束轰击后的表面。加速电压均为 10 kV，辐照剂量均为 $5\times10^{15}/cm^2$。最小的团束尺寸大约是 250 个分子。在团束轰击的情况下，R_a 从 3.7 nm 的原始值随溅射时间的增加而减少，到 0.7 nm 达到饱和。在单体离子轰击情况下，最小 R_a 值为 3.4 nm。对于许多其他材料，如 Pt，Cu，SiO_2 和 Si_3N_4 薄膜以及玻璃基体，得到了同样的结果。这种平坦化效应可以解释为侧向溅

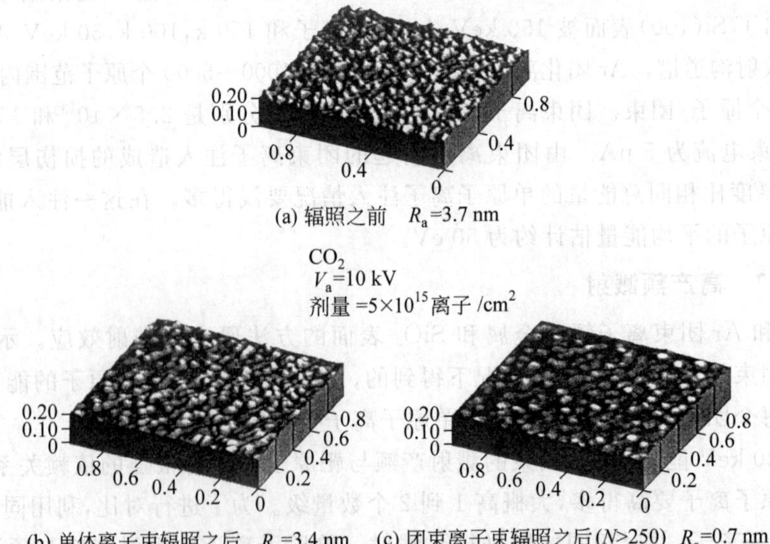

图 10-54 未辐照的、单体离子束辐照的及离化团束辐照的表面的 AFM 像

（注：图中各数字后的单位为 μm）

射所致，这也被 MD 模拟所证实。

10.5.4.4　表面清洁化

已经证实，团束离子轰击所引起的表面杂质的高逸出率是与低损伤效应相关联的。图 10-55 是硅基体表面经过团束和单体离子辐照之后法向杂质浓度与入射剂量的关系。被特意沾污的硅片分别受 20 kV 的 Ar 和 10 kV 的 CO_2 离子辐照，沾污程度为$(1\times10^{15}/cm^2)$Cu 原子和$(6\times10^{12}/cm^2)$Ni 原子。与单体离子辐照情况下杂质浓度只减少 4%的情况相比较，在分别经过剂量为$6\times10^{14}/cm^2$的 Ar 离子团束和$2\times10^{15}/cm$ 的 CO_2 离子团束离子的辐照之后，表面 80%的杂质原子被清除掉。Ar 和 CO_2 团束离子辐照对杂质原子的清除率分别比单体离子辐照高 100 倍和 40 倍。此外，在 Ar 和 CO_2 的情况下，每个组成原子的能量分别为 7 eV 和 40 eV，可以想象这造成低辐照损伤。

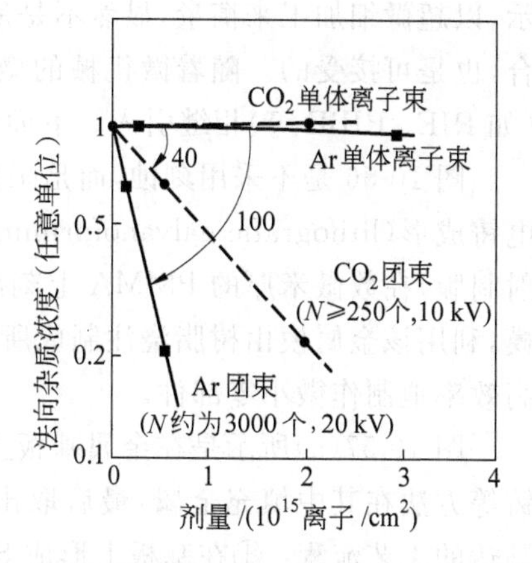

图 10-55　法向杂质浓度与入射剂量关系的对比

10.5.4.5　形成薄膜

低能团束离子的高密度轰击可以在基体表面形成薄的改性层。用 20 keV CO_2 团束对 Si，Ti 和 Be 基体进行表面辐照。平均团束尺寸为 3000 个分子。对硅基体来说，室温下经$2\times10^{15}/cm^2$的离子辐照，在基体表面形成大约 7 nm 厚的 SiO_2 层。若要采用常规的热氧化，为获得同样厚度的 SiO_2 层，必须进行高温(>700 ℃)处理。研究了 CO_2 团束照射硅表面形成 SiO_2 的厚度与照射剂量的关系，发现在低剂量时，SiO_2 的增厚按反应规律进行，达到一定剂量之后按扩散规律进行。这种趋势在较高的加速电压下更为明显。

10.6　微机械加工

微细加工技术与微电子技术同步发展。随着 RIE 等各种新技术的出现，人们可以加工出各种各样的微机械。微细加工方法有以 RIE 为代表的干法刻蚀，湿法刻蚀，电加工，以及薄膜沉积等。近年来，建立在微细加工基础上的微机械工程发展很快，它在医疗、航空航天、军事、通信及超小型计算机等方面，有可能发展成为大型产业。

微机械尺寸小，但功能齐全，要求其运转灵活，可靠性高。与普通机械相比，微机械具有下述特点。

(1) 按应用要求，微机械应能实现各种各样的系统。例如，在硅圆片上利用微电子学实现人工神经和大脑；利用硅单晶无晶界、强度高的特性，在同一块硅圆片上制作各种各样的机构(相当于人的头、四肢等)，以便完成拟人的各种功能。当然，这些听起来有些神奇，但其前景却令人神往。

(2) 从制作方法考虑，微机械与人们日常接触的机械世界有天壤之别。首先，因其尺寸非常小，因此惯性及热容量很小。在很小力的作用下便会变形，而且温度的升降也很快。例如，制成极细的针，一旦水洗，细针在小水滴很小的表面张力作用下也会弯曲。干燥后，针尖与基板相接触的位置，受原子间力的作用，有可能粘连在一起。而且，由于固体表面极为清洁，在彼此接触时，摩擦力会相当大，同种材料间易发生咬合，摩擦部位间易发生粘结等。在加工制造和使用微机械时，必须密切注意这些问题。

(3) 从加工制作考虑，以超微细加工为中心，往往需要联合采用各种方法。微机械与VLSI相比，加工尺寸还算是相当大的，因此，早期采用湿法刻蚀较多。例如，对于图 10-3(b)所示，以超微细加工来衡量，显然不是所希望的，但作为U形槽或孔，在微机械应用的许多场合，也是可接受的。随着微机械的微细化及对加工要求的提高，近年来各向异性加工方法(如 RIE、RIBE 等)相继引入。下面介绍几个微机械加工的实例。

图 10-56 是不采用刻蚀，而是采用微模具成型制作微小零部件的工艺过程，称其为刻版电铸成形(lithografie galvanoformung abformung，LIGA)技术。由同步辐射光(X 射线)照射制版，在数微米厚的 PMMA 上刻出图形，由电铸法在图形中填充 Ni 等金属，形成微金属模，利用该金属模由树脂浇注制成所需要的微小零部件。采用这种 LIGA 技术可以精密且高效率地制作微小零部件。

图 10-57(a)所示是在金属基板上涂敷厚的感光膜，经光刻形成圆筒形孔，再由电镀、电铸等方法在其中填充金属，最后取出，便制成圆筒形金属部件。图 10-57(b)所示是制作微马达的工艺流程：①在基板上形成 SiO_2；②再在其上沉积 poly-Si；③按设计的可动部件的形状，刻蚀 poly-Si；④在其四周全部包覆 SiO_2；⑤在 SiO_2 外部沉积作为运动部件框体的 poly-Si；⑥溶解掉 SiO_2，便构成微马达部件。在 poly-Si 框体中，可动部件可以上下浮动。

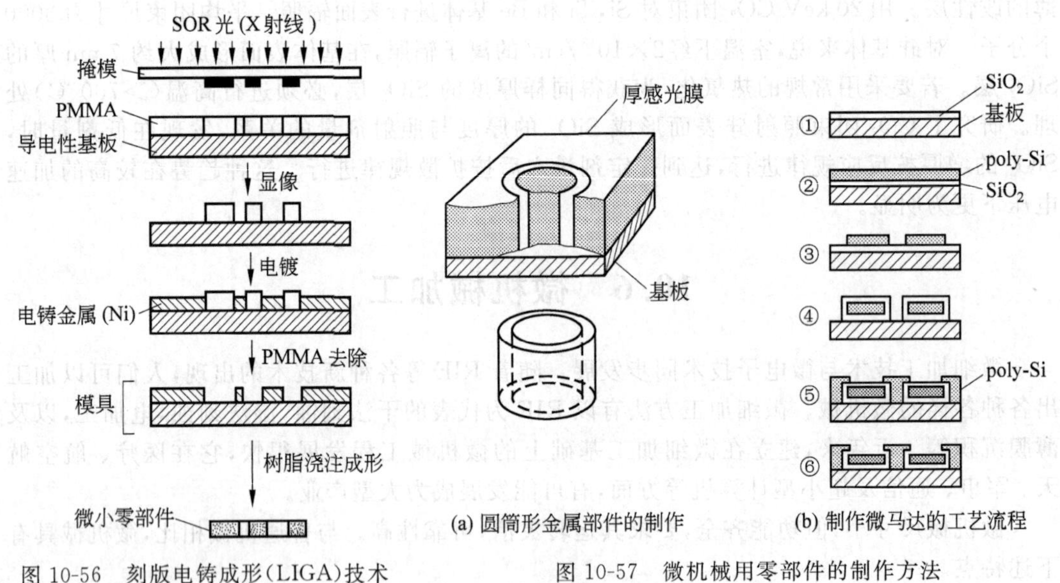

图 10-56 刻版电铸成形(LIGA)技术

图 10-57 微机械用零部件的制作方法

图 10-58(a)是薄膜型记忆合金部件的例子。材料为 TiN，它是记忆合金的一种。图 10-58(b)是常温下的状态，图 10-58(c)是流经微小电流，由于温度上升而变形后的状态。通过电流的 ON-OFF，可使其左右运动，作为驱动源，具有与微马达相似的功能。

除了各向同性刻蚀方法之外，利用依材料的晶体学方位不同，刻蚀速率不同的特点，还可进行各向异性湿法刻蚀。由此可以制作出普通掩模刻蚀不能实现的结构。如图 10-59 所示，例如采用 44% 的 KOH 水溶液，Si(100)、(110)、(111)各个晶面的刻蚀速率之比为 300∶600∶1。利用 KOH 溶液的各向异性湿法刻蚀，能获得沿[111]方向带有锥形突出的多孔体，它可以用作细胞组合用的微胞(microchamber)、冷阴极用的发射体、各种隔膜等。

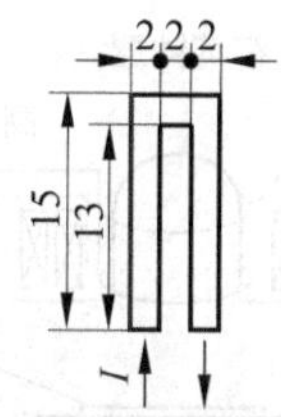

(a) 由磁控溅射制作的厚度为5~6 μm的TiN记忆合金膜的外形

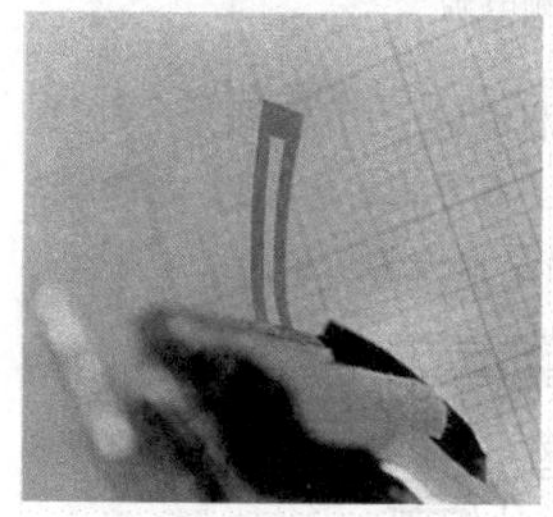

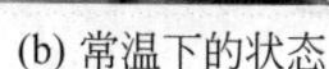

(b) 常温下的状态

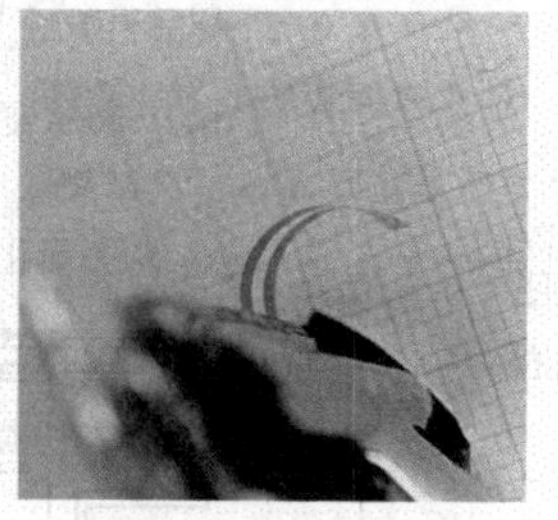

(c) 流过微小电流 (0.2 W 功率下)，由于温度上升发生变形后的状态

图 10-58　薄膜型记忆合金部位的实例

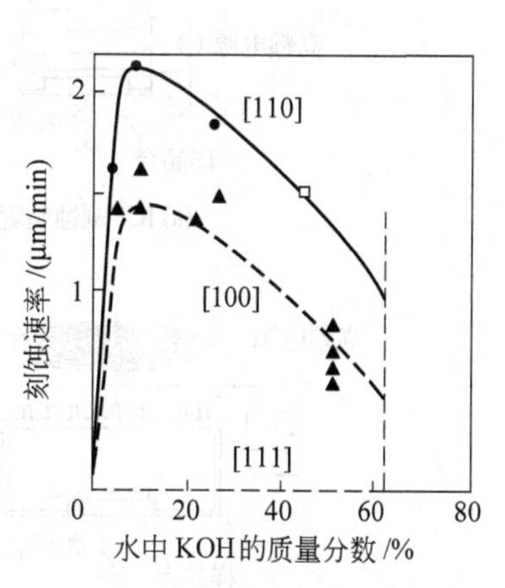

图 10-59　硅单晶的刻蚀速率

10.7　干法刻蚀用离子源的开发

作为干法刻蚀用离子源，应满足下述三个基本要求：

(1) 流向基板的带电粒子的密度要高，特别是分布要均匀；

(2) 带电粒子所带的能量要适度(从现状看，要求其所带的能量为零不太现实，但要尽量低，一般以几个电子伏为宜)；

(3) 结构简单，不发生颗粒、灰尘等污染。按照这些要求，自 RIE 问世以来，经过近 30 年的发展，相应的离子源也从最初的平板二极型发展为如图 10-13 所示的四种主要形式。随着时代发展，特别是 LSI 产业的需求，各种新型离子源相继问世，仅以图 10-13(d)所示的感应型等离子体源为例，时至今日仍不断有新的方案提出，用以满足前面提到的三个基本要求。

这些方案汇总于图 10-60。每种方案都是向真空容器辐射电磁波，以产生高密度等离子体(与此同时，产生低能离子)。高密度等离子体或其中的离子等流向试样台，试样台上加有高频电压，反应气体通到试样表面进行刻蚀。下面对图 10-60 中所示的几种方案分别简要说明。

感应耦合等离子体(inductively couplled plasma，ICP)刻蚀，是通过绕在介电体刻蚀容器外周的高频线圈，由电磁感应激发刻蚀容器内的气体放电，产生等离子体。若将内部的等离子体看作是电阻，则这种激发等离子体的方式可以认为是高频加热。

Helicon 波刻蚀装置，是利用特殊的天线，向石英钟罩内发射高频电磁波，使其中的气体发生等离子体，将等离子体引向试样进行刻蚀。

平面螺旋线圈耦合等离子体(torocoidal couplled plasma，TCP)刻蚀，是在平坦的感应板(介电体)外表面，设有平面螺旋状线圈，由其通过电磁感应激发内部的气体放电，产生等离子体。

表面波等离子体(surface wave plasma，SWP)刻蚀，是通过波导管内部设置的介电体线路，输运微波的表面波，将其导入放电空间，产生等离子体。

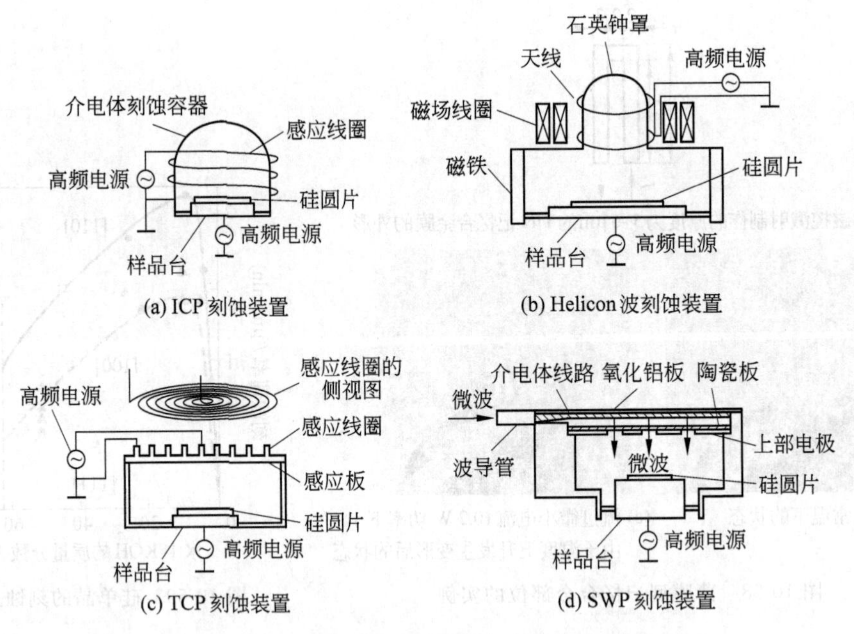

(a) ICP 刻蚀装置　(b) Helicon 波刻蚀装置

(c) TCP 刻蚀装置　(d) SWP 刻蚀装置

图 10-60　感应等离子体型高密度等离子源

目前，ICP 和 Helicon 波刻蚀方法已达到实用化，并且有相应的商用设备面市。当然，每种新方案的提出和新装置的出现，能否普及推广，都要经过实践，特别是实际生产线的检验。

习　题

10.1　针对图 10-1 中 $B_1 \sim B_8$ 所示刻蚀失败的情况，请逐个分析原因。

10.2　从装置(硬件)方面看，请对刻蚀方法进行分类。

10.3　从软件(方法、反应气体、反应机制等)方面看，请对干法刻蚀进行分类。

10.4　试比较干法刻蚀和湿法刻蚀的优缺点。

10.5　试比较物理干法刻蚀和化学干法刻的机制。

10.6　在基板表面形成电路图形的方法有哪几种，并画图表示。

10.7　在大规模集成电路制作中，对刻蚀技术有哪些要求。

10.8　设入射离子束的离子电流密度为 $j(\mathrm{A/cm^2})$，离子溅射产额为 γ(原子/离子)，被溅射样品的密度为 ρ(原子/$\mathrm{cm^3}$)，请写出离子束刻蚀(IBE: ion beam etching)刻蚀速率 $\gamma(\mathrm{cm/s})$的表达式。

10.9　干法刻蚀中从反应气体通入到尾气排出，一般要经过哪几个过程?

10.10　请解释 RIE 中增强各向异性刻蚀的机制。

10.11　常用的 RIE 有哪几种类型?

10.12　描述一个等离子体干法制蚀系统的基本部件。二氧化硅、铝、钨、硅和光刻胶分别使用什么化学气体刻蚀。

10.13　采用高密度等离子体进行物理化学刻蚀的干法刻蚀技术有哪些共同特征?

10.14　与铝相比，铜的干法刻蚀有哪些困难? 如何解决?

10.15　反应离子束刻蚀中常采用哪几种类型的离子(束)源，请分别加以介绍。

10.16　何谓 GCIB，GCIB 用于表面加工有哪些应用?

10.17　何谓 LIGA 技术，画图表示 LIGA 技术加工微小零部件的过程。

10.18　伴随着大规模集成电路工艺的进展，总结刻蚀技术的发展过程，并对将来进行展望。

第11章　平坦化技术

如果将LSI芯片掰断，仔细观察其断面结构，则可以发现，导体布线在越过沟槽或深孔时，都是从一岸爬过谷底而到达另一岸。随着微细化和高密度化的进展，这种倾向越发显著。当采用薄膜进行布线等时，从提高可靠性等考虑，必须避免这种情况，而在平坦表面上布线是最为理想的。尽量避免或减小表面凹凸、台阶，在平坦化的前提下进行超微细加工的平坦化技术，近年来发展很快，在VLSI制作的各个工序都开始推广使用。除了本书前面已经介绍的物理的、化学的薄膜技术之外，在某些工序中，还可通过化学机械研磨(chemical mechanical polishing，CMP)来实现平坦化，这种技术最近发展很快，已实现实用化。

11.1　平坦化技术的必要性

首先，让我们看一个问题较严重的例子。如图11-1所示，在硅圆片上开孔，若在基板不加热的情况下，通过溅射Al和TiN在孔中布线，看看会发生什么情况，图11-1(a)所示是开口宽度2.2 μm，深度0.9 μm(深宽比为0.9/2.2=0.4)的情况。如图中所示，在这种情况下不会出现太大的问题。但是，对于图11-1(b)所示，开口宽1.1 μm，深0.9 μm，深宽比为0.9/1.1=0.8的情况，在符号○所标的位置，Al布线几乎断开，造成断路而不能使用[①]。目前，在VLSI工艺中，随着开口宽度变窄、孔加深，深宽比已进入4～10的时代，迫切要求采用新的平坦化技术。

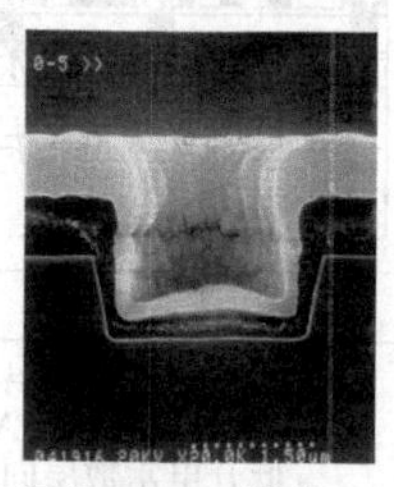

(a) 开口宽度2.2 μm, 深度0.9 μm, 深宽比为0.9/2.2=0.4的情况

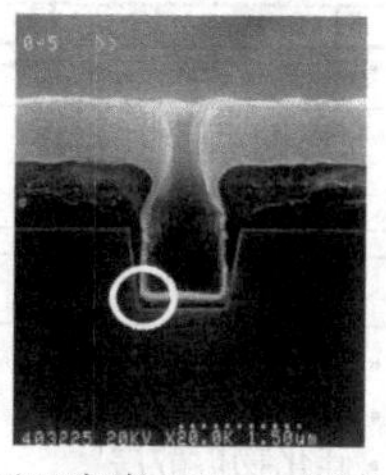

(b) 开口宽度1.1 μm, 深度0.9 μm, 深宽比为0.9/1.1=0.8的情况

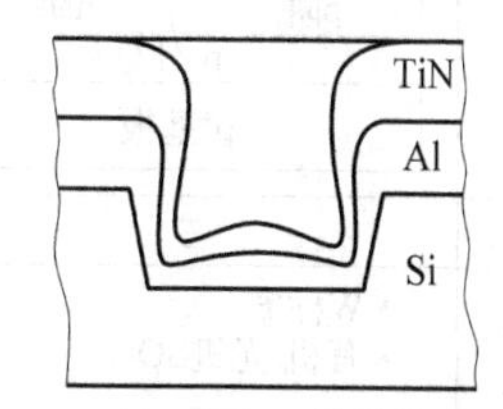

(c) 对图(a)的模拟

图11-1　由溅射Al膜进行布线填孔的情况

随着半导体IC微细化和高密度化的进展，在横向尺寸缩小的同时，能否通过减小厚度方向尺寸来缓解上述矛盾呢？实际上，基于各种理由[②]，减小厚度方向的尺寸是不可取的。图11-2以Si扩散层与外部回路连接用接触孔的情况为例，看看随着横向尺寸变窄，会发生

① 该图所示为溅射时基板不加热的情况。若基板充分加热，情况会略好些。

② 对于绝缘膜来说，由于耐压要求，需要有一定厚度；对于导体布线来说，电流密度不能超过一定界限，其厚度也不能太薄。

什么情况。图 11-2(a)所示为不会出现问题的情况。在厚度方向尺寸不变的前提下，图 11-2(b)所示为横向尺寸减小为$\frac{1}{2}$的情况，图 11-2(c)所示为横向尺寸减小为$\frac{1}{4}$的情况。图 11-2(b)与图 11-1(b)同样，在标记○处，回路几乎处于断线状态。而对于图 11-2(c)来说，无论如何也是不能用的。但如果像图 11-2(d)所示，使 Al 布线平坦化，就可以实现理想的连接状态。随着高密度化、超微细化进展，对这种平坦化技术的需求越来越迫切。目前，在世界范围内，对其研究开发十分活跃。图 11-3 表示，伴随着特征线宽的微细化，逻辑 LSI 中布线技术的变迁，其中平坦化起着关键作用。

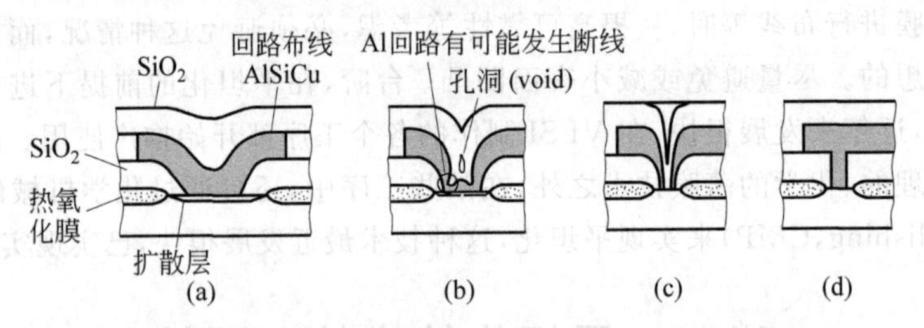

图 11-2　Al 合金布线接触部位随尺寸变小的变化情况

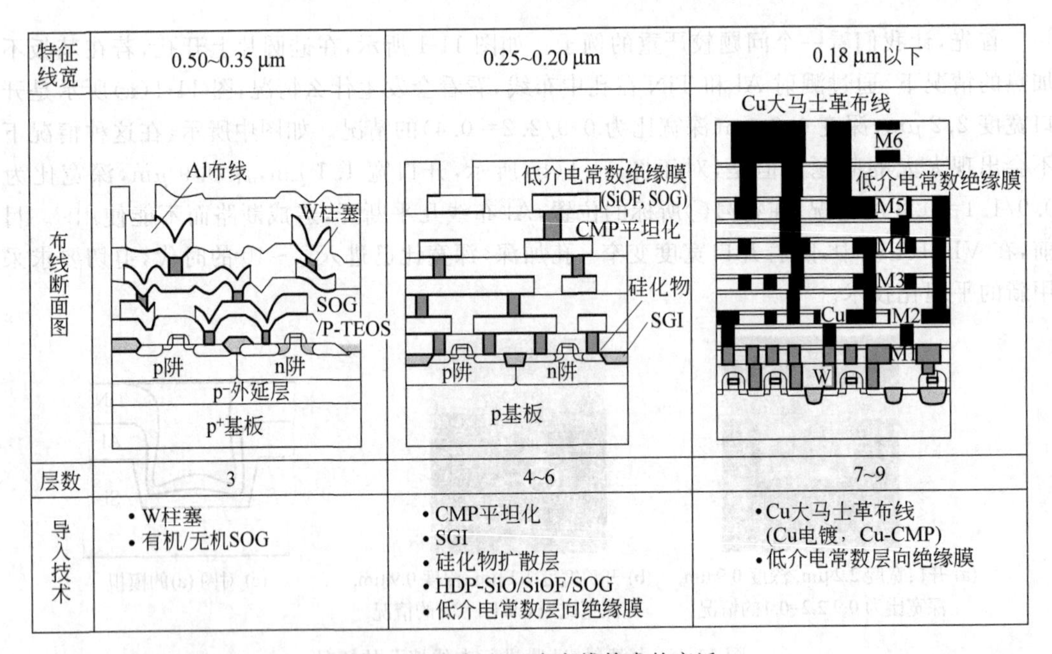

特征线宽
0.50~0.35 μm
0.25~0.20 μm
0.18 μm以下
布线断面图
Al布线
W柱塞
SOG
/P-TEOS
p阱
n阱
p⁻外延层
p⁺基板
低介电常数绝缘膜
(SiOF, SOG)
CMP平坦化
硅化物
SGI
p阱
n阱
p基板
Cu大马士革布线
M6
低介电常数绝缘膜
M5
M4
M3
Cu
M2
M1
W
层数
3
4~6
7~9
导入技术
• W柱塞
• 有机/无机SOG
• CMP平坦化
• SGI
• 硅化物扩散层
• HDP-SiO/SiOF/SOG
• 低介电常数层向绝缘膜
• Cu大马士革布线
(Cu电镀，Cu-CMP)
• 低介电常数层向绝缘膜

图 11-3　逻辑 LSI 中布线技术的变迁

11.2　平坦化技术概要

平坦化技术正处于日新月异的变化之中，VLSI 高密度化每跨入新的一代，都伴随着许多新的平坦化技术的出现。图 11-4 给出其技术概要。

分类	实现平坦化的方式			特征及优缺点等
	方式（薄膜形成方式）		工艺过程概要	
不发生凹凸的薄膜生长	1	选择生长（CVD）	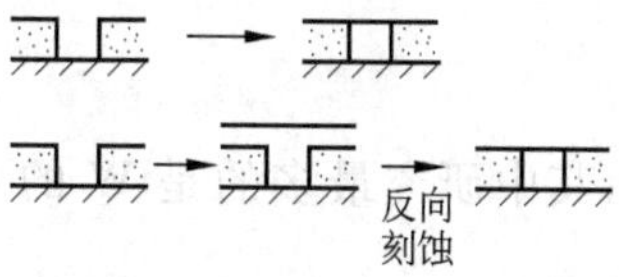 反向刻蚀	简单，但孔深度有差异时平坦性差；简单，但需要反向刻蚀，见方式9
	2	回流埋孔（溅射回流）	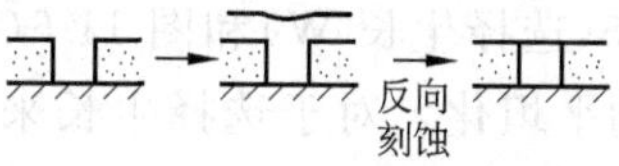 反向刻蚀	可使用原有的装置，膜质和可靠性需要评价
	3	氧化物埋入	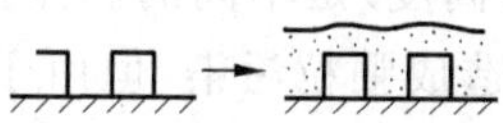	良好的平坦性
沉积同时进行加工，防止凹凸发生的薄膜生长	4	偏压溅射	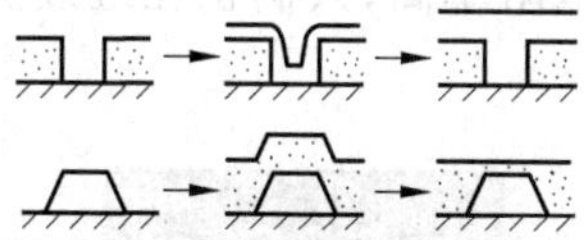	可使用原有的装置，对膜质有损伤
	5	去除法（lift-off）	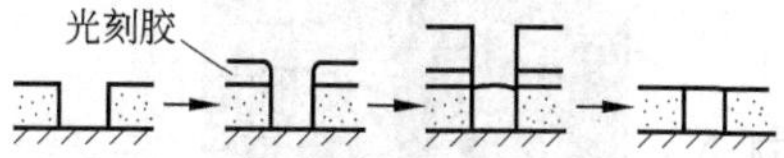 光刻胶	原有技术的组合，工艺比较复杂
薄膜生长后经再加工实现平坦化	6	涂布平坦化	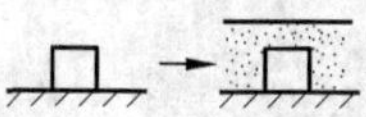	工艺简单
	7	激光平坦化	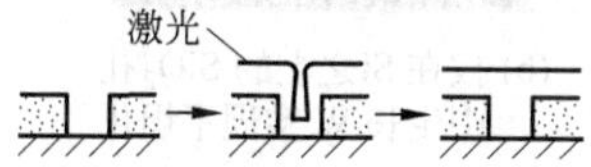 激光	比较简单，控制性和重复性较好
	8	回流平坦化	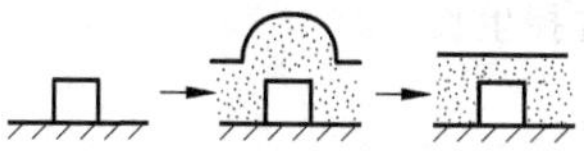	工艺简单
	9	刻蚀平坦化	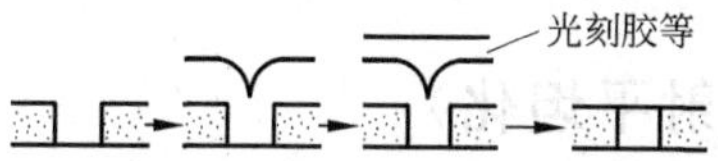 光刻胶等	原有技术的组合
	10	阳极氧化离子注入	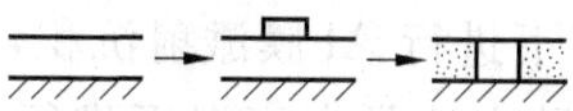	工艺简单，不需要开孔，可获得氧化膜的膜质
	11	化学机械研磨（CMP）	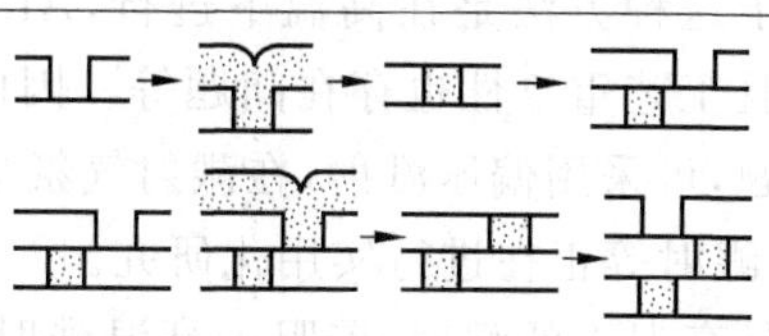	适用于大尺寸硅圆片加工的任何工序，效率高

图 11-4　平坦化技术概要

对于下面两种情况来说，平坦化是必不可少的：①为了下方布线及电极与上方布线连接，需要通过小孔中的布线来完成的场合；②由 Al 合金等在凹凸严重的表面布线，再用绝缘物覆盖，而且要求形成的表面比较平坦的场合。图 11-4 中按下述 3 种技术，简要汇总了工艺过程及技术特点：①在不发生凹凸的情况下进行薄膜生长的技术；②边成膜边加工，以防止凹凸发生的薄膜生长技术；③发生凹凸后，通过加工实现表面平坦化的技术。这些技术，针对 VLSI 的各个制造工序，有的已推广采用，有的正在现场验证中。

11.3 不发生凹凸的薄膜生长

11.3.1 选择生长

这种方法以热 CVD 为主，其中研究最多的是 W 的 CVD，其反应如 9.6.1 节所述。热 CVD 装置主要采用单片式。

选择生长的实例如图 11-5(选择生长 W)和图 11-6(掩盖(blanket)生长 W 或全面生长 W)所示，二者都能达到良好的平坦化。对于选择生长来说，不同孔的生长速率基本上是一定的，因此深度不同的孔埋入量(高度)是不同的。掩盖生长 W 之后，还要进行刻蚀平坦化(后述)。W-CVD 易在反应室中造成颗粒污染，但由于其埋入特性、耐电迁移特性等优良，因此用途广泛。W 与 Al 相比电阻率高，人们正在继续努力，如采用 B_2H_6 还原法等，以降低其电阻率。

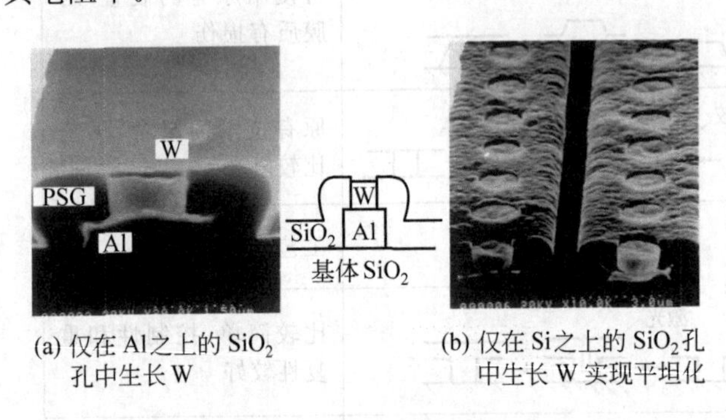

(a) 仅在 Al 之上的 SiO_2 孔中生长 W

(b) 仅在 Si 之上的 SiO_2 孔中生长 W 实现平坦化

图 11-5 W 的选择生长

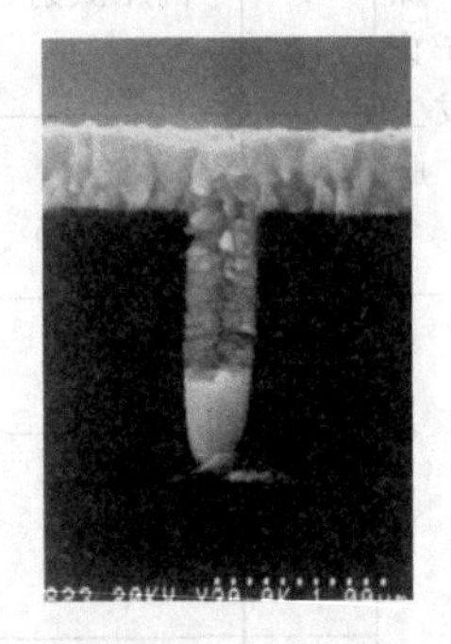

图 11-6 掩盖(blanket)生长 W-CVD 膜(在 Si 上的 SiO_2 孔中及 SiO_2 表面上生长 W 薄膜实现平坦化)

11.3.2 回流埋孔(溅射平坦化)

在 500～600℃的基板温度下进行 Al 膜溅射沉积，可使孔中比表面沉积更厚的 Al 层，由此来实现平坦化。但由于这种方法是在高温下进行，Al 有可能突破其下的氧化膜进入 Si 中，使半导体结破坏，而且工艺重复性也存在问题等。因此，这种方法的实用性仍在研究探讨中。为了解决这些问题，可采用偏压溅射，在溅射气氛中充分去除水分，以及 ECR 溅射等方法。添加 Ge 的 AlGe 溅射等正在进行实用化研究。

由于这种技术采用的是高温下的溅射，着眼于高温溅射过程中 Al 的流动，固称其为高温溅射或回流溅射。

最近，随着重复性和可靠性的提高，回流溅射技术已接近实用化。图 11-7 是最近通过两步溅射(第一步在低温以 22.3 nm/s 的速率溅射沉积 200 nm，第二步在 570℃以 7.5 nm/s 的速率溅射沉积 400 nm)在 Ti 20 nm/TiN 70 nm/Ti 20 nm 的阻挡层上，沉积 Al-Si-Cu 进行平坦化的例子。可以看出，平坦化效果很好。图 11-8 是将 Al-5%Ge 在 300℃，溅射速率 100 nm/min，在预先沉积的薄 poly-Si 层的孔中，进行回流平坦化的实例，在这种情况下也未出现孔洞，实现了低温下的表观平坦化。

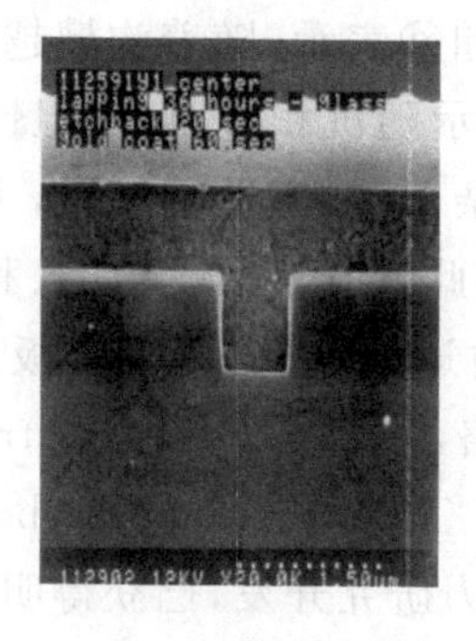

图 11-7　通过两步溅射对 $\phi 0.6\ \mu m$ 孔进行平坦化的实例

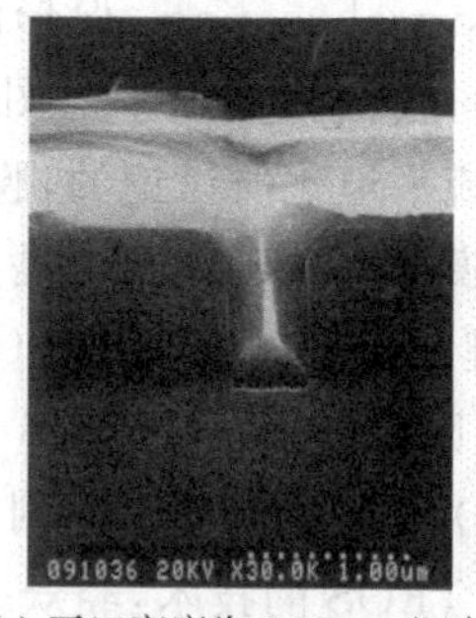

(a) 开口宽度为 0.35 μm，深宽比为 1.4的情况

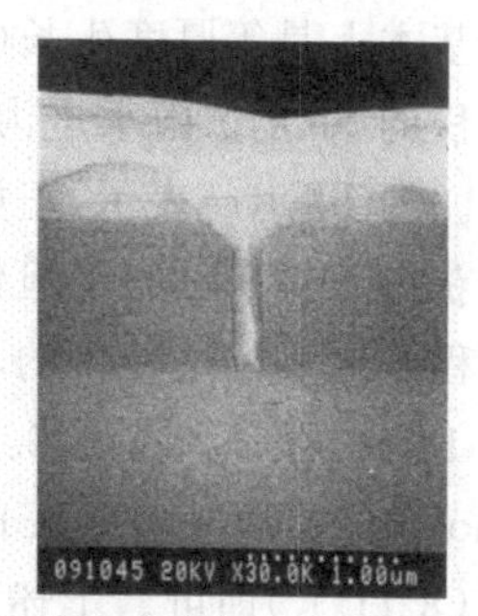

(b) 开口宽度为 0.25 μm，深宽比为 4的情况

图 11-8　由 Al-5%Ge 进行回流溅射平坦化的实例

随着可靠性和处理效率的提高，回流溅射平坦化技术达到实用化已为期不远。

11.3.3　通过埋入氧化物实现平坦化

在完成一层导体布线之后，布线中间需埋入氧化物，而保证埋入氧化物的表面平坦是极为重要的。换句话说，埋入的氧化物要同时兼有绝缘和平坦化两种功能。

图 11-9 是按上述要求，由 TEOS(tetra ethyl orthosilicate，即 $Si(OC_2H_3)_4$)与 O_3 反应，获得兼有绝缘和平坦化两种功能的 SiO_2 薄膜的实例。图 11-9(a)所示是在膜层生长过程

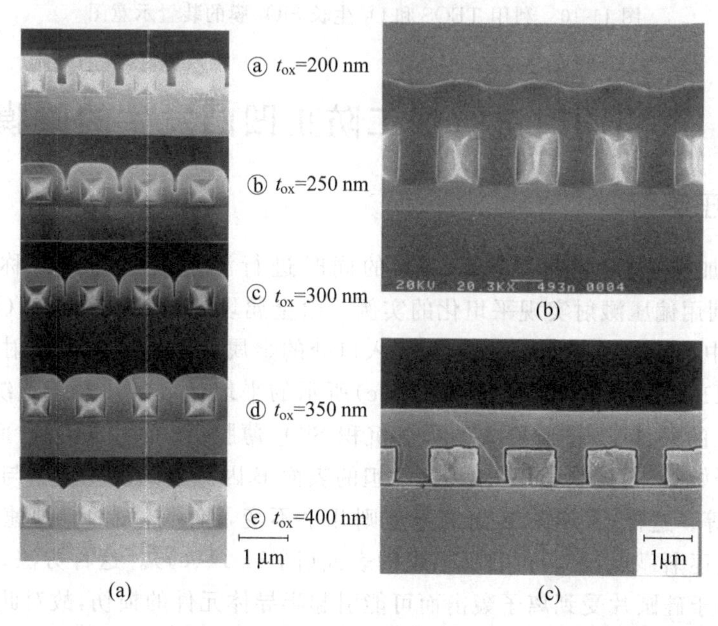

图 11-9　利用 TEOS 和 O_3 进行薄膜生长，可获得兼有绝缘和平坦化两种功能的 SiO_2 薄膜(图中 t_{ox} 表示全膜厚)

(a)和(b)表示生长温度 400℃，形成无掺杂 SiO_2 膜(NSG)的情况，(c)表示掺杂 B 和 P 的 SiO_2 膜(BPSG)，成膜后，在 900℃氮气气氛中进行 30 min 的热处理，实现回流平坦化的情况

中,逐步进行台阶涂敷和埋孔的过程。图 11-9(a)中的ⓐ~ⓒ表示布线之间与布线顶部的膜层基本上是等厚度生长(conformal coating: 保形涂布)。ⓓ和ⓔ表示,随着沟槽越来越窄,沉积的 SiO_2 像雨水进沟一样,很快将其填平。图 11-9(b)表示随沉积进行,平坦性越来越好。图 11-9(c)表示,正如回流平坦化所讨论的,膜层经过掺杂 B、P 工艺的高温,由于回流而获得几近水平的平坦化。膜层的电气性能也是很好的。如此,同时完成了埋入和平坦化过程。为实现这种目的,关键之一是,TEOS 和 O_3 要分别输运,而且要到达基板表面,如图 11-10 所示。若要掺杂 P,则需采用与 TEOS 同样的气路,添加导入 TMP(tri-methyl phosphate,即 $PO(OCH_3)_3$);若要掺杂 B,则添加导入 TMB(tri-methyl borate,即 $B(OCH_3)_3$)即可。上述采用 TEOS 的技术,经众多研究者大力研究开发,已获得明显进展,目前已接近实用化。

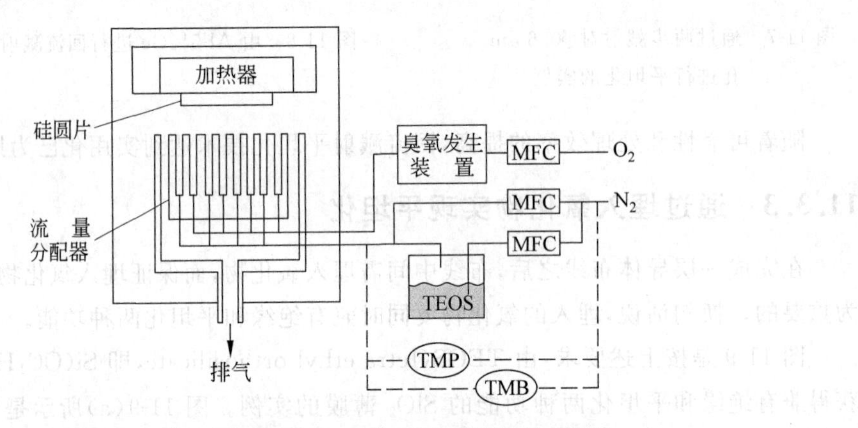

图 11-10 利用 TEOS 和 O_3 生长 SiO_2 膜的装置示意图

11.4 沉积同时进行加工防止凹凸发生的薄膜生长

11.4.1 偏压溅射

在基板上加有电压(正、负、RF 等)的同时进行溅射镀膜的方法称为偏压溅射。图 11-11 表示利用偏压溅射实现平坦化的实例。由金属埋孔时(如图 11-11(b)所示),金属不容易进到孔中。但若采用偏压溅射,则孔入口处的金属(Al)因受到反溅射作用而不断进入孔中(图 11-11(b)),从而达到如图 11-11(c)所示的平坦化效果。对于绝缘体的情况,首先,在不加偏压的条件下,按所要求的厚度沉积 SiO_2 薄膜(图 11-11(d))。而后,偏压电源(一般为 RF)开始工作,控制偏压大小,使平坦的表面 B 因溅射的沉积速率与偏压下反溅射的刻蚀速率相等。这样,平坦的 B 面的厚度则几乎不变,而倾斜面的刻蚀速率大于沉积速率,从而倾斜面逐渐靠近,最后可获得平坦的表面(图 11-11(e))。这种方法,可以在原有设备上进行,但由于硅圆片受到离子轰击而可能引起半导体元件的损伤,故对此应予以注意。

11.4.2 去除法(lift-off)

这种方法,是通过将填孔后不需要的部分去除掉(lift-off)来实现平坦化。如图 11-4 方式 5 所示,在不需要薄膜的部分,先用光刻胶涂敷,进行图形化处理,再通过真空蒸镀及溅射

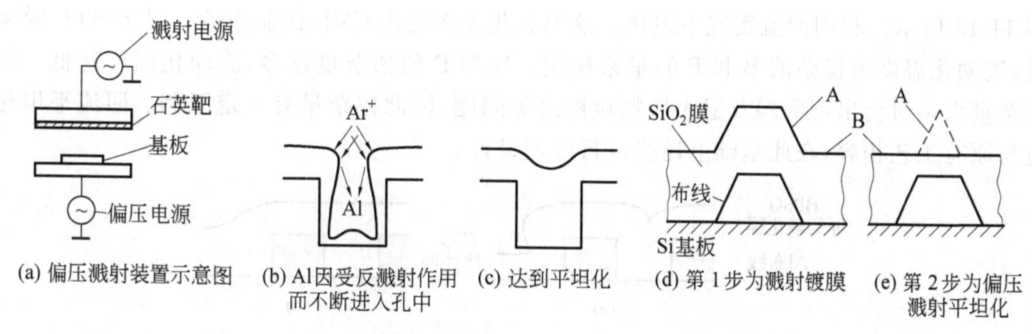

图 11-11　利用偏压溅射实现平坦化的实例

等，全面沉积薄膜。最后用切削等机械方法，或有机溶剂溶解等方法，去除光刻胶。这样一来，光刻胶之上的薄膜也被清除掉，只有孔中填满薄膜，由此来实现平坦化，故也称其为填平法。

11.5　薄膜生长后经再加工实现平坦化

11.5.1　涂布平坦化

雨后天晴，柏油马路会闪闪发光。若在凹凸严重的表面上涂布流动液体，经热处理该液体变为绝缘层而附着在表面，由此而实现平坦化的方法为涂布平坦化。这种方法的关键是涂布材料。过去一般采用以 $Si(OH)_4$ 为主体的无机硅化物，但这种溶液只能获得厚度为 0.1 μm 左右的薄膜，要实现平坦化是相当困难的。最近，一般都采用在有机硅化物 $Si(OC_2H_5)_4$ 和 $CH_3Si(O_2H_5)_3$ 中添加 4%P 的有机溶液。通过甩胶将其涂布于表面，在 150℃ 使溶剂蒸发，再经 400℃热处理，实现玻璃化，制成绝缘膜。图 11-12 表示由此平坦化方法制作的 3 层 Al 布线的断面照片。可以看出，绝缘层的平坦性及 Al 层与 Al 层之间的隔离特性都很好。上述由甩胶涂布并经热处理制得的玻璃状绝缘膜称为甩胶玻璃(spin on glass, SOG)。

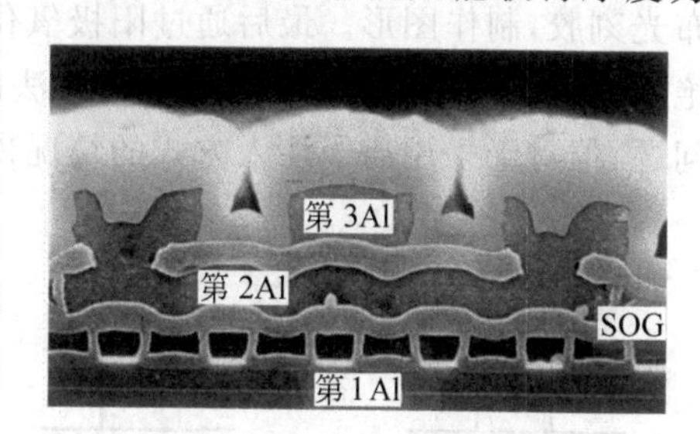

图 11-12　利用 SOG 平坦化法制作的 3 层 Al 布线

11.5.2　激光平坦化

再让我们回过头来看看图 11-1。假如在图 11-1(b)所示的情况下，TiN 部分也由 Al 来代替，将其用激光照射，则 Al 会熔化而流入孔中。已有报道采用这种方法来实现平坦化。只要具备激光设备，这种方法本身并不太复杂。目前正在对其可控制性和重复性进行改进。

11.5.3　回流平坦化

通过升温，使凹凸严重的绝缘膜达到流动化，也可达到与涂布平坦化同样的效果。

图 11-13 所示为利用回流实现平坦化。这类氧化膜多是由 CVD 法制作的。对于 SiO_2 膜来说，流动化温度由掺杂的 B 和 P 的量来决定。B 和 P 的掺杂量越多，流动化温度越低。但掺杂量太多时会出现吸湿及退火后颗粒析出等问题，因此掺杂量有一定限制。回流平坦化应与原有工艺相容，在此基础上还要进行合理设计。

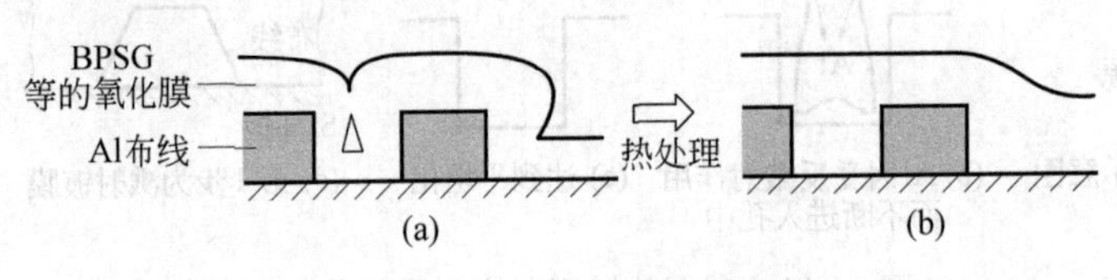

图 11-13 利用回流实现平坦化

11.5.4 蚀刻平坦化

即使出现凹凸，也可以在该表面涂布易于流动化的液体，再经热处理(图 11-14)，使表面平坦。进而从此平坦的表面开始，进行均匀刻蚀(如采用 RIE 等)，直到如图 11-14(b)所示，实现平坦化的电路图形。这种方法中，涂布材料是关键，要求其刻蚀速率与希望蚀刻材料(图 11-14 中为 Al)的刻蚀速率应该相等，至少应该极为接近。这种技术可以用于各种各样的场合，在许多实际工艺中都已采用。

11.5.5 阳极氧化与离子注入

如图 11-15 所示，首先生长所需的金属或半导体的导电层，例如 Al 膜或 Si 膜。而后涂布光刻胶，制作图形。最后通过阳极氧化或离子注入，使未被光刻胶覆盖的部分变化，成为绝缘体，例如 Al_2O_3 或 SiO_2。这种方法因为不是采用埋入方式，因此不必担心埋入不足等问题，但对于采用离子注入方式的情况来说，则有可能造成半导体层下方元件部分的损伤。

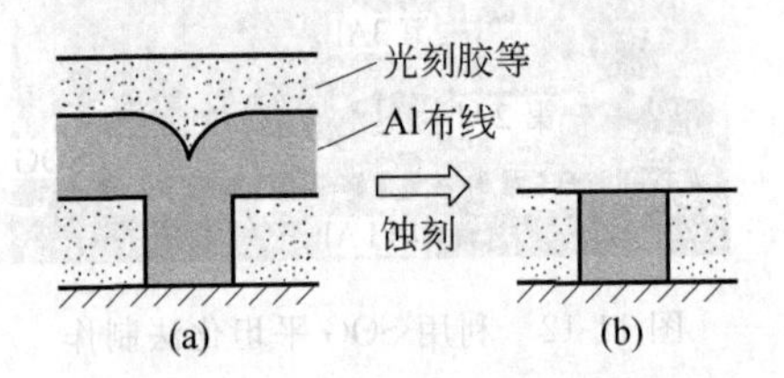

图 11-14 利用均匀蚀刻实现平坦化

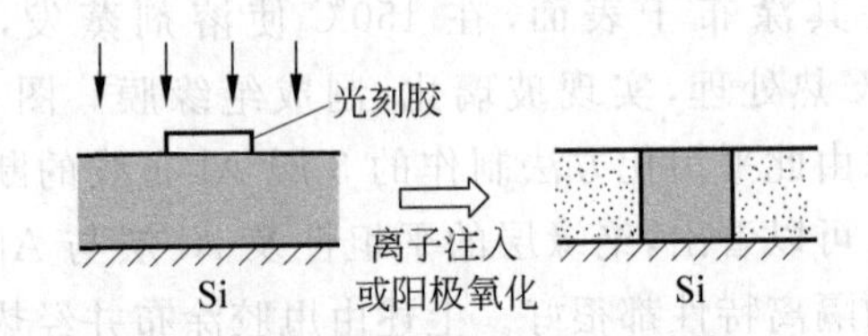

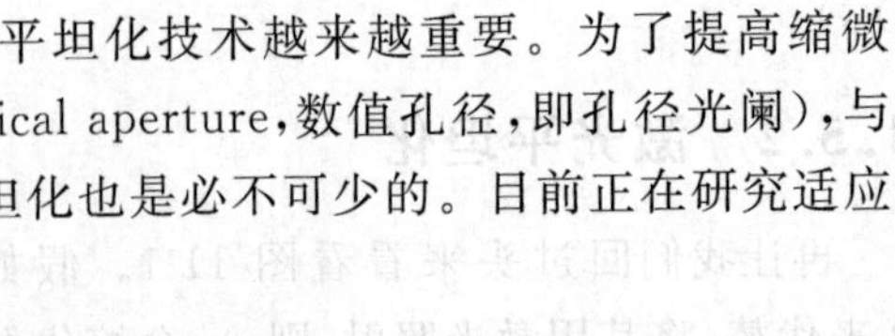

图 11-15 利用阳极氧化或离子注入实现平坦化

随着 VLSI 集成度提高和高密度化的进展，平坦化技术越来越重要。为了提高缩微制版(lithography)的分辨率，必须加大 NA(numerical aperture，数值孔径，即孔径光阑)，与此相伴，焦点深度变浅。针对这种情况，相应的平坦化也是必不可少的。目前正在研究适应于整个硅圆片平坦化的完全平坦化技术。

11.6 埋入技术实例

图 11-16 汇总了综合使用上述几种技术进行导通孔埋入的工艺过程及其断面的 SEM 照片。每种工艺都是实现如图 11-16 右上角所示的最终目标，下面分 4 条工艺路线分别加以介绍。

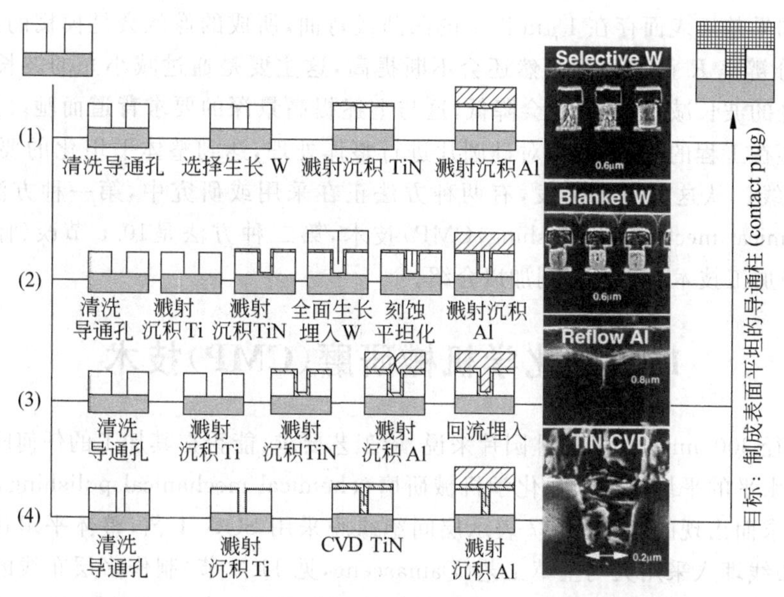

图 11-16　导通孔埋入的工艺过程及其断面的 SEM 照片

工艺路线(1)。清洗导通孔(以下各工艺路线同，均是从清洗导通孔开始)，由选择生长，仅在孔中填充 W，溅射沉积 TiN 阻挡层，接着溅射沉积 Al 膜，制成导通柱(contact plug)。

工艺路线(2)。溅射沉积 Ti(为了实现与下方 Si 的欧姆接触，一般采用 TiSi 膜)，溅射沉积 TiN 阻挡层，在其上通过全面生长埋入 W，而后通过刻蚀去除不需要的 W，最后溅射沉积 Al 层，制成导通柱。

工艺路线(3)。与工艺路线(2)同，在完成 Ti、TiN 的溅射沉积后，在其上溅射沉积 Al，但由于 Al 不能完全进入孔中，还要通过回流埋入，使 Al 埋入孔中，制成导通柱。

工艺路线(4)。溅射沉积 Ti 完成 TiSi 的欧姆接触，再由 CVD 法沉积并埋入 TiN，最后溅射沉积 Al，制成导通柱。

以上是综合采用各种现有技术的结果，其目标是，在完成层间连接的前提下，实现平坦化。但上述各条工艺路线完成之后，如图 11-16 右边的照片所示，其表面并不是完全平坦的。考虑到其上还要重叠多层布线(最近已发展到 5～7 层)，可以想象，最终表面的凹凸起伏必然是相当严重的。如图 11-12 所示，即使采用涂布 SOG 的平坦化技术(有望达到水面平坦化)，第 2 层 Al 也会产生相当大的波纹。而第 3 层则出现大的起伏。若要在其上重叠第 4 层导体层，则会遇到相当大的困难。

另一方面，从缩微制版(lithography)的立场看，透镜的分辨率 R 与景深 D 之间的关系可由下式给出：

$$R = 0.6\lambda/\mathrm{NA} \tag{11-1}$$

$$D = \lambda/2(\mathrm{NA})^2 \tag{11-2}$$

式中，λ 为入射光的波长；NA 为透镜的数值孔径。也就是说，随着分辨率的提高(R 变小)，景深 D 必然变小。现在大部分步进相机(steper)的分辨率 R 大致为0.5 μm，景深约 1 μm。

换句话说，如果基板表面存在 1 μm 以上的凹凸或弯曲，所成的像就会是模糊的。随着微细化的进展，分辨率 R 正在而且必然还会不断提高，这主要是通过减小光的波长来实现的。但是，随着光的波长减小，景深也会降低，这与上述提高景深的要求背道而驰。为了解决上述矛盾，希望在工程的一定阶段，对硅圆片进行整体处理，达到整体平坦化的要求，再进行下一步的布线。从这种考虑出发，有两种方法正在采用或研究中，第一种方法是化学机械研磨（chemical mechanical polishing，CMP）技术，第二种方法是10.5 节谈到的气体离化团束（GCIB）加工技术。下面分别加以介绍。

11.7　化学机械研磨（CMP）技术

对于直径 300 mm（12 in）的硅圆片来说，应工艺要求，能否在其加工的任何阶段，都能达到整体原子水平的平坦化要求？化学机械研磨（chemical mechanical polishing，CMP）正是适应这种要求而出现的。图 11-17 表示层间绝缘膜采用 SOG 工艺，整体平坦化采用 CMP 工艺，金属布线埋入采用大马士革工艺（Damascene，见 11.9 节）制作多层布线的工艺过程。图 11-18 表示采用大马士革制作的 3 层铜布线的断面结构。与前面的图 11-12 对比可以看出，前者每层布线在相当大的范围内都显示出良好的平坦性。

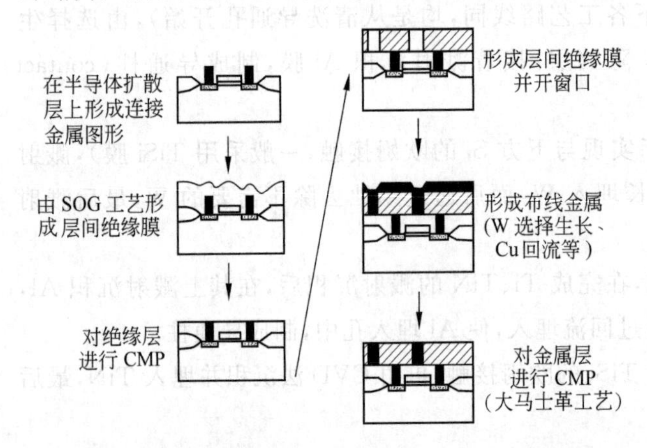

图 11-17　采用 CMP 和大马士革工艺制作多层布线的工艺过程

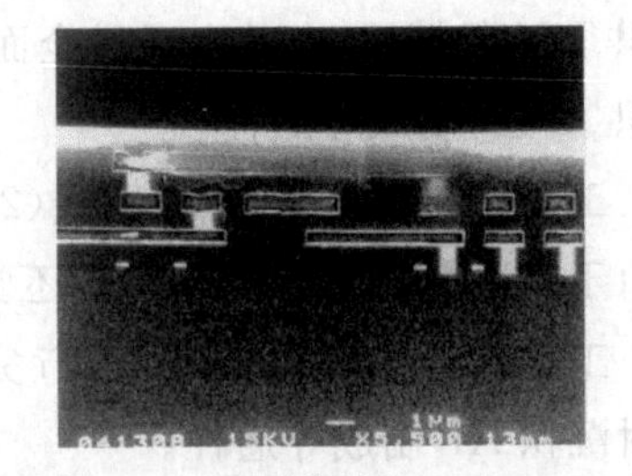

图 11-18　采用大马士革工艺(Damascene)制作的 3 层铜布线的断面结构

CMP 的原理如图 11-19 所示，其工艺过程如下：

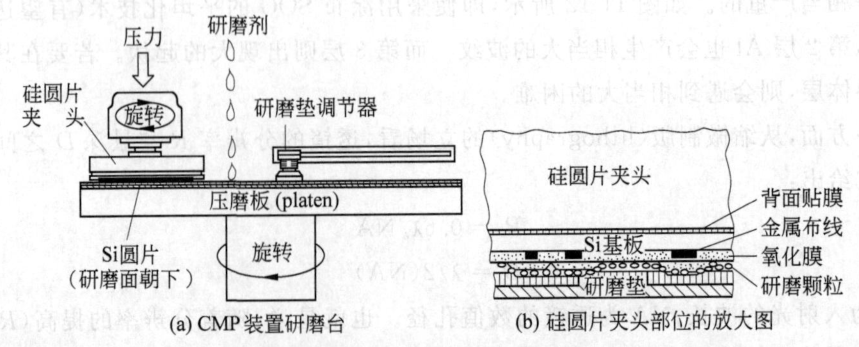

图 11-19　CMP 的工作原理图

(1) 在称作压磨板(platen)的旋转台上，贴附研磨垫(pad)，研磨垫一般由氨基甲酸乙酯等制作，旋转台的转速大致为30～50 r/min。

(2) 硅圆片夹头使其待研磨的表面朝下，压向研磨垫，在30～50 r/min的自转速度下进行表面研磨(压力为5～7 MPa，对于6 in硅圆片来说，总压力为1000 N)。

(3) 向旋转台上滴入研磨剂，在离心力作用下研磨剂供应到硅圆片与研磨垫之间。

(4) 由压磨板的旋转和夹头的自转加压，实施对硅圆片表面，特别是凸出部位的研磨。研磨垫表面存在微米量级的凹凸，可保证与硅圆片表面的良好接触。随着研磨的进行，这种凹凸逐渐消失，需要用研磨垫调节器使凹凸再生并保证其稳定存在，以保持持久的研磨特性。研磨剂[①]因被研磨表面的不同而异，一般由研磨设备厂商供应，作为技术关键，各个公司都严格保密。图11-20表示CMP装置之一例。

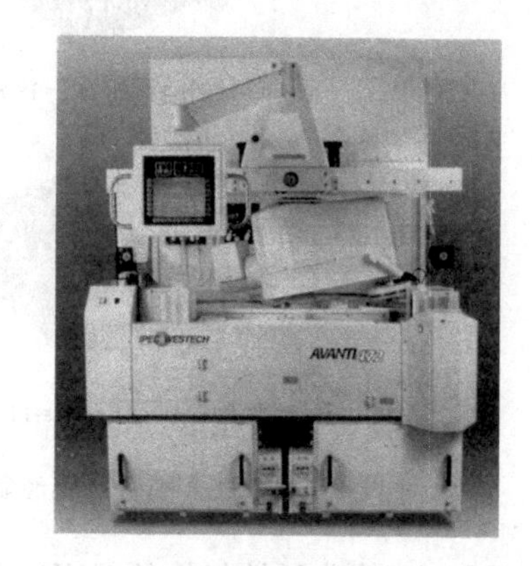

图11-20 美国IPEC/WESTECH公司制作的AVANIT 472型CMP装置

研磨颗粒一般采用微细(数十纳米)的氧化硅颗粒、氧化铝颗粒、硝酸铈等。使研磨颗粒分散的溶液要针对研磨颗粒和被研磨的材料合理选择，调整其pH值并与电解质混合。还要控制研磨颗粒的分散、凝聚状态，以提高研磨的化学效果。目前，氧化膜的研磨速率一般为100～300 nm/min。对于CMP平坦化技术来说，除了研磨速率之外，研磨终点控制及研磨的均匀性、被研磨材料颗粒的控制、研磨后基板表面的清洗等都是十分重要的。还有人试验，在待平坦化的凹部形成比氧化膜更难磨损的SiN膜，通过最小限度的研磨，达到层间绝缘层(氧化膜)平坦化的目的。

目前，CMP技术刚开始达到实用化，可对数毫米尺寸的DRAM进行平坦化处理。将来，特征尺寸小于0.1 μm的ULSI对平坦化会提出更高的要求。当然，仅靠提高CMP的平坦化极限很难胜任，需要在ULSI电路图形设计、加工制造工艺等方面采取联合措施。

11.8 气体离化团束(GCIB)加工平坦化

利用气体离化团束(GCIB，见10.5节)加工实现平坦化的例子，可举出金刚石薄膜的平坦化。在Si基板上，由CVD法形成的金刚石薄膜，由于多晶体晶粒等原因，表面往往呈现金字塔状的明显凹凸。这种凹凸对器件特性、工艺的重复性及成品率等都会造成影响。图11-21表示金刚石薄膜经GCIB照射前后，通过原子力显微镜(AFM)观察到的表面形貌。用平均团束尺寸为3000个的Ar GCIB(Ar_{3000}^{+})，剂量为10^{17} cm^{-2}对金刚石薄膜进行照射，削除了起因于晶粒的凹凸，获得极为平坦的表面。GCIB对金刚石膜的刻蚀厚度与原来的

① 研磨剂种类很多。例如，对于金属表面研磨，是在pH为3～4(酸性)溶液中掺入Al_2O_3微粉；对于绝缘材料表面研磨，是在pH为10～11(碱性)溶液中掺入40 nm左右的胶态二氧化硅(硅胶)混合而成。

凹凸相当，其刻蚀速率与单离子束相比提高30倍以上。

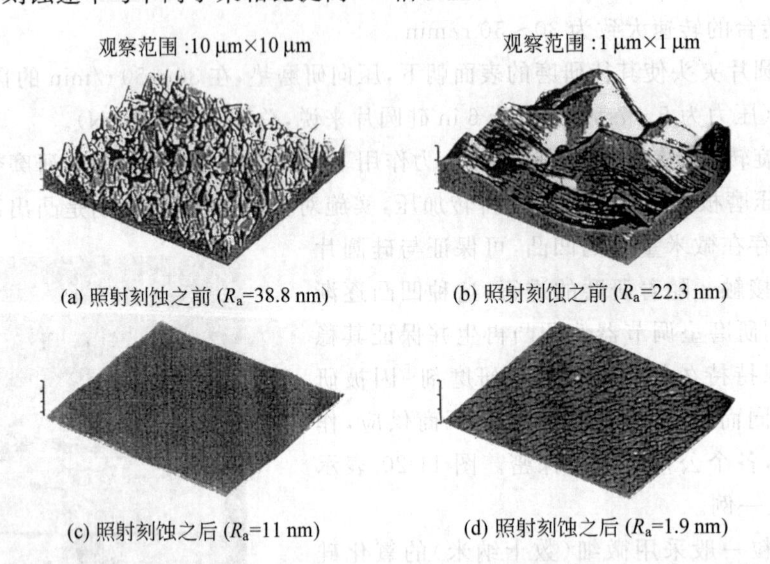

图 11-21 CVD金刚石薄膜经氩气体离化团束(GCIB)照射前后的AFM表面形貌

采用Ar等非活性气体的GCIB主要是利用物理效应进行刻蚀，若采用卤族系等反应气体，由于兼有化学的刻蚀效果，可以获得更高的刻蚀速率。作为这种反应性GCIB刻蚀的一例，已经确认，对于Si刻蚀来说，与Ar团束相比，采用SF_6团束的刻蚀速率还可以提高2个数量级以上。

11.9 大马士革法(Damascene)布线及平坦化

我国的景泰蓝工艺品中早就采用了镶嵌工艺。在金属、木材、陶瓷等中，按刻制的图形镶入金、银、黄铜等的工艺，在英语中称为inlaid work(镶嵌细工)，又称为damascene work。Damanscene(大马士革的)这个词源于叙利亚。结合CMP平坦化技术，可以采用图14-22所示的过程实现平坦化。为了在更高的集成度下进一步减小布线电容和信号延迟(RC延迟)，层间绝缘采用低介电常数薄膜，布线金属采用电阻率低的Cu和Al。Al布线的镶嵌可以通过高温成膜的回流过程来实现；Cu布线的镶嵌可以由CVD及采用高密度等离子体的溅射成膜法来实现。对于Cu布线来说，由于易发生氧化，还需要在层间绝缘膜和Cu之间形成TiN等的阻挡层。上述CMP再加上镶嵌工艺，不仅可用于布线的埋入，还可以通过双面镶嵌(dual-damascene)工艺实现层间连接孔的金属埋入。图11-23表示一般Al布线与Cu大马士革布线形成方法的比较，图11-24、图11-25表示Cu双大马士革结构及布线的形成步骤。

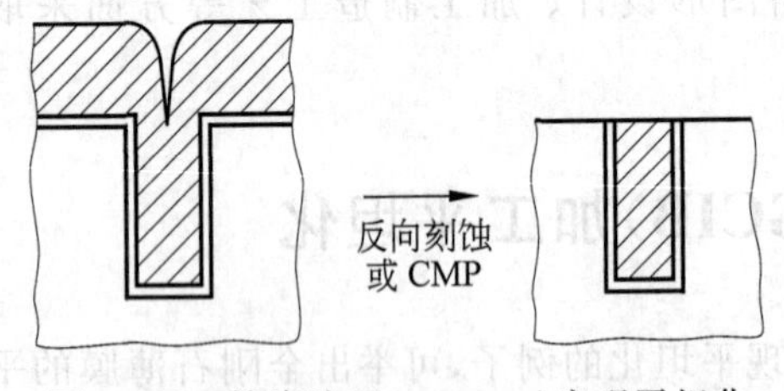

图 11-22 镶嵌法(damascene)实现平坦化

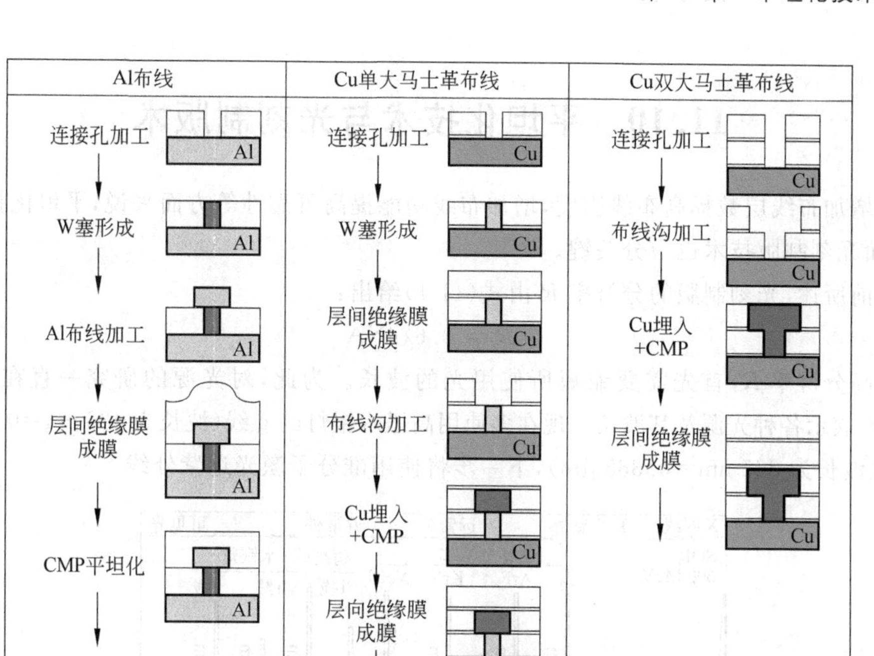

图 11-23　Al 布线 Cu 大马士革布线形成方法的比较

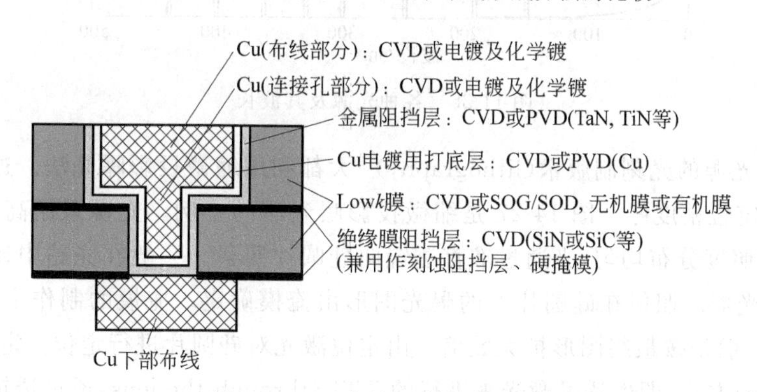

图 11-24　双大马士革布线的结构

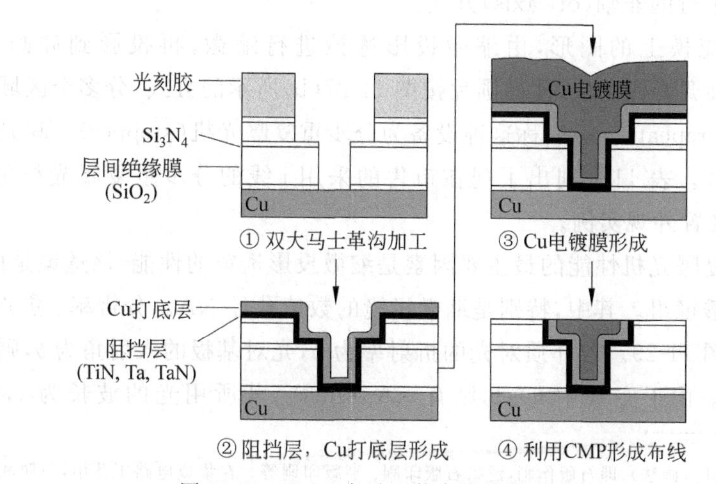

图 11-25　Cu 双大马士革布线的形成步骤

11.10　平坦化技术与光刻制版术

从增加布线层数提高布线密度，增加布线功能提高可靠性等方面来说，平坦化技术必不可少，而光刻制版技术也十分关键。

如前所述，光刻制版的分辨率 R 由式(11-1)给出：

$$R = 0.6\lambda/\mathrm{NA} \tag{11-3}$$

为了提高分辨率 R，首先需要缩短所使用光的波长。为此，对光源的研究一直在进行中。图 11-26 表示各种光源及其波长。现在多使用高压水银灯的 g 线(波长为 436 nm＝0.436 μm)和 i 线(波长为 365 nm＝0.365 μm)，下一步将使用准分子激光远紫外线。

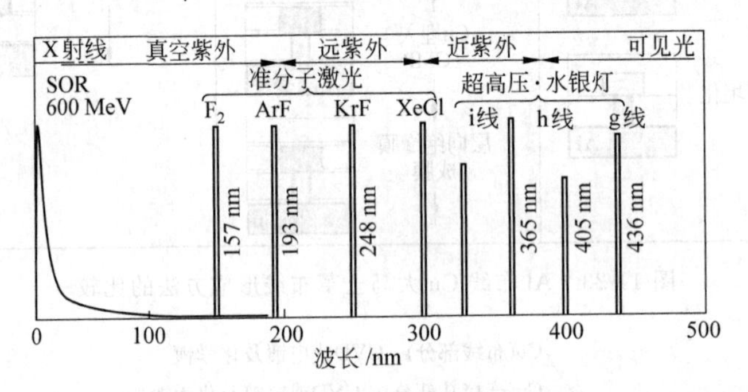

图 11-26　各种光源及其波长

采用这种光源的光刻制版术(lithography)①大都利用缩微投影曝光法。这种方法的图像分辨率高、定位精度好。图 14-27 是缩微投影曝光法的一例。光源采用高压水银灯，利用蝇目透镜使照度分布均匀，光通过准直透镜向硅圆片照射。一般在光路中还设有 g 线用或 i 线用的滤光器。照射在硅圆片上的曝光图形由掩模确定。掩模的制作十分关键，按不同要求，掩模一般是按最终图形扩大数倍。由定位激光对硅圆片进行定位。定位方法，有如图 11-27 所示的方式，即由透过激光来进行的 TTL(through the lens，透过透镜)方式，以及由不透过激光来进行的非轴(off axis)方式。

曝光是通过掩模上的图形，由缩微投影透镜进行缩微，再投影到硅圆片上。先由 x，y 粗调旋钮和细调旋钮定位，使硅圆片按图 11-27(b)所示的方式，分多个区域进行分步重复曝光(step and repeat)。一般称这种设备为分步重复曝光机(stepper)。曝光速度大约为每分钟两块硅圆片。表 11-1 列出了现在市售的采用 i 线的分步重复曝光机的主要性能，图 11-28 所示为装置外观实例。

决定分步重复曝光机性能的最主要因素是缩微投影透镜的性能，该透镜是由大约 10 块单块透镜组成的透镜组。其中，特别是缩微投镜的数值孔径 NA。分辨率、焦点深度与 NA 之间的关系示于图 11-29。若介质对光的折射率为 n，光对基板的入射角为 θ，则数值孔径由 $\mathrm{NA}=n\sin\theta$ 给出。由于空气中 $n\approx1$，则有 $\mathrm{NA}=\sin\theta$。若所用光的波长为 λ，则分辨率由

① litho(石)-graphy(画法)，即石版作画，泛指石版印刷、平版印刷等。在集成电路工艺中，与照相同样，也利用光进行缩微制版，因此，一般称其为 photo-lithography，即光刻制版术。

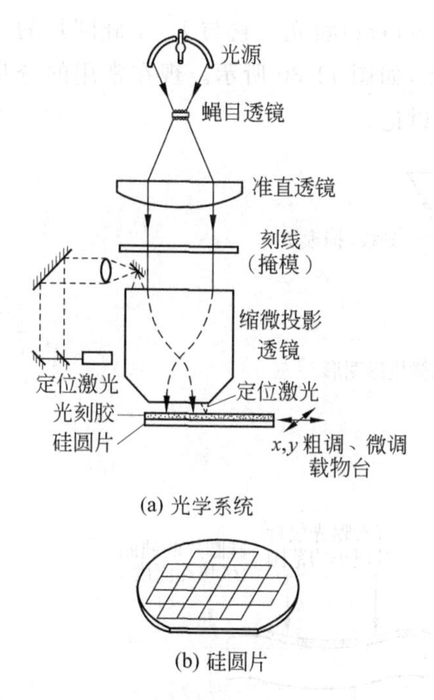

图 11-27　缩微投影曝光法(stepper)的一例
(在使硅圆片前后左右运动的同时,通过光学系统对硅圆片进行分步重复(step and repeat)曝光)

表 11-1　分步重复曝光机的主要性能

综合分辨率	0.35 μm 以下
曝光波长	i 线(365 nm)
数值孔径 NA	0.63
焦点深度	1～2 μm
缩小率	1/5
曝光范围	(17.9～22)×25.2
硅圆片尺寸	8 in 和 6 in
使用掩模	5～6 in
对准方式	TTL 或 off axis 方式
重合精度	70 nm
生产能力(6 in 硅圆片)	60～65 片/h

$R\approx0.6\lambda/\mathrm{NA}$ 给出。因此,随着波长 λ 变短,NA 增大,R 变小(分辨率提高)。但是,考虑到焦点深度与$(\mathrm{NA})^2$ 成反比,NA 增加时,焦点深度会急剧减小,因此,不能随意增大数值孔径①。从最初 NA=0.28 开始,通过在光刻胶、焦点重合、硅圆片的平面度、器件的凹凸等方面进行改进,NA 逐步提高,现在已超过 0.5。参照表 11-1,由计算可以看出,近几年分步重复曝光机的分辨率 $R=0.7^{②}\times0.365/0.5=0.5\ \mu\mathrm{m}$。这便是设备的综合分辨率。

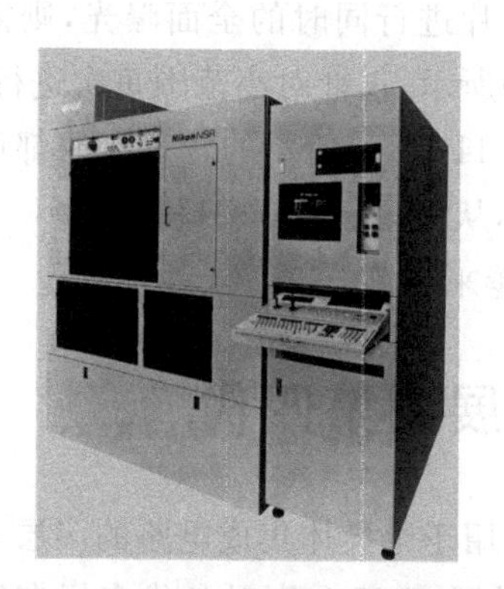

图 11-28　分步重复曝光机的外观

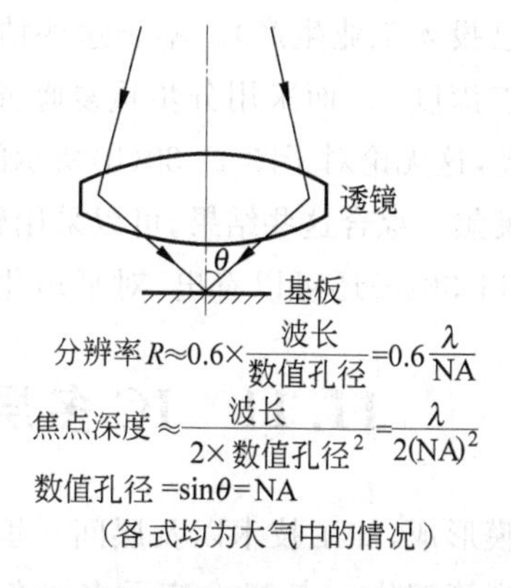

$$分辨率\ R\approx0.6\times\frac{波长}{数值孔径}=0.6\frac{\lambda}{\mathrm{NA}}$$

$$焦点深度\approx\frac{波长}{2\times数值孔径^2}=\frac{\lambda}{2(\mathrm{NA})^2}$$

数值孔径 $=\sin\theta=\mathrm{NA}$

(各式均为大气中的情况)

图 11-29　透镜系统分辨率与焦点深度的关系

① 考虑到硅圆片的凹凸及弯曲等因素,焦点深度尽量大些为好。

② 考虑到各种各样的实际因素,大多数情况下分辨率表示为 $R=0.7\lambda/\mathrm{NA}$,R 要稍大些(分辨率略低些)。

在缩微投影法中，采用的是分步重复(step and repeat)曝光。它与 1∶1 硅圆片的全面一次曝光法相比，所用时间长，但是它具有很多优点，如图 11-30 所示。现在常用的分步重复曝光机的缩小率一般为 5∶1，以下以此为例加以讨论。

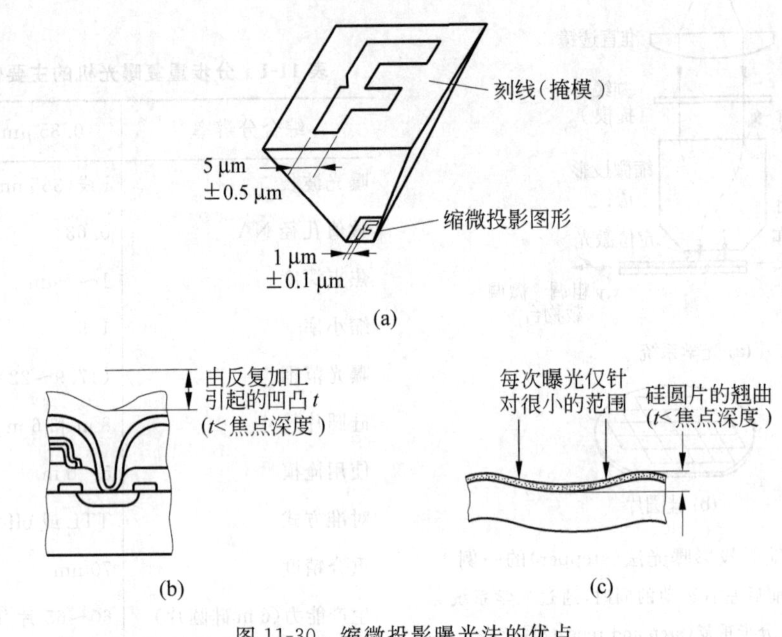

图 11-30　缩微投影曝光法的优点

首先，其优点在掩模的设置上(图 11-30(a))。由于掩模以放大 5 倍作成，因此可以保证投影图形的精度。例如，若掩模上存在 0.5 μm 的缺陷，则反映到投影图上只有 0.1 μm。同样，若掩模的图形精度为±0.5 μm，则投影图形的精度为±0.1 μm。

再从图形曝光考虑。在超微细加工中，需要进行一次又一次的反复加工，其表面凹凸自然会越来越大(图 11-30(b))；在加工过程中，温度也是从室温到数百度多次反复，致使硅圆片出现翘曲(图 11-30(c))；而且，随着时代进步，硅圆片尺寸也不断变大(目前 12 in(300 mm)的硅圆片已投入工业生产)。鉴于这些情况，若要对硅圆片进行同时的全面曝光，则需要相当大的焦点深度①。而采用分步重复曝光，如图 11-30(c)所示，仅针对小范围每次进行聚焦，再进行曝光，这无论对于图 11-30(b)所示的较大凹凸或图 11-30(c)所示的较大弯曲都可以实现较好的聚焦。综合这些结果，可以采用较大的数值孔径，从而图像分辨率提高。

由图 11-30(c)还可以看出，对平坦化技术的要求将越来越高。

11.11　IC 多层布线已进展到第四代

以薄膜形成、加工技术以及层间平坦化技术为支撑，用于半导体集成电路的多层布线技术已发展到第四代。表 11-2 表示多层布线技术的世代进展，下面分别对各代多层布线技术做简要介绍。

---

① 若要求较大的焦点深度，则在 λ 一定时，NA 必须小，其结果，R 变大(分辨率降低)，见图 11-29。

表 11-2　多层布线技术的世代进展

第 1 代	1970 年以后	双极性 IC(TTL,ECL,存储器等) ——Al,2～3 层布线 Si 栅 MOSLSI ——Al-多晶 Si,2 层布线
第 2 代	1985 年以后	CMOS 逻辑 LSI (CPU,门阵列等) ——Al,2～5 层布线 1 M 或 4 M 以上的 DRAM ——Al,2 层布线
第 3 代	1995 年以后	CMOS 逻辑 LSI 及 64 M 以上的 DRAM ——CMP 平坦化制程的导入
第 4 代	2000 年以后	最尖端的 LSI 器件 ——替代 Al 的高电导、耐电迁移金属材料 Cu 的导入(铜布线,单大马士革和双大马士革制程的导入) ——替代 SiO_2 的低介电常数层间绝缘膜的导入(low-k)

(1) 第一代多层布线技术

图 11-31 给出第一代多层布线的制程及所用的金属及绝缘膜的种类。当时,作为主导绝缘膜已确定为 SiO_2,与之相应的 CVD 法也已确立。图形设计基准为 10 μm 左右,布线平坦化还未提到议事日程,台阶部位的断线问题远不像今天这样严重,可以采用不同的对策来解决。

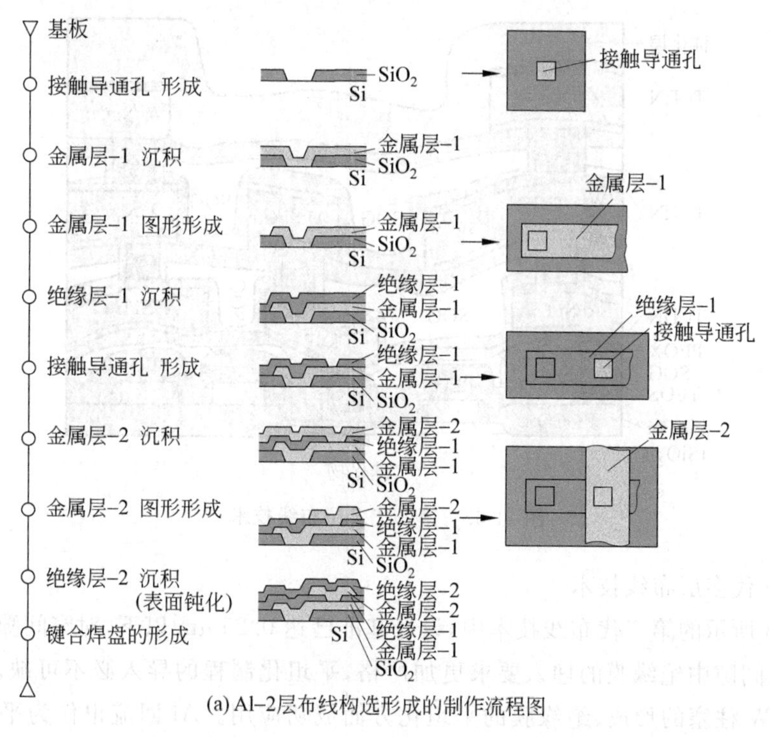

(a) Al–2层布线构选形成的制作流程图

图 11-31　第 1 代多层布线技术

金属膜	绝缘膜
溅射镀膜(Al合金，Mo，W，硅化物等) 真空蒸着(Al，Ti，Pd，Pt，Au等) CVD(Mo，W等)	溅射镀膜(SiO_2，Si_3N_4等) CVD(SiO_2，PSG等) 等离子体CVD(SiO_2，Si_3N_4等) 涂布法(SiO_2，聚酰亚 等) 阳极氧化法(Al_2O_3)

(b) 多层布线用薄膜的形成法及其选择

图 11-31 （续）

(2) 第二代多层布线技术

图 11-32 表示第二代多层布线的结构。随着图形微细化的进展，日益重视窄间隙中绝缘膜的填入，进而导入了 SOG 填平的技术。还大量引入采用牺牲层(光刻胶等)的反向刻蚀平坦化法，至今仍有采用。但是这些均不能保证完全的平坦化。

第2代多层布线技术的特征

- 藉由光刻胶反向刻蚀(etch back)法实现绝缘膜平坦化
  ——利用等离子CVD氧化膜埋入层间膜
- 藉由SOG(涂布玻璃)膜的辅助坦入平坦化
  ——利用等离子体CVD氧化膜的三明治结构
- 藉由SPSG回流的金属前平坦化绝缘膜的形成
- 藉由钨(W)CVD膜的反向刻蚀(etch back)形成柱塞结构
- 作为防止电迁移的对策，采用Al-Cu-Si合金膜

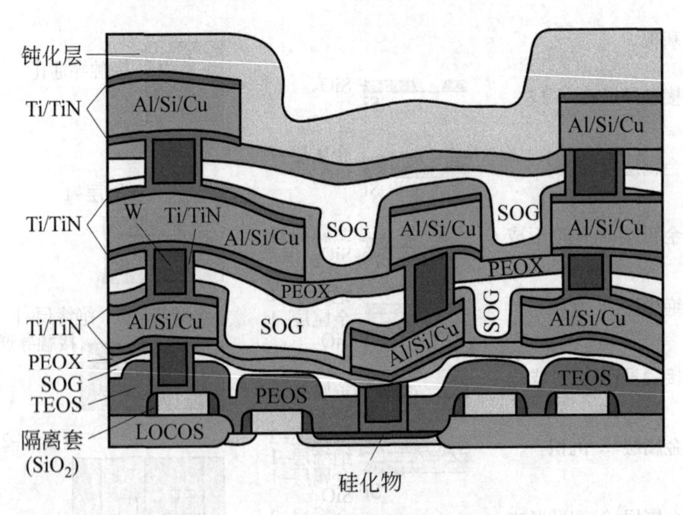

图 11-32 第 2 代多层布线技术

(3) 第三代多层布线技术

图 11-33 所示的第三代布线技术中，设计基准已达 0.25 μm 以下，对窄间隙中的金属埋入、金属间窄间隙中绝缘膜的埋入要求更加严格，平坦化制程的导入必不可缺。CMP 技术被开发并在 W 柱塞的形成、绝缘膜的平坦化方面成功应用。Al 回流也作为平坦化的手段被成功运用。至此，全程(global)平坦化概念被普遍接受，在用于金属下层间绝缘膜(BPSG)完全平坦化的回流法基础上，再加上 CMP，使得更多层布线制程成为可能。

第3代多层布线技术的特征

- 为实现平坦化，部分地导入CMP工艺
  ——STI(shallow trench isolation，浅沟槽隔离)被部分地导入
  ——金属化前平坦化BPS膜
- ——Al-Al层间绝缘膜
  SiO_2或一部分SiOF等的low*k*膜
  ——在W柱塞形成中，部分地由CMP工艺代替反向刻蚀(etch back)
- 为形成浅结接触，采用$TiSi_2$及TiN阻挡层
- 在Al上形成反射防止膜
- 自调整接触结构的导入(金属前平坦化膜)
- 通过Al的回流埋入形成柱塞

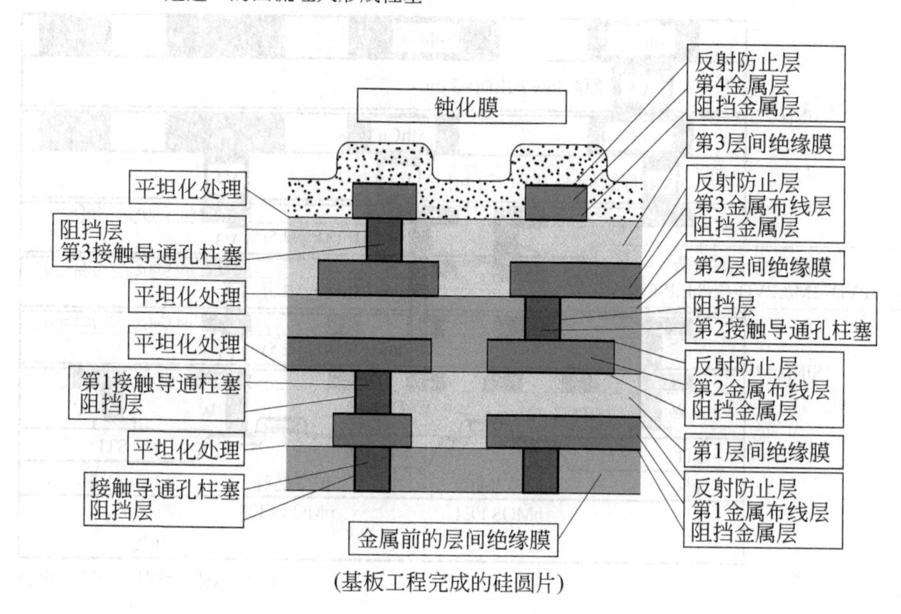

图 11-33　第 3 代多层布线技术

(4) 第四代多层布线技术

图 11-34 所示为称作 21 世纪多层布线结构的第四代多层布线技术。图中记作 Cu($\rho_{eff}=2.4\ \mu\Omega\cdot cm$)low-*k* ILD($k_{eff}=2.5$)的部位，是表示该处的实际电阻率及介电常数。Cu 的本征电阻率是 $1.7\ \mu\Omega\cdot cm$，要比 $2.4\ \mu\Omega\cdot cm$ 低，这是由于与阻挡金属层等积层所致。介电常数的情况也与此类似。

第四代多层布线技术中，除了采用 W 柱塞作为层间连接之外，全部采用了 Cu 双大马士革(dual Damanscene)工艺。第四代多层布线技术中已不采用绝缘膜埋入技术，也不需要金属的刻蚀技术。

目前，第四代布线结构只是在最尖端器件中采用，而第二代、第三代多层布线技术仍广为采用。

第4代多层布线工艺的特征

——为适应器件高性能化，引入的新材料、新工艺

· 为提高平坦性及高密度元件的排列采用STI构造

· 金属前层间绝缘膜的CMP加工

· 利用大马士革工艺形成W柱塞

· 利用低介电常数(low *k*)膜的层间绝缘膜结构

——不需要采用CMP平坦化工艺

· 铜(Cu)布线构造

——绝缘膜阻挡层(Si_3N_4)膜

——金属阻挡层(TaN等)膜

——大马士革工艺形成图形

21世纪的多层布线构造

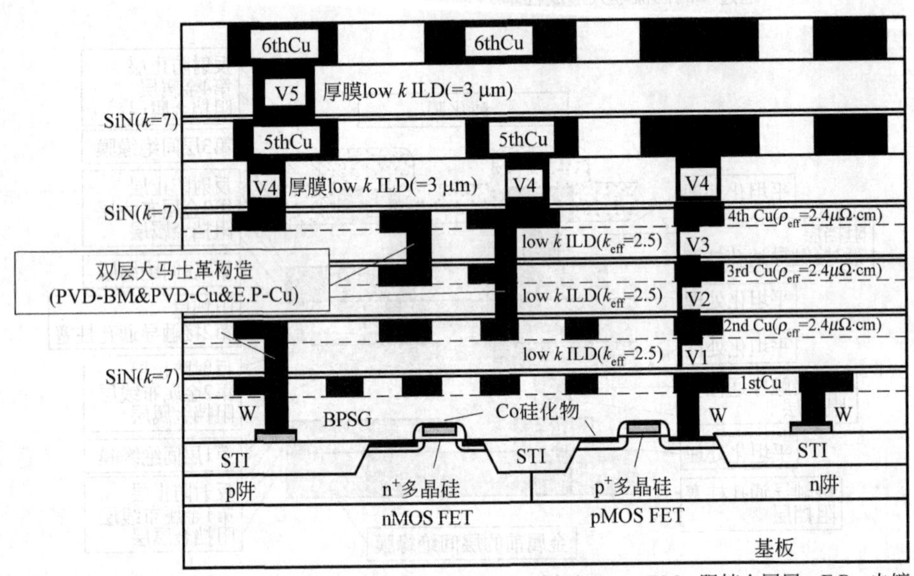

图 11-34　第 4 代多层布线技术

习　题

11.1　在大规模集成电路制作过程中为什么要采用平坦化技术？

11.2　实现平坦化的方式分哪几类？每一类又包括哪些具体的方法？

11.3　利用 TEOS 和 O_3 的反应沉积，可获得兼有绝缘性和平坦化两种工能的 SiO_2 薄膜，请介绍该薄膜的形成过程。

11.4　画图表示导通孔埋入(含阻挡金层)的几种不同工艺。

11.5　举例说明利用偏压溅射实现平坦化的原理。

11.6　何谓透镜的数值孔径(NA)，如果透镜的半径增加，数值孔径会怎样变化？

11.7　设透镜的数值孔径 NA＝0.65，请分别针对高压汞灯 g 线、h 线、i 线及 XeCl、KrF、ArF、F_2 准分子激光光源，计算分辨率和景深。

11.8　请表述图形线宽分辨率与曝光波长的定量关系，并简述近年来短波长光源及曝光技术的进展。

11.9　何谓 CMP？请叙述 CMP 的工艺过程。

11.10　画图表示采用 CMP 和大马士革工艺制作多层布线的工艺过程。

11.11　CMP 技术对所用材料有哪些特殊要求？

第12章　表面改性及超硬膜

12.1　表面改性

12.1.1　何谓表面改性

表面改性这一术语，伴随着离子注入技术出现于20世纪80年代。随着薄膜技术和各种表面处理技术的普及，表面改性的应用越来越广泛。实际上，早年出现的化学镀、电镀，甚至远古时期的陶器上釉都属于广义的表面改性技术。

在保持块体材料固有特性(例如机械强度等)的优点基础上，仅对表面进行加工处理，使其产生新的物理、化学特性以及所需要功能的各种方法，统称为表面改性。表12-1汇总了用于表面改性的各种方法。

表12-1　表面改性的各种方法

表面处理	表面涂敷		
	原子沉积	粒状沉积	整体涂层
化学转化	真空环境	热喷镀	润湿法
阳极氧化	真空蒸镀	等离子喷镀	涂漆
氧化	离子束沉积	火焰喷镀	浸渍涂层
氮化	分子束外延	爆炸喷镀	静电喷镀
熔盐处理	等离子体环境	熔化涂层	印刷
化学-液体处理	溅射镀膜	厚膜印色	包覆
化学-蒸气处理	离子镀	搪瓷釉	爆炸法
热法	活性反应蒸镀	电泳	滚轧法
等离子体法	等离子聚合	冲击镀	涂敷
渗入	化学气相环境		焊接涂层
渗氮、渗碳、碳氮共渗等	化学气相沉积		
电火花硬化	等离子增强化学气相沉积		
激光表面处理	还原		
机械法	分解		
喷丸强化	喷射热解		
热法	电解质环境		
热处理强化	电镀		
表面富集法	电解		
溅射处理	熔融电镀		
离子注入	化学置换		
离子束混合	液相外延		

表 12-2 列出几种超硬镀层的物理性能。从表中的数据可以看出，这些薄膜材料的熔点高、硬度大、摩擦系数低、化学稳定性好，用于耐磨抗蚀的表面保护效果很好。那么能否由这些材料直接制成零部件使用呢？一般来说，既无必要，又不现实。正是由于这些材料的熔点高、强度大、硬而脆，因此加工性能差，有些价格贵的资源还受限制。如果不采用三维块体，而采用二维薄膜的形式，将其涂敷于加工性能好、综合机械性能优良、价格低廉的基体表面，双方发挥各自的优势，不失为理想的方案。

表 12-2　几种超硬镀层的物理性能

物理性能	TiC	CrC	TiN	TiCN	Al_2O_3
硬度(HV)	3300～4000	1900～2200	1900～2400	2600～3200	2200～2600
熔点/℃	3160	1780	2950	3050	2040
密度/(g/cm³)	4.92	6.68	5.43	5.18	3.98
热膨胀系数 (200～400℃)/(10^{-6}/℃)	7.8	10.3	8.3	8.1	7.7
电阻率(20℃)/($\mu\Omega\cdot$cm)	85	75	22	50	10^{14}
弹性模量/GPa	448	380	256	352	390
摩擦系数 μ	0.25	0.79	0.49	0.37	0.15
推荐厚度/μm	4～8	8～12	4～8	6～10	1～3

表面改性不仅可以提高经济效益，而且对于节省资源、能源，开发材料新功能，提高可靠性，实现轻薄短小化等都具有十分重要的意义。

12.1.2　表面改性的手段

表面改性的手段，可分为两大类。

(1) 表面处理技术(形成表面改性层)：通过物理的或化学的手段，在物质表面层中引入反应成分，形成混合相或合成相，从而产生新的功能和材料特性。

(2) 膜沉积技术(形成复合多层膜)：在基体材料表面析出或沉积有别于基体材料的膜层，从而显示新的功能和材料特性。

各种表面改性层的析出速率及膜层厚度等如表 12-3 所列。

表 12-3　各种表面改性层的析出速率及膜厚

序号	方　法	析出速率/(nm/s)	膜厚/nm	说　明
1	喷涂法(金属化喷镀)	约 n[①] $\times 10^5$	约 10^7	成膜速率高，可形成厚膜，喷涂材料及基体材质的范围广泛
2	等离子喷涂	约 $n\times 10^5$	约 10^7	
3	热反应扩散	(见说明)	(见说明)	与处理温度、时间相关
4	真空蒸镀	$n\times 10^{-1}\sim n\times 10^2$	约 $n\times 10^3$	参见第 6 章
5	溅射镀膜法	$n\times 10^{-2}\sim n\times 10^2$	约 $n\times 10^3$	参见第 8 章

续表

序号	方　法	析出速率/(nm/s)	膜厚/nm	说　明
6	离子镀	$n\times10^{-1}\sim n\times10^{2}$	约 $n\times10^{5}$	参见第 7 章
7	CVD 法	$n\times10^{-2}\sim n\times10$	约 $n\times10^{5}$	参见第 9 章
8	等离子体表面反应	(见说明)	约 $n\times10^{4}$	还包括离子氮化、离子碳化、离子氧化等。与处理温度及反应气氛相关
9	等离子体喷射(plasma jet)	(见说明)	(见说明)	决定于气体温度、压力、等离子体的输入功率等
10	离子注入	(见说明)	(见说明)	决定于离子剂量(电流及注入时间)和加速电压等
11	脉冲激光表面处理	(见说明)	(见说明)	决定于原料气体流量、压力,输入功率(脉冲条件)等

① $n=1\sim10$。

对于常用的表面改性层,厚度从几个原子层到几十个原子层(1～10 nm 左右)的情况多采用表面处理技术,比此更厚的情况多采用成膜技术。

12.1.2.1　用于表面改性的表面处理技术

1. 离子注入

(1) 原理

离子注入是将数千伏以上高电压加速的离子打入固体表面,使固体表面的结构、组织、化学成分等发生变化,从而获得新的功能和材料特性。

入射离子与固体表面的相互作用与入射离子的能量密切相关,对此,8.1 节已详细讨论。若着眼于离子进入固体晶格的状态,则当离子能量高于几百电子伏时,其注入深度随能量增加显著增加;离子能量高于数千电子伏时,在离子注入的同时,还会引起所谓的离子混合现象(见 7.4 节)。由于位于阵点上被离子碰撞离位的原子发生混合,故对于 A、B 两种物质互相接触的情况,离子注入会引起异种元素的混合(图 12-1)。对于膜层与基板的界面以及异种物质互相重叠所构成的多层膜等情况,由于离子注入引起的相互扩散,会形成附着力很强的结合相或均匀混合相。当离子能量高于 10 keV 时,离子注入与离子混合同时发生。当离子能量进入 MeV 量级的高能范围,它与数十万电子伏离子注入的情况相比,在注入深度,产生晶格缺陷的类型,生成相的化学、物理结构等方面,都有相当大的差异。

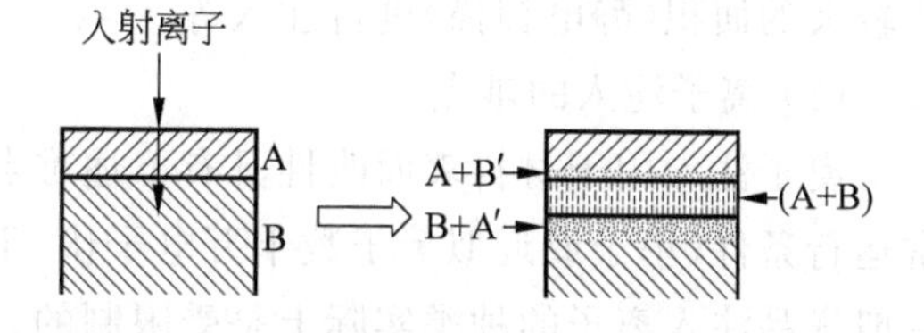

图 12-1　异种物质的接触面及离子注入后的情况
A, B—单一成分相; A+B′,B+A′—扩散混合相;
A+B—均匀混(复)合相

离子源材料可以是气体或固体,需要将其蒸气和气体离化,引出,并导入质量分析器中。分析器可以选择出任意质量的离子,经过狭缝的微小电流离子,由 30 kV 左右的引出电压导入加速管中,再进一步由加速电压(至数百千伏)加速。通过加速管达到所定能量的离子束,为了在靶上聚焦，需要用离子束聚焦系统进行调整。而且，为保证在靶表面进行均匀的离子注入，需要用扫描系统对离子束进行控制。

样品表面的离子注入在样品室（注入室）中进行。其中除了精密控制位置的注入台之外，还设有样品（如硅圆片）传输系统、放置样品和收纳样品的系统，以及检测离子束电流和注入剂量的测试系统等。图 12-2 为离子注入装置系统示意图。

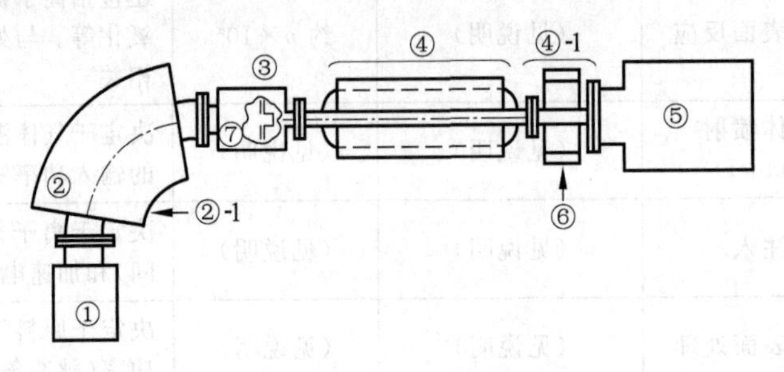

图 12-2 离子注入装置系统示意图

①—离子源；②—质量分析系统；②-1—分析系统用磁铁；③—加速系统；④—离子束传输室；④-1—静电扫描系统；⑤—注入室（终端样品室）；⑥—扫描系统用磁铁；⑦—法拉第杯

在离子注入装置中，从离子源到注入室，都要保持 10^{-5} Pa 的高真空。真空排气按离子源、离子束传输室、注入室三个系统设置。样品装载、取出用的密封室，另设低真空泵预抽真空。由于离子源不断有气体进入，因此离子源室需要采用大排气能力的油扩散泵加机械泵真空系统；离子束传输室及注入室要求无油的清洁真空，需要采用低温泵；特别是注入室，即使是前置泵也越来越多地采用干式泵代替油旋转泵。

(2) 离子注入的优点

离子注入用于材料表面改性具有下述优点：①由于采用质量分析器对离子进行选择，可以进行高纯度注入；②可由加速电压控制注入深度，由电流和时间控制注入量；③属于非热平衡过程，对基板材料与离子的组合以及注入量等无限制；④既可对微小面积，又可对比较大的面积（静电扫描）进行注入等。

(3) 离子注入的难点

离子注入用于材料表面改性具有下述难点：①装置很大，操作复杂，运行费用高；②通常运行条件（小于或近似等于数十万电子伏）下，注入深度在 1 μm 以下；③除半导体以外，一般样品注入离子的种类实际上是受限制的。

对于一般半导体制造用离子注入装置来说，离子电流最大为 0.5～1.0 mA 的，多用于低剂量至中剂量（10^{10}～10^{14} 离子/cm^2）注入，最大额定电流为几毫安至 20 mA 的，多用于高剂量（10^{15} 离子/cm^2）离子注入。

2. 等离子体表面处理

与离子注入及离子束混合所采用的装置大型、操作复杂相比，等离子体增强（辅助，强化）表面处理装置比较简单，容易操作，价格也比较便宜，便于工业应用。

采用这种方法可进行表面氮化、表面氧化、表面碳化等。将活性反应气体以 10%～50%（摩尔分数）的比例与氩气混合，在数十至数百帕的真空气氛中产生等离子体放电。相对于接地电位的靶样品，等离子体处于正电位，活性气体离子加速向样品表面碰撞，在进入表面的同时，与表面物质发生化学反应。对应于不同的活性反应气体，可分别形成氮化层、氧化层、碳化层等。若采用多成分混合气体，按气体种类及混合比不同，可以形成任意组成的复合层。

3. 激光表面处理

采用红宝石、YAG、CO_2 等高功率脉冲激光，对钢、铝合金等进行表面处理，通过表面合金化、结晶组织等的微细化、固溶度增大等，可以提高材料的硬度、强度、耐蚀性、耐热性、耐磨性等。

12.1.2.2　利用薄膜沉积进行表面改性

对于表面膜层厚度大于 0.1 μm 的表面改性，多采用薄膜沉积的方式，其中主要包括下述几种。

1. PVD 法

通常蒸镀法或溅射法的成膜速度小于数纳米每秒，若沉积数百微米厚的膜层，需要相当长的时间。采用空心阴极放电(hollow cathode discharge，HCD)等离子体电子束的离子镀成膜法，在基板—蒸发源距离为 450 mm，面积为 450 mm×450 mm 的基板上，可以达到 0.3 μm/min 的沉积速率。图 12-3 为连续生产用 HCD-ARE 装置的示意图。

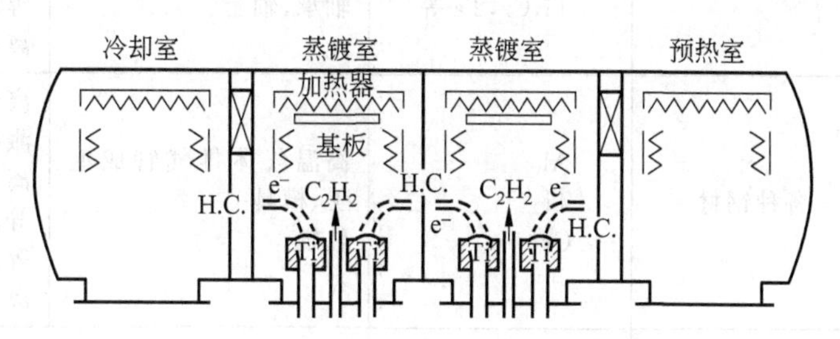

图 12-3　连续生产用 HCD-ARE 装置的示意图

(H.C.—空心阴极电子枪)

以沉积 TiC 为例，在沉积气压 $p=10^{-1}$ Pa，电子束功率为 30 V×250 A，Ar 气流量为 20 sccm，C_2H_2 流量为 140 sccm 的工艺条件下，可以获得成分为 TiC_x($x=0.95\sim1.01$)的膜层。蒸镀时间为 70 min 时，沉积膜厚为 20～25 μm，其中膜厚偏差在±0.5%范围内。

2. CVD 法

一般 CVD 法的工艺温度很高，往往超过基体材料所能承受的温度界限。为了用于材料的表面改性，必须降低 CVD 法的温度。既能降低工艺温度又能提高析出速率的化学气相沉积方法有减压 CVD、等离子体 CVD(PCVD)、MOCVD、光 CVD 等(有关内容请见第 9 章)。

12.1.3　表面改性的应用

表面改性的目的是使结构材料功能化，一般是通过对结构材料进行表面处理，赋予其新的功能。表 12-4 给出表面改性的应用概况。按大的应用领域，表面改性主要用于汽车、船舶、航空及航天、发电等与能源相关的运动机械系统，以及相应的部件、装置等。

表 12-4 表面改性的应用概况

目 的	基 材	表面层(膜)	应用领域	方 法
耐蚀	高强度钢 低碳钢 不锈钢 特殊钢 磁性铁合金	Al,C Zn Ti Cr Ta	螺栓、一般结构件、飞机与航天器、船舶汽车永磁材料(钕铁硼等)	离子镀 溅射镀膜 离子注入 等离子增强 PVD 等离子增强 CVD 离子束混合电镀等
耐热	钢 材 Inconel 合金 Al 及 Al 合金	Al,C W,Ta,Ti	排气管、汽车 航空发动机 高温喷气喷嘴	离子镀 溅射镀膜 离子注入 等离子增强 PVD 等离子增强 CVD 离子束混合电镀等
耐磨	各种钢材	TiN TiC Ti-B Ti,Cr,Ta 等	切削刀具、刃具 成型工、模具 轧辊 轴承、轴套	离子镀 溅射镀膜 离子注入 等离子增强 PVD 等离子增强 CVD 离子束混合电镀等
耐氧化	各种钢材	Al Ti Cr	高温气体排气管成型工、模具 轧辊	离子镀 溅射镀膜 离子注入 等离子增强 PVD 等离子增强 CVD 离子束混合电镀等
光泽性	不锈钢 低碳钢、黄铜	Au,Ag Al TiN,CrN	首饰、装饰品、钟表 眼镜架 汽车零部件、一般电镀件	离子镀 溅射镀膜 离子注入 等离子增强 PVD 等离子增强 CVD 离子束混合电镀等
润滑性	各种钢材 黄铜、炮铜	TiC,C MoS_2,WS_2	轴承、轴套、旋转套筒、转子	离子镀 溅射镀膜 离子注入 等离子增强 PVD 等离子增强 CVD 离子束混合电镀等

12.2 超硬膜用于切削刀具

12.2.1 超硬膜的获得及应用

硬质镀层材料包括超硬材料,如金刚石膜、"类金刚石"碳膜、难熔化合物及各种合金等。近年来,过渡族金属碳化物和氮化物已经获得了最为显著的实用效果。其中,对氮化钛、碳化钛及其复合镀层研究得最多,它们的应用也最广泛。此外,还有氧化物、硼化物、复合化合物、金属、合金等。近年来,低压气相合成金刚石膜及立方氮化硼膜的成功,又进一步扩大了硬质镀层的应用领域。

从目前国内外发展情况看,在硬质涂覆处理的各种方法中,PVD 和 CVD 这两种技术用得最为普遍。表 12-5 列出硬质镀层在机械、化工、塑料橡胶加工等行业的典型应用。PVD 和 CVD 这两种技术都属于原子量级或分子量级的表面沉积技术,能很方便地制取各种难熔化合物膜,通过改变工艺参数,能人为地控制膜层的化学成分、晶体结构和生长速率,可以制取单层膜、多层膜和复合镀层等,从而能满足各种使用要求;可以对外形复杂、结构各异的工件进行涂敷处理,镀层的附着情况良好;由于是在真空系统中进行涂敷,工艺过程干净、清洁,对镀层的污染少。由于许多难熔化合物对杂质极为敏感,故采用 PVD、CVD 显然比其他技术优越得多;镀层的质量较高,而且易于大规模生产和自动化生产。当然,这两种技术也正在发展之中,需要进一步改进完善。例如:采用在线的分析手段监测生长过程,以便制取性能更符合要求的镀层;开发新型的镀层;提高产品质量和产品的重复性;提高生产率;降低成本;提高经济效益等。

表 12-5　硬质镀层在机械、化工、塑料橡胶加工等部门的典型应用

应用分类	改善的性能	涂敷的工具、部件	推荐镀层[①]				
			TiC	TiN	TiCN	CrC	Al_2O_3
切削加工	切削刃 月牙槽磨损 防裂纹 防碎裂	切削刀具刀片	○	○	○		○
		车刀、钻头	○	○	○		○
		铣刀、成形刀具	○	○	○		○
		切削刀具	○	○	○		○
		穿孔器	○		○		
成形加工	防咬合 耐磨损 防裂纹	拔丝模	○		○		
		精整工具	○		○		
		扩孔、轧管工具	○		○		
		割断工具	○		○		
		锻造工具	○		○		
		冲压工具	○		○		
化学工业	耐冲蚀 耐磨损 耐气蚀 耐腐蚀	挡板	○		○		
		滑阀	○	○	○	○	
		冲头	○		○	○	
		阀芯、阀体	○	○	○	○	
		喷嘴	○		○	○	
		催化剂、反应器	○	○	○	○	
		叶轮、叶片	○	○	○	○	
		管路	○	○	○	○	
塑料加工 橡胶加工	耐冲蚀 耐磨损 耐腐蚀	螺纹刀片	○		○		
		缸体	○		○		
		储料罐、阀门等	○		○	○	
		成形工具	○		○		
		切削工具(钻头、冲头、铣刀、锯片、切刀等)	○		○	○	○
		叶轮、孔板	○		○	○	

续表

应用分类	改善的性能	涂敷的工具、部件	推荐镀层[①]				
			TiC	TiN	TiCN	CrC	Al_2O_3
纤维机械	耐磨损	纤维切断刀	○		○		与其他镀层配合
		绕线辊、压缩滚筒等	○		○		
零部件	耐磨损 防咬合	无润滑剂轴承	○	○	○	○	与其他镀层配合
		摩擦轴承内外圈	○	○	○		
		摩擦磨损部件				○	
		凸轮、滑板等	○	○	○	○	
精密工具（包括测量工具）	耐磨损	测量端子，指针	○		○		与其他镀层配合
		滑动配合		○			
		轴承	○	○	○		
		刻码头	○		○	○	

① 表中○表示效果优良、推荐采用。

12.2.2 如何选择镀层-基体系统

选择镀层-基体系统时，应考虑镀层和基体之间的相互作用，以及镀层在使用条件下与周围环境之间的反应，其中主要包括膜层与基体之间的附着力、非本征应力及本征应力对镀层强度的影响，以及镀层的硬度、脆性、热膨胀系数、稳定性、多层膜的匹配性等。

在许多耐磨损应用中，对镀层-基体组合有许多严格的限制。例如，在切削刀具应用中，刀尖和切削刃附近会产生非常大的作用力和很高的温度，对硬质镀层最重要的要求之一是镀层和基体之间应有足够的附着力，以便能经受这种作用力。在高载荷强度的应用中，如果镀层和基体的弹性模量不同，则工件承受的应变会在基体-镀层界面上引起不连续的应力。

由镀层和基体热膨胀系数失配引起的热应力，对于高温条件下生长的镀层是非常重要的。如果镀层材料比基体材料的热膨胀系数大，则从沉积温度冷却下来之后，镀层中的热应力为拉应力。在选择最佳镀层-基体组合系统时，应使热应力因镀层和基体之间弹性模量不同而产生的应力尽可能地小，这在许多情况下是难于做到的，因此今后应发展新型的基体材料和镀层材料。

薄膜生长中产生的本征应力也会减弱附着力。自然产生的本征应力可以是拉应力，也可以是压应力，这取决于沉积条件。对于 PVD 法沉积的难熔化合物，如氮化物、碳化物和氧化物等镀层来说，最常见的情况为压应力。

镀层的附着力应该足够高，以保证在上述应力作用下，不至于引起基体-镀层界面的分离。对于 CVD 法沉积的膜层，由于高温下的相互扩散和较低的沉积速率，通常会形成混合界面区。这样就造成了很强的冶金学意义上的键合，从而产生很强的附着力，当然这要以在界面区不形成脆相为前提。PVD 与 CVD 相比，工艺温度要低得多，但也可以形成级配的界面区。采用的方法是通过沉积过渡的界面层，或者通过离子轰击，以促进界面处的碰撞混合。对于低温下生长的 PVD 镀层，通过使用与镀层材料结构相似的基片也可以改善附着力。镀层和基体之间结构的匹配和化学性能的匹配，可以造成较低的界面能，从而有利于提高附着力。

除了镀层的附着力之外，镀层本身的强度和塑性也至关重要。镀层中产生的裂纹可能会在基体中扩散，从而造成整个组件的完全破坏。当硬质镀层用于高速钢刀具时，这常常会出现问题。无镀层高速钢的破坏强度取决于高速钢基体中破断起始位置的尺寸。有镀层的高速钢破断强度的测量结果表明，在破断强度和镀层厚度之间有类似的关系。只要镀层的厚度小于基体结构中造成应力集中的缺陷的尺寸（对于不锈钢通常大约为 1～5 μm），则从镀层扩展的裂纹数量是很小的。反之，使用高韧性的镀层材料，对于防止裂纹的产生也是有利的。

对于许多耐磨损应用来说，镀层的硬度也极为重要。例如，对于磨料磨损来说，要求镀层的硬度必须高于磨料颗粒的硬度。通过合理地选择本征硬度满足要求的镀层材料或者通过改善镀层的微观结构等，以达到所要求的硬度。随着镀层硬度的增加，磨料磨损率明显降低，甚至硬度值稍有增加，效果就极为显著。当温度较高时，在许多情况下，化学磨蚀占主要地位，在这些应用场合，有可能利用热力学参量来估算化学磨损率。

为数众多的硬质材料可以按其化学特性分成三个组：金属键、共价键和离子键，分别见表 12-6、表 12-7、表 12-8。图 12-4 给出了这三组硬质材料性能的比较。由这些图表可以得出对上述三组材料的一般性看法：

表 12-6 金属键硬质材料的性能

相	密度 /(g/cm³)	熔点 /℃	硬度 (HV)	弹性模量 /GPa	电阻率 /(μΩ・cm)	热膨胀系数 /10⁻⁶K⁻¹
TiB_2	4.50	3225	3000	560	7	7.8
TiC	4.93	3067	2800	470	52	8.0～8.6
TiN	5.40	2950	2100	590	25	9.4
ZrB_2	6.11	3245	2300	540	6	5.9
ZrC	6.63	3445	2560	400	42	7.0～7.4
ZrN	7.32	2982	1600	510	21	7.2
VB_2	5.05	2747	2150	510	13	7.6
VC	5.41	2648	2900	430	59	7.3
VN	6.11	2177	1560	460	85	9.2
NbB_2	6.98	3036	2600	630	12	8.0
NbC	7.78	3613	1800	580	19	7.2
NbN	8.43	2204	1400	480	58	10.1
TaB_2	12.58	3037	2100	680	14	8.2
TaC	14.48	3985	1550	560	15	7.1
CrB_2	5.58	2188	2250	540	18	10.5
Cr_3C_2	6.68	1810	2150	400	75	11.7
CrN	6.12	1050	1100	400	640	(23)
Mo_2B_5	7.45	2140	2350	670	18	8.6
Mo_2C	9.18	2517	1660	540	57	7.8～9.3
W_2B_5	13.03	2365	2700	770	19	7.8
WC	15.72	2776	2350	720	17	3.8～3.9
LaB_6	4.73	2770	2530	(400)	15	6.4

表 12-7 共价键硬质材料的性能

相	密度/(g/cm³)	熔点/℃	硬度(HV)	弹性模量/GPa	电阻率/(μΩ·cm)	热膨胀系数/$10^{-6}K^{-1}$
B_4C	2.52	2450	3000～4000	441	0.5×10^6	4.5(5.6)
立方 BN	3.48	2730	约 5000	660	10^{18}	—
C(金刚石)	3.52	3800	约 8000	910	10^{20}	1.0
B	2.34	2100	2700	490	10^{12}	8.3
AlB_{12}	2.58	2150	2600	430	2×10^{12}	—
SiC	3.22	2760	2600	480	10^5	5.3
SiB_6	2.43	1900	2300	330	10^7	5.4
Si_3N_4	3.19	1900	1720	210	10^{18}	2.5
AlN	3.26	2250	1230	350	10^{15}	5.7

表 12-8 离子键硬质材料的性能

相	密度/(g/cm³)	熔点/℃	硬度(HV)	弹性模量/GPa	电阻率/(μΩ·cm)	热膨胀系数/$10^{-6}K^{-1}$
Al_2O_3	3.98	2047	2100	400	10^{20}	8.4
Al_2TiO_5	3.68	1894	—	13	10^{16}	0.8
TiO_2	4.25	1867	1100	205	—	9.0
ZrO_2	5.76	2677	1200	190	10^{16}	11(7.6)
HfO_2	10.2	2900	789	—	—	6.5
ThO_2	10.0	3300	950	240	10^{16}	9.3
BeO	3.03	2550	1500	390	10^{23}	9.0
MgO	3.77	2827	750	320	10^{12}	13.0

(1) 共价键材料具有最高的硬度，金刚石、立方氮化硼和碳化硼均在此组内。

(2) 离子键材料具有较好的化学稳定性。

(3) 金属键材料具有较好的综合性能。

过渡族金属的氮化物、碳化物和硼化物在超硬材料中占有特别重要的地位。图 12-5 给出了这三类材料性能的比较。我们可以根据具体的使用要求，利用这些图表及有关相图来寻找最合适的膜层和膜-基组合。

	增加 →
硬度	I M C
脆性	M C I
熔点	I C M
热膨胀系数	C M I
稳定性(以 $-\Delta G$ 作比较)	C M I
膜与金属基体结合	C I M
交互作用趋势	I C M
多层匹配性	C I M

图 12-4 三组硬质材料性能的比较

I—离子键；C—共价键；M—金属键

	增加 →
硬度	N C B
脆性	B C N
熔点	N B C
稳定性(以 $-\Delta G$ 作比较)	B C N
热膨胀系数	B C N
膜与金属基体结合	N C B
交互作用趋势	N C B

图 12-5 氮化物(N)、碳化物(C)和硼化物(B)性能的比较

利用 PVD 法(其中包括反应离子镀、溅射和磁控溅射、电弧蒸镀等)和 PCVD 法对高速钢刀具进行 TiN 镀层处理,是高速钢刀具的一场革命。氮化钛镀层保证高速钢刀具能在更高的切削速度、更大的进给量下切削,并使刀具的寿命延长。被处理的刀具除了滚刀、插齿刀之外,还包括钻头、端铣刀,各种类型的铣刀、铰刀、丝锥、拉刀、带锯和圆片锯,甚至于高速钢的刀片等。据报道,一些发达国家的不重磨刀具中,30%~50%是加涂耐磨镀层的。一些专家曾预言,国外在近年内,TiN 镀层刀具至少将占齿轮加工刀具市场的 70%。

12.2.3　超硬镀层改善刀具切削性能的机理

表面一层微薄的镀层对刀具能起到保护作用,甚至这种镀层在受到超过膜层厚度的磨损或经重磨时,从刀具的某些表面脱落之后,仍能起保护作用。镀层这种神奇的效果和作用是十几年来人们一直争论和研究的课题。

1. 刀具磨损现象及原因

图 12-6 是刀具磨损现象及造成磨损的原因。在切削过程中,切削热的大部分由切屑带走,少部分传给工件,高温切屑在刀具前刀面滑过。离开刀尖不远的地方温度最高,以此位置为中心所发生的磨损称为前刀面磨损,按其形状一般称之为月牙槽磨损。刀具的后刀面同被切削材料接触,由此产生的磨损称为后刀面磨损。前刀面的磨损主要是由切屑与刀具间的热扩散所产生的;后刀面的磨损主要是同被切削材料的摩擦所产生的。除此之外,还有热变形、粘接、碎屑的影响等。如果较为详细地区分,则刀具磨损的主要原因有:

(1) 刀具表面受到工件中硬组分的划伤,或者是刀具与切屑之间瞬时焊接,而后又被切屑打碎等过程造成的磨损。

(2) 刀具与工件之间的粘着磨损。

(3) 在切削刃处形成氧化膜,而后又脱落的氧化磨损。

(4) 切削速度高时,由于高温,刀具软化而造成的回火磨损。对于高速钢刀具来说,当刀尖温度超过 550℃时,特别严重。

(5) 刀尖温度高时,刀具材料扩散到切屑中而造成的扩散磨损。

(6) 由于刀尖负荷过大以及刃口热裂纹造成的崩刃等。

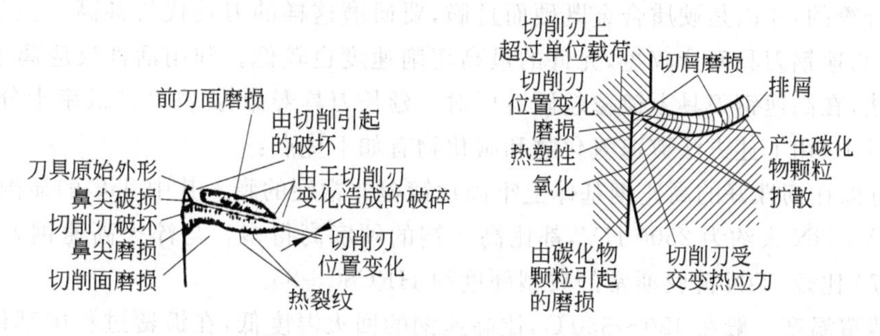

图 12-6　刀具的磨损现象及其原因

Wright 认为刀具在切削过程中存在着 7 种主要的磨损机理:粘着磨损,磨料磨损,断裂,氧化磨损,次生的粘着磨损,表面的塑性变形、扩散和溶解磨损,以及切削刃的塑性破坏。

实际上,切削过程中刀具磨损现象十分复杂。按照工件-刀具的组合方式不同,磨损机理可能是不一样的。刀具磨损主要发生在刀具表面,因此在刀具表面镀上一层硬度高、耐磨损、化学性能稳定、不易氧化、抗粘着性好并与基体附着牢固的镀层，能改善刀具的切削性能，提高刀具的耐用度，其效果也非常显著。

以降低粘着磨损为例，TiN、TiC 等超硬镀层有下述的作用：①减少切屑-刀具作用面的接触长度；②由于镀层的低摩擦系数，可减弱切屑-前刀面、工件-后刀面之间的摩擦；③从而可降低刀具的温度；④减少刀刃附近的粘着磨损，也可减少月牙槽区域的表面塑性变形；⑤减少粘着磨损，可减少形成积屑瘤的倾向，从而可以得到较好的加工面。

超硬镀层在减少各种磨损方面都有很好的效果。

Ramalingam 等人通过试验证明，前刀面的镀层对改善后刀面的耐磨性也起一定作用。因此，经常要重磨后刀面的刀具也适合镀制 TiN 等超硬镀层；而在另外一些场合，例如插齿切削中，由于切削速度较低，刀具变钝常常不是由于前刀面的月牙槽，而是后刀面的磨损，在这种情况下，后刀面镀层是十分必要的，可以通过重磨前刀面使刀刃锋利。对于这类刀具，一般要求刀面有大约 10～20 μm 较厚的镀层。

2. TiN、TiC 等作为高速钢刀具镀层的优点

作为刀具镀层，至少应该具备以下性质：①硬度高；②热稳定性好；③抗氧化性优良；④与被切削材料，特别是与钢铁等反应不敏感；⑤与基体附着牢固。对于刀具镀层来说，①、⑤两条要求是不言而喻的。②、③、④三条要求是为了防止在高温条件下，刀具与周围环境和被切削材料发生反应，引起粘着、氧化、扩散等。一般可以粗略地用生成自由能作为衡量这三条的标准。按照生成自由能大小的顺序（即碳化物，氮化物，氧化物的顺序）自由能越来越低，从而化合物越来越稳定。由于前刀面磨损主要是与切屑之间的热扩散而引起的，因此希望采用生成自由能低、化学性能更稳定的镀层（如 TiN）；而后刀面的磨损主要是和被切削工件相摩擦而产生的，所以希望采用高硬度、更耐磨损的化合物（如 TiC）。

通常，刀具寿命由下列标准之一来判断：①刀具完全破坏，例如图 12-6 中所示的刀尖破损；②切削时间，或刀具达到预先规定的磨损量（一般是通过月牙槽深度或后刀面磨损沟宽度来衡量）；③工件尺寸公差不能保证；④工件光洁程度严重降低。

高速钢是广泛使用的刀具材料，特别是对于形状复杂的刀具（如钻头、丝锥、铣刀）和一些尺寸精度要求严格的成型刀具（如滚齿刀等）更是这样。这些刀具用硬质合金制作，在经济上是不合算的，原因是硬质合金既硬而且脆，要研磨这样的刀具代价甚高。但是，与硬质合金比较，高速钢刀具寿命较短，允许的最高切削速度也较低。利用活性反应离子镀、反应溅射等方法，在高速钢刀具上镀覆超硬镀层对于延长刀具寿命、提高生产效率十分有效。在高速钢刀具上，用上述方法镀覆氮化物和碳化物有如下优点：

(1) 可以在韧性好的高速钢基体上牢固地镀覆非常硬的膜。其中 TiC 的显微硬度大约为 3000 HV，TiN 大约为 2500 HV，都比高速钢的硬度高得多。与淬火高速钢刀具的硬度 HRC65～70 比较，TiN 薄膜通常的典型硬度约 HRC80～85。

(2) 镀覆温度一般在 450～550℃，比高速钢的回火温度低，在镀覆过程中基体不变形，硬度也不发生变化，因此能用于精密刀具。

(3) TiN、TiC 这类化合物对普通钢的亲和力比对高速钢小，因此用这些化合物镀覆的刀具切削时排屑顺利，不易产生积屑瘤，并能得到较光滑的加工表面。

(4) 由于镀覆操作的真空度高，而且镀层厚度可以小到 2 μm，不会影响被加工表面的光洁程度。

(5) TiN、TiC 镀层与大多数工件材料之间的摩擦系数都较小；这些镀层的化学稳定性较好，抗氧化性、抗腐性优良，不与通常的工件起化学反应。

(6) 这些镀层可以耐高温，在金属切削产生的高温情况下，还可很好地保持上述的优良性能。

(7) 通过改变 Ti 的蒸发速率，反应气体的分压及其他工艺参数，能人为地控制薄膜的化学成分、结晶结构和沉积速率；采用同样的方法，根据不同的用途，能任意地得到各种碳化物、氮化物、氧化物或它们的混合物。

经过大量的实验和现场比较，人们目前得到的初步印象是：氮化钛用于高速钢切削刀具镀层最为理想。相比之下，碳化钛则常用于金属成型工具，例如冲头、心轴以及拉伸、弯曲、压缩、挤压、滚轧、螺丝滚压成型模具等。

实际应用的结果表明，即使只有 0.5 μm 厚的 TiN 镀层，由于具有上述特性，也可以提高刀具的耐磨性能；增加刀具抗粘着、焊接、擦伤、月牙槽磨损和形成积屑瘤的能力；减少发热并降低切削温度。这些因素又可以大大提高刀具的寿命，并且在大多数情况下，可以提高切削速度和进给量，即也可提高金属切削生产率。

3. PVD 和 CVD 两种工艺的对比

CVD 法最早用于烧结硬质合金刀片的镀层处理，至今仍在应用。现在已能成批生产各种单镀层，如镀 TiN 或镀 TiC；复合镀层，如镀 TiC-Ti(C+N)-TiN 的硬质合金刀具。刀具的韧性由硬质合金基体决定，刀具的耐磨性、抗热性、抗氧化性主要由镀层来保证。这种方法的基本步骤为：把要镀膜的部件或刀具装入反应器，抽真空而后引入载带气体和定量的反应气体。这种反应过程的驱动力是高温，工件要加热到 800～1100℃。这样就引起气体分解反应，并在工件表面形成希望的化合物镀层。例如，镀 TiN 镀层的反应为：

$$TiCl_4(\text{气}) + \frac{1}{2}N_2(\text{气}) + 2H_2(\text{气}) \longrightarrow TiN(\text{固}) + 4HCl(\text{气}) \tag{12-1}$$

$TiCl_4$ 就是所通入的提供 Ti 的反应气体，纯氮(N_2)或用氨(NH_3)提供氮，以形成 TiN 镀层。

高速钢刀具的 TiN 镀层处理主要采用三种 PVD 技术：活性反应离子镀、溅射(包括磁控溅射)、多弧离子镀。三者都在真空室中操作。

工艺温度高低是 CVD 和 PVD 之间的主要区别。温度对于高速钢镀膜具有重大意义。CVD 法的工艺温度超过了高速钢的回火温度，用 CVD 法镀制的高速钢工件，必须进行镀膜后的真空热处理，以恢复硬度。对于尺寸和形状要求严格的工件，镀后热处理会产生不能容许的变形。

CVD 工艺对进入反应器工件的清洁要求比 PVD 工艺低一些，因为附着在工件表面的一些脏东西很容易在高温下烧掉。此外，高温下得到的镀层附着性能要更好些。进行 PVD 处理时也常将工件的温度升到接近高速钢回火温度范围，以此来提高镀层的附着强度。

CVD 镀层往往比各种 PVD 镀层略厚一些，前者厚度在 7.5 μm 左右，后者通常不到 2.5 μm 厚。CVD 镀层的表面略比基体的表面粗糙些。假如对表面有较高要求，则可用研磨提高光洁程度，但工作量很大。相反，PVD 镀膜如实地反映材料的表面，不用研磨就具有很好的金属光泽，这在装饰镀膜方面十分重要。

CVD 反应发生在低真空的气态环境中，所以密闭在 CVD 反应器中的所有工件，除去支承点之外，全部表面都能完全镀好，甚至深孔、内壁也可镀上。这是由于CVD的气压较高，绕射性优良所致。

相对而论，所有的PVD技术由于气压较低，绕射性较差，因此工件背面和侧面的镀制效果不理想。PVD的反应器必须减少装载密度以避免形成阴影，而且装卡、固定比较复杂。在PVD反应器中，通常工件要不停地转动，并且有时还需要边转边往复运动。

在CVD工艺过程中，要严格控制工艺条件，否则，系统中的反应气体或反应产物的腐蚀作用会使基体脆化；高温会使TiN镀层的晶粒粗大。

比较CVD和PVD这两种工艺的成本是较困难的。有人认为，最初的设备投资PVD是CVD的3～4倍，而PVD工艺的生产周期是CVD的1/10。在CVD的一个操作循环中，可以对各式各样的工件进行处理，而PVD就受到很大限制。近几年，对上述各种因素进行比较可以看出，在两种工艺都可用的范围内，采用PVD要比CVD代价高。然而随着PVD系统的普遍应用和操作经验的积累，这种差别正迅速缩小。

用CVD需要进行二次热处理，这当然要增加初始投资和提高操作费用。对于这个问题，CVD的拥护者们有两种意见，一种建议使镀膜反应器也具有热处理的功能，即该反应器本身也是一个真空淬火炉，以减少投资；但另一种意见则认为，保持镀膜与热处理设备各自独立所具有的工艺上的灵活性更可取。

最后一个比较因素是操作运行安全问题。PVD是一种完全没有污染的工序。而CVD的反应气体、反应尾气都可能具有一定的腐蚀性、可燃性以及毒性，反应尾气中还可能有颗粒状、粉末状以及碎片状的物质，因此对设备、对环境、对操作人员都必须采取一定的措施加以防范。

近年来，采用等离子增强的化学气相沉积(PCVD)已经有可能把制取TiN超硬膜的温度降低到550℃，为在高速钢刀具上沉积超硬膜提供了极有发展前途的新方法。

习　题

12.1 表面改性分表面处理技术和膜沉积技术两大类，简述二者的方法和应用。

12.2 离子注入用于表面改性有哪些优点？有什么难点？

12.3 有机聚合物表面改性(放电处理)有哪些应用？

12.4 固体润滑膜包括以PTFE为代表的聚合物系，以MoS_2、WS_2为代表的硫化物系，和以Pb、Sn、Ag为代表的软质金属系。试从化学键和晶体结构角度分析这三类固体润滑膜产生润滑性的原因，并比较各自的优缺点。

12.5 超硬材料共有哪几类？从化学键和晶体结构角度，分别说明其超硬特性的理由。

12.6 简述切削刀具磨损的原因及多层硬质镀层提高刀具寿命的理由。

12.7 过渡族金属与H、B、C、N、Si等形式的合金往往是金属化合物，具有高熔点和极高的硬度。请画出下列超硬膜材料室温的晶体结构：

(a) 金刚石　(b) c-BN　(c) TiN　(d) TaN　(e) TiC　(f) AlN

(g) Si_3N_4　(h) Ti_2N　(i) Ta_2N　(j) TiB_2

第13章　能量及信号变换用薄膜与器件

13.1　能量变换薄膜与器件

从本节开始将讨论薄膜的物理功能。尽管这类薄膜一般说来很薄(几纳米至1微米)，但其发挥的作用却是不可替代的。表13-1列出与能量变换相关的现象，给出因输入端外部信号及其变化而引起输出端可利用的能量、信号及其变化的情况。

在这些现象中，与外部输入信号的大小相关，获得大变换输出功率的称为能量变换型；通过外部信号，激发材料内部特性发生变化而产生相关信号，为将其输出，需要从外部施加偏压并加以放大，称这种为能量控制型。其中，输出功率大的可以作为能源使用，输出功率小的可以作为信号变换装置用于信息技术。

最便于利用的能源形态是电能。目前，人类消耗能源中的大部分来自燃烧石化燃料(煤、石油、天然气等)产生的热。天然的直接能源除太阳能之外，还有地热、水力、风力、潮汐能等等。

利用石化燃料，首先遇到的是地球资源枯竭问题，还有燃烧引起CO_2增加和地球温暖化问题，以及因石油中含硫，燃烧产生SO_x及柴油机燃烧重油明显产生NO_x造成大气污染和酸雨问题等。目前，世界范围内对地球环境破坏极为关注，对清洁能源，特别是太阳能的利用寄予厚望。

太阳能利用最普遍的形式是太阳能热水器和太阳能电池。

13.1.1　光电变换薄膜材料

物质受光照射，吸收光能，内部电子被激发而向外放出，即产生光电子。与此相伴，产生光致电导或光致伏打效应。由Si、Ge等单质元素，Ⅲ-Ⅴ族化合物半导体(ⅢB族元素Al、Ga、In与VB族元素P、As、Sb相结合)，以及Ⅱ-Ⅵ族化合物半导体(ⅡB族元素Zn、Cd与ⅥB族元素S、Se、Te相组合)等半导体材料，利用pn结或肖特基壁垒等形成的电位势垒，将光能产生的传导电子与空穴分离，可制成发生光致伏打的光电池。目前这种太阳能电池正获得越来越广泛的应用。

太阳能电池是受太阳光照射而工作的光电池，其基本原理如图13-1所示。在带有受光面的半导体单晶，或非晶板的表面之下，制作pn结，其p区和n区分别与外电路相连接，在太阳光照射下，产生从p到n的电流。

为使太阳能利用更快普及，需要进一步降低太阳能电池，特别是更具普及意义的a-Si太阳能电池的价格。为此，需要在a-Si太阳能电池制造工艺的简化、低能耗、无公害、省工时、省原材料、辅助材料(例如基板)价格降低等方面不断改善。与此同时，还要保证电池特性不断提高。目前，Si系太阳能电池的效率已达12%以上，在成膜装置方式方面，已普遍采用一室对应一个处理工序的多室连续方式，以及为提高膜层质量的超高真空连续分离成

表 13-1 与能量变换相关的现象(一次能量经过各种现象、效应、作用、反应等,变为二次能量的形式)

一次＼二次	机械	热	电	磁	光	放射线	化学	备注
机械	摩擦,振动[①]	摩擦,压缩	压电,伸缩电阻变化,摩擦生电	伸缩磁效应	光弹性 音响光学效应		应力诱发相变	① 应力缓和
热	膨胀,收缩		热释电效应,热电效应,热电阻效应,热电子发射效应,超导,热电离	热磁效应,热磁相变	热致变色,热致发光,热致发色		相变,化学反应[②],热致状态变化	② 吸热反应
电	超声波振动 电致伸缩	焦耳热佩尔蒂效应	电感应现象,负阻效应,二次电子发射效应,场致电子发射效应,三极管效应,约瑟夫森效应	电磁感应	场致发光,电致发光,注入型发光,气体放电发光	X射线发射	电化学反应	
磁	电磁感应磁致伸缩		霍耳效应,磁致电阻效应,电磁感应	磁共振	磁光效应(磁双折射,克尔效应,法拉第效应)		磁化学反应	
光	光压力 光弹性	光热变换	光电子发射,光电二极管,光三极管,光电效应(光伏打效应,光电导效应)	光-磁作用[③] (激光)	荧光效应,光致变色,激光发生		光化学反应	③ (光致)热-磁作用
放射线			气体电离,二次电子发射,电子、空穴激发	康普顿效应		放射性衰变	放射化学反应	
化学	渗透压	化学反应热(放热反应)	电化学反应(效应,吸附电离)		化学反应(发色、退色)		化学反应	

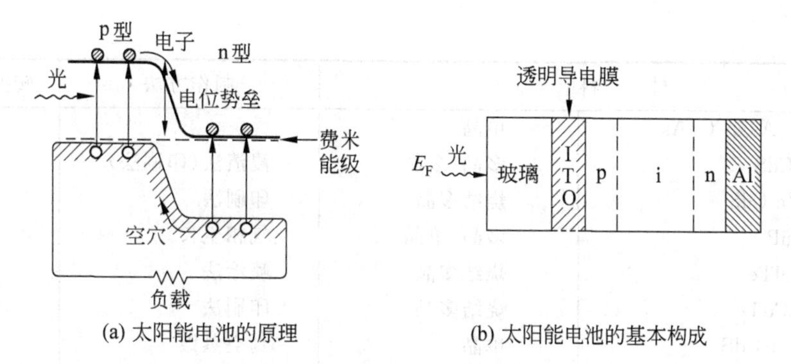

(a) 太阳能电池的原理　　(b) 太阳能电池的基本构成

图 13-1　太阳能电池的原理及基本构成

膜装置(图 13-2);在成膜方法方面,已普遍采用各种等离子体控制方式,以及利用光、ECR 等的 CVD 法等。总的说来,随着工艺进展,利用高速成膜法,已能获得高品质膜层。

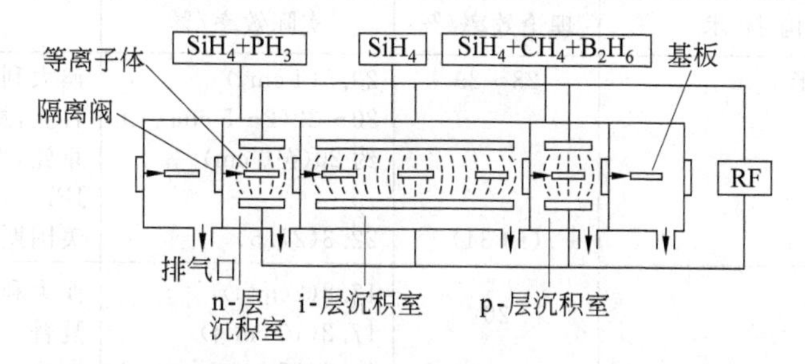

图 13-2　a-Si 太阳能电池制作用的超高真空连续分离成膜装置

(每个分离的成膜室都设有独立的排气系统、供气系统,且能在超高真空状态下工作)

从材料方面讲,宽能隙 p 型 a-SiC 窗口材料已获得广泛应用,为进一步提高太阳能电池的效率,正在开发新的 p 型层材料。此外,超晶格材料以及微晶材料也有采用。关于电池的结构,最新发表的多为多层结构(多能隙结构),而且,多晶硅及 $CuInSe_2$ 等晶体层与 a-Si 相组合的结构也在研究开发之中。

窄能隙 a-SiGe 材料由于采用传统的含氢系,因此特性不够理想。随着制膜技术的改进和发展,以及氟系 a-SiGe 的开发,已经获得光导电特性优良的膜层。表 13-2 给出太阳能电池用材料及早期的转换效率;表 13-3 给出近年来太阳能电池在材料、结构及转换效率等方面的进步。

表 13-2　太阳能电池用材料及早期的转换效率(截止到 1980 年,最新数据见表 16-1、表 16-2)

材　　料		制作方法	转换效率 η/%
Si	单晶(块体)	扩散	15
Si	单晶(条带)	扩散	10
Si	非晶态(膜)	辉光放电沉积	5.5～(8)
n-In_2O_3/p-Si	多晶/单晶	真空蒸镀	6
n-SnO_2/n-Si	多晶/单晶	气相生长	9.9
p-$(In_2O_3)_{0.91}(SnO_2)_{0.09}$/p-Si	多晶/单晶	气相生长	12
n-AlAs/p-GaAs	单晶(多晶)	气相生长	18.5
p-$Al_xGa_{1-x}As$/p-nGaAs	单晶	液相生长	18～20

续表

材料		制作方法	转换效率 η/%
n-$Al_{0.5}Ga_{0.5}As$/p-GaAs	单晶		14
p-Cu_2S/n-CdS	多晶/多晶	浸渍法(印刷法)	8
p-Cu_2STe/n-CdS	烧结多晶	印刷法	12
n-CdS/p-InP	多晶/单晶	气相生长	15
n-CdS/p-CdTe	烧结多晶	喷涂法	5～6
n-CdS/n-pCdTe	烧结多晶	印刷法	8
p-$CuInSe_2$/n-CdS	单晶	真空蒸镀	12
	多晶	真空蒸镀	6
p-$CuGaSe_2$/n-CdS	多晶	真空蒸镀	5

表 13-3　近年来太阳能电池在材料、结构及转换效率等方面的进步(最新数据见表 16-1、表 16-2)

材料	结构技术	理论效率/%	实际效率/%	发表机构
单晶 Si	倒金字塔形	28～29	23.5(4 cm^2)	澳大利亚新南威尔士大学
	V 形沟型		20～22(2～5 cm□*)	日立,夏普
			约 20(φ10 cm)	京瓷,大同 Boxen
				JPL
	点接触型	(约 34)	22.3(27.5)	美国斯坦福大学
多晶 Si(浇铸)	V 形沟型	20	17.8(2cm□)	澳大利亚新南威尔士大学
			17.2(10 cm□)	夏普
			16.4(15cm□)	京瓷
	a-Si 串列型	20～25	21(4 端子)	大阪大学
结晶 Si 薄膜	熔化结晶化型		5.9(4 μm)	电总研(日)
		20	16.5(60 μm)	三菱电机
	固相成长型		8.5(<10 μm)	三洋电机
结晶球状 Si	熔池中熔融除气		11.5(直径数百 μm) 挠性模块化	美国得克萨斯仪器
非晶态	a-Si 单一结型	15	13.2～12	三井东压,东京工业大学,大阪大学,三洋
	a-Si/a-Si 串列型	稳定化的	12(1 cm^2)～	富士电机
			8.9(30 cm×40 cm)	富士电机
	a-Si/a-Si/a-SiGe		13.7	美国 ECO
	a-SiC/a-SiGe/a-SiGe	稳定化的	10.4(1 cm^2)	夏普
化合物	GaAs 单一结型	27(约 34)	25.7(约 29.2)	美国 Spya
	InP 单一结型	26(约 33)	22	NTT,日矿,美国 Spya
	AlGaAs/GaAs 串列型	35(约 41)	27.6	美国 Baryan
	InP/GaInAs 串列型		(31.8)	美国 SERI
	GaAs/Si 机械堆叠型	35(约 42)	(31)	美国 Sandya 国立实验室
	GaAs/GaSb 机械堆叠型	34(约 41)	(35.8)	美国 Boeing
化合物薄膜	$CuInSe_2$	17～18	15.2	美国西门子太阳能工业
			约 9.7(3883 cm^2)	欧洲 Euro-Cis 计划
			17.6	松下电池
	$Cu(InGa)Se_2$		12(小面积)	英国 BP Solar
	CdTe		约 9.5(30 cm×30 cm)	

注：表中的效率是以 AM1.5 的太阳光为基准。()中的数据是指集光时的变换效率。* 方阻规格。

最近有人提出 GENESIS 计划(grobal energy network equippes with solar cells and international superconductor grids)，即在世界范围内，将太阳能电站发出的电力用超导电缆连接，建设全球规模太阳能综合供电网络的计划。

目前，在日本已有新阳光计划，美国有 Solar 2000 计划，欧盟(EU)有 Sahel 计划等。世界主要工业国家针对 21 世纪能源的综合需求和地球环境改善，将进一步推进包括太阳能电池在内的太阳能利用计划。

13.1.2　光热变换薄膜材料

13.1.2.1　光热变换膜

将光能变换为热的太阳能利用方式为太阳能热利用。实际采用的有太阳能房、太阳能热水器等，太阳能热发电也在试验中。后者是由太阳能获得的高温(850 K 前后)水蒸气，驱动透平发电。薄膜在光热变换系统中起着关键作用。

如图 13-3 所示，入射到样品表面的光，一部分被反射，其余部分被吸收。由此，样品的温度上升，与该温度相对应，样品表面会发生红外区的热辐射，从而失去其能量的一部分。为了高效率地进行光热变换，应尽量减少由反射或再辐射造成的能量损失，这是非常重要的。对于太阳光光源来说，尽管不同波段光的吸收、辐射特性有所不同，但对其都应该满足吸收大、辐射小的条件。

图 13-4 给出太阳辐射谱(在地表，由受光面接收的光谱)与被加热黑体表面辐射谱的比较。光谱及其强度因在大气层外和在地表而有所差异。图中，$m^*=0$ 表示大气层外，$m=1$ 表示太阳在正上方，$m=2$ 表示太阳从正上方倾斜 60°角时，分别在海平面上得到的测量值。图中虚线表示将太阳近似为 6000 K 黑体时的辐射谱，其中忽略了大气的吸收。

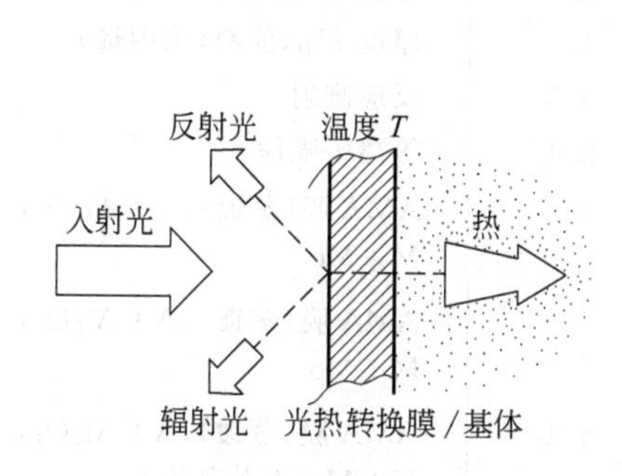

图 13-3　光入射到材料表面的光、热转换示意

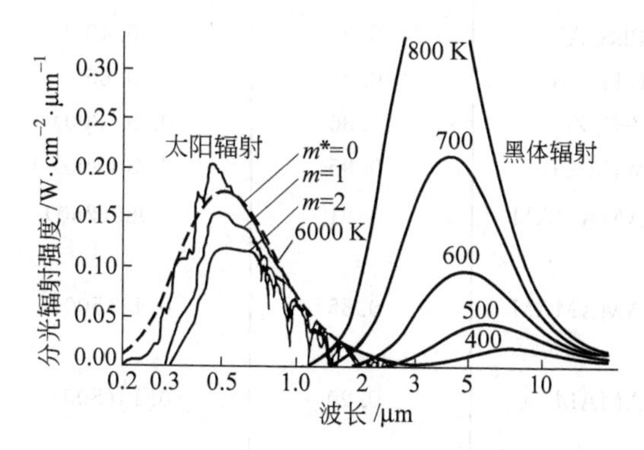

图 13-4　太阳辐射谱与黑体表面辐射谱的比较
(m^* 是表示受光面状况的参数，意思是大气路程(air mass))

波长 2 μm 以下的辐射占太阳辐射量的 90%，而在 0.2～2 μm 波长范围内，以可见光区域(0.3～0.8 μm)为中心向外扩展。若在波长 2 μm 附近，采用具有反射率急剧从 0 变为 1 的光选择吸收面，则可使波长 2 μm 以下的太阳光几乎被完全吸收，而波长 2 μm 以上的红外辐射(称反射率急剧变化的波长 λ_c 为截止波长)难于反透。

13.1.2.2　光选择特性膜

光发生透射吸收时，显示出波长选择特性，这对于光热变换系统是需要认真考虑的。虽然要依使用目的来确定光学特性，但有些共性因素，如截止波长可任意选择、材料价格低廉、变换系统容易制作从而价格较低等，都是很重要的。

为实现选择膜，需要考虑的因素有：①利用材料的固有特性；②设计成多层干涉膜；③利用几何学的微细结构表面等。

表 13-4 给出光选择膜材料及相应的特性。与 20 世纪 80 年代相比，由于太阳能电池技术获得显著进步，与太阳能光发电相比，太阳能热发电进展迟缓。

表 13-4 光选择膜材料及相应的特性

(a) 选择透射膜

材　料	可见光透射率 $T/\%$	红外光反射率 $R/\%$	说　明
$In_2O_3(Sn)/Py$①	75～85	80～85	$T_{0.5\mu}\approx 92\%$
$In_2O_3(Sn)/Py$①	～90	80～85	防反射多层膜 $MgF_2/In_2O_3/Q$②$/MgF_2$
$SnO_2(Sb)$	～80	70～75	$T_{0.5\mu}\approx 85\%$
Cd_2SnO_4	～90	～90	
$TiO_2/Ag/TiO_2/Py$①	65～70	85～95	$T_{0.5\mu}\approx 90\%$($T\to$大，$R\to$小)

(b) 选择吸收膜

材　料	吸收率 α_s	发射率③ ε	α_s/ε	说　明
SiO/Ge/Al	0.9	<0.05	≳20	真空蒸镀：$\alpha_{0.5\mu}\approx 1.0$ 也可采用 SiO/Si/Al 系
$SiO_2/Si/Al$	0.65	0.12(40)	5.4	真空蒸镀；也可采用 $SiN_xO_y/Si/Ag$ 系
PbS/Al	0.90	0.40	2.3	厚度 2.5μ；涂料(硅酮)
CdTe/Al	0.85	0.65	1.3	厚度 25μ；涂料(聚丙烯)
ZrC/Zr	0.80	0.24(800)	3.3	反应溅射
WC+Co	0.95	0.40(600)	2.4	等离子喷涂
AMAMAM	0.91	0.085(260)	10.7	AMA 膜(蒸镀)，A：Al_2O_3，M：Mo
AMAMAM	0.85	0.11(500)	7.7	AMA 膜(蒸镀)，A：Al_2O_3，M：Mo
AMAM	0.90	0.14(800)	6.4	AMA 膜(蒸镀)，A：Al_2O_3，M：Mo(石英基板)
SiO/Al/SiO/Al	>0.90	<0.04	～22	AMA 膜(蒸镀)，A：Al_2O_3，M：Mo
Cu_xO_y	0.90～0.93	0.11～0.16(<100)	6～8	Cu 基板：化学处理
Cu_xO_y	0.93～0.96	0.16～0.12(100)	6～8	Al 基板：电镀
Cr_xO_y	0.90～0.96	0.10～0.12(100)	8～9	镀 Ni 基板：电镀
Cr_xO_y	0.95	0.20(350)	4.8	镀 Ni 基板：电镀
Cr_xO_y	0.98	0.90(900)	≈1.0	涂料
FeO_x	0.90	0.07(90)	12.8	钢基板：化学处理

续表

(b) 选择吸收膜				
材 料	吸收率 α_s	发射率[3] ε	α_s/ε	说 明
NiS-ZnS	0.91～0.94*	0.11～0.07* (100)	～13.7*	镀 Ni 基板：电镀 *：2 层法
W	0.96	～0.3	3.2	不锈钢基板：CVD，树脂状结晶
	0.86*	0.2*	4.3*	*：沉积 Au

① Py：商品牌号为 Pyrex 的硼硅酸玻璃(耐热玻璃)基板。
② Q：石英基板。
③ 括号中的数字表示温度(℃)。

13.1.3 热电变换薄膜材料

在将热能直接变换为电能的过程中，以薄膜或表面形态而起作用的固体材料有热电材料、发射(emitter)材料等等。

13.1.3.1 开发现状

迄今为止，以在热电装置或热电元件中实用为目标，已研究开发过多种热电变换材料。一般说来，除绝缘体之外，许多物质都显示出热电现象。但半导体材料的热电现象比金属材料更为明显，前者的大小是后者的 2～3 个数量级。目前，最具实用意义的，主要是掺杂半导体材料。

热电发电用材料，依其工作温区可分为低温用(<500 K)、中温用(500～900 K)、高温用(>900 K)等几大类。按物质系统分类，有硫属化合物系材料，过渡金属硅化物，特别是 $FeSi_x$ 系材料，硅-锗(Si-Ge)系材料，硼系材料及非晶态材料等。表 13-5 给出这些材料的特性。

13.1.3.2 开发目标

热电材料的效率 η，与性能指数 Z[1] 相关并由其决定。Z 可由下式表示：

$$Z = \alpha^2/\kappa\rho \qquad (13\text{-}1)$$

式中，α 为塞贝克系数；κ 为热电材料的热导率；ρ 为电阻率。可以看出，κ、ρ 越小，α 越大，Z 值越大。当传导是由导带电子决定时，α、ρ、κ 与载流子浓度的关系如图 13-5 所示，载流子浓度最高时，Z 取最大值。作为材料物质的特性，若由元素的组合、构成等决定的晶体结构确定之后，α、κ、ρ 等参数也就大体上确定了。

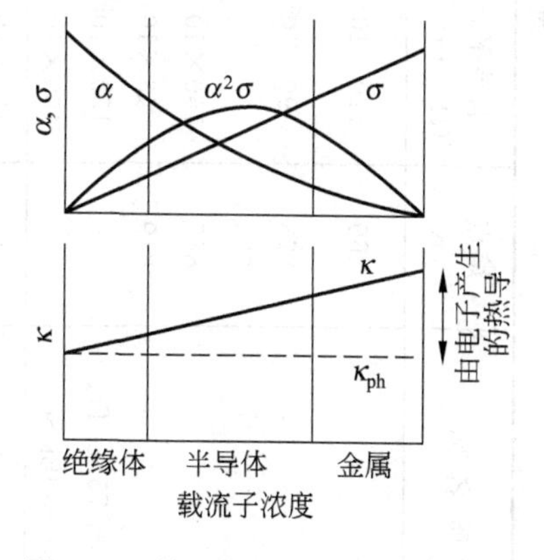

图 13-5 热电材料的 α,ρ,κ 与载流子浓度的关系($\sigma=1/\rho$, $z=\alpha^2\sigma/\kappa$)

① 基于半导体能带理论，按照 Joffe 规则，热电材料的性能指数 Z 应受条件 $Z_{max}T=1$ 的限制，这在 1990 年前后已被公认。但是，后来 C. B. Vining 提出“存在超越此界限 Z 值”的见解，从而引人注目。

表 13-5 各类半导体热电材料

	物质名称	熔点 /K	电导率 σ /($\Omega^{-1}\cdot m^{-1}$)	热导率 κ /(W/(m·K))	热电系数 α /(μV/K)	性能指数 Z /$10^{-3}K^{-1}$	禁带宽度 E_g /eV②	热效率 η /%③
低温用（<500 K）	Bi_2Te_3	860	120×10^3	2.0	+250(p) −300(n)	2.6 2.2	0.15	
	Sb_2Te_3	893	90×10^3	4.7	+70(p)		0.30	
	Si_2Se_3	979		2.4	−100(n)		0.275	
	Sb_2Se_3	885	150×10^3	1.4	+1200(p)		1.2	
	ZnSb	819	43×10^3	1.6	+220(p)	0.7		
	$25Bi_2Te_3+75Sb_2Te_3$		150×10^3	1.4	+160(p)	2.8		
	$70Bi_2Te_3+30Bi_2Se_3$		100×10^3	1.2	−170(n)	2.4		
中温用（500～900 K）	PbTe	1177	120×10^3 150×10^3	2.5	+445(p) −420(n)		0.296	
	PbSe	1335		4.1	+260(p) −290(n)		0.27	
	$Bi(Si\cdot Sb_2)$		110×10^3	1.5	+195(p)	2.5		
	$Bi_2(Ge\cdot Se)_3$		95×10^3	1.6	−210(n)	2.5		
高温用（>900 K）	$CrSi_2$	1823	110×10^3	10.0	+100	0.58(900 K)		6.9
	$MnSi_{1.73}$	1423	40×10^3	8.0	+120			3.5
	$FeSi_2$	1233①	13×10^3	12.0	±250	n:0.8 p:0.95 (900 K)		3.1
	CoSi	1733	670×10^3	19.0	−70			8.5
	$Ge_3Si_{0.7}$					1.0(1100 K)		
	$GdSe_{1.49}$					1.0(1000 K)		
	$Cu_{1.97}Ag_{0.03}Se_{1.0045}$					0.95(1000 K)		
	χ-AlB12					0.04 (1000 K) 0.8 (1700 K)		
	β-B					0.24 (1000 K) 0.5 (1700 K)		

①$FeSi_2\rightarrow Fe_{1-x}Si_2+FeSi$ 分解反应显著发生的温度；②300K 时的数据；③现在可获得的最大效率。

但是，如果人为地改变材料的晶格结构，使其变为非对称结构，或者通过多层化，能做到使材料组织中的电子传导与声子传导相分离，则有可能使热电变换效率飞跃性地提高。这样的材料，作为人工超晶格或组合组织，需要进行人工设计。由于采用了立体的各向异性结构或特殊的叠层结构，其载流子输运过程的分离所利用的是各层面载流子输运特性(lateral characteristics)跟面(层)间特性(vertical characteristics)的差异。为了进一步增大 η，需要提高高温结合部的温度 T_h，增大 T_h/T_c。为此，作为热电材料，需要耐高温。与此同时，开发使用温区在高温，且能获得更大 ZT 值的材料也是很重要的。

考虑到二维结构的热电发电材料和热电发电系统，针对实用，它也是供热介质。作为大功率输出系统的能源，需要相当大的热容量。从这种意义上讲，热电发电材料总体上需要做成大质量、大体积的单元(unit)。

对于这种二维结构的热电材料系来说，需要将电绝缘层和载流子传导层相互交替的单位堆积层进行多层重叠，使单位发电系的厚度至少达到数毫米。因此，高沉积速率、高效率地制作具有这种异种膜构造的复合层是极为重要的。

薄膜形态可以发挥材料更多、更高的性能。为了在二维、层间插入结构、积层结构及超晶格结构等的形成过程中，将可以控制成分的材料合成过程与可控制构造的结构合成过程这两种功能相组合，成膜过程设计及其有效的应用是极为重要的。

13.1.4　热电子发射薄膜材料

处于高温的金属或某些金属化合物，可发射热电子。常作为热发射灯丝而应用的电子源，采用的就是高效率的热电子发射材料。受热激发的金属内部电子，当其能量超过称为功函数的能垒之后，就可从表面向真空中放出，并被外部电极的表面捕获。从表面发射电子的电流密度，与功函数和温度之间的关系可由 Richardson-Dushmann 公式给出，即

$$J_s = AT^2\exp(-\phi_E/kT) \tag{13-2}$$

式中，ϕ_E 为功函数；A 为 Richardson 常数，$A=4\ \pi mek^2h^{-3}$。

功函数在材料表面上是非均匀的，因材料制作工艺不同，功函数也有大幅度的变化。此外，温度不同，对表面状态也有很大影响。除高熔点金属之外，表 13-6 给出过渡金属的碳化物、氧化物、氮化物、硼化物等高熔点金属化合物的功函数。鉴于上面谈到的理由，表中的数据仅作为大致的参考指标。

熔点高于 2000℃，功函数 $\phi_E<3$ eV 的材料，可用于实际的热电子发射器。

13.1.5　固体电解质薄膜材料

固体电解质是固体离子的传导体，对特定的离子选择性地显示出大的传导性。这类材料常温下的电导率大致为 $10^{-5}\sim10^{-1}\Omega^{-1}\cdot\text{cm}^{-1}$。

具有质子传导性的固体电解质膜，可有效地用于水的电解及氢、氧燃料电池，人们正期待性能优良的陶瓷系质子传导体的实用化。

β-三氧化二铝($Na_2O\cdot11Al_2O_3$)是人们所熟知的钠离子传导体。由 Na/β-Al_2O_3/液态硫＋多硫化苏打组合而成的钠-硫电池，作为汽车用电池早已受到人们的注目。

表 13-6　热电子发射材料[①]的功函数 ϕ_E 和 Richardson 常数 A

	ϕ_E/eV	A		ϕ_E/eV	A	ϕ_E/eV	参考：高熔点金属的 ϕ_E/eV
CaO	2.24	—	TmB_6	2.75	—	3.0(CrB, LuB_6, USi_2)	
Cr_2B	2.46	—	ThB_6	{— / 2.92	0.53 / 0.3	3.1(Cr_3B_4, CrB_2, YbB_6, TaC, ThN, UN)	W(多晶体)：4.52
Cr_5B_3	2.72	—					
ScB_2	2.90	4.6	YB_6	2.22	—	3.2(ThB_6, YSi_2, VSi_2)	Mo(多晶体)：4.38
TaB_2	2.89		LaB_{12}	2.16	—	3.3(Nb_3B_2, FeB, UB_2)	Ta(多晶体)：4.23
YB_4	2.08	4.47×10^{-2}	CeB_{12}	2.20	—	3.4(UB_4, BaB_6, YB_6)	Re(多晶体)：4.85
GdB_4	{2.05 / 1.45	10^{-3}	UB_{12}	2.89	—	3.5(HfB_2, TiC, ThC_2)	
CaB_6	2.86	2.6	ZrC	{3.2-3.8 / 2.18	0.31	3.6(FeB, ZrB_2, NbC, WC)	
SrB_6	2.67	0.14	HfC	2.04	10^{-5}		
ScB_6	2.96	4.6	UC	2.70	—		
CaB_6	{2.06 / 2.68	29 / 73	VN	2.75	—		
			TaN	1.35	—		
CeB_6	{2.59 / 2.93	3.6 / 580					
GdB_6	2.06	0.84	{A:				

① 作为实用的热电子发射材料，应在高温蒸发损失小、不易变形及尖端化的高熔点材料中选择。特别是那些 Richardson 常数 A 大，功函数 $\phi_E \leqslant 3$ eV 的材料是优选对象。

人们一般已熟知的氧离子传导体，有稳定化的二氧化锆等，它作为高温燃料电池可以用于 1000℃以上。

燃料电池是将化学能直接变换为电能的电化学装置，它从外部向正极提供 O_2 或空气等，而向负极提供乙醇(CH_3OH)、碳水化合物等，通过电化学反应不断从负极向正极输送电子流。为了促进电极反应，提高发电效率，一般需要将电极作成多孔物质，还需要附加触媒等等。图 13-6 表示燃料电池的工作原理。

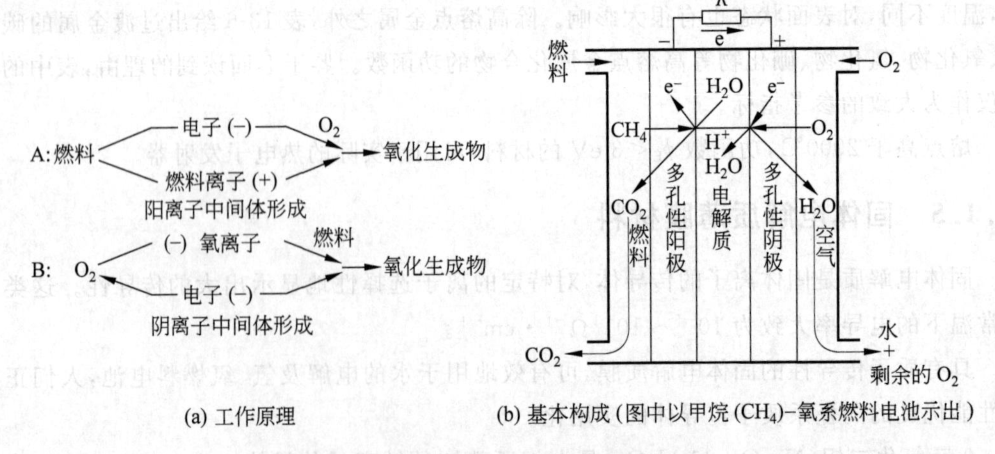

(a) 工作原理　　(b) 基本构成(图中以甲烷(CH_4)–氧系燃料电池示出)

图 13-6　燃料电池的工作原理及基本构成

二氧化锆基氧离子传导固体电解质作为氧气传感器也广泛用于工业炉中气体氛围调整，工业排水、汽车排气等的控制监测等。除此之外，固体电解质还可用于 S、SO_2、Na 等的蒸气或气体的检测传感器。具体实例有 S/CaS、SO_2/K_2SO_4、Na/$Na_2O\cdot 11A_2O_3$(β-Al_2O_3)等系统。

13.1.6　超导薄膜器件

13.1.6.1　超导现象

对于某些纯金属、合金、金属间化合物、陶瓷、有机金属化合物等来说，存在物质固有的转变温度 T_c(称为超导临界温度)，当温度降低到 T_c 以下时，其直流电阻变为零。这种现象即为超导现象。T_c 时发生的相变为二次相变，相变时电子比热呈不连续变化。在超导状态下，可观察到永久电流、迈纳斯效应、磁通量子化、约瑟夫森效应等许多特异的性质。

温度低于 T_c 时，即使外加磁场，磁通也只能进入到自表面算起 10^{-7} m(100 nm)左右的深度(迈纳斯效应)。在超导现象中，由于声子的介入，形成具有反平行自旋的电子对[称为库柏对(Cooper pair)]。库柏对的存在据认为是显示超导性的原因。依这种电子对展宽程度的不同，超导体可分为下述两大类：

(1) 第 1 类超导体(软超导体)　利用超导态与常导态自由能之差，可确定临界磁场(H_c/T)的大小，当磁场超过 H_c 时，超导状态被破坏，磁通进入导体，超导态变为常导态。单质金属超导体大多属于这一类。

(2) 第 2 类超导体(硬超导体)　在低于材料固有临界磁场 H_c 的第 1 临界磁场(H_{c_1})下，磁通开始进入导体，在高于 H_c 的第 2 临界磁场(H_{c_2})下，磁通进入整个导体，实现超导体向常导体的二次转变。图 13-7 表示超导的基本现象。

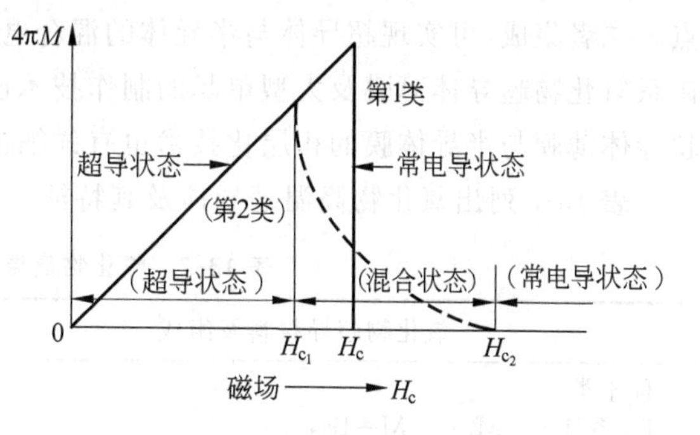

图 13-7　超导的基本现象①

13.1.6.2　超导的应用

在能源工程方面，由于 T_c 以下超导体的电阻变为零，可在不发生焦耳热的前提下，流过大电流。超导体的这种特性可用于磁铁线圈(各种发电、电动装置，变压器等)，电力传输，永久电流贮能等；基于迈纳斯效应的磁悬浮，可用于工业传输机器人及交通工具等；在微电子及计算机行业，利用磁通量子化的超导量子干涉计(superconduction quantum interference device，SQUID)、约瑟夫森器件等可用于高灵敏度磁强计、电流计、电压计及高速信号测量，还可用于运算存储器件等。过去曾利用 T_c 较高的 NbN(16～17 K)、Nb 金属及化合物，通过导体层、绝缘层等系统的调节，研究开发 Nb 系约瑟夫森器件等。

① 对于第 1 类超导体来说，超过临界磁场(H_c)时，超导态破坏而转变为常导态；对于第 2 类超导体来说，在低于临界磁场 H_c 的第 1 临界磁场 H_{c_1} 下，磁通开始进入导体，而在第 2 临界磁场 H_{c_2} 下，超导态转变为常导态。

具有 NaCl 型(Bl)晶体结构的过渡族金属氢化物、碳化物，早在 20 世纪 50 年代就作为超导材料而引起人们的注意，并有人开始 NbN 的研究。

20 世纪 70 年代后半期，有人采用 Pb-Sn 系超导合金制成约瑟夫森器件，但工作时由于在极低温(小于 4 K)与常温之间往返，熔点较低的 Pb-Sn 合金中会长出小丘(hillock)，进而引起绝缘层破坏等，从而很难实现长时间稳定工作。为了解决这一问题，不采用 Pb 合金的成分，而是采用比 Pb 的 T_c 更高(15～16 K)，熔点和硬度也极高，属于难熔材料(refractory materials)的 NbN(熔点 2200～2300℃)等，并由此开发出约瑟夫森集成电路以及各种传感器(例如亚毫米波探测器、X 射线探测器)等。

13.1.6.3 高温超导体

尽管超导材料具有上述优点，但由于低温冷却设备复杂，运行费用昂贵，显然在经济上处于不利地位。因此，提高 T_c(最好达到液氮温区以上)是人们长期以来追求的目标。1985 年人们发现 A15 型超导体 Nb_3Ge 的 T_c 为 23 K(当时最高)，1986 年氧化物超导体的发现，引起全世界的关注。经过诸多研究者的努力，新材料体系接连发现，T_c 指标不断攀升。例如，1987 年 $YBa_2Cu_3O_7$ 的 T_c 为 90 K，1988 年 $Bi_2Sr_2Ca_2Cu_3O_{10-\delta}$ 的 T_c 为 110 K，Tl 系($Tl_2Ba_2Ca_3Cu_4O_{11-\delta}$)的 T_c 达到 130 K。此后，到 1990 年，HgBaCaCuO 系材料的 T_c 提高到 135 K。

在此之前，虽然金属系超导体在微电子学领域的应用对象也是约瑟夫森器件，但在液氮温区以上的氧化物超导体的工作温度下，半导体也能正常工作，而且还有噪声低等许多优点。二者集成，可实现超导体与半导体的混合电路，从而集成电路的内涵将更加丰富。钙钛矿系氧化物超导体薄膜及大型单晶的制作技术已有大量专著和专论可供参考。此外，关于超导体薄膜与半导体膜的积层化技术也有详细报道，请参见专门文献。

表 13-7 列出氧化物高温超导体及其特征。

表 13-7 氧化物高温超导体及其特性

氧化物超导材料及组成		转变温度 T_c/K	发表年月
稀土类			
La 系 $(La_{1-x}M_x)_2$　M＝Ba,		30	1986，4-11
Sr,Ca		20，40	1986，12
Na		40	1987，3
Yt 系($LnBa_2Cu_3O_7$-　Ln-Yt,La,Nd,Sm,		90	1987，2-3
$Y_2Ba_4Cu_8O_{16}$-)　Eu,Gd,Dy,Ho,		80	1987，8
Tm,Yb,Lu			
非稀土类			
Bi 系　$Bi_2O_2 \cdot 2SrO \cdot (n-1)Ca \cdot nCuO_2$			
$Bi_2Sr_2CuO_6$-	(2-2-0-1)	7～22	1987，5
$Bi_2Sr_2CaCu_2O_8$-	(2-2-1-2)	80	1988，1
$Bi_2Sr_2Ca_2Cu_3O_{10}$-	(2-2-2-3)	110	1988，3
$Bi_2Sr_2Cu_3Cu_4O_{12}$-	(2-2-3-4)	～90	1988，9
Tl 系　$Tl_2O_2 \cdot 2BaO \cdot (n-1)Ca \cdot nCuO_2$			
$Tl_2Ba_2CuO_{6-\delta}$	(2-2-0-1)	20～90	1987，12

续表

氧化物超导材料及组成		转变温度 T_c/K	发表年月
$Tl_2Ba_2CaCu_2O_{6-\delta}$	(2-2-1-2)	105	1988，2
$Tl_2Ba_2Ca_2Cu_3O_{10-\delta}$	(2-2-2-3)	125	1988，3
$TlO \cdot 2BaO \cdot (n-1)Ca \cdot nCuO_2$			
$TlBa_2CaCu_2O_{7-\delta}$	(1-2-1-2)	70～80	1988，5
$TlBa_2Ca_2Cu_3O_{9-\delta}$	(1-2-2-3)	110～116	1988，3
$TlBa_2Ca_3Cu_4O_{11-\delta}$	(1-2-3-4)	130	1988，5
$TlBa_2Ca_4Cu_5O_{13-\delta}$	(1-2-4-5)	<120	1988，5
其他系， 水银系等			
$(Nd_{0.8}Sr_{0.2}Ce_{0.2})_2CuO_4$		27	
$(Ba_{1-x}M_x)BiO_3$ M=K,Rb	(x～0.4)	30	
HgBaCaCuO		135	1990

13.2 传　感　器

13.2.1 传感器的种类及材料

所谓传感器，是指可接受外界信息（刺激），如光、热、磁、压力、加速度、湿度、环境气氛等，并能在体系内变换为可处理信号的器件。传感器是机器设备接受外部信息的“五观”，是执行动作的信号源。表 13-8 汇总了与薄膜材料及加工技术相关的各种传感器及所用材料等。

表 13-8 各种传感器及所用材料

检测对象	利用的效应	器　件	采用的材料
光	光伏打效应	光电二极管	红外：HgCdTe，PtSi/Si 可见光：Si，a-Si∶H X 射线：Si，CdTe
		雪崩光电二极管	可见光：Si
		光电三极管	可见光：Si，Ge，GaAs/Ge
	光导电效应	光导电电池，摄像管	红外：HgCdTe，GaAs/AlGaAs 可见光：CdS，CdSe，a-Si∶H
	光电子发射	光电管	Sb-Cs，Cs-Te，GaAs
	热释电效应	热释电传感器	红外：PZT，PLT
	约瑟夫森效应	超导元器件	红外：$Nb/Al_2O_3/Nb$
磁	霍耳效应	霍耳元件	InSb，GaAs，Si
	磁致电阻效应	半导体磁致电阻效应	InSb
		磁性体磁致电阻效应	Ni-Co，NiFe
	约瑟夫森效应	SQUID	Nb，NbN，高温超导体
力（压力，加速度）	压电阻效应	压电阻元件	Si，poly-Si，SiC，Cr-Mo
	固有振动	振动式压力传感器	Si
湿度	电阻变化	湿度传感器	$MgCr_2O_4$-TiO_2，ZrO_2-MgO
气体	电阻变化	气体传感器	SnO_2，TiO_2，In_2O_3
温度	热释电效应	热释电传感器	PZT，PLT
	电阻变化	热敏电阻	SiC，a-Si∶H，MnO_2
	塞贝克效应	热电偶	

传感器种类繁多,若着眼于应用,可分为工业用传感器和生物医学用传感器两大类。后者除用于医疗诊断、监测以及机器人之外,近年来又出现环境友好型,特别是舒适型传感器等。

表13-9是按上述方法对传感器的分类。工业用传感器一般与生产活动紧密相关,在技术上已相当成熟,本章后面的内容中多有涉及。本节主要针对生物医学用传感器进行简单讨论。但无论是工业用传感器还是生物医学用传感器,其工作原理及涉及的材料并无本质区别。

表13-9 传感器的分类

按用途分类	按工作原理分类	
工业用传感器 1. 生产技术用 (工业生产所必需的环境、气氛条件的监视、控制等) 2. 生活保证用 (工业生产中生活环境、气氛条件的监视、控制等)	物理传感器 光(视觉)传感器 磁传感器 压力传感器 触觉传感器 应变传感器 温度传感器 音响传感器等	化学传感器 气体传感器 物质传感器 湿度传感器 离子传感器 生物传感器等
生物医学用传感器 1. 医疗活动及医疗生活的支援 2. 为保证及维持上述所需的环境、气氛等应进行的监视、控制等	物理传感器 光(视觉)传感器 磁传感器 压力传感器 触觉传感器 应变传感器 温度传感器 音响(听觉)传感器等	化学传感器 气体传感器 湿度传感器 离子传感器 生物传感器 电化学传感器 物质传感器 味觉传感器 触觉传感器 气味传感器等

13.2.1.1 工业用传感器

对工业用传感器的要求,一是从生产系统方面提出,二是从生产过程方面提出。除了反应灵敏性和动作快捷性之外,二者最为重视的是动作的可靠性。要实现动作的可靠性,既涉及与器件结构、安装等相关的硬件方面的问题,又涉及与监测过程相关的软件方面的问题。

概括说来,生产系统和生产过程的基本要求包括:在节省资源、能源的前提下,达到更高的技术水平;在自动控制的最佳作业条件下,对废弃能源及副产品进行有效回收,以最低的能源及原材料消耗,达到最高效率,最终低成本地生产出最适品质(不一定追求不需要的过高性能和品质)的产品。为此,需要做到:

① 确立大规模的、复合化的生产系统(大容量连续生产系统,以及与外界隔离的封闭生产系统等)。

② 提高作业环境的整体可控制性。对重点特殊作业环境加强监视,以保证高品质生产系统正常运行。

③ 超微细加工过程的控制。

④ 工艺条件向极端环境领域的扩展(超高温、超低温、超高压、等离子体气氛等)以及与之相关的监测、控制等。

⑤ 为适应资源、环境的变化,需要确立满足地表、大气、海洋等广阔领域要求的监视系统(监测传感器体系)。

⑥ 制作并采用高度智能化的机器人以及人工智能机器等。

以上所述对工业用传感器提出越来越高的要求。

13.2.1.2　生物医学用传感器

1. 医疗传感器

我们的日常生活与工业技术的关系越来越密切，医疗、保健、人体功能的恢复、体质的增强及老年人的生活护理等都离不开各式各样的传感器。随着居家环境的信息化、智能化等更舒适生活的实现，传感器在家庭中的应用将与日俱增。

2. 生物传感器

生物物质中，有许多具有卓越的分子识别功能。例如，酵素(酶)—基质、抗体—抗原，以及其他的组合等等。若将这些功能巧妙地组合，则可以构成生物传感器。生物功能性人工膜的成功应用大概就属于这方面的实例。

生物传感器的原理如图 13-8 所示。固定于高分子膜等固体载体之上的生物物质，通过分子识别、选择性吸收，引起化学反应。与之相组合的识别元件(膜)可识别所发生的物理化学现象。由二者组合构成的电化学器件可将上述反应和现象变换为电气信号。

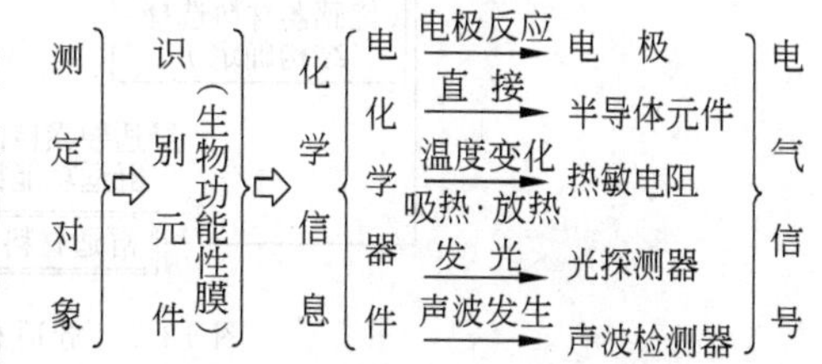

图 13-8　生物传感器的原理图

利用生物物质可构成酵素(酶)传感器、微生物传感器、器官反应传感器、免疫传感器等。

以酶传感器为例，其所利用的是酶的基质选择性和选择性的触媒功能，并以酵素膜及电极系统为基本构成要素。关于检测系统，大部分涉及溶液中的过程：浸在检测液中的酵素膜与溶液中的基质相接触，通过触媒反应，造成反应物质的浓度变化，进而引起溶液中电极系统的电流变化或电位变化，并产生相应的输出信号。

3. 生物电子学传感器

生物电子学传感器是使生物分子与电子元件相融合的传感器，近年来发展极快的生物芯片就是其典型代表。离子感应性 FET 就是在 FET 的栅极表面，涂敷离子感应性膜。由于栅极上形成了酵素薄膜，从而该 FET 就具备了酵素的分子识别功能。这种传感器具有微小型、多功能、智能化等特点，人们正期待其实现产业化。

半导体技术与生物科学技术相融合将开辟新的学科及产业领域，并对工业生产和人们的生活产生不可估量的影响。

13.2.1.3　传感器与舒适材料

随着世界经济活动的频繁，工业生产活动的扩大，人口激增及人们生活的现代化，地球环境受到日趋严重的破坏。从改善人居环境和环境友好的理念出发，在材料科学领域，需要开发下述三类材料：

① 舒适(amenity)材料；

② 前沿(frontier)环境材料；

③ 环境协调材料。

“舒适材料”是一个新术语，其基本含义是：这种材料应满足人类与生存环境的适应性、协调性。环境舒适与否应由人的感觉来判断。舒适的环境可保障我们高质量的生活、健康长寿。如图 13-9 所示，由舒适材料制作的传感器能模仿人的五官，通过听、视、触、闻、尝等，接受环境的刺激，并对音、色、软硬、气味、味道进行检测、辨别，产生相应的信号，对执行机构发出指令进行控制，最终目的是创造更舒适的环境。

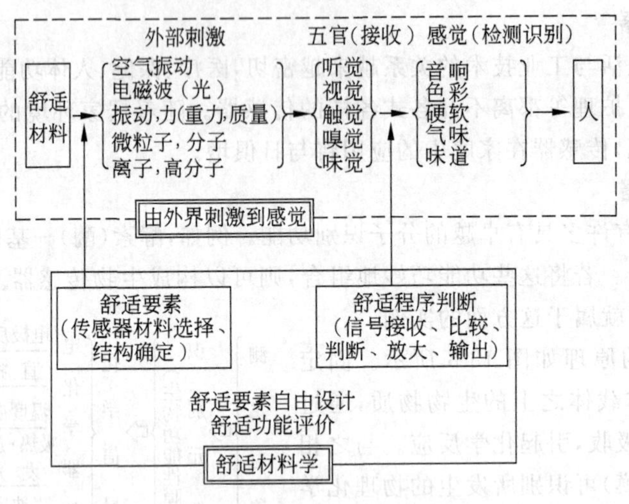

图 13-9　舒适材料学的基本构成

13.2.2　薄膜传感器举例

13.2.2.1　热释电型红外线传感器

热释电型红外传感器的工作原理如图 13-10 所示，利用随温度变化材料表面产生电荷的现象（热释电效应），由红外线的能量转变为热能，并以电荷（输出电压）的方式检出。这种热型传感器不像利用光伏效应的红外传感器（HgCdTe）那样需要冷却，与利用电阻变化的热敏电阻器等热型传感器相比，在灵敏度、响应时间、信噪比（S/N）等方面具有明显优势。这种热释电型红外传感器可广泛用于非接触式温度计，进行流动人群体温测量，检测人及动物的位置、动作及活动等，还可检测空间场地的温度分布，用于空调器的调节控制等。

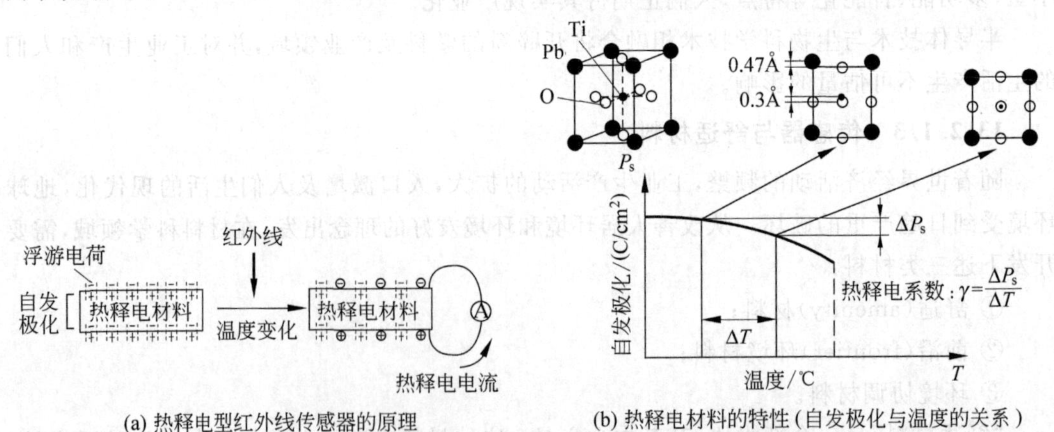

(a) 热释电型红外线传感器的原理　　(b) 热释电材料的特性（自发极化与温度的关系）

图 13-10　热释电材料及应用

对热释电材料性能的要求主要有：①热释电系数γ(单位温度变化引起的表面电荷的变化，见图 13-10)要大；②体积比热(单位温度上升所需要的热能)要小；③相对介电常数ε_r(相对于单位电压，因极化而产生的表面电荷)要大；④介电 损耗$\tan\delta$(作为噪声源)要小。常用的材料有 $LiTaO_3$(单晶体)、$Pb_{1-x}Zr_xTi_{1-x/4}O_3$(PZT)・$PbTiO_3$・$Pb_{1-x}La_xTi_{1-x/4}O_3$(PLT)等。用于传感器，有的是以块体单晶或陶瓷形式，有的是以薄膜形式。采用薄膜热释电材料制作传感器元件具有许多优点，例如，便于极化处理提高材料的性能，热容量小、响应速度快，S/N 比高等。

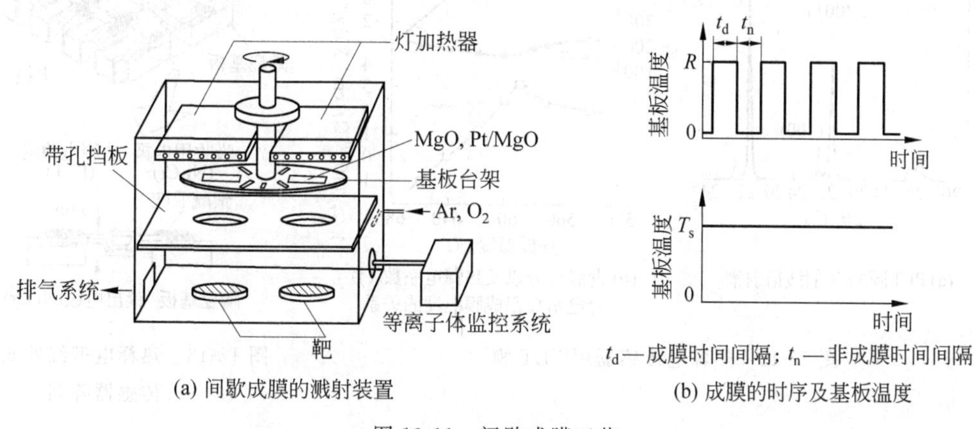

图 13-11　间歇成膜工艺

下面简要介绍热释电型红外传感器用 PLT 薄膜的制作工艺。图 13-11 表示制作 PLT 薄膜用高频磁控溅射装置。为了在成膜过程中对膜成分和结晶性进行有效控制，成膜和退火交替进行，即采用间歇成膜操作。图 13-12 表示在 MgO 基板上形成的 PLT 薄膜的 X 射线衍射谱以及薄膜成分和特性等。可以看出，随着基板温度上升，(001)的衍射峰变高，说明 c 轴取向增强，但另一方面，Pb 含量变小。这可能是由于 Pb 的蒸气压高(600℃时约为 10^{-1}Pa)、当基板温度高时 Pb 的附着几率低，以及再蒸发所致。但对于热释电性能来讲，基板温度在 580～600℃的范围内是最优良的，即使不对样品进行极化处理(外加高电压)，也可获得$\gamma=6\times10^{-8}$C/(cm^2・K)，$\varepsilon_r=200$ 的特性。而对于一般的铁电体热释电效应来说，若不经过极化处理，则观察不到热释电特性。但是，由上述过程获得的 c 轴取向膜，即使不经极化处理，在成膜之后的状态下，薄膜自身的极化就会集中于同一方向。顺便指出，基板温度一旦超过 600℃，其热释电系数就会减少，特别是在 640℃，尽管 c 轴取向性很好，但热释电性却消失。这可能是由于 Pb 的减少，在晶体中产生空隙，从而造成自发极化的取向分散所致。另外，通过在这种方法制作的 PLT 薄膜中添加 Mg，其热释电特性跟不添加的情况相比，可提高大约 2 倍。

图 13-13 表示采用 PLT 薄膜的热释电型红外线传感器阵列的结构。在采用薄膜的热释电传感器中，为了抑制向基板的热扩散，减小感知部分的热容量，提高检测灵敏度和热响应速度，需要将热释电薄膜与基板进行热隔离。线性阵列传感器(8 元件)是在 MgO 基板上形成 PLT 薄膜，而后涂布聚酰亚胺，开导体连接用通孔，形成 NiCr 电极，再涂布聚酰亚胺膜，将试件上、下反转，并固定在陶瓷基板上，用磷酸将 MgO 基板完全去除干净，再形成

NiCr电极，由此完成线性阵列传感器制作。与采用 $PbTiO_3$ 陶瓷的传感器相比，这种传感器的信噪比(S/N)可达6倍，响应速度可提高一个数量级。使这种线性阵列传感器水平旋转，可以检出 64×8 像素的温度分布。目前，这种传感器单元已在空调器温控中使用。

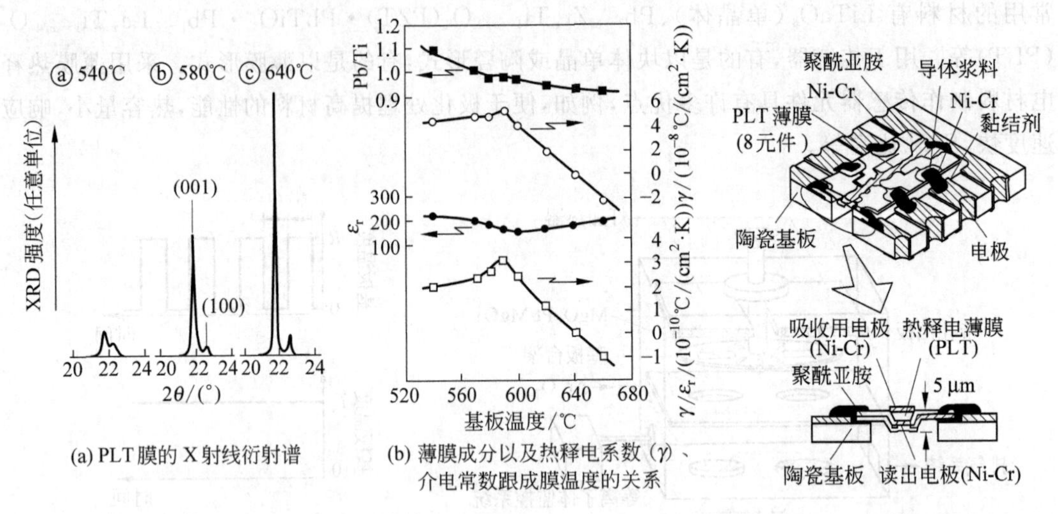

(a) PLT膜的X射线衍射谱　(b) 薄膜成分以及热释电系数(γ)、介电常数跟成膜温度的关系

图 13-12　热释电传感器用 PLT 膜

图 13-13　热释电型红外线传感器阵列

13.2.2.2　图像传感器

图像传感器作为读取图像信息的器件，在传真机、扫描仪、电子黑板、光学读取仪等设备中广泛应用。如图13-14所示，图像传感器可分为缩小型和贴近型两大类：缩小型是利用透镜，将被读取的原稿逐行扫描，缩小投影到电荷耦合器件(charge coupled device，CCD)等的芯片上进行读取；贴近型是利用内藏LED等光源的，跟原稿宽度相同的传感器单元进行读取。因此，后者也被称为等倍型。图像传感器中所用受光元件的种类汇总于表13-10中。

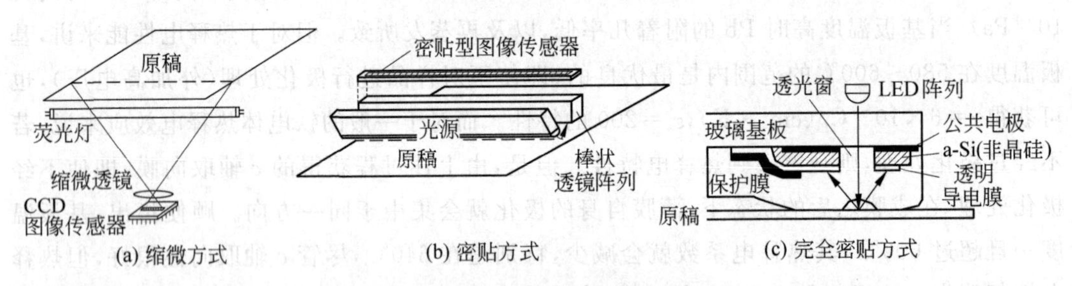

(a) 缩微方式　(b) 密贴方式　(c) 完全密贴方式

图 13-14　各种图像传感器的结构

表 13-10　图像传感器的受光元件

受光元件	光电变换	驱动方法
CdS-CdSe 薄膜	光电变换	矩阵
a-Si 薄膜	光电导	矩阵
	电荷积蓄	直接(IC，TFT)
CCD(pn结二极管)	电荷积蓄	CCD
双极性	电荷积蓄	开关阵列

在图像传感器中，作为采用薄膜的受光元件，可分为两大类：第一类为光导电型，它利用 a-Si：H 或 CdS-CdSe 膜受光照射而发生电阻变化的特性；第二类为光电二极管型，它利用 a-Si：H 光电二极管的光致通断特性。前者元件结构简单，但响应时间慢，一般采用逐块扫描的矩阵型驱动方式，以提高总的读取速度。另一方面，光电二极管型是预先在肖特基、pi、pin 型的 a-Si：H 二极管上施加反向偏压，有光照射时产生电流，拾取并放大该电流即可实现图像信号读取。与光电导型相比，后者响应速度快，可通过逐线扫描进行图像信号读取。数据的读取是利用与光电二极管串联的开关三极管，以移位寄存器的形式，按顺序打开(ON)，拾取各二极管流过光电流时的电压变化，实现读取及信号放大。

图 13-15 表示光电二极管型图像传感器的断面结构。利用溅射镀膜或 EB 蒸镀等，在二极管的各个电极上沉积 Cr 膜，而光电二极管的 a-Si：H 膜由 PCVD 法，上部透明电极(ITO)由溅射镀膜法形成。在图 12-21 中，用于拾取信号兼前置放大器的移位寄存器或开关三极管，可以是表面贴装的 IC 芯片，也可以通过薄膜三极管(thin film transistor，TFT)来实现。后者可以与传感器基板做成一体化结构。目前，与 TFT 一体化的图像传感器已实现产业化，400 dpi(dot per inch，点/in)、1ms/线的 G4 型等产品已经面市。

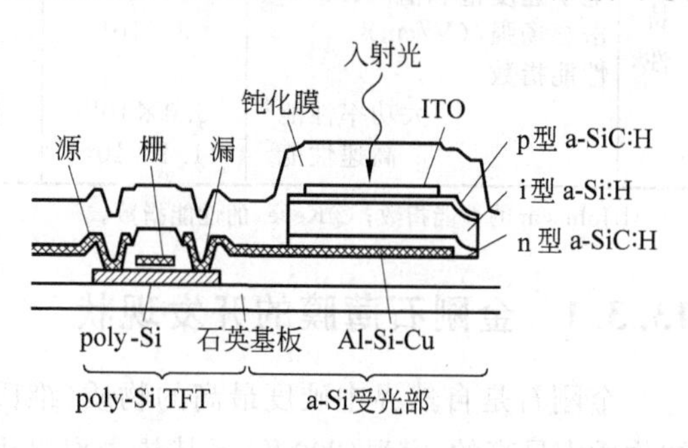

图 13-15　poly-SiTFT 驱动 a-Si 密贴方式图像传感器结构

13.3　金刚石薄膜的应用

近年来，碳的同素异构体(包括金刚石、碳纳米管、富勒烯等)，以及 C 与 B、N、Si 等小原子序数元素相结合而形成的短键长、大禁带宽度的共键价碳系化合物，作为一类新材料而受到广泛关注。由表 13-11 的对比可以看出，金刚石在半导体物性、机械特性、电学性能和耐射线辐照方面远远优于其他传统材料，其应用前景十分广阔。当然，为达到实用化，涉及包括材料制备、加工技术，器件制作技术，以及生产装备技术等方方面面的课题。下面对金刚石薄膜(包括类金刚石碳膜)的应用做简要介绍。

表 13-11　各种材料与金刚石特性的比较

	特性及单位	Si	GaAs	3C-SiC	金刚石	c-BN
物性	点阵常数/Å	5.4307	5.653	4.3596	3.5667	3.616
	键长/Å	2.352	2.488	1.888	1.544	1.565
	结合能/(kcal/mol)	54.5	38.9	73.9	85.5	
	密度/(g/cm^3)	2.30	5.32	3.10	3.52	3.49
热	比热/(cal/(g·K))	0.180	0.038	0.17	0.122	0.121
	热导率/(W/(cm·K))	1.45	0.46	4.9	20	13
	热膨胀系数/(10^{-6}/K)	4.2	6.5	3.7	2.3	3.7
光	折射率	3.448	3.4	2.65	2.41	2.12

续表

	特性及单位	Si	GaAs	3C-SiC	金刚石	c-BN
机电特性	能带间隙/eV	1.1	1.4	2.3	5.5	7.0
	相对介电常数	11.9	13.1	9.7	5.7	6.5
	电子迁移率/(cm^2/(V·s))	1500	8500	1000	2000	
	空穴迁移率/(cm^2/(V·s))	450	400	70	2100	
	电子速度饱和值/(cm/s)	1×10^7	2×10^7	2×10^7	2.5×10^7	
	击穿场强/(V/cm)	3×10^5	4×10^5	4×10^6	1×10^7	
	性能指数					
	大功率性能①	5.0×10^{11}	1.3×10^{12}	1.3×10^{13}	1.4×10^{13}	
	高速性能②	1.4×10^3	6.3×10^2	7.0×10^3	4.3×10^3	

①Johnson 的性能指数；②Keyes 的性能指数。

13.3.1 金刚石薄膜的开发现状

金刚石是自然界中硬度最高的物质(维氏硬度 HV≈10 000),金刚石的热导率是所有已知物质中最高的,室温(300 K)下其热导率是铜的 5 倍。金刚石是一种宽禁带材料,其禁带宽度为 5.5 eV,因而非掺杂的本征金刚石是极好的绝缘体,它的室温电阻率高达 10^{16} Ω·cm。金刚石中电子和空穴的迁移率都很高,分别达到 2000 cm^2/(V·s)和 2100 cm^2/(V·s)。金刚石透光范围宽,透过率高,除红外区(1800～2500 nm)的一小带域外,从吸收端紫外区域的 225 nm 到红外区的 25 μm 波段范围内,金刚石的透射性能优良,它还能透过 X 光和微波。金刚石具有极好的抗腐蚀性和优良的耐气候性等特点。研究证实,用化学气相沉积法制备的金刚石薄膜,其力学、热学、光学等性质可达到或接近天然金刚石。

表 13-12 给出近 20 年来国内外金刚石薄膜研究开发情况对照,其中包括薄膜的制备方法、元器件制备技术、应用情况和物理研究等,由此可以了解金刚石薄膜的开发现状。

表 13-12 国内外金刚石薄膜的研究情况对照

		我国金刚石薄膜的研究情况	国外金刚石薄膜的研究情况
金刚石薄膜的制备方法		热灯丝 CVD 微波 PCVD 直流等离子体喷射 CVD 直流等离子体 CVD 火焰法 电子增强 CVD 电子回旋共振(ECR)微波等离子体 CVD 激光 PCVD	热灯丝 CVD 微波 PCVD 直流等离子体喷射 CVD 直流等离子体 CVD 火焰法 电子增强 CVD 电子回旋共振(ECR)微波等离子体 CVD 射频等离子体 CVD(高温、低温) 激光 PCVD 溅射法
制备技术	衬底材料	Si,Mo,Cu,WC,石英,石墨,高压金刚石,天然金刚石,金刚石复合片,c-BN,Ta,Si_3N_4,Al_2O_3	Si,Mo,Cu,WC,石英,石墨,高压金刚石,天然金刚石,金刚石复合片,c-BN,W,Al_2O_3,高速钢,Ta,Ni,钢,Pt,Si_3N_4
	大面积	φ100 以上	微波等：φ150 以上；热灯丝：φ300 以上
	生长速率	65 μm/h	100 μm/h 以上,最高达 930 μm/h

续表

		我国金刚石薄膜的研究情况	国外金刚石薄膜的研究情况
制备技术	掺　杂	掺 B，p 型半导体，1 Ω·cm 以下；离子注入	掺 B，p 型半导体，10^{-10} Ω·cm 掺 P，n 型半导体，100 Ω·cm（不适于器件制备）
	外　延 生　长	同质外延：(100)，(110)，(111)	同质外延：(100)，(110)和(111) 异质外延：c-BN、Si、Ni
	选择性 生　长	在硅衬底实现了金刚石薄膜的选择性生长	在硅衬底实现了金刚石薄膜及单个金刚石颗粒的选择性生长
	低温生长	400℃	300～400℃
	缺陷控制	—	基本无缺陷的金刚石颗粒(生长速率 0.1 μm/h)
	超薄膜	—	厚为 50 nm 的金刚石连续薄膜
金刚石薄膜的应用研究		1. 热沉的应用取得初步效果（应用于 GaAs/GaAlAs 激光器） 2. 热敏电阻器：热敏电阻曲线测量、引线等均完成 3. X 光窗口：测 X 光透过率 4. 发光器件：发光特性的研究，观察到有些膜发蓝光 5. 声学膜	1. 扬声器的振动膜已有产品出售 2. 热沉：2.5 mm×2.5 mm×0.5 mm 热沉用在 InP 激光器上，其效果相当于天然金刚石热沉 3. 肖特基二极管；FET 三极管 4. 发光器件：蓝光（双层绝缘结构，肖特基二极管结构）；场发射平板显示器 5. X 光窗口（厚度 600 nm，气密性好） 6. 热敏电阻器（测温到 600℃）；传感器 7. SAW（声表面波）器件
物性研究		生长特性，结晶特性，红外增透，荧光特性，X 光透过率，电阻，热导率，界面结构，杂质情况，在位光谱特性，硬度，生长机理……	生长机理，生长特性，结晶特性，发光特性，杂质，电阻，热导率，硬度，界面结构，在位光谱特性，X 光透过率……

13.3.2　三极管及二极管

如表 12-33 所列，金刚石与现有的半导体材料相比，具有优异的电子物性，人们期待其在高温、高频、大功率用器件等方面获得广泛应用。但是，由于难以形成低电阻的 n 型层，因此只能通过掺杂 B，并以由此形成的 p 型半导体金刚石薄膜使用。目前人们正在进行场效应晶体管(field effect transistor，FET)及二极管的试制和开发。

作为 FET 的实例，通过掺杂 B，人们正在试制工作温度直到 550℃ 的 MOSFET。此外，还可通过使金刚石表面氢化，以形成低电阻的 p 型金刚石半导体层，由此，人们正在试制 NAND 回路等逻辑电路。在制作 FET 时，采用 Ni 栅极，可达到 10.6 mS/mm 的接触电导率。另外，还有人制成采用金刚石 MOSFET 的双稳态多谐振 IC 存储器。但无论是哪一种，都是以小信号为处理对象，并无功率器件的实例。为制作功率器件和高频器件，需要开发高品质、大面积的金刚石薄膜及低电阻 n 型层等，这些都是有待解决的大课题。关于高品质金刚石薄膜的异质外延，下面两项技术值得关注：

① 对 Si 基板(001)面进行偏压处理，而后进行异质外延生长；

② 在 Pt 单晶薄膜上进行外延生长。

关于上述项①，是在金刚石薄膜成膜之前，利用置于 Si 基板上方的碳短针电极（Si 基板相对于短针电极处于 150 V 的负偏压），通过二者之间的偏压放电处理，在 Si 基板表面附近形成 β-SiC 层。这样，金刚石薄膜在定向析出之前，先在所形成的 β-SiC 层表面上形成厚度为数纳米的非晶态碳层。关于上述项②，是在 Pt 单晶薄膜上形成取向性良好的金刚石薄膜，尽管其机理还不是十分清楚，但界面上外延关系明晰可见。

13.3.3 传感器

13.3.3.1 紫外线传感器

金刚石的吸收端波长 $\lambda=225$ nm(5.5 eV)，因此可用于紫外线传感器。为了制作紫外线传感器，有人先由微波等离子体 CVD 法沉积无掺杂（non-doping）多晶膜，再在其上形成间距为 20 μm 的叉指电极，制成了光电导型元件。还有人采用低浓度掺杂 B(1.25×10^{17} cm^{-3})的微晶膜，以 Au 为肖特基电极，以 Ti-Ag-Au 为欧姆电极，制成光电二极管型紫外线传感器。光电二极管型与光电导型相比，具有下述特征：①光电流与暗电流之比要大一个数量级；②在吸收端附近光电流上升的斜率大；③响应速度快等。

13.3.3.2 放射线传感器

金刚石的禁带宽度约 5.5 eV，在 500℃ 的高温下也能工作，而且碳原子之间的结合能大，其耐放射线辐照的能力比 Si 高 100 倍以上。由金刚石制作的放射线传感器元件的结构也非常简单（如图 13-16 所示），它主要由金属/金刚石/金属三层结构组成。在 α、β、γ 射线照射下，金刚石内部产生电子-空穴对，在两端电极所加电压的作用之下，电子向正极、空穴向负极运动，产生信号电流。可以想象，金刚石中的杂质及晶格缺陷等，作为所产生的电子-空穴对的复合中心，会造成信号水平的劣化和分辨率的降低。因此，保证金刚石单晶的极高完整性是极为重要的。基于同样的原因，金属与金刚石的界面也是极为重要的影响因素。金刚石与 Si 相比，由于碳原子的质量小从而灵敏度低，特别是，金刚石的禁带宽度大，这意味着产生电子-空穴对所需要的能量高，这也会导致灵敏度较低。但是，Si 元件存在耐辐照特性较差这一根本性问题，在实际核装置那样的严重放射性环境下，是难以胜任的。因此，由金刚石薄膜制作的放射线传感器有可能成为首选器件。

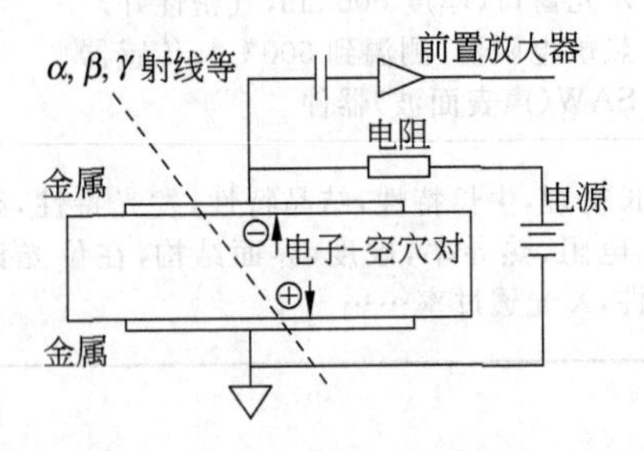

图 13-16 金刚石射线检测器的检测原理

13.3.3.3 压力传感器

半导体压力传感器的工作原理基于压电电阻效应，即对半导体施加应力时，由于晶体对称性的变化而引起电阻变化。对于压力传感器来说，表征上述特性的压电系数（gauge factor）越大，其灵敏度越高。采用传统的多晶体金刚石，其压电系数最高能达到 100 左右；而采用金刚石薄膜制成的压力传感器，其压电系数在室温下可超过 1000，在 200℃ 也能达到 700 以上。这种压力传感器的做法是，依次在 Si 基板上沉积无掺杂的绝缘性金刚石薄膜、p 型金刚石薄膜、金属电极等，而后从背面将 Si 基板蚀刻掉，形成膜片型结构。

13.3.4　声表面波器件

声表面波(surface acoustic wave,SAW)器件的结构如图 13-17 所示,在压电体上布置输入电极和输出电极,通过输入电极施加的信号电压,在压电体表面激励 SAW,作为接收的输出电极将 SAW 转化为电气信号。SAW 器件广泛用于信号的滤波器、共振器和延迟器等,是信息、通信设备不可缺少的关键器件。SAW 器件的工作频率可表示为

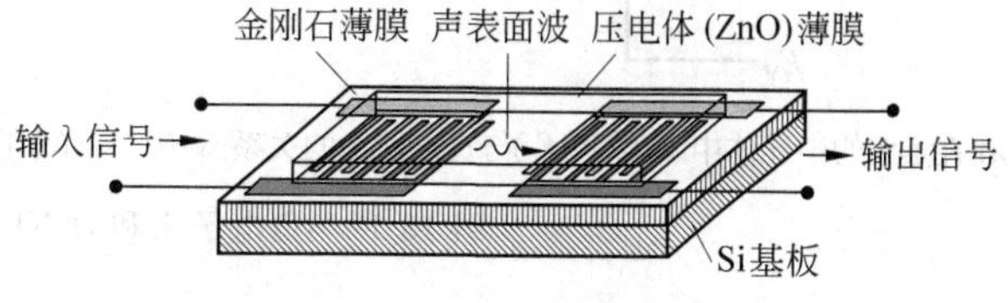

图 13-17　采用金刚石薄膜的 SAW 器件

$$f = v/\lambda \tag{13-3}$$

式中,v 为表面波的速度;λ 为波长。

与 SAW 中常用的 $LiTaO_3$、$LiNbO_3$ 等材料相比,金刚石的弹性模量大得多,金刚石中声表面波(Rayleigh 波)的速度是上述材料中的 2～3 倍。因此,金刚石用于 SAW 器件,则决定波长的电极尺寸可以做得更大些,这不仅能满足高频元器件的要求,而且还能适应大功率、强冲击等特殊的需求。实际制作的金刚石 SAW 器件一般还要采用容易获得 c 轴取向且压电性优良的 ZnO 膜。到目前为止所试制器件的工作频率与电极尺寸的关系如图 13-18 所示。如果以材料作比较,金刚石 SAW 在适用于高频方面,占有绝对优势。

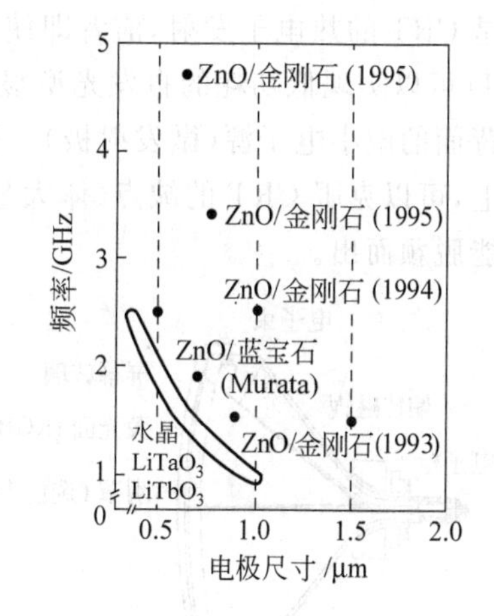

图 13-18　ZnO/金刚石结构的声表面波器件的频率与器件电极尺寸的关系

13.3.5　场发射平板显示器

近年来,金刚石薄膜作为场发射平板显示器用电子发射极的研究开发受到广泛注意。金刚石薄膜作为电子发射极的最大理由,是金刚石具有负的电子亲和力(negative electron affinity,NEA)。图 13-19 所示是与通常半导体材料的电子亲和力 x(大于 0)及金刚石的电子亲和力 x(小于 0)相关的能带图。若能实现采用金刚石的电子发射极,即使不采用复杂的结构(如采用平坦的膜),也可以形成电子发射极,从制作工艺讲,也能大大简化。但是,金刚石发射电子的机理还不是很清楚,到底采用什么样的材料结构和器件结构作为发射极是最佳的,目前还不能有根有据地确定,有待今后进一步的研究开发。

1991 年,日本学者饭岛(Iijima)首先发现碳异构体家族中的一个新成员——碳纳米管(carbon-nano-tube,CNT),它可以看成是由层状结构的石墨片卷成的纳米尺度的空心管。由于碳纳米管具有优良的电导性、稳定的表面、优秀的机械强度等,它作为场发射电子源,具有优异的特性。以这种 CNT 作为电子发射源的场发射显示器(field emission display,FED),具有良好的发展前景。

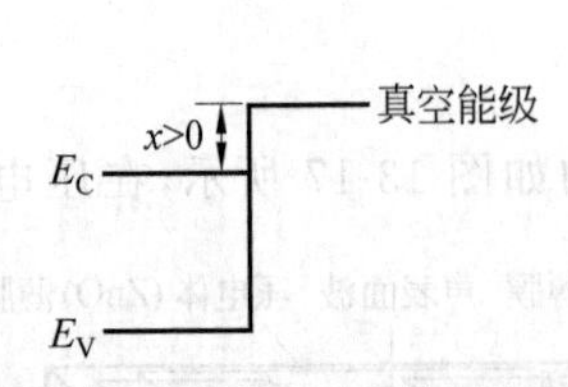

(a) 在通常的半导体中，导带底(E_C)与真空能级的关系：$x>0$

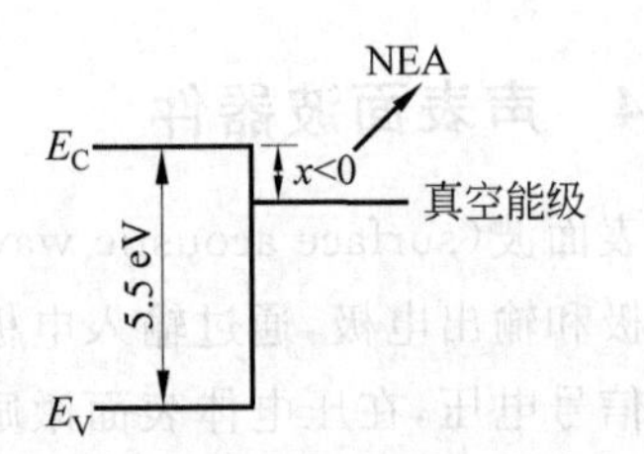

(b) 在金刚石中，导带底(E_C)与真空能级的关系：$x<0$

图 13-19　负电子亲和力 NEA 的模式图

FED 与 CRT 在发光显示原理上是相同的，都是电子照射荧光体使后者受激发光。但在下述两点上，FED 与 CRT 有很大区别(图 13-20)：第一，FED 的电子源是基于场发射而不是 CRT 的热电子发射，前者即使不对阴极加热，只要施加电压，就能获得电子束。因此，FED 可以实现低功耗的自发光型显示器。第二，构成 FED 的最小显示单元(像素)决定于其背面的微小电子源(微发射极)。因此，FED 在继承 CRT 优点(高辉度、高响应速度)的基础上，可以克服 CRT 的缺点(体大量重)，在各类平板显示器(flat panel display，FPD)中，有可能脱颖而出。

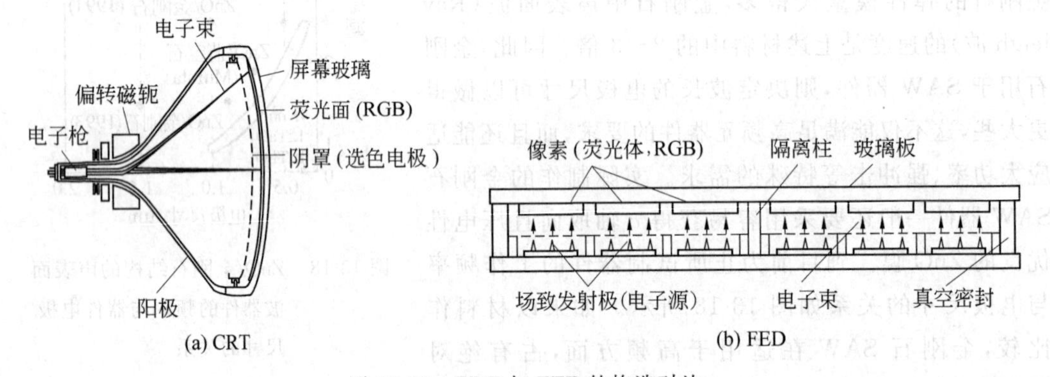

图 13-20　CRT 与 FED 的构造对比

1985 年前后，有人开始利用钼等金属制作的微尖(微小圆锥，被称为 Spindt 型发射极)，开发微尖发射极型 FED。但是，为了排除残留气体的影响，需要超高真空，而且这种微尖发射极的制作难度大，价格高。因此，这种 FED 未达到真正意义上的实用化。在此背景下，1998 年有人开发出以 CNT 为冷阴极的发光显示元件，1999 年制成全色 FED 显示屏。从此，随着 CNT-FED 开发的进展，进一步证实了 CNT 作为阴极材料的优越性以及 FED 的良好发展前景。目前，国内外学者正集中力量开发 CNT-FED。

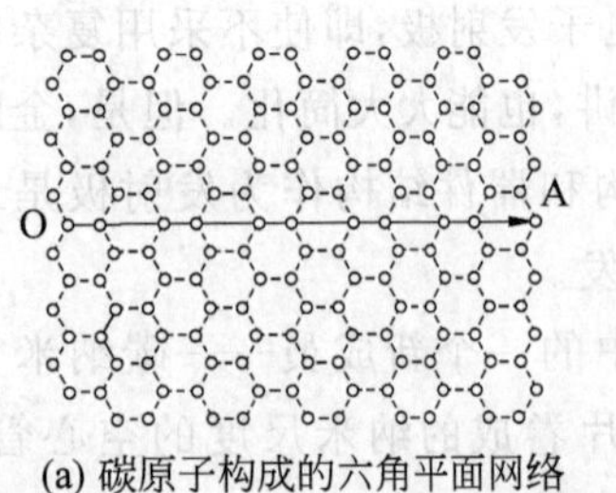

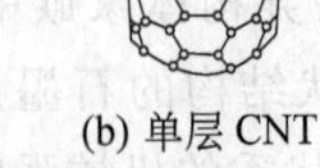

(a) 碳原子构成的六角平面网络　　(b) 单层 CNT

图 13-21　碳纳米管(CNT)可以看成由碳原子构成的六角平面网络卷成

CNT 是由称做石墨片(graphene)的碳原子六角平面网络(图 13-21(a))卷成的纳米尺寸的空心管(图 13-21(b))。这种空心管一般具有螺旋结构，由于卷的角度和直径不同，可以是左螺旋的、右螺旋的和无螺旋的。依构成管的原子层的厚度(石墨片层数)不同，分单层纳米管(SWNT)和多层纳米管

(MWNT)两大类。图 13-21(b)表示 SWNT 的结构模型。SWNT 的直径仅有 1～2 nm。MWNT 可看成是由这种圆筒多层嵌套构成的,其外径为 5～50 μm。无论哪种类型的 CNT,其长度都超过 10 μm,也就是说,CNT 的长径比都很大。

固体表面在强电场作用下,电子会穿越固体表面能垒而向真空中直接放出,称这种现象为场致发射。据实验观测,要实现场致发射,必须对表面施加 10^7 V/cm 量级的强电场。通过在带锥形端部的金属丝上施加电压,可获得这样的强电场(图 13-22(a))。CNT 作为场致发射极,其端部形状是得天独厚的(图 13-22(b))。此外,CNT 的电导性好,表面化学性能稳定,机械强度高,韧性好,特别是原子的表面迁移率小,端部可保持稳定的形状等,它作为电子发射材料,具备优异的特性。

则武(ノリタケ)伊势电子公司最早试制成采用 CNT 的显示元件。这种显示元件是在室外大型显示屏用高压荧光管的基础上,用 CNT 冷阴极替代灯丝热阴极,其结构(图 13-23)主要由 CNT 阴极、栅极及荧光面(阳极)组成,实质上是一种真空三极管。通过改变荧光体,除可以获得 R、G、B 三原色之外,还可得到橙色、白色等。这种显示元件目前已达到批量生产水平。

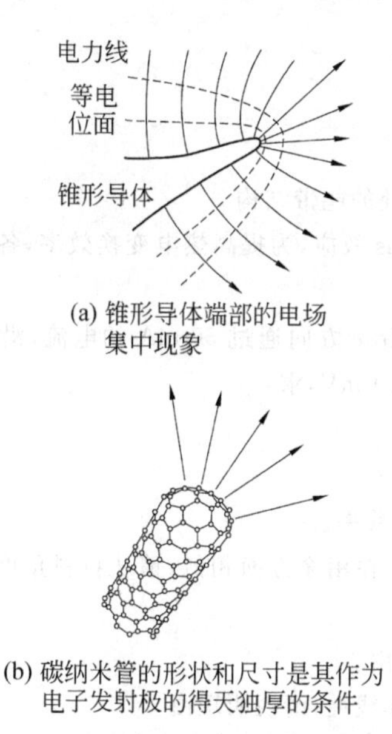

图 13-22 锥形导体端部的电场集中现象和 CNT 作为场发射极的优势

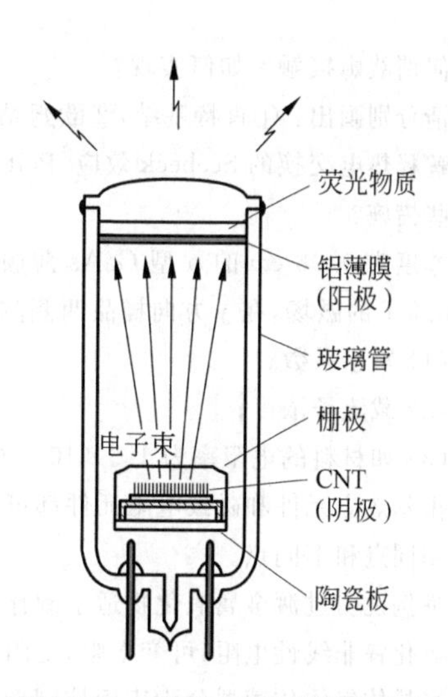

图 13-23 采用 CNT 阴极的高电压型显示管的结构示意

(显示管尺寸:直径 20 mm;长度 74 mm)

现在,CNT 作为电子发射极在用于 FED 平板显示器方面,主要有两个方向:一是适应显示屏的大尺寸化;二是适应显示图像的高精细化。关于前者,则武伊势电子公司已于 2001 年制成 14.5 in,2002 年制成 40 in 的 CNT-FED,并获得满足实用化要求的高辉度。这类大型的 CNT-FED,一般是将栅极安置在隔离柱之上,即采用图 12-24(a)所示的组合式栅极结构。而对于后者来说,为适应高精化要求,一般是采用光刻技术,将栅极与 CNT 阴极做成一体化结构,如图 12-24(b)所示。这样,栅极与 CNT 阴极可以靠得很近(距离大致在 10 μm 左右)。三星电子公司多采用这种结构。这种结构有利于降低栅极电压(100 V 以下),并可实现像素胞尺寸的精细化(110 μm×30 μm)。除此之外,还可采用侧栅极结构、背栅极结构以及二极管型的结构等。

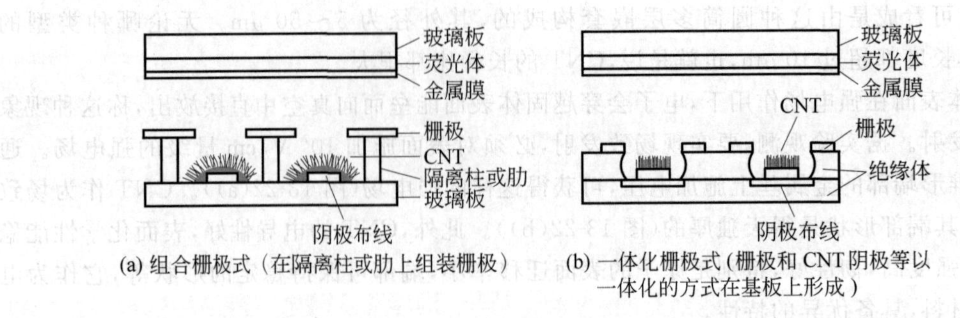

图 13-24 CNT-FED 显示屏的断面结构示意图

以 CNT 做电子发射极进行 FED 开发，至今仅有短短几年时间，但该领域的进展令人眼花瞭乱。估计今后数年之内，CNT-FED 将达到实用化水平。

习 题

13.1 何谓欧姆接触？如何实现？

13.2 请分别画出：①肖特基结，②欧姆结，③MOS，④pn 结处的能带结构。

13.3 解释热电交换的 Seebeck 效应、Peltier 效应和 Thomsons 效应，为提高热电变换效率，各需要采取哪些措施？

13.4 厚度为 0.08 cm 的 n 型 GaAs 薄膜放置在 xy 平面，沿 x 方向通过 50 mA 的电流，沿 z 方向加上 0.5 T 的磁场，在 y 方向样品两侧测得的霍尔电压为 0.4 mV，求：

(1) 霍尔系数；

(2) 载流子浓度；

(3) 如材料的电阻率为 $1.5\times10^{-3}\ \Omega\cdot\text{cm}$，求载流子迁移率。

13.5 霍尔效应元件和磁致电阻元件都可以用于磁场测定等，在用途方面相似，请从材料角度分析二者的相同点和不同点。

13.6 举例说明过渡金属氧化物适于制作热敏电阻材料的理由。

13.7 氧化锌非线性电阻(可变电阻，变阻器)显示非常大的非线性，请说明理由。

13.8 半导体气体传感器分为表面控制型和块体控制型两大类，请分别解释其工作原理。

13.9 电容式压力传感器测量的基本原理是什么？

13.10 利用薄膜技术制作的气体传感器有哪几种原理？

13.11 已知一热敏电阻温度系数恒为 $R=R_0\exp(B/T)$，求当电阻下降为 R 的一半时，温度变化了多少度？R_0、B 为已知常数。

13.12 证明电极化强度矢量 $\boldsymbol{P}$ 即单位体积中的极化偶极矩。

13.13 请叙述电极化的种类，为什么只有特定频率范围的信号才与这些电极化发生作用。

13.14 在厚度为 1 mm，面积为 10 cm^2 的板状介电体施加等效电压力 1 kV 的交流电压(50 Hz)，请计算其功耗，设该绝缘材料的 $\varepsilon_r'=4$，$\tan\delta=10^{-3}$。如果在相同尺寸的介电体上施加 1 kV 的直流电压，产生与上述情况相同的功耗，那么该材料的体电阻率应该是多少？

13.15 为提高 ZnO 膜的压电性，需要采用 c 轴取向膜，为此必须调整哪些溅射镀膜参数？

13.16 请解释为什么铁电体中，在 T_c 以下的温度能发生自发极化。

13.17 在上一问题中，设 $N=10^{28}\ \text{m}^{-3}$，$\mu=1.6\times10^{-29}\ \text{C}\cdot\text{m}$，$\beta=1/3\ \varepsilon_0$，其中 ε_0 为真空介电常数。试求

$T=0.1\,T_c$，$0.2\,T_c$，$0.5\,T_c$，$0.9\,T_c$ 时的自发极化强度 $\boldsymbol{P}$ 的值。

13.18 何谓约瑟夫森结？当在约瑟夫森结上施加 200 μV 的直流电压时，求所获得的高频电流的周波数。

13.19 什么是第一类和第二类超导体？在结构上各有何特点？

13.20 三代高温超导体各由什么组成，有何特点？

13.21 指出原子力显微镜(AFM)和扫描隧道显微镜(STM)的工作原理和主要用途。

13.22 举例说明原子的人工组装有哪些应用。

13.23 碳纳米管(CNT)和富勒烯有哪些应用？请举例说明。

13.24 电子束入射材料表面，样品发生哪些信号？并用图表示。

13.25 X 射线入射材料表面，样品会发生哪些信号？并用图表示。

13.26 离子束入射材料表面，样品会发生哪些信号？并用图表示。

13.27 设电子加速电压为 10 kV，请求出电子相应的波长及速度。

13.28 用 Cu K_α 射线($\lambda_{K_\alpha}=0.154$ nm)照射 Cu 样品进行 X 射线衍射分析。已知 Cu 的点阵常数 $a=0.361$ nm，试分别用布拉格方程与厄瓦尔德图解法求其(200)反射的 θ 角。

13.29 从原理及应用方面指出 X 射线衍射、透射电镜中的电子衍射和低能电子衍射三种衍射方法在材料结构分析中的异同点。

13.30 通常的 X 射线衍射用于薄膜材料结构分析时会遇到什么问题？采取哪些措施克服？

13.31 指出下列薄膜样品电子衍射花样的特点：①单晶膜；②部分择优取向的多晶膜；③多晶膜；④非晶态膜。

13.32 请简述尝试一核算法标定单晶电子衍射花样的步骤。

13.33 简述直接法制备透射电镜分析样品的步骤。

13.34 层错和大角晶界均显示条纹衬度，据此如何区分层错和晶界？

13.35 说明 EPMA、AES、XPS、UPS、SIMS、RBS 分析薄膜样品成分的原理，指出各自的优缺点。

13.36 利用 EPMA 等对薄膜样品进行成分分析时，需要采用波谱仪和能谱仪，请指出二者的工作原理。

13.37 指出利用 XPS 分析化学结合状态的原理。

13.38 使用石英晶体测量和监控膜厚的原理是什么？膜厚和石英晶体的固有频率有何关系？

13.39 简述电阻法测量和监控膜厚的原理，并分析其优缺点。

13.40 常用光学法测量膜厚的方法有哪些？试举一例说明其测量原理。

13.41 简述四探针法测量薄膜电阻的原理及测试条件。

13.42 已知用于测量和监控膜厚的石英晶体振荡器 $G=1/KS=10^{-9}$ kg/(m·s)，若淀积薄膜的密度 $\rho=4.2\ \text{g/cm}^3$，测得频率变化 $\text{d}f=1000$ Hz，则膜厚是多少？

13.43 等厚干涉条纹法测量膜厚时，在显微镜下观察条纹间距为 1.5 个刻度，薄膜台阶处条纹错开 0.3 个刻度，所用光源是波长为 632.8 nm 的氦氖激光，求膜厚是多少？

第 14 章　半导体器件、记录和存储用薄膜技术与薄膜材料

14.1　半导体器件

14.1.1　半导体集成电路元件中所用薄膜的种类和形成方法

在 IC 制造中，万万离不开氧化膜等各种各样的“薄膜”，但薄膜究竟起什么作用呢？下面让我们以 DRAM(图 14-1)和逻辑 LSI(图 14-2)为例，概要介绍半导体器件中采用的各种薄膜。

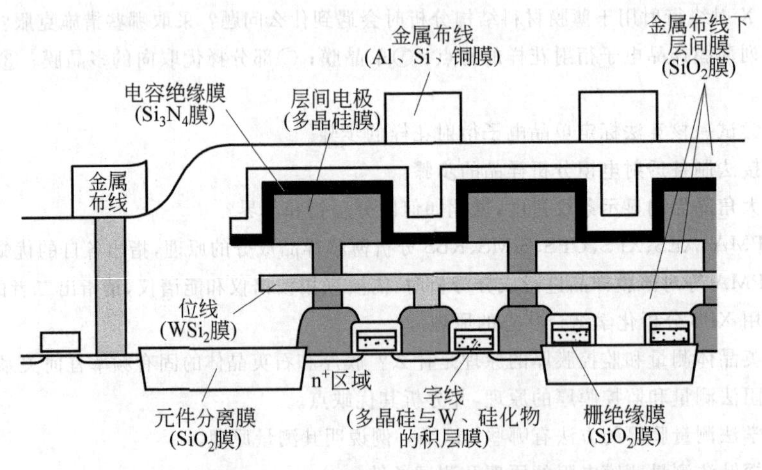

图 14-1　DRAM 中使用的各种薄膜

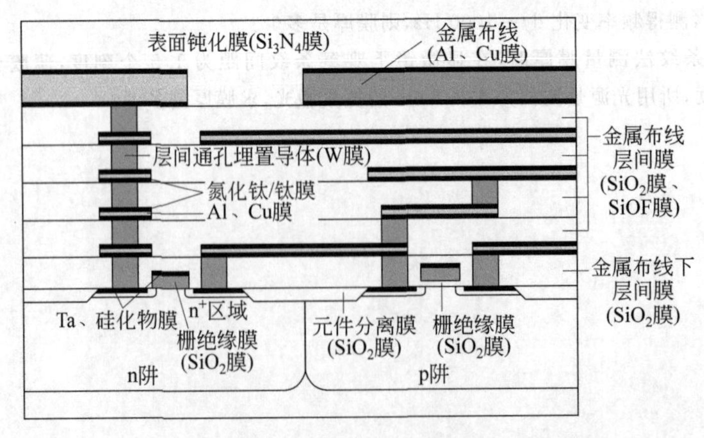

图 14-2　逻辑 LSI(MPU)中使用的各种薄膜

首先，在薄膜中有一类薄膜起“绝缘”作用。特别是，像三极管中起电气隔离作用的元件分离膜、还有三极管栅绝缘膜等，一般是通过硅氧化而形成的二氧化硅(SiO_2)膜来起绝缘膜的作用。这种二氧化硅膜是极为优良的“绝缘膜”，这是硅这种材料制作 IC 的先天优势之一。

还有一类薄膜以降低电阻为目的。例如，为使栅极上的电阻下降而采用的硅化物膜，以及为使 p 型或 n 型扩散层的表面电阻下降而作成硅化物薄膜等。

作为栅极上的绝缘膜，通常，为了平坦化，要求在高温下要有流动性，因此采用含硼和磷的氧化物玻璃。

在元件间起电气连接作用的信号线、电源线、接地线等，采用铝中添加微量铜的铝膜，而层间布线常采用 W 及其硅化物。在这些布线间起绝缘作用的层间绝缘膜采用氧化硅(SiO_2)膜。为了布线间及布线与元件其他部分间纵向的连接，要在绝缘膜上开孔(接触孔或通孔)埋置钨膜，在接触部分还要覆以作为绝缘套的氮化钛/钛膜。

在 DRAM 中，作为固有结构，要有电容器，其电极为多晶硅膜，而电容绝缘膜采用介电常数比较高的氮化硅膜。

而且，在 LSI 最上面，为了防止划伤及杂质的侵入等，要用致密的氮化硅膜保护(表面钝化)。

可以说，半导体集成电路元件就是由一层一层的薄膜堆积而成的。

图 14-3 表示 VLSI 中应用薄膜的种类，图 14-4 表示这些薄膜的形成方法。

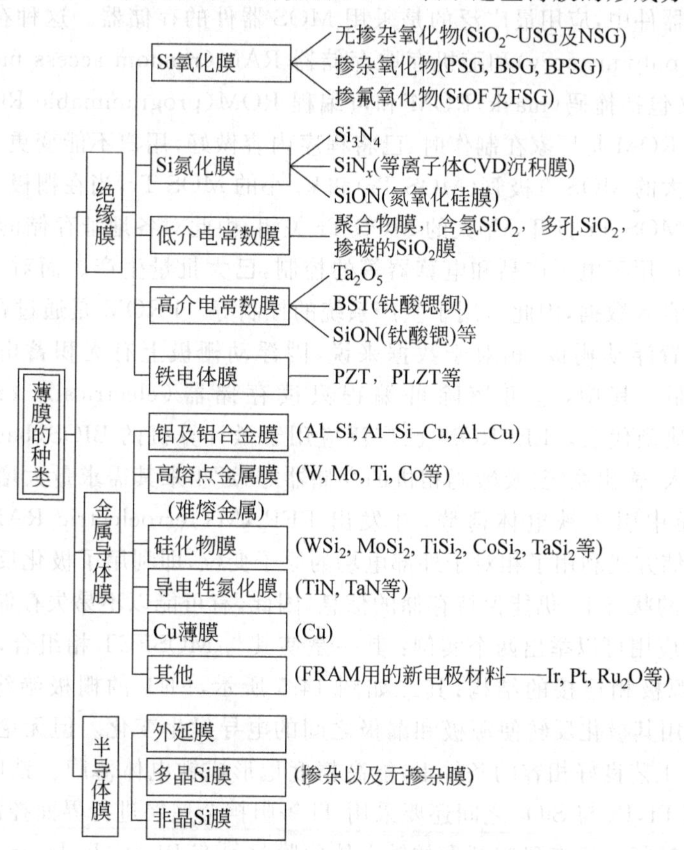

图 14-3　VLSI 中应用薄膜的种类

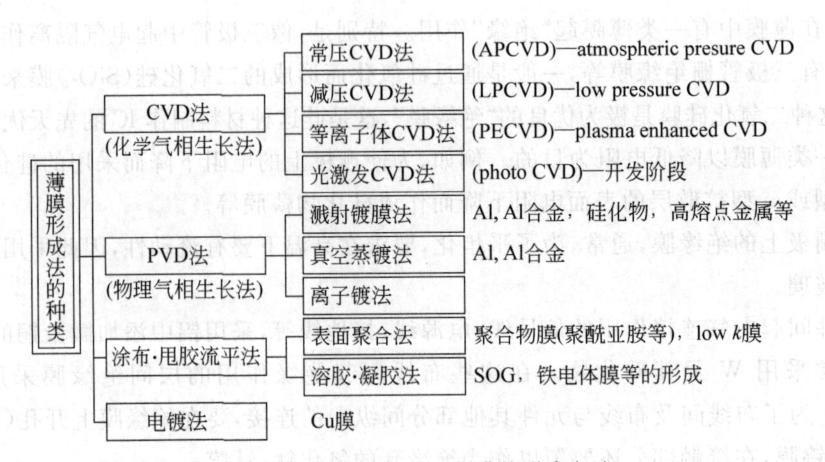

图 14-4　VLSI 中所用薄膜的形成方法

为了制作以存储器和微处理器等为代表的半导体器件，需要反复多次进行成膜和微细加工的程序。下面，在硅器件中以 MOS 器件和存储器为例，在化合物半导体器件中以 GaAs 器件为例，介绍薄膜及微细加工技术的应用。

14.1.2　MOS 器件及晶圆的大型化

在硅半导体器件中，应用最广泛的是采用 MOS 器件的存储器。这种存储器分只读存储器 ROM(read only memory)和随机存取存储器 RAM(random access memory)两大类。而在 ROM 中，又包括掩码(mask)ROM 和可编程 ROM(programmable ROM，即 PROM)等。其中的掩码 ROM 是厂家在制作时，已将程序内容做好，用户不能变更。掩码 ROM 的原理是，做成 V_t 大的 MOS 三极管(MOS Tr)和 V_t 小的 MOS Tr，当在栅极上施加寻址信号电压时，V_t 小的 MOS Tr 打开，V_t 大的 MOS Tr 关闭，由此对各地址存储的数据进行读出。这种存储器广泛应用于电子产品和电算器等的控制，已大批量生产。而对于 PROM 来说，用户可以自由地存入数据，因此多用于生产系统的控制等。PROM 是通过在 MOS Tr 的栅极和沟道之间设置浮动栅极，相对于数据来说，因浮动栅极上有无积蓄电荷，而对 Tr 的 V_t 大小实施控制。其中，电可擦除可编程只读存储器(electrically erasable PROM，EEPROM)就是典型代表。EEPROM 已广泛应用于微计算机的 BIOS(basic input/output system：基极输入/输出系统)及数码相机的存储器等，近年来其需求量大增。最近，有人通过在存储器单元中引入铁电体薄膜，开发出 FERAM(ferroelectric RAM)。其原理如图 14-5 所示，存储方式利用了相对于外部电场的原子变位，即利用了极化反转特性。由此，即使在电源切断的状态下，仍能保持存储的信息，因此，有可能以不易失存储器的方式工作。铁电体存储器的应用可以举出两个实例：其一是使其与 MOSFET 相组合，跟 DRAM 的电容同样，构成与源极相连接的结构；其二如图 14-5 所示，FET 的栅极绝缘膜采用铁电体(MFS 构造)，利用其极化反转使源极和漏极之间的电导发生变化。但无论是哪种情况，都需要在与半导体工艺良好相容的条件下，能高精度地形成铁电体薄膜。铁电体薄膜下的衬底电极一般采用 Pt，Pt 与 SiO_2 之间还要采用 Ti 等阻挡金属层进行界面控制，一般说来，形成温度尽量低些较好。正在研究开发的铁电体薄膜材料有 BLSF(Bi layer-structured film，即 $SrBi_2TaO_9$，$SrBi_2NbTaO_9$)，PZT 等，其成膜方法有溅射镀膜，MOCVD，金属有机物沉积

(metal organic deposition，MOD)，甩涂旋涂(spin coat)等。当铁电体薄膜用于不易失存储器时，随着擦除重写的反复进行，极化反转特性会逐渐变差，从而影响存储功能，这一问题有待进一步解决。为此，可采用 IrO_2 为电极的 PZT 或以 Pt 为电极的 $SrBi_2TaO_9$，已经证实，其擦除重写次数可以达到 10^{12} 以上。

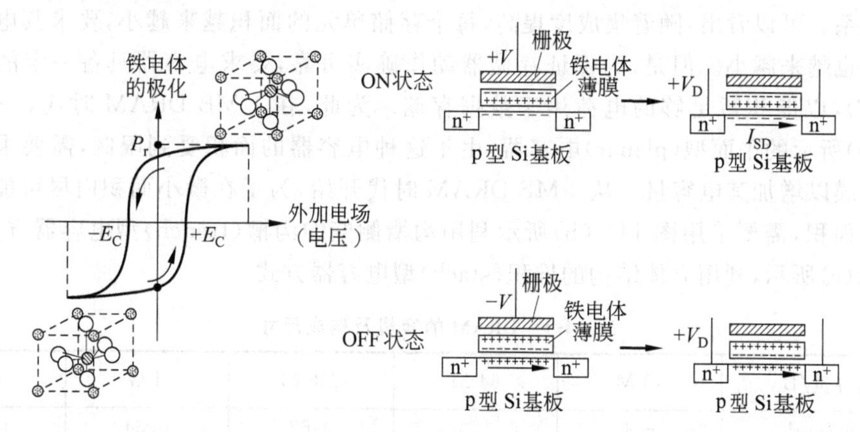

图 14-5　铁电体的极化及铁电体存储器(MFS 结构)的原理图

在 RAM 中，有动态随机存取存储器(dynamic RAM，DRAM)和静态随机存取存储器(static RAM，SRAM)两种。前者需要在短时间内重复读取和写入(需要恢复动作)，以维持存储的信息，而后者不需要恢复动作。由于 DRAM 的一个存储单元由一个三极管和一个电容器组成，构造简单，容易实现高集成密度，它在促进微细化技术迅速发展的同时，进入到高密度器件的最前沿。DRAM 的集成密度，研究水平以每三年 4 倍的速度提高，制造水平大致比研究水平晚 3 年即可实现批量化生产。近年来，半导体器件的性能飞速提高，以下述几个参数为例便可证明：

(1) 存储器(DRAM)容量　64 kB(1980 年)→256 kB(1983 年)→4 MB(1989 年)→256 MB(1998 年)→1 GB(2001 年)，大致按摩尔定律以 3 年 4 倍的速度增加。2004 年已有 16 GB 的产品面市。

(2) 逻辑元件(MPU)的特征尺寸　亚微米(1980 年)→0.6 μm(1995 年)→0.25 μm(1998 年)→0.13 μm(2001 年)→亚 0.1 μm(2005 年)。

(3) MPU 的工作频率　以 Intel 奔腾计算机为代表，450 MHz(1999 年，奔腾Ⅰ)→1 GHz(2000～2001 年，奔腾Ⅱ、Ⅲ)→2 GHz(2002 年，奔腾Ⅳ)。

(4) 每个芯片 I/O 端子数　1500 针(1998 年)→1700 针(2000 年)→2400 针(2001 年)→3000 针以上(2004 年)。

(5) 单芯片功耗　30 W/芯片(1995 年)→100 W/芯片(2000 年)→130 W/芯片(2002 年)。

伴随着上述进展，无论对于哪种半导体器件，都离不开最前沿的薄膜形成技术和微细加工技术。由于 DRAM 制作工艺技术是其他半导体器件工艺的基础，下面以 DRAM 为例加以介绍。

图 14-1 表示 DRAM 中 1 比特存储单元的构成。电容器存储电荷的情况为二进制的“1”，不存储电荷的情况为二进制的“0”，由此实现 1 比特信息的存储。信息写入是使 Tr 导通，由位线向电容器上施加与数据相应的电位，在电容器上积蓄电荷；信息读出是将位线电

位设定为所定的值，使 Tr 导通，则被积蓄的电荷将在位线电容和电容器上按其电容量的大小分配，致使位线电位发生变化，并由检测放大器检出；恢复是使检测的结果放大，并在位线上给出与数据相应的电位。

表 14-1 表示随着 DRAM 存储容量的增加，其最小加工尺寸、每个存储单元面积等参数的变化关系。可以看出，随着集成度提高，每个存储单元的面积越来越小，要求其电容器所占的面积也越来越小。但是，为保证存储器动作确实可靠，要求电容器具备一定的电容量（至 30 fF），以能积蓄足够的电荷用于数据存储。为此，在 1 MB DRAM 时代，一般采用图 14-6(a)所示的平面型(planar)电容器，由于这种电容器的面积受到限制，需要采用薄膜化的绝缘膜以增加其电容量。从 4 MB DRAM 时代开始，为了在微小面积内尽可能地增加电容器的面积，需要采用图 14-6(b)所示利用沟槽侧壁的沟槽(trench)型电容器方式，以及如图 14-6(c)所示，利用立体结构的堆积(stack)型电容器方式。

表 14-1 DRAM 的容量及构成尺寸

存储容量/B	16 M	64 M	256 M	1 G	4 G
单元面积/μm^2	~4	1.3	0.67	0.34	0.17
特征线宽/μm	0.6	0.35	0.25	0.15	0.12
扩散层深度/μm	0.2 ~0.3	0.15 ~0.2	0.1 ~0.15	<0.1 ~0.1	<0.1 <0.1
栅氧化膜厚度/μm	15	10	7	5	3
电容器介质材料	SiN，SiO_2	NO① 等	NO	Ta_2O_5，BST	BST
硅圆片直径/mm	200	200	200，300	300	300

注：NO：表面氮化的 SiO_2 膜。

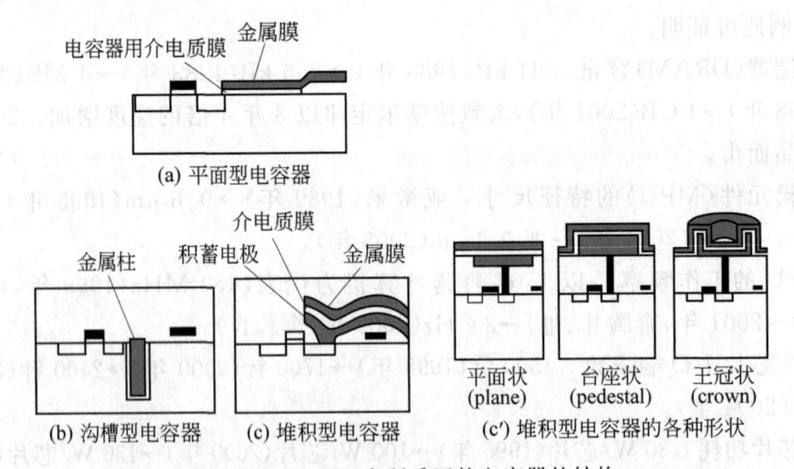

图 14-6 DRAM 中所采用的电容器的结构

随着 DRAM 的存储容量进一步从 256 MB 向 1 GB 进展，仅靠这种立体结构来增加电容量也逐渐受到限制，为此还需要提高电容器介质膜的介电常数。换句话说，这种电容器用的介质膜逐渐从 SiO_2、Si_3N_4 及 SiON 向 Ta_2O_5 (ε_r~20)、$SrTiO_3$ (STO)、$(Ba_xSr_{1-x})TiO_3$ (BST：ε_r>500)、$Pb(Zr_xTi_{1-x})O_3$ (PZT：ε_r>1000)、$SrBi_2Ta_2O_9$ 等高介电常数薄膜的方向发展。这些膜的成膜方法有 LPCVD ($Ta(OC_2H_5)_5$) 及 MOCVD($Ba(DPM)_2$，$Sr(DPM)_2$，

$Ti(DPM)_2$,$TiO(DPM)_2$,其中 DPM 为 dipivaloylmethanate),甩胶旋涂、溅射镀膜等。而且,电容器积蓄电极(storage node)用材料也正在采用 Pt、IrO、Ru、RuO_2 等。表 14-2 列出 1 G DRAM 用电容器所采用的电容器结构及材料等。

表 14-2　与 1 G DRAM 对应的电容器的构造及材料

电容器构造	王冠状	台座状	台座状	王冠状	沟槽状
积蓄电极	Pt	RuO_2/TiN	Ru	n^+ poly-Si	poly-Si
介质材料	BST	BST	BST	Ta_2O_5	SiON
成膜方法	溅射镀膜	ECR MOCVD	MOCVD	LPCVD	
存储单元用金属膜	Pt	Al/TiN	Ru	TiN	n-Si
研究机构	Samsung	NEC	Mitsubishi	Hitachi	Toshiba

在 DRAM 周边电路等中,都要采用 CMOS 三极管。CMOS 三极管的制作工艺流程如图 14-7 所示,现简单介绍如下:

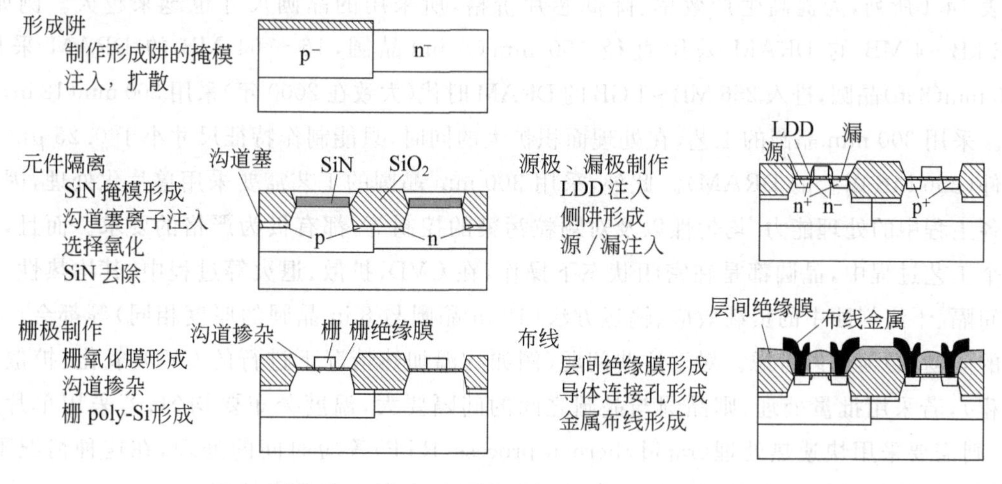

图 14-7　CMOS(两阱)三极管的制作工艺流程

(1) 形成阱。通过离子注入(至 10^{12} cm^{-2})B(硼)或 P(磷),再经长时间高温扩散处理,形成深度 2~5 μm 的 p 阱或 n 阱。

(2) 形成沟道塞(channel stopper)。为抑制与 Si 表面反向的漏电流,在需要形成选择氧化膜区域的下部,进行与沟道掺杂相反的低浓度注入掺杂(n 沟道注入 B: 10^{13} cm^{-2},p 沟道注入 P: 10^{11} cm^{-2})。

(3) 元件隔离。以由 CVD 法形成的 SiN 膜作为掩模,通过热氧化方法生长元件隔离用氧化膜(local oxidation of silicon, LOCOS)。元件隔离除了采用这种方法外,还有的预先对形成氧化层的区域进行刻蚀,采用所谓带台阶的 LOCOS 隔离法(iso-planer)以及沟槽(trench)隔离法等。

(4) 形成栅绝缘膜。通过热氧化方法形成氧化膜。

(5) V_t 控制。通过栅氧化膜,在沟道部位低浓度注入掺杂剂(~10^{15} cm^{-3},注入剂量为 10^{11}~10^{12} cm^{-2})。顺便指出,V_t 的变化量(ΔV_t)与栅氧化膜的电容(C_{ox})成反比,与注入量

(N_{DS})成正比例($\Delta V_t = -eN_{DS}/C_{ox}$)。

(6) 形成栅电极。利用 CPCVD 法形成多晶硅(poly-Si)栅。

(7) LDD(lightly doped drain:浅掺杂漏)注入。为了防止因 n 沟道 MOS 特有的热载流子引起的特性劣化,需要缓和作为热载流子原因的漏电场的集中。为此,在与源、漏相邻接的部位形成 n^- 层。

(8) 形成源、漏:在 n 沟道离子注入 P、As,在 p 沟道离子注入 B、BF_2,形成符合 MOS 比例定律(scaling law)的结。

(9) 形成层间绝缘膜。利用 CVD 法形成 TEOS-SiO_2 膜、PSG 膜、BPSG 膜等。

(10) 开导体连接孔。利用 RIE 等进行刻蚀。

(11) 形成导体布线。利用溅射镀膜、CVD 等,在阻挡金属及导体孔部位进行埋入金属和布线金属镀膜。依布线层数的多少,反复多次重复步骤(9)~(11)的操作。

伴随着集成电路的超容量化,在元件密度越来越高的同时,芯片尺寸越来越大。因此,如表 14-1 所列,为提高生产效率、降低芯片价格,所采用的晶圆尺寸也越来越大。例如,256 kB~4 MB 的 DRAM 采用直径 150 mm(6 in)晶圆,16 ~ 64 MB 的 DRAM 采用 200 mm(8 in)晶圆,进入 256 MB~1 GB 的 DRAM 时代(大致在 2000 年)采用 300 mm(12 in)晶圆。采用 300 mm 晶圆的工艺,在处理面积扩大的同时,只能制作特征尺寸小于 0.25 μm 的器件(256 MB 以上的 DRAM)。此外,采用 300 mm 晶圆的工艺需要采用单片化处理,因此对各工程中的处理能力、均匀性以及对颗粒污染的控制等,都有极为严格的要求。而且,在整个工艺过程中,晶圆都是在密闭状态下操作,在 CVD、扩散、退火等过程中,其均热性、晶圆间隔、干法刻蚀中的负载效应、输运方法(12 in 晶圆与 8 in 晶圆的厚度相同)等都会产生新的问题,必须加以考虑。对于这些问题(例如高温加热情况下进行的 CVD、氧化、扩散等过程),若采用批量处理,则晶圆与晶圆之间的间隔要大,温度分布要均匀;若采用单片处理,则需要采用快速热处理(rapid thermal process,RTP)等短时间的处理,在这种情况下,必须严格控制晶圆中心和周边的温度差,还要考虑采取动态温度控制等。

14.1.3 化合物半导体器件

GaAs 器件适用于高速、高频工作要求。GaAs 作为下一代半导体器件用材料,人们对其寄予厚望。但 GaAs 表面难以形成稳定优质的绝缘膜,因此器件不能采用 MOS 型,而多采用 MES FET(metal-semicondnctor field effect transistor),结型 FET(juction FET),HBT(hetrojuction bipolar transistor)等类型。例如,在平面型 GaAs MES FET 中,为形成 GaAs 集成电路,需要在半绝缘性 GaAs 基板表面通过离子注入 Si 或 Ge,选择性地形成 MES FET 的能动层,而且需要多次离子注入,以实现器件的最佳化。伴随着近年来移动通信的发展,便携终端等中使用的高频部件正越来越多地采用 GaAs IC。另外,还可在 GaAs IC 基板上,采用射频溅射,低温(200℃)沉积高介电常数薄膜($SrTiO_3$),将原来外设的电容器改为内置式,由此开发出单片式 IC。所采用的工艺过程如图 14-8 所示,在此工艺中,先制作 GaAs MES FET,再制作 $SrTiO_3$ 薄膜电容器。

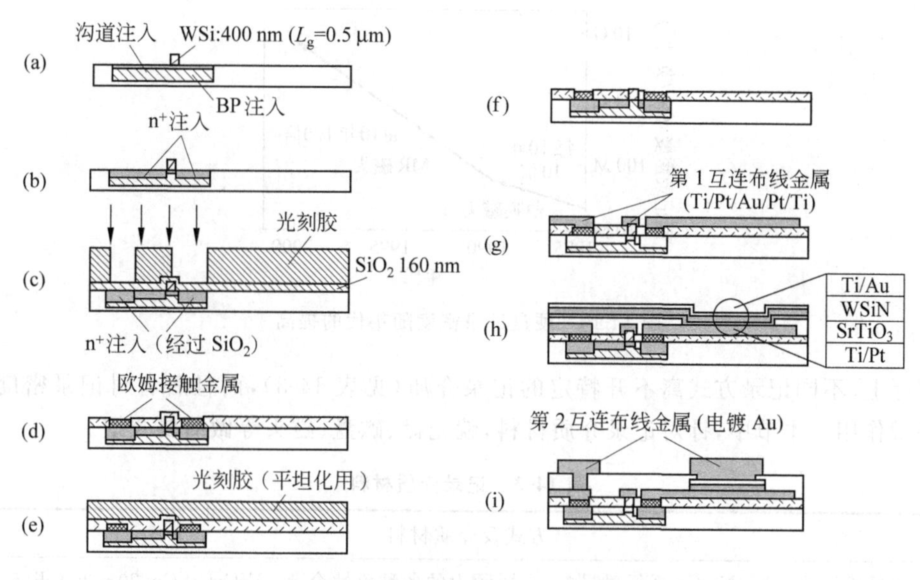

图 14-8　GaAs MMIC(内含 STO 电容器)的工艺过程

14.2　记录与存储

近年来，计算机的性能飞速提高，其主频、内存等都成数倍地增加。为了提高运行速度，计算机中的存储器越来越多地采用多层立体结构。对于要求高速动作的主存储器及视频存储器等，多采用半导体存储器；而对于软件及信息存储用的记录装置，多采用磁盘和光盘。由于程序量的加大，以及由于计算机的进步，需要处理越来越多的图像信息，故对存储容量的要求急速提高，采用的存储方式也越来越多。除硬盘之外，还有只读型 CD(compact disk)-ROM，可擦除重写型 MO(magnetic optical，磁光盘)，PD(相变型光盘，phase change rewritable(PCR))，一次写入型 CDR 等。还开发出大存储容量的只读型 DVD(digital video disk)-ROM，并早已投入使用。此外，可擦除重写型 DVD-RAM 也在研究开发之中。图 14-9 表示光盘和磁盘的分类，图 14-10 表示硬盘记录密度随年代的变化。

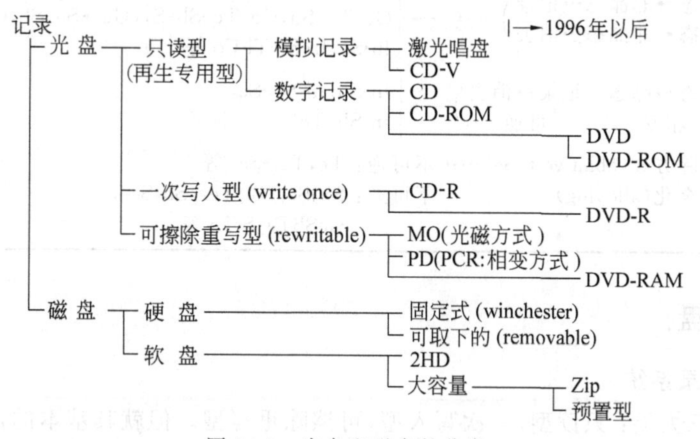

图 14-9　光盘和磁盘的分类

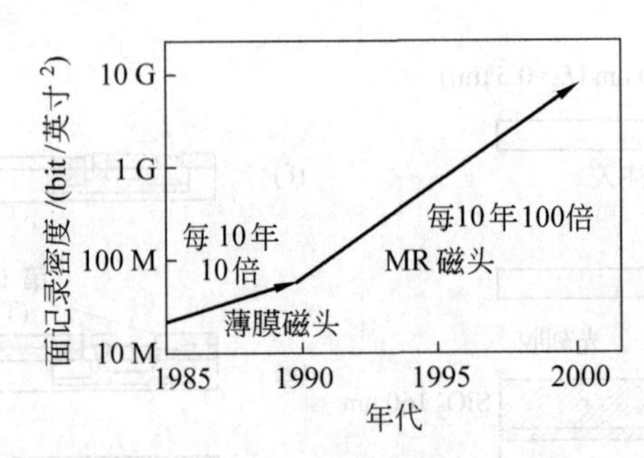

图 14-10　硬盘记录密度随年代的提高

实际上，不同记录方式离不开特定的记录介质（见表 14-3），而且后者对记录密度的提高起关键作用。本节中，针对记录介质材料，就光盘、磁盘、磁头等做简要介绍。

表 14-3　记录介质材料

		方式及介质材料
磁记录		水平磁记录…Fe，Ni，Co 系低磁导率、高矫顽力的各种磁性合金：FeCoCr，Co(20～30)Ni(5～10)Cr/Cr，CoNiPt，CoCrTa/Cr，CoCrPt/Cr 垂直磁记录…垂直磁各向异性(Ku)大的合金，陶瓷：CoCr，CoNiO，Co-CoO，CoPt，MnBi 合金，$BaFe_{12}O_{19}$（钡铁氧体）(涂膜)等
光磁记录	可擦除重写型	垂直磁各向异性(Ku)及磁克尔旋转角(θ_K)都大的材料（进一步在表面积层多层反射层，可增加等效磁克尔旋转角 θ_K） 稀土系—过渡金属非晶态合金磁性膜材料（采用重稀土元素，θ_K 不能做到很大） 　二元系…RE-TM。RE：Gd，Tb，Ho，Dy 等；TM：Fe，Co 等 　三元系…GdTbFe，GdFeCo，TbFeCo，GdFeBi 等 　四元系…GdTbFeCo，GdDyFeCo，TbDyFeCo，NdDyFeCo 等 多层反射积层膜：Si，SiN，SiO 等 其他系统：(Co/Pt)多层膜，$(BiDy)_3(FeGa)_5O_{12}$ 等
光记录	一次写入型	晶态→非晶态…记录 晶态←非晶态…消去 　　相变 } 不可逆系：$Te\text{-}TeO_2$，$Te\text{-}TeO_2\text{-}Pd$，$Sb_2Se_3/Bi_2Te_3$
光记录	可擦除重写型	晶态→非晶态…记录 晶态←非晶态…消去 } 可逆──→ { $Te\text{-}TeO_2\text{-}Ge\text{-}Sn$；Ge-Te-Sn，Ge-Te-Sb-S，(Ge→Sn，Sb，Ga)；In-Se，In-Se-Tl-Co 等 晶态↔晶态　记录↔消去 　相变　　　可逆 } { In-Sb，In-Sb-Se，In-Sb-Te 削除方式(ablative type)……不可逆：Te，$Te_x\text{-}Se_y$ 等 合金化(alloying)　　不可逆：$Sb_2Se_3/Bi_2Te_3/Sb_2Se_3$，GeSbTe/SiTe 等

14.2.1　光盘

1. 光盘记录系统

光盘共分三大类：只读型，一次写入型，可擦除重写型。但就其基本的信息记录系统而论，各类光盘却大同小异。光盘信息记录系统由作为记录介质用的光盘、读出信息及（对于一次写入型和可擦除重写型来说，还包括）写入信息用的光头系统、记录再生信号处理系统、光控制回路系统、马达驱动旋转控制系统等构成。

2. 光盘的种类

如前所述，光盘共包括下述三大类。

（1）只读型（又称再生专用型）

常用的 CD-ROM 和 DVD-ROM 等只读型光盘原理如下。在聚碳酸酯等塑料圆盘上，按需要记录的信息形成沟槽（凹槽），再通过溅射法在其表面形成铝反射膜。通过检测该反射膜对光的反射情况，可读出记录的信息。半导体激光从聚酯薄膜基板侧照射，从基板一侧看，当激光照射到凸部位时，由于散射效果，反射光弱。而当激光照射到平坦部位时，反射光强。相应于这两种情况，可分别对应数字信号的“0”和“1”。

（2）一次写入型（write once）

信息写入可采用开孔方式、相变方式、合金化方式等。无论哪种方式，都是在记录介质膜上由激光照射，对其开孔，或使其发生不可逆的变化，进行信息写入。在开孔方式中，金属膜多采用 Te-C，Cs_2Te，Te-Se-As，有机膜多采用花青（cyanin）系色素。在相变方式中采用 TaO_x，而合金化方式采用 Si-Se/Bi-Te 等。

（3）可擦除重写型（rewritable）

如表 14-4 所列，可擦除重写型又分为相变方式和磁光方式两种类型。

表 14-4　可擦除重写型光盘的工作方式、原理及构成

工作方式	相变方式 (PCR)	磁光方式 (MO)
记录/读出	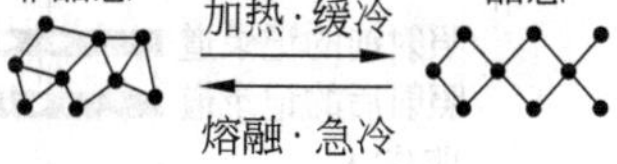 非晶态 ⇄ 晶态（加热·缓冷 →；← 熔融·急冷） 低反射率　高反射率	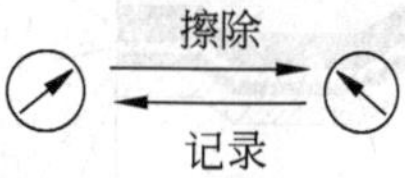 擦除 →；← 记录 克尔旋转角
构成	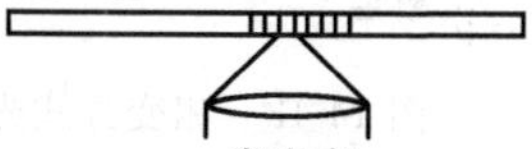 光盘 激光束	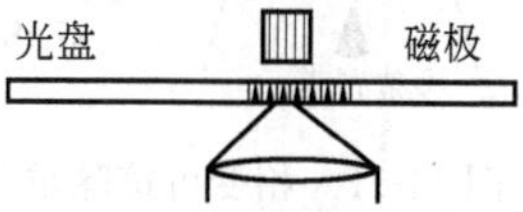 光盘　磁极 激光束
写、读头	光　学	光学＋磁场
信号检出	反射率变化	克尔旋转角

① 相变可擦除重写（phase change rewritable，PCR）记录方式。如图 14-11 所示。在由溅射法形成的记录薄膜（$GeTe\text{-}Sb_2Te_3\text{-}Sb$）上，用半导体激光照射，通过控制其强度，可使记录介质形成晶态或非晶态。一般说来，由溅射法形成的上述记录薄膜为非晶态，因此需要对其实施全面的激光照射进行晶态初始化。此后，按信息要求，用更强的激光束照射，被照射的晶态记录介质经熔化—冷却过程转变为非晶态，这样便实现了信息的写入。读出信息时，用比记录时更弱的激光扫描照射，通过检测反射光的强弱读出信号。由于上述晶态和非晶态的转变是可逆的，因此可实现可擦除重写信息记录。

② 磁光可擦除重写记录方式（magnetic optical，MO）。磁光记录方式需要采用记录磁化方向与基板表面垂直的垂直磁化膜。在需要记录信息的区域，用半导体激光进行脉冲照射，使记录膜的局部温度达到居里温度附近，从而记录膜的矫顽力降低，再由外部垂直磁场对其进行磁化，实现信息记录。

3. 相变可擦除重写型光盘

相变可擦除重写型光盘读出信息的方法与CD等相同，是利用照射激光的反射率变化进行记录信息的检测。图14-11为相变可擦除重写型光盘的结构示意图。在已形成激光光斑导向槽(记录道)的聚酯膜基板上，由磁控溅射法依次沉积下介电质层($ZnS-SiO_2$)、记录层($GeTe-Sb_2Te_3-Sb$)、上介电质层($ZnS-SiO_2$)夹层结构，在上介电质层上面再沉积反射层。介电质层的作用十分重要，其主要功能有：①对聚酯薄膜的隔热保护和冷却速率的控制；②多层膜光盘的反射率控制及记录前后反射率差等光学特性的检测；③耐湿防潮及热膨胀变形控制等。

图14-12表示上述相变方式光盘所采用的激光调制波形及信息擦除重写的原理。从图中可以看出，信息的写入、擦除及读出所用的激光功率各不相同。如图14-12(a)所示，对激光进行高记录功率和低擦除功率的调制，使其在已处于记录状态的记录道上进行扫描。如图14-12(b)所示，当记录道受到功率较低的擦除激光照射时，非晶态的记录信息被清除，非晶态转变为晶态，而当受到功率较高的记录激光照射时，该位置形成新的非晶态，并由此记录信息。另外，在读取信息时，用更低功率的激光进行照射，利用非晶态(低反射率)和结晶状态(高反射率)的反射率差，作为信息读出。

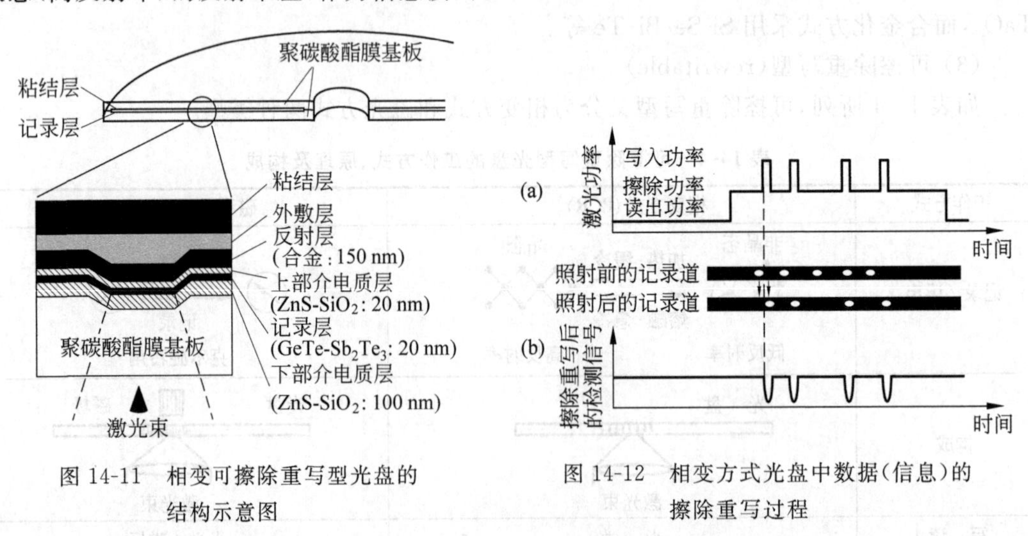

图14-11 相变可擦除重写型光盘的结构示意图

图14-12 相变方式光盘中数据(信息)的擦除重写过程

为了实现图14-12所示的相变方式信息记录，特别需要研究开发适用的记录介质材料，除了要求其具有合适晶态—非晶态转变温度，特别要求其晶化速度要快。例如，采用直径为1 μm的激光光束，对旋转线速度为1 m/s的光盘进行照射，该激光光束记录时的照射时间约为100 ns。也就是说，必须选用结晶化速度比100 ns更快的记录介质材料。目前已达实用化的Ge-Te-Sb系的$GeTe-Sb_2Te_3-Sb$就是高速结晶化材料，其中三种构成材料的熔点752℃(GeTe)、622℃(Sb_2Te_3)、630℃(Sb)比较接近。

为进一步提高相变方式光盘的记录密度，激光波长与聚焦透镜数值孔径之比λ/NA要尽量小。现在，波长λ=680 nm，635 nm的红色半导体激光已达实用化。随着ZnSe系和GaN系蓝色半导体激光器的实用化，还需要进一步研究开发NA更大的光学透镜系统等。

14.2.2 磁盘

1. 基本系统构成

磁盘分两大类，一类是硬盘驱动器(hard disk drive，HDD)，另一类是软盘(floppy disk，

FD)。二者的系统构成基本相同。硬盘装置是将磁记录的信息通过磁头转换为电压,并由此读出。其基本系统构成包括存储信息用的薄膜磁盘介质,信息记录、读出用的磁头系统,记录、重放信号处理系统,磁头控制回路系统,旋转马达驱动控制系统等。硬盘装置与光盘装置不同的是,前者仅以可擦除重写型存在。

2. 高密度化进展

如图 12-27 所示,硬盘装置的记录密度,在 1990 年以前的 10 年中,大约以 10 倍的速度提高,而 1990—2000 年的 10 年中,大约以 100 倍的速度提高。记录密度之所以如此快速地增加,除得益于近年来计算机性能的提高,以及伴随操作系统、软件的进展,软件功能明显增强之外,图像、音响、动画等需要处理信息量爆炸性增长也是其重要的驱动力。从信息记录技术本身看,信号处理技术的进步,特别是用磁致电阻(MR)磁头代替传统的薄膜磁头,也有力地促进了 1990 年之后记录密度的增加。到 2000 年,面记录密度已达 10 GB/in^2,这意味着,在一块 3.5 in 磁盘上,可以记录 10 GB(B—字节)以上的信息。

3. 磁盘采用的薄膜记录介质

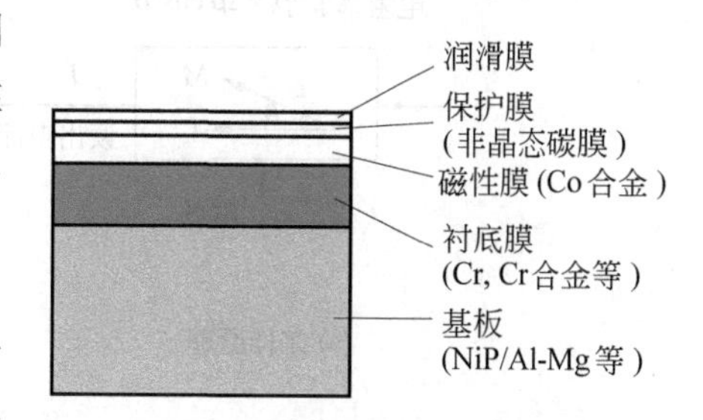

图 14-13　薄膜磁盘记录介质的断面结构

图 14-13 表示硬盘装置中,薄膜磁盘记录介质的结构及采用的典型介质材料。在高密度磁记录系统中,为了减小磁头和磁盘间距(即磁头浮上距离),必须减小磁盘表面的粗糙度,保证表面极为平滑。最普遍采用的是电镀 NiP 的 Al-Mg 合金基板,对其进行镜面研磨,使表面粗糙度达到 2 nm 以下。为了对磁记录薄膜的结晶取向和粒径进行控制,需要在研磨好的表面上溅射沉积 Cr 及 Cr-V、Cr-Ti 等 Cr 合金的衬底膜,并保证这些膜层的(100)面或(110)面与基板表面平行。而后,在上述衬底膜之上,再由溅射法沉积 CoCrTa 及 CoCrPt 等的磁性薄膜,特别要保证其易磁化轴与基板表面平行或基本平行。顺便指出,作为记录介质用的磁性膜,并不是采用铁磁性的 Co 单质,而是采用其合金,这主要是因为,Co 单质的矫顽力小,通过掺入原子半径相对较大的 Pt、Ta 等,可使矫顽力增加。此外,通过添加 Cr 可提高耐腐蚀性,调整晶粒度,以控制其微观磁学特性。

为了保证磁盘良好的耐磨性,在上述磁性薄膜上还要形成非晶碳膜等保护膜和润滑膜等。

14.2.3　磁头

MR 磁头及 GMR 磁头的引入,为 10 多年来硬盘磁记录密度的提高起到关键作用。下面仅对这两种磁头做简要介绍。

1. MR 磁头

当电流流经铁磁性薄膜时,因电流(读出电流)方向与磁化方向之间的角度不同,会造成电阻发生变化,称其为磁致电阻(magnetic resistive, MR)效应。利用这种效应检测磁盘介质中所记录信息(磁场)的磁头称为 MR 磁头。图 14-14 表示利用 MR 磁头从介质中检出磁场(记录信息),并进行重放的概念图。随着记录密度的提高,记录信息的信号势必逐渐变弱，而且由于硬盘的小型化，圆周速度下降(至 10 m/s 以下)，采用传统电磁感应方式进行信号检测的感应式磁头，输出功率越来越小。图 14-15 表示感应-MR 磁头的结构，它由两部分(即记录采用感应磁头(薄膜磁头)，再生重放利用 NiFe 等磁性薄膜的磁致电阻效应磁头)组合而成。磁致电阻效应磁头利用磁盘介质上与记录信息对应的磁场产生 MR 输出功率，灵敏度很高，可达到普通感应式薄膜磁头的几倍。因此，可以解决由于记录信息高密度化和磁盘小型化而造成的 S/N 比下降的问题。薄膜的电阻率 ρ 与外磁场强度的关系，可由下式表示：

$$\rho = \rho_0 + \Delta\rho\cos^2\theta \tag{14-1}$$

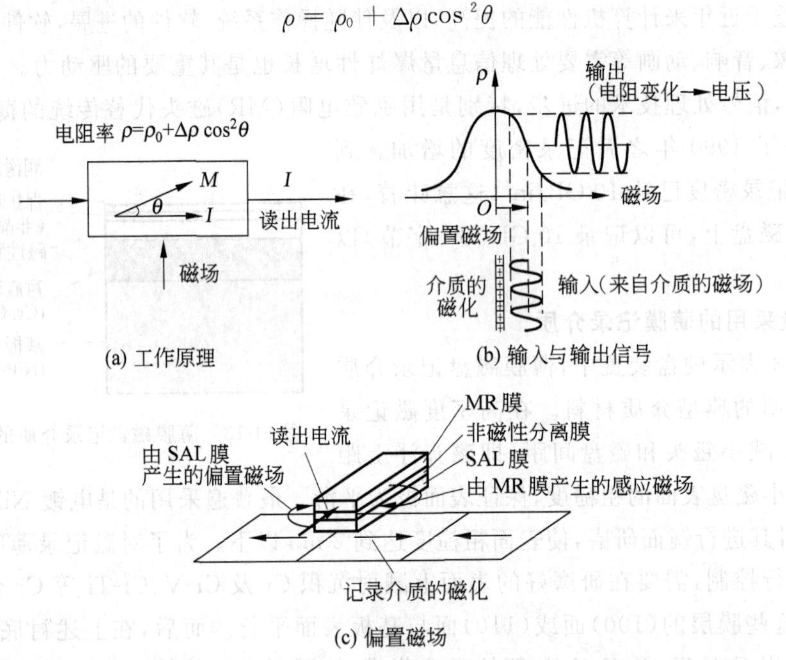

图 14-14 MR 磁头的工作原理及 MR 磁头中的输入、输出信号及偏置磁场

式中，ρ_0 为零磁场时的电阻率；θ 为读出电流方向与磁化矢量的夹角；$\Delta\rho$ 为最大的电阻变化率。图 14-14 表示 $\Delta\rho$ 相对于外部磁场的变化。由式(14-1)可以看出，当磁化方向与电流方向一致($\theta=0$)时，电阻率的变化取最大。

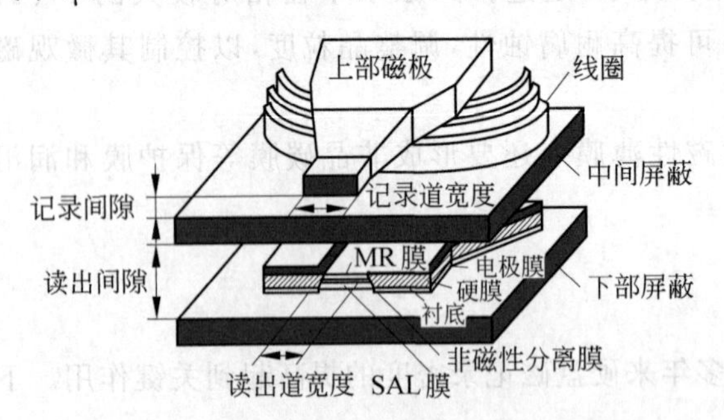

图 14-15 感应-MR 复合磁头的结构示意图

对于实用 MR 磁头来说，当对记录的信息进行再生时，为了充分利用电阻率变化的线性区域，需要施加图 14-15 所示的偏置磁场。施加偏置磁场的方法很多，但一般采用如图中所示的软调整层(soft adjustment layer，SAL)偏置法。这种方法原理如下。在 NiFeRh 等软磁性薄膜中夹以 Ta 等的非磁性分离薄膜，依次溅射沉积，利用 MR 膜中流经读出电流时所发生的磁场，使相邻磁性膜中发生屏蔽磁化，而由此产生的磁场以偏置磁场的形式施加在软磁薄膜上。另外，在用于 MR 磁头时，由于 MR 薄膜中磁畴壁移动等原因会造成巴克豪森(Barkhausen)

噪声。为抑制该噪声的发生，仅在 MR 元件的记录道范围内，用 CoPt 及 CoCrPt 等硬膜将 MR 元件夹于中间，这样可以在平行于 MR 元件的方向上，诱发很强的各向异性，使 MR 元件形成单磁畴结构。称此为硬膜偏置方式。合理设计各层膜之间的相互关系，可以使实际的读出道宽变窄，利于提高记录密度。

2. 自旋阀，巨磁电阻(GMR)

MR 元件的 MR 比($\Delta\rho/\rho$)大致在 2%左右，1988 年有人发现了 MR 比更高出许多倍的巨磁电阻 GMR(giant magnet resistive)效应。以此为契机，以磁头为应用目标的研究开发逐渐活跃。已经确认，通过厚度数纳米以下的磁性膜与非磁性膜的积层(如 Fe/Cr，Co/Cu，Ni-Fe-Co/Cu 等)，所构成的超晶格多层膜都可以产生 GMR 效应。但是，若将这种 GMR 效应应用于 MR 磁头，除非在数百至数千奥斯特(Oe(奥斯特)=(1000/4π)A/m)的磁场下，否则难以获得大的 MR 比。为了解决这一问题，开发出自旋阀结构的 GMR 磁头(spin-valve-head)。自旋阀结构由以下 4 层组成：

① FeMn 等的反铁磁性薄膜；

② 固定侧磁性薄膜(该膜的磁化因反铁磁性膜的交换耦合磁场而固定)；

③ Cu 等的非磁性薄膜；

④ 自由侧磁性薄膜。

自由侧磁性薄膜的磁化，通过 10 Oe(1 奥斯特(Oe)≈79.6 A/m)左右的外磁场而能自由旋转。这种自旋阀结构，制作比较容易，但与超晶格多层膜相比，电阻变化小。图 14-16 表示自旋阀的构成模式以及自旋阀结构中，相对于外部磁场的电阻变化的关系。已经确认，自旋阀磁头的灵敏度大约是普通 MR 磁头的 3 倍。在自旋阀结构中，为了实现线性输出特性，也需要配置偏置磁场，一般是在自旋阀结构内实现。其设置方法与 MR 元件中的 SAL 磁头相类似。表 14-5 给出自旋阀磁头与 MR 磁头的对比。顺便指出，由于用作反铁磁性薄膜的 FeMn 耐腐蚀性较差，人们试图用 NiO 等耐腐蚀性好的氧化物反铁磁性材料来代替。当采用 NiO 时，NiO 作为衬底膜可以在基板侧形成。由此可以制作电阻变化率更大的磁头。

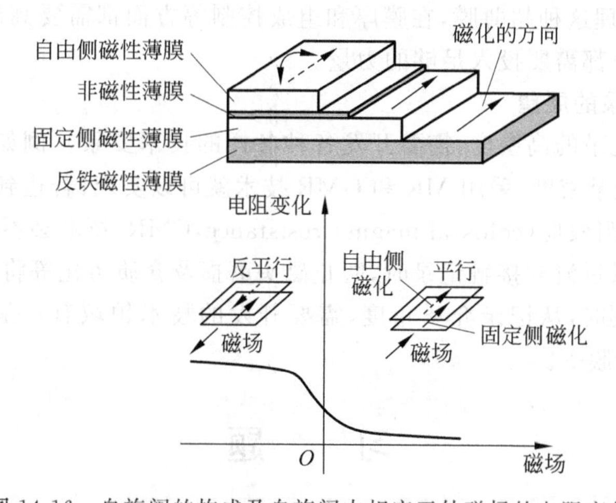

图 14-16　自旋阀的构成及自旋阀中相应于外磁场的电阻变化

表 14-5　自旋阀磁头与 MR 磁头的比较

项　　目	SAL MR 磁头	自旋阀磁头
$(\Delta\rho/\rho)$/%	～2	4～10
电阻变化部分	NiFe	NiFe,Co,CoFe
NiFe 稳定化	采用硬膜(CoCr,CoCrPt 等)	采用硬膜
偏置磁场	SAL 层(软磁性膜)	固定磁性层(Co,CoFe,etc)
反铁磁性材料	利用 FeMn 实现稳定化	FeMn,NiMn,NiO
最小膜厚/nm	～20	1～2
耐热性/℃	300	200

多层膜 GMR 有几种不同类型，典型代表为 Co/Cu 超晶格多层膜。Co/Cu 超晶格多层膜，取反铁磁性的耦合结构，每层 Co 膜中的磁化为反平行(图 14-17)。当对这种结构施加外磁场时，各层的磁化取平行状态。在上述这种磁化呈反平行和平行的状态下，造成电子发生散射的几率差，从而发生 GMR 效应。此外，若磁性层采用矫顽力有差别的两种磁性材料(NiFe 低矫顽力层和 Co 高矫顽力层等)，则在无外磁场情况下也能形成磁化反平行的状态。在超晶格多层膜中，由于与自旋阀膜相比层数多，所以电阻变化率大。此外，如图 14-17 所示，在 Co(1.5 nm)/Cu 系中，相对于 Cu 膜层，MR 比发生振荡，出现的各个极大值从 Cu 较薄的一方算起，分别称为第 1 峰(Cu 膜约厚 0.8 nm)，第 2 峰(Cu 膜约厚 2 nm)等。在第1 峰下，施加数千奥斯特的磁场，可获得 80% 的 MR 比；在第 2 峰下，施加数百奥斯特的磁场，可获得 40% 的 MR 比。但由于需要施加这么高的磁场，用作磁头显然是不合适的。今后，需要开发在低磁场下也能进行信号再生的材料及磁头结构等。此外，在上述这种超晶格多层膜中，每层膜厚仅为 1～2 nm，为了获得并处理这种超薄膜，在膜厚和组成控制等方面都需要高超的技术，在设备开发和人员培训等方面都需要投入足够的力量。

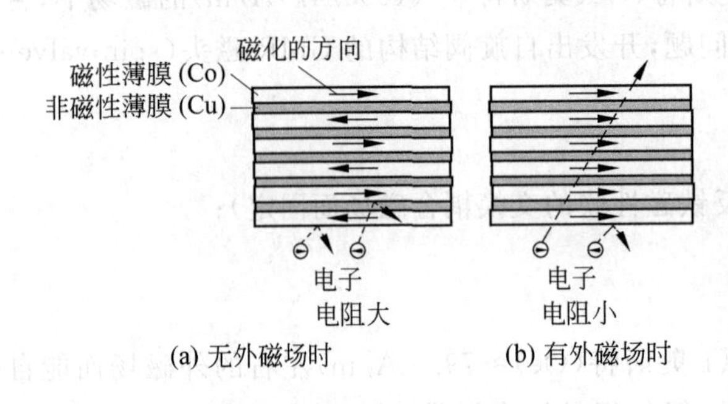

图 14-17　超晶格多层膜(Co/Cu)GMR 的工作原理

3. 高密度磁记录的展望

为了实现硬盘记录的高密度，需要开发各种各样的技术要素。例如，在磁头技术中，要达到 10 GB/in^2 的记录密度，采用 MR 和 GMR 技术就可以实现；若达到 100 Gb/in^2 以上的记录密度，超巨磁电阻效应(colossal magnet resistance，CMR)技术必不可少。此外，从磁头与介质的近接触记录过渡到接触记录时，防止磁头磨损及介质劣化等将越来越重要，即需要开发摩擦学技术。同时，从记录介质角度，需要开发的技术领域有：提高水平记录介质的 H_c；开发垂直磁记录膜等。

习　题

14.1　如何从硅矿石(主要成分是 SiO_2)变成 11 个 9 的高纯硅?

14.2　画出改良西门子法制作多晶硅的工艺流程，并写出主要反应方程式。

14.3　从工业硅(MG-Si,又称金属硅,冶金级硅)提纯为太阳能级硅(So-Si)可采用化学方法、也可采用物理(冶金)方法,请各举出四种工业上正在采用或有可能采用的方法,简述其原理。

14.4　画图并说明从单晶硅棒制成电子元器件的工艺流程。

14.5　超大规模集成电路特征线宽从 1 μm 到工业 0.1 μm,在制作工艺上有哪些重大变革?

14.6　目前,特征线宽为 0.045 μm(45 nm)的 ULSI 已经实现批量化生产,请分析 ULSI 实现工业化生产的极限特征线宽是多大?

14.7　请表述图形线宽分辨率与曝光波长的定量关系,并简述近年来短波长光源及曝光技术的进展。

14.8　请比较干法刻蚀与湿法刻蚀的优缺点。

14.9　在 ULSI 的制作工艺中,为什么采用多层布线工艺?

14.10　在 ULSI 的制作工艺中,为什么以及如何实现多层布线的平坦化?

14.11　说明在 ULSI 工艺中 Al 布线的优缺点? Cu 布线代替 Al 布线的理由? 采用 Cu 布线工艺需要解决的问题。

14.12　比较真空蒸镀、磁控溅射、等离子体增强化学气相沉积(PECVD)的工艺特征。

14.13　在 DRAM 制作中采用了哪些薄膜工艺和薄膜材料?

14.14　在 MPU 制作中采用了哪些薄膜工艺和薄膜材料?

14.15　画图表示单大马士革和双大马士革工艺实现多层布线的工艺流程和所用薄膜材料。

14.16　TFT LCD 中,TFT 代表薄膜三极管(thin film transistor),为什么液晶显示器要采用薄膜三极管,它是如何制作的?

14.17　画图表示 CMOS 型 ULSI 的生产工艺流程。

14.18　对比硅半导体与化合物半导体的优缺点。

14.19　何谓 FE-RAM(ferroelectric RAM),说明其为什么能以不挥发存储器的方式工作?

14.20　对于存储器容量超过 1 Gbit 的 DRAM 来说,为减小其电容器所占的面积,需要采用何种结构的电容器和哪些介质材料?

14.21　画出 GaAs MMIC(内含 STO 电容器)的制作工艺过程,指出在哪些工序中采用了薄膜?

14.22　说明 LK(low-*k*)介电体和 HK(high-*k*)介电体在提高 ULSI 集成度等方面所起的作用。

14.23　简述 LK(low-*k*)介电体和 HK(high-*k*)介电体的材料种类以及获得方法。

14.24　以最新型的手机、笔记本电脑、数码相机为例,分析便携电子设备在电子封装及高密度多层基板方面的进展。

14.25　对比 SoC 和 SiP 构成及优缺点。

14.26　在基板表面形成电路图形的常用方法有哪些? 并画图表示。

14.27　简述 Ag-Pd 导体浆料与 Al_2O_3 基板烧结结合的机理。

14.28　RuO_2 电阻体的阻值由哪些因素决定的? 如何控制?

14.29　简述漏印孔板的几种开口方法,并对开口质量进行对比。

14.30　为实现精细图形的精细印刷,应采取哪些措施?

14.31　何谓浆料的拟塑性(pseudoplastic)和触变性(thixotropy),如何利用上述特性提高丝网印刷的质量?

14.32　何谓动力黏度和运动黏度,单位是什么? 如何测量?

14.33　简述激光调阻的工艺条件。

14.34　请按基板材料对电子基板进行分类。

14.35　一般说来,当布线长度大于信号波长 7 倍时,必须考虑布线对信号的延迟和阻抗匹配。根据这一原则,请分析传输频率为 50 MHz、800 MHz、3 GHz、10 GHz 的信号时,对导体布线长度的要求。

14.36　举例高 T_g、低 α、低 ε 型树脂基板材料,并对其性能进行对比。

14.37　PCB 板材料加入溴是为了阻燃,请分析其阻燃的机理。在环保要求无卤化的前提下,有哪些阻燃方式,请分析其阻燃机理。

14.38　常用积层(build-up)式基板共有哪几种类型,分别给出其制作工艺流程。

14.39 对常用无机基板材料进行汇总，并比较各自的性能。

14.40 若从单面印制线路板算起，按印制线路板(PCB)的发展进程，目前已进入第七代，请按代简述其发展进程。

14.41 何谓 LTCC 和 HTCC？制作 LTCC 多层基板有哪些关键的工艺因素？

14.42 在芯片电极上为什么要形成凸点(bump)？简述焊料凸点和金凸点的形成方法。

14.43 凸点下金属(under bump metal，UBM)起什么作用，请举例说明。

14.44 倒装芯片微互联工艺共有哪几种，简述工艺过程及其优缺点。

14.45 简述芯片微互联的 WB 工艺。

14.46 简述芯片无引线连接的 TAB 工艺。

14.47 请调查并汇总键合金丝的常用规格及国内生产厂家。

14.48 请给出 BGA 焊球的生产工艺，产品规格及国内生产厂家。

14.49 说明目前已达到实用化的无铅焊料的种类和优缺点。

14.50 请调查“无铅化”的标准和检测方法。

14.51 简述 WEEE、RoHS、EuP 三个指令的主要内容。

14.52 传递膜注树脂共包括哪些成分，每种成分的作用是什么？

14.53 塑封成型过程中主要会产生哪些缺陷，如何防止？

14.54 塑封 QFP 中可能产生的故障共有哪些？

14.55 调查国内环氧塑封料(EMC)及电子封装的主要厂家。

14.56 试比较 BGA 与 QFP 的优缺点及各自的发展趋势。

14.57 BGA 共有哪几种类型，说明各自特点。

14.58 何谓 CSP 封装，常见的 CSP 封装共有哪几种形式？

14.59 请叙述 WLP-CSP 封装的结构及形成过程。

14.60 请叙述少端子 CSP-BCC 的结构及形成过程。

14.61 调查 CSP 封装的标准。

14.62 画出电子元件可靠性随工作时间变化的“浴缸曲线”，说明每一段代表的意义。

14.63 给出 MCM 的散热模型，并代入参数进行分析。

14.64 给出贴装在 PCB 板上 BGA 的应力分析模型并代入参数进行分析。

14.65 实现三维封装共有哪几种方式，请画图表示。

14.66 何谓 SIMPACT，并指出与之相关的关键技术。

14.67 磁性薄膜各向异性起源有哪些？

14.68 计算薄膜在 x,y,z 三个方向上的退磁场和退磁场能量。

14.69 请说明为什么希望磁记录介质的矩形比(B_r/B_s)接近 1。

14.70 每一个 Fe 原子的波尔磁子数为 2.2，由此求出 Fe 的饱和磁化强度 I_s，其中 Fe 的原子量是 55.9，密度是 7.86 g/cm³。

14.71 如图 14-18 所示的细长针状磁性体，若在与长度方向成角度 θ_0 方向上磁化，求初始磁导率。若在长度方向上预先加张力 σ 的情况下又如何？其中，该磁性体具有单磁畴结构，且不存在晶体磁各向导性。

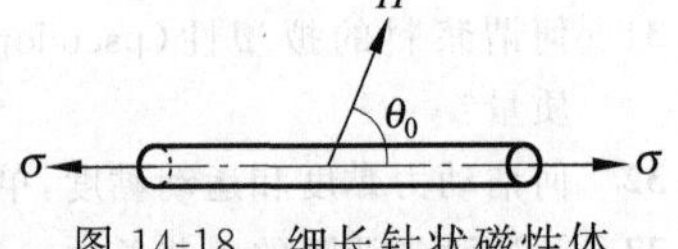

图 14-18 细长针状磁性体

14.72 具有单轴各向异性的磁性薄膜，具有如图 14-19 所示的磁畴结构。设磁畴单位面积的能量为 γ_w，各向异性常数为 K_1，磁性体的宽度为 L，求磁畴宽度 D。

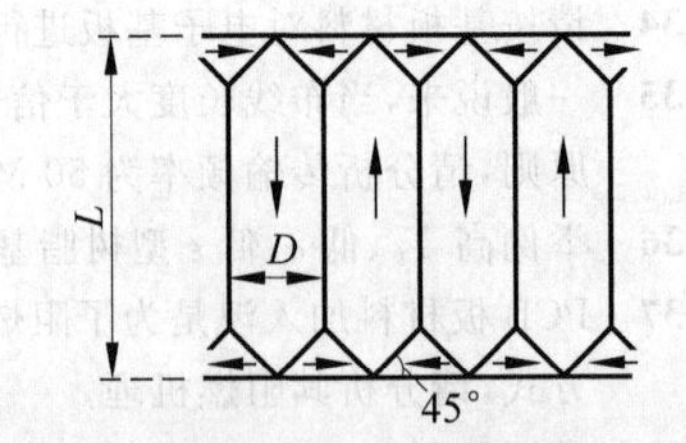

图 14-19 磁畴结构

14.73 在 $MnO \cdot Fe_2O_3$ 中 $ZnO \cdot Fe_2O_3$ 的固溶比为$(1-x):x$，其离子排布为$((\overrightarrow{Fe_x^{3+}Zn_x^{2+}})O \cdot \overleftarrow{Fe_{1-x}^{3+}}\overrightarrow{Mn_{1-x}^{2+}})O_3$（箭头表示自旋磁矩的方向）。现设 Fe^{3+}、Zn^{2+}、Mn^{2+} 离子的磁矩分

别为 5 μ_B、0 μ_B、5 μ_B。求复合铁氧体每个分子的磁矩。

14.74 有单磁畴粉末性的永磁体，其粉末的形状比 k=(长轴长度)/(短轴长度)分别等于∞，5 及 1 的回转圆柱体的情况下，请求出由其形状所期待的最大矫顽力 $_{\mathrm{I}}H_c$。其中，饱和磁化强度为 1 T，反磁场系数 N 为 $\left[\frac{k}{\sqrt{k^2-1}}\ln(k+\sqrt{k^2-1})\right]\Big/(k^2-1)$，且短轴方向的 N_d 值与长方向的 $N_l+2N_d=1$ 的关系。

14.75 对于各向异性完全的理想单磁畴永久磁体来说，当描绘其剩磁 $I_r=0.2$ T，矫顽力 $_{\mathrm{I}}H_c=3\times10^5$[A/m]的退磁曲线时，请求出其 B_r、$_BH_C$ 及 $(B\cdot H)_{max}$。

14.76 计算下列晶体的各向异性等效场：

1) 已知铁的 M_s 沿[100]方向，$K_1=4.2\times10^4$ J/m^3，$M_s=1.71\times10^6$ A/m

2) 已知钴的 M_s 沿[0001]方向，$K_1=4.1\times10^5$ J/m^3，$M_s=14\times10^6$ A/m

14.77 说明垂直磁记录的原理和所用的材料。

14.78 画图说明磁光盘中信号写入，读取和擦除的原理。

14.79 实用化磁光记录材料有哪些要求？

14.80 一个 TbFeCo 磁光盘中，当使用氦氖激光写入信号时，记录畴直径 $d=0.8$ μm，求该磁光盘的存储密度。

14.81 指出感应磁头和 MR(磁致电阻)磁头在工作原理和结构上的差异。

14.82 指出自旋阀磁头的结构和工作原理。

第 15 章　平板显示器中的薄膜技术与薄膜材料

15.1　平板显示器

如图 15-1 所示，在人类步入信息社会的今天，显示器行业充满活力，并已成为世界电子信息工业的一大支柱产业。

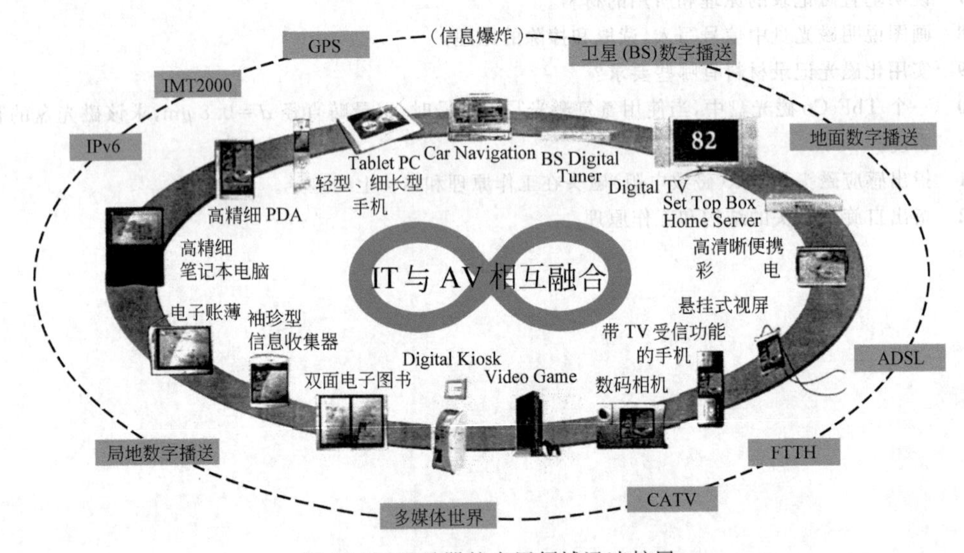

图 15-1　显示器的应用领域迅速扩展

作为图像和动画的显示器，除了已超过百年历史的 CRT(cathode ray tube，阴极射线管，即布劳恩管)显示器之外，近几年 LCD(liquid crystal display，液晶显示器)、PDP(plasma display panel，等离子体平板显示器)、ELD(electroluminescent display，电致发光显示器)、LED(light emitting diode，光发射二极管显示器)、FED(field emission display，场致发射阵列平板显示器)、VFD(vacuum fluorescent display，真空荧光管显示器)等平板显示器(flat panel display，FPD)发展迅速。可以说，上述各类平板显示器无一不与薄膜技术相关。下面，以近年来发展极为迅猛的 LCD、PDP、小分子有机 ELD(现多称为小分子有机发光二极管显示器，即 OLED)、高分子有机 ELD(现多称为高分子有机发光二极管显示器，即 PLED)为例，简要介绍薄膜技术在平板显示器中的应用。

15.2　液晶显示器

15.2.1　AM-LCD

液晶分子对于光的折射率具有各向异性，而且，当液晶上施加电压时，液晶分子的排列状态会发生变化。基于上述特性，若用两块偏光板将液晶夹于其间，则当有光通过并在液晶上施加电压时，就可以对光的透射率实施控制。利用这种原理进行显示的装置称为液晶显示器(LCD)。

AM-LCD 即有源矩阵(active matrix)驱动的液晶显示屏，是 1969 年由 RCA 的 Lechner 等提出的，至今对于彩色动画液晶显示器来说，起着至关重要的作用。从加工技术角度，AM-LCD 可以看作是集成电路技术的扩展和延伸，涉及大量的薄膜沉积和加工技术。

AM-LCD 的工作原理如图 15-2 所示。图 15-3 表示 TFT-LCD 中所采用的各种薄膜及其功能。每个像素中都布置有一个开关元件，人们看到的各个像素，在每一帧(对于 NTSC 制式来说，1 秒钟为 60 个画面)中，保持相应于辉度等级的不变电压条件下进行驱动。因此，与其他方式相比，无交调噪声，对于多彩色、高辉度等级、高精细度的画面显示是非常有利的。而且，与 CRT 相比，具有薄型、轻量、低功耗等优点。特别是，近年来液晶平板显示器在扩大视角，提高对比度，增加色纯度，提高响应速度，减小显示板厚度及降低功耗等方面都获得突出进展，而且 AM-LCD 特别适用于数字化和高清晰度电视(high densitytelevision，HDTV)产品。表 15-1 表示在各类 AM-LCD 中采用的有源开关及像素数。其中，OA(办公自动化)设备用 XGA 高精细度显示器的像素数为 2.4 M(1024×768(像素)×3(原色))，EWS(engineering work station)即计算机工作站用 SXGA 高精细度显示器的像素数为 3.9 M(1280×1024(像素)×3(原色))，HD-TV2 显示器的像素数为 6.2 M(1920×1080(像素)×3(原色))，而超高精细度电视用 QUXGA 显示器的像素数为 23.04 M(3200×2400(像素)×3(原色))，大约为 HD-TV2 的 4 倍。

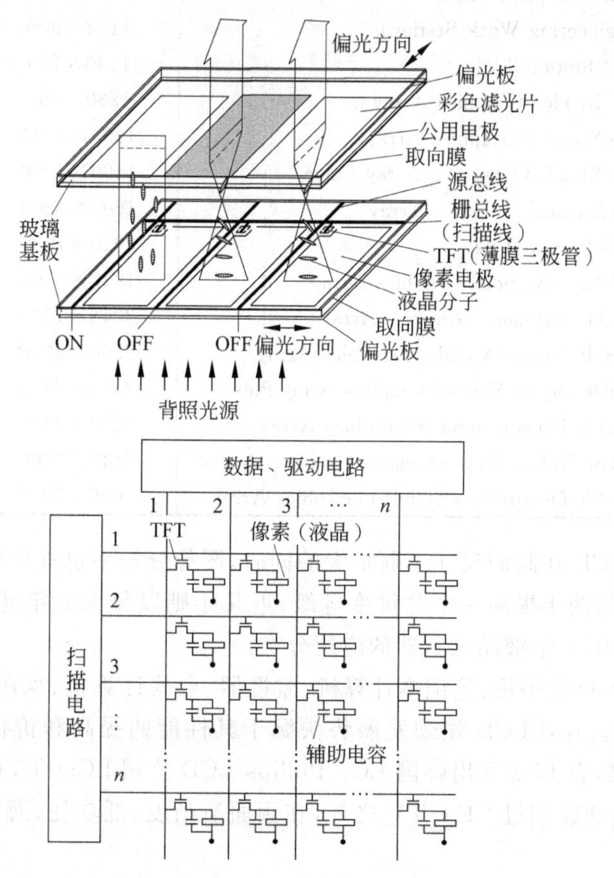

图 15-2　有源矩阵驱动液晶显示屏的断面结构及驱动电路示意图

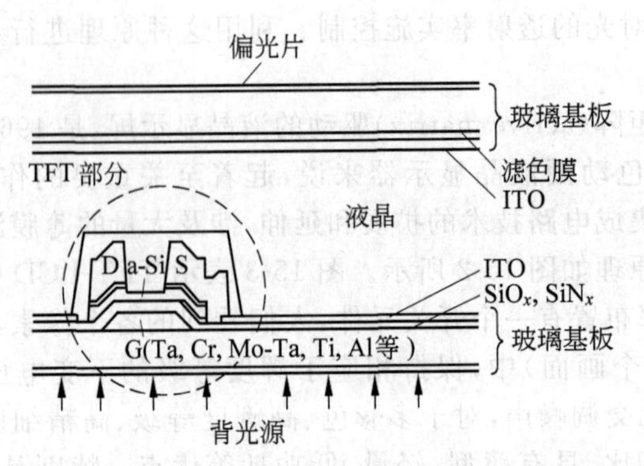

图 15-3 TFT-LCD 中所采用的各种薄膜及其功能

表 15-1 显示屏的图像分辨率等级、图像分辨率(像素数)和宽高比

意义 / 等级	分辨率等级所代表的意义（分辨率规格名称）	图像分辨率（像素数）	宽高比
CGA	Color Graphics Adapter	320×200	8∶5
EGA	Enhanced Graphics Adapter	640×350	64∶35
VGA	Video Graphics Array	640×480	4∶3
SVGA	Super Video Graphics Array	800×600	4∶3
XGA	eXtended Graphics Array	1024×768	4∶3
SPARC	(Engineering Work Station)	1152×900	32∶25
HD-TV1	High Definition TV1	1280×720	16∶9
W-XGA	Wide eXtended Graphics Array	1280×768	16∶9.6
SXGA	Super eXtended Graphics Array	1280×1024	5∶4
SXGA⁺	Super eXtended Graphics Array Pulse	1400×1050	4∶3
UXGA	Ultra eXtended Graphics Array	1600×1200	4∶3
HD-TV2	High Definition TV2	1920×1080	16∶9
W-UXGA	Wide Ultra eXtended Graphics Array	1920×1200	16∶10
QXGA	Quadrable eXtended Graphics Array	2048×1536	4∶3
QSXGA	Quadrable Super eXtended Graphics Array	2560×2048	5∶4
QSXGA⁺	Quadrable Super eXtended Graphics Array Pulse	2800×2100	4∶3
QUXGA	Quadrable Ultra eXtended Graphics Array	3200×2400	4∶3
W-QUXGA	Wide Quadrable Ultra eXtended Graphics Array	3840×2400	16∶10
QQXGA	Quadrable Quadrable eXtended Graphics Array	4096×3072	4∶3

近几年，AM-LCD 在画面尺寸不断扩大的同时，图像分辨率也逐年提高。如图 15-4(a)所示，10 年前大致每两年提高一个分辨率等级，近几年则以每 1.5 年甚至 1 年提高一个分辨率等级；图 15-4(b)表示液晶显示器的应用分类。

近年来 AM-LCD 在手机、笔记本计算机、监视器、台式计算机、家用电视机等方面的应用取得突破性进展。AM-LCD 强劲发展势头源于其性能的提高和价格的下降。以 TFT-LCD 宽屏 TV 为例，表 15-2 列出韩国 LG. Philips LCD 公司 LCD-TV的性能进展和展望。除表中所列性能达到或超过 CRT-TV 之外，在画面清晰度、低功耗、薄型化、大画面等方面均优于 CRT-TV。

上述 AM-LCD 中使用的有源开关元件的特征尺寸，对于 TFT 来说，大致在 3～5 μm。

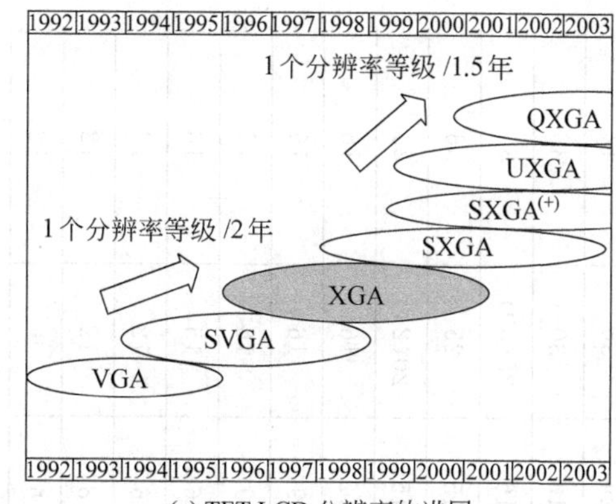

(a) TFT-LCD 分辨率的进展

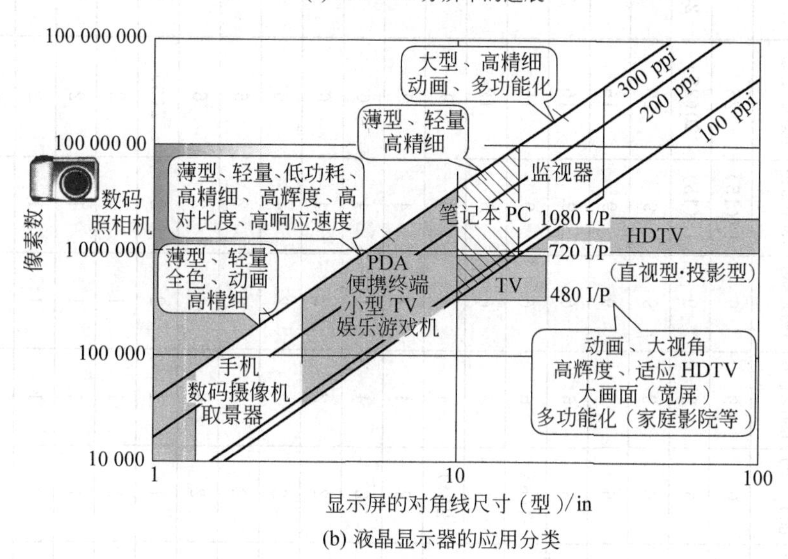

(b) 液晶显示器的应用分类

图 15-4　TFT-LCD 分辨率的进展及其应用分类

表 15-2　LCD-TV 的性能进展和展望(源于 LG. Philips LCD 公司的资料)

年 代	2002	2003	2006	说　明
视角/度	176/176	⟶		• 在各种灰度下，排除图像(质量)与视角的相关性
对比度	400∶1	500∶1	800∶1	• 较低的黑度水平 • 使因视角不同造成的 C/R 变化为最小
亮度/nit	450	500	800	• 峰值亮度技术
彩色范围	NTSC65%	NTSC65%	NTSC65%	• 增加显示色范围
响应时间/ms	25	16	5	• 快速动画显示时，排除运动模糊、重影及拖尾现象

换句话说，其图形宽度与 16～64 kB DRAM 的不相上下，而元件个数与 4MB DRAM 的不相上下。需要特别指出的是，上述 LCD 中所采用的 TFT 与 LSI 的根本区别在于，前者所涉及的有源开关元件是在大面积(如第 7 代，1870 mm×2200 mm)玻璃基板上形成的，见表 15-3、表 15-4。

表 15-3 玻璃板尺寸及可切割显示屏用玻璃块数(部分数据为推测)

玻璃板尺寸/(mm×mm) \ 画面尺寸	第 1 代	第 2 代			第 3 代	第 3.25/3.5 代			第 4 代	第 5 代		第 6 代	第 7 代
	300×400	360×465	370×470	400×500	550×650	600×720	650×830	680×880	730×920	1000×1200	1100×1250	1370×1670	1500×1800
10.4 in	2	2(4)	4	4	6	9	9	9	12(15)	25	30	42	42
11.3 in	2	2	2	4	6	6	9	9	12(15)	20(25)	24(30)	36(42)	42
12.1 in	1	2	2	2	6	6	9	9	9	20	24	36	42
13.3 in	1	2	2	2	4	6	6	9	9	16	16	30	36
13.8 in	1	2	2	2	4	6	6	6	9	16	16	25(30)	36
14.1 in	1	1(2)	2	2	4	4(6)	6	6	9	15	15	25	36
15 in	1	1	1	2	4	4	6	6	6	12	15	20(24)	25
17 in	0	1	1	1	2	2(4)	4	4	6	9	12	16	16
18 in	0	1	1	1	2	2	4	4	4	9	9	16	16
19 in	0	1	1	1	2	2	4	4	4	6	9	16	16
20 in	0	1	1	1	1	2	2	2	4	6	6	15	16
21 in	0	0	0	1	1	2	2	2	4	6	6	12	12
22 inW①	0	0	0	1	1(2)	2	2	2	2	6	8	12	12
24 inW	0	0	0	1	1	2	2	2	2	6	6	9	12
28 inW	0	0	0	0	1	1	1	2	2	2(3)	4(6)	9	8
30 inW	0	0	0	0	1	1	1	1	2	2	3	8	8
32 inW	0	0	0	0	0	1	1	1	1	2	2(3)	4(6)	8
36 inW	0	0	0	0	0	0	1	1	1	2	2	2(3)	6
40 inW	0	0	0	0	0	0	0	1	1	2	2	2(3)	3
45 inW	0	0	0	0	0	0	0	0	0	1	1	2	3

① 一般认为,22 in 以上为“宽画面”W。针对某类显示器,若 25 in 产品能成功推向市场,则该类显示器有望发展成宽屏显示器。

表 15-4　各公司对大型基板 LCD 工厂的投资计划(部分为推测)

国家(或地区)	公司名称	第几代	玻璃基板尺寸/(mm×mm)	月基板处理能力/片	完成时间
中国台湾	AUO(友达光电)	5	1100×1250	5 万	03Q1
		5	1100×1300	7 万	04Q1
		6	1500×1850	11 万	05Q1
	CMO(奇美电子)	5	1100×1300	12 万	03Q4
		5.5	1300×1500	12 万	05Q2
	HannStar(瀚宇彩晶)	5	1200×1300	12 万	04Q1
	QDI(广辉)	5	1100×1300	6 万	03Q2
	CPT(中华映管)	4.5	730×920	7.5 万	03Q2
		4.5	730×920	7.5 万	05Q1
		6	1500×1850	9 万	05Q2
	Innolux(群创科技)	4.5	730×920	3 万	04Q4
		5	1100×1300	6 万	04Q4
韩国	三星电子	5	1100×1250	11 万	2002
		5	1100×1300	10 万	2003
		7	1870×2200		04Q4
		7	1870×2200		2005
		7.5	2150×2450		06Q4
		8[①]	2500×3000		07Q4
	LG 飞利浦	5	1100×1200	8 万	2002
		5	1100×1250	8 万	2003
		6	1500×1850		04Q4
		6 或 7	1500×1850 或 1870×2200		2005
		7.5	2100×2300	1.5 万	06Q4
		8[①]	2500×3000		07Q4
日本	夏普	6	1500×1850	1.5 万	04Q1
		6	1500×1850	1.2 万	04Q3
		6	1500×1850	1.8 万	05Q1
中国内地	上广电/NEC	5	1100×1300	5.2 万	04Q3
	京东方/韩国 BOE-HYDIS	5	1100×1300		05Q1

① 尽管 2004 年三星电子及 LG 飞利浦均宣布推迟第 8 代生产线的投资计划，但玻璃基板向大尺寸方向进展的趋势不会改变。到 2006 年不仅第 8 代，还有第 9 代、第 10 代的建设计划。至 2007 年初，有些公司正筹建第 9 代、第 10 代生产线。

AM-LCD 中的开关元件，多采用薄膜三极管（TFT），也可以采用非线性二端子元件（MIM 等）。其中，以 a-Si：H TFT 为开关元件的研究开发在日本取得成功，并构成当今 AM-LCD 的重要基础。TFT 按构造可分为两大类：第一类是沟道与源、漏位于同一平面上，构成所谓共面（coplanar）型；第二类是沟道与源、漏按上下次序堆积的所谓堆积（stacking）型。此外，TFT 沟道中采用的半导体膜，多为氢化非晶态硅（a-Si：H）和多晶硅（poly-Si）。对于 a-Si：H TFT 来说，由于栅绝缘膜和沟道层可以在真空中连续成膜，故多采用图 15-5 所示的堆积型结构。而对于 poly-Si TFT 来说，基于 poly-Si 不同于玻璃基板的结晶性和材质，poly-Si 膜可直接沉积在玻璃基板上，并构成共面型结构。其中，a-Si：H TFT 与 poly-Si TFT 相比，尽管 μ_{FE} 较小，但由于其开路电流小，而且由于 P-CVD 技术容易大面积低温成膜，价格便宜，故早期，特别是在笔记本电脑、监视器等非动态画面的 AM-LCD中广泛应用。直到现在，a-SiTFT LCD 仍然是液晶显示器产品的主流。

15.2.2 采用 a-Si：H TFT 的 AM-LCD

图 15-6 表示典型 a-Si：H TFT 的电流—电压特性。TFT 的电场效应迁移率及阈值电压相对于饱和电流的关系，可由下式表示：

$$I_D = C_i \mu_{FE} L/2\, W (V_G - V_{TH})^2 \tag{14-5}$$

式中，I_D 为漏电流；C_i 为栅绝缘膜的特征电容量；L 为沟道长度；W 为沟道宽度；V_G 为栅电压；V_{TH} 为阈值电压。

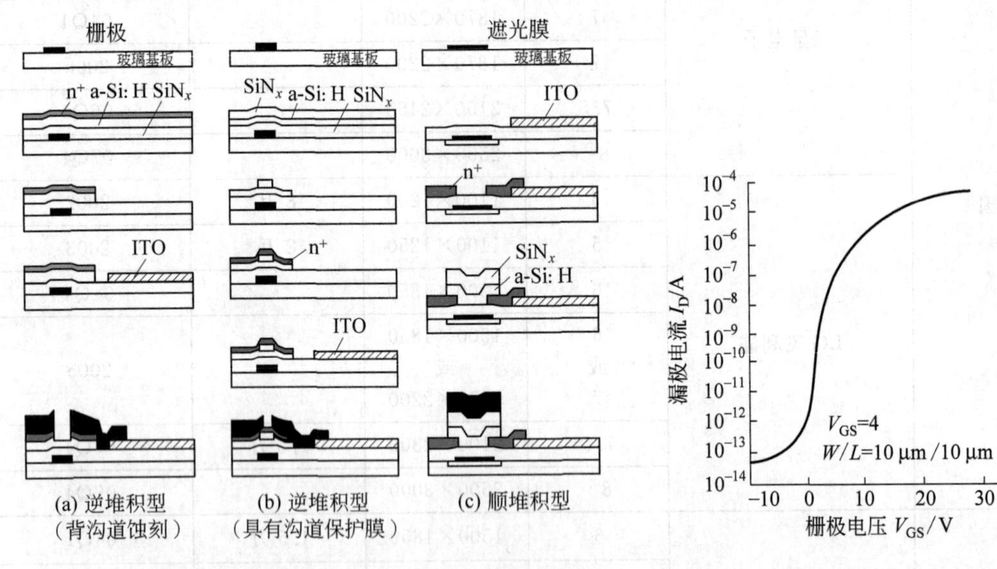

图 15-5 AM-LCD 用 a-Si：H TFT 的种类及加工过程

图 15-6 a-Si：H TFT 的电流-电压特性

尽管依构造、制作方法及材料等的不同，a-Si：H TFT 的性能有所差别，但其阈值电压（V_{TH}）一般为 2～3 V，电场效应迁移率为 0.4～1.0 $cm^2/(V \cdot s)$，ON/OFF 比值大约在 10^6 以上。这些特性可以满足 AM-LCD 的性能要求。a-Si：H TFT 的主要问题有两个：一是光电导性（即因光照造成开路电流增加）；二是 V_{TH} 漂移（即因长时间施加栅电压而引起 V_{TH}

变化)。对于前者,或采用遮光膜,或减小膜厚,以降低因沟道层 a-Si∶H 的光电导性所造成的影响;对于后者,已经搞清楚引起 V_{TH}发生漂移的原因:①向栅绝缘膜的电荷注入以及绝缘膜中捕获能级的电荷捕获;②向a-Si∶H 中的局域能级的形成。因此,通过提高栅绝缘膜的膜质(如增加 N 的化学计量,加大 E_g,减小自旋密度等)及实现 TFT 驱动条件的最佳化,可减小 V_{TH}漂移。

在 a-Si∶H TFT 的制作工艺流程中(图 15-5),作为其构成要素的栅绝缘膜(SiN)/沟道层(a-Si∶H)以及蚀刻掩模(SiN)、电导 n^+膜(掺杂磷的 n 型 a-Si∶H),还有最终保护膜(SiN)等,都采用 P-CVD 法进行沉积。在实际生产中,多采用在线方式(in-line)的纵型 P-CVD装置(图 9-9(c))和单片方式的 P-CVD 装置(图 9-22)。而像素电极用的透明导电膜(ITO 膜),电极、布线(Cr,Al,Ti,Mo 等),绝缘膜(TaO_x)等的形成多采用单片式的射频磁控溅射装置。上述各类膜层的加工既可采用干法刻蚀,也可采用湿法刻蚀。

近年来,AM-LCD 在大屏幕彩电领域的进展极为迅猛。2003 年先是夏普推出 37 型、40 型彩电产品,索尼在 30 以上型奋起直追。正当夏普发表"50 型 LCD 彩电也能制造"时,韩国三星电子、LG、Philips 在 2003 年 1 月举行的国际 CES 展示会上展示出 54 型,2004 年推出 57 型 TFT-LCD 彩电试制品。2004 年 10 月夏普在日本横滨展示出 65 型 TFT-LCD 彩电,东芝则展示出 32 型 LTPS-TV 试制品。2005 年三星电子展出 82 型 TFT-LCD 试制品。82 型,相当于该公司最新投产的第 7 代生产线(1870 mm×2200 mm)玻璃基板切割成两块的最大尺寸。据 ITRI/IEK 机构预测,从 2004 年到 2010 年,30 型以上的 LCD-TV 将以年增长 200%的速率增长。

为了降低 AM-LCD 的价格,在满足大画面要求的前提下提高生产效率,玻璃基板不断向大尺寸方向发展。表 15-3 表示玻璃板尺寸及可切割显示屏用玻璃块数;表 15-4 为各公司对大型基板 LCD 工厂的投资计划。2004 年已有包括我国大陆在内的多条第 5 代生产线正式投产。2005 年日本、韩国及我国台湾均有第 7 代生产线正式投产。

此外,从制造装置的处理形态看,正从多块基板同时处理的批量处理方式逐渐向对每块基板分别处理的单片处理方式转变,这是因为后者装置更容易维修,更容易扩大功能。从蚀刻加工看,干法刻蚀由于更利于元件的微细化,近年来正推广采用。

15.2.3　TFT-LCD 性能的改进和提高

一般的 AM-LCD 是通过在阵列基板与对向电极基板之间施加电压,控制液晶分子取向,并实现各像素的 ON/OFF。但是,仅采用这种方式进行显示的视角小,因观察角度不同,图像对比度、彩色会发生变化,再加上响应速度、图像分辨率、亮度等方面的问题,画面质量与CRT 相比,仍有差距。为此,近年来进行了多方改进,并获得相当好的效果(表 15-2)。表 15-5 列出近年来 TFT-LCD 中采用的新技术,下面仅针对改善视角特性的 IPS 技术加以简要介绍。

LCD 显示器视角较小的直接原因,是偏光方向与液晶分子取向相关。因此,为了增大视角,可以采用下述方法:

(1) 将像素分解为多个区域,控制和改变每个区域的视角。

(2) 引入光学膜,扩大视角。

表 15-5 TFT-LCD 中采用的新技术

		TN	TN+WV 补偿膜型	IPS 横向电场面内响应	FFS 横向电场面内响应	MVA 垂直取向	ASV 垂直取向	PVA 垂直取向	OCB 弯曲取向
结构及工作原理	OFF 状态	偏光板 玻璃基板	位相差板			光学补偿膜			位相差板
	ON 状态								
特性（一般）	透射率	◎	○	△	△	○	○	○	○
	对比度	○	○	○	○	○	◎	◎	○
	视角	△	○	◎	◎	◎	◎	◎	○
	响应速度	○	○	○	○	○	○	○	◎
用途（目标产品）	笔记本电脑	■	■						
	监视器		■	■	■	■	■	■	
	彩电			■		■	■	■	■
	数码相机，摄像机等		■						
研究开发厂家			大多数厂家	日立日本电器 LG·三星等大多数厂家	现代	富士通 CHIMEI 等大多数厂家	夏普	三星	松下电器 LG·三星
备注					IPS 的派生形式	在液晶盒取向膜的内侧，形成用于取向控制的微凸起	在同一像素内，设置不同的取向角	通过 ITO 电极的狭缝花样，形成条纹状电场	

IPS—In-Plane-Switching(面内切换，横向电场驱动)
FFS—Fringe-Field-Switching(条纹电场驱动)
MVA—Multi-domain-Vertically-Aligned(多畴垂直取向)
ASV—Advanced Super-V(改进超垂直取向)
PVA—Patterned Vertical Alignment(花样电极垂直取向)
OCB—Optically Compensated Birefringence(光学补偿双折射)

(3) 采用图 15-7 所示的面内切换(in-plate switching，IPS)方式，通过阵列基板面上的电场使液晶分子发生旋转，控制像素的 ON/OFF。

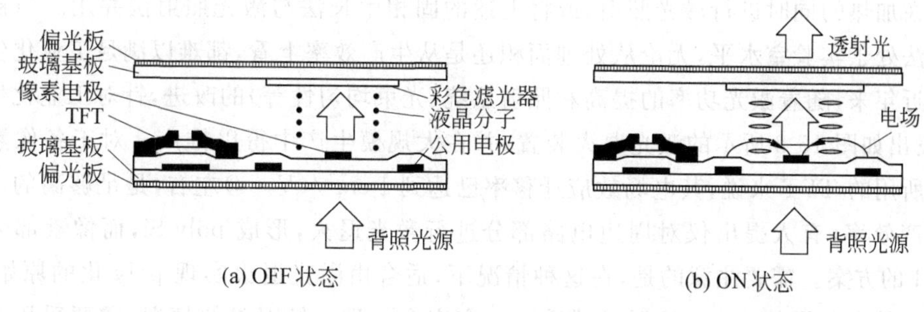

图 15-7　IPS 方式液晶显示屏的局部断面

采用 IPS 技术的 AM-LCD 是在 TFT 阵列基板一侧设置向液晶施加电压的电极，用以控制面内的液晶方向。需要解决的问题有选择合适的驱动电压和提高响应速度等。通过 TFT 的结构设计和液晶材料的选择，目前 IPS 方式的 TFT-LCD 在这些方面已达到普通 TFT-LCD 的同等水平。

15.2.4　采用 poly-Si TFT 的 AM-LCD 以及低温 poly-Si TFT 制作技术

以 poly-Si 为沟道层的 TFT，无光电导现象，迁移率大，而且能制作 p 沟道型 TFT，这些都是 a-Si：H 所不具备的优势。目前，采用 poly-Si TFT，在实现高精细度 AM-LCD 及与周边电路一体化方面，不仅在研究开发，而且在产业化方面都已取得了重大进展。开始，在研究开发 poly-Si TFT-LCD 时，曾沿袭超大规模集成电路(VLSI)技术，采用高温工艺，在石英基板上制作。但由于石英基板价格昂贵，对于直视型 OA 用 10～17 in 的显示器来说，基板价格则占相当大的比例。为此，人们采用廉价的玻璃基板，并在玻璃基板可承受的较低温度下，制作 poly-Si TFT(低温 TFT)，目前已取得成功。

关于低温 poly-Si TFT 的构造，曾针对两种进行研究开发。一种构造是沿用 a-Si：H TFT 工艺的逆堆积型(图 15-5(b))，另一种构造是采用高温 poly-Si TFT 中使用的共面型。对于可减少寄生电容，并适合高密度、高精细度 AM-LCD 的自对准型(self align)TFT 来说，在采用逆堆积型结构的情况下，需要制作与栅极对准的曝光掩模，以便通过背面曝光形成沟道层。而对于共面型(参照后面的图 12-51)结构来说，可将栅极作为制作沟道层及源、漏极的掩模，工艺较简单。

对于低温 poly-Si TFT 来说，构成沟道层 poly-Si 的关键材料是 Si 薄膜。这种 Si 薄膜是以 SiH_4(大约在 550℃)或 Si_2H_6(大约在 450℃)为原料气体，通过 PCVD 或 LPCVD 等方法制作的，其最显著的特点是成膜温度低，一般在 300～550℃。在这种条件下所形成 Si 薄膜的晶体结构为非晶或微晶的。需要对这种 Si 薄膜作如下处理：或在 500～600℃下，进行 10 h 以上的热处理，使其固相生长(粒径：3～5 μm)；或通过准分子激光(XeCl：308 nm，KrF：248 nm)照射进行退火，实现结晶化，由此获得 poly-Si(粒径 0.1～0.2 μm)。需要注意的是，当采用激光退火时，若激光功率太高，且膜中氢含量多，则氢的放出可能造成 Si 膜的剥离。为此，原始硅膜在进行激光退火之前，需要先在 400℃左右的温度下进行热处理，以减少膜中的氢。此外，对于所形成的 poly-Si 膜质量十分重要的是，膜层中的晶界和孪晶要尽量少。为此，除了增大照射激光的脉冲频率之外，还需要将基板温度提高到 200～500℃，在加热的同时进行激光照射，或将上述的固相生长法与激光照射法并用。当初的激光退火法处于实验室水平，无论从处理面积还是从生产效率上看，都难以满足工业化生产的要求。近年来，随着激光功率的提高和照射系统（光束均匀性等）的改进，针对工业化生产要求，开发出如图 15-8 所示的激光退火装置，并在大规模生产中得以推广。对于各像素中开关元件所用的 TFT 来说，其电场效应迁移率已达到 1 $cm^2/(V \cdot s)$ 左右，是足够高的。为了提高生产效率，有人提出仅对周边电路部分进行激光退火，形成 poly-Si，而像素部分保留 a-Si：H 的方案。需要注意的是，在这种情况下，适合由激光退火实现 poly 化的原始 Si 膜跟开关元件中必需的 a-Si：H 膜的膜质不一定完全一致。针对具体情况，需要采用必要的氢化处理、脱氢处理等。

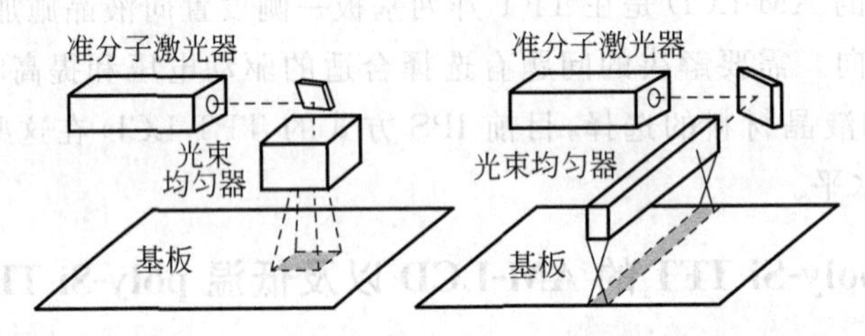

图 15-8　低温 poly-Si TFT 工业生产过程的激光退火装置示意图

在高温工艺的 poly-Si TFT 中，栅绝缘膜采用由热氧化（900～1100℃）形成的氧化硅膜。与此相对，在低温工艺的 poly-Si TFT 中，栅绝缘膜采用由等离子体 CVD 形成的 SiN 膜，以及在 200～300℃由常压 CVD 或以 TEOS 为原料的等离子体 CVD 等形成的氧化硅膜（LTO，等离子体 TEOS）。在有些情况下，这些膜层沉积后还要进行热处理，使其进一步致密化。

源极、漏极区域的掺杂层，对于高温 poly-Si TFT 来说，采用与超大规模集成电路相同的工艺，即由通常的离子注入（质量分离型）再加热处理来形成。而对于采用大面积玻璃基板的低温 poly-Si TFT 来说，为了适应大面积处理的要求，一般采用非质量分离型的大口径离子束进行离子注入（离子掺杂）形成掺杂层。作为离子掺杂的离子源，多采用大口径的高频离子源或 Bucket 型离子源。目前，高频离子源装置已有商品面市。高频离子源发生的离子电流密度只有几十微安/厘米^2，仅为 Bucket 型离子源的 1/10～1/100。但前者与后者相比，因放电分解所产生的离子中，PH_x^+ 的比率更高些，而 H^+ 更少些。此外，被注入的氢基本上都是以 H_2^+、H_3^+ 的形式，而很少以 H^+ 的形式存在。同时，若被注入的氢是以 PH_x^+ 的形式注入，则 P 的注入分布与 H 的注入分布很接近，因此，氢可以有效地对注入缺陷进行补偿。还有研究指出，在离子掺杂的同时所注入的氢可使掺杂剂活性化，并使注入层结晶化温度降低。因此，这种掺杂方法使低温离子掺杂成为可能。

图 15-9 给出生产用离子掺杂装置的原理及样品传输示意图。为使注入元素活性化并使注入引起的损伤回复，还研究开发了由准分子激光照射退火及 Xe 灯照射的 RTA（rapid thermal annealing：快速热退火）等热处理方法。最近，针对 AM-LCD 中 TFT 元件的离子

掺杂，采用质量分离型的离子注入，将注入离子束做成片状，通过机械扫描方式，可以对 600 mm×720 mm 甚至更大尺寸的玻璃基板进入在线式的离子注入处理。

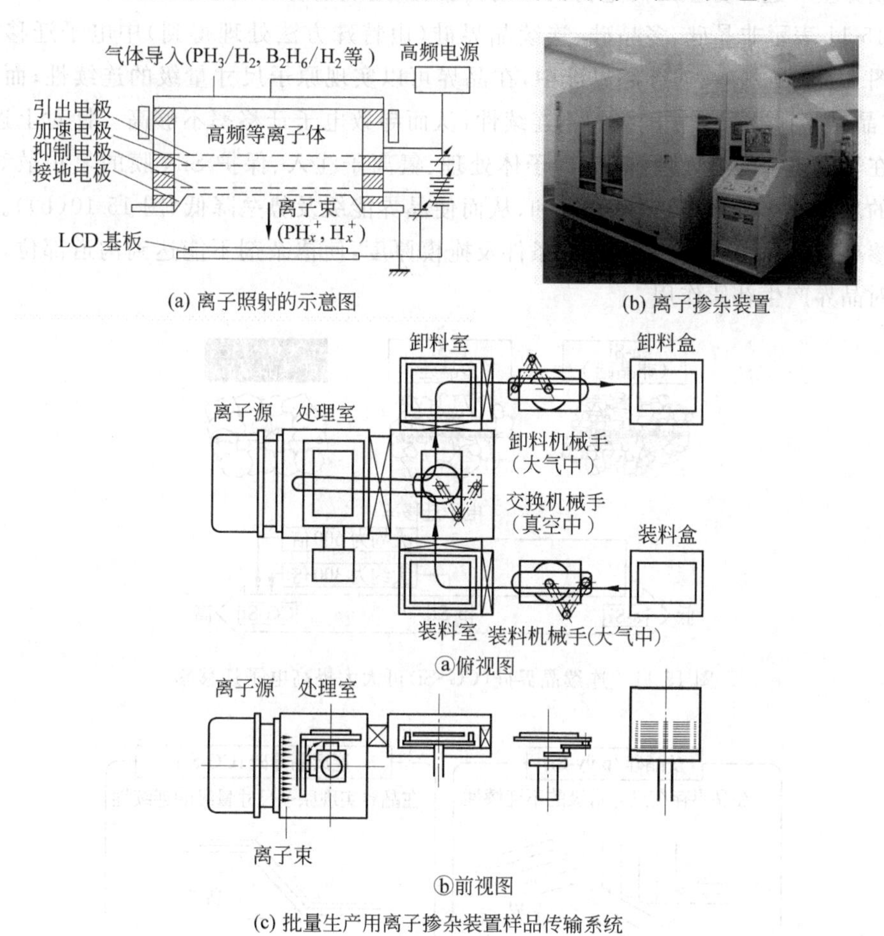

(a) 离子照射的示意图　(b) 离子掺杂装置

(c) 批量生产用离子掺杂装置样品传输系统

图 15-9　生产用离子掺杂装置的原理及样品传输示意图

在 poly-Si TFT 中，因 poly-Si 的界粒边界等缺陷引起的能级、陷阱等不会明显造成电场效应迁移率的下降。如图 15-10 所示，在由晶界悬挂键、缺陷等产生的能级上，因捕获电

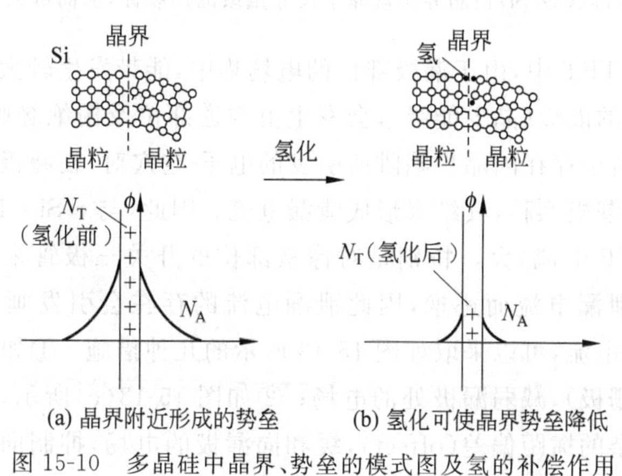

(a) 晶界附近形成的势垒　(b) 氢化可使晶界势垒降低

图 15-10　多晶硅中晶界、势垒的模式图及氢的补偿作用

荷而使晶界附近空乏化，进一步由电荷平衡效果，会引起电荷的再分布。这样，以晶界为中心便形成势垒。这一势垒妨碍电荷的移动，其结果造成电场效应迁移率的下降。

图 15-11 表示非晶硅、多晶硅、连续晶界硅（由特殊方法处理得到）中电子迁移率的对比。如图 15-12 所示，在连续晶界硅中，在晶界可以实现原子尺寸量级的连续性；而在多晶硅中，在晶界存在原子尺寸量级的不连续性，从而导致电子迁移率不够高。针对上述问题，可通过在氢气氛中的热处理、氢等离子体处理、氢离子注入、保护 SiN 膜的氢扩散等方法，使晶界的悬挂键由氢来终结，达到饱和，从而使晶界能级及势垒降低（图 15-10(b)）。此外，在离子掺杂中，通过设定合适的注入条件及掩模厚度，使掺杂剂不能达到沟道部位，仅使氢注入并对晶界产生补偿作用。

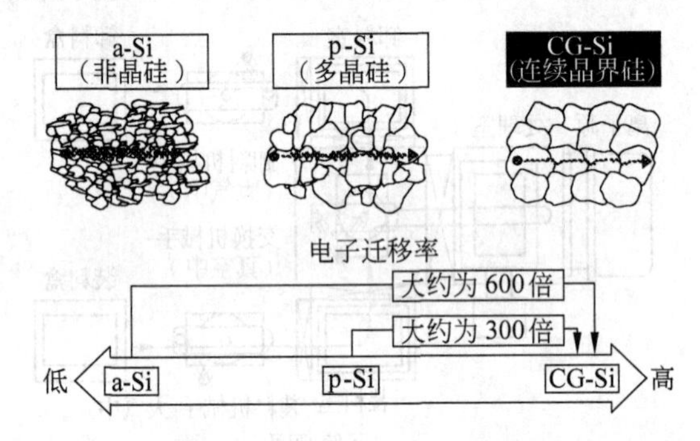

图 15-11　连续晶界硅（CG-Si）可大大提高电子迁移率

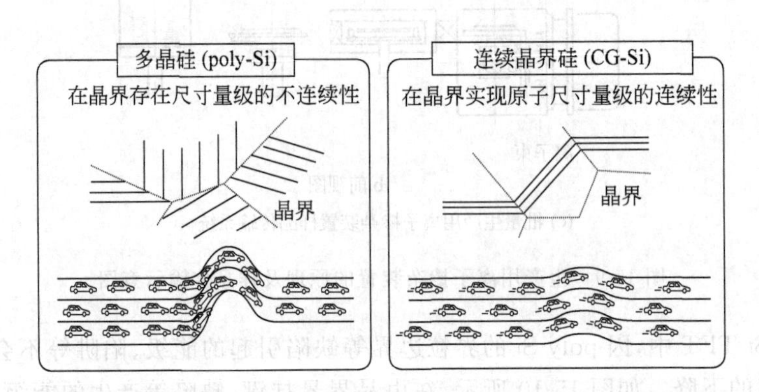

图 15-12　连续晶界硅（CG-Si）在晶界实现原子尺寸量级的连续性，从而可大大提高电子迁移率

另外，在 poly-Si TFT 中，由于漏极部位的电场集中，能带发生较大的弯曲，再加上由多晶晶界晶体缺陷引发的能级（晶界能级），会发生由沟道部位及栅绝缘膜界面向漏极部位的载流子注入。同时，由于存在因晶界陷阱所引发的电子-空穴对，在漏极电压作用下，电子和空穴将分别向源极和漏极漂移，其结果形成泄漏电流。因此，与 a-Si：H TFT 比较，poly-Si TFT 的泄漏电流（OFF 电流）大。特别是对像素部位的开关三极管来说，由于像素中积蓄的电荷会因 TFT 的泄漏电流而逃逸，因此泄漏电流的存在会引发画面质量劣化等问题。为了抑制上述的泄漏电流，可以采取如图 15-13 所示的几种措施：①如图 15-13(b)所示，将栅极分割为多个（多栅极），减弱漏极处的电场；②如图 15-13(c)所示，在沟道部位与源、漏区域之间，设置非掺杂的横距偏差（offset），缓和向漏极的电场，抑制向漏极的载流子注入；

③如图 15-13(d)所示，在沟道部位与源、漏区域之间形成低浓度掺杂区域轻掺杂漏(lightly doped drain，LDD)，缓和向漏极的电场，抑制载流子的注入。上述措施①与通常的栅极比较，泄漏电流变小，但不如措施②和③的效果显著；措施②虽能有效地减小泄漏电流，但由于横距偏差(offset)而造成电阻升高，引起 ON 电流降低；措施③采用 LDD 结构，由于注入工序增加，使工艺变得复杂，但该方法在不使 ON 电流降低的情况下，能有效地抑制泄漏电流，从这一点上讲，在技术上是可取的。此外，与对电场效应迁移率的影响同样，氢在晶界的补偿作用对泄漏电流的减低也是十分有效的。

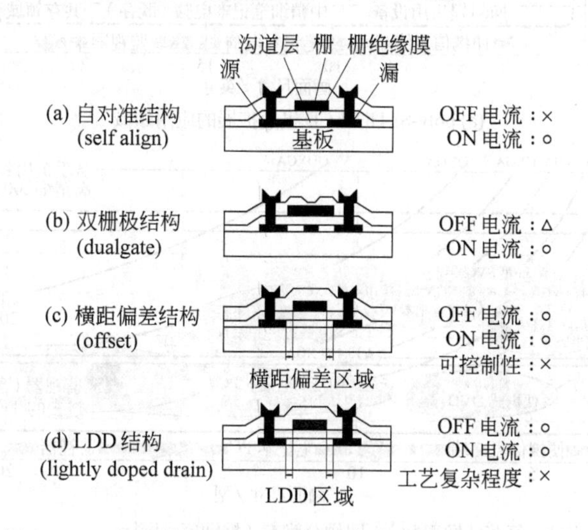

图 15-13　各种低温 poly-Si TFT(像素开关)的结构和特征

低温 poly-Si TFT 在下述几个方面具有优于 a-Si：H TFT 的特性：可采用更便宜的玻璃基板；采用离子掺杂的自对准(self align，见图 15-13(a))工艺，可以减小寄生电容，提高开口率；可以制作 CMOS，并与像素 TFT 的工艺相容，这样可以将周边电路与显示屏制作在同一块玻璃基板上。随着 poly-Si TFT 技术的进展，采用低温 poly-Si TFT 的 AM-LCD 显示器已从研究开发、试制转化到工业性生产阶段。2004 年 10 月，东芝在日本横滨显示出 32 型 LTPS-TV 产品。采用低温 poly-Si TFT 的 AM-LCD 显示器除具有薄型、轻量、低功耗等优点之外，其图像分辨率可达普通 TFT-LCD 显示器的 4 倍，2 mm 以下的文字也能明晰显示，观察清晰、辨认方便，达到照法和凸版印刷那样的逼真程度；由于周边电路与 poly-Si TFT-LCD 显示屏制作在同一块玻璃基板上(system on glass)，结构简单、可靠性高、制作方便、成品率高、售后返修率低。随着彩色化进展，poly-Si TFT-LCD 已在便携设备中推广应用，今后将在发挥高清晰度、高可靠性优势的大画面显示等应用领域迅速扩展，见图 15-14。

15.2.5　LCD 显示屏的封装技术

为了制作一个 LCD 显示器，除了前面谈到的上、下基板工程及液晶盒工程(包括灌装液晶、密封等)之外，还要经过模块工程。广义上讲，后者是将驱动电路等与液晶屏连接在一起，以便最终实现显示功能。

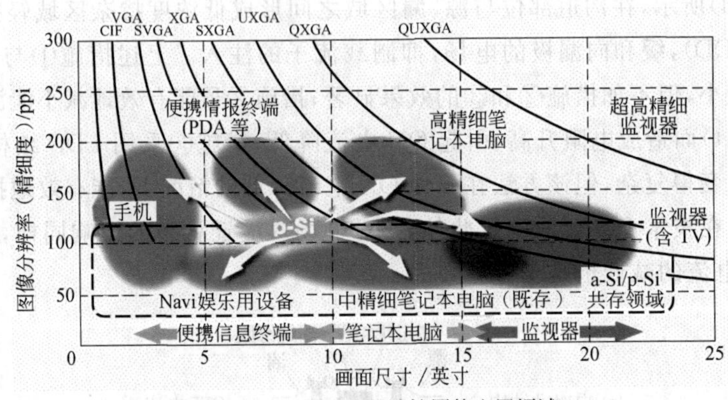

(a) poly-Si TFT-LCD 迅速扩展的应用领域

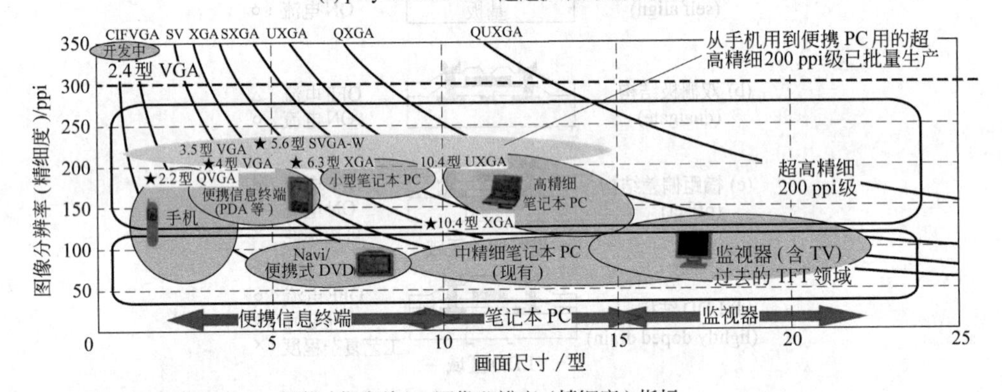

(b) 目前已取得的进展

图 15-14 poly-Si TFT-LCD 将在更多的应用领域迅速扩展

驱动电路的封装形式有四边扁平封装(quad flat package,QFP)、板上芯片(chip-on-board,COB)、带载自动键合(tape automated bonding,TAB)、玻璃上芯片(chip-on-glass,COG)、膜上芯片(chip-on-film,COF)等不同方式。从图 15-15 可以看出，从 QFP 到 COG，封装所占的面积逐步减小，而贴装高度逐渐降低。

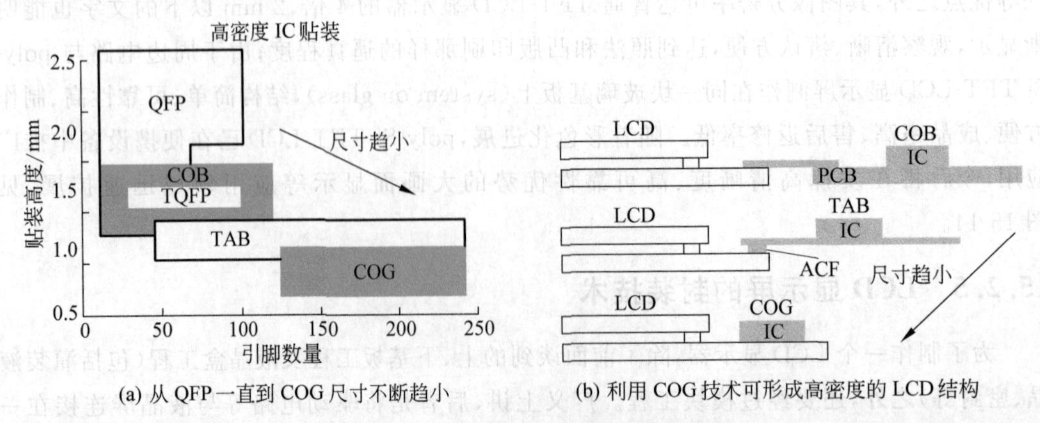

(a) 从 QFP 一直到 COG 尺寸不断趋小　(b) 利用 COG 技术可形成高密度的 LCD 结构

图 15-15 LCD 显示屏封装技术的进展

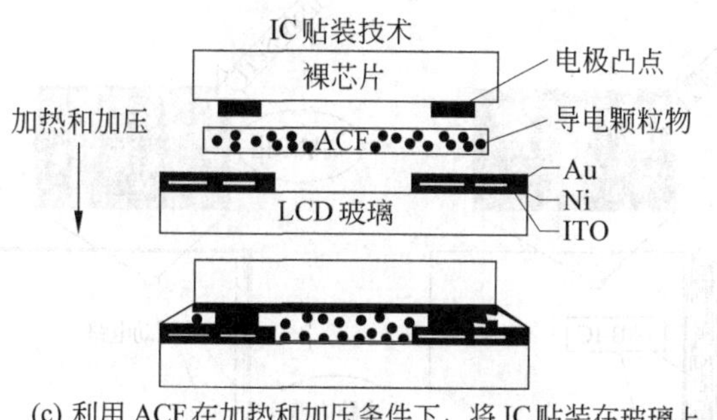

(c) 利用ACF在加热和加压条件下，将IC贴装在玻璃上

图 15-15　(续)

所谓COG是将IC元件以裸芯片的形式直接贴装在作为液晶盒构成部分的同一玻璃基板上，故称其为玻璃上芯片技术。为实现芯片与ITO导电布线的连接，COG方式不是采用常规的引线键合技术，而是采用倒装芯片(flip chip，FC)方式(图15-15(c))。为实现倒装芯片，需要利用薄膜技术在芯片电极上形成凸点，在ITO布线上形成电极，以保证可靠的电气连接。

COG方式的关键技术是采用了各向异性导电膜(anisotropic conductive film，ACF)。ACF是一种粘接材料，有两种作用，一种作用是将芯片粘结固定在玻璃基板上，另一种作用是实现电气连接，该作用更关键。ACF在室温下为绝缘体，但在热压状态下，即在热和压力的共同作用下，导电颗粒被紧紧地挤压在一起，形成导电通道，见图15-15(c)。通过使用这些导电小颗粒，可以在每毫米间距上连接约20线以上。

COG方式可保证所有电子元器件之间良好的热膨胀系数匹配，从而增加连接处的可靠性。连接高度可低于50 μm。利用COG以及最近发展的COF技术可实现LCD显示器最高密度的组装，由此形成的LCD显示器既轻又小。

与上述这些组装式的LCD相比，将控制、驱动、偏压电路等全部制作在液晶盒玻璃基板上的系统LCD(system LCD，图15-16(a))可大大提高集成度，从而在相同显示屏规格下，可使显示器外形尺寸更加紧凑，而且能进一步提高图像分辨率(图15-16(b)、(c))。目前人们正在大力开发这种系统LCD。

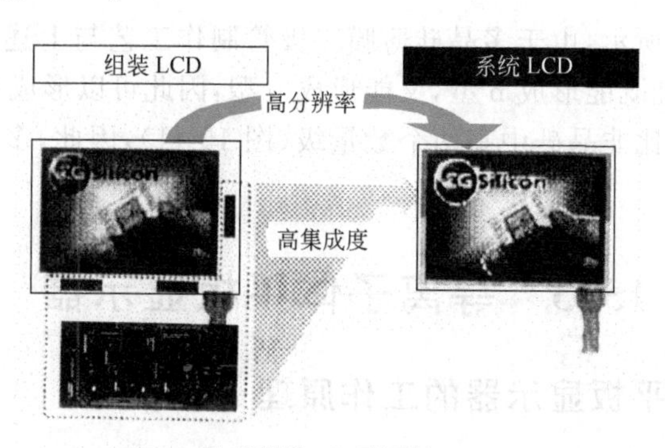

(a) 从组装LCD到系统LCD

图 15-16　HTPS、LTPS、a-Si TFT 显示器的对比

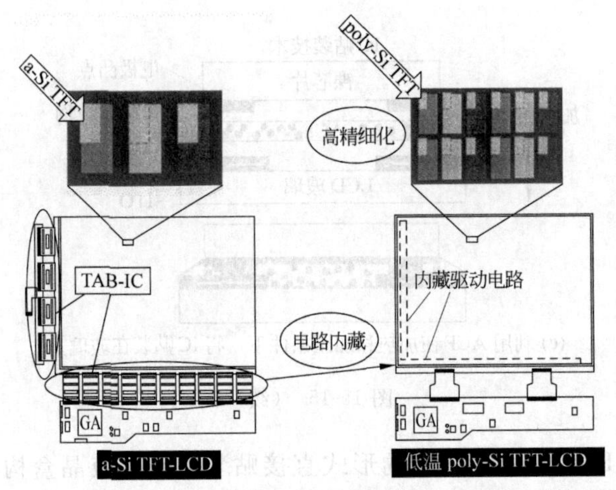

poly-Si TFT与a-Si TFT 相比，电子迁移率提高两个数量级，驱动电路可以做在玻璃基板上，从而显示器更加紧凑，外形美观

(b) 低温poly-Si TFT-LCD的特点

	高温多晶硅 TFT (HTPS)	低温多晶硅 TFT (LTPS)	非晶硅 TFT (a-Si TFT)
制作基板温度/℃	>600	<600	<350
三极管类型	C-MOS (n-MOS, p-MOS)	C-MOS (n-MOS, p-MOS)	n-MOS
电子迁移率/$cm^2/(V·s)$	200~400	1~300	0.4~1
三极管特征尺寸/μm	<1.0	1.5~4	>4
驱动电路	内藏{移位寄存器 DAC → 图像存储器 → 图像处理电路}	内藏{移位寄存器 DAC → 图像存储器 → 图像处理电路}（向 SOP 的第一步）	外设
布线节距/μm	20	40	80
基板材料	石英玻璃	无碱玻璃	无碱玻璃
可实现的图像分辨率/ppi	400	250	150

(c) HTPS、LTPS、a-Si TFT的特性对比

图 15-16 （续）

如图 15-16(b)、(c)所示，由于多晶硅薄膜三极管制作工艺与上述外围电路制作工艺具有良好的相容性，多晶硅既能形成 n 型，又能形成 p 型，因此可以形成 CMOS 电路。特别是多晶硅中的电子迁移率比非晶硅中高两个数量级(图 15-11)，因此，多晶硅薄膜在实现系统 LCD 方面被寄予厚望。

15.3 等离子体平板显示器

15.3.1 等离子体平板显示器的工作原理

所谓等离子体平板显示器(plasma display panel，PDP)，即利用气体放电发光进行显示的平面显示板，可以看成是由大量小型日光灯并排构成的。日光灯的原理大家并不生疏，在真空玻璃管中充入水银蒸气，施加电压，发生气体放电，产生等离子体。由等离子体产生的紫外线照射预先涂敷在玻璃管内侧的荧光涂料，使其产生可见光射出。

所谓等离子体(plasma)，是指正负电荷共存，处于电中性的放电气体的状态。稀薄气体放电的正光柱部分，即处于等离子体状态。

在 PDP 中，有数百万个放电胞(如上所述的微小荧光灯)。真空放电胞中封入的放电气体，一般采用 Ne(氖)和 Xe(氙)，或 He(氦)和 Xe 组成的混合惰性气体。放电胞内壁涂覆的荧光体并不是发白光，而是发红(red,R)，绿(green,G)，蓝(blue,B)三原色光。这三种颜色布置成条状或马赛克状。对放电胞施加电压，放电胞中发生气体放电，产生等离子体。等离子体产生的紫外线照射胞内壁上涂敷的荧光体，产生可见光。三原色巧妙地混合，对于视者来说，产生丰富多彩的颜色(图 15-17)。

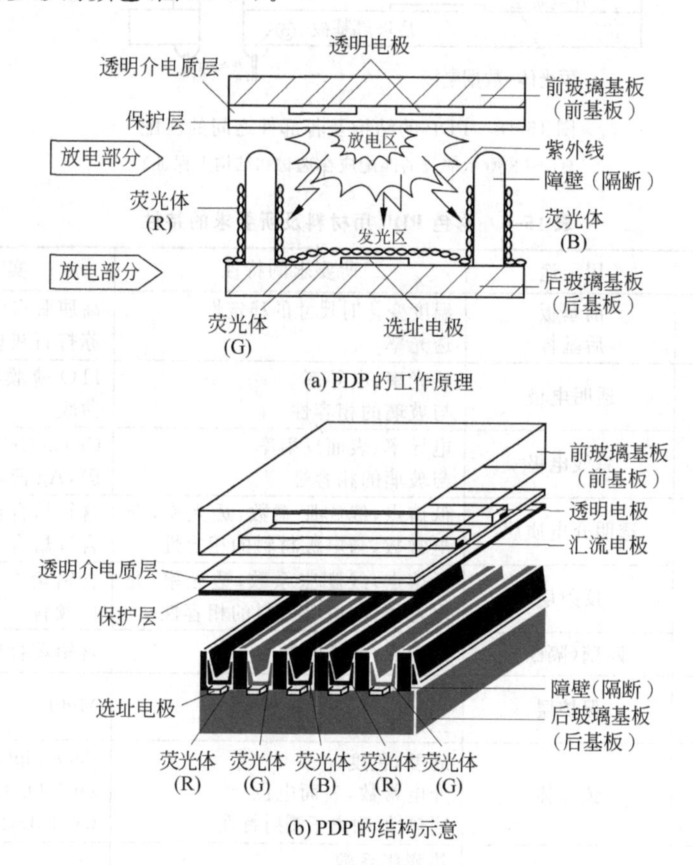

图 15-17　PDP 的工作原理及结构示意图

15.3.2　PDP 的主要部件及材料

图 15-18 表示 PDP 的结构及各部件之间的匹配关系。表 15-6 列出 PDP 所用材料、用途及所要求的特性等。PDP 制作主要包括前基板工程、后基板工程、组装工程三大工序。以 AC 型 PDP 为例，如表 15-7 所示，在前基板工程和后基板工程中都要采用薄膜工艺和厚膜工艺。例如，前基板上的透明电极要采用 ITO 膜；汇流电极要采用 Cr-Cu-Cr 薄膜，Cr-Al 薄膜，Ag 薄膜等；透明介电质层为含铅熔合玻璃或含锌熔合玻璃；保护层为耐离子溅射特性优良并且具有较高二次电子放出系数的 MgO 薄膜。后基板上的数据电极采用 Al 膜或 Ag 浆厚膜；兼具反射层功能的介电质层为含铅熔合玻璃、氧化铝及钛白颜料等。表 15-6 列

出对这些薄膜材料的性能要求。

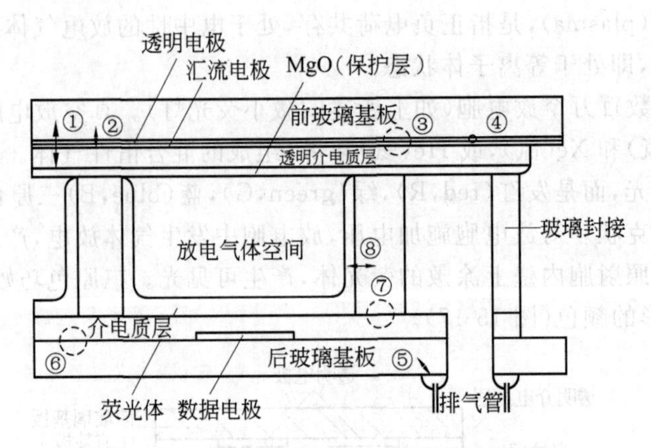

图 15-18 PDP 的结构及各部件之间的匹配
(①～⑧所示部位的匹配应在选材和结构上保证)

表 15-6 彩色 PDP 用材料及所要求的特性

材 料	用 途	所要求的特性	实用材料
玻璃基板	前基板 后基板	温度变化时尺寸的稳定性 透光率	高屈服点浮法玻璃 苏打石灰玻璃
电极材料	透明电极	透光率、电导率 与玻璃的相容性	ITO 薄膜，nesa(氧化锡)薄膜
	总线电极	电导率、表面反射率 与玻璃的相容性	Cr-Cu-Cr 薄膜，Cr-Al 薄膜，Ag 薄膜
介电质材料	透明介电质层	低熔点，线膨胀系数，透光率，介电常数，与电极材料的相容性	含铅熔合玻璃 含锌熔合玻璃
	反射层	低熔点，线膨胀系数，透光率，介电常数，与电极材料的相容性	含铅熔合玻璃氧化铝，钛白颜料
	障壁(隔断)	低熔点，介电常数	含铅熔合玻璃
保护层材料	保护层	耐离子溅射特性 二次电子放出系数	MgO
荧光体材料	荧光体	辉度，色度 介电常数，表面电位 耐热性，耐离子溅射特性	$BaO\text{-}MgO\text{-}Al_2O_3$ ：Eu Zn_2SiO_4 ：Mn $(Y,Gd)_2BO_3$ ：Eu
封接材料	密封熔合	热膨胀系数 低熔点	含铅熔合玻璃
电气连接及灌封材料	连接材料	电导率 绝缘可靠性	各向异性导电膜(anisotropic conductive film，ACF) 低熔点软钎料
	灌封材料	绝缘可靠性 耐环境特性	硅树脂，丙烯酸树脂
吸气剂材料	内部吸气	吸气特性 内部储气特性	Ba 系吸气剂
排气管材料	排气管	线膨胀系数	苏打石灰玻璃 低碱金属离子玻璃
	压力熔合	低熔点	低熔点玻璃

表 15-7　PDP 的主要构成部件及材料

制造工程	AC 型、DC 型共同	仅用于 AC 型	仅用于 DC 型
前基板工程	· 玻璃基板 · 封接层	· 透明电极 · 汇流电极 · 透明介电质层 · 保护层	· 阴极 · 点火放电胞障壁
后基板工程	· 玻璃基板 · 电极 ——→ · 障壁(隔断) · 荧光体	(数据电极或选址电极)——→ · 封接层	(阳极) · 限制放电过流电阻
组装工程	· 放电气体 · 驱动 IC		

15.3.3　MgO 薄膜

AC 型 PDP 前玻璃基板上的保护膜，不仅决定了显示屏的电子特性，而且在很大程度上左右着屏的寿命，因此是必不可少的。保护膜还有保护放电电极，避免由于等离子体发光产生的离子溅射，抑制过量的电流，以及由于壁电荷而导致存储功能等诸多作用，因此对其特性要求很高。

MgO 具有下述优良特性，它作为保护膜材料已广泛用于 PDP 产品中。这些特性主要包括：

(1) 耐离子溅射，由离子溅射引起的变化小；

(2) 二次电子发射系数高；

(3) 放电起始电压(着火电压)和放电维持电压低；

(4) 光透过性高；

(5) 表面绝缘性能优良。

MgO 单晶为 NaCl 型结构，其(111)面分别按 O 原子面和 Mg 原子面交替排列。MgO 材料具有良好的热稳定性和化学稳定性。用于 PDP 中保护膜的 MgO 薄膜的形成方法，人们尝试过丝网印刷、溅射镀膜、电子束真空蒸镀、活性反应蒸镀(ARE 离子镀)、等离子体 MOCVD 法等。其中，采用电子束蒸镀法形成的 MgO 膜寿命长达 2～3 万小时。由于电子束蒸镀法成膜速率高，特别是可以保证 MgO 膜的质量，目前其已成为制作 PDP 用保护膜的主要方法。

为提高效率，工业生产中电子束蒸镀法制备 MgO 保护膜多采用卧式连续式装置。蒸发源有直式(皮尔斯枪，图 6-6)，电磁偏转式，后者又有环枪(电偏转)，e 形枪(磁偏转见图 6-7)之分。为提高 MgO 膜的质量，以满足对其性能的要求，工艺的关键是保证 MgO 的取向性、结晶性及提高膜层的密度等。

15.3.4　放电胞及障壁结构

PDP 的显示发光源于气体放电，而气体放电发生在由障壁构成的放电胞中。彩色 PDP 器件中的障壁不仅起到分隔放电单元的作用，而且起到防止相邻放电单元之间的光串扰和电串扰的作用。障壁的制作又属精细加工技术，障壁制作的精度决定了制件所能达到的结构分辨率的高低。因此，高精细障壁制作是器件实现高亮度、大存储范围、高显示容量的一大关键工艺技术。对障壁的制作要求包括：高度一致，形状均匀，顶部平坦；具有适度倾斜的截面形状，荧光体容易在障壁侧面附着；底部基本上由反射率高的材料构成，使发自荧光体的光大部分反射，顶部由反射率低的材料构成，以提高对比度；以尽可能少的材料用量形成所需高度等。

通常障壁设置在后基板一侧。从要求制作工艺容易的角度，障壁多采用条形结构（图 12-55）。以目前正在大批量生产的 42 in 屏为例，障壁的截面形状为：高 100～150 μm，宽 40～70 μm，节距 200～300 μm。

目前制作障壁的工艺方法主要有：丝网印刷法、喷沙法、填充法、印压成形法以及感光性浆料法五种基本方法，这几种方法各有优缺点。其中丝网印刷法、喷沙法以及感光性浆料法已成功用于批量生产中。

在等离子体显示屏的制造过程中，障壁制作最难，也最为关键。纵观 PDP 放电胞结构变化的经历，最突出表现在障壁结构上。目前各种等离子屏性能的差异，也主要源于障壁所形成的结构单元的不同。由障壁构成的放电单元结构除图 15-17 所示传统的条状结构之外，还有先锋公司的华夫结构（图 15-19）、富士通日立公司的 Del TA 结构（见图 15-20）、松下公司的不等宽结构（图 15-21）等。

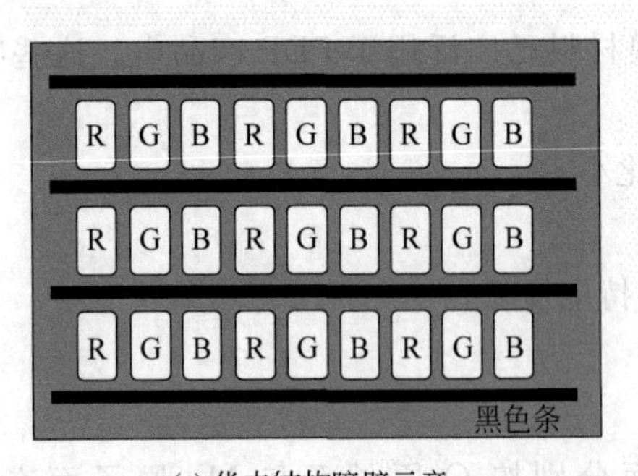

(a) 华夫结构障壁示意

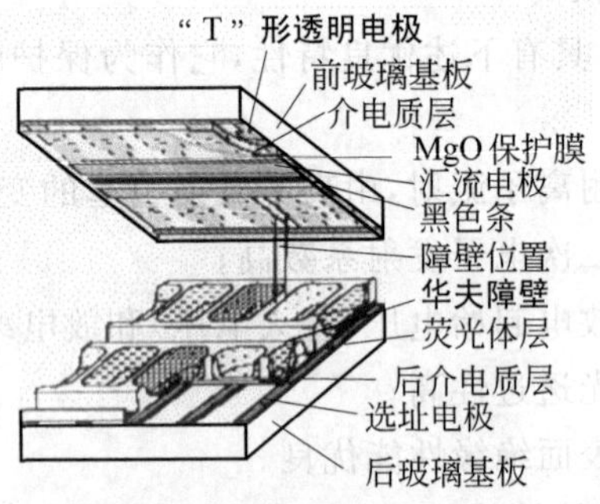

(b) 新型华夫障壁放电胞结构

图 15-19 华夫（Waffle）结构示意图

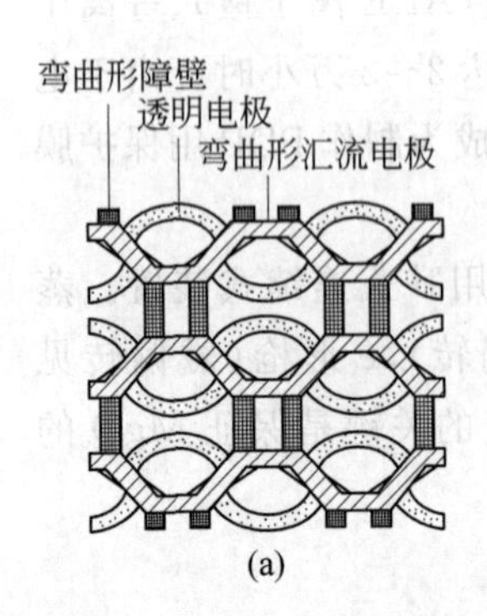

(a)

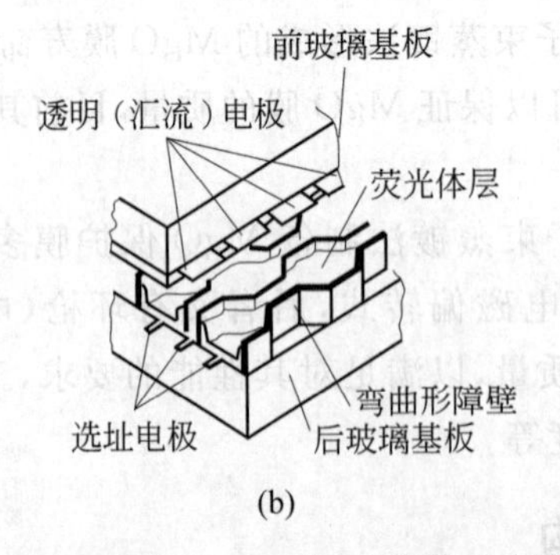

(b)

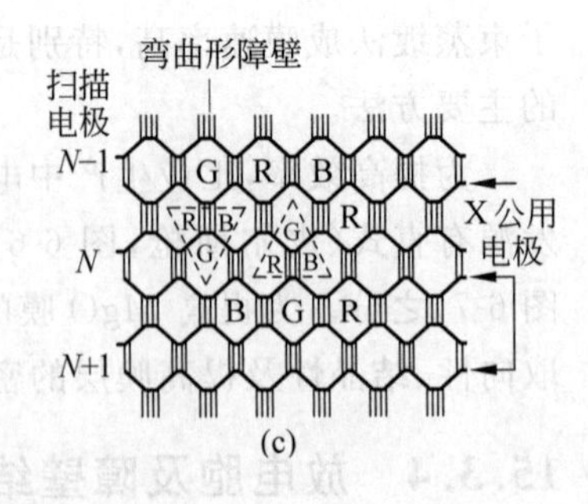

(c)

图 15-20 Del TA 结构示意图

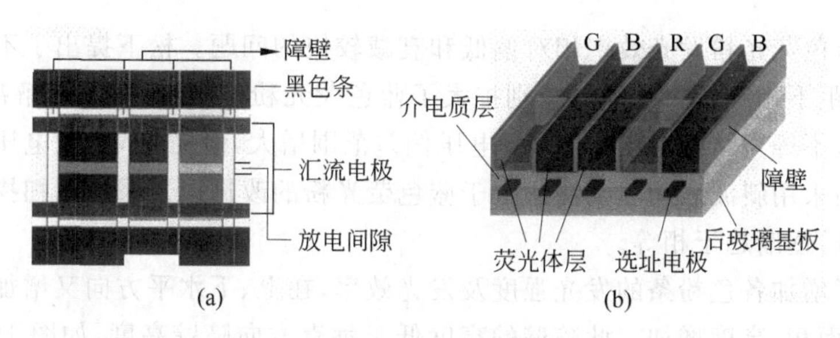

图 15-21　不等宽单元结构示意图

1. 华夫(Waffle)结构

华夫(Waffle)结构如图 15-19 所示,它与传统条状障壁不同的是,在上、下两个发光单元之间也增加了障壁,降低了串扰,将紫外线限制在单元内。同时由于该障壁的出现,可以在障壁侧面涂覆荧光粉,由此增加了荧光粉的面积,使得有效能量转换效率有所提高。试验结果表明,该结构可使亮度从 350 cd/m^2 提高到 560 cd/m^2。但是,该障壁的采用,相应会增加其他工艺难题:①相对于采用喷沙工艺制作传统的条状结构,会减少干膜光刻胶在喷沙时的脱离,从而对障壁材料、喷沙设备及条件有更高的要求;②对单元之间的对位、玻璃基板的膨胀率和烧结工艺提出了更严格的要求;③排气的难度明显增大,由于单元之间无物理通道,在前后基板封接后,对排气充气工序提出了更高的要求。

在图 15-19 中,图(b)与图(a)是两种不同的 Waffle 结构,它们在结构上的主要不同是,后者的障壁在水平方向设有间隙槽,它起到降低汇流电极与地址电极之间的电容量的作用。

2. Del TA 结构

Del TA 结构是蜂窝状结构(图 15-20),从而可使表面积最大化。同时上、下单元专门备有通道,供排气充气用,在这一点上优于 Waffle 结构。由于这一结构的采用,不仅可以实现高亮度,而且实现了目前最高的发光效率。亮度可以达到 1200 cd/m^2,发光效率为 2.151 m/W。并且这一结构可以不更改制造工艺及电路驱动方式。此外,Del TA 单元结构的特点和优点还表现在:由于利用了大的发光面积,可以获得高的亮度,亮度与有效面积的比率是条形单元结构的 1.8 倍;由于障壁结构的弯曲,单元放电间隙面积增加,不放电间隙面积减小;上下障壁面的存在降低了放电区的光电串扰,从而可获得高的发光效率;所以,这是一个非常理想的单元结构。

在图 15-20(b)中,横渡于宽处障壁等间隔的一对电极形成放电间隙,地址电极位于障壁通道中心。由于触发电压在障壁窄处高于障壁宽处,所以放电仅会发生在障壁宽道处。在图 15-20(c)中,前面板电极与障壁对应,发光中心仍在障壁的中心处。但此单元结构对前后基板对位、ITO 线条的精度、障壁与数据电极之间的对位有更高的要求。图 15-20(a)中汇流电极随着障壁的弯曲而弯曲,这使得电极对光发射的阻挡减小。同时透明电极形成弧形,在单元结构中心,两透明电极间隙宽度最窄,越往边上间隙宽度越大。这就进一步减小了障壁对放电的影响,使放电中心更加集中。

3. 不等宽单元结构

上面所述的华夫(Waffle)结构和 Del TA 结构中 RGB 三色荧光粉都是等宽的,但考虑到在 RGB 三色荧光粉发光效率不一致,而且衰减也不一致,这就带来色温和色平衡的寿命问题，特别是蓝色荧光粉发光效率相对偏低和衰减较快的问题。松下提出了不等宽结构，即各个条之间间距不相等(图 15-21)，特别扩大了蓝色荧光粉的面积，成功地解决了色温偏低的问题。但是，不等宽结构会带来 $V_{address}$ 电压偏差范围增大，但提高 $V_{address}$ 电压，会降低对比度等问题，必须采用斜波启动驱动法。由于蓝色荧光粉的改进以及采用单扫描的方式，现在红、绿、蓝条宽已逐渐趋于相等。

同时，为了增加各色粉条的发光强度及发光效率，在上、下水平方向又增加了障壁，使得荧光体的发光面积、亮度增加。此障壁的高度低于垂直方向障壁高度，如图 15-21(b)所示。此时障壁采用两次涂布两次露光，而荧光体涂布方式不变。

15.3.5　PDP 显示器的产业化进展

PDP 为主动发光型，其放电间隙仅为 0.1～0.3 mm，其优势是薄型、大画面，彩色丰富(与 CRT 相当)，大视角、便于众多观众同时观看，响应时间快，具有存储特性，全数字化工作，受磁场影响小，无需磁屏蔽等。PDP 在机场大楼、车站、银行、证券交易所、会议室等公共场所已获得成功应用。在 2004 年 10 月日本横滨举行的平板显示器展览会上，LG 公司推出 71 in 产品，三星 SDI 公司推出 80 in 产品。在 2005 International CES 上，三星电子公司利用三星 SDI 制作的显示屏，生产出 102 型 PDP 电视。其技术指标代表了目前等离子平板显示器的最高水平：

最大显示屏尺寸：102 in(1920 mm×1080 mm)；峰值亮度：1500 lm/W；暗室对比度：10000∶1；明室对比度：100∶1；图像信号：12 bits；灰阶表现力：4096；功耗：42SD：240 W，42HD：280 W，50HD：360 W；发光效率：2.3 lm/W。

目前，PDP 制作公司的下一个推广产品目标是超大屏幕家用彩电。由于 PDP 具有驱动电压高、功耗大等缺点，特别是由于近年来超大屏液晶彩电的出现和有机 EL 显示器等的进展，PDP 能否在超大屏幕家用彩电领域成为一枝独秀，还要靠市场竞争来检验。

表 15-8 列出日、韩和我国台湾主要 PDP 显示屏厂家的扩产计划。

表 15-8　日、韩和我国台湾主要 PDP 显示屏厂家的扩产计划

公司名称	生产能力/(块/月)	产品规格(型)/in	扩产计划
富士通日立等离子体显示器公司(FHP)	3 万	32、37、42	2003 年 9 月扩产到月产 5 万块，最大生产能力可达月产 6 万块
松下等离子体显示器公司(MPDP)	3 万(日本国内) 0.5 万(中国上海)	35、42、50、61	日本国内第二工厂已开工建设，从 2004 年 4 月起生产能力为月产 8 万块。在中国的产量年末达月产 2 万块
先锋等离子体显示器产业公司	5 万/年(第一工厂) 10 万/年(第二工厂)	43、50	2003 年 9 月投产的第三工厂年产 10 万块，总计年产 25 万块。2005 年投产的第四工厂年产 2.5 万～3 万块
NEC 等离子体显示器公司	0.75 万(第 1 期) 1 万(第 2 期)	37、42、50	2002 年 10 月第 2 期生产线已投产，视今后的市场情况决定是否扩产
LG 电子(韩国)	30 万/年(第 1、第 2 生产线合计)	37、42、50、61	2003 年建成第 4 生产线，2004 年建成第 5 生产线，目标是 2005 年总年产量达 150 万块

续表

公司名称	生产能力/(块/月)	产品规格(型)/in	扩 产 计 划
Samsung(韩国)	30 万/年	36、42、50、63	2004 年倍增到年产 60 万块。2005 年进一步增加生产线，以实现年产 180 万块的生产体制
中华映管(CPT)(中国台湾)	—	34、46	2002 年 10 月已完成生产线建设
台塑光电(FPDC)(中国台湾)	1 万	—	计划 2003 年底生产能力达到月产 1 万块

15.4　有机电致发光显示器(OLED)

15.4.1　有机 EL 显示的工作原理

有机 EL① 元件是由一方的电极注入电子，由另一方的电极注入空穴(hole)，电子与空穴在有机发光层中发生复合的注入型元件。由于向样品中注入的电子和空穴发生复合，由此放出的能量会产生激发电子，该激发电子在向基态跃迁的过程中放出光子而发光。图 15-22 所示为代表性的有机 EL 元件的结构与工作原理。

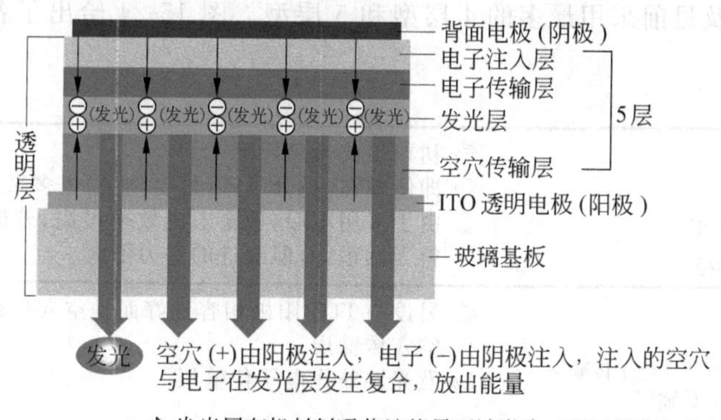

图 15-22　有机 EL 的结构与工作原理

高效有机 EL 器件通常有一个基本的两层结构，如图 15-23(a)所示。空穴传输层与电子传输层之间能级不匹配，在其界面处产生势垒。空穴和电子集中在界面处，并在此处复合的几率最大。如果在空穴传输层和电子传输层之间的界面处引入起荧光中心作用的物质，

---

① 有机 EL(elcetroluminescence)，即有机电致发光，指电流通过有机材料而产生发光的现象(或技术)。EL 是 elcetroluminescence 的缩写，注意其不同于 elcetro luminescence(场致发光)。有机电致发光显示器(OELD)是一种低场致发光器件，器件中具有 pn 结结构，其工作模式与无机 LED 相似，属于电流器件，为注入型 EL。欧美学者多称其为 OLED(在特定情况下，OLED 专指采用小分子发光材料，而 PLED 专指采用大分子发光材料的有机电致发光显示器)，而日本学者多称其为有机 EL(也有小分子有机 EL 和大分子有机 EL 之分)显示器，可能是由于双方的侧重点不同。本书中简称有机电致发光显示器为有机 EL 显示器，或有机 EL，采用小分子有机发光材料的为 OLED，采用大分子有机发光材料的为 PLED。

则可以对发光中心进行有序的优化,从而可在电子传输层和空穴传输层之间形成一层很薄的发光层(图 15-23(b))。这种结构在调整电致发光的颜色方面特别有效。

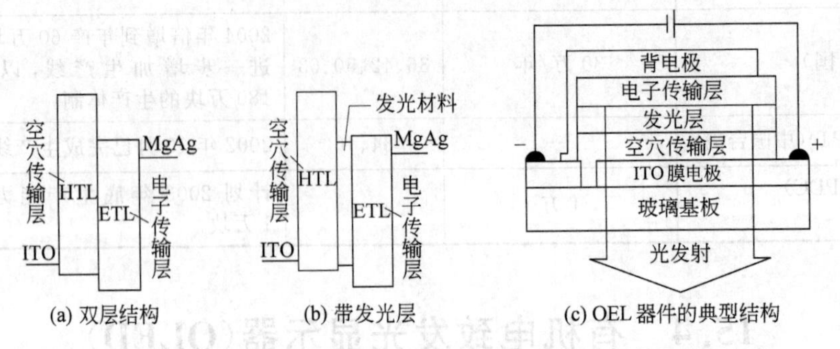

图 15-23　有机 EL 多层电致发光器件中的能级图及器件的典型结构

有机 EL 器件的典型结构如图 15-23(c)所示,在透明电极(ITO 膜,阳极)上,由有机空穴传输层 HTL、有机发光层 EML、有机电子传输层 ETL 及金属背电极(阴极)等组成。当在器件的两端加上正向直流电压时(ITO 为正,背电极接负),即可发光。通过选择不同的发光材料或掺杂方法,就可以得到不同颜色的光。

有机 EL 器件中的有机部分,除了图 15-23(c)中所示的三层结构之外,还有早期开发的单层型、2 层型以及目前采用最多的 4 层型和 5 层型。图 15-24 给出了各种不同有机膜结构的优缺点。

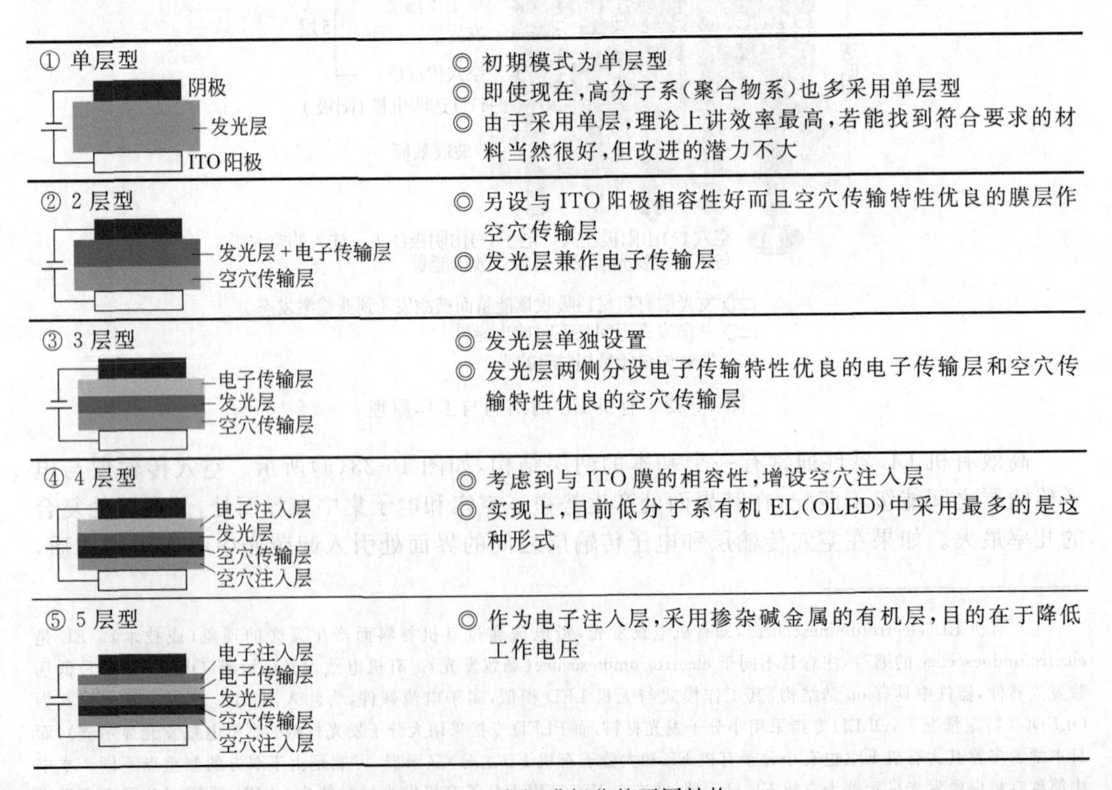

图 15-24　有机膜部分的不同结构

图 15-25 给出了有机 ELD 器件中所用有机材料的分子结构。其中，CuPc 层为提高亮度效率和器件稳定性的缓冲层；TPD、NPB 为空穴注入层；Alq_3 为电子传输层或兼发光层；DCJTB、DPVBi、Perylene 和 QA(Quinacridone)为使器件产生不同颜色光的掺杂剂。

名称	用　途	分 子 结 构	名称	用　途	分 子 结 构
CuPc	缓冲层(提高亮度效率和器件稳定性)	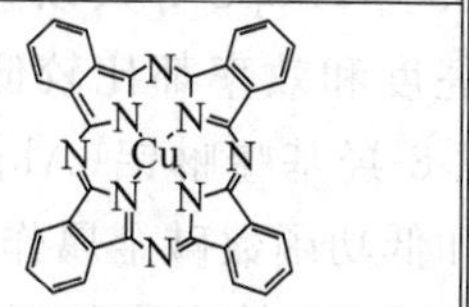	DCJTB	掺杂剂(用于 R、W 器件)	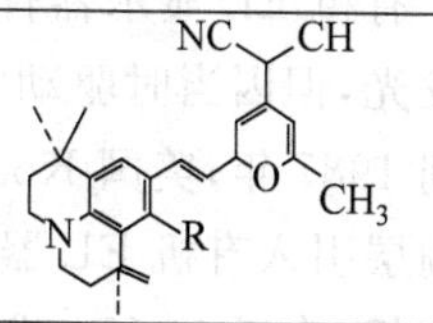
TPD	空穴注入层(HTL)	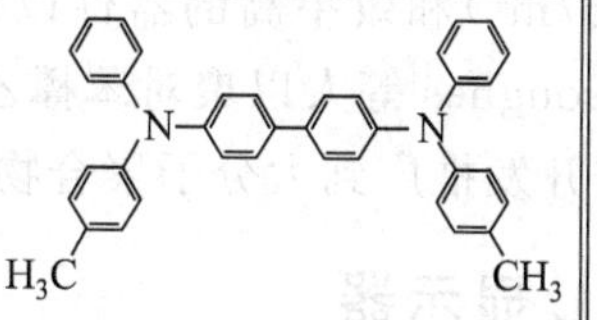	QA(Quinacridone)	掺杂剂(用于 G 器件)	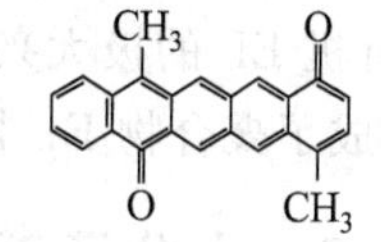
NPB		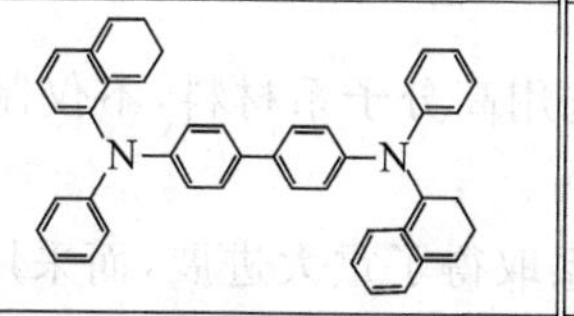	DPVBi	掺杂剂(用于 B、W 器件)	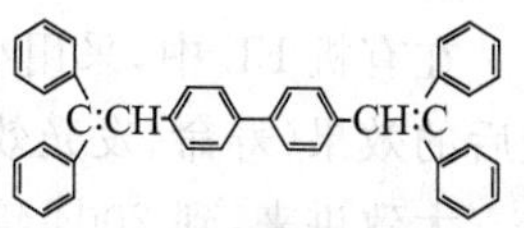
Alq_3	电子传输层(ETL)或兼发光层(EML)	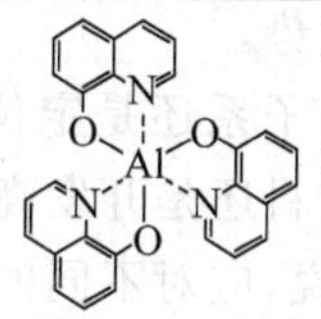	Perylene	掺杂剂(用于 B 器件)	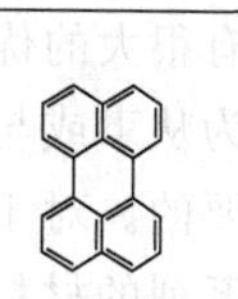

图 15-25　有机 ELD 器件用有机材料的分子结构

RGB 和白色 EL 器件的结构如下。ITO/CuPc/NPB/Alq_3 ∶ DCJTB/MgAg(器件 R)；ITO/CuPc/NPB/Alq_3 ∶ QA/MgAg (器件 G)；ITO/CuPc/NPB/DPVBi ∶ Perylene/Alq_3/MgAg(器件 B)；ITO/CuPc/NPB/DPVBi ∶ DCJTB/Alq_3/MgAg(器件 W)。ITO 玻璃衬底经清洗及等离子处理后放入真空室内，器件的各层都是在优于 8×10^{-4}Pa 的真空下，采用连续蒸镀的方法制备的。有掺杂剂时采用共蒸镀的方法。Mg ∶ Ag 合金电极用双源蒸镀制得，最后经封装制成器件。

目前，有机电致发光显示器按所用有机材料不同，分为小分子有机 EL 显示器(OLED)和高分子有机 EL 显示器(PLED)两大类。关于这两类显示器的结构、制作方法及发展状况等，参见 15.4.4 节。

15.4.2　有机 EL 显示器的特征

① 为主动发光型，不需要背光源，显示屏厚度仅有 1～2 mm，为超薄、超轻量型。

② 高辉度，高对比度，彩色鲜艳，图像逼真。

③ 视角接近 180°，从任何倾斜角度都能清晰地观察到画面。

④ 响应速度极快(为微秒量级)，特别适合宽带数字动画显示。

⑤ 直流电压驱动，低电压、低功耗、省能源。

⑥ 可以在－40～80℃的环境下工作，能承受苛刻的周围环境。

⑦ 由于不采用背光源，不存在其所含的汞等有害元素。有机 EL 所用的有机材料不会

污染地球环境。

⑧ 可以在挠性基板及塑料软片上成膜，有可能实现可折叠的“手帕电视”、电子纸及平面光源等。

⑨ 与LCD相比，结构极为简单，有可能实现低价格化。

有机EL显示器件的起源可以追溯至1963年，Pope等人以蒽单晶外加直流电压而使其发光，但因当时驱动电压高(100 V)且发光亮度和效率都比较低，并没有引起太多重视。直到1987年，美国Kodak公司的Tang等人以8-羟基喹啉铝(Alq_3)为发光材料，把载流子传输层引入有机EL器件，并采用超薄膜技术和低功函数碱金属作注入电极，得到直流驱动电压低(小于10 V)、发光亮度高(大于1000 cd/m^2)和效率高的器件以后，才重新引起了人们对有机EL的极大兴趣。1990年，英国Burroughes等人以聚对苯撑乙烯(PPV)为发光材料，制成了聚合物EL器件，将有机EL的研究开发推广到大分子聚合物领域。

15.4.3　小分子系和高分子系有机EL显示器

在有机EL中，采用小分子系材料，还是选用高分子系材料，不仅制造工艺有很大差别，最后的效果(寿命、发光效率等)也大不一样。

大致讲来，到2004年10月，采用小分子系取得了重大进展，而采用高分子系，在制作方法上也有很大的优点，在实现产业化方面占据更大优势。

作为从事或与有机EL相关的企业，定位在小分子系还是定位在高分子(聚合物)系是至关重要的。对于材料厂家来说，是开发小分子系材料还是开发高分子(聚合物)系材料，或者两个系列的材料都开发？对于装置制造的厂家来说，应对不同的工艺路线，应该制造什么样的设备？对于显示屏(最终制品)制造厂家来说，选择什么样的制品(包括用途、显示屏尺寸、寿命、价格等)，以适应市场的要求——这是有机EL成功与否的最终评判标准。总之，选择“小分子系材料还是高分子(聚合物)系材料”贯穿有机EL显示器开发的起始、过程及终结。

1987年，任职于柯达公司的美籍香港华人C. W. Tang(邓青云)大胆创新，发现了性能优异的有机材料，由其制作有机EL发光层，即使极薄，也可以做到无针孔。由于可以做到极薄，使其流过电流需要施加的电压可以大大降低。

特别是，这种薄膜可由真空蒸镀法来制作。真空蒸镀属于相当成熟的技术：在真空系统中，使被蒸镀有机物加热升华，使其沉积在冷态的基板上。当然，与这种制作技术相比，Tang博士所发现的新材料更为关键。

Tang博士发明的另一个独到之处是，发光层不是采用一层，而是采用两层结构(采用两种不同的材料)。这样做的结果是，即使第1层上出现针孔缺陷，由于第2层的重叠，可以堵塞第1层的针孔，反之亦然。

对上述两层结构的材料有特殊要求：紧挨阳极的一层应具有优良的空穴(发自阳极)注入性，紧挨阴极的一层应具有优良的电子(发自阴极)注入性。这样，空穴和电子都容易注入，二者容易复合发光，从而可实现高辉度。

时至今日，由Tang博士提出并实现的“超薄膜”、“多层结构”创意，仍然是有机EL开发的基础。后人所称的“柯达专利”主要包括“超薄膜”、“多层结构”等内容。

采用高分子系材料，实现有机EL发光的尽管公认是剑桥大学，但最早观测到高分子电致发光的，并不是剑桥大学的学者。在高分子系中，最早采用π共轭高分子制作有机EL的是剑桥大学 Friend 教授的研究组。在此之后成立了 CDT(Cambridge Display Technology,剑桥显示器技术)公司,专门从事高分子系有机 EL 显示器的研究开发。

剑桥大学开发的有机 EL,不能采用柯达公司的"真空蒸镀薄膜"来制作,而是通过"甩胶涂敷"的方式,使高分子(聚合物)系材料形成有别于"薄膜"的"厚膜"。

简单地说,"甩胶涂敷"是将液态有机材料滴落在旋转的基板正中,在离心力作用之下,在基板表面形成一层均匀膜层。其特点是不需要真空,且可在室温下成膜。

顺便指出,与小分子系材料以固态—气态—固态转化的真空蒸镀成膜相比,高分子系材料需要溶于溶剂中,以溶液的状态加以利用。

15.4.4 有机 EL 显示器的结构及制作工艺

图 15-26 所示为有机 EL 显示器的结构。要制成全色有机 EL 显示器,无论对于小分子系还是高分子系,都要经过玻璃基板和封装前工程准备,成膜、封装,模块工程等几道工序(图 15-27)。其中,前道、后道工序与 TFT-LCD 制作所采用的步骤大同小异,有成熟的经验可

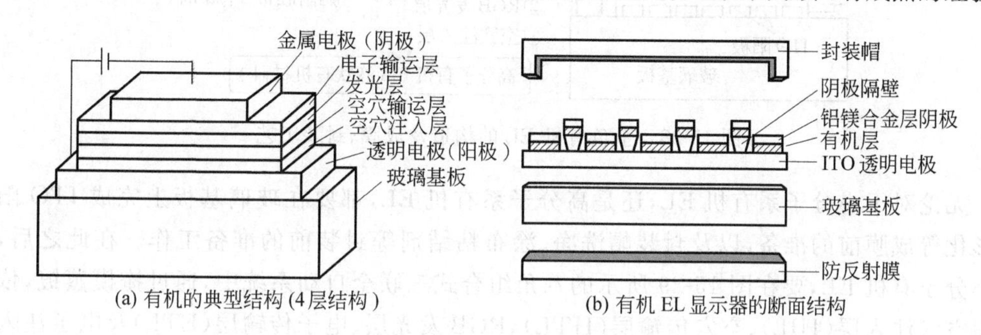

图 15-26 有机 EL 显示器的结构示意图

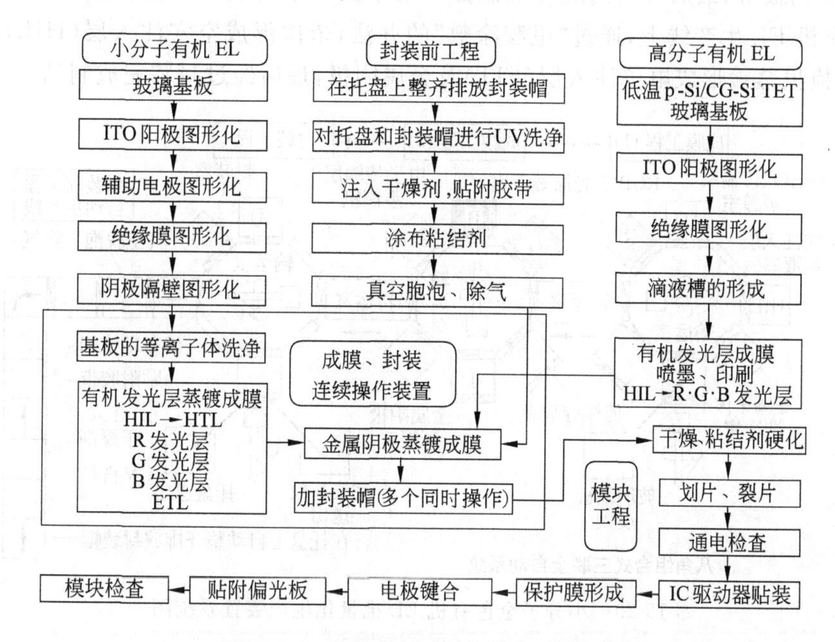

图 15-27 全色有机 EL 的制作工艺流程

(包括小分子有机 EL(OLED)、高分子有机 EL(PLED)两大类)

供参考，而成膜、封装工序为有机 EL 显示器制作所独有，该工序不仅工艺复杂，而且对有机 EL 显示器的综合性能、寿命，乃至价格等起着至关重要的作用。图 15-28 表示全色有机 EL 的构造及成膜、封装工艺，其中上面两个图针对小分子有机 EL，下面一个图针对高分子有机 EL。

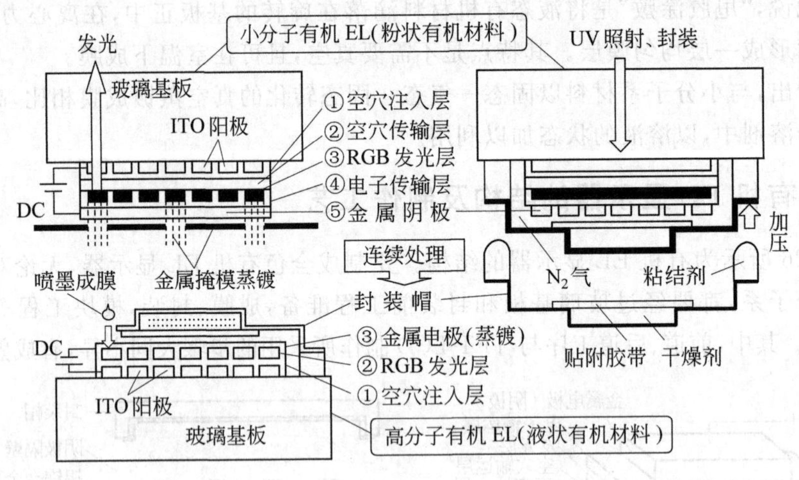

图 15-28 全色有机 EL 的构造及成膜、封装工艺

无论对于小分子系有机 EL，还是高分子系有机 EL，都要在玻璃基板上完成 ITO 阳极图形化等成膜前的准备，以及封装帽洗净、涂布粘结剂等封装前的准备工作。在此之后，对于小分子有机 EL，要在图 15-29 所示的八角组合式三联全自动系统中，通过掩模蒸镀，依次沉积空穴注入层(HIL)、空穴传输层(HTL)、RGB 发光层、电子传输层(ETL)及电子注入层(EIT)、金属阴极等，最后经过封装完成制品。对于高分子有机 EL，要在图 15-30 所示的高分子全色有机 EL 生产线上，通过"甩胶涂敷"的办法，依次形成空穴注入层(HIL)、RGB 发光层，再由掩模蒸镀形成电子注入层(EIT)及金属阴极，最后经过封装完成制品。

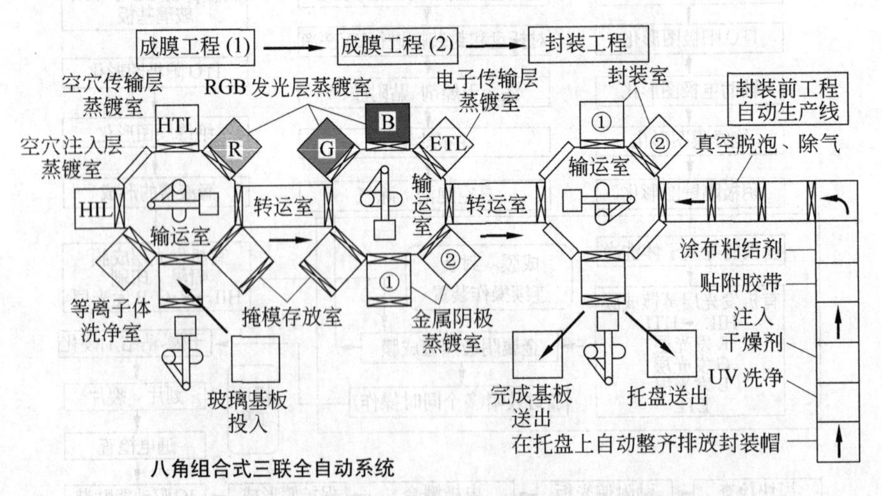

图 15-29 小分子全色有机 EL 批量化生产装置系统图

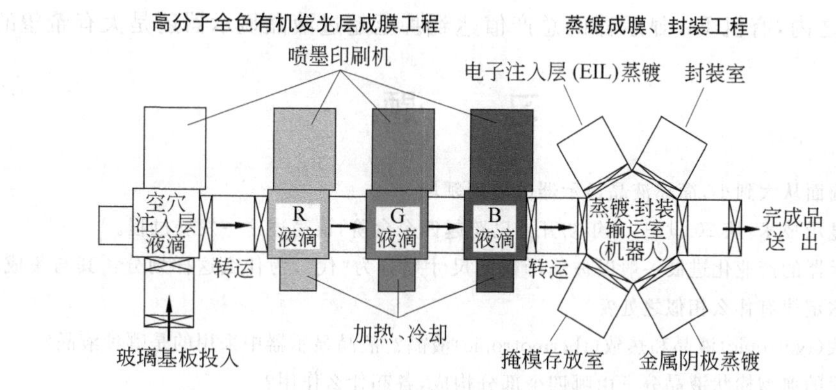

图 15-30　高分子全色有机 EL 制造用试验性生产线

15.4.5　有机 EL 显示器的产业化进展

许多跨国公司都看好有机 EL 显示器，在柯达公司小分子有机 EL(OLED)和剑桥大学高分子有机 EL(PLED)现有成果的基础上，投入足够的人力、物力、促进有机 EL 显示器的产业化。例如，柯达与三洋电机公司联合设立 SK 显示器公司专门从事有机 EL 显示器的开发；Samsung(三星)与 NEC 联合组建便携显示器公司——SNMD 专门研发生产有机 EL 显示屏；东北先锋公司最先实现了有机 EL 显示器的批量化生产；索尼公司以家庭用显示器为目标进行开发；东芝、松下，精工-Epson 集中力量开发高分子系有机 EL；出光兴产、富士电机以 CCM(色变换方式)实现彩色化；TDK 以滤色膜方式实现彩色化等。表 15-9 列出有机 EL 显示器(包括 OLED、PLED)的进展。

表 15-9　有机 EL 显示器(包括 OLED、PLED)的进展

年	公　司	显示器规格	关键技术与特点
1987	Kodak	双层结构的 OLED	第一个具有实用意义的 OLED
1996	TDK	约 3 in，320×240	第一个 AMOLED
1999	Pioneer	PMOLED	第一个 OLED 产品
1999	Darpa	1.4 in，320×240	HTPS，单色，4 个三极管
1999	Kodak-Sanyo	2.4 in，384×222	LTPS
2000	Kodak-Sanyo	5.5 in，320×240	LTPS
2000	Seiko Epson-CDT	2.0 in，200×160	喷涂式 AMPLED
2001	Sony	13 in，800×600	LTPS；顶部发射式；笔记本电脑尺寸
2001	Emagin	0.72 in，800×600	硅上 OLED 微显示器
2002	Seiko Epson-CDT	2.1 in，130ppi	精细喷涂成形
2002	Toshiba	17 in，SVGA	台式计算机尺寸的 AM PLED
2002	Samsung SDI	各种显示屏尺寸和分辨率规格	LTPS；三层发光层叠层式
2003	Kodak-Sanyo	15 in，1280×720	LTPS
2003	IDT/CMO/IBM	20 in，WXGA/HDTV	非晶 Si
2004	Seiko Epson	40 in，1280×768	喷涂式 AM PLED；贴膜式

尽管目前有机 EL 显示器的产值在整个平板显示器产业中的比例仅占 1%(据 ITRI/IEK 2003 年的统计和对 2004 年的预计)，而且在技术和产业化方面存在不少困难，但在 21

世纪前20年之内,有机EL显示器的总产值达到甚至超过液晶显示器还是大有希望的。

习 题

15.1 按显示画面从大到小,简述液晶显示器的应用领域。

15.2 按液晶显示技术,从20世纪70年初开始已跨越四个台阶,请简述这一发展过程。

15.3 液晶显示器的产业化进展一般以玻璃母板的尺寸划分为"代",为什么这样划分?其与集成电路产业的摩尔定律有什么相似之处?

15.4 何谓溶致(lyotropic)液晶和热致(thermotropic)液晶?液晶显示器中采用的是哪种液晶?

15.5 用于显示的典型棒状液晶分子由哪四个部分构成,各起什么作用?

15.6 请分析下述材料有无极性:

(a) 聚苯乙烯 (b) 聚对苯二甲酸乙酯 (c) 聚乙烯 (d) 聚氯乙烯

(e) 酚醛树脂 (f) 聚四氟乙烯 (g) 四氯化碳

15.7 举例画出向列、层列、胆甾相液晶分子的典型结构。

15.8 简述液晶分子的化学结构与液晶性质(稳定性、相变温度、相特性与结构)之间的关系。

15.9 试用"电子窗帘"模型说明液晶显示器的工作原理。

15.10 画图并指出自然光、部分偏振光、线偏振光、椭圆偏振光、圆偏振光的区别和联系。

15.11 简述液晶分子结构与液晶物理性能($\Delta\varepsilon$、电导、双折射、弹性、粘度)之间的关系。

15.12 指出DS型、TN型、SBE/STN型、ECB型、FLC型、GH型、PC型、NCAP型、PN型液晶显示器的工作原理。

15.13 画图表示TFT LCD液晶显示器的断面结构。

15.14 TFT LCD与TN、STN型液晶显示器所用液晶材料有哪些区别?

15.15 液晶分子中的极性基对于液晶显示有什么作用,介电各向异性的正负与液晶分子在电场中的取向有什么关系?

15.16 画图表示液晶分子取向的三种变形方式,其弹性能各用什么弹性系数来表征?

15.17 用折射率椭球表示向列液晶分子对自然光的双折射效应。

15.18 何谓液晶显示器的临界电压(thershold voltage,又称阈值电压),它是由哪些因素决定的?

15.19 在施加电场的情况下,分析液晶分子取向的响应时间。

15.20 在取消电场,和考虑液晶分子弛豫的两种情况下,分析液晶分子取向的响应时间。

15.21 液晶显示器为什么不能采用直流电压驱动?一般多采用何种极性反转驱动方式?

15.22 液晶显示器是如何实现灰阶显示和全色显示的?

15.23 有源驱动全色显示TFT LCD栅驱动采用8 bit的数字电压,请计算每个像素(一个像素包括三个亚像素)可显示的颜色数。

15.24 祝贺你购买显示规格为UXGA(1600×(RGB)×1200)的16∶9型42 in TFT LCD彩电,请计算每个像素的尺寸(高(μm)×宽(μm))。

15.25 有源矩阵驱动法与单纯矩阵驱动法相比有哪些优点?

15.26 何谓取向膜?取向膜有什么作用?它是如何制作的?

15.27 何谓液晶显示器像素的开口率?为提高开口率人们采取了哪些措施?

15.28 何谓ITO膜?请解释它为什么既透明又导电?

15.29 产业用ITO膜利用什么方法制作?什么成分范围的ITO膜性能最好?

15.30 何谓液晶显示器的对比度?如何才能提高液晶显示器的对比度?

15.31 常白型和常黑型液晶显示器有什么区别?哪一种液晶显示器的对比度更高,为什么?

15.32 何谓薄膜三极管(thin film transistor，TFT)，为什么液晶显示器要用 TFT？
15.33 画出 a-Si TFT 源、栅、漏极附近的断面结构，并说明其工作原理。
15.34 画出 a-Si TFT LCD 阵列基板的制作工艺流程。
15.35 单晶硅、多晶硅、连续晶界硅、非晶硅在结构上有什么差别，它们对三极管特性有什么影响？
15.36 说明 TFT LCD 的工作原理，并指出在这种显示器的哪些部位采用了薄膜工艺？
15.37 a-Si：H TFT 和 poly-Si TFT 都已成功用于 AM LCD 显示器的开关元件，请在制作工艺和性能等方面对二者进行比较。
15.38 TFT LCD 中薄膜三极管与 MOS 型三极管在结构与形成工艺上有哪些不同？
15.39 何谓各向异性导电膜/各向异性导电胶(ACF/ACP)，它们有什么优点，是如何制造的？
15.40 用于 TFT LCD 驱动的 TCP、COF、COG 方式各有什么优缺点，它们是如何与液晶面连接和封装的？
15.41 若驱动显示规格(一般称为图像分辨率)为 UXGA(像素数为 1600×(×3)×1200)的 42 型 16∶9 的 TFT LCD 液晶显示器，选用 460 条 I/O 引脚的驱动 IC，行、列驱动各需要多少个 IC，引脚节距分别是多长(用 μm 表示)。
15.42 画出制作彩色 STN LCD 和彩色 TFT LCD 的工艺流程图。
15.43 对滤色膜基板来说，为什么黑色矩阵(black matrix)是必不可少的？
15.44 请调研近年来在提高液晶显示器的辉度、对比度、视角、图像分辨率、图像响应时间及显示屏尺寸等方面采取的措施及效果。
15.45 在 TFT LCD 中，何谓 IPS 显示模式？有什么优点？存在什么问题？
15.46 在 TFT LCD 中，何谓 MVA 显示模式？有什么优点？存在什么问题？
15.47 在 TFT LCD 中，何谓 OCB 显示模式？有什么优点？存在什么问题？
15.48 请分别推导 TN、IPS、VA、OCB 几种模式下的 τ_{on}、τ_{off} 表达式。
15.49 何谓过驱动(overdrive)？为什么这种驱动方式能提高液晶显示器的响应速度？
15.50 TFT LCD 用玻璃基板有哪些特殊要求？它通常是用何种方式制作的？
15.51 请关注和调查国内外 TFT LCD 用玻璃基板产业化的最新发展动态。
15.52 何谓偏光板的偏光度？透射轴相互垂直的两块偏光片系统的理想偏光度应为多大？
15.53 偏光片是如何制作的？请画出偏光片的断面结构。
15.54 说明利用位相差膜对 STN LCD 进行色校正的原理，宽视角(wide view)膜是如何制作的？
15.55 为了提高液晶显示器的色再现性，应从哪几个方面采取措施？
15.56 画出侧置式和下置式背光源的结构，请同时标注所用的材料。
15.57 何谓增辉膜(又称棱镜膜)，有哪几种类型，分别起什么作用？
15.58 LED 背光源与 CCFL 背光源相比有哪些优点？还需要解决什么问题？
15.59 试就 HTPS、LTPS、a-Si TFT 特性加以对比。
15.60 说明 a-Si、p-Si、CG-Si(连续晶界晶)用于 TFT LCD 制作的优缺点。
15.61 用于液晶显示器的多晶硅 TFT 是如何制作的？
15.62 画图表示透射型液晶(HTPS)背投电视的工作原理。
15.63 画图表示反射型液晶(LCOS)背投电视的工作原理。
15.64 画图表示微反射镜(半导体)元件(DMD)背投电视的工作原理。
15.65 场时序型全色显示的原理是什么？与滤色膜彩色化相比有什么优缺点？
15.66 触控屏液晶显示器是如何实现显示的？请举出 5 种“触控”方式。
15.67 改善液晶显示器视角特性的措施共有哪些，说明其原理。
15.68 改善液晶显示器响应时间特性的措施共有哪些，说明其原理。
15.69 推导气体放电中的帕邢(Paschen)定律。

15.70 画图表示 Ne-Xe 系统 Penning 电离反应及 Xe^{**} 逐极跃迁的过程。
15.71 列举并画图表示 PDP 障壁(隔断)的几种形成方法,指出其优缺点。
15.72 指出 PDP 需要开发的课题和开发措施。
15.73 说明 ADS 驱动方法调节灰度的原理。
15.74 以 AC 型 PDP(等离子平板显示器)为例,在其哪些部位采用了薄膜工艺?
15.75 指出等离子体选址驱动液晶显示管(PALC)的结构和优缺点。
15.76 试比较电致发光(electroluminescent)和场致发光(electro-luminesce)的区别。
15.77 请指出无机 EL、有机 EL(OLED)、LED 三者发光机理的同异。
15.78 着眼于荧光体,请叙述无机 EL 的几个发展阶段。
15.79 无机 EL 是如何实现全色显示的?
15.80 指出无机 EL 显示器发展中所遇到的问题及无机 EL 显示器的最新动态。
15.81 画出薄膜型交流无机电致发光显示元件的结构,并说明其工作原理。
15.82 用于有机 EL 的荧光材料和磷光材料有何不同?
15.83 指出小分子有机 EL(OLED)及高分子有机 EL(PLED)发光元件在材料和结构上的差异。
15.84 画出小分子材料有机 EL 与高分子材料有机 EL 的制作工艺流程图。
15.85 分别画出有机 EL 中 HTL,EML,ETL 及掺杂剂所用有机材料的种类和结构。
15.86 有机 EL 与 TFT LCD 驱动电路有何区别,为什么?
15.87 有机 EL 与 TFT LCD 实现彩色化的措施有哪些相同或不同之处?
15.88 以五层结构的小分子型 OLED 为例,说明每一层的作用及对其性能的要求。
15.89 小分子型 OLED 难以实现大屏的原因是什么?
15.90 为什么 OLED 显示器需要气密封装?请介绍主要的封装形式。
15.91 请指出点、线、面顺序扫描方式的区别及不同应用领域。
15.92 请指出 OLED 显示器目前存在的问题和解决办法。
15.93 FED 和 CRT 在实现彩色动画显示上有什么相同之处和不同之处?
15.94 画图表示表面电场显示器(SED),并说明其工作原理。
15.95 给出利用碳纳米管(CNT)进行 FED 显示的最新进展。
15.96 试比较 VFD、CRT、FED 三者的结构和工作原理。
15.97 作为集电子显示器(软拷贝)和印刷物(硬拷贝)二者的优点于一身的新型媒体,电子纸(电子书)应具备哪些特征?
15.98 请举例说明几种电子纸(电子书)的工作方式。
15.99 列表比较用于家用电视的 CRT、TFT LCD、PDP、OLED(按行列出)的优、缺点(按列列出)。

第16章 太阳电池中的薄膜技术与薄膜材料

16.1 太阳电池的原理和薄膜太阳电池的优势

16.1.1 太阳电池原理

自工业革命以来，随着生产力的飞速发展，世界范围的能源消费量大幅度增长。由于目前大量使用的煤、石油、天然气等化石燃料有可能在几十年以内枯竭，而且这些常规能源会带来严重的空气污染并加剧温室效应，因此，在21世纪发展清洁高效的新能源被摆在了重要的位置。而在新能源技术中，太阳能是取之不尽、用之不竭的清洁能源，具有不消耗常规能源、无转动部件、寿命长、无噪声、无污染等优点。所以，光伏发电技术被认为是最有前景的领域之一。

太阳能光伏发电技术已有了100多年的历史。1839年，法国物理学家Edmond Becquerel第一次发现了光生伏打效应：在光的照射下，一些材料会产生少量的电流。19世纪70年代Heinrich Hertz第一次研究了Se中的光伏效应。20世纪四五十年代，随着Czochralski法制备纯净的晶体硅技术的发展，光伏材料的商业应用开始起步。1954年，贝尔实验室的科学家们用Czochralski法制得了第一个晶体硅光伏电池，它的转化效率达到了4%。而在之后的数十年之间，伴随着半导体工业的巨大发展，太阳能光伏技术已发展成为一个极具潜力的产业。

2011年，世界太阳能光伏发电新增安装量和累计安装量预计将分别达到19 GW和57 GW(图16-1)。我国在世界太阳电池市场占有率，高达40%(图16-2)，稳居第一位。2010年，全世界产值排名前10位的太阳电池企业中，国内内资企业就占有前5名。目前我国太阳电池组件产能达到21 GW(有关权威部门宣称是30 GW)，已成为名符其实的太阳电池生产大国。

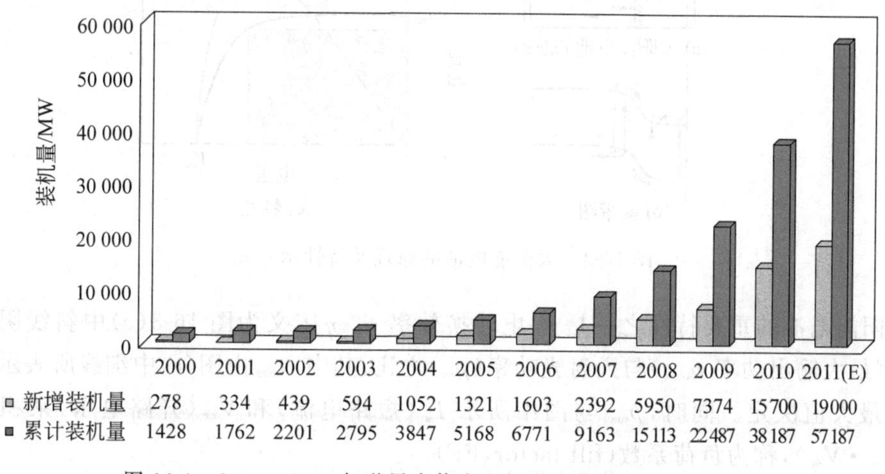

	2000	2001	2002	2003	2004	2005	2006	2007	2008	2009	2010	2011(E)
新增装机量	278	334	439	594	1052	1321	1603	2392	5950	7374	15700	19000
累计装机量	1428	1762	2201	2795	3847	5168	6771	9163	15113	22487	38187	57187

图16-1 2000—2010年世界光伏发电新增安装量和累积安装量

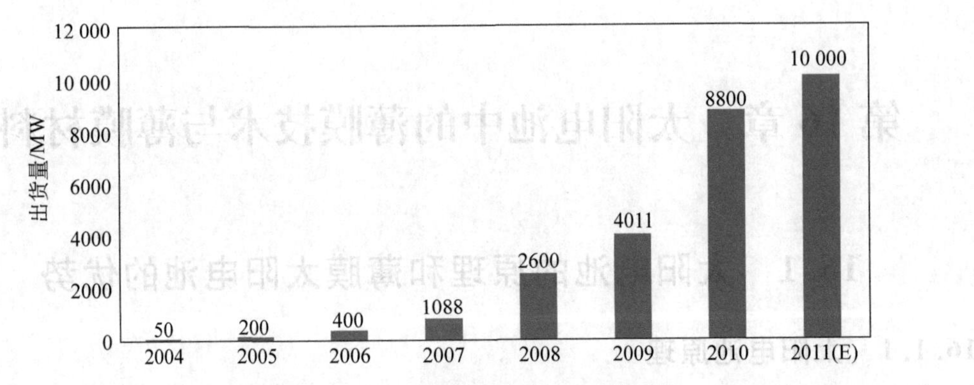

图 16-2 2004—2010 年国内太阳电池产量增长

目前影响太阳能电池广泛应用的最重要的障碍就是价格问题。如美国生活用电的平均价格为 0.06 美元/(kW·h),而硅晶体光伏电池的电费约为 0.25～0.4 美元/(kW·h),是前者的 4～6 倍。根据美国国家可再生资源实验室(National Renewable Energy Laboratory)的研究,要把太阳能光伏供电系统的电价降低到 0.06 美元/(kW·h)的水平,需要把太阳能电池组件的价格降低到 50 美元/m^2,并要求转化效率至少达到 15%。

太阳能电池是利用半导体的 pn 结或由异种材料构成的异质结,将光转换成电能的光电变换半导体元件。其原理如图 16-3 所示。当光照射形成 pn 结的半导体时,入射光中能量比半导体禁带宽度 E_g 大的光子,会激发价带中的电子跃迁到导带,与此同时,在价带中产生空穴。由于太阳能电池中半导体 pn 结电场的存在,导致受光子激发产生的电子和空穴在电场作用下分别向 n 型区和 p 型区累积,结果产生光生伏打效应。如果将 pn 结两端外接电路,就可形成电流,实现光能到电能的转换。这就是太阳能光伏发电的基本原理。

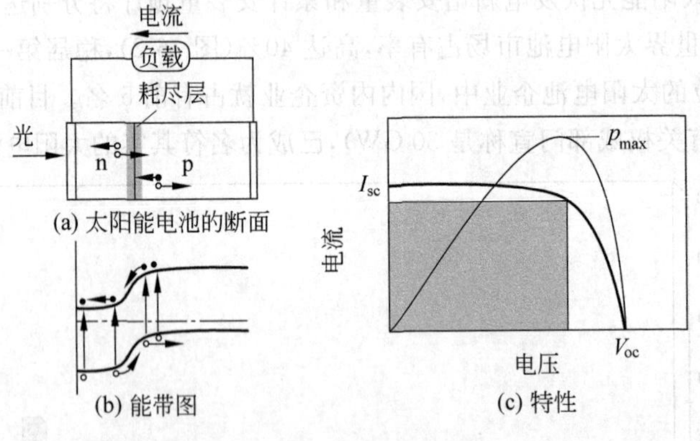

图 16-3 太阳能电池的原理及特性示意图

太阳能电池的重要特性之一是光-电转换效率 η。η 定义为图 16-3(c)中斜线阴影部分的面积(最大输出功率 p_{max})与入射光功率(p_{in})之比,其中 p_{max} 由图(c)中细线所表示的输出功率的最大值决定。同时,p_{max} 与图中所示 I_{sc}(短路电流)和 V_{oc}(开路电压)乘积的比值 $p_{max}/(I_{sc}\cdot V_{oc})$,称为负荷系数(fill factor,FF)。

太阳电池的主要结构如图 16-4 所示,除主要的 pn 结中心部分之外,还包括金属背面电极、表面电极、防止反射膜、为防止入射光反射的表面绒毛化(texture,倒金字塔形的凹凸)结构等,这些都为了进一步提高电池的效率和相关性能。

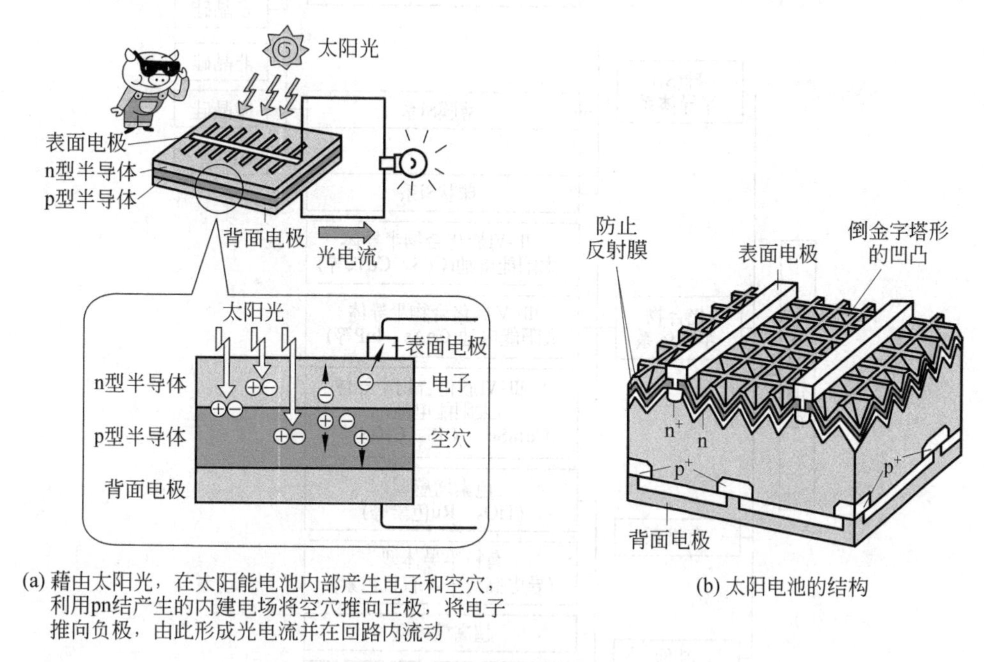

(a) 藉由太阳光,在太阳能电池内部产生电子和空穴,利用pn结产生的内建电场将空穴推向正极,将电子推向负极,由此形成光电流并在回路内流动

(b) 太阳电池的结构

图 16-4　太阳电池的内部结构

16.1.2　太阳电池的种类

图 16-5 是太阳电池按材料体系的分类。

目前使用的太阳能电池材料以硅晶体(包括单晶硅和多晶硅)为主,它占有太阳能电池市场份额的 86%左右。从材料科学的角度来讲,晶体硅并不是理想的太阳能电池材料。晶体硅是间接带隙的半导体,因此对光的吸收效率很低。例如 GaAs(直接带隙半导体)要达到 90%的光吸收率只需 1 μm 厚,而对 Si 晶体来说则需要 100 μm。这样为了使光生载流子达到 pn 结区,其扩散长度需要达到 200 μm,这就要求使用大量高纯度、缺陷很少的 Si 晶片,因此 Si 晶体太阳能电池组件的电价很难达到 0.06 美元/(kW·h)的要求。

如果说块体型(主要是单晶硅、多晶硅)太阳电池是第一代,则薄膜太阳电池(除了单晶硅、多晶硅太阳电池之外,几乎均为薄膜太阳电池)为第二代,而第三代也是在薄膜太阳电池的延长线上,或者沿低成本、高效率有机薄膜太阳电池的方向发展,或者沿集光型超高效率多串结化合物半导体太阳电池的方向发展。

16.1.3　薄膜太阳电池的优势

薄膜太阳能电池利用半导体材料薄膜作为光吸收层,原料消耗大大减少,有利于降低成本,并且可以考虑使用一些稀有的元素提高太阳能电池的性能。目前重点开发的是具有直接带隙的半导体薄膜电池。与目前广泛使用的 Si 晶体太阳能电池相比,它具有以下优点:

(1) 光吸收效率高。薄膜厚度只需 1 μm 左右,光生载流子的扩散长度只要达到几个微米即可,因此对材料纯度和晶体缺陷的要求大大下降。

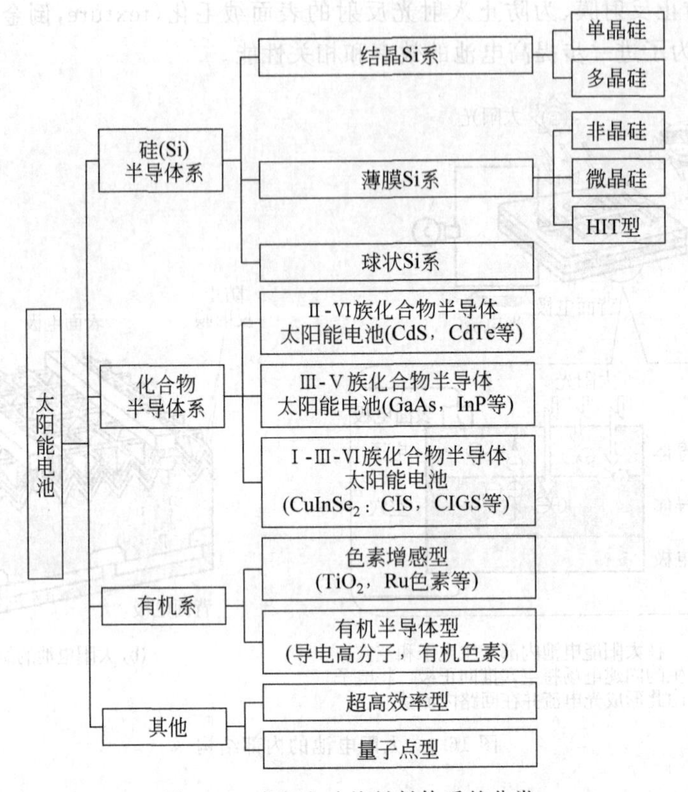

图 16-5　太阳电池按材料体系的分类

（2）薄膜电池的材料制备和电池同时形成，节省了大量工序。

（3）薄膜太阳能电池采用低温工艺技术，不仅有利于降低能耗，而且便于采用廉价衬底（如玻璃、不锈钢等）。

由此可见，使用薄膜太阳能电池对于降低成本，扩展太阳能的应用范围是十分有利的。目前开发的薄膜太阳能电池主要有非晶硅薄膜电池、CdTe 薄膜电池和 CIGS 薄膜电池等。

16.2　太阳电池和光伏发电的最新进展

16.2.1　开发现状

表 16-1 汇总了太阳电池的种类、转换效率和作为电力用途的现状等。太阳电池分块体型和薄膜型两大类，到目前为止作为电力用而生产的，九成以上为块体型 Si 太阳电池，市售大面积组件的转换效率一般在 13%～18%。以超高转换效率为目标，采用Ⅲ-Ⅴ族化合物半导体的太阳电池也被归类为块体型。采用这种化合物半导体体系并藉由集光系统的 3 串结型太阳电池已实现超过 40%的转换效率。藉由集光系统，Ⅲ-Ⅴ族化合物半导体禁带宽度各不相同（从而可以实现多串结）的组合优势得以淋漓尽致地发挥。

另一方面，今后可期待真正进入实用阶段的是薄膜太阳电池。目前市售的非晶硅系太阳电池组件的转换效率一般在 6%～10%。作为薄膜系重点开发的项目是由非晶 Si/微晶 Si 双串结构成的混合(hybrid)型太阳电池和 $Cu(InGa)Se_2$ 太阳电池。近年来，薄膜太阳电

表 16-1　各种太阳电池材料的生产量、转换效率的现状及作为电力用途的展望

太阳电池材料	商用水平的组件转换效率/%	研究开发水平的组件转换效率/%	小面积电池的转换效率(研发开发阶段/%)	2007 年全世界的产量**/MW	作为电力用途对将来的展望
块体太阳电池					
1. 单晶硅	13～18	22.9 (778 cm^2)*	25.0(4 cm^2)*	1355	到 2010 年，设备制造能力***达到 25 GW
2. 多晶硅	13～15	15.5 (1.017 cm^2)*	20.4(1 cm^2)*	1837	
3. GaInP/GaAs/Ge 3 串结型	—		41.1(0.05 cm^2) 454 倍集光*	—	目前，主要由集光系统配合使用
薄膜太阳电池					
4. 非晶硅单结型	6～7	6～8	9.5(1 cm^2)*	168 (4 项和 5 项的合计)	到 2010 年，设备制造能力达到 4.8 GW
5. 非晶硅/微晶硅 2 串结型	9～10	12～13	15.0(1 cm^2)*		
6. $Cu(InGa)Se_2$	10～11	13～15 (900 cm^2)	19.4(1 cm^2)*	40	到 2010 年，设备制造能力达到 1.3 GW
7. CdTe	10～11	11～12 (40×120 cm^2)	16.7(1 cm^2)*	219	2008 年仅 First Solar 就生产 504 MW。到 2010 年，设备制造能力达 1 GW
8. 色素增感	—	8.4(17 cm^2)*	10.4(1 cm^2)*	—	首先从民生用途开始
9. 有机半导体	—	2.05 (223 cm^2)*	5.15(1 cm^2)*	—	目前，在转换效率、可靠性方面还存在不少问题

注　* 源于 Progress in Photovoltaic 刊物中以 Efficiency Table(转换效率表)的形成发表的数据。
** 2008、2009、2010 年全世界的新增装机容量(一般说来小于当年的产量)分别是 5.95、7.37、15.7 GW，2011 年预计为 19.0 GW。
*** 截至 2010 年，我国太阳电池组件产能达到 21 GW(有关权威部门宣传是 30 GW)。

池的产量迅速增加，截至 2010 年，其制造设备的产能已超过 5 GW。最近，CdTe 薄膜太阳电池的市场占有率急速增加，正紧紧追赶其他薄膜系。

此外，作为瞄准 2020 年以后的材料系，包括色素增感太阳电池、有机半导体太阳电池等，为了作为电力用而达到实用化，还存在提高转换效率和确保可靠性等不少重大课题。

表 16-2 汇总了各种太阳电池的转换效的现状。这些值是由公认的测定机构测定的，并定期在 Progress in Photovoltaics 刊物中以 Efficiency Table(转换效率表)的形式发表。对于单晶 Si，采用 FZ 法晶片，转换效率达到 25%。采用浇铸(cast)法多晶 Si，由 15 cm×15 cm 面积的电池达到 18.7%的转换效率。对于薄膜系来说，非晶 Si 单结太阳电池的稳定化转换效率为 9.5%，非晶 Si/微晶(纳米)Si 3 串结构造太阳电池的稳定化效率达 12.5%。$Cu(InGa)Se_2$ 系采用薄膜也可获得高转换效率，小面积的最高效率为 20%，大面积组件亦可达到 13.5%。

对于色素增感太阳电池来说，尽管小面积的转换效率为 10.4%，但最近已有实现组件化的报道。

表 16-2　由 Progress in Photovoltaics 刊物发表的各种太阳电池的转换效率（由公认机构测定的值。正式的情况，面积 1 cm^2 以上的太阳电池的特性才作为公认的数据；但在表中为了参考，也给出 1 cm^2 以下的数据）

太阳电池材料、构造	转换效率/%	面积*/cm^2	V_{oc}/V	J_{sc}/mA/cm^2	FF/%	测定机构（测定年月）	备　注
Si(单晶,FZ 法)	25.0±0.5	4.00(da)	0.705	42.7	82.8	Sandta(3/99)	UNSW,PERL
Si(单晶,电池片)	23.0±0.6	100.4(t)	0.729	39.6	80.0	AIST(2/08)	三洋電機 HIT,n 型基板
Si(组件)	20.3±0.6	16300(da)	66.1	6.35(A)	78.7	Sandia(8/07)	SunPower
Si(小面积,多晶)	20.4±0.5	1.002(ap)	0.664	38.0	80.9	NREL(5/04)	FhG-ISE
Si(大面积,多晶)	18.7±0.6	217.4(t)	0.639	37.7	77.6	AIST(2/08)	三菱電機
Si(非晶态,单结)	9.5±0.3	1.070(ap)	0.859	17.5	63.0	NREL(4/03)	Neuchatel 大学
Si(微晶)	10.1±0.2	1.199(ap)	0.539	24.4	76.6	JQA(12/97)	カネカ(玻璃上 2 μm)
a-Si/μc-Si(串结)	11.7±0.4	14.23(ap)	5.462	2.99	71.3	AIST(9/04)	カネカ
a-Si/nc-S./nc-Si (3 串结)	12.5±0.7	0.27(ap)	2.010	9.11	68.4	NREL(3/09)	USSC,稳定化效果
CIGS(小面积)	20.0±0.6	0.419(ap)	0.692	35.7	81.0	NREL(10.07)	NREL,玻璃基板
CIGS(大面积,组件)	13.5±0.7	3.459(ap)	31.2	2.189(A)	68.9	NREL(8/02)	昭和壳牌(无 Cd)
色素增感电池	11.2±0.3	0.219(ap)	0.736	210	72.2	AIST(3/06)	夏普
色素增感电池	10.4±0.3	1.004(ap)	0.729	22.0	65.2	AIST(8/05)	夏普
色素增感电池	8.4±0.3	17.11(ap)	0.693	18.3	65.7	AIST(4/09)	夏普,8 个亚电池
有机半导体	6.4±0.3	0.759(ap)	0.585	16.7	65.5	NREL(12/08)	Konarka
有机半导体	5.15±0.3	1.021(ap)	0.876	9.40	62.5	NREL(12/06)	Konarka
有机半导体(组件)	2.05±0.3	223.5(ap)	6.903	0.502	59.1	NREL(1/09)	Plextronics

* (t): total area(总面积); (da): designated illumination area (指定的光照面积); (ap): aperture area(透光孔面积)。

对于有机太阳电池来说，目前的转换效率一般为 5%～6%。在提高转换效率、提高可靠性方面，还有很长的路要走。

16.2.2　太阳电池开发路线图和促进开发、引入的对策

太阳光伏发电所面对的课题是如何降低发电价格。所谓发电价格，是在假定一年中的电发量、系统寿命等的基础上，通过计算而导出的数值。现在在日本，1 kW·h 的发电价格估计在 40～45 日元上下。日本于 2007 年往回追溯 5 年，而面向 2030 年的太阳能光伏发电技术发展路线图以 PV2030 的名称于 2007 年公开发表。而且，在此基础上，在 2009 年进一步对 PV2030 路线图进行了修订，将 2030 年的目标提前于 2025 年实现的加速化修订版，以 PV2030 plus(＋)的名称于 2009 年公布。

图 16-6 表示修订版 PV2030 plus。该路线图中的几个关键点是，到 2017 年要达到等同于业务用电力价格的 14 日元/(kW·h)，到 2025 年要达到等同于事业用电力价格的 7 日元/(kW·h)。为了实现上述发电价格的目标，同时设定了太阳电池组件的制造价格及寿

命，以及与转换效率相关联的目标。到 2025 年，要求实用组件的转换效率达到 25%。

•低价格化进展及与之相伴的太阳能光伏发电的展开

2002　2007　2010　2017　2020　2025　2030　2050

~50日元/kW·h

30日元/kW·h

量产化适用技术开发的提前

光伏发电价格

结晶硅、薄膜硅、CIS系等量产体制的确立与性能的提高

23日元/kW·h

利用超薄型、多结化、异质结化等而实现的高性能化

14日元/kW·h

藉由技术的世代交替而实现高性能化、低价格化

由于新材料投入等促进高性能化的技术革新

…新材料　新结构太阳电池

利用新原理、新构造而实现超高效率(40%)太阳电池的投入。与传统型太阳电池一起应对多种多样的用途

7日元/kW·h

7日元/kW·h以下

实现时期(开发完成)	2010年以后	2020年(2017年)	2030年(2025年)	2050年
发电价格	等同于家庭用电力价格(23日元/kW·h)	等同于业务用电力价格(14日元/kW·h)	等同于事业用电力价格(7日元/k·Wh)	作为通用电源而采用(7日元/kW·h)
组件转换效率(研究水平)	实用组件：16%(研究中的电池：20%)	实用组件：20%(研究中的电池：25%)	实用组件：25%(研究中的电池：30%)	超高效率组件：40%
面向国内的产量(GW/年)	0.5~1	2~3	6~12	25~35
面向海外的产量(GW/年)	约1	约3	30~35	约300
主要用途	用户住宅，公共设施	住宅(住户，集体宿舍)公共设施，事务所等	住宅(住户，集体宿舍)公共设施，民生业务用电动汽车等的充电	各种民生用户产业用，运输用农业等，独立电源

图 16-6　太阳能光伏发电技术开发路线图 PV2030 plus

表 16-3 中列出为实现 PV 2030 plus 中确定的指标，相应太阳电池性能、制造价格的目标值。从表中可以看出，为实现发电价格的降低，对转换效率所提的目标是相当高的。这是在详细分析发电价格的基础上，考虑到太阳电池的寿命(30 年)，日本的日照条件、组件以外的周边价格等因素之后而确定的。

表 16-3　为实现路线图 PV2030 plus 应达到的转换效率、制造格目标

	太阳电池	2010 年		2017 年		2025 年				2050 年
		组件/%	电池片/%	组件/%	电池片/%	组件/%	电池片/%	制造价格/(日元/W)	寿命/年	组件
各种技术的开发目标	结晶 Si	16	20	20	25	25	(30)	50	30(40)	转换效率达 40%的超高效率太阳电池(追加开发)
	薄膜 Si	12	15	14	18	18	20	40	30(40)	
	CIS 系	15	20	18	25	25	30	50	30(40)	
	化合物系	28	40	35	45	40	50	50	30(40)	
	色素增感	8	12	10	15	15	18	<40		
	有机系		7	10	12	15	15	<40		

为了加速促进太阳能发电系统的导入，在加快技术开发的同时，需要实施普及优惠政策。在日本，为使发电价格短期内下降，从 2009 年 11 月开始，实行将太阳能发电的剩余电力以 48 日元/(kW·h)的价格收买的制度。设计这种制度的考虑是，可保证在购入太阳能

发电系统之后，10 年左右的时间内可收回成本。图 16-7 以导入 3 kW 的住宅用系统为例，表示具体的价格回收构成。在太阳能发电系统的价格中，除了太阳电池的价格之外，还包括辅助设备（逆变器等）及安装费用等。太阳电池在整个系统中所占的价格比例，一般在 60%左右。在图 16-4 的计算中，假定住宅用 3 kW 太阳能发电系统的价格为 185 万日元。如果充分利用上述剩余电力的收买制度，大约 10 年之内就能完全做到成本回收。顺便指出，迄今为止，PV 系统的运行实绩表明，剩余电力平均占总发电量的六成左右。

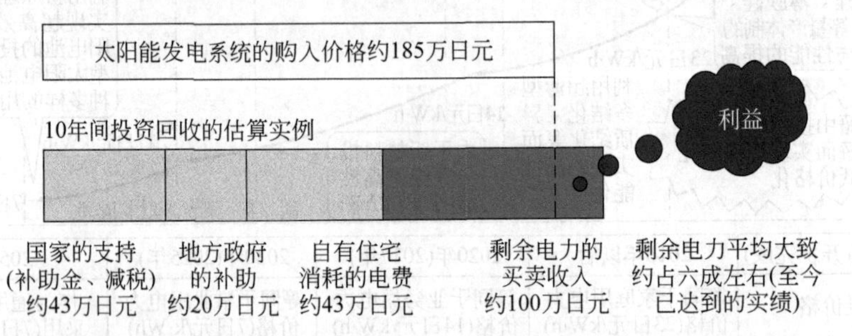

图 16-7 太阳能发电系统(以 3 kW 的住宅用系统为例)导入后的投资回收估算

16.2.3 对今后材料及技术开发的展望

在分析太阳电池今后的发展时，必须考虑的一个关键因素是能量转换效率。无论采用何种材料系统，若转换效率不高，则发电价格难以降低。图 16-8 表示与代表性 Si 太阳电池产品链相关联的各工序价格分析的实例。其中，价格分析按产品链，即高纯多晶 Si、Si 锭、Si 晶片、太阳电池片、组件工程、PV 系统等依次进行。现状上述各项代表性的价格比例分别为 10%、6%、7%、12%、21%、43%。换句话说，即使太阳电池片部分所占的价格比例为零，用于 PV 系统的组件化及系统设置等仍需要 50%以上的费用。特别是在转换效率很低的情况下，与面积相关联的 BOS(balance of systems，系统的平衡）价格会变得很高。因此，高转化效率是必须追求的目标。

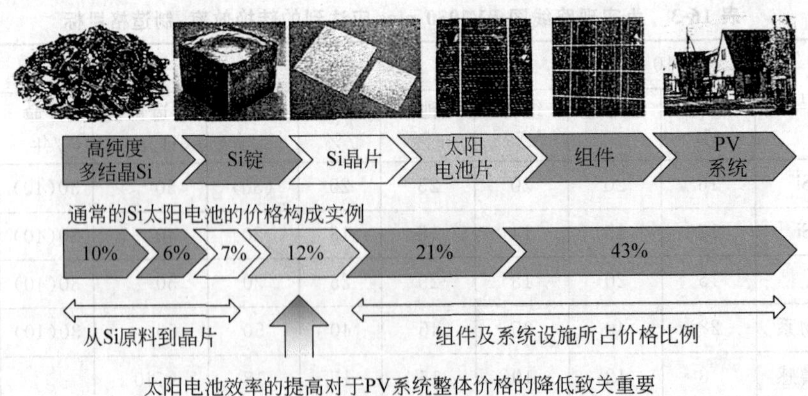

图 16-8 市售 Si 太阳电池的产品链和价格构成

根据发布太阳电池材料、电池片、组件等市售价格的互联网址 PV Insights. com 的信息，现在组件的平均现货价格为 1.87 美元/W，制造设备的平均分散售价为 2.8 美元/W，且呈不断下降趋势。而且，据称是最便宜的美国 First Solar 公司的 CdTe 薄膜太阳能电池组件的制造价格，已经下降到1美元/W。随着新材料的实用化，这种价格必将成为业界竞相追逐的目标。

表16-4针对不同材料系统，列出需要开发的课题。

表16-4　针对不同材料系统需要开发的课题

材料系统	需要开发的课题
结晶Si 太阳电池	• 极高品质(单晶水平)且低价格的浇铸Si晶片的开发(包括原料技术) • 硅片厚度为50～100 μm的太阳电池制作工艺的开发 • 载流子复合速度接近零的表面钝化技术的开发 • Si材料禁带宽度的控制(利用量子点、量子线等新概念)
薄膜系 (Si,CIGS)	• 可完全抑制非晶Si光劣化的材料的开发 • 以多结(多串结)化为目标的新材料开发(非晶态系合金，新型黄铜矿化合物等) • 作为低成本工艺的非真空制造技术(特别是针对CIGS系) • 透明导电膜(光封闭技术，自由载流子(free carrier)吸收的抑制)
有机半导体，色素增感	• 提高转换效率，提高可靠性是最优先的课题
组　件	• 可耐40年、50年使用的组件技术及材料(特别是封装材料)
针对提高效率的技术革新	• 多激发子(multi exiton)、中间能带、等离子体振子(plasmon)等新概念的探索，以及与之相关的超高效率的验证 • 以转换效率40%为目标的薄膜多串结材料、器件结构的研发 • 化合物系以转换效率50%以上为目标的集光型太阳电池技术

首先，对于结晶Si系统，今后为了实现低价格化，必须将Si晶片的厚度从目前的200 μm减薄到的50 μm。为此，最重要的技术课题是表面钝化。如果有可能将表面复合速度抑制到0～1 cm/s，则转换效率能做到比现在晶片厚度的情况更高。另外，为了在薄型电池的情况下获得高的光电流，还必须开发光封闭技术。进一步还要注重对质量不亚于单晶Si(如载流子寿命不相上下)的浇铸多晶Si的开发。着眼于将来，期待开发以控制Si的禁带宽度为目的的量子点结构及Si纳米线结构，进一步将这些材料用于宽禁带顶部电池，以便制作Si串结型高转换效率太阳电池。

对于薄膜Si系，当前藉由2串结、3串结结构以提高转换效率是紧迫的课题。为此，光吸收层的高品质化是最优先的开发项目。而且，若能完全抑制非晶硅的光劣化，即使单结电池也可期待15%左右的转换效率，因此，这也是紧跟前两项之后的重点研究开发课题。

对于CIGS系薄膜来说，在现在的Cu-In-Ga-Sn系基础上，期待与Al、Ag、S、Te等相组合等，开发丰富多彩的材料体系。进一步，代替In的Sn Zn系的开发也是刻不容缓的课题之一。现在，CIGS太阳电池藉由硒化法已实现量产，但作为制膜方法，各种非真空工艺正在开发之中，采用这些低成本工艺实现量产的技术开发正在如火如荼地进行。

对于有机半导体和色素增感太阳电池，提高适合于电力用途的组件效率和确立长期可靠性是优先课题。

进一步，对于现在可使用20～30年的组件的耐用性(寿命)，要求提高到40年或50年，为此，需要开发的技术项目很多。如果组件的寿命提高到两倍，简单地讲，发电价格可期待降低到一半。

关于以 2050 年达到实用化为目标的革新型太阳电池的开发，包括多激发子(multiexiton)、中间能带(band)、等离子体振子(plasmon)等新概念的探索，以及利用这些原理的超高效率电池的证实，以转换效率 40%为目标并与薄膜多串结材料相关的器件构成法的开发，采用单晶化合物系以转换效率 50%为目标的集光型太阳能电池的技术开发等看来是必不可少的。作为新材料的探索和创新，人们对 SiGe 笼形包合物(clathrate)以及新型透明导电膜的开发等，将在更广泛的范围内继续坚韧地进行。

16.3 硅系薄膜太阳电池

为促进太阳能光伏发电系统的普及，需要大量的太阳电池，为此要消耗大量作为太阳电池主原料的硅。现在，占太阳电池市场八成以上的晶硅太阳电池，由于使用厚度 200 μm 以上的单晶或多晶硅片，因此太阳电池价格的接近一半是材料费用。为将来大幅度地降低成本价格以及伴随需求扩大而确保材料供应，“省硅”必将成为业界竞相奋斗的目标。

薄膜硅太阳电池的最大特征是，作为吸收光的硅层的厚度与晶硅太阳电池的情况相比，要薄得多(仅为大约 1/100)，而且不是采用由硅锭切割成硅片，而是在便宜的基板上，在 1～2 m 见方的范围内，做成薄而大面积的薄膜，既节省资源，生产效率又高。此外，薄膜硅太阳电池与晶硅太阳电池相比，转换效率与温度的相关性(温度系数)小，这对于温暖地区的发电还有优势。

但从另一方面讲，薄膜硅太阳电池的转换效率低，量产规模的仅为 7%～10%，与晶硅太阳电池的转换效率相比，只有 1/2 左右。现在，薄膜硅太阳电池已经在对设置面积制约小的大规模太阳能发电站等导入，但为了扩大今后的市场份额，迫切要求其提高转换效率，降低发电价格。

16.3.1 薄膜 Si 的材料特性

对薄膜 Si 做大的分类可分为非晶 Si(a-Si)和微晶 Si(μc-Si)两种(图 16-9)。非晶硅的“非晶”有“非晶态”(amorphous)之意，由于与结晶 Si 的结构不同，尽管同属 Si，但两种物质的性质却有很大的不同。首先，非晶硅的禁带宽度大约为 1.7 eV，比结晶 Si 的 1.1 eV 要大得多。因此，非晶硅可吸收的光的波长限于约 700 μm 以下。而且，非晶 Si 还存在光致劣化的问题。所谓光致劣化，是指非晶硅太阳电池受光持续照射，由于缺陷增加致使电池转换效率下降的现象。通常，光致劣化引起的转换效率的下降可达初始值的两成左右，但经加热还会恢复到初始值。

微晶 Si 从结构上讲，是由非常小的结晶硅构成的。微晶 Si 的晶粒尺寸大致在 10～100 nm，这与多晶 Si 的粒径相比，仅为 1/100 000。由于晶粒小，从而晶界大量存在，这些晶界会阻碍电荷的输运，而且成为由外部引入氧等杂质的原因。但是，藉由选择制作条件，可以获得晶界间隙少的致密微晶 Si，业已证明，这样的材料显示出优良的太阳电池特性。另一方面，其光学特性与结晶 Si 基本相同，吸收波长范围可达 1100 nm 的近红外区域。而且，微晶 Si 即使多少含有些非晶成分，也不显示光致劣化。

材料 (简记)	结构	粒怪	能带间隙 (感度波长)	光照射 稳定性
非晶硅 (a-Si)	非晶态	—	~1.7 eV ($\lambda \leqslant 700$ nm)	×
微晶硅 (μc-Si)	晶态+非晶态 纤维状，柱状	10~100 nm	~1.1 eV ($\lambda \leqslant 1100$ nm)	○
晶硅 (c-Si)	单晶，多晶	100mm~∞	1.1 eV ($\lambda \leqslant 1100$ nm)	○

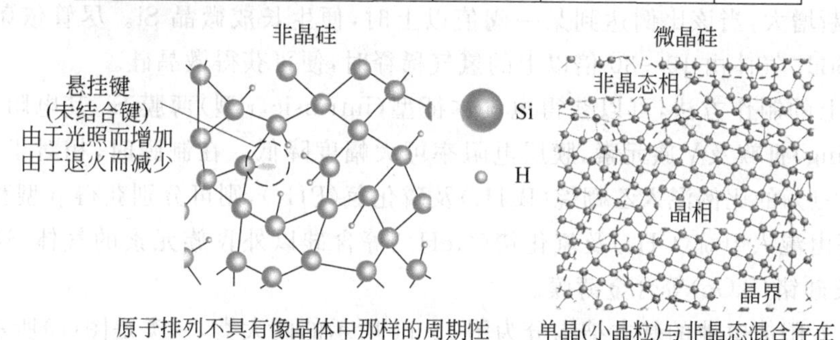

图 16-9　薄膜 Si 的种类、特征及晶体结构

16.3.2　薄膜 Si 太阳电池的制作工艺

制作薄膜 Si 最具代表性的制膜法是等离子增强化学气相沉积(PCVD)。在与真空泵相连接的反应容器内，导入硅烷(SiH_4)和氢气(H_2)，在对向布置的两个平行平板电极之间产生等离子体(图 16-10)。为生成等离子体，通常采用 13～100 MHz 的射频电源，藉由匹配器

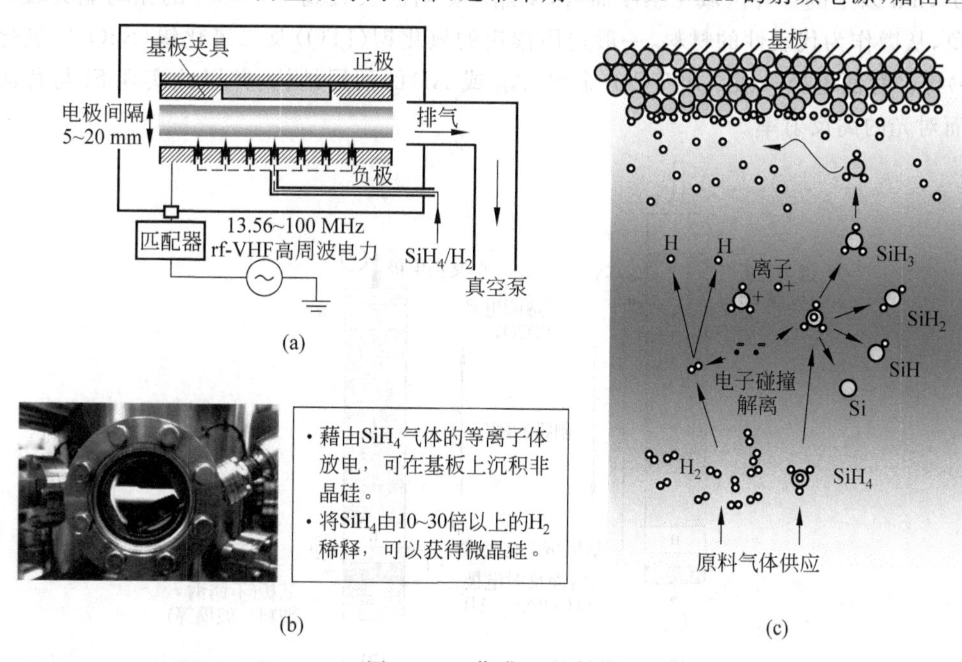

图 16-10　薄膜 Si 的制作

(a) 平行平板型(电容耦合)等离子体增强化学气相沉积(PECVO)装置示意图；
(b) 等离子体发光的照片；(c) 薄膜 Si 的形成过程

向单侧电极(负极)供电。另一侧设置基板的电极(正极)接地,基板通常被加热至200℃左右。在等离子体中,SiH_4 气体分子与电子碰撞而被分解为 SiH_3(活性基),这种活性基在向基板输运的过程中生长成非晶硅膜层。而且,活性基中所含有的氢及等离子体中存在的氢原子一部分会混入到生长的膜层中,这些氢对于降低非晶硅的缺陷密度关系极大。尽管微晶硅也是由同样的方法获得,但与非晶硅制作条件很大的不同点在于制膜时导入的氢气量不同。若将 SiH_4 气体由氢气逐渐稀释,则相对于等离子体中的 SiH_3 活性基来说,原子状氢的比例不断增大,当该比例达到某一阈值以上时,便生长成微晶 Si。尽管依条件不同而异,通常将 SiH_4 气体由10~30倍以上的氢气稀释时,便可获得微晶硅。

利用以上的制作方法,可以获得电气本征型(intrinsic,i型)薄膜 Si,其电阻很高,但藉由掺杂(doping)Ⅲ族及Ⅴ族元素,膜层电阻率可大幅度降低。在制膜时,相对于 SiH_4 气体若按0.1%~1%的比例混入乙硼烷(B_2H_6)及磷化氢(PH_3),则可分别获得p型和n型薄膜Si。另外,藉由混入甲烷(CH_4)及氢化锗(GeH_4)等含硅以外Ⅳ族元素的气体,还可获得碳化硅(SiC)及硅锗(SiGe)等合金薄膜。

薄膜 Si 太阳能电池的基本结构分为图16-11所示的两大类,一类是图(a)所示从基板侧受光的上衬底型(superstrate),另一类是图(b)所示从膜表面受光的下衬底型(substrate)。相对于前者的构造可采用激光等加工,容易实现大面积、集成化、模组化太阳电池等而言,后者的优点是,基板透明与否无关紧密(不透光而反射率高更好),因此可采用轻量薄型,甚至挠发型在板,如不锈钢基板、塑料基板等。无论哪种形式,都采用i型层(光吸收层)被p型层和n型层相夹的p-i-n结作为基基本结构,利用i型层中产生的内建电场,将光照激光的电荷(电子和空穴)高效率地从电极取出。表面电极采用光透射性好的透明导电氧化物(TCO),nm以上的红外区域无感度而言,微晶硅则对波长直到1100 nm的光均能吸收。容易想象,从微作为代表性的材料,一般选用掺锡的氧化铟(ITO)及二氧化锡(SnO_2)、氧化锌(ZnO)等。背面电极一般采用TCO/金属(Ag或Al)的两层结构,并以此实现Si与背面电极界面对光的高反射率。

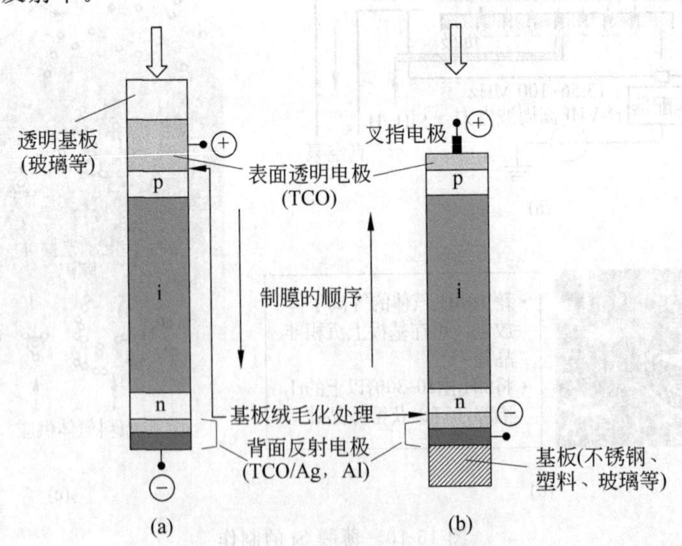

图16-11 薄膜 Si 太阳电池的基本结构

(a) 上衬底型(superstrate);(b) 下衬底型(substrate)

在薄膜 Si 太阳电池中，为获得高的光电流，需要将从受光面入射的光及从背面电极反射的光封闭在 i 型层中，这种光封闭技术(light trapping)极为重要。为实现光封闭，通常采用表面形成亚微米级凹凸(又称为表面绒毛化(texture))，并被 TCO 包覆的基板，藉由 TCO/Si 界面对光的散射效果，实现的光路长度比 i 型层的厚度更长，以使光充分发挥激光效果。

图 16-12 表示非晶硅薄膜太阳电池中每一层的作用及其中采用的光封闭技术。

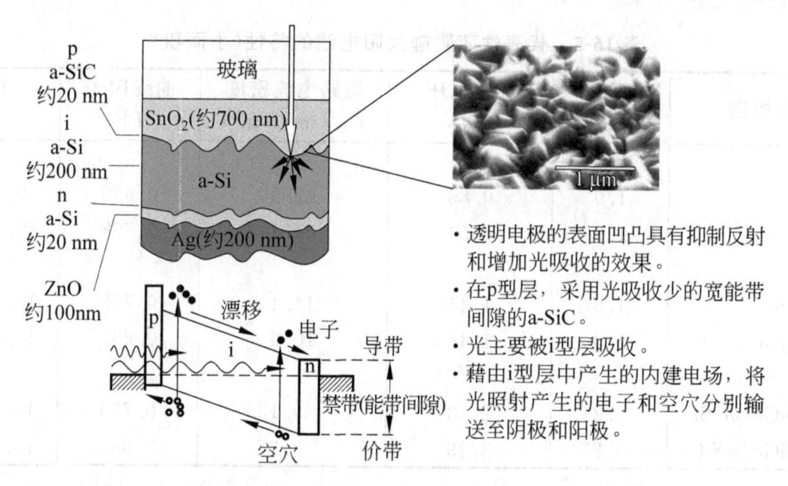

图 16-12　非晶硅薄膜太阳电池中每一层的作用及其中采用的光封闭技术

16.3.3　薄膜 Si 太阳电池的高效率化技术

虽然照射在地球表面的太阳光谱在可见光区出现峰值，但包括红外区域在内，其分布是相当宽的(图 16-13)。但如前所述，由于非晶硅的能带间隙为 1.7 eV，对于波长 700 nm 以上的红外区并无感度。而微晶硅的禁带宽度为 1.1 eV，对波长直到 1100 nm 的红外光都可以吸收。因此，微晶硅太阳电池可取出的最大电流(短路电流密度：J_{sc})比从非晶硅的大。

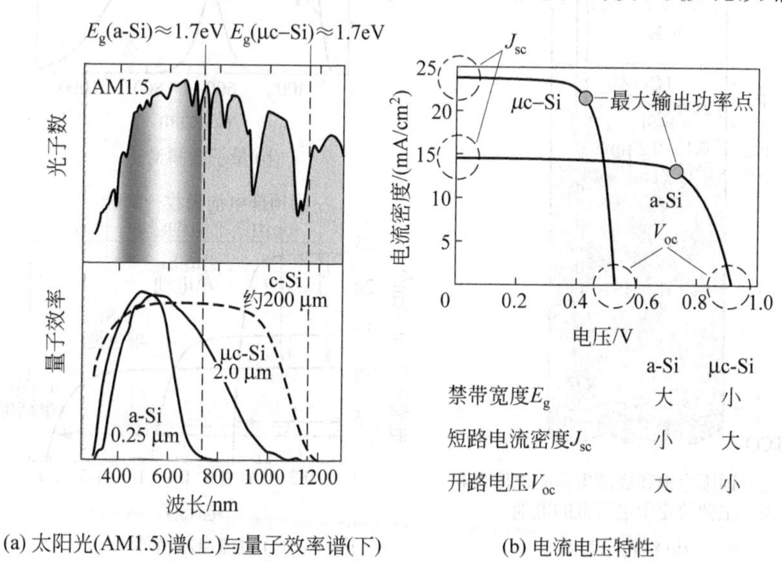

(a) 太阳光(AM1.5)谱(上)与量子效率谱(下)　　(b) 电流电压特性

图 16-13　薄膜硅太阳电池的特性

但从另一方面讲，若从太阳电池可取出的最大电压（开路电压：V_{oc}）做比较，禁带宽度大的非晶硅要比微晶硅的大。由于太阳电池的转换效率是由电流和电压的乘积决定的，其结果，二者的转换效率，在研究阶段，最大都停留在10%左右（表16-5）。但是，如下面所述，藉由将两个以上不同能带间隙的太阳电池串接在一起，就可以提高转换效率。称此为太阳电池的多串结化（tandam）。

表 16-5　代表性薄膜硅太阳电池的特性（小面积）

太阳电池构造	面积 /cm^2	开路电压 V_{oc}/V	短路电流密度 J_{sc}/(mA/cm^2)	曲线因子 FF	转换效率 η/%
单结型					
a-Si	1.0	0.86	17.5	0.630	9.5（稳定比）
μc-Si	1.2	0.54	24.4	0.768	10.1
2 串结型					
a-Si/μc-Si	1.0	1.41	14.4	0.728	14.7（初期）
a-Si/a-SiGe	1.0	1.49	10.9	0.65	10.6（稳定化）
3 串结型					
a-Si/a-SiGe/μc-Si	0.25	2.23	9.13	0.753	15.3（初期）
a-Si/a-SiGe/a-SiGe	0.25	2.29	8.27	0.68	13.0（稳定化）

图16-14表示将非晶Si和微晶Si串结相联的（tandam）2串结型太阳电池，其中（a）结构示意图，（b）量子效率谱，（c）电流电压特性。由于非晶Si设置在顶部，而微晶Si设置在底

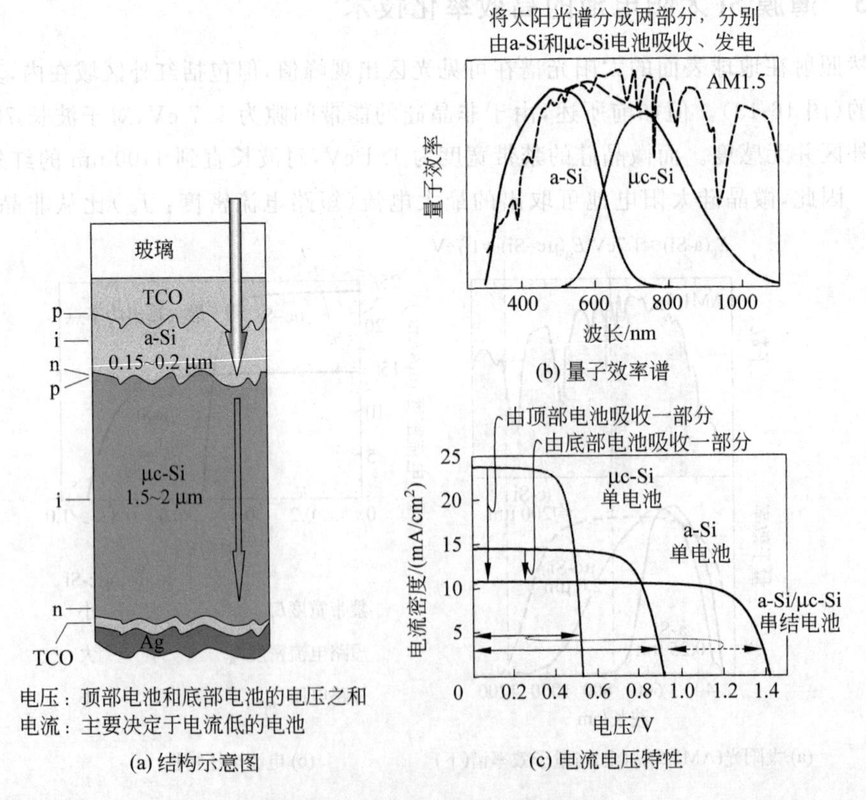

(a) 结构示意图　(b) 量子效率谱　(c) 电流电压特性

图 16-14　串结型（tandem）太阳电池

部，因此分别称前者为顶部电池，而后者为底部电池。太阳光的可见光部分被顶部电池吸收，而透射的红外光被底部电池吸收，两部分的发电相组合。输出电压为两个电池的电压之和，故输出电力(转换效率)增加。对于串结型(tandem)太阳电池来说，在设计中考虑顶部电池与底部电池的输出电流平衡极为重要，因此，一般取吸收红外光的微晶 Si 的厚度与吸收可见光的非晶 Si 的厚度之比为 5～10 倍。

因此，对于串结型(tandem)太阳电池的生产来说，提高微晶硅的制膜速度就成为非常重要的问题。为形成微晶 Si 底部电池，过去要花费数小时来制膜，而由于技术的进步，最近可在 10 min 左右的时间内完成。而且，为了抑制非晶硅的光致劣化，顶部电池的厚度要设计得尽量薄，藉由在顶部电池与底部电池之间插入透明的中间反射层(TCO 及 SiO_x 薄膜)，开发成功控制电流平衡的技术。到目前为止，采用 a-Si/μc-Si 串结型的太阳电池，初期效率可达 14.7%，光致劣化后的稳定化效率(亚组件，面积 14 cm^2)为 11.7%。

在 2 串结型太阳电池的基础上，藉由再重叠(积层)一个电池，还开发出 3 串结(tripletandem)型太阳电池。据报道，采用 a-Si/a-SiGe/μc-Si 结构电池的初期转换效率超过 15%。此外，还提出了不采用微晶 Si 的 a-Si/a-SiGe/a-SiGe，和以微晶 Si 作底部电池的 a-Si/a-Si/μc-Si 及 a-Si/μc-Si/μc-Si 电池，以及采用比微晶 Si 对红外感度更灵敏的微晶 SiGe 作底部电池的 a-Si/μc-Si/μc-SiGe 等各种各样的组合方案。目前，3 串结型太阳电池的高效率技术和生产技术的研究开发，正在活跃的进行中。

16.3.4　今后的课题

薄膜 Si 太阳电池的性能，藉由多串结技术等的成功运用，已得到明显改善。但从现状看，只能说已勉强追上市售多晶 Si 太阳电池的水平。今后，薄膜 Si 太阳电池要实现市场上的跃进，需要性能进一步提高，作为近期转换效率的目标，2 串结型要达到 15%，3 串结型要达到 18%。为此，抑制非晶 Si 光致劣化技术及更有效光封闭结构的开发，光吸收损失更小的 TCO 材料的开发，以及藉由新材料的开发改善红外吸收感度等课题可以说是堆积如山，既要求工艺、技术的创新，更要求材料的创新。

另一方面，伴随多串结化，由于太阳电池的层数、膜厚增加，从价格角度，估计对制膜速度的要求会越来越高。如果发电效率能进一步提高，而且藉由高速制膜技术能使生产成本进一步降低，则薄膜 Si 太阳电池就可以与结晶 Si 太阳电池在市场上一争高下。期待薄膜太阳电池对世界太阳能发电系统的导入与普及做出更大的贡献。

16.4　CdTe 太阳电池

碲化镉(CdTe)太阳电池的转换效率高，制作成本低，近年来其产量急速上升，在光伏的世界舞台上，一跃成为引人注目的角色。下面，针对 CdTe 太阳电池的特征、制作方法等，做简要介绍。

16.4.1　CdTe 太阳电池的特征

碲化镉(CdTe)太阳电池中 CdTe 光吸收层的禁带宽度为 1.5 eV，这是作为太阳电池最佳的禁带宽度。CdTe 的能带结构为直接跃迁型，与晶硅等间接跃迁型半导体相比，前者的光吸收系数要大得多。特别是便于实现薄膜化。因此，CdTe太阳电池作为高效率、多晶薄膜太阳电池而备受期待。

而且，高品质大面积的CdTe多晶薄膜可以由简易的工艺高速度地制作，低价格的优势十分明显。其能量回收期EPT(energy payback time，抵消制造时耗能所需的运行时间)小于1年(晶硅电池在1.5年以上)。因此，即使CdTe太阳电池使用镉(Cd)这种有害物质，但从制造所需的能量考虑，仍然被认为是对环境负担小的太阳电池。而且，Cd是锌(Zn)等金属冶炼的副产品，属于必然发生的物质。从Cd的发全有效利用的观点，以循环利用为前提的CdTe太阳电池，如果做得好，还可以对环境保护做出贡献。

但是，在日本，Cd作为公害物质限制甚严。至今，CdTe太阳电池无论制造还是贩卖都是不允许的。以前，松下电池工业(株)(现在的パナソニック(株)エナジー社)曾从事CdTe太阳电池的开发，并几近量产水平，但考虑到对环境的影响而偃旗息鼓，完全停止下来。现在，还没有日系企业从事这种太阳电池的生产。

而有欧美企业已将这种低价格太阳电池推向市场。由于其生产效率高，制造成本低，具有很强的市场竞争力，在薄膜太阳电池的主导地位上已抢占先机，并成为市场的引领者(price leader)。在欧美，以向太阳能电站提供担保，保证全部产品回收循环的经营模式，CdTe的市场份额增加迅猛。美国的First Solar公司在向太阳能电站提供再循环担保的前提下，已成功实现制造、贩卖等，特别是采用本公司发明的制造工艺，据说将玻璃基板投入之后，在大约2.5 h之内即可完成组件制造。采用该工艺，生产成本可降低至1美元/W左右，与结晶系太阳电池相比，制造成本要低得多。另外，从转换效率看，产品水平的组件可达10%左右。First Solar公司生产的太阳电池屏，按不同企业所占市场份额算，2006年还没有入围，但2007年已升至世界第4位，表明其产量大幅度增加，进一步，据该公司公布的生产数据，CdTe太阳电池屏的生产能力，已从2007年的277 MW提升至2009年的910 MW。现在，该公司生产的CdTe太阳电池屏具有最低廉的价格，这无疑也对其他太阳电池屏的价格产生影响。

CdTe太阳电池的小面积电池片的转换效率，以美国可再生能源研究所(NREL)得到的16.5%(开路电压：0.845 V，短路光电流密度：25.88 mA/cm², 曲线因子：0.755 1，电池面积：1.032 cm²)为现在的最高值。这种太阳电池的CdTe光吸收层是由近接升华法(CSS法)制作的。下面，针对CdTe太阳电池的基本构造，以及可获得最高转换效率的，利用CSS法的制作方法做简要介绍。

16.4.2 CdTe太阳电池的构造和制作方法

图16-15表示CdTe太阳电池的典型构造和制作方法。如图中所示，CdTe太阳电池是由玻璃基板/透明导电膜/n型CdS窗层/p型CdTe光吸收

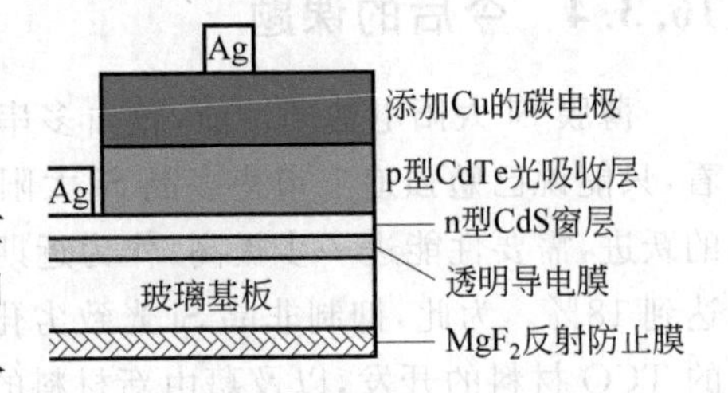

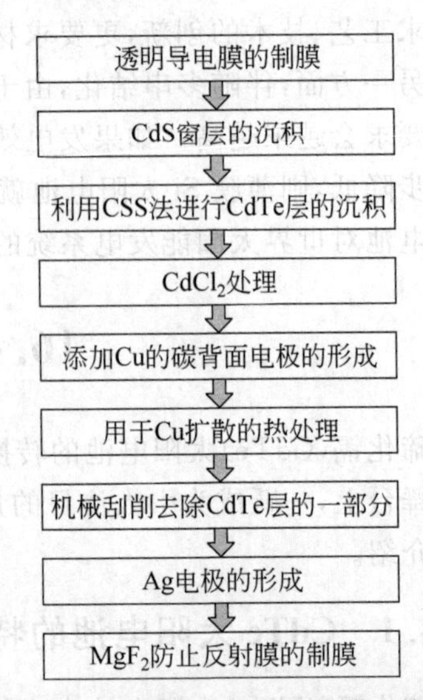

图16-15 CdTe太阳电池的典型构造和制作方法

层/背面电极等构成的。这种结构是从基板侧入射光，属于上衬底型。

作为透明导电膜，一般采用添加氟(F)的二氧化锡(SnO_2)或氧化铟锡(ITO)。这种膜层一般由溅镀法及化学气相沉积(CVD)法等制作。美国可再生能源研究所(NREL)采用比之 SiO_2 膜，对自由载流子吸收少的氧化镉锡(CTO)膜(Cd_2SnO_4)来制作太阳电池。进一步，为了减小漏电流，导入氧化锌锡(ZTO)过渡层(buffer)，采用玻璃/CTO/ZTO/CdS/CdTe的结构，获得16.5%最高的转换效率。

在透明导电膜上，采用溶液生长(CBD)法，近接升华(CSS)法，有机金属化学气相沉积(MOCVD)法等，沉积100 nm以下厚度的硫化镉(CdS)窗层。CdS具有大约2.4 eV的禁带宽度，因此，太阳光的大部分可以通过。而且，由于CdS的电子亲和力(约4.8 eV)比CdTe的(约4.3 eV)大，因此，在CdS/CdTe界面的导带，不会形成能垒。这样，对于少数载流子的输运就不存在壁垒。但是，CdS属六方晶系，而CdTe属立方晶系，二者的晶体结构不同，晶格失配度大约为10%，是相当大的。而且，CdS的热膨胀系数也比CdTe的大。受这些因素的影响，看来，在CdS/CdTe界面形成界面能级的可能性很大。但是，由于在CdS/CdTe界面会形成 CdS_xTe_{1-x} 混晶层，对晶体结构及点阵常数的不同起缓和作用，从而有可能形成晶体缺陷少的CdTe膜层。

在CdS窗层上，藉由CSS法形成3～10 μm范围内的CdTe层。图16-16表示采用CSS法制作CdTe膜层的装置示意图。所谓CSS法，是将保持高温的化合物源(本情况为CdTe粉末)，与低温基板接近具对向布置，使源升华而在基板上沉积的方法。制膜过程中的环境气氛，采用氩(Ar)、氦(He)等惰性气体，在几百帕的减压或常压下制膜。

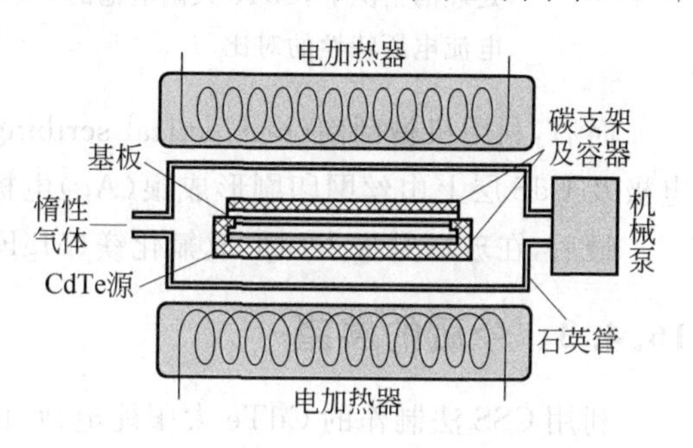

图16-16　采用近接升华法(CSS法)制作CdTe膜层的装置示意图

而且，为了促进CdTe膜的p型化等效果，有时还要在惰性环境气氛中添加氧等。

由于CSS法藉由比较简单的操作就能高速沉积结晶膜(每分钟达几微米)，具有低制作成本的突出优点。而且，这种方法的基板温度在600℃上下，与其他方法相比属于相对高温下制膜。因此，可获得大粒径、高品质的CdTe多晶膜，而且在CdS/CdTe界面会形成 CdS_xTe_{1-x} 混晶层，可使晶体结构的不同和点阵常数的差异得到缓和。

在沉积CdTe薄膜之后，为了使CdTe层高品质化，还需进行氯化镉($CdCl_2$)处理。这种处理是将试样浸入 $CdCl_2$ 溶液中，或采用喷涂方法涂布 $CdCl_2$ 之后，在400℃左右温度下实施热处理而进行的。图16-17表示经过 $CdCl_2$ 处理的情况与未经过处理的情况下，CdTe太阳电池的电流电压特性的对比。可以看出，藉由 $CdCl_2$ 处理，太阳电池特性获得大幅度提高，说明CdTe层及CdS/CdTe界面的品质，由于 $CdCl_2$ 处理而得到改善。

继 $CdCl_2$ 处理之后，利用丝网印刷形成添加铜(Cu)的碳(粉)电极，为使Cu在CdTe层中扩散，要在350℃左右实施热处理。由于碳的电子亲和力大约为5 eV，比较大，作为P型CdTe的欧姆接触材料是比较合适的。而且，Cu在CdTe层中可起受主(accepter)作用，对提高CdTe太阳电池的性能有很大作用。图16-18表示，在添加Cu的碳电极形成之后，进行热处理和未进行热处理的两种情况下，CdTe太阳电池的电流电压特性对比。可以看出，藉由热处理使 Cu 发生扩散，对太阳电池的特性有明显提高。由 NREL 所获得的最高效率的 CdTe 太阳电池，采用了掺杂 HgTe：CuTe 的碳电极，电极形成后在 270℃左右进行 30 min 的热处理。

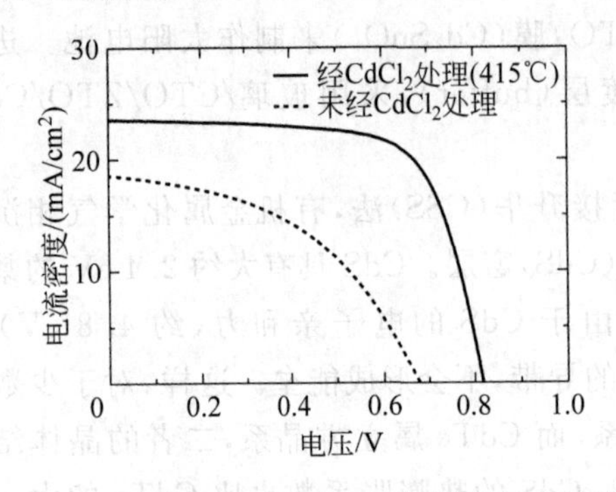

图 16-17 经过 $CdCl_2$ 处理的情况下与未经过处理的情况下，CdTe 太阳电池的电流电压特性的对比

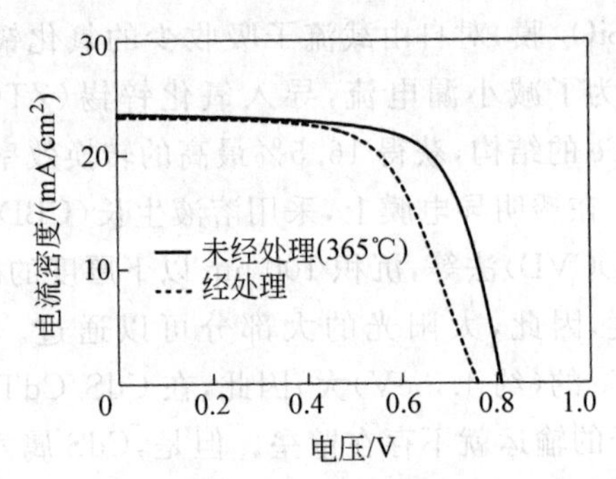

图 16-18 在添加 Cu 的碳电极形成之后，进行热处理和未进行热处理的两种情况下，CdTe 太阳电池的电流电压特性对比

而后，利用机械刮削(mechanical scribing)去除 CdTe 层的一部分，使 CdS 层露出，在碳电极及 CdS 层上由丝网印刷形成银(Ag)电极。

最后，在玻璃基板表面形成氟化镁(MgF_2)反射防止膜(图 16-15)。

16.4.3 今后的展望

利用 CSS 法制作的 CdTe 太阳能电池，已达到超过 16%的转换效率。由 NREL 发表的转换效率达 16.5%的 CdTe 太阳电池，开路电压 0.845 V，与同等程度禁带宽度的 GaAs 系太阳电池的开路电压(1 V 以上)相比，算是非常小的，因此还有进一步改善的余地。为了改善开路电压，需要提高 CdS 窗层及 CdTe 光吸收的膜层质量，以抑制载流子的复合，以及使 CdTe 光吸收层的受主密度增大等。另外，曲线因子为 0.7551，与从开路电压根据理论导出的曲线因子(约 0.8)相比，是相当小的。这主要是由于串联电阻的影响所致，因此，有必要实现 CdTe 层的低电阻化并改善与背面电极的有效接触。

碲化镉(CdTe)太阳电池因低价格的明显优势，估计今后其产量会进一步扩大。但从另一方面讲，稀缺元素碲(Te)原料的供应不足问题会随之显现。今后，随着生产规模的扩大，除了原料的增产之外，藉由 CdTe 的薄膜化等节约原料的用量等技术开发也是必须要解决的问题。

16.5 CIGS 太阳电池

CIS 是由 Cu(铜)、In(铟)、Se(硒)三种元素，CIGS 是在 CIS 中增加 Ga(镓)由四种元素构成的化合物半导体。CIS/CIGS 太阳电池是以 CIS 或 CIGS 作光吸收层的非硅系薄膜太阳电池。由于用很少的材料就能获得高效率，因此被认为是优秀的太阳电池。日本的昭和壳牌石油(昭和シェル石油)、本田太阳能技术(ホンダソルテック)、德国 Wuerth Solar 等企业从 2007 年开始实现年产超过 10 MW 的量产。CIS/CIGS 作为下一代的薄膜太阳电池而逐渐汇聚人们的目光。下面针对 CIS/CIGS 太阳电池的结构和特长，以及相关制作过程做简要介绍。

16.5.1　CIGS 太阳电池的结构及特长

确切地讲，CIGS 是由 $Cu(In_{1-x}Ga_x)Se_2$ 表示的，由Ⅰ族的 Cu，Ⅲ族的 In、Ga，Ⅵ族的 Se 所构成的Ⅰ-Ⅲ-$Ⅵ_2$ 系化合物半导体的一种。由于Ⅰ-Ⅲ-$Ⅵ_2$ 系化合物半导体是由Ⅱ-Ⅵ族化合物半导体派生出来的，基于Ⅰ族和Ⅲ族元素的原子排列的有序性，其晶体结构类似于两个闪锌矿晶胞的叠层，属于黄铜矿(chalcopyrite)结构(图 16-19)。

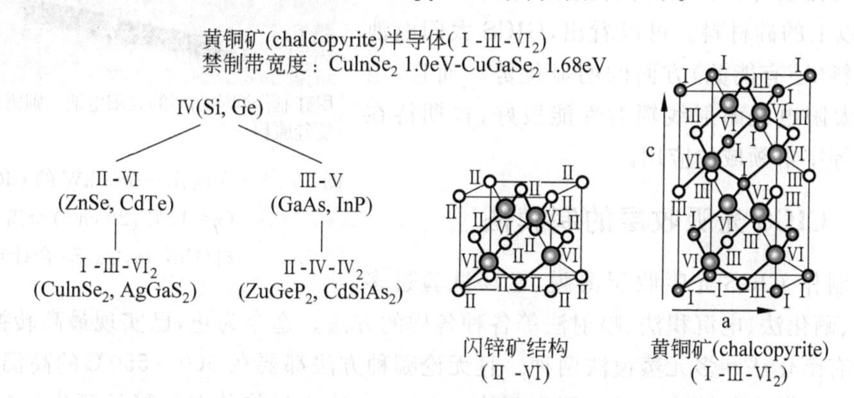

图 16-19　属于Ⅰ-Ⅲ-$Ⅵ_2$ 族化合物半导体的 CIGS 的晶体结构

现在，以含 Ga 的 CIGS 太阳电池为主流。而 CIS 是 CIGS 中 Ga 的成分为零的特殊情况，以下将 CIS 包括在 CIGS 中加以说明。禁带宽度是光吸收材料的物性中最重要的参数之一。CIGS 中 Ga 的成分 x 若从 0 变化到 1，其禁带宽度从 1.0 eV 到 1.7 eV 之间均是可控制的，从而可选择作为太阳能电池的最佳禁带宽度。

典型 CIGS 太阳电池的结构和特长如图 16-20 所示。首先，在青板玻璃(石灰苏打玻璃)基板上，利用溅镀法沉积 Mo(钼)背面电极，接着在其上面制作 CIGS 光吸收层。而后利用化学析出法(chemical bath deposition，CBD)形成缓冲层(buffer)，并在其上制作 ZnO(氧化锌)窗层。最后形成金属电极。通过各种方法，制作各种不同种类的膜层，最终形成太阳电池。为了制作高效率的太阳电池，必须确保上述各种膜层质量。

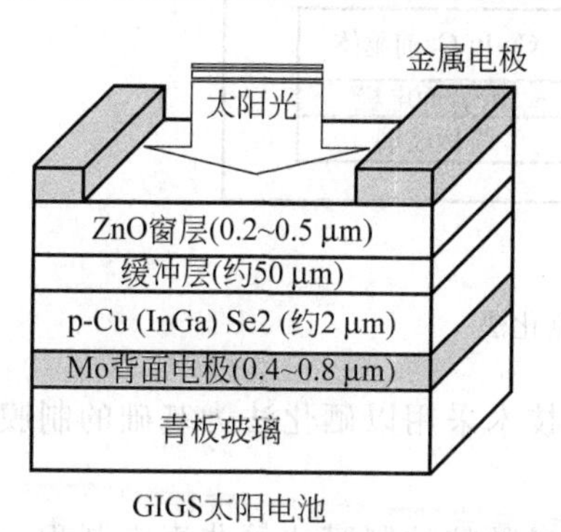

特征：
1. 转换效率高(η=20.0%)；
2. 吸收系数大，因此具有薄膜化可能：
   - $\alpha \approx 10^5 cm^{-1}$，约是Si的100倍；
   - 吸收层约2 μm，全体约3 μm；
3. 稳定性好，不发生经年劣化；
4. 优良的耐射线辐照性能：
   - 已经NASDA人造卫星(つばさ:MDS-1)的实用证实；
5. 可以使用低价格的基板。

图 16-20　为什么采用 CIGS 太阳电池——CIGS 太阳电池的结构和特长

在各种薄膜太阳电池中，CIGS太阳电池的转换效率非常高，小面积电池片的最高效率已实现20.0%。而且，CIGS对可见光区域光的吸收系数α很大，大约在$10^5\ cm^{-1}$，即使厚度为2 μm上下的薄膜也可能充分地吸收太阳光。

举一个例子可以说明光吸收系数大的特长用于太阳电池的优势。为制作一户家庭用3 kW的CIGS太阳电池，设转换效率为15%，所需原料(Cu，In，Ga，Se合计)约226 g(图16-21)。与结晶硅太阳电池的情况比较，假设二者的转换效率相同，后者需要15 kg以上的硅材料。可以看出，GICS太阳电池在节省资料(还有能源)方面的明显优势。而且，由于CIGS太阳电池耐射线辐射性能极好，也期待在人造卫星等宇宙领域的应用。

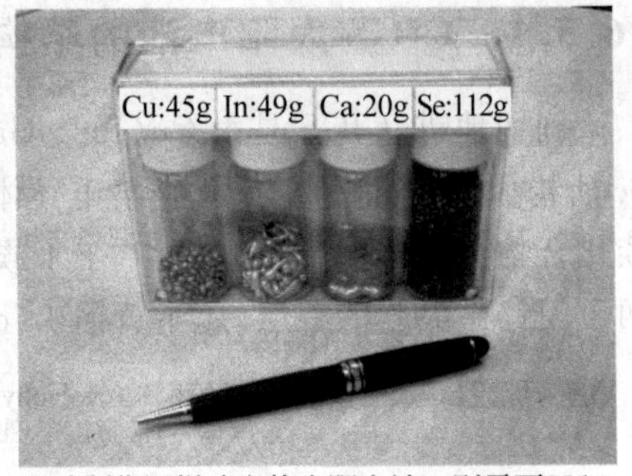

用硅制作同样功率的太阳电池，则需要15 kg要硅原料

图16-21 为制作一个3 kW的CIGS组件($\eta=15\%$，20 cm^2)所需要的原料(Cu，In，Ga，Se合计)约226 g

16.5.2 CIGS光吸收层的制膜法

为了制作CIGS光吸收层薄膜，已经试验过多元蒸镀法、硒化法、电沉积法、喷射法等各种各样的方法。迄今为止，已实现最高转换效率的制膜方法有硒化法和多元蒸镀法两种。且无论哪种方法都要在500～550℃的高温下制膜。硒化法首先是藉由溅镀法沉积金属先驱体(precursor)，而后将其在稀释的硒化氢(H_2Se)气氛中进行硒化热处理，以形成CIGS薄膜。其优点是可采用工业上已普便应用、便于大面积制膜的溅镀法，缺点是热处理时间过长。

多元蒸镀法是利用各自的蒸发源分别蒸镀Cu、In、Ga、Se等不同元素的方法，其优点是可实现高转换效率。对于小面积电池片，可实现18%以上转换效率的目前只有蒸镀法。通常是基板固定，藉由置于蒸发源前方的挡板开闭，选择不同蒸发源使之蒸镀所需要的元素制膜(图16-22)。在大面积组件的量产中，是使基板在并排布置的多个蒸发源上方移动，完成在线(in-line)制膜。其中，确保膜厚及组成均匀性技术极为重要(图16-23)。

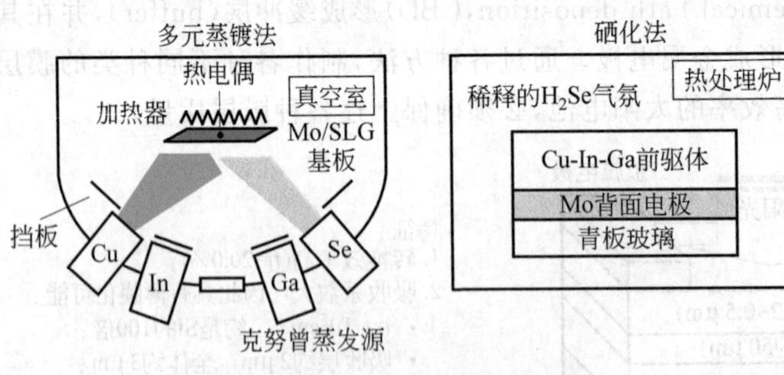

图16-22 多元蒸镀法和硒化法

在已开始量产的企业中，昭和壳牌石油、本田能源技术采用以硒化法为基础的制膜法，而Wuerth Solar则采用蒸镀法制作CIGS光吸收层。

最近，以降低制造价格为目标，采用电沉积法及纳米颗粒的制膜法等非真空制程，在尝试形成CIGS光吸收层方面也开展得十分活跃。这些非真空制程的优点是材料的利用率高，缺点是所获太阳电池的转换效率低。这些被认为具有低价格优势的方法，目前还仅用于

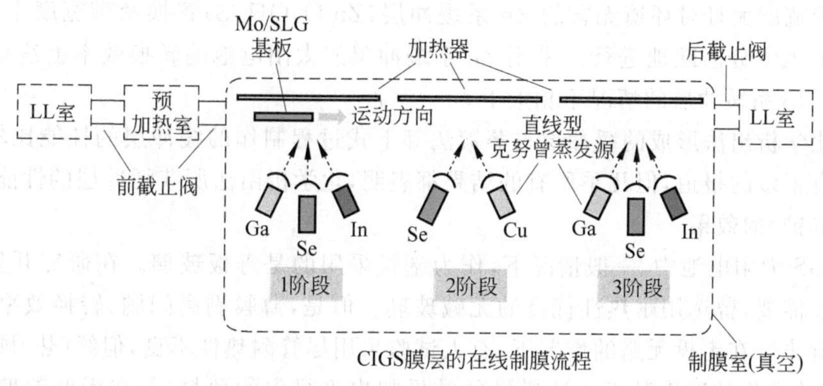

图 16-23 多元蒸镀法的在线(in-line)制膜

CIGS 先驱体的形成，与上述的硒化法同样，进一步还要藉由在硒化氢(H_2Se)等气氛中进行硒化热处理完成 CIGS 制膜。为了大幅度降低价格，需要在保证提高转换效率的前提下，进一步取消硒化工艺等，对制程进行完善和改良。

16.5.3 高效率化的措施

下面，介绍几个对 CIGS 高效率化有重要贡献的技术突破(break through)。

1. Cu 过剩条件下的制膜和 Cu-Se 异相

这里以实现最高转换效率的多元蒸镀为例加以说明。CIGS 薄膜的性质，同Ⅰ族的 Cu 与Ⅲ族的 In+Ga 的组成比关系很大。若在Ⅲ族供给稍微过剩的条件下制膜，仅限于形成 CIGS，但这种薄膜中缺陷多，作为太阳电池用是不适合的。而如果在 Cu 供给过剩的条件下生长，则可以获得粒径大、缺陷也少的优质膜层。这是由于，过剩供给的 Cu 在 CIGS 的表面析出，形成 CuSe 表面层，藉由该表面层而生长 CIGS 所致(图 16-24)。在藉由 Cu-Se 表面层的生长中，内侧的 CIGS 薄膜的组成比可自动将 Cu 与Ⅲ族元素的组成比(Cu/Ⅲ)，按化学计量组成(stoichiometry: Cu/Ⅲ =1)进行控制和调整。对于组成比控制很难的多元化合物 CIGS 太阳电池来说，上述原因被认为是实现其高性能化的关键所在。现在，实现高转换效率的制膜法，几乎都利用了这种 Cu 过剩条件下的制膜方式。

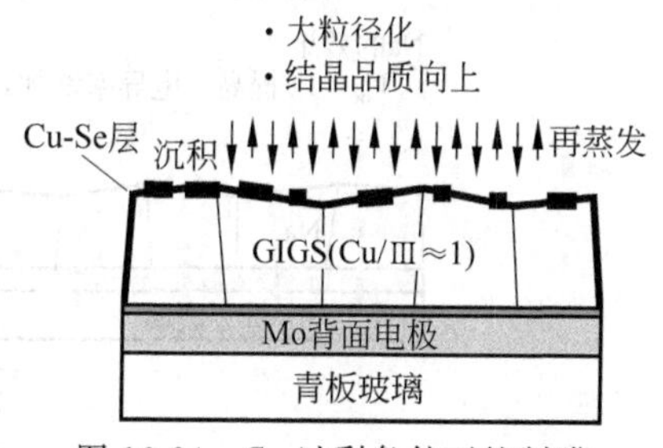

图 16-24 Cu 过剩条件下的制膜

2. 藉由化学析出法形成缓冲层

CIGS 太阳电池是由多层薄膜材料构成的异质结太阳电池，结界面的特性对太阳电池的性能有很大影响。在获得高效率的太阳电池中，CIGS 吸收层制膜之后，需要利用化学析出法(chemical bath deposition，CBD)形成缓冲层。CBD-CdS 是在 CIGS 成膜后，将其浸入 Cd 盐($CdSO_4$，CdI_2 等)、硫脲($CS(NH_2)_2$)、氨的水溶液中形成的。水溶液的温度大致在 60～80℃，膜厚非常薄，通常在 50～10 nm 范围在。关于 CBD-CdS 层的效果有各种各样的议论，但最引人注目的观点是，Cd 向 CIGS 的扩散、造成晶界的钝化、以及对能带偏移(band offset)的控制等。

用禁带宽度大且对环境无害的 Zn 系缓冲层(Zn-O,OH,S)置换禁带宽度小的 CdS 缓冲层的尝试也十分活跃地进行。采用 Zn 系缓冲层的太阳电池的转换效率也达到 18.6%,这与采用 CdS 系缓冲层的情况不相上下。

采用化学析出法形成的缓冲层与蒸镀法等干式过程制作的缓冲层的性能比较,到目前为止还没有很多的报道,但几乎所有的结果都表明,化学析出法所获缓冲层的性能更好。

3. Na(钠)的效果

在 CIGS 太阳电池中,一般情况下,作为基板采用的是青板玻璃。在研究开发初期,由于高温制膜需要,曾选用耐热性优良的无碱玻璃。但是,薄膜剥离问题、转换效率低下问题一直不能解决。在走投无路的情况下,有人试验采用尽管耐热性不良,但线(热)膨胀系数与 CIGS 相近的青板玻璃作基板。这样做的结果却出乎早先的预料,与在无碱玻璃上所做的太阳电池相比,不仅薄膜不剥离,而且开路电压(V_{oc})及曲线因子(FF)大幅度提高。最初曾认为青板玻璃与 CIGS 间线(热)膨胀系数的匹配极为重要,但仔细研究发现,实际上更根本的原因是,作为组成成分而含于青板玻璃中的 Na,从玻璃经由 Mo 背面电极,扩散到 CIGS 光吸收层中,从而对太阳电池性能的提高产生重要作用。现在,Na 已成为高效率 CIGS 太阳电池制作中不可或缺的添加物。

为了更积极地利用 Na 的效果,将来自基板的 Na 的扩散藉由阻挡层(barrier)隔断,而在 Mo 基板之上形成薄的 Na 化物(Na_2S,NaF 等)之后,再制作 CIGS 膜,以使 Na 的均匀性提高的尝试也有报道(图 16-25)。

图 16-25 Na 的效果

16.5.4 集成型组件工程

藉由研究室水平的小面积电池片,已证明转换效率达 20%极光明的应用前景,但是已实现量产的集成型组件的转换效率仍停留在 10%~11%较低的水平。这说明改善的余地很大。

如图 16-26 所示,集成型组件与小面积电池片相比,所使用的材料并未发生变化。二者较大的差别在于,在集成型组件工程中,引入了 3 次图形化工程(P1,P2,P3)。在 P1 工程中使用脉冲激光,在 P2、P3 工程中使用金刚石及超硬金属针(刀刃)等工具进行加工。在集成型组件中,要藉由这种图形化工程使各个电池相串联。由于结晶硅太阳电池不需要这种组装(assemble),故制作成本很低。但是,由于图形化会产生不能作为太阳电池而使用的部分(非活性区域),这便成为转换效率低下的原因之一。

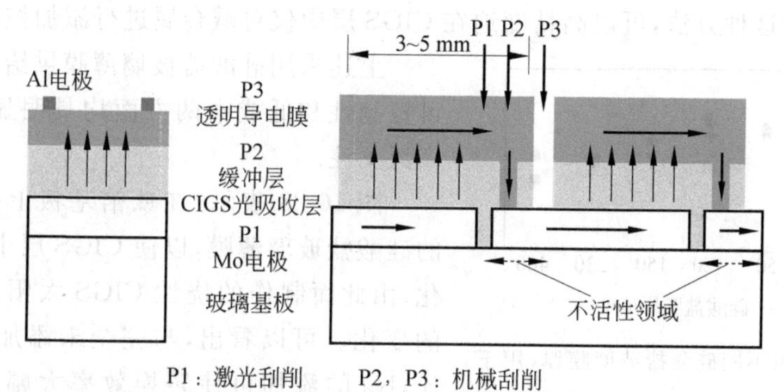

图 16-26　小面积电池片和集成型组件的结构(断面图)

集成型组件与小面积电池片的另一个差别是，二者窗层膜厚的不同。对于集成型组件来说，ZnO 窗层中电流在 mm 尺度范围内流动。因此 ZnO 窗的串联电阻高且会引起组件性能的下降，为此，集成型组件中 ZnO 窗层的厚度应比小面积电池片的大。窗层一般使用 ZnO 的透明导电膜，当然它并非是完全透明的。因此，若 ZnO 窗层加厚度，由于光吸收造成入射光的衰减，从而也成为转换效率低下的原因。但是，由此引起的转换效率降低的绝对值估计在 2%左右。

采用与量产组件相同工艺制作的集成型亚组件(面积约 75 cm^2，图 16-27)实现 15.9%的转换效率。这表明，实现反映小面积电池片高性能的高效率组件是完全可能的。期待今后藉由制膜技术和制程的改进，实现进一步的高效率化。

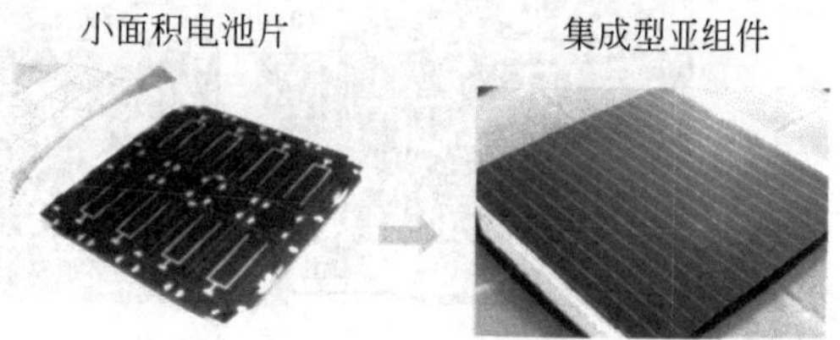

图 16-27　集成型亚组件

16.5.5　挠性 CIGS 太阳电池

也可以在可任意弯曲变形，能适合各种各样形状的挠性基板上制作 CIGS 太阳电池，而如何实现这种电池的高性能化，也是今后的重要课题。当然，挠性基板并非样样皆为优点。与青板玻璃的情况同样，最初人们关注的必要条件是保证基板材料应与 CIGS 的热膨胀系数基本一致。除此之外，对于基板材料来说，还应在 CIGS 制膜温度下保持稳定，表面还要平坦等。

用于 CIGS 太阳能电池的，作为金属性基板多使用不锈钢、钛等，而绝缘性基板多使用聚酰亚胺等树脂基板。金属基板可承受 550℃左右的高温制膜，但为了形成集成型组件，需要在金属基板上形成绝缘膜。聚酰亚胺基板从耐热性考虑，要求制膜温度必须在 450℃以下，因此从转换效率上讲要劣于金属基板上的太阳电池。

由于这些挠性基板中都不含 Na，为了提高效率，必须设法向 CIGS 供给 Na。最近提出各种各样供给 Na 的方案，并已达到与玻璃基板上太阳电池不相上下的高转换效率。

通过在挠性基板与 Mo 电极之间形成一层硅酸盐玻璃薄膜，藉由对这种玻璃层的制膜条件，特别是膜厚控制等，对穿过 Mo 电极层而进入 CIGS 层的 Na 量进行控制。作为硅酸盐玻璃薄膜，采用便宜的苏打石灰玻璃溅射膜等即可。苏打石灰玻璃中除了有 Na 等碱金属之外，还多含 Mg、Ca、Al 等，但已确认这些杂质不会越过 Mo 电极层而扩散到 CIGS 层之中。因此，藉由这种方法，可以高精度地在 CIGS 层中仅对碱金属进行添加控制。

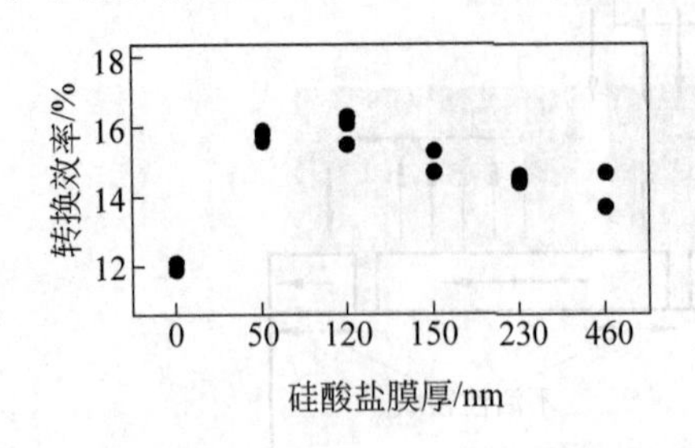

图 16-28　藉由不同硅酸盐玻璃膜厚(用于 Na 的添加)，对 Ti 箔基板上制作的挠性 CIGS 太阳电池(小面积电池片)转换效率的影响

上述采用硅酸盐玻璃薄膜供给 Na 的方法，在可控制性和低成本两方面均具明显优势，已受到广泛关注。

图 16-28 表示，在钛箔基板上沉积膜厚不同的硅酸盐玻璃薄膜，以使 CIGS 层中的 Na 浓度变化，由此而制作的挠性 CIGS 太阳电池转换效率的变化。可以看出，与完全未添加 Na 的情况相比，Na 的添加可使转换效率大幅度地提高。图中，随着硅酸盐玻璃薄膜变厚，CIGS 层中的 Na 浓度增加，但 Na 的过量添加反而会使转换效率下降。

尽管 CIGS 层是多晶薄膜，但硅酸盐玻璃层越厚、即 Na 添加量越多，如图 16-29 所示，多晶薄膜的晶粒越小。这是由于，在 CIGS 蒸镀制膜过程中，由于 Na 的存在而阻碍了元素的扩散所致。

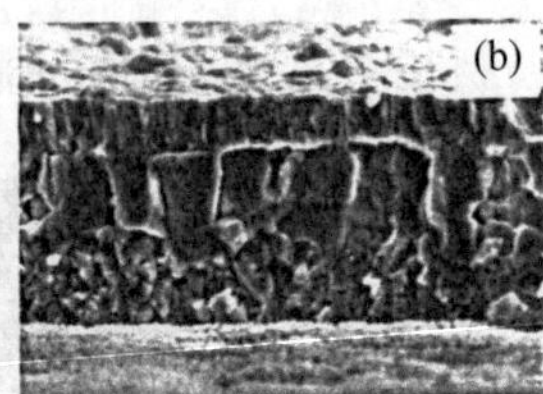

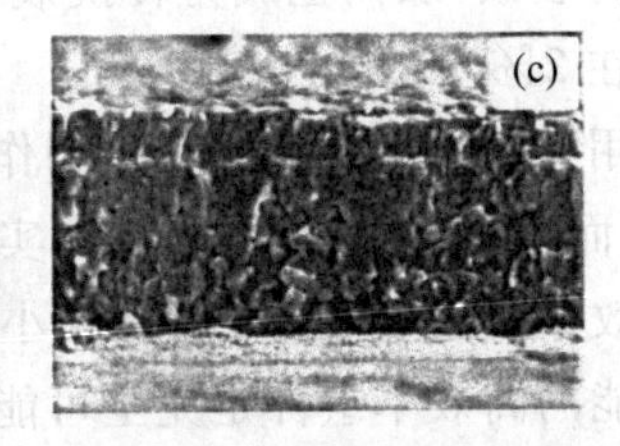

图 16-29　挠性 CIGS 太阳电池的断面 SEM 像。每一张照片所表示的都是 ZnO 透明电极层/CdS 过渡层/CIGS 吸收层/Mo 电极/硅酸盐玻璃/Ti 箔基板的结构，只是硅酸盐的厚度不同，其中：(a) 0 nm(无)；(b) 120 nm；(c) 230 nm

特别是，CIGS 的构成元素之一的 Ga 因 Na 的存在其扩散最容易受到影响。在 CIGS 制膜时由于 Na 的过量供给，在蒸镀法之一的三阶段法所制取的 CIGS 中 Ga 分布的梯度更大。受此影响，CIGS 的禁带宽度减小，尽管光吸收区域会向长波长一侧扩展，光电流会增加，但与此同时也会招致 CIGS 结晶品质的下降，结果，转换效率因过量 Na 的添加而下降。这充分说明对 Na 添加量进行控制的重要性。但也表明，藉由使硅酸盐玻璃层的膜厚应基板材料及 CIGS 制膜条件的不同而改变，完全有可能实施最适量控制。

图 16-30(a)、(b)分别表示以钛(Ti)箔和聚酰亚胺为基板所制作的挠性 CIGS 太阳电池(小面积电池片)的外观。在 3 cm×3 cm 的基板上各形成 8 个大约 0.5 cm^2 面积的单电池。这些小面积电池片完全是用来进行太阳电池器件的基本性能测试，而作为实际产品而使用时，还需要组件化。图 16-30(c)是由 5 个栅格电极型太阳电池构成的挠性 CIGS 组件的实例。迄今为止的挠性 CIGS 太阳电池采用这种栅格型构造的比采用集成型的更为普遍。集成型挠性太阳电池要获得 10%以上的转换效率仍不太容易，而利用栅格电极型的大面积电极，采用钛箔基板的转换效率可达 15.0%(27.1 cm^2)，采用不锈钢箔基板，面积为 68.8 cm^2 的大尺寸电池也可达到 13.2%(最近有报道达到 15.45%)，已获得相当高的转换效率。

目前，日本 CIGS 太阳电池厂家还只是开展采用玻璃基板的屏型组件的开发，而挠性

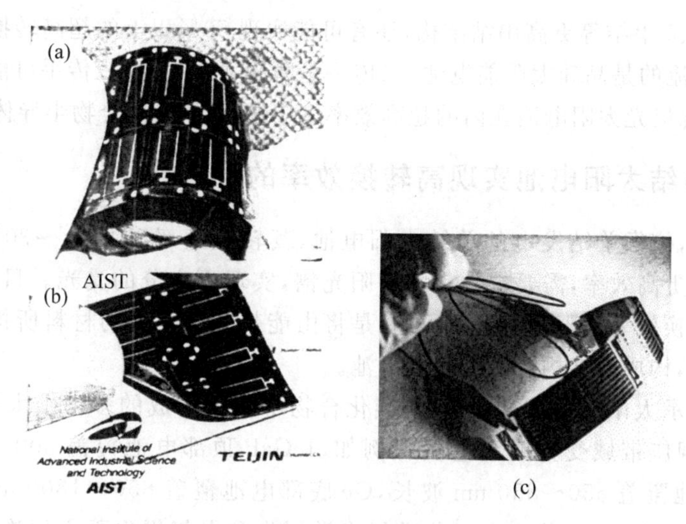

图 16-30　挠性 CIGS 太阳电池及应用

(a) 以 Ti 箔为基板；(b) 以聚酰亚胺为基板；

(c) 利用由 Ti 箔基板制作的栅格电极型挠性 CIGS 太阳电池组件点亮 LED

CIGS 太阳电池仅限于欧美企业。最近日本研究机构也有采用不含 Cd 的缓冲层材料的高效率挠性 CIGS 太阳电池等的报道，估计实用的挠性 CIGS 组件制品不久即将问世。

16.5.6　今后的课题

目前，CIGS 太阳电池在小面积上已实现 20.0%相当高的转换效率。但从整个光伏产业的发展趋势看，人们对 CIGS 太阳电池寄以更高的期望。

日本面向 2030 年的太阳能光伏产业路线图(参照图 16-6)所制定的目标是，到 2030 年(已提前到 2025 年。2011 年 3 月 11 日福岛核灾难之后，估计还要提前)光伏发电的累积导入量为 102 GW，约占届时总发电功率的 10%，发电价格目标为 7 日元/(kW・h)，约为现在的1/7。其中，CIGS 太阳电池的效率目标是，小面积电池为 25%，组件为 22%，要求达到与 Si 及 GaAs 太阳电池等的单晶太阳电池同等的性能。看来，CIGS 太阳电池的 2030 年目标并非在现有技术的延长线上，需要跨越式发展。

无论是小面积电池片还是集成型组件，都必须进行革新型的高效率技术开发。而且，为了实现与单晶同等的性能，对晶粒边界、界面、表面等，至今基本上认为不成问题的课题也必须高度重视。为此，新的有关物性、材料的评价及控制技术也不能忽视。

CIGS 太阳电池是可实现低价格、高性能，“鱼和熊掌兼得”，极具发展潜力的太阳电池，期待今后更快进展。

16.6　超高效率多串结Ⅲ-Ⅴ族化合物半导体太阳电池

砷化镓(GaAs)及磷化铟(InP)等Ⅲ-Ⅴ族化合物半导体太阳电池，作为宇宙用太阳电池早已达到实用化。这是因为这些材料从光电转换效率讲，具有最佳的禁带间隙能量，一般在 1.5 eV 左右，特别是具有极优良的耐射线辐照性能。而且，利用Ⅲ-Ⅴ族化合物半导体的 InGaP/InGaAs/Ge 3 串结构造的太阳电池集光工作模式下，转换效率已实现 41.4%，若进一步采用 4 串结、5 串结等更高串结结构，还有可能实现 50%以上的超高转换效率。

目前作为主流的是晶硅太阳能电池，二传手是薄膜太阳电池，三传手可能是作为地面用而备受期待的，含集光太阳电池在内的超高效率多串结Ⅲ-Ⅴ族化合物半导体太阳电池。

16.6.1 多串结太阳电池实现高转换效率的可能性

由单一材料，依靠单结发电的单结太阳电池，其转换效率以 26%～30%为最高界限。为了进一步获得更高效率，需要有效利用太阳光谱，实现更充分的受光。目前，作为能打破单结太阳电池转换效率极限而备受关注的，是将由能带间隙不同的材料所构成的太阳电池多层积层(堆叠)，构成串结构造的太阳能电池。

图 16-31 表示太阳光谱和藉由Ⅲ-Ⅴ族化合物半导体构成的多串结太阳电池(图中以 3 串结为例)实现广带域受光的示意图。例如，InGaP 顶部电池覆盖 300～650 nm 波长，InGaAs 中部电池覆盖 650～850 nm 波长，Ge 底部电池覆盖 850～1800 nm 波长，达到广带域受光效果。另外，为了将多个电池进行光学损失和电气损失更小的连接，其间还需采用隧道结。

图 16-32 表示多串结太阳电池的理论效率与串结数的相关性。3 串结、4 串结非集光系的转换效率可期待达到 42%、46%，而集光系可期待达到 52%、55%。太阳电池的集光模式与非集光模式相比，按绝对效率计，可提高 7%～12%，因此颇具吸引力。

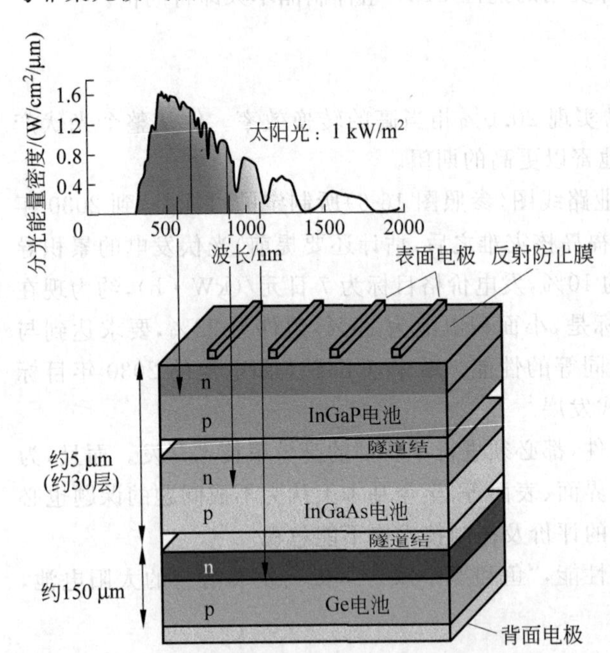

图 16-31 太阳光谱和藉由Ⅲ-Ⅴ族化合物半导体构成的多串结太阳电池(以 3 串结为例)实现广带域受光的示意图

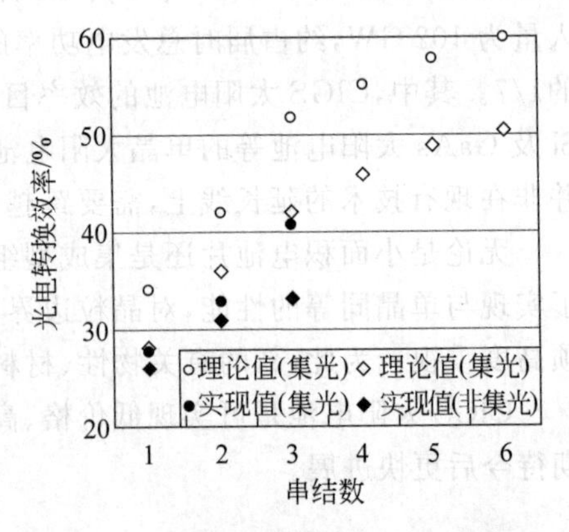

图 16-32 藉由太阳电池的多串结化实现高效率化的可能性(理论转换效率和目前已达到的实现效率)

为了实现多串结太阳电池的高效率化，构成材料的选定也极为重要，必须做到能带匹配(band engineering)。取 3 串结为例，最佳的能带间隙组合是 1.8 eV/1.1 eV/0.66 eV，虽然 InGaP/Si/Ge 3 串结电池等是有力的候选，但电池材料间的点阵常数不匹配。由于点阵常数不匹配，在电池材料中会产生位错等缺陷，造成太阳电池转换效率的降低。着眼于点阵常数匹配，1.85 eV/1.4 eV/0.66 eV 组合的 InGap/GaAs/Ge 3 串结太阳电池已成为研究开发的主攻方向。

16.6.2　如何实现多串结太阳电池的高效率化

表 16-6 列出实现超高效率多串结太阳电池的关键技术。作为重要的关键技术，除了①顶部电池材料的选定和高品质化，②低电阻损失、低光学损失的隧道结之外，还包括③基板，④点阵常数匹配，⑤载流子封闭，⑥光封闭等。

表 16-6　实现超高效率多串结太阳电池的关键技术

关键技术	过去	现在	未来
顶部电池材料	AlGaAs	InGaP	AlInGaP
第 3 层材料	无	Ge	InGaAsN 等
基板	GaAs	Ge	Si
隧道结	DH 结构 GaAs	DH 结构 InGaP	DH 结构 (Al)GaAs
晶格匹配	GaAs 中间电池	InGaAs 中间电池	(In)GaAs 中间电池
载流子封闭	InGaP-BSF	AlInP-BSF	widegap-BSF(QDs)
光封闭	无	无	Bragg 反射等
其他		(倒金字塔形凹凸)薄层	倒金字塔形凹凸薄层

下面，针对几个提高转换效率的措施，做简要介绍。

1. 通过降低整体(bulk)复合损失实现高效率化

多串结太阳电池的效率，与太阳电池各层的少数载流子扩散长度相关。少数载流子扩散长度 $L=\sqrt{D\tau}$，其大小与迁移率 μ，少数载流子寿命 τ 相关，因此需要对这些参数透彻理解，并进行有效控制。少数载流子寿命 τ 是由发射复合寿命与非发射复合寿命共同决定的，故需要对载流子浓度、复合中心等进行控制。

作为多串结太阳电池中整体(bulk)复合损失降低的实例，美国可再生能源研究所(NREL)提出用高品质 InGaP 顶部电池材料代替 AlGaAs 的方案。由于 AlGaAs 中的氧起到复合中心的作用，从而制约效率的进一步提高，而由于 InGaP 的采用，使多串结电池的效率明显提高。

各个亚电池材料的高品质化对于串结电池的高效率化也必不可缺，现介绍 InGaP 顶部电池高效率化的一例。在 GaAs 基板上利用 MOCVD(有机金属化学气相沉积)法生长 InGaP 的过程中，藉由导入 GaAs 过渡层及保证生长条件的最佳化，已实现少数载流子寿命 5 ns 以上的高品质 InGaP 层。而且，藉由 AlInP 窗层的导入，已得到 5800 cm/s 的低表面复合速度，实现了转换效率 18.5%的高效率 InGaP 单结太阳电池。

2. 藉由减小表面、背面复合损失而实现高效率化

由于 GaAs 的表面复合速度为 5×10^6 cm/s 左右，因此，导入双异质结(double

heterojunction，DH)结构对提高效率具有明显效果。GaAs 太阳电池是逐步从简单的 pn 同质结，经带 AlGaAs 窗层的异质界面结构，再进化为 AlGaAs(InGaP)-GaAs-AlGaAs(InGaP)的双异质结(DH)结构的。生长方法也是逐步从当初的液相外延(LPE)转变为适合量产的有机金属化学气相沉积法(MOCVD)。

为减小背面复合损失，导入背面电场(BSF)是有效的。过去，曾采用高浓度掺杂的 InGaP-BSF 层，但近年有人提出采用宽能带间隙的 AlInP-BSF 层，且实现了更高的 V_{oc}、J_{sc}。

3. 低损失的亚电池连接

由 NTT 公司提出的，对抑制杂质扩散效果显著的双异质结(DH)结构隧道结方案，对单片(monolithic)型多串结电池的实现具有很大贡献。1987 年，在提出对杂质扩散具有优良抑制作用的 DH 结构隧道结方案的同时，实现了转换效率为 20.2%(AM1.5)当时世界最高的 AlGaAs/GaAs 2 串结太阳电池。

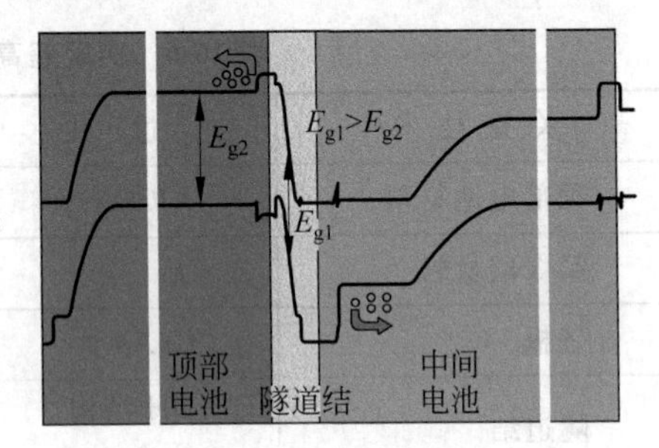

图 16-33　3 串结电池的顶部电池、中间电池周边的能带结构

图 16-33 表示 3 串结电池的顶部、中部电池周边的能带结构。双异质结(DH)隧道结，除了具有抑制来自隧道结的杂质的扩散作用之外，对于顶部电池，还作为 BSF 层而起作用，对于中间电池，作为异质界面层而起作用，从而作为载流子的有效封闭层而发挥重要作用。

16.6.3　多串结太阳电池高效率化的进展历程

多串结结构太阳电池方案的最早提出，已相当久远，可以追溯到 1955 年的 Jackson，1960 年的 Wolf。作为多串结型电池的构成实例，可以举出：①利用隧道结将多个电池连接在一起的单片级联(monolithic-cascade)型；②将多个电池机械地贴合在一起的机械堆叠(mechanical-stack)型；③利用金属电极将多个电池相连接的金属互连(metal-interconnect)型等。在研究开发初期，MIT、RTI、NTT 和 NREL 等都做出过贡献。对于单片型来说，连接多个电池的隧道结难以获得低电阻的连接，此问题一直不能解决。NTT 的研究团队，针对抑制来自隧道结的杂质扩散问题，提出双异质结(DH)隧道结方案；NREL 的研究团队提出用高品质 InGaP 顶部电池材料代替过去的 AlGaAs 材料的方案。可以说，这两个方案为此后多串结结构太阳电池的高效率化奠定了基础。

关于多串结电池的高效率化，1987 年 NTT 采用 AlGaAs/GaAs 2 串结电池获得 20.2%的转换效率。以此为基础，日本从 1990 年度开始，由 NEDO 主持开始了地面电力用超高效率太阳电池的技术开发。1997 年，作为夏普能源、住友電工、豊田工大的共同研究成果，采用 InGaP/GaAs/InGaAs 3 串结电池，获得 33.3%(AM1.5)当时世界最高的转换效率。

最近，Fraunhofer 太阳能系统研究所采用 InGaP/InGaAs/Ge 3 串结电池的 454 倍集光模式，获得 41.1%世界最高的转换效率，高效率化正不断取得进展。

16.6.4　作为宇宙用太阳电池的实用化

继发现在 3 串结太阳电池用顶部电池材料 InGaP 中，射线辐照缺陷的少数载流子注入促进退火现象之后，夏普能源于 2000 年实现了 InGaP/GaAs/Ge 3 串结电池的高效率化(31.7%)。并且，在实验卫星つばさ(翼，MDS-1)中对 InGaP/GaAs 2 串结电池进行了宇宙用验证实验，证实 InGaP 系多串结太阳电池作为宇宙用高效率电池适用的可能性。据此，从 2003 年前后开始，夏普进一步使 InGaP 系 3 串结太阳电池作为宇宙用太阳电池达到实用化。从实际结果看，与过去的宇宙用太阳电池的单晶硅电池的初期(BOL)效率 17%，末期(EOL：例如，发射 10 年后)效率 13%相比，InGaP 系 3 串结太阳电池的 BOL 效率约 29%达约 1.7 倍，EOL 效率约 25%达约 2 倍，转换效率明显提高。

16.6.5　以低价格化为目标的集光型太阳电池

采用透镜及反射镜的太阳光集光技术，除了可使太阳电池的转换效率提高之外，还有可能大幅度削减太阳电池材料的使用量，可期待在节省资源和降低价格方面获得突破。

图 16-34 表示集光式太阳能发电系统的示意图。太阳电池、透镜及反射镜等光学系统都是按跟踪(太阳)方式构成的。而且，尽管依集光倍率不同而异，但藉由太阳电池的集光效果，与非集光的情况相比，按绝对值计的转换效率可提高 7%～12%。这显然是集光式光伏发电的魅力点之一。当然，在集光模式下运行，因太阳电池的温度升高会造成性能下降，高集光(高电流密度)下太阳电池的可靠性会降低等，曾存在一些有待解决的问题。

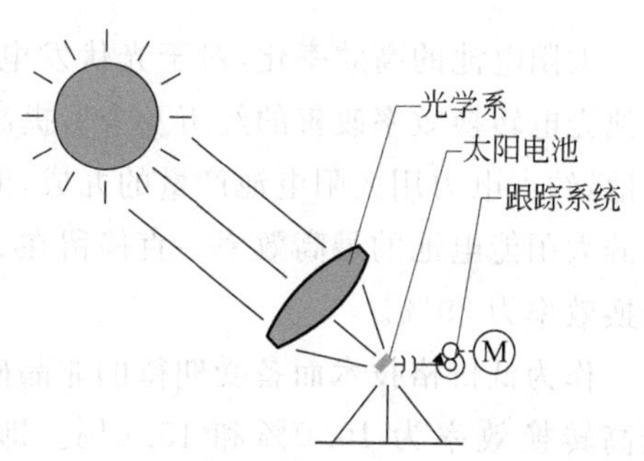

图 16-34　集光式太阳能发电系统的示意图

自 2001 年度，日本开始对高效率集光型多串结太阳电池、组件的技术开发。通过① InGaP-Ge 异质界面结构底部电池的高性能化，② InGaAs 中间电池的能带间隙最佳化，③ 电池连接用隧道结的改善，④ 集光用电极结构的最优设计，实现了图 16-35 所示，由夏普开发的，在 200 倍的集光下，转换效率为 39.2%的世界最高效率 InGaP/GaAs/Ge 3 串结太

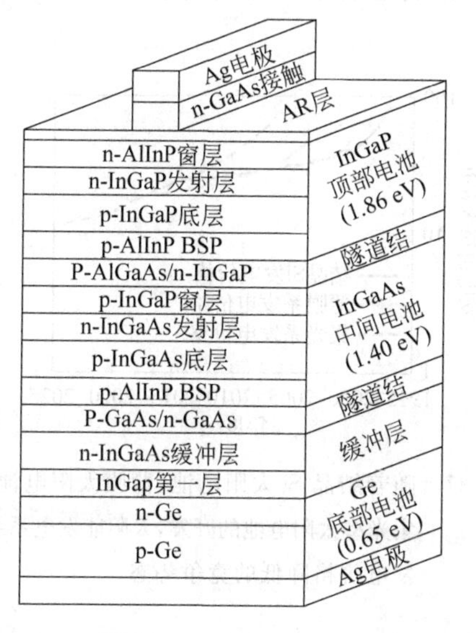

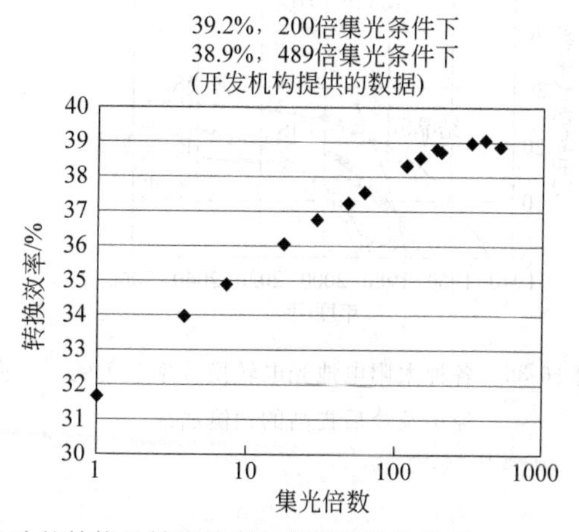

图 16-35　InGaP/InGaAs/Ge 3 串结电池的结构及转换效率与集光倍数的关系

阳电池(最近,Fraunhofer 研究所发表转换效率为 41.1%的研究成果)。

所开发的技术课题包括:①藉由光学设计提高光学效率、使集光分布均匀化,实现了集光效率 86.2%的 550 倍集光用圆顶(dome)形菲涅耳(Fresnel)透镜;②藉由二次光学透镜的设计和制作,降低了色差,实现了集光强度分布的均匀化;③集光型太阳电池组件的散热设计;④热导性能优良的环氧树脂叠层的插入等。由大同特殊鋼、大同金属、夏普三家共同试制成集光型 3 串结太阳电池组件,在 400 倍集光模式(面积 7200 cm^2)下,组件的发电效率达到 27%~30%,在 550 倍集光模式(面积 5500 cm^2)下,组件的发电效率达到 31.5%。与现在通用的非集光平板型太阳电池组件相比,单位面积的输出达到约两倍,可期待在大规模光伏发电站等开创新的应用领域。

16.6.6 多串结太阳电池的未来发展

太阳电池的高效率化,对于光伏发电的低价格化也是有效的。图 16-36 表示各种太阳电池光电转换效率改善的经历及今后提高的预测曲线。现在,太阳电池的主流为晶硅太阳电池,约占电力用太阳电池产量的九成,但看起来其光电转换效率很难实现飞跃性提高。单晶硅太阳能电池的最高效率一直停留在 24.7%,最近有达到 25%的报道。业内公认其极限转换效率为 29%。

作为低价格技术而备受期待的非晶硅太阳电池及非晶硅/微晶硅串结太阳电池,目前的最高转换效率为 10.0%和 15.0%。即使采用更多串结的串结结构,其极限效率也在 23.5%上下。与之相比,以Ⅲ-Ⅴ族化合物半导体技术为基础的 InGaP/InGaAs/Ge 3 串结太阳电池在集光模式下,转换效率已达到 41.1%,藉由 4 串结、5 串结的多串结结构,可期待 50%以上的超高效率。

如图 16-37 所示,在目前呈主流的结晶硅太阳电池继续发展过程中,薄膜技术及Ⅲ-Ⅴ族化合物的集光技术将逐渐参与其中。通过消减太阳电池所用的材料,发电成本(实际上是装机成本)高居不下的现状有可能发生根本性改变。期待适合于大规模发电站、农业及汽车应用的集光式光伏发电在 2020 年前后成为主流。

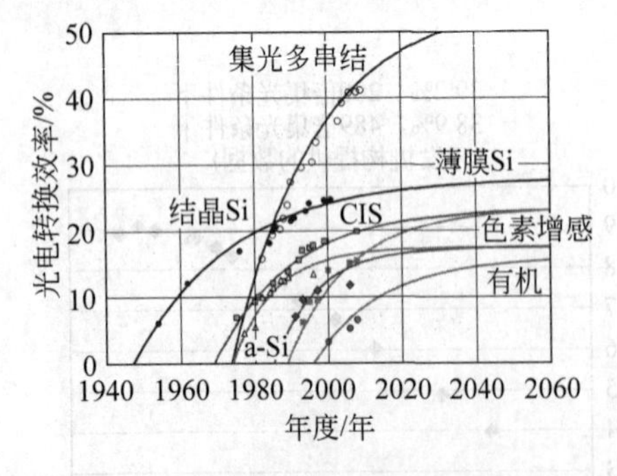

图 16-36 各种太阳电池光电转换效率改善的经历及今后提高的预测曲线

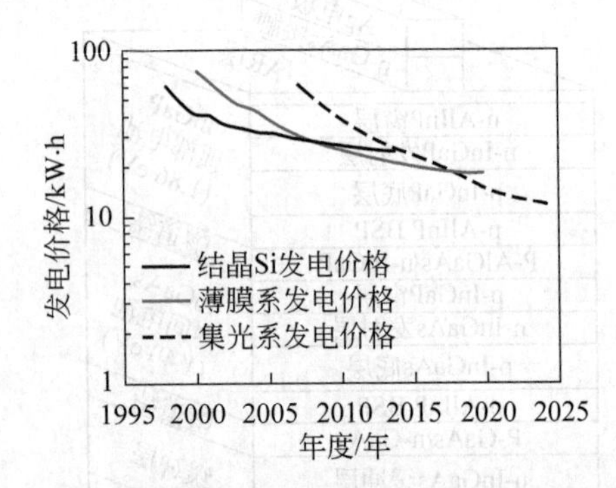

图 16-37 随着结晶 Si 太阳电池、薄膜太阳电池及集光型太阳电池的开发,太阳能发电系统发电价格降低的竞争势态

16.7　有机薄膜型太阳电池

所谓有机薄膜太阳电池，是指利用有机半导体的太阳电池。尽管目前转换效率低，只有5%左右，故仍未达到实用化，但由于具有轻量、挠性等硅系所不具备的特性，作为下一代太阳电池被寄以厚望。从另一方面讲，在可靠性方面，至今仍未获得实质性突破。下面，针对为获得便宜、高效率、稳定的有机太阳电池所需要的技术，做简要介绍。

16.7.1　下一代太阳电池的希望

尽管每 1 W 用 20 日元就能制造的低价、高效率的“第三代太阳电池的开发”已有确定的大的目标，但采用有机半导体的有机薄膜太阳电池因其轻量、便宜、便于大面积化等，作为可能的下一代候补而备受注目。

有机太阳电池可分为高分子系、低分子系有机薄膜太阳电池（OTFSC）和色素增感太阳电池（DSC）等三大类，但若从色素或共轭分子吸收光进行光电变换的起始点看，三者却是相同的，故上述每一类都可称为有机太阳电池。

目前，DSC 已达到 11.3%与非晶硅并驾齐驱的转换效率，正达到实用化水平。与 DSC 相对，OTFSC 被公认（Plextronics，NREL）的最高效率仅为 5.4%，近年来也有 6%的个别报道。

16.7.2　有机系太阳电池的特征

有机系太阳电池具有下述特征：

（1）轻量、薄形、外形可变。作为有机系的第一特征，它属于薄膜型太阳电池。由于可实现具有精致多层结构的膜片状太阳电池，可期待大面积化。如此，即使不像结晶硅太阳电池那样，需要用重的装置设置于屋顶之上，由于采用的是几毫米厚的膜片，藉由提供迄今还未曾考虑形状的各式各样的电池，期待在以外壁（包括车、船外壳等）、窗户等建材开始的新的用途方面有所作为。

（2）不受资源制约，环境友好。不使用 As、Cd、Te、In 等资源稀少，且极有可能增加环境负荷的元素。寿命终结太阳电池的废弃成本几乎为零。

（3）制作耗能低，便于量产。用于通常印刷的 roll to roll 连续性制程可以移植用来制作有机系太阳电池。不需要真空，制程简易，生产效率高。特别是耗能低，作为能量回收期（energy payback time，EPT）短的太阳电池而备受期待。

（4）产品设计自由度高，适应面广。纤维制品、窗用建材、车船外壳等无机系太阳电池所不能的各种用途均可胜任，可满足多样性用途要求。

基于上述优点，藉由大批量生产，即使达不到对硅系所要求的 20%的高效率，首先若达到 10%左右，作为使用方便、便于携带的可充电电源就有极大的应用市场。当然，作为电力用也受到期待，对于 NEDO 制定的 PV2030 路线图中 7 日元/（kW·h）的电价目标，说不定会首先由有机系太阳电池实现。

16.7.3　发电原理与元件结构

从原理上讲，并不存在有机系比硅转换效率低的理由，但由于有机半导体中电荷迁移率与硅中相比，要低三个数量级以上，如何解决这一本质性的缺点，就成为有机系太阳电池开发的最大课题。迄今为止，主要是对结的结构进行改良。有机太阳电池按结的构造可分为图 16-38 所示的四种类型。

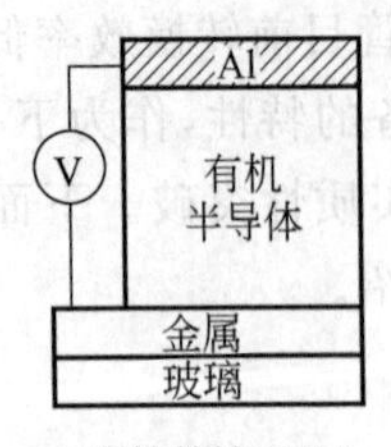

(a) 肖特基结(Calvin电池), η<0.01%

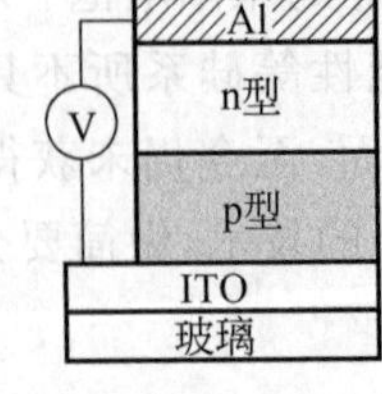

(b) pn异质结(Tang电池), η=1%

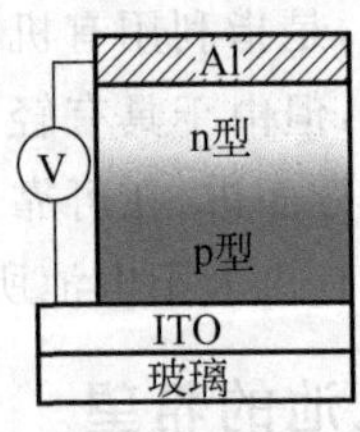

(c) 块体异质结(Sariciftci电池), $\eta\approx$4%

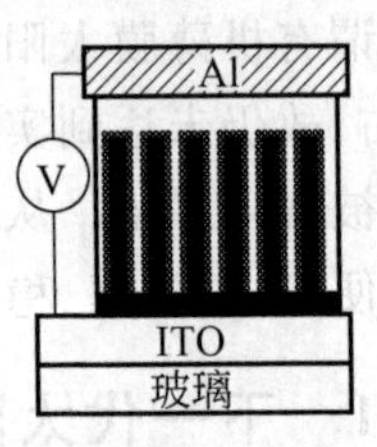

(d) 超阶层纳米结构电池, η>7%

图 16-38 有机薄膜太阳电池的元件构造和预想的转换效率

将有机半导体由两种金属相夹而构成的“肖特基结(Schottky junction)”，也可以取出光电流(Calvin)。但是由于电流值极小而不具实用价值。后来，采用由苝(perylene，二萘嵌苯)、酞菁染料(phthalocyanine)构成的 pn 结，达到 1% 的转换效率(邓青云，1986)，至此向人们显示出实用价值。

在有机系中，激发子在向结界面移动过程中，开始生成载流子，因此，通过采用将 pn 半导体的混合膜进行微观相分离的结构，可使表面积增加，使电荷发生、短路电流密度增大。称这种结构为“块体异质结”(图 16-39)。为了进一步提高效率，采取图 16-38(d)所示，加入分别用于电子和空穴输运的结晶性输运层亚结构。取图 16-38(d)所示的结构是所希望的，称这种结构为“超阶层纳米结构”。

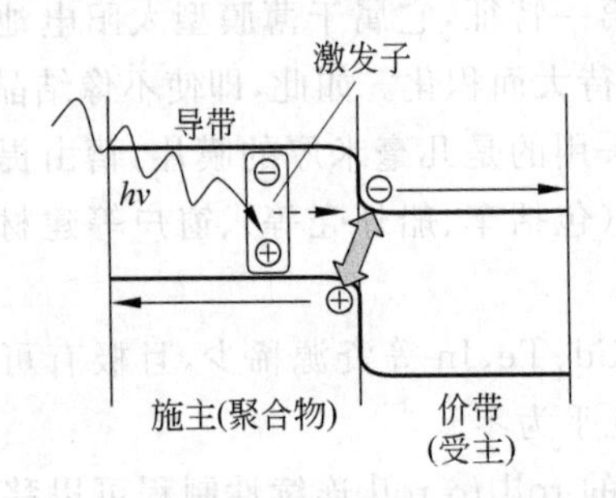

(a) Frenkel激发子的生成及电荷的发生机制

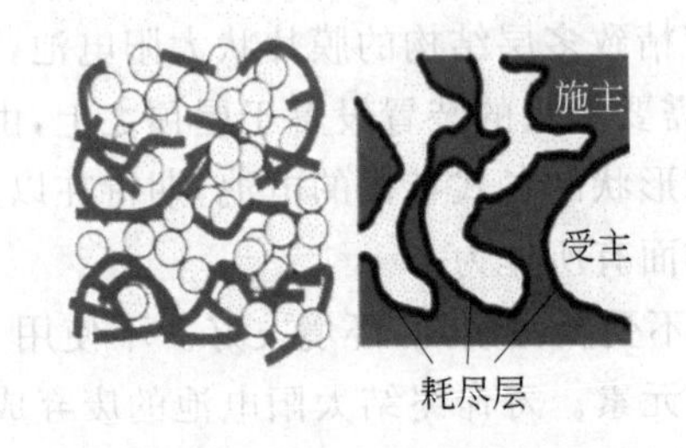

(b) PCBM P3HT系的块体异质结的概念图

图 16-39 采用有机体的电池中的初期过程及块体异质结的概念图

16.7.4 高分子有机薄膜太阳电池

在可以利用印刷等湿法制程形成薄膜的高分子系中，由 pn 半导体的混合系所构成的活性层中，会自然地形成块体异质结，因此，即使扩散长度短的激发子，也容易到达电荷分离界面。这种结构，与单纯的异质结构相比，表面结构得到改善。但从另一方面讲，也有容易引起来自电极的逆反应的缺点。

因此，在高分子薄膜元件中，作为空穴输运层 HTL 采用 PEDOT：PSS，作为电子输运层采用 TiO_x 层等的氧化物(图 16-40)。作为活性层的 p 型半导体，当初被开发的是聚苯撑乙烯(polyphenyvinylene)系 PPV 的聚合物，近年来利用最多的是聚噻吩(polythiophene)系

PT 的聚合物，而采用侧链配以苯基的聚乙基噻吩(polyhexythiophene)P3HT，因其结晶性高，最近转换效率有超过 5%的报道。为提高 V_{oc} 的设计继续进行，正在开发的高分子有 PTPTB、APFO、PCPTBT、PTBI 等(图 16-41)。

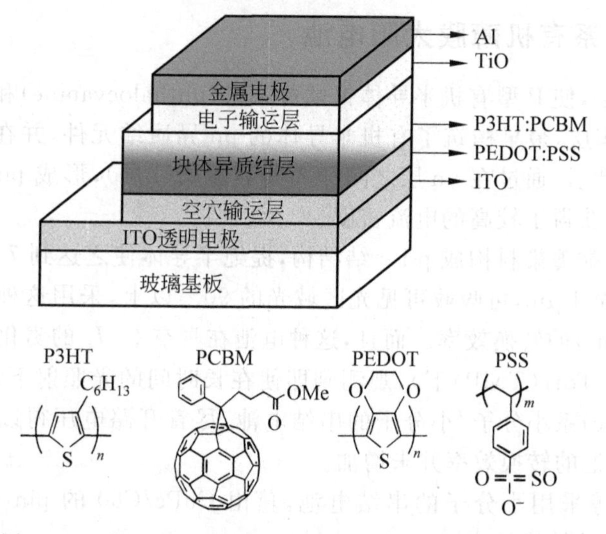

图 16-40　导入 TiO_2 层作为 ETL 的块体异质结元件的结构

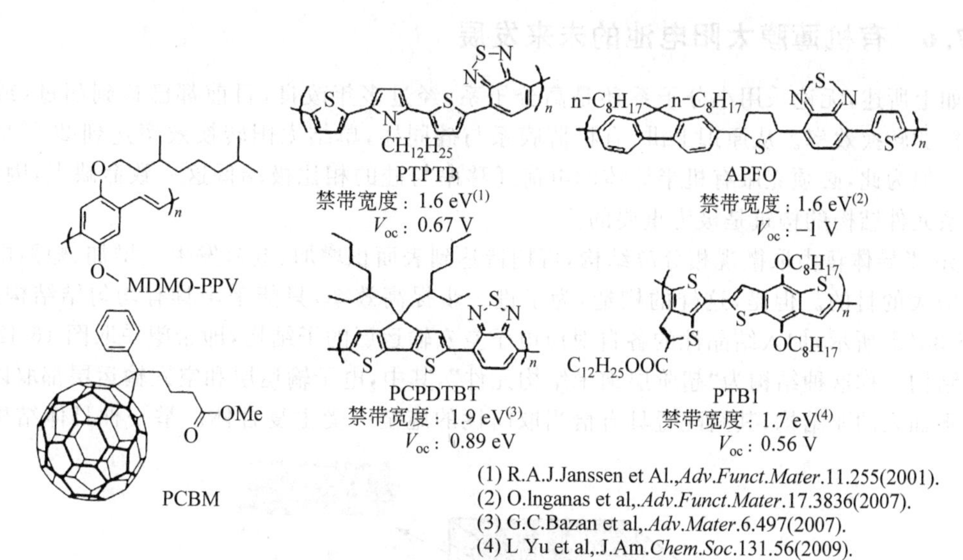

图 16-41　经常使用的各种有机半导体及其结构

另一方面，作为受主(accepter)已开发的是与施主(donor)具有良好相溶性，有可能达到 6 电子还原的 PCBM。目前代替 PCBM 的材料还未开发出，而改善 V_{oc} 的努力仍在进行之中。

在这种高分子块体异质结中，支配 pn 半导体结构造的形态学(morphology)控制十分重要，而采用的方法无非是控制微观相分离结构的“热退火”、“微波处理法”、“熔剂法”等。

据报道，采用高分子系串结型元件，藉由开路电压的改善和光吸收区域的扩展，以

TiO_x/PEDOT 作为中间层的高分子/高分子的串结电池片(ITO/PEDOT：PSS/PCPDTBT-PCBM/TiO_x(20 nm)/PETDOT：PSS/P3HT-PCBM(C_{70})/TiO_x/Al)，已达到目前采用有机系最高的 6.5%的转换效率。

16.7.5 小分子系有机薄膜太阳电池

利用真空蒸镀法，使 P 型有机半导体铜酞菁染料(phthalocyanine)和 n 型有机半导体苝(pery lene)介电体积层，最早构筑了有机半导体的 pn 异质结元件，并在白光下达到了 1%程度的转换效率。此后，通过在 pn 层之间导入共蒸镀层(i 层)，形成 pin 结构，藉由这种小分子的块体异质结，获得了较高的电流密度。

最近有报道，由酞菁染料构成 p-i-n 结结构，提纯半导体使之达到 7 个9 的超高纯，使共蒸镀层的厚度增大至 1 μm，可吸收可见光区域光的 90%以上，采用这种单结电池获得世界最高 5.3%(0.04 cm^2)的转换效率。而且，这种电池在真空下，J_{sc}的劣化率几乎为 0%(0.02 cm^2，1000 h，$<10^{-7}$ Torr(TMP)下)，观测到即使在长时间的光照射下，也是稳定的。还制作了红荧烯(rubrene)系小分子/小分子的串结电池，尽管开路电压得以提高(从 0.65 V 提高到 1.18 V)，但电池的转换效率并未增加。

最近，Forrest 等采用小分子的串结电池，藉由 CuPc/C60 的 pin/pin 积层结构，获得 5.7%这一世界最高的转换效率。

16.7.6 有机薄膜太阳电池的未来发展

如上所述，无论采用小分子系还是高分子系，经过多年改良，目前都已达到超过(或接近)6%的转换效率。从原理上讲，有机薄膜系与硅同样，单结太阳转换效率达到 20%是可能的。但为此，必须克服有机半导体的电荷迁移率与硅的相比极端低这一致命缺点，因此，有机系元件结构的构筑是极为重要的。

pn 半导体藉由取微观相分离结构，可期待达到表面积增加、电荷发生量增加、短路电流密度增大的目的。但是，这样的构造，为了进一步提高效率，只能采用具有均匀结结构，如图 16-38(d)所示，加入结晶性的各自对应电子空穴输运层的子结构，即希望采取图 16-42 所示的结构。称这种结构为"超阶层纳米结构元件"，其中，电子输运层和空穴输运层都取以纳米水平插入的亚结构，其间配置具有恰当取向性的施全一受主复合体。举一种具体结构为

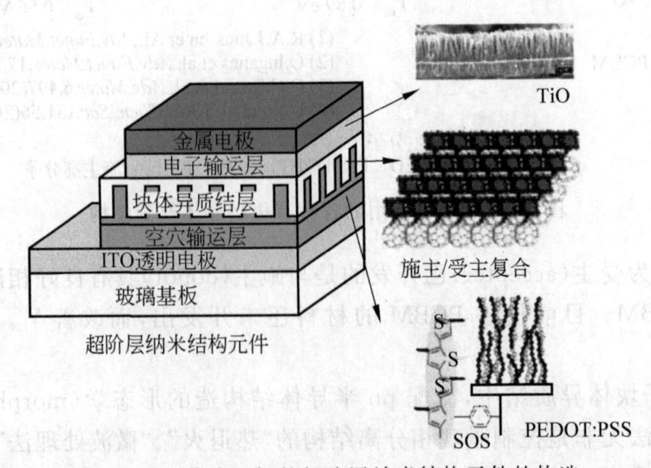

图 16-42 作为目标的超阶层纳米结构元件的构造

例，以 ZnO 及 TiO_2 等的金属氧化物的图 16-38(d)阵列作为电子输运层，以 PEDOT：PSS 的聚合物刷子(brush)作为空穴输运而利用。

对于有机薄膜型太阳电池来说，最重要的课题是化学，在由各种不同材料组合而成的器件中，如何最佳组合，实现最高效率和更长寿命就显得越发重要。

单结电池理论转换效率的极限，预测为 12%～15%。要实现比此更高的效率，必须串结化。除了现已报道的 2 串结之外，今后 3 串结以上的串结化是重要的开发课题。

关于耐久性，也已经开始超过一年的室外暴露的长期评价，正在进行劣化机制的分析和评价。

有机薄膜太阳电池，在转换效率、耐久性等方面还未达到实用化水平，但有人以一年间生产量为 100 MW，转换效率 10%为前提，估算了组件制造价格。分材料费、设备费、人工费、光热费等进行试算的结果，一年间 GW 级的单位造价有可能实现每瓦 75 日元的水平。如果达到 10%的转换效率，则有可能实现 14 日元/(kW・h)的电价(图 16-43)。随着有机薄膜太阳电池的研究开发进展，人们确信 2015 年转换的效率能达到 10%，因此，NEDO 在 2007 年确定的 PV2030 路线图目标，于 2009 年改为可提前 5 年实现，路线图名称也改为 PV2030 plus(图 16-6)。

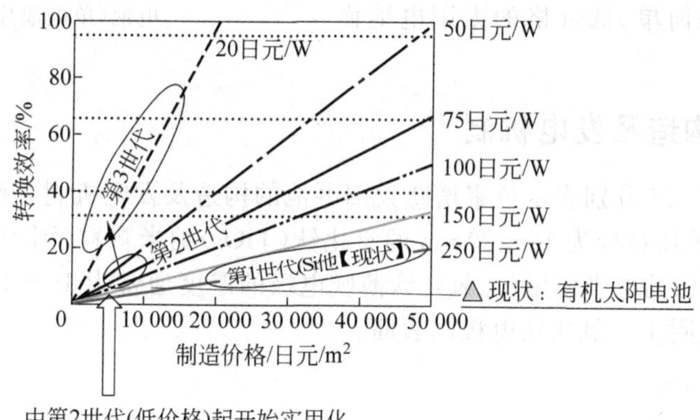

图 16-43　电力用有机薄膜太阳电池的开发目标

16.8　色素增感(染料敏化)太阳电池

色素增感(染料敏化)太阳电池，由于具有可低价格制作的可能性，作为下一代太阳电池的候补之一而备受期待，目前国内外面向实用化的研究开发在活跃地进行中。下面就其发电机理及特征等做简要说明。

16.8.1　何谓色素增感(染料敏化)太阳电池

已经实用化的结晶系(块体)硅太阳电池，很难做到进一步的低价格化，作为原材料的高纯硅的供给等也存在问题，若不能在"省硅"上有大的突破，看来进一步的大规模普及会遇到不小困难。因此，为今后光伏发电的大规模普及，有必要开发低价格且资源约制少，低环境负荷型的新型太阳电池。

在此背景下，近年来，作为下一代太阳电池候补之一的色素增感型太阳电池受到关注，面向实用化的高效率、大面积、挠性化等的研究开发，在国内外活跃地进行。

这种色素增感太阳电池是由氧化物半导体与吸收可见光的色素分子组合而成的电极，与采用含有氧化还原(redox)离子的电解液而构成的湿式(近年也在开发干式)太阳电池。

早在20世纪60年代末到70年代初就开始了色素增感太阳电池的研究，但受当时材料的种类及结构限制，离实用化还很遥远。此后，于1991年，瑞士的研究团队开发出作为增感剂而使用的，新的钌(Ru)络合物，由以此增感的氧化钛纳米晶形成薄膜电极，与含有碘氧化还原(redox)离子的电解液一起，构成太阳电池，并由此获得7%当时最高的光电转换效率。受此激励，色素增感太阳电池再次引起世界关注。

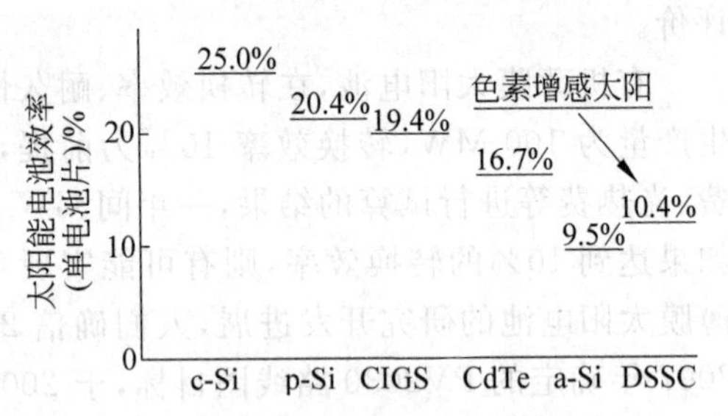

图 16-44　色素增感太阳电池与其他太阳电池(单电池片)的效率比较

目前，色素增感太阳电池公认的效率为10.4%，已达到甚至超过非晶硅太阳电池片的水平(图16-44)。而且，由于制程中不需要真空，因此，作为制程简单、低价格的太阳电池而备受期待。

16.8.2　电池构造及发电机制

图16-45、图16-46分别表示色素增感太阳电池的构造及发电机制。作为氧化物半导体电极的材料，通常采用粒径为10～20 nm的氧化钛(TiO_2)纳米颗粒(图16-41)，将其积层成纳米多孔(porous)状的电极使用(二氧化钛薄膜电极的厚度通常为10～15 μm)。作为吸收光的增感剂色素吸附于二氧化钛电极的表面。

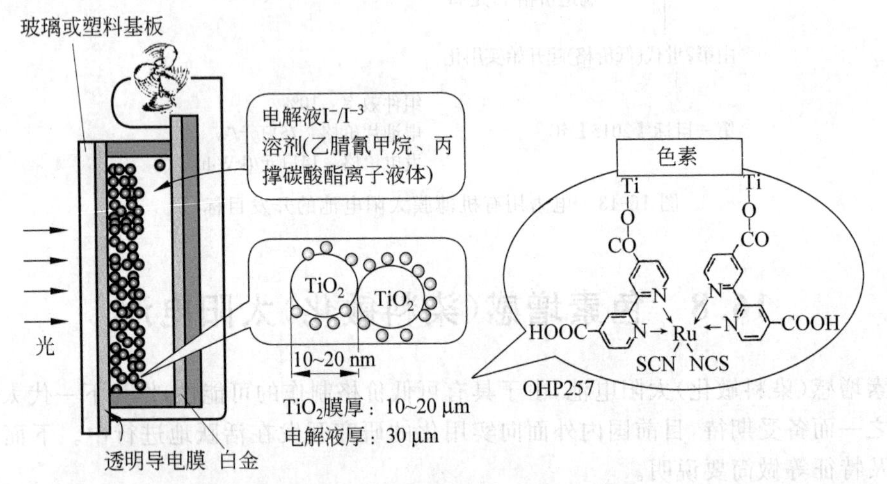

图 16-45　色素增感电阳电池盒的构造

由于采用的是纳米级极微细的二氧化钛颗粒，其表面积飞跃型地增大，因此可以在其表面吸附更多的色素。从而，藉由电极使光吸收率增大的特征十分明显。而且，由于采用的是多孔结构的电极，电解液可以充分渗透到电极之中，从而氧化还原离子可以平稳地移动、扩散。

色素增感太阳电池的发电机制如图16-46、图16-47所示。首先，吸附于二氧化钛电极

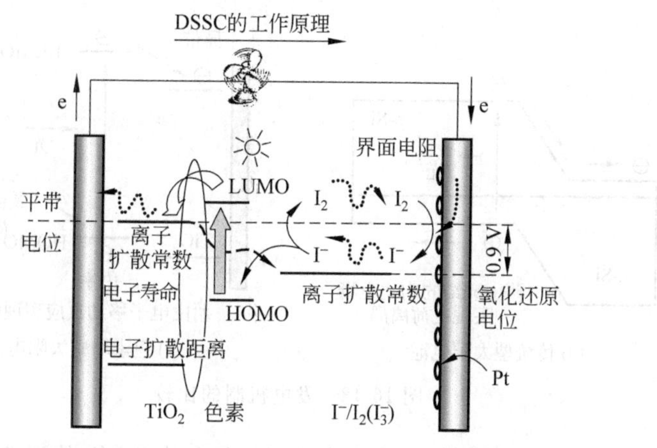

图 16-46　色素增感太阳电池的构造及发电机制

表面的色素因吸收光而被激发，由色素产生的电子向属于 n 型半导体的二氧化钛注入，藉由扩散在二氧化钛粒子间移动，经由回路（负载）最终到达对向电极。另一方面，在电池内部，从对向电极向着二氧化钛/色素层的电子的移动，是藉由电解液中碘的氧化还原（redox）剂（碘离子/碘的混合物）进行的。而失去电子的色素，靠电解液中的碘离子提供电子而获得再生。

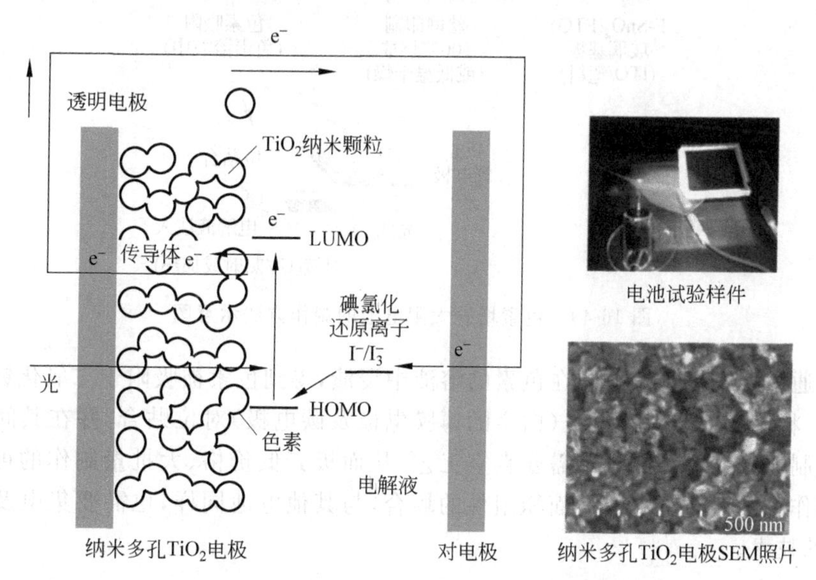

图 16-47　色素增感太阳电池中电子的循环运动过程

图 16-48 表示，色素增感太阳电池是靠与传统硅系太阳电池（pn 结型）完全不同的机制进行发电的，这也是色素增感太阳电池的显著特征。这种机制是在彩色照相原理的基础上进一步发展，而由光取出电的（在彩色照相中，使用有机色素和卤化银）。

16.8.3　电池制作方法

图 16-49 表示色素增感太阳电池的制作方法示意。首先，电极基板一般采用表面覆盖透明导电氧化物（通常为掺杂氟的二氧化锡）的玻璃基板。在该基板上，藉由丝网印刷等涂

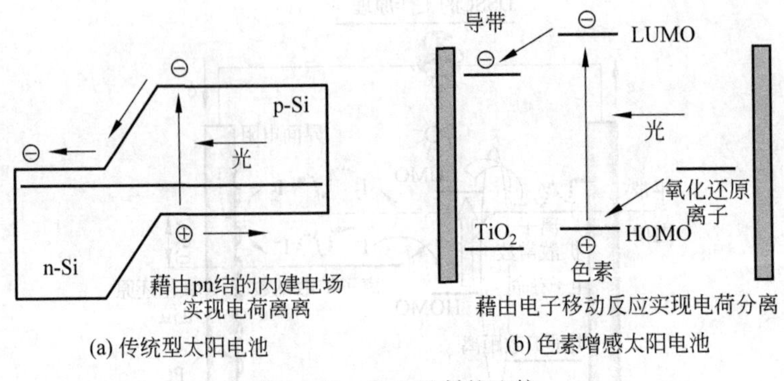

图 16-48　发电机制的比较

布含有二氧化钛纳米颗粒的浆料，在空气气氛中，在大约 500℃的温度下烧成，得到二氧化钛纳米多孔薄膜。另外，如果能藉由 200℃以下较低温度的制膜技术来制作二氧化钛薄膜，就可以采用外敷 ITO 膜的塑料基板（PEN 及 PET 等），据此，就能制作塑料色素增感太阳电池用的二氧化钛电极。

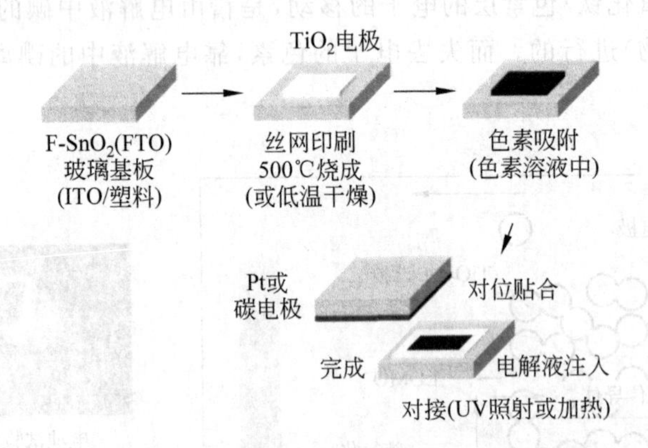

图 16-49　色素增感太阳电池的制作方法示意图

其次，通过将二氧化钛电极在色素的溶液中浸渍，得到色素被吸附于二氧化钛电极表面上的电极。将该电极与对向电极（白金的薄膜电极及碳电极）对位贴合，并在其间注入电解液，经封接制成电池盒。由于不需要真空工艺，从而极其低价格、大批量制作的可能性。但是，对于制作色素增感电池的大面积组件的场合，与其他电池同样，也需要集电及集成化等相当高超的技术。

16.8.4　增感色素的结构

图 16-50 表示色素增感太阳电池中作为光增感剂（光吸收材料）而使用的几种典型色素的分子结构式。一般使用钌（Ru）的络合物（N3 及 Black dye）。钌（Ru）的络合物是由钌的离子与二氮苯基（bipyridyl）或多氮苯基及 NSC 配位子构成的，它可以有效吸收从紫外到近红外区域宽广波长范围内的光。另外，不含贵金属钌的有机色素也可以作为光吸收材料而使用（例如，图 16-50 中的 D-205 及 MK-2 等）。

对于色素增感太阳电池用的色素，所要求的条件主要有：

① 主要是在可见光区域的中心有很强的吸收峰，而从紫外到近红外的宽广范围内具有

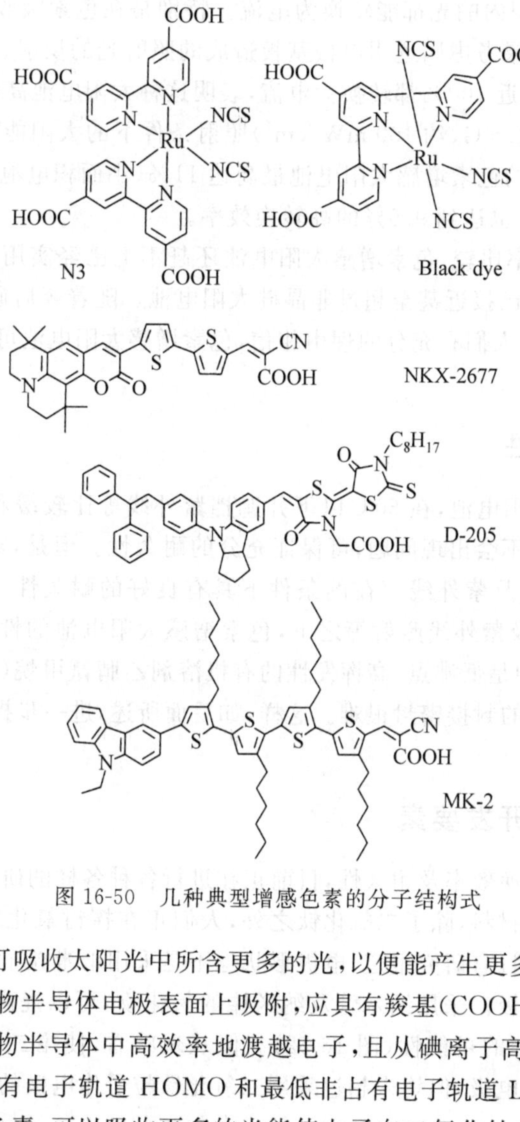

图 16-50　几种典型增感色素的分子结构式

较好的吸收性(据此,可吸收太阳光中所含更多的光,以便能产生更多的电流)。

② 为了能在氧化物半导体电极表面上吸附,应具有羧基(COOH)等吸收基。

③ 为了能在氧化物半导体中高效率地渡越电子,且从碘离子高效率地接受电子,应具有合适的能级(最高占有电子轨道 HOMO 和最低非占有电子轨道 LUMO 等)。

满足上述条件的色素,可以吸收更多的光能使电子向二氧化钛电极高速且高效率地移动,并且能够高效率地从碘离子接受电子。藉由此,可以获得更高的太阳电池特性。为了进一步提高太阳电池的耐久性,当然希望色素分子本身也是稳定的。

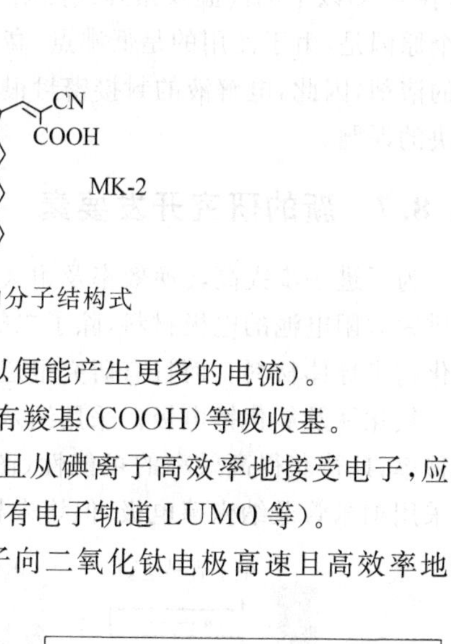

16.8.5　太阳电池特性

图 16-51 表示采用钌(Ru)络合物 Black dye 的色素增感太阳电池的 IPCE(incident photon-to-current conversion efficiency)谱,即照射的光转换为电流的效率与波长的相关性。如图中所示,这种太阳电池可将从 350 nm 紫外区域到 900 nm 附近

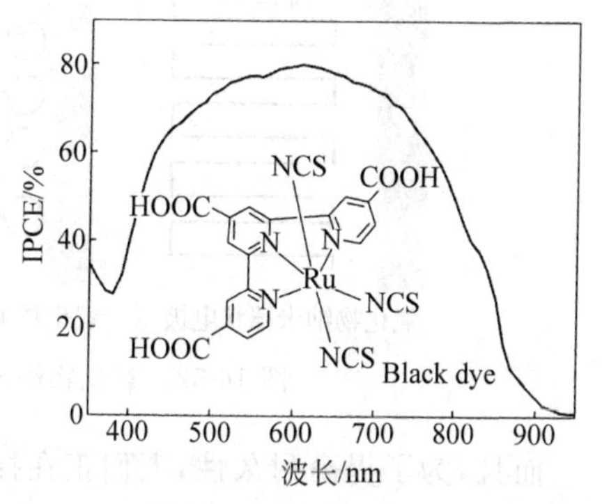

图 16-51　色素增感太阳电池的 IPCE 特性(Black dye 色素)

近红外区域宽广波长范围内的光都能转换为电流。特别是在色素吸收峰大约 600 nm 附近区域，IPCE 达 80%。如果考虑因透明电极基板造成的照射光的反射、吸收、散射等损失，在该波长区域，照射光的接近 100%都转换为电流，表明这种太阳电池高的光电转换特性。

在拟似太阳光(AM1.5 G，约 100 mW/cm^2)照射条件下的太阳能转换效率，据报道，采用钌络合物(Black dye)的色素增感太阳电池最高达 11%(小面积电池片)。另外，采用有机色素 D-205 的太阳电池，也达到 9.5%的高转换效率。

按电池片的转换效率比较，色素增感太阳电池还赶不上已经实用化的结晶硅太阳电池及 CIGS 系太阳电池，但已接近甚至超过非晶硅太阳电池。随着今后研究开发的进展，可期待实现进一步的高效化，人们有充分的理由相信，色素增感太阳电池可以作为下一代太阳电池的有力候补。

16.8.6 关于耐久性

目前的色素增感太阳电池，在 60℃以下并遮挡紫外线等比较缓和的条件下，由拟似太阳光照射 10 000 h 以上不会出现问题，可保证充分的耐久性。但是，对于实际的室外用途，要求在 80℃以上的高温及紫外线存在的条件下具有良好的耐久性。从现状看，有报道指出，在 80℃以上的高温及紫外线照射等之下，色素增感太阳电池的性能会明显下降。其中一个原因是，由于使用的是低沸点、高挥发性的有机溶剂乙腈氰甲烷(acetonitrile)等作电解液的溶剂，因此，电解液的封接密封很难。这样，如后面所述，进一步提高耐久性是今后亟待解决的课题。

16.8.7 新的研究开发要素

为了进一步提高转换效率及耐久性，目前正在进行各种各样的研究开发。例如，作为色素增感太阳电池的电极材料，除了二氧化钛之外，人们正在探讨氧化锌、二氧化锡等其他的氧化物半导体材料。而且有研究报道，电极形状也不是采用纳米粒子，而是采用管状及棒状的二氧化钛及氧化锌电极。采用纳米管及纳米棒的氧化物，可以提高作为载流子的电子的迁移率，期待获得高效率的可能性(图 16-52)。但从现状看，使用二氧化钛以外的材料，即使采用纳米管及纳米棒电极，但均未超过采用二氧化钛粒子作电极的太阳电池的转换效率。

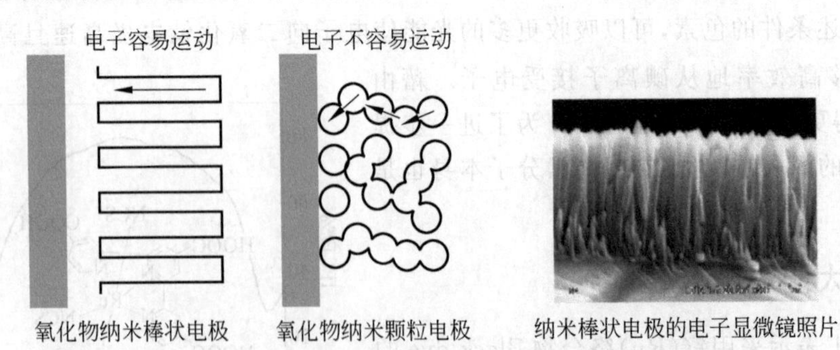

图 16-52 氧化物纳米棒电极的示意图及电子显微镜照片

而且，为了提高耐久性，人们正在探讨将电解液做成凝胶状，即采用拟固体化乃至固体化的方法。进一步，代替碘离子的氧化还原离子的研究也在进行之中。从现状看，仍未获得超越采用碘氧化还原电解液的太阳电池，但期待今后会取得进展。

进一步，以高效率化为目标的串结型色素增感太阳电池的研究也在进行之中。这是藉由将吸收波长不同的材料及太阳电池积层，以提高转换效率的技术，早已在部分硅及化合物半导体太阳电池中成功使用。对于色素增感太阳电池，也在探讨将采用吸收波长不同的色素的电池(片)积层，以制作串结太阳电池的方案。而且，还研究了在同一个电池(片)中采用不同色素的串结太阳电池，并有取得高转换效率的报道。期待今后取得更大进展。

16.8.8 特长和可能的用途

对于色素增感太阳电池来说，藉由采用合适的电极材料，可以制作出透明的太阳电池。而且，藉由选择吸收波长各异的色素的种类，还可制作彩色的太阳电池。进一步，采用塑料基板的色素增感太阳电池还可实现轻量化乃至挠性化。随着这些电池的出现，就能实现图 16-53 所示，与窗玻璃相结合的太阳电池、计算机及手机乃至家用电器用的辅助电源等，除室外大规模发电以外的各种用途。

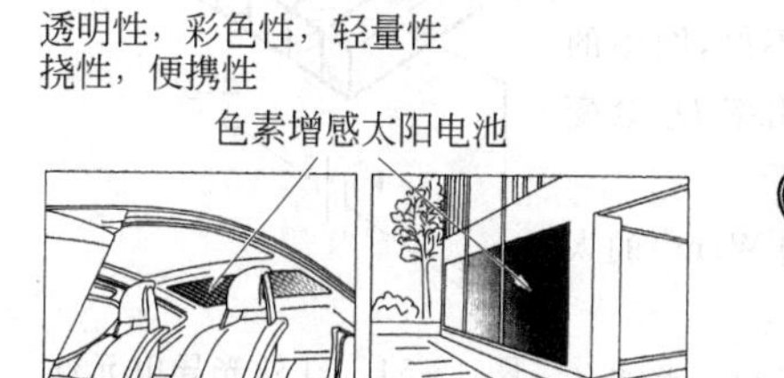

图 16-53 色素增感太阳电池的特长及可能的用途

从现状的转换效率及耐用性考虑，首先达到室内用途实用化的可能性更高。当然，作为研究开发的最终目的，是实现置于室外的家庭用电源及大规模发电等室外利用的用途(图 16-53)。目前，这方面的开发正取得进展。

16.8.9 面向实用化的课题和今后展望

从现状看，进一步的高效率化尽管是必要的，但如上所述，耐久性达到实用化看来是更迫切的课题。在高效率的色素增感太阳电池中，由于电解液中使用了低沸点、易挥发性的有机溶剂，电解液的封接密封很难，对于室外用途等高温条件下的长期耐久性，离人们的期待还相差甚远。探求高沸点的有机溶剂及难挥发性的离子液体，以及实现电解液固体化的色素增感太阳电池的研究在进行之中，但从转换效率看，与采用低沸点有机溶剂电解液的情况相比，还望尘莫及。

另外，如上所述，在一般的色素增感太阳电池中，作为光增感剂，使用的是钌(Ru)络合物。但是，靠这种使用钌络合物的太阳电池，要实现大规模的实用化，作为贵金属的钌受资源制约而价格高涨的问题在所难免。为未雨绸缪，针对采用不含钌等贵金属的有机色素的色素增感太阳电池也在开发之中。但是，采用这种有机色素的色素增感太阳电池，与采用钌络合物的太阳电池相比，转换效率要低得多。进一步，对于一般作为对极材料而使用的白金(Pt)来说，也必须将减少用量及替代材料的开发提到议事日程。

综上所述，采用资源制约少的材料，且同时实现高效率和耐久性是今后色素增感太阳电池实用化过程中必须解决的问题，任重而道远。但是，由于具有大幅度低格化的可能性，作为下一代太阳电池的候补之一，有充分理由被寄予厚望。今后，藉由在色素及电极材料等新型材料的开发，期待在高效率化及耐久性提高等向着实用化的研究开发，进一步取得实质性进展。

习　题

16.1　设半导体的基础吸收端能量为 ε_g，光吸收系数 a 与光子能量的关系可表示 $a \propto (\hbar\omega - \varepsilon_g)$ 的情况下，光导电元件的光电流 I_L 与能谱的关系 $I_L(\hbar\omega)$ 可表述为何种形式？

16.2　太阳电池的原理是什么？若已知电池的转换效率为 20%，入射光功率密度为 0.8 kW/m^2，求 10 m^2 的面积上每小时能出多少 40℃ 的热水(设输入冷水温度为 15℃)？

16.3　半导体的光伏效应在什么情况下产生？请举出三例。

16.4　pn 结在太阳电池和 LED 中分别起什么作用？请对比如以说明。

16.5　图 16-54 表示电极间距为 l，采用有效受光面积为 A 的 PbS 薄膜的检出率为 D_1 的红外光导电元件。由于电极附近导电性不好，图中的斜线部分涂有导电性涂料，当电极间隔变为一半时，检出率 D_2 会变为多大？

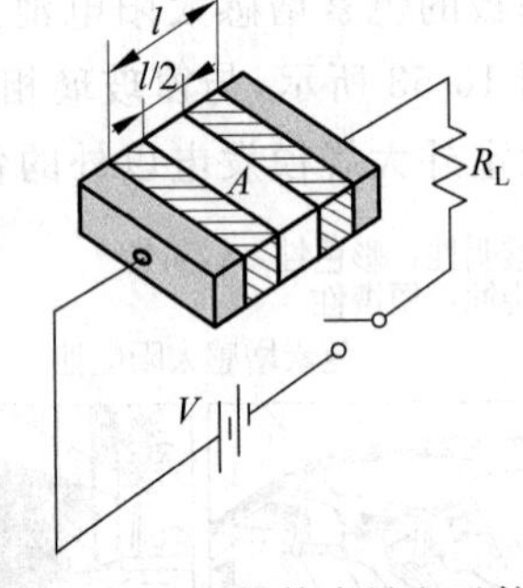

图 16-54　红外光导电元件

16.6　受光面积为 1 cm^2 的 Si 太阳电池，在辐射能量密度 600 W/m^2 的太阳光照射下，短路电流为 20 mA。

① 该太阳电池的暗电流 20 nA 时，元件温度为 300 K，求出开路光伏电压。

② 假设该太阳电池最佳负载下工作的负荷系数为 0.75，其变换效率为多大？

16.7　利用聚焦光束照射半导体 pn 结，如图 16-55 所示，设 OB=BC，OA=AB，室温下各常数分别为：n 型半导体的电阻率：0.4 Ω·m；p 型半导体的电阻率：0.01 Ω·m；逆向饱和电流：1 μA；电子迁移率：0.36 $m^2/(V\cdot s)$；空穴迁移率：0.18 $m^2/(V\cdot s)$；n 型区中的电子密度：$3\times10^{10}/m^3$。

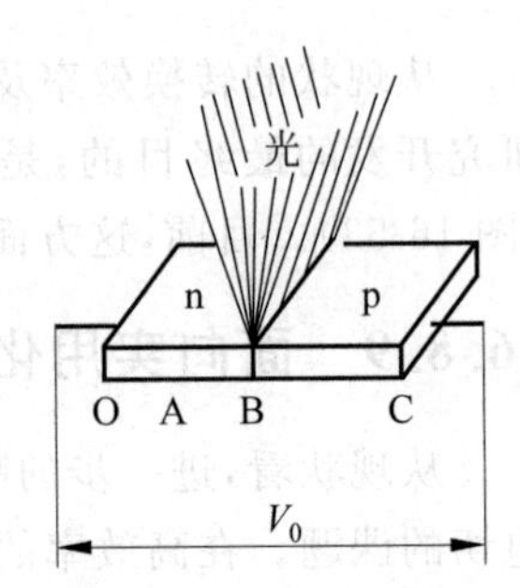

图 16-55　pn 结太阳电池

请回答下述问题：

① 光照射 pn 结处(B 点)的情况下，短路光电流为1 mA，相对于此光的开路光电压是多少？

② 光照射 A 部分的情况下，当照射部分的电阻率降到 0.2 Ω·m，则照射面上需要多大照度的光？其中，当 n 型半导体置于 100 lx 的照射面下，可产生 10^{19} 个/m^3 的电子-空穴对，对的生成与照度成正比。

③ 请用图表示受光的照射场所从 O 沿板移向 C 时，开路电压的变化。其中，假设电子和空穴的扩散距离 L_n 和 L_p 分别等于 OB。

16.8　请画出太阳电池按材料体体系的分类表，并指出每种太阳电池已获得的最高转换效率和产业化规模的转换效率。

16.9　分别画出以下五种太阳电池的制作工艺流程：结晶硅、非晶硅薄膜、CIGS、色素增感(染料敏化)、有机薄膜。

16.10　为了提高太阳电池的光电转换率，在电池的表面和背面应采用哪些措施？

16.11　为了提高太阳电池的光电转化率，在电极结构上应采取哪些措施？

16.12　若已知单晶硅的折射率为 3.5，求波长 $\lambda=1\ \mu m$ 的光从空气入射到其表面上时的全反射临界角 θ。

16.13　防反射膜有哪些应用？满足什么条件的光学膜可使反射率为零？

16.14 设计一种三层防反射膜，使可见光波长范围内的反射率最低。

16.15 太阳电池表面为什么要做成倒金字塔形的凹凸微结构（俗称绒毛化（texture））？一般是由何种方法制作的？

16.16 为了“省硅”，块体晶硅（单晶硅、多晶硅）太阳电池用硅片的厚度要从现在的 200～250 μm 减小到 50 μm 上下。对此，为了保证高效率，应采取哪些措施？

10.17 非晶硅薄膜太阳电池的转换效率大致为多少，指出其转换效率难以提高的原因。

10.18 以 3 串结 a-Si/a-SiGe/μc-Si 薄膜硅太阳电池为例，说明其提高转换效率的理由，为了进一步提高转换效率，还应采取哪些措施？

10.19 指出 CdTe 薄膜太阳电池用于光伏发电的优缺点。

10.20 画出 CdTe 薄膜太阳电池的结构，并以近接升华法（CSS）为例，画出 CdTe 太阳电池的制作工艺流程。

10.21 画图表示 CIGS 太阳电池的典型结构，并画图表示制作 CIGS 光吸收层的多元蒸镀法和硒化法。

10.22 举出三种对提高 CIGS 太阳电池有重要贡献的技术突破。

10.23 Na 在 CIGS 太阳电池中有什么作用？举出两种可实际采用的在 CIGS 光吸收层中添加 Na 的方法。

10.24 画出 InGaP/InGaAs/Ge 3 串结型太阳电池的结构，说明其具有高转换效率的理由。

16.25 画图并说明球状硅太阳电池的工作原理。

16.26 何谓色素增感（染料敏化）太阳电池，简述其工作原理及目前的产业化现状。

16.27 何谓半导体有机薄膜太阳电池，简述其工作原理及目前的产业化现状。

16.28 何谓量子点太阳电池，简述其工作原理及目前的产业化现状。

16.29 为了减轻夏季冷房和生产关系了暖房的负荷，分别应在窗玻璃上涂敷何种材料的反射层？

第 17 章　白光 LED 固体照明与薄膜技术

白光 LED(light emitting diode，发光二极管)是近几年迅速崛起的半导体固体发光器件，与传统的白炽灯泡、荧光灯等比较，具有小型、紧凑而耐振动性好，简约、坚固而稳定性好，高效节能而寿命长，亮度高、发光响应速度快，工作电压低、驱动电源极为简单等许多优点，随着 LED 效率不断提高，其产量急剧增加，应用迅速扩展。本章将针对发光二极管(light emitting diode，LED)技术和蓝色半导体激光技术进行讨论，前者对于 LED 显示器、白色光源，后者对于 DVD 等高密度光盘开发等都是极为重要的。

17.1　半导体固体发光器件的基础——发光过程

图 17-1 表示半导体中发生的各种发光过程。图中①表示自导带以某种方式激发的电子跟位于价带的空穴发生复合而产生发光的过程。这种情况下发射光的峰值波长 λ[nm]由半导体的禁带宽度 E_g[eV]决定，并可表示为

$$\lambda[\mathrm{nm}] = h\nu/E_g \approx 1240/E_g[\mathrm{eV}] \quad (17\text{-}1)$$

可见光的波长范围为 380 nm(紫)～780 nm(红)，因此，为了制作可见光发光元件，需要采用 $E_g \geqslant 1.6$ eV 的半导体。②～⑤是与半导体中杂质能级相关的发光。其中②是在导带被激发的电子能量的一部分以热的形式放出，从而被杂质能级所捕获，并与价带的空穴发生复合而发光。③与②相反，空穴被杂质能级所捕获，而与导带的电子发生复合而发光。④是被杂质能级捕获的电子和空穴发生复合而发光。与①相比，上述②、③两种过程的发光都会向长波长方向移动。此外，与杂质能级相关的发光与直接复合发光相比，从激发到发光所需的时间较长。⑤是激子(exiton)发光。所谓激子，是被激发的电子和空穴并非处于完全解离状态，依靠双方的电荷处于引合状态，而激子消失时，产生与 E_g 近似对应的发光。

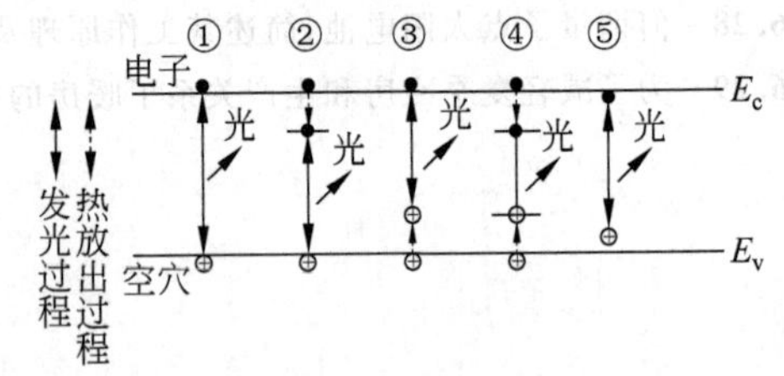

图 17-1　半导体的各种发光过程

在电子与空穴发生复合放出能量时，除了要考虑复合前后的能量之外，还应保持动量守恒。可获得最高发光效率的复合过程是电子与空穴的最初动量相同，因复合而放出的能量全部变成光，而动量却不发生变化，这种情况如图 17-2(a)所示。其能带结构的特点是，在价带顶与导带底不存在动量差，这种半导体发生的复合称为直接跃迁型。对于电子与空穴的初始动量不同的情况，为了保持动量守恒，需要热、声等晶格振动参与迁移过程，因此发生复合的几率变得很低，这种初始动量不同的电子、空穴的复合称为间接跃迁型，其能带结构如图 17-2(b)所示。Si 及 Ge 具有间接跃迁型能带结构，因此不能获得高效率的发光。

GaAs 属于直接跃迁型，但其发光波长为 870 nm，位于红外区，需要在其中加入一定比例的 AlAs 构成多元晶体。由此可获得禁带宽度大的三元化合物 $Al_xGa_{1-x}As$，从而得到可

见光发光。此外，通过改变 x 值的大小还能使禁带宽度等物理常数连续地发生变化，并可以在保持点阵常数不变的前提下，通过形成异质结结构制作禁带宽度连续变化的晶体。

另外，如图 17-2(c)所示，通过在导带与价带之间加入被称为等电子捕集器(isoelectronic trap)的杂质中心，也可以使像 GaP 这种间接迁移的情况达到很高的发光效率。

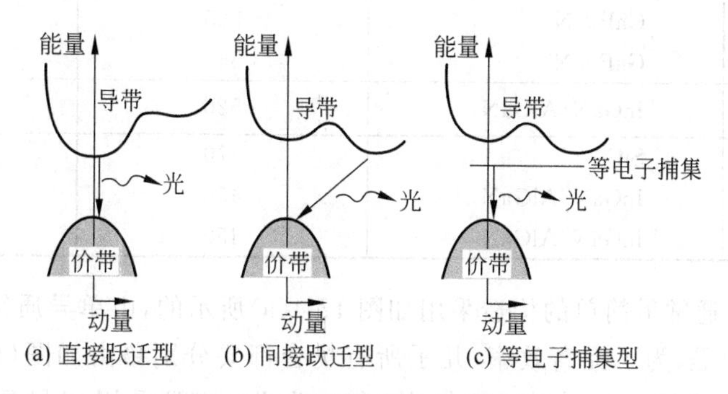

图 17-2 能带结构及发光机制

17.2 发光二极管和蓝光 LED

17.2.1 Ⅲ-Ⅴ族化合物半导体 LED

发光二极管(light emitting diode, LED)，基本上由化合物半导体 pn 结构成。如图 17-3 所示，当顺向对 pn 结外加电压时，电子会向 p 区，空穴会向 n 区注入。这些少数载流子可能与多数载流子发生直接复合，也可能通过杂质能级而发生间接复合，这都会产生发光。在图 17-3 中，若发光产生在 p 区，是由注入的电子与价带中的空穴发生直接复合引起，则对应于图 17-1 的①，若发光是经过杂质能级由间接复合引起，则对应于图 17-1 的②。表 17-1 中汇总了从红外到蓝光的发光二极管材料及峰值波长。

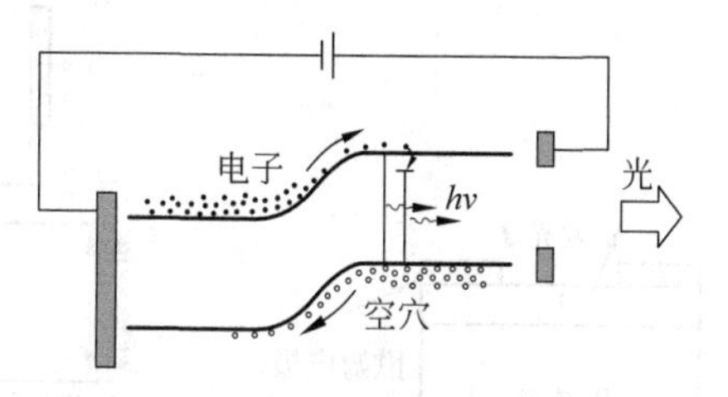

图 17-3 LED 的能带图及发光解释

表 17-1 发光二极管的材料及发光峰值波长

发光色	材 料	峰值波长/nm	备 注
红外	GaAs : Si	940	
	GaAs	910	
红	GaAlAs	700	
	GaP : Zn,O	695	激子发光
	$GaAs_{0.6}P_{0.4}$	650	DH
	$GaAs_{0.35}P_{0.65}$	632	
	AlGaInP	620	DH
	GaP : N	590	

续表

发光色	材 料	峰值波长/nm	备 注
黄	$GaAs_{0.16}P_{0.65}$: N	589	
	InGaN		SQW
黄绿	AlInGaP	570	
	GaP : N	565	
	GaP : N	555	异质结
绿	InGaN/AlGaN	520	SQW
蓝	SiC	470	异质结
	InGaN/AlGaN	450	SLW
	InGaN/AlGaN	450	DH

为制作 LED，通常最简单的构造采用如图 17-4(a)所示的，由单异质结结构外延膜层所构成的 p-n 结。但是，为了提高效率，几乎所有场合都要分别藉由如图(b)和(c)所示的结构，设法使光封闭并使电流狭窄(更集中)化。为此，一般采用双异质结(double hetro structure, DH)或多量子阱(multiple quantum well, MQW)结构。为使在结部位为活性层高效率地发光，一般将 p 型层作为上部表面，以便电子注入容易。另外，需要设法抑制再吸收。

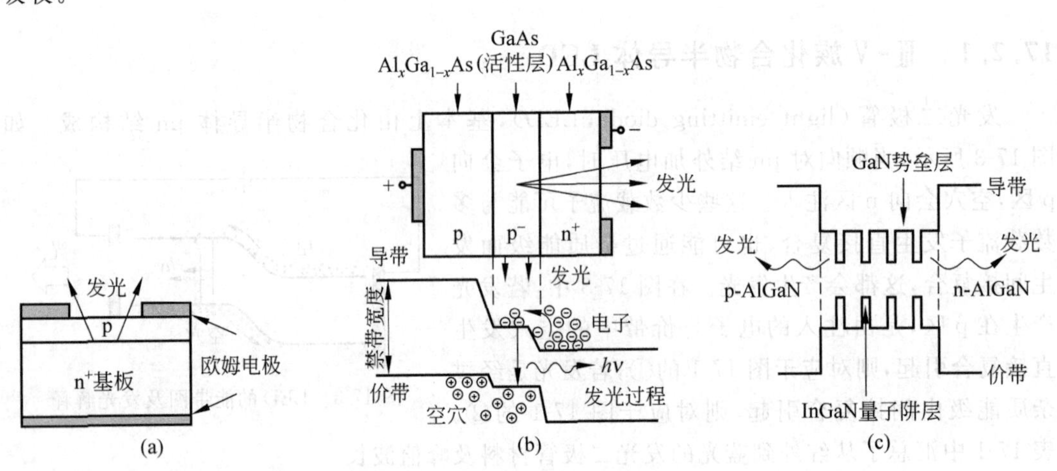

图 17-4 各种不同结构 LED 示意图

(a) 单异质结(SH)外延 pn 结 LED；(b) 以 GaAs、AlGaAs 为例的双异质结(DH)LED；(c) 被 p 型 AlGaN 和 n 型 AlGaN(包覆层)所夹，采用 InGaN、GaN 多重量子阱结构的 LED

发光二极管(light emitting diode, LED)是由化合物半导体制作的。如表 17-2 所示，可见光及紫外光 LED 几乎都是由Ⅲ-Ⅴ族、Ⅱ-Ⅵ族 3 元或 4 元混晶化合物半导体制成的。一般是利用金属有机物化学气相沉积(metal-organic chemical vapor deposition, MOCVD)，藉由异质外延(hetero-epitaxial)在单晶基板上生长活性层和包覆层。

所谓多元混晶化合物，是指由不同元素构成的化合物单晶体。以Ⅲ-Ⅴ族化合物半导体单晶为例，Ⅲ族元素所占的 A 位可以是 Al、Ga、In，Ⅴ族元素所占的 B 位可以是 N、P、As。如果仅考虑由 A 位构成的亚点阵，每个阵点上不是由 Al 就是由 Ga 或 In 占据，即三者之间具有"置换性"；Al, Ga 或 In 到底占据哪个位置是不确定的，因此具有"无序性"；而 Al,

表 17-2　已实现商品化(产品化)的各种 LED 的特性

光色	半导体材料和荧光体	发光波长/nm	光度(发光强度)/cd	外部量子效率/%	发光效率/(lm/W)
红	GaAlAs	660	2	30	20
黄	AlInGaP	610～650	10	50	96
橙	AlInGaP	595	2.6	>20	80
绿	InGaN	520	12	>20	80
蓝	InGaN	450～475	>2.5	>60	35
近紫外	InGaN	382～400		>50	
紫外	AlInGaN	360～371		>40	
拟似白色	InGaN 蓝光+黄光荧光体	465,560	>10		>100
三波长白光	InGaN 近紫外+RGB 荧光体	465,530,612～640	>10		>80

Ga 或 In 在某一阵点占据的比率可以从零到 1,因此具有“无限性”。由 *B* 位构成的亚点阵也有类似的情况。由两种亚点阵按一定的平衡关系嵌套在一起,便组成所谓混晶(单晶体)。随化合物半导体混晶中组元、成分的不同,禁带宽度不同,从而所发出光的波长,即颜色不同。因此,藉由控制混晶的组元及组元间的比例(成分),便可以获得所需要颜色的发光。

图 17-5 表示各种化合物半导体的点阵常数、禁带宽度与发光波长的关系。无论从占据 *A* 位的 Al、Ga、In、Mg、Zn、Cd 看,还是从占据 *B* 位的 N、P、As、Sb、S、Se、Te 看,可以发现元素的原子序数越小,则构成单晶体的点阵常数越小,禁带宽度越大。这可以从构成化合物的组元原子半径、电负性、电子浓度等因素得到解释。

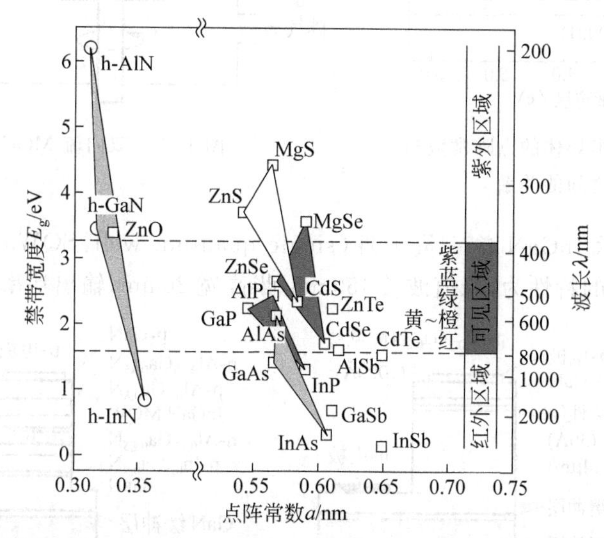

图 17-5　各种化合物半导体的点阵常数(a),禁带宽度(E_g)与发光波长(λ)之间的关系

在使大多数的化合物半导体异质外延生长时,一个基本要求是选用与其点阵常数尽可能相近的基板,否则由于晶格失配(misfit)太大而难以获得高质量的单晶膜。

17.2.2 蓝光LED芯片的结构及制作方法

近年来，氮化物系发光二极管受到人们的广泛关注，并已处于技术开发和应用阶段。下面重点加以介绍。图17-6表示氮化物系半导体的能隙与晶体点阵常数的关系。图中也给出了蓝宝石和SiC的点阵常数，这两种材料常用于氮化物薄膜的基板。针对氮化物系发光二极管的开发，人们采用了图17-7所示的双向流(two-flow)MOCVD装置。在这种装置中，反应气体平行于基板表面流动，而N_2、H_2气流垂直于基板表面入射，从而进一步将反应气体压向基板表面。采用的反应气体有三甲基镓($Ga(CH_3)_3$)、氨、三甲基铟($In(CH_3)_3$)、三甲基铝($Al(CH_3)_3$)。n型GaN一般采用SiH_4掺杂气体，对薄膜进行Si掺杂，而p型进行Mg掺杂。通过优选工艺生长的GaN并进行700℃以上的热处理，已成功获得低电阻率的p型GaN膜，它作为氮化物系发光二极管开发的关键技术，已获得突破性进展。人们进一步用可获得强带间发光的InGaN，代替利用深能级产生550 nm发光的GaN，于1993年，实现了发光强度为1 cd，输出功率为1.5 mW的蓝色LED。该元件的活性层InGaN被p型AlGaN和n型AlGaN夹于中间，构成双异质结结构(参照后面的图17-12)，其发光光谱的半高宽较宽，大约为70 nm，而且制作长波长的绿色、黄色LED比较困难，因此又开发出下述量子阱结构的LED。

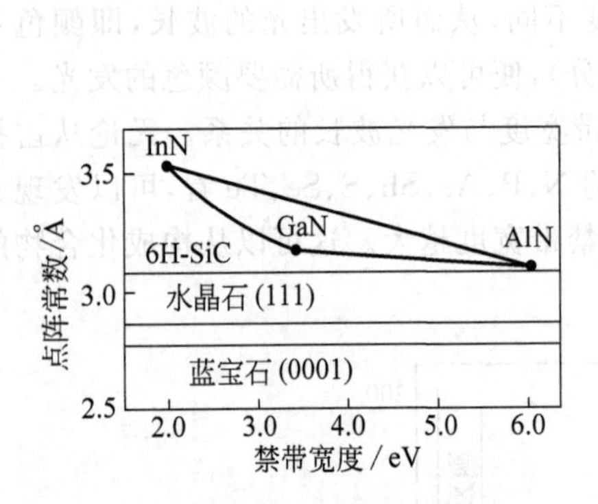

图17-6 氮化镓系半导体的点阵常数与禁带宽度之间的关系

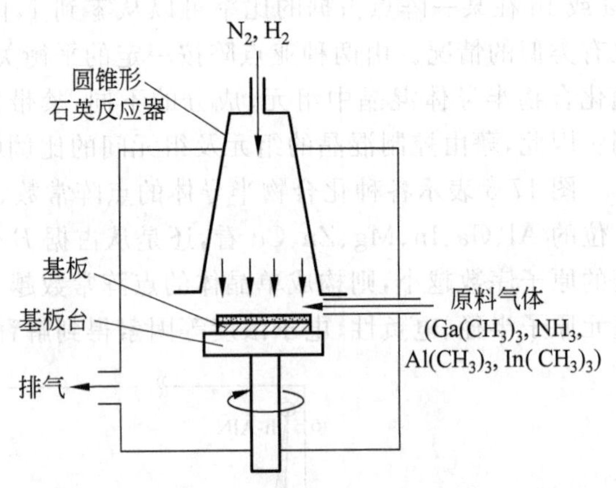

图17-7 双向流MOCVD装置

图17-8(a)表示InGaN单一量子阱(single quantum well, SQW)(图17-12)结构的LED。其蓝色LED的特性为，峰值波长450 nm，半高宽20 nm，输出功率为5 mW(在20 mA

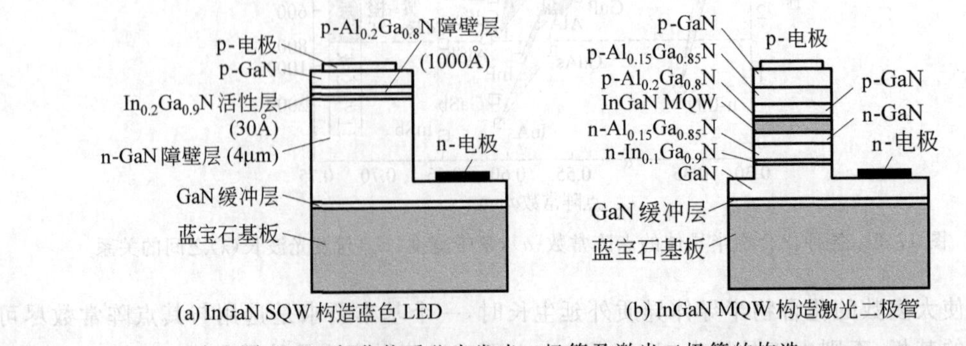

图17-8 氮化物系蓝光发光二极管及激光二极管的构造

下)；绿色 LED 的特性为，峰值波长 525 nm，半高宽 30 nm，输出功率为 5 mW(在 20 mA 下)。通过增加 In 的成分，可实现长波长化。

17.3　白光 LED 固体照明器件

17.3.1　白光 LED 发光的几种实现方式

表 17-3 列出从 1997 年到 2008 年大约 10 年间，由蓝光 LED 以及近紫外 LED 与荧光体相结合的白色 LED 光源的开发历程。具有 400 nm 前后发光波长的近紫外 LED 的制作及其高效率的研究，是从 1998 年开始的。

表 17-3　白色 LED 照明光源的开发历史及进展概略(1997—2008 年)

年代	开发内容	企业・研究机构・备注(用途等)
1997	藉由蓝光 LED(约 465 nm)与 YAG：Ce 黄色荧光体相组合，实现了拟似白色(大约 5 lm/W)	日亚化学工业(株) (液晶显示屏用的背光源)
1998	藉由近紫外 LED(400 nm 左右)与 3 原色(RGB)荧光体相组合，创造出真正意义上的(半导体固体)白色发光 目标值 • 外部量子效率(η_e)：40% • 白色 LED 的发光效率：60～80 lm/W(2003 年) 120 lm/W(2010 年) • 平均显色评价数(Ra)：90 以上	由日本经产省・NEDO 依据防止地球温暖化京都议定书制定的节能白色 LED 照明规划“21 世纪的照明”，以促进蓝光・近紫外激发白色 LED 照明的实用化为目的
2001	RGB 白色 LED (382 nmLED 激发，24% 10 lm/W)	“21 世纪的照明” SPIE(USA)第 1 届固体照明会议召开 (2001 年 8 月，SanDiego)
2001—2002	RGB 白色 LED (近紫外 LED 激光) 外部量子效率：43%(405 nm)	• 丰田合成(株) • GE(Gelcore，GE lighting) “21 世纪的照明”
2003 2005 2006	30～60 lm/W，Ra>90 50 lm/W(蓝光 LED 与 YAG 荧光体) $\eta_e\approx$44%(405 nm)，40 lm/W 以上 Ra>95	“21 世纪的照明” 日亚化学工业(株) 文科省“知识群体创生事业” 山口大学，三菱电线工业(株)，三菱化学(株)
2007—2008	蓝光 LED 与 YAG：Ce 擬似白色 >100 lm/W，Ra$\approx$60 (实验室水平：150 lm/W 以上) $\eta_e\approx$70%(450 nm)	• 日亚化学工业(株)，西铁城电子(株)等 • Philips Lumileds，Cree • Osram OS
	高显色 RGB 白色 LED η_e>50%(450 nm)，80 lm/W Ra>99	山口大学，三菱电线工业(株)， 三菱化学(株) 第一届白色 LED 和固体照明国际会议召开(2007 年 11 月，Tokyo)

目前，采用 LED 实现白色的方法主要分两大类。一类如图 17-9(a)所示，仅由三种半导体 LED 芯片（红光(R)、绿光(G)、蓝光(B)）相结合，使之产生白色的方法；另一类分别如图 17-9(b)和(c)所示，利用 $In_xGa_{1-x}N$（x 是分比，$0<x<1$）系蓝光 LED 或近紫外 LED 发光与受激荧光体发光的混合，获得白色效果的方法。

白色LED的构造	照射面的效果	特征（发光效率：K；平均显色评价数：Ra）
(a)		多个半导体芯片组合方式 · 发自3色LED的配光各异，发生严重的色分离 · 缺乏可见光谱中的某些成分 · 不适合用于照明光源 · $K\approx30$ lm/W · Ra≈40
(b)-1		单芯片+单荧光体方式 · 由蓝光LED和黄光荧光体得到拟似白色 · 易发生色分离，不能得到均匀的配光 · 作为照明用光源不理想 · $K>100$ lm/W · Ra≈60
(b)-2		单芯片+多荧光体方式 · 由蓝光LED与黄光、红光荧光体或与绿光、红光荧光体组合实现白色 · 与蓝光LED的特性关系极大 · 没有短波长(420 nm以下)的光 · $K>40$ lm/W · Ra>90
(c)		单芯片+多荧光体方式 · 近紫外LED激发红、绿、蓝光荧光体发光而实现白色 · 可以得到高显色性的均匀配光 · 最适合用于照明光源 · 可获得覆盖可见光全域(380~780 nm)的接近连续谱的发光，显色性最好 · $K>80$ lm/W · Ra≈100

图 17-9　实现白色发光的几种方式及特征

(a) RGB 三芯片方式；(b)-1、(b)-2 蓝光 LED 激光荧光体实现拟似白色方式；(c) 近紫外 LED 激光 RGB 荧光体实现白色转变方式

对于采用 RGB 三色 LED 芯片的情况来说，如图 17-9(a)所示，为使其发生白光，每个 LED 都必须配置保证各色 LED 发光强度相平衡的电源回路。另外，由于每个 LED 的发光特性不同，往往会在照射面上产生不均匀的色混合效果，因此作为照明光源是不适合的。

现在，作为砲弹型白色 LED(图 17-9)，已经商品化（如液晶显示器背光源(back light unit，BLU)，照明，壁面显示器等）的方式是图 17-9(b-1)。对于人的眼睛来说，蓝光和黄光混合可以看到白光（拟似白光）。但互为补色关系的蓝色和黄色会出现色相分离的效果，且显示很强的色度与温度、电流的相关性，造成绿色及红红色成分不足，从而产生显色性不足的问题。可改善这些缺点的组合，如图 17-9(b-2)所示，是利用蓝光 LED 激发，使黄光和红光荧光体或绿光和红光荧光体发光的方式。

作为光源，要求其发出高质量的光。这是因为，我们观看物体时，实际上看到的是反射光。光源的光谱作用于物体表面，经反射到达我们眼中。这种现象称为“显色”（又称演色，

通常用平均显色性评价指数(average color rendering index)来表征)。一般将平均显色指数简记做 Ra 或 CRI。如果光源发出的光不与白炽灯泡发出的光或太阳光谱相接近,则物体的色效果就会有别于通常所见。

图 17-9(c)表示近紫外激发荧光体发光方式白色 LED 的构造和特征。近紫外激发白色 LED 的发光原理,从利用近紫外光使荧光体发生光致发光过程,变换为可见光这一点讲,与三波长荧光管相类似。这种技术可以获得比利用图 17-9(b)-1 和图 17-9(b)-2 所示方式更高品质的白光。

对于上述两种方式荧光体变换型白色 LED 来说,白光发生原理在本质上是不同的。藉由蓝光 LED 和黄光荧光体的白光方式,从蓝光 LED 发出纯蓝光(频谱更窄的蓝光)对于白色构成是不可缺少的要素,但其受温度及驱动电流的强烈影响。相比之下,如图 17-9(c)所示,由于近紫光的作用仅是激发荧光体而并不是直接构成白光的成分,因此可以获得充分的色混合特性及均匀的配光分布。

图 17-9 的右边还分别给出蓝光 LED 系补色的拟似白色 LED,RGB 拟似白色 LED 以及近紫外 LED 激光型三波长白色 LED 等三种荧光体型白色 LED 的特征。藉由图 17-9 所示蓝光 LED 激发荧光体的变换方式,可以制作出从"冷"白光(cool white,图 17-9(b)-1)到"暖"白色(warm white,图 17-9(b)-2)的白色 LED。对于由近紫外激发方式的白光来说,由于其频谱覆盖可见光整个范围(380～780 nm),因此有可能创造出与白炽电灯相近的连续光谱,特别是,它还像荧光管那样,含有 405 nm 左右的紫光成分。

17.3.2　白光 LED 的结构和构成要素

图 17-10 表示代表性的 InGaN/YAG 白色 LED 的构造及发光效率的构成要素。白色发光的原理,是藉由 YAG 荧光体进行波长变换,即利用 LED 芯片发射的蓝色光使包覆于芯片周围的荧光体层激发,并由其产生黄色荧光。由于蓝光和黄光处于补色关系,使这两种

LED光源效率η_v[lm/W]$=K \cdot P_{output}/P_{input}=K \cdot \eta_{pkg} \cdot (X+(1-X) \cdot \eta_{phos}) \cdot \eta_{wpe}$

P_{output}：发射光功率[W]；P_{input}：输入电功率[W]

K：发射的视感效果度[lm/W](LER值-Luminous Efficacy of Radiation)

X：白色光中的蓝光成分

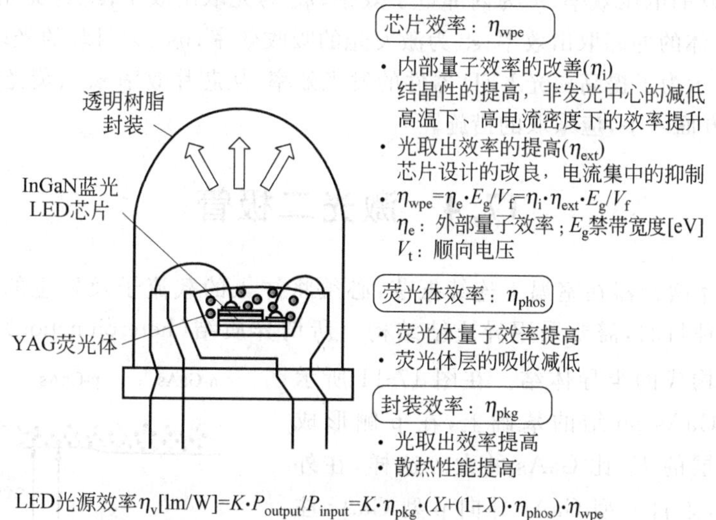

图 17-10　白光 LED 的构造与发光效率的构成要素

光充分地组合,人的眼睛会看到白色光。

白光 LED 的结构主要由下列材料及部件构成:

(1) 外延基板。LED 的半导体层需要外延生长在单晶基板上才能制成芯片。从二者的晶格及热膨胀系数匹配、单晶制作难易程度及价格等因素考虑,目前采用最多的是蓝宝石基板。但 GaN、SiC、AlN、Ga_2O_3 等单晶基板也是人们开发的重点。

(2) 各种化合物半导体外延层。无论是单异质结(SH)、双异质结(DH)还是多量子阱(MQW)结构的 LED(图 17-4 及图 17-8)都要用到各种化合物半导体外延层。作为 LED 元件的心脏和核心,这些外延层对发光波长、内部量子效率等特性起着决定性作用。

(3) 荧光体。一般说来,不同发光色的 LED 需要采用不同的荧光体;用于白光 LED 的荧光体有蓝光激发和近紫外激发之分;荧光体中又分不同的材料系列。

(4) 封装用树脂材料。白色 LED 用封装树脂材料选择无色透明、具有适度强度、与基体结合性好、绝缘性优良、价格便宜、容易加工处理的树脂。其主流为环氧树脂和硅树脂等。对于今天面向高输出、高辉度的白光 LED,更趋向于使用耐热、耐 UV 性能优良的硅树脂。

(5) 散热基板。在大功率 LED 封装中,散热基板作为热流主通路对于高效率散热、降低芯片温度、提高器件可靠性及寿命等起着十分关键的作用。通常采用的散热基板有高导热"类 FR-4"、金属基板(IMS)、陶瓷基板、直接贴铜板等。

17.3.3 白光 LED 的发光效率

白光 LED 的发光效率是由蓝光 LED 芯片的效率、荧光体层的效率、封装的光取出三者共同决定的。在图 7-10 中,将 LED 发射的全光通量[lm]被输入[W]相除的值,即光源效率(灯泡效率)[lm/W]与各构成要素的效率之间的关系,均用计算公式计算出。

一般情况下,藉由受激荧光体实现光变换的白光 LED 照明的效率由下式给出

$$\eta_{white}[\mathrm{lm/W}] = (\eta_v \cdot \eta_i \cdot \eta_{ext}) \times (\varepsilon_{ph}^{i} \cdot \varepsilon_{ph}^{e} \cdot \varepsilon_{ph}^{ex}) \times \eta_{PKG} \tag{17-2}$$

式中,η_v 为 LED 的电压效率;η_i 为内部量子效率;η_{ext} 为光取出效率;ε_{ph}^{i} 为荧光体的内部量子效率;ε_{ph}^{e} 为荧光体的外部取出效率;ε_{ph}^{ex} 为激发光的吸收效率;η_{PKG} 为封装的光取出效率。

图 7-10 表示为了提高白光 LED 器件的发光效率,从芯片效率 η_{wpe}、荧光体效率 η_{phos}、封装效率 η_{PKG} 三方面入手,应采取的措施。

17.4 激光二极管

为使半导体激光器在室温下连续振荡,必须将注入的载流子及发生的光封闭于活性区。为达到这种目的,需要采用异质结结构。所谓异质结(heterojunction),是指由 E_g 不同的异种物质构成的半导体结。在图 17-11 所示的实例中,在 GaAs pn 结的基础上,在 p 侧形成 GaAlAs 层,该层的 E_g 比 GaAs 的大。这样,在外加正向偏压时,来自 n 型 GaAs 并向 p 型 GaAs 注入的电子,由于受到 GaAlAs 壁垒的作用,被封闭于 GaAs 内部。如图 17-8(a)所示,这种仅在 p 侧形成异质结的称为单异质结。如果采用 E_g 更大

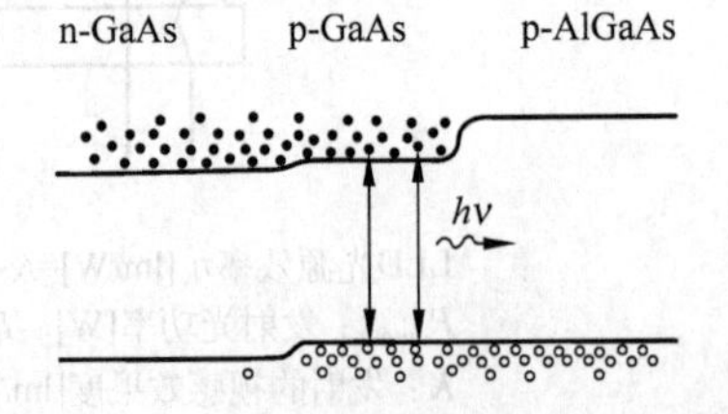

图 17-11 GaAs 激光二极管(单异质结构造)的能带图和发光解释

的 n 型 $Ga_{1-x}Al_xAs$ 代替 n 型 GaAs，在两侧都形成异质结（双异质结(double heterojunction，DH)，见图 17-12)，则注入的电子和空穴都被封闭于活性区。这样，很小的电流就能获得很高的电子和空穴浓度，增益很大。此外，无论是n 型 $Ga_{1-x}Al_xAs$还是 p 型 $Ga_{1-x}Al_xAs$ 的折射率都比 GaAs 的大，因此，电子与空穴复合产生的光更容易封闭其中。如果进一步使活性区变薄，则可进一步减小发振所需的阈值电流。激光二极管的基本结构为双异质结结构，但为了进一步提高载流子和光的封闭效果，多采用单量子阱(single quantum well，SQW)和多量子阱(multi quantum well，MQW)结构。在 MQW 中，使约 10 nm 或更薄的载流子注入层与约 10 nm 或更薄且 E_g 大的层相互重叠，构成超晶格结构。为了高精度地使如此薄的外延层生长，需要采用计算机控制的 MOCVD 技术和 MBE 技术。图 17-12 分别表示激光二极管活性区采用的 DH、SQW、MQW 结构。

图 17-8(b)表示采用 InGaN MQW 结构的激光二极管断面。基板采用 c 面蓝宝石，激光二极管结构形成之后，分别在 n 型和 p 型 GaN 上沉积并刻蚀形成电极。另外，由于 c 面蓝宝石的解理性很差，一般采用对外延膜进行干法刻蚀的方法形成共振器面。目前已开发成 InGaN 系 MQW 激光二极管，并成功实现室温发振。图 17-13 表示其发光光谱。

	构造	活性层/μm	能带间隙	折射率	制作方法
DH	包覆层 活性层 包覆层	~0.1		→大	LPE 等
SQW	包覆层 活性层 包覆层	~0.01		→大	MOCVD MBE 等
MQW	包覆层 活性层 包覆层	~0.01		→大	MOCVD MBE 等

图 17-12　半导体激光器中活性层(载流子及光的封闭层)的构成

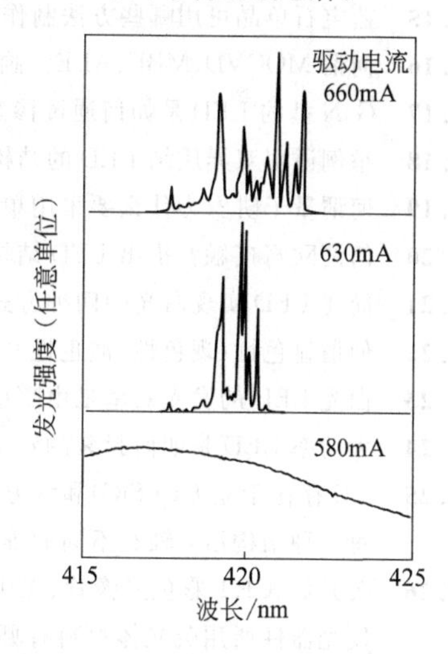

图 17-13　InGaN MQW 构造激光二极管的发光光谱

习　　题

17.1　请画出半导体异质结处的能带结构。

17.2　何谓直接跃迁型和间接跃延型半导体？举例并画出能带结构图。

17.3　指出发光二极管直接跃迁型、间接跃迁性、等电子捕集型能带结构的区别及发光特征。

17.4　化合物半导体与元素半导体相比，有哪些优点和缺点？

17.5　求纯 Ge(本征半导体)在 300 K 时的载流子密度。计算这种半导体的导电率是多大？计算中，设 Ge 的禁带宽度为 0.72 eV，电子和空穴的迁移率分别为 0.39 m²/(V·s)和 0.19 m²/(V·s)，并假定电子和空穴的有效质量分别与电子的静止质量相等。

17.6　在 53.2 g 的 Ge 中均匀固溶 1.22×10^{-5} g 的 Sb，构成 n 型半导体。求此时的杂质密度和常温下的电导率。其中设施主(donor)完全处于被离化状态。

17.7 求 InSb 中施主的离子化能量和基态的轨迹半径,其中电子的有效质量是其静止质量的 0.013 倍。

17.8 氧化亚铜(Cu_2O)为 p 型半导体。从非化学计量型杂质存在的观点,对其进行说明。

17.9 采用 n 型锗,制作受光面积 $1\times1\ cm^2$、电极间距 1 cm 的光导电元件,用光照射每秒产生 10^{16} 个/cm^3 的电子-空穴对,生成的载流子平平均寿命为 1 ms。在该元件上,外加 10 V 的电压,请回答下面的问题:

① 求出该元件的光导电增益;

② 求出光照射时的光电流。

其中为简化起见,忽略空穴的作用,设电子的迁移率 $\mu_n=3600\ cm^2/(V\cdot s)$。

17.10 说明电-光效应。列举三个典型的电-光效应用材料及实际应用元件。

17.11 说明半导体电致发光(luminescence)的原理,并举出三种具体的激励方法。

17.12 请调研蓝色发光二极管材料的最新进展。

17.13 何谓同质外延和异质外延?如何才能获得高质量的外延层?

17.14 制作蓝光 LED 需要外延基板,选择外延基板的主要考虑是什么?目前和将来用于蓝光 LED 外延基板的材料有哪些?

17.15 蓝宝石单晶可用哪些方法制作,各种方法有什么优缺点?目前的产业化状况如何?

17.16 何谓 MOCVD、MBE、ALE?画简图并介绍其工艺流程并说明其工艺特点。

17.17 GaN 基的 LED 是如何通过掺杂实现 pn 结的?

17.18 举例说明双异质结 LED 的结构,为什么要采用双异质结?

17.19 何谓量子阱?为什么要采用单量子阱或多量子阱 LED?

17.20 何谓欧姆接触?指出 LED 结构中必须实现欧姆接触的位置并说明理由。

17.21 简述 LED 实现白光的四种方式,它们是如何封装的?比较四种方式的优缺点。

17.22 何谓显色性(现色性,演色性)?显色性是如何测量和确定的?

17.23 白光 LED 的发光效率是由哪些因素决定的?请写出具体的表达式。

17.24 大功率 LED 是如何封装的?请介绍几种相关的高热导基板。

17.25 SiC 存在于立方(β-SiC)和六方(α-SiC)等两种不同的形式,其中后一种形式具有三种不同的结构,每一种结构沿 c 轴有不同的堆垛次序,请画出 β-SiC 以及 α-SiC 的三种不同结构。

17.26 荧光灯、CRT 彩色显像管、无机 EL、PDP、VFD、蓝光激发白色 LED、紫外光激发白色 LED 这七种发光器件所用荧光体材料有哪些区别?

17.27 给出白色 LED 的最新进展。

17.28 如何才能使 LED 发出的光高效率地射出?

17.29 外腔式气体激光管的窗口镀有一层金属膜,设其折射律率为 2.8,管内气体的折射率为 1,求全反射的临界角 ϕ_c。

17.30 画出异质结双极三极管(HBT)的能带结构。

17.31 画出双异质结构造激光二极管(DH-LD)的构造,载流子封闭及光封闭的原理。

17.32 哪些半导体材料可满足"硬电子学的要求?它们的共同特点是什么?

参考文献

[1] 麻蒔 立男. 薄膜作成の基礎(第三版). 日刊工業新聞社, 1996

[2] 麻蒔 立男. 微細加工技術. 日刊工業新聞社, 1996

[3] 平尾 孝, 吉田 哲久, 早川 茂. 薄膜技術の新潮流. 工業調査会, 1997

[4] 伊藤 昭夫. 薄膜材料入門. 裳華房, 1998

[5] 高村 秀一. プラズマ理工學入門. 森北出版株式会社, 1997

[6] 飯島 徹穂, 近藤 信一, 青山 隆司. はじめてのプラズマ技術. 工業調查会, 1999

[7] 井上 泰宣, 鎌田 喜一郎, 濱崎 勝義. 薄膜物性入門. 内田老鶴圃, 1994

[8] 麻蒔 立男. 超微細加工の本. 日刊工業新聞社, 2004

[9] 岡本 幸雄. プラズマプロセシングの基礎. 電気書院. 1997

[10] 小林 春洋. スパッタ薄膜基礎と応用. 日刊工業新聞社, 1998

[11] 麻蒔 立男. 薄膜の本. 日刊工業新聞社, 2002

[12] 张劲燕. 电子材料. 台北: 五南图书出版股份有限公司, 2004

[13] 张劲燕. 半导体制程设备. 台北: 五南图书出版股份有限公司, 2004

[14] 李世鸿. 积体电路制程技术. 台北: 五南图书出版股份有限公司, 1998

[15] 田口 常正. 白色 LED 照明技術のすべて. 工業調査会, 2009

[16] 桑野 幸徳, 近藤 道雄. 図解最新太陽光発電のすべて. 工業調査会, 2009

[17] Michael Quirk, Julian Serda. Semiconductor Manufacturing Technology. Prentice Hall, 2001

[18] 菊地 正典. 半導體のすべて. 日本實業出版社, 1998

[19] 前田 和夫. はじめての半導體プロセスへ. 工業調査会, 2000

[20] 岡崎 信次, 鈴木 章義, 上野 巧. はじめての半導體リソグテフ技術. 工業調査会, 2003

[21] 還藤 伸裕, 小林 伸長, 若宮互. はじめての半導體制造材料. 工業調査会, 2002

[22] 张厥宗. 硅单晶抛光片的加工技术. 北京: 化学工业出版社, 2005

[23] 菊地 正典. やさしくわかる半導體. 日本實業出版社, 2000

[24] 西久保 靖彦. てれで半導體のすべてがわかる! 秀和システム, 2005

[25] 福岡 義孝. はじめてのエレケトロニクス實裝技術. 工業調査会, 2000

[26] 西久保 靖彦. て水飛薄型デイスプレイのすべ匚がわかる! 秀和システム, 2006

[27] 鈴木 八十二. 液晶デイスプレイのできるまで. 日刊工業新聞社, 2005

[28] 岡部 洋一. 繪でちかる半導體とIC. 日本實業出版社, 1994

[29] 水田 進. 図解雜學液晶のしくみ. 株式会社ナツメ社, 2002

[30] 城戸 淳二. 有機 ELのすべて. 日本実業出版社, 2003

[31] 竹添 秀男, 高四 陽一, 宮地 弘一. イラスト・図解液晶のしくみがわかる本. 技術評論社, 1999

[32] 那野 比古. 液晶のはなし. 日本実業出版社, 1998

[33] 岩井 善弘. 液晶産業最前線. 工業調査会, 2000

[34] 河村 正行. よくわ かる有機 ELディスプレイ. 電波新聞社, 2003

[35] 内田 龍男. 次世代液晶ディスプレイ技術. 工業調査会, 1994

[36] 鈴木 八十二. トコトソやさしい液晶の本. 日刊工業新聞社, 2002

[37] 岩井 善弘, 越石 健司. ディスプレイ部品・材料最前線. 工業調査会, 2002

[38] 麻蒔 立男. 眞空の本. 日刊工業新聞社, 2002

[39] 鈴木 八十二. 液晶ディスプレイ工學入門. 日刊工業新聞社, 1998

[40] 苗村 省平.はじめての液晶ディスプレイ技術.工業調査会,2004
[41] Rao R. Tummala. Fundamentals of Microsystems Packaging. McGraw-Hill, 2001
[42] Chapman B N. Glow Discharge Processes: Sputtering and Plasma Etching. New York: John Wiley & Sons, Inc. 1980
[43] Esaki L. J Quantum Electron, IEEE 1986, 22: 1611
[44] Herman M A and Sitter H. Moleculer beam epitaxy, fundamental and current status. Berlin: Springer-Verlag, 1989
[45] Tsang W T. J Quantum Electron, IEEE. 1984, 20: 1119
[46] Miller D A B, Chemla D S and Schmitt R S. Phys Rev B. 1986, 33: 6976
[47] Chang L L and loog K. Molecular beam epitaxy and bet-ero-sturctures, NATO SAI Series, Series: Applied Sciences-No. 87. Martinus Ni jhoff Publishers, 1985
[48] Imamori K, Masuda A, Matsumura H. Influence of a-Si : H deposition by catalytic CVD on transparent conducting oxide, Thin Solids Films. 2001, 395: 147
[49] Ohring, M. The Materials Science of Thin Films, Academic Press, Boston, 1992
[50] Smith, D L. Thin Film Deposition, McGraw-Hill Inc. New York, 1995
[51] Sten, K H. et al. Metallurgical and Ceramic Protective Coatings, Chapman & Hall, London, 1996
[52] Mee, C D. et al. Magnetic Recording Technology, 2nd Ed. McGraw-Hill Inc. New York, 1996
[53] Feldman, L C. et al. Fundamentals of Surface and Thin Film Analysis, Elsevier Science Publishing Co. Inc. Amsterdam, 1986
[54] Plano, L S G. Growth and CVD Diamond for Electronic Application. In: Pan, L S. et al. Diamond: Electronic Properties and Application. Kluwer Academic Publishers, Boston, 1995
[55] Magnetismus von Festkoepern und Grenzflaechen. (ed. R. Hoelzler), IFF Ferienkurs vom Forschungszentrum Juelich GmbH, Germany. Juelich, 1993
[56] Zabel, H. Epitaktische Schichten. Westdeutscher Verlag, Duesseldorf, 1995
[57] 陈光华,邓金祥.新型电子薄膜材料.北京:化学工业出版社,2002
[58] 何宇亮,陈光华,张仿清.非晶态半导体物理学.北京:高等教育出版社,1989
[59] 曲喜新等.电子薄膜材料.北京:科学出版社,1997
[60] 李言荣,恽正中.电子材料导论.北京:清华大学出版社,2001
[61] 陈宝清.离子镀及溅射技术.北京:国防工业出版社,1990
[62] 左演声,陈文哲,梁伟.材料现代分析方法.北京:北京大学出版社,2000
[63] 孔梅影.高技术新材料要览.北京:中国科学技术出版社,1993
[64] 唐伟忠.薄膜材料制备原理、技术及应用.北京:冶金工业出版社,1998
[65] 吴自勤,王兵.薄膜生长.北京:科学出版社,2001
[66] 陈国平主编.薄膜物理与技术.南京:东南大学出版社,1993
[67] 杨邦朝,王文生.薄膜物理与技术.成都:电子科技大学出版社,1994
[68] 戴达煌,周克崧等编著.金刚石薄膜沉积制备工艺与应用.北京:冶金工业出版社,2001
[69] 曹茂盛,关长斌,徐甲强编著.纳米材料导论.哈尔滨:哈尔滨工业大学出版社,2001
[70] 王力衡,黄运添,郑海涛.薄膜技术.北京:清华大学出版社,1991
[71] 朱宜,汪裕苹,陈文雄编著.扫描电镜图像的形成处理和显微分析.北京:北京大学出版社,1991
[72] 吴刚主编.材料结构表征及应用.北京:化学工业出版社,2002
[73] 达道安.真空设计手册.北京:国防工业出版社,1991
[74] 高技术新材料要览编辑委员会.高技术新材料要览.北京:中国科学技术出版社,1993
[75] 杨南如主编.无机非金属材料测试方法.武汉:武汉工业大学出版社,1990

[76] 金原 粲等.薄膜.王力衡等译.北京：电子工业出版社，1988
[77] 堂山 昌男等.尖端材料.邝心湖等译.北京：电子工业出版社，1987
[78] 御子柴 宣夫等.电子材料.袁建畴译.北京：电子工业出版社，1988
[79] 小沼 光晴.等离子体及成膜基础.张光华译.北京：国防工业出版社，1994
[80] 白春礼编译.扫描隧道显微术及其应用.上海：上海科学技术出版社，1992
[81] 金曾孙.薄膜制备技术及其应用.长春：吉林大学出版社，1989
[82] 吴锦雷，吴全德主编.几种新型薄膜材料.北京：北京大学出版社，1999
[83] 朱宜等.电子显微镜的原理和使用.北京：北京大学出版社，1983
[84] 高荣发.热喷涂.北京：化学工业出版社，1992
[85] 张继世，刘江.金属表面工艺.北京：机械工业出版社，1995
[86] 赵化桥.等离子体化学与工艺.合肥：中国科学技术大学出版社，1992
[87] 乔希竹.光电子技术.1998，18(2)
[88] 谢亮.电致变色 NiO_xH_y 薄膜的制备及性能研究：[博士论文].兰州：兰州大学，1998
[89] 赖珍荃，周斌，王钰等.功能材料与器件学报.2001，7(2)：141
[90] 崔敬忠，达道安.第8届全国非晶微晶材料与物理年会论文集.南昌：1997，228
[91] 林永昌.薄膜科学与技术.1995，8(3)：227
[92] 张生俊.MWECR CVD 系统及 BN 薄膜生长与特性研究：[博士论文].北京：北京工业大学，2001
[93] 黄和鸾.现代外延生长技术，辽宁大学学报(自然科学版).1994，21(4)：30
[94] 孔梅影.分子束外延半导体纳米材料，现代科学仪器.1998，1～2：55
[95] 文尚盛，廖常俊，范广涵等.现代 MOCVD 技术的发展与展望，华南师范大学学报(自然科学版).1999，(3)：99
[96] 吕反修，唐伟忠，刘敬明等.大面积高光学质量金刚石自支撑膜的制备.材料研究学报，2001，15(1)：41
[97] 安茂忠，王久林，杨哲龙等.电沉积方法制备功能性金属化合物薄膜，功能材料，1999，30(6)：585
[98] 李美成，杨建平，王菁等.脉冲激光薄膜制备技术，真空与低温，2000，6(2)：63
[99] 严辉，王波，汪浩等.新型化学气相沉积技术 Cat-CVD 的发展趋势，功能材料增刊，2001
[100] 郑伟涛.薄膜材料与薄膜技术.北京：化学工业出版社，2004
[101] 麻莳 立男.薄膜技术基础.陈昌存，李兆玉，王普译.北京：电子工业出版社，1988
[102] 朱静等.纳米材料和器件.北京：清华大学出版社，2003
[103] John H. Lau，Shi-Wei Ricky Lee.芯片尺寸封装.贾松良，王水弟，蔡坚等译校.北京：清华大学出版社，2003
[104] 王福贞，闻立时.表面沉积技术.北京：机械工业出版社，1989
[105] 朱履冰.表面与界面物理.天津：天津大学出版社，1992
[106] 谭毅，李敬锋.新材料概论.北京：冶金工业出版社，2004
[107] Michael Quirk，Julian Serda.半导体制造技术.韩郑生等译.北京：电子工业出版社，2004
[108] 郑昌琼，冉均国.新型无机材料.北京：科学出版社，2003
[109] 大泊 巌.ナノテクノロジーの本.日刊工業新聞社，2002
[110] 川合 知二.ナノテクノロジーのすべて.工業調査会，2001
[111] 川合 知二.ナノテク活用技術のすべて.工業調査会，2002
[112] 田民波.平板显示器产业化进展及发展趋势.2004 中国平板显示学术会议(2004FPDC)论文集，205～214.2004年10月，上海
[113] 彭鸿雁，赵立新.类金刚石膜的制备、性能与应用.北京：科学出版社，2004

作者书系

[1] 田民波,刘德令.薄膜科学与技术手册(上册,150万字).北京:机械工业出版社,1991.
[2] 田民波,刘德令.薄膜科学与技术手册(下册,185万字).北京:机械工业出版社,1991
[3] 汪泓宏,田民波.离子束表面强化(30万字).北京:机械工业出版社,1992
[4] 田民波.薄膜技术基础(45万字).清华大学校内讲义,1995
[5] 潘金生,仝健民,田民波.材料科学基础(102万字).北京:清华大学出版社,1998
[6] 田民波.磁性材料(45万字).北京:清华大学出版社,2001
[7] 田民波.电子显示(51万字).北京:清华大学出版社,2001
[8] 田民波.电子封装工程(89万字).北京:清华大学出版社,2003
[9] 田民波,林金堵,祝大同.高密度封装基板(98万字).北京:清华大学出版社,2003
[10] 刘培生译,田民波校.多孔固体——结构与性能(54万字).北京:清华大学出版社,2003
[11] 范群成,田民波.材料科学基础学习辅导(35万字).北京:机械工业出版社,2005
[12] 田民波編著,顏怡文修訂.半導體電子元件構裝技術(89萬字).臺北:臺灣五南圖書出版有限公司,2005
[13] 田民波.薄膜技术与薄膜材料(120万字).北京:清华大学出版社,2006
[14] 田民波編著,顏怡文修訂.薄膜技術與薄膜材料(120萬字).臺北:臺灣五南圖書出版有限公司,2007
[15] 田民波.材料科学基础——英文教案(42万字).北京:清华大学出版社,2006
[16] 陈金鑫,黄孝文着,田民波修订.OLED有机电致发光材料与元件(33万字).北京:清华大学出版社,2007
[17] 戴亚翔着,田民波修订.TFT−LCD面板的驱动与设计(32万字).北京:清华大学出版社,2007
[18] 范群成,田民波.材料科学基础考研试题汇编:2002—2006(34万字).北京:机械工业出版社,2007
[19] 西久保 靖彥著,田民波譯.圖解薄型顯示器入門(30萬字).臺北:臺灣五南圖書出版有限公司,2007
[20] 田民波編著,林怡欣修訂.TFT液晶顯示原理與技術(44萬字).臺北:臺灣五南圖書出版有限公司,2008
[21] 田民波編著,林怡欣修訂.TFT LCD面板設計與構裝技術(49萬字).臺北:臺灣五南圖書出版有限公司,2008
[22] 田民波編著,林怡欣修訂.平面顯示器之技術發展(47萬字).臺北:臺灣五南圖書出版有限公司,2008
[23] 田民波.集成电路(IC)制程简论(31万字).北京:清华大学出版社,2009
[24] 范群成,田民波.材料科学基础考研试题汇编:2007—2009(24万字).北京:机械工业出版社,2010
[25] 田民波,叶锋.TFT液晶显示原理与技术(44万字).北京:科学出版社,2010
[26] 田民波,叶锋.TFT LCD面板设计与构装技术(49万字).北京:科学出版社,2010
[27] 田民波,叶锋.平板显示器的技术发展(47万字).北京:科学出版社,2010
[28] 田民波.材料学概论(初稿)(40万字).清华大学校内讲义,2010
[29] 潘金生,仝健民,田民波.材料科学基础(修订版)(108万字).北京:清华大学出版社,2011
[30] 田民波,吕輝宗,溫坤禮著.白光LED照明技術(50萬字).臺北:臺灣五南圖書出版有限公司,2011